国家重点基础研究发展计划（973）项目第3课题（2008CB425703）：
汶川地震发生机理及其大区动力环境研究
科技部国际科技合作项目（2008DFA20700）：
亚欧大陆中新生代构造变动及其与地震灾害和油气资源关系的研究
联合资助

亚洲中部地震构造解析

张家声　高祥林　黄雄南　主编

地震出版社

图书在版编目（CIP）数据

亚洲中部地震构造解析/张家声，高祥林，黄雄南主编．
—北京：地震出版社，2014.11

ISBN 978-7-5028-4447-9

Ⅰ.①亚…　Ⅱ.①张…　②高…　③黄…　Ⅲ.①地震构造-亚洲　Ⅳ.①P316.3

中国版本图书馆 CIP 数据核字（2014）第 147891 号

地震版　XM2356

亚洲中部地震构造解析

张家声　高祥林　黄雄南　主编

责任编辑：张友联

责任校对：凌　樱

出版发行：地震出版社

北京市海淀区民族大学南路 9 号　　邮编：100081

发行部：68423031　68467993　　传真：88421706

门市部：68467991　　传真：68467991

总编室：68462709　68423029　　传真：68455221

专业部：68467982　68721991

http://www.dzpress.com.cn

经销：全国各地新华书店

印刷：北京地大天成印务有限公司

版（印）次：2014 年 11 月第一版　2014 年 11 月第一次印刷

开本：889×1194　1/16

字数：969 千字

印张：32

印数：0001～1500

书号：ISBN 978-7-5028-4447-9/P（5137）

定价：200.00 元

亚洲中部地震构造解析

项目及课题组主要成员：

973 计划项目首席科学家：马宗晋

第三课题负责人：张家声

主要成员：董彦芳　吕晓健　傅征祥　甘卫军　黄雄南
　　　　　沈　军　高祥林

科技部国际科技合作项目：

项目负责人：马宗晋　张家声

主 要 成 员：

　　中方：杨巍然　冯　锐　殷进垠　黄雄南　牛向龙　刘　峰
　　　　　王小龙

　　俄方：P. M. Lobatskaya　S. I. Sherman　G. F. Ufimtsev
　　　　　G. K. Tatyana　K. G. Levi

依托单位：中国地震局地质研究所

前　言

亚洲大陆中部自喜马拉雅碰撞带东、西构造结向北至俄罗斯贝加尔裂谷的三角形区域（75°～110° E，20°～55° N），是全球大陆内部5.0级以上地震集中发生的地区之一。这一地区的地质构造和地球物理数据给出了三个时间尺度与地震活动密切相关的重要信息。包括：①百年尺度：1900年以来的数字地震记录（含历史地震）、卫星遥感影像解译，以及近20余年的GPS观测结果等，以海量数据聚焦了人类历史阶段的地震活动与正在进行的地壳变形；②百万年尺度：地形地貌改变、重力均衡调整、岩石温度传导等物理过程，是通过百万年时间尺度才能实现的。大三角由青藏高原、蒙古西部高原、阿尔泰—萨彦山地等处地壳加厚和隆升地貌，体现了自印度-欧亚板块发生碰撞以来（约5.2 Ma）持续发生的变形积累和应力应变显著增强，代表这一地区地震频发的动力学条件；③地质历史尺度：不同地质历史时期、不同性质的先存岩石—构造单元（前寒武纪结晶基地、不同时期的造山带，不同规模的中新生代盆地等），尤其是错综复杂的新、老断裂组合等，是地震赖以发生的介质条件。它们在现今构造应力场中的变形响应方式和程度，与地震成核和触发直接相关。

源自印度洋中脊的欧文转换断层经恰曼断裂登陆欧亚板块，在帕米尔地区形成喜马拉雅西构造节的同时，将NE方向的左行剪切位移分成内、外两支向大陆内部传递：外带自帕米尔西经南天山到阿尔泰山，第次改变一组先存的NNW向右行走滑断裂组合的受力状态，产生不同程度的左行斜冲位移，至少了诱发7个以上8.0级地震；内带通过塔里木地块和柴达木地块之间阿尔金断裂系向蒙古中东部延伸；而源自印度洋底90°线转换断层的走滑位移，经缅甸实皆等断裂向欧亚大陆延伸，在形成喜马拉雅东构造节之后，受到大陆内部强硬地体和西太平洋板块俯冲的联合阻抗，地震活动的构造联系具有明显的分段性。沿滇西、龙门山、鄂尔多斯西缘等断层系，形成总体近SN向的地震构造带，至少5个8级地震与东边界的构造变动有关。夹持于欧文转换断层—恰曼断裂（西）和90°线转换断层—实皆断裂（东）之间的印度次大陆，向北推挤的速度显然滞后于东、西两侧，但持续的位移积累致在导致高原隆升的同时，喜马拉雅碰撞带及其北侧一系列近EW走向的先存冲断层逐渐增加侧向走滑位移，实现高原物质向西、东两侧挤出。亚洲中部三角形强震构造域总体上表现为南边界推动、西边界从动和东边界被动的动力学特点。在上述边界条件约束下，亚洲中部强震构造域内部先存断裂分别发生挤压或拉张性质的剪切转换，是现今地震活动的主要构造联系。2008年5月12日发生在四川汶川的8.0级地震，位于这个强震构造域的东缘中段。

由地震出版社出版的《亚洲中部地震构造图集》，生动地展示了亚洲中部地震活动的复杂构造联系。本书从①亚洲中部强震构造域的地质构造和动力学条件；②卫星遥感影像的活动断层解译；③地震活动特征；④GPS数据对大三角区现今地壳运动和变形的定量研究；⑤大三角东边界的构造分段性与强震机制；⑥大三角西边界的地震构造性质；⑦大三角区地震构造格局及典型地震构造分析等7个方面，详细介绍《图集》中各类图件编制的科学思路、数据资源和研究方法。

本书是亚洲中部三角形强震构造域整体性研究的综合成果。依据多学科地震相关的海量信息资源，解析地震活动的断裂构造联系、孕震环境条件和触发机制，探索亚洲中部地震活动规律，创建了数值化地震跟踪预测的新理论和新方法。

目　录

第1章　亚洲中部强震构造域的地质构造和动力学条件

1.1　中国-蒙古大陆地震构造及全球地壳运动背景*

1.1.1　中蒙大陆构造区

中国大陆及邻区以帕米尔—贝加尔湖—斯塔诺夫山脉为北西界和北东界，喜马拉雅山和红河断裂为西南界，东南则以边缘海的外缘为界，该区是全球大陆地壳GPS水平位移量最大和境内变化最复杂的构造单元（图1-1-1）；受多方位多种动力作用，是全球大陆内部变形最强的；就其现今构造运动在欧亚大陆板块内的相对独立性，可称为中蒙大陆构造区（或中蒙次板块）。

欧洲总体运动方向NE，平均水平运动速率30 mm/a，中亚运动由西向东，30 mm/a，中国大陆及邻区运动方向SEE（40 mm/a）。欧亚大陆犹如一个大木筏，180 Ma以来持续地由西向东的运动受控于北大西洋洋脊向东的地幔流。欧亚大陆南侧受非洲板块（NE，35 mm/a）、阿拉伯板块（NE，37 mm/a）和印度板块（NE，50 mm/a）几乎同方位的推挤，这是造成南欧山地和爱琴海、伊朗高原和青藏高原的直接侧动力。三股NE向的地幔流与E向的地幔主流线相汇合是作用于整个欧亚大陆的基本动力条件（马宗晋等，2002）（图1-1-1（a））。

中国大陆及邻区处于欧亚大陆东南角区，正是大木筏东漂的前端，遭受西北太平洋板块的俯冲及其派生的深层地幔上涌动力，还有北极洋脊张裂SE向的微小推动（图1-1-1（b）），这是造成中国大陆及邻区变动范围广、复杂而强烈的主要水平向动力因素。

1.1.2　构造区内部的区块、条块和地块

中蒙大陆构造区内部，可分出三个级别具有相对独立运动意义的构造区块、条块和地块（表1-1-1）。根据重力、瑞利波群速度成像和地震活动性的研究，给出了这些构造区块在地壳结构和地震活动的相对独立特点（冯锐等，2002；Huang等，2003），GPS速度场则更进一步显示了它们现今相对独立水平运动的速率和态势（图1-1-2）。

中蒙西部构造区块内，水平位移速率约是25～5 mm/a，中蒙东部构造区块的中部和南部条块内GPS的水平位移速率约为12～3 mm/a，它们都已超过误差，可据此进行区块平均位移场和相关视应力场的计算，文献（王琪等，2002；江在森等，2003；张培震等，2002）中已进行了相应的计算。东北部条块现有数据尚不足以用于视应力场计算。

---

* 本节作者：马宗晋[1]　张培震[1]　任金卫[1]　冯锐[2]　张进[1]

1　中国地震局地质研究所；2 中国地震局地球物理研究所

本节摘自论文《从GPS水平矢量场对中国及全球地壳运动的新认识》，地球科学进展，2003，18（1）：4～11。

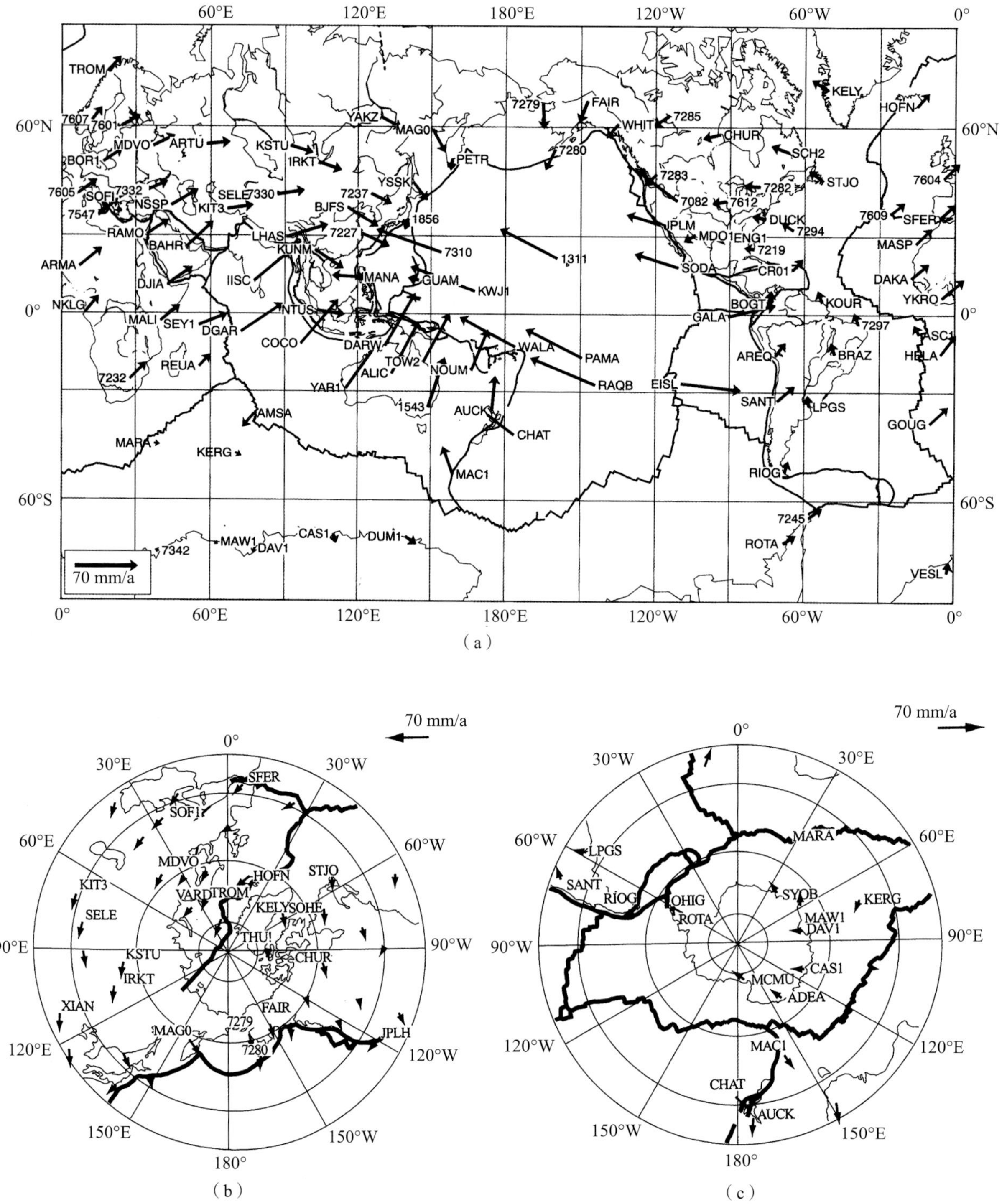

图 1-1-1　ITRF2000 全球水平矢量图（a）、北极矢量图（b）、南极矢量图（c）

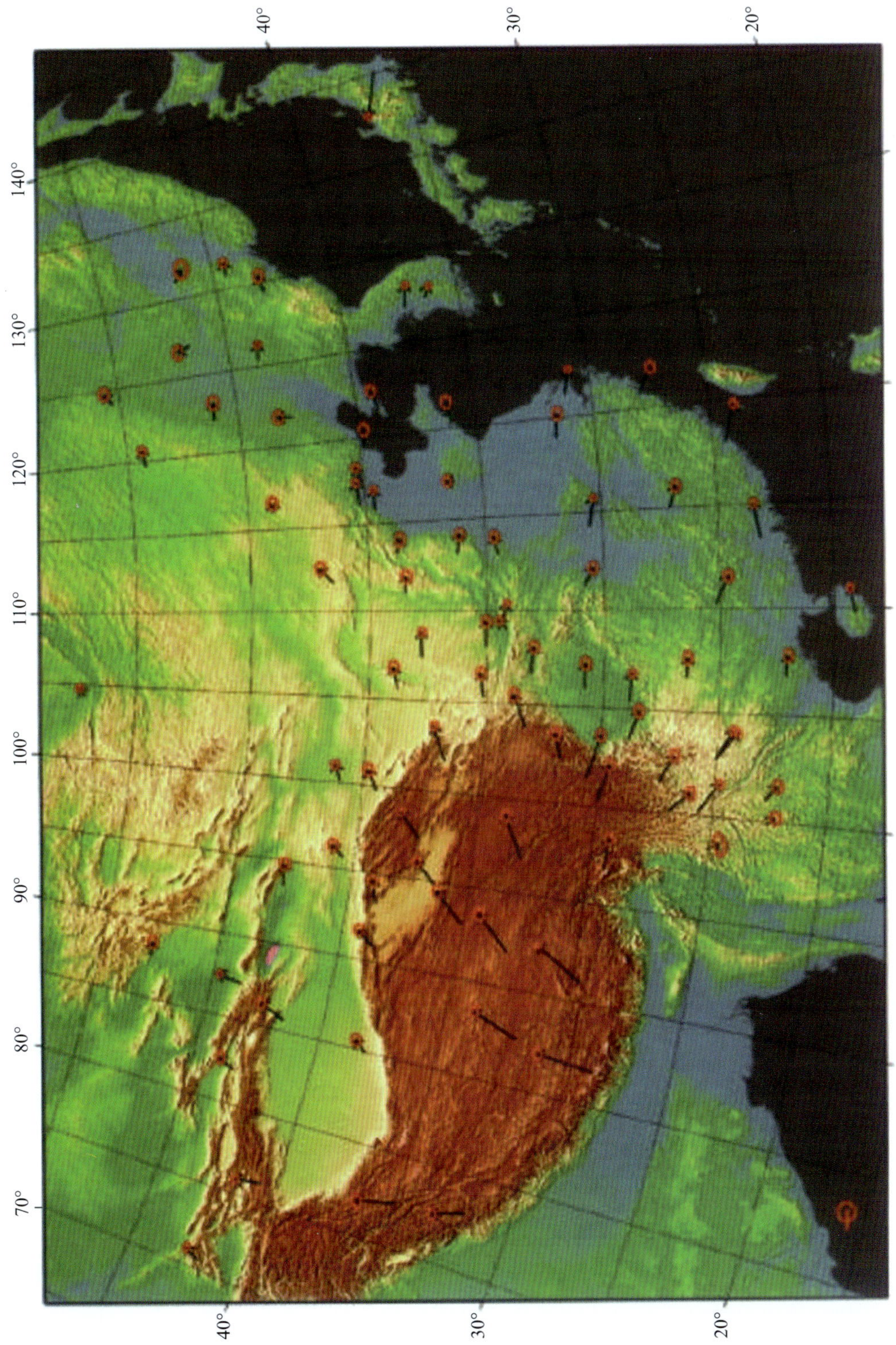

图 1-1-2　全国 GPS 水平矢量图（1998～2000）

表 1-1-1 中蒙构造区的三级分区表

一级分区	中蒙西部构造区块		中蒙东部构造区块
二级及三级分区	西北部条块：西蒙地块、准噶尔地块 ——天山-阴山为界—— 西中部条块：塔里木地块、柴达木地块、阿拉善地块 ——昆仑山为界—— 西南部条块：西藏地块、滇-川西地块	以中轴构造带为界	东北部条块：东蒙地块、松辽地块 ——阴山为界—— 东中部条块：鄂尔多斯地块、华北地块（以秦岭为界）、华中（汉江、淮河流域）地块 —北岭（雪峰山、武功山、怀玉山）为界— 东南部条块：黔湘地块、赣闽地块（南岭为界）岭南地块

1.1.3 中蒙西部大三角形地震构造区

中蒙西构造区地势上以青藏、西蒙古两大高原和其间的天山与祁连山两侧大盆地的规则展布为特色，总体呈一大三角形，以贝加尔湖南端（A）、帕米尔（B）和滇南（C）为 3 个角顶。3 条边缘都是地壳厚度陡变带，内外相差 15 km 上下，它们都是产生 8 级地震的地壳结构构造基础，可称为结构型地震带，但各带的浅、深部结构构造、地震活动和 GPS 矢量，都表现了很明显的差异和分段性（图 1-1-2）。

A-C 边缘带，即南北地震带，其东侧以鄂尔多斯地块的西边缘和四川与云贵地块的西边缘为中段和南段的分界。此边缘带南段的西侧，水平运动速率约 20～15 mm/a，指向 E 或 SE 为主，东侧则突变为 10～7 mm/a，显示东侧川贵次高原“稳定带”的阻挡作用和少震；西侧则强变形和应力积累与地震频发。沿此带 3 期（1964，1979，1993）精密水准测量结果表明，其南段大致沿 103°E 是一条明显的升降变化线，30 年间总体是西升东降，相对升降率可达 6～12 mm/a，接近两侧水平运动年变率（张培震等，2002），这是中国大陆内升降变化率最高的升降反复变化带。A-C 边缘带的中段，即鄂尔多斯西边缘却是西降东升的态势，以 105°E 为界西侧累积相对下降率为 13～15 mm/a，东侧上升率为 3～6 mm/a。地史追踪表明，至少从中生代以来，鄂尔多斯地块两侧就是强烈的构造变形带。A-C 带的北段，即西、东蒙古的经向分界，没有 GPS 资料，但在重力、S 波 CT 和地震分布图上都有清楚表现（冯锐等，2002；Huang 等，2003）。

A-B 边缘带是一条 NE 向复杂的地壳结构构造带和地震活动带。受 NWW 向的西天山、阿尔泰山和东萨彦岭的穿插分成西南天山、扎伊尔山和西萨彦岭三大段，各段构造特点和地震震源机制都有不同（苏伟等，2000）。

B-C 边缘带，即喜马拉雅山带，西藏高原内部 GPS 矢量场的趋势走向可分 2 支，西支一直指向 N，东支指向 NE-E-SE，受此启发，进一步明确了关于西藏高原存在西、中、东 3 段划分的认识，分界线为 83°～84°E 和 92°～93°E，3 段在地势、地貌、地震活动、深部结构冷、热分层的三维展示等方面都有差异，更有意义的是西、中、东的分段，几乎与最近明确的印度次大陆受 2 条 NE 向断裂切割成 3 段的格局基本对接（国家地震局，1989），似乎“刚性”的印度半岛也在解体。

20 世纪在 3 个边缘带上各个分段点或大型横断层与之交切部位多有强震乃至 8 级地震发生。

中蒙西部构造区内部值得研究的是昆仑山以北的青海高原，它在地势上属青藏高原；地壳结构则属中西部大盆地区。青海高原是具有独立运动的地块，可能是新生代中晚期才拼入现今青藏高原的变动体制的。

1.1.4 中蒙东部挤压型与伸展型大陆边缘地区

中蒙东部中生代早期受 SN 向的区域挤压、中期受 NW 向太平洋前进式俯冲推挤、晚期至现今则展现大陆 E 向的伸展蠕散运动（张文佑等，1983），其综合作用造成本区“南北分条、东西分带”的地壳构造格局和地势格局。

（1）确立于中生代早期由一系列 EW 向条块或“板条”受 S-N 向挤压而造成的 EW 向的带状山脉和其间的“条块”状山间带。这些山脉由北而南依次是：①46°～50°N 的白城-哈尔滨地貌变异带和深断裂带；②42°～41°N 阴山带；③35°～34°N 的秦岭带及其东延深断裂带；④30°～29°N 的北岭带（武功山、怀玉山、九岭山）；⑤26°～24°N 南岭带（表 1-1-1）。

（2）燕山运动中、晚期受 NW 向太平洋板块前进式深俯冲推挤造成了一系列 NE-NNE 向的褶皱和大型构造线。

（3）自白垩纪以来的大陆伸展过程，在现今地势和大地测量中都有很好显示。1951～1960 年和 1976～1982 年两期水准观测的差值表明，5 条 EW 向山带或深断裂带之间的板条依次均有明显的升降差，升降年变率可达 4 mm/a（国家地震局，1989）。各板条受 2 条 NE-NNE 向大型构造（重力陡变带、郯庐断裂带）的交切又表现出每个条块被分成三四个小地块，它们之间也表现出升降差。GPS 观测的水平位移场观测点还少，尚不足以对每个地块进行独立描述（图 1-1-2）。华南，即长江以南地壳运动总的指向都是 SE，一直至台北，位移年速率由西而东有些变化：12 mm/a→4 mm/a→8～10 mm/a，中间减速区在 2 条 NNE 向构造之间。华北区，测站均位于郑州以北，该区位移趋势总体指向是 E-SEE，年速率多在 4～5 mm/a，但郯庐断裂以东沿海带明显增速为 10 mm/a。华南、华北之间的地带没有站点，目前还不能明确划分华北、华南之间运动单元的分界线是沿着大别山南缘的边界还是以秦岭及其东延断裂为界，但水准复测结果是明确的，以秦岭及东延断裂为界。华北条块与华南条块运动趋势都有向太平洋方向伸张蠕散之势（张文佑等，1983）。

台湾集集大震是 NNE 向车龙铺断裂强烈活动，其上盘北端，据 GPS 测量向 NW 推进 8m，过此位移最大点，断裂突然转向 E，地表调查和大地电磁探测均证明那里存在近 EW 向或 NWW 向的深部断裂，与 20 世纪在台西山麓平原带发生的其他 7 次强震的等震线分布和地表断裂带的伸展以及端部均急转 EW 等情况比较，颇为类似，进一步分析该岛重力异常和地下深部构造都有与地表断裂相对应的分段性，对岸的福建沿海，也曾探明有成组NWW-EW 向深断裂的存在（马宗晋等，2002），比较海峡两岸横断裂方位的相似性，可推测海峡内部存在 NW 向和近 EW 向断裂的存在及与两岸地质体的相关性。

1.1.5 2001 年昆仑山口西 8.1 级地震发生在 GPS 矢量场中左旋剪切最高值区段

利用 1992～1999 年和 1998～2000 年间两批中国大陆内 GPS 观测值，通过最小二乘法建立的水平速度场模型，并以连续介质假设计算了水平视应变场，按 2°×2°的网格点展示了主应变率的分布，从而给出最大剪切应变率和面膨胀等值线图等。由此获得下述结论。

中国大陆的水平视应变场和应力场西强东弱，西部除川滇和新疆西北部属强应变区外，区内近 EW 向活动大断裂多在左旋剪切运动，2001 年昆仑山口西 8.1 级地震即发生在昆仑山 EW 向断裂之中左旋剪切应变率最高值区段（江在森等，2003），与此同时的重力复测值震前也显示了 130μGal 的强负异常，这两组突出的异常初步指明了大陆内 GPS 矢量场和重力场的异常可以作为预测巨大地震的可信依据。

关于青藏高原的构造变形和运动的基本模式，一直有“高原逃逸”滑出和高原内部“强应变吸收”两种模型的争论，计算印度恒河平原与阿拉善之间相对运动之差为 38 mm/a，即占印度板块向欧亚板块年推进量的 90%。再者高原东边缘带内向 E 的挤出速率是 22～26 mm/a，而过了高原东边缘到四川盆地西部则突然减小为 12～14 mm/a，远小于逃逸模型预计的华南位移速率应为 20～30 mm/a。边缘带两侧这种突然变化说明四川盆地起到了对高原向东挤出强阻挡的作用。据上述两点，可说明“逃逸”模式与实际情况相差很大（张培震等，2002）。

1.1.6 全球GPS矢量场显示了北-南半球间的不协调运动

据图1-1-1环太平洋的洋陆碰撞边界可分为4种基本类型：①西北太平洋与欧亚大陆东南边为相向正面碰撞型；②西南太平洋为强碰撞与强剪切复合型；③东南太平洋纳兹卡板块与南美板块为近同向运动的追赶碰撞型；④东北太平洋与北美大陆为剪切拉张型（马宗晋等，2002，2003）。

北-南半球之间GPS矢量场的不协调带，直接体现为低角度斜切赤道两侧两组断裂两侧运动矢量差异。这两组断裂主要由12或13条走滑兼挤压的大断裂组成，其空间展布基本上是左型羽列的，南北两组断裂之间由印尼大弧形弯转地段相连接（马宗晋等，2002）。

1897～2001年全球发生的158次$M_S \geqslant 7.75$级大地震除3次外，全部发生在环太平洋碰撞带和斜切赤道剪切带内，分别称其为B型和A型全球级地震构造带，西南太平洋的地震构造带为B、A型共有。B型构造带以西北太平洋正面仰/俯冲型地震为代表，A型以阿尔卑斯-喜马拉雅走滑断裂型地震为代表。百年内$M_S \geqslant 7.75$级的155次巨震在B型和A型带内分别有较明显的多次交替活动现象：1897～1914（A型），1915～1933（B型）；1934～1951（A型），1952～1968（B型）；1969～1980（A型），1981～1997（B型）；1997～2001（A型）。目前尚处于以A带活动为主的时段，近年在B带内一系列强震的优势活动（土耳其伊兹米特7.8级地震、萨尔瓦多7.8级地震、印度古吉拉特邦7.8级地震、中国昆仑山口西8.1级地震等）再次激起人们深刻思考。

讨论一：全球4个构造系统的展布是否与地球双重非对称有关？

北-南半球和0°～180°半球的非对称，已从全球低阶大地水准面、地热流分布、地幔冷热结构比率分布等方面给以初步证明，利用全球GPS数据通过球面GPS站点网络场的计算，进一步获得证明。计算4个半球的体积与理想地球体积的比较，分别是北半球$-0.157\times10^4\ km^3/a$，南半球$+0.936\times10^4\ km^3/a$，大西洋半球$+0.109\times10^4\ km^3/a$，太平洋半球$-0.371\times10^4\ km^3/a$。全球四大构造系统：①环太平洋构造系正处于0°半球（膨胀）与180°半球（收缩）的边缘带；②大洋脊构造系的3条SN向洋脊及它向南的分叉并相互连接成环南极的洋脊均发育在30°～60°S之膨胀环带内；③北半球内大陆高原构造带正处于北半球的收缩带（20°～50°N），两者恰呈反对称关系；④赤道的运动不协调带正处于南北半球的运动不协调带上，这4组构造系的空间展布是否可以地球双重非对称性加以理解和深入探讨其机理？关于A型和B型地震构造带主次交替活动的机理尚在探讨之中，直观推想可能与表现为地球转速变化的固体地球本体的伸缩和质心的偏移及大气角动量变化的复合作用有关。

讨论二：全球GPS矢量场所展示的板块运动可否作为约束地幔运动的表层条件？

（1）北半球内长约2万千米的欧亚大陆的长期E向移动，与非洲、阿拉伯、印度-澳大利亚板块长期向NE-NNE方向运动，是大尺度的纬向环流和经向环流的混流吗？

（2）全球现今的板块运动格局能否理解为是以北大西洋洋脊-中美洲EW向转换断层-东南太平洋洋脊作为全球的主开裂轴线，推动东半球大陆和西半球大陆相向运动，从西、北、东3个方向推缩太平洋的面积？

（3）以环南极洲洋脊的60°～150°E的段落为主要张裂段，澳大利亚与南极大陆之间较快速张裂，同时，南极大陆通过90°～30°W整体向北运动（图1-1-1（c）），是否拖动南极大陆运动的地幔流动与从南太平洋洋脊向东、西两侧运动的地幔流相联合，造成了南极大陆周围洋脊和大西洋及两侧大陆均表现一致向北的整体运动？上述3个问题只是对全球地壳水平运动的纲要性描述，可以作为对三维各种地幔运动模式的表层约束吗？

致谢：IERS在网上公布的数据对本项研究至关重要；研究过程中与傅蓉珊、陈鑫连、许厚泽、朱文耀、石耀霖、李延兴、刘福田、于晟等进行过有益的讨论，特此致谢。

参考文献

冯锐、张赤军、方剑等，亚欧大陆及西太平洋海域深部构造基础图，北京：地震出版社，2002。
国家地震局《中国岩石圈动力学地图集》编委会，中国岩石圈动力学地图集，北京：地图出版社，1989。
黄立人、马宗晋、朱建新，地球非对称变形的最新观测数据，地震学报，2002，32（6）：441～451。
江在森、马宗晋 、张希等，GPS 初步结果揭示的中国大陆水平应变场与构造变形，地球物理学报，2003，46（3）：352～358。
马宗晋、陈鑫连、叶叔华等，中国大陆区现今地壳运动的 GPS 研究［J］，科学通报，2001，46（13）：1118～1120。
马宗晋、任金卫、张进，ITRF97 下空间对地观测站速度矢量显示的全球构造运动，中国科学（D 辑），2002，32（5）：353～357。
马宗晋、任金卫、张进，全球空间测地站水平矢量场对板块运动的描述，地学前缘，2002，9（2）：430～441。
马宗晋、王乾盈、徐杰等，台湾海峡两岸横向构造的对比研究，中国科学（D 辑），2002，32（5）：353～357。
苏伟、彭艳菊、郑月军等，青藏高原及其邻区地壳上地幔 S 波速度结构，地球学报，2000，23（3）：193～200。
王琪、张培震、马宗晋，中国大陆现今构造变形 GPS 观测数据与速度场，地学前缘，2003，10（1）：5～13。
张培震、王琪、马宗晋，青藏高原现今构造变形特征与 GPS 速度场，地学前缘，2002，9（2）：442～450。
张培震、王琪、马宗晋，中国大陆现今构造运动的 GPS 速度场与活动地，地学前缘，2002，9（2）：430～441。
张文佑、张抗、赵永贵等，华北断块区中、新生代地质构造特征及岩石圈动力学模型，地质学报，1983，1：33～42。
Huang Liren，Ma Zongjin，Zhu Jianxin. The newestobservational evidence on asymmetrical deformation of the Earth［J］, Acta Seismological Sinica，2002，15（2）：210～213.
Ma Zongjin，Chen Xinlian，Ye Shuhua et al.，Contermporary crustal movement of continental China obtained by glob al positioning system（GPS measurement，Chinese Science Bulletin，2001，46（18）：1552～1554.

1.2　亚洲大地构造及板内地震的动力学模型*

1.2.1　亚洲大地构造格局与变形特征

亚洲（主要指中国大陆及邻近区域，涉及蒙古、俄罗斯、印度等）大地构造可划分为不同级别的构造单位（李廷栋等，2008）。一级单位称构造集群（tectonic assemblage），指具有成生联系的陆块、大小不同的地块和各个时期的造山带的集合体。同一构造集群具有相似的大陆基底和地质构造演化过程，相同的地质构造、地层古生物、岩浆和变质作用特征；各地质体有共同运动指向，有统一的动力学背景。不同构造集群之间则有明显的差别。

研究区内至少可以划分出 4 个构造集群：围绕西伯利亚陆块开合的北亚构造集群；围绕古中华陆块（包括中朝、塔里木、扬子陆块）开合的中亚构造集群；围绕印度陆块开合的南亚构造集群以及围绕太平洋板块开合的东亚构造集群（图 1-2-1）。

* 本节作者：杨巍然[1]　王杰[1]　梁晓[2]　曾佐勋[1]　李德威[1]　邢集善[3]　罗文行[1]
1. 中国地质大学（武汉），湖北 武汉 430074
2. 中国地质大学（北京），北京 100083
3. 山西省地质勘察局 山西 运城 044004

本文根据以下论文编写：①亚洲大地构造基本特征和演化规律，地学前缘，2012，19（5）：1～17；②板内地震过程的三层次构造模式，地学前缘，2009，16（1）：206～217。

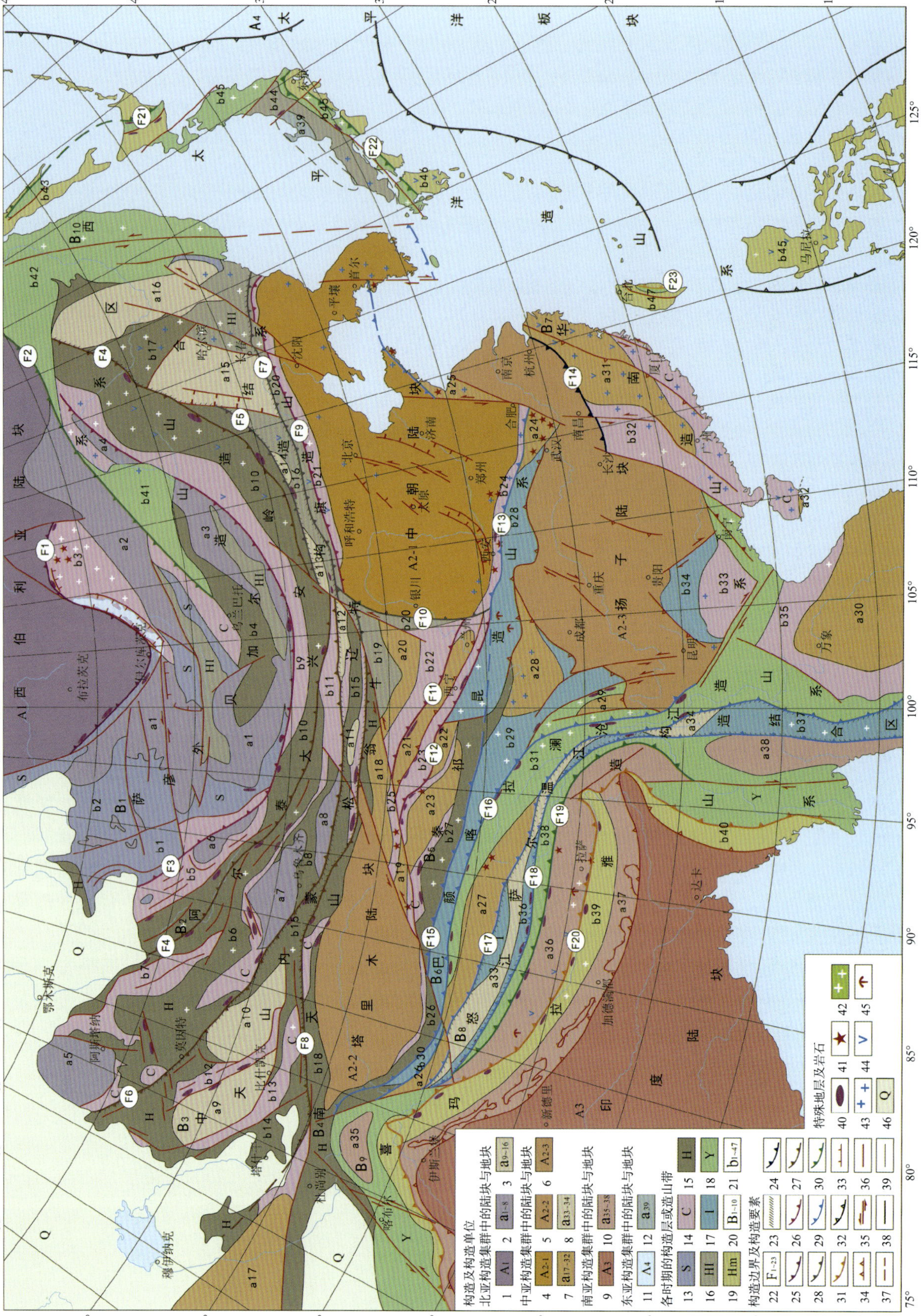

图 1-2-1　亚洲中部大地构造格局

北亚构造集群的基底固结程度高，核心为西伯利亚陆块，陆块内部小于1.8 Ga～1.6 Ga的沉积基本为盖层，仅边缘贝加尔和叶尼塞河一带有少量中、新元古代的褶皱基底，其余广大地区都为古生界三叠系盖层所覆，其中下古生界是典型的陆表海稳定型沉积，泥盆系为滨海及海陆交互相沉积，中石炭世以后陆块内部基本以陆相为主，二叠、三叠系在西部含有大量暗色喷发岩。此外还有一些中新生代的上叠盆地。萨拉伊尔造山带的存在为该集群特征，它与加里东造山带、海西造山带皆围绕西伯利亚古陆呈向南突出的弧形分布。但萨拉伊尔和加里东造山带沿走向有过渡现象。

中亚构造集群的基底比较复杂，它是通过中朝、塔里木、扬子3个陆块分别经历了中太古代末期（约2.8 Ga）陆核形成、古元古代末（约1.8 Ga）原地台形成和新元古代早期（800 Ma）地台形成3个阶段才形成基本统一的古中华古陆，且固结程度不高，以后又再次裂开分别发展，但裂开规模不大，它们之间只出现小洋盆多岛弧古地理格局。其中中朝陆块在太古宙形成，固结程度较高，成为核心中的核心。三者之上均有盖层和上叠盆地发育。中亚构造集群以印支造山带广泛而强烈发育为特色。若把3个陆块作为一个整体，则可见不同时代的造山带有围绕它分布的特征。

南亚构造集群基底固结程度较高。核心为印度陆块，陆块东南部大量出露太古宇和古元古界的深变质片岩、片麻岩和片麻状花岗岩等，混合岩化强烈，其中片麻状、混染状紫苏花岗岩年龄为3200 Ma，代表深成结晶时间。最老的盖层从新元古界（小于1.8 Ga）开始，但在约0.9 Ga～1.0 Ga前（相当于晋宁运动）和0.6 Ga～0.7 Ga（相当于萨拉伊尔运动）时发生两次地壳运动，伴随有相当广泛的岩浆活动和热变质作用，并使陆块隆起。西部前寒武纪基底经历约0.9 Ga的构造岩浆及变质作用。其上自震旦系直至三叠系，大多为稳定类型沉积，但在中伊朗克尔曼和阿富汗兴都库什山都有较厚的古生代活动类型沉积，呈现地块浅海与活动深降海槽并存现象。陆块北部克什米尔和喜马拉雅山系出露有中元古-新元古界基底，也有古元古界-寒武系少量露头和萨拉伊尔运动（泛非运动）的影响，但其沉积基本为稳定类型。该构造集群有萨拉伊尔运动（泛非运动）的影响，但很难单独划分出萨拉伊尔造山带。石炭-二叠系发育有冰碛岩和冷水动物群，是南亚构造集群的标志特征。中生界和第三系以海相为主。喜马拉雅运动在沉积上的表现是第三纪中期以后强烈的差异升降和巨厚的山前磨拉石。

东亚构造集群的主体是太平洋板块，它俯冲到欧亚板块之下，发育有后退式海西-印支期、燕山期、喜马拉雅期造山带和现代大洋俯冲带，它们也是环绕太平洋板块分布。

亚洲主体构造围绕4个块体有规律的展布。围绕西伯利亚陆块为向南突出的弧形构造，内弧为萨彦-外贝加尔造山系，中弧为阿尔泰-大兴安岭造山系，外弧为中天山-内蒙古-松辽构造结合区北带。从内弧至外弧造山带时代变新，弧度变小。在内弧贝加尔湖附近见到萨拉伊尔构造层与加里东构造层均与西伯利亚陆块碰撞接触，其片理、片麻理显示弧形特点，特别是贝加尔湖奥里洪岛附近地区，加里东构造层与西伯利亚陆块碰撞时发育有宽度超过200 m的典型的糜棱岩带。糜棱岩中有很多枢纽垂直的褶皱构造，并显示左行扭动特点，与东萨彦地区的右行扭动正好配套。同时发育的加里东期花岗岩的展布及其片麻理亦呈弧形分布。结合内弧与外弧的情况说明弧形构造从萨拉伊尔-加里东期就开始出现，但未涉及外弧，而海西-印支期弧形构造完全定型，燕山与喜山期则是对弧形构造的改造与交截。

南天山-翁牛特旗造山系和中天山-内蒙古-松辽构造结合区南带的造山带和地块基本呈EW向展布，秦祁昆造山系也为EW向延伸。除此之外，沿贺兰山-六盘山-龙门山-横断山分布的SN向构造非常醒目，许多学者都认识到它的重要性，并在相应的图件和著作中显示出来。任纪舜等（1999）、张国伟等（2011）强调它是深部构造，与其上部的近EW向构造形成地壳-上地幔立交桥式结构。杨巍然等（1984）提出它是华北地台和华西地台（后称西北地台）的分界，并且是一条长期发育的构造带：其东西两侧大陆基底特点不同：武威-中宁地区中寒武-下志留统为浅海-半深海陆坡相的钙泥质复理石、浊积、滑坡沉积，SN走向，推测北祁连海槽可能通过腾格里沙漠之下和中朝陆块北缘加里东海槽相连，说明这里是古生代稳定型和活动型沉积的分界区；巴彦乌拉山及其东侧有海西-印支期岩体及吉兰泰盐池近 SN 向展布的角闪岩-绿片岩相变质变形带；强烈的地震活动以及在西秦岭礼县、宕县及西和等地区发现的新生代超碱性火山岩-碳酸岩组合，与地壳中的 EW 向构造不同而呈 SN 向分布，都说明深成的 SN 向构造带至新生代仍非常活跃。虽然它可能是区域性 SN 向构造带的一部分，但这一段如此强大而持续的活动性显然与秦岭造山带一样，与陆内块体相互的作用关系密切。

围绕印度陆块主体向 NNE 突出的弧形构造，如巴颜喀拉-澜沧江造山系以及怒江-萨尔温江构造结合区。仅内弧出现了向南突出的喜马拉雅弧。为什么会出现向南突出的喜马拉雅弧形构造呢？笔者在研究世界七大洲地质构造对比时，提出是陆陆碰撞派生出由北向南的推挤所致，即根据东、西构造结榴辉岩年龄确定，它们于燕山晚期印度陆块率先与欧亚大陆碰撞后前进受阻，此时两构造结之间的物质就会向南挤压形成弧形构造。为什么会出现世界最高的珠穆朗玛峰？从过珠峰的 SN 向剖面图（图 1-2-2（a））可以看出，高喜马拉雅结晶体（HHC）南侧为北倾的主中央逆冲断层（MCT），北侧为北倾的绒布寺正断层（RNF）。地球物理资料表明，这两条断层并不平行，而是向下会聚。喜马拉雅结晶地体主要由聂拉木群组成，变质程度高达角闪岩相，明显高于两侧的绿片岩相岩层，且这两条断层同时形成，活动于 22 Ma～18 Ma。因而可以认为韧性的喜马拉雅结晶体是沿 MCT 和 RNT 两条断层垂向挤出的楔状体。数值模拟结果表明，在收缩体制下，同向正断层和逆断层可以同时形成（图 1-2-2（b））。主中央逆断层（MCT）之南还有性质相同的主边界逆断层（MBT）和主前锋逆断层（MFT），而绒布寺断层（RNT）以北，由于重力的作用，发育一系列拆离断层即藏南拆离断层系（STDS），笔者认为 STDS 是挤出构造的派生构造。根据上述情况，可以说整个拉萨地体都与挤出构造有关。

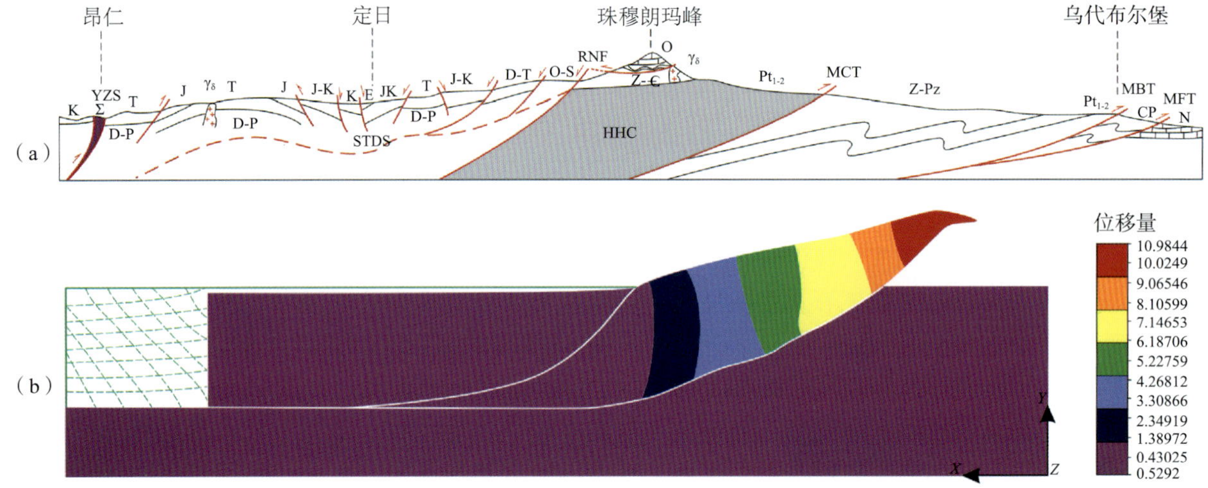

图 1-2-2　过珠穆朗玛峰构造剖面图（a）及 HHC 垂向挤出的数值模拟（b）

（a）据青藏高原及邻区 1∶50 万地质图及郭铁鹰提供的野外资料编制；（b）据曾佐勋等，2001

太平洋板块向欧亚大陆俯冲，形成了基本向 NNE 方向延伸的西太平洋造山系，但受菲律宾西面的板块俯冲和日本海扩张的影响而明显呈反 S 型分布特征。太平洋板块的俯冲，对欧亚大陆东侧进行强烈改造，形成了 NNE 向构造活化带，其中的锡霍特造山带和蒙古-鄂霍次克海造山带是对欧亚大陆彻底改造而成为西太平洋造山带的一部分。

纵观亚洲的构造格局，西伯利亚陆块相对向南挤压，不仅形成了弧顶向南突出，内弧弧度大，外弧弧度小的弧形构造，而且对中朝陆块基底岩系也有强烈的影响，如在内蒙古地轴上的大青山一带海西-印支期岩浆活动十分发育，花岗岩年龄 210 Ma～228 Ma，同时还发育有近 EW 向展布的褶皱和推覆构造。值得重视的是中、新生代期间，除 NE 向构造叠加外，上述向南的挤压仍然存在，在林西县幅的调查中发现中、新生代的岩浆岩和盆地的分布以及构造线的方向均有由 NE 向逐渐变为 EW 向的迹像，如燕山期白银板沟岩体就是如此，新生代陆内玄武岩火山口的分布也是这种特点。在更西的中蒙边境区，郑亚东等（1990）、王涛等（2002）在此发现特大型推覆构造和伸展变质核杂岩，推覆时代大致在早侏罗世-中侏罗世（190 Ma～175 Ma），推覆方向向 S 或 SSE，具有层次浅、推覆面近水平、规模大、推覆距离可能超过 120 km 等特点；主伸展期变形年龄发生在 171 Ma～135 Ma。在包头-呼和浩特以北地区，除上述逆冲事件外，还有早白垩世逆冲推覆事件的存在。推测中新生代时，北冰洋近 EW 向的大洋中脊，以每年 7.7 mm 的速度扩张可能对对亚洲大地构造产生影响。

印度陆块一直都是向北挤压的：先后从冈瓦纳古陆裂解出来的古特提斯洋、中特提斯洋、新特提斯洋并相继向北挤压，最后是印度陆块直接与欧亚大陆碰撞。与此同时太平洋板块也是一直向欧亚大陆俯冲，对欧亚大陆施加压力。这样一来，形成了中亚构造集群基本呈 EW 向展布，分别受围绕西伯利亚陆块分布的向南突出的弧形构造和围绕印度陆块分布的主体向 NNE 突出的弧形构造的挤压；它们同时又被 NNE 向展布的东亚构造集群强烈改造，从而形成了复杂的构造格局。这表明古中华陆块处于三面受压的状态，在亚洲大地构造演化中起着“中流砥柱”的重要作用。

编制了亚洲 SN 向和 SE-NW 向的综合剖面图，并总结出 3 种构造运动模式（图 1-2-3）。以中、北亚构造集群之间的构造结合带为中心，结合带向北构造运动指向北，造山带时代变老，相继发育有苏尼特左旗-乌兰浩特海西-印支期碰撞带、额尔齐斯-贺根山海西期俯冲带、蒙古中部加里东期俯冲带、萨彦-贝加尔萨拉伊尔-加里东期碰撞带（图 1-2-3（a））。结合带以南构造指向南，造山带时代变老，相继发育有西拉木伦海西-印支期碰撞带、温都尔庙加里东期俯冲带。这种准对称分布特点反映古亚洲洋日益缩小，最后两大构造集群对接，称这种构造运动特点为背向俯冲对接式（图 1-2-3（b））。图 1-2-3（c）是过日本海 NE-SE 向综合剖面，显示了太平洋板块后退式俯冲和形

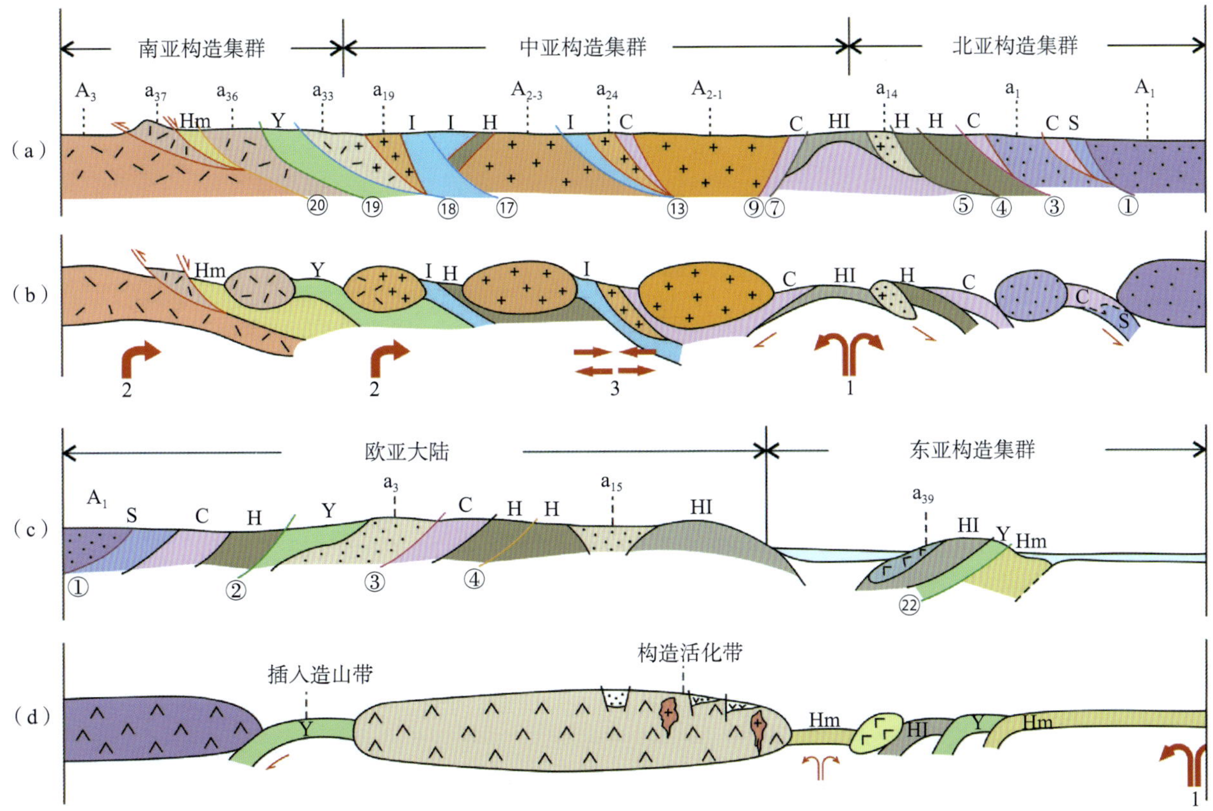

图 1-2-3　亚洲南北向及 SE-NE 向综合剖面（a）、（c）及构造运动模式图（b）、（d）

1. 背向俯冲对接式；2. 单向运移拼贴式；3. 原地开合手风琴式；其他代号同图 1-2-1

成的岛弧造山带以及对欧亚大陆的影响。其中燕山期和喜山期的俯冲和岛弧比较肯定，海西-印支期造山带虽然存在，但是它究竟是太平洋板块俯冲还是随日本海裂开从欧亚大陆上裂解出来的尚需进一步研究。它对欧亚大陆的改造最醒目的是蒙古-鄂霍次克海燕山造山带插入到欧亚大陆中以及在欧亚大陆东部形成了一条 NNE 向的构造活化带（图 1-2-3（d））。东亚构造集群构造运动的程式和古亚洲洋极为相似，也属于背向俯冲式，只不过太平洋的双向俯冲现在正在进行中。关于背向俯冲对接式形成的机制，以前人们都归根于软流圈地幔对流，后来又提出了地幔柱对流。Maruyama（1994）总结的"surrounded squeezing"地幔隆升模型，显示了这种地幔柱对流。Zhao（2004）根据地震层析剖面的分析，证实了南太平洋土阿莫群岛南纬 20°附近有一低速体一直延伸至 2000 km 多深度，显示了地幔柱的存在。

关于单向运移拼贴式形成机制，应该和大陆裂解有关。邢集善（2007）用地震层析剖面研究华北地区岩石圈和软流圈构造时，发现许多软流圈上涌体，其典型形态呈柱状，当上升至 70～80 km 时，产生侧向流动，称之为层流。它们与上覆地壳的变薄活化以及岩浆活动、矿产和地震的分布有密切关系，总结出了软流圈隆起及地幔层流与上覆地壳地质构造关系的模式图（图 1-2-4）。上涌柱顶部地壳变薄，地幔层流上部热流体大量上升，地壳强烈活化，上涌柱后部陡接触面上部为伸展环境，形成大陆裂谷甚至出现洋壳，一些深源岩浆上升至地壳。受此模式的启发，笔者提出强烈的软流圈隆升或更深的地幔柱隆升引起的地幔层流可能是单向运移拼贴构造模式的动因。

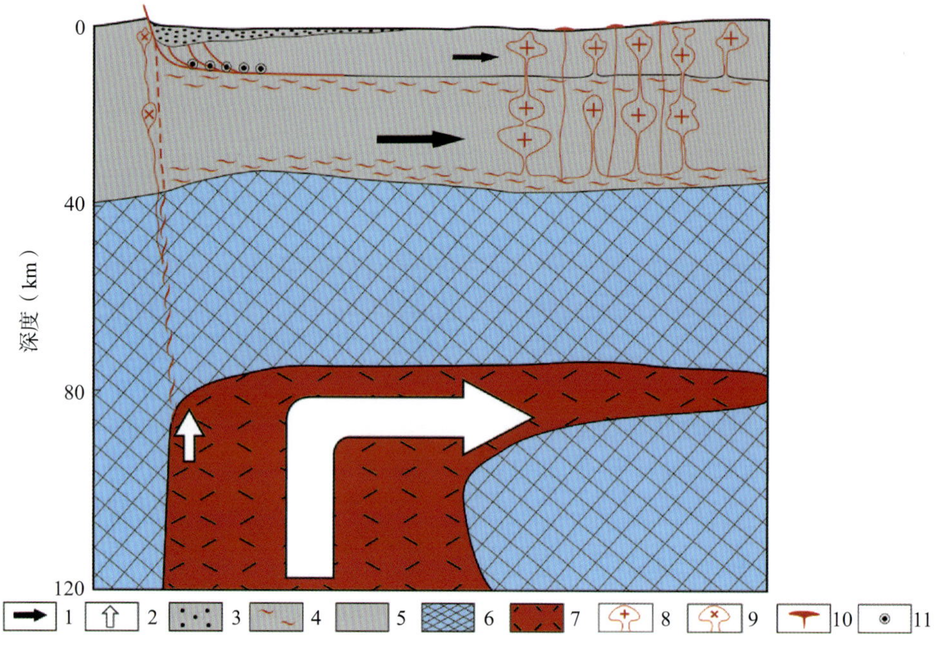

图 1-2-4　华北软流圈隆起及地幔层流与上部构造关系模式图

1. 地壳运动方向；2. 软流圈运动方向；3. 中新生代盆地；4. 地壳流变层；5. 地壳；6. 岩石圈；7. 软流圈；8. 花岗岩；9. 碱性岩；10. 火山岩；11. 地震震中

1.2.2　板内地震构造

亚洲地震包括板缘地震和板内地震，两者有着明显的区别。板缘地震严格受板块运动的制约，成带状分布斜插至上地幔层中（图 1-2-5）（许忠淮，2001），与地幔大尺度隆起有关（图 1-2-6），其震源机制解主要为压性断层，其次有些压扭性断层（图 1-2-7）。板内地震与软流圈的隆起关系密切。地震震源主要呈层状分布，局部地区显示断续带状特征（图 1-2-8）（罗文行等，2008；臧绍先等，

1984)，其震源机制解主要为张性断层，其次是扭性断层（含张扭或压扭性断层)(图 1-2-7)。

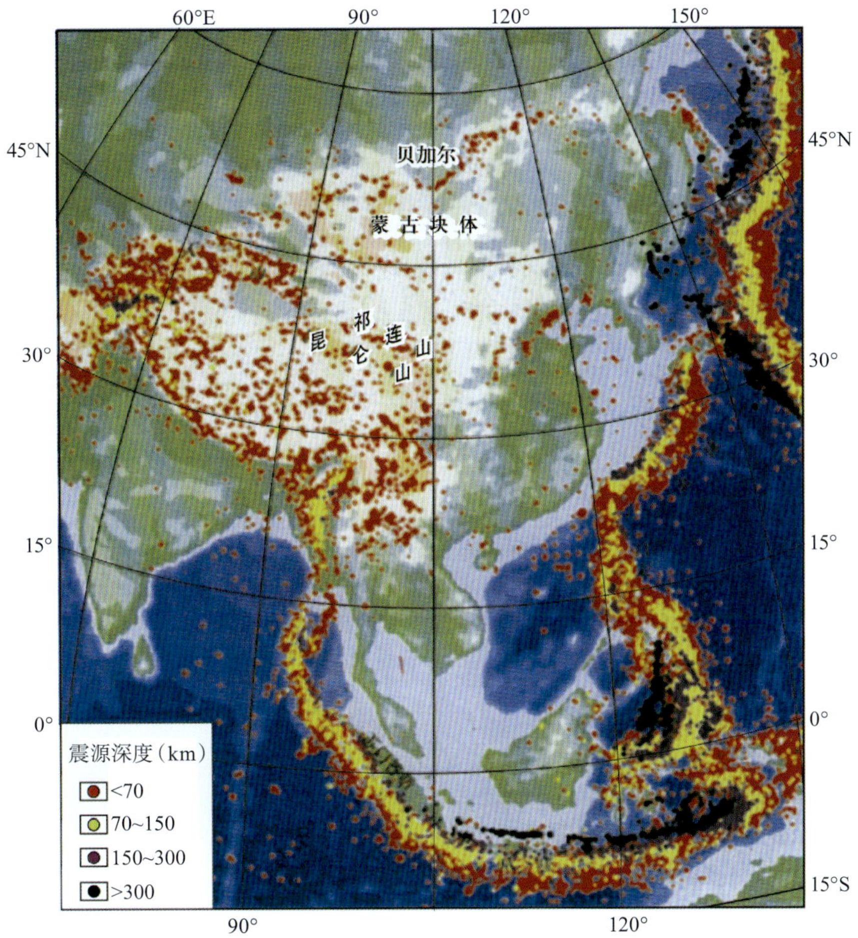

图 1-2-5　东亚地震平面分布图（据许忠淮，2001）

板内地震一词几乎和板块构造同时出现，但多用于描述它所处的构造部位。张之孟（1979）认为板内地震是板块施加外力，使板内水平应力增强而产生的。李德威（1993）在讨论大陆构造样式时，认为大陆地壳分层及层流隆陷是许多地质作用（含地震）的动因。考虑到板内地震分布广、震源浅，但能量大、裂度高、破坏性强，具突发性，因而应当高度重视，将其作为与板缘地震并列的一种地震类型进行深入研究是非常必要的，具有重大的理论和实践意义。

地震的实质就是能量长期积聚和突发释放。需要研究能量是从哪里来的？通过什么途径在什么地方积聚？是什么作用或者什么情况引起地震的爆发？爆发后通过哪些渠道和在什么地方释放能量造成灾害。同时，对这个过程中产生多方面、大量的信息，进行综合分析及地震的监测和预报。因此，只有研究地震的全过程，才能深刻地认识地震的特点和规律，才便于有效地进行地震的监测和临震预报。通过初步研究，认为板内灾害性地震的能量（热能、化学能、机械能）主要来自地球深部，软流圈隆起是其直接原因。因为在一般情况下岩石圈和软流圈的界线相对较平直，但在构造活动强烈地区两者界线参差不齐、犬牙交错，其中软流圈起主导作用，它常以各种形态插入岩石圈中。软流圈上涌体中熔融组分相对集中，形成低密度（2.9～3.0 g/cm^3）的粥样物上涌，直到 70～80 km 深度。其熔融组分可高达 10%～30%，温度比同深度的岩石圈高出 500～600 ℃。因而软流圈上涌体形成一个高热异常区，好似一个巨大的热源库，其热能通过地幔流体（含地幔热流）向上传递。热源库不断向上提供能量，直至它达到与岩石圈相同的物性。这个热源库的冷却包含两种作用，一为上涌体的等温凝结放热，

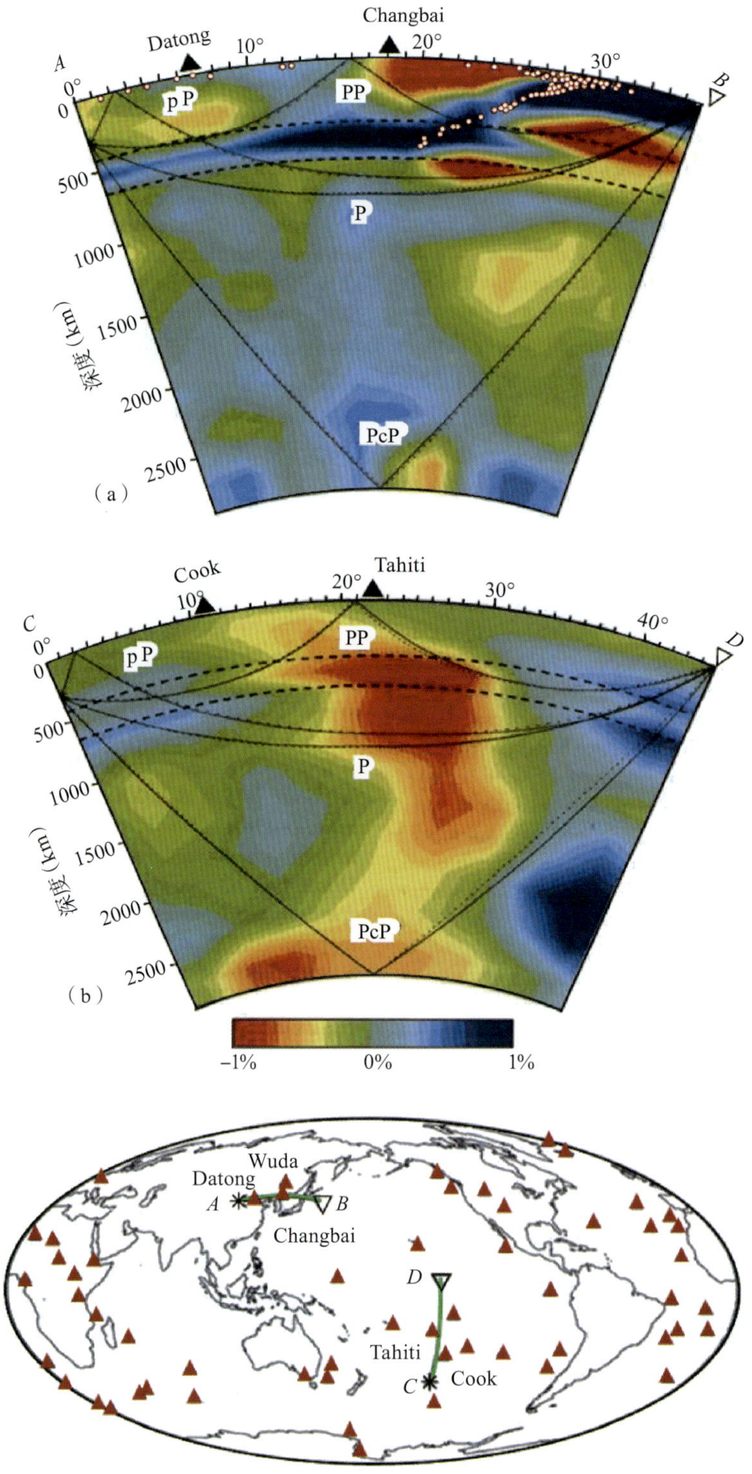

图 1-2-6　板缘地震垂向分布图（据 Zhao 等，2006）

使所有熔融组分结晶析出；另一为结晶岩石放热降温到与岩石圈相同的温度。前者是主要的，其释放的热量是后者的 7～10 倍。因此这一过程是漫长的，赵永贵等（1992）还通过热力学计算得出：当一个直径为 100 km 的软流圈上涌至 80 km 深，如其熔融组分为 10%～15%，则其凝结（冷却）的时间可达 2 亿年以上。正是这个巨大的热源库成为地震能量的策源地。近期对大陆地壳的研究表明，地壳中存在地壳韧性流变层，有些地方甚至具有多层韧性流变层，地球物理上表现为低速高导层，力学上

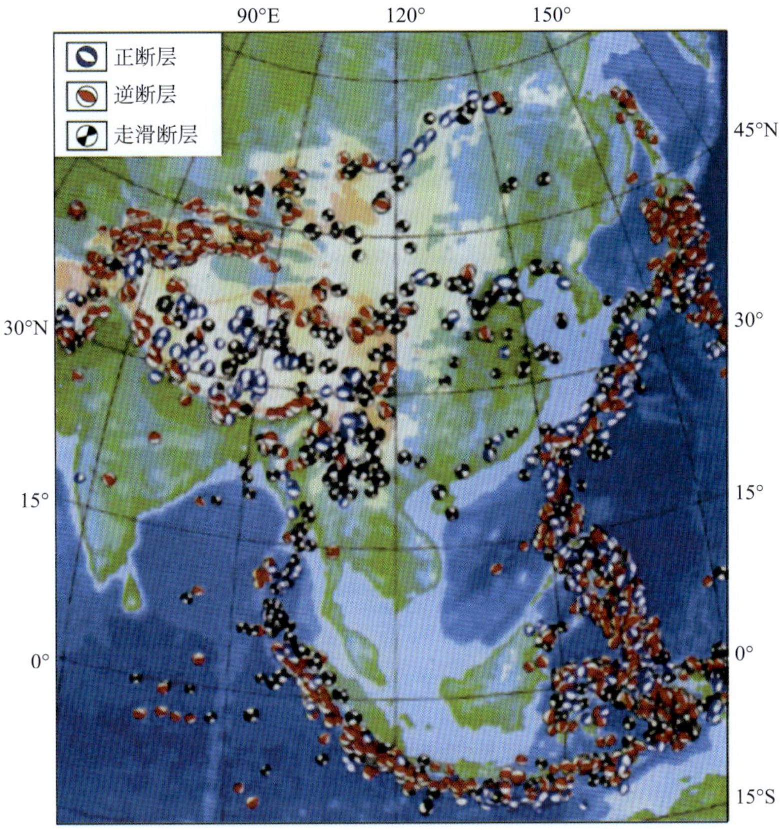

图 1-2-7　东亚地震震源机制解分布图（据许忠淮，2001）

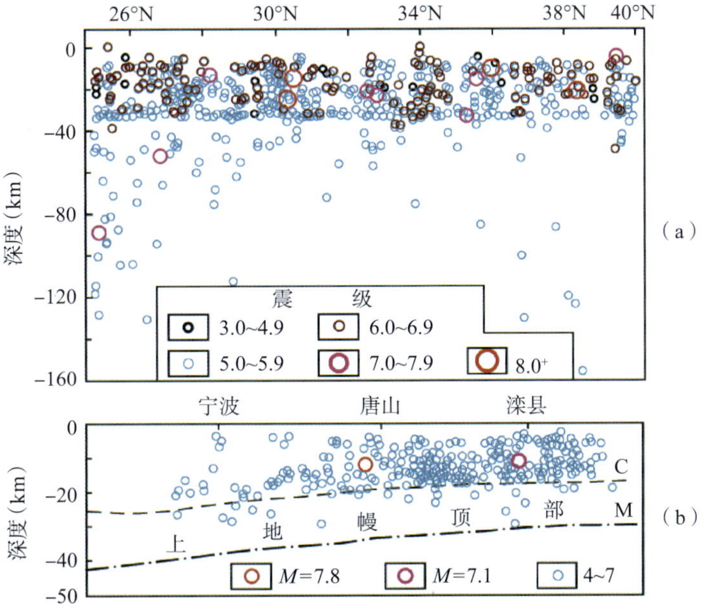

图 1-2-8　板内地震垂向分布图（据罗文行等，2008；臧绍先等，1984）

（a）青藏高原 1997～2007 年 5 级以上地震震源深度-纬度剖面图；（b）唐山地区地壳结构及震源深度剖

为低黏性层。它们吸收了深处的大量热能，并使本身具有更高的流动性。地壳高导层与其上、下高阻层构成的“三明治”构造区，是地震能量积聚的场所。当能量积聚到一定程度，易于在高导层与高阻层（特别是上覆高阻层）之间突然释放，形成地震，故马宗晋（1990）等提出了“震源层”的概念。所以韧性流变层、低速高导层、低黏性层、大致指的是同一位置，其上部就是震源层。地壳上部是脆性变形域，发育有众多不同性质的断层，其中某些活断裂的运动可能诱发地震（触发构造），但大多情况下，众多的断层只是地震前兆集中出现的地方，地震爆发时能量运移释放的出口，则是巨大的地震灾害的集中场所。最后，将地震过程归纳为：深部层次软流圈隆起供热—中部层次地壳韧性流变层“三明治”构造区聚能—浅表层次脆性断层是触发构造和能量释放的通道，称之为地震过程的三层次构造新模式。相应地要建立三层次地震监测新体系。

1.2.2.1　研究内容和方法

将时空结合起来拟定出3个层次：深层次——地震热能和上隆机械能；中层次——热能、应变能积聚和释放；浅表层次——地震脆性断裂触发构造位移分布、地球物理和地球化学前兆和灾害预测。

1）深层次——地震热能和上涌机械能

深层次集中研究岩石圈-软流圈构造，更确切地说是软流圈的上涌构造。天然地震层析成像是研究岩石圈-软流圈构造最有效的方法，其次是大地电磁测深。国内外一些学者研究了中国及邻区天然地震层析成像特点，他们的成果均反映出岩石圈-软流圈区域构造基本格架。邢集善等（2007）进一步对华北地区和中国东部地区的岩石圈-软流圈构造做了详细的研究，根据70多条地震层析成像剖面和4个横断面，编制了中国东部岩石圈-软流圈构造图，图中可清晰辨别出软流圈的隆起（图1-2-9）。在上述成果基础上，进一步研究软流圈上涌的几何形态、演化过程及上部层次的响应。软流圈常以圆柱状、墙状（陡接触带）、似层状和其他形状上涌至岩石圈中，其中前两者与地震的关系更为密切（图1-2-10）。笔者重点研究了华北地区几个软流圈上涌柱的特点及其对上部层次的影响（图1-2-11）。图中勾画了软流圈顶面形态特征，粗黑色箭头表示软流圈物质运动和能量传递方向，箭头的高低表示软流圈上涌的强度。细黑色箭头表示地壳物质运动方向，小圆圈中的点和×表示走滑断层运动方向。Moho面以上的5条线（面）分别表示软流圈上涌柱演化过程中地壳、结晶基底、盖层、盆地的底面及地形、地热变化情况。图中还标出了盆地的类型、地震的聚能层及地震位置，但未标出岩浆活动和内生矿床情况。对比不同地区软流体隆起之异同，发现它们呈现出有规律的变化，反映了一个软流圈隆起形成到衰亡的理想过程，大致可分为4个阶段（时期）：初始期（大同柱）—高峰期（下辽河柱、渤海柱、汾渭柱）—转换期（邯郸柱、郯庐柱）—均衡调整期。初始期的软流圈隆起幅度小、强度低，对上部的影响也较微弱，使Moho面、盖层底面、地形面微微上隆，盆地、岩浆、地震均不甚发育，地热微弱正异常；高峰期软流圈隆起强度大，对上部影响强烈：Moho面隆起，地壳伸展变薄，各种张性盆地发育，岩浆活动、地震非常发育，地热梯度明显正异常；转换期软流圈隆起开始减弱，和前一时期的区别是Moho面微弱下凹，地壳挤压或走滑断裂和盆地发育，地震和地热正异常减弱，地壳略有增厚；均衡调整期软流圈逐渐消亡，所有上述线（面）都逐渐变平，处于均衡状态。这样，我们可以根据软流圈隆起本身特点及其上部响应的各种标志的具体情况，确定该软流圈隆起所处阶段。

2）中层次——地震能量积聚转换和释放

（1）韧性流变层的存在以及它的几何形态特点。韧性流变层本身非常不均一，有薄有厚，甚至尖灭。确定流变层存在最有效的是人工地震测深和大地电磁测深。中国地质大学（武汉）於文辉教授研制了一套测量岩石黏性的设备，在石油深部勘探中发挥了良好作用，可用来测定地壳韧性流变层的位置。另外，航空重力测量和卫星重力测量也可间接帮助找到软流层的位置。例如，通过卫星重力异常发现，汶川震源区处于一重力异常陡变带的中部。

（2）地壳韧性流变层“三明治”构造能量积聚过程。地壳各个层的物性差异很大，有些层能大量吸收热能而成为韧性流变层，吸收热能愈多，其流变性愈强，故流变层有薄有厚，甚至尖灭。与此相反，不能大量吸收热能的强硬层却能大量吸收机械能，且以应变能的形式储存起来。这些机械能主要来自上隆作用和地壳水平运动。地幔流体和地幔热流上升过程中和地壳岩石发生物质和能量的交换。在下地壳下部，这种交换作用更显著，往往在这里形成面积较广的韧性流变层，在适当的环境下可形成岩浆房。这样，地幔的、壳幔混合或地壳的流体和热流继续向上传递，在中地壳韧性流变层热能再次积聚。地壳韧性流变层还含有一定熔融组分，包括气体和水，增大了它的化学能。

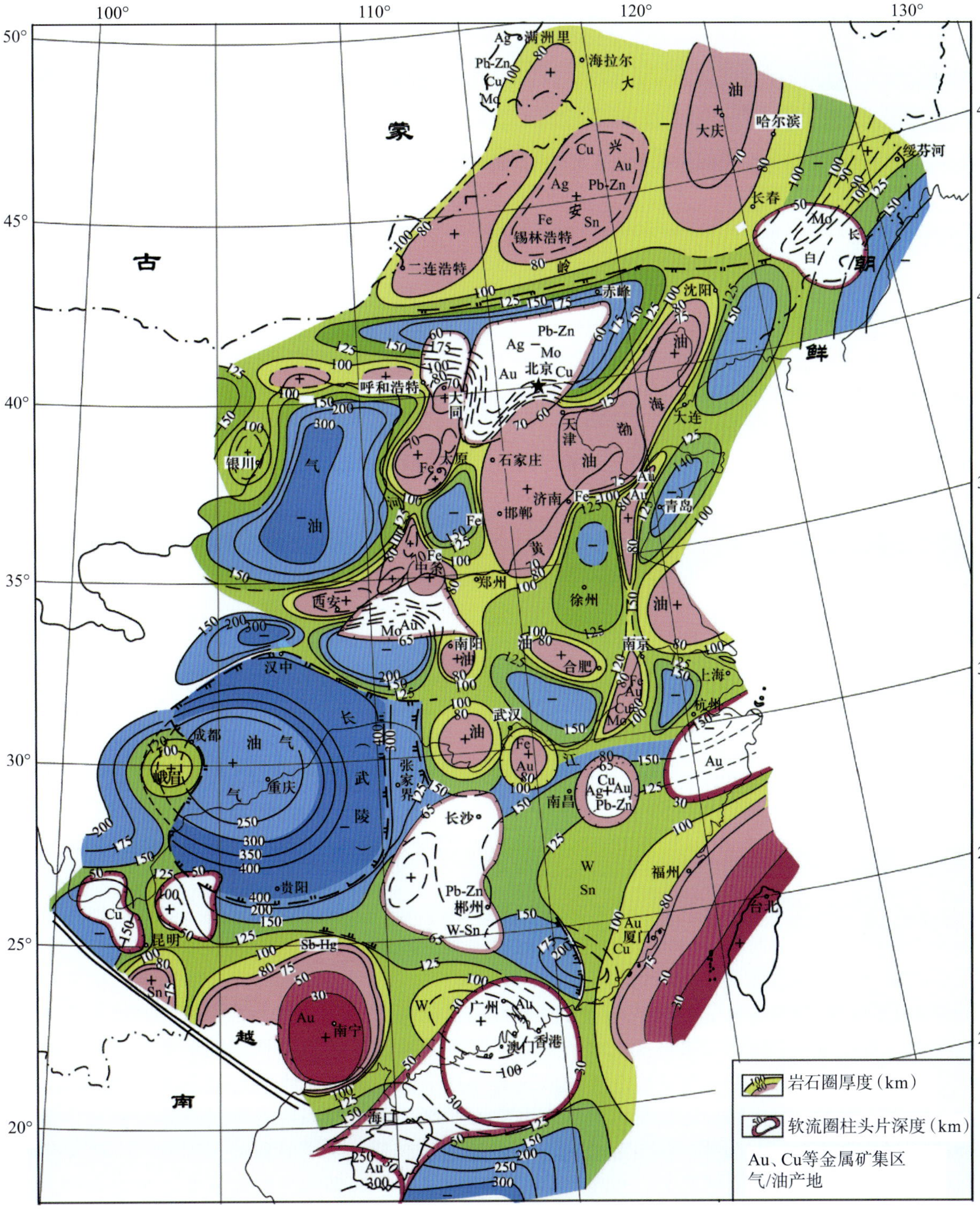

图1-2-9 中国东部岩石圈-软流圈构造图（据邢集善等，2007）

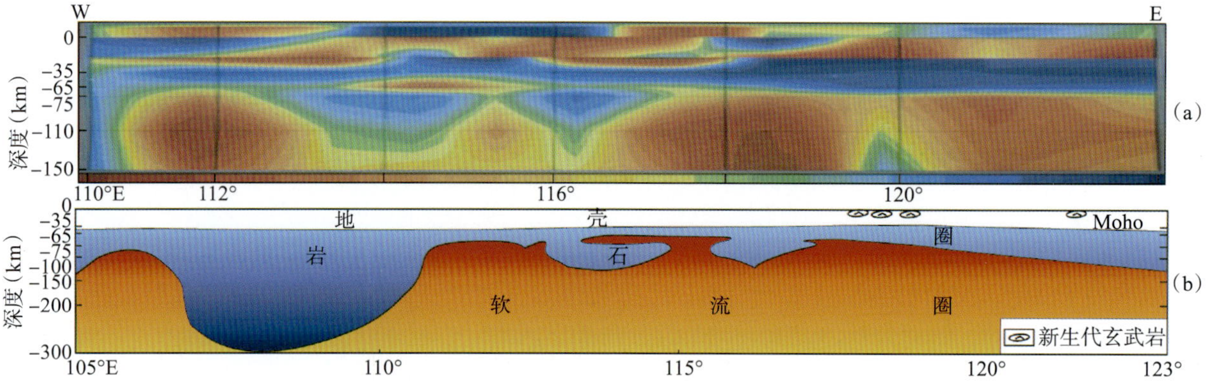

图 1-2-10　华北地区 36°N 地震层析剖面图（a）及解译图（b）（蔡学林等，2007）

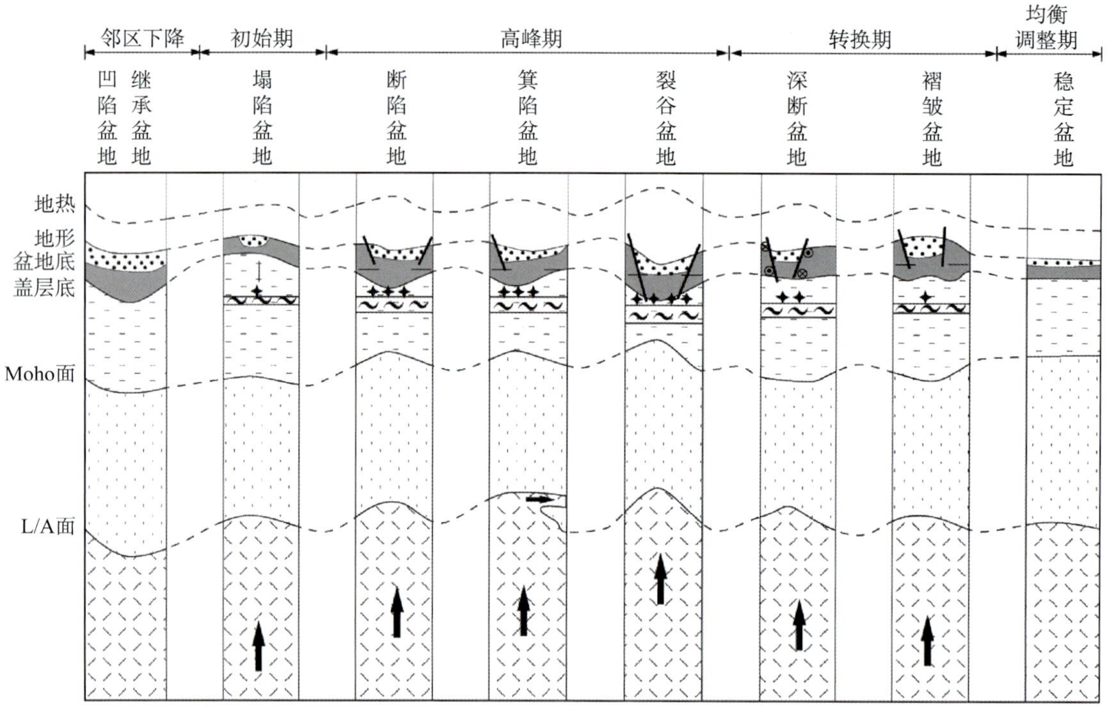

图 1-2-11　软流圈隆起发展过程模式图

（3）地壳韧性流变层能量转换和发震机制。地震是由于弹性介质发生破裂而产生的，所以地壳韧性流变层中的热能和化学能要部分转换成应变能并传递到上覆脆性层中。韧性流变层热能、化学能高会减低承载能力，使得上覆脆性层需要承担更大的载荷，并在底面形成应力集中和应变能的集中，同时软流圈的上涌和地壳韧性流变层的浮力都要向上覆脆性层施加压力，在上、下承压的情况下，应力进一步集中。另外地壳韧性流变层会发生水平运动；其下部脆性层因受到软流圈水平运动的影响，可产生水平移动；上部的脆性层在板块构造或区域构造作用下，也可产生水平位移。不管何种情况都因两者物理性质差别大，在接触面运动受阻均可造成应力的集中。这样当应力达到临界点便沿接触面破裂（拆离）发生地震。一旦发震，应变能及流变层中的热能和化学能同时释放，因此，一些灾害性的地震往往发生在地壳韧性流变层之上。当浅层发育的活动断层扩展到地壳韧性流变层时更会促进这一过程的发生。事实上，很多浅部的断层和深部的拆离联合起来成为铲式断层或称拆离断层，并成为触发地震的主要构造。除上述外，还有一种可能的发震机制值得重视，即当区域性的能量传递至“三明治”构造储能区，便会在此加速积聚，达到临界值时最后突然释放。

（4）地震周期性变化。地震周期性变化是客观存在的，能量积聚层是研究这一问题有利的地区，能量积聚、传递、爆发的规律是研究这一问题最直接的信息和依据。可从两方面进行研究，一为地球的自转和公转及其速度变化；另一方面是其他星球特别是月球的引潮力的影响。上述种种情况表明，中层次的研究是非常重要的环节，不仅它起着承“下”启“上”的作用，更重要的它是地震孕震和发震的场所。

3）浅表层次——地震触发、前兆监测和灾害预测

前节已述，向下延伸至韧性流变层的活断层、韧性流变层与围岩之间的拆离断层，均可导致发震，这些与地震爆发有关的断层统称为触发构造。它们也是重要的地震前兆观测场所。长期以来人们把绝大部分的力量投在活动断层的研究和监控上，诸如GPS监测、应力和应变测量等，取得很多有益的成果，总结了许多比较成熟的手段和方法，不在此重复。仅根据我们的认识提出3个问题进行探讨。

（1）从地震的全过程来看，地震发生的关键是地壳韧性流变层“三明治”构造区间能量的积聚、转换和释放，断层只是地震爆发的触发构造及爆发后能量释放通道和出口，而不是产生地震的本质原因。因而应该把研究地震机制的重点从地壳上部转移到地壳韧性流变层“三明治”构造上来。

（2）从地震的全过程来看，地震能量积聚是长时间和大面积逐渐集中的过程，而爆发则发生在短期的小范围内，所以要扩大地震监测的时空领域和增加监测手段。我们把监测领域由地壳上部扩大到地球表层系统。地球表层系统是钱学森院士倡导的，指的是地球环境中与人关系最密切的部分，包括了岩石圈最上部，生物圈、水圈和大气圈的一部分。把视野扩大到地球表层系统有利于对地震全过程的监测。在监测手段上，除现行的常规有效的监测手段外，要加强采用现代化手段对空间地震信息的观测、采集和处理、在这里特别提出要采用卫星热红外技术、次生波阵列和宽频地震仪进行监测。

（3）表层系统的核心问题是各种地质作用及地质过程与人类生存及社会发展之间的关系，所以要组织专人，加强对地震灾害及防震抗震的研究。表层系统是地震前兆集中出现和地震中造成灾害最严重的地域，是地震监测预报、防灾、抗灾的前沿阵地，是运用现代科技手段进行联合攻关的舞台，是决定工作成败的关键，也是检验理论和预测体系的试金石。

1.2.2.2 中国板内地震三维动态监测体系的初步构想

首先根据各地地质与地震的特点进行地震地质分区，然后在每个区中选择一二个地震进行剖析，总结它们的规律，建立该区的地震地质模型，将该模型作为监测预测工作的依据。

1）中国板内地震的地震地质分区

中国板内地震区概略地可分为东部区、中部区（南北地震带）、西北区和青藏区。它们的地震机制和背景、构造格局、新构造变形和应力状态均有显著差别。东部区进一步可分为东北、华北、华南3个小区，但它们总体特点相似。东部区软流圈埋深较浅，是软流圈隆升区，软流圈常以各种形态上涌至70～80 km处，其中最显著的特征形态为圆柱状。地壳层次总体处于伸展环境，构造方向以NNE向为主，浅层中正断层和盆地发育，岩浆活动频繁，地震震源机制解多为正断层型。中部区（南北地震带）非常复杂，软流圈埋深较浅，也是一个软流圈隆起区，地壳层次总体处于压扭环境，构造表现为追踪两组剪切面呈SN向展布，变形复杂、各种构造样式都可见到。岩浆活动较多，地震特多，其震源机制解多为压扭断层型。西北区软流圈埋藏偏深，顶面起伏变化大，地壳层次总体处于走滑环境。NW向和NE向两组走滑构造特别发育，古生代岩浆发育。但中新生代较少，地震震源机制解多为张扭断层型。青藏区软流圈埋藏深，地壳厚度中心部位可达60～70 km，向四周变薄，地幔岩石圈厚度中心地区小，向四周加厚，故地壳受软流圈影响较大，同时地壳埋深大，因而下地壳流动性强。地壳层次中心部位处于伸展环境，SN向张性构造发育，由中心分别向北、向东、向南推覆。地震震源机制解多为正断层型。

2）华北地区板内地层三层次监测体系构想

由于华北地区地震形成过程比较清楚，地震和地质的研究程度较高，所以选择它作为剖析区。其他区的特点基本上与华北区相似。我们选择唐山和渭汾两个典型地区进行解析、总结规律。徐常芳

(2003) 对唐山地震机理的研究认为唐山地区位于渤海上地幔高导层隆起（相当我们所称的软流圈隆起）区的西侧，上地幔高导层埋深为60～70 km；下地壳发育了较大范围的低速层，中地壳存在一个范围较小但厚度较大的低速层（相当我们所称的地壳韧性流变层），地震发生在低速层边缘部位（相当我们所称的拆离构造）。徐常芳还总结了地震前兆特点，在唐山地区发生了约2～8 cm的地面隆升变形，震前一二个月，由于地壳上拱，上地壳产生破裂或发生裂隙扩张，造成井水水位急剧下降。震前半个月，深部流体上涌，造成油田油井压力上升；增温率出现异常，震前两天出现高达1 ℃的增温率。震前几小时至几分钟，深部流体的上涌造成井水水位强烈回升。这些都是以后进行地震监测和预报时的线索。汾渭裂谷盆地，地表有一系列张性断裂盆地，剖面中显示铲式断层和箕状盆地特征(图1-2-12)(邢作云等，2005)。盆地下面有一低速高导层和软流圈隆起。如晋城-临汾-子长人工地震测深剖面中临汾盆地之下明显出现低速层，向两侧消失，临汾地震恰好在低速层边部（图1-2-13）(杨巍然等，1995)；在临汾断陷电性结构剖面中，深部与浅部对应关系非常有说明力（图1-2-14），临汾地震、洪洞地震发育在壳内高导层之上。整个裂谷系的地震分布都是发育在盆地之下(图1-2-12)。根据上述两个解剖区的特点，参考我们在贝加尔地区总结的地震形成的规律（杨巍然等，1995），建立了华北地区地震三维动态监测体系的地震地质模型（图1-2-15），将根据各种参数进行物理和数值模拟，修改和完善地震地质模型，并以它作为我们部署监测工作的依据。

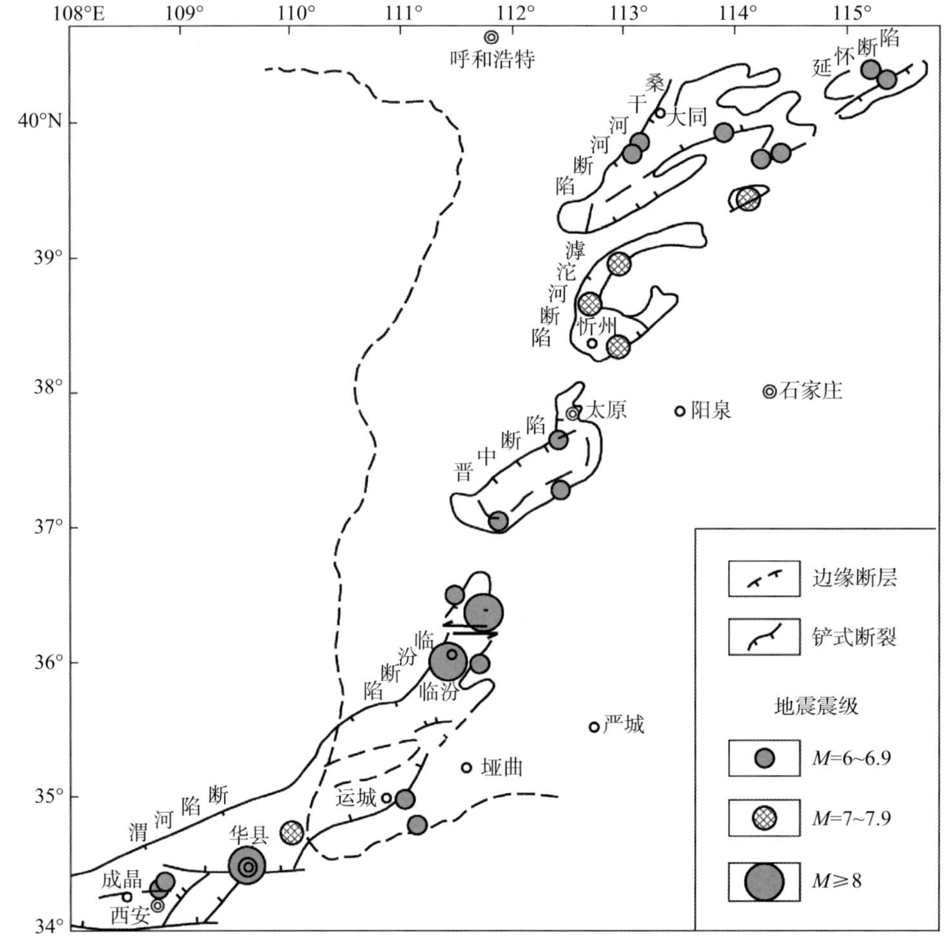

图1-2-12　汾渭裂谷系构造与强震分布图

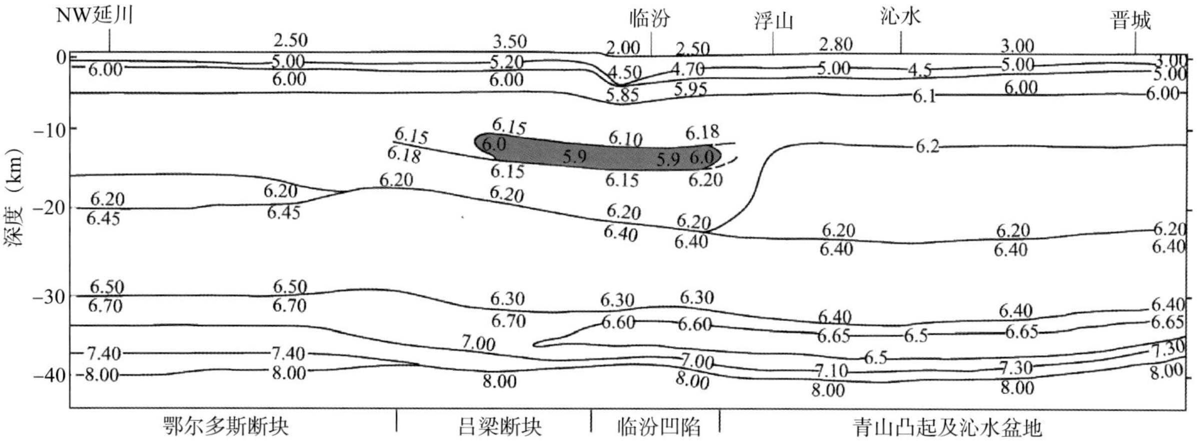

图 1-2-13　晋城临汾-子长人工地震测量剖面

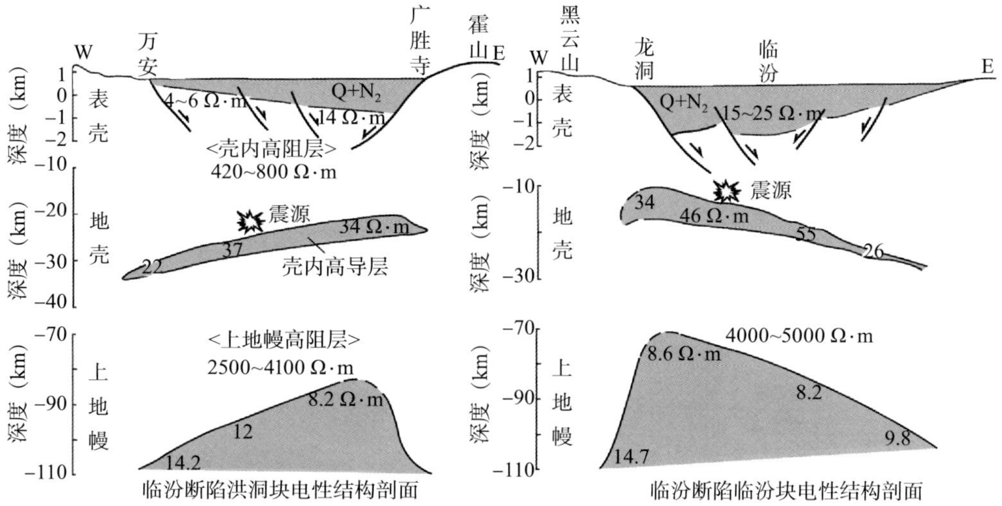

图 1-2-14　临汾断陷电性结构剖面（据邢作云等，2005）

首先根据华北地区软流圈构造图（图 1-2-16），进行监测的战略安排。图中①大同柱，②～⑥汾谓柱，⑦下辽河柱，⑧渤海柱，⑨苏北柱，⑩～⑰邯郸柱，郯庐柱，合肥柱，南阳柱，江汉柱，中条柱，吕梁柱标明了软流圈上涌柱的规模、位置和它所处的演化阶段。过去所记录到的 7 级以上的地震都位于高峰期上涌柱的顶部和边缘，因此，高峰期的上涌区是战略安排中的一级监测区。初始期和转换期为二级监测区。其中一级监测区中的渤海上涌柱，地处渤海油田之下，面向北京、天津等重大城市，尤应重视。其中二级监测区中的南阳和江汉上涌柱，面临三峡大坝和库区，也应多加关注。另外，大同上涌柱，正处于向高峰期转变，也需要重视。其次，对战略安排的重点监控区的地壳流变层发育情况做系统分析，进行监测的战役安排。最后对战役安排中的重点地区，加强对其上部的断层性质特点做深入研究，然后根据上、中、下三层次的具体要求，全面部署表层系统层次中的监测手段与方法。

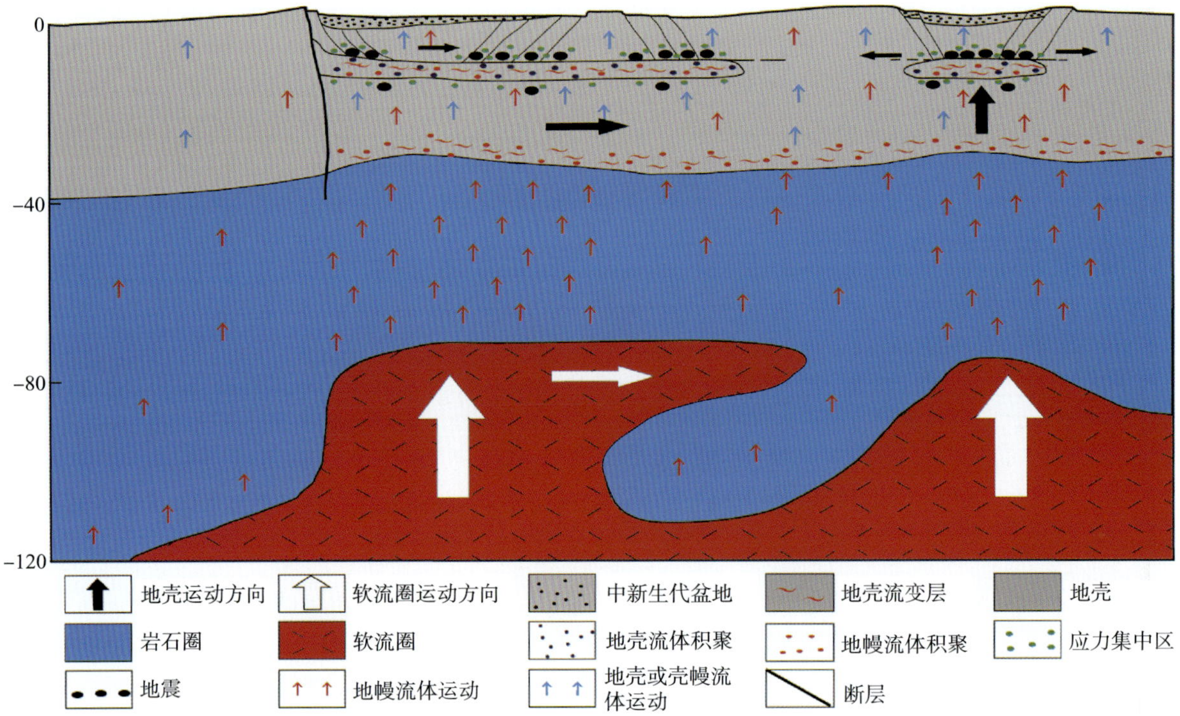

图 1-2-15　华北地区地震地质动力学模型

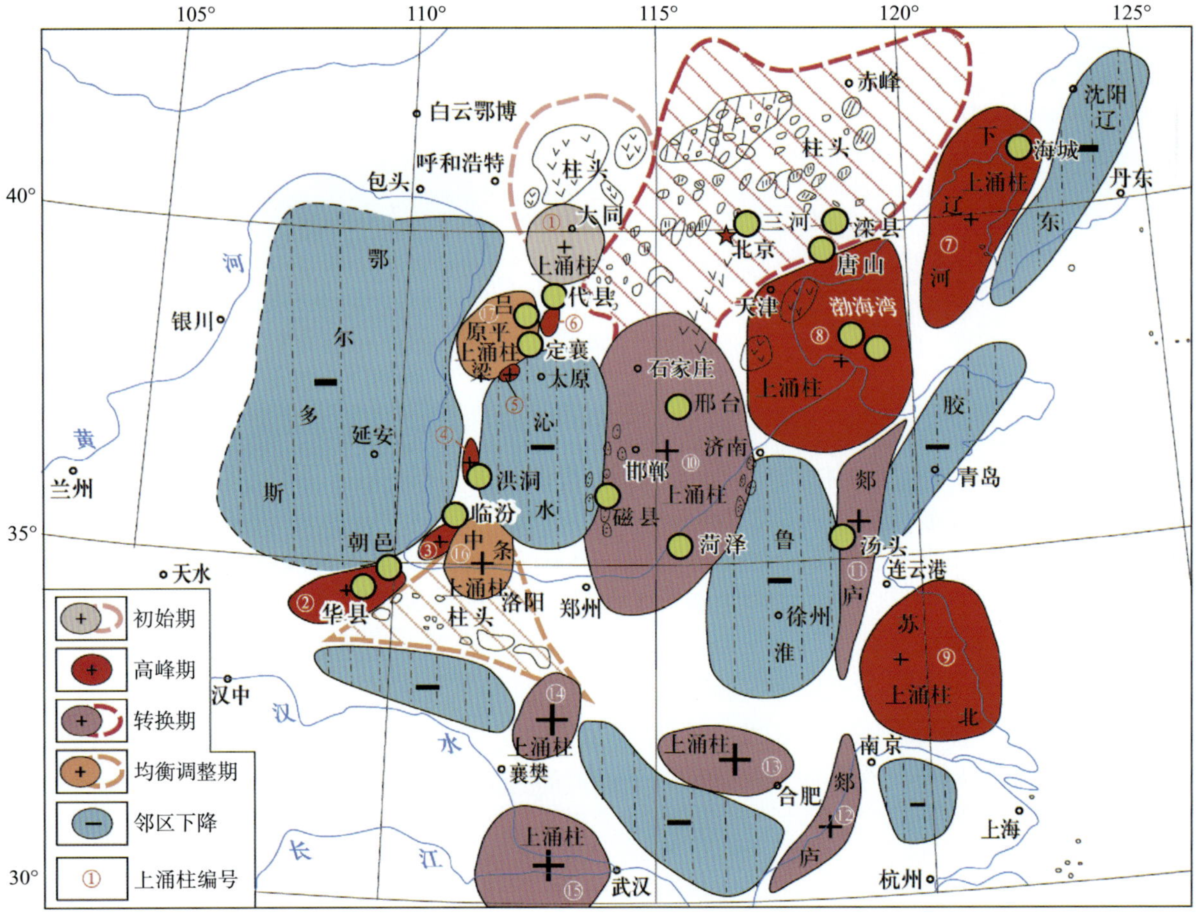

图 1-2-16　华北地区软流圈构造与 7 级以上地震分布图

参考文献

蔡学林、朱介寿、曹家敏等，东亚太平洋岩石圈三维结构及其地幔动力学，地学前缘，2007，14（3）：21～38。
曾佐勋、杨巍然、Neubauer F 等，造山带挤出构造，地学前缘，2001，8（2）：415～420。
耿树方、刘平、王振洋等，中国大陆侏罗纪以来六大动力体系和资源预测，中国地质，2009，36（3）：490～503。
贺日政、赵大鹏、高锐等，利用远震 P 波层析成像研究西昆仑造山带下岩石圈地幔速度结构，地球物理学报，2006，49（3）：778～787。
李德威，大陆构造样式及大陆动力学模式初探，地球科学进展，1993，8（5）：88～93。
李廷栋、Daukeev S Z、Kim B C 等，亚洲中部及邻区地质图系：地质图 1∶2500000，北京：地质出版社，2008。
刘福田、曲克信、吴华等，华北地区的地震层面成像，地球物理学报，1986，29：442～449。
刘建华、吴华、刘福田，华南及其海域三维速度分布特征与岩石层结构，地球物理学报，1996，39：483～492。
罗文行、李德威、汪校锋，青藏高原板内地震震源深度分布规律及其成因，地球科学——中国地质大学学报，2008，33（5）：618～626。
马宗晋、杜品仁、洪汉净，地球构造与动力学，广州：广东科技出版社，2002：1～504。
马宗晋，大陆多震层研究现状和讨论［J］，地震地质，1990，12（3）：262～264。
潘桂棠、肖庆辉、陆松年等，中国大地构造单元划分，中国地质，2009，30（1）：1～28。
齐诚、赵大鹏、陈颙等，首都圈地区地壳 P 波和 S 波三维速度结构及其与大地震关系，地球物理学报，2006，49（3）：805～815。
任纪舜、王作勋、陈炳蔚，从全球看中国大地构造：中国及邻区大地构造图说明书，北京：地质出版社，1999：1～50。
万天丰，中国大地构造学纲要，北京：地质出版社，2004：1～387。
王鸿祯、何国琦、张世红，中国与蒙古之地质，地学前缘，2006，13（6）：1～13。
王涛、郑亚东，中蒙边界中生代推覆-伸展递进转换及地壳尺度的切向剪切，地质通报，2002，21（4/5）：232～237
邢集善、杨巍然、邢作云等，中国东部深部构造特征及其与矿集区关系，地学前缘，2007，14（3）：114～130。
邢集善、杨巍然、邢作云等，中国东部深部构造特征及其与矿集区关系，地学前缘，2007，14（3）：114～130。
邢作云、邢集善、赵斌等，华北地区两个世代深部构造的识别及其意义——燕山运动与深部过程，地质论评，2006，52（4）：433～441。
邢作云、赵斌、涂美义等，汾渭裂谷系与造山带耦合关系及其形成机制研究，地学前缘，2005，12（2）：247～262。
徐常芳，中国大陆壳内与上地幔高导层成因及唐山地震机理研究，地学前缘，2003，10（特刊）：101～111。
许忠淮，东亚地区现今构造应力图的编制，地震学报，2001，23（5）：492～501。
杨巍然、郭铁鹰、路元良等，中国构造演化中的“开”与“合”，地球科学：中国地质大学学报，1984（3）：39～53。
杨巍然、孙继源、纪克诚等，大陆裂谷对比-汾渭裂谷与贝加尔裂谷系例析，武汉：中国地质大学出版社，1995：1～127。
杨巍然，地球表层系统与中国区域大地构造的研究发展，地学前缘，2006，13（6）：102～110。
尹安，喜马拉雅-青藏高原造山带地质演化：显生宙亚洲大陆生长，地球学报，2001，22（3）：193～230。
臧绍先、杨君亮，我国华北等地区板内地震的深度分布及其物理背景，地震地质，1984，6（3）：67～76。
张国伟、郭安林、董云鹏等，大陆地质与大陆构造和大陆动力学，地学前缘，2011，18（3）：1～12。
张之孟，我国及邻区板内地震与板缘地震的关系，地震地质，1979，1（3）：12～23。
赵永贵、钟大赉、刘建华等，地震层析地质解释原理及其在滇西深部构造研究中的应用，地质科学，1992（2）：105～113。
郑亚东、王士政、王玉芳，中蒙边界区新发现的特大型推覆构造，中国科学：B 辑，1990（12）：1299～1305。
朱介寿、曹家敏、蔡学林等，中国及邻近海域地球内部三维结构及动力学研究，地球科学进展，2003，18（4）：497～503。
Maruyama，S. Plume tectonics，Journal of the Geological of Japan，1994，100（1）：24～49.
Sengor A M C，Natapin B A，Burtman V S，Evolution of the Altaid tectonic collage and Palaeozoic crustal groath in Eurasia，Nature，1993，364（22）：299～307.
Zhao D P，Global tomographic images of mantle plumes and subducting slabs：Insight into deep Earth dynamics，Physics of the Earth and Planetary Interiors，2004，146：3～14.

1.3　亚欧大陆的地貌构造*

1.3.1　引言

欧亚大陆是地球上最大的陆块，它具有各种现代地貌构造单元，如洋陆过渡带、年轻的及复活的造山带、年轻的和古老的地台等。这些地貌单元形成多种时空组合与序列。在南边，欧亚大陆与阿拉伯、印度次大陆（冈瓦纳块体）及地中海连接。

根据这些地貌单元，可推测以下岩石圈构造成因因素：① 地球表层上方的大气层与水圈；②静岩压力，但不重要；③岩石圈向外部过程输送的超量物质；④岩石圈密度不均匀性对构造变形的影响。这些因素说明，在研究近地表构造成因时，必须使用地貌方法，因为现代构造变形对地球表面地形有很大影响（Ufimtsev，1984；Vita-Finzi，1986；Embleton，1987；Summerfield，1987；Goudie，1995）。在研究新构造地貌及其构造组合时，可根据最小高程绘出构造地形和基底面的图形（类似于褶皱面的切平面）。建立这些构造的成因或演化序列是认识岩石圈表层现代动力学的关键。本文是对作者过去所做的关于欧亚大陆及邻区新构造研究的总结（Ufimtsev，1984，1991，1998，2002，2005，2008，2009；Ufimtsev and Shchetnikov，1999）。

应当指出，欧亚，特别是亚洲内部，地貌构造研究涉及到灾害性地质过程，因此对自然灾害预测具有重要基础理论意义。

1.3.2　欧亚的新构造

欧亚大陆的地貌构造呈现中心辐射状（图 1-3-1），年轻和古老地台主要是平原和高原，构成欧亚核心，其北边是北极洋盆，南边和东边环绕着地形不连续的复活造山带，它们具有块状或穹窿块状结构，如天山；再向南，是年轻的阿尔卑斯-喜马拉雅造山带和地中海盆地。再向东，是复杂的洋-陆过渡带和年轻的造山带，如萨哈林、台湾、堪察加；这些过渡带上分布着与消减相关的边缘盆地。欧亚北边，北极地区完全是被动大陆边缘。而南边的次大陆（阿拉伯半岛）以陆内裂谷或形成机制相似的大型陡崖为边界。

欧亚大陆的新构造单元也是辐射状延伸。如复活的乌拉尔造山带延伸 5000 km，在南边，它与横向断层构成乌拉尔-阿曼线性构造，一直延伸到马达加斯加。这一线性构造在大地水准面斜坡上表现为间断，表明有深部根源性质（Chase，1979；Ufimtsev，1998）。

欧亚新构造的另一特征是与大尺度大地水准面凹陷相关，并与年轻及复活的造山带、山间区域、高地台平原以及大型碰撞系统一致（Ufimtsev，1998）（图 1-3-2）。在大地水准面凹陷边缘，是低地台平原（西伯利亚西部、图兰）和亚洲东部的复杂洋-陆过渡带，乌拉尔缝合隆起带和岛弧则位于大地水准面凹陷边缘的间断或破裂上。

欧亚大陆的基底面以小角度向北倾斜，整个欧亚是朝着北极倾斜的巨大块体，其基底高度在西藏-喜马拉雅是 4500～5000 km，向北变低至海平面和低于海平面。在南边，阿拉伯和印度块体也是向北倾斜。

欧亚大陆的地貌显示了北半球现代地球动力学特征：从洋-陆过渡带、年轻和复活的造山带到年轻和古老的地台之间的逐渐转换以及各种裂谷；而南半球的地貌构造特点是陆块分离和洋盆的扩展。南、北半球之间的间断具有复杂的形状，其中南半球的地貌构造单元大量进入北半球（太平洋和北大西洋），阿尔卑斯-喜马拉雅带、地中海和美洲的加勒比盆地位于两个半球的地貌构造交会区

* 本节作者：Ufimtsev，G. F.，俄罗斯科学院西伯利亚分院地壳研究所。

域。需要探讨的问题是：这些区域是地球赤道的特殊地貌构造还是挤压的北半球与伸展的南半球之间的接触带？

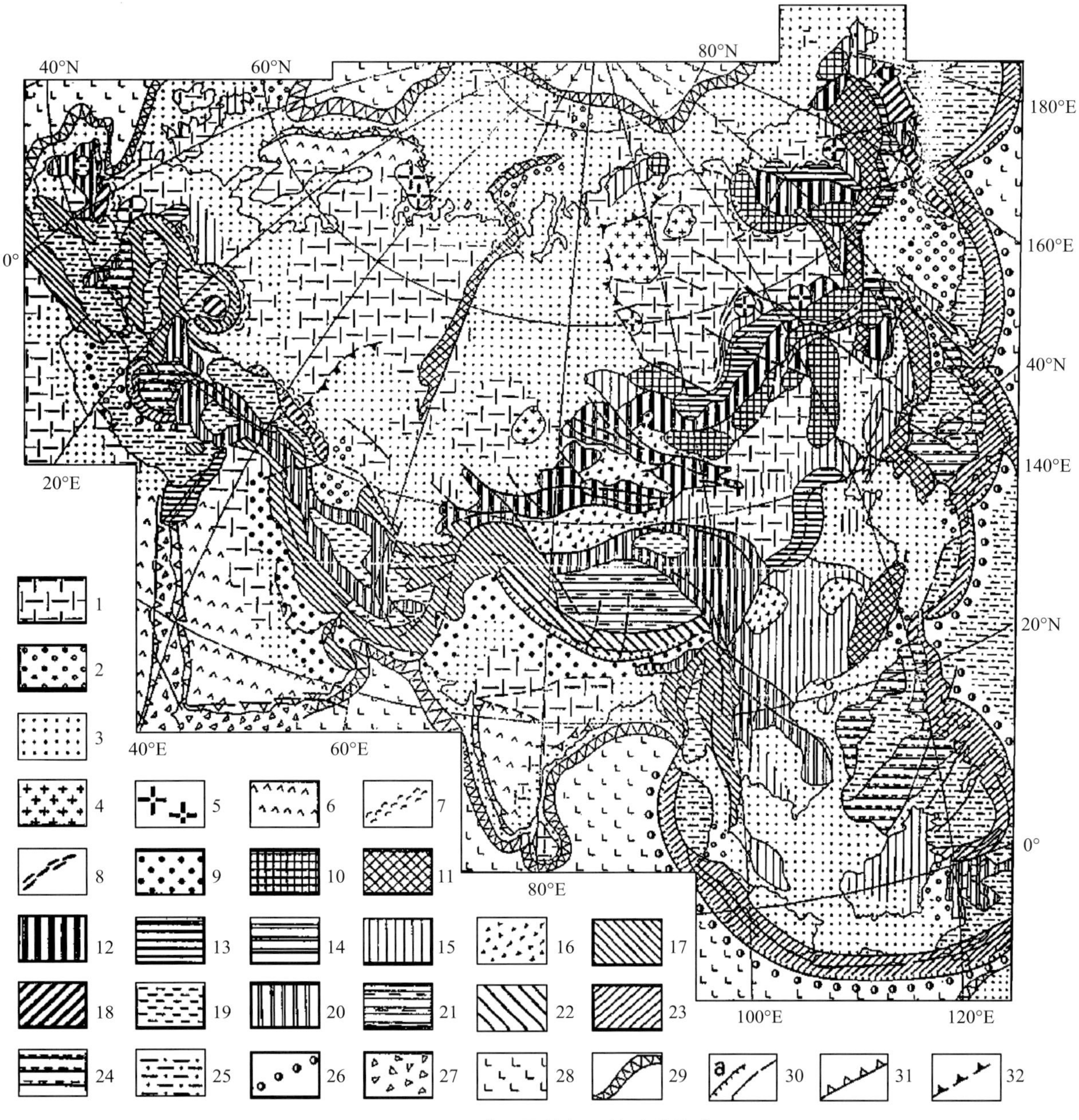

图 1–3–1　欧亚及其邻区的地貌构造

平原–地台区：1. 一般隆起区；2、3. 一般下沉区，包括强烈下沉区和线性地槽；4、5. 地台边缘穹窿隆起；6. 边缘大陆块体隆起；7. 山前平原；8. 山前褶皱带；9. 山前凹陷，复活造山带；10. 大型穹窿隆起；11. 块状隆起；12. 线性弯曲与构造丛集带；13. 陆内裂谷；14. 陆缘裂谷；15. 块体域；16. 山间盆地；17. 褶皱山脉；18. 穹窿隆起；19. 山间区域；20. 线性弯曲的穹块；21. 高原山脉（西藏型）；22. 台阶块隆（喜马拉雅型），地中海及洋陆过渡带；23. 岛弧隆起；24. 大陆边缘陆地；25. 地中海及边缘海深水盆地；26. 深水槽；27. 陆内裂谷；28. 大洋区；29. 大陆坡；30. 逆冲带；31、32. 大型陡坎

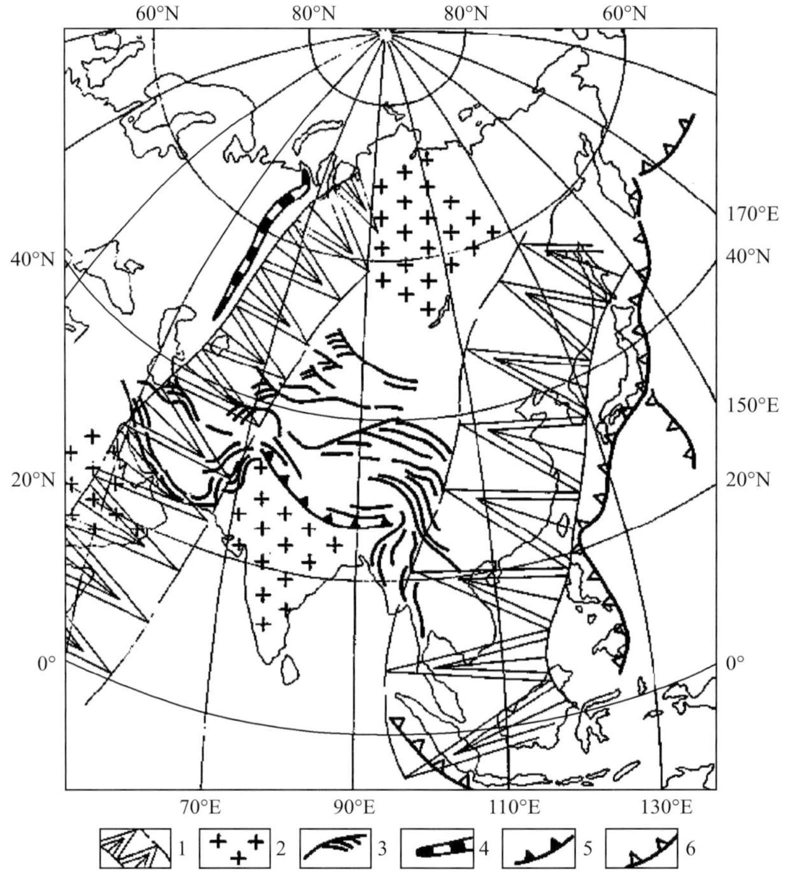

图 1-3-2　印度洋、亚洲的部分地貌构造单元

1. 大地水准面边缘斜坡；2. 克拉通；3. 穹块构造与褶皱山脉；4. 缝合线；5. 喜马拉雅前缘；6. 岛弧

1.3.3　年轻的造山带

以巨大的阿尔卑斯-喜马拉雅带为代表，欧亚年轻造山带的特征是重叠的块体和褶皱的山脉，使基底变成很陡的倾斜面。例如，在块体重叠的喜马拉雅山脉，基底高程差异可达 4000 m。从南向北，地貌构造包括低喜马拉雅隆起、高的构造台阶、向北倾斜的高喜马拉雅、具有较低台阶的横穿喜马拉雅的台阶-山间区域以及造山带的后缘—沿雅鲁藏布江的缝合带。喜马拉雅的块体构造是向南凸出的逆冲岩席系统，其前缘是印度-恒河平原内的锡瓦里克山，块体隆起、台阶与铲形断层面的关系决定了它们的弯曲和向北倾斜。

高喜马拉雅具有块体隆起的典型构造特征：主中央逆冲断层面朝南形成扩展，这是因为向北倾斜的逆冲断层面被横向走滑断层分开的结果，形成高喜马拉雅的台阶结构和前缘陡崖的几何形态，使山脉的最高部分位于逆冲体的后带（或内带）内部，构成成组的向北倾斜块体和朝南陡坎。这些地貌构造不是很多，仅出现在河流间区域或以横向走滑断层为界的原地（非外来）带内。例如，在道拉吉里（Dhaulagiri）山西北的康吉罗巴（Kanjiroba）喜马拉雅，单斜层状的特提斯岩体（Gansser，1967）沿接触面向南移动，表现为向北倾斜的地垒地貌（Zeitler and Meltzer，2001）。

在重叠块体造山带内，岩石圈上部的构造丛集是逆冲岩体运动、原地岩层伸展和大量陡坎形成的结果。所有这些作用造成岩石圈上部的伸展、分裂和向外部过程领域的物质迁移，地面上巨大的砾石沉积和主边界逆断层下方植被的出露表明了这一过程的强烈程度。

重叠块体造山带的后期发展可能与岩石圈深部变质和岩浆过程引起的转换有关，这些过程使岩石圈增厚和弱化，块体长期隆升，因而原来的重叠块体造山带转变为穹隆隆起的线形系统。例如，在喀尔巴阡山脉和大高加索山脉，有些重叠块体构造转变为沿走向的弯曲，上面覆盖着火山结构（图 1-3-3），表明来自岩石圈深部转换过程的作用。

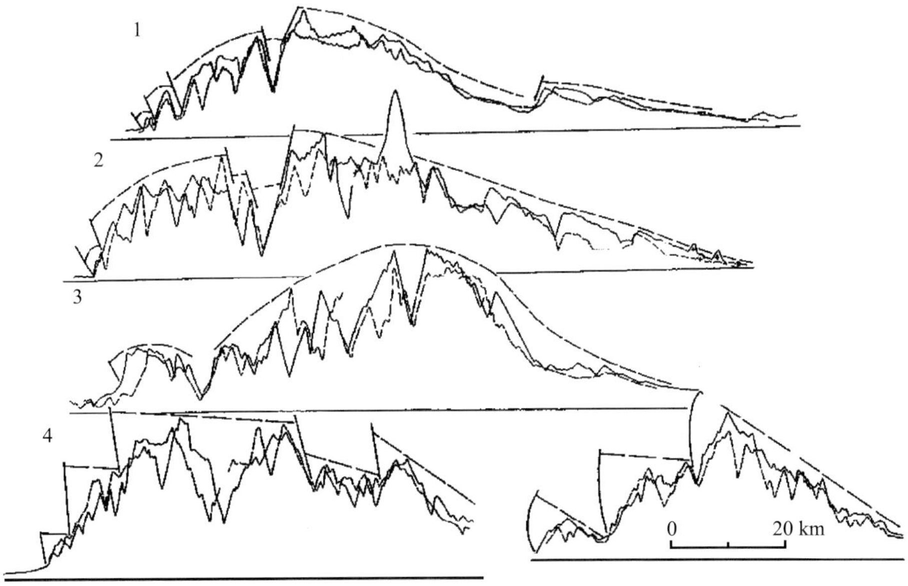

图 1-3-3　大高加索横向叠加剖面及其构造解释

垂直比例尺比水平比例尺大 10 倍，这些剖面显示了高加索矿物水侵入体的自动（伸展）隆起

褶皱造山带一般位于年轻山脉的侧面，这里有相间的长条形隆起和凹陷，它们是在水平挤压环境下多次褶皱作用的结果，不仅有背斜褶皱向上扩展，还有向斜核部的挤出，都是在岩石圈物质向上运动过程中发生的（图 1-3-4）。横向走滑断层和弯曲造山带也与不均匀水平挤压有关。在深部褶皱的底部，水平滑脱带转变为铲形逆冲，构成面向前陆的褶皱造山带前缘。当前缘逆冲带分裂为一系列断层面时，被挤出的楔状块体堆积形成线性山脊，在地貌上表现为地壳角砾岩。如果滑脱带是在蒸发岩层内，这样的褶皱造山作用特别强烈。

1.3.4　复活造山带

复活造山带有多种构造地貌类型，如大型穹窿状隆起和块状隆起，包括缝合构造、穹窿-块体造山构造、山间区域、复杂地垒组合、构造台阶、大的山间盆地等（图 1-3-1）（Ufimtsev，2002）。

穹窿状复活造山带是等距或长条形隆起带，其穹状闭合线宽度可达 250 km，不同于线状年轻造山带。在构造形态上，通常是中等高度山脉，具有很大的弯曲半径（图 1-3-5），内部是复杂的块体差异：倾斜地垒，其斜坡上有半穹窿状构造，地垒，内部次级带中的台阶状块体隆起。穹窿构造具有最小的区域重力异常，与低密度花岗岩侵入有关。地球物理异常计算表明，大型穹窿状山脉是低密度岩石块体的地貌表现，这些小块体的底部边界是岩石圈的根，决定了块体的均衡隆起及其持续时间，它发生在造山与夷平交替进行的环境中。这可以解释为什么大型穹窿出现在大陆边界区域或大河之间的分界岭地区（如杭爱山与肯特山之间，斯塔诺夫山与松塔尔-哈亚塔山之间）。例如，蒙古中部和贝加尔两侧地区，自中侏罗纪以来经历过持续的均衡隆起。

复活造山带有两种特殊类型。第一种是岩石圈块体之间的缝合线，具有不同构造和演化史。例如，乌拉尔山脉，其西边是相对隆起的东欧地台，东边是年轻西西伯利亚平原，它在缝合线型造山带中占有独特位置。乌拉尔山脉是不同高度的构造台阶和轴部高的地垒的组合，在两边楔状岩石圈块体的水

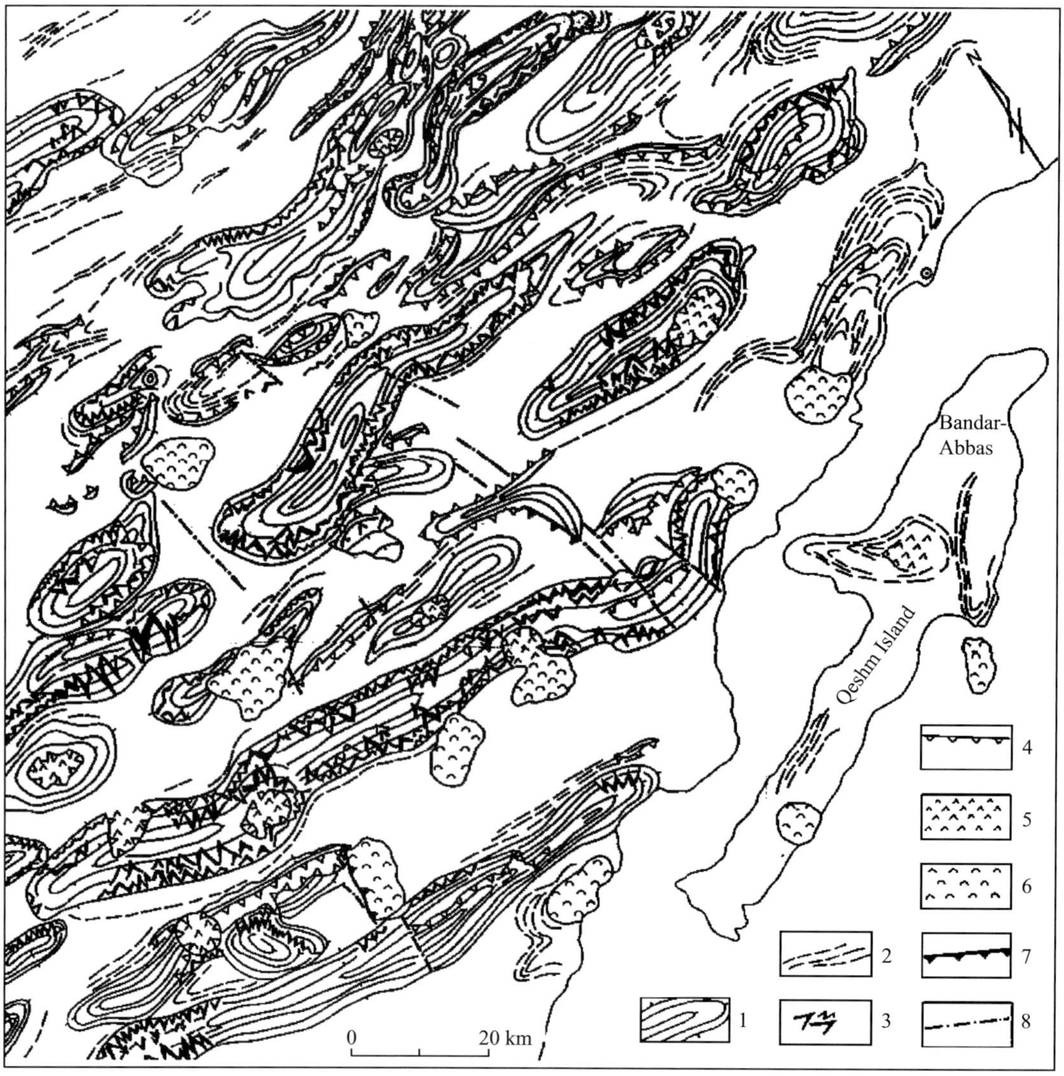

图 1-3-4　霍尔姆兹海峡北岸扎格罗斯山脉褶皱-逆冲带（据卫星影像）

1. 与地层整合的穹窿状斜坡；2. 出露地层；3. 嵌入三角形；4. 单面山和单斜脊陡坎；5. 年轻盐丘；6. 古老盐丘；7. 现代断层；8. 构造陡坎；Bandar-Abbas. 阿巴斯港；Qeshm Island. 克什姆岛

平挤压下，这些台阶和地垒向上隆起（图 1-3-6），它们一般是高密度岩石（纯橄榄岩，辉岩等）。乌拉尔山脉的楔形隆起，也可能是不同厚度的岩石圈块体会聚挤压的结果。第二种复活造山带是欧亚东边缘的块体隆起不连续带，表现为向大陆倾斜的巨大地垒、面向洋-陆过渡带的构造陡坎、大陆边缘裂谷系统或地槽，例如锡霍特-阿林和朱格朱尔山脉；这些块体隆起构成稳定大陆边缘、强烈下沉边缘海、大陆边缘裂谷或张开为深水边缘海的槽地的肩部反向上升特征（如台湾海峡）（Sibuet et al.，2002）。

在亚洲中部（如阿尔泰山，天山）和东部（如切尔基斯山，阿穆尔地区）常见穹窿-块体造山带构造，在年轻和复活造山带的挤压过程中，岩石圈上部的线性弯曲使这些块体构造与边缘逆冲和山间盆地组合成一体。在天山，相对于基底的穹隆高度超过 5000 m（图 1-3-7），而在贝加尔中部，这样的高度仅是 1000 多米。这些隆起构造包含了地壳向上弯曲、边缘逆冲和逆断层以及轴部的狭窄补偿性地堑结构。这些结构的相互作用决定了大幅度隆起的长期存在：在向上弯曲中，边缘逆冲断层以临界角度的运动，轴部地堑的下沉使弯曲半径增大，接着继续上隆。山脉的上升不仅使高度增加，而且使盆地边缘变宽，在那里有一系列倾斜块体出现在山脚，越靠近山脉它们越高并越

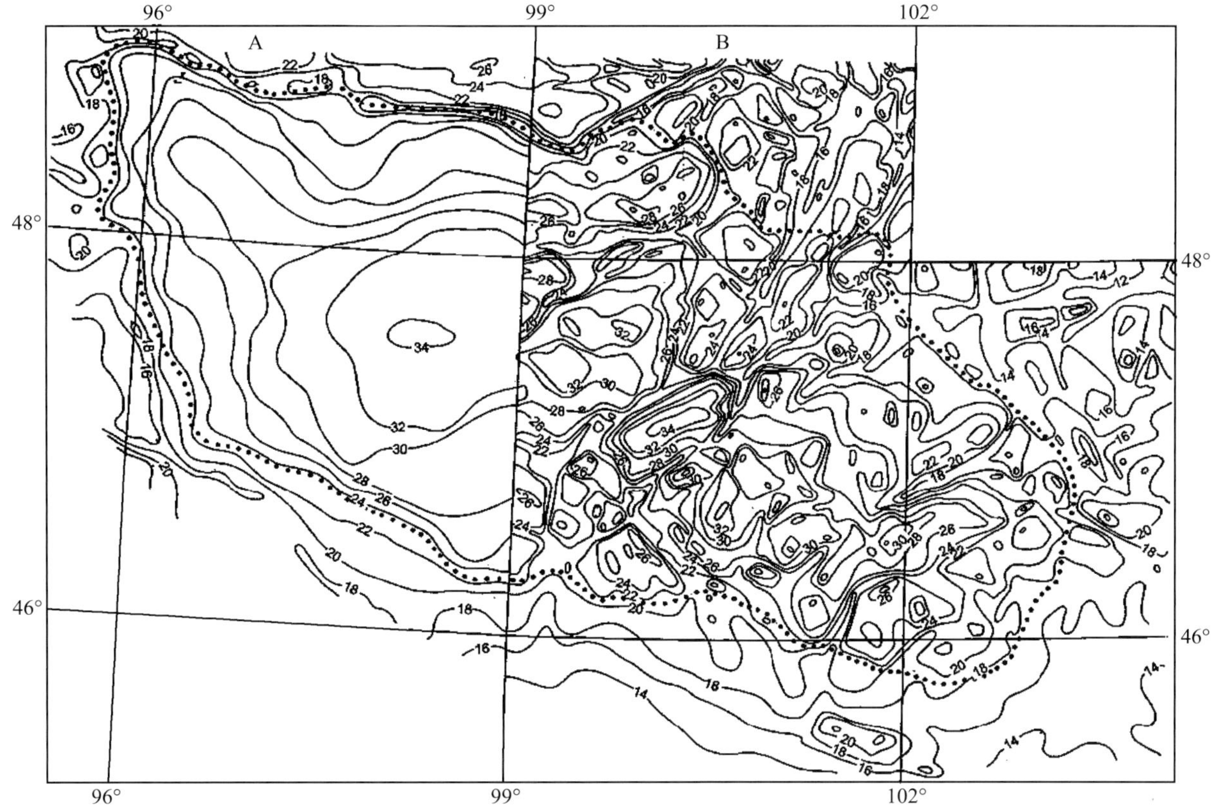

图 1–3–5　杭爱地区的地形

A. 穹窿隆起表面的总体高度；B. 穹窿隆起的新构造组成，等值线间距 200 m，实心圆点表示穹窿隆起的边界

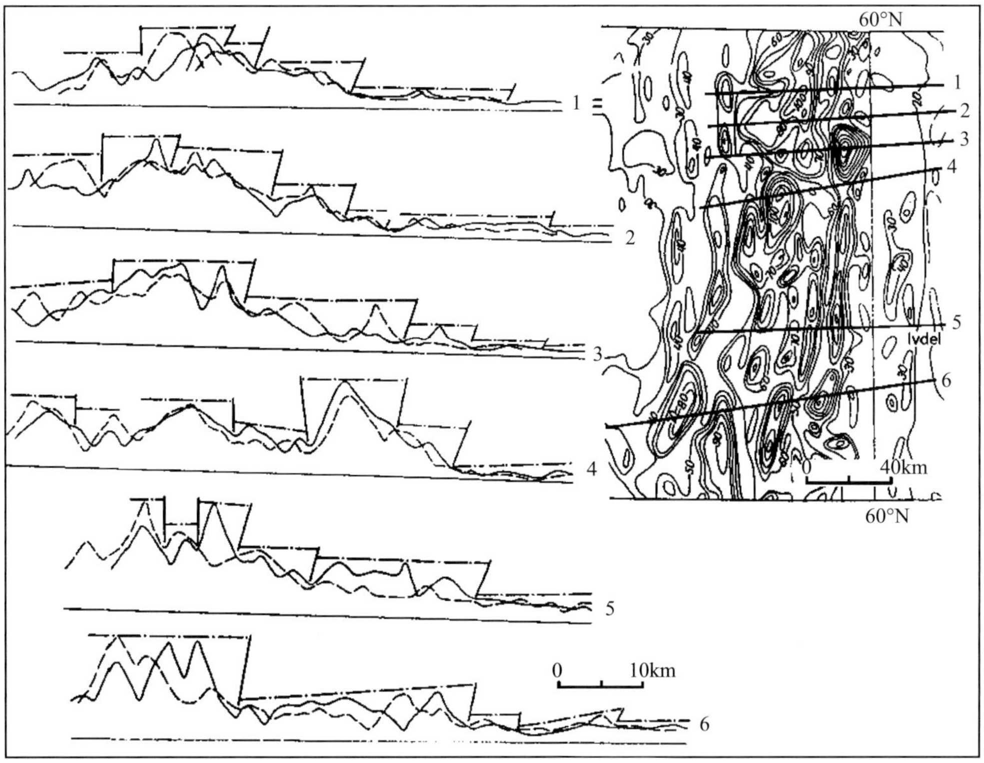

图 1–3–6　乌拉尔山脉北部：横向剖面及其构造解释（左），伊夫德尔（Ivdel）镇附近的构造地形（右）

陡峭，成为山脉隆起生长中的“构造上升和畸变的量子现象”。穹窿-块体造山带的主要特征是长期向上弯曲，它也是由断层构造决定的，结果作为单一岩性山脉，宽度不大（15～30 km）的高的穹窿可以存在很长时间。

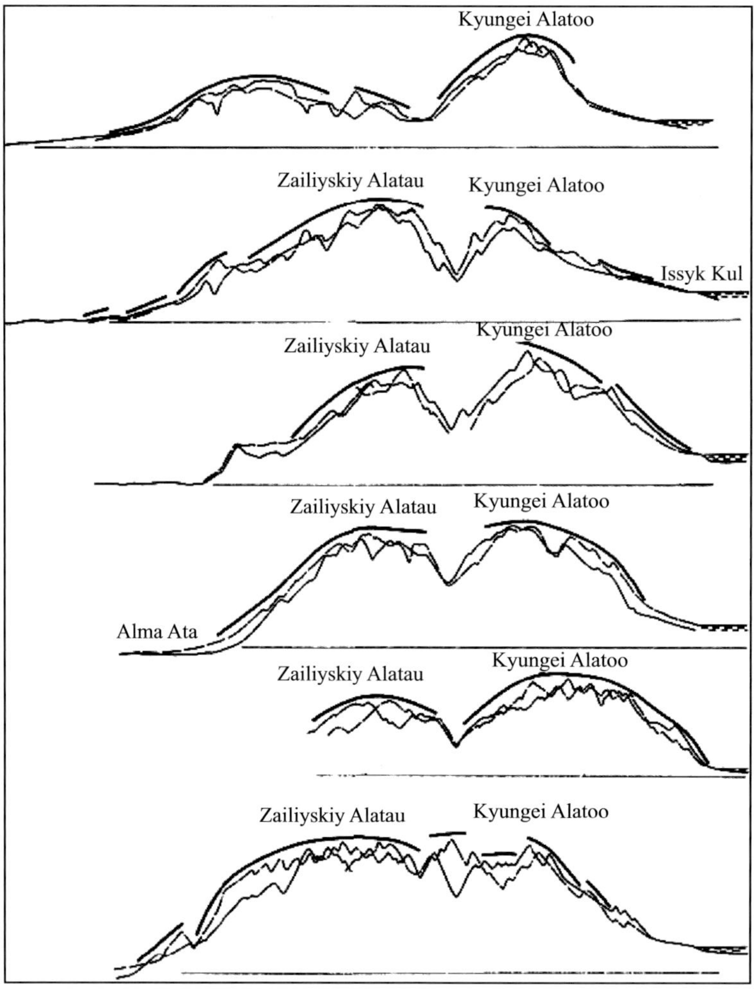

图 1-3-7　西天山阿拉套山脉的横向叠加剖面

粗线表示构造地形起伏的基本位置；垂直比例尺比水平比例尺大5倍；

Zailiyskiy Alatau. 外伊犁阿拉套；Kyungei Alatoo. 准噶阿拉图

1.3.5　大陆裂谷

上莱茵地堑是欧亚陆内裂谷的典型例子，该地堑的两侧肩部隆起，表现为对称的倾斜地垒（图 1-3-8），其形成可能与岩石圈下面地幔物质的异常挤入有关。地堑北端，两侧肩部呈现复杂的向内弯曲（剖面 1 和 2，图 1-3-8），可能表明软流圈挤入体形状的改变。

贝加尔裂谷带的构造更复杂，它的一侧是地垒，另一侧是穹窿状弯曲（Logatchev，1984），这可能是由于莫霍界面下软流圈挤入转换为 SE 向的伸展而形成的复合构造。贝加尔的东边是复杂的块体构造，表明岩石圈的伸展与板块上部块体的重新组合有关，其下方是近水平的滑脱面（类似地球物理学中的波导结构）。

俄罗斯远东地区，洋-陆过渡带后方有许多大陆边缘裂谷，它们是岩石圈伸展造成的新构造初始地貌单元，后来发展为下阿穆尔地区的大型地堑、陆架块体的边缘沉降，以及陆架沉降盆地。这一地区

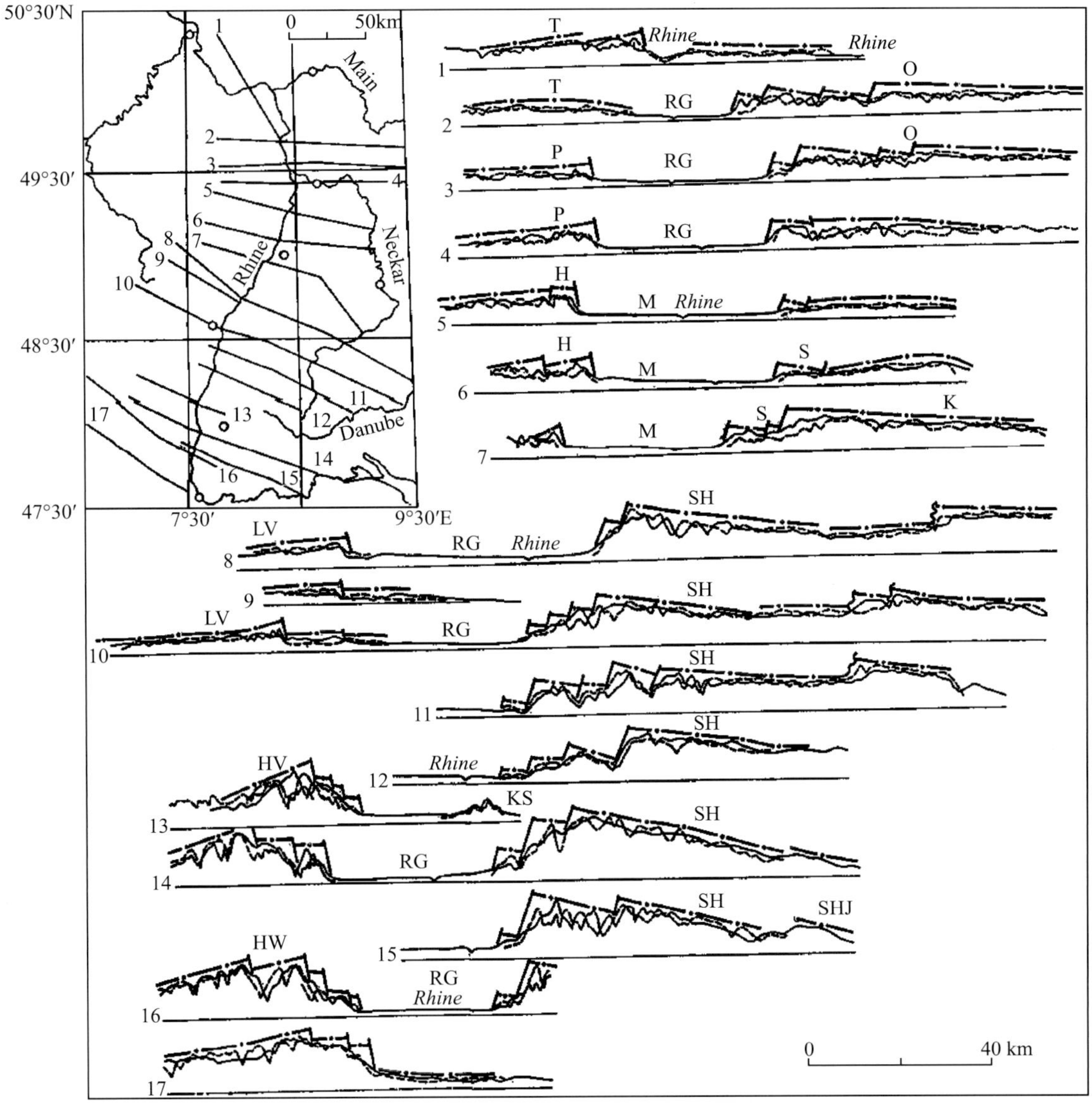

图 1-3-8　上莱茵裂谷系统的横向叠加剖面及其构造解释（实线）

波浪形实线是剥蚀陡坎。字母含义：T. 坦努斯；M. 美茵茨台阶；RG. 莱茵地堑；O. 奥登森林；P. 法尔茨森林；H. 哈尔德；K. 克莱克高；HW. 霍赫森林；S. 斯特罗姆山；SH. 黑森林；SHJ. 斯瓦比恩侏拉；LV. 低孚日；HV. 高孚日；KS. 凯撒斯图尔。垂直比例尺比水平比例尺大 10 倍。Rhine. 莱茵河；Main. 美茵河；Necker. 内卡河；Danube. 多瑙河

还有近 SN 向、面向边缘海的构造陡坎，表明大陆边缘后方带岩石圈伸展过程中的单方向运动，这些陡坎与红海裂谷的海滩大陡坎以及印度西部德干高原的陡坎相似，都表现出与构造后退、陆架伸展和海岸沉降有关的块体地貌构造。岩石圈上部块体的重新组合形成了锯齿状的大陡坎等值线，基底中的这一构造块体再组合过程与岩石圈减薄、大型地堑伸展或陆架地区下沉有关，是大陆裂谷作用的重要部分，它在构造地貌中有非常清楚的反映。

1.3.6　裂谷与穹窿-块体造山带

裂谷是因岩石圈伸展而形成的大型地堑，穹窿-块体造山带的特征是穹窿生长和山间盆地的消亡。裂谷形成时，岩石圈变薄；而穹窿-块体造山带形成时，发生构造会聚作用。研究这些现象的主要问题是，裂谷和穹窿-块体造山带盆地中的沉积或火山沉积几乎相同。穹窿-块体造山带构造的初始发展与

盆地形成有关，后来被最终的构造会聚、高穹窿弯曲和边缘逆冲断层改变，例如天山和阿尔泰山。在东西伯利亚以南，岩石圈的新生代伸展和裂谷作用与贝加尔地区ES走向的构造会聚活动有关，NW向断层将贝加尔裂谷带和穹窿-块体造山带连接为一体，将不同强度的伸展构造块体（裂谷内）及构造会聚块体（穹窿-块体造山带）分割开来。

下阿穆尔地区的情况也值得研究（Ufimtsev，2009），这里有近SN向的成排地堑，西边界是大量陡坎或穹状隆起，在西南边界，也是很多穹窿-块体隆起地形。这些隆起带一般走向NE，穿越大型地堑。对这种现象可作如下解释：当过渡带后方岩石圈发生伸展（及变薄）时，同时受到近EW向和近SN向的挤压，于是在裂谷带内及其周围形成中等程度的构造会聚和多个穹窿-块体隆起。

1.3.7 地台地区

晚新生代，广阔欧亚大陆上年轻和古老的地台经历了缓慢的上升，形成不同高度的构造台阶，特别是在东欧地台。这些台阶包括出现在基底下沉地区的等轴穹窿，还包括高基底（地盾）上继承性隆起，如西伯利亚地台北部。这些穹窿一般有几个隆起中心，表现为大型山脉弯曲。

古老的西伯利亚地台有多种复杂地貌构造（图1-3-9）：高度不同的台阶、高原隆起、大型穹窿、地台边缘山脉、山前褶皱。地台的古生代盖层中，有大量构造变形带向边缘延伸，中央是古老克拉通核心，西部有后来的沉积地层。特别显著的是很多面向年轻地台的陡坎构成西伯利亚地台的西、北边缘，而东边缘和沿维尔霍扬斯克山脉隆起轴部的边缘槽已变成山前平原。

1.3.8 地球动力系统

在欧亚大陆，构造地貌与深部结构之间是稳定的共生关系。根据这种共生关系中的有序（对称性）和无序，可以从地貌研究推测深部结构。例如，亚洲东部的洋-陆过渡带具有复杂的结构（图1-3-10），一般被认为是大陆与太平洋之间的相互作用的结果。值得注意的还有，沿该过渡带走向，从南向北新构造地貌有顺序地再次出现：菲律宾岛、中国南海与日本岛、日本海相似，中国东海与鄂霍茨克海相似（Jolivert et al.，1987）；过渡带最北部，是向南突出的阿留申岛弧，最南部是巽他岛弧，它们的构造也是相似的。过渡带的这些构造对称性特征说明，它的地球动力系统不仅包含洋-陆相互作用，还应有南北向过程等其它因素，需要进一步研究。

在岩石圈浅层（康氏界面以上），构造地貌和地形显示出大量地质体因密度异常失稳而在重力场中的隆起，包括轻岩体的上浮和重岩体的楔形挤出。因此，可以根据地貌数据推测深部侵入岩体的形态。在构造带内部存在构造共生现象，如大型穹窿状隆起，它是岩石圈块体经历长期不断的均衡抬升的结果。例如，贝加尔裂谷带的西南端是热点或热线的地貌表现，它沿东经100°方向延伸，在它的下面，从下地幔上来的软流圈热柱使蒙古-西伯利亚造山带的底部形成穹窿状隆起，它是均衡作用机制，受软流圈的形状和垂直尺度的控制。

根据地貌和深部数据，绘制了穿过亚洲的近SN向地球动力学大断面（Nolet，1990；Kawakami et al.，1994），描述了直达地球深部核幔边界的地球动力系统（图1-3-11），表明构造地形、大地水准面、地球内部界面、地幔密度分布及其对核幔边界形状的影响，构成一个相互联系的整体，也证明地球表面的特征及其变化是由地球内部决定的。

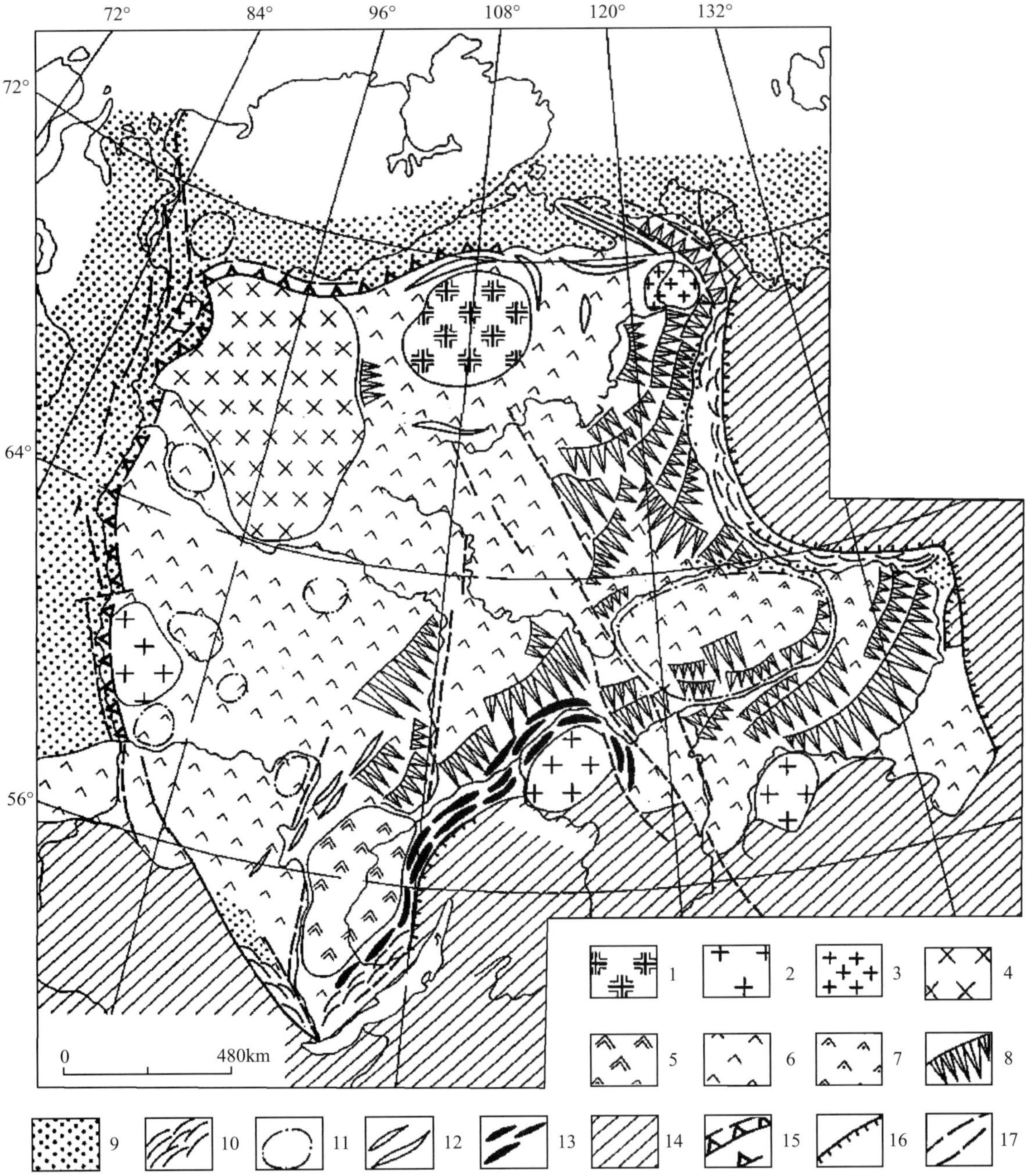

图 1–3–9　西伯利亚地台的构造地貌

盾形穹窿隆起：1. 继承性隆起地盾；2. 地台边缘同剥蚀穹窿；3. 地台盖层隆起；4. 反转穹窿；5. 隆起高台阶；6. 隆起台阶；7. 隆起反转台阶；8. 倾斜台阶；9. 现代下沉区；10. 山前侵蚀平原；11. 水系网中的隆起；12. 局部线性隆起；13. 山前褶皱；14. 造山带；15. 高原和高地的边缘陡坎；16. 逆冲断层；17. 主要断层

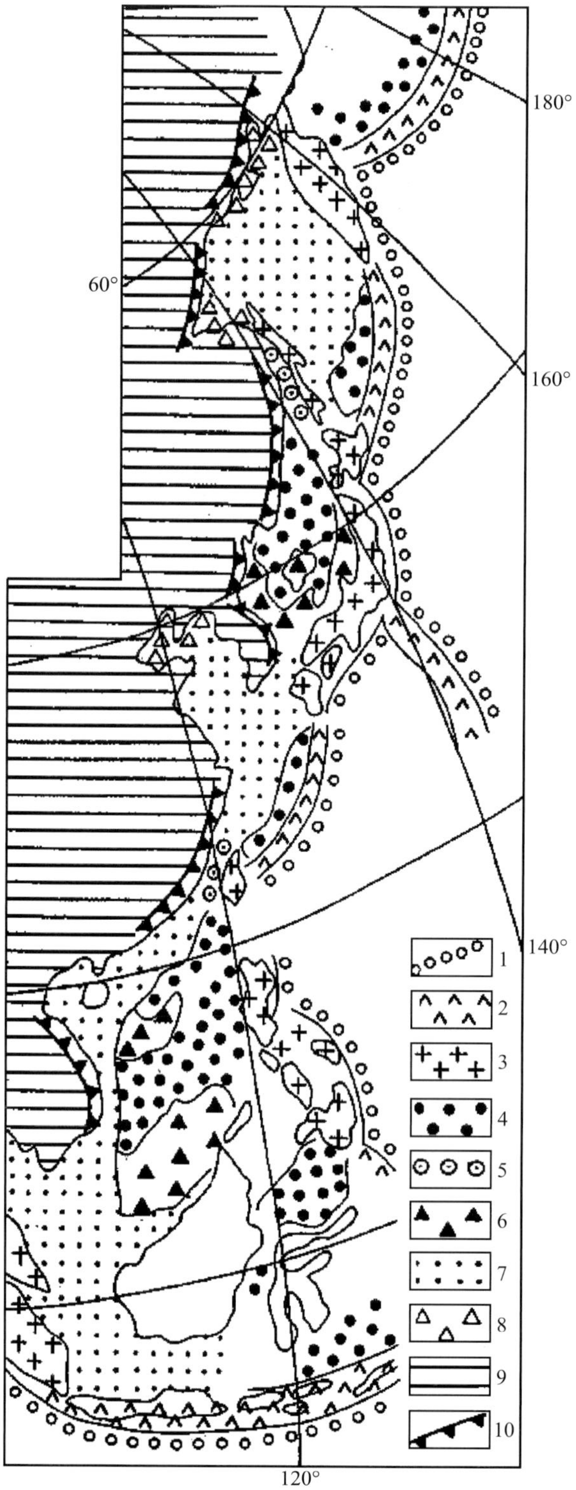

图 1-3-10　东亚洋-陆过渡带的主要构造单元

1. 深水槽；2. 岛弧隆起；3. 含岛弧构造的年轻造山带；4. 边缘海深水盆地；5. 岛弧和年轻造山带间的地槽；6. 大陆边缘陆地；7. 大陆架；8. 大陆边缘裂谷；9. 稳定大陆；10. 海岸陡坎

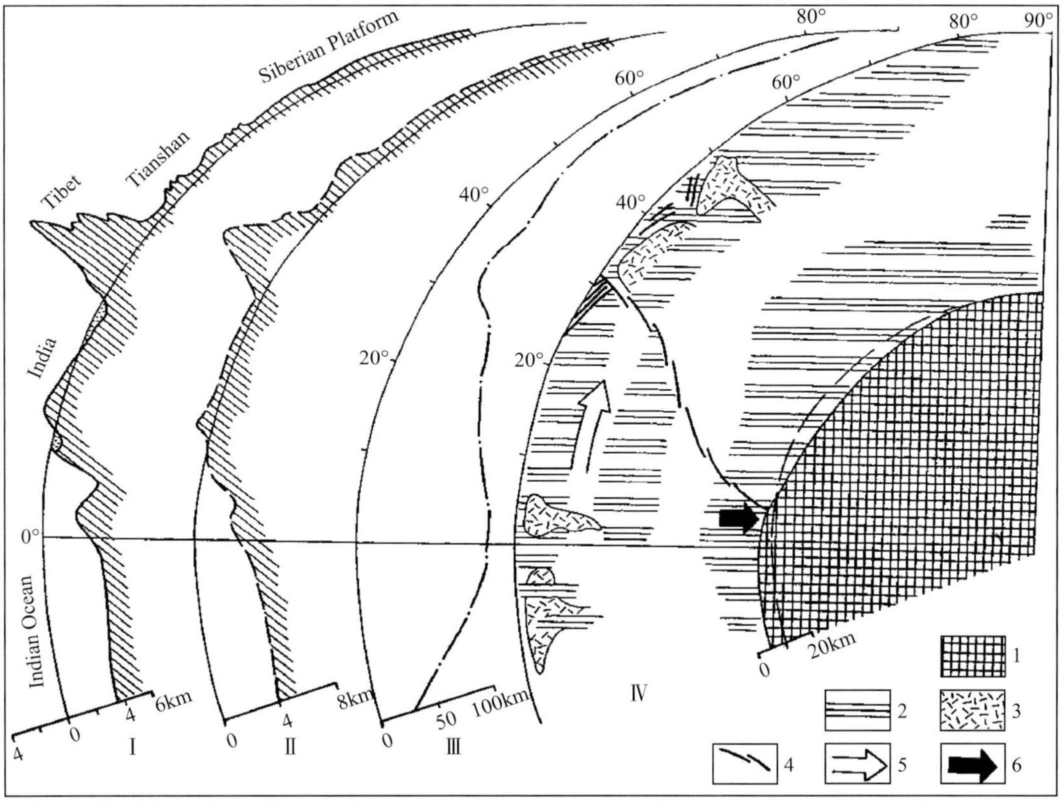

图 1-3-11　穿过亚洲的近南北向地球动力学大断面

I. 构造地形；II. 大地水准面；III. 地球内部界面；1. 地核；2. 地幔重物质；3. 软流圈热柱；4. 主要断层；5. 印度洋壳幔块体运动方向；6. 核幔边界上的地中海裂纹

1.3.9　地貌构造与地质灾害

灾害性地质过程的预测是一个难题。一方面，这样的过程起源于地球深部，而灾害发生在地球表面；另一方面，现在还没有理论能够用来预测地质灾害。现代构造过程产生的地貌构造在很大程度上决定了地质灾害的危险性，特别是活动断层、滑坡、构造陡坎及其他小的构造地貌因素起了重要作用。还应考虑到，深部过程的快速发展对地表的影响是以点、线、面的形式产生的；虽然看起来很明显，但在地震发生时前两种形式产生的地表效应不是很大，而深部地质过程的面积效应则很强烈，一般表现为大量离散岩石的不同运动，造成大范围破坏。

1.3.10　结论

（1）欧亚大陆的地貌构造显示出中心-辐射格局，包括 4 种构造单元：地台、复活的活动（造山）带、年轻的活动（造山）带、洋陆过渡带。

（2）欧亚大陆位于地球大地水准面最大低洼的位置，南北向的乌拉尔-阿曼线性条带是大地水准面斜坡上的断裂。

（3）欧亚大陆充分表现了地球北半球的地貌构造和现代地球动力学特征，与南半球显然不同。

致谢：本文是俄罗斯基础研究基金项目（08-05-00105）的成果。

参考文献

Chase, C. G. Subduction, the geoid and lower mantle convection. Nature, 1979, 282: 464～468.

Embleton, C. 1987. Neotectonics and morphotectonic research. In: Embleton, C. (ed.), Neotectonics and morphotectonics. Gebrüder Borntraeger, 1987, pp. 1～7.

Gansser, A. The Geology of the Himalayas. Mir, Moscow, 1967, 252 pp (in Russian).

Goudie, A. The Changing Earth: Rates of Geomorphological Processes. Blackwell, Oxford, 1995, 302pp.

Jolivet, L., Cadet, J. P., Lalevee, F. Tectonic evolution of northeast Asia and the collision of the Okhotsk microcontinent. Tectonophysics, 1987, 160, 23～47.

Kawakami, S., Fujii, N., Fukao, Y. Formation of the earth and planetary sciences: a gallery of the planetary worlds. Journal of the Geological Society of Japan, 1994, 100 (1), I～VIII.

Logatchev, N. A. The Baikal rift system. Episodes, 1984, 7: 38～43.

Nolet, G. Seismic Tomography with Application in Global Seismology and Exploration Geophysics. Mir, Moscow, 1996, 416pp (in Russian).

Sibuet, J. -C., Hsu, S. -K., Pichon X. L., et al. East Asia plate tectonics since 15Ma: constraints from the Taiwan region. Tectonics, 2002, 344: 103～134.

Summerfield, M. A. Neotectonics and lanform genesis. Progress in Physical Geography, 1987, 11 (3): 384～397.

Ufimtsev, G. F. Tectonic Analysis of Relief (by the Example of the Eastern USSR). Nauka, Novosibirsk, 1984, 184pp (in Russian).

Ufimtsev, G. F. Mountain Belts on Continents and Symmetry of the Earth´s Relief. Nauka, Novosibirsk, 1991, 169pp (in Russian).

Ufimtsev, G. F. Tectonic analysis of geoid relief. Geotektonika, 1998, 4: 19～24 (in Russian).

Ufimtsev, G. F. Morphotectonics of Eurasia. Irkutsk State University Press, Irkutsk, 2002, 494pp (in Russian).

Ufimtsev, G. F. Himalayan Sketchbook. Nauchny Mir, Moscow, 2005, 303pp (in Russian).

Ufimtsev, G. F. Mountains of the Erath (Climatic Types and phenomena of Neo-orogenic Activity). Nauchny Mir, Moscow, 2008, 352pp (in Russian).

Ufimtsev, G. F. Baikal Sketchbook. Outlines of theoretical and Regional Geomorphology. Nauchny Mir, Moscow, 2009, 240pp (in Russian).

Ufimtsev, G. F., Alekseenko, S. N., Onukhov, F. S. Morphotectonics of the Lower Amur region. Russian Journal of Pacific Geology, 2009, 28 (6): 81～93.

Ufimtsev, G. F., Shchetnikov, A. A. Sole uplift of the Mongol-Siberian rejuvenated orogene. Russian Journal of Pacific Geology, 1999, 18 (5), 57～60.

Vita-Finzi, C. Recent Earth Movements: An introduction to neotectonics. Academic Press, London, 1986, 226pp.

Zeitler, P. K., Meltzer, A. S. Erosion, Himalayan geodynamics, and geomorphology of metamorphism. GSA Today, 2001, 11 (1): 4～9.

1.4 亚欧大陆中新生代构造变动与油气聚集*

中亚地区中、新生代发育2个构造旋回、5个盆地发育阶段：中生代以拉张为主，裂陷-坳陷盆地发育最为鼎盛，新近纪发生挤压运动，前陆盆地最为发育。新生代盐底辟活动对盐下油藏具有调整、改造作用，控制了盐上油气藏形成。南里海盆地新近纪开始的大型挤压走滑运动，形成了多个 NW-SE

* 本节根据《亚欧大陆中新生代构造变动与油气聚集》（亚欧大陆中、新生代构造变动及其与地震灾害和油气资源关系的研究，2008DFA20700，殷进垠，赵利华等）技术成果报告编写。

向背斜构造带，同时导致上新世-第四纪盆地快速沉降，形成巨厚沉积地层，利于超压现象和泥火山的发育，控制油气藏形成。在南里海盆地广泛发育的新近纪的泥火山构造活动，影响了油气运移及生成，促成了构造和圈闭的进一步发育和完善。对晚期油藏起到封闭作用，对早期油藏具有破坏作用，同时影响了储层分布和发育。因此，新近纪的泥火山构造活动对油气藏形成有重要影响。新近纪构造挤压运动是南里海盆地地层异常高压形成的重要原因之一，影响了油气藏形成。

1.4.1　亚欧大陆构造格局及碳酸盐岩层系油气富集规律

欧亚大陆主体为欧亚板块，其南缘为印度板块和阿拉伯板块（图 1-4-1）。欧亚板块是世界上最大的大陆板块。欧亚板块东侧为西太平洋贝尼奥夫带，太平洋板块和菲律宾板块岩石圈沿此带向西侧欧亚板块之下发生 B 型俯冲；欧亚板块南侧为印度板块北侧俯冲带，即印度河-雅鲁藏布江缝合线和北印度-爪哇贝尼奥夫带，印度-澳大利亚、阿拉伯和非洲板块岩石圈沿此带向北侧欧亚板块之下发生 A 型或 B 型俯冲。太平洋板块、印度-澳大利亚板块和阿拉伯板块与欧亚板块之间的相互作用，形成了欧亚大陆现今大地构造轮廓和资源、环境的地质背景。

1.4.1.1　亚欧大陆构造格局

1）古老地块

欧亚板块具有复杂的演化历史和地壳结构。大、中型古老地块构成了现代亚洲大陆的主体格架，在地块之间或其边缘为巨型构造活动带。显生宙以来的亚洲构造演化史，也就是这些古老地块多次裂离、会聚、增生和拼合的复杂历史。亚洲较大的前寒武纪地块主要有：西伯利亚地台、印度地台、阿拉伯地台、中朝（华北）（准）地台、扬子（华南）（准）地台和塔里木（准）地台。这些古老地块不仅作为刚性块体支撑着亚洲的构造格架，其上发生的区域性坳陷、沉降以及克拉通内部的裂谷作用（晚元古代-古生代早期）也形成了一系列重要含油气沉积盆地。

（1）西伯利亚地台西以乌斯季-叶尼塞断裂为界与西西伯利亚是中新生代坳陷相邻。包括阿纳巴尔-奥列尼奥克台背斜、拜基特台背斜、通古斯盆地、涅帕-鲍图奥巴台背斜、阿尔丹地盾、邻萨彦-叶尼塞台向斜、前帕托姆前渊、维柳伊-哈坦加盆地、阿纳巴尔盆地、勒拿-维柳伊盆地、安加拉-勒拿区域阶地等若干构造单元。在其外围的褶皱基底发育的主要是中新生代盆地，包括有贝加尔-帕托姆褶皱区、科累马盆地、西（南）堪察加盆地、阿纳德尔盆地、哈特尔卡盆地等。

（2）哈萨克斯坦地块具有晚元古代基底，盖层以中、新生代地层发育为特征。

（3）塔里木地块（准地台）是一个经晋宁运动（约 800 Ma）固结的地块，地质结构复杂。中、新生界为以陆相为主的盆地型沉积，夹侏罗系巨厚煤系地层。大部分地区缺失三叠系。古生代、中生代和新生代都发育有生、储、盖层，塔里木盆地是一个大型的含油气叠合盆地。中生代，成为古特提斯洋的北侧陆缘。晚白垩世-新近纪，由于印度板块向欧亚大陆的强烈挤入，周缘山系向盆地逆冲使塔里木盆地成为陆内前陆盆地。

（4）中朝地块（准地台）地质历史上活动性很强，中生代以来受到太平洋板块和欧亚板块相互作用的强烈影响，产生了强烈的板内变形。盖层由四套沉积岩系组成：中-晚元古代滨海-浅水海相碎屑岩、碳酸盐岩系，厚数千米到万余米；寒武纪-奥陶纪（局部含震旦纪）陆表海型沉积，局部夹火山岩系；晚石炭-中三叠世富含煤系的海陆交互相地层；中新生代为裂谷盆地及坳陷盆地型沉积，广泛发育侏罗纪-白垩纪火山岩系及中酸性侵入岩。中朝地块（准地台）中新生代受滨西太平洋构造活动带的影响，发生了伸展作用。

（5）阿拉伯地块是一个在新近纪从非洲板块分裂出来并拼贴于亚欧大陆的外来地块，地史上活动性较弱，构造较简单。盖层主要为两套岩系：一套为古生代陆相、滨海相-海相沉积，出露于地块西南部；另一套为侏罗纪-新近纪地层，在地块内部为裂陷盆地型沉积，在东北边缘为海相地层，新生界为本区重要含油岩系之一。

（6）印度地块三叠纪晚期开始与冈瓦纳大陆分离，白垩纪晚期开始向欧亚大陆加速俯冲，一直到渐新世印度次大陆与欧亚大陆碰撞，并形成了印度地台西北缘苏来曼新生代褶皱带、北缘藏南特提斯褶皱带和东缘那加-阿拉甘褶皱带。印度次大陆与欧亚大陆进一步碰撞，导致欧亚大陆发生破裂，由无数微板块和地壳块体组成的亚洲内部山脉带开始增长和持续变形。

（7）扬子地块是一个经晋宁运动（约800 Ma）而固结的古老地块。盖层包括两套岩系：一套为上元古界上部-古生界以海相地层为主夹陆相典型的稳定沉积，晚二叠世分布有大面积玄武岩；另一套为中、新生界内陆盆地及裂陷盆地型沉积，为上三叠统-下侏罗统含煤岩系、中侏罗统-白垩系红色岩系和新生界含膏盐沉积。

2）构造活动带

构造活动带占有亚洲面积的一半以上。主要有：北极、乌拉尔-蒙古、昆仑-秦岭、特提斯-喜马拉雅和环太平洋等构造活动带（李廷栋等，1998）。构造活动带不仅反映了亚洲大陆演化和盆-山作用的复杂历程，较早的造山带后期的稳定沉降或伸展，也构成了造山期后沉积盆地的褶皱基底，如西西伯利亚盆地、松辽盆地等。

（1）乌拉尔-蒙古构造活动带是横亘亚欧大陆中部，作为欧洲与亚洲分界的一条宽广的复合型造山带，其主体由几条元古宙及古生代地层的褶皱系和构造-岩浆岩带组成，发育有一系列弧形断裂带和元古宙-古生代蛇绿岩带，包卷有若干中、小型地块。乌拉尔造山带由西部寒武纪初形成的老乌拉尔构造带和东部三叠纪形成的晚乌拉尔构造带组成，其东部隐伏于西西伯利亚坳陷的盖层之下。蒙古造山带可划分为三个带：北带基本上属加里东期造山带，主要由元古宙-早古生代褶皱岩系和同期花岗岩带、超基性岩带组成，其上覆以造山期后沉积；中带为华力西期造山带，主要由志留纪-早石炭世褶皱岩系及华力西期花岗岩带、基性-超基性岩带组成，晚石炭世开始渐变为内陆盆地型沉积；南带为加里东期造山带，出露于中朝地块北缘、哈萨克斯坦西南缘及天山博罗科努山，与北带相对应，但规模较小。

（2）昆仑-秦岭构造活动带是介于图兰地块、塔里木地块、中朝地块与鲁特地块、羌塘地块、扬子地块之间的一条陆间造山带。其主体由一系列褶皱系、逆冲断裂带、走滑断裂及蛇绿岩带组成，有大量以古生代为主的花岗岩类和基性、超基性岩类的岩体、岩带贯穿其中。祁连山为加里东期造山带，北祁连发育有典型的寒武纪-奥陶纪蛇绿混杂岩和蓝闪石片岩带。昆仑山是一个经历多期构造变动的华力西期造山带，后者发育有石炭纪-二叠纪蛇绿岩带。秦岭为复合型造山带，以商丹断裂为界，北秦岭为加里东造山带，以大规模推覆构造为特征；南秦岭为印支期造山带，以多层次滑脱构造为特征，发育有著名的秦岭-大别超高压变质带。

（3）特提斯-喜马拉雅构造活动带是中生代以来发展起来的一条巨型构造带，是印度-澳大利亚板块与欧亚板块之间的碰撞造山带。该带经历了前晋宁期、晋宁-印支期及印支期后三个地质演化阶段，形成三大套不同性质的地质建造序列。构造带由一系列中新生代褶皱系、推覆构造群、蛇绿混杂岩带及构造-岩浆岩带组成，夹有若干大小不等的中间地块。雅鲁藏布蛇绿岩发育有完整的蛇绿岩套和枕状熔岩。该带地质构造演化有自北向南时代逐渐变新的趋势，反映了地体拼贴和亚欧大陆南缘地壳不断增生的过程。

此外，在构造活动带内还有众多较小的微陆块。任纪舜等（2000）根据显生宙以来板块构造演化，将东亚地区劳亚大陆与冈瓦纳大陆之间的微陆块划分为：亲西伯利亚陆块群（额尔齐斯-佐伦-黑河缝合线以北的微陆块）、亲冈瓦纳陆块群（古特提斯缝合线，即喀喇昆仑断裂带-班公-怒江缝合线-龙木措-澜沧江缝合线以南的微陆块）和古中华陆块群（前两者之间，包括除了中-朝、扬子、塔里木与印支-南海准地台以外的微陆块）（图1-4-1）。

1.4.1.2 碳酸盐岩层系油气富集规律

1）油气富集区与主要烃源岩灶分布密切相关

西伯利亚地台的海相碳酸盐岩层系的油气分布明显受到古生代海相优质烃源岩分布的控制。地台中南部地区的主要烃源岩灶有两个，一个是拜基特-叶尼塞岭地区的里菲系烃源岩，另一个是贝加尔-

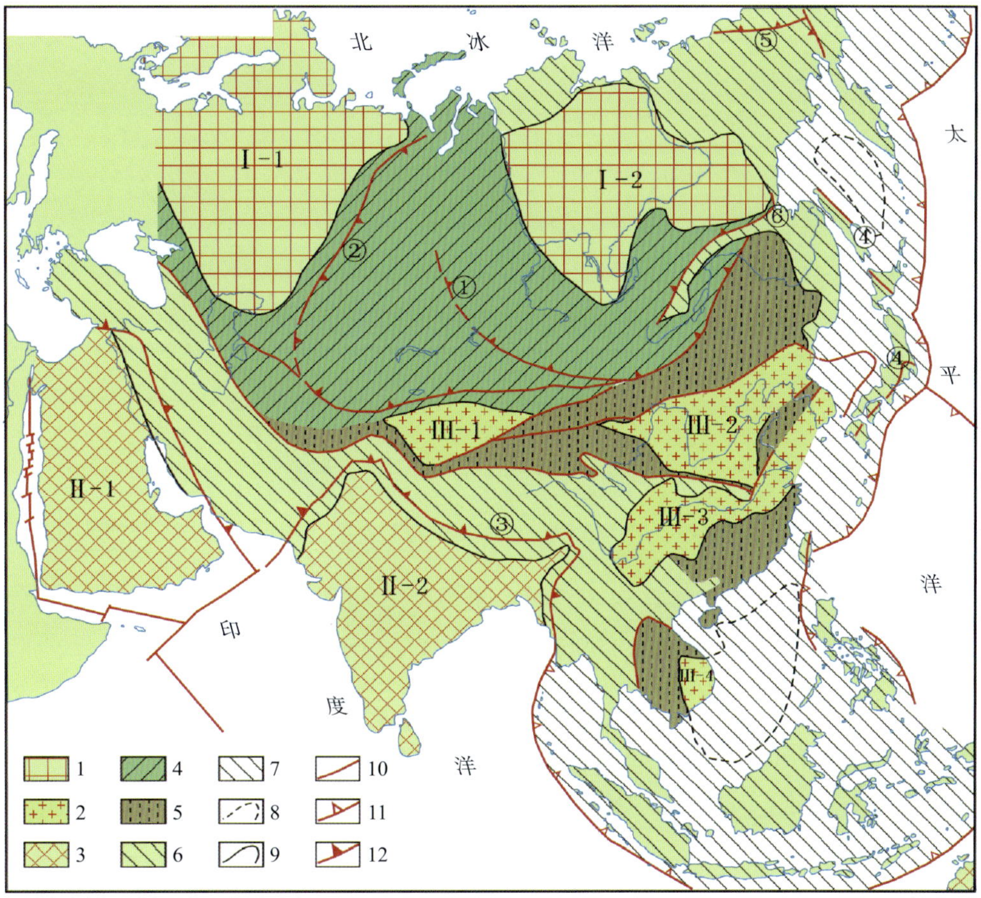

图 1-4-1　亚洲大地构造简图（据任纪舜等，2000 修改）

前寒武纪克拉通：1. 劳亚陆块（Ⅰ）（Ⅰ-1 西伯利亚地台，Ⅰ-2 俄罗斯地台）；2. 冈瓦纳陆块（Ⅱ）（Ⅱ-1 阿拉伯地台，Ⅱ-2 印度地台）；3. 古中华陆块群（Ⅲ）（Ⅲ-1 塔里木准地台，Ⅲ-2 华北准地台，Ⅲ-3 华南准地台，Ⅲ-4 印支-南海准地台）。显生宙造山区：4. 劳亚大陆上的古生代（萨拉伊尔或兴凯、加里东、华力西）造山区（Ⅳ）；5. 中生带及中生代与古生代叠覆（230～155 Ma）造山区（Ⅴ-1，Ⅴ-2）；6.（陆上）和 7.（海域）新特提斯（Ⅵ）和环太平洋（Ⅶ）中新生代（印支、燕山、喜山）造山区；8. 推测裂解沉没的陆块界线；9. 构造分区界线；10. 主要断裂带；11. 贝尼奥夫带；12. 主要缝合线：①额尔齐斯-佐伦-黑河缝合线，②乌拉尔-南天山缝合线，③印度河-雅鲁藏布缝合线，④古太平洋缝合线，⑤阿纽伊缝合线，⑥蒙古-鄂霍斯克缝合线

前帕托姆地区的里菲系烃源岩。这两个烃源岩灶的有机质都来源于生命发展早期阶段的极低等生物，属于偏生油型的有机质，但经过长期的深埋和热演化，已经达到了成熟-高成熟，在地质历史上生成并排出了大量液态烃和气态烃，构成了周边油气藏的主要油气来源。目前拜基特盆地和涅帕-鲍图奥巴盆地的油气田中的油气绝大部分来自这两个烃源岩灶。伊尔库茨克盆地目前的主要发现是气田，著名的如科维克塔气田、左岸气田、布拉茨克气田、阿托夫气田等。盆地内的里菲系和可能的文德系烃源岩已经达到了高成熟，主要产物是湿气和凝析气。

2）古隆起是油气聚集的有利指向区

古隆起，特别是继承性发育的古隆起是沉积盆地内最有利的油气聚集区，无论是在海相层系还是陆相层系内，都存在类似的规律。西伯利亚地台中南部地区目前已经发现了约 40 个油气田（图 1-4-2），大多数分布于大型古隆起上或古隆起的翼部。当然，油气在古隆起上集中，除了受油气在浮力作用下向上倾方向运移的自然趋势控制，还受多种地质因素的控制，在非隆起的构造单元内也会有丰富的油气聚集。

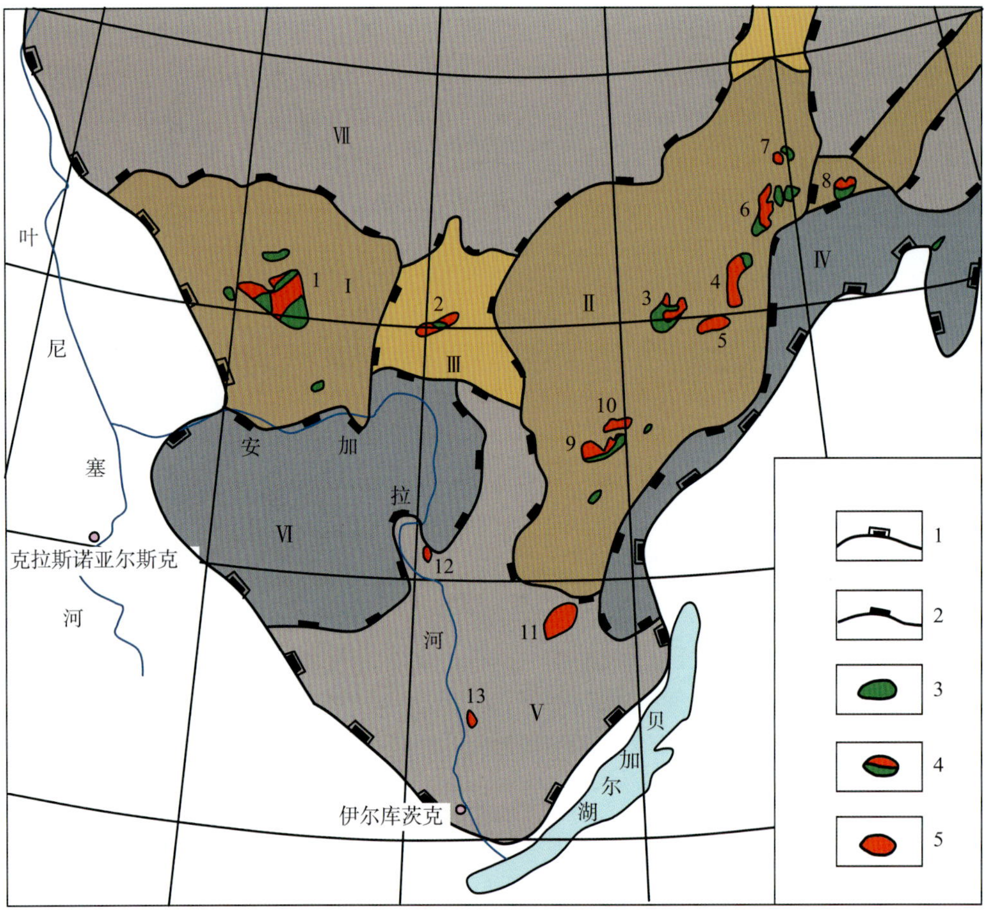

图 1-4-2　西伯利亚地台中南部构造单元与油气田分布

1. 西伯利亚地台边界；2. 超级构造单元边界；3. 油田；4. 油气田；5. 气田。超级构造单元：Ⅰ. 拜基特隆起（台背斜）；Ⅱ. 涅帕-鲍图奥巴隆起（台背斜）；Ⅲ. 卡坦加鞍部；Ⅳ. 前帕托姆坳陷（盆地）；Ⅴ. 安加拉-勒拿阶地；Ⅵ. 邻萨彦-叶尼塞坳陷（盆地）；Ⅶ. 通古斯盆地

3）碳酸盐岩储集体的沉积相和成岩作用控制了油气的平面分布

西伯利亚地台中南部地区里菲系碳酸盐岩储层明显受前文德纪褶皱抬升和侵蚀淋滤作用，其中发育的大量断裂为地表水的渗滤和溶洞型碳酸盐岩储层的形成起了重要作用。里菲系碳酸盐岩的岩性多为隐晶白云岩和藻白云岩，原生孔隙不发育，这类碳酸盐岩储层的分布受古构造抬升侵蚀和岩溶作用控制，而与碳酸盐岩原生相带关系不大。寻找喀斯特型储集体是西伯利亚地台里菲系勘探的关键。

上文德统-下寒武统碳酸盐岩储层主要与礁滩或类礁滩相关的白云岩有关，孔隙空间包括溶蚀孔隙、晶间孔隙和生物骨架孔隙，而与构造变形相关的裂缝性孔隙空间较少见，这与西伯利亚地台古生代以来构造变形较弱有明显关系。

4）区域性蒸发岩盖层控制了油气聚集层位

区域性盖层的平面分布控制了油气的平面分布范围，而区域性盖层的层位则控制了油气聚集的层位。例如：

拜基特盆地的卡坦加组和奥斯科宾组页岩和泥质碳酸盐岩构成了良好的半区域性盖层，该盆地的油气储量绝大部分被控制在这两套盖层之下，其中分布于奥斯科宾组盖层之下的储量占 97.4%，而位于卡坦加组盖层之下的储量占 98.6%。此外，该地区的下寒武统蒸发岩盖层也构成了完整封闭；

涅帕-鲍图奥巴盆地绝大部分油气储量分布于下寒武统岩盐盖层之下的文德系内（占86%），特别是文德系下部的陆源碎屑岩储层内（占81.2%）。下寒武统蒸发岩层系构成了非常好的区域性盖层，是该盆地内古老油气藏得以保存的根本保证。由于岩盐层的封闭作用，油气甚至难以进入下寒武统内的碳酸盐岩储层；安加拉-叶尼塞盆地绝大部分油气储量（占99.1%）分布于岩盐盖层之下的文德系陆源碎屑岩层系内。

5）基底构造特征与油气成藏的关系

基底结构和规模对油气成藏具有一定的控制作用。西伯利亚地台基底由多个不同时代形成的褶皱-变质块体逐渐拼合而成，西部的安加拉-通古斯地区的基底是在晚太古代-早元古代时期固结的，而东部的基底地块是在早太古代固结的，基底的构造格局对盖层的发育具有一定的控制作用。基底在西部地块内的弱固结导致了巨大的里菲纪坳陷的形成并在这些坳陷内厚达几千米的里菲系地层的堆积，形成西部以里菲系为主要含油气层系油气聚集带。而在东部地区里菲系地层表现为典型的地台盖层，含油气层系主要为文德系与寒武系。此外，基底规模影响油气成藏的构造样式。西伯利亚地台规模大，总面积达到630万平方千米，盆地总面积为400万平方千米。地台内部受地台边缘贝加尔、加里东和海西多套褶皱山系的缓冲，构造变形较弱。构造多为基岩地块在地台盖层沉积过程中及沉积之后由差异升降作用所形成的继承性隆起，多呈不规则的等轴状和短轴状，通常没有明显一致的走向，沿剖面向上背斜构造的幅度逐步减小，显示明显的同沉积披覆特征。只有局部与大型剪切断裂活动相关的压扭性构造带上可能形成背斜构造的定向排列，如中鲍图奥巴油气田群的多个背斜圈闭。

1.4.1.3 构造环境对油气成藏的控制

1）构造环境对烃源岩分布的影响

烃源岩的分布明显受构造环境的控制，西伯利亚克拉通在早中里菲纪发生了裂谷作用，在克拉通内部和边缘形成了大型裂谷系统，这些裂谷系一般持续发育到中晚里菲纪。克拉通内裂谷形成的深水坳陷可能沉积富含有机质的潜在烃源岩。克拉通边缘裂谷随着古大陆的解体逐步发育成被动大陆边缘系统，其中的深水缺氧环境也是有机质聚集的有利场所。

2）构造环境对储集层分布与类型的影响

西伯利亚地台里菲系为蒸发海台地相沉积，原生碳酸盐岩以藻白云岩、藻-化学白云岩为主，其中缺少颗粒碳酸盐岩，而里菲纪也不存在骨架造礁生物，这些碳酸盐岩中几乎不发育原生粒间孔和生物体腔孔。文德纪晚期在分隔性浅海环境中沉积了碳酸盐岩-硫酸盐岩-岩盐层系，其中的白云岩构成了良好的储层。下寒武统在西伯利亚地台上存在三种典型的岩相：以局限台地相碳酸盐岩-蒸发岩互层为特征的图鲁汉-伊尔库茨克-奥廖克马相区、以生物礁碳酸盐岩为主的阿纳巴尔-辛斯克相区和以盆地相泥页岩为主的尤多马-奥廖尼奥克相区。其中，图鲁汉-伊尔库茨克-奥廖克马相区（地台中南部）内与蒸发岩互层的碳酸盐岩构成了盐间碳酸盐岩储层。而阿纳巴尔-辛斯克相区生物礁碳酸盐岩储层见于通古斯盆地。

1.4.1.4 构造作用对油气成藏的控制

1）构造旋回与生储盖组合

西伯利亚地台规模大，不同地区盆地演化史差异明显，导致含油气性和含油气层位的不同。在涅帕-鲍图奥巴台背斜的油气聚集带，油气主要聚集在文德系和下寒武统的构造圈闭和构造有关的地层圈闭和岩性圈闭中；在拜基特台背斜，目前发现的油气藏储层主要是里菲系碳酸盐岩。巨厚的文德-寒武纪和早寒武世蒸发岩构成了优质盖层。

2）构造作用对烃源岩成熟度的影响

自从贝加尔运动（前文德纪）以来，特别是寒武纪的快速沉降以来，西伯利亚地台的大部分地区处于相对稳定的构造环境，沉降和沉积速率较低，抬升活动也不是十分强烈，因此尽管里菲系烃源岩的绝对年龄十分古老，但目前仍处于主要生油带的附近，在海相碳酸盐岩地层中仍形成和保存了大量的液态烃，形成了现今油气并存的面貌。

3）古风化壳型储集层的形成

对西伯利亚地台碳酸盐岩层系古风化壳储集层主要是里菲系储集层，晚里菲纪晚期的贝加尔运动使盆地边缘早期坳拉谷发生了反转作用，强烈活动使西伯利亚地台整体抬升，全区均停止沉积并遭受褶皱、断裂、剥蚀和淋滤等作用，形成了良好的储集构造。

4）构造作用对油气保存条件的影响

西伯利亚地台的构造运动集中在早期：贝加尔期导致了里菲系地层的强烈褶皱、抬升和侵蚀，而在现今里菲系地层中已经很难见到完整的背斜圈闭。文德纪和寒武纪同沉积型构造圈闭的发育时间也相当早。加里东期和海西期构造变形分别发生在早古生代和晚古生代，地台内构造变形相对微弱，挤压型构造圈闭主要分布于地台边缘。而海西运动之后，西伯利亚地台处于一系列大型板块和地块的包围之中，地台周边大部分地区已经固结，构造运动逐步趋于平静，因此中新生代以来地台内基本上延续了晚古生代的构造面貌，早期所形成的构造型圈闭的调整、改造较微弱。总体上西伯利亚地台构造型圈闭成型早，后期改造弱，这对古老烃源岩所形成的古老油气聚集的保存十分重要。另外，文德-寒武纪和早寒武世蒸发岩盖层的存在对古老油气藏的保存起着至关重要的作用。

1.4.2　中、新生代构造旋回与油气成藏

亚欧大陆中、新生代构造运动，主要是在华力西造山运动后，开始新特提斯-古太平洋构造演化。新特提斯的打开始于晚二叠世基梅里大陆（土耳其、伊朗、阿富汗、中帕米尔、羌塘、甜水海、中缅马苏地块）从冈瓦纳的裂离。三叠世早中期，超级大陆以继续挤压作用为主，到晚三叠世欧亚内部挤压作用终止，在同一地区伸展作用代替了造山作用。侏罗世时，超级大陆开始开裂，劳亚大陆东部太平洋陆缘开始伸展，形成裂陷盆地。白垩世，超级大陆开裂达到高峰期。白垩世末期-古近世，欧亚板块演化表现为三面（西南、南面和东面）会聚、北面扩张。上述构造活动，控制该区沉积盆地类型、生储盖组合，同时对沉积盆地成藏条件及油气运聚起到重要的建造和改造作用。

欧亚大陆中、新生代经历了挤压-拉张-挤压的构造运动，形成该区多种类型盆地。因其所处的构造位置和基底性质的不同，而呈现不同的结构特征和相当复杂的成盆、成藏历史。中亚-里海地区 20 多个沉积盆地（图 1-4-3）大体上划分出 2 个构造旋回和 5 个盆地发育阶段。每个构造旋回均包含了一次从伸展到挤压的构造作用过程，在构造旋回演化过程中，复杂的成盆机制形成了盆地类型的多种样式的叠加。图 1-4-4 展示了中亚主要沉积盆地构造背景与沉积充填样式。

1）中生代构造旋回与盆地类型的关系

（1）三叠纪裂谷盆地广泛发育阶段：中亚哈萨克斯坦板块此时处于隆升剥蚀阶段；图兰地块上的阿姆达林、塔吉克盆地、费尔干纳盆地处于古特提斯洋弧后裂陷或裂陷盆地阶段，北高加索盆地、捷里克-里海盆地、北乌斯丘尔特盆地、曼格什拉克盆地和锡尔达雅盆地为板内（陆内）裂谷盆地阶段；滨里海为前陆坳陷盆地。

（2）侏罗纪-晚白垩世早期（$J-K_2^1$）裂谷-被动大陆边缘坳陷和克拉通坳陷多类型盆地发育阶段：中亚南里海盆地和捷列克-里海盆地属于弧后裂陷盆地；北乌斯丘尔特盆地、锡尔达雅盆地和图尔盖盆地由后裂谷期演化为板内伸展型坳陷盆地，曼格什拉克盆地、阿姆达林盆地和费尔干纳盆地由裂谷盆地演化为坳陷盆地。滨里海盆地为克拉通坳陷盆地。

（3）晚白垩世中晚期（K_2^{2+3}）被动大陆边缘-克拉通坳陷广泛发育阶段：中亚曼格什拉克、北乌斯丘尔特盆地、楚-萨雷苏盆地、图尔盖盆地和锡尔达雅盆地为伸展型克拉通内部坳陷发育阶段；滨里海盆地和阿富汗-塔吉克盆地继承前期盆地性质，仍是挤压型克拉通内部坳陷盆地；南里海盆地、捷里克-里海盆地和北高加索盆地、阿富汗-塔吉克盆地属于弧后裂陷盆地。

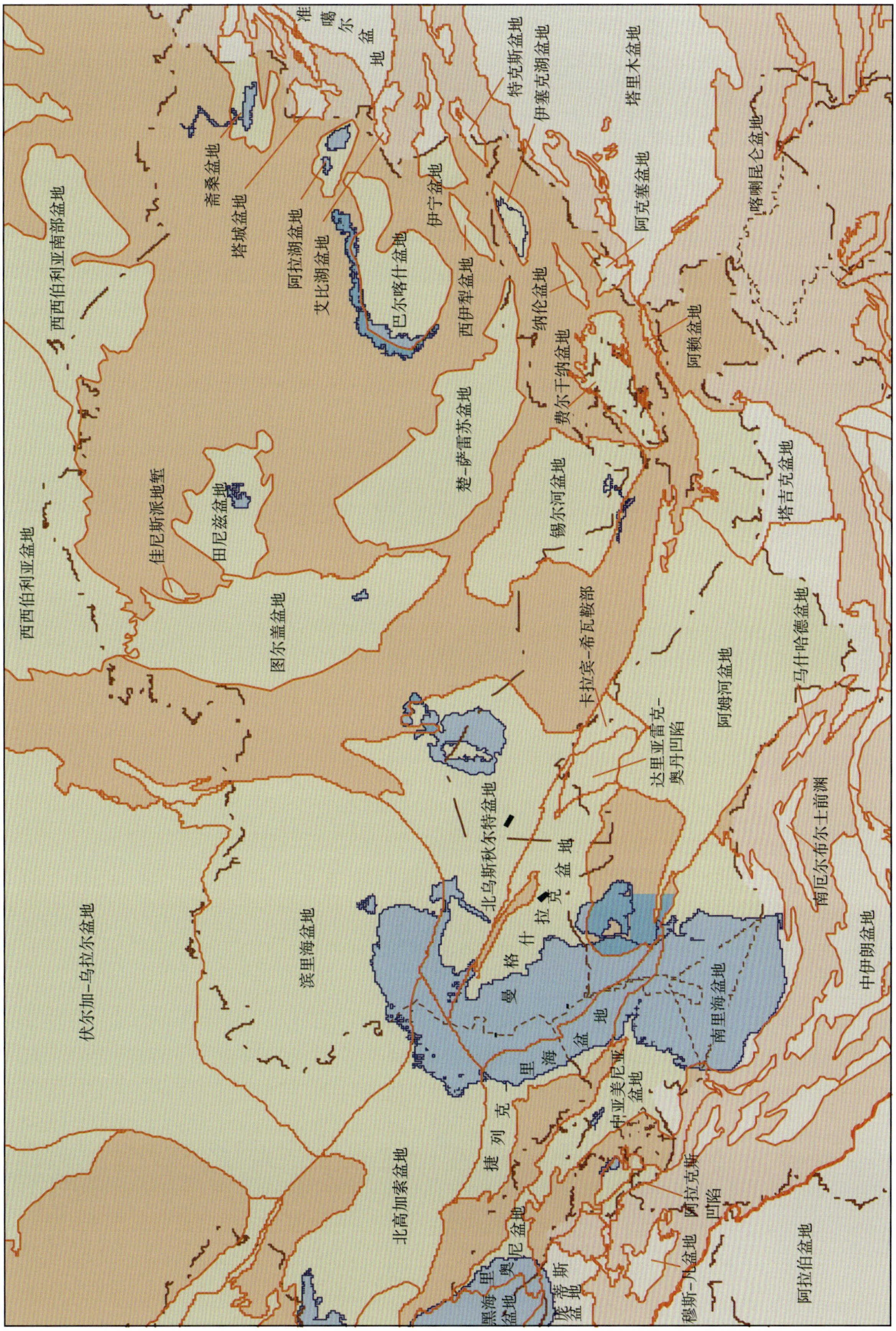

图1-4-3　中亚-里海地区沉积盆地分布图

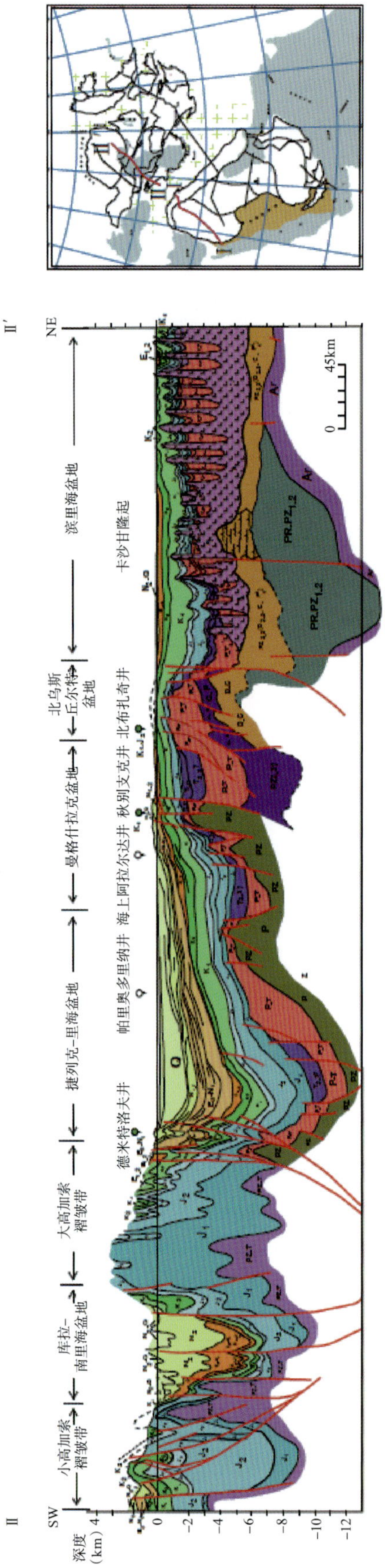

图 1-4-4　中亚地区区域构造剖面图 II－II′

2）新生代构造旋回与盆地类型的关系

（1）古近纪（E）被动大陆边缘-克拉通坳陷盆地广泛发育阶段、新生代新近纪-第四纪（N-Q）前陆盆地-克拉通坳陷盆地演化阶段。

（2）古近纪（E）被动大陆边缘-克拉通坳陷盆地广泛发育阶段：中亚地区除捷里克-里海盆地、南里海盆地和北高加索盆地为弧后裂陷盆地外，其他沉积盆地演化为克拉通内部坳陷发育阶段。

多旋回演化盆地形成了多套烃源岩、多套储盖层和多样的生储盖组合。中亚的滨里海等长期稳定发育的含油气盆地内也有多达近十套生储盖组合。中亚地区含油气盆地生储盖组合的分布见图 1-4-5。

1.4.3　中新生代构造变动与油气重聚

中新生代构造运动对油气成藏和分布的影响取决于中新生代构造运动期源岩的生排烃状态、中新生代构造运动的动力学性质、沉降-抬升的速率、幅度和区域变化及断裂活动程度。建造期（盆地保持沉降、充填状态；源岩处于生、排烃阶段；超压的产生过程仍在进行，超压释放后可得到动态补给）的构造运动可以导致幕式快速成藏，所形成的油气藏属于阶段性充注的原生油气藏；改造期（盆地沉降、充填停止，处于抬升、剥蚀和构造变形状态；源岩生、排烃作用已终止；超压的产生过程已经终止，超压释放后不能得到补给）断裂活化型构造运动可导致已聚集油气的突发性穿层运移和跨层聚集，形成非连续充注的次生油气藏；改造期无断裂活化型构造运动特别是构造掀斜运动可以导致已聚集油气的层内调整，形成有成因联系的调整型油气藏系列。中生代构造运动对油气成藏既可以具有建设性作用，也可以产生调整、改造作用甚至破坏作用。通过对中亚地区 3 个具代表性典型盆地分析，阐述中生代构造运动控制下的油气成藏与特征。

1）盐底辟活动控制盐上油藏的次生成藏

滨里海盆地位于东欧板块的东南部，面积约 $50\times10^4\ km^2$，是世界上最重要的含油气盆地之一。滨里海盆地形成始于早古生代，经历了裂谷阶段（从前里菲-早古生代），被动大陆边缘发育阶段（晚泥盆-早石炭世中期）和裂谷聚敛三个阶段（石炭世中晚期-早二叠世）演化历程，发育了盐下层系、含盐层系和盐上层系三套地层组合。盐下层系为下古生界-下二叠统，主要由海相碳酸盐岩和碎屑岩组成；含盐层系为下二叠统孔谷阶，主要由盐岩和硬石膏层构成；盐上层系为上二叠统-第四系，主要由陆相碎屑岩组成（图 1-4-6）。

滨里海盆地目前已发现 222 个油、气田，主要分布在盆地边缘（图 1-4-7），可分为盐上和盐下两大套含油气组合。大部分油田和凝析气田属盐下层系，高黏油藏多分布在侏罗系地层中。盐上油气藏数目众多，但储量少，规模小；盐下油气藏数量虽少，但油气储量大，规模大。

（1）中生代盐底辟构造运动控制滨里海盆地盐上油藏的次生成藏。

滨里海盆地盐上和盐下储层中的原油具有同一有效烃源体-盐下古生界烃源岩，盐上和盐下应属统一含油气系统，储集层最典型的特征是多层系构造发育，从盐下上泥盆统到盐上下白垩统均发现油气藏或油气显示，源岩生、排烃与油气圈闭具有时间和空间上的协调性。盐上油气藏形成的时间可能在白垩纪末-上新世初，即盐上油气藏具有次生成藏性。其中 FIOC-S（Sagizski）区块构造上构造上位于东部隆起带，主要是 T_2“盐檐型”油气藏及盐上断背斜油气藏，是油气富集成藏的主要目标区。盐上中三叠统“盐檐”油气藏于盐丘侧翼檐部聚集成藏；气藏埋藏深度较浅（50～1300 m）；油气保存条件较好，轻质油（0.83～0.86 g/cm^3），储层物性较好，具有较高的自然产能。

（2）中生代盐底辟运动控制了盐上油藏的油气运移及圈闭形成。

盐体在外因作用下上拱隆起，形成盐底辟构造。在盐体上隆运动作用下，盐隆主体部位产生垂向主应力，在盐体上隆高部位发育一系列断层，这些断层的形成与发育对油气运移、构造成藏起着一定作用。现今盐上层系构造是盐体在外因作用下活动的产物，在中侏罗地层沉积之前，古盐隆已形成，斜坡高处下侏罗地层剥蚀量大于斜坡低处地层剥蚀量；下白垩地层沉积之前，古盐体经历一次大的上拱隆起，造成中侏罗、上侏罗地层大量剥蚀，其中上侏罗地层被全部剥蚀；白垩晚期，古盐体继续上拱

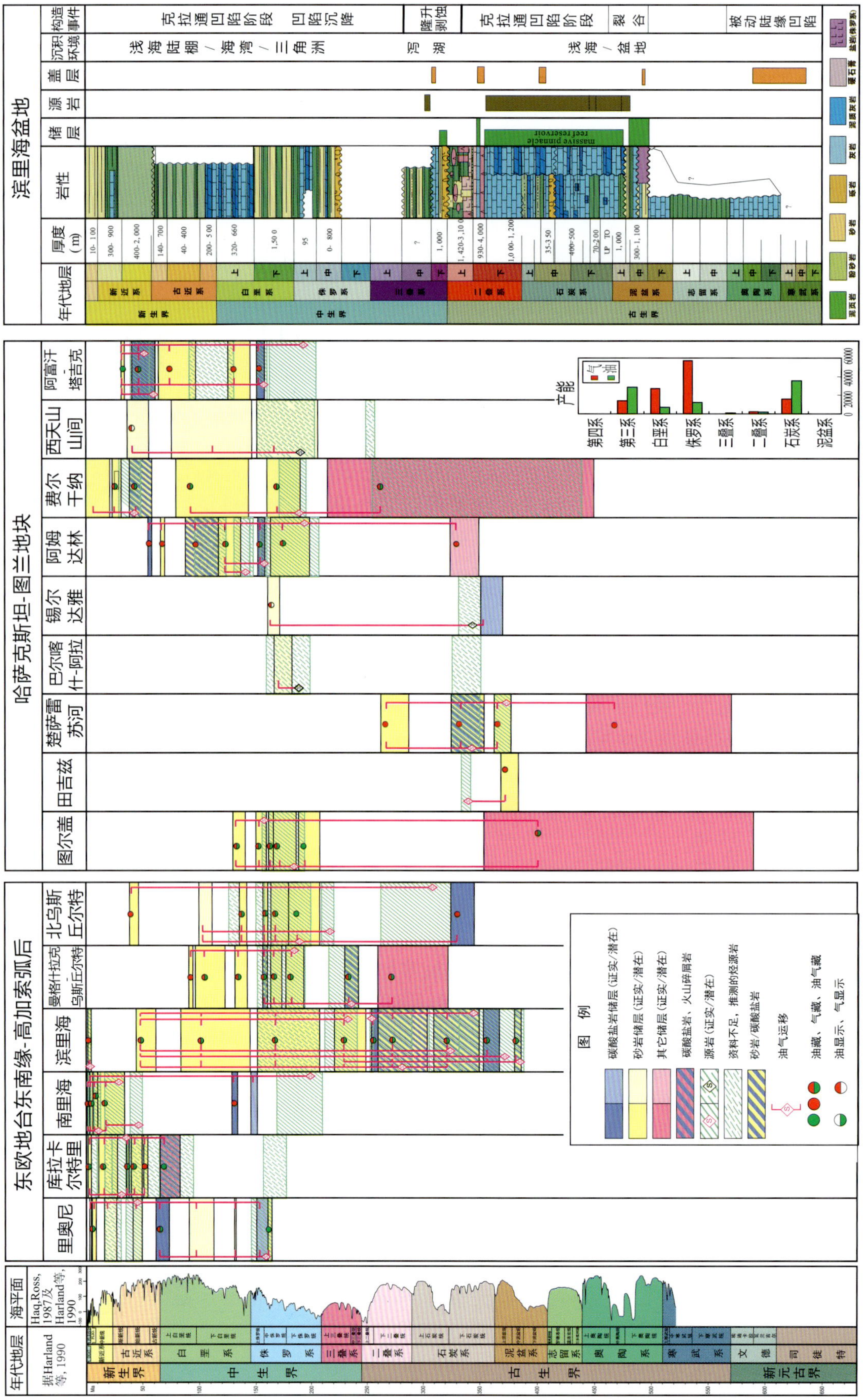

图 1-4-5 中亚地区主要含油气盆地生储盖组合对比

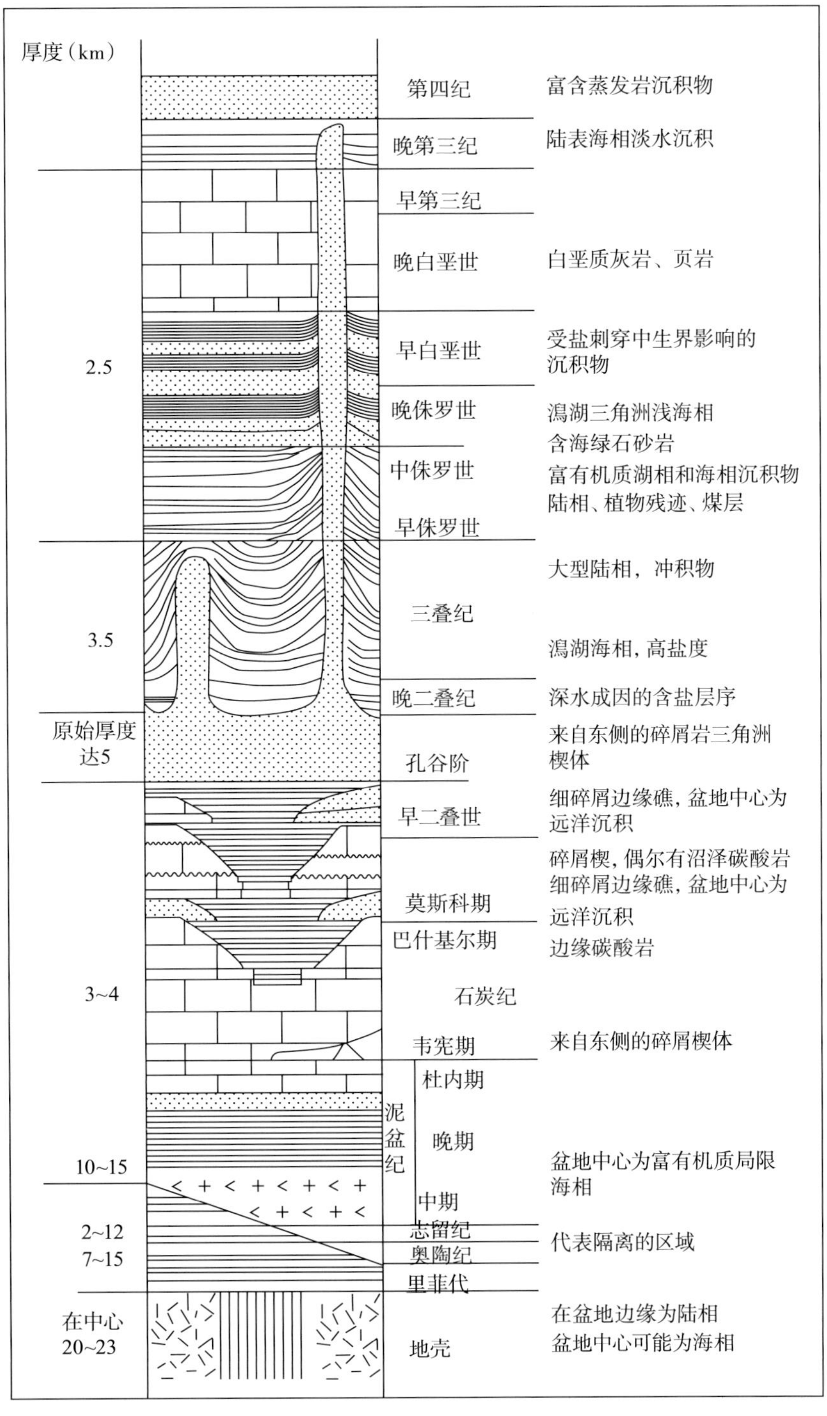

图 1-4-6　滨里海盆地地层柱状图

隆起，造成白垩系地层大量剥蚀（或沉积缺失），至上第三系地层沉积时盐体活动基本停止。

三叠系盐檐圈闭处于油气运移的有利空间位置（图 1-4-8），构造形成时间早、埋深适中、储层物性好、油质轻，产能较高，是一种新层系、新类型。此类构造的特点是位于盐顶构造的稍低部位，保存条件较好，圈闭类型有背斜、断鼻、断块等，单个圈闭面积较小，依附于盐边或盐边断层呈条带状分布。早期勘探地震资料较差，此类圈闭不易识别，勘探目标主要针对侏罗-白垩系构造发育的盐顶部位和二叠系盐间低幅构造，勘探实践证明，盐顶构造保存条件差，盐间构造位置低，均不利于油气成藏。

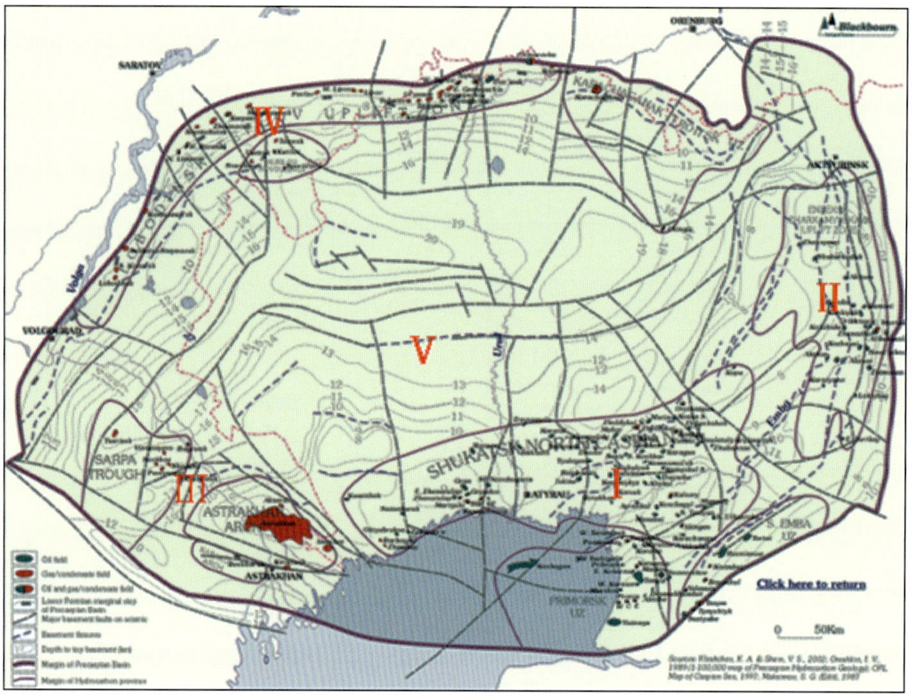

图 1-4-7　滨里海盆地油气田分布图

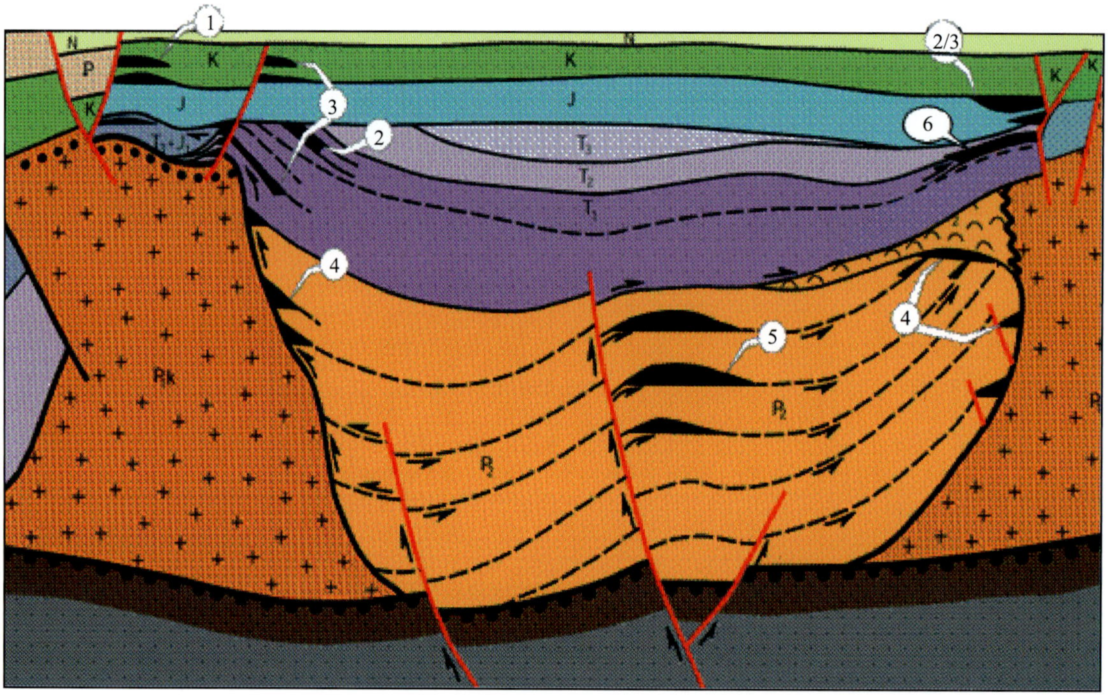

图 1-4-8　FIOC-S 区块盐上圈闭类型及其分布示意图（盐上层系油气藏模式图）

①顶构造；②地层圈闭；③断块圈闭；④盐边悬挂圈闭；⑤盐间背斜构造；⑥盐檐构造

2）稳定沉降利于大气田的形成

阿姆达林盆地位于中亚构造区中西部，又称为卡拉库姆盆地，是中亚地区面积最大，含油气潜力最丰富的含油气盆地，是前苏联仅次于西西伯利亚盆地的重要产气区。盆地走向为 NW 向，西南翼陡而窄，东北翼为宽缓的构造台阶（图 1-4-9）。

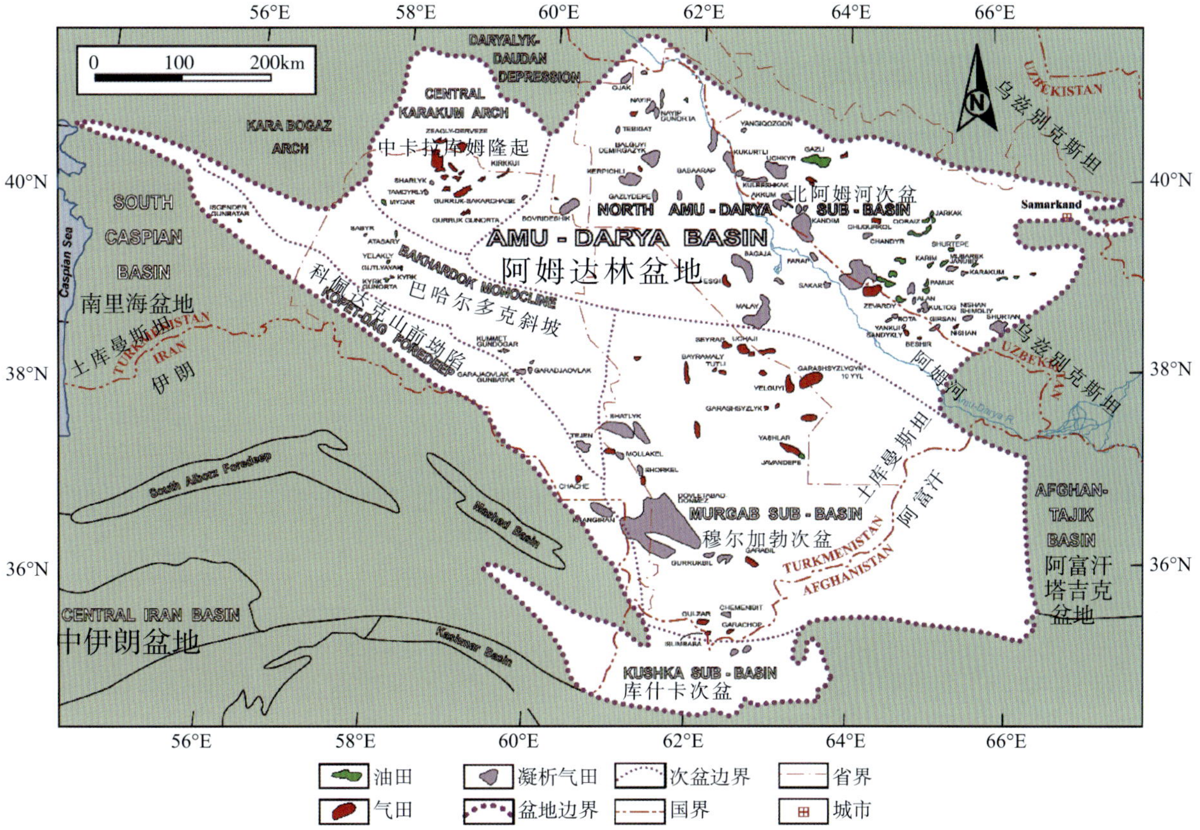

图 1-4-9　阿姆达林盆地位置图（据 IHS 数据库）

阿姆达林盆地是在海西运动期的向斜背景上发育起来的中-新生代盆地。从侏罗纪开始，盆地发生了两次大的海进与海退，沉积了相应的地层，沉积层由侏罗系、白垩系-古近系和新近系等组成。阿姆达林盆地沉积体系被晚侏罗统启莫里阶广泛发育的厚层膏盐岩系分割成盐上和盐下两套体系（图 1-4-10）：盐下由中下侏罗统滨浅海和浅海含煤层系和碳酸盐岩层、上侏罗统下部浅海陆棚相碳酸盐岩和生物礁组成；盐上由白垩系浅海相和海陆交互相的碎屑岩沉积、古近系浅海泻湖相灰岩和黏土岩、新近系陆相砂泥岩组成。阿姆达林盆地中的 8 个含气、油区（图 1-4-11）各有其特点。

3）稳定构造环境有利于在构造台阶的内部形成良好的生储盖组合

属这类的有查尔朱台阶内的泽瓦尔德、登迪兹库尔-哈乌扎克和乌尔塔布拉克等大气田，这 3 个气田具有储集层厚度大的特点。查尔朱台阶是希文坳陷和扎翁古兹坳陷的边缘，它们是阿姆达林盆地的烃源地之一。因而在查尔朱台阶内，天然气的供给都是比较充足的，并在天然气运移的路线上，在圈闭储集条件能满足形成大气田的条件时就形成了大气田。

4）稳定构造环境有利于天然气长距离运移

稳定构造环境有利于天然气从油源区到盆地边缘地带和隆起顶部。属这类的有在中央卡拉库姆穹状隆起上的达尔瓦扎-泽格里大气田，道勒塔巴德-顿麦兹和在巴德赫兹-卡拉比尔台阶带上的罕吉朗。

由于这些气田都在烃源地附近，所以虽然隆起较高，天然气仍能够充分供应而形成大气田。

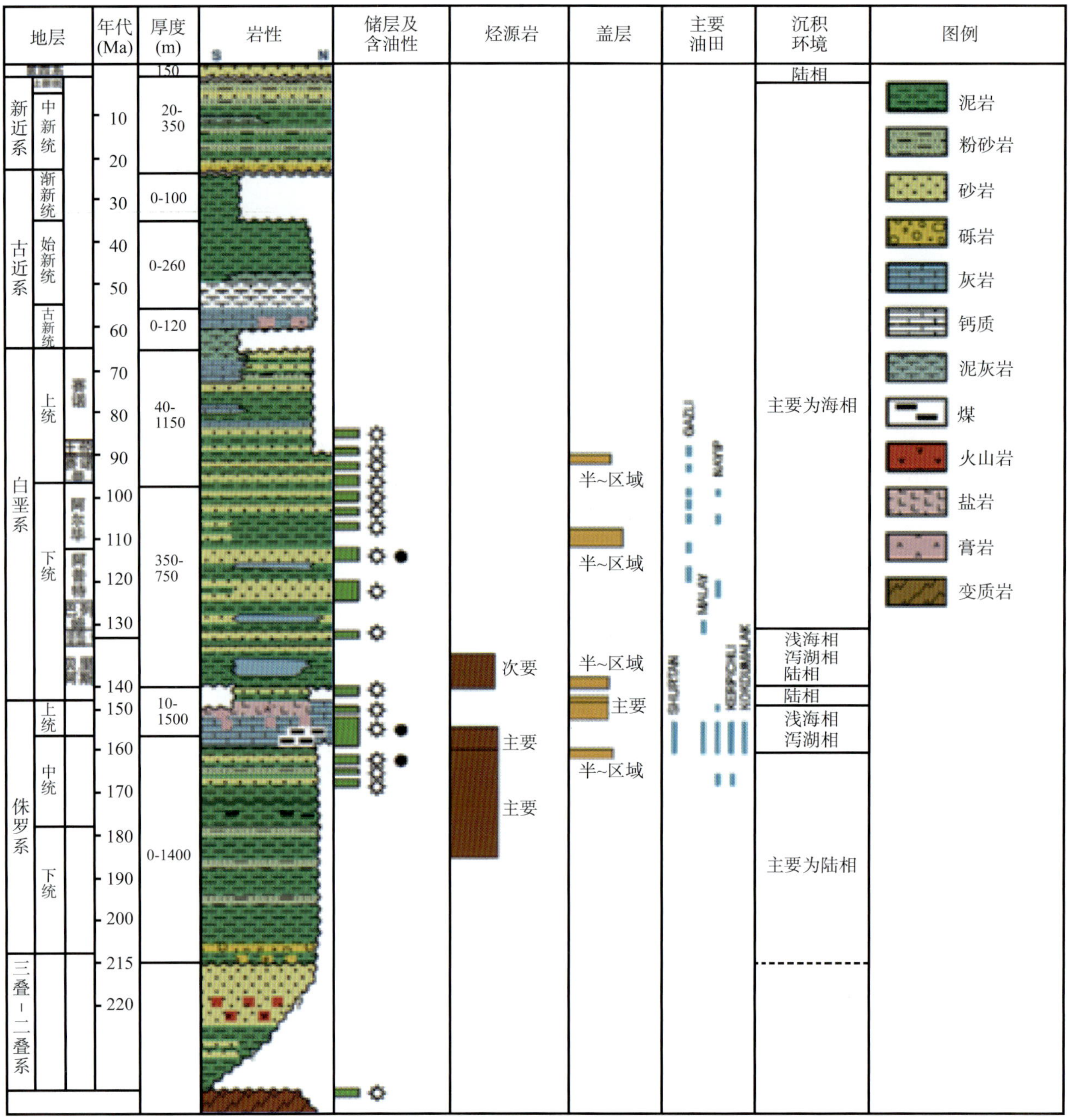

图 1-4-10　阿姆达林盆地综合地层柱状图

阿姆达林盆地中为数不多的油田和油藏都分布在东北边缘的布哈拉和查尔朱两个区中，其他各区则为气田和凝析气田。气田或气藏比较集中地分布在中央卡拉库姆区、木尔加布区和巴德赫兹-卡拉比尔区。阿姆达林盆地自二叠-三叠纪以后，已进入台地发展阶段，这个时期的地壳运动以台地型的脉动为主，阿姆达林盆地盆地形成后未发生大的构造运动。盆地内三套烃源岩只经历了一次生成—运移—聚集的过程，油气藏形成后未遭受强烈的构造运动改造，因此，原生油气藏几乎未遭调整和破坏。现今油、气田分布的格局代表了阿姆达林盆地油和气原始的生成、运移和聚集的面貌。

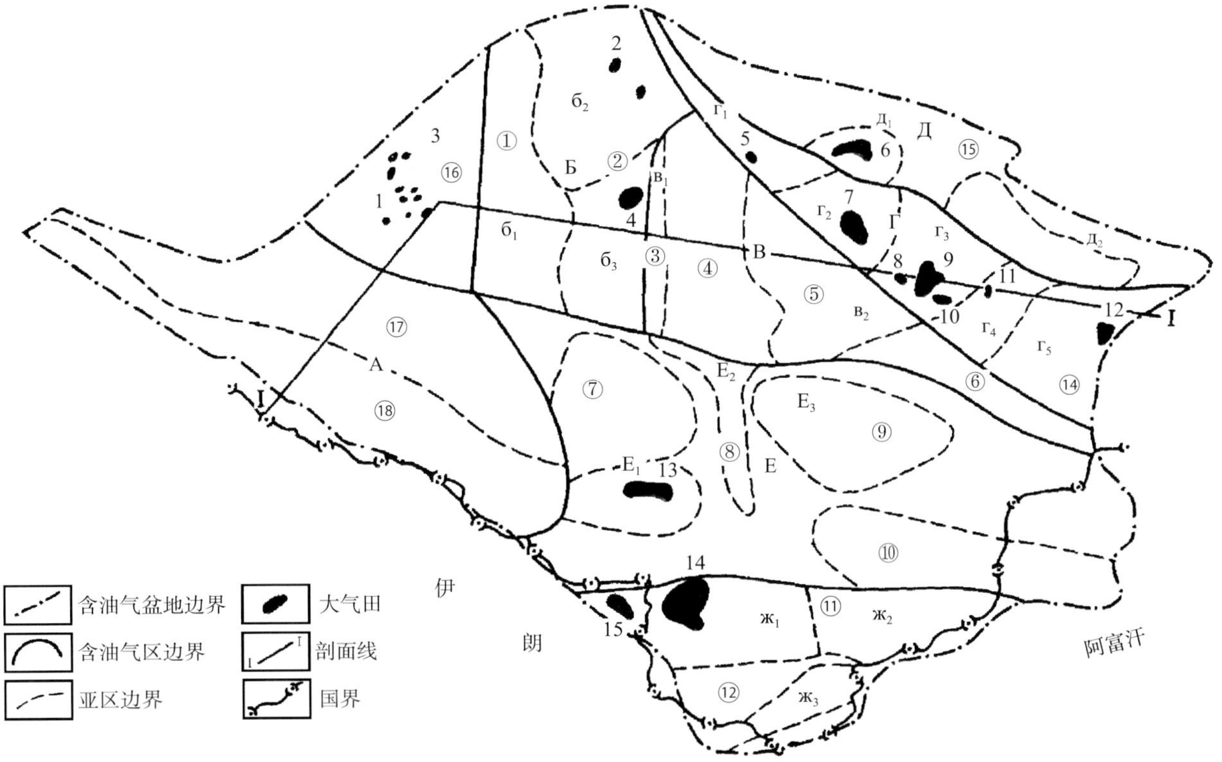

图 1-4-11　阿姆达林盆地含油气区分布图

含油气区：A. 科佩特山前坳陷含油气区；Б. 别乌尔杰什克-希文含气区（$δ_1$. 别乌尔杰什克含气亚区；$δ_2$. 纳伊普含气亚区；$δ_3$. 基尔皮契里含气亚区）；В. 扎翁古兹含气区（$В_1$. 西扎翁古兹含气亚区，巴加德任含气亚区）；Γ. 查尔朱含气油区（$Γ_1$. 古古尔特里含气亚区；$Γ_2$. 坎德姆含气亚区；$Γ_3$. 登迪兹库尔含油亚区；$Γ_4$. 库尔塔克含气亚区；$Γ_5$. 别什肯特含气亚区）；Д. 布哈拉含气油区（$Д_1$. 加兹利含气亚区；$Д_2$. 卡塔诺-木达列克含气油亚区）；E. 木尔加布含气区（E_1. 沙特利克含气亚区；E_2. 巴依拉姆-阿里含气亚区；E_3. 乌恰德任含气亚区）；Ж. 巴德赫兹-卡拉比尔含气区（$Ж_1$. 道勒塔巴德含气亚区；$Ж_2$. 卡拉比尔含气亚区；$Ж_4$. 库什金含气亚区）；3. 中央卡拉库姆含气区

构造单元：①别乌尔杰什克台阶；②希文坳陷；③西扎翁古兹长垣，④扎翁古兹坳陷；⑤巴加德任台阶；⑥卡拉别卡乌尔坳陷；⑦马里隆起；⑧巴伊拉马利长垣；⑨乌恰德任隆起；⑩卡拉比尔坳陷；⑪巴德赫兹-卡拉比里隆起；⑫卡拉伊莫尔坳陷；⑬查尔朱台阶；⑭别什肯特坳陷；⑮布哈拉台阶；⑯泽格里-达尔瓦扎隆起；⑰巴哈尔多克斜坡；⑱科佩特山前坳陷

大气田：1. 泽格里-达尔瓦扎；2. 阿恰克；3. 纳伊普；4. 基尔皮契利；5. 古古尔特里；6. 加兹利；7. 坎德姆；8. 萨曼特佩；9. 登迪兹库尔-哈乌扎克；10. 乌尔塔布拉克；11. 泽瓦尔德；12. 舒尔坦；13. 沙特利克；14. 道勒塔巴德-顿麦兹；15. 罕吉朗（属伊朗）

5）大型倾向断裂带控制了大气田聚集与分布

属于这种情况的大气田有 7 个：加兹利、坎德姆、古古尔特里、萨曼特佩、纳伊普、阿恰克和基尔皮契里。这些大气田分别分布在布哈拉台阶南缘断裂带和查尔朱台阶南缘断裂带的北部边缘以及东扎翁古兹断裂带的西部边缘。大气田都分布在断裂带上升盘的边沿地区，这里所面临的下降盘，或者是烃类运移来源的途径，或者本身就是烃类生成的地区。因此，构成了近烃类来源的地区，成为天然气最为理想的聚集地。一旦圈闭的储集条件方面满足了形成大气田的要求，这里就很快形成大气田，而且这些大气田中气藏的充满程度都比较高。

6）大型挤压走滑运动对油气成藏的控制

新近纪的大型挤压走滑变形运动，促进了油气运移、圈闭的形成，控制了油气藏的形成。南里海盆地（图 1-4-12）是一个中、新生代发育起来的弧后裂谷-前陆复合盆地。中生代处于古特提斯海构造域的东部南缘，主要发育弧后扩张盆地，新生代以前陆盆地为特征。上新世-更新世期间，阿拉伯板块和欧亚板块发生聚敛作用，南里海盆地 NNE-SSW 方向缩短，形成了多个 NW-SE 向背斜构造带，并被走滑断层、逆冲断层及其伴生发育的泥火山喷发强烈破坏，形成断块圈闭、断背斜圈闭等。南里海盆地新生代油藏成藏关键期为新近纪。古近纪早期，盆地受阿尔卑斯挤压运动的影响，本区表现为阿尔卑斯褶皱带中的一个复向斜，以前缘浅水和三角洲沉积为主。上新世，十分快速的古伏尔加、库拉河沉积和构造活动把里海和黑海分离，形成封闭海，接受周围古河流沉积并逐渐退缩。上新世末，大型挤压走滑变形发育，形成了多个 NW-SE 向背斜构造带，并被走滑断层、逆冲断层及其伴生发育的泥火山喷发强烈破坏。中生代的沉积一般认为伴随着火山活动，它出现在盆地的西部，并一直延伸至陆上。南里海盆地的东部，有白垩系发育，并向盆地中部延伸，上白垩统沉积强烈褶皱（图 1-4-13）。

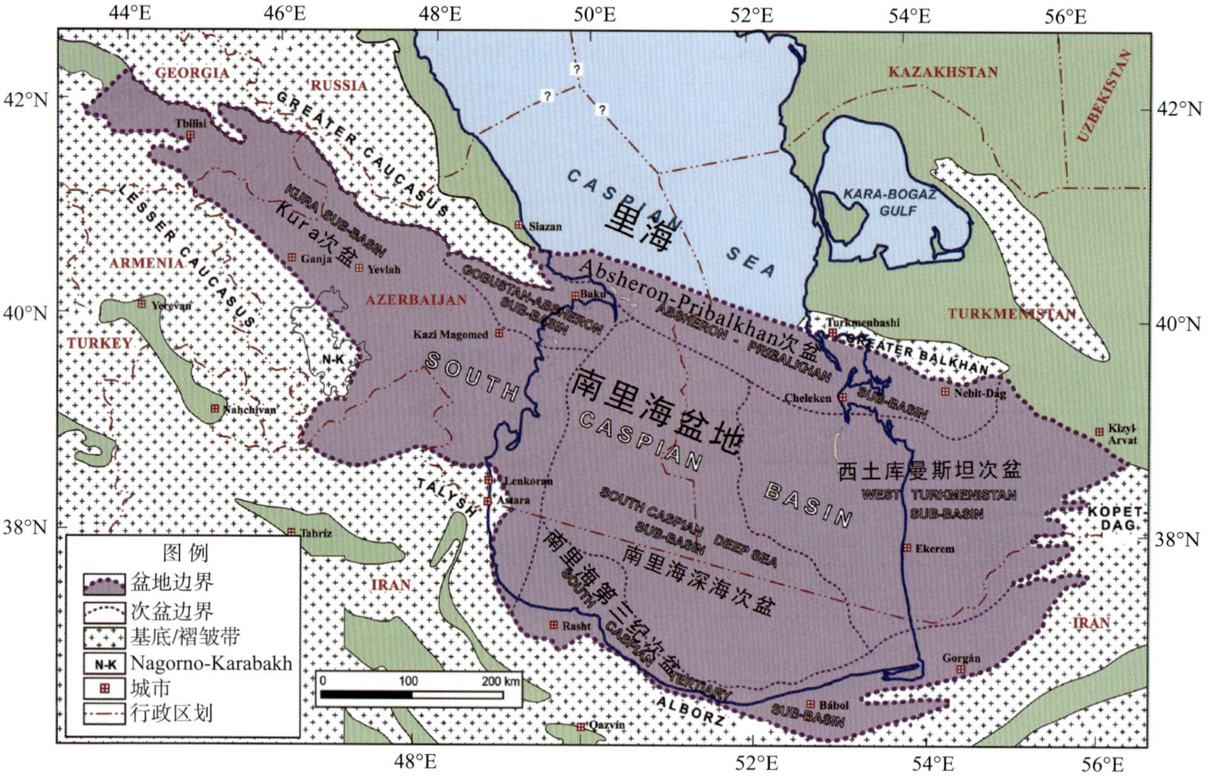

图 1-4-12　南里海盆地位置图

7）泥火山构造活动对油气成藏影响较大

南里海盆地的沉积充填物都是渐新世以后形成的，其中上新世-第四纪沉积在非常短的时间内（小于 5 Ma）沉积厚度超过 10 km。这样非常快速的沉降阻止了流体的正常排出，导致了位于下部的沉积物产生超压和欠压实现象，特别是渐新-中生世的 Maikop 源岩——众多泥岩底辟的来源。NNE-SSW 向缩短与阿拉伯板块和欧亚板块在上新世-更新世的聚敛对本区的影响有关。沉积盖层已经有相当大的变形，并以宽缓的背斜形式覆盖在柔软的 Maikop 拆离带之上。

南里海盆地泥火山广泛分布于下库拉凹陷、古布斯坦-阿普歇伦地堑、阿普歇伦-普里巴尔汉隆起带、北阿普歇伦隆起带和南里海深海次盆等快速沉积地区，开始活动于上新世末，晚第四纪时期最活跃，近现代仍时有泥火山活动。

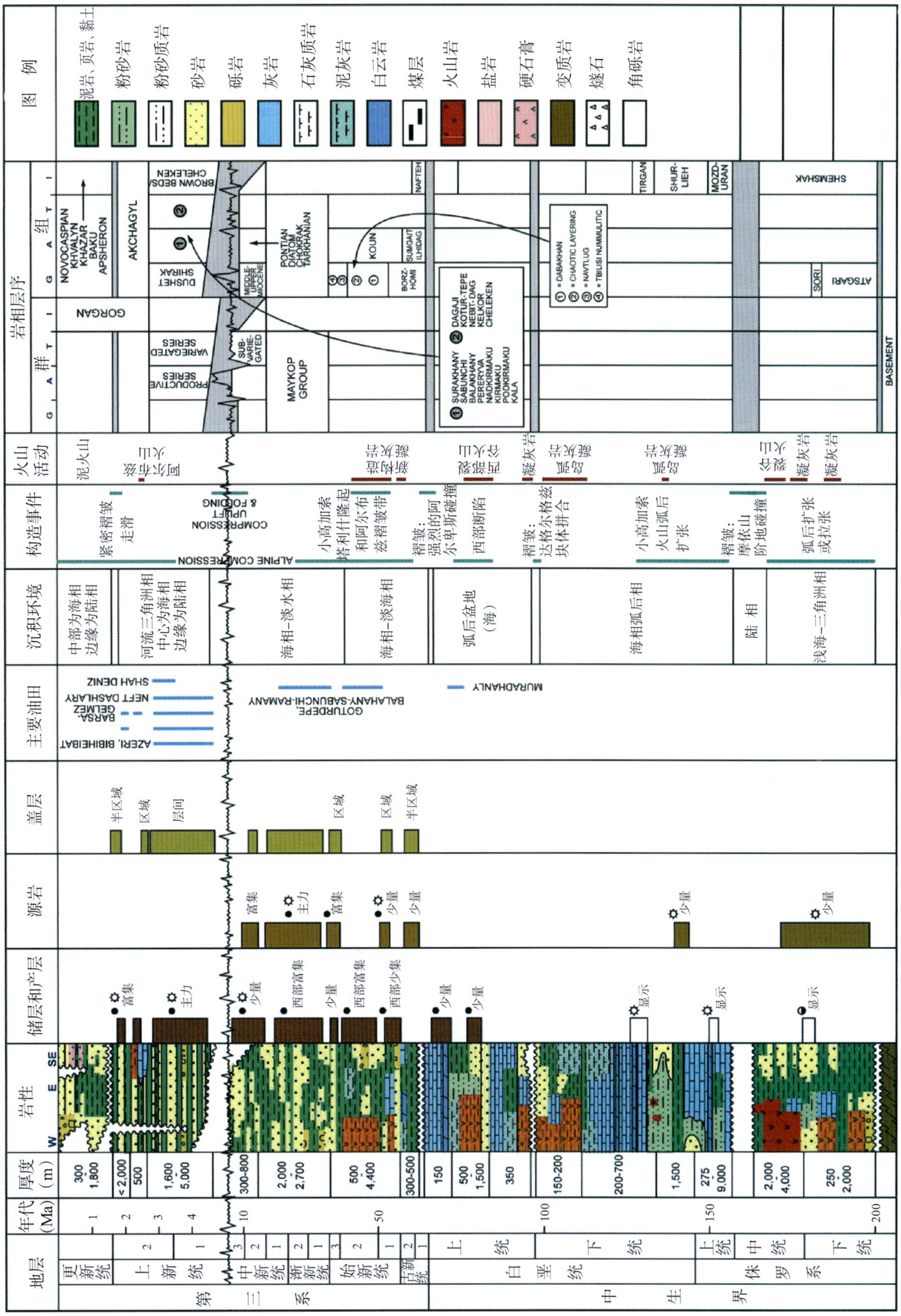

图 1-4-13　南里海盆地地层综合柱状图

背斜构造、逆冲断层和走滑断层等构造活动是诱发泥火山形成的主要条件，相应产生的泥火山则具有不同的构造表现特征。依据其形成的诱发因素可以将泥火山划分为背斜型、逆冲断层型和走滑断层型泥火山（图 1-4-14、1-4-15）。由于研究区不同构造单元承受的应力强度具有差异，因此泥火山在不同地区具有不同的构造类型。

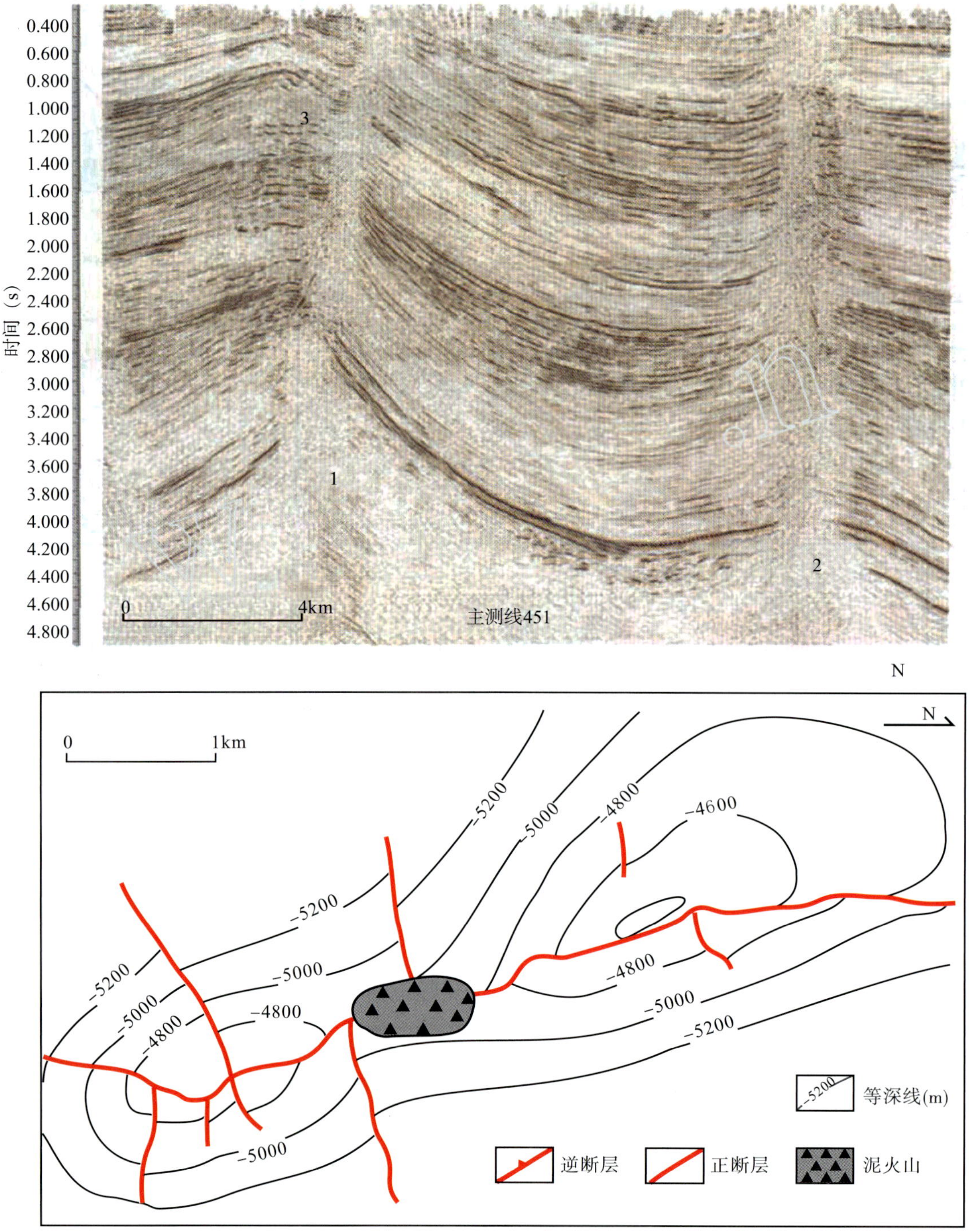

图 1-4-14　背斜型和走滑断层型泥火山构造特征

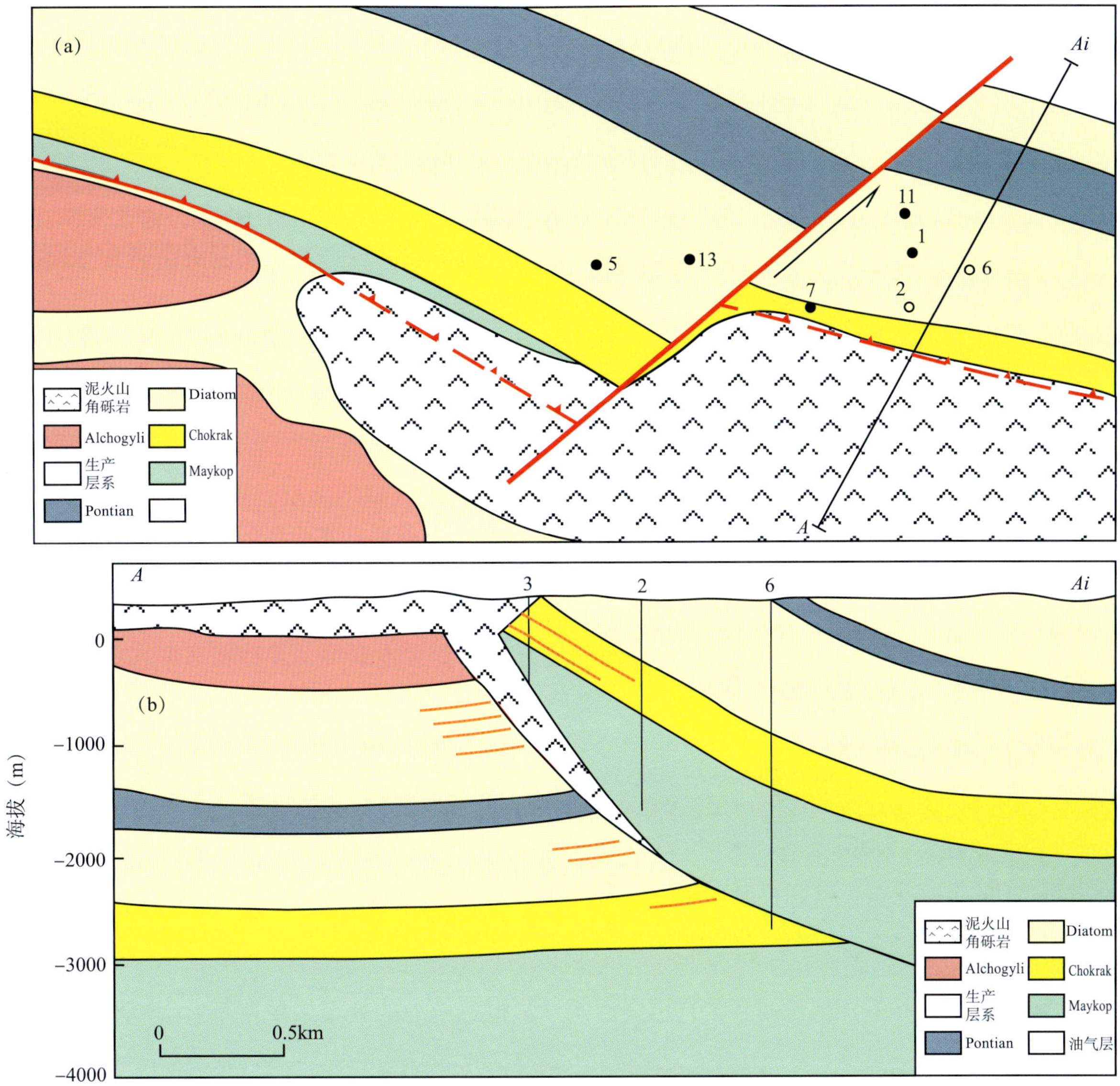

图 1-4-15　逆冲断层型泥火山构造特征

（a）Adzhiveli 构造地质；（b）Adzhiveli 构造地质剖面

南里海盆地泥火山构造活动控制了油气成藏，主要表现在如下方面：

（1）对油气生成和运移的影响：中-渐新统厚层泥岩不仅是泥火山的主要来源，也是该盆地最主要烃源岩，其生油高峰在上新世晚期，泥火山形成于上新世晚期和第四系。成熟的生油岩由泥火山携带向地表蠕动和喷出过程中，携带油气向浅层垂向运移，因此，泥火山通道是油气运移的主要通道之一，地面泥火山中油气苗和气水喷出物是油气向浅层运移的良好证明。同时，在持续快速沉积充填下随埋深增加本应进入过成熟阶段的部分生油岩由于泥火山和泥岩底辟上涌而仍处于生油门限深度内，扩大了生油范围和强度。再者，深层泥火山喷出过程中携带热流上移，对较浅层的烃源岩成熟度产生影响，促使浅层生油岩的成熟。

（2）对构造和圈闭形成的影响：背斜隆起、逆冲断层和走滑断层促发了泥火山和泥底辟的形成，同时泥火山和泥底辟构造的发育也促成了构造和圈闭的进一步发育和完善。背斜型泥火山和泥岩底辟拱升促使背斜构造顶部四周形成放射状正断层，切割背斜为多断块背斜，如 Kursenge 南构造。另外，泥火山在浅层造成的下陷补偿构造中也发育了许多小的正断层，以环状或半环状分布于泥火山周围，形成浅层断块圈闭。在走滑断层型泥火山中这些正断层和走滑形成半生正断层雁列分布，与主走滑断层相交，在剖面上呈 Y 型，与上倾地层形成有利的反向断块圈闭，如 Karabagli 构造。

（3）对晚期油藏的封闭和对早期聚集油藏的破坏作用：在下库拉凹陷，油气生成的高峰时期和成藏关键时间在上新世晚期，泥火山形成于上新世晚期和第四系。因此，第四系泥火山通道不仅是油气垂向运移的通道，也明显对上新世晚期形成油藏有破坏作用。如 Karabagli 油田钻井显示邻近泥火山和泥岩底辟发育带，构造复杂破碎，含油气性差；而构造翼部在反向正断层的封闭下，含油气情况良好，是该油田的主要产油气断块。而泥火山活动间歇期沿断层面形成的泥岩涂抹和泥火山刺穿体对晚期形成的油气藏又起到上倾封堵作用，如 Adzhiveli 和 Duvanny 油气田。

（4）对储层分布和发育的影响：上新统沉积时，许多构造已经隆升发育，控制地层沉积，构造高部位地层厚度变薄，甚至形成局部不整合，造成部分构造高点储层不发育或缺失。另外，泥火山和泥底辟的侵入致使泥火山周围泥岩发育而砂岩含量偏低。

8）新近纪构造挤压导致地层异常高压影响了油气成藏

（1）南里海盆地产生异常高压的构造活动主要包括局部和区域的断层、褶皱、侧向滑动和滑脱、断盘下降而引起的挤压、泥底辟/盐丘运动以及地震等。构造活动对异常高压的作用类似于上覆载荷在垂向上的压实作用，主要是导致相应地层的孔隙度、渗透率降低，造成流体排出受阻而形成异常高压。南里海盆地是受阿尔卑斯挤压运动的影响而形成的前陆盆地。在大、小高加索褶皱带挤压隆起过程中，下库拉凹陷受挤压和右行走滑应力的控制，盆地挤压、倒转和走滑变形，并伴随有泥火山喷发，构造挤压走滑应力强。新近纪构造挤压是该区地层异常高压形成的重要原因之一。

（2）在盆地构造挤压走滑和快速巨厚沉积、超压背景下，该区泥火山和泥底辟构造十分发育。泥火山构造和泥底辟构造既形成了油气运移通道又准备了油气聚集的圈闭，既是深层异常地层高压产生的结果又是中浅层异常高压形成的原因。凹陷内深层超压需要通过一定通道周期性排出，经历了多次压力封存箱的“破裂-泄漏-愈合-增压”过程。在这个过程中，泥火山、泥底辟构造以及伴生断层携带深层超压和能量向浅层扩散和释放，从而在浅层 2000 多米深度形成了异常超压。并且，浅层异常地层压力以泥火山发育带附近最大，而在距泥火山较远的构造部位，由于受泥火山压力传递作用弱，因而地层压力相对较低。

（3）构造中泥火山和泥底辟是否发育也会影响异常地层压力的分布。在有泥火山喷发的构造，随泥火山的喷发，地层压力得到释放，地层压力异常较小；而没有泥火山喷发、仅发育泥底辟的构造地层异常压力相对较大。在 KK 区块的构造中，Babazanan 构造地层异常压力显著，而 Kursenge 和 Karabagli 等构造地层异常压力较小，这与地质历史上是否有泥火山喷发关系密切。

南里海盆地下库拉凹陷快速沉积区的高压和超压异常对该区油气成藏有着极其重要的作用，主要表现在以下几个方面：

（1）下库拉凹陷的高压和超压异常利于孔隙在深层储集层中的保存，改善了储集层的储集性能。

（2）超压对油气藏的封闭保存作用。超压对油气藏的封闭作用主要是由于压力封存箱中压力梯度对油气形成了封盖，从而形成箱内、箱缘和箱外的油气成藏模式。超压的封闭作用往往与该区泥岩盖层的封闭有一致性，具有 A 类型压实的构造，可以形成多套成藏组合，更有利于油气成藏，如研究区中的 Babazanan 和 Karabagli 构造。

（3）下库拉凹陷快速沉降盆地内超压体系中的剩余孔隙流体压力需要通过一定通道周期性排出，即经历了压力封存箱的“破裂—泄漏—愈合—增压”过程。在这个过程中，促使了泥火山和泥底辟构造的形成和发育，既提供了油气运移通道又准备了油气聚集的构造圈闭，因此，异常地层压力对该区圈闭的形成产生了重要影响。

1.4.4　主要结论

在对中亚地区典型盆地的中生代构造演化、成藏条件及成藏主控因素分析的基础上，形成中新生代构造运动与油气资源的关系的区域和整体规律性认识如下。

（1）中新生代构造旋回决定了盆地类型。中亚地区中新生代发育 2 个旋回、5 个盆地发育阶段：中生代以拉张为主，裂陷-坳陷盆地发育最为鼎盛，新近纪发生挤压运动，前陆盆地最为发育。

（2）阿姆达林盆地形成后未发生大的构造运动。盆地内三套烃源岩只经历了一次生成-运移-聚集的过程，油气藏形成后未遭受强烈的构造运动改造，因此原生油气藏几乎未遭调整和破坏。现今油、气田分布的格局代表了阿姆达林盆地油和气原始的生成、运移和聚集的面貌。稳定沉降的构造环境有利于天然气长距离地从油源区运移到盆地的边缘地带和隆起高部位，形成大型天然气藏。

（3）中新生代盐底辟活动控制了盐上油气藏形成。滨里海盆地盐上和盐下为统一含油气系统，油气均来自于盐下源岩。盐下古生界储层中油气聚集成藏的关键时刻在古生代末-中生代初，因此，中新生代盐底辟构造运动使油气从盐下向盐上运移过程中，对盐下油藏起到调整和改造作用。同时在盐体上隆运动作用下，盐隆主体部位产生垂向主应力，在盐体上隆高部位发育一系列断层，这些断层的形成与发育对油气运移、圈闭形成起着一定作用，控制了盐上油藏的油气运移及聚集成藏。

（4）南里海盆地新近纪开始的大型挤压走滑运动，形成了多个 NW-SE 背斜构造带，同时导致上新世-第四纪盆地快速沉降，形成巨厚沉积地层，利于超压现象和泥火山的发育，控制油气藏形成。

（5）在南里海盆地广泛发育的新近纪的泥火山构造活动，影响了油气运移及生成、促成了构造和圈闭的进一步发育和完善、对晚期油藏起到封闭作用、对早期油藏具有破坏作用，同时影响了储层分布和发育。因此，新近纪的泥火山构造活动对油气藏形成有重要影响。

（6）新近纪构造挤压运动是南里海盆地地层异常高压形成的重要原因之一，影响了油气藏形成。南里海盆地下库拉凹陷的高压和超压异常利于孔隙在深层储集层中的保存，改善了储集层的储集性能；超压对油气藏的具有封闭保存作用；超压体系中的剩余孔隙流体压力需要通过一定通道周期性排出，促使了泥火山和泥底辟构造的形成和发育，既提供了油气运移通道又准备了油气聚集的构造圈闭，异常地层压力对该区圈闭的形成产生了重要影响。

参考文献

安尼·里克曼等，丁禾等译，碳酸盐岩油藏勘探，北京：石油工业出版社，1986。
白国平，世界碳酸盐岩大油气田分布特征，古地理学报，2006，8（2）：241～250。
曹华龄编译，二叠含油气盆地，北京：石油工业出版社，1993。
曾溅辉、金之钧等，油气二次运移和聚集物理模拟，北京：石油工业出版社，2000。
陈章明，油气藏保存与破坏研究，北京：石油工业出版社，2003。
戴金星、卫延召、赵靖舟，晚期成藏对大气田形成的重大作用，中国地质，2003，30（1）：10～17。
戴金星，加强天然气地学研究，勘探更多大气田，天然气地球科学，2003，14（1）：1～14。
董兆雄、罗强、王振宇，沉积成岩作用是影响碳酸盐岩裂缝发育不可忽视的因素，西南石油学院学报，1993，15（特）：35～37。
范秋海、吕修祥、杨明慧，膏盐层在秋里塔格构造带构造形成及油气聚集中的控制作用，石油天然气学报，2005，27（1）：153～155。
范善发等，深部碳酸盐岩油气生成和保存的特征及其模拟实验研究，沉积学报，1997，15（2）：114～117。
冯秀芳译，滨里海盆地不同类型石油的形成条件和分布特点，石油地质信息，1994，15（2）。
冯增昭，沉积岩石学（第二版）（下册），北京：石油工业出版社，1993。
冯增昭编著，碳酸盐岩岩相古地理学，北京：石油工业出版社，1989。
付广、付晓飞、吕延防，盖层对油气聚集的控制作用，天然气地球科学，1999，10（5）：17～22。
付广、薛永超，盖层与源岩的时空配置关系对油气运聚成藏的控制作用，矿物岩石，2001，21（2）：56～61。
傅家谟等，碳酸盐岩有机地球化学，北京：科学出版社，1989。
甘克文，世界含油气盆地图集，北京：石油工业出版社，1982。
郝石生、贾振远，碳酸盐岩油气形成和分布，北京：石油工业出版社，1989。

郝石生等，1995，天然气藏的形成和保存，北京：石油工业出版社。
胡朝元等，油气成藏原理，北京：石油工业出版社，2002，16，19～57。
胡朝元，“源控论”适用范围量化分析，天然气工业，2005，25（10）：1～3。
胡见义，石油地质学前沿和勘探新领域，中国石油勘探，2004，9（1）：8～14。
胡凯等，激光拉曼光谱碳质地温计——一种新的古地温测试方法，科学通报，1992，14（1）：302～305。
胡文海、陈冬晴，美国油气田分布规律和勘探经验，北京：石油工业出版社，1995。
贾振远、郝石生，碳酸盐岩油气形成与分布，北京：石油工业出版社，1989。
姜在兴，沉积学，北京：石油工业出版社，2003。
金之钧、殷进垠、谢方克、吕修祥，盆地岩石圈结构与油气成藏及分布，地质科学，2003，38（3）：392～402。
金之钧、张发强，油气运移研究现状及主要进展，石油与天然气地质，2005，26（3）：263～270。
金之钧、张一伟、王捷等著，油气成藏机理与分布规律，北京：石油工业出版社，2003，73～94。
李干生、何斌，中国石化海相大油气田的发现与启示，当代石油石化，2006，14（11）：1～6。
李国玉、金之钧，新编世界含油气盆地图集，北京：石油工业出版社，2005。
李国玉，世界油田图集（上册），北京：石油工业出版社，1997。
李国玉，世界油田图集（下册），北京：石油工业出版社，2000。
刘宝珺等，地质学的若干问题，地球科学进展，2001，16（5）：607～616。
刘斌、刘伟译，利用浅部地球化学标志预测滨里海盆地二叠系盐下烃类聚集，国外油气勘探，2000，12（3）：373～381。
刘光鼎，试论残留盆地，勘探家，1997，2（3）：1～4。
刘君亮译，用地震勘探方法寻找生物礁沉积带中的油气圈闭，江汉石油译丛，1985，（4）：48～53。
刘淑萱，深层油气藏储集层与相态预测，石油工业出版社，1992。
吕修祥、金之钧，碳酸盐岩油气田分布规律，石油学报，2000，21（3）：8～12。
马克西莫夫，С. Д. 深层油气藏的形成与分布，北京：石油工业出版社，1988，1～75。
马克西莫夫，С. Д. 苏联油气田手册，北京：石油工业出版社，1992，384～388。
马永生等，碳酸盐岩储层沉积学，北京：地质出版社，1999。
曲佳燕、蒋维东、于舒杰，不同类有机质及其成熟度对源盖层封闭扩散相天然气的影响，大庆石油学院学报，2003，27（3）：15～17。
宋焕荣、黄尚瑜，碳酸盐岩与岩溶，矿物岩石，1988，8（1）：9～18。
宋芊、金之钧，大油气田统计特征，石油大学学报（自然科学版），2000，24（4）：11～14。
孙英杰、张春莲、张丽萍，源盖层对扩散相天然气的封闭作用及评价方法，大庆石油学院学报，2003，27（2）：1～4。
万军、牟敦山、于舒杰，源盖层浓度封闭的有效性及确定方法，大庆石油学院学报，2003，27（3）：98～100。
王东旭、曾溅辉、宫秀梅，膏盐岩层对油气成藏的影响，天然气地球科学，2005，16（3）：329～332。
王铁冠、李素梅、张爱云等，利用原油含氮化合物研究油气运移，石油大学学报（自然科学版），2000，24（4）：83～86。
王铁冠、李素梅、张爱云等，应用含氮化合物探讨新疆轮南油田油气运移，地质学报，2000，74（1）：85～93。
肖贤明等，早古生代海相烃源岩成熟度的有机岩石学评价方法，沉积学报，1995，13（2）：112～119。
萧德铭、王荣华、蔡天成等，俄罗斯东西伯利亚及远东地区含油气盆地，北京：石油工业出版社，2000。
徐树宝、王素花，东西伯利亚含油气盆地石油地质特征和资源潜力，石油科技论坛，2007，2：33～38。
杨继良，发展石油地质理论寻找更多的油气田，1999。
张厚福等，石油地质学，北京：石油工业出版社，2000。
张景廉、赵应成、王新民，大气田形成的一些控制因素探讨，海相油气地质，1999，4（1）：43～47。
赵孟军等，原油二次裂解-天然气重要的生成途径，地质论评，2000，46（6）：646～650。
赵文智、何登发、李小地等，石油地质综合研究导论，北京：石油工业出版社，1999：492～497。
中国石油经济和信息研究中心数据库室，IRIS21 石油开发勘探数据库汉化-滨里海盆地，2000。
周兴熙，成藏要素的时空结构与油气富集-兼论近源富集成藏，石油与天然气地质，2005，26（6）：711～716。
周兴熙，源-盖共控论概述，石油勘探与开发，1997，24（6）：4～7。
Cai C，Worden R H，Bottrell S H，Wang L，Yang C，Thermo-chemical sulphate reduction and the generation of hydrogen

sulphide and thiols (mercaptans) in Triassic carbonate reservoirs from the Sichuan Basin, China, Chemical Geology, 2003, 202 (1-2): 39～57.

Cai C, Xie Z, Worden R H, Hu G, Wang L, He H, Methane-dominated thermo-chemical sulphate reduction in the Triassic Feixianguan Formation East Sichuan Basin, China: towards prediction of fatal H2S concentrations, Marine and Petroleum Geology, 2004, 21 (10): 1265～1279.

Demaison G J, Huizinga B J, Genetic classification of petroleum system, AAPG Bulltin, 1991, 75: 1625～1643.

Jin Zhijun, Bai Guoping, Ali Mansoori G, Mansoori G A, An introduction to petroleum and natural gas exploration and production research in China, Journal of Petroleum Science and Engineering, 2004, 41 (1～3): 1～7.

Jin Zhijun, Wang Qingchen, Recent developments in study of the typical superimposed basins and petroleum accumulation in China: Exemplified by the Tarim Basin, Science in China Series D-Earth Sciences, 2004, 47 (s2): 1～15.

Jin Zhijun, Zhu Dongya, Zhang Xuefeng, Hu Wenxuan, Hydrothermally fluoritized Ordovician carbonates as reservoir rocks in the Tazhong area, central Tarim basin, NW China, Journal of Petroleum Geology, 2006, 29 (1): 27～40.

Kuznetsov V G, Oil and gas in reef reservoirs in the former USSR, Petroleum Geoscience, 1997, 3: 65～71.

Lu Xiuxiang, Jin Zhijun, Pi Xuejin, Li Qiming, Hydrocarbon accumulation and distribution in the Lower Paleozoic carbonate rocks in Tarim Basin, Science in China Series D-Earth Sciences, 2000, 43 (5): 501～506.

Lu Xiuxiang, Jin Zhijun, Liu Luofu, Xu Shilin, Zhou Xinyuan, Pi Xuejun, Yang Haijun, Oil and gas accumulations in the Ordovician carbonates in the Tazhong Uplift of Tarim Basin, west China, Journal of Petroleum Science and Engineering, 2004, 41 (1～3): 109～121.

Morris W L 等著，刘里斌等译，Interior Cratonic Basin，北京：石油工业出版社，2000，523～572.

Roger W M, Dale A L 编，黄忠范译，前陆盆地和褶皱带，北京：石油工业出版社，2001.

Sverjensky A et al., Tracing great fluid migrations, Nature, 1992, 365 (9): 481～482.

USGS, World Petroleum Assessment 2000-Description and Results, USGS Digital Data Series DDS60, 2000.

Геология нефти и газа Сибирской платформы//Анциферов А. С., Бакин В. Е., Варламов И. П. и др. Ред.: Конторович А. Э., Сурков В. С., Трофимук А. А. М., Недра, 1981, 552с.

Непско - Ботуобинская антеклиза - Новая перспективная область добычи нефти и газа на востоке СССР//Под ред. А. Э. Конторовича, В. С. Суркова, А. А. Трофимук. Новосибирск, Наука, 1986, 246 с.

Нефтегазоносные бассейны и регионы Сибири. Вып. 6. Байкитский регион / Конторович А. Э., Мельников Н. В., Сурков В. С. и др. Новосибирск, 1994, 52 с.

Нефтегазоносные бассейны и регионы Сибири. Вып. 8. Иркутский бассейн / Конторович А. Э., Мельников Н. В., Воробьев В. Н. и др. Новосибирск, 1995, 59 с.

Новые данные по геологии нефти и газа Таримского бассейна//Ред.: Тун Сяогуан, Лян Диган, Цзя Чэнцзао. Пекин: Наука, 1996, 502 с. (на китайском языке).

Прогноз месторождений нефти и газа / Конторович А. Э., Фотиади Э. Э., Демин В. И. и др. М., Недра, 1981.

1.5　欧亚大陆重力异常反演及天山-贝加尔构造带*

在全球板块构造中，欧亚板块占有重要的地位。它不仅地域辽阔，而且是几个次大陆和陆块会聚的中心。在迄今的地学研究中，西太平洋俯冲带和喜马拉雅碰撞带是作为全球构造体系中的两个典型来认识的，它们分别代表着洋陆间和陆-陆间的板块边界，沿着这两个边界有着十分强烈的地震活动。

---

* 本节作者：冯锐[1]　马宗晋[2]　方剑[3]　吴宣[1]

1. 中国地震局地球物理研究所，北京 100081
2. 中国地震局地质研究所，北京 100029
3. 中国科学院测量与地球物理研究所，武汉 430077

本文曾发表在：地学前缘，2007，14（4）：1～17，原标题为“发展中的板块边界：天山-贝加尔活动构造带”

从这个观点出发，人们尽管不是全部，但至少能在相当大的程度上解释欧亚大陆内部的地球动力学过程。

令人百思不解的是，在亚洲内陆可以同样明显地看到天山-贝加尔一线（即沿着巴基斯坦-兴都库什-天山-阿尔泰-萨彦岭-贝加尔湖-雅布洛诺夫山-斯塔诺夫山-朱格朱尔山-维尔霍扬斯克山）也有着极强的地震活动，它是大陆内部唯一的一条巨型地震活动带，将欧亚大陆分隔成南北两部分。问题是，沿着这一线并不存在一条连续的大断裂，两者的关系是什么，学术界的观点彼此相左。有可能，它也会变成全球构造体系中的一个典型问题，否则：①大陆内部的深远处，为什么会突然冒出个强地震带呢？②对连续的震中分布，为什么没有连续的断层呢？③断层不连续，为什么还具有板块边界的基本特点呢？就是带着这样一个无比好奇的想法，我们开始了多年的追索。

1.5.1　矛盾的现象与观点

不妨先回顾一下俯冲带和碰撞带的地震活动特点（图 1-5-1）：它们的能量释放很大；在震源的

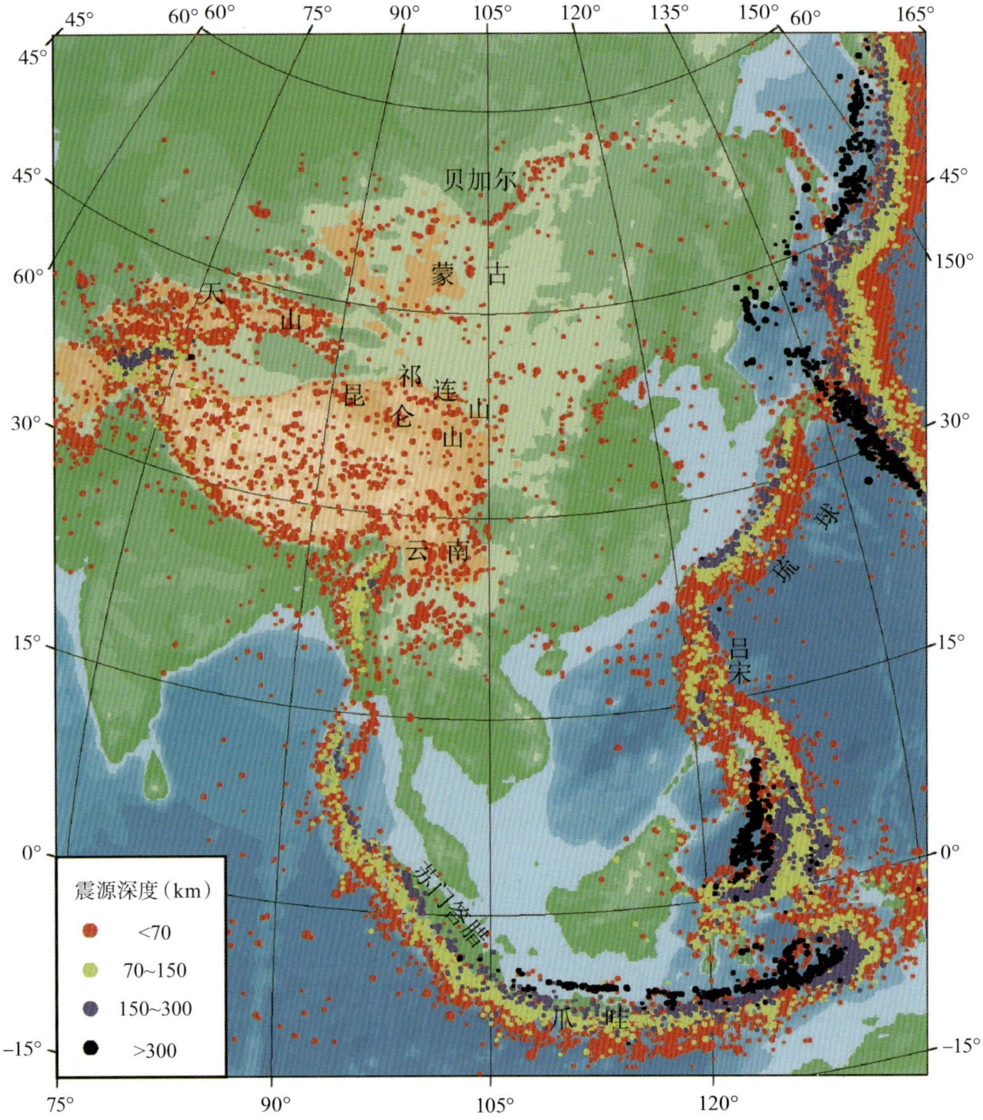

图 1-5-1　东亚地区震中分布图

空间分布上具有“平面成带、深度成面”的特点；震源机制受着统一构造应力场的控制；时空变化上，表现明显的迁移性、填空性；活动水平有较一致的周期性等。延绵数万千米的两个地震带虽然也有分段性，但在全球构造体系上各为一个构造带是站得住的。特别是，在俯冲带和碰撞带的两侧都存在非对称性震中分布：大量的板内地震仅仅发生在板块边界的大陆一侧（即中国青藏高原、蒙古和中国东部），而在外侧（即印度板块和西太平洋板块内）却没有地震活动，即外侧板块的内部更为均匀和坚硬。所以东亚地区的岩石圈具有“外围硬、内部软”的特征。这与洋中脊地震的聚集分布迥然不同。

人们很早就注意到，在审视亚洲内陆的强地震分布时（图1-5-2），沿着天山-贝加尔一线的地震活动十分强烈。无论其能量释放水平还是空间分布特征，都具有与西太平洋地震带和喜马拉雅地震带同样的地位和系统性特征，这是大陆内部的唯一的一条巨型地震活动带，它将欧亚大陆明显地分隔成南北两部分。在其北部的广大地域内，岩石圈非常稳定，没有任何地震活动；南部的状态完全相反，陆内变形区和造山带绵延不断，地震活动几乎戛然截止于这一条线上。在构建现今应力场和形变场的数学模型时，人们曾不得不把天山-贝加尔一线作为一个“刚性边界”来处理。也就是说，不得不把西太平洋地震带、喜马拉雅地震带、天山-贝加尔地震带等同地视为三条活动构造边界，它们包围了一个三角形的东亚地区，内部是以中国疆土为主的强活动区——“中国-东南亚次板块”，外部受制于三个均匀而坚硬的块体——西太平洋板块、印度板块、俄罗斯-西伯利亚次板块，当计入上地幔的作用后，该区的地球动力学状态便基本得以控制。

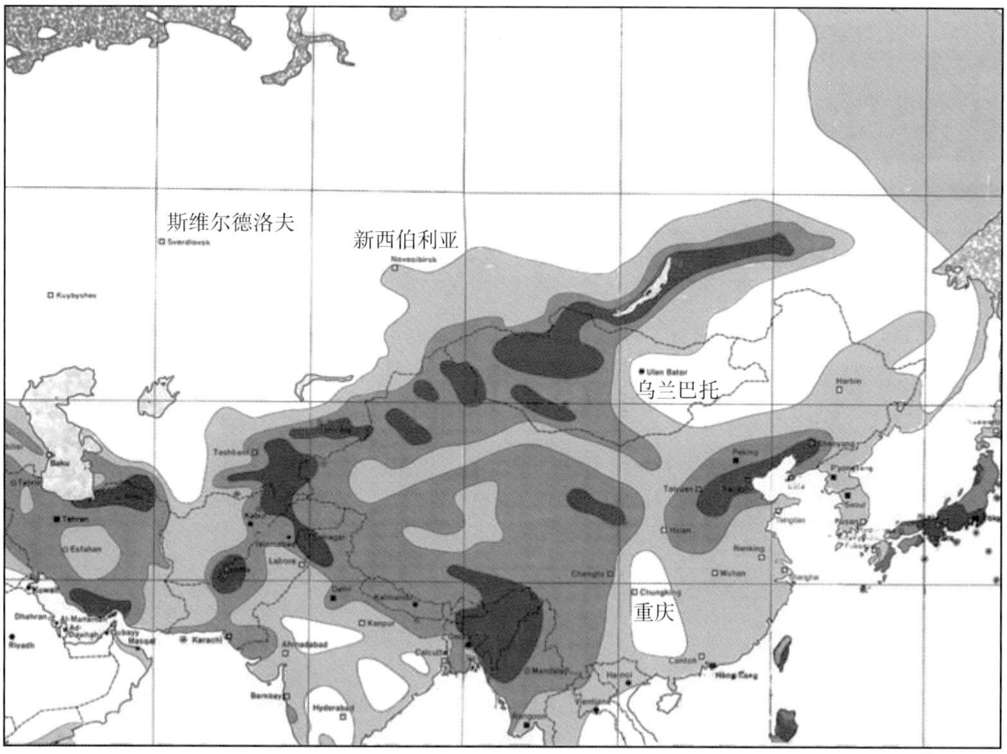

图1-5-2　亚洲大陆的地震烈度分布简图

当然，矛盾的现象也不是没有。从大地构造、Moho界面和航磁图上看，沿着天山-贝加尔一线并不存在一条连续的、完整的大断裂。因为显生宙的古亚洲造山区从乌拉尔开始，延展到了前寒武纪西伯利亚地台和中朝准地台之间的广大地区，跨越了从前寒武纪到现今的不同时期的地质体。而天山-贝加尔地震带的北段（即贝加尔-雅布洛诺夫-斯塔诺夫-维尔霍扬），又同西伯利亚地台的东南边缘相吻合，呈 WE 走向；这个地震带的中段和南段却被华力西期的额尔齐斯–佐伦–黑河缝合线和乌拉尔–南天山缝合线分割，之间还存在一些彼此分离的次级缝合带与断层带。这些巨大构造边界与断裂带的走向，从兴都库什到贝加尔逐渐由 EW 向变成 NW 向和 NNW 向，与天山–贝加尔地震活动带成正交或斜交状。因此地貌单元、地质单元、地球物理场之间存在明显的不一致性。

于是天山–贝加尔的统一断裂带观点、刚性边界观点、活动构造观点就很难得到地质学、地震学的支持，即便不认为这是亚洲内部的一种地球物理假象，也会被视为数学模型的一个假边界，更难以从大地构造学上把它视为同一个体系，学术界对这个问题的认识长期相左。近年来，形势似有转变，构造线的观点渐渐受到重视。不过对它的性质和地位仍有不同看法，代表性的定义至少有下述几种：

（1）破裂型地震构造带。依据仅是地震震中的带状延续和地貌特征，Dewey（1970）和张裕明等（1981）认为它是两个二级板块——欧洲–北亚板块、中国–东南亚板块的分界线（图 1–5–3）。

（2）陆缘活化带。任纪舜等（1999）认为，兴都库什–萨彦岭段是滨特提斯陆缘活化带北界，属印度板块碰撞后的挤压性构造效应；南北地震带贝加尔以东段是滨太平洋陆缘活化带西北界，属亚洲东缘的裂解、拉张性的构造效应（图 1–5–3 中的虚点线）。这两个活化（活动）带彼此并不相连。

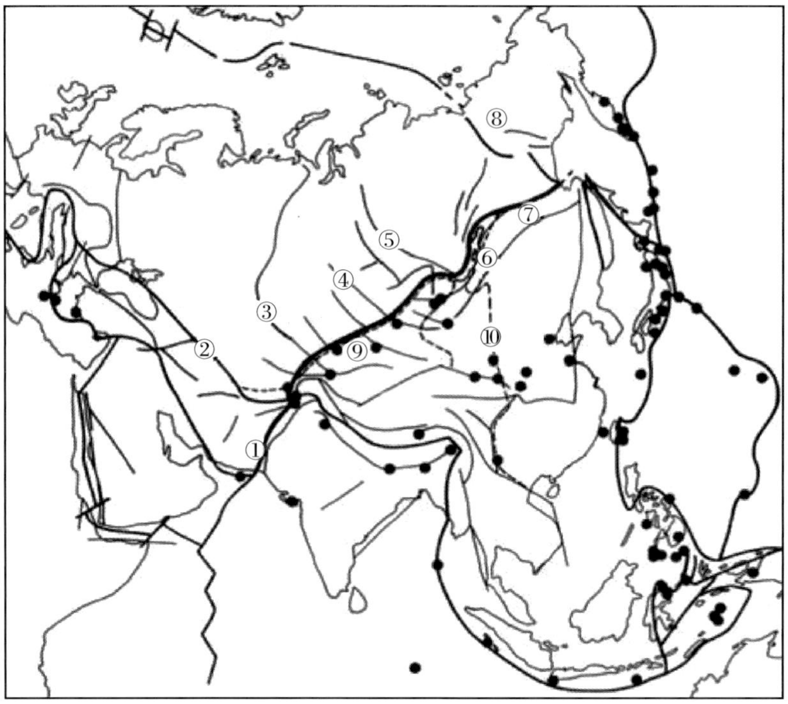

图 1–5–3　亚欧地震构造简图

根据张裕明等（1981）做了修改，图中的黑点代表 7 级以上的强地震，细线是断层，粗线是板块边界，虚点线标明了任纪舜等（1999）推断的两个陆缘活化带。①苏来曼断裂带；②高加索断裂带；③乌拉尔南天山缝合线；④额尔齐斯佐伦黑河缝合线；⑤叶尼塞穆亚（萨彦东缘）断裂带；⑥贝加尔；⑦斯塔诺夫山；⑧维尔霍扬契尔斯基地区；⑨滨特提斯陆缘活化带；⑩滨太平洋陆缘活化带

（3）亚洲岩石圈内部的强变形带。Gordon（1995）曾提出，板块边界除了表现为大洋内部的拉张、洋–陆间的俯冲、陆–陆间的碰撞之外，在大陆内部是以岩石圈的强烈变形为特征的，从青藏高原延续到萨彦岭、贝加尔、维尔霍扬的陆内变形带，是板块边界的另一种表现形式。

（4）西伯利亚大陆与东南亚块体的拼合缝。Enkin 等（1992）根据古地磁的测试，推断在侏罗纪、白垩纪以后，东南亚的诸多小块体（如蒙古、华北、塔里木等）才同西伯利亚和哈萨克斯坦块体拼合到一起，直到第三纪印度板块的碰撞，最终完成了欧亚板块的形成（图 1–5–4）。这个观点，XpamoB 等早在 1974 年也由古地磁的资料提出过。

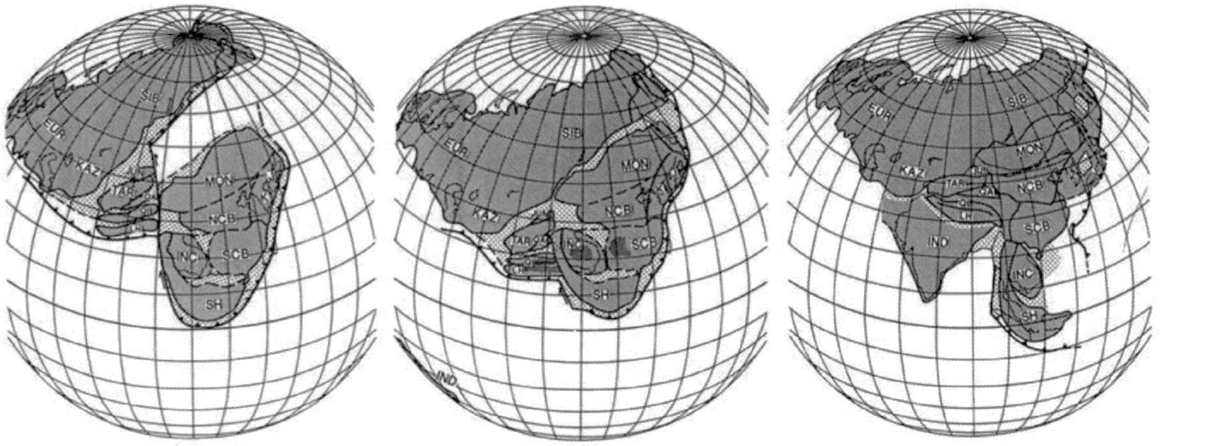

（a）　　　　（b）　　　　（c）

图 1-5-4　根据古地磁资料推断的亚洲板块的形成过程

我们的疑虑恰恰在于，地震活动既然反映着岩层的差异性运动，必然有构造的基础。天山-贝加尔地震带位于大陆内部的深远处，而岩石介质的强度有限，于是不能够简单地用碰撞带和俯冲带的直接作用力去解释它的存在，也不能不考虑地表断层的离散分布状。看来，这一地带的深部应该存在结构和物性的急剧变化，存在某种尚未被认识到的构造，它的动力学作用是隐性的、控制性的，否则大规模的构造应力不会如此有规律的集中，能量释放的强度也不会这样接近于板缘地震带。

笔者分析了天山-贝加尔地震带的活动特点，研究了欧亚大陆的重力场和深部密度分布，计算了该区上地幔的速度分布，对比了深浅构造的关系。发现在这个部位的 70～250 km 的深部有一条 NE 向的密度、速度陡变带，它是新生代的冷地幔和热地幔的交界带，与浅部构造存在立交关系，对亚洲大陆的现今构造运动和应力场具有重要的控制作用。正是这个上地幔的物性陡变带，在它与岩石圈上部断裂带的交切部位，引起了古老断层局部地段的活化和地震。这个带的地震不同于传统意义上的板缘地震和板内地震，是一种因为深浅构造不同而严生的结构性地震，性质上为大陆内缘地震。

1.5.2　地震活动性

对天山-贝加尔地震带在最近 100 年（1900～2000 年）间的活动性进行了研究。所利用的地震事件仅考虑震级 $M_S \geq 5.0$ 的地震，共得 1838 个事件。

1）时空分布与应力状态

天山-贝加尔地震活动带被划分成 5 个小区（图 1-5-5）：Ⅰ. 兴都库什区；Ⅱ. 天山区；Ⅲ. 萨彦岭区；Ⅳ. 贝加尔区；Ⅴ. 维尔霍扬区。

分隔它们的断裂带，分别为乌拉尔-南天山，额尔齐斯-佐伦-黑河，叶尼塞-穆亚（萨彦东缘）以及维尔霍扬深大断裂。图 1-5-6 是欧亚大陆中部地区的地震震中分布，对于天山-贝加尔地震活动带内和以北的地区标注了 5 级以上地震，对该地震带外的其他地区标出 7 级以上地震。地震震级的大小及震源深度的不同，分别用不同大小及不同符号示于图上。可以看出，地震活动带以南地区地震较多；以北地区寥寥无几，而且从没有发生过 7 级以上地震。在边界两侧的震中分布上，存在明显的非对称性。这同西太平洋俯冲带和印度碰撞带附近的情况完全一样。

图 1-5-7 为该区地震能量释放图，以 0、1×10^5 J、2×10^5 J、5×10^5 J、10×10^5 J、20×10^5 J、50×10^5 J 为等值线，最外圈为 0。整个活动带平均释放水平在（5～10）$\times10^5$ J 左右，接近于板缘地震带的水平。区内的地震震中呈明显的 NE 向带状分布，延伸的长度在 10000 km 以上，而宽度多为 400～500 km 以下。带内的地震活动具有统一的、逐渐变化的趋势，即能量的释放水平从 WS 向 EN 方向逐渐减弱、震源深度逐渐变浅。天山和兴都库什区存在 Moho 界面以下的中、深源地震活动，而贝加尔地区几乎全部

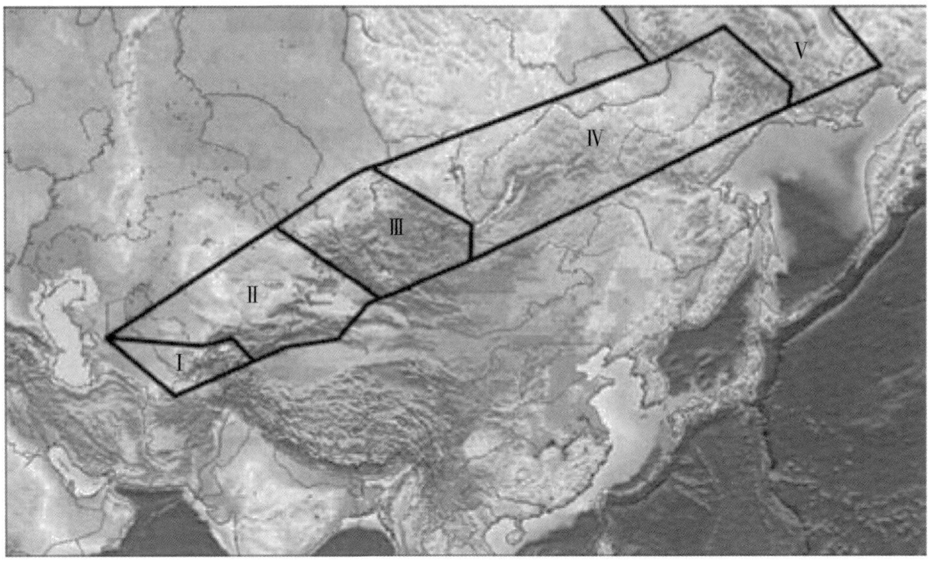

图 1-5-5　天山-贝加尔地震活动带的地形和分区

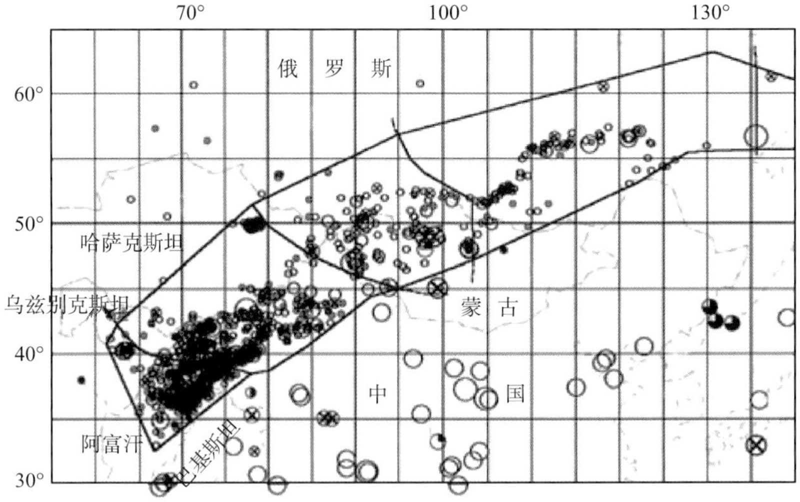

图 1-5-6　天山-贝加尔地震活动带的震中分布

为壳内地震活动。活动水平逐渐削弱，也在构造应力和位错机制上反映出来：

（1）地震震源机制解表明，最大水平主压应力方向，总体呈 NE 向，从喜马拉雅山弧延伸至贝加尔；但从萨彦岭、贝加尔地区起，NE 方向已逐渐削弱成中等主应力方向，最大主应力却转成了垂直向。与此同时，NW-SE 方向的最大张应力十分突出，从天山区即开始增强，成为青藏高原以东、东北广大地区的控制主体。

（2）天山-贝加尔沿线的断层走向不同，即逐渐由兴都库什的 EW 向、天山的 NW 向、萨彦岭的 NNW 向，继而到贝加尔的 NE 向。在大区域的稳定应力场作用下，该活动构造带内的震源机制也出现了渐变特点（图 1-5-8）：兴都库什至天山地区以逆断层为主要发震断层，在阿尔泰-萨彦岭地区变成逆冲和走滑相混的过渡状态，到贝加尔地区则发展成主要是正断层发震。考虑到逆冲位错的应力降偏高（约在几十 MPa），正断层的应力降偏低（约在几个 MPa），走滑位错的应力降居中的一般趋势，上述震源机制的变化过程表明，岩层的背景应力水平和发震的破裂强度，两者都向东北方连续性地降低。

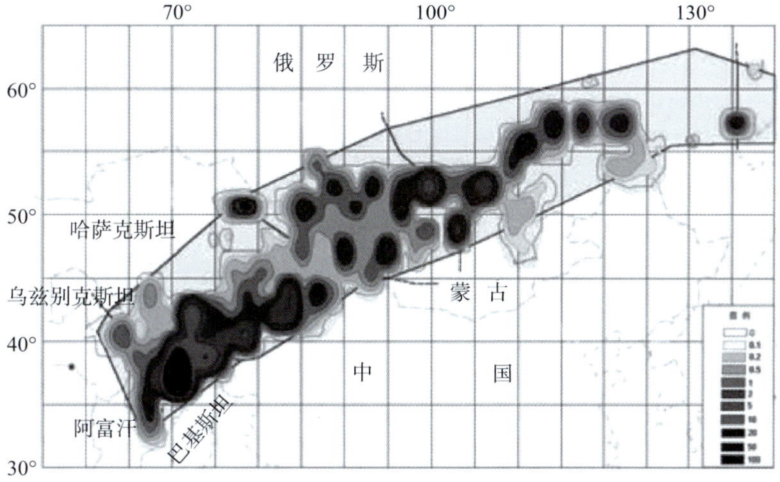

图 1-5-7　地震能量等值线图

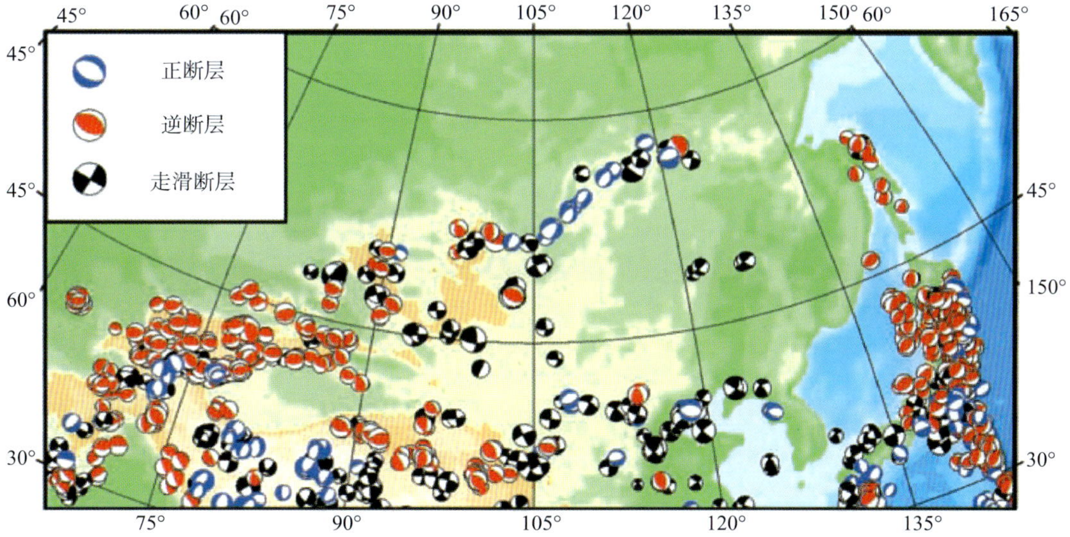

图 1-5-8　天山-贝加尔地震活动带及其附近地区的地震震源机制解

（3）出现这种动力学变化特征需要两个条件：①动力来源不会仅仅是俯冲带和碰撞带的作用，岩石的强度承载不了如此大距离的应力传递，必须有更深层力源；②欲维系住这种统一的应力场和系统性的地震活动，还需要连续性的物质结构，特别是高密度介质的稳定性的流变运动，能对密度偏小的岩石圈上部起到拉张、拖曳或推挤作用。遗憾的是，目前缺乏上地幔结构的研究成果。

（4）东亚地区的现今构造运动有“立交特点”：岩石圈上部，印度 NE 向的碰撞造成了地壳南北向的缩短和加厚，中国西部呈 NE 向的位移，是以喜山运动期最突出的；但是在岩石圈下部和上地幔的更大范围内，欧亚大陆以 NW-SE 向的位移和物质流动为主，属最新的运动。距离喜山造山带越远，这种深源的、NW 向的、拉张为主的作用特点愈显突出。两者的共同作用决定了现今的状态。相对而言，西太平洋俯冲带在水平方向上对大陆内部的作用较弱。

2）活动周期

地震活动周期不同，也是板缘地震和板内地震的一个重要差别。

根据对亚洲大陆地震活动性的研究结果，板块边界附近的地震活动周期偏短，一般只有几十年；越向大陆内部延伸，地震活动的重复周期越加大，长者可达百年至数百年。例如，青藏高原南部地震区的重复周期约 30～40 a，而青藏高原中部地震区则约在 90～100 a，到高原的北部地区，地震重复周期已经高达 300 a 左右。此外，中国的华北、华南、西南还存在 330 a 的活动周期，新疆地区仅计算出 120 a 的活动周期。西太平洋俯冲带的活动周期也在 30 a 左右，日本海沟附近的则更短。板缘地震带的重复活动周期之所以很短，取决于板块间相对运动的速率偏高、边界规模巨大。比如西太平洋俯冲带和喜马拉雅碰撞带的运动速率可达 40～100 mm/a，而东亚内陆块体间的相对运动速率仅在 1～18 mm/a。

图 1-5-9 列出了天山-贝加尔地震活动带各个分区的 *M-T*（震级时间）分布，可得到地震活动的重复周期。除兴都库什区较长（约为 58 a）外，其他三个主要区段（即天山区、萨彦岭区、贝加尔区）分别为 36 a、32 a 和 26 a。后三区的平均周期为 30 年，大体每次活动约 20 a，平静约 10 a。位于大陆深处的这个地震带，其重复活动周期如此的小，应予重视。因为它已经同西太平洋俯冲带和喜马拉雅碰撞带的参数等量级，而 GPS 测到的亚洲中部（从西伯利亚到蒙古和中国北部）的水平位移量均小于几个 mm/a（任金卫等，2003），呈"整体稳定"状态，与卫星资料亦未发现巨大水平差异运动的证据（杨巍然等，2004）彼此一致。地震的强活动与整体偏稳定的表象性矛盾说明：大陆内部存在动态调整机制，"稳定"是以天山-贝加尔构造带的应变能的不断卸载和构造应力的不断释放为代价的，局部的地震越多，整体的稳定越好。那么，这个活动构造带的地位是岩石圈层次的，作用是对次板块的解耦。

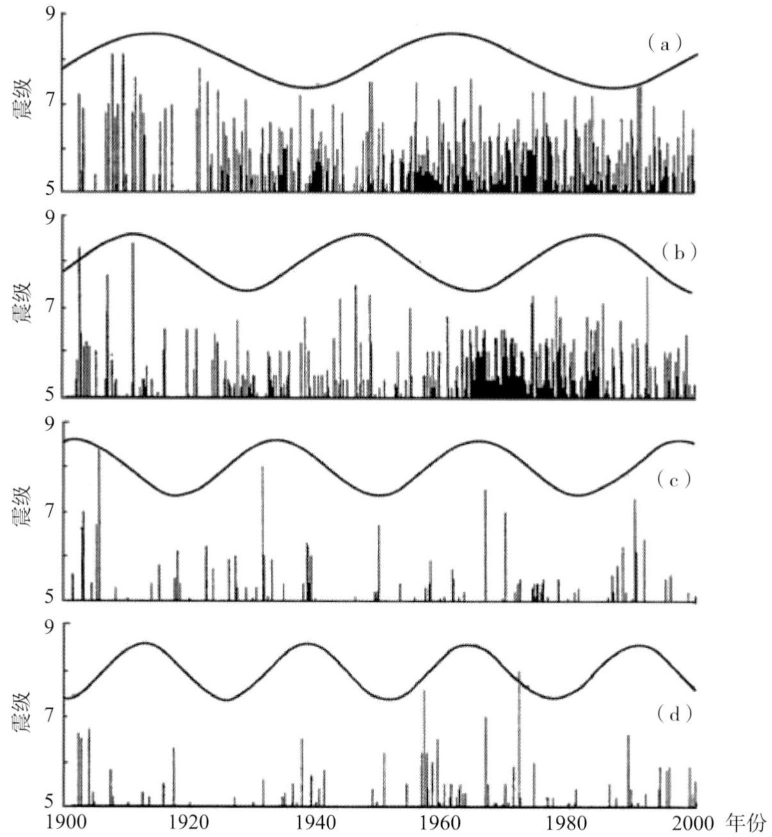

图 1-5-9　地震活动周期分布

（a）兴都库什；（b）天山；（c）萨彦岭；（d）贝加尔

1.5.3　重力场与上地幔密度结构

1）布格重力异常

研究地区的重力场模型取自 IGG97L，展至 720 阶，网格的分辨率高达（30′×30′），是国内最好的研究结果（冯锐等，1987）。然后利用 ETOP05（5r×5r）的地形资料进行地形改正，地改半径 167 km，密度 2670 kg/m^3，所得的布格重力异常是地壳上地幔的密度分布和构造变化的叠加效果，具有下述几点基本特征（图 1-5-10）：

大陆和海洋在深部的密度分布上有着对立的特征，致使布格重力异常场在陆地一般为负值，海洋为正值；异常的绝对值随海拔高度和海底深度的增加而增大。大洋的正异常值可以在太平洋高达 750 mGal（1 mGal = 10^{-5}m · s^{-2}），印度洋为 400 mGal，红海为 100 mGal。无论大陆还是海洋，在板块边界处都会出现异常梯度带，其原因是由于深部的密度结构在水平方向急剧变化，这种巨量的变化不是由地形改正能够完全补偿掉的。

欧亚大陆部分，以青藏高原为中心向四周逐渐升高，形成中心低、四周高的总趋势，形状上为三个阶次的巨大三角形区：第一阶次为青藏高原区（-200～-530 mGal）；第二阶次以兴都库什-贝加尔-云南三点组成的三角形低值区（-100～- 200 mGal）为主，同样的异常水平也在伊朗高原和土耳其高原出现；第三个阶次为其余的广大区域，只有中西伯利亚高原（通古斯地区）有相对偏大的负异常。

第二阶次的区域不仅地壳形变强烈，也是地震活动最普遍发生的部分，特别是在三角形的三边还分别出现天山-贝加尔地震带、南北地震带和喜山地震带；区域内部的结构线亦基本平行于三边。我们注意到，天山-贝加尔一线是亚洲中部最主要的重力梯度带，它的绵延长度最大，西南接苏来曼-欧文断层（在兴都库什到阿拉伯海处）和伊朗高原，东北方向连接中国东部重力梯度带（沿大兴安岭-武陵山一线）之后，继续延伸到欧亚-北美板块边界（在维尔霍扬-契尔斯基地区）。从重力图即密度的深部分布上看，欧亚大陆至少要沿着天山-贝加尔一线分成两大块，北侧平稳，南侧杂乱。

对布格重力图的信息提取主要有两方面：①计算均衡重力异常，直接探讨地壳部分的非均衡补偿的应力状态，深度主要在 Moho 界面附近；②反演深部构造，研究上地幔的密度结构。

2）均衡重力异常

理论上，布格重力异常已经消除了地形的影响，又归位到大地水准面，但是图 1-5-10 中仍然残存着某种与地形的相关性，说明重力均衡的力学机制确实存在。需要扣除这种流体静力学的补偿，剩余的量便是对流体静平衡的偏离，反映了岩石圈内还存在一种非流体性的应力在支撑或推动着这一偏离，它可以由板块运动或对流运动等引起。不过，受到古典均衡模型的理论限制，对均衡异常的解释还都是简单而定性的。图 1-5-11 给出了按照 Airy 均衡模型计算的结果，它与张赤军等（2003）的应力状态图具有一致的结论：

（1）在欧亚大陆的均衡补偿机制中，Moho 界面起到了主要的作用，使整个研究地区的重力异常水平下降约 100 mGal，导致大陆和大洋的大部分地区基本处于±50 mGal 的稳定平衡状态。研究表明，流变物质的作用会使上地幔的补偿过程在较短的时间内完成，对全球的大构造而言，一般会在千年尺度上调整完毕（冯锐等，1987；1988），而 Airy 均衡模型的补偿界面又与地表起伏存在镜像关系。这意味着，欧亚大陆在 30～50 km 深处以下的结构形态已经以现今的结构形态为主了。全球地震层析成像的结果进一步说明，除俯冲带、碰撞带等个别构造外，第三纪以前的古老构造会在 Moho 面以下的更深处被高温的流变介质改造、熔蚀和消灭掉，而且随着深度的加大，现今的构造成分、运动状态会愈发为主，古老的构造残骸愈发消失殆尽。

（2）均衡异常在地壳的块体边界处十分醒目。比如在青藏、伊朗、土耳其三大高原的四周，在西太平洋俯冲带处，在印度次大陆和阿拉伯板块的周边，都有幅度高达 50～100 mGal 以上的异常，深部应力可以达到几 MPa 的数量级（张赤军等，2003；Wang 等，1997；方盛明等，1997），遂引起地壳上部的缓慢变形或强烈地震。同样，沿着天山-贝加尔一线也是这样。上述特点起因于欧亚大陆是由许多古陆块逐渐拼合而成，块体之间的松动带起着解耦的作用，使大的块体容易实现不同机制下的均衡补偿，而板块的边界却做不到，异常幅度遂偏大。

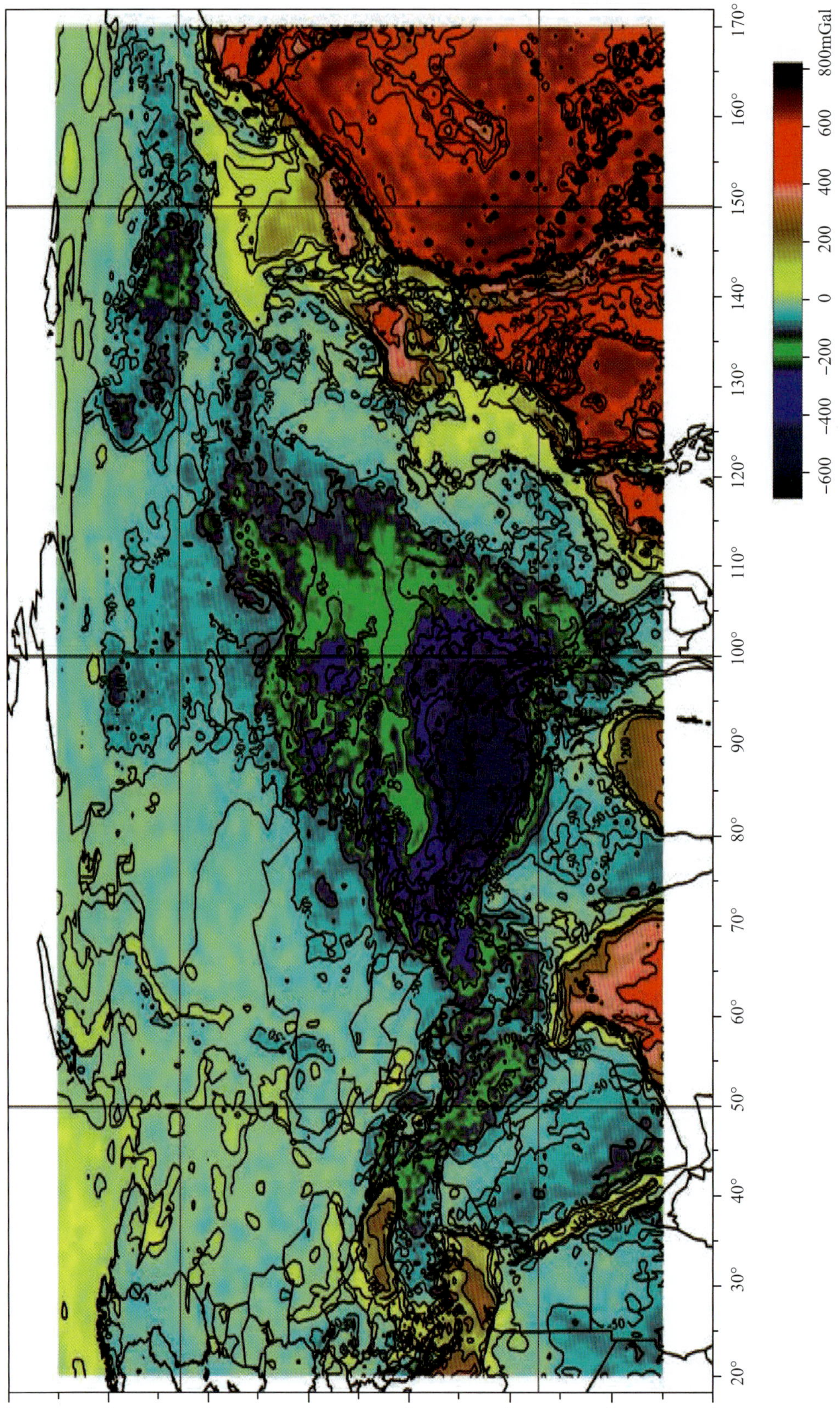

图 1-5-10　欧亚大陆布格重力异常图（30′×30′网格分辨）

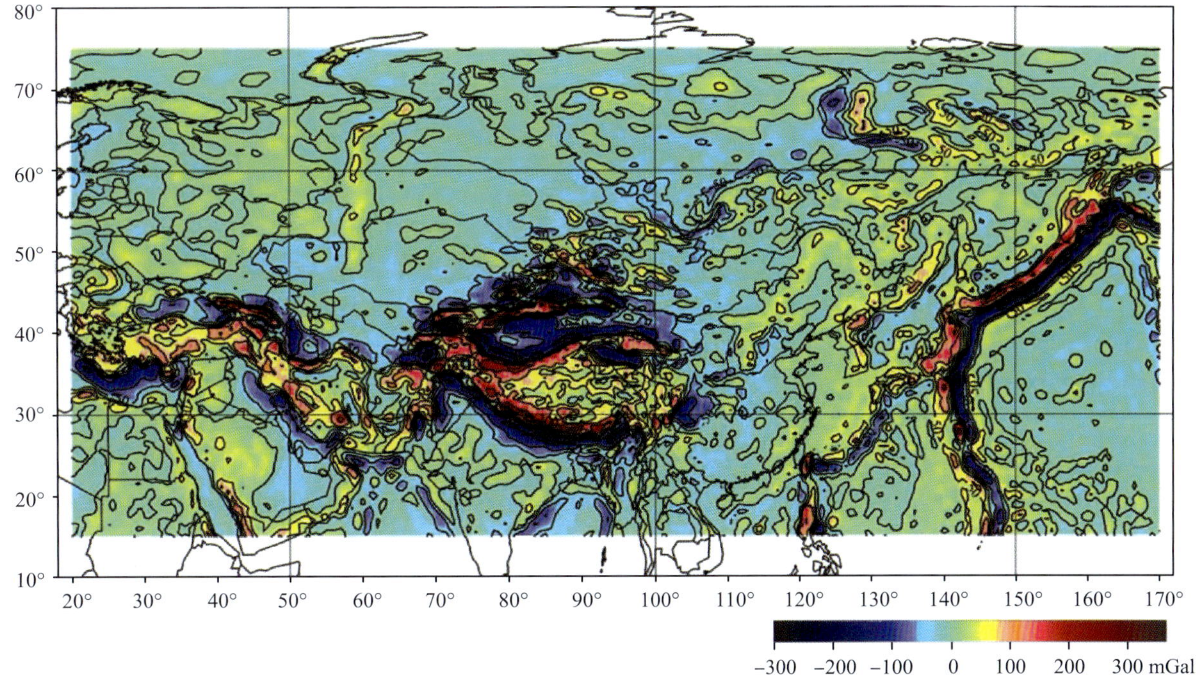

图 1-5-11　欧亚大陆均衡重力异常图（30′×30′网格分辨）

（3）青藏、伊朗、土耳其三大高原都处于正异常状态，地壳内的过量物质有沉降趋势以达到平衡，但实测结果却是三大高原都在隆升。尽管古典理论要用板块碰撞的抬升力来解释，现在看来还不够全面。目前的高原均衡正异常量有可能被高算了，是均衡计算时地幔密度只取平均值所致。合理的调整是：高原区的上地幔密度会偏高一些，在一定深度为“冷地幔”，于是高原区的均衡正异常水平就会降低，而且高原的抬升还会有其他的力源共同参与。不过，这些构造因素很难在古典的均衡模式里实现。

3）上地幔密度分布

对布格重力异常图 1-5-10 中所清楚显示的重力梯度带，已经有初步的研究结果。欲得到上地幔密度的分布涉及较复杂的计算过程。布格重力异常包含了大地水准面以下所有构造与密度分布的信息，为此要从布格异常中逐一地扣除下述因素产生的重力贡献：沉积层底界面起伏、沉积层密度变化、地壳密度变化、地壳厚度变化，然后反演上地幔（从 Moho 界面到 250 km 深处）的密度变化，最后所剩余的重力异常量则是更深层的原因和浅部高频变化所产生的。这部分计算的主体工作是由中国地震局地球物理所、中国科学院测量与地球物理所同俄罗斯大地物理所（1992～1994）合作完成的，随后中方进一步做了区域扩充和深入研究才得本文的结果。扩展后的区域（20～170°E，15～75°N）约占全球地表面积的 1/4，数据按照 30′×30′（约 50 km×50 km）的网格划分，正、反演全部依三维进行，详细的结果将专文发表。

欧亚大陆的上地幔密度分布（图 1-5-12）具有下述特点：

（1）研究地区的地壳密度为 2650～2720 kg/m^3，大陆部分为 2660～2690 kg/m^3。相对而言，该地区上地幔密度的变化幅度很小：总体在 3300～3360 kg/m^3，欧亚大陆部分（包含东海大陆架，鄂霍次克海）的密度低，为 3300～3340 kg/m^3；大洋部分（含印度洋、地中海、黑海等）的密度高，为 3330～3360 kg/m^3。符合全球性的基本特征。

（2）欧亚大陆内部，可以进一步分成“冷地幔”和“热地幔”两种形态：东欧、西西伯利亚、印度次大陆地区的上地幔密度相对偏高，都在 3330～3340kg/m^3。即上地幔与地壳的密度差相对偏大，或者说这些地区的地幔偏冷，大陆之下偏硬的“根基”较深，属于一种稳定大陆的密度结构。热地幔

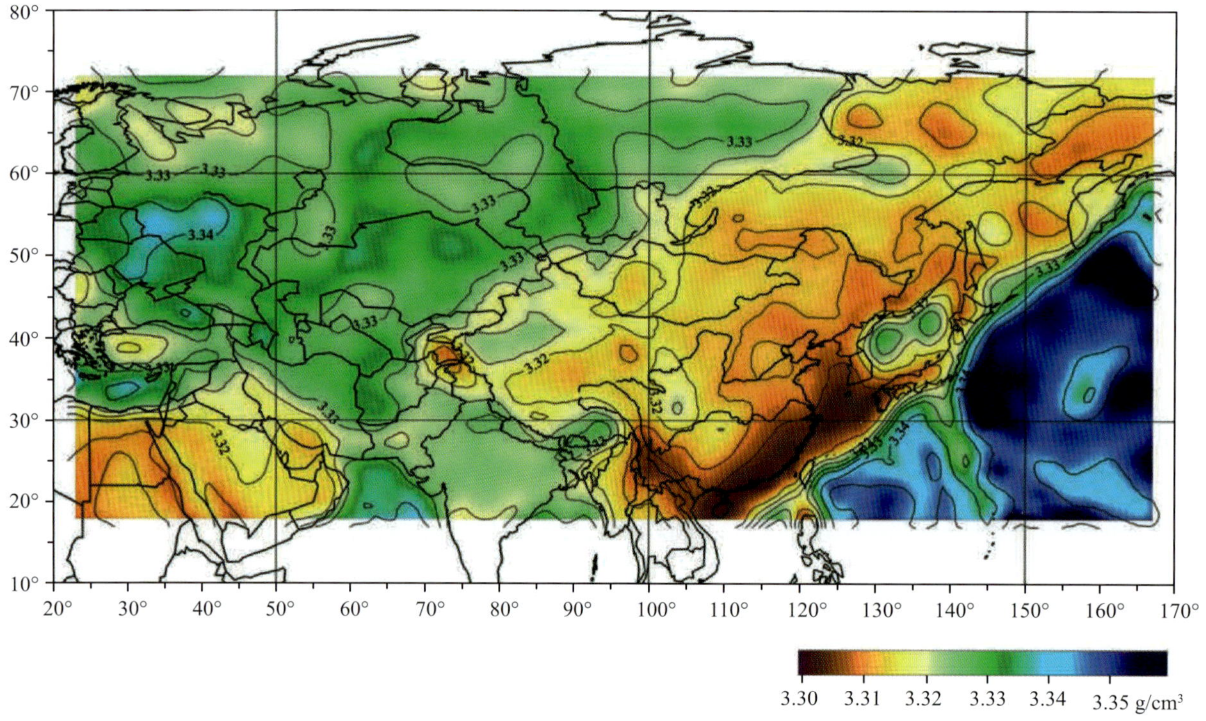

图 1-5-12　欧亚大陆上地幔密度分布图（30′×30′网格分辨）

的密度在 3320～3300 kg/m³，有两个地区：其一在非洲东北-红海-阿拉伯半岛海湾区，其二在中国-俄罗斯远东地区，呈宽带状的 NE 向展布，上地幔密度最低处位于中国云南-东南沿海-黄海地区。热地幔地区意味着地幔的垂直向运动强烈，属于活动性的密度结构，容易在地壳浅部引起火山、裂谷、高热流、地震等等升降型的新构造运动。

（3）冷热地幔的显著边界线，一条基本沿着西太平洋俯冲带的西侧延伸到堪察加半岛一带，它的东侧是太平洋板块；另一条则是沿着天山-贝加尔-维尔霍扬。两条 NE 向密度梯度带的存在，将引起物质流的侧向迁移和补偿，特别是高密度体向低密度体的物质浸入和蠕动。一种自然的推论是：欧亚大陆的东部会存在 NW-SE 方向的运动，这两个密度陡变带还为构造应力的集中提供了良好的背景结构。西太平洋地震带和天山-贝加尔地震带的出现，有着上地幔的结构环境，不能看成地球物理分布形态上的虚假现象。第三条密度陡变带的位置与喜马拉雅碰撞带吻合，它的南侧即为印度板块，是均匀的冷地幔。

（4）俄罗斯-西伯利亚冷地幔区是欧亚板块的核心部位，虽然在地壳和岩石圈上部被伊朗高原和土耳其高原阻断了与印度板块的联系，但是在上地幔里它们却与印度冷地幔区联系在一起。于是整体上组成了一个“T”字形的分布形态。隐含着这两个高原的力学状态有可能异于青藏高原。

重力场的反演结果对深度的分辨较弱，图 1-5-13 是地壳以下至 250 km 深度的平均结果，我们需要结合地震层析成像的结果一起分析。

1.5.4　上地幔的速度结构

1）三维速度图像

Su 等（1994）利用地震面波资料所给出的全球 12 阶剪切波速的模型 SH12WM13 一直研究全球构造的基础模型，它的阶数虽然还不够高，某些构造上的细节难以清晰地揭示出来，但被后来的较多研究证实比较合理，也能够与 PREM 地球模型吻合，用它做大尺度的构造与地幔对流时较为可靠和方便。我们根据 Su 的模型参数对欧亚大陆的深部结构作网格化处理之后，计算了 40～400 km 不同深度切片的剪切波速分布（图 1-5-13）。特别要指出，由地震面波得到的上地幔速度结构和由重力资料得到的

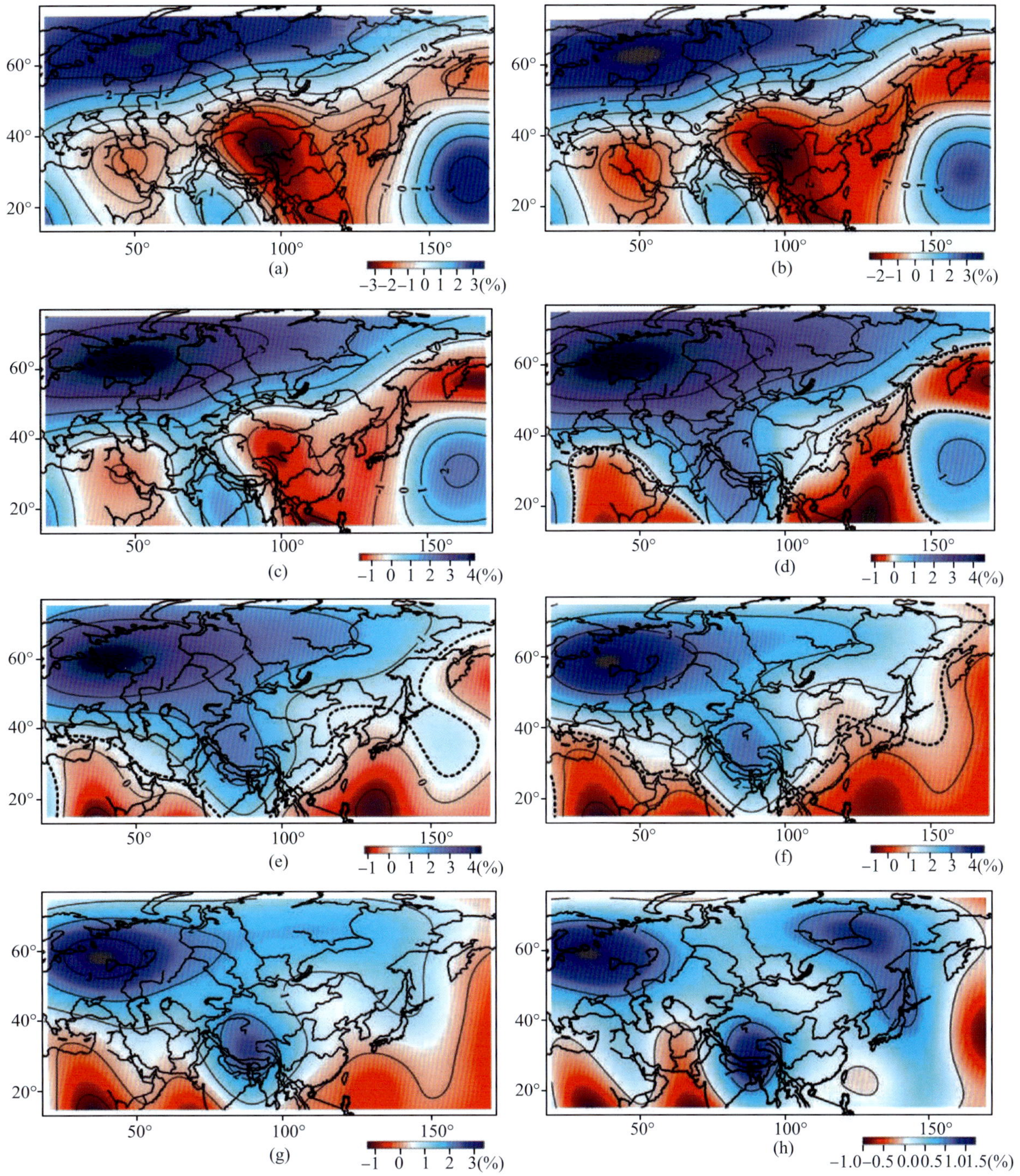

图1-5-13　欧亚大陆不同深度的上地幔剪切波速度分布

(a) H=40 km，它反映了Moho面度部的状态，高速区主要位于西西伯利亚和太平洋，青藏高原处的极低速度实际上反映着地壳内部的结构，因该处的Moho界面深70 km。(b) H=70 km，位于上地幔顶部，沿土耳其、伊朗、青藏三大高原弱侧及贝加尔一线的北东向梯度带已经明显。阿拉伯和滨西太平洋区是上地幔的低速区。(c) H=100 km，总体格格局维持不变，但是俄罗斯-西伯利亚冷地幔区已经同印度次大陆的高速区相连接。天山-贝加尔梯度带依然清晰。(d) H=150 km，俄罗斯-西伯利亚冷地幔区的范围进一步向印度方向扩展，两个热地幔区后退，分别位于非洲东北角和西太平洋沿岸，低速幅度最大处在菲律宾海。(e) H=200 km，图像格局未变，但是异常幅度降低。冷热地帽的交界带靠近大陆海岸线。(f) H=250 km，欧亚大陆的冷地幔呈T字状，核心仍然在东欧-西西伯利亚，但青藏高原-印度次大陆也是高速区。东亚和阿拉伯-非洲地区和结构完全分离开，太平洋-印度洋-非洲东北的热地幔连接在一起。冷热地幔的交界带在大陆海岸线附近。(g) H=300 km，大陆的冷地幔和大洋的热地幔成为基本的格局，但形态复杂，扰动来自更深处，天山-贝加尔梯度带已经消失。(h) H=400 km，几乎全新的结构开始发展起来

密度结构（图1-5-12）是彼此独立的，它们属于两种不同性质、不同分辨水平的地球物理观测资料和反演结果。令人印象深刻的是，两种图像在天山-贝加尔地震活动带附近揭示出了同样特点：这里是冷热地幔的分界线，物性陡变带。北侧的波速、密度值都高，南侧的波速、密度值都低，这一特殊结构的深度一直延续至250 km；在300 km深度以下，发展成另一种形态的新结构。

图1-5-13中给出速度扰动分布是各层的速度相对PREM地球模型在该深度上的变化量。冷色（蓝色）区的速度相对偏高，简称冷地幔；暖色（红色）区的物理含义相反。切片的深度分别是40、70、100、150、200、250、300和400 km。

2）简要分析

综合上地幔密度和波速的分布图像（图1-5-12、1-5-13），可以对欧亚大陆的上地幔结构有一个初步的认识：

（1）在地球物理模型上，上地幔通指地壳以下至650 km深度界面间的部分，又将地表至大约100～300 km深度的部分称为岩石圈（由地壳和岩石圈地幔两部分组成）。当然，对岩石圈底界面的定义争议较大，因为以低速、高导为基本特征的软流圈的顶面经常不稳定也不清楚。此外，深部构造多以物性梯度带而非一级间断面的形式表现，这是由高温高压条件下介质的塑性和流变性造成的。地球物理学只能通过对上地幔密度、速度、各向异性、黏滞性、震源性质、震中分布来推断和认定上地幔构造。随着全球地震层析成像研究的发展，现在也常常以速度图像中能够大体反映出大陆与大洋的底部形态和分界为线索，确定岩石圈的下界。因为从力学上看，它能在一定程度上反映出软流圈对岩石圈的均衡补偿。不难发现，这个特点在图1-5-13（d）-（f）中已经表现出来，冷地幔和热地幔的边界基本与大陆海岸线一致（图中的虚线）。故可以判断：亚洲东部、南部和西南部的岩石圈厚度大体在150～250 km附近，对于300～400 km图像不妨作为软流圈来理解。

（2）沿着天山-贝加尔一线的冷热地幔边界已经延伸到250 km深，可以认为这个活动构造的主体是在岩石圈地幔内发展的。

（3）中国的南北地震带和伊朗的东侧地震带的某些部位也存在深浅构造的立交结构，它们的SN向分布都与某些部位的地表构造相交切：比如秦岭地区的地表断裂是近EW向的，伊朗扎格罗斯断裂带是NW向的。由于亚洲中部的冷地幔在100～300 km深处呈“T”字形的特殊形态——在NE向大展布的同时，还向ES方延伸了一小段（图1-5-13c-g）。在后者的两侧即冷热地幔的边界处，恰恰出现了中国南北地震带和伊朗东侧地震带。不过这两个地震带的规模较小，层析图像的分辨率也低，我们只能做大致地推断。

（4）西太平洋俯冲带是冷热地幔的一个显著边界，它的西向下插和整体的东向后退都有深部的根源。图1-5-12中沿着这个构造带的密度差异十分明显，太平洋板块会有西向的下插，在图1-5-13（a）-（d）即150 km以浅的速度图像中也有同样的反映。但是从200～400 km的深度段，俄罗斯-西伯利亚冷地幔区已经向ES向出现不断的推进和下沉，西太平洋俯冲带会在这种作用下出现趋势性的后退。

1.5.5 讨论

1）深浅构造——空间的立交结构、时间的镜像关系

地震活动带同断裂带的展布不吻合并不罕见，它反映深浅构造和新老运动的双重不一致性。

空间的不一致性，理论上表述为“立交结构”，深浅构造的产状呈斜交或正交的关系。1985年郭增建首先提出了“立交模式”的概念，解释了那些大尺度的跨越不同构造带的震中迁移和地震相关性活动现象，随后白超英等（1990）、秦保燕（1994）、郭兴全（1995，1998）等进一步把立交模式用于地震预报研究中（任纪舜等，1999；郭兴全等，1998），1985年冯锐发表的中国上地幔密度分布，从深部构造上给出了立交结构的证据。有趣的是，地质学家从地貌单元、地质单元与地球物理场三者的对比上，也发现了这种不一致性，任纪舜（1990）将之称为“立交桥式结构”，多次深刻地指出了东

亚地壳上地幔不同层次的结构是非耦合的，反映显生宙期间几个全球性动力学体系在中国转换、交切、复合的作用结果。显而易见，立交结构的介质条件是上层脆性、下层塑性，不同地质时代形成的断层等结构只能固化、存留、印记在岩石圈的上部，却不能留存于下部，于是当岩石圈下部出现新的构造运动时，深浅结构就会不一致，天山-贝加尔活动构造带就是一个典型。

时间的不一致性，表现为“镜像关系”：以 Moho 界面为准，越向地壳浅部或者越向地球深处去，相应构造形态的形成时间越新。从地表至地心的趋势特点是，地表的山川升降是现代的，向深部则依次出现中生代、古生代、前寒武纪的地层和构造，在30～50 km深度的 Moho 界面处，地表地形的镜像起伏——山根与反山根突然显现出来，这本是中新生代的构造形迹。到岩石圈底部，大陆和大洋构造的镜像起伏也会显现，基本结束了大约历时几千年的重力补偿。地震层析成像的结果还表明，400～600 km以下的地幔，即使对某些陆壳形成时的残骸结构而言，也已消亡殆尽，这里的运动比岩石圈更新更快。下地幔的密度、黏滞性分布，正是全球大地水准面异常的根源。到了地核，每年相对地表约1°到几度的超前转动，完全是今日的状态。

建立时间镜像关系的粗略概念，有利于认识深浅构造和新老运动的相互作用。地壳上部的大量蠕变结构、隐性断裂和块体活化等，尽管常具有深源隐伏性的特征，但是在追溯深部根源时，需要考虑合适的深度范围。天山-贝加尔活动构造带既然可以追溯到250 km的深度根源，它应该是新生代、特别是第四纪以来的成因。

2）结构性地震

马宗晋等（1992）在研究全球地震活动性时，曾将大陆地震带划分成两大类：结构性地震和断裂性地震，认为深部结构和浅部断裂是两项控震的基本因素，两者在空间上既有重合又有交切关系。天山-贝加尔地震活动带是这种结构性地震的一个典型代表，该处250 km深度以浅的岩石圈地幔存在一个冷热地幔的边界（即构造突变带），是地震带状分布的根本原因，正是沿着这条带还出现了亚洲中部最明显的新生代造山带以及地表地貌的急剧变化。

图1-5-14是俄罗斯 Trifonov 和丁国瑜等人（1996）编制的欧亚主要活断层分布图。有趣的是，亚洲中部的断层活动地段正是沿着天山-贝加尔-维尔霍扬（契尔斯基）一线排列，Леви 等对亚洲中部

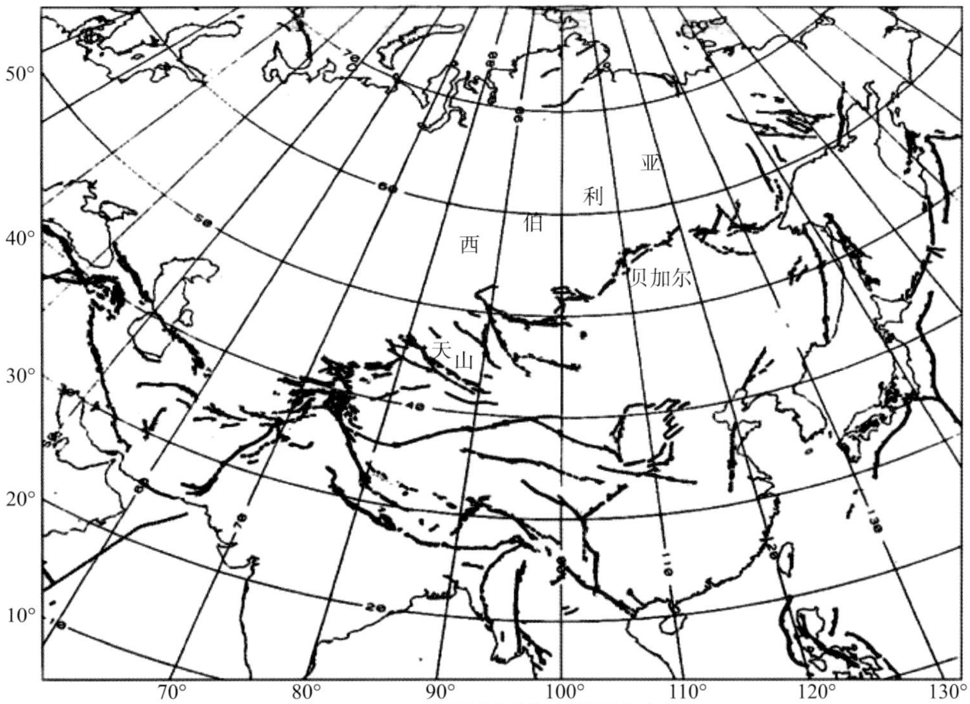

图1-5-14　欧亚主要活动断层分布图

地球动力学的研究，也持有同样观点。对比亚洲地质图和图 1-5-3，不难看到各个整条断层的长短不等、走向不同、时代各异，图 1-5-14 所示的仅仅是它们当中的那些局部的活动段落，而且是活动速率在 1 mm/a 和 5 mm/a 的部分。正是这些局部地段的集合排列显示了天山-贝加尔活动构造带。

显然，沿天山-贝加尔的岩石圈地幔陡变带与岩石圈上部的断裂系出现了交切，两者有着复杂的立交关系，断层的局部活化段恰恰位于这些交切部位。深部结构在背景条件上控制了整体，而震源的具体部位则受到浅部古老断裂带的左右。于是显出一种奇怪的现象：地震学得到的明显的地震带状分布，在地表却找不到连续大断层的支持。从白超英等的模拟计算结果来看，深部蠕滑运动更容易保持大距离的直线状，而后会通过构造应力场传递到上层造成立交状态的断层出现局部扭曲、位错或锁住，较好地解释了结构性地震的机制。

3）发展中的板块边界

前述的各项内容可以归结到一点：天山-贝加尔活动构造带是一个发展中的板块边界。这种观点的内涵是：

（1）该处在 70～250 km 的深度上存在一个大规模的密度和速度陡变带，是稳定的俄罗斯冷地幔与活动的东南亚热地幔的交界。应该出现于新生代，对亚洲中部和东南部的现今构造运动和应力场具有重要的控制作用，也是导致沿天山-贝加尔一线的次板块边界不断发展的深部根源。

（2）这个边界处的构造应力集中，重力均衡的异常幅度高达 50～100 mGal，深部应力约在几个 MPa 的量级。隐含着边界两侧各有自己的均衡机制，而构造带本身是弱化的，起到了次板块间的解耦、调整作用。

（3）边界的一侧是新生代复活山系，另一侧是古老平坦的平原或高原，反映着冷地幔和热地幔边界的巨大差异运动已经影响到地表。预示着整个岩石圈已经出现过人们还尚未注意到的内部改造。

（4）滑边界上密集发生的地震，在性质上不同于传统意义上的板缘地震和板内地震，是一种因为深浅构造不同产生的结构性地震。其力学状况受控于上地幔结构和现今运动，但地震发生的部位又受到浅部古老断裂带的左右。由于该处的地震活动性和重复周期与板缘地震十分相近，亦可在性质上理解为大陆内缘地震，可能对揭示大陆内部边界的发展过程和陆内缘的活化运动有重要价值。

（5）在划分板块边界时，如何看待断层的连续性需要再认识。碰撞带、俯冲带和洋中脊处的连续性断层无疑是确定板块边界的重要标志，但不能简单化。对于那些发展中的大陆内部的边界而言，连续性的破裂带会从深部向地表扩展，在没有最终地实现两个块体的彻底分离、切割和位错之前，破裂总是会首先在那些现有的古老断裂的局部地段发生，这些断层的活动地段尽管产状不同、彼此分离，但是它们的集合排列一旦在地表形成了统一的、宏观的带状分布，就代表连续性破裂的雏型已经形成，因此可以从全球构造体系的尺度上视为（深部的）连续破裂带，与 Dewey、张裕明、Леви 等人的观念是一样的。图 1-5-14 所标明的天山-贝加尔一线的活断层排列的位置，实际上就是欧亚大陆内部的发展中的板块边界的位置。至于这个由深部向浅部发展的连续性破裂已经到了什么程度，有待今后工作的揭示。

（6）这个边界把欧亚板块划分成两部分：北部的俄罗斯-西伯利亚次板块和南部的中国-东南亚次板块。前者含有俄罗斯地台和西伯利亚地台等古老的陆核，形成于前寒武纪，迄今也是最稳定的板块。相比之下，中国-东南亚次板块是在显生宙才逐渐形成的，印度板块竟晚到白垩纪晚期第三纪早期才与欧亚大陆相碰撞，结束了该大陆最后一个陆块的拼合历史，因此，它在深浅部上的立交结构和强烈的新构造运动成为一个突出特点。

（7）这个边界的南端在兴都库什向西南的延伸分叉，分别同苏来曼（Sulaiman）断裂带和高加索断裂带相接；它的北端在斯塔诺夫山向东北延伸，同维尔霍扬-契尔斯基地区的断裂带相接（具体细节尚不清），分割了欧亚板块和北美板块。

天山-贝加尔活动构造带在全球构造上的地位，显然是典型而突出的。

1.5.6　结论

沿着天山-贝加尔一线的深部有一条 NE 向的密度、速度陡变带，即冷热地幔的交界带，存在较为典型的深浅立交结构。正是这个上地幔的物性陡变带，控制并主导了欧亚板块内部的地震活动，造成了岩石圈上部断裂带的周部活化。在地表地形、地震活动性、重复周期、构造应力场以及布格重力异常、均衡重力异常场等方面，均表现出了块体边界处的特征。

天山-贝加尔活动构造带是一条欧亚大陆内部发展中的板块边界，北侧为稳定的俄罗斯西伯利亚次板块，南侧为活动的中国-东南亚次板块。它在全球构造上具有重要的地位，是研究欧亚大陆内部动力学时需考虑的构造背景。

笔者感谢杨巍然、张家声以及俄罗斯同行 P. M. 洛芭茨卡娅、C. n 舍尔曼等人在学术上的讨论和交流，感谢傅容珊和许忠淮提供的部分资料，他们的帮助使研究工作得以深化和丰富。

参考文献

白超英、秦保燕，深部剪切形变带对浅源地震的控制——立交模式有限元的模拟计算，西北地震学报，1990，12（1）：1～11。

方盛明、冯锐、李长发等，亚洲中部地区地幔上部密度的非均匀性研究，科学通报，1997，42（6）：633～637。

方盛明、冯锐、田长征等，亚洲中部地区均衡重力异常及地震活动性，地震学报，1997，19（6）：650～654。

冯锐、王均、郑书真等，论华北地区的均衡状态（1）-方法与局部补偿，地震学报，1987，9（4）：406～416。

冯锐、张若水、郑书真等，论华北地区的均衡状态（2）-复合补偿与深部构造，地震学报，1988，10（4）：385～395。

冯锐、周海南、姚存英等，东海与黄海的三维速度结构及其构造意义，地质学报，1993，67（1）：19～36。

冯锐，中国地壳厚度及上地幔密度分布（三维重力反演结果），地震学报，1985，7（2）：143～157。

郭兴全，发震时深浅构造相互作用导致横向断层致锁的有限元分析，西北地震学报，1995，17（2）：5～19。

郭兴全、雷建设、刘红桂，近场立交成因模式及强震预报，华南地震，1998，18（2）：42～46。

郭增建，立交模式和其在地震预报中的应用，西北地震学报，1985，7（1）：94～101。

郭增建、秦保燕，立交模式讨论，国际地震动态，1997，2：8～11。

陆洋、许厚泽，720 阶高分辨率重力场模型 IGG97L 研究，地壳形变与地震，1998，18（增刊）：1～7。

马杏垣，解析构造学，北京：地质出版社，2004。

马杏垣，中国岩石圈动力学地图集［M］，北京：中国地图出版社，1989。

马宗晋、高祥林、任金卫，现今全球构造特征及其动力学解释，第四纪研究，1992，4：293～305。

秦保燕，大震时震源断层面错动对近场横向断层的致锁作用和大震预报，昌马地震与 7 级强震研究，北京：地震出版社，1994：96～101。

任纪舜、陈廷愚、牛宝贵等，中国东部大陆岩石圈的构造演化与成矿，北京：科学出版社，1990。

任纪舜、王作勋、陈炳蔚等，从全球看中国大地构造——中国及邻区大地构造图简要说明，北京：地质出版社，1999。

任纪舜，中国大陆的组成、结构、演化和动力学，地球学报——中国地质科学院院报，1994，3/4：5～13。

任金卫、马宗晋，东亚地区现代地壳运动特征与构造变形，地学前缘，2003，10（特刊）：58～65。

许忠淮，东亚地区现今构造应力图的编制。地震学报，2001，23（5）：492～501。

杨巍然、隋志龙，欧亚大陆风云影像线性构造信息提取及其地质分析，地学前缘，2004，11（4）：551～558。

张赤军、方剑、马宗晋，均衡异常与现代构造应力场的初步研究——以东海及其东缘海为例，地震学报，2003，25（1）：32～39。

张裕明、汪良谋、董瑞树等，亚欧地震构造图说明书，北京：地图出版社，1981。

章淮鲁、郁曙君、何淑韵等，未来十年（1996 2005 年）中国各地震带地震活动强度及发震地点预测，地震预报研究论文集，北京：地震出版社，1995：43～54。

Artcmjcr M E，Kaban M K. Subcrustal dcnsity inhomogcnci-ties of Northern Eurasia as derived from the gravity data and isostatic models of the lithosphcrc. Tectonophysics，1994，240：249～280.

Dewey J F，Bird J M. Mountain belts and the new global tectonics. J Geophys Res，1970，75（14）：2625～2647.

Dzciwonski A M，Andcrson D L. Prcliminary rcfcrcnce Earth modcl. Phys Earth Planct Intcr，1981，25：297～356.

Enkin R J, Yang Z Y, Chen Y, et al. Paleomagnetic constraints on the geodynamic history of the major blocks of China from the Permian to the present. J Geophys Res, 1992, 97 (B10): 13953～13989.
Ma Zongjin, Chen Zhangli, Fu Zhengxiang, ct al. Scismo-tectonic features of Eurasian seismic system . Scientia Sinica: Series B, 1981, 24 (3): 386～395.
Shi Zhenliang, Huan Wenlin, Lu Shoude, et al. On the charactcristics of scismic activity in Ccntral and Eastcrn Asia continent. Scientia Sinica: Series B, 1983, 26 (3): 438～448.
Su W J, Woodward R L, Dzeiwonski A M. Degree 12 model of shear velocity heterogeneity in the mantle. J Geophys Res, 1994, 99: 6945～6980.
Trifonov V G. The map of active faults in Eurasia: principles, mcthods, and rcsults. J Earthquake Prediction Research, 1996, 5 (3): 326～347.
Wang Yong, Feng Rui, Hsu Houste. Lithospheric isostasy, flexure and the strength of upper mantle in Tibetan Plateau. Hong Dawei. Proc, 30th Int'l Geol Gongr. Beijing: Geological Publishing House! 1997, 4: 153～160.
Леви К Т, Шерман С И. Актуальные вопросы современной геодинамики Центральной Азии [M], Новосибирск: Издательство СО РАН, 2005.

1.6　中国大陆航磁异常特征及其构造解释*

1.6.1　概述

航磁异常是地质体磁性差异在现今地球磁场感应下的综合反映。一方面，在地磁场作用下，地壳岩石被不同程度磁化，并产生自身的磁场。其所含铁磁性和顺磁性矿物组分上的差异，都将明显影响航磁异常性质和强度。其中前寒武纪结晶基底主要由深变质的长英质（中酸性岩石）和镁铁质（基性、超基性）岩石组成，总体上表现为磁性较强的地质体。与之相比，沉积岩的磁性明显较弱，但沉积岩中的磁性不均匀体，如岩体、矿体、浅层构造等，仍会对磁异常分布产生局部的影响。另一方面，透入性的构造变动也会使岩石中矿物形成定向排列，形成不同程度、不同方向的磁化率各向异性，从而影响航磁异常的效果。居里面是地壳中的一个特殊的温度界面，在居里面以下，岩层由于温度过高而磁性消失，因此居里面也称作磁性的下界面。根据已知地壳岩石组成、构造性质、磁化强度和磁化率各向异性等，解读用各种仪器测得的磁异常性质和样式，求取磁性体的上、下界面、它们的埋深、起伏和内部构造。

因长期复杂构造变动而出现在地壳上部的变质结晶基底岩石，组成了现在地壳中最强硬的介质组分。它们的性质和结构构造对中新生代以来的构造变动以及现今地震活动有着重要的控制意义。尽管对不同地区结晶基底露头进行详细的岩石学和构造分析，可以提供该地区结晶基底形成演化历史和构造性质的直接证据，但它们在更大范围的分布规律和区域构造联系还是不得而知。被后期盆地沉积覆盖的广大地区结晶基底的性质，主要是依靠对各种地球物理探测和勘探结果的解释，其中航磁异常被认为跟结晶基底岩石有更为密切的联系。本项研究在大量高级变质岩磁性岩石学数据，包括磁化率和磁化率各向异性与岩性和构造组构的关系等的基础上，对航磁异常的性质、成因和分布进行了深入研究。结合我国在出露的变质结晶岩石方面已有的大量研究成果，对盆地隐伏区结晶基底的性质，航磁异常反映的线性构造样式、区域组合和整体构造格架，结晶基底的后期构造变动特征及其与中新生代盆地之间的时空关系等，进行了综合分析。

在磁性岩石学研究的基础上，结合已知露头区航磁异常特征的对比分析，对五种基本类型航磁异

* 本节作者：张家声、李燕，中国地震局地质研究所。

常样式的成因进行了解释。对航磁异常数据进行了各种处理，得到了不同波长的异常分布样式以及磁性基底上界面和居里面的深度分布。在讨论了与岩石平均磁化强度有关的区域异常和与岩石磁化率各向异性有关的线性异常成因联系的基础上，根据不同波长航磁异常的特征，对中国大陆的变质结晶基底进行了地质-构造解释：根据长波航磁异常的性质和分布特征，中国大陆划分出 7 个彼此独立的大陆地壳中残存的结晶基底。中波航磁异常突出了区域尺度线性异常的构造样式。根据它们与已知地质-构造的相关性，具体分为：①造山带产生的航磁异常条带；②大型走滑韧性剪切带引起的弧形线性异常带；③不同性质地体边界上的线性航磁异常梯度带；④与结晶基底内部结构-构造有关的线性异常；⑤与晚期经向和纬向构造有关的局部线性航磁异常等五种类型，并结合具体对象分别进行了成因描述。

在上述长波和中波异常的构造解释基础上，讨论了我国大陆中、新生代盆-山关系、主要盆地的基底构造样式及盆地的成因和分类。

1.6.2　航磁异常的数据处理

本节主要根据《1∶400 万中国及毗邻海区航空磁力异常图》，结合局部地区较大比例尺的航磁调查数据，形成中国大陆 5 km×5 km 网格化数据库，并根据研究内容和要求，进行了以下理解和数据处理。

1.6.2.1　航磁异常（ΔT）的矢量解析

如图 1-6-1 所示，ΔT 为航空磁测得到的磁异常分量，其物理意义为：

$$\Delta T = |\vec{T}| - |\vec{T}_0|$$

即航磁异常（ΔT）代表测区总磁场强度（$\vec{T}$）与正常地磁场强度矢量（$\vec{T}_0$）的模量之差（图 1-6-1）：其中 $|\vec{T}|$ 为测区内地磁场总强度的模，$|\vec{T}_0|$ 为正常地磁场的模。在较大范围内，T_o的大小和方向可以认为是不变的。若测区内有磁性体存在，则在空间产生磁异常总强度矢量 $\vec{T}_a$。T_a叠加在 T_o之上，合成为总磁场强度 $\vec{T}$。即测区总磁场强度（$\vec{T}$）代表测区正常地磁场强度矢量（$\vec{T}_0$）与磁异常总强度矢量（$\vec{T}_a$）的叠加：

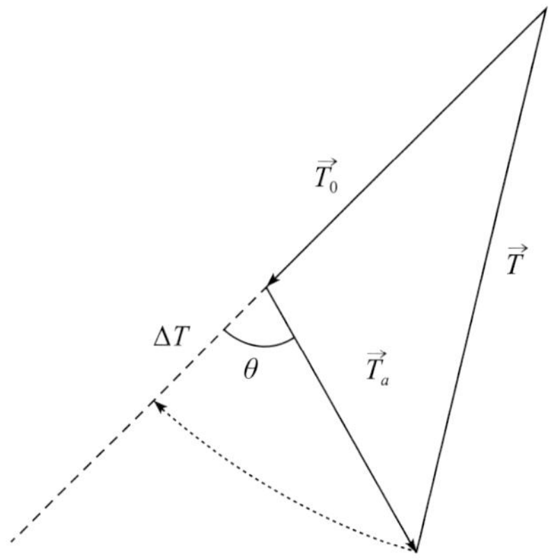

图 1-6-1　航磁异常的矢量解析

$$\vec{T} = \vec{T}_0 + \vec{T}_a$$

根据图 1-6-1 所示的关系，由余玄定理得到：

$$T = (T_0^2 + T_a^{\ 2} + 2\ T_0 T_a \cos\theta)^{1/2}$$
$$\Delta T = T - T_0$$
$$T_0 + \Delta T = (T_0^2 + T_a^2 + 2\ T_0 T_a \cos\theta)^{1/2}$$

将上式的两端取平方并除以 T_0^2得：

$$2(\Delta T/T_0) + (\Delta T/T_0)^2 = (T_a/T_0)^2 + 2(T_a/T_0)\cos\theta$$

由于 T_a/T_0的值较小，其平方项可忽略不计。又因 $\Delta T \leqslant T_a$，故（$\Delta T/T_0$）^{2}也可以略去，则有：

$$\Delta T \approx T_a \cos\theta$$

上式表明，在通常情况下，ΔT 可看作是 $\vec{T}_a$ 在正常场方向上的投影。由于 $\vec{T}_0$ 方向在相当大的区域内可以认为是不变的（约 1 万平方千米内变化 1°左右），因此 ΔT 相当于 T_a 在 T_0 方向上的分量。

1.6.2.2　频谱分析和滤波

为了得到更多的地下信息，我们设想将磁异常分解，提取出由沉积岩内磁性差异产生的异常、前寒武纪磁性基底产生的异常和磁性层底界面——居里面产生的异常。

根据频谱分析理论，埋深较浅、延深也较小的地质体，产生的磁异常频谱集中在高频端；埋深较深、延深也较大的地质体，产生的磁异常频谱集中在低频端；介于两者之间的地质体，产生的磁异常频谱以中频成分为主。以上理论为我们用高通滤波、低通滤波和带通滤波方法分别提取不同深度地质体产生的磁异常的方法提供了依据。

我们将观测到的磁异常进行不同波长的分离后，得到浅部、中部、深部异常（或称短波、中波、长波异常），分别对应沉积岩内磁性差异产生的异常、前寒武纪磁性基底产生的异常和磁性层底界面——居里面产生的异常。其中，短波异常取小于 4 个点距（即 20 km 以内）的波长；中波异常取大于 4 个点距、小于 25 个点距（20～120 km）的波长；长波异常取大于 25 个点距（120 km 以上）的波长。将提取出的前寒武纪磁性基底产生的异常（中波异常）和磁性层底界面——居里面产生的异常（长波异常）进行界面反演，即可得到磁性基底的埋深图和居里面深度图。

1.6.2.3　补偿圆滑滤波

补偿圆滑法是一种比较好的滤波方法，它是一种递推式滤波器，其表达式为：

$$B_0(k) = \exp(-\beta k)$$
$$B_n(k) = [2 - B_{n-1}(k)]\ B_{n-1}(k)$$

补偿圆滑法的滤波响应曲线如图 1-6-2 所示。只要根据滤波需要选取合适的参数，就可得到所要保留滤波信号的滤波结果。

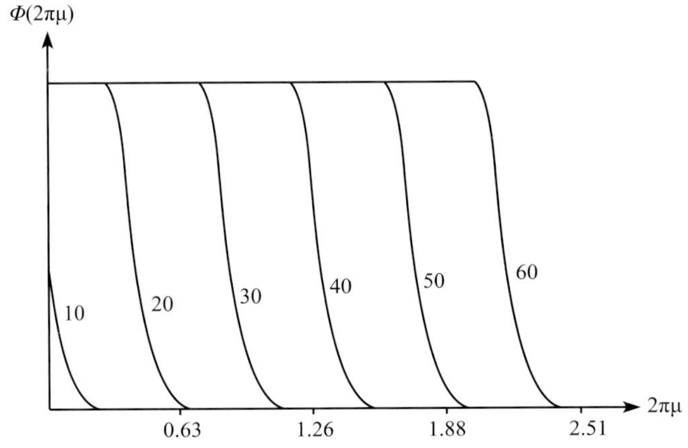

图 1-6-2　单向滤波的频率响应曲线 φ_n（$2\pi u$）

β 值为 100/2π，n 值为 10，20，…90；u 的单位为：周/取样间隔

1.6.2.4　磁性界面反演

我们采取的磁性界面的反演公式为：

$$F[h(\tilde{r})] = \frac{F(Za\perp)}{2\pi kj} * e^{kz_0} - \sum_{n=2}^{\infty} \frac{|k|^{n-1}}{n!} F[h^n(\tilde{r})]$$

该公式即可反演磁性上界面，也可反演磁性下界面。为使反演结果稳定收敛，我们还采用了边界

加权、引入稳定因子等技术手段。我们对我国中西部三个盆地分别做了磁性上界面和磁性居里面的反演，反演结果将在 1.6.5.2 中介绍。

1.6.3　磁性岩石学和航磁异常

1.6.3.1　航磁异常的岩石–构造联系

航磁异常代表实测磁场总强度与背景场强度之差，突出了区域异常的分布特征，客观上反映了某些重要的区域构造轮廓。不少研究者曾对不同尺度的航磁异常进行了解释，包括深部地质构造推断或区域构造分析（Higgis，1973；马杏垣等，1979；吴功建，1983；朱英，1986；管志宁，1987；余钦范，1989；张抗，1982；白瑾，1996）。由于对各种形式异常场成因的理解不同，航磁异常的直接构造解释往往遇到困难或存在争议。例如，根据一般的磁性岩石学研究结果，通常把航磁正异常的分布与变质结晶基底联系起来，但许多变质结晶基底大面积出露的地区，如我国华北地区的泰山群、鞍山群、阜平群、集宁群露头区，中阿巴拉契亚的巴尔迪莫片麻岩露头区（Higgis，1973）等，却表现为航磁负异常或正负相间的航磁异常区；而对于某些显著的线性航磁异常带，则分别有显生宙造山带、沿深断裂的岩浆活动带或特定岩性带等不同的解释。尽管在中国 1∶400 万航磁异常图（AGS，1989）上，它们可以与某些已知的 NW 或近 EW 走向的显生宙造山带相对应，但仍然很难对它们的成因机理作出令人满意的解释，也不能回答许多 NE 向线性航磁异常带的性质和成因问题。至于引起航磁异常的深部原因，则存在更多尚未解决或有争议的问题。因此，在进行航磁异常构造解释之前，有必要对航磁异常的成因进行分析。

然而，航磁异常的成因是相当复杂的。一般说来，航磁异常的性质和强度与岩石在现代地球磁场中的感应磁化率有关，而感应磁化率不仅取决于岩石剩余磁化率的高低，而且涉及剩余磁化率的矢量特征，后者表现为岩石磁化率各向异性的程度和方位。因此，尽管以铁磁性和顺磁性矿物占主导地位的镁铁质岩石具有很高的剩余磁化率，而中、酸性岩浆岩和沉积岩的剩余磁化率则相对较低，它们的感应磁化率却并不与剩余磁化率成正比关系（图 1–6–3）。显然，由于构造作用引起岩石磁化率的各向异性在这里起到关键的作用。因此，航磁异常的成因及其合理的构造解释，必须对其所涉及的具体地质构造背景和岩石性质有深刻的理解。

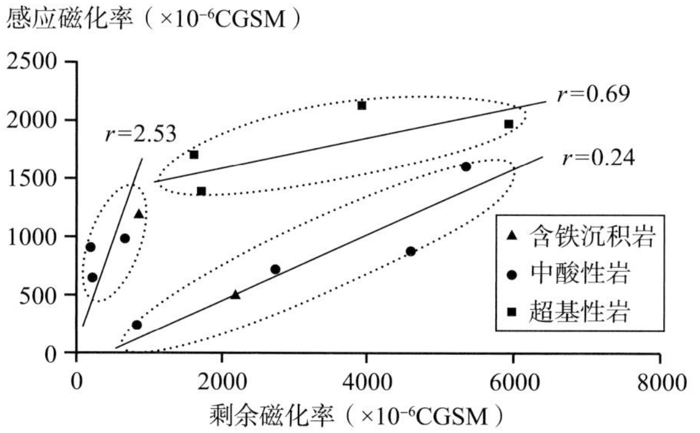

（a）不同岩石剩余磁化率与感应磁化率的关系

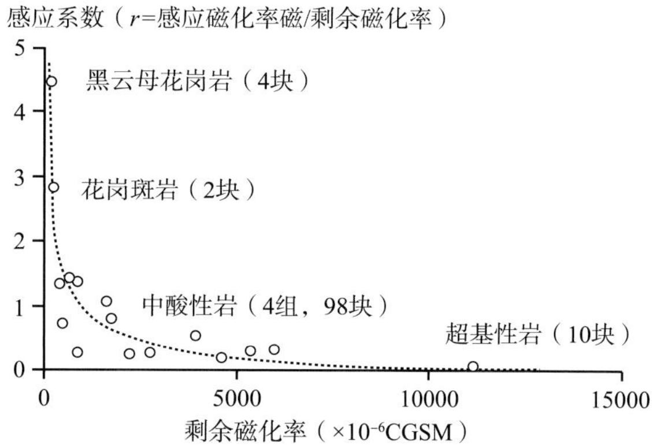

（b）不同岩石平均剩余磁化率与感应系数的关系

图 1–6–3　藏南（雅鲁藏布江）及藏北（申扎地区）代表性岩石的磁性特征与感应磁化率的关系（据费鼎等，1982 提供的数据作图）

为了更好地利用航磁异常所提供的信息，揭示我国变质结晶基底的基本构造格架和盆地覆盖区结晶基底的性质和构造样式，本节将结合不同尺度的基底构造问题，对华北–塔里木–扬子超陆块的演变历史（王鸿禎等，1985；马杏垣等，1987；乔秀夫等，1988；白瑾，1996）进行讨论。

1.6.3.2　高级变质岩的磁化率和磁化率各向异性特征

在开展华北北缘高级变质岩的古地磁研究过程中，沿大同至秦皇岛一线的 51 个露头上采集了近 600 个定向岩样，主要为各类太古代麻粒岩相和角闪岩相变质岩以及少量变质火山岩、岩浆岩和基性岩墙等。在对这些样品热退磁处理和古地磁研究之前，分别用巴丁顿磁化率仪（Bartinton bridge）测量了它们的磁化率，并用小型各向异性测量装置（Minisep anisotropy delineator）测定了它们的磁化率各向异性值（Zhang and Piper，1994；Piper and Zhang，1998）。结果表明，岩石的磁化率与它们的矿物组分有关，主要取决于其中铁磁性和顺磁性矿物的含量（表 1-6-1）。不同岩石的磁化强度变化幅度很大，从长英质到镁铁质、超镁铁质片麻岩、麻粒岩（包括变质的酸性到基性变质侵入岩）的磁化率变化在 50～220000（$\times10^{-6}$ S. I. 单位）之间（图 1-6-4（a））。由于绝大多数采样的露头均显示复杂的构造变形历史，长英质岩石与镁铁质或基性-超基性岩石互相混杂交错，这不仅造成了同一露头上岩石磁化率的明显变化，也揭示了岩石磁化强度与航磁异常在区域尺度上不一致的原因（图 1-6-4（b）），除青龙县西以外其他地区的采样点）。青龙县以西属于古元古代青龙绿岩带的范围，主要由低角闪岩相至高绿片岩相变质酸性火山岩-沉积岩组成（白瑾，1993，1996），该地区的所有样品显示区域一致的低磁化强度。

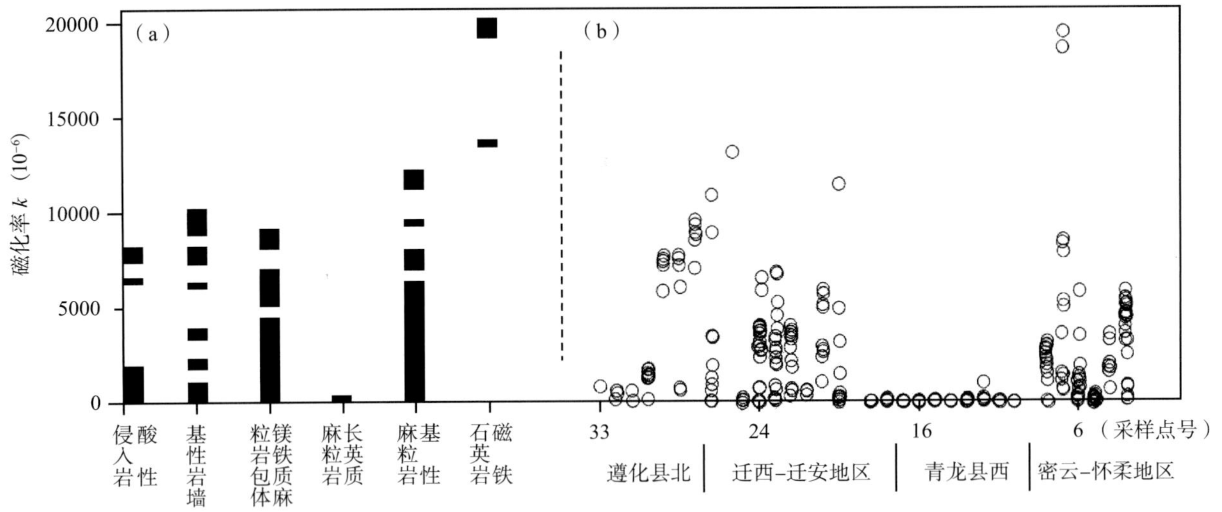

图 1-6-4　华北北缘高级变质岩的磁化率

（a）不同岩石的磁化率；（b）不同地区的磁化率

岩石磁化率各向异性测定结果表明，绝大多数变形变质岩石的磁化率在三个互相垂直的方向上普遍存在明显差异。磁化率椭球体不同程度偏离 $E=1$ 的圆球（图 1-6-5（a）），表现为具面性特点的扁椭球（$K_2/K_3=1.0$～1.8）或具线性特点的长椭球（$K_1/K_2=1.0$～1.4）。代表磁线理特点的 K_1/K_3 值变化在 1.01～1.7 之间（图 1-6-5（b）），最大达 2.1。同类岩石的磁化率和磁化率各向异性程度，均有随应变增加而增强的趋势，在强应变的韧性剪切带中达到最大值。采样点上的露头构造分析表明，上述结晶基底岩石由于普遍经历了强烈的韧性剪切改造而发育明显的构造组构，使其中铁磁性和顺磁性矿物定向排列，是导致它们的磁化率具有显著的各向异性特征的主要原因。

上述岩石磁化率和磁化率各向异性值的数据表明，除青龙地区的古元古代活动带以外，由不同岩性岩石组成的太古代高级变质结晶基底的磁化率，无论露头尺度还是区域尺度都是高度变化和不一致的。这一事实说明它们在现代地球磁场中的总体感应磁化强度是一个复杂的函数，因而就不可能形成区域一致的航磁异常。从这个意义上说，航磁异常与单一岩性磁化率无关。而经历了同样变形的不同岩石的磁化率各向异性，则基本上具有区域一致的定向。从而有可能在露头或区域尺度上产生叠加效应，形成区域稳定一致的磁场干扰因素。

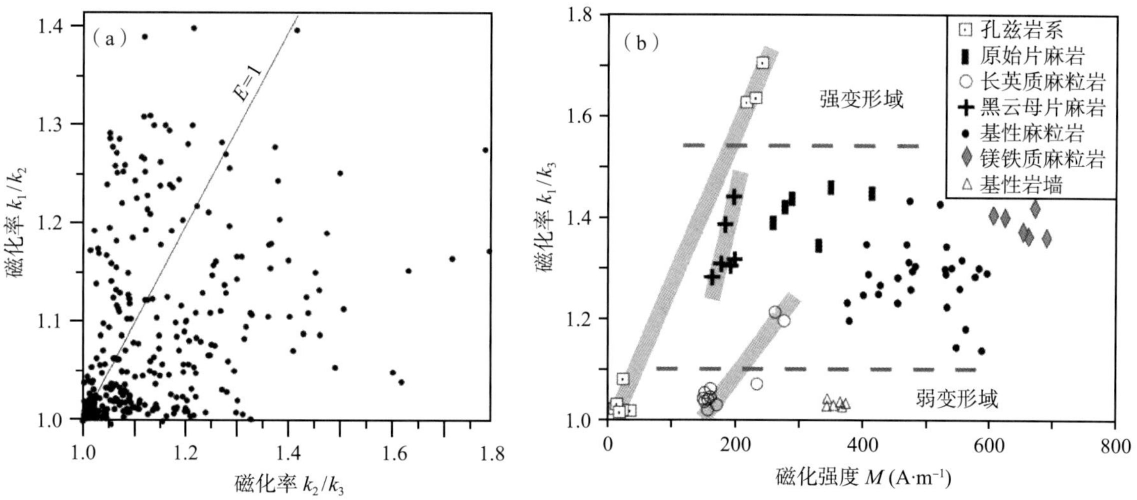

图 1-6-5　岩石磁化率各向异性特征

(a) 具面性（$E<1$）及线性（$E>1$）特征的磁组构；(b) 不同岩石线性磁组构（k_1/k_3）、磁化强度（k）与变形的关系

表 1-6-1　华北北缘高级变质岩磁化强度与岩石矿物组合的关系

磁性特征 岩石类型	矿物组合			磁化率 (10^{-6} S. I.)
	铁磁性矿物	顺磁性矿物	反磁性矿物	
超镁铁质岩包体	磁铁矿 8%	单斜辉石、角闪石 80%	长石 < 10 %	177120～219630
基性麻粒岩	钛磁铁矿、磁铁矿、钛铁矿 3%～10 %	斜方辉石、单斜辉石、黑云母、角闪石 > 50 %	长石、石英 40%～45 %	10800～56384
长英质麻粒岩	钛磁铁矿、磁铁矿、钛铁矿 3%～5 %	斜方辉石、单斜辉石、黑云母、角闪石 < 10 %	长石、石英 80%～85 %	1242～2457
麻粒岩相变质泥岩（孔兹岩）	钛磁铁矿、磁铁矿、钛铁矿 3%～5 %	斜方辉石、单斜辉石、石榴子石、黑云母、金红石等 < 10 %	长石、石英、矽线石 >80 %	352～972
角闪岩相变质酸性火山岩		黑云母 5%	长石、石英 >90 %	355
奥长环斑花岗岩			奥长石 >85 %	40
基性岩墙	磁铁矿、钛铁矿	斜方辉石、黑云母 <30 %	长石、石英 少量	4131～10152

1.6.3.3　岩石磁化率各向异性成因和航磁异常的构造解释

大同-怀安地区大面积出露的太古代-古元古代麻粒岩地体，是华北地台结晶基底的重要组成部分。详细的构造岩石学研究（Zhang J. S. et al.，1994；Zhai M. G. et al.，1992；张家声，1997）表明，该麻粒岩地体的抬升过程经历了强烈韧性剪切改造，无论在下部TTG片麻岩或上部变质沉积岩中，均普遍发育了透入性的、与下地壳伸展拆离有关的构造组构。尽管不同的岩石-构造单元彼此叠置，构造走向连续改变，但矿物伸展线理始终以低角度向SW倾伏（图1-6-6（a））。沿五里冬-瓦窑口地区的大比例尺构造组构填图与古地磁样品的磁组构的对比分析结果表明，磁线理（k_1）和构造线理具有完全一致的矢量特征（图1-6-6（b）），代表该地体区域一致的最大磁化率方向，从而证明了磁各向异性成因的构造联系，即磁各向异性是韧性剪切位移导致岩石中铁磁性和顺磁性矿物定向排列的结果。大同-怀安麻粒岩地体处在大同-环县线性航磁异常梯度带（马杏垣等，1986；张家声，1991）的北东端，该地体的构造线理、磁线理与这一线性航磁异常的走向完全一致，说明构造作用导致岩石中区域一致的磁化率各向异性，是有效地干扰现代地球磁场，产生特定航磁异常分布格局的主要因素。

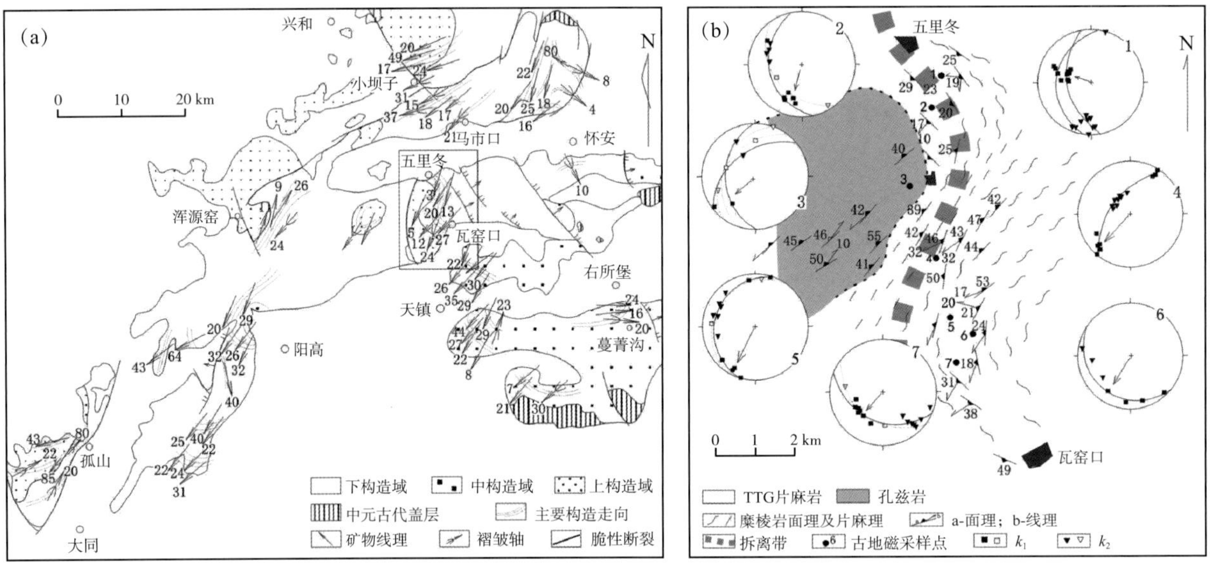

图1-6-6　大同-怀安地质构造略图

（a）五里冬-瓦窑口地区构造组构与磁组构的关系；（b）大同-怀安麻粒岩地体的线理指向

由于沉积盖层的磁化率普遍较低（一般小于500×10^{-6} S. I. 单位），在变形相对弱（磁化率各向异性相对较小）的情况下，基本上可以看作是无磁性的，因此，引起航磁异常的主要原因取决于地表附近结晶基底岩石磁化率各向异性的程度。华北地台的结晶基底由太古-古元古代的中高级变质岩组成。区域上表现为新太古代末NW-NWW走向的线性紧闭褶皱带，被古元古代NE-NNE走向左行韧性剪切带改造的基本格局（图1-6-7（a），张家声，1983，1988，1992）。大多数古元古代的沉积和造山作用受到这一组韧性剪切带的控制（马杏垣等，1986），使华北古元古代活动带和相邻的太古代岩石发育了强烈的NE-WE向构造组构。上述NW走向的新太古代构造组构和古元古代NE向构造组构，分别导致相应岩石中互不相同的磁化率的各向异性，并各自引起了显著的航磁异常。华北中部地区的视磁化率填图和航磁异常的垂向导数处理结果，证明正航磁异常区并不一定与大面积出露的基底岩石分布范围相对应，而是清楚地显示了正负相间的“北东成带，北西成串”的分布规律（图1-6-7（b）），与前述结晶基底的基本构造格局完全一致。此外，关于鄂尔多斯结晶基底航磁异常的独立解释和地质证据（张抗，1982），支持了上述对航磁异常成因的理解。

在地壳尺度上，相对于太古代残留或断续的 NW 走向航磁异常干扰样式来说，古元古代 NE 向左行韧性剪切带引起的航磁异常要强大得多。中国中西部几条地壳尺度的弧形航磁异常带，反应了古元古代左行韧性剪切（牵引）改造及古元古代活动带的构造形迹（图 1-6-8）。其中被地台盖层覆盖的大同-环县线性航磁异常带的南西段，经勘探证明与该地区下元古界的吕梁群、岚河群、野鸡山群吻合（张抗，1982），说明这些巨大的弧形航磁异常带的成因，是所有卷入古元古代韧性剪切带改造的太古代基底（北东段）和古元古代活动带（南西段）岩石中，区域一致的构造组构引起其中磁化率各向异性的综合体现，与单一岩石的磁化率没有直接联系。

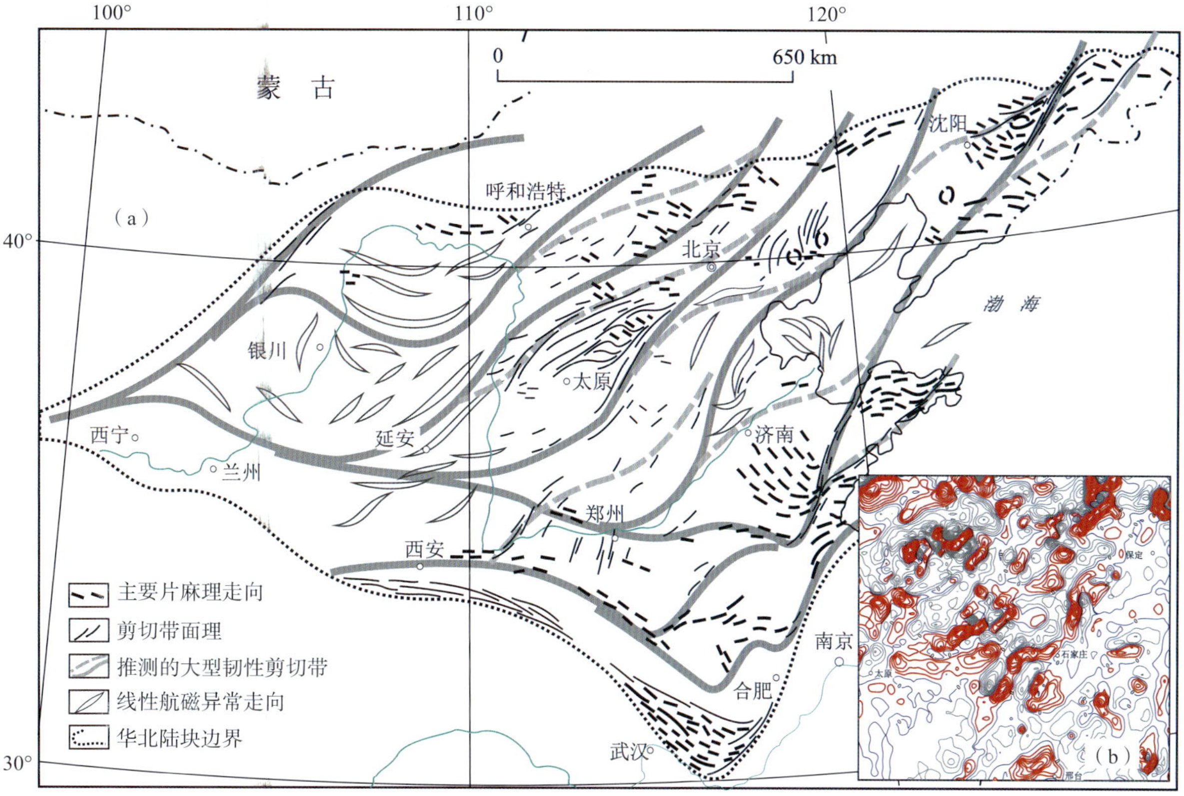

图 1-6-7　(a) 华北陆块古元古代末构造略图；(b) 华北中部航磁异常的构造样式

等值线间距 20 nT

除了上述航磁异常的“X 型”（北东成带，北西成串）和“弧形”构造样式以外，根据对上述航磁异常成因的理解，中国 1∶400 万航磁异常图（AGS，1989）还反映了另外三种基本的构造样式，包括与显生宙造山带一致的低平正负异常带、面性的负异常域和孤立的正高异常区。关于造山带航磁异常的成因，除了其中存在平行造山带走向的构造组构，可以引起磁化率各向异性以外，受造山期应力作用的影响，同造山侵位的岩浆岩沿应力方向磁化率减小也是原因之一（郝锦绮等，1989；贺绍英等，1994）。但造山带的航磁异常带表现为相对较宽，走向平直，且正负航磁异常值均不太高的特点。长波和中波航磁异常（图 1-6-9 (a) 和图 1-6-10 (a)）中的天山和祁连造山带即反映了这种特征。面性的宽阔负异常域，主要对应于的浅变质的副变质岩区（如塔北和华南的中晚元古代基底）或弱变形的沉积盖层（鄂尔多斯中部和阿拉善地区等）。而把孤立的环形高磁异常区，解释为岩性单一、磁化率极高的磁铁矿或基性-超基性岩体似乎是合理的。

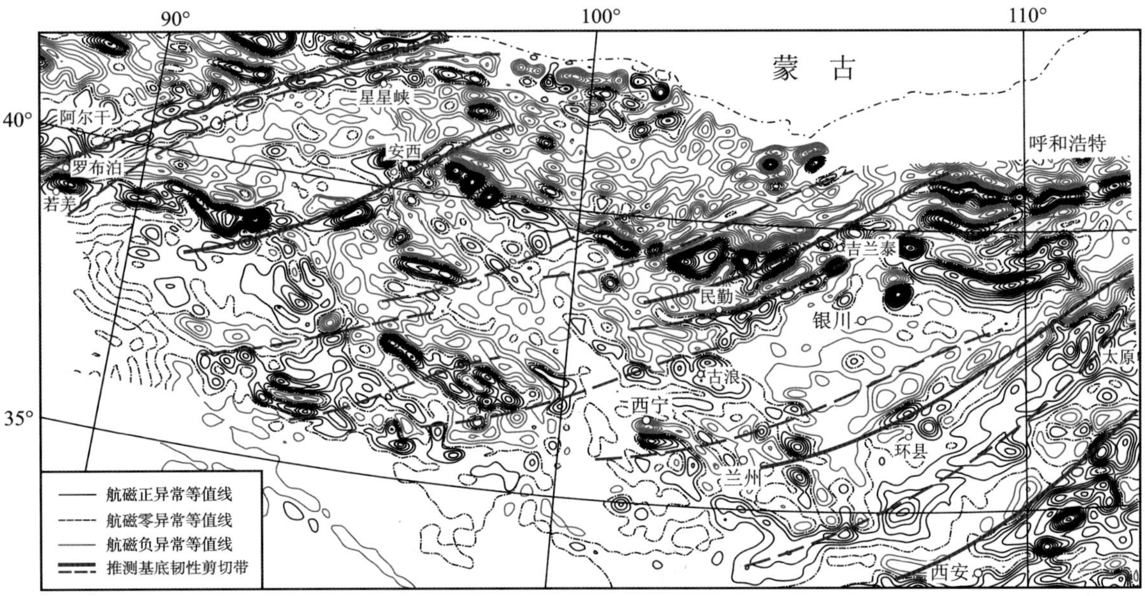

图 1-6-8　华北-塔里木结晶基底之间（阿拉善地区）大型韧性剪切带的航磁异常特征

等值线间距 20 nT

1.6.4　区域和线性航磁异常的性质和构造分析

鉴于上述对航磁异常成因的分析和理解，我们认为航磁异常的成因至少可以分解成两个主要方面：①与平均岩石磁性有关的区域异常；②由于构造作用产生的线性异常。前者代表大范围内岩石磁化强度的平均值，因此反映区域岩石类型及其组合关系的差异，后者则可能分别对应于大型韧性剪切带、晚期断裂带、造山带以及块体边界等等。

如所周知，航磁异常是现今地壳岩石磁性特征的反映，是关于岩性、构造，甚至形成时代和演化历史记录的综合体现。通过滤波的方法，在不同波段上解析不同的内容，可能是提取不同信息的方法之一。长波航磁异常一般不考虑它们所代表的具体岩石组合类型和形成时代的差别。从而避开了因详细的地质构造或岩石学研究而引起的争论，而这些具体争论对于分析中新生代油气盆地的形成改造来说，并不是十分重要的。相对来说，中波航磁异常更好地反映了区域尺度的构造样式，而短波异常则适合与大比例尺的构造-岩石解释。

航磁异常的样式大体上可以分为区域异常和线性异常两种。无论是区域异常还是线性异常的成因都有复杂的内在联系，目前还没有关于这种复杂联系的定量关系表达方式或有效的统计分析方法，因此只能对它们进行定性的描述和分析。尽管如此，这对于恢复大部分被覆盖了的结晶基底构造，因而也是分析油气盆地的基底构造，具有重要意义。

1.6.4.1　区域航磁异常的性质

用前述滤波法屏蔽局部异常的干扰后，长波航磁异常（图 1-6-9）展现了居里面以上地壳岩石平均磁化率的区域分布。结合已知露头岩石的磁性特征，我们认为，波长超过 120km 的大面积分布的区域正异常，基本上代表了地壳中残存变质结晶基底岩石组合，而负异常区则对应于基本未变质的沉积岩区。尽管花岗质（中酸性）岩浆岩体的磁化率总体上介于变质结晶基底岩石和沉积岩之间，但中国东部大范围出露的中生代后造山（基本未变形）花岗质侵入岩体，在长波异常图上或者没有产生显著的影响（如东北地区的东部），或者对正航磁异常有轻微的叠加增强作用。此外，不同时代的基性、超基性侵入岩等磁化率较高的岩石，由于规模较小，分布零散，一般也没有改变长波航磁异常的区域分布样式。但在中西部的造山带中，上述同造山侵位的中-酸性和基性、超基性岩浆岩体，由于造山期存在的挤压应力，使它们在获得磁性的同时就具有与造山带方向一致的磁化率各向异性，因此显然加强了造山带的航磁异常。

从整体上看，长波航磁异常的分布特征把中国大陆清楚地划分为东带、西带和中带三大部分。东带和西带均以正异常占主导地位，但内部结构又不一样；中带则以负异常为主，存在局部正异常。这一大框架正确体现了中新生代以来中国大陆构造变动的总体结果。中带北部在古生代褶皱带产生的区域负异常背景上，阿拉善-柴达木地块的结晶基底断续显露得到证明；中带南部的区域负异常总体上体现了青藏高原以印支褶皱基底为主体的轮廓，拉萨正异常区反映了由于岛弧火山作用而得到增强的冈底斯地体的结晶基底。在东带和中带之间，恰好是典型的南北地震构造带之所在；而中带与西带之间，则以长期活动的阿尔金断裂带为界。

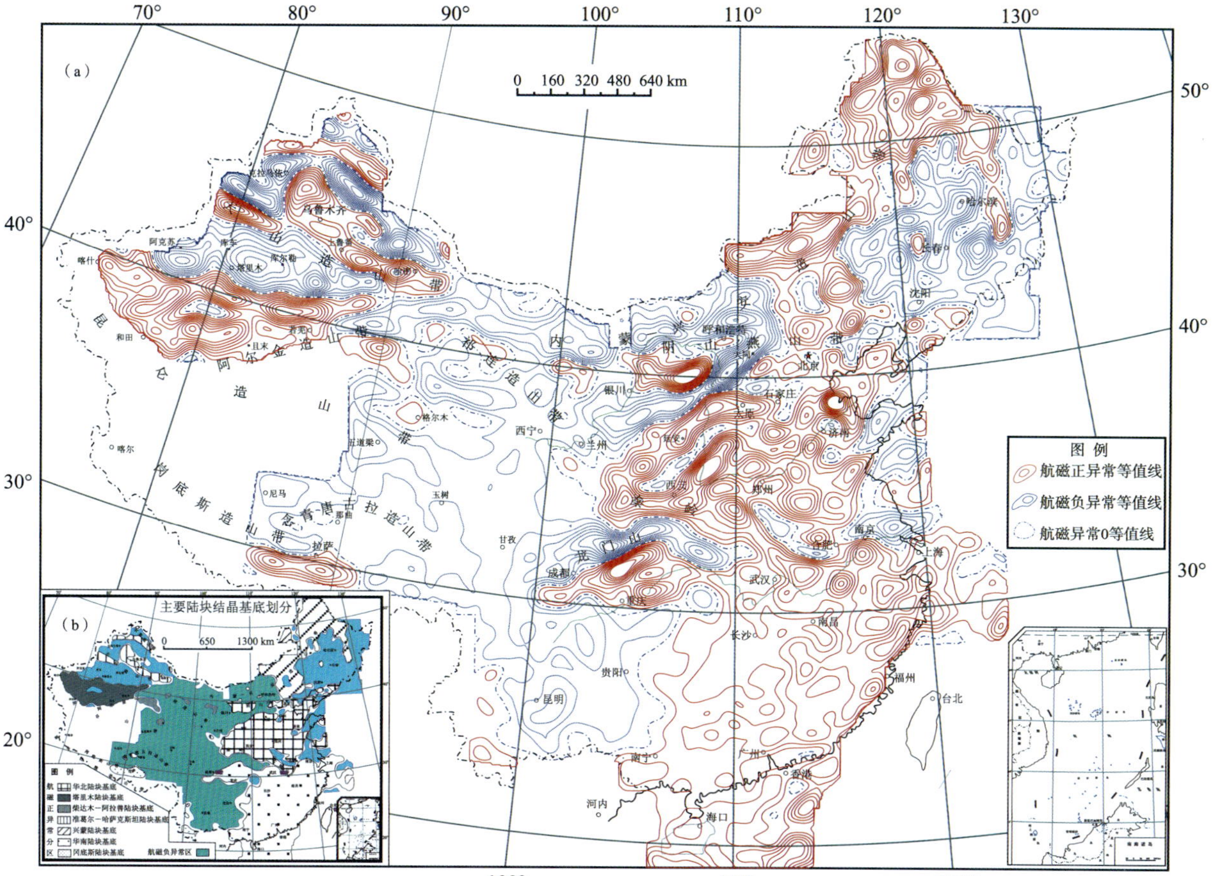

图 1-6-9　长波航磁异常（a）和主要陆块结晶基底划分（b）

1.6.4.2　主要陆块结晶基底的性质和构造分析

在上述一级单元的框架下，根据长波航磁正异常的分布、性质和内部结构特征，我们认为，中国大陆的结晶基底的航磁异常特征大体上又可以分为三种类型。第一类以华北、塔南和上扬子地块为代表，表现为整体呈面型分布异常值普遍较高的航磁正异常区，对应于高级变质的早前寒武纪结晶基底；第二类以下扬子地块为代表，表现为面型分布异常值较低的正异常区，对应于中-低级变质的中-新元古代褶皱基底；第三类以天山为代表，表现为宽的长条状正高异常带，对应于被造山带改造的变质结晶基底和同造山侵位的岩浆岩体。

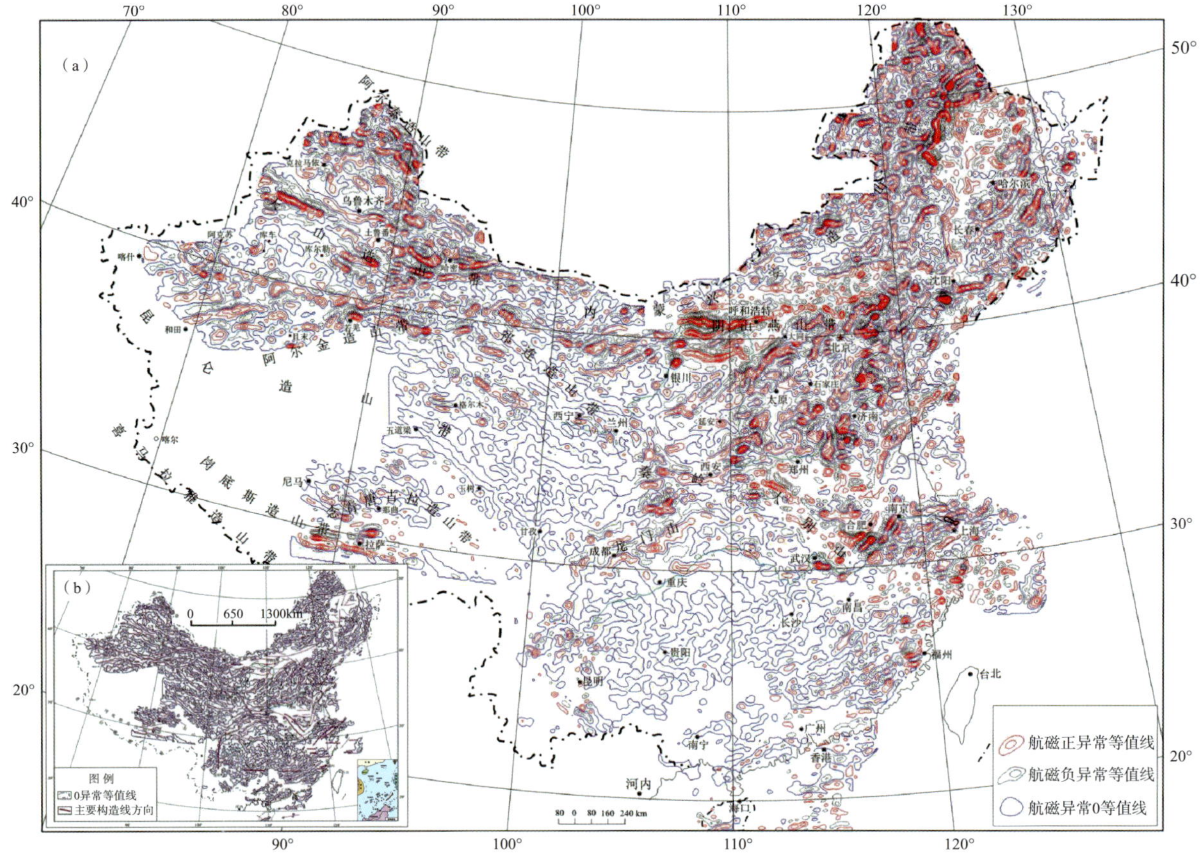

图 1-6-10　中波航磁异常（a）和区域尺度线性异常的构造样式（b）

根据与上述正航磁异常分布相关的露头岩石特征和对我国结晶基底构造演化的理解，我们把基底进一步划分为 7 个块体（表 1-6-2，图 1-6-9（b））。

表 1-6-2　依据长波航磁异常的基底陆块划分

名　称	组成及范围	航磁异常特征	出露情况
华北陆块	华北克拉通主体，郯庐断裂以东海域和秦岭-大别地体等	以面型正高异常为主，NE 向线性异常和“X 型”异常组合	结晶基底露头分布较广且研究程度较高
塔里木陆块	塔里木盆地北纬 40°以南、阿尔金山	NE 向正、负相间的高异常条带，与华北陆块基底一致	根据在西昆仑和阿尔金山北麓出露的高级变质岩石
柴达木-阿拉善陆块	吉兰泰-民勤和阿尔金弧形剪切带之间，东昆仑以北	在整体低平负异常背景上存在零散的低至中等强度的正异常体	柴达木盆地边缘、祁连山和阿拉善地区出露的古元古代中、高级变质岩
准噶尔-哈萨克斯坦陆块	包括库鲁克塔格地区的天山、北山、阿尔泰等地	被负异常分割的宽带状正高异常	库鲁克塔格、北山等地出露的早前寒武纪变质岩石

续表

名　称	组成及范围	航磁异常特征	出露情况
兴-蒙陆块	整个东北地区和内蒙古东部	彼此相邻的大规模面型正高航磁异常和负高异常	结晶基底岩石出露少，研究程度较差，争论较多
华南陆块	整个华南地区，包括川中和华夏陆块	以低平的面型正异常为主，川中为正高异常，华夏正异常较高	中-末元古代中低级变质的“板溪群”及其相关岩系普遍出露
冈底斯陆块	雅鲁藏布江以北，但向北至西藏中部嘉黎断裂带以南	近 EW 走向的宽带状正高航磁异常特征明显	念青唐古拉群片麻岩，雅鲁藏布江缝合带蛇绿岩和变质岩，冈底斯火山岩

1） 华北陆块基底

华北陆块基底包括鄂尔多斯盆地北部大同-环县线性航磁异常梯度带以西的阴山地体，郯庐断裂带以东至东部邻近海域的部分以及后来拼贴上来的秦岭、大别地体等。由于这一地区结晶基底露头分布较广且研究程度较高，其结晶基底的航磁异常实际上包含了两套叠加的构造信息：①早前寒武纪阶段（中元古代以前）的形成改造和第一次抬升过程形成的，以 NE-SW 向弧形牵引和“X”型航磁异常构造样式为主的构造组合；②中新生代阶段伸展塌陷的卸载抬升形成的“盆-山”构造格局。这些构造信息可以通过中波和短波航磁异常图像加以解析，而长波异常勾画了这一陆块基底的整体面貌。

2） 塔里木陆块基底

根据在西昆仑和阿尔金山北麓出露的高级变质岩石以及航磁长波异常特征，塔里木盆地的基底显然只存在于北纬 40°以南的地区，其组成、性质和构造样式与华北陆块的早期特征一致，后期改造主要表现为整体挤压凹陷。

3） 柴达木-阿拉善陆块基底

地质构造、岩石和同位素年代学的研究结果表明，柴达木-阿拉善地区出露的变质结晶基底主要为古元古代的中高级变质岩。这套岩石被与华北陆块完全一样的中元古代以后的沉积盖层所不整合覆盖。根据对华北早前寒武纪构造解析得到的演化历史的认识，处在吉兰泰-民勤、古浪-鄂陵和阿尔金 NE-SW 向弧形剪切牵引带之间的柴达木-阿拉善地体，应该是华北-塔南-扬子太古代超陆块在早元古代阶段发生韧性裂解，并形成与五台山类似的海槽沉积和褶皱回返的产物。柴达木-阿拉善陆块基底形成以后经历了中元古代裂陷、元古代末-早古生代造山作用改造以及印支和喜马拉雅等造山作用的影响，目前表现为残存的基底岩块。

4） 准噶尔-哈萨克斯坦陆块基底

作为独立的早前寒武纪陆块，准噶尔-哈萨克斯坦陆块基底的岩石组成和演化历史与华北不同，但可以肯定存在早前寒武纪高级变质的结晶基底。而在航磁长波异常图上，这一结晶基底已强烈卷入古生代造山带中。值得指出的是，以往从地质证据上把库鲁克塔格地区出露的前寒武纪变质结晶岩石当作塔里木盆地的结晶基底，并据此认为塔北基底比塔南基底更老的说法，显然不能得到航磁异常区域分布特征的支持。因为在长波航磁异常图上，整个天山以南，大约北纬 40°以北的塔北地区，表现为大范围的低平负异常区，说明塔北地区居里面以上的地壳中不存在大型的磁化率较高的变质结晶岩石。

5） 兴-蒙陆块基底

兴-蒙及整个东北地区的结晶基底是目前地质构造和岩石学研究程度较差，因而争论较多的地区。

本节只能根据目前已知的地质-构造背景资料，对长波航磁异常的地质构造解释中不十分清楚的 5 个问题进行探论：

（1）长波航磁正异常在西部大兴安岭地区呈大面积展布，与兴-蒙造山带的走向大体一致，说明兴-蒙造山带可能与天山造山带相似，存在被造山作用改造的变质结晶基底，但目前该地区还没有见到有关结晶基底露头岩石的报道。

（2）在松辽盆地以东，老爷岭、张广才岭地区均有零星出露的前寒武纪变质岩，但这一地区在长波航磁异常等值线图上却表现为大面积的负异常区，这是否意味着这一地区不存在完整的变质结晶基底。

（3）松辽盆地以其独特的整体长波负异常为背景，这与全国几乎所有大型中-新生代盆地的航磁异常特征都不相同，是否意味着松辽盆地形成于古生代褶皱基底之上。

（4）即使在长波异常图上，三个孤立的、呈 SN 向贯穿造山带和盆地的异常条带仍然清晰可见。东侧和西侧的 SN 向条带分别表现为紧邻 130°和 120°经度线的正异常带，中部的 SN 向条带则表现为断续延伸的正负异常相间带。目前没有已知的地质构造解释与之对应，根据它们穿越了两个性质不同的中生代构造单元的情况看，更可能是晚近构造作用的体现，但三者可能有着完全不同的成因。

（5）无论地质构造证据还是长波航磁异常图像，华北陆块与其北缘的兴蒙印支-燕山造山带之间，都有一条明显的分界线。在长波航磁异常图上这一边界总体上表现为近 EW 走向的区域正、负异常的分界，唯独在辽西建平以北地区，两者被上述西侧的 SN 向条带连为一体，这是否为一种形式的立交构造。

总之，上述关于东北地区长波航磁异常样式及其成因的讨论，仅仅涉及地质-构造解释中几个粗浅的问题，目前关于我国东北地区结晶基底的性质、组成和基本构造格架，还是一个需要深入研究的问题。随着地质-构造研究和油气勘探成果的积累，上述问题将会有明确的解答。

6）华南陆块基底

以整体低平的正异常为特征区别于华北陆块的基底，但西部四川盆地下面的结晶基底可能与华北和塔南类似，而东部目前华夏陆块所在的地区航磁正异常程度也变得相对较高。华南地区上述面性分布的低平航磁正异常，无疑与该地区普遍存在的中-晚元古代低级变质的“板溪群”及其相关岩系（表 1-6-2）有关。这套浅变质岩系被认为是中、晚元古代阶段（前晋宁期）华北-塔南-扬子超陆块上在裂陷海槽基础上发育的活动大陆边缘沉积。尽管最近在赣东北地区的相当岩系中发现了含有二叠纪放射虫的深海相硅质软泥，从而引发了其时代归属的争议。但露头观察到的现象表明，板溪群中所夹的含有二叠纪放射虫的硅质岩层，可能是晚古生代俯冲板块边缘的“混杂岩”。从整体山看，华南陆块上中、晚元古代浅变质结晶基底是普遍存在的。

7）冈底斯陆块基底

拉萨及其以南地区以近 EW 走向的正高航磁异常特征明显区别于藏北羌塘地区。至少有三种因素引起这一 EW 向条带状正高航磁异常。

（1）西藏中部的野外调查（SSB，1992）表明，沿当雄-南木林断裂西侧出露的念青唐古拉群前寒武纪片麻岩，并获得过 1770 Ma（锆石）和 1648 Ma（Sm-Nd 模式年龄）（崔军文等，1992）。

（2）沿雅鲁藏布江缝合带存在大规模晚白垩-始新世的构造混杂岩，包括由基性、超基性岩组成的蛇绿岩带和与碰撞俯冲有关的高压低温变质岩带。有关这一地区的磁性岩石学研究表明，不同类型的基性、超基性岩普遍具有较高的剩余磁化率和感应磁化率（图 1-6-3）。

（3）沿冈底斯陆块发育了大量同构造的岛弧型火山岩。

上述情况表明，拉萨及其以南的正航磁异常显然是由于后期板块边界的构造和岩浆作用而大大加强了，处在班公湖-怒江缝合线和雅鲁藏布江缝合线之间冈底斯陆块，可能存在一个比正航磁异常范围更宽的，由前寒武纪变质岩组成的结晶基底。

1.6.4.3　线性航磁异常的性质和分类

中波航磁异常展现了 20～120 km 波长范围区域尺度的异常分布特征，突出了线性异常的构造样式。在全国中波航磁异常图（图 1-6-10（a））上，根据线性航磁异常展布的长度，可以大体分成不同的级别，其中一、二级线性航磁异常的分布和组合特征（图 1-6-10（b）），与我国的主要构造带基本吻合，说明线性航磁异常具有明显的构造含义。根据线性航磁异常的分布及其与已知地质-构造的相关性，又可以把我国线性航磁异常分为五种类型（表 1-6-3）：①造山带产生的航磁异常条带；②大型走滑韧性剪切带引起的弧形线性异常带；③不同性质地体边界上的线性航磁异常梯度带；④与结晶基底内部结构-构造有关的线性异常；⑤与晚期经向和纬向构造有关的局部线性航磁异常。

表 1-6-3　中波和中短波航磁异常的线性构造解释

航磁异常性质	构造联系	航磁异常成因	实例
区域宽的正异常条带（中波）	造山带	造山过程持续的挤压使参与造山的物质产生与造山带走向一致的磁化率各向异性	阿尔泰、天山、蒙古-兴安、祁连-秦岭-大别、巴颜喀拉、念青唐古拉造山带等
区域弧形线性异常带（中波）	韧性剪切带	韧性剪切带透入性的矿物组构和一致的磁化率各向异性对现代地球磁场的强烈干扰	古郯庐、太行山前、大同-环县、吉兰泰-民勤、阿尔金等韧性剪切带
区域线性异常梯度带（中波）	地体边界	由两侧地体磁化率差异产生	川中地块与三江褶皱带之间、华北地块与印支-燕山褶皱带之间、阿尔金断裂两侧等
斜向交错线性异常（中短波）	结晶基底内部结构构造	与结晶基底岩性层的排列和早期韧性剪切带有关	华北陆块基底中北东成带、北西成串的线性构造
纬、经向线性异常（中短波）	晚期经向和纬向构造	相对弱小但特点显著。与大型中新生代盆地内部的后期构造有关	塔里木中部的经向带、柴达木和鄂尔多斯中部的纬向带，松辽和华北中部的经-纬向带

1）与造山带有关的航磁异常条带

前面提到，由于造山过程存在持续的挤压应力作用，参与造山的物质，包括不同程度褶皱变质的沉积岩、同造山侵位的岩浆岩和卷入造山作用的结晶基底等，都将产生与造山带走向一致的磁化率各向异性（郝锦绮等，1989）。尽管这种情况下个别岩体的磁化率的各向异性程度并不很高，但由于它们一致的矢量特征和叠加效果，可以在现代地球磁场中形成中等强度，相对宽缓的航磁异常条带。这些条带包括：阿尔泰造山带、天山造山带、蒙古-兴安造山带、祁连-贺兰-秦岭-大别造山带以及巴颜喀拉和念青唐古拉造山带等。

此外，特别要加以讨论的是横亘中国大陆，从华北克拉通北缘，经柴达木-阿拉善地体的北缘，至塔里木盆地中部断续延伸的正高航磁异常带（图 1-6-10（b））。尽管它们在不同地段受到了不同程度的后期改造，包括早期 NE 向左行位移和晚期 NW 向错断，整体上仍然断续相连，其航磁异常的性质和强度始终相似，异常值变化在 500～1000 nT 之间，显著高于区域正航磁异常的背景值。这些特征表明，它们可能曾经是一个统一的结晶基底形成早期的挤压边界，对应于碰撞或造山带中的产物。

2）大型走滑韧性剪切带引起的弧形线性异常带

前文详细分析了韧性剪切作用使卷入其中的不同岩石形成了透入性的矿物形态组构，并因此产生与构造组构一致的磁化率各向异性组构的原理和实例。基于对卷入同一韧性剪切带中不同岩石磁化率各向异性矢量的叠加效果，大型韧性剪切带总体上对现代地球磁场产生了十分强烈的干扰作用，形成区域尺度的线性航磁异常。不可否认在造山带也会中存在逆冲、滑脱，甚至斜滑、斜冲性质的韧性剪切带，但大型走滑韧性剪切带产生的线性航磁异常不仅比造山带范围窄、梯度大，而且大多切过造山带走向，并且由于韧性位移过程的牵引作用，而呈弧形或“S”型（左行）展布（图1-6-10）。结合已经取得的地质-构造研究成果，我们认为中国大陆发育了一组呈 NE-SW 向延伸，轻微向 SE 突出的大型弧形韧性剪切带。除了华北内部的华甸-郯城（古郯庐）剪切带和太行山前剪切带以外，还包括更西的大同-环县、吉兰泰-民勤、古浪-鄂陵、安西-若羌、罗布泊-于田和星星峡-阿尔干-喀什、阿尔金等韧性剪切带。地质证据表明，这一组大型韧性剪切带形成于古元古代早期（张家声，1983，1988；周建波等，1998），但大多被后期近地表条件下的脆性断裂所追踪和叠加。

3）不同性质地体边界上的线性航磁异常梯度带

最突出的例子是川滇地块与三江褶皱带之间以及华北地块与其北面的印支-燕山褶皱带之间的边界。晚期的阿尔金断裂和秦岭-大别南缘断裂也都形成这种类型的线性航磁异常带。这类线性异常的主要标志是两侧航磁异常的样式和展布特征存在明显不同。

4）与结晶基底内部结构-构造有关的线性异常

这类线性航磁异常大多出现在被造山带和（或）大型韧性剪切带切割的基底岩块之中，与结晶基底形成过程的原始构造有关，并且由于后期的韧性或脆性断裂作用改造，往往表现为沿一定方向断续或串珠状延伸的线性异常。

5）与晚期径向和纬向构造有关的局部线性航磁异常

这一类型的线性构造主要反映在短波航磁异常图上，尽管它们相对较小且弱，但特点显著。普遍表现为正、负相间的低平异常沿径向和纬向呈线性排列。其分布范围大多局限于大型中新生代盆地单元内部，如塔里木盆地的短波异常图中部；但也见到跨单元断续延伸的宏伟现象。例如，松辽盆地中相交于大庆长垣的近 SN 和近 EW 向航磁异常、华北平原石家庄-济南之间的近 SN 向和郑州以北近 EW 向的线性异常带、准噶尔盆地和塔里木盆地中北部的近 SN 向线性异常带以及柴达木盆地和鄂尔多斯盆地中部的近 EW 向线性航磁异常带等。其中横过格尔木-西宁-郑州北-东海海域、银川-太原北-渤海湾南部以及华南地区贵阳-福州的近 EW 向线性航磁异常似乎构成了更加宏伟的纬向构造系。其成因和相关地质-构造的性质尚需作进一步的深入研究。

1.6.5 中-新生代盆-山联系和主要盆地基底构造的航磁异常解释

1.6.5.1 在中-新生代盆-山关系框架中的盆地成因和分类

大陆动力学的研究成果表明，在造山带的形成演化过程中，伴随着不同类型盆地的形成和发展。因此，理解盆山关系研究中的三个基本概念是十分重要的。

（1）盆山关系研究的基本前提是确定两者的形成演化过程受到同一个应力场的控制，也就是说，两者是地壳在同一应力作用下以不同方式发生变动的结果。这一限定对于研究中国大陆尺度的中、新生代盆山关系特别有效。因为中新生代以来的大陆构造变动具有全球板块构造运动限定的时间框架和区域构造应力场背景。

（2）造山带演化应该包括一个完整的大陆动力学过程，即在挤压造山使地壳局部缩短加厚的同时和以后，重力均衡调整产生的伸展塌陷又使加厚的地壳重新恢复到正常厚度（平均 30 km）这样一个完整的过程。因此，区域构造应力和重力的彼此消长关系，对于盆山耦合关系的理解具有重要的意义。这样，与完整的造山演化过程相对应的盆地形成，可以大体上分为性质不同的三个阶段：①造山过程中在邻近地带发育的、与造山带平行的挤压凹陷盆地；②造山作用高峰时期由于造山带物质的侧向挤出而派生的、在造山带内部并与造山带走向垂直的断陷盆地；③后造山阶段重力均衡引起的、伸展方向与造山带垂直的伸展塌陷盆地。

（3）在造山带方向与区域挤压应力方向斜交（刘和甫等，1999）的情况下，上述三个阶段盆地形成的机制、展布方向和性质会发生相应的改变，形成与造山带斜交的雁列状挤压凹陷盆地和（或）拉分盆地等，从而使盆山关系变得更加复杂。

根据我国有关中、新生代以来的造山带和相关盆地形成演化的地质-地球物理研究成果，并结合对长波和中波航磁异常的构造解释，我们认为，中国中、新生代以来的盆山构造格局表现为空间上西、中、东三个性质不同的盆山耦合域（图 1-6-11）：西部以发育同造山的挤压凹陷和走滑压陷盆地为主；东部以发育后造山（或称加厚以后）的伸展塌陷盆地为主；两者之间为大型转换凹陷发育的地带（图 1-6-12）。这一基本格局体现了在印度、西太平洋和欧亚板块相互作用下，盆山关系发育的不同阶段。

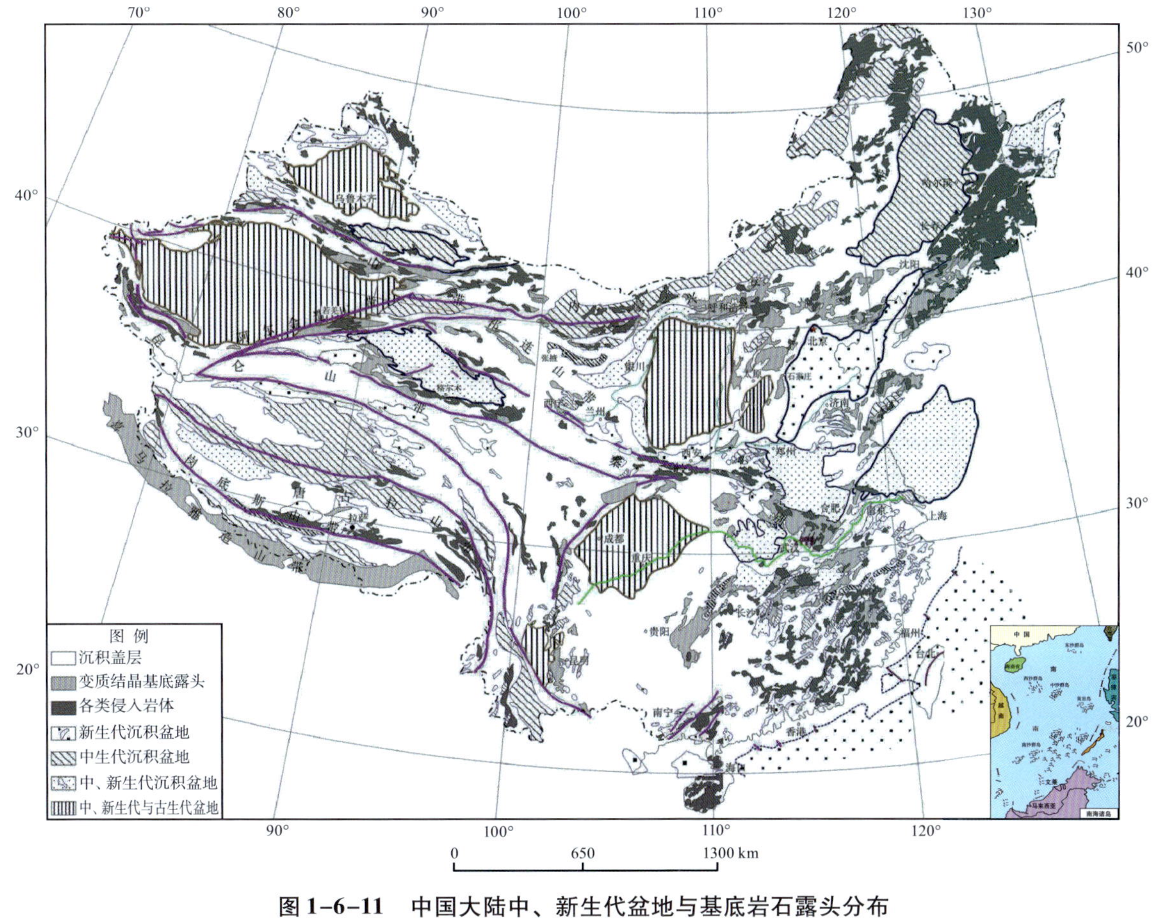

图 1-6-11　中国大陆中、新生代盆地与基底岩石露头分布

中国西部盆山耦合关系的性质主要受到特提斯洋闭合和青藏高原挤压隆起的控制。随着中生代印支和燕山期冈底斯-念青唐古拉山、可可西里-巴颜喀拉和羌塘地体的褶皱隆起，阿尔泰山、天山、昆仑等老的加里东、海西褶皱带重新进入挤压隆升状态。整个中新生代时期，在这些造山带之间形成了新的挤压凹陷盆地，包括羌塘新生代凹陷，以及准噶尔、塔里木、柴达木和吐哈等大中型中、新生代挤压凹陷盆地。与此同时，由于沿阿尔金山的压扭性走滑造山作用，在其两侧的塔里木和柴达木盆地中叠加了一系列斜向的、盆地内部的小型隆起凹陷。在更大的范围内，青藏高原的隆升主要是印度板块和欧亚板块相互作用的结果，因此不可否认欧亚大陆向南的推挤作用，内蒙-兴安造山带及其相关的压陷盆地也应属于同一类型。

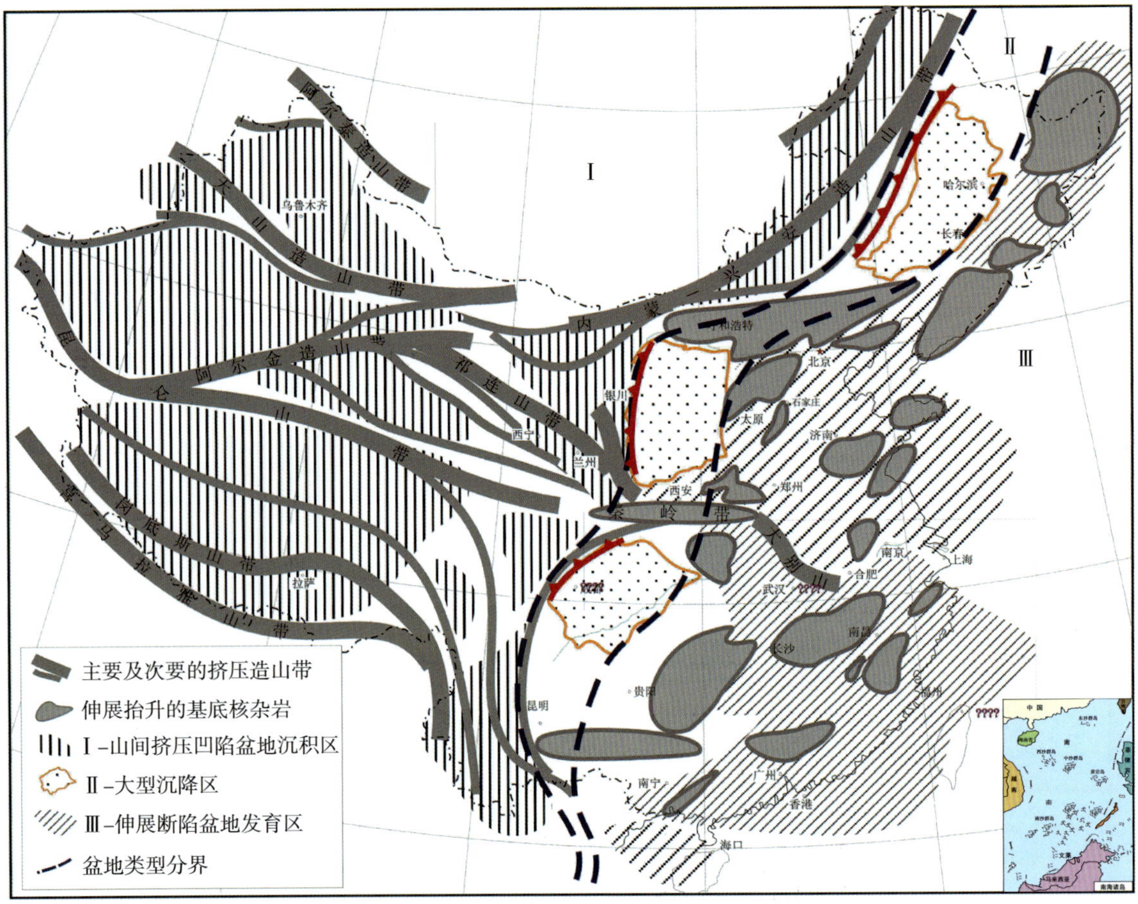

图 1-6-12　中、新生代盆-山构造示意图

中国东部中新生代盆地形成的动力学背景与西部恰好相反。当中生代早期中国西部特提斯洋还处在接受沉积的下降阶段时，中国东部开始出现了加厚大陆地壳上的断陷作用：沉积地层学的研究表明，进入三叠纪以后除了鄂尔多斯以外，中国东部大部分地区处于隆升状态（王鸿祯，1985）；山西高原的加厚隆升也是发生在三叠纪以后；与此同时，华北北缘进入燕山期陆内造山阶段（宋鸿林，1999）。至侏罗-白垩纪时期，以山西北部和沿郯庐裂谷系中发育的小规模陆相火山岩和碎屑岩为代表的堆积，指示加厚大陆地壳上的断陷作用开始发动。至第三纪以后，以华北为代表的大规模新生代伸展塌陷盆地开始广泛发育。另一方面，关于变质核杂岩的最新研究成果表明，华北云蒙山、房山、泰山、阜平、赞皇、中条山，小秦岭、登封、桐柏、亚干等地，以及华南幕阜山、香花岭、洪镇等地出露的变质结晶基底，绝大多数是中生代以来形成的变质核杂岩（王桂粱等，1992；郑亚东，1993，牛树银等，1994；宋鸿林，1995），代表加厚大陆地壳伸展塌陷和卸载抬升，或热隆作用的产物。变质核杂岩与同时形成的伸展盆地一起，构成典型的盆-岭构造。从地壳演化阶段和盆地发育程度来看，华北的盆岭构造要比华南发育得更加成熟一些。

在西部挤压凹陷和东部伸展塌陷两个截然不同的盆山格局之间，四川盆地和鄂尔多斯盆地的赫然出现决不是偶然的。这两个盆地不仅形态和规模类似，而且确切地说它们现在的盆地属性都是中生代以来才开始形成的。它们在古生代的发育历史、盆地原型、构造背景和应力场条件都有许多不清楚的地方，因此是否属于古生代盆地尚有争议。更重要的是它们与造山带的关系也都不明确，既不属于典型的同造山挤压凹陷盆地，也不是伸展塌陷盆地。此外，它们还具有另一个类似的特点，即西侧都是具有挤压推覆性质的边界，东侧则是过渡型边界。在成因机制不确定的情况下，我们暂时称之为转换凹陷盆地。松辽盆地的许多特征与它们类似，由于目前缺乏足够的资料以确定松辽盆地的基底构造性质，我们暂且也将它归于此类。

综上所述，中生代以来，中国西部形成的挤压凹陷型盆山格局和东部的伸展塌陷型盆山格局，分别是在印度板块-欧亚板块和西太平洋板块-欧亚板块的相互作用下发展起来的。而两者之间的转换凹陷盆地则可能是复杂“三角关系”的产物。

1.6.5.2　中国中西部主要油气盆地基底构造的性质

我国中新生代以来的油气盆地基本上为第四系所覆盖，尽管根据其周边造山带（主要为西部）和变质核杂岩（主要为东部）中出露的岩石地层单元和近年来在盆地内部的石油勘探资料以及有限的穿过盆地的地震勘探剖面，可以大致对盆地内部的基底构造进行推断和分析，但由于钻探资料只能对应于某些点，而地震反射剖面又局限于几条线，因此缺乏对盆地基底构造整体面貌的了解。航磁异常资料不仅被认为可以比较有效地用来解释变质结晶基底的构造特征，而且由于它覆盖了整个盆地范围，更有利于进行全面的分析。尽管如此，利用航磁异常资料开展的盆地构造解释仍然没有取得突破性的进展，其原因就在于对航磁异常成因复杂性的解释还不能令人完全信服。作者用较大的工作量来研究和分析讨论航磁异常的成因和它们的岩石-构造联系，正是为了加深这种理解和理解基础上的解释。

主要采取对原始航磁数据进行多频段滤波的方法，在前面关于中、长波航磁异常分析的基础上，对盆地范围的短波和中短波航磁异常特征进行比较和分析，某些盆地还参照了航磁异常的原始数据、视磁化率强度、方向导数等专门图件。此外，通过磁性界面反演和居里面深度计算，对结晶基底的深度分布进行了讨论。根据结晶基底构造变动的特点，我国中西部六大油气盆地大体可以分为三种类型：

1）塔里木盆地的基底构造

塔里木盆地为第四系所覆盖，其原始航磁异常和长波航磁异常都清楚地反映了北纬40°线南、北的差别。北部为大面积的区域低平负异常，南部则表现为由异常值较高的 NE 向正、负相间的宽条带（图 1-6-13（a））。两者之间（大约北纬 38°～40°之间）为串珠状的 EW 向极高正异常带，反映了地壳结构的显著差异。根据其周边造山带中出露的岩石地层单元的性质，我们认为，塔里木盆地北纬40°以南存在与华北类似的太古-古元古代高级变质结晶基底，其内部结构主要是早前寒武纪阶段造成的。在西昆仑北坡和阿尔金山北麓等地出露的古元古代和太古代变质岩（表 1-6-2），代表了塔南的基底构成。如前所述，塔北地区在中-末元古代阶段发育了与华南类似的浅变质大陆边缘沉积，而这种类型的岩石在华南地区表现为典型的区域低平正异常。推断塔北地区的区域低平负异常是由于该地区厚大的古生代地层所引起的。盆地北缘库鲁克塔格地区出露的高级变质岩，也表现为正高航磁异常，但不论从它们与南天山逆冲断层的关系，还是与塔北航磁异常特征的不协调关系来看，它们都不是塔北基底的反映。根据中波航磁异常反演得到的磁性界面埋深情况（图 1-6-13（b）），不仅很好地对应了上述露头岩石的分布，而且为塔南、塔北基底性质的解释提供了依据。

塔里木盆地的原始航磁异常代表较大范围内结晶基底平均磁化强度的综合效应，体现了结晶基底现今的构造状况。除了结晶基底内部的早期构造线，其整体面貌应该是后期改造的结果。由于塔里木和柴达木地块同处在被古生代海槽分开的“联合古陆”的北侧边缘，塔里木“古生代盆地”的原型并不清楚，根据古生代沉积在该处基本上呈面型分布的特点，推测盆地范围古生代沉积过程基本上处在“古特提斯”的大陆边缘位置，盆地基底没有因此而产生强烈的构造变动。因此，结晶基底被改造的特征应该是中生代以后形成的，主要是受到南部从“新特提斯洋”开合到青藏高原挤压隆起的影响。这样，塔里木结晶基底现今的构造框架，反映了塔里木中新生代盆地的基本构造轮廓。根据原始航磁异常的分布样式，塔里木盆地的主体是由两排近 EW 走向的隆起和凹陷组成的。

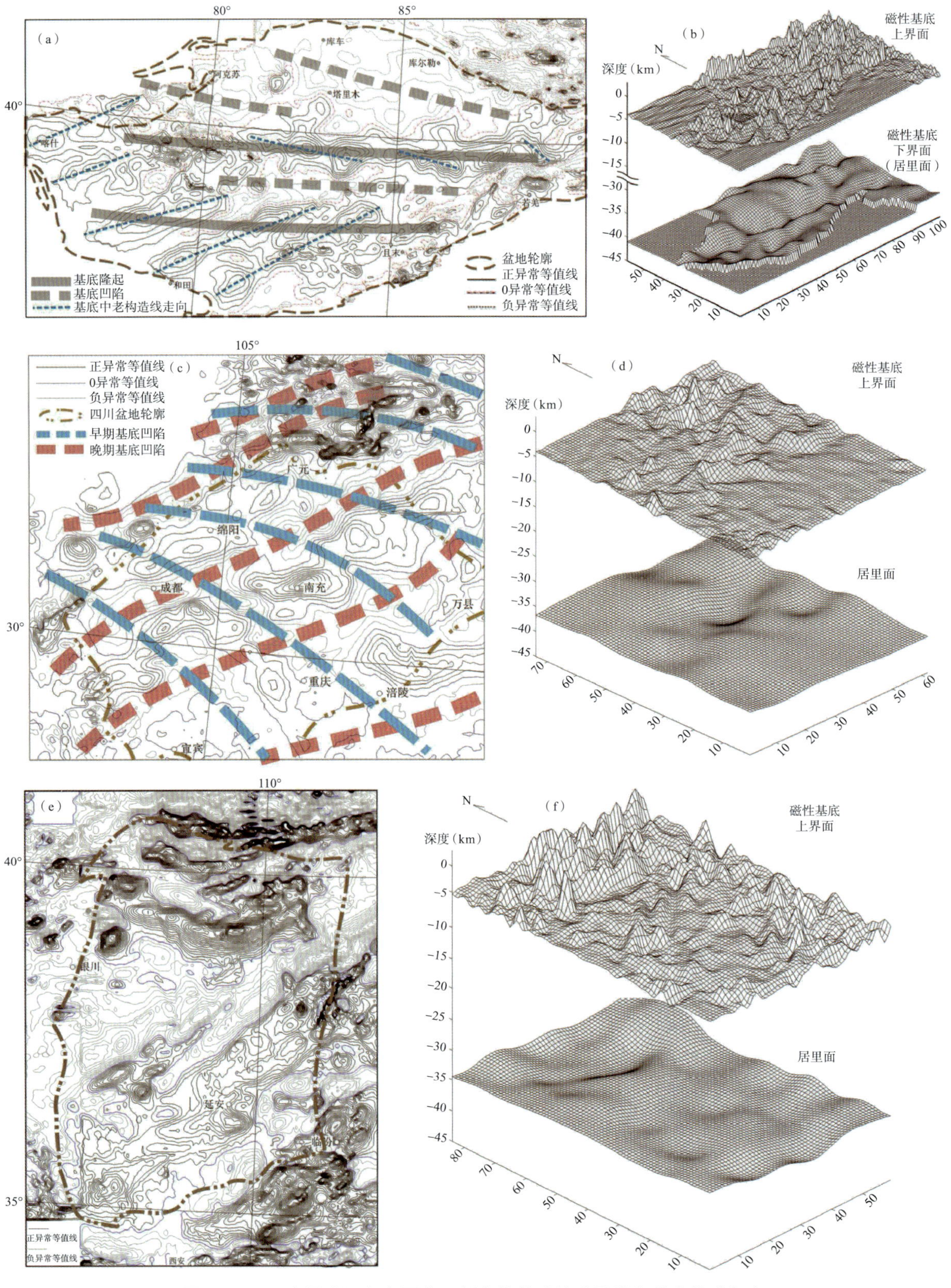

图 1-6-13　中国中西部主要中、新生代盆地航磁异常和基底构造解释

（a）、（b）塔里木原始航磁异常等值线图（间距 50 nT）及盆地磁性基底埋深；（c）、（d）四川盆地两期基底凹陷的干扰样式及盆地磁性基底的深度分布；（e）、（f）鄂尔多斯原始航磁异常等值线图（间距 25 nT）及盆地磁性基底埋深

上述原始和长波航磁异常代表了120 km以上尺度的影响因素，而中短波和短波航磁异常由于屏蔽了区域异常背景，可能对数10 km尺度的构造解释更有意义。塔里木盆地中短波航磁异常的样式，显现了塔南和塔北原来的背景上都叠加了一组大体呈NW向延伸的构造。可能包括断裂和次级隆起、凹陷。我们推测NW-SE向的次级断裂、隆起和凹陷的成因，可能与塔里木盆地同沉积过程中，沿阿尔金断裂发生了大幅度的左行走滑位移有关，在变形序列上与东侧柴达木盆地相对应。塔里木盆地的短波航磁异常突出了局部的构造影响，但其组合和整体展布样式仍然受中短波样式的控制。值得注意的是，短波异常图上塔南中部显著的SN向构造是其他波长的航磁图件所没有的，可能代表后期的浅层构造。

根据中波异常反演的磁性界面和长波异常计算居里面埋深等值线，不仅给出了塔里木盆地磁性基底的厚度和深度分布（图1-6-13（b）），而且根据居里面起伏，可以大体上认为塔北磁性基底较塔南厚度小，居里面较浅，因而塔北较塔南的温度梯度高。

2）柴达木盆地的基底构造

柴达木盆地发育在华北-塔南-扬子超陆块的柴达木-阿拉善古元古代变质褶皱基底之上，柴达木-阿拉善褶皱基底在中新生代以前和以后的改造历史几乎与塔里木地区类似。中生代以来，受新特提斯和喜马拉雅造山带的影响，早期形成了规模巨大的近EW向一级构造单元，一级隆起-凹陷的展布超过了柴达木盆地的范围。短波异常反演的到该地区视磁化率强度等值线图，突出了与盆地有关的构造引起的航磁异常。整体走向NW-SE的柴达木盆地，是在上述近EW向隆-凹格局的背景上，随着沿阿尔金断裂的左行位移加剧，在盆地的北东和南西边界产生面向盆地的挤压逆冲断层，并使盆地基底进一步凹陷形成的。因此柴达木盆地本身是整个中新生代盆地演化过程中稍晚形成的二级构造单元。与塔里木盆地不同的是，柴达木盆地内部构造相对简单，表现为单一的主体凹陷。柴达木盆地的磁性界面和居里面的深度分布特征与上述叠加的构造格局一致，说明一级和二级构造组合是该地区现今地壳结构的主体。柴达木盆地范围居里面隆起，盆地内部低温梯度相对较高。

中新生代阶段塔里木盆地和柴达木盆地同处在既古老又年青的天山-祁连、昆仑山和阿尔金山之间，由于近EW向的天山-祁连和昆仑造山带的持续挤压抬升，造成了两者之间近EW走向的一级挤压凹陷型盆地原型，在盆地发育过程中，受阿尔金左行走滑造山作用的影响，叠加了大致NW向斜列的次级压扭型盆地和断裂。塔里木和柴达木盆地均发育在华北-塔南-扬子前寒武纪超陆块上，又同时濒临新特提斯洋和青藏高原，盆地的形成演化经历了类似的过程。

3）准噶尔盆地和吐哈盆地的基底构造

准噶尔盆地和吐哈盆地均位于准噶尔-哈萨克斯坦陆块之上，具有太古-古元古代高级变质的结晶基底。在长波航磁异常等值线图上，尽管两者分别表现为独立的正高航磁异常域，但整体上又连为一体，被以古生代为主的造山带的宽负异常条带所围限，说明它们具有同一个磁性基底。

（1）准噶尔盆地的基底构造：如前所述，准噶尔-哈萨克斯坦陆块自元古代末期以来反复受到裂陷和造山作用的影响和改造，准噶尔盆地和吐哈盆地的结晶基底结构因而更加复杂。在更大范围的中波航磁异常图上，上述两个盆地结晶基底的构造格局与天山和阿尔泰-兴蒙造山带的展布密切相关。表现为在一组平行造山带走向的主体构造背景上，叠加了两组分别向北东（准噶尔）和南西（吐哈）收敛的帚状构造。这一基本格局在盆地的中短波航磁异常等值线图上得以重现。

准噶尔盆地的正、负航磁异常的总体分布特征，表明准噶尔盆地中部为一个宽的造山带负异常带围限的基底断块，而正高异常则表现为一个向SE倾斜的“T”形。在基底断块内部，航磁异常样式的分布和排列样式，仍然反映了两期隆-凹的构造叠加效果。这一航磁异常的样式被解释为盆地中部存在着一个NW-SE向的基底主体隆起（中轴构造），被一组呈NE-SW向排列的构造所叠加和改造，在基底中形成新的穹-盆格局。后者具有左旋扭动的性质，它们对中轴构造的影响似乎有向东南加强的趋势。中波航磁异常样式和分布特征还表明，准噶尔盆地中部大体在乌鲁木齐-石河子-克拉马依之间为基底隆起区，而主要的基底凹陷似乎应该出现在中轴隆起的东北部。

中短波航磁异常显示盆地的中轴带及其以北地区变成了一个连续的、近似矩形的正异常域，而原来中波异常图上中轴构造中段北侧的负异常背景消失了，与此同时中轴构造以南的石河子-乌鲁木齐之间则出现了一个较大的负异常域。这两个变化正好发生在中轴构造中段的 NE 和 SW 两侧，处在 NW-SE 向构造与 NE-SW 向构造交叉干扰的中心，同时也是盆地的中心部位。因此，这一航磁异常性质的改变，显然是两期构造作用对结晶基底进行改造和叠加的结果。

（2）吐哈盆地的基底构造：吐哈盆地结晶基底的性质与准噶尔盆地类似，但由于靠近天山造山带，因而经受了更加强烈的变形改造。从长波航磁异常图上可以看出，吐哈盆地的中南部为一个近 EW 走呈向串珠状分布正高异常区，代表盆地结晶基底的主体。

中长波航磁异常提供两个重要的基底构造信息。首先，吐哈盆地的结晶基底中存在一组占主导地位的、NE 走向具走滑性质的剪切带，它们将结晶基底中近 EW 走向的航磁异常条带和结晶基底的南北边界一致左行错开。根据结晶基底内部条带状航磁异常样式的变化规律分析，可能还存在一组与之共轭的 NW 走向的右行剪切带，但显然处于次要地位。这两组异常的叠加干扰效应，意味着基底中可能存在着由隆起和凹陷交错分布的“穹-盆”构造格局。

4）四川盆地和鄂尔多斯盆地的基底构造

四川盆地和鄂尔多斯盆地的结晶基底基本上被后期沉积所覆盖，根据它们的航磁异常特征和邻近造山带中出露岩石的研究成果，推测它们均存在高级变质的结晶基底，在早前寒武纪阶段同属华北-塔南-扬子超陆块，但二者中元古代以后的演化历史有所不同。在早前寒武纪变质结晶基底之上，中晚元古代阶段四川盆地发育了华南类型大陆边缘性质的浅变质褶皱基底，而鄂尔多斯则发育了华北类型基本未变质的准盖层沉积。古生代阶段二者均处在分裂的“联合古陆”的边缘，沉积性质类似。除四川盆地的中晚元古代褶皱基底具有低平的正航磁异常特征外，上述中元古代以后的地层都为弱磁性，因此，四川和鄂尔多斯盆地的航磁异常，基本上是变质结晶基底经受后期改造所形成的构造格局的反映。

（1）四川盆地的基底构造：四川盆地的原始航磁异常清楚地反映强大的 NE 向和相对弱小的 NW 向两组异常（图 1-6-13（c）），代表 120 km 以上范围结晶基底和变质褶皱基底岩石平均磁化率特征。中短波航磁异常避免了大范围的综合效应，更精细地突出了区域尺度（小于 120 km）的地壳结构和构造。其中正、负异常区呈串珠状或孤岛状分布，但仍然表现为 NE 和 NW-NWW 走向两组异常条带有规律的重叠交错，形成典型的穹-盆构造。这一组穹-盆构造样式在根据中波异常反演的磁性上界面埋深图中（图 1-6-13（d））也有清楚的反映，它们应该与四川古生代-中、新生代油气盆地的底一致。其中两组负异常叠加部位很可能是盆中，之深盆，正、负异常叠加之处可能是盆中之浅盆，而两组正异常叠加之处，则很有可能形成储油构造。此外，根据长波异常反演得到的四川盆地居里面深度分布情况（图 1-6-13（d））表明，盆地北部居里面上隆，与磁性上界面起伏一致，说明该地区低温梯度较大；而盆地中心和东南部居里面明显下凹，与磁性上界面起伏呈镜象对称关系，说明这些地区的地温梯度相对较小。

根据我们对四川盆地结晶基底的性质及其演化历史过程的分析，我们认为四川盆地的结晶-褶皱基底中 NW-NWW 走向构造线的形成，与华南陆块和华北陆块早期的对接碰撞有关，可能对盆地的沉积分布具有控制意义；而 NE 走向构造线的形成，与青藏高原第四纪以来通过龙门山冲断层带向东的推挤作用有关，形成较晚，更具改造意义。

（2）鄂尔多斯盆地的基底构造：鄂尔多斯盆地发育在华北克拉通之上，航磁异常主要反映早前寒武纪（太古-古元古代）高级变质结晶基底的构造面貌。其周边地区有较多关于出露结晶基底岩石的地质构造研究成果，可以用来解释盆地覆盖区下面结晶基底的性质和构造格局。其中对结晶基底构造格局产生最重要影响的构造，是呈 NE-SW 向斜穿盆地基底中部的左行韧性剪切带（图 1-6-13（e））。在发表的 1∶400 万航磁异常图（AGS，1989）上，表现为地壳尺度的航磁异常梯度带，即著名的大同-环县线性异常带。在长波航磁异常图上，鄂尔多斯盆地的结晶基底就基本上以这条剪切带为界分为西北和东南两大块。在一定意义上，鄂尔多斯盆地的西北和东南边界，也是由与之性质相同的狼山-吉兰泰和中条山基底韧性剪切带（马杏垣等，1987）所限制的。

原始和中短波航磁异常的分布特征，尽管仍然显示了上述左行韧性剪切牵引的样式，但突出了一些更为复杂的基底构造内容，主要包括一组 NW-NNW 向构造和一组近 EW 向构造。其中 NW-NNW 向构造的成因和区域联系目前还不十分清楚，但不可否认它们对结晶基底中的早期韧性剪切带构造有重要的影响，以致在反映大背景的长波航磁异常图上也能发现它们的踪迹。详细解析原始和中短波航磁异常图，可以发现一组大量存在的近 EW 向构造，规模不大的近 EW 向构造集中发育在盆地的南、北两端，可能跟北部的内蒙-兴安（或阴山-燕山）造山带和南部的秦岭造山带的中生代活动有关。但横贯盆地中部穿越延安附近的近 EW 向构造，却使该地带的早期基底构造格局发生了重大改变，几乎所有的 NE 向韧性剪切和 NW 向的构造线发生了左行扭曲，而在盆地的南、北两端，沿近 EW 向构造的扭错现象则不明显。根据更大范围的构造分析，鄂尔多斯盆地中部的近 EW 向构造及其左行扭错，很可能跟四川盆地晚期与 NE 向龙门山断层的右旋斜冲（马宗晋等，1998）类似，是青藏高原向东推挤作用的远程效应造成的。从整体上看，鄂尔多斯盆地的基底主体上由于早期 NE 向韧性剪切和后期 NW 向构造的叠加作用，形成了不规则的“穹-盆”样式。除了中部以外，近 EW 向构造没有造成重大的干扰效果。反演结果的磁性基底顶界面埋深（图 1-6-13（f）），与上述“穹-盆”格局基本一致。

1.6.6　结论和讨论

1.6.6.1　主要结论

根据地质历史时期的板块构造证据，划分出随时间变化的“始板块”、“古板块”和“现代板块”构造体制。中国大陆的“始板块”构造体制中至少包括哈萨克斯坦-准噶尔陆块、华北-塔南-扬子超陆块以及阿尔泰、松-辽、华夏、冈底斯、喜马拉雅等地体。以华北-塔南-扬子前寒武纪超陆块为例，对它们的结构构造及在“古板块”和“新板块”构造体制中经受的改造进行了恢复。

对航磁异常成因进行专门的磁性岩石学研究结果表明，不同磁性岩石的混杂交错，是造成填图或更小尺度航磁异常对应效果不肯定的主要原因。而同一期构造产生区域一致的磁化率各向异性矢量特征，是有效地干扰现代地球磁场重要原因。结合华北等已知露头区航磁异常特征的对比分析，识别出五种基本类型航磁异常的构造成因。

对航磁异常数据进行各种处理得到了不同波长的异常分布样式以及磁性基底上界面和居里面的深度分布。在讨论了与岩石平均磁化强度有关的区域异常和与岩石磁化率各向异性有关的线性异常成因联系的基础上，根据不同波长航磁异常的特征，对中国大陆的变质结晶基底进行了地质-构造解释。长波航磁异常的分布特征把中国大陆清楚地划分为东、西、中三大部分。东带和西带均以正异常占主导地位，但内部结构又不一样；中带以负异常为主，存在局部正异常。这一框架体现了中生代以来中国大陆构造变动的总体面貌。其中的航磁正异常又可分为三种类型：第一类以华北、塔南和上扬子地块为代表，表现为整体呈面型分布的航磁正高异常区，对应于高级变质的早前寒武纪结晶基底；第二类以下扬子地块为代表，表现为面型分布的低平正异常区，对应于中-低级变质的中-新元古代褶皱基底；第三类以天山为代表，表现为宽的长条状正高异常带，对应于被造山带改造的变质结晶基底和同造山侵位的岩浆岩体。根据上述长波正航磁异常的性质和分布特征，进一步划分出华北、塔里木、柴达木-阿拉善、准噶尔-哈萨克斯坦、兴-蒙、华南和冈底斯等 7 个彼此独立的大陆地壳中残存的结晶基底。中波航磁异常突出了区域尺度线性异常的构造样式。根据它们与已知地质-构造的相关性，具体分为：①造山带产生的航磁异常条带；②大型走滑韧性剪切带引起的弧形线性异常带；③不同性质地体边界上的线性航磁异常梯度带；④与结晶基底内部结构-构造有关的线性异常；⑤与晚期径向和纬向构造有关的局部线性航磁异常，并结合具体对象分别进行了成因描述。

根据长波和中波异常的构造解释，把我国中生代以来的盆山构造格局分为西、中、东三个性质不同的盆-山耦合域：西部以发育同造山的挤压凹陷和走滑压陷盆地为主，盆山耦合关系的性质主要受到中新生代特提斯洋闭合和青藏高原挤压隆起的控制；东部以发育伸展塌陷盆地为主，意味着加厚后大陆地壳的伸展塌陷和下地壳的卸载抬升广泛发生；在西部挤压凹陷和东部伸展塌陷两个截然不同的盆山格局之间，四川、鄂尔多斯和松辽盆地具有特定的大地构造和动力学意义，其成因可能与上述东、西两个动力学性质完全不同的构造体制发生转换有关。根据对我国中西部六大油气盆地的航磁异常和盆地周边出露的基底岩石-构造特征，它们在中新生代的基底构造变动归纳为三种类型：①塔里木和柴达木盆地的基底性质不同，但中-新生代阶段同处在既古老又年轻的天山-祁连、昆仑山之间，早期发育了近 EW 走向的挤压凹陷，形成塔里木盆地的原型。晚期随着阿尔金断裂左行走滑造山作用的加强，叠加了大致 NW 走向斜列的压扭型隆起-凹陷和断裂，导致柴达木盆地成型。②准噶尔和吐哈盆地位于同一陆块之上，尽管二者分别表现为独立的正高航磁异常域，但结晶基底性质相同，其构造变动与天山和阿尔泰-兴蒙造山带的构造活动密切相关，表现为在一组平行造山带走向的主体构造背景上，叠加了两组分别向北东和南西收敛的帚状构造，形成两期隆-凹叠加的构造样式，但不同盆地基底构造变动的强度和具体构造样式有所不同。③四川盆地和鄂尔多斯盆地的结晶基底都受到两期主要的变形改造和构造叠加。四川盆地基底中的正、负异常沿一定方向呈串珠状或孤岛状分布，表现为 NE 和 NW 走向两组异常条带有规律的重叠交错，形成典型的穹-盆结构。而鄂尔多斯盆地的基底则在 NE-SW 向斜穿盆地基底中部的左行韧性剪切带的背景上，叠加了一组 NW-NNW 向构造和一组近 EW 向构造。对结晶基底中的早期构造格局产生了重大影响。鄂尔多斯和四川盆地的基底构造变动反映了青藏高原向东推挤的远程效应。

1.6.6.2　航磁异常成因和构造解释的讨论

变形岩石磁化率各向异性是探讨航磁异常成因和进行构造解释的重要参数。所有岩石无论其磁化率高低，只有在受到相同构造作用产生了区域一致的磁化率各向异性时，才有可能增强它们在现今地球磁场的干扰效应。航磁异常的构造样式，主要是区域岩石磁化率各向异性矢量与地球磁场关系的综合体现。结晶基底中单一岩石的平均磁化率强度存在着较大的差异，由复杂岩石组成的结晶基底的总体磁场效应，在航磁异常图上通常没有明确一致表现。

尽管关于航磁异常的构造解释和迄今已知的地质证据，使本节关于华北-塔南-扬子超陆块形成演化的推论显得合理，但扬子地体被逐渐向南东推移的历程，可能不仅仅是特提斯洋盆扩张的结果。随着中生代末特提斯洋的闭合，青藏高原演化过程中不同阶段的运动形式，特别是高原物质向东挤出的运动（马宗晋等，1998），对于扬子地体最终被推挤到现在的位置，无疑也起到了一定的作用。

利用高级变质岩磁性岩石学研究结果，分析了航磁异常的成因及其构造解释。变质结晶基底在现代地球磁场中的总体感磁效应，与单一岩性的磁化率无关。典型地区大比例尺构造组构填图结果与岩石磁组构的对照分析，证明磁线理和构造线理具有一致的矢量特征。强烈韧性剪切导致岩石中区域一致的矿物定向和磁化率各向异性，是干扰现代地球磁场，产生特定航磁异常分布格局的主要因素。对五种基本的区域尺度的构造-航磁异常样式的成因进行了分析。华北地区的视磁化率填图和航磁异常的垂向导数处理结果，显示该地区航磁异常的分布样式与结晶基底的基本构造格架完全一致。

结晶基底是地壳上部最强硬的岩石地层单元，其构造变动的性质和构造格局对油气盆地的形成和改造具有重要的控制意义。对原始航磁数据进行各种处理，可以从中获得许多关于油气盆地基底（盆底）构造的有用信息，对油气资源的勘探开发有一定的参考价值。我国中西部六大油气盆地的基底构造性质和后期改造形成的构造格局，具有显著的规律性。

参考文献

白瑾、黄学光、戴凤严、吴昌华，中国前寒武纪地壳演化，北京，地质出版社，1993，75～80。

白瑾、黄学光、王惠初等，中国前寒武纪地壳演化（第二版），北京，地质出版社，1996，16～19。

地质矿产部航空物探总队，中国及毗邻海区航空磁力异常图，北京，地图出版社，1989，1～12。

费鼎等，航磁所反映的西藏中部区域构造特征及印度板块仰冲问题。青藏高原地质文集，地质出版社，1982。

管志宁、安玉林、吴朝钧，磁性界面反演及华北地区深部地质结构的推断，见王懋基、程家印主编中国东部区域地球物理研究专集，北京，地质出版社，1987，80～101。
国家地震局地质研究所，西藏中部活动断层，北京：地震出版社，1992。
郝锦绮、黄平章、张天中等，岩石剩余磁化强度的应力效应，地震学报，1989，11：381～391。
贺绍英、程振炎、耿元生、戴勤奋，结合岩石磁性分析重磁场反演结果的时间信息，地球物理学报，1994，37（增刊II）：346～355。
刘和甫等，走滑造山带与盆地耦合机制，地学前缘，1999，6（3）：121～132。
马杏垣、白瑾、索书田、劳秋元、张家声，中国前寒武纪构造格架及研究方法，北京，地质出版社，1987，100～102。
马杏垣、吴正文、谭应佳、郝春荣，华北地台基底构造，地质学报，1979，53（4）：293～304。
马杏垣、张家声、白瑾、索书田，中国前寒武纪历史过程中构造样式的变化，见：国际交流学术论文集（第一集），北京，地质出版社，1986，1～29。
马宗晋、张家声、王一鹏，青藏高原三维变形运动学的时段划分和新构造分区，地质学报，1998，72（3）：211～227。
乔秀夫、马丽芳、张惠民，中国末前寒武纪古地理格局，地质学报，1988，62（4）：290～300。
宋鸿林，变质核杂岩研究进展、基本特征及成因探讨，地学前缘，1995，2（2）：103～112。
王鸿祯（主编），中国古地理图集，北京，地质出版社，1985，1～85。
王鸿祯等，中国古地理图集，北京：地图出版社，1985。
吴功建，论区域航磁异常轴向与各类构造形迹及其与能源分布的关系，中国区域地质，1983，（6）：1～10。
余钦范、马杏垣，华北地区航磁图象处理结果和地震构造解释，地震地质，1989，11（4）：5～14。
张抗，鄂尔多斯断块太古代至早元古代构造发育特征，地质科学，1982，（4）：352～363。
张家声、索书田，华北北部结晶基底中的大型韧性剪切带，中国区域地质，1988，（4）：289～296。
张家声，大同-怀安麻粒岩地体的伸展抬升，地质论评，1997，43（5）：503～514。
张家声，前寒武纪大陆岩石圈的形成和演化，见丁国瑜主编中国岩石圈动力学概论，北京，地震出版社，1991，2～24。
张家声，郯庐剪切带的性质和意义，地球科学，1992，17（4）：363～372。
张家声，沂沭断裂带中段基底韧性剪切带，地震地质，1983，5（2）：11～23。
周建波、胡克，沂沭断裂晋宁期的构造活动及性质，地震地质，1998，20（3）：208～212。
朱英，中朝准地台大地构造和深部构造的若干问题-再论华北地块，物探与化探，1986，10（4）：10～25。
Higgins M. W. , G. W. Fisher, I. Zietz. Aeromagnetic discovery of a Baltimore Gneiss Dome in the Piedmont of northwestern Delaware and southeastern Pennsylvania. Geology, 1973, (1): 41～43.
Piper J. D. A. and Zhang J. S. , 1998, Palaeomagnetism, rock magnetism and magnetic fabrics in Precambrian metamorphic terranes of the Huabei shield, China. J. South East Asian Earth Sciences, in press.
Zhai M. G. , Guo J. H. and Yan Y. H. The discovery of Archaean high pressure mafic granulite in North China, and its initial study. Science In China, (Series B), 1992, 22 (12): 1325～1330.
Zhang J. S. and J. D. A. Piper. Magnetic fabric and post-orogenic uplift and cooling magnetisations in a Precam-brian granulite terrain: the Datong - Huai´an region of the north China shield. Tectonophysics, 1994, 234: 227～246.
Zhang J. S. , Paul H. G. M. Dirks, C. W. Passchier. Extensional collapse and uplift of a polymetamorphic granulite terrain in the Archaean of north China. Precambrian Res. 1994, 67: 37～57.

1.7 亚洲大陆地震构造的板块动力环境*

大地震震中分布图显示，亚洲大陆东部存在一个巨大的地震密集分布区，它大致呈正三角形，具有 NE 向的中央轴线，边长约 3500 km，面积约 700 万平方千米（图 1-7-1）。行政地理上，它主要包括中国大陆西部和蒙古的西部，因此过去曾称之为中蒙地震区（马宗晋等，1981）。平面上，它有三个边界：第一是与喜马拉雅山脉平行的西南边界，是大三角形的底边；第二是大致沿东经 105°线的东

* 本节作者：高祥林，中国地震局地质研究所。

边界，即构造上沿华南、鄂尔多斯西边缘向北延伸至贝加尔湖附近，曾被称为中蒙大陆中轴构造带，它在中国境内部分则被称为南北地震带（马宗晋等，1981）；第三是从帕米尔穿过天山、阿尔泰山至贝加尔湖附近的西北边界。自1900年以来，这个大三角形范围内发生过多次7级以上大地震，如2008年四川汶川 $M_S8.0$（$M_W7.9$）地震就发生在它的东边界内侧（图1-7-1）。在这个宽阔的陆内地震区有分布广泛的高原、山脉和山间盆地（如塔里木），自新生代以来处于强烈构造活动状态，在它之外几乎都是相对稳定或刚性大陆块体。从大尺度构造动力学考虑，这个大陆构造变形区反映了欧亚、印度和西太平洋-菲律宾海板块之间的大三角关系，与三个外部周边的边界动力作用有关：沿喜马拉雅弧的印度向欧亚大陆会聚-挤入，沿亚洲大陆东部边缘西太平洋和菲律宾海板块的消减-俯冲，沿帕米尔、天山、阿尔泰山至贝加尔湖一线稳定欧亚大陆的约束。此外，还可能有深部的地幔动力作用。

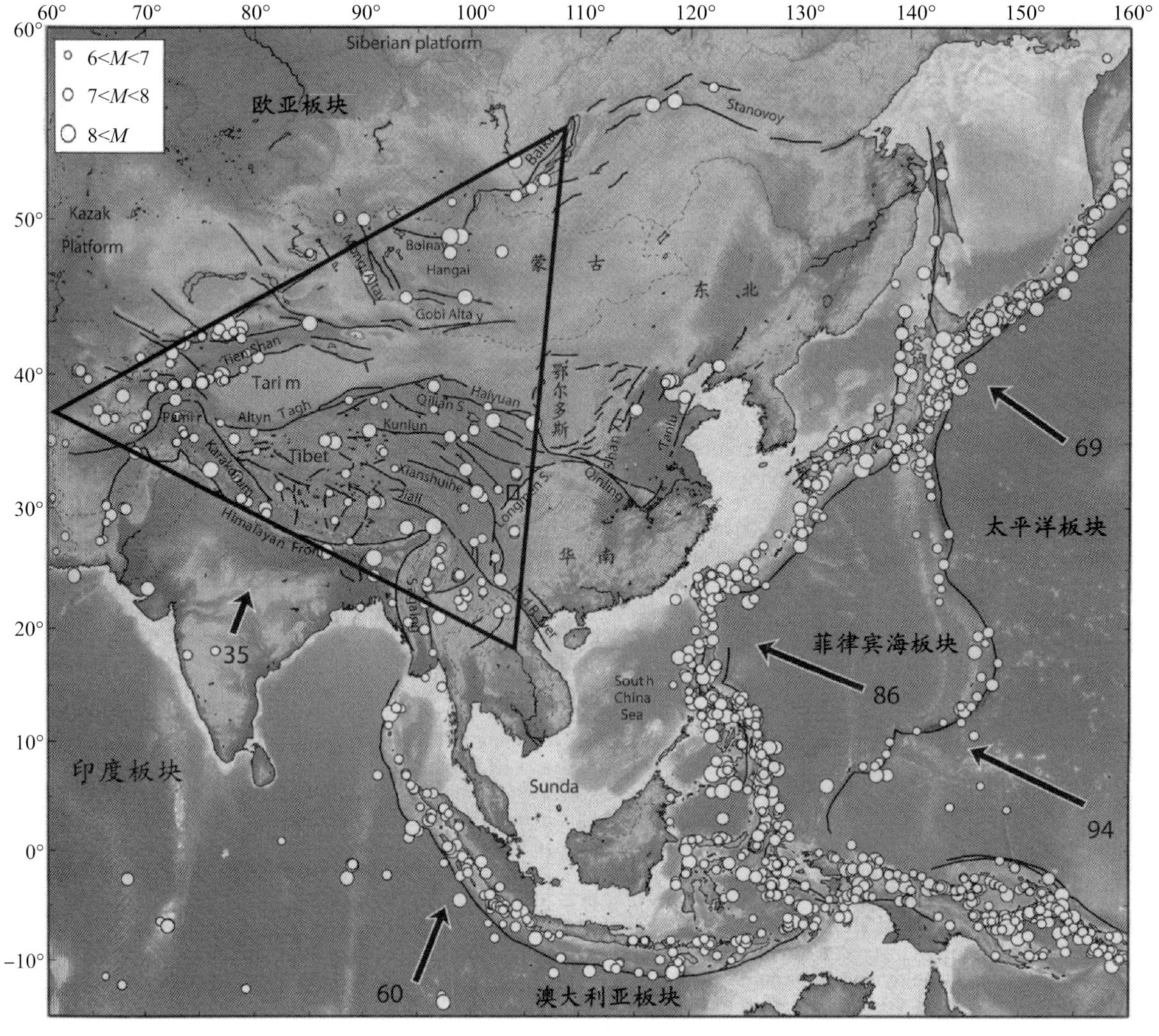

图1-7-1　亚洲东部地震构造（据 Vergnolle 等，2007）

最近几十年，国内外学者对西藏高原和亚洲大陆的构造变形做了很多研究，大多集中在变形场的运动学描述和动力学分析，特别是块体模型和连续介质模型、西藏的向东移动等吸引了很多研究者的兴趣（Vergnolle，2007）。关于中国境内的南北地震带，也有很多详细研究。但除了喜马拉雅弧外，对这个宽阔变形区的外部动力状况研究较少。例如，在亚洲东部边缘，太平洋和菲律宾海板块以很大速度向欧亚大陆运动，却仅在沿岛弧-海沟产生狭窄的地震带，未能阻挡亚洲大陆东部向东或东南的移动。在动力学分析和数值模拟中，一般只是假设简单的速度边界条件，假定亚洲大陆东部边界是自由的（无应力作用）或者是仅有重力产生的静岩压力（Molnar 等，1975），为什么在太平洋和菲律宾海板块以高速向欧亚大陆俯冲的情况下可以做这样的假设，而且模拟结果与观测相符，对此一直没有令人信服的解释。

在对相关数据详细研究基础上，本节试图从全球和大区域尺度，分析亚洲东部大三角地震区的周边及深部动力环境，给出一个总体的框架描述，提出新的解释模型，并探讨这些边界之间的关系。本节描述现今的地球表层运动状态并分析它的动力成因，与有记录的地震活动和 GPS 测量相对应，不涉及长时间尺度的地质演化。总体的动力环境可做如下概括：西南的印度-欧亚大陆会聚-碰撞带是推土机式的主动驱动边界，对东亚大陆产生巨大水平挤压应力，造成宽阔的大三角状陆内变形区，它的东边界（南北地震带）受到华南、华北等刚性稳定块体的阻挡；更远处的东部和南部是以消减带为特征的洋陆会聚带，类似可移动堤坝边界，对亚洲大陆边缘产生弱水平挤压的阻挡作用，总体上接近于被动边界；大三角西北边界外的稳定大陆是固定的约束墙，使变形和地震终止。来自稳定欧亚大陆深部地幔东南向流动与印度下向北的地幔流在青藏高原中布汇合，并转向东继续流动，使西太平洋和菲律宾海消减带向东后退，导致亚洲东部边缘海的伸展。

1.7.1 亚洲西南部陆-陆会聚边界

根据古地磁数据分析，大致在（50 ±10）Ma 印度次大陆与欧亚大陆的会聚-碰撞，因而印度向北移动的速度由 100 mm/a 减小为 50 mm/a（Molnar 等，1975）。1995～2007 年的 GPS 测量显示，在印度次大陆上，除东北靠近喜马拉雅山脉东端附近外，陆内变形很小，SN 向的缩短速率仅为 2 ±1 mm/a（$0.3 \pm 0.05 \times 10^{-9}$/a），可以看作是刚性块体（Banerjez 等，2008）。同时，印度次大陆上稳定地区的 GPS 测量数据显示，现今的印度板块正以 36～40 mm/a 向北移动（Sella 等，2002），继续向欧亚大陆靠近，其地表前锋是长达 2500 km 的弧形喜马拉雅山脉，它走向 NW，与印度板块的运动方向垂直（图 1-7-1）。自 20 世纪 90 年代，在西藏南部和尼泊尔的喜马拉雅山脉中段曾开展了多次深部探测，证实印度岩石圈以低角度、近于水平地插到青藏高原下面，其真正的前缘已到达西藏中部（30°～34°N），距南边喜马拉雅山脉约 500 km（图 1-7-2）。区域地震面波成像研究也认为，西藏高原下 225～250 km 深度地幔相对较冷，代表向北俯冲的印度岩石圈（Tilman 等，2003；Priestey 等，2006）。这说明，印度-欧亚的会聚从初期的接触碰撞已转变为俯冲和剪切，坚硬的印度次大陆像一台大功率推土机，强行插入亚洲内部。从 P 波层析成像推论，西藏高原下的地幔结构存在东、西差异，在西部，以高波速异常为标志的俯冲带前缘已越过喜马拉雅和整个西藏高原，到达塔里木盆地的西南边缘；而在东部，俯冲板前缘未超过喜马拉雅块体，限于印度-藏布（Indus-Zangpu）缝合线以南（Li 等，2008）。沿喜马拉雅弧及其东、西两端，印度板块向北的运动转换为多种形式的构造变形，包括地壳 NS 向缩短-增厚及后继的隆升、地层弯曲褶皱、逆冲断层和走滑断层，以及西藏南部的 EW 向伸展等；这些不同深度或层次上的变形重叠复合，形成现在所观察到的复杂构造格局。

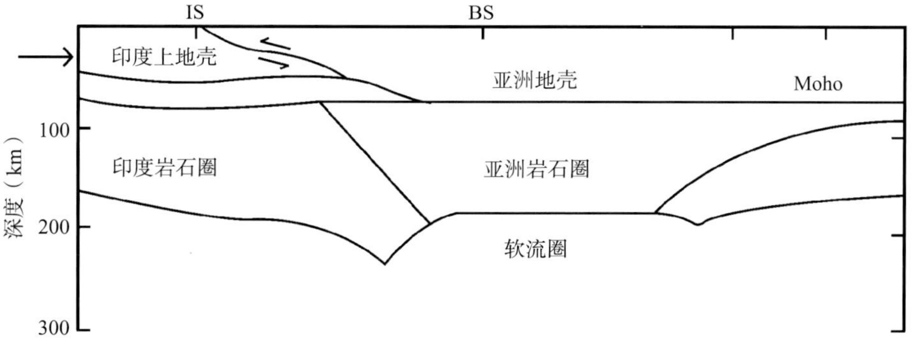

图 1-7-2 印度向亚洲俯冲示意剖面

IS. 印度-藏布缝合带；BS. 班公-怒江缝合带

印度板块的东边界是SN走向、略向S弯曲的缅甸弧，它包括北段的印度大陆与南段的孟加拉湾大洋。因为在这个弧形构造带下有浅源和中源（200 km）地震，曾推测印度板块向E俯冲到缅甸陆块下。但是这里的浅源和中源地震的震源机制解都不是所预测的逆断层，主压应力轴为NS向，与缅甸弧构造带走向平行，即缅甸陆块受NS向挤压作用（Dain等，1984）。1998～2000年在缅甸中部进行了横跨实皆断层的GPS测量，结果显示缅甸陆块相对于东边的巽他块体向北移动，在全球参考系中它的向N速度为32 mm/a，接近印度南部测点班加罗尔的速度（34 mm/a）。印度与巽他块体之间是宽达900 km的右旋剪切变形带，它的北端与喜马拉雅山脉东端弧束（syntaxis），即东构造结相连结。位于缅甸中部的NS向的右旋实皆断层系吸收了60%的总变形量（Vigny等，2003），而这条右旋走滑断层的北东端分裂成仅有小错动的断裂，并在东构造结附近终止于EW向的逆断层。

印度板块的西边界是NNE走向的左旋查曼（Chaman）断层，与东边界的右旋实皆断层遥相对称，构成向北移动的印度大陆的左右两翼（图1-7-3）。查曼断层向北与兴都库什-帕米尔高原相连，那里是喜马拉雅山脉西端弧束（西构造结），是塔吉克盆地（西）、南天山（北）和塔里木盆地（东）等构造的交会点。曾有研究者给出了详细的地质和地球物理证据，说明从地表看帕米尔沿NS方向向北仰冲，从北边的费尔干纳穿过阿赖山到帕米尔，有一条SE倾斜的震源分布带，倾角45°，最大深度200 km，似乎亚洲大陆可能在南天山向南俯冲，而在帕米尔西边的兴都库什山脉，是向N高角度倾斜的震源带，最大深度达300 km（Burtman等，1993；Pegler等，1998）。这个地区是否存在南、北双方向大陆俯冲，依然有争议。1992～1998年在中亚地区90个GPS测站的观测结果显示，帕米尔、南天山、塔里木都在向北移动（图1-7-3）（Reigber等，2001），与南天山向南俯冲模型的预测相反。因此，由震源深度分布确定的南天山与帕米尔之间南倾的界面，可能只是结构和变形界面，沿着这个界面，向北推进的帕米尔将印度次大陆运动带来的变形向中国新疆和蒙古西部扩散。

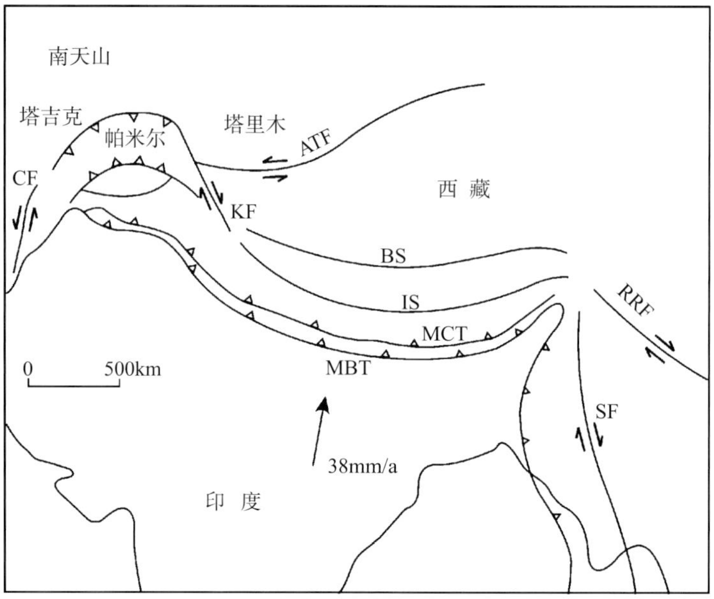

图1-7-3 喜马拉雅弧及其周围构造示意图

MBT. 主边界断层；MCT. 主中央断层；IS. 印度-藏布缝合带；BS. 班公-怒江缝合带；KF. 喀喇昆仑断层；ATF. 阿尔金断层；CF. 查曼断层；SF. 实皆断层；RRF. 红河断层

喜马拉雅弧的东、西两端或印度次大陆的东、西顶角附近是弧束（同轴）构造，又称构造结。从平面上看，似乎是印度板块的两个角向亚洲大陆深深地插入，实际上并不是如此简单的过程。构造结的形成，与向北运动的印度次大陆碰撞前的几何形态有关，楔状挤入使地壳褶皱、弯曲，同时喜马拉雅山脉中部向南伸展变为弧形，还有东边的缅甸山脉向西弯曲，多种条件共同造成了同轴弯曲的构造结。在西构造结附近，向北的运动转换为逆断层或走滑断层活动，这样的变形一直向北扩展，跨越天山，到达蒙古西北。在东构造结附近，印度的向北运动不仅产生 EW 向逆冲断层，还转换为缅典实皆右旋走滑断层活动以及其北边的向东和东南的运动，平面上显示为绕结的顺时针旋转（图 1-7-4）。

大量证据说明，刚性的印度板块以较大的速率向北移动，其前锋已插入喜马拉雅山脉和西藏高原下，对相对脆弱的西藏高原产生巨大的水平挤压，迫使它也向北移动，并向东偏转，形成单方向运动的陆-陆会聚格局。由于地壳增厚，山脉、高原地区受地幔浮力而快速隆起，所造成的巨大重力势梯度也构成板内变形的重要动力之一。这个过程已持续了 5000 万年，而且还在继续进行，影响喜马拉雅山脉以北广大范围的构造，造成宽阔的变形和地震活动分布。

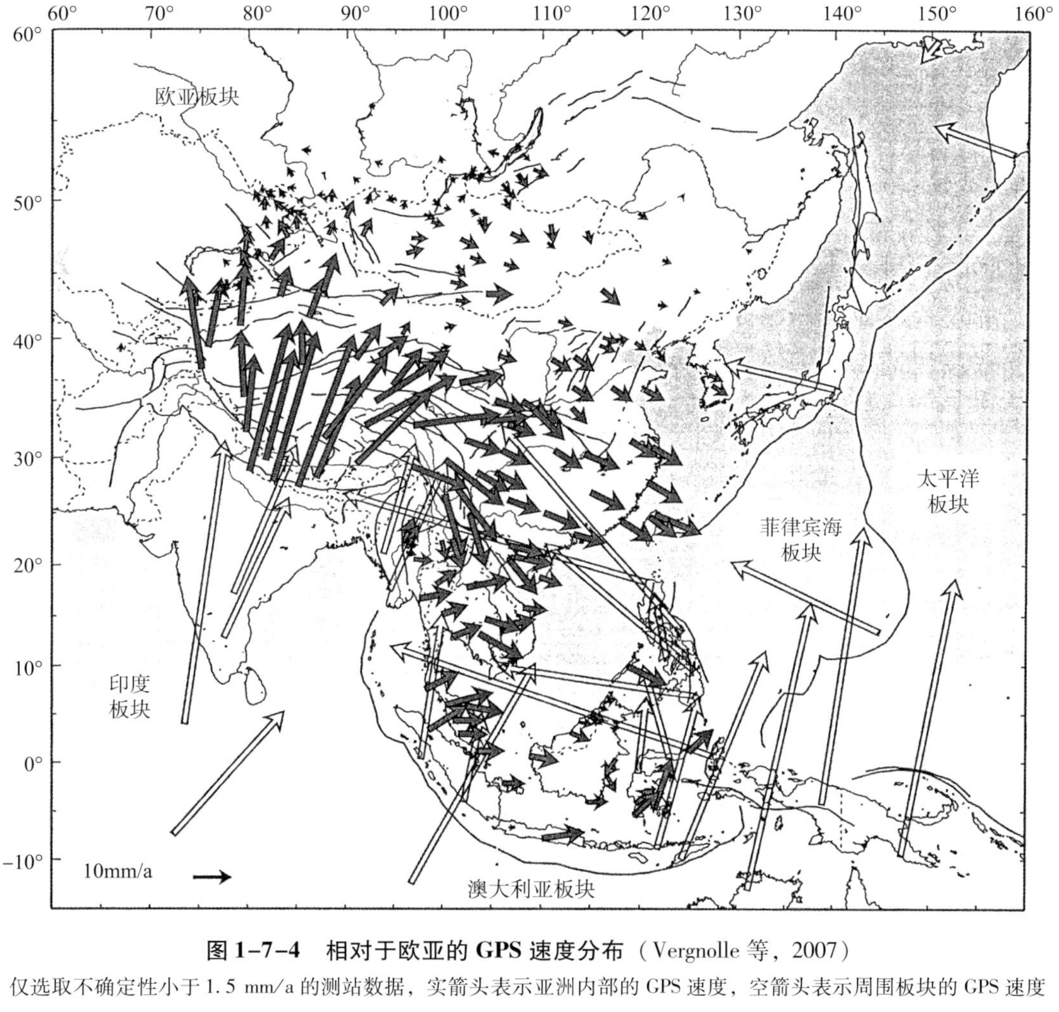

图 1-7-4　相对于欧亚的 GPS 速度分布（Vergnolle 等，2007）

仅选取不确定性小于 1.5 mm/a 的测站数据，实箭头表示亚洲内部的 GPS 速度，空箭头表示周围板块的 GPS 速度

1.7.2　亚洲东部和南部的洋陆会聚边界

GPS 观测表明，澳大利亚板块正以 60 mm/a 向北移动，与印度板块的运动方向一致；菲律宾海和太平洋板块分别以 86 mm/a 和 69 mm/a 朝 NWW 向运动；而欧亚大陆总体上在以较小的速率（<10 mm/a）向东移动（图 1-7-4），在亚洲东部和南部的边缘形成洋陆会聚边界，在地貌上大部分表现为漫长的多个深海沟。在海沟和大陆之间，是一系列岛弧和边缘海盆地。三个大洋板块沿海沟向欧亚大陆下面消减，它们的大部分运动能转换为消减板片上的弹性应变，产生浅、中、深源地

震，在平面上形成沿海沟/岛弧的狭窄地震带。而在弧后地区，如日本海、东海、南海，大地震很少，缺少强烈挤压变形的地质痕迹，并有朝大洋方向的构造伸展，与海沟的后退一致。从 GPS 速度场图（图 1-7-4）看，欧亚大陆与菲律宾海、太平洋之间相对运动是平行但相反方向的会聚，大洋板块的向西的高速水平移动未能阻挡亚洲大陆向东的伸展。

台湾岛附近的构造，清楚地表明了这一地区洋陆会聚的特征（图 1-7-5）。在台湾岛南边，属于欧亚的南海板片向东消减，同时属于菲律宾海板块的 NS 向吕宋岛弧与 NE-SW 向的中国大陆边缘斜向碰撞，产生狭窄的台湾造山带。在台湾东边和东北，菲律宾海板块沿琉球海沟向北消减，而琉球海沟正向东南后退，相邻的冲绳海槽在伸展。这些运动轨迹已被 1995～2005 年在台湾北部地区的 GPS 测量证实（Rau 等，2008），似乎沿琉球的消减-后退-弧后扩张，抑制了菲律宾海板块对属于欧亚大陆的台湾岛的碰撞影响，使挤压变形和地震活动被局限在台湾东部，对台湾海峡及其西边大陆影响很小。

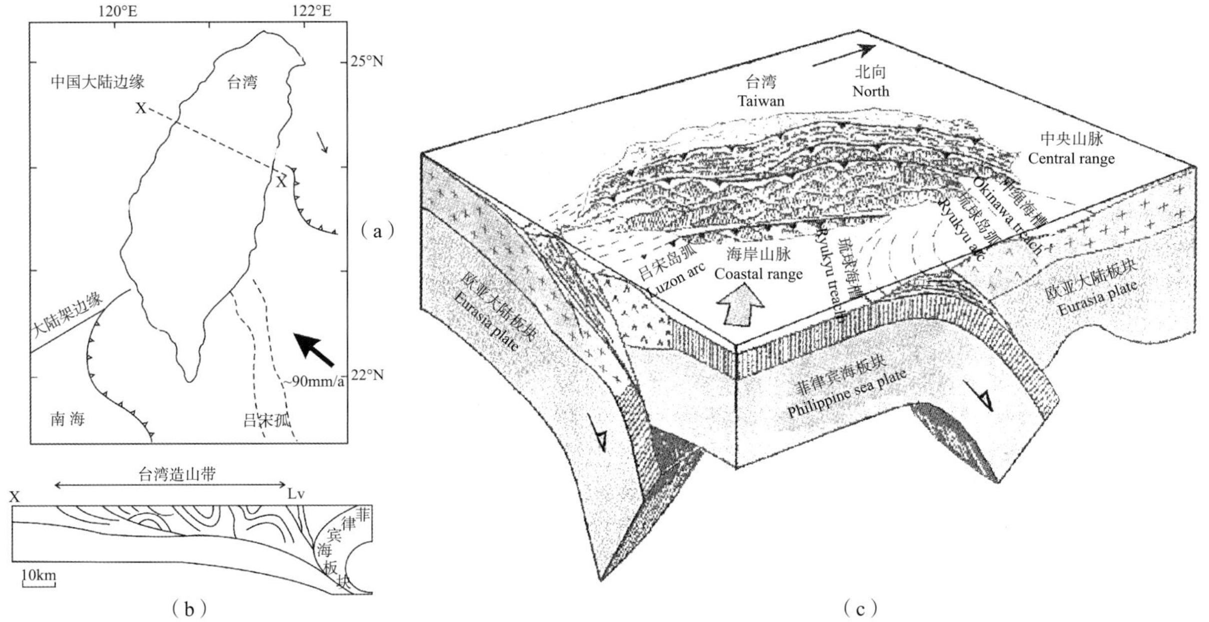

图 1-7-5　台湾岛及其周围的构造

（a）平面简图；（b）横穿台湾岛的剖面；（c）三维构造示意图

在亚洲的东部和南部洋陆会聚边界，大洋板块向海沟的消减运动主要转换为沿海沟和岛弧的变形和地震，对大陆的水平挤压应力很小，或者至少小于来自大陆的相反方向的挤压应力，否则不能解释亚洲大陆东部的向东移动。从动力平衡机制看，这个漫长的洋陆边界像一个曲折的堤坝，两侧受到差异不大的水平挤压应力，部分地段向大洋方向后退移动（如琉球海沟）。因此，在很多关于亚洲大陆变形的研究中，把这一边界假设为自由边界或仅受静岩压力的中性边界（Housemen 等，1993）。为了解释这个特殊的边界现象，已提出了多种假设，其中，深部地幔流动可能是重要的作用机制之一，例如，欧亚大陆下面向东的地幔流对俯冲板片的水平力，可能超过大洋下面地幔流向西的水平力，因而导致海沟后退、弧后扩张的构造现象（图 1-7-6）。当然，由于在密度差异控制下的板片下拉作用（负浮力）下，消减板片的俯冲角的增大或会聚速率的变小，也可能引起海沟后退、弧后伸展并诱发局部地幔流动（Royden，1993；Northrap 等，1995）。

1.7.3　天山-贝加尔陆内构造边界

在中亚地区，从天山到阿尔泰山分布着一系列 NW 或 NNW 向的大型活动断层（图 1-7-6），它们都是右旋走滑性质。例如横穿天山西部塔拉斯-费尔干纳断层，长约 600 km，自古生代中期以来总的错动量达200 km，晚新生代以来的右旋滑动量至少50 km（Ghose等，1997）。NNW走向的阿尔泰山脉是一个200～300 km宽的活动构造带，它包含着多条同走向的活动断层，同样是右旋走滑性质。地质、遥感分析和GPS研究表明，这些断层形成于古生代，新生代（渐新世）受印度-欧亚大陆碰撞的远场影响继续活动，总体上受近NS向挤压应力作用，显示出陆内转换挤压（transpressional）变形特征（Cunningham，2005）。但这些NW或NNW向的断层的延伸是有限的，在东南边大多被近EW向的变性带所截断，如在天山；或转变为近EW向的断层，如在阿尔泰山的东南段。在西北方向，它们则终止于哈萨克斯坦地台，这些断层西北端点的连线形成NE向的边界线。

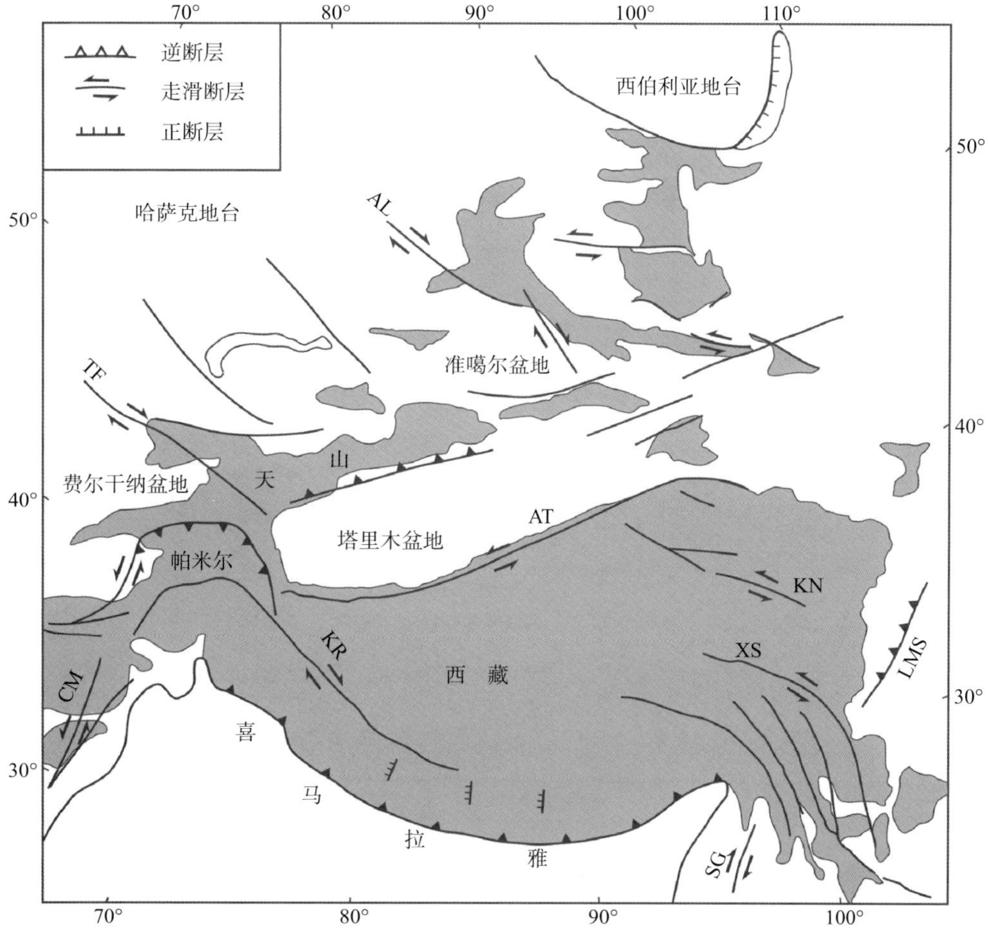

图1-7-6 亚洲中部新生代活动断层（Cunningham，2005）

深色表示海拔高度超过2000km的区域

阿尔泰山以东，萨彦岭和蒙古的杭爱山地区，变形格局发生变化，断层主要是近EW向，具有逆冲兼走滑性质；再向东到贝加尔地区，以贝加尔裂谷为标志，进入NW-SE向拉伸的变形区域，而这些变形也被限制在天山-贝加尔边界的东南，即被西北边的西伯利亚地台所终止。

天山-贝加尔边界东南，板内地震活动非常强烈，震中分布分散，并不是沿天山-贝加尔边界密集分布。从震中分布图（图1-7-1）看，天山西部的地震与帕米尔、喜马拉雅西端的地震连成一片；准噶尔盆地和塔里木盆地是大地震空白；从阿尔泰、蒙古西部到贝加尔也是震中分散的多震区域。这些大地震有些发生在大的活动断层上，也有些是在断层附近的变形区内。例如，1992年西天山Suusamyr（吉尔吉斯坦境内）M_S7.3地震发生在塔拉斯-费尔干纳断层附近的山间盆地，与EW向隐伏逆断层有关。2003年阿尔泰山西北端斋桑湖（俄罗斯境内）M_S7.9（M_W7.3）地震中位于额尔齐斯-斋桑凹陷，不在地表断层带上。在天山-贝加尔边界西北一侧，即哈萨克斯坦地台和西泊利亚地台，基本上不再有6级以上大地震，显示出地壳的大范围稳定性。

亚洲大陆是一个复杂的拼合构造体。中亚地区主要由塔里木地台、哈萨克地台、蒙古西部的图瓦地块以及它们之间的天山、阿尔泰等造山带组成，它们是古生代环绕西伯利亚克拉通（古 Angara 板块）微大陆和岛弧长期增生的产物（图 1-7-7），这些陆块与北边的西伯利亚地台的拼合过程基本上在古生代完成，中生代进入稳定化阶段，完全融合为一体（王鸿桢等，2006）。新生代（渐新世）以来，受印度-欧亚大陆碰撞的影响，天山、阿尔泰、蒙古西部以及萨彦岭-贝加尔地区变成活动构造区，产生不同样式的地壳变形和地震。

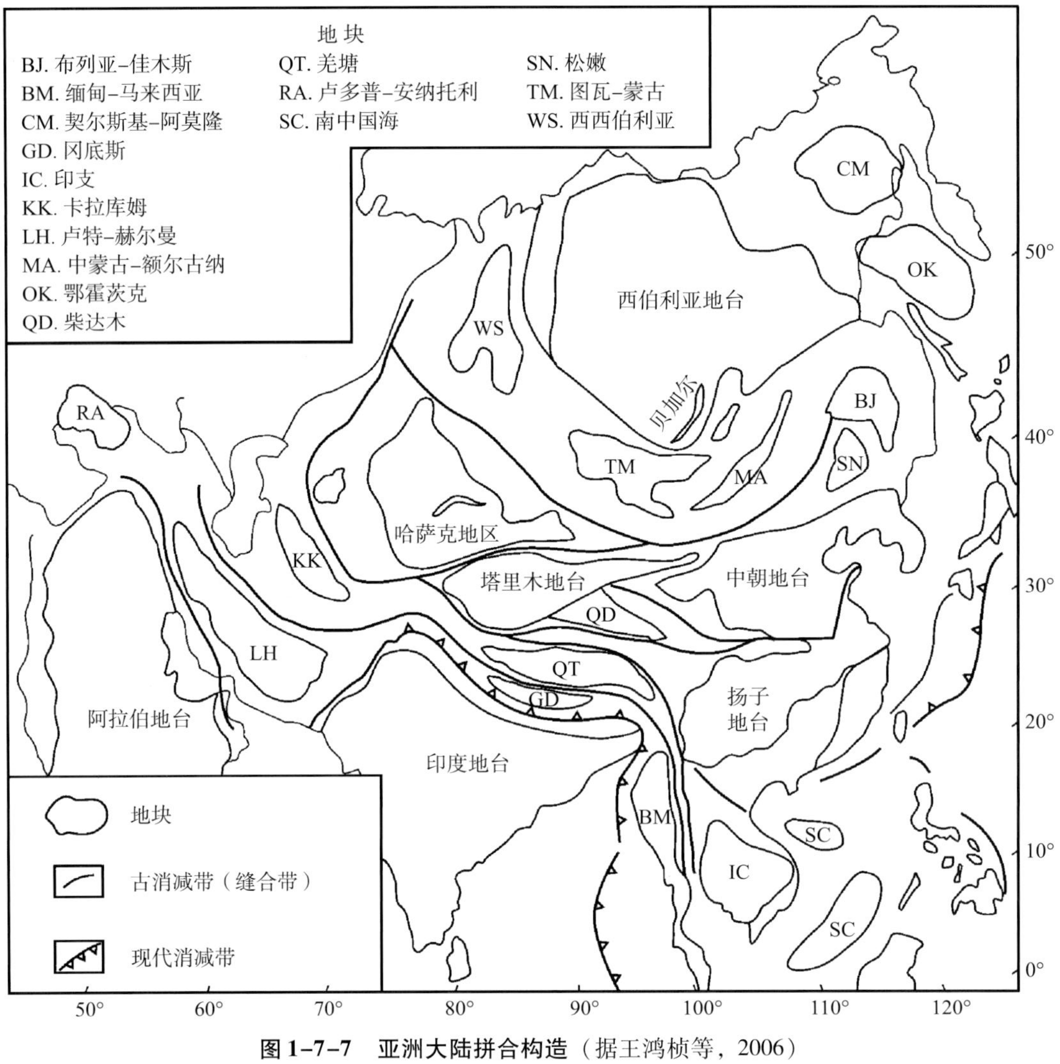

图 1-7-7　亚洲大陆拼合构造（据王鸿桢等，2006）

比较中亚地区新生代前后的大地构造，可以看出天山是哈萨克与塔里木之间的造山带，阿尔泰则是哈萨克、塔里木与图瓦、西伯利亚之间的造山带，它们现在都表现为宽阔的活动变形区，受到近 NS 向挤压应力作用。在阿尔泰以西，地壳经历缩短、增厚和抬升，分布许多近 EW 向逆断层和 NW 向滑断层，阿尔泰以东，特别是到东萨彦和贝加尔，地壳变形转变为 NW-SE 向拉伸，相应地是大量正断层活动（图 1-7-6）。这些新的变形，包括各种断层运动大都发生在原来的造山带内，而原来的地台继续保持构造稳定性，没有大断层或其它强烈变形，说明地壳以及岩石圈的强度具有继承性。

虽然从岩石学观察，在天山等中亚地区还能识别出过去块体间的缝合带（Windley 等，1993），但它们与现在的断层活动没有直接成因关系。例如天山、阿尔泰的一系列 NW 向走滑断层，都是造山带内的破裂带，而不是古缝合带。也许是由于在古生代的热状态条件下，长时期的块体拼合或融合过程以及后来中生代的稳定化作用，使残留古缝合带规模很小，强度增大，没有在现代构造环境下复活变成大型活动断层。

中亚另一重要构造现象，是现代活动断层以及其它地壳变形的扩展受到稳定地台的限制，如上述那些 NW 向断层在其西北端终止于哈萨克地台，贝加尔地区的伸展变形也是局限于西伯利亚地台的东南边缘。

地球物理资料分析表明，沿天山-贝加尔可能是上地幔物理性质变化的边界带。据重力反演，该边界西北边地台区的地幔密度高于东南边的造山带区；相应地，西北边是地震波速正异常，而东南边是地震波速负异常，因而可推测代表冷、热地幔的边界（Li 等，2008）。这个推测得到其他观测的支持，如地震波数据分析认为天山下面的上地幔有显著的低速异常，代表新生代以前就已存在的热异常状态（Roecker 等，1993）。在蒙古西部高原和贝加尔地区，较高的大地热流值、岩石圈厚度减小、新生代岩浆活动一致地反映了具有热异常、活动的上地幔特征（图 1-7-8）。这种地幔的热异常的起源还不清楚，它使岩石圈地幔处于不稳定状态，或容易发生流动。用 GPS 数据和震后变形模型估计蒙古西部和贝加尔地区下地壳与上地幔的黏度，得到偏低的异常值，与地幔热异常一致（Vergnolla 等，2003）。

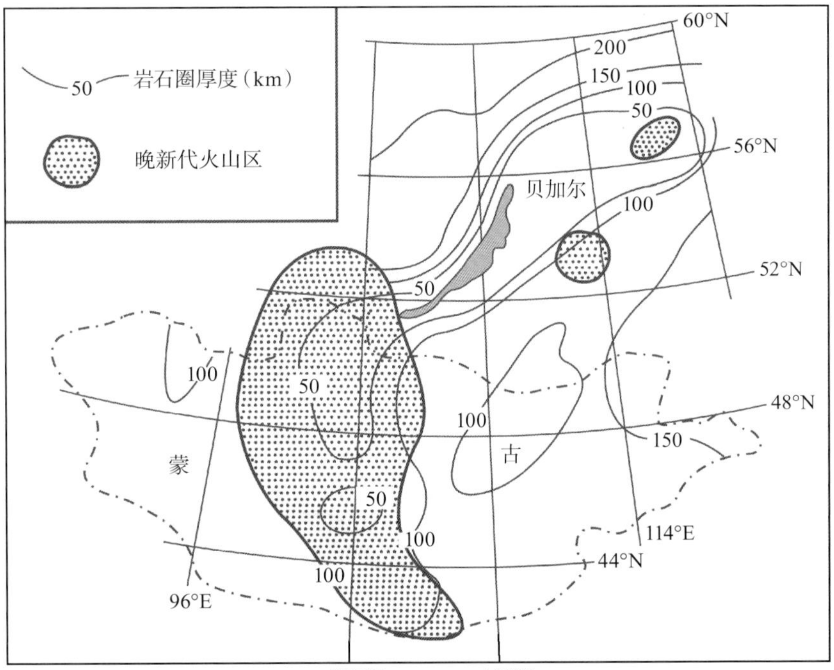

图 1-7-8　蒙古与贝加尔地区岩石圈厚度分布与新生代火山（Windley 等，1993）

多种观测资料的研究一致表明，天山-贝加尔边界不仅是不同地壳活动状态的分界线，也是地幔结构差异的分界线，它们与大地构造背景的差异也完全一致。在该边界的西北，哈萨克与西伯利亚是面积很大的构造稳定区，相应地是较简单的地壳和上地幔结构以及较大的平均密度和较低的温度；在东南边的天山、阿尔泰、蒙古西部高原、贝加尔等活动构造区，则是由于强烈变形造成的复杂地壳结构以及具有热异常的上地幔，因此成为世界上远离板块边界、地震活动性最强的地区。

大多数情况下，板块边界或板内块体边界都以大的活动断层为标志，断层两侧发生相对运动，可以被地质观察和 GPS 测量所证实。但是，沿天山-贝加尔一线却是一种特殊的陆内边界，其主要标志是边界两侧地壳变形及地震活动的显著差异或者变形的终止，而不是沿该边界的断层运动。可能有以下几方面因素是产生这种特殊边界的原因。

（1）塔里木与哈萨克、西伯利亚之间的陆块拼合发生时间较早，晚古生代已结束，再经历中生代的稳定化过程，使天山、阿尔泰等造山带与哈萨克、西伯利亚地台之间完全融合成一个大陆，在现代构造应力作用下不发生大破裂和相对剪切运动。

（2）哈萨克、西伯利亚两大地台保持结构完整性和构造稳定性，内部不发生大的变形。

（3）由于哈萨克、西伯利亚地台的高强度，天山、阿尔泰等活动构造区的近 EW 向和 NW 向断层向西北的扩展延伸被终止，于是变形和地震被阻挡，局限于天山-贝加尔边界的东南边。

由于受印度-欧亚大陆碰撞的影响，距板块边界很远的中亚地区发生大范围的新生代构造变形和分散的地震活动，它们主要分布在年轻的造山带或复活的古老造山带，而那些古老的克拉通型陆块，几乎没有变形与大地震（Molnar 等，1981）。这说明地壳强度一般具有强烈的继承性，一个地区过去的地质历史可能决定了它的现在与未来的活动状态。如塔里木、哈萨克、西伯利亚地台保持刚性陆块特征，而天山、阿尔泰山及蒙古西部在古生代是活动构造带，自新生代再次恢复强烈变形活动。

板块内部发生大地震的原因不仅是由于受到边界应力作用，还与地壳结构的完整性与强度有密切关系，而地壳与上地幔热状态对地壳强度有直接影响。例如，根据地震波速异常等数据推测，天山、阿尔泰山及蒙古西部岩石圈地幔温度相对较高，在外部动力作用下地壳活动性很强；而塔里木、哈萨克、西伯利亚地台下是相对冷的地幔，地壳保持稳定，把变形阻挡在其外侧相邻的造山带地区内。

从印度向北，经西藏、塔里木、天山到哈萨克斯坦或俄罗斯的西伯利亚，呈现地台（克拉通）与造山带（西藏高原由多条造山带构成）交替的镶嵌样式。全球板块运动模型和 GPS 测量显示，受印度板块的影响，塔里木盆地和天山都在向北移动，速率为 10～20 mm/a（Reigber 等，2001），向北越过天山，进入哈萨克斯坦或俄罗斯后，这个板内变形趋于终止。虽然都是地台型构造，塔里木盆地与哈萨克斯坦或西伯利亚有些不同，塔里木自身保持高强度而不变形，但它也在整体地向北运动并有一定顺时针旋转趋势（图 1-7-9），因而使近 SN 向的构造应力向北传递，影响天山、阿尔泰

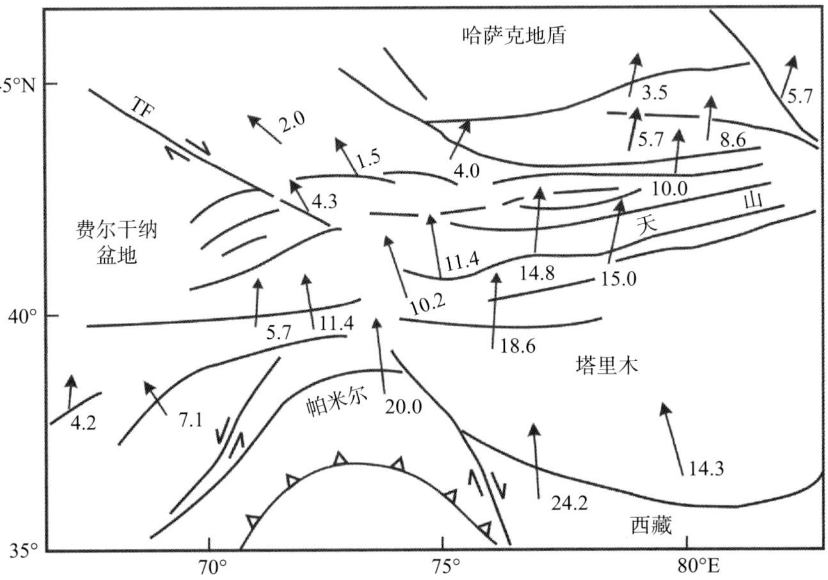

图 1-7-9　中亚地区相对于欧亚大陆稳定部分的 GPS 速度分布（mm/a）

山及蒙古西部。可能有两个原因，一是塔里木盆地面积不像哈萨克斯坦或西伯利亚地台那么巨大，因此惯性较小，在外力作用下能发生移动；二是根据地震波速结构推测（Rocker等，1993），塔里木下面地幔热状态与西藏相似，具有正常强度，不像哈萨克斯坦或西伯利亚有冷的地幔根，所以使塔里木地块能整体移动。

参考文献

马宗晋、郑大林，中蒙大陆中轴构造带及其地震活动，地震研究，1981，4（4）：421～436。

王鸿桢、何国琦、张世红，中国与蒙古之地质，地学前缘，2006，13（6）：1～13。

Banerjez, P., Burgmann, R., Nagarjan, B., and Apel. E. 2008. Intraplate deformation of the Indian subcontinent. Geophys Res. Lett., 35, L18301, doi: 10.1029/2008GL035468.

Burtman, P. Molnar. 1993. Geological and geophysical evidence for deep subduction of continental crust beneath the Pamir. Geol. Soc. Am. Spec. Pap. 281, 1～76.

Cunningham D. Active intracontinental transpressional mountain building in the Mongolian Altai: Defining a new class of orogen. Earth and Planetary Science Letters, 2005, 240: 436～444.

Dain A, Tapponnier P, Molnar P. Active faulting and tectonics of Burma and surrounding regions. J. Geophys Res, 1984, 89 (B1): 453～472.

Ghose S, Mellors R J, Korjenkov A M, et al. The $M_S=7.3$ Suusamyr, Kyrgzstan earthquake in the Tien Shan: 2. Aftershock focal mechanism and surface deformation. Bulletin of Seismological Society of America, 1997, 87 (1): 23～38.

Houseman G., England P., 1993. Crustal thickening versus lateral expulsion in the India-Asian continental collision [J]. J Geophys Res, 1993, 98 (B7): 12233～12249.

Li C, van der Hilst R D, Meltzer A S. et al. Subduction of Indian lithosphere beneath the Tibetan Plateau and Burma. Earth Planet Sci Lett, 2008, 274: 157～168.

Molnar P and Tapponnier P. A possible dependence of tectonic strength on the age of the crust in Asia. Earth and Planetary Science Letters, 1981, 52: 107～114.

Molnar P Cenozoic tectonics of Asia: effects of a continental collision. Science, 1775, 189: 419～426.

Northrup C J, Royden L H, Burchfiel B C. Motion of the Pacific plate relative to Eurasia and its potential relation to Cenozoic extension along the eastern margin of Eurasia. Geology, 1995, 23 (8): 719～722.

Pegler G., Das S., 1998, An enhanced image of the Pamir-Hindu Kush seismic zone from relocated earthquake hypocenters [J]. Geophys J Int, 1998, 134 (2): 573～595.

Priestey K, Debayle E, McKenzie D, et al. Upper mantle structure of eastern Asia from multimode surface waveform tomography. J Geophys Res, 2006, 111, B10304, doi: 10.1029/2005JB004082.

Rau R, Ching K, Hu J, et al., 2008. Crustal deformation and block kinematics in transition from collision to subducation: Global positioning system measurements in northern Taiwan, 1995 - 2005. J Geophys Res, 2008, 113, B09404, doi: 10.1029/2007JB005414.

Reigber Ch, Michel G W, Galas R, et al. New space geodetic constraints on the deformation of deformation in Central Asia. Earth Planet Sc Lett, 2001, 191: 157～165.

Reigber Ch, Michel G W, Galas R, et al. New space geodetic constraints on the deformation of deformation in Central Asia. Earth and Planetary Science Letters, 2001, 191: 157～165.

Roecker S W, Sabitova T M, Vinnik L P, et al., Three-dimensional elastic wave velocity structure of the western and central Tien Shan. Journal of Geophysical Research, 1993, 15779～15795.

Royden L H. The tectonic expression of slab pull at continental convergent boundaries. Tectonics, 1993, 12 (2): 303～325.

Sella G F, Dixon T H, and A. Mao. REVEL: a model for recent plate velocities from space geodesy. J Geophys Res, 2002, 107 (B4), 10.1029/2000JB00033.

Tilman F, and Ni J, INDEPTH III Team. Seismic imaging of the downwelling Indian lithosphere beneath central Tibet. Science, 2003, 300: 1424～1427.

Vergnolla M, Polliz F and Calais E. Constraints on the viscosity of the continental crust and mantle from GPS measurements and postseismic deformation models in western Mongolia. Journal of Geophysical Research, 2003, 108 (B10), 2502, doi: 10. 1029/2002JB002374.

Vergnolle M, Calais E, and Dong L. Dynamics of continental deformation in Asia. J Geophys Res, 2007, 112, B11403, doi: 10. 1029/2006JB004807.

Vigny C, Socquet A, Rangin C, et al. Present-day crustal deformation around Sagaing fault, Myanmar [J]. J. Geophys Res., 2003, 108 (B11), 2533, doi: 10. 1029/2002JB001999.

Windley B F, Allen M B. Mongolian plateau: Evidence for late Cenozoic mantle plume under central Asia. Geology, 1993, 21: 295～298.

第 2 章　遥感数据和活动断层解译*

2.1　遥感资料收集和遥感图像预处理

采用 Landsat TM/ETM+多光谱遥感影像（空间分辨率 15～30 m），结合 SRTM DEM 数据（空间分辨率为 90 m）和其他辅助遥感影像数据，通过图像校正、镶嵌处理等，形成用于中亚大陆大三角地区活动断裂构造研究的遥感影像数据库。收集 Landsat TM 影像 97 景（分辨率 30 m），ETM+影像 530 景（分辨率 15 m，30 m），每景覆盖范围 185 km×185 km。研究区遥感图像的覆盖范围见图 2-1-1。收集了中亚大陆大三角地区的 SRTM DEM 数据（空间分辨率为 90 m）（刘学军等，2004）和 ASTER DEM 数据（空间分辨率为 30 m）。

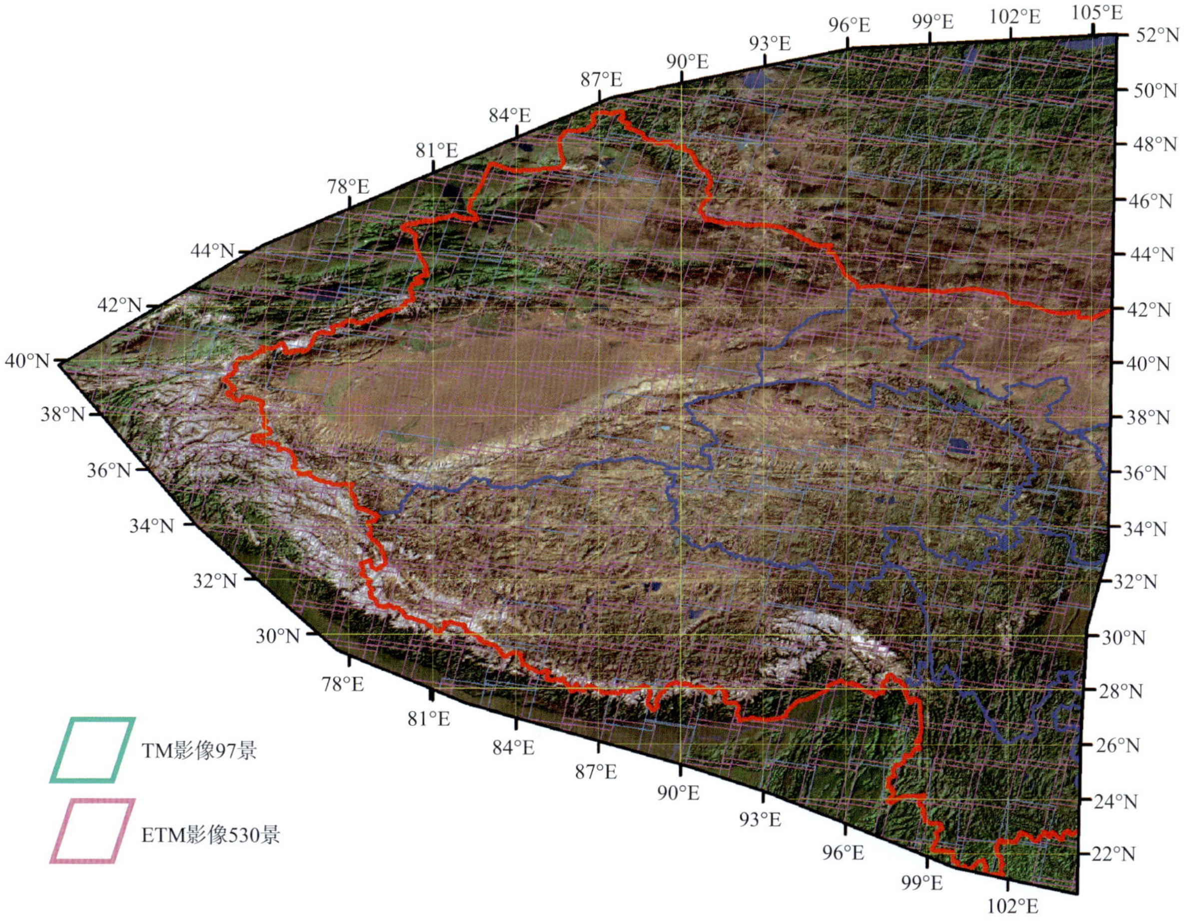

图 2-1-1　Landsat TM/ETM+影像资料的覆盖范围

* 本章作者：董彦芳，中国地震局地震预测研究所。

遥感图像预处理包括 Landsat TM/ETM+原始数据解压缩、将以波段存储的 7 个 geotiff 文件合成 7 波段 geotiff 影像文件，用 ENVI IDL 程序实现自动处理。

2. 2　地质资料收集

1∶400 万中国活动构造图的格式转换，统一转为 shape 格式（图 2-1-2）。亚洲 1∶800 万构造图扫描图的配准、数字化，提取活动显著与活动不显著的断裂。收集部分地区 1∶20 万与 1∶50 万地质图资料。

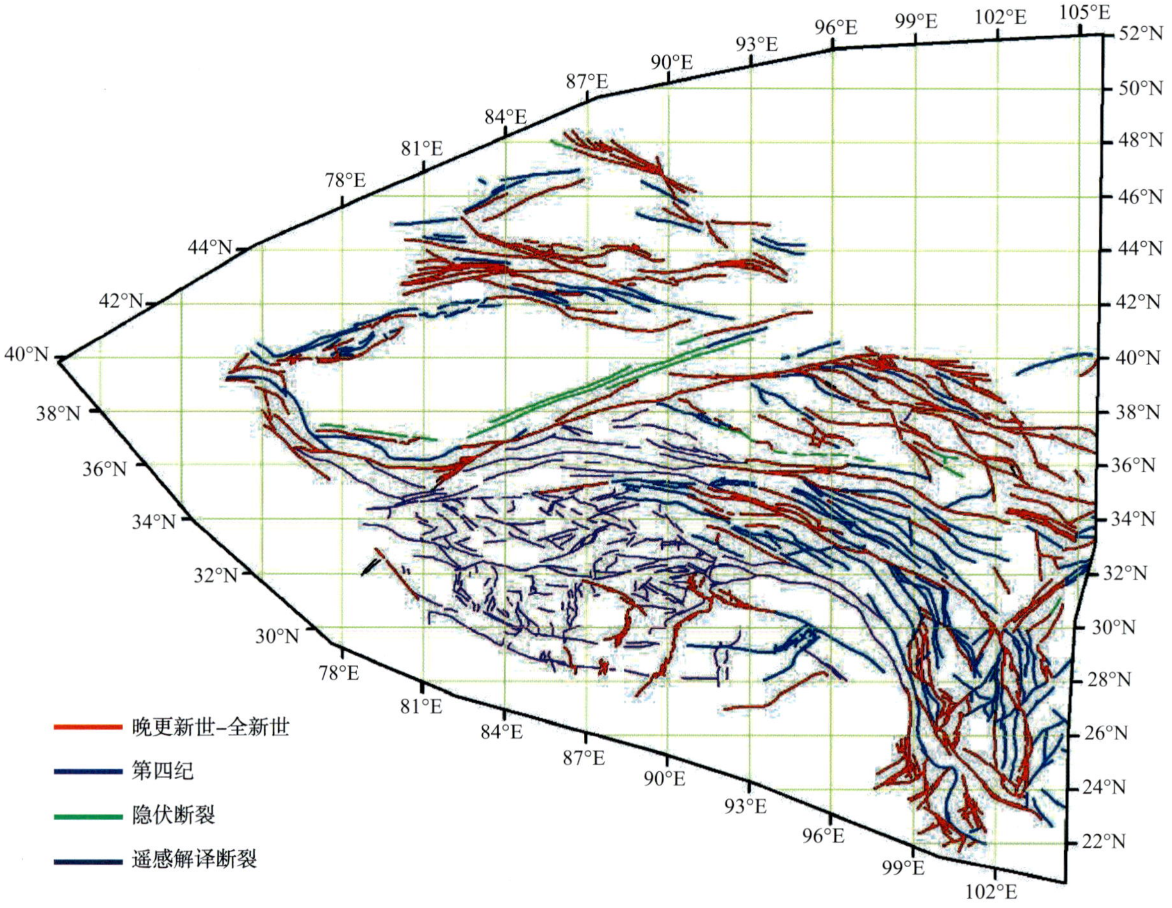

图 2-1-2　400 万 shape 格式转化

2. 3　活动断裂构造特征增强处理与判读标志研究

根据区域位置与自然环境的差异，针对不同区域选择不同的波段组合图像，采用不同的图像处理方法，分区域实现活动断裂构造的特征提取。综合利用波段图像比值处理、彩色合成处理、图像线性变换与非线性变换、纹理特征提取变换、彩色空间变换、定向滤波、主成分分析等图像处理方法，实现构造特征的影像信息增强。在遥感影像特征增强基础上，结合 DEM 数据，建立主要活动断裂构造的三维立体视图。同时在图像增强处理基础上，结合 GIS 技术，通过活动断裂构造及其活动造成的地质、地形、地貌、水系等特征在影像上的纹理、色调及其组合特征的分析，建立活动断裂构造的遥感判读标志。

2.3.1　活动断裂构造特征增强处理

本文采用的 Landsat TM/ETM+影像各波段的特征如下：

波段 1：30 m，对水体有一定的透视能力，能够反射浅水水下特征。

波段 2：30 m，探测植被绿色反射率，对水体有一定的透射能力。

波段 3：3 0m，探测植被绿色素吸收率。

波段 4：30 m，区分植被类型，绘制水体边界、探测水中生物含量和土壤湿度。

波段 5：30 m，探测植物含水量和土壤湿度，区别雪和云。

波段 6：60 m，感应发出热辐射的目标。

波段 7：30 m，探测高温辐射源，如火灾、火山活动，区分人造地物类型，岩系判别。

全色波段：全色，15 m。

根据 Landsat TM/ETM+影像各个波段的影像特征，制定完成活动断裂解译的遥感数据处理方案。本文用到的图像处理方法有（国家地震局地质研究所，1985）：

（1）ETM30 m 与 15 m 波段融合：选用主成份变换法，波段 321-8，743-8。

（2）不同波段假彩色合成：如 157 和 345。

（3）比值（E）TM5/(E）TM1：消除雪的影像，突出第四纪地层、地表铁离子变换，含水性。

（4）比值（（E）TM5 *（E）TM7）/(（E）TM1 *（E）TM2)：抑制云和雪，区分主要严实类型。

（5）比值（(E）TM7-（E）TM1）/((E）TM3+（E）TM4)：突出隐伏构造（主要是盆地），突出纹理结构。

（6）(3）～(5）三种比值进行合成，包含 6 个波段的有用信息，再将合成图像做直方图均衡化处理，合成图像色彩丰富，细结构清晰。

（7）K-L 变换（PCA 主成分分析)：将有用的地质信息与雪、薄云、阴影等干扰成分分开。

（8）K-T 变换（缨帽变换)：得到 Brightness，Greenness，Wetness，研究含水变化与活动断裂发育的关系 。

（9）彩色空间变换：改善彩色合成图像的目视效果，增强有用的地质信息。

（10）比值（E）TM1/(E）TM2 与（E）TM5/(E）TM7：能够勾画第四纪地层分布范围与含水情况。

2.3.2　活动断裂遥感判断标志

1）遥感影像和 DEM 影像的线性特征，走滑断裂的断层崖地貌特征

图 2-3-1、2-3-2 中红色箭头所指突出甘孜-玉树断裂玉树段的线性断层崖影像特征。断层崖是由断裂活动造成的陡崖，断层面被侵蚀形成断续分布的断层三角面。较新的断层往往在地形上表现为断层崖，因此，断层崖可以作为活动断裂的判别标志。甘孜-玉树断裂在玉树西北部至隆宝盆地东南一带有明显断层崖分布，高 500 m 左右，断层崖呈 NW 走向的直线分布，被横贯断裂的冲沟分割成断续分布的断层三角面（图 2-3-3，图左下角为断层崖地貌的三维显示图像）。SPOT 5 影像显示冲沟的前端表现出拐弯现象，并形成一系列小型的冲积扇、洪积扇（图 2-3-3）（周荣军等，1996）。

断层崖或断层陡坎在地貌晕渲图以及坡度分析图上表现为平直的线性特征（图 2-3-4（b）图，地貌晕渲图显示玛因鄂博断裂沿走向发育一系列断层崖线性排列）。在定向滤波的影像上断层崖和断层陡坎显示为醒目的线性特征，易于识别。

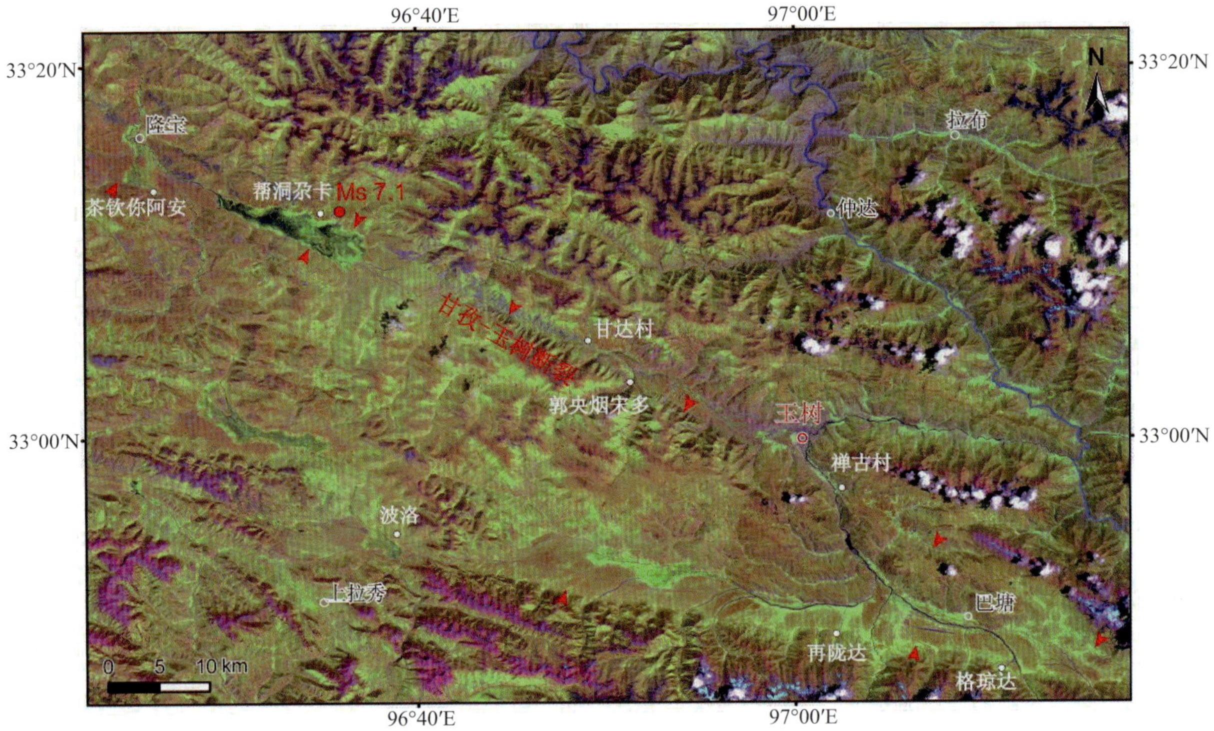

图 2-3-1　甘孜-玉树断裂玉树段的影像特征（一）

影像为 Landsat ETM+融合影像，分辨率为 15 m

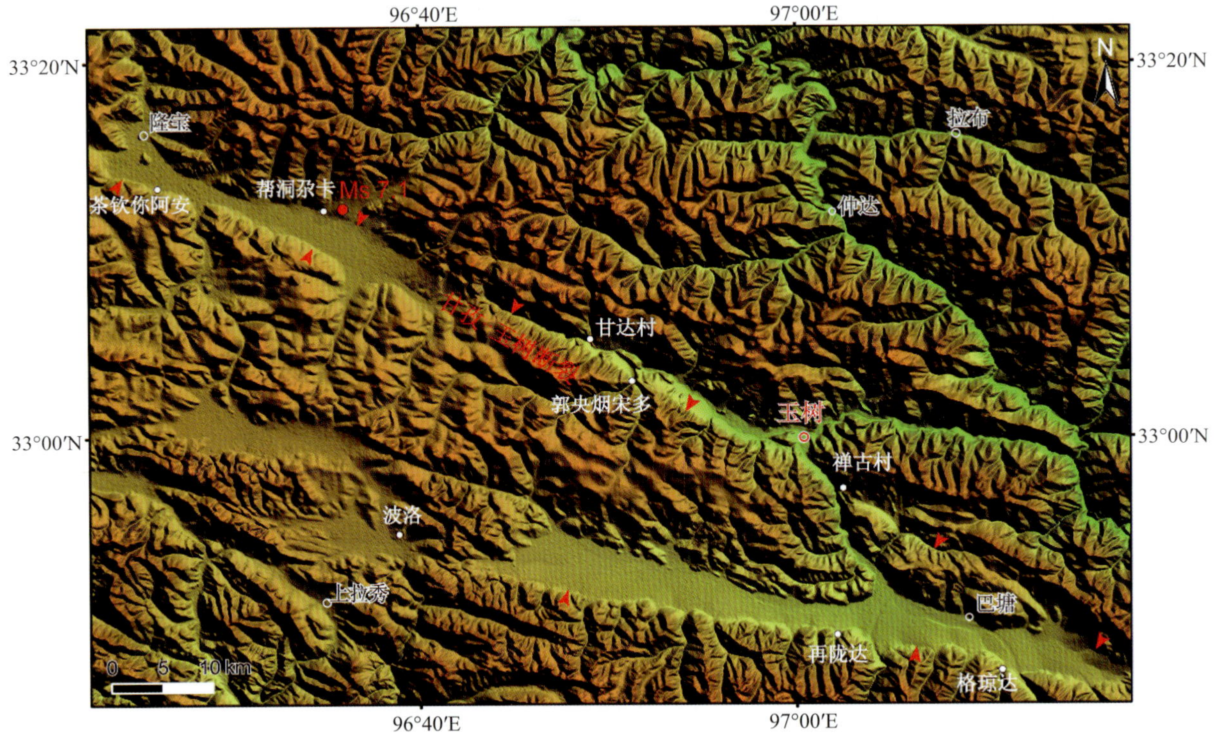

图 2-3-2　甘孜-玉树断裂玉树段的地貌特征（二）

图中影像为 SRTM DEM 影像，分辨率为 90 m

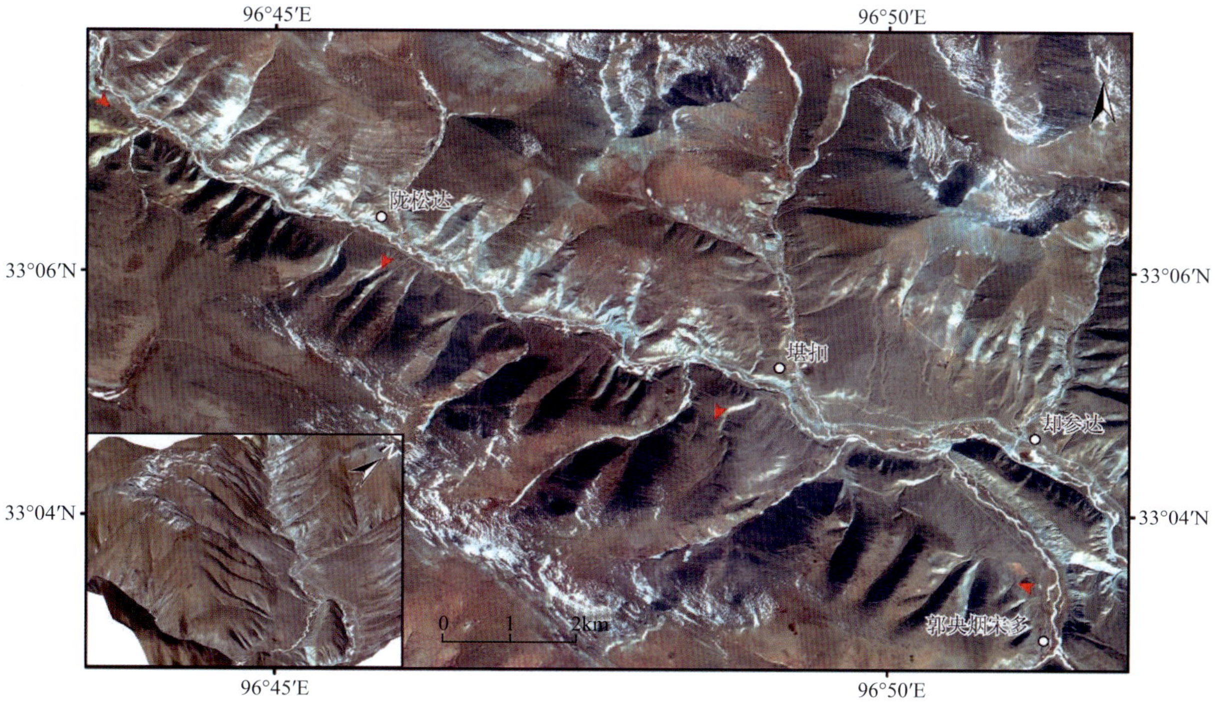

图 2-3-3　断层崖遥感地貌

图中影像为 SPOT 5 影像

（a）　　（b）

图 2-3-4　地貌晕渲图

高度角均为 45°；（a）方位角为 270°；（b）方位角为 120°

2）结合 DEM 影像判断断裂位置

遥感影像难以判断断裂具体位置的地方，结合 DEM 影像可以判断。

遥感影像（图 2-3-5）表现了活动断裂造成的水系系统转向。

3）断陷盆地（第四纪拉分盆地）

走滑断裂的活动可形成扭张和扭压两种环境，分别发育扭张盆地和扭压盆地，前者也称为走滑拉分盆地，后者也称为走滑挤压挠曲盆地。拉分盆地是走滑断裂系中一种特殊的拉张构造，地貌上呈现为菱形或长条形断陷盆地。

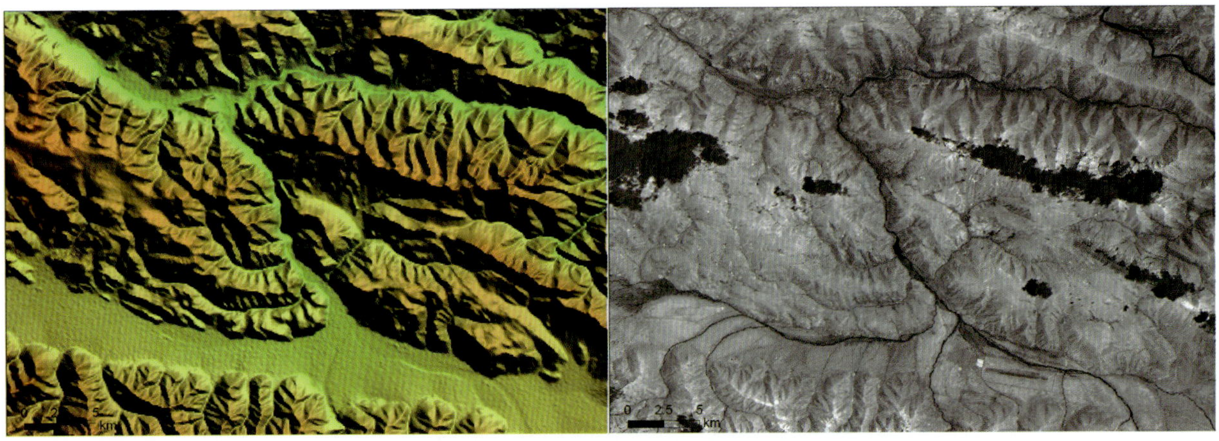

图 2-3-5　DEM 地貌图与水系系统转向突出断裂位置

巴塘盆地为甘孜-玉树断裂的玉树段和巴塘-上拉秀断裂两条滑向一致的走滑断裂相交，拉伸形成的断陷盆地（图 2-3-5）。隆宝盆地 属于左行左阶雁列断层间拉分作用形成的拉分盆地，是由甘孜-玉树断裂的玉树段和隆蒙达段左阶羽列构造拉张运动形成，分别构成隆宝盆地北边界和南边界（图 2-3-2、图 2-3-6）。

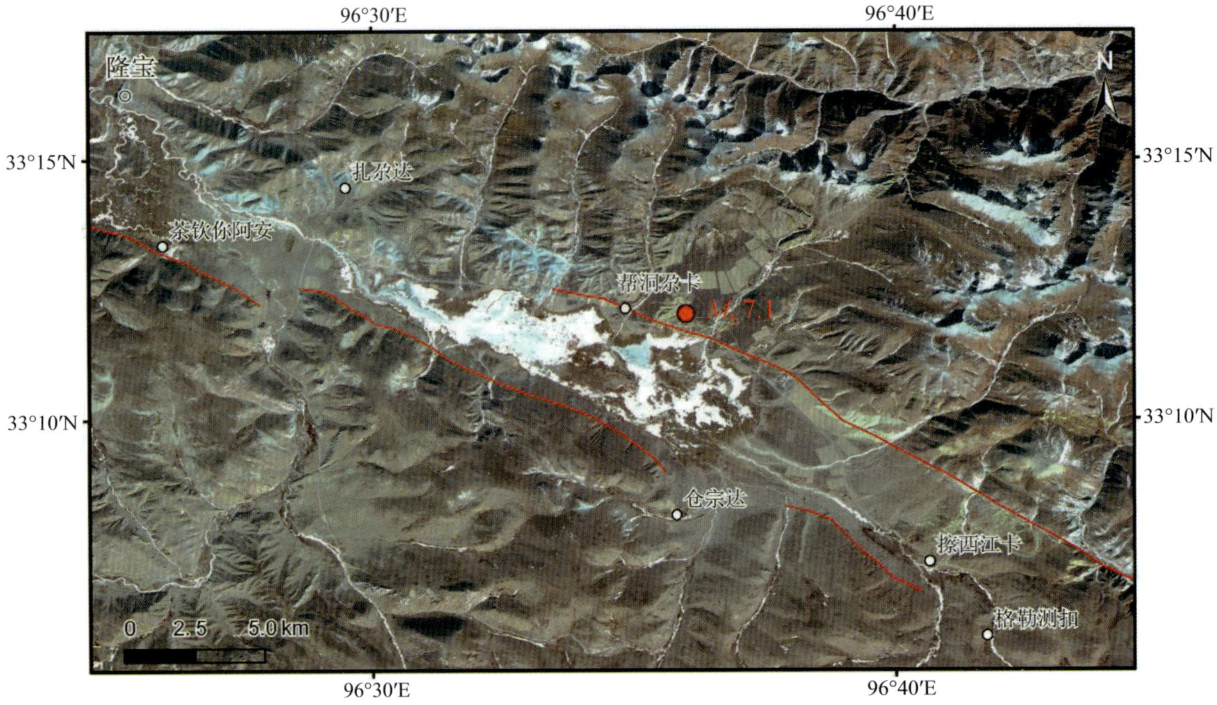

图 2-3-6　隆宝盆地的 SPOT5 影像

4）串珠状盆地

断裂一侧串珠状的盆地的规律性展布，其中盆地的边缘比较平直，明显受控于断裂活动。此类标志在坡度图上表现为平缓的低坡度面状色调与高坡度相间分布。对 Landsat ETM+图像进行主成分分析，选取 1、2、3 主成分进行假彩色合成，显示活动断裂的分布特征，串珠状第四纪盆地沿断裂分布，断层明显错断第四纪地层、山脊、河流，显示了强烈的活动性（图 2-3-7）。

图 2-3-7　PCA 主成分合成影像图显示串珠状盆地的分布

5）错断水系

波段 743 组合对卡拉先格尔断陷凹地有效突出其形迹以及河流的同步弯曲显示断裂的活动性强烈。图 2-3-8 中河流系统错断，指示了断裂经过的位置。选择信息量最大的 5 波段和近红外 4 波段以及可见光 3 波段组合可以反映丰富的富蕴二台活动断裂的光谱特征。断裂在图像上显示清晰的线性纹理特征。图像上水体的同步扭曲显示了断裂的右行走滑特征。

图 2-3-8　Landsat ETM+影像显示的水系同步错断

6）地层分界线

活动断裂往往错切晚第四纪地层，控制第四纪地层的沉积，另外对不同地层的拖拽、牵引、变形。断裂两侧的地层不同，在 ETM5/1 比值图像、ETM5 ∗ 7/1 ∗ 2 比值图像和 K-T 变换图像上显示明显的地层色界线（图 2-3-9）。野外考察结果证明基岩和第四系的边界存在。

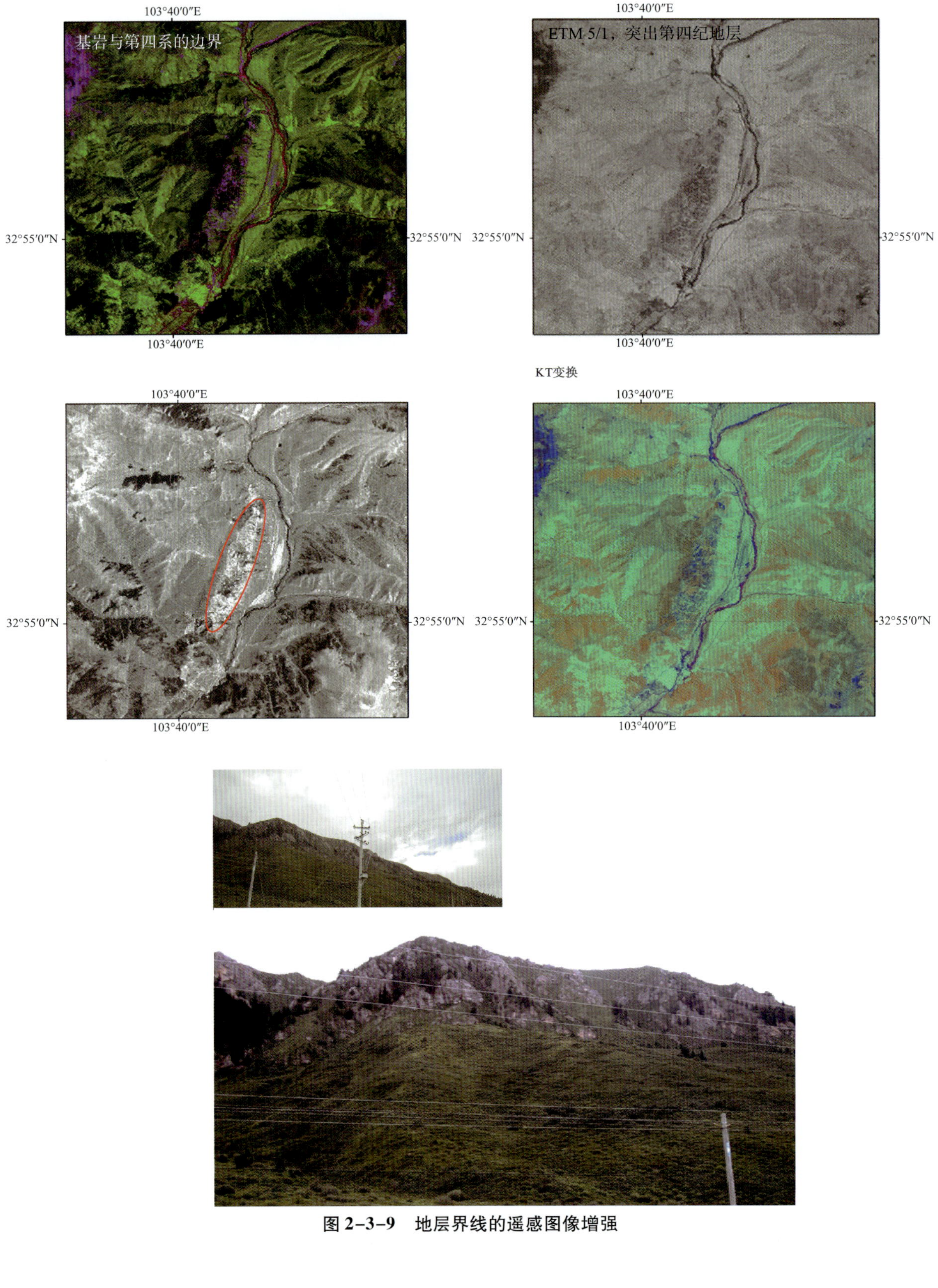

图 2-3-9 地层界线的遥感图像增强

7）冲洪积扇标志

冲洪积扇的线性排列是活动断裂的有效标志，断裂的活动常切割扇头，断裂的走滑运动常造成扇面的不对称发育以及多期洪积扇的叠加。通过缨帽变换的遥感影像上可见断裂切割扇头的线性影像，其扇面发育的水系扭曲方向指示着断裂的运动方向。

在图 2-3-10 中缨帽变换的假彩色合成图像上，左侧下盘洪积扇表现规则的纹理特征，上盘为不规则的纹理状为逆冲山脉，其扇头受断裂切割表现线性明显，断裂的展布特征一目了然。

图 2-3-10　缨帽变换的 123 组合
（阔普尔敖孜村南）

8）断层三角面

断层三角面是断层活动形成断层崖之后，受横穿断层崖的河流侵蚀，完整的断层崖被切割而形成，另外正断层或者走滑断层直接切割山嘴也能形成断层三角面。不同的断层三角面显示了断裂不同的活动时间，如果断裂时间较长，受外力剥蚀厉害，则形态比较圆滑，坡度较缓。若时代较近或岩性较硬，则形态清晰。断层三角面的坡底线就是断层线。因此，沿着断裂发育一系列线性排列的断层三角面是活动断裂解译的重要标志，在假彩色合成图上有清晰的显示。同时，如果线性的断层三角面坡度较陡，在坡度图上呈现明显的线性特征。另外，在比值图上对断层三角面的形态突出较好，比较容易识别。图 2-3-11 为岷江断裂川盘村以南发育的断层三角面。

图 2-3-11　川盘村以南发育的断层三角面

2.4　活动断裂构造的提取和野外地质调查检验

在活动断裂构造遥感判读标志研究基础上，对各种遥感增强图像中所反映的水系错断、山体扭动变形、洪积扇形态变化、冲沟的断距、断层三角面、阶地、地震堰塞湖等地质、地形、地貌、水系特征等进行分析，在大量收集和参考现有活动断裂构造研究成果资料的基础之上，完成中亚大陆大三角地区活动断裂的提取，提取活动断裂的几何要素（活动断裂构造的名称、走向、延伸长度）、活动性质（走滑、逆冲、正断层）、活动时间及其活动水平等属性信息。通过活动断裂构造分析与提取，生成全区活动断裂的数字化解译图，建立包含空间信息和属性信息的活动断裂（遥感）数据库。活动断裂属性表设计（Arcgis 工作平台）：断裂编码、断裂序号、断裂名称、断裂长度、断裂走向、活动性质（走滑、逆冲、正断层）、活动时代（活动时间，根据地层、地貌信息）、活动判据、断裂产状（倾向、倾角）、分段编号、分段名称、分段活动性、分段产状、分段长度、活动速率、资料来源（图 2-4-1）。

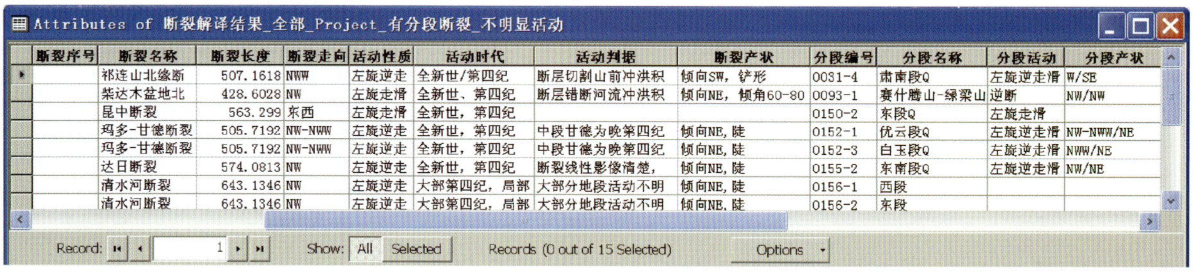
Attributes of 断裂解译结果_全部_Project_有分段断裂_不明显活动

断裂序号	断裂名称	断裂长度	断裂走向	活动性质	活动时代	活动判据	断裂产状	分段编号	分段名称	分段活动	分段产状
	祁连山北缘断	507.1618	NWW	左旋逆走	全新世/第四纪	断层切割山前冲洪积	倾向SW，铲形	0031-4	肃南段Q	左旋逆走滑	W/SE
	柴达木盆地北	428.6028	NW	左旋走滑	全新世、第四纪	断层错断河流冲洪积	倾向NE，倾角60-80	0093-1	赛什腾山-绿梁山	逆断	NW/NW
	昆中断裂	563.299	东西	左旋走滑	全新世，第四纪			0150-2	东段Q	左旋走滑	
	玛多-甘德断裂	505.7192	NW-NWW	左旋逆走	全新世，第四纪	中段甘德为晚第四纪	倾向NE，陡	0152-1	优云段Q	左旋逆走滑	NW-NWW/NE
	玛多-甘德断裂	505.7192	NW-NWW	左旋逆走	全新世，第四纪	中段甘德为晚第四纪	倾向NE，陡	0152-3	白玉段Q	左旋逆走滑	NWW/NE
	达日断裂	574.0813	NW	左旋逆走	全新世，第四纪	断裂线性影像清楚，	倾向NE，陡	0155-2	东南段Q	左旋逆走滑	NW/NE
	清水河断裂	643.1346	NW	左旋逆走	大部第四纪，局部	大部分地段活动不明	倾向NE，陡	0156-1	西段		
	清水河断裂	643.1346	NW	左旋逆走	大部第四纪，局部	大部分地段活动不明	倾向NE，陡	0156-2	东段		

Record: 1　Show: All Selected　Records (0 out of 15 Selected)　Options

图 2-4-1　Arcgis 工作平台下断裂的属性信息表截图

完成了中亚大陆大三角区域 1∶50 万的活动断裂遥感解译以及松潘地区和喀什地区 1∶10 万的活动断裂遥感解译。另外，对玉树地区的断裂进行详细研究，分别对松潘地区和玉树地区进行了科学考察。

2.4.1　岷江活动断裂遥感解译

2.4.1.1　区域地质概况

岷江断裂位于松潘甘孜地区，其大地构造位置处于造山带结合部三角地带，北为 EW 向的秦岭造山带，西南为 NNW 向的三江造山带，东南为扬子克拉通通西北缘 NE 向的龙门山推覆造山带。该区域经历了泛扬子大陆形成，华北、扬子陆块裂合，古特提斯大陆边缘及褶皱造山发展等四个大的演化阶段。晚印支期经受了双向压缩构造体制。多层次滑脱造山机制，形成了大规模的褶皱-推覆构造格局和复杂的构造-岩相组合。广义的岷江断裂由两条断裂组成，即东侧的狭义的岷江断裂及西侧的牟泥沟-羊洞河断裂，两支平行排列，现在通常论及的岷江断裂是指东侧的岷江断裂。岷江断裂在海西期时就已存在，为被动大陆边缘。该断裂是岷山隆起的西边界，也是南北地震带中段的重要组成部分，又是岷山断块与川青块体的分界线，其周围发育有东昆仑断裂、迭部-白龙江断裂、马尔康断裂、龙门山断裂等活动断裂。同时，该断裂也是划分松潘-甘孜地槽褶皱系与摩天岭地块的重要边界线。这表明，岷江断裂处于构造复杂部位（图 2-4-2），其产生、发展、演化对于区域构造环境有着极其重要影响（周荣军等，2000）。因此，利用多源遥感影像查明断裂的详细空间展布以及地形地貌特征对于区域构造格局、动力学状况的理解以及断裂最新活动的了解有着重要的意义。

在岩性组成上，断裂西侧广泛覆盖着中上三叠系西康群板岩、变质岩，为一厚度巨大的复理石建造，上部岩层为上三叠系复理石建造，属裂谷扩张时期的裂谷盆地沉积，中部为上二叠系和早三叠系拉斑玄武岩-硅质岩建造，属于似蛇绿岩套上部层序的裂谷组合，下部岩层为石炭系和二叠系碳酸盐岩，具地台沉积特征。东侧的摩天岭地块为古生代碳酸盐建造。

岷江断裂带北起于弓嘎岭以北，于南坪县为塔藏断裂所截接，向南经弓嘎岭、卡卡沟、尕米寺、川盘、川主寺至松潘后，大致沿岷江西岸继续向南延伸至较场、马老顶，在畜牧铺一带消失，总体走向近 SN，断面倾向 NW，倾角为 60°～70°，全长约 170 km。总体上，该断裂由数条次级断裂呈羽列组合而成。虽然在分段上不同的学者有着独特的见解，大致以较场、川主寺为界可分为南、中、北三段。岷江断裂的运动性质比较复杂，除具压性特征外，左旋和右旋扭动兼有，显示了该断裂自形成以来的多期运动。

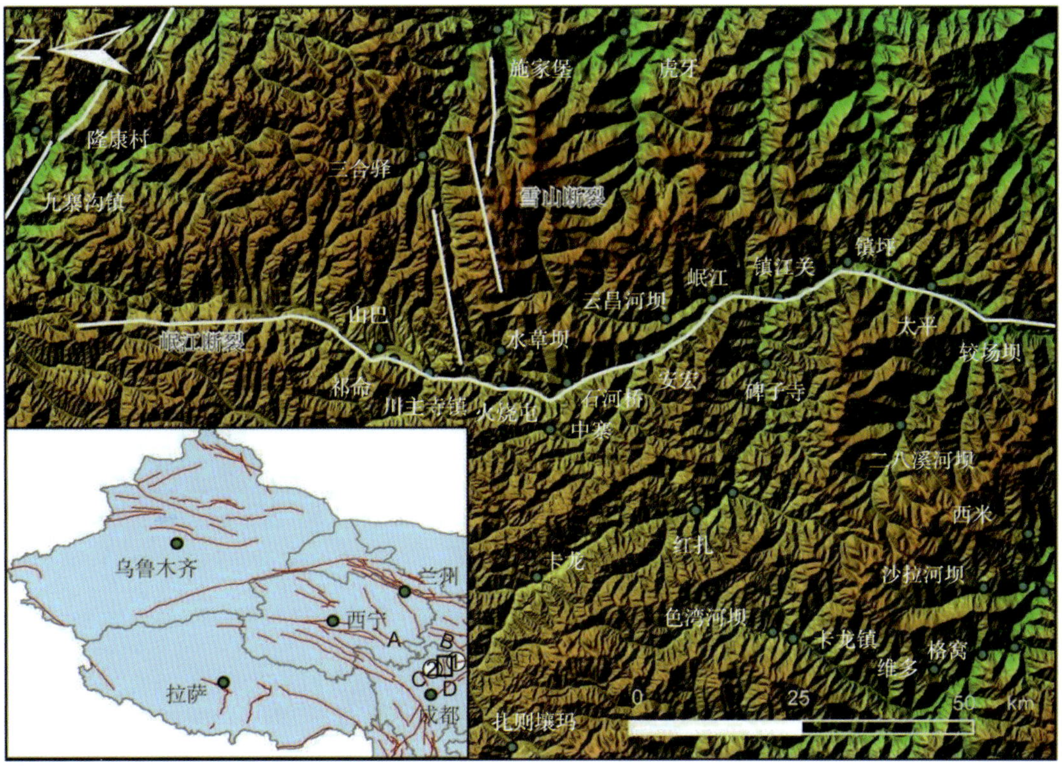

图 2-4-2　岷江断裂区域构造环境

①岷山断块；②川青块体；A. 东昆仑断裂；B. 迭部-白龙江断裂；C. 马尔康断裂；D. 龙门山断裂

其中岷江断裂中段全新世活动强烈，第四纪以来表现为明显的推覆逆掩运动，并具有一定的左旋走滑分量；而根据地震震源机制解，岷江断裂在现今具有右旋扭动特征。现今的地震基本沿着岷江断裂活动。其中发生 1933 年叠溪 7.5 级地震，1960 年漳腊 6.8 级地震，1976 松潘 7.2 级地震（赵小麟等，1994）。

2.4.1.2　活动断裂的影像特征研究

1）岷江断裂总体特征

岷江断裂第四纪以来的活动为强烈逆冲推覆作用，这表现为遥感图像上区域高程的变化不定，规律性较差，图像纹理和色调表现的复杂性。加之断裂所处的区域气候湿润多雨，植被覆盖丰富，其遥感影像上部分段的断裂线性形迹变得极其不平直而又隐晦。基于遥感图像的多种处理方法，对岷江断裂的遥感影像特征进行详细研究，得到如下解释：

断裂北部，错断一系列石炭系和二叠系的地层，形成一系列的陡崖和垭口，在地貌晕渲图上有线性特征由老隆村附近向南延伸进入弓嘎岭盆地（图 2-4-3 中①），ETM+的多种处理结果影像上缺乏相应的线性特征（图 2-4-3 中②），但在地貌晕渲和 ETM+假彩色合成图上，解译出来的大型河流，横穿线性构造，造成河流的系统弯曲以及异常拐弯，推测为断裂经过引起的左旋错断。其中图 2-4-3 的①中的野外考察点（090109）位于岷江源所在地，野外测定其海拔 3468 m 左右，地形相对较为开阔。遥感解译显示，断裂所在的山脊可以分为三级夷平面，并在三级夷平面上发现冲洪积断面。其中定向排列中等大小的砾石，推断为早更新世第四纪沉积。

断裂中段（图 2-4-4）控制弓嘎岭盆地以及漳腊盆地的西边界，呈串珠状沿 NNE 向展布。总体上，盆地西边界受断裂控制，断层展布比较规则。盆地东侧，呈不规则弥散状分布。在波段比值（B7-B1）/（B3+B4）图像上（图 2-4-5），尕米寺北的小西天附近发现清晰的线性特征展布，左侧为带一定纹理的深色调，右侧为稍浅色调。经野外调查，线性体西侧为三叠系扎尕山组的灰岩逆冲隆起于东侧的第四纪堆积物呈接触式延伸，两侧高差显著，约 30 m，形成边坡脊地貌，表明该处断裂具有

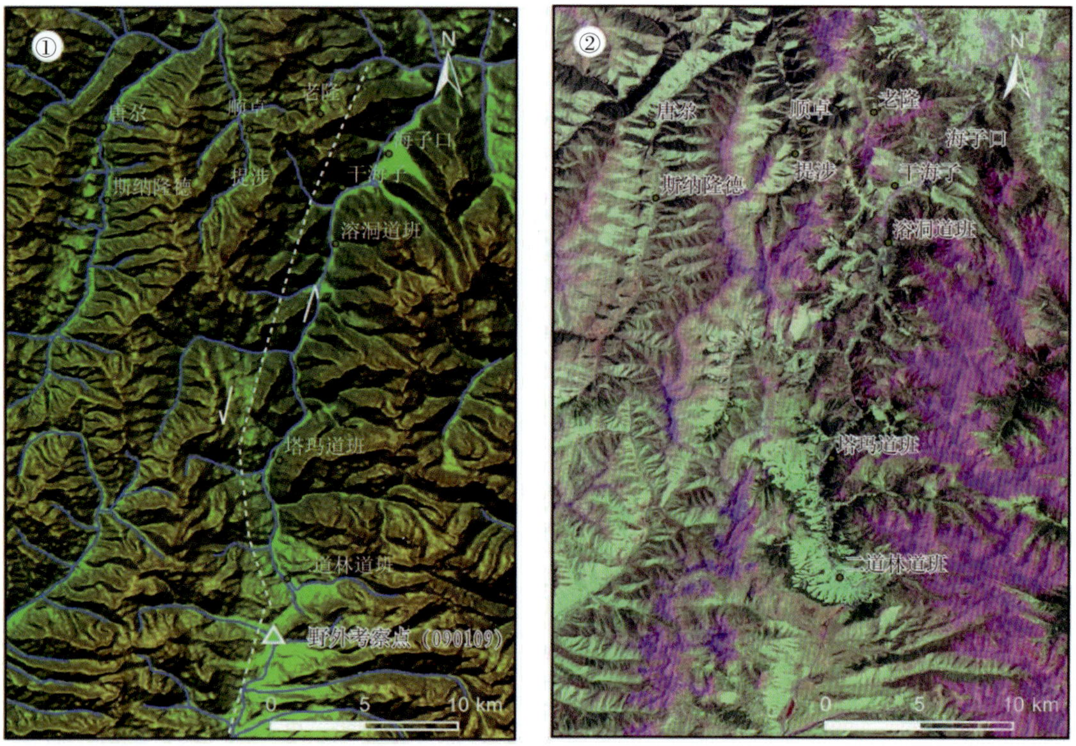

图 2-4-3　岷江断裂北段展布特征

①地貌晕渲图；②为波段 543 假彩色合成图，蓝色线为解译水系

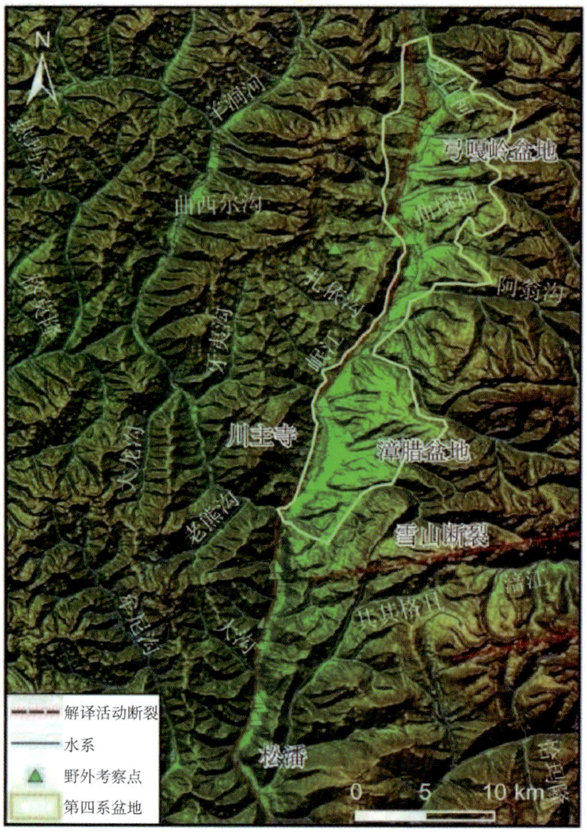

图 2-4-4　断裂中部影像特征

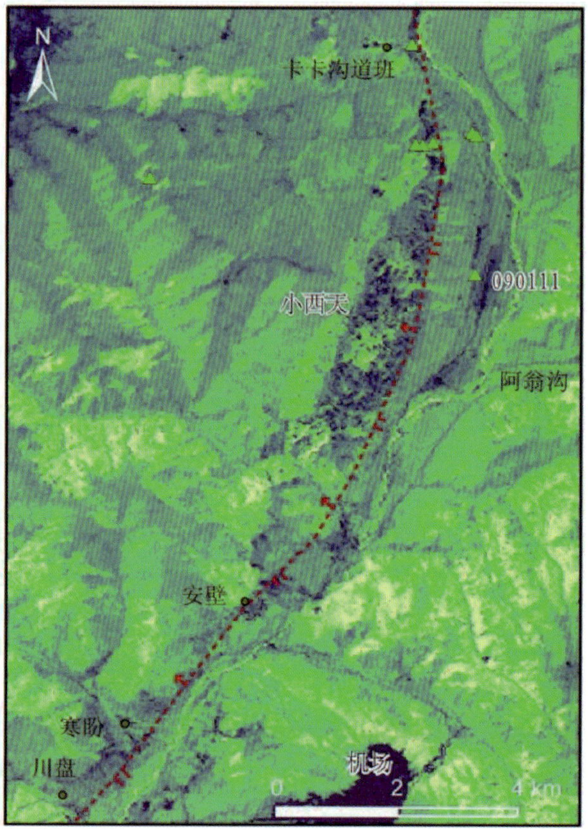

图 2-4-5　小西天波段比值

逆冲挤压性质。图 2-4-6 为 2010 年 9 月 1 日在野外获取的实际断裂控制的地表地貌特征照片，显示断裂沿着地层的分界线延伸。另外，在该比值图上，安壁至川盘附近显示一条弱线性特征，相比小西天附近较为不明显，但大致沿深浅不同色界线展布（图 2-4-6）。发育在岷江二级阶地上和洪积扇上的断层陡坎，二级阶地上的断层陡坎高约 6～10 m 不等，洪积扇上的陡坎高约 16 m，川盘附近的断层陡坎经探槽开挖，揭示出一系列的逆断层形成宽约 4 m 的冲断带。

图 2-4-6　野外考察点 09011 照片显示断裂控制地层特征

川主寺往南，断裂大致沿着岷江西岸呈波状展布，其中川主寺至松潘段走向大致为 N14°E。在波段比值遥感图像上，断裂两侧由于不同的地层显示不同的色调，西侧为三叠系上统新都桥组，东侧显示为第四系冲洪积物，第四系地层沿断裂走向沉积表明其受断裂控制明显。在县城北，发育一系列的线性排列近西倾的断层三角面，在图像上表现规则的蓝色色块线性排列，其形态保存较好，表明断裂近期活动较强，形成年代较新。图 2-4-7（a）、（b）为 2010 年 9 月 1 日进行野外验证点 090101 和 090102 处所拍摄的线性排列的断层三角面的照片。

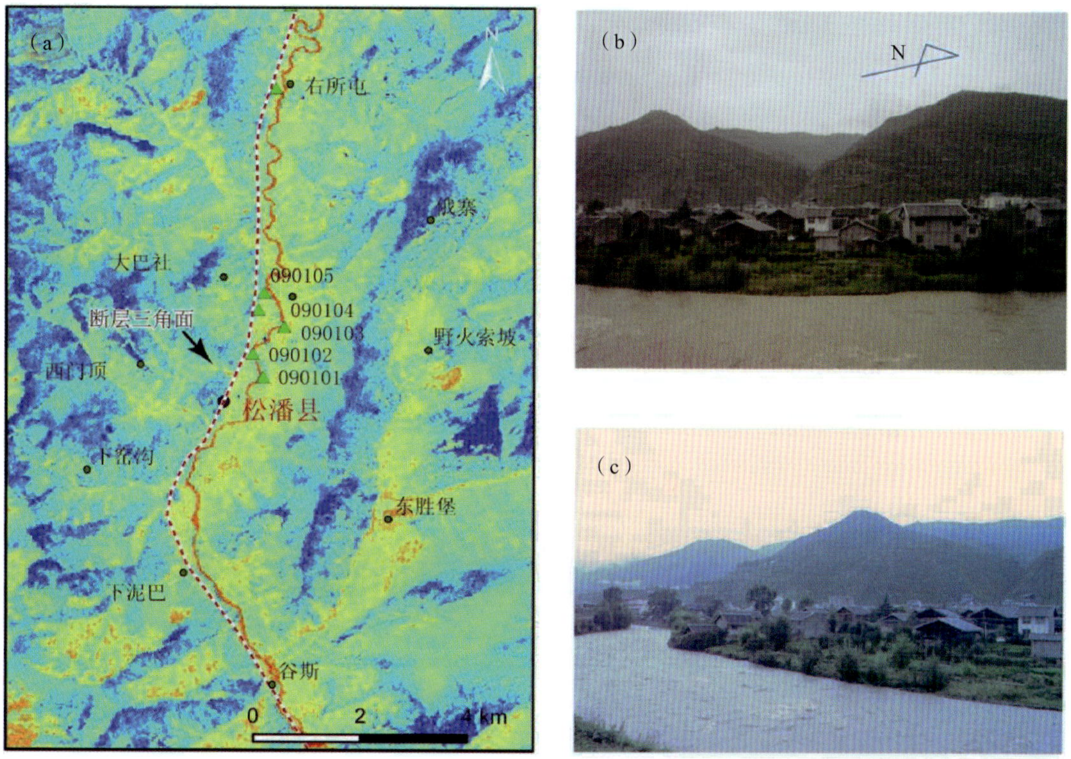

图 2-4-7　ETM+波段比值（band5×7）/（band1×2）以及松潘县城北线性排列的断层三角面

松潘以南沿断裂缺乏大型的第四系沉积，切割近 EW 向的山脊，形成狭长的线性负地形，在地貌晕渲图上表现为沿岷江发育的线性延伸。沿断裂发育大量的断层三角面线性排列。

2）岷江断裂典型地貌分析

Landsat ETM+影像结合 DEM 影像的多种图像处理结果，可以有效揭示断裂的宏观展布。而高分辨率的 ALOS PRISM 传感器影像可以提供更加清晰的断裂地貌特征。为进一步研究岷江断裂的展布，利用 ALOS PRISM 立体像对生成相对高程的 DEM，结合 RPC（Rational Polynomial Coefficients，有理多项式系数）处理的正射影像，选取寒盼和漳腊两地进行详细的地貌分析，并对前面的宏观解译结果进行验证。

寒盼村以及川盘村西侧为一系列 NE 走向线性排列的山脊，山脊之间发育寒盼、川盘两个大型洪积扇（图 2-4-8）。寒盼村洪积扇自然形态保存较好，呈扇形分布，坡度较缓，其间发育一条水系被断裂左旋错断，从图上量测大约错断 21 m 左右（图 2-4-8 所示水系错断），这与周荣军等（2000）野外测量值 16m 较为接近，其误差可能来源于图像的分辨率以及量测误差。川盘一处的洪积扇由于人为破坏，广布房屋，形态基本难以判断。沿岷江两侧，两级阶地基本呈对称分布。岷江西侧二级阶地面较狭窄，在寒盼、川盘之间，DEM 地貌晕渲图上可以发现有清晰的线性陡坎，西南侧发育大型的陡崖，表明阶地发育受断裂控制。而东侧二级阶地面相对平坦宽阔，表明该级阶地形成时期受构造活动影响较小，且河流下切速度较慢，历时时间较长。在川盘东南发育一残留台地，海拔 3170～3130 m。其长轴方向与断裂走向近似，长约 1 km，宽约 400 m，推测可能是由于岷江断裂左旋错动，并经河流下切所致，其具体成因还需进一步研究。图 2-4-9 为寒盼南野外考察情况，可以看到 DEM 上所显示的线性大型陡坎为形态保存完好的断层三角面。

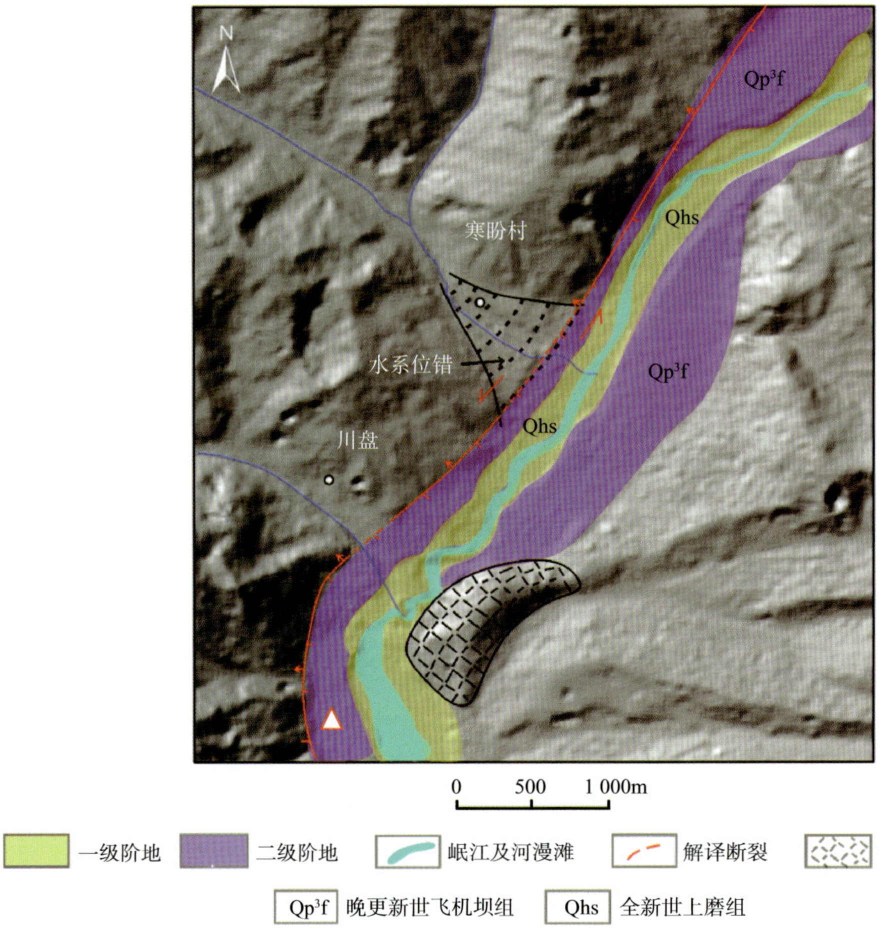

图 2-4-8 寒盼附近断裂地貌解译（三角处为图 1.21 考察点位置）

图 2-4-9　寒盼野外照片（镜向 WN）

漳腊盆地位于川盘南侧，长轴近 SN 向延伸，盆地内部为第四系地层所覆盖，T_3 为早更新世观音山组组成、T_2 为中更新世对河寺组以及晚更新世飞机坝组组成、T_1 为全新世上磨组。北部为岷江挤压隆起将漳腊盆地与弓嘎岭斗鸡台盆地所阻隔。岷江于漳腊盆地中间穿过，与寒盼不同，此处河谷较窄呈辫状展布，主流拐弯处发育有河漫滩和河心滩，其规模不大。其河谷的宽窄变化表明其受断裂控制明显。从提取的 DEM 分析可见，岷江两侧阶地呈不对称分布（图 2-4-10）。西侧次级阶地较多，阶地

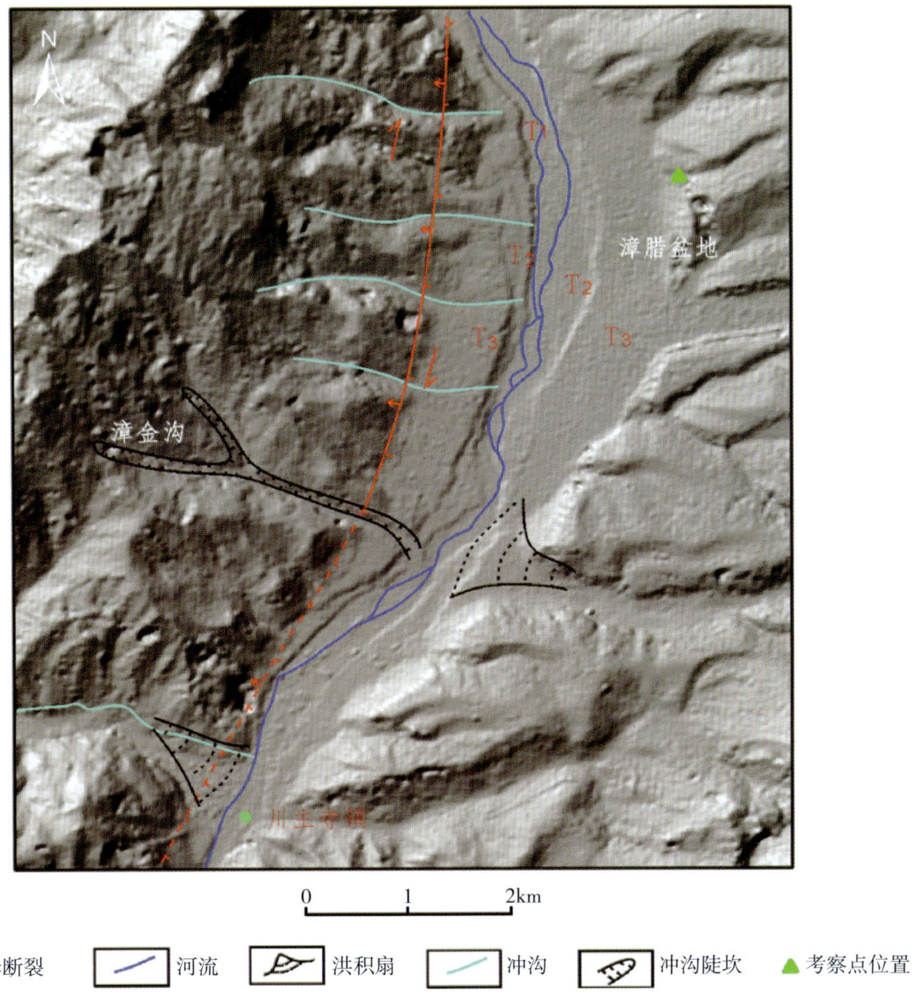

图 2-4-10　漳腊附近断裂地貌特征

面较窄，东侧阶地数较少，T_3 阶地面较平缓开阔，其上广泛分布居民和农田（图 2-4-11），表明东侧构造运动较弱较稳定，而西侧受构造控制，且活动较强烈，断层三角面发育。DEM 晕渲图（图 2-4-10）上可见西侧陡坎成线性色调延伸，为三叠系灰岩逆冲到 T_3 阶地砾石层上。沿着断裂一系列的冲沟发生系统右旋弯曲及不规则扭曲。漳金沟未见明显位错，可能由于该沟为著名淘金沟，民国初至今陆续开发，人类活动影响显著。此外川主寺西侧的大型洪积扇扇面形态南北两侧发育不规则，推测可能是由于断裂控制导致发育向一边偏摆。而岷江东侧的大型洪积扇则形态规则显示未经断裂构造控制。

图 2-4-11　野外考察点照片（镜向 W）

通过前面的分析，岷江断裂是川西高原上的一条重要的分界断裂，由于近期的逆冲推覆以及广泛的植被覆盖以及人类活动的改造，在假彩色合成、主成分分析等信息提取方法上表现隐晦，通过波段比值以及 DEM 分析的方法可以获取其宏观展布特征，其总体沿岷江西侧呈反 S 状延伸，断裂北部控制弓嘎岭以及漳腊盆地沿串珠状分布。通过对两个典型地段高分辨率遥感影像以及提取的 DEM 进行断裂地貌的分析，进一步获取了断裂的详细空间位置。另外，受断裂逆冲作用控制，岷江两侧的阶地发育不对称，且不同段断裂走滑性质不同，寒盼处为左旋逆冲性质，漳腊盆地附近则具有右旋运动特征。同时证明了 ALOS 高分辨率遥感影像以及立体像对所提取的 DEM 是进行活动断裂构造地貌详细分析的有效手段。

2.4.2　玉树活动断裂与 2010 年玉树 7.1 级地震破裂遥感解译

2.4.2.1　区域地质概况

玉树县地处玉树藏族自治州东部，地形以高原为主，起伏低，平均海拔 4493 m，雅砻江、金沙江、澜沧江在玉树县境内流过。地貌以高山峡谷和山原地带为主，间有许多小盆地和湖盆。玉树县处于巴颜喀拉（松潘-甘孜）地块，与羌塘地块毗邻。甘孜-玉树断裂位于巴颜喀拉地块南边界中部，断裂东南端与鲜水河断裂带呈左阶羽列，形成川滇菱形块体向东挤出的北部边界，它的生成、演化及新活动特征和青藏高原的动力学过程密切相关。甘孜-玉树断裂由多条成左阶羽列分布的次级断裂组成，从东南向西北依次为甘孜段、马尼干戈段、邓柯段、玉树段、陇蒙达段、当江段（图 2-4-12）。左阶羽列的次级断裂造成一系列与断裂活动有关的断陷盆地和拉分盆地，从东南向西北依次分布有甘孜盆地、马尼干戈盆地、朱庆盆地、俄支盆地、邓柯盆地、巴塘盆地、隆宝盆地（隆宝湖）（图 2-4-12），古地震遗迹在遥感影像上可见，左阶羽列、陡坎、水系错移现象沿断裂多处可见（闻学泽等，1985）。

图 2-4-12 中局部的大比例尺遥感影像见图 2-3-1 和图 2-3-2。甘孜-玉树断裂的玉树段位于该区

内，该区内的第四纪拉分盆地有巴塘盆地和结隆盆地。巴塘盆地由右阶羽列次级断裂形成，隆宝盆地的形成与断裂的左旋运动有关。

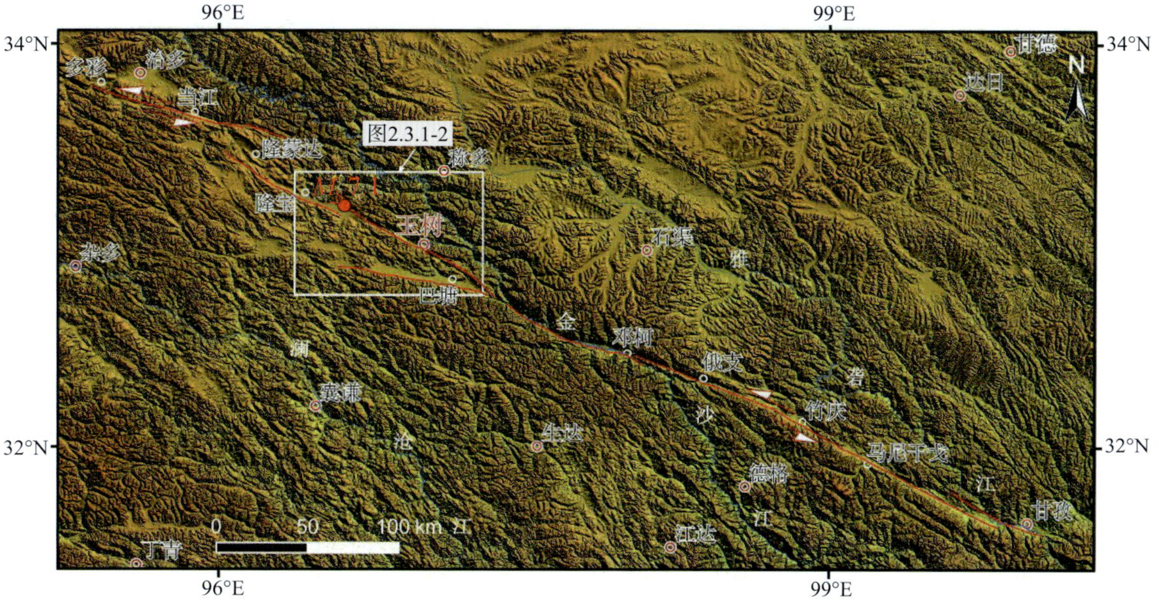

图 2-4-12　甘孜-玉树断裂的空间分布和分段特征

图中影像为 SRTM DEM 影像，分辨率为 90 m

2.4.2.2　活动断裂的影像研究

根据遥感影像解译，甘孜-玉树断裂从东南向西北依次为甘孜段、马尼干戈段、邓柯段、玉树段、陇蒙达段、当江段（图 2-4-12）。

当江段总体走向 N70°W，西北部断裂发育在多采曲河以北（图 2-4-13），在主成分分析（PC）假彩色合成图上表现为清晰的线性色调展布，断裂控制断层三角面以及呈线性排列，在龙衣那托附近切割洪积扇在下盘形成断塞塘，洪积扇上缘的偏摆方向反应了断裂的左旋特征。断裂向西南继续延伸，经过当江荣、当江科。于永科达附近形成右阶斜列分布的两条断裂。左支断裂控制全新世地层分布，右支形成一系列的断层陡崖，行迹清晰（图 2-4-14）。

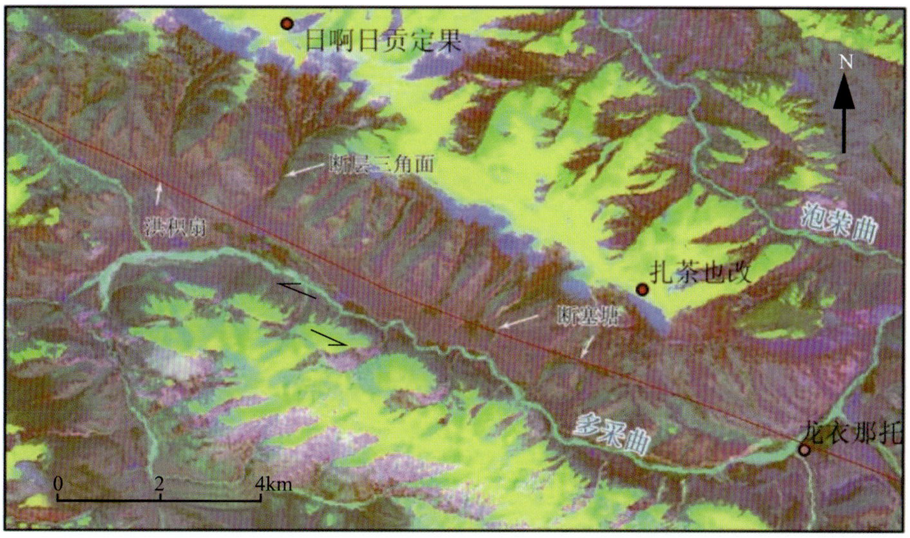

图 2-4-13　当江段西北部遥感影像特征

图 2-4-14　玉树甘孜断裂当江段东部

隆蒙达段与当江段间隔约 15 km，走向约 N60°W。与玉树段在结隆盆地呈左阶斜列（图 2-4-15），分别控制盆地的南北边缘，盆地长轴方向与断裂的走向一致，盆地长约 13 km，东南宽约 3 km，向西北渐灭。断裂在结隆盆地的西侧呈一系列羽列状分布，其中 F_1 控制全新世洪积层分布。F_2 为山前断裂，经过之处形成断错冲沟如下图 SPOT 影像所示（图 2-4-16），F_3 错断一系列的山脊，最大断距约 218 m，与 F_2 近似平行分布，延伸至登俄涌曲河畔。从地貌晕渲图上可见该段总体上发育于巨大槽地之中。

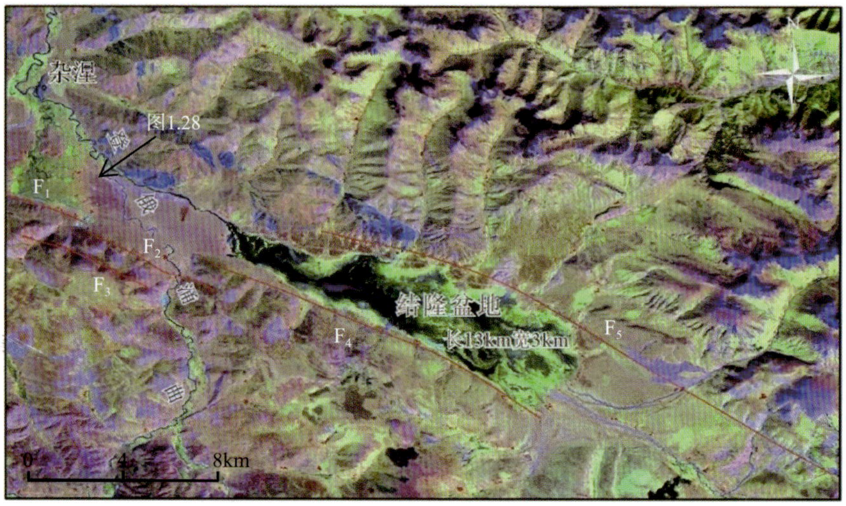

图 2-4-15　结隆盆地附近断裂分布特征

玉树段自结隆盆地向 SW 经过陇松达、堪扣、郭央烟宋多、巴俄钦给意到达玉树结古镇的南侧。该断裂在波段 B_1/B_2 伪彩色图上（图 2-4-17）显示明显的线性特征。图 2-4-18 为 SPOT 影像显示玉树段 NW 向断层三角面，其间发育一系列左旋冲沟河流以及异常扭动的河流，指示着断层的存在，并验证了 ETM 影像解译的正确性。在结古镇南分成两支断裂，一支呈肘状弯曲延伸至日阿考附近，另一支则继续向 SE 延伸，于浪日扣附近被巴塘-上拉秀断裂所截切。巴塘-上拉秀断裂控制巴塘盆地的南边界，沿断层线性排列一系列洪积扇，大量横穿断裂的河流冲沟被左旋错断。

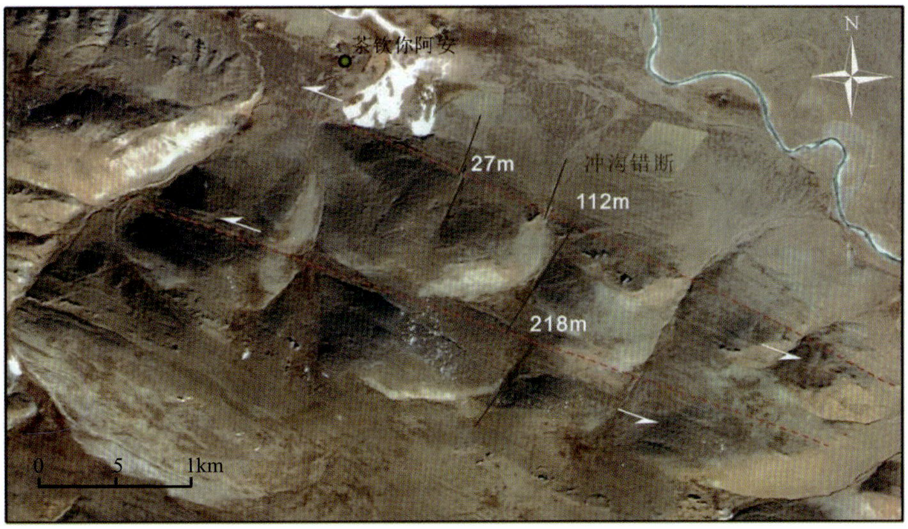

图 2-4-16　SPOT 影像显示冲沟错断特征

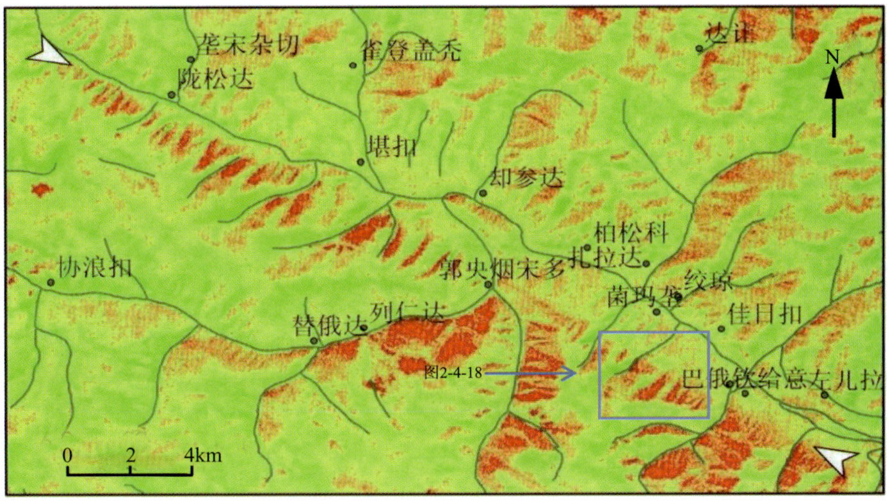

图 2-4-17　玉树西北 ETM 波段 B_1/B_2 伪彩色合成

邓柯段为玉树段自奔达附近继续向 SE 延伸至俄支附近，在地貌晕渲图上（高度角 45°，方位角 315°）总体呈波状线性展布。该段于 1896 年发生邓柯 7 级地震。从遥感影像上可以清晰的看到，洛须以西，断裂基本沿金沙江发育，河流侵蚀剧烈，形成沟槽地貌。在奔达至正科之间，沿断裂线性排列倾向 NW 的断层三角面，三角面的形态呈现定向的扭动特征，表明断层最近活动强烈。沿断裂发育一系列的山脊、水系冲沟错断以及阶地错断在图像上表现为很好的线性特征（图 2-4-19）。据李闽峰等（1995）研究，挡拖东南的冲沟中出露被糜棱岩化的断层破碎带，其北东盘为三叠纪泥质砂岩，南西盘为三叠纪灰岩。据野外实地测量断裂在挡拖东南的民知村附近断裂错断金沙江 T_3 和 T_2 阶地约 110±10 m，这与从图上直接测得 107 m 的错断接近（图 2-4-20）。阶地的左旋错动反映了全新世以来的断裂的活动性。正科下拉村附近控制基岩与第四系地层沿断裂接触分布，山体的左旋扭曲变形表明断裂两盘的相对左旋运动。断裂控制邓柯盆地的西北缘，并形成一系列线性排列的洪积扇在遥感影像上表现为不同色调的展布。洛须以东至俄支附近断裂在山间展布，断裂在 DEM 地貌晕渲图（高度角 60°，方向角 90°）上于麻呷村西北附近表现为清晰的线性展布，同时控制一系列的第四系地层呈串珠状的发育（图 2-4-21）。地貌上表现为一系列的山脊错断和水系错断，显示左旋运动特征。

图 2-4-18　玉树段断层三角面

图 2-4-19　挡拖附近遥感影像

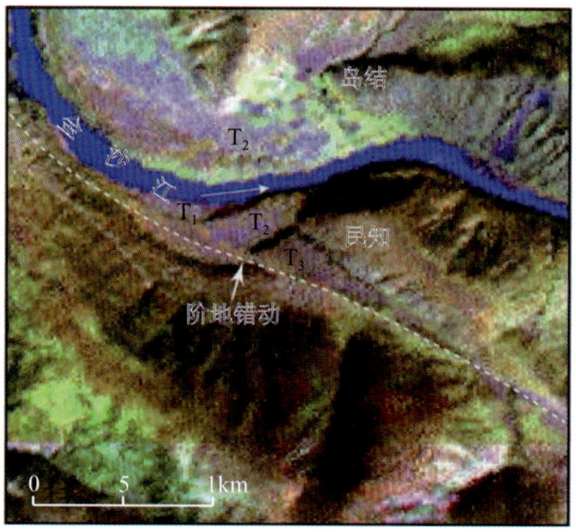

图 2-4-20　ETM 显示断裂错动阶地（ETM 解译断裂）

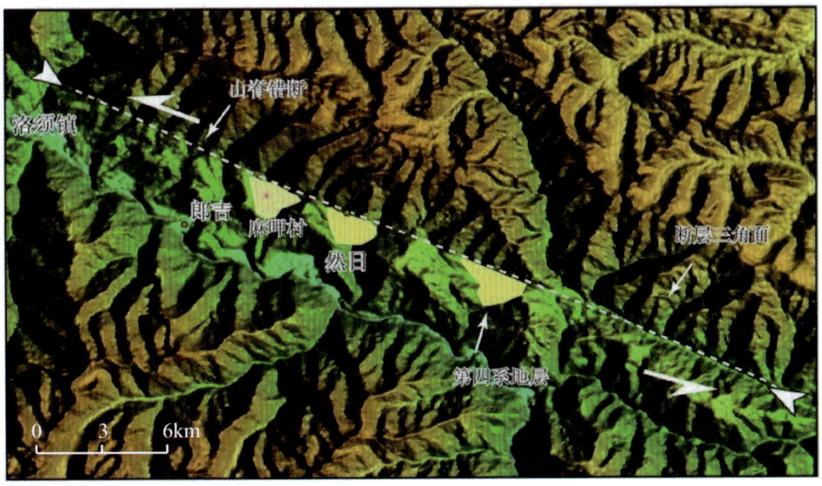

图 2-4-21　麻呷村附近地貌晕渲图显示清断的断裂线性特征（高度角 60°，方向角 90°）

马尼干戈段自俄支东北附近继续向 SE 延伸至俄东村东南，总体走向为 N60°W。通过对 ETM 的波段（B_7-B_1）/（B_3+B_4）进行比值，发现断裂呈清晰的线性色调延伸（图 2-4-22）。断裂南西盘为前第四纪基岩，北西盘为广泛分布的全新统和更新统地层呈浅色调和单一纹理展布。断裂控制大型第四系的断陷盆地（马尼干戈盆地、竹庆盆地）呈串珠状分布。竹庆盆地沿断裂长约 8 km，宽约 4 km，盆地内及附近发育丰富的左旋错断 NE 流向的水系、冰碛垄岗指示着断裂的运动方向，同时竹庆北西晚更新世的洪积扇被错断 95 m，垂直位错为 2～3 m。马尼干戈盆地，长约 40 km，宽约 2 km，长轴方向与断裂走向一致，盆地中沉积物多为中更新统至全新统冲洪积物、冰川堆积物、冰水相沉积物以及全新统沼泽相沉积物。盆地南北两侧地形陡峭，反映第四纪构造活动强烈，隆升明显，盆地北边界较不规则，南边界较平直规则并形成大量的水系沟谷错断并表现为左旋系统扭曲或流向异常，其中日阿的玉曲河附近的 T_3/T_2 被左旋错断 95±10 m，北东盘下降 9 m，错阿附近错通柯河的 T_3/T_2 也被左旋错断 92±6 m，垂直位错 4 m。另外盆地整体上西北宽、东南窄呈长条状展布。在波段 543 假彩色图上可见该段东南部断裂清晰的线性色调错断大量的水系沟谷，如 66 道班、呐哇等地一系列遥感解译的断裂地貌特征反应了近期断裂强烈左旋引张运行并伴随一定幅度的垂直运动。

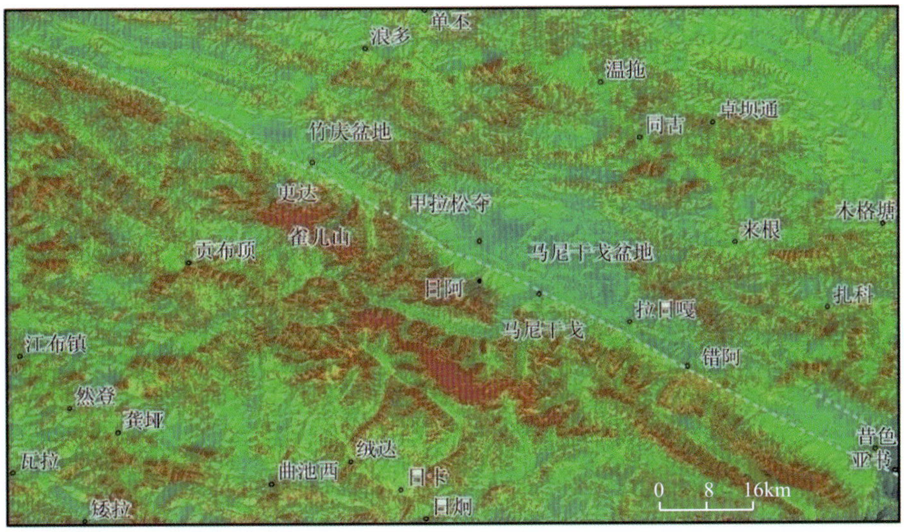

图 2-4-22　波段（B_7-B_1）/（B_3+B_4）比值显示马尼干戈段线性断裂特征

甘孜段宏观上由两条次级断裂构成，与邓柯段呈斜列近似平行分布（图 2-4-23）。其西北端位于冷达村附近，呈 N60°W 延伸至俄东附近呈波状弯曲。该段和邓柯段分别控制吾中盆地的南北缘，呈近似菱形分布。俄东以东至南多主要是控制甘孜第四纪盆地的北缘，在缨帽变换图上呈现不同色调接触分布，进入甘孜盆地内大部分隐伏于第四纪地层之中，利用地貌晕渲结果推测其展布大致沿斯俄、拖坝、庭卡与西北段平行展布。据野外调查拖坝附近的四级阶地上发育 NNE 向错断中更新统砾石层断裂，并有高温汽泉分布，验证了解译结果的正确性。F_2 断裂终止部分发育一系列的倾向 SW 断层三角面，其断面较完整，侵蚀较轻，表明其发育时间较短。同时 F_3 次级断裂控制盆地的南缘边界，表现为清晰整齐的色调线性发育，推测南缘运动速度较快所致。盆地内广泛沉积中更新统-全新统的冲洪积及冰水相沉积物。因此，从遥感影像所解译的断层展布以及地形地貌特征表明断裂在晚更新世-全新世活动强烈，表现为左旋拉张为主。

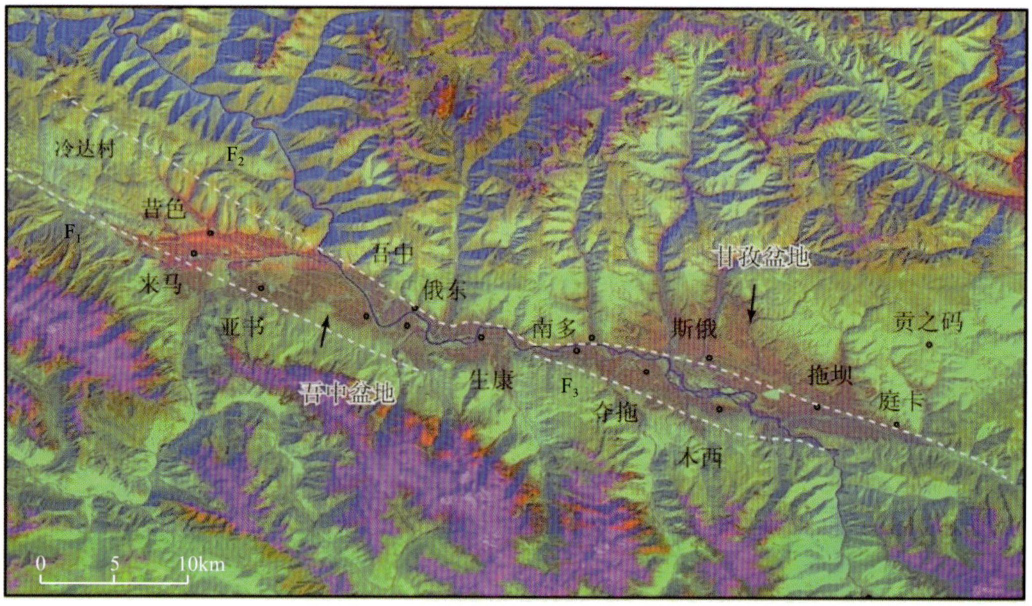

图 2-4-23　KT 变换显示甘孜段断裂展布特征

2.4.2.3　玉树地震地表破裂

地震地表破裂是大地震震源断层在地表出露的一条构造性破裂，从直观上反映了地面变形和破坏的程度，从地球物理的角度反映了震源破裂、弹性应变能释放过程以及地壳运动和现代地壳应力状况，同时地表破裂的性质、规模、形式对区域的地震危险性状况以及灾后重建的安全性具有重大意义。2010 年 4 月 14 日青海玉树（33.2°E，96.6N）发生了 $M_S7.1$ 级地震，造成了大量的建筑物破裂和人员伤亡，并形成了一系列的地震地表破裂。灾害发生后，为了给救援和决策提供及时高效的地震灾情信息，中国地震局地震应急协调小组迅速组织开展了地震地表破裂遥感解译、建筑物震害识别、快速灾害损失评估、次生灾害解译等一系列遥感应急工作。地震地表破裂作为典型的地震构造地貌在图像上有着特殊的表现。尤其是现阶段高分辨率影像获取已成为可能的情况下，研究总结地震地表破裂的图像表达特征，有助于灾后及时有效的获取同震地表破裂的分布及性质，为地震现场地表破裂调查人员开展更加高效的工作提供了重要的信息。中科院对地观测与数字地球中心 2010 年 4 月 14 日和 15 日对灾区进了航空成像，空间分辨率为 0.33m。本文结合中国地震局地震应急协调小组遥感应急期间的工作成果，利用震后航空影像，并以震前 SPOT5 影像为参照图像，运用图像预处理方法进行了航空影像的几何校正，进一步研究地震地表破裂的航空影像特征，为今后快速判读地震地表破裂积累经验（董彦芳等，2010）。

1）地震地表破裂影像特征

地震地表破裂从成因上可以分为构造性地震地表破裂和非构造性地震地表破裂。构造性地震地表破裂是由于地震断裂构造运动所导致的地表裂缝、地表鼓包、地表陡坎等，其不受地质、地貌条件的控制。非构造性地震地表破裂是在特殊的地形、地貌以及水文地质条件等条件下地震动所导致的滑坡、地表裂缝、山体沉降等等。

构造性地震地表破裂，如地表裂缝、地震鼓包等由于反射的辐射能量较弱，与背景地物的反射存在明显差异，在高分辨率航空影像上表现为出现在均匀纹理变化的不同程度的深色色调，常呈长短不一样的线性展布（图 2-4-24）。地震陡坎由于不同入射角有时也呈现亮色调。这种地表破裂多分布在极震区，方向性稳定，排列规则，常常错切或分割山体、河流、阶地、洪积扇等等。对于以走滑为主的地表破裂呈羽状或雁列状成束分布，线性多短小。以拉张为主的地表破裂线性单一，延伸较长距离（图 2-4-24（a）为走滑型为主的地表破裂，（b）为拉张型为主的地表破裂）。

山体裂缝等线性非构造性地表破裂在遥感影像上也表现为不同程度的深色调切割或分割其他具有规律性的地物。但常分布在山体周围（图 2-4-25（a）），其线性特征排列较离散，方向比较凌乱，规律性较差，其线性的长短与地质条件、地形地貌及重力作用相关性较大。对于滑坡等地表破裂，主要表现在色调、大小、纹理等特征与背景的异常变化。如图 2-4-25（b），山体滑坡表现色调明暗变化以及不规则分布的面状特征，其中较大的松软岩层的滑塌造成道路的堵塞。

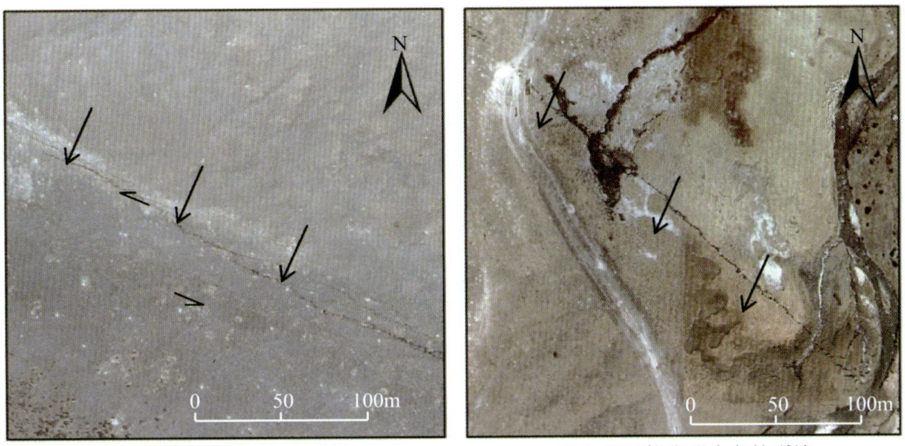

（a）显示走滑型为主的裂缝　　（b）显示拉张型为主的裂缝

图 2-4-24　构造性地震地表破裂

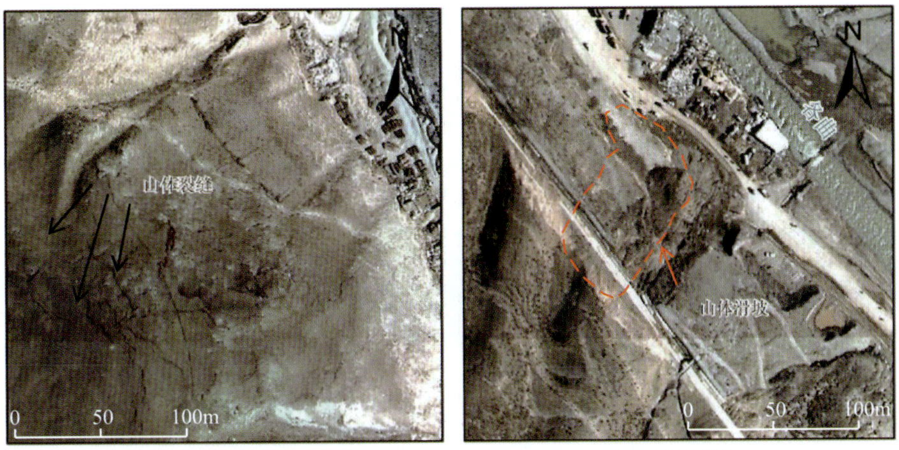

（a）显示山体裂缝　　（b）显示滑坡

图 2-4-25　非构造性地震地表破裂

2）地震地表破裂解译与分析

基于以上的地震地表破裂的图像特征，对应急期间所获取的航空遥感影像以及部分 SPOT5 进行了详细的解译分析得到了图像覆盖区域的详细的地震地表破裂的分布（图 2-4-26）。整个构造性地表破裂基本是从陇松达附近（由于震后航卫片范围的限制）沿 S60°E 经过堪扣、郭央烟宋多等地向玉树方向延伸。整体破裂呈现左行右阶分布，基本以郭央烟宋多为中心，裂缝向两端逐渐变细，羽状逐渐稀疏，表明其应力逐渐分散减弱（图 2-4-24（a）为接近郭央烟宋多破裂，（b）为远离的地表破裂）。在巴俄钦亚给意附近的 3 条规模较小（主要是连续性较差，裂缝较细）的地表破裂向 SE 呈帚状散开（图 2-4-26）。通过前面解译的玉树段断裂来看，该处为断裂波状分布的部位，其走向逐渐由 NW 向略微转向 NWW。表明从该处断裂的左旋运动开始逐渐向垂直运动调整。因为从航片解译发现，此处向 SE 没有发现大型的构造性走滑破裂。另一方面，非构造性地表破裂主要分布在远离原断层的山体部位，尤以山坡为甚，且多分布在断裂的上盘。这表明上盘（即 NE 盘）为主动盘（不论在原断裂活动中还是在此次强烈的活动中皆是如此）。上盘的强烈运动，导致山体的重力位置调整从而形成系列的山体裂缝和滑坡广泛分布。另外，在玉树结古镇以南，密集的山体裂缝和滑坡等地表破裂也基本沿着原断层展布，这一方面证明原断层解译的正确性，另一方面表明此处的构造应力的调整。因为该处接近该断裂终止的地方，断裂的走滑运动渐渐遇阻挡，故以逆冲为主，鲜见规则的走滑地表破裂展布。

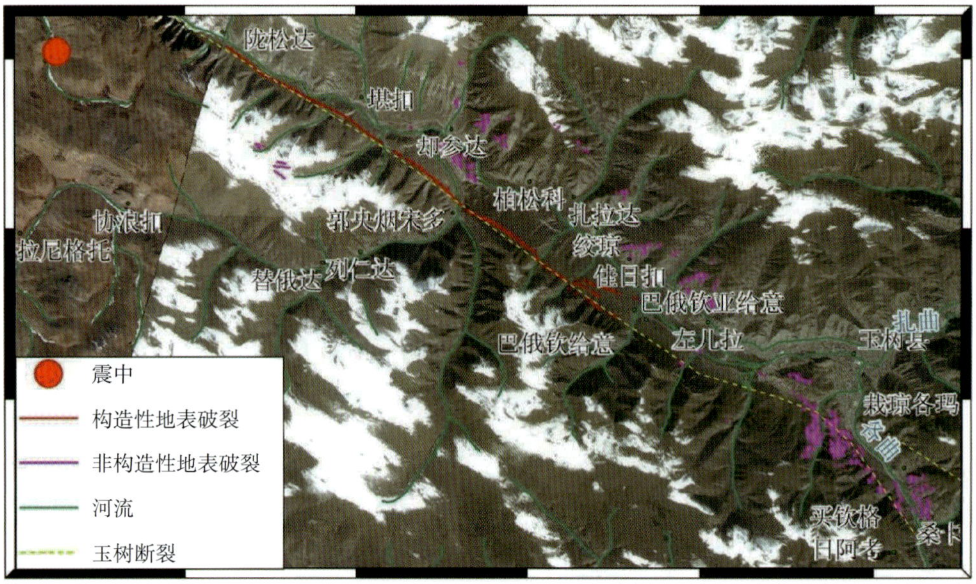

图 2-4-26　玉树地震地表破裂展布

2010 年青海玉树地震震中位于隆宝湖的东北边缘，产生了震中东南方向沿断裂带分布、以单向破裂为主的地表破裂带，地表破裂带主要表现为地表鼓包、地表裂缝和相对沉降。地表破裂带在玉树西北部表现为左旋走滑特征，在玉树以南桑卡一带破裂表现为逆冲性质。在断裂沿线东侧的山体和玉树县城西南部的山体有不同程度的震裂现象，遥感解译结果揭示了地表细微裂缝的分布（图 2-4-27（a）、图 2-4-28）。航空影像揭示的山体裂缝呈左行右阶分布特征，野外考察结果表明甘孜-玉树断裂以左旋走滑运动为主，并伴随一定的侧向运动，在山体等脆弱地带挤压和拉张产生广泛分布的地表裂缝。破裂带沿线房屋、寺庙倒塌，水渠破坏。玉树县城在地震中受到严重破坏。玉树西北地区房屋建筑稀少，几乎没有破坏。玉树东南分布的几个居民点房屋几乎全部倒塌，禅古寺在地震中毁坏，玉树至桑卡的水渠有 4 处在地震中受到破坏，引发的滑坡泥石流造成玉树以南的 214 国道沿线多处阻塞（图 2-4-28（a）、图 2-4-29）。

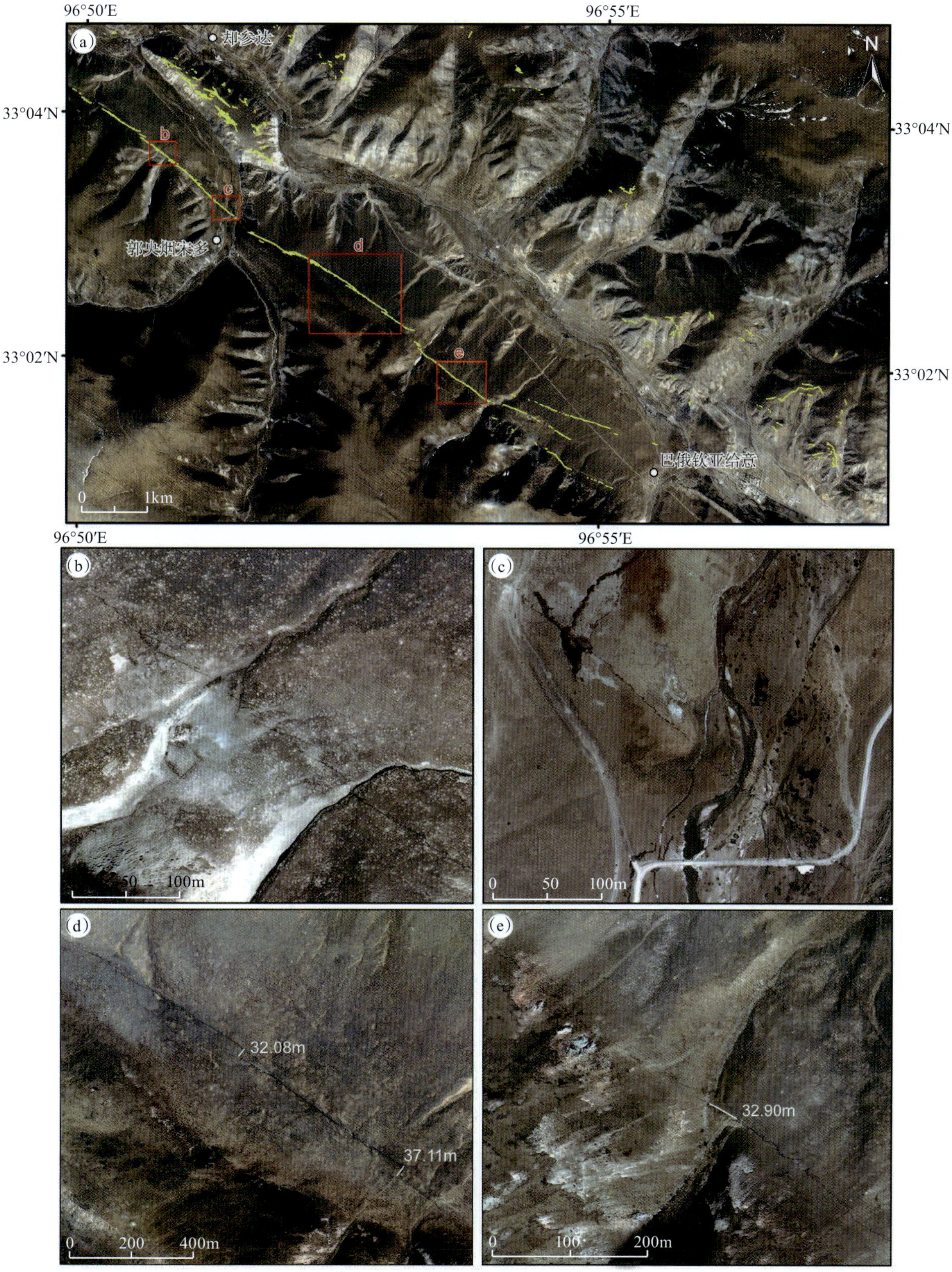

图 2-4-27　玉树西北部地表破裂分布特征

(a) 震后 SPOT 5 影像；(b) ～(e) 震后航空影像

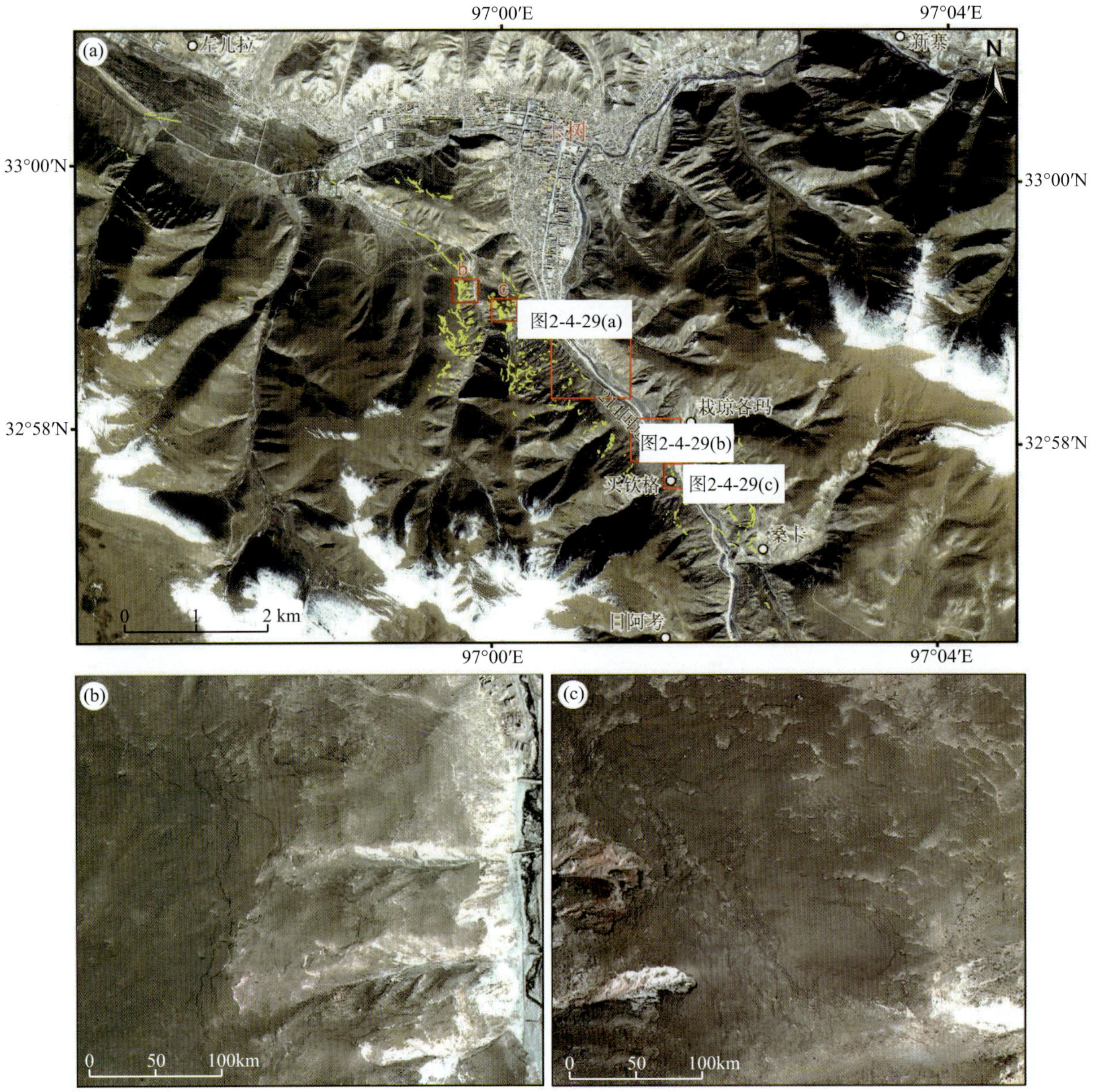

图 2-4-28　玉树县城以南破裂分布的航片解译结果

（a）为震前 SPOT 5 影像；（b）、（c）震后航空影像

2.4.2.4　玉树西北部地表破裂

玉树西北部的地表破裂连续性好，主破裂在郭央烟宋多附近最为明显，在巴俄钦业给意西边分岔成 3 条较弱的破裂带（图 2-4-27（a））。主破裂东部的山体存在不同程度裂缝，其中却参达与郭央烟宋多之间的隆起上有许多裂缝分布（图 2-4-27（a））。郭央烟宋多西北甘达村附近的裂缝较细，在 0.33 m 分辨率的航片上可以识别，但在 2.5 m 分辨率的 SPOT 影像上无法识别。图2-4-27（b）～（d）分别为图 2-4-27（a）中的 4 个局部区域的航片，用来分析地表破裂的空间特征和运动特征。图 2-4-27（b）显示该处的地表细微裂缝沿已有断裂呈左行右阶雁列分布，两条冲沟在此处受到破裂错断，破裂的这种特征是断裂左旋走滑运动的结果。图 2-4-27（c）处的地表破裂呈连续的直线分布特征，破裂左旋错断道路、河流和干沟。图 2-4-27（d）位于郭央烟宋多东南，此处地表破裂明显，破

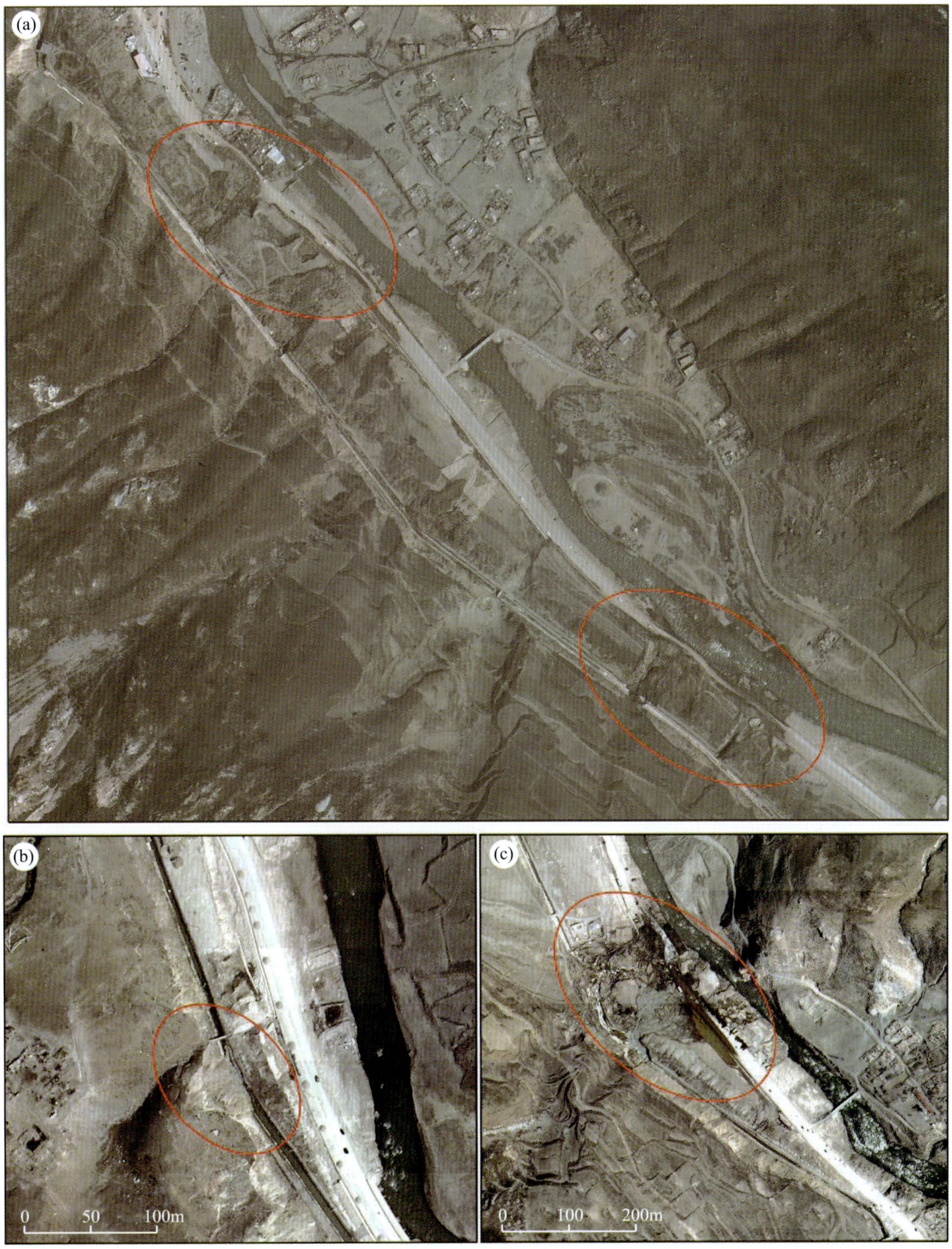

图 2-4-29　玉树县城以南水渠道路破坏

遥感影像为震后航空影像

裂带与原断裂带平行。图 2-4-27（d）中所示的 3 段破裂与断裂平行，向东偏离断裂带 200～300 m 的距离；3 段破裂之间呈现左行右阶特征，反映了甘孜-玉树断裂在玉树段的左旋走滑运动；各段破裂之间在走向有一定距离的重叠，垂直距离分别为 37.11 m 和 32.08 m（图 2-4-27（e）中标注）。

图 2-4-27（e）处的地表破裂又趋于减弱，地表裂缝变细且断续分布。但图 2-4-27（e）中由历史断裂活动左旋错断达 32.90m 的冲沟清晰可见，玉树地震地表破裂带仍旧通过此错断位置。

2.4.2.5 玉树县城至桑卡段山体破裂和地震灾害

自巴俄钦业给意向东南，经玉树县城至桑卡一段，甘孜-玉树断裂带在玉树附近有弯曲现象，玉树地震中的断裂活动造成广泛分布的山体裂缝，地表未见断续分布的主体破裂带（图 2-4-28（a））。地震中玉树的西部和西南部的民房大部分倒塌毁坏。图 2-4-28（b）和 2.4.28（c）的震后航片分别是水沟两侧的山体隆起处的放大影像，揭示了玉树西南部山体裂缝的详细分布特征。图 2-4-28（b）显示在山坡东侧的裂缝主体呈 SN 向展布，裂缝连续可达百米长。图 2-4-28（c）显示破裂在山坡和山脊处顺山体走向分布，在小山头则出现围绕山头的环状分布特征。

玉树地震产生的灾害有房屋倒塌、山体滑坡、水渠破坏等，这些灾害集中分布在断裂带两侧和地表破裂带范围内。玉树西北部破裂性质单一，一条主破裂沿断裂带呈线性分布，使得大部分应力得以释放，加上这一地带民房、水利工程稀少，没有造成灾害损失。NS 向的甘孜-玉树断裂从玉树县城西部和南部穿过，而玉树西部和南部的民房建在河谷阶地和冲积扇上，房屋结构以土木、砖木结构为主，抗震能力差，在地震中倒塌严重。玉树县城中心距离断裂相对较远、砖混和框架结构的房屋建筑多未倒塌。玉树至桑卡一带断裂沿线村庄的房屋几乎全部倒塌。玉树县城东南位于 214 国道西部的一条水渠在地震中有 4 处破坏，引发的滑坡泥石流阻塞 214 国道，沿线可见多处山体滑坡和道路阻塞（图 2-4-29）。图 2-4-29 中椭圆框中为水渠破坏及其造成 214 国道受阻的位置。图 2-4-29（a）～（c）的位置见图 2-4-28（a）中标注所示。

2.4.2.6 桑卡西部逆冲破裂

玉树地震造成的地表破裂在玉树东南部 214 国道两侧的山体上仍有分布，玉树至桑卡一带村庄的房屋几乎全部倒塌。桑卡西部的地表破裂造成地面一处鼓包出现垂向破裂（图 2-4-30（a）中红色框（b）所示区域），野外考察证实垂直位移达 30 cm（图 2-4-30（b））。此处地表破裂向 WN 延伸穿过河流，震后航片（图 2-4-30（a）中红色框（c）所示区域）和照片（图 2-4-30（c））均显示河流在破裂通过处有河流跌水现象。野外考察证实了破裂具有垂直位移，反映了甘孜-玉树断裂在此段的逆冲活动性质。

2.4.3 野外地质调查检验

在活动断裂构造遥感解译的基础上，对部分典型活动断裂构造进行野外地质调查，对其空间分布、活动时间和活动水平进行野外验证；综合收集的和其他专题获取的野外地质考察资料和地质构造参考资料以及遥感影像特征，建立活动断裂按时间分类的方案，综合判定活动断裂构造的活动时代。

对岷江活动断裂和甘孜-玉树活动断裂进行了野外地质调查，与遥感影像解译结果进行对比验证，为活动断裂的解译标志建立提供依据。

2.5 活动断裂构造遥感解译图编制

在活动断裂构造遥感解译基础上，编制全区的卫星遥感图像镶嵌图（全区 1∶50 万，重点地区 1∶10万）；并编制相应比例尺的区域活动断裂构造遥感解译图及其说明书和与之对应的活动断裂数据库，进行图件产品的分幅设计和输出。

1∶50 万和 1∶10 万活动断裂遥感影像图和遥感解译图遥感投影方式采用 3°带高斯克吕格投影。中国和中国周边大三角研究区内的行政区地理信息数据从网站下载（http：//www.diva-gis.org/gdata）。县级以上地名、主要河流、湖泊、盆地来源于 1∶400 万地理数据，国外数据来源于亚洲 1∶800 万构造图数字化资料。山脉数据来源于中国主要山脉分布图数字化资料。中亚大三角 1∶50 万分

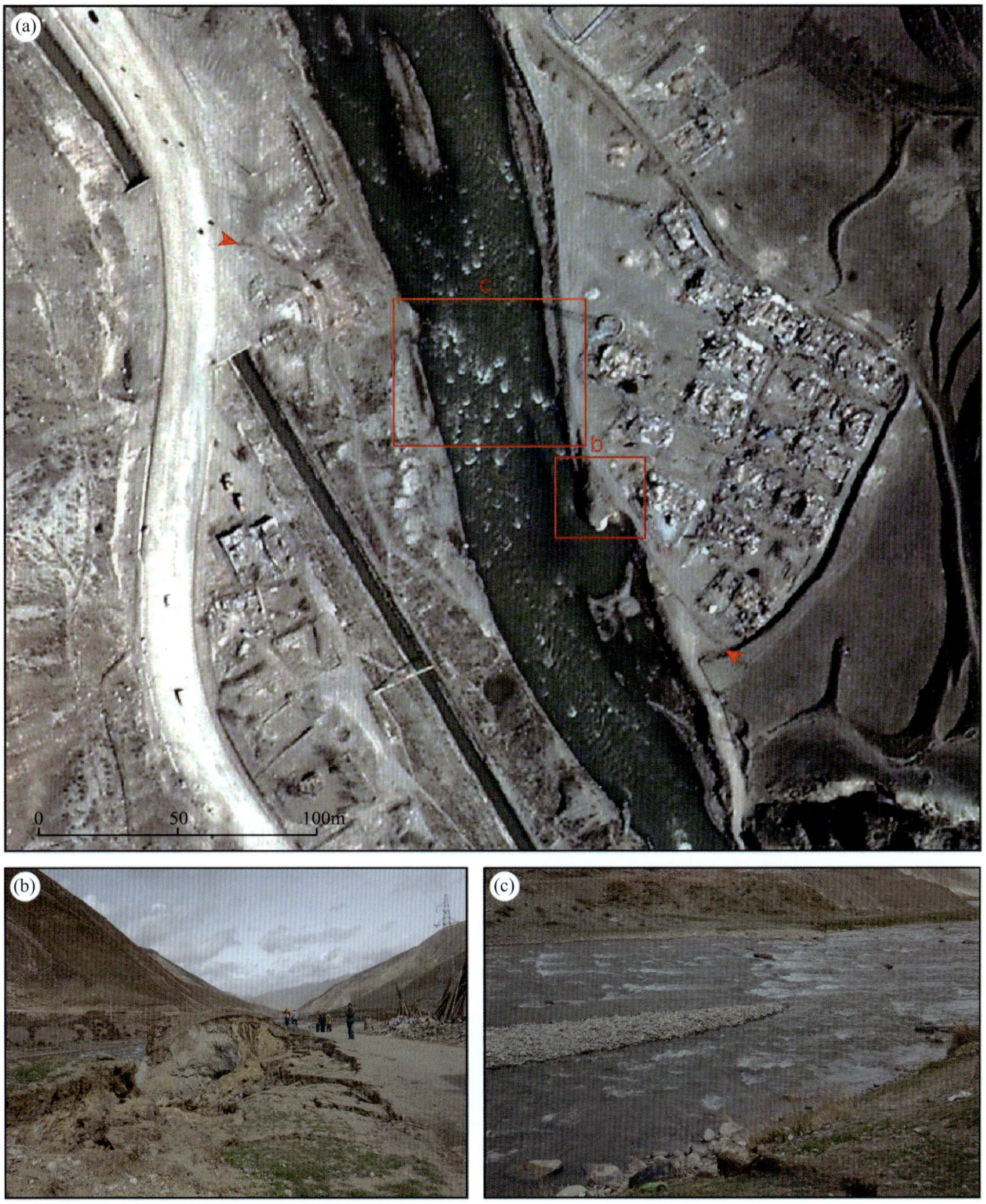

图 2-4-30　桑卡西部地表破裂

幅采用国际分幅标准（3°×2°），图幅名部分采用我国 1∶50 万图幅名，其余根据图幅名编制原则由本专题编制（图 2-5-1）。本专题成果共计 1∶50 万遥感图和活动断裂解译图各 159 幅，合计数据量 60G；1∶10 万遥感图和活动断裂解译图各 9 幅，合计数据量 6. 17G。

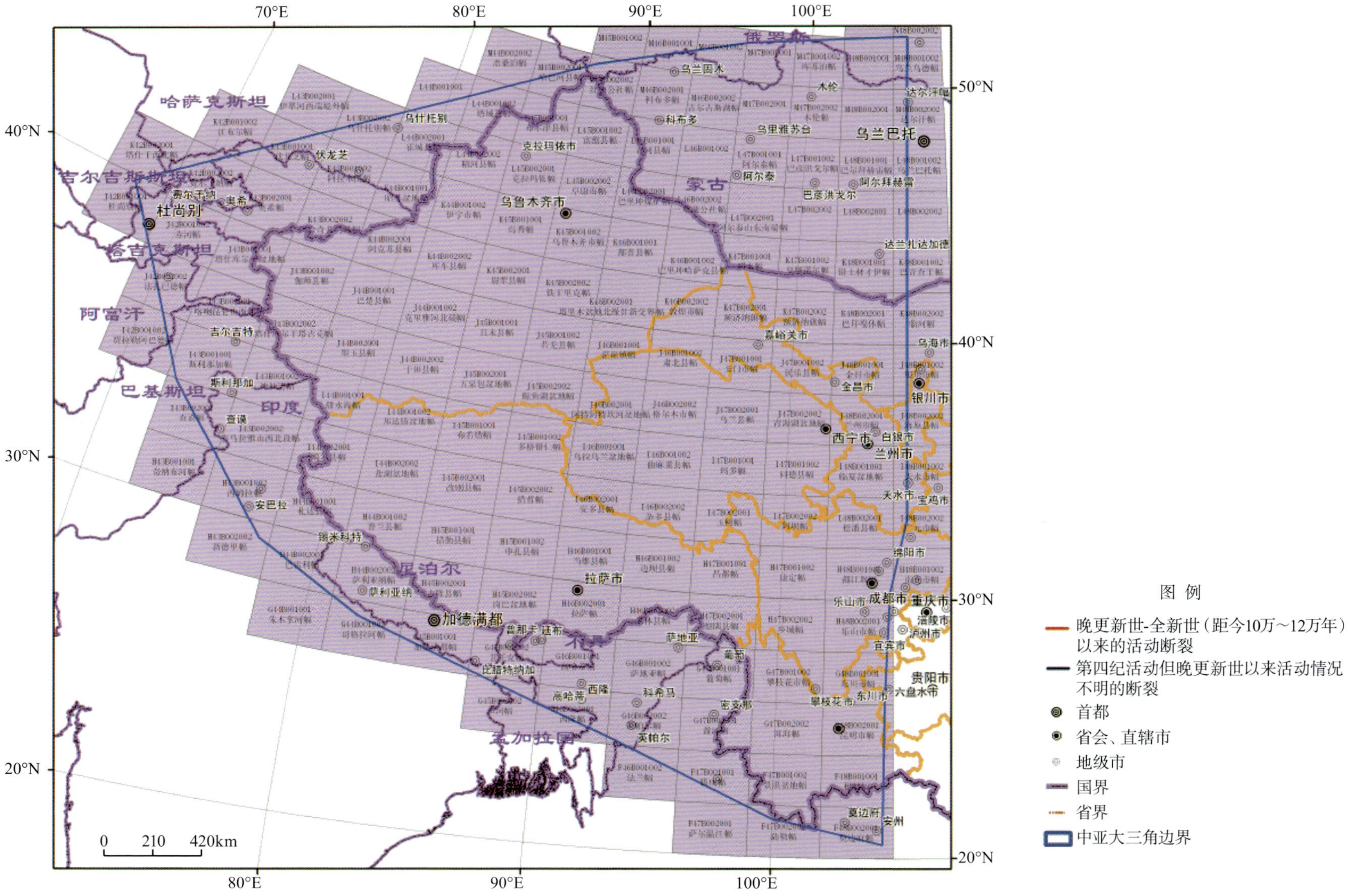

图 2-5-1　中亚大三角 1：50 万分幅图

成果图和数据库有 6 种，如下：

（1）大三角 50 万活动断裂遥感解译图。在中亚大三角研究区内根据国际 1∶50 分幅标准分幅，将 50 万遥感解译活动断裂矢量数据分幅出图，标注县级以上地名、主要河流、湖泊、盆地和山脉名称。数据格式为 TIF 格式的 RGB3 波段影像，为高斯克吕格 3°分带投影。影像图数据质量可靠。

（2）大三角 1∶50 万遥感影像图。在中亚大三角研究区内根据国际 1∶50 万分幅标准将 Landsat ETM+/TM 镶嵌遥感影像分幅，同时叠加 50 万遥感解译活动断裂矢量数据分幅出图，标注县级以上地名、主要河流、湖泊、盆地和山脉名称。数据格式为 TIF 格式的 RGB3 波段影像，为高斯克吕格 3 度分带投影。影像图数据质量可靠。

（3）大三角 1∶50 万活动断裂。在中亚大三角研究区内根据遥感影像解译、参照现有地质资料，实现中亚大三角区域内的活动断裂解译，产生的矢量线图层数据库。数据格式为 shape file 格式，为 WGS84 经纬度投影。该数据库将活动断裂分为两类，即晚更新世-全新世以来活动的断裂、第四纪活动但晚更新世以来活动不明显的断裂。

（4）大三角重点区域 1∶10 万活动断裂遥感解译图。在中亚大三角选择松潘地区和喀什地区为重点区域，将 10 万遥感解译活动断裂矢量数据分别按 1°×40′和 1°×30′分幅出图，标注乡镇及以上地名、主要河流、湖泊、盆地和山脉名称。数据格式为 TIF 格式的 RGB3 波段影像，为高斯克吕格 3°分带投影。影像图数据质量可靠。

（5）大三角重点区域 1∶10 万遥感影像图。在中亚大三角选择松潘地区和喀什地区为重点区域，将 Landsat ETM+/TM 镶嵌遥感影像分幅，叠加 1∶10 万遥感解译活动断裂矢量数据，分别按 1°×40′和 1°×30′分幅出图，标注乡镇及以上地名、主要河流、湖泊、盆地和山脉名称。数据格式为 TIF 格式的 RGB3 波段影像，为高斯克吕格 3°分带投影。影像图数据质量可靠。

（6）大三角重点区域 1∶10 万活动断裂。在中亚大三角松潘地区和喀什研究区内根据遥感影像解译、参照现有地质资料，实现中亚大三角区域内的活动断裂解译，产生的矢量线图层数据库。数据格式为 shape file 格式，为 WGS84 经纬度投影。该数据库将活动断裂分为两类，即晚更新世-全新世以来活动的断裂、第四纪活动但晚更新世以来活动不明显的断裂。

2.6　区域构造活动性与区域动力学环境研究

对活动断裂构造解译图的构造形式及其组合特征、活动时间及活动水平进行系统分析，结合其他研究成果（马宗晋，1992；谢广林，2000；张国民，2005），共同对区域动力学环境及其强震活动特征进行综合研究，并探索汶川大地震的成因环境。图 2-6-1 为中亚大三角活动断裂遥感解译成果图，全区解译活动断裂 870 条，其中具有分段性的断裂 34 条。

图 2-6-1 显示，中亚大三角的西北边界处有一系列与边界近乎垂直的断裂，在大三角的北部的断裂主体呈 NWW 向；青藏高原的东部和北部的断裂与青藏高原边界大体走向一致，青藏高原内部的西藏地区遥感解译活动断裂分布没有明显规律；中亚大三角的西南边界的主要断裂为喜马拉雅山断裂，与喜马拉雅山和大三角西南边界走向基本一致；中亚大三角的西部一角——帕米尔高原分布有 EW-SN 的一组活动断裂。引发汶川地震的龙门山断裂位于中亚大三角的东边界，呈北 NE 向，其受到青藏高原隆升和东南方向的逃逸运动冲击，处于活动状态。

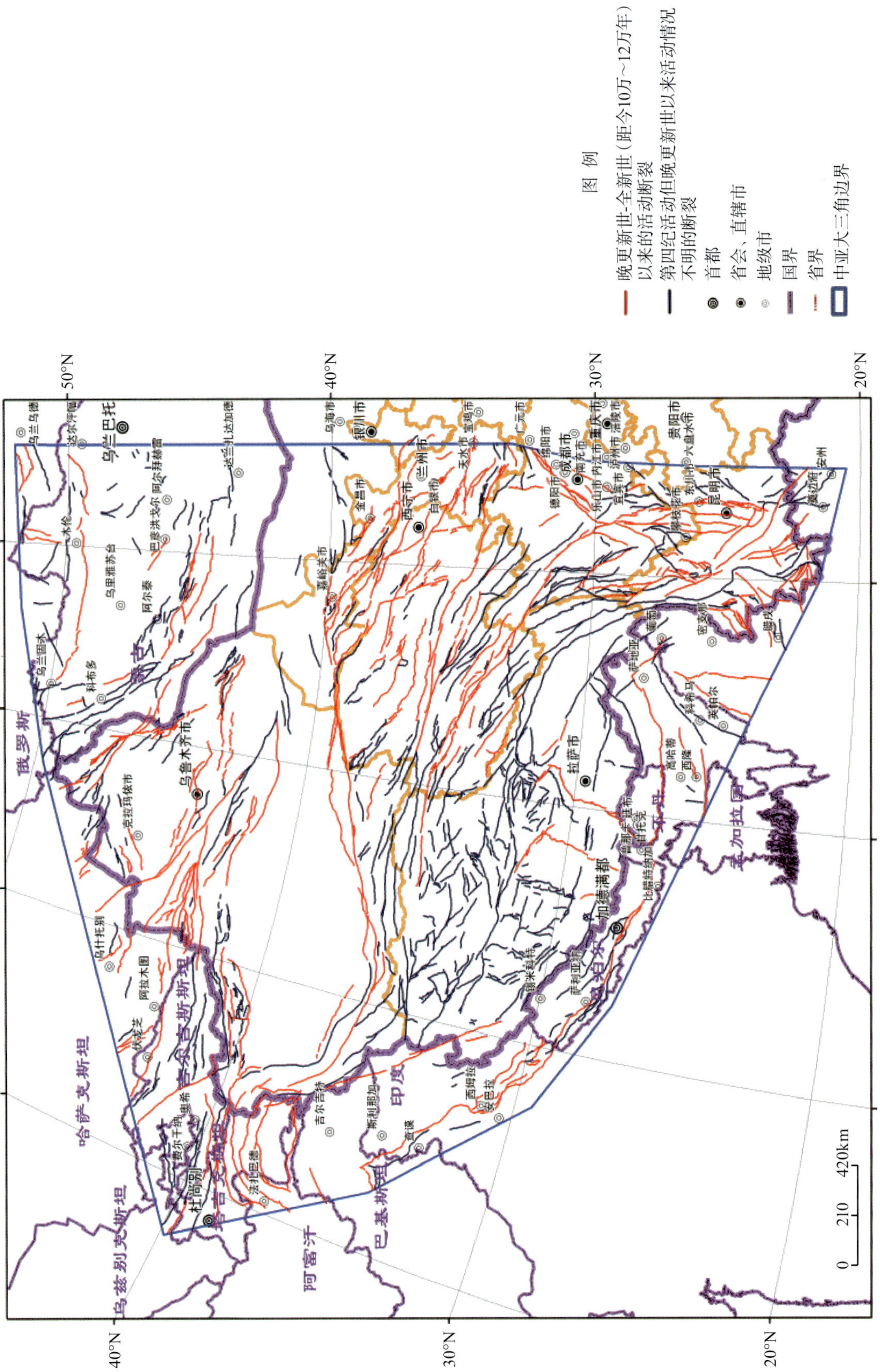

图 2-6-1　中亚大三角活动断裂遥感解译成果图

参考文献

董彦芳、袁小祥、王晓青、窦爱霞，2010 年青海玉树 M_S7.1 级地震地表破裂特征的高分辨遥感分析，地震，2012，32（1）：82～92。

国家地震局地质研究所，遥感地质文集，北京：地震出版社，1985。

刘学军、龚健雅、周启鸣、汤国安，基于 DEM 坡度坡向算法精度的分析研究，测绘学报，2004，33（3）：259～263。

马宗晋，活动构造基础与工程地震，北京：地震出版社，1992，45～52。

闻学泽、黄圣睦、江在雄，甘孜-玉树断裂带的新构造特征与地震危险性估计，地震地质，1985，7（3）：23～32。

谢广林，中国活动断裂遥感信息分析，北京：地震出版社，2000。

张国民、马宏生、王辉、王新岭，中国大陆活动地块边界带与强震活动，地球物理学报，2005，48（3）：602～610。

周荣军、马声浩、蔡长星，甘孜-玉树断裂带的晚第四纪活动特征，中国地震，1996，12（3）：250～260。

周荣军、蒲晓虹、何玉林、黎小刚、戈天勇，四川岷江断裂带北段的新活动、岷山断块的隆起及其与地震活动的关系，地震地质，2000，22（3）：285～294。

赵小麟、邓起东、陈社发，岷山隆起的构造地貌学研究，地震地质，1994，16（4）：429～439。

邹谨敞、邵顺妹，活动断裂的遥感影像研究，环境遥感，1995，10（3）：183～187。

Zumsprekel H，Prinz T. Computer－enhanced multispectral remote sensing data：a useful tool for the geological mapping of Archean terrains in（semi） arid environments. Computers & Geosciences，2000，26（1）：87～100.

第 3 章　亚洲中部地震活动*

3.1　大三角地震区地震目录和完整性分析

本章收集、整理了大三角地区地震资料，建立了大三角地区强震目录和近代地震目录，供研究大三角地震动力环境和地震活动特征使用。

3.1.1　编制大三角地震目录

强震目录包括："中国 1999 年以前 4.7 级以上地震目录"、"中国 1999 年以后 4.7 级以上地震目录"和"大三角（除中国外）强震目录，$M \geqslant 5$"、"大三角国家重要地震目录（前 2015～2008 年）"。

近代地震目录包括：1970 年以来大三角国内小震目录（分为"小震 1970～1979"、"小震 1980～1989"、"小震 1990～1999"、"小震 2000～2003"、"小震 2004～2006"、"小震 2007～2008"和"小震 2009"等文件）和 1964 年以来 ISC $M_b \geqslant 3.5$ 级地震目录（"1964～2007 M_b3.5-ISC-境外"）。上述地震目录已经作为汇交文件提交，本书仅将"大三角国家重要地震目录（前 2015～2008 年）"其作为附件 1 列出。

3.1.2　地震目录完整性分析

3.1.2.1　强震目录完整性

1）大三角地区中国境内 4.7 级以上地震目录

该目录由"中国 1999 年以前 4.7 级以上地震目录"和"中国 1999 年以后 4.7 级以上地震目录"两个文件组成。"中国 1999 年以前 4.7 级以上地震目录"的资料来源于《中国历史强震目录（公元前 23 世纪至公元 1911 年）》和《中国近代地震目录（公元 1912～1990 年 $M_S \geqslant 4.7$）》。"中国 1999 年以后 4.7 级以上地震目录"的资料来源于国家台网大震速报目录（http://data.earthquake.cn/data/）。

《中国历史强震目录（公元前 23 世纪至公元 1911 年）》中对于 1900 年以前地震是以宏观震害确定地震参数的；1900～1911 年期间是根据仪器记录确定地震参数的，因为此期间国内还没有地震台站，参数多直接引自《国际地震中心记录汇编》或国外公布地震观测报告。《中国近代地震目录（1912～1990 年 $M_S \geqslant 4.7$）》一般采用的都是仪器记录的地震参数，早期地震参数也直接引自《国际地震中心记录汇编》或国外公布的震观测报告；后期主要来自我国地震台网的观测报告。《中国历史强震目录（公元前 23 世纪至公元 1911 年）》和《中国近代地震目录（1912～1990 年 $M_S \geqslant 4.7$）》的震中精度分为 5 类，分类标准是：1 类≤10 km；2 类≤25 km；3 类≤50 km；4 类≤100 km；5 类≥100 km。1990 年以后目录取自国家台网大震速报目录，该目录没有提供定位精度。

黄玮琼等（1994）研究了中国境内历史地震目录的完整性，图 3-1-1 和图 3-1-2 是其研究结果的空间分布图。由图 3-1-1 可以看出，大三角中国境内的 $M_S \geqslant 4.7$ 和 $M_S \geqslant 5$ 级地震目录自 1950 年前后才基本完整，部分地区地震目录完整时间略早，如川滇交界东北部地区自 1900 年即基本完整。大三角

---

* 本章作者：吕晓健，傅征祥，中国地震局地震预测研究所。

中国境内的 $M_S \geqslant 6$ 级地震目录自 1931 年基本完整，而 $M_S \geqslant 7$ 级地震自 1900 年就基本完整了，同时也有部分地区完整时间稍早。

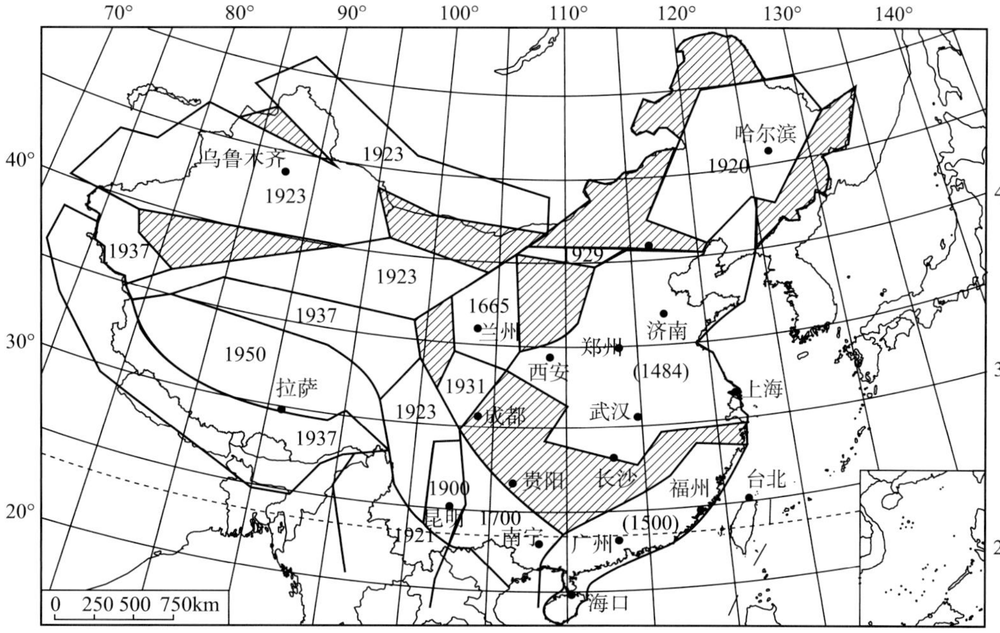

图 3-1-1　中国大陆分区地震资料完整性分布图（$M_S \geqslant 4\frac{3}{4}$ 和 $M_S \geqslant 5$）

图中数字为地震资料基本完整的起始年，括号内年份表示 $M_S \geqslant 4\frac{3}{4}$ 地震的起始年

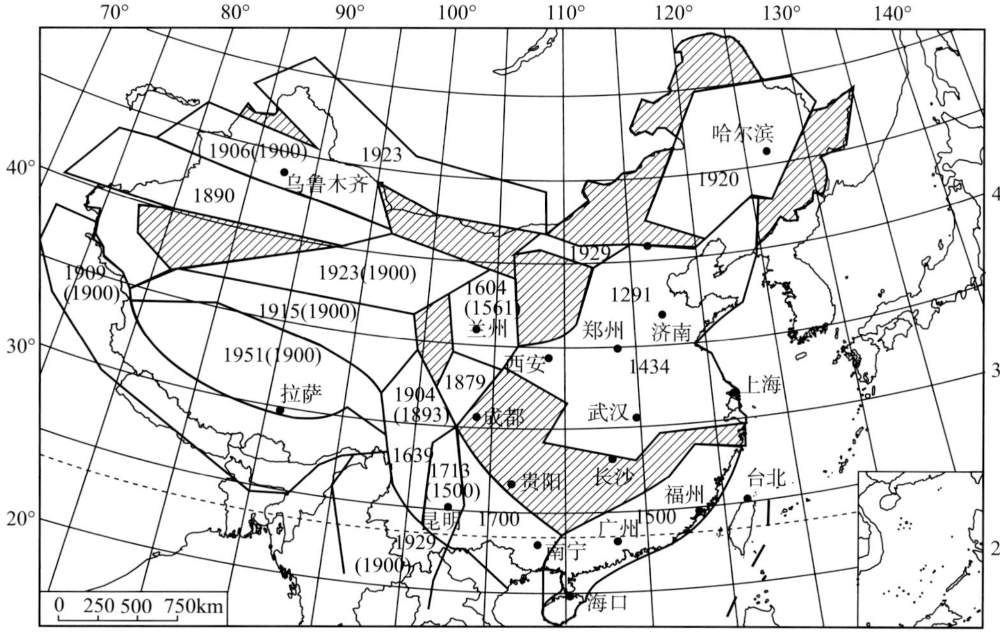

图 3-1-2　中国大陆分区地震资料完整性分布图（$M_S \geqslant 6$ 和 $M_S \geqslant 7$）

括号内年份表示 $M_S \geqslant 7$ 地震的起始年。不带括号的表示 $M_S \geqslant 6$ 与 $M_S \geqslant 7$ 地震的起始年一致

2）大三角（除中国外）强震目录

该目录由以下资料汇编而成，资料中均没有定位精度分析：

（1）全球重大灾害性地震的目录（2150 B. C. —1991 A. D.），国家地震局震害防御司编译，1996，北京：地震出版社。

（2）International Handbook of Earthquake and engineering seismology，E. R. Engdhal and A. villasenor，2002，volume 81A，ISBN：1-12-440652-1。

（3）NEIC 目录，NEIS 是美国地质调查局的 NEIC 目录前身。

（4）ISC 目录，英国国际地震中心目录

（5）HRV 目录，哈佛大学地震目录

ISC 对 1964 年以来全球的 $M≥4$ 级地震进行了系统的收集和整理，并定期出版全球地震目录，但早期资料并不完整。ISC 目录均有 M_b 震级，据本课题统计分析，其 $M_b≥4.5$ 级自 1966 年就相对比较完整了（图 3-1-3、3-1-4）。而大三角（除中国外）强震目录仅收集了 $M≥5$ 级地震，本目录 1966 年以来的 $M≥5$ 级地震目录是完整的。

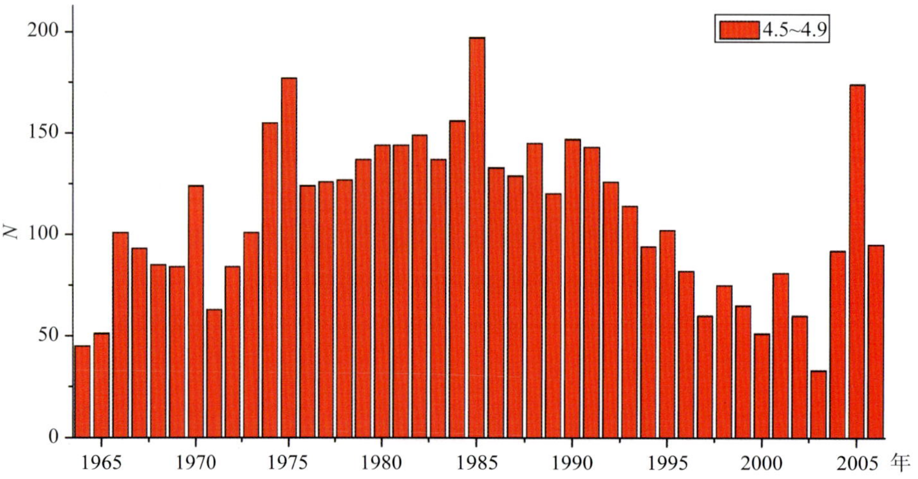

图 3-1-3　ISC 地震目录时间-频次分布图

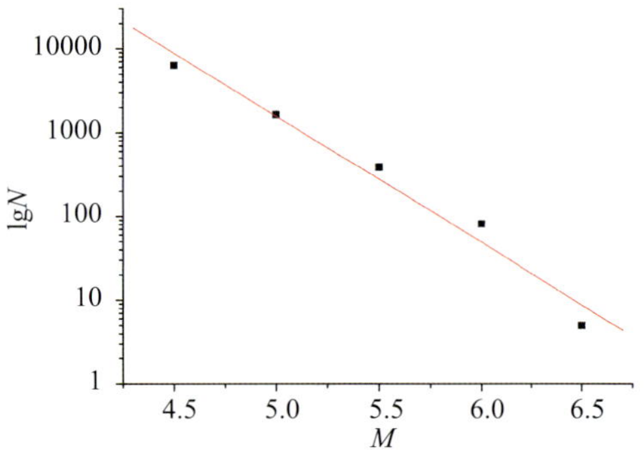

图 3-1-4　ISC 地震目录震级-频次分布图

本目录中 1900～1999 年的 7 级以上地震均取自 Engdahl 等（2002）编辑的《1900～1999 百年的全球大地震目录》，该目录对不同版本的历史背景、资料来源和科学性进行了进一步的对比和综合研究，研究显示该目录自 1900 年以来的 7 级以上地震是完整的。

综上所述，大三角（除中国外）强震目录 1900 年以来 $M≥7$ 级地震目录是完整的，1966 年以来的 $M≥5$ 级地震是完整的。

3.1.2.2　近代地震目录

1）中国大陆近代地震目录

1970 年以来大三角国内地震资料分为“小震 1970～1979”、“小震 1980～1989”、“小震 1990～1999”、“小震 2000～2003”、“小震 2004～2006”、“小震 2007～2008” 和 “小震 2009” 等几个数据文件。我国近代地震目录的完整性与我国地震台网的建设密切相关。我国地震台网的建设大概可分为 4 个主要阶段。

第一阶段开始于 1955 年筹建全国基本台网，基本台网至 1972 年基本建成，24 个基准台位于全国 20 个省、市、自治区，这些台站除配备高放大倍数的短周期地震计外，还配有中长周期地震仪，绝大部分基准台还安装了中强地震仪，基准台的主要任务是监测全国中强以上地震和全球强震。

第二阶段自1966年开始，邢台地震后我国开展了地震预报探索，开始组建以监测微震活动为主的区域地震台网，并于1970年和1976年等分别有几次较大规模的发展。到1979年全国已拥有400多个台站，基本能达到监测全国 $M_S \geqslant 4.5$ 地震和东经100°以东地区 $M_S \geqslant 2.0$ 级地震。

第三阶段从1976年始，为了大震速报和地震预报工作的需要，在全国开始建设6个区域遥测台网，6个分中心分别设在北京、沈阳，上海、兰州、成都和昆明。

第四阶段是全国测震台网增设了一些以无线遥测为主的地方遥测台网，这些台网的目的是监测一些小区域地震活动，为工程建设、地震预报和科研工作提供服务。地方遥测台网覆盖面积较小，每个台网少则六七个子台站，多则十几个子台站。一般放大倍数都较高，可充分发挥记录台网内微震的作用。至1989年6月全国共有测震台645个，其中位于东经100°以东的台站583个，约占总数的90%，东经100°以西的台站62个，占总数的10%，地震台站的分布极不均匀。

焦远碧等研究了中国地震台网的监测能力（焦远碧等，1990，图3-1-5），其研究结果表明，到1989年中国台网可以监测到中国大陆除了青藏高原部分地区以外全部 $M_L \geqslant 4$ 级地震，其中大部分地区可以监测 $M_L \geqslant 3$ 级地震。近年来随着数字地震台网的建设，地震监测能力有了进一步提升。

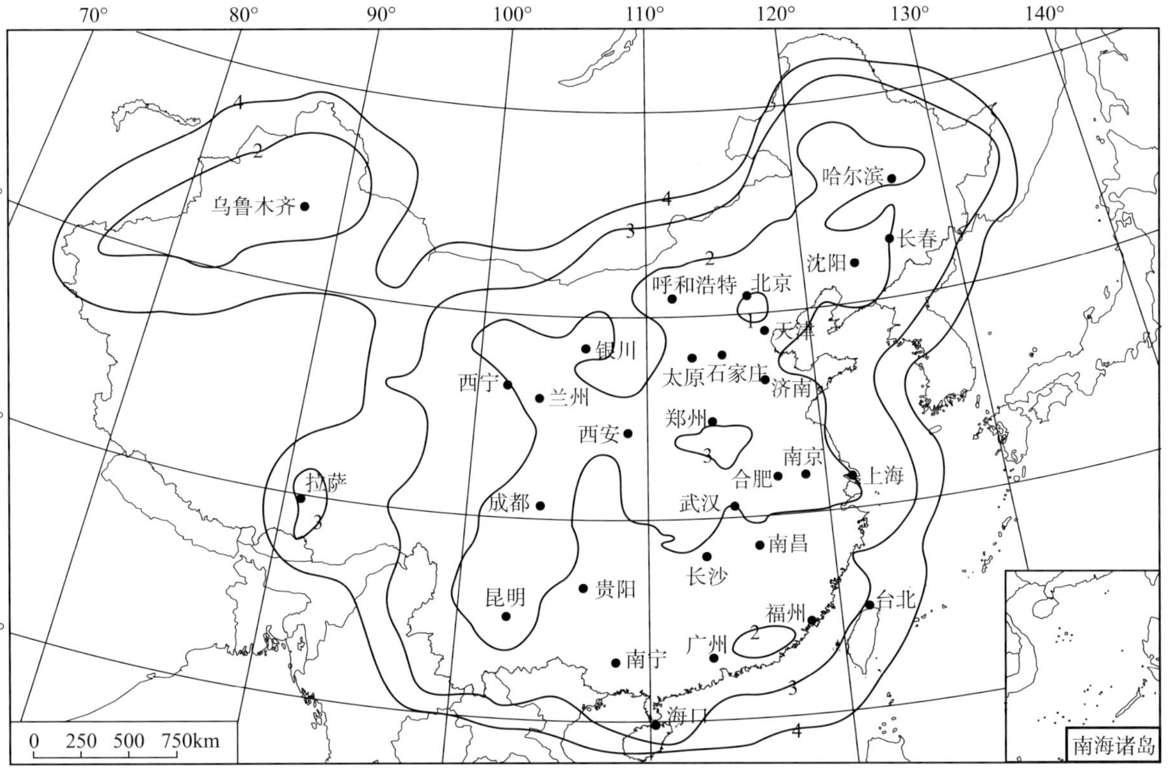

图3-1-5 1989年中国台网监测能力分布（焦远碧等，1990）

2）ISC 1964～2007年 $M_b \geqslant 3.5$ 地震

本书对ISC地震目录的完整性做了分析研究。ISC地震目录早期只有 M_b 震级，1978年以后的地震目录才有面波震级，即 M_S 震级。对1964年以来 M_b 震级和1978年以来 M_S 震级地震目录的完整性研究结果如下。

1964年以来ISC目录 M_b 震级完整性分析：1996年以来 $M_b \geqslant 3.5$ 级地震基本完整；1978年以来 $M_b \geqslant 4$ 级地震基本完整；1966年以来 $M_b \geqslant 4.5$ 级地震基本完整；$M_b \geqslant 6.5$ 级地震饱和明显。

1978年以来ISC目录 M_S 震级完整性：1998年以来 $M_S \geqslant 3.5$ 级地震基本完整；1990年以来 $M_S \geqslant 4$ 级地震基本完整；1978年以来 $M_S \geqslant 4.5$ 级地震基本完整。

建议 ISC 目录中的中震（$5 \leqslant M<7$）和大震（$7 \leqslant M<8$）尽量使用 M_S 震级。

3.2 中国大陆西部及邻区活动地块边界带现代构造应力场

3.2.1 概述

活动地块是被形成于晚新生代、晚第四纪（10～12 万年）至现今强烈活动的构造带所分割围限、具有相对统一运动方式的地质单元（张国民等，2000；张培震等，2003）。活动地块相对完整并有相对统一的运动方式，而各活动地块之间的边界带（亦称活动边界）是活动地块之间差异运动和相互作用的局部化带和集中带，也是中国陆区强震孕育、发生的主体地带，亦是我国陆区最基本和重要的强震带。张国民等（2005）和马宏生等（2006）研究活了活动边界带的构造变形与强震活动，以及强震活动特征，进一步研究活动地块边界带的现今构造应力场对探讨活动地块边界带的构造动力过程和地震成因有重要意义。

构造应力场的研究是地球科学的一个十分重要的分支，在地球动力学中起着十分重要的作用。20 世纪 80 年代开始的国际岩石圈计划开展了由 Mary Lou Zoback 领导的“世界应力图编制”计划，该计划收集了全球范围内有关现代构造应力的测量和研究成果，建立了全球构造应力数据库，编制了“世界应力图”。该图全面反映岩石圈应力场的总体和分区特征，并对岩石圈中力的作用情况进行解释。

构造应力场的研究在中国也取得了很大进展。早在 20 世纪 70 年代，李钦祖等（1973）利用单台多个小地震初动符号确定了两个地震台的区域应力场。许忠淮等（1983）利用多个台站的多个小地震，通过求平均节面解推断出多分区的地壳构造应力场的主应力轴方向。利用同样方法，得到了鄂尔多斯地块周围（薛宏远和鄢家全，1984）、中国东部大陆（汪素云和许忠淮，1985）和青甘和川滇地区（许忠淮等，1987）。许忠淮等（1989）利用 P 波初动推断了新疆和西藏部分地区主应力轴的方向，并根据以前其它地区应力场结果，编制了中国构造应力场方向图，总结了我国大陆地震构造应力场的主要特征。许忠淮（2001）根据地震矩张量解、P 波初动方向震源机制解和深井孔的孔壁崩落资料，编制了东亚地区现今地壳构造应力场主应力方向和应力类型分布图。

确定应力场的另一个方法是利用断层滑动方向和震源机制解数据（Angelier，1979；Ellsworth，1981；Gephart and Forsyth，1984；Michael，1987）。许忠淮（1984）用滑动方向拟合法反演了富蕴地震断裂带应力场。谢富仁等（1993）用断层滑动方向反演了中国西南地区构造应力场。康英等利用 137 个震源机制解的资料，反演获得了了广东及邻区 12 个地区的构造应力张量数据。杜兴信和邵辉成（1999）使用 1920～1996 年的震源机制资料，分区反演了中国现代构造应力场。

由中国科学技术部基础性工作专项资助的《中国大陆地壳应力环境基础数据库》通过收集我国大陆及邻区 6 类主要地壳应力数据：水压致裂原地应力测量数据、应力解除原地应力测量数据、震源机制解资料、钻孔崩落资料、断层滑动反演资料和连续应力应变观测资料，汇集了我国及邻区大量地应力基础资料（谢富仁等，2007）。利用该数据库，对中国大陆及邻区进行了构造应力分区划分。Wan（2010）以该数据库为基础，结合未包含在数据库中 Harvard CMT 解，5°×5°反演，得到了 2°×2°的中国大陆现今构造应力场。

前人反演中国大陆构造应力场时，其分区是采用矩形区域滑动或根据经验划分分区的方法，直接针对活动地块边界带构造应力场的研究，还没有人给出。而活动地块边界是中国陆区强震孕育、发生的主体地带，占我国陆区总面积 16% 的活动地块边界覆盖了 100% 的 8 级以上巨大地震、86% 的 7～7.9 级大地震和 56 % 的 6～6.9 级地震，活动地块边界带是大陆 7 级以上强震活动的集中带，是从事地震预测研究和防震减灾的主要目标区（张国民等，2000）。研究活动地块边界带上的构造应力场特征具有重要意义。

在前人对中国大陆活动地块及其边界带划分和研究（张培震等，2003；张国民等，2005；马宏生等，2006）的基础上，利用哈佛全球矩张量解，反演了中国大陆西部及邻区地块边界带上的现代构造应力场，分析中国大陆西部及邻区地块边界带上的现代构造应力场特征。

3.2.2　构造应力场反演方法

本文采用 FMSI 方法反演构造应力场。该方法假设断层的滑动方向与应力场投影在断层面上的剪切应力方向一致，研究区内应力场是均匀的，地震可能发生在预先存在的任何产状的断层上，然后利用网格搜索方法寻找一组地震的最佳拟合应力张量，使得应力场张量和实际数据的平均参差最小（Gephartand Forsyth，1984；Gephart，1990）。

因为断层的滑动方向只依赖于应力张量中的 4 个独立分量，所以根据震源机制解来反演构造应力场时，我们只能确定应力张量 6 个独立参数中的 4 个量，即 3 个主应力的方向和主应力的相对强度 $R=(\sigma_2-\sigma_1)/(\sigma_3-\sigma_1)$，其中 σ_1，σ_2 和 σ_3 分别为最大、中等和最小主应力的强度，R 的变化范围在 0 与 1 之间，其大小反映了中等主应力的相对大小。

FMSI 并不是一个完全的“反演程序”，它是采用网络搜索的方法，计算搜索的所有应力张量与震源机制解的平均残差，最后将平均残差最小的应力张量视为“最佳拟合应力张量”。有时震源机制解数据对应力场约束不是很好的情况下，对相同震源数据，不同的输出初值，往往会得到不同的“最佳应力张量”，有的时候这些“最佳应力张量”之间差别还比较大。这说明震源机制解数据对应力场约束不是很好的情况下，FMSI 程序对初值的依赖是比较大的。

所以一次的计算往往不能得到最佳结果，要经过多次的初值输入、计算、再将结果作为初值、计算，多次考察，结果才可能比较可靠。我们使用 FMSI 程序反演的步骤是这样：首先求出边界带内哈佛全球矩张量解的 P 轴和 T 轴的平均走向和倾角，再算出哈佛全球矩张量解和平均 P 轴和 T 轴的平均残差，选取平均残差小（相对一致性比较好）的 P 轴或 T 轴作为第一主应力（σ_p）方向，以另外一轴为第二主应力方向（σ_s）(Gephart，1990)，作为初始输入值，以最精确方法（Exact Method）寻找最佳拟合应力张量。考察 20 个最佳“应力张量解”，选取“应力张量解”的 σ_1 和 σ_3 作为作为第一主应力方向（σ_p）和第二主应力方向（σ_s），计算，重复直至稳定。整个过程可能都需要调换第一主应力方向（σ_p）和第二主应力方向（σ_s）来计算，考察结果。

应力方向几度的变化可能对应力场反演没有太大的意义，但我们通过反复输入计算，主要是考察应力场反演的稳定程度和震源机制解对应力场的约束程度，有时候，震源机制解对应力场的约束程度低的时候，虽然计算残差小，但得到的应力场稳定性差。

我们以 R 为 0.1 和 0.05 的间隔进行了计算，发现 17 个活动地块边界带的最佳拟合张量没有发生变化，两个活动地块边界带发生了非常微小的变化（<4°），只有两个边界带发生了十几度的变化，这说明 R 以 0.1 的间隔档就已经能比较稳定的得到最佳拟合应力张量。我们最后给出的结果是 R 以 0.05 间隔反演的最佳矩张量解。

3.2.3　中国大陆西部及邻区活动地块边界带及哈佛全球矩张量解数据

张培震等（2003）对中国大陆及其邻区给出了活动地块的两级划分。其中Ⅰ级活动地块区 6 个，含有 66 个Ⅱ级活动地块。张国民等（2005）根据活动地块的划分结果，勾画出了不同级别活动地块的 26 条边界带。本文研究中国大陆西部及邻区地区活动地块边界带的现代构造应力场，根据张国民等（2005）活动地块边界带的划分结果，将中国大陆西部及邻区地区内划分为 21 个活动地块边界带（表 3-2-1 和图 3-2-1）。这 21 个活动地块边界带和根据张国民等（2005）的划分基本一致，但考虑到反演应力场时哈佛全球中心矩张量解数据的多少，在宽度上会有所调整（表 3-2-1）。

表 3-2-1　中国大陆西部及邻区活动地块边界带

编号	活动地块边界带	两侧地块名称	边界带长度/ km	边界带宽度/ km
1	富蕴带	准噶尔-阿尔金	790	120
2	北天山带	天山-准噶尔	1140	70～140
3	南天山带	塔里木-天山	1840	80～160
4	西昆仑带	青藏-西域（西段）	1010	70～150
5	阿尔金带	青藏-西域（中段）	1140	70～150
6	海原-祁连带	青藏-西域（东段）	1200	100～220
7	贺兰山带	华北-西域	530	120～160
8	西秦岭-德令哈带	祁连-柴达木	1150	60～120
9	岷山-龙门山带	青藏-南华（北段）	550	50～220
10	安宁河-小江带	青藏-南华（南段）	790	70～210
11	东昆仑带	巴颜喀拉-柴达木	1950	80
12	玛尼-玉树带	羌塘-巴颜喀拉	2180	80
13	鲜水河带	巴颜喀拉-川滇	600	80
14	三江带	羌塘-川滇	570	80
15	红河带	青藏-滇缅	780	60～120
16	澜沧江带	滇西-滇南	910	60～120
17	喀喇昆仑-嘉黎带	拉萨-羌塘	1710	90～280
18	喜马拉雅带	拉萨块体南缘	2410	90
19	Bulnay 带	萨彦-阿尔泰	1210	120
20	戈壁阿尔泰带	阿尔泰-阿拉善	1210	120
21	滇西西边界带	滇西西缘	1390	120

我们下载了 1977～2009 年哈佛全球中心矩张量解数据，分布在 21 个活动地块边界带的哈佛全球中心矩张量解数据共有 335 个，活动地块边界带最多的有 48 个数据，最小的有 4 个数据（图 3-2-1，表 3-2-1）。由震源机制的 P、T、B3 个应力轴的倾俯角 plug 的最大值，判断震源机制破裂类型的归属（刁桂苓等，2011）。如 P_{plug}最大，即 P 轴直立或者接近直立，则认为属于正断层破裂类型；如 T_{plug}最大，即 T 轴直立或者接近直立，则认为属于逆断层破裂类型；如 B_{plug}最大，则认为属于走滑断层破裂类型。在图 3-2-1 中，震源机制解中红色表示逆断层破裂类型，绿色表示正断层破裂类型，黑色表示走滑断层破裂类型。

图 3-2-2 为 21 个活动地块边界带内哈佛全球中心矩张量解 P 轴和 T 轴分布图，红线表示俯角方向，黑线表示仰角方向，长度表示倾角大小，长度越长，倾角越小。

计算过程中发现，富蕴带、阿尔金带、贺兰山带、带安宁河-小江带、鲜水河带和三江带等 6 个边界带震源机制解都少于 5 个，对应力场约束较弱，我们从许忠淮（2001）认为 1920～1999 年可靠的中国大陆震源机制解中挑选这 6 个边界带数据（M>4.7），补充震源机制解数目，使所有边界带的震源机制解数目都达到 6 个以上。

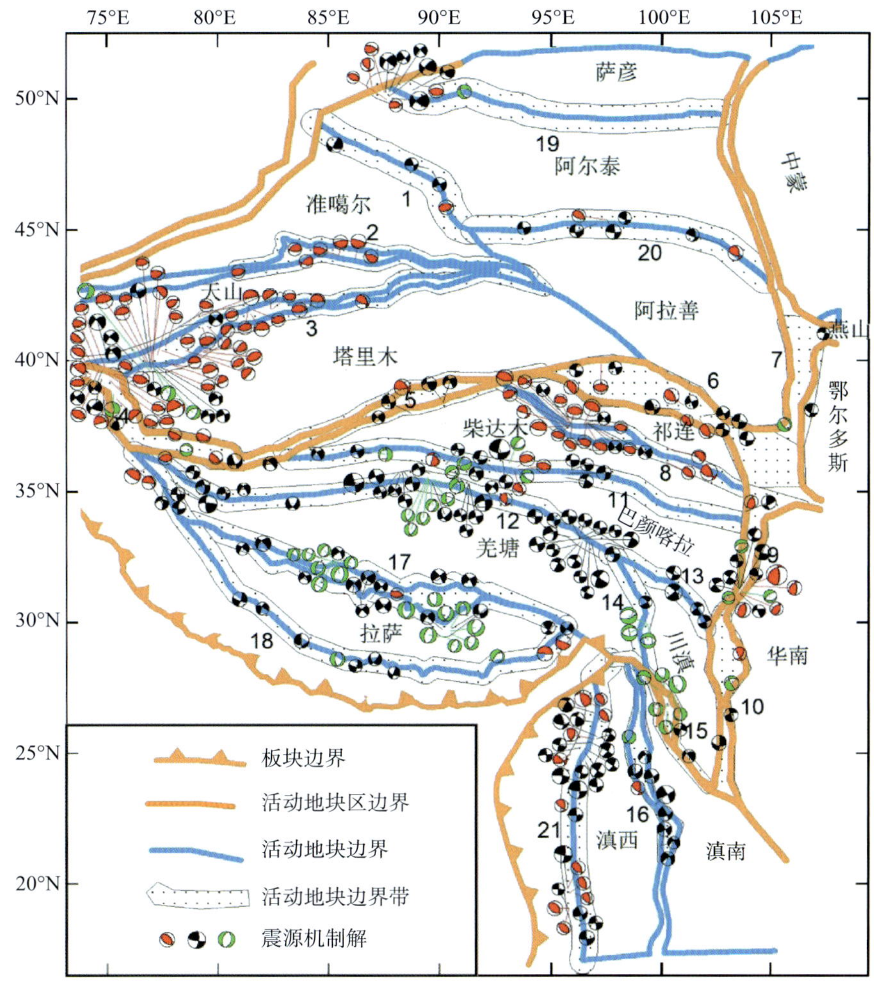

图 3-2-1　中国大陆西部及邻区活动地块边界带和哈佛全球矩张量解

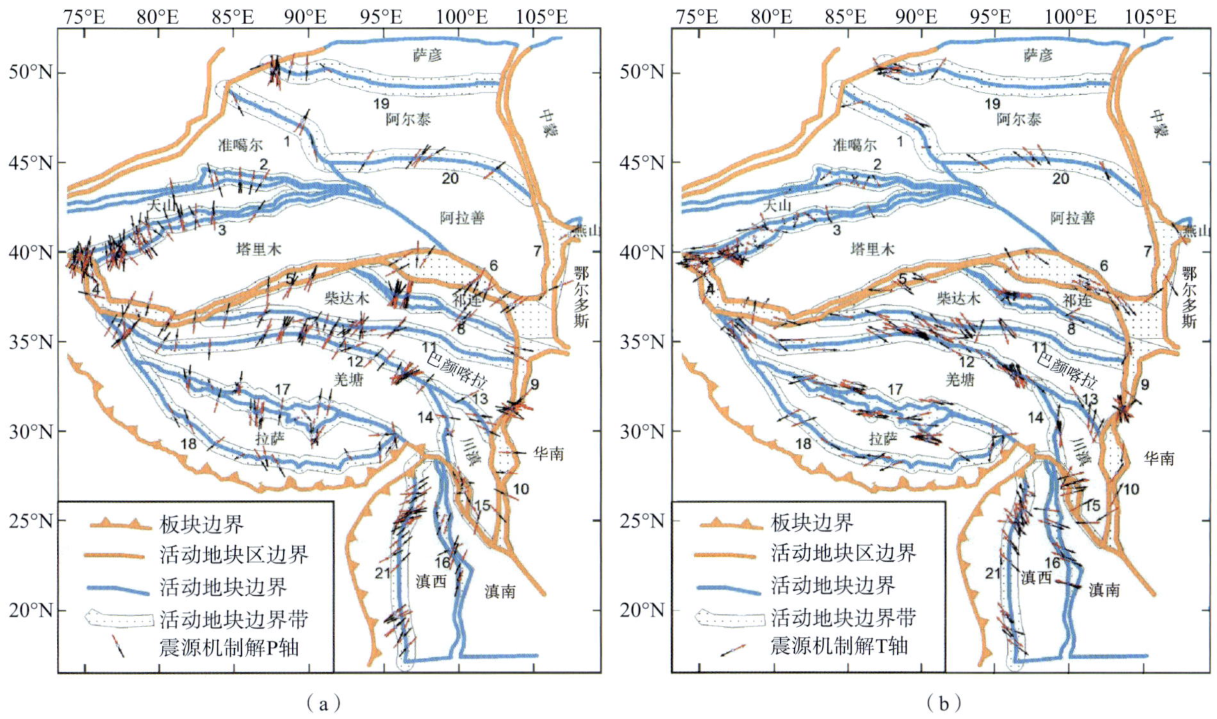

图 3-2-2　中国大陆西部及邻区活动地块边界带 P 轴（a）和 T 轴（b）分布

红线表示俯角方向，黑线表示仰角，长度表示倾角大小，长度越长，倾角越小

3.2.4　构造应力场反演结果

经过多次的输入计算，最后确定的应力场如表 3-2-2 和图 3-2-3 所示。

表 3-2-2　中国大陆西部及邻区活动地块边界带应力场反演结果

编号	名称	两侧地块名称	机制解数目	σ_1		σ_2		σ_3		R	平均残差
				走向(°)	倾角(°)	走向(°)	倾角(°)	走向(°)	倾角(°)		
1	富蕴带	准噶尔-阿尔金	6	348	16	252	20	114	64	0.75	2.071
2	北天山带	天山-准噶尔	7	358	7	91	23	252	66	0.60	2.118
3	南天山带	塔里木-天山	46	172	19	263	2	358	71	0.45	6.894
4	西昆仑带	青藏-西域（西段）	26	24	22	144	51	281	30	0.75	6.229
5	阿尔金带	青藏-西域（中段）	8	185	17	73	51	287	34	0.60	2.013
6	海原-祁连带	青藏-西域（东段）	13	199	9	108	9	334	77	0.20	2.522
7	贺兰山带	华北-西域	6	35	28	261	53	137	23	0.60	4.426
8	西秦岭-德令哈带	祁连-柴达木	22	10	5	280	7	135	81	0.55	2.933
9	岷山-龙门山带	青藏-南华（北段）	16	57	3	149	39	323	51	0.60	6.374
10	安宁河-小江带	青藏-南华（南段）	10	298	19	41	33	183	51	0.25	4.714
11	东昆仑带	巴颜喀拉-柴达木	20	38	15	276	63	134	22	0.40	6.992
12	玛尼-玉树带	羌塘-巴颜喀拉	44	25	5	229	85	115	2	0.45	5.825
13	鲜水河带	巴颜喀拉-川滇	6	84	50	260	40	352	2	0.20	0.611
14	三江带	羌塘-川滇	7	116	77	262	11	353	7	0.35	1.717
15	红河带	青藏-滇缅	8	162	27	25	55	263	21	0.30	1.605
16	澜沧江带	滇西-滇南	10	185	3	81	77	276	13	0.25	3.420
17	喀喇昆仑-嘉黎带	拉萨-羌塘	31	192	6	327	81	101	6	0.50	4.784
18	喜马拉雅带	拉萨块体南缘	17	22	16	223	73	114	6	0.25	5.570
19	Bulnay 带	萨彦-阿尔泰	12	187	6	95	13	301	76	0.55	4.164
20	戈壁阿尔泰带	阿尔泰-阿拉善	7	53	20	147	9	259	68	0.20	1.296
21	滇西西边界带	滇西西缘	30	234	0	325	37	144	53	0.65	3.382

FMSI 程序实际上是使用网格搜索方法计算不同应力张量和实际震源数据的平均残差，所以给出的是不同应力张量和对应的平均参差，我们把平均残差最小的应力张量视为“最佳拟合应力张量”。由

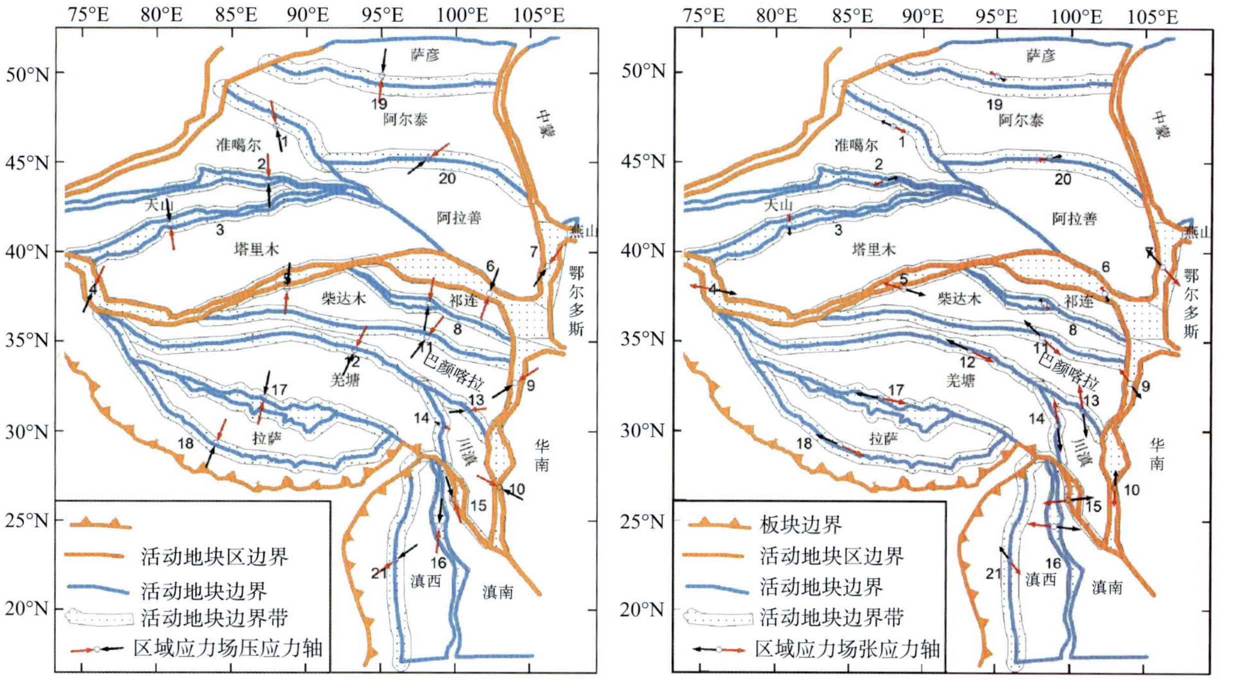

（a）　　　　　　　　（b）

图 3-2-3　中国大陆西部及邻区活动地块边界带现在构造应力场分布

（a）最大主压应力方向；（b）最大张应力方向

红线表示俯角方向，黑线表示仰角，长度表示倾角大小，长度越长，倾角越小

于采用网络搜索方法，输入初值对得到的“最佳拟合应力张量”有一定影响，所以我们把“最佳拟合应力张量”作为初值，经过多次的输入计算，得到比较可靠的构造应力场。同时，震源机制解对应力场的约束程度也对计算的平均残差有着影响，震源机制解对应力场的约束程度低的时候，平均残差很小，但并不一定“最佳拟合应力张量”结果就好。为了检验经过多次输入计算得到“最佳拟合应力张量”，对每个边界带，我们取出平均残差最小的 20 个结果，考察其可靠性和稳定性。

图 3-2-4、图 3-2-5 是残差最小的 20 个 σ_1，σ_3 分布，图 3-2-4 是从中心到外，倾角均匀增大，中心是 0°，最外是 90°，图 3-2-5 从中心到外，倾角均匀减小，中心是 90°，最外是 0°。把图 3-2-4 和图 3-2-5 结合起来看，就比较清楚地看出 σ_1，σ_3 的反演结果是否稳定。在前 20 个参差最小的 σ_1，σ_3 中，第 11 边界带（东昆仑带），第 13 边界带（鲜水河带），第 16 边界带（澜沧江带），第 17 边界带（喀喇昆仑-嘉黎带）出现两组解，这说明震源机制解对应力场的约束不是很好。其他 17 个边界带，在给出的前 20 个残差最小的 σ_1，σ_3 分布都非常稳定，说明源机制解对应力场的约束很好。

平均残差表示研究区域内的应力张量的非均匀程度，平均残差小于 6°，代表研究区域较均匀的应力条件，而大于 9°，表示应力场有较高的非均匀性（Wyss et al.，1992；Wyss and Lu，1995）。在我们研究的 21 个活动地块边界带中，有 17 个边界带的平均残差小于 6°，表明 17 个边界带有较好的均匀性，而其他 4 个边界带虽然平均残差大于 6°，但也都小于 7°，表明还是以均匀性为主。

中国大陆西部及邻区内活动地块边界带上最大压应力 σ_1 轴绝大多数近水平，倾角较陡的只有三江带（倾角 77°）和鲜水河带（倾角 50°）。σ_1 轴水平方向走向从喜马拉雅带（22°）到喀喇昆仑-嘉黎带（31°）、玛尼-玉树带（44°）、东昆仑带（38°）的逐渐地顺时针从 NNE 方向向 NE 方向旋转，西秦岭-德令哈带（10°）、海原-祁连带（19°，俯角方向 199°）和贺兰山带（35°）也是逐渐地顺时针从 NNE 方向向 NE 方向旋转，西域地块区中轴线方向，阿尔金带（5°，俯角方向 185°）和 Bulnay 带（7°，俯角方向 187°），σ_1 轴水平方向基本保持 NNE 方向基本不变，中轴线右侧戈壁阿尔泰带（53°）顺时针旋转成 NE 方向，中轴线左侧南天山带（352°，俯角方向 172°）、北天山带（358°）和富蕴带（348°）

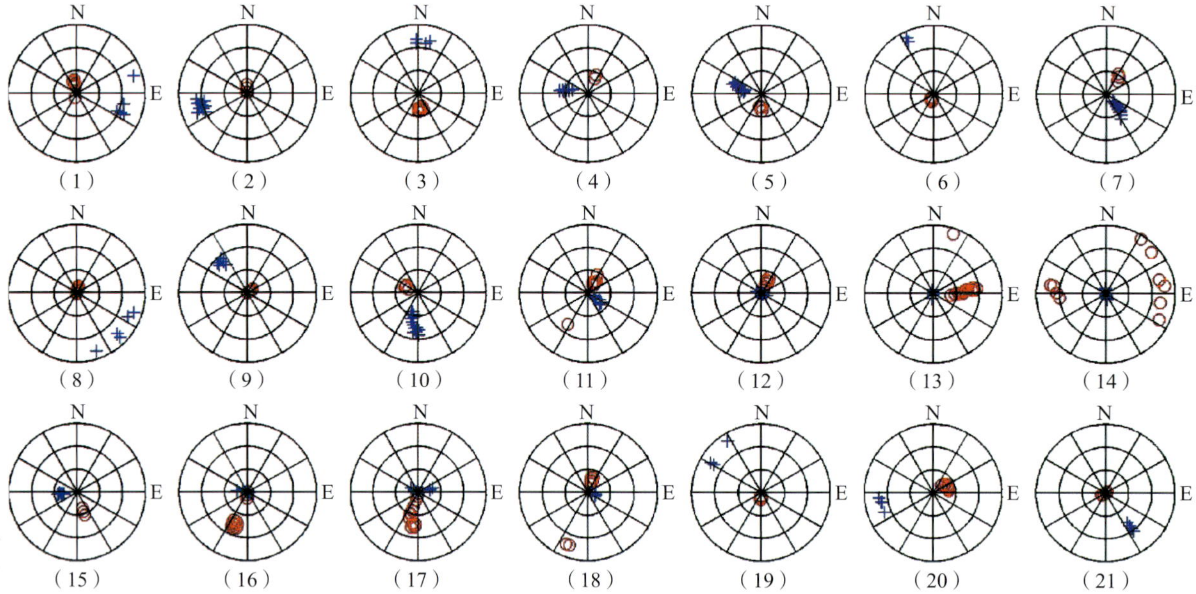

图 3-2-4　残差最小的 20 个 σ_1，σ_3 分布（中心表示倾角 0°）

红色圆圈表示 σ_1，兰色十字表示 σ_3；

上面为正 N，表示走向 0°，右边为正 E，表示走向 90°；从中心到外，倾角均匀增大，中心是 0°，最外是 90°

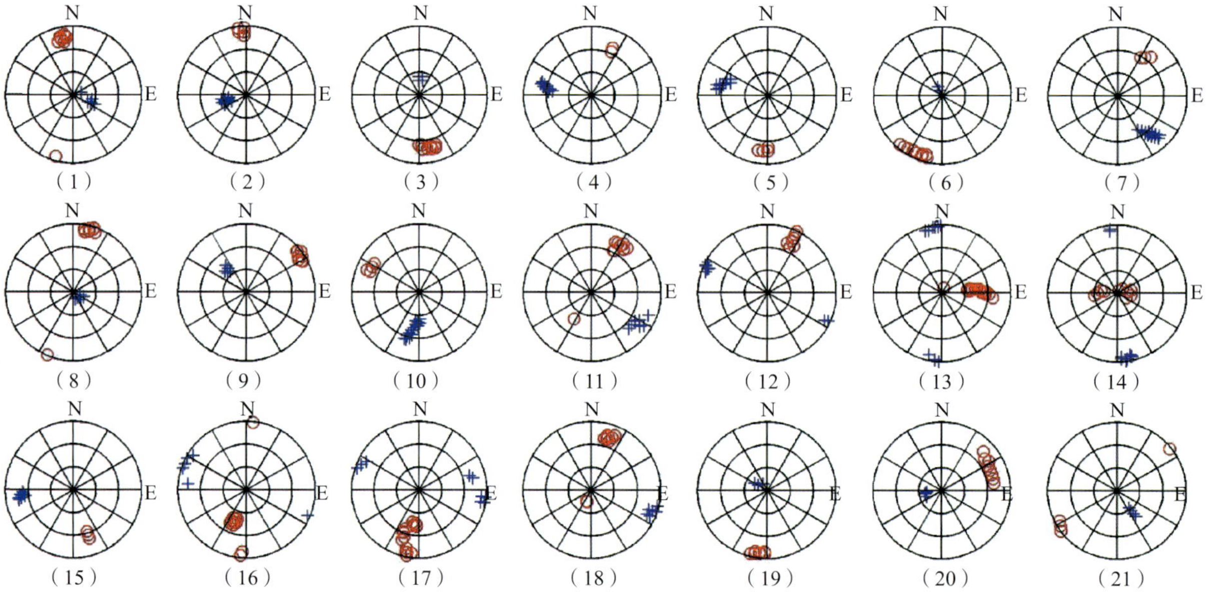

图 3-2-5　残差最小的 20 个 σ_1，σ_3 分布（中心表示倾角 90°）

红色圆圈表示 σ_1；兰色十字表示 σ_3；

上面为正 N，表示走向 0°，右边为正 E，表示走向 90°；从中心到外，倾角均匀减小，中心是 90°，最外是 0°

逆时针旋转成 NNW 方向。而从喜马拉雅带到喀喇昆仑-嘉黎带、玛尼-玉树带、鲜水河带、安宁河-小江带、红河带、澜沧江带一直到滇西西边界带，从 NNE 到 NE、NEE、SEE、SSE、NEE，一直到 NE，更是发生了剧烈的顺时针旋转。

最小压应力 σ_3轴倾角呈两极分布，西域地块区内活动地块边界带和青藏地块区内东北缘（海原-

祁连带和西秦岭-德令哈带）σ_3轴倾角较陡，而青藏地块区内及其西北边界（西昆仑带和阿尔金带）σ_3轴倾角近水平，所以西域地块区和青藏地块区内东北部相对于其他大部分青藏地块区有更多的逆冲地震。最小压应力 σ_3轴水平方向在青藏块体区中西部及边界等大部分活动地块边界带上，西昆仑带（101°，俯角方向 281°）、喜马拉雅带（114°）、喀喇昆仑-嘉黎带（101°）、玛尼-玉树带（115°）和阿尔金带（107°，俯角方向 287°）近 EW 分布，在青藏块体区东部边界从北到南一直到滇缅块体区西秦岭-德令哈带（135°）、岷山-龙门山带（143°，俯角方向 323°）、鲜水河带（172°，俯角方向 352°）、三江带（173°，俯角方向 353°）、红河带（263°）、澜沧江带（276°）和滇西西边界带（324°，俯角方向 144°），同样发生顺时针剧烈旋转。

以上 σ_1轴和 σ_3轴与许忠淮等（1989）利用 P 波初动推断的中国构造应力场，杜兴信和邵辉成（1999）有震源机制解反演的中国大陆现代构造应力场以及 Wan（2010）的结果以及 GPS 给出的结果（Wang，2010；李延兴，2003；）基本是一致的，但我们给出的是活动地块边界带构造应力场，是把活动边界带作为一个整体反演，反映的是整个边界带的构造应力场。

因为本文是针对整个边界带反演应力场的，但由于震源机制解资料在空间分布上的不均匀性，会对反演结果造成一定影响。比如资料偏少的边界带（段）：阿尔泰北缘、鄂尔多斯西缘、川滇东缘南缘，巴颜喀拉北缘等等，由于资料不均匀，虽然是按整个边界带反演的，但实际反映的是震源机制解比较集中的某些段的应力场。

3.2.5　结论

应用哈佛全球中心矩张量解数据，使用 FMSI 程序计算，给出了中国大陆西部及邻区活动地块边界带构造应力场。有以下结论：

（1）对中国大陆西部及邻区活动地块边界带，使用 FMSI 程序，经过多次输入计算和稳定性检验，给出了比较可靠的构造应力场。中国大陆西部及邻区活动 21 个地块边界带构造应力场以均匀性为主，17 个边界带应力场平均残差小于 6°，所有边界带应力场平均残差都小于 7°。

（2）由于个别边界带上震源机制解资料在空间分布上的不均匀性，会对反演结果造成一定影响。虽然是针对整个边界带反演，但实际反映的是震源机制解比较集中的某些段的应力场。

（3）最小压应力 σ_3轴倾角呈两极分布，西域地块区内活动地块边界带和青藏地块区内东北缘（海原-祁连带和西秦岭-德令哈带）σ_3轴倾角较陡，而青藏地块区内及其西北边界（西昆仑带和阿尔金带）σ_3轴倾角近水平，所以西域地块区和青藏地块区内东北部相对于其他大部分青藏地块区，有更多的逆冲地震。

（4）边界带上最大压应力 σ_1轴绝大多数近水平，在中国大陆西部及邻区 90°E 以西，σ_1轴水平方向基本上为近 SN 向，在青藏高原的东北部，σ_1轴水平方向基本上为近 NE 向，在青藏高原的东南部，σ_1轴水平方向绕喜马拉雅构造东端顺时针方向旋转。这表明，青藏高原在印度板块 NNE 向的强烈挤压下，向 NNE-NE 向运动，在其北方受到阿拉善地块、蒙古地块及西伯利亚地块的阻挡，青藏高原地壳向 SE 方向做挤出运动，在东部受到华南地块的阻挡，转变为向南运动，经滇西南向印度洋方向扩张。在青藏高原的中部，地壳物质经柴达木-巴颜喀拉和羌塘地块的东部，再经川滇和滇西南地块向印度洋运移。

致谢：闻学泽研究员提出的修改意见使本文有很大改进，特此致谢！

参考文献

崔效锋、谢富仁，利用震源机制解资料对中国西南及邻区进行应力分区的初步研究，地震学报，1999，21（5）：513～522。

刁桂苓、徐锡伟、陈于高等，汶川 M_W7，9 和集集 M_W7，地震前应力场转换现象及其可能的前兆意义［J］，地球物理学报，2011，54（1）：128～136。

杜兴信、邵辉成，由震源机制解反演中国大陆现代构造应力场［J］，地震学报，1999，21（4）：354～360。

李钦祖、王泽皋等，由单台小地震资料所得两个区域的应力场［J］，地球物理学报，1973，16，49～61。
李延兴、杨国华、李智等，中国大陆活动地块的运动与应变状态［J］，中国科学（D辑），2003，33（增刊）：65～81。
马宏生、张国民、刘杰等，中国大陆活动地块边界带强震活动特征的研究［J］，地震地质，2006，28（1）：48～60。
康英、杨选、陈杏等，广东及邻区的应力场反演［J］，地震学报，2008，30（1）：59～66。
汪素云、许忠淮，中国东部大陆的地震构造应力场［J］，1985，7（1）：17～22。
许忠淮、阎明等，由多个小震推断的华北地区构造应力场的方向［J］，地震学报，1983，5（3）：268～279。
许忠淮、戈澍谟，用滑动方向拟合法反演富蕴地震断裂带应力场［J］，地震学报，1984，8（5）：395～404。
许忠淮、汪素云等，由多个小震推断的青甘和川滇地区地壳应力场的方向特征［J］，地球物理学报，1987，30（5）：476～486。
许忠淮、汪素云、黄雨蕊等，由大量地震资料推断我国大陆构造应力场［J］，地球物理学报，1989，35（5）：560～572。
许忠淮，东亚地区现今构造应力图的编制［J］，地震学报，2001，23（5）：492～501。
谢富仁、祝景忠、粱海庆等，中国西南地区现代构造应力场基本特征，地震学报，1993，15（4）：407～417。
谢富仁、崔效锋、赵建涛等，中国大陆及邻区现代构造应力场分区［J］，地球物理学报，2004，47（4）：654～662。
谢富仁、陈群策、崔效锋等，中国大陆地壳应力环境基础数据库［J］，地球物理学进展，2007，22（1）：131～136。
薛宏远、鄢家全，鄂尔多斯地块周围的现代地壳应力场［J］，地球物理学报，1984，27（2）：144～152。
张国民、张培震，“大陆强震机理与预测”中期学术进展［J］，中国基础科学，2000，（10）：4～10。
张国民、马宏生、王辉等，中国大陆活动地块边界带与强震活动［J］，地球物理学报，2005，48（3）：138～146。
张培震、邓起东、张国民等，中国大陆的强震活动与活动地块［J］，中国科学（D辑），2003，33（增）：12～20。
Angelier J.，Determination of the mean principal direction of stress for a given population. Tectonophysics，1979，56：17～26.
Ellisworth W. L.，A general theory for determing the state of stress in the earth from fault slip measurements［J］. Terra Cognita，1981，2（2）：170～171.
Gephart J W.，FMSI：A fortran program for inverting fault/slickenside and earthquake focal mechanism data to obtain the original stress tensor. Comput Geosci. 1990，16：953～989.
Gephart J W and Forsyth D W.，An improved method for determining the regional stress tensor using focal mechanism data：application to the San Fernando earthquake sequence. J Geophys Res. 1984. 89（B11）：9305～9320.
Michael A. J.，Use of focal mechanisms to determine stress：a control study. J Geophys Res. 1987，92：357～368.
Wan Y G.，Contemporary tectonic stress field in China［J］. Earthq Sci. 2010，23：377～386.
Wyss M，Liang B，Tanigawa W R and Wu X.，Comparison of orientations of stress and strain tensors based on fault plane solutions in Kaoiki Hawaii. J Geophys Res. 1992，97：4769～4790.
Wyss M and Lu Z.，Plate boundary segmentation by stress directions：southern San Andreas fault，California. Geophys Res Lett. 1995，22：547～550.

3.3 东亚大陆大三角地震区的强震成组活动迁移图像分析*

3.3.1 概述

东亚大陆的中国大陆西部及邻近地区（约105°E以西）地震活动呈三角形分布（简称东亚大陆大三角地震区），备受地震学家和地震地质学家的关注（Gutenberg，1954；马宗晋，1980）。图3-3-1是依据ISC地震目录（M_B> 4.5，1964～1996年）的东亚地区地震震中分布（许忠怀，2001），它明显表

* 本节作者：傅征祥、吕晓健等，中国地震局地震预测研究所。
原文载于“地震”，2010，30（4）：14～21。

示出在东亚大陆西部存在一个高地震活动水平的三角形地区。与东亚海域的西太平洋俯冲带连续和狭窄的地震带相比，东亚大陆大三角地震区的地震活动是十分离散的块状分布，它的三个顶点位置大致是：西顶点 35.0°N，65.0°E，位于兴都库什—帕米尔一带；北顶点 55.0°N，107.0°E，位于俄罗斯萨彦；南顶点 20.0°N，105.0°E，位于越南北部。其主体位置是中国、蒙古国、印度北部及其周边地区。东亚大陆大三角地震区的地震绝大多数是浅源活动，少量的中源地震（深度 70～300 km）集中发生在兴都库什-帕米尔以及缅甸地区。

成组地震活动时空迁移的图像有可能提供预期未来地震活动主体地区的信息，是地震趋势预测的一种可能方法。马宗晋等（马宗晋，1982）曾研究了 1900～1980 年中国大陆 7 级以上成组地震的时空迁移图像，迁移图像划分为 4 个阶段：1897～1912 年、1920～1937 年、1946～1957 年、1966～1980 年。由图像表明，每个时段的地震活动都有一个相对集中的主体活动地区，表现为 7.0 级以上大地震的主体活动地区呈现出跳跃式迁移，大体上是由西向东演进。

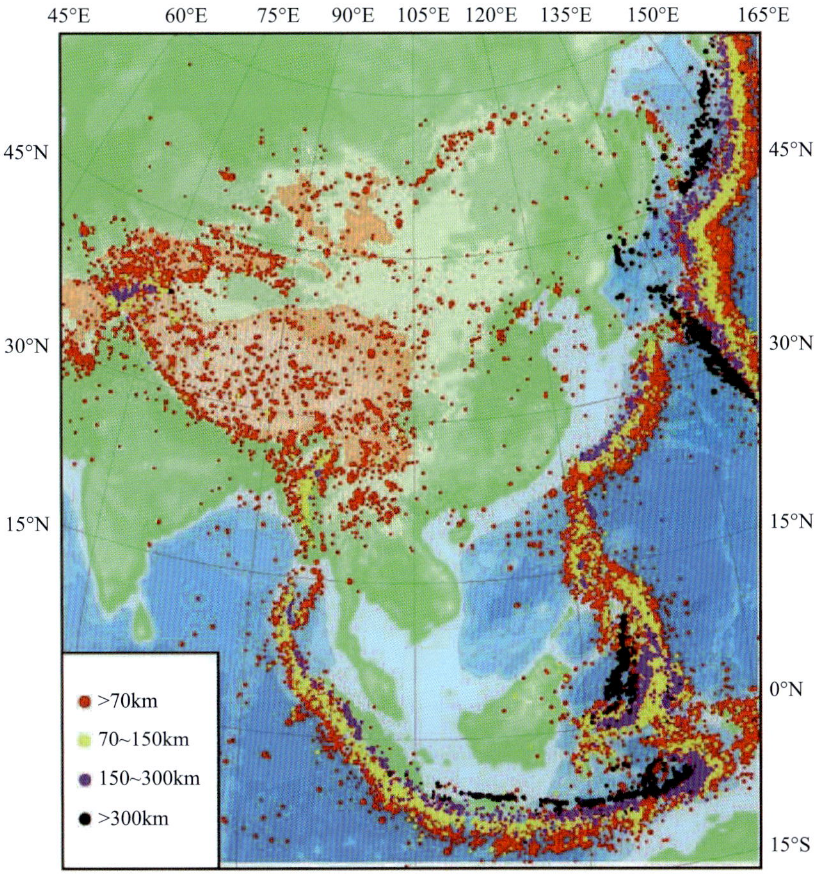

图 3-3-1　东亚地区地震震中分布（M_B> 4.5，1964～1996 年，资料来源 I SC；据许忠淮，2001）

地震时空迁移图像可能因被研究地震的起算震级不同而有差异。笔者曾研究过 1900～2001 年中国大陆内部 7.5 级以上浅源大地震时空迁移图像，结果见文献（傅征祥，2005）。本文将进一步研究 1900～2008 年间东亚大三角地震区 7.5 级以上浅源大地震时空迁移图像及其在地震趋势预测中的应用。

3.3.2　资料

表 3-3-1 给出东亚大三角地震区 1900～2008 年间，现代仪器记录的 7.5 级以上浅源（h≤70 km）地震目录，是完整不遗漏的事件组。其中，中国大陆部分的目录资料（表 3-3-1 目录第 5 栏）来自国

家地震局震害防御司（国家地震局震害防御司编，1995，1999）和中国地震局监测预报司预报管理处(2005)；中国大陆西部境外部分的地震活动，是基于 Engdahl 等（2002）新编分析整理的 1900～1999 年全球目录，以及美国的 USGS NEIC 公布的 2000～2008 年地震目录（表 3-3-1 目录第 6 栏）。

表 3-3-1 东亚大陆地区浅源大地震列表（1901～2008 年，$M_S \geqslant 7.5$，$h \leqslant 70$ km）

编号	年 月 日	纬度 (°)	经度 (°)	震级 (M_S)（中国）	震级 (M_W)（Engdahl et al.，2002；NEIC，2008）	地 区
1	1902 08 22	39.9	76.2	8.3		中国新疆
2	1905 04 04	33.0	76.0		7.8	印度-克什米尔
3	1905 07 09	49.0	99.0		8.5	蒙古库苏古勒省
4	1905 07 23	49.0	98.0		8.4	蒙古库苏古勒省
5	1906 12 23	43.5	85.0	7.7		中国新疆
6	1911 01 03	43.5	77.5		7.8	哈萨克斯坦-吉尔吉斯斯坦
7	1912 05 23	21.0	97.0		7.7	缅甸中部
8	1914 08 05	43.5	91.5	7.5		中国新疆
9	1916 08 28	30.0	81.0	7.5		中国西藏
10	1918 07 08	24.8	90.7		7.5	孟加拉
11	1920 12 16	36.7	104.9	8.5		中国宁夏
12	1927 05 23	37.7	102.2	8.0		中国甘肃
13	1931 01 27	25.6	96.7		7.6	缅甸北部
14	1931 08 11	47.1	89.8	8.0		中国新疆
15	1932 12 25	39.7	96.7	7.6		中国甘肃
16	1933 08 25	31.9	103.4	7.5		中国四川
17	1934 01 15	26.5	86.5		8.0	印度-尼泊尔
18	1937 01 07	35.5	97.6	7.5		中国青海
19	1947 03 17	33.3	99.5	7.7		中国青海
20	1947 07 29	28.6	93.6	7.7		中国西藏
21	1949 07 10	39.0	70.5		7.6	塔吉克斯坦
22	1950 08 15	28.4	96.7	8.6		中国西藏
23	1951 11 18	31.1	91.4	8.0		中国西藏
24	1955 04 14	30.0	101.8	7.5		中国四川
25	1956 06 09	35.0	67.4		7.6	阿富汗兴都库什
26	1957 12 04	45.1	99.4		8.1	蒙古巴彦洪戈尔省

续表

编号	年 月 日	纬度 (°)	经度 (°)	震级 (M_S) (中国)	震级 (M_W) (Engdahl et al., 2002; NEIC, 2008)	地　区
27	1970 01 05	24.2	102.6	7.8		中国云南
28	1973 02 06	31.3	100.7	7.6		中国四川
29	1974 07 04	45.2	93.9		7.5	蒙古戈壁阿尔泰省
30	1976 07 28	39.4	118.0	7.8		中国河北
31	1997 11 08	35.2	87.3	7.5		中国西藏
32	2001 11 14	36.1	90.9	8.1		中国青海
33	2005 10 08	34.5	73.5		7.6	巴基斯坦
34	2008 05 12	31.0	103.4	8.0		中国四川

3.3.3　东亚大陆大三角地震区 7.5 级以上浅源成组地震活动的时空迁移图像

图 3-3-2 给出 1900～2008 年间东亚大陆 34 次 7.5 级以上浅源大地震震中分布。该图表明，34 次 7.5 级以上浅源大地震几乎都发生在活动块体的边界上；33 次集中发生在东亚大陆西部的大三角地震区中，在东亚大陆东部仅发生 1 次 1976 年的唐山 7.8 级地震。图 3-3-2 中以 4 种符号标示出 4 个时间段的震中分布：实心圆、空心圆、实心星号和空心星号分别表示 1902-08～1918-07、1920-12～1947-03、1947-07～1976-07 和 1997-11～2008-05 时间段。

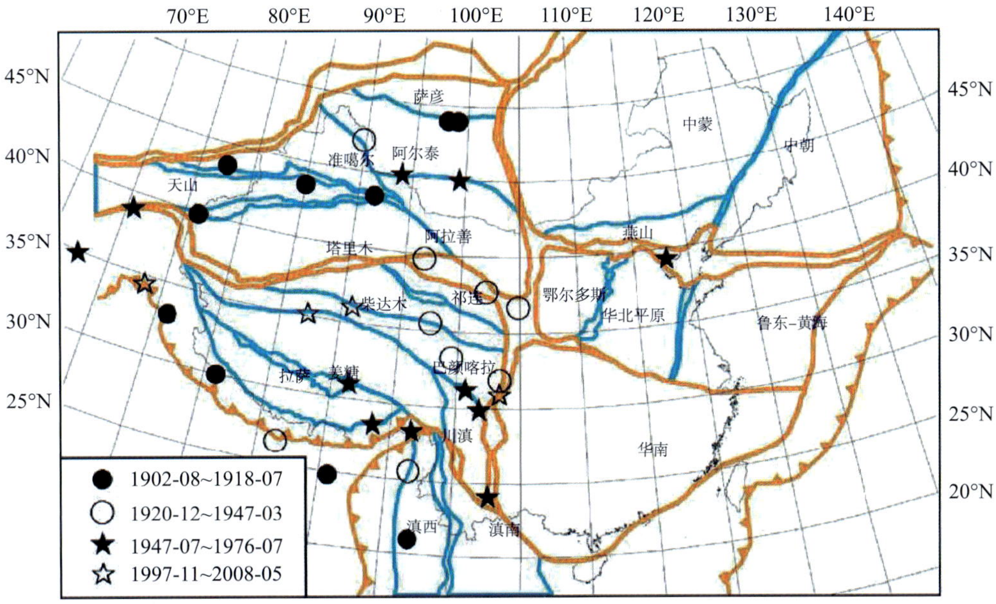

图 3-3-2　东亚大陆近代（1901～2008 年）浅源强震（$M_S \geq 7.5$，$h \leq 70$ km）震中分布

实心圆为 1902-08～1918- 07 时间段；空心圆为 1920-12～1947-03 时间段；实心星号为 1947-07～1976-07 时间段；空心星为 1997-11～2008-05 时间段；底图是中国及其周边活动地块分布（张培震

等，2003）；带齿的桔色线是板块边界；桔色实线是板内一级活动地块区的边界；桔色虚线表示未定的一级活动地块区的边界；一级活动地块区内部的二级活动块体边界用蓝色线围限，并用文字标出二级块体的名称。

由图 3-3-2 可见，对于大三角地震区而言，不同时间段的地震活动成组出现在不同的主体地区内。

在 1902-08～1918-07 时间段中（实心圆），地震成组活动地区在西域地块区的帕米尔-南北天山-蒙古的构造边界上（共发生 6 次 $M\geqslant 7.5$ 地震），以及喜马拉雅弧及邻近地区（共发生 4 次 $M\geqslant 7.5$ 地震），活动持续时间约为 17 年。

在 1920-12～1947-03 时间段中（空心圆），成组活动主要向东迁移到青藏地块区东北部的祁连地块和巴颜喀拉-柴达木地块东部（共发生 6 次 $M\geqslant 7.5$ 地震），其他 3 次仍发生在上一时段的帕米尔-南北天山-蒙古的构造边界上和喜马拉雅弧上。活动持续时间约为 28 年。

在 1947-07～1976-07 时间段中（实心星号），成组活动主体地区向南迁移到拉萨和羌塘地块东部和川滇地块（共发生 6 次 $M\geqslant 7.5$ 地震），同时大地震仍然发生在帕米尔-南北天山-蒙古的构造边界上的东西两头（共发生 4 次 $M\geqslant 7.5$ 地震），活动持续时间约为 29 年。

在 1997-11～2008-05 时间段中（空心星号），成组活动主体地区向北迁移到巴颜喀拉地块中部的边界上（共发生 3 次 $M\geqslant 7.5$ 地震），1997 年玛尼 7.5 级和 2001 年昆仑山口西 8.1 级大地震分别发生在巴颜喀拉地块南和北边界上，2008 年四川汶川 8.0 级地震发生在巴颜喀拉地块东界的龙门山断裂上，另外有 1 次发生在喜马拉雅弧西端的巴基斯坦。

以上所述，在 1900～1976 年间的前 3 个时段中，东亚大三角地震区 7.5 级以上大地震的成组活动首先表现为集中在一个主体地区中，成组地震活动主体活动区内在几十年（17～29 年）的时间尺度内有 6 次大地震活动，同时不排除在主体活动地区外的的呼应活动。前 3 个时段中的 7.5 级以上大地震主体活动地区基本上是不重复的。这样的成组活动地区的迁移现象可能表明，成组活动地区内的地震断层上，长期积累的应力似乎同时（几十年左右的时间尺度）达到临界水平和基本上释放完毕（例如青藏地块区东北部 1920-12～1947-03 时间段和东南部 1947-07～1976-07 时间段的成组活动）；有些则在成组活动后长时间还在持续调整释放（例如西域地块区的帕米尔-南北天山-蒙古的构造边界上以及喜马拉雅弧及邻近，在 1902-08～1918-07 时间段群体活动后的调整活动）。

与前 3 个时间段相比，1997-11～2008-05 的第 4 时间段中，地震活动的持续时间还嫌短（11 年），频度较低（4 次），似乎还没有完成一次成组活动。基于前 3 时段成组活动的持续时间和活动频度，预期在 1997 年玛尼 7.5 级和 2001 年昆仑山口西 8.1 级大地震周围的青藏块体中北部，在未来可能形成一次完整的成组活动的主体活动地区。

大体上，自 1902～1976 年，东亚大陆大三角地震区的 7.5 级以上浅源成组活动的主体地区沿着大三角地震区的边界顺时针迁移，到了 1997～2001 年看起来转移到大三角地震区的内部。

为了进一步表达东亚大陆大三角地震区近代 4 个时间段中浅源强震（$h\leqslant 70$ km，$M_S\geqslant 7.5$）主体活动地区迁移的情况，将 4 个主体活动地区地震活动的时间过程表达在图 3-3-3 上。图 3-3-3 自下而上的 4 组震级（M）-时间（t）对应的主体地区分别是：① 帕米尔-南北天山-蒙古以及喜马拉雅弧及邻近；② 青藏地块区东北部的祁连地块和巴颜喀拉-柴达木地块东部；③ 青藏地块区东南部的拉萨和羌塘地块东部以及川滇地块；④ 巴颜喀拉地块中部。

3.3.4　东亚大陆大三角地震区 7.5 级以上浅源地震活动的时间过程

图 3-3-4 表示东亚大陆 7.5 级以上浅源地震活动的时间过程。对于东亚大陆西部的东亚大三角地震区（除去 1976 年唐山地震）而言，地震活动过程表明相邻事件时间间隔（Δt）的平均值（Δt）为 3.30 年，方差（σ）为 4.43 年；其变异系数 $Cv=\sigma/\Delta t=1.34$。Kagan Y. Y.（1991）指出 $Cv=0$、$0<Cv<1$、$Cv=1$ 和 $Cv>1$ 分别表示事件组是周期、准周期、泊松和群集的时间过程。这样，东亚大陆大

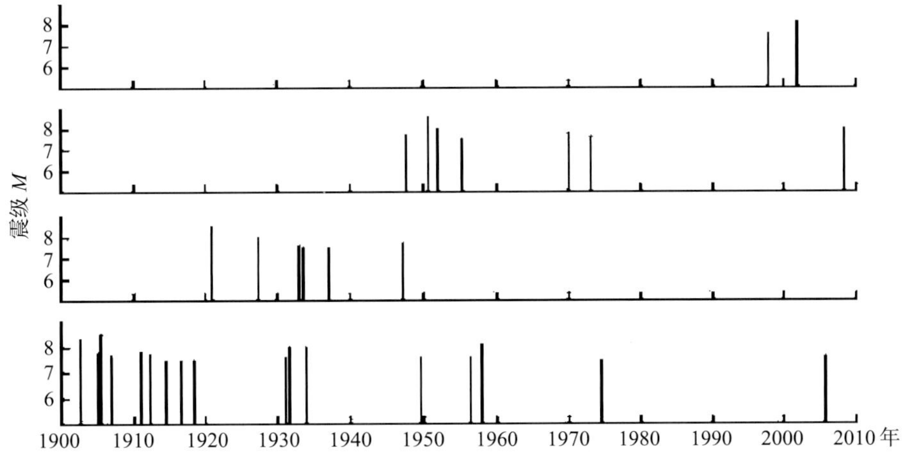

图 3-3-3　东亚大陆大三角地震区震级（*M*）-时间（*t*）过程

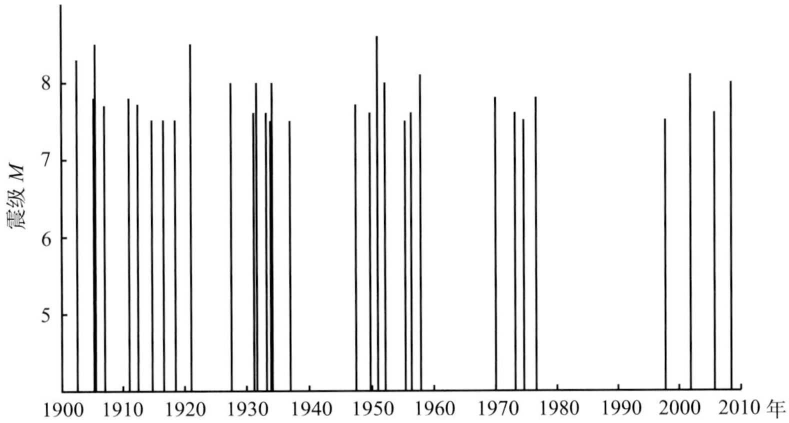

图 3-3-4　东亚大陆 7.5 级以上浅源地震活动的 *M-t* 过程

三角地震区 7.5 级以上浅源地震活动的时间过程具有群集性质，显示出密集活动和平静的交替过程。直观上，地震群集的时段是 1902～1920 年，1927～1937 年，1947～1957 年，1970～1974 年和 1997～2008 年。

3.3.5　成组地震活动迁移过程的力学机制分析

本文前面描述了东亚大陆大三角地震区 7.5 级以上浅源地震的成组活动主体地区的迁移图像，该图像牵涉到由众多断裂组成的断裂系统，张国民（1993），耿鲁民（1993）认为断层系统内各个断层相互耦合作用和应力转移过程可能是其力学机制，并且用弹簧、阻尼器、滑块组成的平面网络系统模拟相互作用的断层活动系统。模型中由弹簧、阻尼器及滑块组成的元件模拟一个强震孕育段，多个元件组成一个串联列代表一个地震活动带。用耦合元件（Maxw ell 体）模拟地震活动带之间和带内各段之间的耦合作用。模型在定常应变速率的边界加载作用下，各元件进行应变累积。当滑块上应力超过其静摩擦强度时，滑块滑动，其应力降至动摩擦强度。在模拟过程中，当某一基本元件破裂后，将引起整个系统的应力调整，使与破裂元件同一列的元件产生不同程度的应力升高，而其他元件则大多产生不同程度的应力下降（傅征祥等，2005）。

模拟表明，就每个地震带来说，地震活动在时间轴上具有高低交替的不均匀性，即出现群集的地震活动；同时，各带的地震活动是不同步的，且具有此起彼伏交替活动的特点，即出现成组地震活动随时间迁移的图像（图 3-3-5）。在一个地震带上某个时段中的群集地震，相当于有多个地震带构成的区域上该时段中的主体活动地区。主体活动地区随时间迁移，不表示前一个主体活动地区的地震活动将完全终止，而是还有一些活动在继续或调整。

图 3-3-5 与东亚大陆大三角地震区地震成组活动主体地区的时空迁移图像（图 3-3-3）具有相似性。因此，按地震断层相互作用的力学模型，可以理解本文大三角地震区地震成组活动主体地区的时空迁移图像。

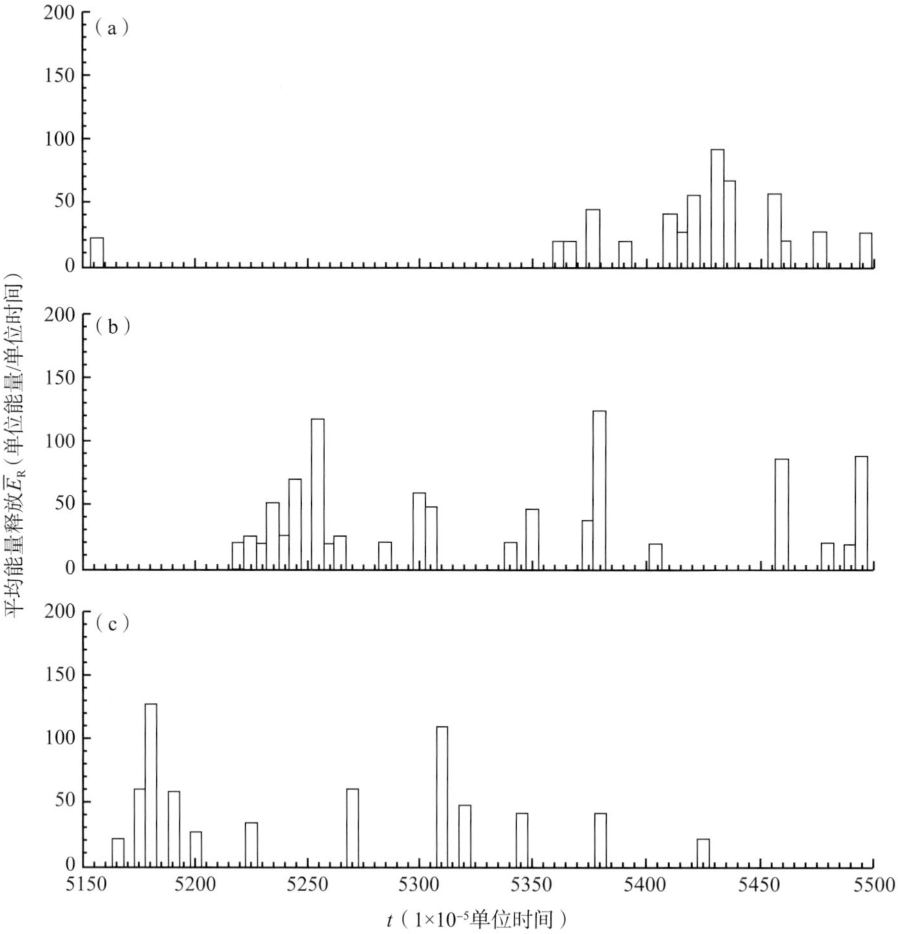

图 3-3-5　成组地震活动模型中各地震带的地震活动（据耿鲁明等，1993）

（a）、（b）、（c）分别是不同地震带释放能量的时间过程

3.3.6　结论

1900～2008 年中国大陆西部及其周边的东亚大陆大三角地震区，7.5 级以上浅源大地震活动的时空图像表明：

（1）大致存在几十年时间尺度的成组地震活动主体地区迁移的图像。在 1902-08～1918-07 时间段中，地震成组活动地区在西域活动地块区的帕米尔-南北天山-蒙古的构造边界上，以及喜马拉雅弧及邻近，活动持续时间约为 17 年。在 1920-12～1947-03 时间段中，成组活动主要向东迁移到青藏地块区东北部的祁连地块和巴颜喀拉-柴达木地块东部，在上一时段的活动地区也连带发生大地震，活动持续时间约为 28 年。在 1947-07～1976-07 时间段中，成组活动主体地区向南迁移到拉萨和羌塘地块东部以及川滇地块内，同时大地震也在帕米尔-南北天山-蒙古的构造边界上的东西两头发生，活动持续时间约为 29 年。在 1997-11～2008-05 时间段（11 年）中，由于时间短，成组活动主体地区似乎还没有形成。1997 年玛尼 7.5 级和 2001 年昆仑山口西 8.1 级大地震分别发生在巴颜喀拉地块中部的南边界和北边界上，可能预示着未来其主体活动地区在青藏活动块体的中部。

大体上，自 1902～1974 年，东亚大陆大三角地震区的 7.5 级以上浅源地震成组活动的主体地区，沿着大三角地震区的边界顺时针迁移，到了 1997～2001 年看起来已转移到大三角地震区的内部。

（2）对于整个大三角地震区而言，近代 7.5 级以上浅源地震的震级（M）-时间（t）过程表明，地震活动是活跃和平静交替出现的幕式过程。

（3）大三角地震区近代 7.5 级以上浅源地震的时空迁移图像的力学机制，可能是地震区内地震断层应力相互转移和耦合作用。

参考文献

傅征祥、金学申、邵辉成等，中国大陆强地震成组活动迁移及其机理分析［J］，地震，2005，25（4）：66～74。

耿鲁明、石耀霖、张国民，地震活动的简化模型研究［J］，地震，1993，13（1）：68～75。

国家地震局震害防御司编，中国历史强震目录（公元前 23 世纪—公元 1911 年，$M_S \geq 4$，7）［M］，北京：地震出版社，1995。

马宗晋、张德成，板块构造与地震［A］，李春昱等主编，板块构造基本问题［C］，北京：地震出版社，1986，363～391。

马宗晋、傅征祥、张郢珍等，1966-1976 年中国九大地震［M］，北京：地震出版社，1982。

许忠淮，东亚地区现今构造应力图的编制［J］，地震学报，2001，23（5）：492～501。

张培震、邓起东、张国民等，中国大陆的强震活动与活动地块［J］，中国科学，2003，33（增刊）：12～20。

张国民、耿鲁明、石耀霖，中国大陆强震轮回活动的计算机模拟［J］，中国地震，1993，9（1）：20～32。

中国地震局监测预报司预报管理处，中国强地震目录（公元前 23 世纪-公元 2000 年，$M_S \geq 4.7$），2005。

中国地震局震害防御司编，中国近代地震目录（公元 1912-1990 年，$M_S \geq 4.7$）［M］，北京：中国科学技术出版社，1999。

Engdahl E R, Villaseno r A. Global seismicity : 1900-1999, International handbook of earthquake and engineering seismology ［A］. edited by W H Lee, Kanamori H, Jenning s P C, Kissling er C, et al. Color Plate 15, Academic Pr ess ［C］. Amsterdam Boston New York Oxford Paris San Diego San Francisco Sing apore Sydney Tokyo, 2002, 665～690.

Gutenber g B, Richt er C F. Seismicity of the earth and asso ciated phenomena ［M］. Princeton University Press, 1954. 16～20.

Kagan Y Y, Jackson D D. Long-term eart hquake clust er ing ［J］. Geophy J Int, 1991, 104: 117～133.

3.4　汶川 8.0 级大地震活动断裂滑动速率异常低的比较讨论*

张培震等（2008）指出，与俯冲带和陆-陆碰撞带上逆冲型大地震的活动断裂滑动速率（>20 mm/a）相比，2008 年 5 月 12 日四川汶川 8.0 级陆内大地震所在的龙门山活动断裂异常低的滑动速率（<3 mm/a），是汶川地震的重要特点之一。由于上述是不同构造体系中地震事件之间的比较，所以比较可能是不够充分的。本节的目的是收集整理东亚大陆三角地震区（指中国大陆西部及邻区地震震中分布的区域）8 次陆内浅源逆冲型大地震（$M \geq 7.5$）活动断裂的滑动速率，并与陆内其他浅源逆冲型大地震相比较，期望进一步了解汶川地震构造滑动速率是否是异常低的?

3.4.1　资料和分析

表 3-4-1 是东亚大三角地震区陆内浅源逆断层型大地震目录，1900 年以来 $M_S \geq 7.5$ 资料来自中国

---

* 本节作者：傅征祥、吕晓健等，中国地震局地震预测研究所。
原文载于“地震”，2010，30（2）：1～9。

地震局震害防御司编（1999）和国家地震局震害防御司编（1995）的地震目录，$M_W \geqslant 7.5$ 资料来自 Engdahl 等（2002）编的全球地震目录。

表 3-4-1　东亚大三角地震区陆内浅源逆断层型大地震目录（1900～2008 年，$M_S \geqslant 7.5$ 或 $M_W \geqslant 7.5$）

编号	时间（年．月．日）	北纬（°）	东经（°）	震级（CN）	震级（ED）	地点
1	1902. 08. 22	39. 9	76. 2	M_S8¼	M_W7. 7	中国新疆阿图什
2	1905. 07. 09	49. 0	99. 0	M_W8. 5		蒙古车车尔勒格
3	1906. 12. 23	43. 5	85. 0	M_S7. 7	M_W7. 2	中国新疆沙湾
4	1911. 01. 03	43. 5	77. 5	M_W7. 8		哈萨克斯坦-吉尔吉斯斯坦
5	1914. 08. 05	43. 5	91. 5	M_S7. 5	M_W7. 2	中国新疆阿里坤
6	1957. 12. 04	45. 2	99. 2	M_W8. 1		蒙古博德
7	2001. 01. 26	23. 6	70. 2	M_S7. 5	M_W7. 6	印度古吉拉特
8	2008. 05. 12	31. 95	103. 4	M_S8. 0		中国四川汶川

注：CN 中国地震目录；ED 全球地震目录。

1）1902 年中国新疆阿图什地震

1902 年 8 月 22 日在中国新疆阿图什附近（39. 9°N，76. 2°E）发生 M_S8¼地震。阿图什地震发生在塔里木和天山断块之间边界构造带的依斯拉克卡拉乌尔逆冲断裂上，断裂的走向为 NEE 向，倾向 NW 向，倾角 25°～80°。新疆维吾尔自治区地震局曾报道断裂垂直位移速率为 0. 18 mm/a，但可能偏小（邓启东等，2003；闻学泽等，2007）。

Molnar 等（2000）关于天山大地震的地震矩和缩短速率的研究论文中，修订了 20 世纪一些大地震的地震矩张量反演结果，给出了 1902 年阿图什大地震发震断裂的走向为 260°，断裂倾角 45°，滑动角 90°，断裂长度（150±50）km，位移（4. 0±2. 0）m，地震矩（5. 0±3. 0）×1020 N · m，滑动角表明阿图什大地震是逆冲型断层活动。同时，Molnar 等还编辑了哈佛发布的天山 1977～1996 年 $M_W \geqslant 5.0$ 的震源机制解分布图，在 1902 年阿图什大地震震中周围的一些较小地震的断层面解表现为天山下面基底的 N-NW 向俯冲，进一步推断阿图什大地震是逆冲型地震活动。

Molnar 等（2002）应用给定事件内大地震地震矩张量总和除以孕震地区的剪切模量和体积，以得到该区的平均地震应变及其应变速率的方法，对于天山构造地带，在 20 世纪近 100 年（1902～1992 年）期间，横跨天山近似 SN 向的平均缩短速率为（7±2）mm/a。杨少敏等（2008）利用 1992～2006 年境内外天山地区近 400 个测站的 GPS 观测资料，得到了天山地区相对稳定的欧亚大陆的水平运动速度场。GPS 速度场显示天山 SN 向会聚变形分布不均匀，天山内部缩短变形相对较小，其两侧山脉与盆地交接地带的变形占总会聚变形的 80%～90%。认为天山压缩变形分布与两侧刚性地块沿主滑脱断层向天山下挤入活动有关，历史记录的 7～8 级大震多发生在主滑脱断层闭锁与蠕滑的交接部位。主滑脱断层闭锁使弹性应变集中于山脉与盆地过渡带地壳盖层内，通过周期性大震活动释放。借助二维弹性位错模型估算了区域内主要断层的活动速率，结果表明，1902 年阿图什大地震所在的低倾角逆冲断层近期的 SN 向缩短速率为 10～13 mm/a。与上述 Molnar 等（2000）的结果差别不大。

2）1905 年蒙古车车尔勒格地震

1905 年 7 月 9 日在蒙古西北部的车车尔勒格断层上，发生 M_W8. 5 大地震（49°N，99°E）。地震断裂走向 NE-SW 向，破裂长度约 175 km。地表破裂带的野外研究表明，车车尔勒格断层西南段是纯走滑断层活动，而东北段可能是走滑兼逆断层活动（Calais，2002）。震源深度上的地震机制解研究表明，1905 年 7 月 9 日车车尔勒格 M_W8.5 地震是逆断层活动（Vergnolle，2003）。

在蒙古西部，1997 年开始 GPS 观测，共有 44 个测点，在 1997～2001 年至少有 16 个测点重复测量过 3 次。地震所在的 GPS 场地的地表滑动速率，在 1997～2000 年达到 4 mm/a。应用基于蒙古-贝加尔近代岩石圈结构和流变学的模拟，1905 年蒙古车车尔勒格大地震震后对蒙古场地 GPS 速度的影响小于 2 mm/a。所以，蒙古场地 GPS 观测的地表水平滑动速率应为 2 mm/a（Calais，2002）。

3）1906 年中国新疆玛纳斯-沙湾地震

1906 年 12 月 23 日在中国新疆玛纳斯-沙湾（43.5°N，85°E）发生 M_S7.7（M_W7.2）地震。玛纳斯-沙湾大地震是北天山地区的一次重要的地表破裂型的地震事件，霍尔果斯-玛纳斯-吐谷鲁逆断裂及其背斜带是 1906 年玛纳斯地震的发震断层，该逆断裂背斜带距今 292 万年的地壳缩短的速率是 2.0～2.2 mm/a。霍尔果斯-玛纳斯-吐谷鲁逆断裂带呈近 EW 向，长约 130 km，由霍尔果斯、玛纳斯和吐谷鲁 3 条次级断裂组成，是一条全新世活动的逆断裂带（邓启东等，2000）。Molnar 等（2000）关于天山大地震的地震矩和缩短速率的研究论文中认为，1906 年玛纳斯地震的烈度Ⅷ度区表明，地震发生在天山北缘的结晶岩体下，在新生代沉积岩中活动褶皱-逆断层带以南 40～60 km，由此推断大地震的滑动没有延伸到褶皱带的北面，而是发生在倾角相对陡的向南到达天山基底的断层上；1906 年大地震的断裂走向 270°，断裂倾角 45°，滑动角 90°，断裂长度（70±30）km，位移（2.0±1.0）m，地震矩（1.3±0.9）×1020 N·m；滑动角表明地震是逆断层活动。

活动构造的定量研究表明，全新世以来 3 条次级断裂的垂直活动速率分别为：霍尔果斯断裂达 0.63～0.68 mm/a，玛纳斯断裂达 0.7～0.76 mm/a，吐谷鲁断裂的平均垂直位移速率达 0.83～0.91 mm/a，即平均在 0.7～0.8 mm/a 之间（邓启东等，2000）。杨少敏等（2008）的 1992～2006 年境内外天山地区的 GPS 观测表明，1906 年玛纳斯大地震所在的东天山近 EW 走向和低倾角的山前主滑脱断层的滑动速率为 2～5 mm/a。

根据 1977～1996 年 $M_W \geq 5.0$ 的震源机制解，1906 年玛纳斯大地震周围较小地震的断层面解表现为逆冲性质，进一步推断玛纳斯大地震是逆冲型地震活动（Molnar，2000）。

4）1911 年哈萨克斯坦-吉尔吉斯斯坦的崇-克明（Chon-Kemin）地震

1911 年 1 月 3 日在哈萨克斯坦-吉尔吉斯斯坦的崇-克明（43.5°N，77.5°E）发生 M_W7.8 大地震。对吉尔吉斯斯坦的天山中部的地质构造研究表明，晚第四纪上地壳的缩短由横跨整个天山山脉的断层活动分布所调节。形变似乎是集中在分隔刚性块体的主断裂上，观测到 1911 年的崇-克明地震地表破裂长度 150 km，兼有逆断层和走滑活动，沿着 Chon-Aksu 断层段的垂直错动达到 8～11.5 m①。

Molnar 等（2000）关于天山大地震的地震矩和缩短速率的研究认为，1911 年哈萨克斯坦-吉尔吉斯斯坦地震断裂走向 265°，断裂倾角 45°，滑动角 90°，断裂长约 200 km，位移（4.0±1.0）m，地震矩（7.5±2.9）×1020 N·m；滑动角表明地震时逆断层活动。

杨少敏等（2008）的 GPS 观测结果表明，1911 年哈萨克斯坦-吉尔吉斯斯坦的崇-克明（Chon-Kemin）大地震所在的近 EW 走向和低倾角的山前主滑脱断层的滑动速率为 6～12 mm/a。

5）1914 年中国新疆阿里坤地震

1914 年 8 月 5 日在中国新疆阿里坤（43.5°N，91.5°E）发生 M_S7.5（M_W7.2）大地震。吐鲁番盆地是东天山地区活动强烈的山间前陆盆地，其新生代晚期的几何学、运动学的特征与周缘和盆地内部的逆断层活动密切相关。阿里坤地震发生在盆地北缘博格达南缘断裂带上。博格达南缘断裂带的走向呈 NEE 向或近 EW 向延伸，由西面得科牙依至东面的巴里坤以东，全长 500 km。在博格达南缘断裂带东段的红山口-碱泉子断裂段上的碱泉子一带，发现 1914 年 7 $^{1}/_{2}$级地震的地表破裂。地震破裂带走向

① Delvaux D 等，Active tectonic deformation in t he nort hern Tien Shan of Kyrgyztan，2009（互联网）。

75°，倾向 N 向，倾角 46～67°，长度 15 km，垂直位移 0.2～0.5 m，水平位移 0.5 m，地表的地震断层陡坎为正断层性质。Molnar 等（2000）根据地震地震矩的研究和修正，认为阿里坤地震震源处的滑动角是 90°，位移是（2.1±1.0）m，属于逆断层活动。

整个盆地的新生代盖层第四纪以来的平均缩短速率为 3.3～4 mm/a（邓启东等，2003）。杨少敏等（2008）对近代 GPS 观测分析表明，巴里坤地震所在的东天山的缩短速率为 2～5 mm/a。

6）1957 年蒙古博德（Bogd）地震

1957 年 12 月 4 日在蒙古西部戈壁-阿尔泰（Gobi-Altay）发生博德（45.2°N，99.2°E）M_W8.1 大地震。该地震的地表破裂带由三部分组成：主破裂带沿博德断裂分布，总体呈 NEE 向展布，长约 250 km；另一个破裂带为吐洛姆洪（Toromhon）逆冲带，近 SN 向，长 32 km；第三条破裂带沿大博德山南麓展布，NWW 向，长 70 km（沈军等，2003）。博德断裂平均走向 100°，地表迹线十分平直，断裂面倾向南，倾角 65°～70°，滑动矢量方向几乎为正 EW 方向，表现为逆兼走滑断裂运动。利用宇宙线测年方法，得到戈壁-阿尔泰的博德断裂晚更新世晚期以来左旋走滑速率 1～2 mm/a，垂直滑动速率是水平速率的 1/3，即 0.3～0.7 mm/a，是非常低的垂直滑动速率（邓启东等，2000）。

与前述关于 1905 年蒙古车车尔勒格 M_W 8.5 地震所在的 GPS 观测的分析类似，1957 年戈壁-阿尔泰山的博德活动断裂地表水平滑动速率也是约 2 mm/a（Calais，2002）。震源机制解表明 1957 年博德大地震是逆断层活动（Vergnolle，2003）。

7）2001 年印度古吉拉特（Gujarat）地震

2001 年 1 月 26 日印度次大陆内部的古吉拉特（23.6°N，70.2°E）发生 M_W 7.6 大地震。印度次大陆持续以约 47 mm/a 的速率与欧亚大陆碰撞，使西藏高原持续抬高和使喜马拉雅、阿尔金和天山山脉变形，在亚洲和印度产生一系列大地震。GPS（全球定位系统）大地测量可以定量估计驱动地震的应变速率，2001 年古吉拉特地震发生在南北 1500 km 宽的印度次大陆内，其地壳压缩速率< 4 mm/a，它至少比横跨 150 km 宽的喜马拉雅山的压缩速率（18 mm/a）小 4 倍（Bendick，2002）。震源机制解表明断层面走向 N69°E，倾向 SE 向，倾角约 60°；断层面在地面投影与地震区的破坏图像一致，表明断层是一个盲逆断层（John，2001）。

8）2008 年中国四川汶川地震

2008 年 5 月 12 日四川汶川（31.95°N，103.4°E）发生 M_S 8.0 大地震，产生约 250 km 长的地表破裂带。结构复杂兼有逆冲和右旋走滑分量的地震地表破裂带，主要由沿 NE 向龙门山断裂带的中央断裂展布的地表主破裂带。龙门山断裂带是由茂汶-汶川断裂（全新世以来逆冲垂直滑动速率 0.5 mm/a）、北川-映秀断裂（晚更新世以来逆冲垂直滑动速率 0.6～1 mm/a）和龙门山山前断裂（晚更新世逆冲垂直滑动速率 0.2 mm/a）三条主干活动断裂组成的逆冲断裂带（闻学泽等，2009）。

2008 年汶川地震震源机制解表明汶川大地震是以逆断层为主的断层（赵翠萍，2009）。地表破裂带考察表明，沿着全长约 250 km 的 NE 向地表主破裂带，最大同震垂直和水平位移分别是 9 m 和 5.4 m（闻学泽等，2009）。2008 年汶川地震的同震最大垂直位移，与前述的 1911 年 1 月 3 日在天山中部哈萨克斯坦-吉尔吉斯斯坦的崇-克明 M_W 7.8 大地震的同震最大垂直位移 8～11.5 m 相当。

对横跨龙门山断裂两侧约 1500 km 范围内，1999～2004 年和 2004～2007 年两期近代 GPS 站观测的运动速度，在垂直和平行龙门山断裂方向的投影分析表明，垂直和平行龙门山断裂的 GPS 站的速度与四川盆地的基本一致，都是在 0 值附近的无形变状态（江在森等，2009），与上述地质学的长期观测结果基本一致。

3.4.2 东亚大三角地震区陆内逆冲型大地震孕震断层滑动速率和震级的关系

表 3-4-2 列出上述关于东亚大三角地震区陆内逆断层大地震的活动断层滑动速率和地震机制等资料。

表 3-4-2　东亚大三角地震区陆内浅源逆断层大地震的活动断层滑动速率和地震机制

编号	时间（年. 月. 日）	缩短或垂直滑动速率/mma^{-1}		地震机制		地点
		地质学	GPS	地表破裂	震源机制	
1	1902. 08. 22		10 ～13	逆断层	逆断层	中国新疆阿图什
2	1905. 07. 09		～2	走滑兼逆断层	逆断层	蒙古车车尔勒格
3	1906. 12. 23	2. 0 ～2. 2	2 ～5	逆断层	逆断层	中国新疆沙湾
4	1911. 01. 03		6 ～12	逆断层	逆断层	哈萨克斯坦-吉尔吉斯斯坦
5	1914. 08. 05		2 ～5	正断层	逆断层	中国新疆阿里坤
6	1957. 12. 04	0. 3 ～0. 7	～2	逆兼走滑断层	逆断层	蒙古博德
7	2001. 01. 26		<4	逆断层	逆断层	印度古吉拉特
8	2008. 05. 12	0. 2 ～1. 0	～0	逆断层	逆断层	中国四川汶川

表征逆断层上的滑动速率应采用断层面上垂直方向的滑动速率（简称“垂直滑动速率”），由于有些震例给出的是与断层走向垂直的水平缩短速率（简称“缩短速率”），水平“缩短速率”大小应与“垂直滑动速率”大小正相关。鉴于本文研究的资料不够充分，没有区分它们的差别，取平均值，应用在与震级大小关系的分析中。这样，表 3-4-1 和表 3-4-2 中的地震震级与孕震断层缩短或垂直滑动速率关系见图 3-4-1 。图 3-4-1 表明：①没有显示出孕震断层缩短或垂直滑动速率随地震震级增大而增大或减小的线性相关关系；②中国四川汶川地震的龙门山孕震活动断层的缩短或垂直滑动速率表现为异常低，可与之相比的 1957 年蒙古博德地震（图 3-4-1 中的 6 号地震）的滑动速率也很低。

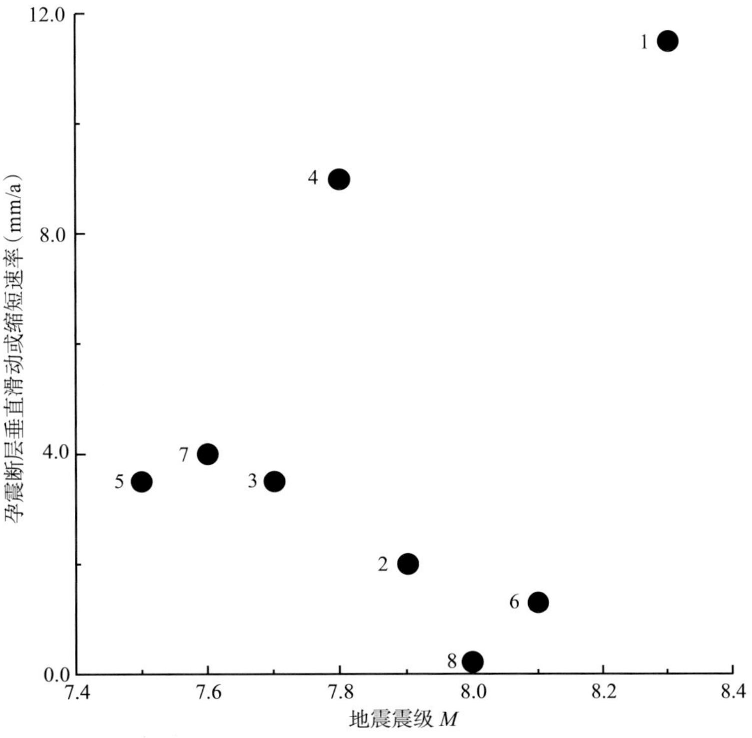

图 3-4-1　东亚大三角地震区陆内浅源逆冲型大地震的孕震活动断层滑动速率和地震震级的关系

资料点旁边的数字表示表 3-4-2 中的地震序号

3.4.3　结果和讨论

（1）基于1900～2008年东亚大三角地震区陆内逆冲型大地震孕震构造滑动速率的初步分析表明：①孕震断层缩短或垂直平均滑动速率≤12 mm/a（图3-4-1，表3-4-2）；②孕震断层缩短或垂直滑动速率大小和地震大小之间的关系可能是复杂的（图3-4-1）；③中国四川汶川地震的龙门山孕震断层的缩短或垂直滑动速率是最低的（表3-4-2，图3-4-1），可以与之相比的1957年蒙古博德地震（图3-4-1中的6号地震）的滑动速率也很低。

（2）对于海洋俯冲带上的地震震级大小的影响因素，Ruff等（1980）曾基于20世纪80年代之前的俯冲带上的地震和构造活动资料，试图找出地震矩震级与深度、俯冲板条的横向延伸、俯冲板条的年龄以及会聚速度等变量的相互关系。单独来看，地震矩震级与每个变量之间的关系并不明显，可接受的是一个由两个独立变量（会聚速度V和板条年龄T）反映的最佳回归关系

$$M'_W = -0.00953T + 0.143V + 8.01 \qquad (3-4-1)$$

式中，M'_W是预期震级，T是板条年龄（单位是Ma）；V是会聚速度（单位是cm/a）。

式（3-4-1）表明，M'_W与会聚速度V成正比，与板条年龄T成反比，假如不同地段的板条年龄相同，会聚速度越大的地段，预期将发生地震的震级越大。预期震级M'_W与实际观测的M_W相互关系如图3-4-2所示（Kanamori，1980）。

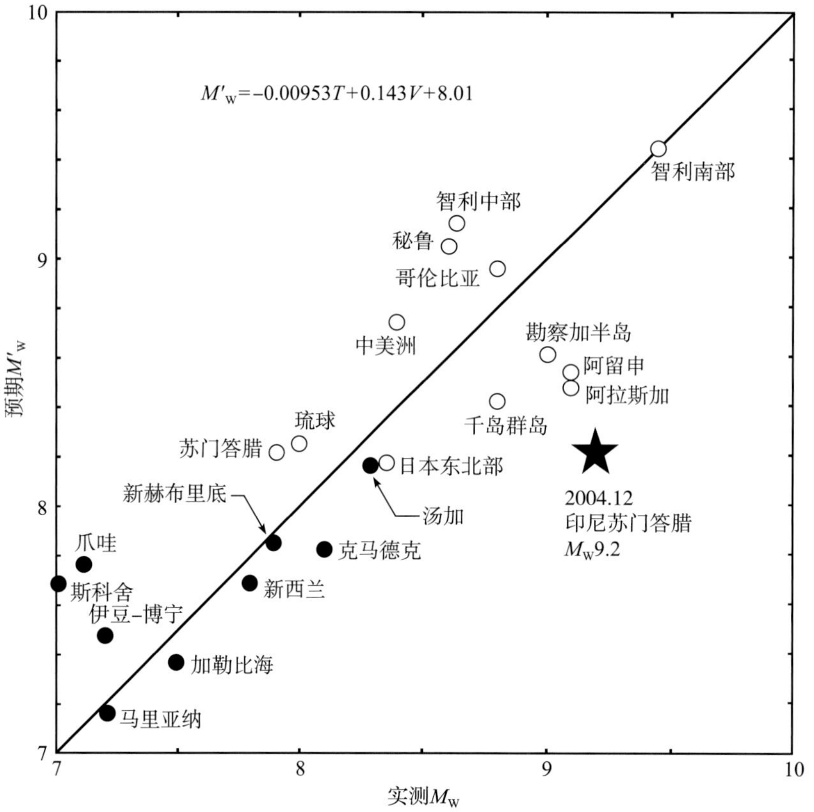

图3-4-2　不同俯冲带上预期震级M'_W与实际观测震级M_W（20世纪80年代之前的资料）的相互关系

实心点和空心圆分别表示发生在具有和不具有活动弧后扩张岛弧下的地震（Kanamori，1980）；星号表示2004年印尼9.2级大地震；实心圆是1900年以来7.5级以上地震的震中位置，圆的大小表示震级的大小；空心圆是1700-1900年间已知的最大地震（9级以上）；箭头表示相对下伏板块，会聚板块的水平速度（GSA Data Repository Table DR11，Scholz，1990）

图 3-4-2 是 Kanamori（1980）基于 20 世纪 80 年代之前的观测资料得到的 M'_W 与 M_W 的关系。图 3-4-2表明，基于20 世纪 80 年代之前的观测资料，印尼苏门答腊-安达曼群岛地带是古老和缓慢会聚消减的岩石圈，是全球海洋板块会聚消减速率最慢的地带之一（图 3-4-3），预期发生的地震震级是 8.2 级（见图 3-4-2 空圈所示的苏门答腊地震）。

图 3-4-3 是全球主要海洋板块消减俯冲带上（板间）不同地段的大地震震中位置和滑动速率图，滑动速率都在 70 mm/a 以上，它与陆内活动断裂滑动速率有明显差别是许多研究的共识（Scholz，1990）。2004 年苏门答腊 9.2 级大地震所在的安达曼（Andaman）板块会聚带，是全球海洋板块会聚速率最慢（约 70 mm/a）的地带之一（MeCaff，2008）。2004 年苏门答腊 9.2 级大地震（图 3-4-2 中的星号）突破了安达曼群岛-苏门答腊地带的预期震级 8.2 级，反映了制约地震震级大小的地学背景的复杂性，对图 3-4-2 预期震级 M'_W 与实际观测震级 M_W 的相互关系提出了质疑（MeCaff，2008）。说明在环太平洋板块会聚带上，低的会聚活动速率的地区仍具有发生特大地震的潜势。与发生在大陆内部异常低活动速率的龙门山断裂上发生汶川 8.0 级大地震一样，引起地学界高度关注。

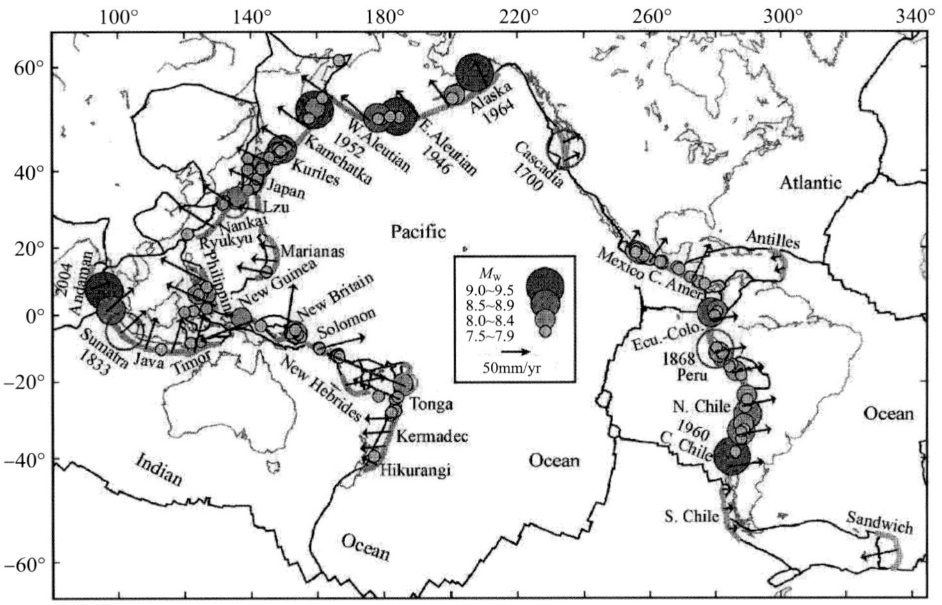

图 3-4-3　全球主要海洋板块消减带和构造边界（深灰色线）

（3）制约大陆内部和海洋俯冲带上的大地震震级的地学因素，可能不是一个或两个，而可能是多个（包括断层地质年代、尺度、活动速率和历史、物性以及应力-应变本构关系和动力学环境等），这需要在观测、实验和积累更多地学资料的基础上，开展综合研究的课题。

参考文献

邓起东、张培震、冉勇康等，中国活动构造和地震活动［J］，地学前缘，2003，10（特刊）：66～73。

邓起东、冯先岳、张培震等，天山活动构造［M］，北京：地震出版社，2000。

国家地震局震害防御司编，中国历史强震目录（公元前 23 世纪～1911 年）［M］，北京：地震出版社，1995。

江在森、王庆良、祝意青，地壳变形和重力场［A］，中国地震局监测预报司，汶川 8.0 级地震科学研究报告［C］，北京：地震出版社，2009，48～74。

沈军、李莹甄、汪一鹏等，阿尔泰山活动断裂［J］，地学前缘，2003，10（特刊）：132～141。

闻学泽、徐锡伟，汶川 8.0 级地震的地表破裂带和发震构造［A］，中国地震局监测预报司，汶川 8.0 级地震科学研究报告［C］，北京：地震出版社，2009，15～47。

闻学泽、闵伟、田勤俭，地震地质在2006～2020年中国大陆地震危险区预测中的应用研究［A］，“2006～2020年中国大陆地震危险区域地震灾害损失预测研究”项目组，2006～2020年中国大陆地震危险区域地震灾害损失预测研究［C］，北京：地震出版社，2007，47～96。
杨少敏、李杰、王琪，GPS研究天山现今变形与断层活动［J］，中国科学（D辑：地球科学），2008，38（7）：872～880。
赵翠萍、郑勇，汶川8.0级地震震源参数及破裂特征［A］，中国地震局监测预报司，汶川8.0级地震科学研究报告［C］，北京：地震出版社，2009，1～14。
张培震、闻学泽、徐锡伟等，2008年汶川8.0级特大地震孕育和发生的多单元组合模式［J］，科学通报，2009，54（7）：944～953。
中国地震局震害防御司编，中国近代地震目录（公元1912年～1990年，$M_S \geqslant 4.7$）［M］，北京：中国科学技术出版社，1999。
Bendick R, Bilham R, Blume F, et al. Earthquake Hazards and the Collision between India and Asia [M]. NOAA Science Review, 2002.
Calais E, Vergnolle M, everchere J D. et al., Are post-seismic effects of the $M=8.4$ Bolnay earthquake (1905 July 23) still influencing GPS velocities in the Mongolia2Baikal area? [J]. Geophys J Int, 2002, 149: 157～168.
Delvaux D. et al., Active tectonic deformation in t he nort hern Tien Shan of Kyrgyztan, 2009（互联网）.
Engdahl E R, Villasenor A. Global seismicity: 1900～1999, International handbook of earthquake and engineering seismology [A]. edited by W H Lee, H Kanamori, P C J ennings, et al. Academic Press, Amsterdam, Boston, New York, Oxford, Paris, San Diego, San Francisco, Singapore [C]. Sydney, Tokyo. 2002, 665～690.
John M E. Gujarat (Kutch), India, Earthquake of January 26, 2001, Lifeline Performance (draf t) [M]. Technical Council on Lifeline Earthquake Engineering, Monograph 2001.
Kanamori H. Rupture process of subduction zone earthquakes [J]. Ann Rev Earth Planet Sci, 1986, 14: 293～322.
McCaff rey R. Global f requency of magnitude 9 earthquakes [J]. Geology, 2008, 36 (3): 263～266.
Molar P, Ghose S. Seismic moments of Major earthquakes and rate of shortening across the TienShan [J]. Geophys Res Lett. 2000, 27 (16): 2377～2380.
Ruff L J, Kanamori H. Seismicity and the subduction process [J]. Physics of the Earth and Planetary Interiors, 1980, 23: 240～252, doi: 10.1016/0031-9201(80)90117-X.
Scholz C H. The Mechanics of Earthquake and Faulting [M]. Cambridge University Press, 1990.
Vergnolle M, Pollitz F F, Calais E. Constraint on the viscosity of the continental crust and mantle from GPS measurements and post seismic deformation models in west Mongolia [J]. J Geophys Res, 2003, 108 (B10): 1～12.

3.5 南北地震带8级大地震对比研究

汶川地震后，为了了解汶川大地震发生的地震活动背景和震前地震活动异常，很多学者做了回顾性的研究，对大地震的孕育过程有了更深刻的认识，同时也会对未来大地震趋势预测起到指导作用。

闻学泽等（2009）研究了汶川地震的活动背景认为：该地震是发生在活动断裂上的历史地震空区内；震前龙门山断裂带大部分地区显示出持续近400年的逐渐加速的应变释放过程；地震前20年龙门山断裂带中南部$M_L \geqslant 2.5$级地震活动水平略高于背景水平。程万正等（2009）研究了汶川地震前的地震活动认为：2002年以来到汶川地震前，甘青川交界地区存在一个5级地震空区；2001年昆仑山地震后M_L4级地震在鲜水河东段至安宁河-则木河段磊再到小江断裂带北段呈现连续分布的地震活动条带，而龙门山构造带M_L4级地震呈现出异常的平静。黄圣睦等（2009）认为汶川地震前出现了中期平静和短期小震活动特征。陈玉华等（2009）认为汶川地震前出现了背景空区、孕震空区和地震平静。综合上述研究结果，认为汶川地震前出现的地震背景活动和异常有：①历史地震破裂空段；②地震活动增强（活跃）；③背景空区；④地震条带；⑤地震平静（孕震空区）等。

1991～1999 年在全世界范围内组织了地震前兆的提名和评选，除了前震等少数前兆外，其余前兆提名均被谢绝。但全世界的地震资料统计表明，只有不到 10% 的大震有前震（陈禺贝等，2008）。

有地震记载以来，南北地震带迄今为止共发生了 $M\geqslant8$ 级地震 7 次（表 3-5-1），为了探讨汶川地震前出现的地震背景活动和异常是否具有普适性，回溯性地研究了其他大地震之前地震活动演化过程，利用历史地震破裂空段、地震活动增强、背景空区、地震条带、地震平静（孕震空区）和前震 6 个指标，开展了南北地震带 8 级地震活动图像对比研究。

我国地震台网大规模建设开始于 1966 年邢台地震之后，因此除了汶川地震以外，其余特大地震前均没有地震台网监测资料，因此只能选取破坏地震研究 8 级地震背景和震前地震活动图像。

表 3-5-1　南北地震带 8 级地震目录

时间	微观震中			精度	震级	烈度	宏观震中	
	纬度	经度	地点				纬度	经度
1654. 7. 21	34. 3	105. 5	甘肃天水	2	8	Ⅺ		
1739. 1. 3	38. 8	106. 5	宁夏平罗银川间	2	8	Ⅹ+		
1833. 9. 6	25	103	云南嵩明	2	8	≥Ⅹ		
1879. 7. 1	33. 2	104. 7	甘肃武都	2	8	Ⅺ		
1920. 12. 16	36. 7	104. 9	宁夏海原		$8^1/_2$	Ⅻ	36. 5	105. 7
1927. 5. 23	37. 7	102. 2	甘肃古浪	2	8	Ⅺ	37. 5	102. 7
2008. 5. 12	31	103. 4	四川汶川	1	8	Ⅺ		

3. 5. 1　1654 年天水 8 级地震

1）天水地震基本情况

据《中国历史地震图例》，1654 年天水地震的等震线长轴为 NE 方向，最大烈度为Ⅺ度，Ⅺ度极震区在罗家堡以北，极震区长轴约 20 km。韩竹军等（2001 年）对礼县-罗家堡断裂的野外考察结果显示断裂沿线地表陡坎发育，水系被左旋位错，结合沿断裂带广泛分布的地震滑坡、砂土液化等，认为该断裂是 1654 年天水 8 级地震的发震构造。

2）天水 8 级地震前地震活动图像

（1）由图 3-5-1（a）可以看出天水 8 级地震前礼县-罗家堡断裂及其附近地区没有发生过 $M\geqslant7$ 级地震，是历史地震破裂空段。

（2）天水及其附近地区地震活动水平高，强震频发，从公元前 780 年到 1000 年的 $M\geqslant4.7$ 级地震震中分布图上可以看出，地震活动自天水南部，经通渭，到白银-兰州，形成一条 NNW 向强震密集带。1001～1541 年地震活动范围明显缩小，地震活动在通渭-永登呈 NW 向密集分布，在通渭-固原呈 NE 向密集分布，而通渭以南即天水及其以南地区出现大范围的地震活动平静区，形成背景空区图像，空区周边地震活动十分有序（图 3-5-1（b））。

（3）地震活跃：1542 年 11 月 29 日甘肃武山 5. 5 级地震和 1542 年 12 月天水 5 级地震打破了持续 500 多年的背景空区，地震活动开始活跃。因有研究认为南北带北段为北纬 33°N 以北地区，因此选取 33°N 以北的天水附近地区为研究增强区的范围（图 3-5-1（c））。自武山地震后，该区域先后发生了 12 次 $M\geqslant4.7$ 地震，1621～1641 年 20 年的时间里共发生了 7 次 $M\geqslant4.7$ 地震，平均间隔时间不到 3 年，地震活动增强趋势明显（图 3-5-1（d））

（4）有序分布：1542 年背景空区内部强震活动开始活跃，1621～1641 年是天水地震前地震活动最为活跃的时段，地震活动还呈现出明显的有序分布特征，形成自汉中-天水-通渭-兰州的 NW 向和松潘-舟曲-天水-固原的 NNE 向地震密集带，两条地震密集带交会在天水附近（图 3-5-1（e））。

（5）地震平静：1641 年天水、礼县间的 5 级地震后，震中区附近再次出现大范围的地震活动平静，直至天水地震前震中区附近没有强震再次发生。

（6）前震：1641 年天水、礼县间的 5 级地震震中就位于 1654 年天水 8 级大地震震中区附近，是其直接前震。

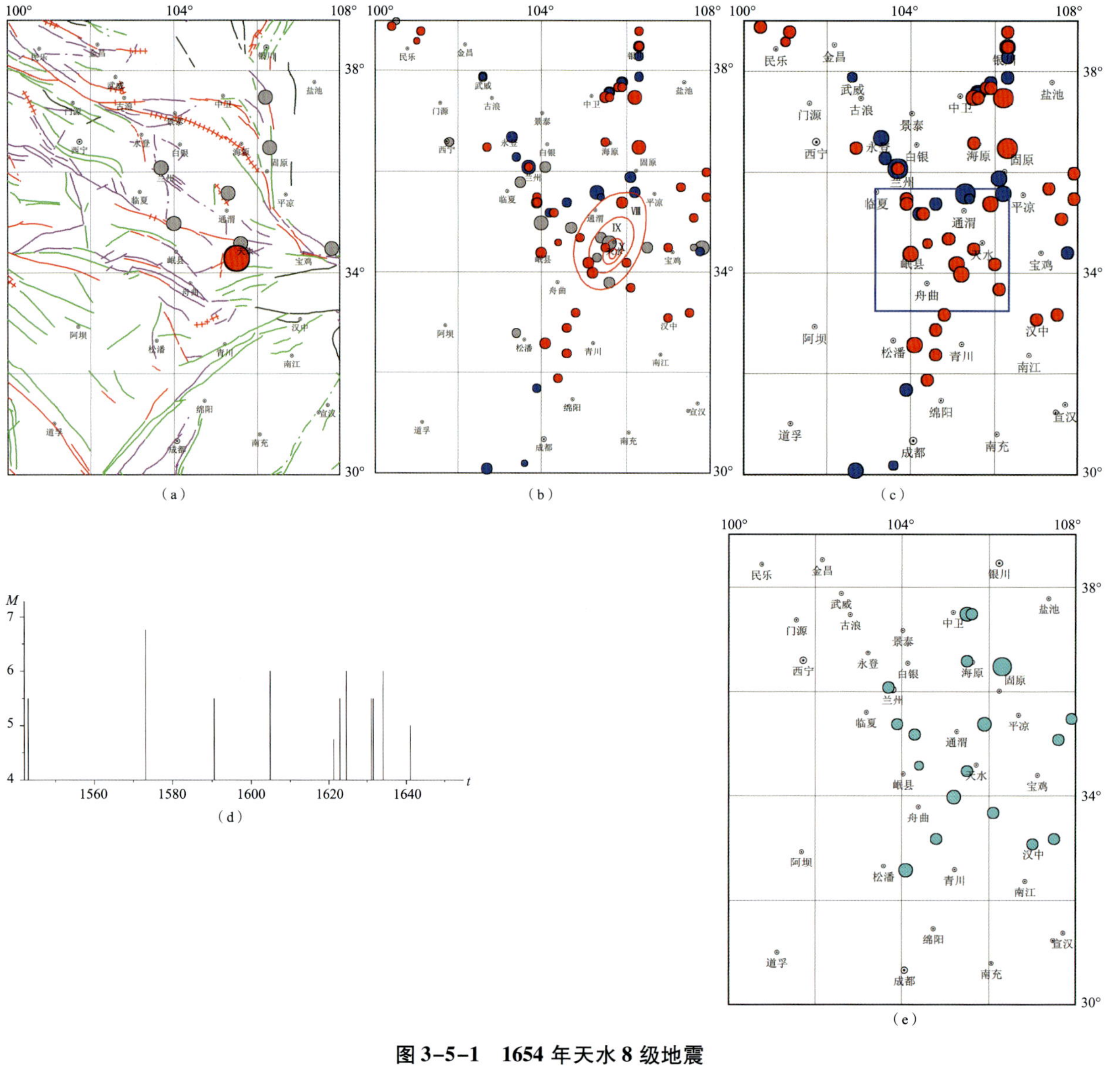

图 3-5-1　1654 年天水 8 级地震

（a）BC780～1654 年天水地震前 $M \geqslant 4.7$ 级震中分布（灰色为除天水地震以外的地震，红色为天水 8 级地震）；（b）BC780～1654 年 $M \geqslant 4.7$ 级震中分布（黑色实心圈为 BC780～公元 1000 年，蓝色为公元 1001～1541 年，红色为公元 1542 年天水地震前，红色线段为地震等震线）；（c）选取的增强区范围；（d）增强区 1542～1653 年 $M \geqslant 4.7$ M-T 图；（e）1621～1641 年 $M \geqslant 4.7$ 震中分布

3.5.2　1739 年平罗银川地震

1）平罗银川地震基本情况

史料记载 1739 年平罗银川 8 级地震遭受破坏最严重的地区北起宝丰，南至银川，西到洪广营-平

吉堡一线，东至黄河，面积大约为 1900 km^2，包括新渠和洪广营在内的极震区中心区的面积大约为 200 km^2，其范围与从银川北-常信的第四纪沉降中心相吻合（白铭学，2005）。

平罗银川 8 级地震发生在银川新生代断陷盆地内。银川盆地近轴部有一条平行于黄河断裂的银川-平罗间隐伏断裂，该断裂走向为 NNE，人工地震结果显示该断裂断开第四系 400 多米，是一条基底断层，断距大于 90 km，为第四系沉积中心的东界断裂，同时也是布格重力异常梯级陡变带。银川-平罗隐伏断层走向与平罗银川 8 级地震极震区长轴方向吻合，且Ⅸ度区恰好围限了隐伏断层控制的沉降区。从银川-平罗隐伏断层活动的幅度、强度以及平罗银川地震的震害分布特征来看，该断层就是 8 级地震的发震构造，震中位于该断层的北端（李孟孪等，1984）。

2）平罗银川 8 级地震前地震活动图像

（1）破裂空段：由图 3-5-2（a）可以看出，银川 8 级地震前银川-平罗间隐伏断裂及其周边地区没有发生过 $M \geqslant 7$ 级地震，是历史地震破裂空段。

（2）增强：平罗银川地震震中附近地区历史资料自 15 世纪前后才相对完整（图 3-5-2（b）、（c）、（d）），由公元 1400～1739 年银川周边地区破坏性震中分布图可以看出（图 3-5-2（c）），银川 8 级大地震前破坏性地震活动主要集中在平罗银川地震震中以南和其西南地区。在震中区西南部，破

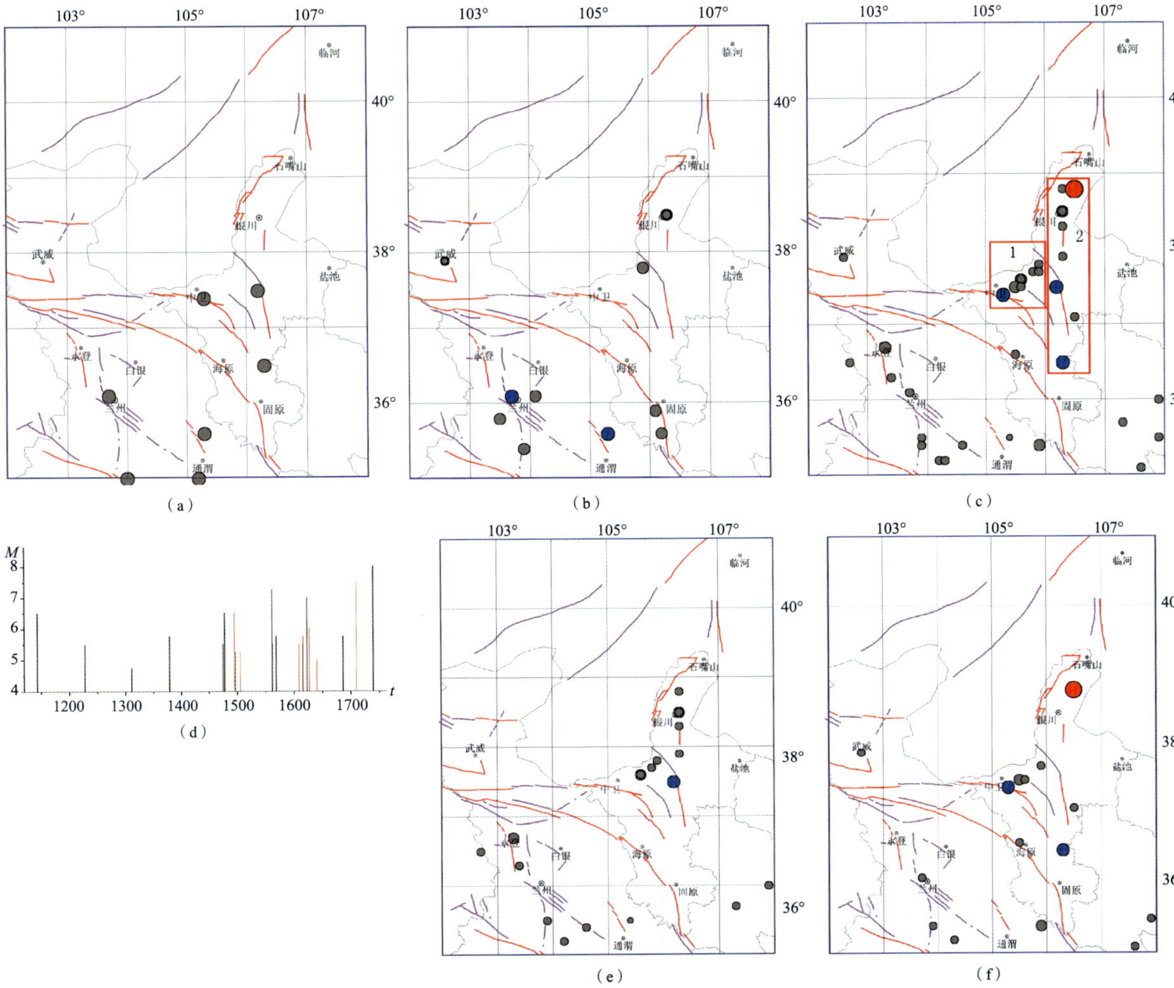

图 3-5-2　平罗银川 8 级地震

（a）BC193～1738 年 $M \geqslant 7$ 级地震分布；（b）BC193～1499 年 $M \geqslant 4.7$ 级震中分布；（c）140～1739 年 $M \geqslant 4.7$ 级震中及研究分区；（d）研究分区 $M \geqslant 4.7$ 级地震 M-T 图（黑色线为 2 区，红色线为 1 区）；（e）1400～1615 年 $M \geqslant 4.7$ 级地震震中分布；（f）1616～1739 年 $M \geqslant 4.7$ 级地震震中分布

坏性地震在中卫-吴中西南部形成密集的条带状，带状活动的起始时间是 1495 年，到 1709 年共发生 $M \geqslant 5$ 级地震 8 次，最大地震是 1709 年中卫 7.5 级地震。在震中区南部，破坏性地震自石嘴山到固原，形成一条近 SN 向的密集条带，由 $M-t$ 图可以看出，该带的地震活动自 1474 年灵武 5.5 级地震后开始活跃，地震频度和强度不断提高，增强趋势明显。

（3）地震条带：在震中区西南部，破坏性地震在中卫-吴中西南部形成密集的条带状，带状活动的起始时间是 1495 年，截止到 1709 年中卫 7.5 级地震；在震中区南部，破坏性地震自石嘴山到固原，形成一条近 SN 向的密集条带，该带的地震活动自 1474 年灵武 5.5 级地震。

（4）地震平静：1615 年平罗 6.5 级地震前，平罗银川地震震中区附近地震活动比较活跃，发生多次破坏性地震（图 3-5-2（e））。1615 年平罗地震后到 1839 年平罗银川地震前，在银川附近地区出现了大范围的平静，地震活动主要分布在中卫及其以南地区（图 3-5-2（f））。

（5）前震：1615 年平罗 5.5 级地震位于平罗银川地震震中附近，距离震中约 10 km。

3.5.3　1833 年嵩明 8 级地震

1）嵩明地震基本情况

嵩明地震形变带分布区主要是小江西支断裂附近地区。小江西支断裂走向 NE，倾向有 NW 也有 SE，倾角都比较陡，实地填图考察和分段的实测结果显示该断裂自晚更新世以来水平左旋活动强烈。嵩明地震的地表形变带北起沧溪，向南经甸沙、清水海、嵩明陆良山、南冲，上下李子管、火头村、阳宗至阳宗口附近，全长约 130 km 左右（俞维贤，1996）。

2）嵩明 8 级地震前地震活动图像

研究区范围内记录最早的地震是 1444 年洱海 4.75 级地震，破坏性地震资料自 1500 年前后才基本完整。

（1）地震破裂空段：1833 年嵩明地震前，小江西支断裂没有过 $M \geqslant 7$ 级地震，是历史地震破裂空段（图 3-5-3（a））。

（2）背景空区：自 1444 年有破坏性地震资料以来，研究区 26°N 以南地区破坏性地震就十分活跃，地震频次非常高（图 3-5-3（b）），但 1750 年 9 月 15 日澄江 6¼级地震后原来地震活跃区出现了大范围的地震平静，破坏性地震主要集中于红河断裂附近，形成大范围的背景空区图像。

（3）地震条带：1751～1799 年破坏性地震在红河断裂带附近呈现带状分布（图 3-5-3（c）、（d））。

（4）平静：1800～1833 年嵩明地震前，在川滇交界及其云南大部分地区出现了长达 30 余年的大范围破坏性地震平静（图 3-5-3（d））。

3.5.4　1879 年武都 8 级地震

1）武都地震基本情况

1879 年武都地震发生在高山峻岭之间，交通条件差，长期以来未曾对它做过专门的研究，使得至今该地震与活动断裂的关系仍不明确，成为中国 19 个 8 级地震中地震与活动断裂关系仍不明了的 3 个地震之一（邓起东等，2003）。

侯康明等（2005）通过卫星影像和野外考察，认为武都地震震中区主体位于西秦岭构造带与摩天岭隆起的过渡区内，同震破裂带被限制在西端的白水江与东端的白龙江之间的汇水区域内，极震区位于白龙江与白水江间相对低洼的汇水谷地内，各种地表破裂现象集中分布于西起四川南坪县的哈南安昌河、八字河，直至东边甘肃的固水子、透坊、稻畦子一带。破裂带总体走向呈 NEE 向，东西长约 70 km。哈南-稻畦子-毛坡里断裂带应属 1879 年 8 级大震的发震断裂构造。该断裂带由 3 条相互平行的活动断裂所组成，它西起四川南坪县哈南寨，向东经甘肃文县北的堡子坝、桥头屯寨、梨坪，在固水子和外纳一带穿越白龙江，继续向东延伸，是一个向东撒开，向西收敛、长约 170 km 的活动断裂带。

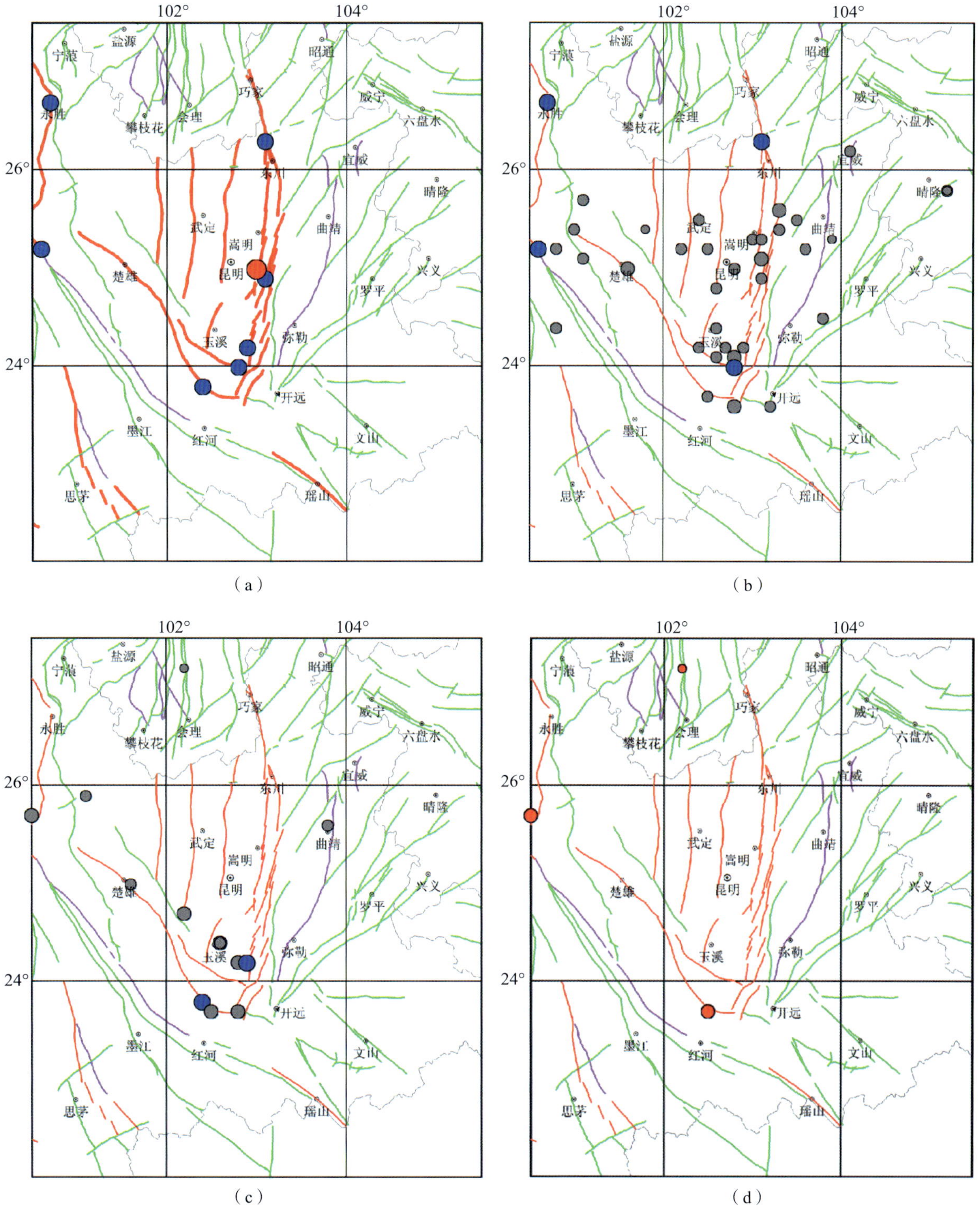

图 3-5-3　1833 嵩明地震 8 级地震

(a) $M \geqslant 7$ 级地震震中分布图；(b) 1444～1749 年 $M \geqslant 4.7$ 级震中分布；(c) 1751 年嵩明地震前 $M \geqslant 4.7$ 级；(d) 1800 年嵩明地震前 $M \geqslant 4.7$ 级

冯希杰等（2005）通过对卫星影像的研究认为范家坝-临江断裂可能是武都地震的发震断裂。范家坝-临江断裂归属于区域上的阿尼玛卿-略阳大断裂，空间上处于西侧的阿尼玛卿断裂和东侧的勉县-略阳断裂的连接部位，即位于总体向南突出的弧形阿尼玛卿-略阳大断裂的弧顶一带。

总体来看，对武都地震的发震断裂认识依然是不一致的。

2）武都 8 级地震前地震活动图像

（1）历史破裂空段：武都地震附近没有发生过 $M \geqslant 7$ 级地震，是历史地震破裂空段（图 3-5-4（a））。

（2）地震增强：1654 年天水 8 级地震后，研究区破坏性地震在南北地震带中北段即舟曲-天全间比较活跃（图 3-5-4（b））。

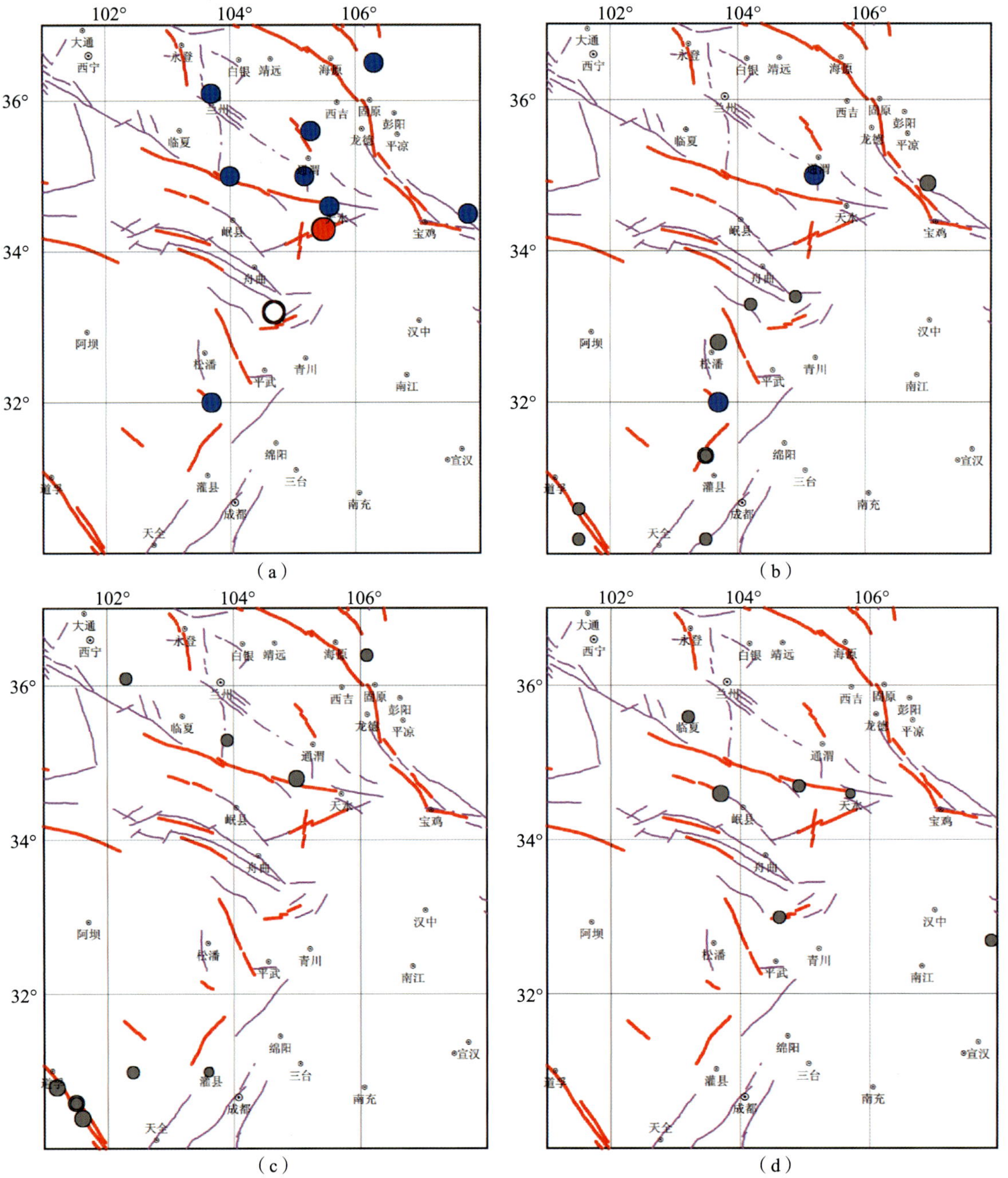

图 3-5-4　1879 年武都 8 级地震

（a）BC780～1879 年 $M \geqslant 7$ 级地震分布图；（b）1657～1748 年 8 月 $M \geqslant 4.7$ 级地震分布；（c）1748 年 9 月～1821 年 $M \geqslant 4.7$ 级地震分布；（d）1822～1879 年 6 月 29 日 $M \geqslant 4.7$ 级地震分布

（3）背景空区（平静）：1748 年 8 月 30 道孚 6.5 级地震后南北带中北段出现大范围的破坏性地震平静现象，1822 年 4 月 24 日文县 5.5 级地震发生在平静区内部（图 3-5-4（c））。

（4）平静：1822 年文县地震后，南北带中北段大范围没有破坏性地震，平静范围也进一步扩大，直至相继发生 1879 年 6 月 29 日武都 5.75 级地震和 1879 年武都 7 月 21 日武都 8 级大地震（图 3-5-4（d））。

（5）前震：1879 年 6 月 29 在武都 5¾级地震为武都 8 级大地震的前震。

（6）1654 年天水地震后，紧接其后的强震发生在汶川和武都，分别是 1657 年汶川 6½级和 1677 年武都 5½级地震。

3.5.5　1920 年海原 8½级地震

1）海原地震基本情况

1920 年 12 月 16 日的海原地震位于青藏高原的东北缘，是年轻的青藏高原隆起与古老的华北地台的交界地带，也是青藏高原构造应力场与华北构造应力场的过渡地区。

1982～1984 年中国地震局地球物理研究所和宁夏地震局对海原地震进行了联合考察，绘制了 1∶10 万的地震变形带分布图。调查结果显示海原地震断层带东端始于宁夏固原县銷口附近，经宁夏海原、甘肃靖远等县，西端止于甘肃景泰县以南，全长 222 km，大致为 NNW 转向 NWW 向的弧形带状分布，地震为左旋走滑性质，并认为海原断裂为其发震构造（环文林等，1985）。

向光中（2001）根据人工地震、重力、地质、航磁、大地电磁测深、地震活动及地球化学资料，研究了海原大地震与构造的关系认为：海原断裂实际是深度不超过 10 km 的铲状逆掩推覆断层，而海原大震的震源深度为 15～20 km，因此海原断层与海原大地震的发生无关。海原大地震的发生与延至软流层顶部的近 NS 向和近 EW 向的构造有关。

此外，还有众多学者对海原地震的力学机制、成因进行了研究，同时还对震中区附近介质的地球物理场进行了测量，但对海原地震的发震机理仍没有得到相对统一的认识（李松林等，2001；陈家超等 1985）。

2）海原地震前地震活动图像

（1）历史地震空段：由 BC780～1920 年震中分布图可以看出，海原地震位于海原断裂上，海原断裂以及震中区周边没有 $M \geq 7$ 级地震，是历史地震破裂空段（图 3-5-5（a））。

（2）背景空区（地震平静）：1739 年平罗银川地震后几十年研究区破坏性地震主要在平罗-银川地震震中区附近，1765 年甘肃临洮 5½级地震后强震活动开始分散。对比 1440～1764 和 1765 年至海原地震前的地震震中分布图可以看出（图 3-5-5（b）），海原地震前在震中区东南部出现了大范围的地震平静，景泰-海原-固原及其固原以东地区出现了大范围的没有破坏性地震活动。

（3）地震条带：由 1765 年至海原地震前的地震震中分布图可以海原地震前地震活动在海原南部的西宁-天水十分有序，破坏性地震成带状分布（图 3-5-5（b））。

（4）集中和活跃：由 1765～1893 年在海原地震震中区西北发生多次中强地震，形成相对集中和活跃图像（图 3-5-5（b）、（c））。

（5）平静：1894～1920 年 9 月，大范围没有破坏性地震（图 3-5-5（c））。

（6）海原地震无前震。

3.5.6　1927 年古浪地震

1）古浪地震基本情况

据《中国历史强震目录》，1927 年 5 月 23 日古浪地震微观震中为 37.7°N，102.2°E；宏观震源参数为 37.5°N，102.7°E。

因古浪地震地表破裂比较复杂，许多科学家都曾对这次地震的基本参数做过不同程度的研究，其中顾功叙给出的地震震中为 37.7°N，102.2°E，位于冬青顶北麓山前。Molnar 和邓起东将震中定位在：

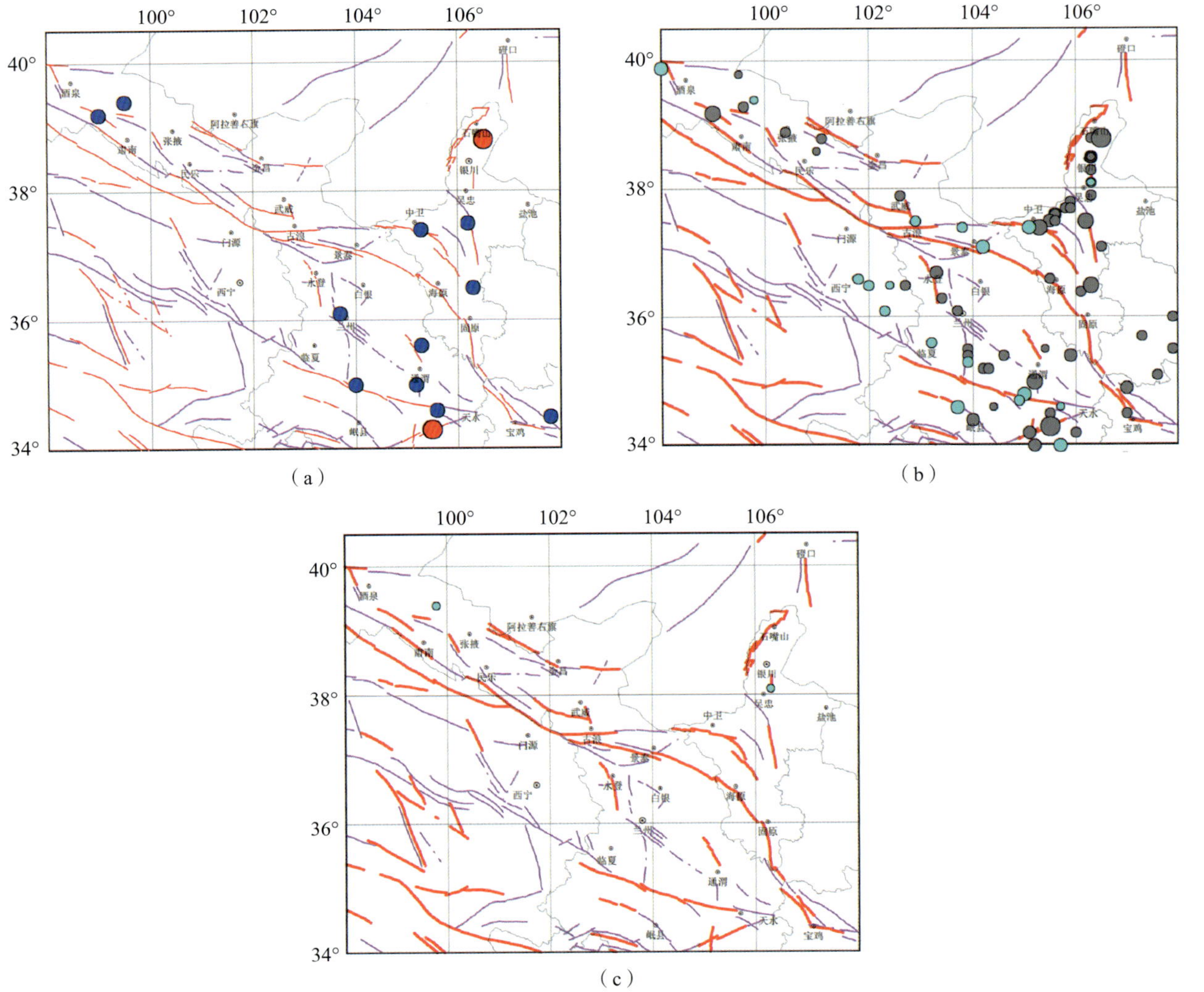

图 3-5-5　1920 年海原 $8\frac{1}{2}$级地震

(a) 公元前 780～1920 海原前 $M \geqslant 7$ 级地震分布；(b) 1440～1920 海原前 $M \geqslant 4.7$ 级地震分布；(c) 1894～1920 年 9 月 $M \geqslant 4.7$ 级地震分布（灰色是 1440～1764 年，蓝色是 1765～1920 年 12 月 15 日）

38.05°N，102.6°E，位于冬青顶西北方向约 40 km 处，大约在上寺一带。Reptti，W. C 和 Lee，W. H. K 等给出的震中为 37.7°N，102.6°E，大约位于冬青顶南 10 km 外。古浪大震震中位置的研究结果虽不完全一致，但震中位置主要分布在三个地点，并沿皇城-双塔断裂带中东段的南西盘分布，分别位于水峡口、磨咀子-中坝地震破裂带上及祁连乡西边的上寺一带（侯康明，1999）。

古浪推覆体位于海原-祁连山逆左旋走滑断裂带中东段的断裂大拐弯处，处在 NW 向的冷龙岭断裂、NWW 向的老虎山-毛毛山断裂和近 EW 向的天桥沟-黄羊川断裂等 3 条左旋走滑断裂的交会复合部位。其形成和演化除受区域 NE 向构造应力的强烈挤压作用之外，还受主边界断裂的走滑挤压作用的影响，形成了一个逐渐向 NE 方向扩展的前展式逆冲推覆系，它们共同构成了祁连山活动地块的东北边界（张培震等，2003）。古浪地震是由构成古浪推覆体的天桥沟-黄羊川断裂、皇城-双塔断裂冬青顶断裂段及武威-天祝隐伏断裂和古浪-双塔隐伏断裂等共同作用的结果（郑文俊，2004）。

2）古浪地震前地震活动异常

（1）历史地震破裂空段：古浪地震发生在历史地震破裂空段，发震断裂以及震中附近地区大范围内没有 6 级以上地震发生（图 3-5-6（a））。

（2）背景空区：1440～1927 年在震中区及其周边地区没有破坏性地震发生，形成背景空区图像

（图 3-5-6（b））。

（3）地震条带：由 1765 年至古浪地震前的地震震中分布图可以看到地震活动在震中东南的西宁-天水分布十分有序，呈带状分布（图 3-5-6（c））。

（4）增强：1920 年古浪 5 级地震和 1925 年大通 5¼级地震都位于未来震中附近地区，显示地震活动有增强趋势。

（5）前震：古浪 8 级地震前 50 分钟在震中区发生一次 5½级地震。

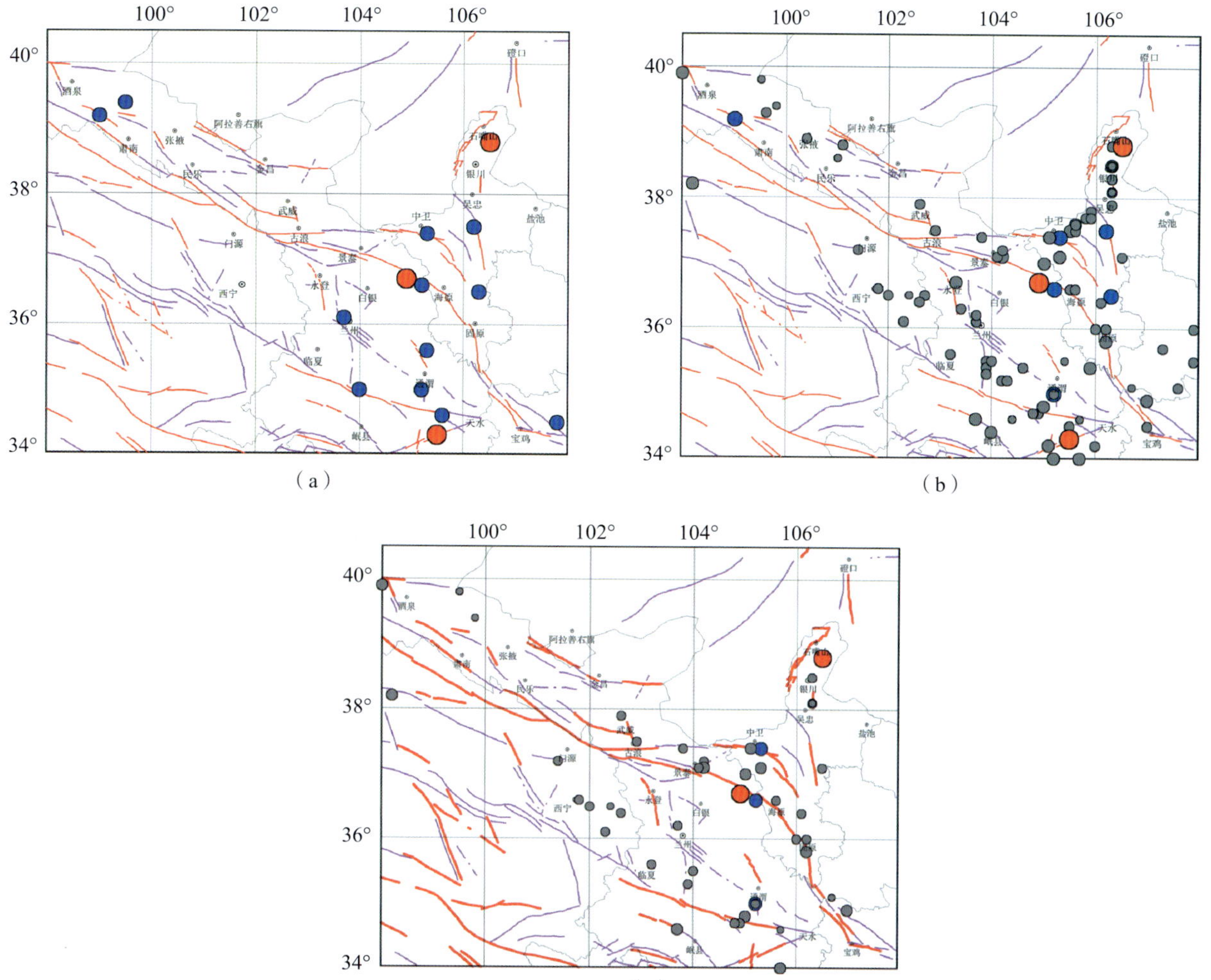

图 3-5-6　1927 年古浪地震

（a）780～1927 年 5 月 23 日 $M\geqslant 7$ 级地震分布；（b）1440～1927 年 5 月 23 日 $M\geqslant 4.7$ 级地震分布；（c）1765～1927 年 $M\geqslant 4.7$ 级地震分布

3.5.7　汶川地震地震前地震活动异常

（1）地震空段：汶川地震发生在南北地震带中段，至少最近数百年没有发生过 7 级地震的地震破裂空区中；在汶川地震前，龙门山断裂带中北段和中段没有 $M\geqslant 7$ 级地震的历史至少有 1700 多年，而龙门山南段则至少有 1100 多年；汶川地震发生在至少 1700 年没有发生 $M\geqslant 7$ 级地震的地震空区中（闻学泽，2009）。

（2）背景空区：1657 年汶川 6.5 级地震后近 350 年没有 6.5 级以上地震记录，是长期的闭锁区（黄圣睦，2009）。

（3）增强：汶川地震是1630年开始的巴颜喀拉地块东边界已经持续400年强震活动加速幕的最近一次大地震（闻学泽，2009）。

（4）地震平静（孕震空区）：2002年1月～2008年5月，5级以上地震平静（程万正，2009）；1999年9月和11月绵阳、清平5级地震后处于平静状态（黄圣睦，2009）。

（5）地震条带：2001年昆仑山地震后，在南北地震带中段在平静的4级以上地震活动图像中显示2个醒目现象：①鲜水河南东段至安宁河-则木河断裂，再到小江断裂北段呈现连续分布的地震活动条带；②龙门山构造带4级以上地震出现异常平静。

将上述对7次 $M \geqslant 8$ 级地震前地震背景和活动异常的研究结果综合列于表3-5-2。从表3-5-2可以看到7次大地震的发震背景和活动异常有很多相似之处，相似之中也有很多差异：

（1）7次特大地震全部发生在历史地震破裂的空段地区。

（2）除了平罗-银川地震外，其他6次特大地震前在震中去附近都出现了大范围、长时间尺度的强震背景空区（平静区）。背景空区存在时间最长的近500余年，最短的约80年。

（3）除嵩明地震以外，其余6次特大地震前都出现了地震增强现象。每个地震前的地震活动增强出现的区域和时间差异较大，某些地震活动增强出现在背景空区解体之后，而有的出现在背景空区形成之前，并且增强区可能位于未来震中区周边地区，也可能出现在背景空区以外地区。

（4）除了武都地震以外，其他6次地震前都出现了地震条带，但出现的时间和位置不尽相同。地震条带通常与地震活动增强相关，这种有序分布可能出现在地震增强的后期，也可能整个增强时段地震分布都是有序的。

（5）7次地震前震中区都出现了中强地震平静现象，不同的是有些地震是发生在持续平静的情况下，有些是活跃之后的再次平静。如古浪地震震中区附近长时间没有中强地震，地震活动主要分布于其周边地区，这种平静时间尺度长，而其他地震震前的平静都是在经历过平静-活跃后的再平静，持续时间相对较短。

（6）有2次地震有直接前震，比例高于对全球统计得到的10%的统计结果。

表3-5-2 大地震前地震活动背景及异常统计表

异常	1654年天水	1839年银川	1833年嵩明	1879年武都	1920年海原	1927年古浪	2008年汶川
历史破裂空段	礼县-罗家堡断裂没有发生过 $M \geqslant 7$ 级地震，是历史地震破裂空段	银川-平罗断裂及其周边没有发生 $M \geqslant 7$ 级地震，是历史地震破裂空段	小江西支断裂没有过 $M \geqslant 7$ 级地震，是历史地震破裂空段	震中附近没有发生过 $M \geqslant 7$ 级地震，是历史地震破裂空段	海原断裂及震中附近没有发生过 $M \geqslant 7$ 级地震，是历史地震破裂空段	古浪推覆体附近断裂没有 $M \geqslant 7$ 级地震，是历史地震破裂空段	地震破裂空段
背景空区	1001～1541年		1751～1833年	1748～1821年	1765～1920年	1440～1927年	1657～2008年
地震增强	1542～1641年	1474～1709年		1654～1747年	1765～1920年	1920～1925年	1630～2008.4
地震条带	1621～1641年	1474～1709年	1751～1799年		1765～1920年	1765～1927年	2001～2008.4
平静	1642～1654年	1616～1839年	1800～1833年	1823～1879.6.28	1894～1920.9	1440～1927年	2002～2008.4
前震				1879年6月29武都 $5\frac{3}{4}$ 级		震前50分钟，$5\frac{1}{2}$ 级前震	

由于南北地震带破坏性资料完整时间相对较晚，因此本研究结果可能有由于资料原因导致的偏颇，但这些 8 级地震前出现的很多现象的很多共性特征不是偶然的，有其必然性，可为大地震趋势预测提供参考。

参考文献

白铭学、焦德成，1739 年银川-平罗 8 级地震灾害的历史辨析，西北地震学报，2005，27（2）：135～140。
程万正、张永久，汶川 8.0 级地震前的地震活动及趋势估计问题，四川地震，2009，（3）：1～7。
陈家超、冯霞英、孙振家，一九二〇 年海原地震强烈原因的探讨，西北地震学报，1985，7（1）：159～162。
陈玉华、张肇诚，昆仑山口西 8.1 级地震前地震活动性异常特征，西北地震学报，2009，31（4）：374～379。
陈颙、李丽、李刚，2008 年 5 月 12 日四川汶川 8 级地震——一些科学问题的思考，中国地震物理，2008，1～3。
邓起东、张培震、冉勇康等，中国活动构造与地震活动，地学前缘，2003，10（特刊）：66～73。
冯希杰、董星宇、刘春，范家坝-临江断裂活动与 1879 年甘肃武都南 8 级地震的讨论，地震地质，2005，27（1）：155～163。
韩竹军、向宏发、冉勇康，青藏高原东缘礼县-罗家堡断裂带晚更新世以来的活动性分析，地震地质，2001，23（1）：43～48。
侯康明、雷中生、万夫岭等，1879 年武都南 8 级大地震及其同震破裂研究，中国地震，2006，21（3）：295～310。
侯康明、吴启民，1927 年古浪地震的基本特征，高原地震，1999，11（1）：12～18。
环文林、葛民、王士平等，1920 年海原 8½级地震的地震断层带及孕震构造考察研究的初步结果，国际地震动态，1985，15（1）：3～7。
黄圣睦、董瑞英、张致伟，青藏高原北部地震区弧形带与东缘带大地震活动特征的对比研究，内陆地震，2009，23（4）：404～412。
李孟銮、万自成，1739 年平罗 8.0 级地震的发震构造及其孕震特征，地震地质，1984，6（3）：23～28。
李松林、张先康、张成科等，海原 8.5 级大震区地壳结构探测研究，中国地震，2001，17（1）：16～23。
闻学泽、张培震、杜方等，2008 年汶川 8.0 级地震发生的历史与现今地震活动背景，地球物理学报，2009，52（2）：444～455。
向光中，1920 年海原大地震够构造关系的讨论，西北地震学报，2001，23（1）：92～98。
俞维贤、汪一鹏、宋方敏等，1833 年云南嵩明 8 及大地震地表破裂带的考察研究，地震研究，1996，19（4）：385～390。
张培震、邓起东、张国民等，中国大陆的强震活动与活动地块，中国科学（D 辑），2003，33（增刊）：12～20。
郑文俊、袁道阳、张东丽等，1927 年古浪 8 级地震的破裂习性及其破裂机制的数值模拟，地震地质，2004，20（4）：353～363。

3.6　大三角地震区活动地块地震活动参数及其力学含义

张培震等(2003）和张国民等(2005）给出了东亚地区(中国大陆及邻区)*I* 级和 *II* 级活动地块及其边界带分布。活动地块边界带共 29 条(图 3－6－1)。张国民等(2005）和马宏生等(2006）研究了其中中国大陆内的 26 条边界带的地震活动参数的状况，参数包括古登堡－里克特震级－频度关系的参数 a，b 和 a/b 以及地震应变能 $\sqrt{E}$ 年释放率 $e(=\sum\sqrt{E}/TL)$ 等，并讨论了 $\sqrt{E}$ 与边界活动速率的正相关关系。本专题补充了与东亚大陆大三角地震区内的另外 3 条边界带(图 3－6－1 中编号 27 蒙古博尔内带；28 蒙古戈壁阿尔泰带；29 缅甸实皆带）的地震活动性参数(郝平，吕晓健，2011)，并对大三角地震区内 20 条边界带上这些参数的某些方面的力学含义进行了讨论。

3.6.1　活动地块边界带预期的最大震级 M_t 的力学含义分析

表 3-6-1 的前 18 个活动地块边界带，是马宏生等（2006）根据东亚大陆大三角地震区内中国大

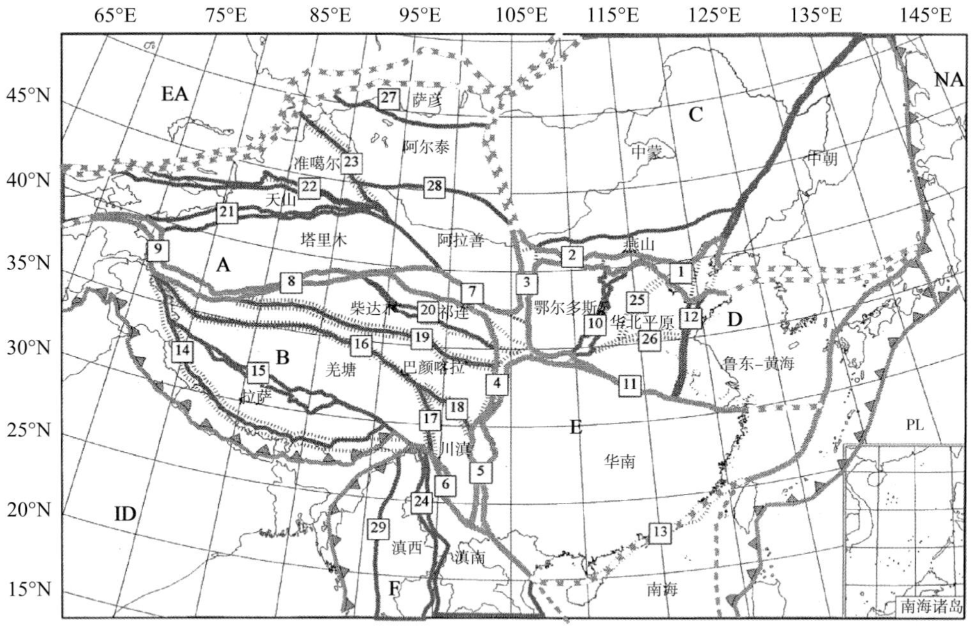

图 3-6-1　东亚地区（中国大陆及邻区）I 级和 II 级活动地块及其边界带分布图

（据张培震等，2003；张国民等，2005）

带齿的线是板块边界，ID. 印度板块；EA. 欧亚板块；PL. 菲律宾海板块；NA. 北美板块。I 级块体活动区边界用浅色粗线围限，浅色虚线表示未定的 I 级活动地块区的边界，6 个 I 级块体活动区得名称用英文字母代表，A. 西域；B. 青藏；C. 东北亚；D. 华北；E. 南华和 F. 滇缅。I 级活动地块区内部的 II 级活动块体边界用深色线围限，用斜体文字标出块体的名称。II 级活动块体的边界名称用方框内阿拉伯数字表示 1. 燕山渤海带；2. 阴山带；3. 贺兰山带；4. 岷山-龙门山带；5. 安宁河-小江带；6. 红河带；7. 海原-祁连带；8. 阿尔金带；9. 西昆仑带；10. 汾渭带；11. 秦岭-大别山带；12. 郯庐带；13. 东南沿海带；14. 喜马拉雅带；15. 喀喇昆仑-嘉黎带；16. 玛尼-玉树带；17. 三江带；18. 鲜水河带；19. 东昆仑带；20. 西秦岭-德令哈带；21. 南天山带；22. 北天山带；23. 富蕴带；24. 澜沧江带；25. 河北平原带；26. 安阳-菏泽-临沂带；27. 蒙古博尔内带；28. 蒙古戈壁阿尔泰带；29. 缅甸实皆带

陆西部境内 18 条活动地块边界带上（I 级和 II 级边界带的宽度分别约是 90 和 60 km），$M_S \geqslant 5.0$ 的资料，求的边界带内的古登堡-里克特关系为 $\lg N = a - bM$，式中的参数为 a、b 和 a/b 值，以及地震应变能（$\sqrt{E}$）年释放速率 $e(=\sum \sqrt{E}/TL)$ 和滑动速率 v。

古登堡-里克特公式表明，震级 M 越大，频度 N 越少。当 $N=1$，意味着预期发生一次震级 M_t 的最大地震，即

$$M_t = a/b$$

由于不同的活动地块边界带的 a/b 有差异，在一定程度上预期不同活动地块边界带地震活动最大强度 M_t 存在差异。

马宏生等（2006）的研究没有给出东亚大陆大三角地震区中蒙古博尔内带（图 3-6-1 中的编号 27），蒙古戈壁阿尔泰带（图 3-6-1 中的编号 28）和缅甸实皆带（图 3-6-1 中的编号 29）的相应参数。

本专题采用 ISC 目录、NEIC（USGS）目录和全球 7 级以上地震目录；按马宏生等（2006）和张国民等（2005）文献中的方法，计算了 II 级活动地块的蒙古博尔内带（图 3-6-1 中的编号 27），蒙古戈壁阿尔泰带（图 3-6-1 中的编号 28）和缅甸实皆带（图 3-6-1 中的编号 29）的相应参数。补充在表 3-6-1 最后 3 行中。

表 3-6-1 是东亚大陆大三角地震区及邻近 21 条活动地块边界带上，古登堡-里克特关系式的参数为 a、b 和 a/b 值（据马宏生等，2006；郝平，吕晓健，2011）。

表 3-6-1　大三角地震区参数值

边界带	资料起始时间	a	b	$M_t=a/b$	单位长度应变年释放率 e ($J^{1/2}a^{-1}$ km^{-1})	年滑动速率 v (mma^{-1})
1. 贺兰山带	1500	3. 61	0. 46	7. 8	2069	3
2. 岷山-龙门山带	1600	3. 79	0. 44	8. 6	3874	3
3. 安宁河-小江带	1700	5. 37	0. 65	8. 3	6230	12
4. 红河带	1900	5. 45	0. 75	7. 3	3971	6
5. 海原-祁连带	1800	4. 45	0. 54	8. 2	6021	7
6. 阿尔金带	1900	2. 91	0. 36	8. 1	2175	7
7. 西昆仑带	1880	5. 27	0. 67	7. 9	4720	6
8. 喜马拉雅带	1800	4. 50	0. 53	8. 5	6880	12
9. 喀喇昆仑-嘉黎带	1900	4. 80	0. 62	7. 7	3874	9
10. 玛尼-玉树带	1900	5. 82	0. 81	7. 2	2134	6
11. 三江带	1850	3. 52	0. 47	7. 5	2866	6
12. 鲜水河带	1850	3. 78	0. 45	8. 4	7604	12
13. 东昆仑带	1890	4. 37	0. 57	7. 7	2869	6
14. 西秦岭-德令哈带	1600	5. 05	0. 68	7. 4	725	3
15. 南天山带	1850	6. 37	0. 82	7. 8	5268	10
16. 北天山带	1750	3. 71	0. 45	8. 2	2860	6
17. 富蕴带	1950	3. 84	0. 52	7. 4	2347	4. 5
18. 澜沧江带	1920	5. 05	0. 63	8. 1	6322	7
19. 蒙古博尔内带	1900	4. 35	0. 59	7. 4	1831	2. 6
20. 蒙古戈壁阿尔泰带	1900	3. 99	0. 52	7. 7	360	1. 2
21. 缅甸实皆带	1900	5. 49	0. 69	7. 9	1771	?

注：$e\ (=\sum\sqrt{E}/TL)$，L 为边界带长度（km），T 为使用资料的时间（a）。

图 3-6-2 给出东亚大陆大三角地震区中，有关的 21 条活动地块边界带上 M_t 和 b 的统计关系：$M_t=8.77-1.57b$。

虽然统计关系的相关系数较小，但从趋势上看，图 3-6-2 似乎表明 b 值小的地块边界带上预期的最大震级（M_t）较大。按照 Scholz（1968）的研究，b 值小意味着高应力作用状态。这样，可以理解为不同边界带上 M_t 的大小可能是反映不同边界带上应力状态高低的差别。

3.6.2　活动地块边界带滑动速率和地震应变年释放率的统计关系

本专题补充了根据蒙古及周边的 GPS 观测的两次 8 级地震有关的走向 NE-SW 的车车尔勒格断层和博尔内（Bolnay）断层上，地表水平滑动速率是（2.6±1.0）mm/a（Calais et al.，2003），1957 年 12 月 4 日在戈壁阿尔泰山博德（Bogd）遭遇另一个 8 级大地震，它是逆冲兼有走滑的断层活动，地表

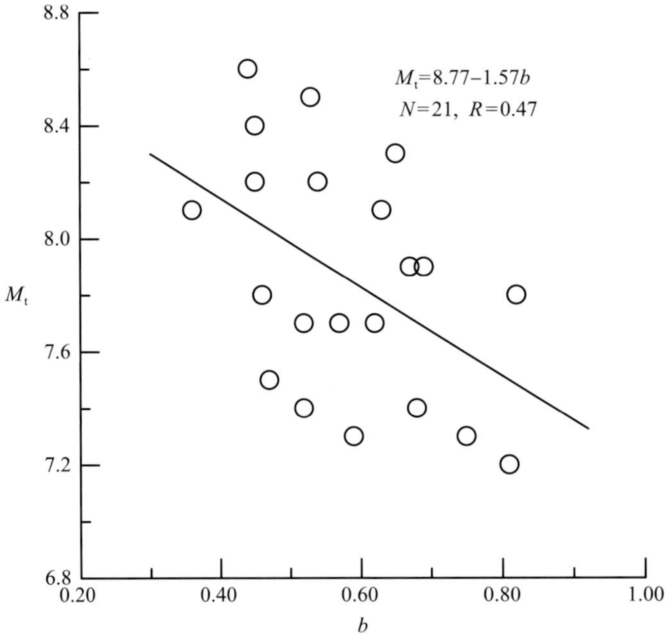

图 3-6-2　东亚大陆大三角地震区 21 条活动地块边界带上，M_t 和 b 的统计关系图

N：资料点数；R：线性拟和的相关系数

水平滑动速率是 1.2 mm/a（Calais et al.，2003）；没有实皆断层西侧的资料（Socquet et al.，2005）。这三条地块边界带的活动速率状况列在表 3-6-1 最后 3 行中。

根据表 3-6-1 的数据，图 3-6-3 给出东亚大陆大三角地震区中，有关的 20 条活动地块边界带（除了缅甸实皆断层）上单位长度地震释放年速率 e（$J^{1/2}a^{-1}\ km^{-1}$）和滑动速率 v（mm/a）的统计关系：$e=273.5+537.7v$。

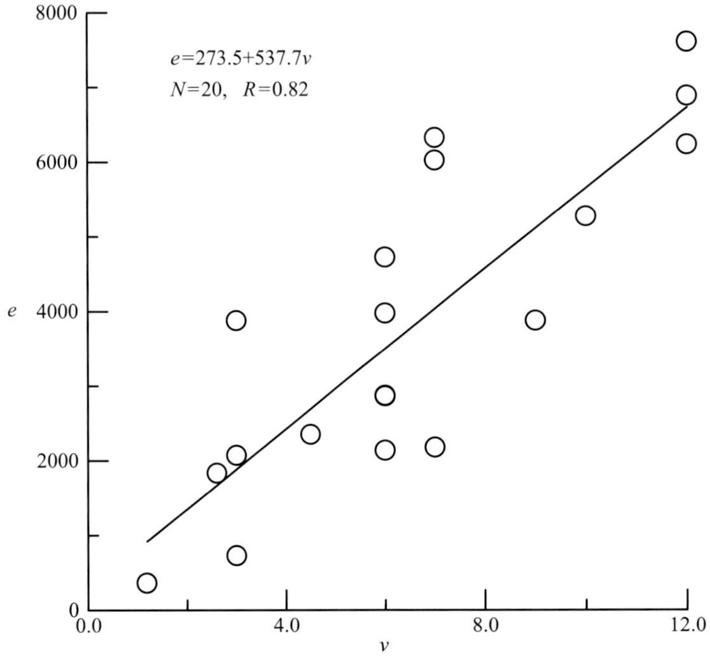

图 3-6-3　东亚大陆大三角地震区中 20 条活动地块边界带上单位长度地震应变释放速率 e（$J^{1/2}a^{-1}\ km^{-1}$）和滑动速率 v（mm/a）的统计关系图

统计关系表明活动地块边界带上单位长度地震释放速率 e （$J^{1/2}a^{-1}km^{-1}$） 和滑动速率 v （mm/a） 成正比关系（相关系数较大，$R=0.82$），即活动边界带的地震活动水平高低受边界带两侧活动地块运动差异程度大小的制约。

参考文献

马宏生、张国民、刘杰、王辉，中国大陆活动地块边界带强震活动特征的研究，地震地质，2006，28（1）：48～60。

张培震，、邓起东、张国民等，中国大陆的强震活动与活动地块，中国科学（D 辑），2003，33（增刊）：12～20。

张国民、马宏生、王辉等，中国大陆活动地块边界带与强震活动，地球物理学报，2005，48（3）：138～146。

Calais, E. , M. Vergnolle, V. San´kov, A. Lukhnev, Andrei M. iroshnitchenko, S. Amarjargal, GPS measurements of crustal deformation in the Baikal - Mongolia area (1994 - 2002): Implications for current kinematics of Asia, JOURNAL OF GEOPHYSICAL RESEARCH, 2003. 108 (B10): 2501, 13PP, doi : 10. 1029 /2002JB002373.

Scholz, C. H. , The frequency - magnitude relation of microfracturing in rock and its relation to earthquakes, Bull. Seismol. Soc. Amer. , 1968. 58: 399～415.

Socquet, A. , C. Vigny, N. Chamot-Rooke, W. Simons, C. Rangin, and B. Ambrosius, India and Sunda plates motion and deformation along their boundary in Myanmar determined by GPS, J. Geophys. Res. , 2006. 111, B05406, doi: 10. 1029 / 2005 JB003877.

3.7　拉萨和羌塘地块地震活动和热前兆现象及其机理研究*

基于前人对中国大陆活动构造及其现代构造变形的研究，2003 年张培震等（2003）较系统地提出了中国大陆活动地块的假说。中国大陆活动地块形成于晚新生代、晚第四纪（10 万～12 万年）至今被强烈活动的构造带所分割和围限，且具有相对统一运动方式的地质单元，绝大多数强震发生在边界的活动构造带上，地块内部地震活动水平强度远小于边界活动构造带。中国大陆及其邻区的活动地块可划分为 I 级活动地块区和 II 级活动地块，即青藏、西域、南华、滇缅、华北和东北亚 6 个 I 级活动地块区和 22 个 Ⅱ 级活动地块。从地质历史演化的角度上，在结构上由南向北青藏活动地块区可划分为拉萨、羌塘、巴颜喀拉、柴达木、祁连和川滇 6 个 Ⅱ 级地块，它们的边界是一系列规模宏大、活动性强的弧形断裂带，自南而北是喜马拉雅主逆冲带、喀喇昆仑-嘉黎断裂带、玛尼-玉树-鲜水河断裂带、昆仑-玛沁断裂带、阿尔金-海原断裂带和金沙江-红河断裂带（图 3-7-1）。本文主要讨论拉萨、羌塘地块内部强地震活动和一些前兆热异常特征及其机理。

3.7.1　地震活动

就全球范围地震的仪器记录时期而言，1894 年以来 $M\geqslant7.0$ 、1930 年以来 $M\geqslant6.5$ 、1953 年以来 $M\geqslant6.0$ 和 1966 年以来 $M\geqslant5.5$ 的地震能被完全记录到（Tsapanos，1998）。图 3-7-1 是 I 级青藏活动地块区及邻近 1950 以来完全记录的 66 次 $M_S\geqslant6.5$ 地震（$M_S\geqslant8.0$，4 次；$7.9\geqslant M_S\geqslant7.0$，15 次；$6.9\geqslant M_S\geqslant6.5$，47 次）的震中分布。由图 3-7-1 表明，在近 60 年的期间中，全部 4 次（100 %）8.0 级以上地震、13 次（约 87 %）7.0～7.9 级和 22 次（约 47%）6.5～6.9 级地震发生在地块的边界上，与张培震等（2003）的研究结果一致。余下的 2 次（约 13%）7.0～7.9 级和 27 次（约 53%）6.5～6.9 级地震发生在 Ⅱ 级地块内部，其中拉萨、羌塘、川滇、巴颜喀拉、柴达木和祁连 Ⅱ 级地块内部的地震次数分别是 8 次、6 次、4 次、2 次、1 次和 0 次，表明不同 II 级地块内部的地震活动水平由南向

* 本节作者：傅征祥、吕晓健等，中国地震局地震预测研究所。
原文载于“地震”，2010，30（1）：20～26。

北由强到弱，拉萨和羌塘地块内部的强地震相对活跃。此外，在青藏活动地块区以南的喜主马拉雅边界逆断裂带上发生 6 次 6.5～6.9 级地震。

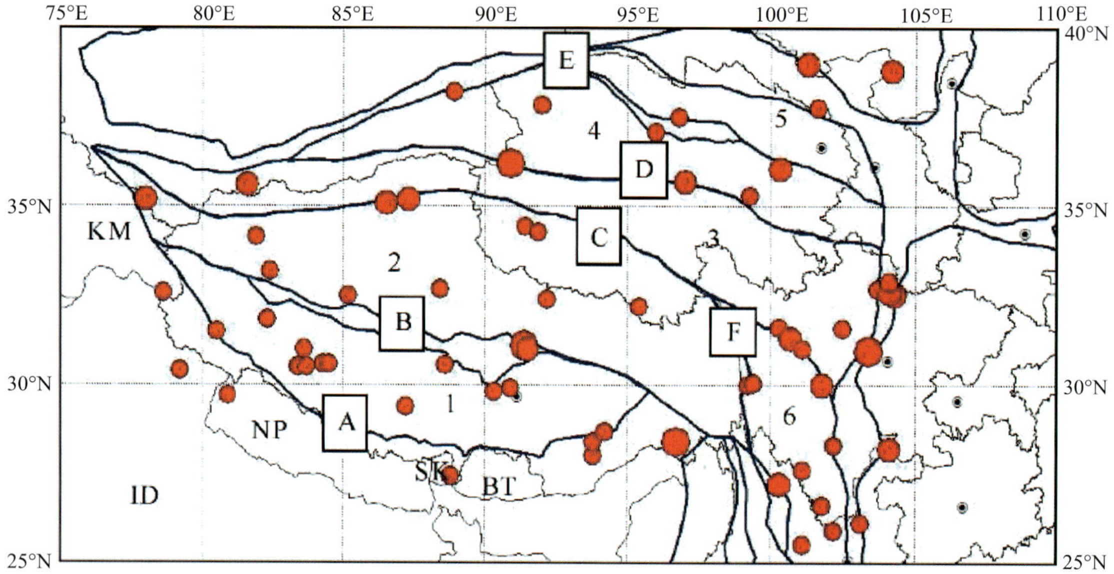

图 3-7-1　1950 年以来青藏活动地块区及其邻近 6.5 级以上地震震中分布（据张晓东等）

大圆为 $M_S \geqslant 8.0$；中圆为 $7.0 \geqslant M_S \geqslant 7.9$；小圆为 $6.5 \geqslant M_S \geqslant 6.9$；A 为喜马拉雅断裂带；B 为喀喇昆仑-嘉黎断裂带；C 为玛尼-玉树-鲜水河断裂带；D 为昆仑-玛沁断裂带；E 为阿尔金-海原断裂带；F 为金沙江-红河断裂带；1. 拉萨地块；2. 羌塘地块；3. 巴颜喀拉地块；4. 柴达木地块；5. 祁连地块；6. 川滇地块Ⅱ级块体；ID 为印度；KM 为克什米尔；NP 为尼泊尔；SK 为锡金；BT 为不丹

3.7.2　强地震前的热异常

自 20 世纪 90 年代以来，强地震发生前在震中区及其附近观测到热异常现象，受到地学界高度关注①。下面给出拉萨和羌塘地块内两次强地震前的卫星红外亮温异常的震例。

1）2008 年 3 月 21 日新疆于田 7.3 级地震

据中国地震台网测定，2008 年 3 月 21 日新疆于田发生了 7.3 级地震，震中在 35.60°N，81.60°E，震源深度为 33 km，位于羌塘地块西部的 NE 向阿尔金断裂西南端。在震中附近区域（36.0°～37.0°N，81.0°～82.0°E）内，观测到红外亮温傅里叶平均谱值随时间的变化曲线（图 3-7-2 ），平均谱值是特征周期对应功率谱幅值的平均值。由图 3-7-2 表明，亮温平均谱值在地震发生前约一个半月（2008 年

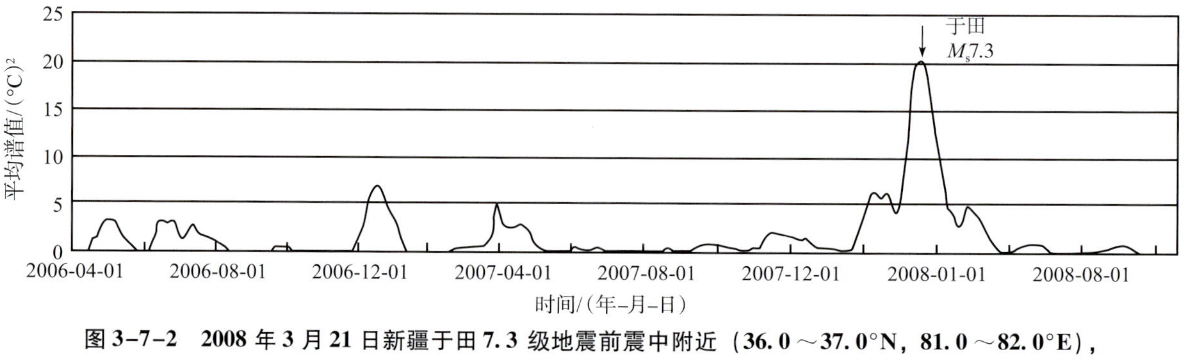

图 3-7-2　2008 年 3 月 21 日新疆于田 7.3 级地震前震中附近（36.0～37.0°N，81.0～82.0°E），红外亮温傅里叶平均谱值随时间的变化曲线

① 邓志辉，卫星红外观测与地震前亮温异常特征研究，2009。

2 月 1 日）开始，快速增大，在达到高值（是震前约 2 年低值的 12 倍左右）时发生主震。主震后快速下降到震前的背景值。另外，据美国地质调查局测定体波矩张量震源机制解①，表明于田 7. 3 级地震是正断层活动，张应力轴近似 EW 方向。

2）2008 年 10 月 6 日西藏当雄 6. 6 级地震

据中国地震台网测定 2008 年 10 月 6 日西藏当雄 6. 6 级地震的震中位置为 29. 8°N，90. 3°E，震源深度 8 km，位于拉萨地块内。在震中周围小区域（29. 5°～30. 5°N，90. 0°～91. 0°E）内，观测到红外亮温傅里叶平均谱值随时间（2006 年 4 月至 2008 年 11 月）的变化曲线（图 3-7-3）。平均谱值在地震发生前 3 个月（2008 年 7 月）左右快速升高，在震前 1 个月（2008 年 9 月）达到高峰值，峰值是震前 2 年半低背景值的 10 倍左右；之后，快速下降到背景值时，主震发生。另据美国地质调查局测定体波矩张量震源机制解②，表明当雄 6. 6 级地震是正断层活动，张应力轴近似 EW 方向。

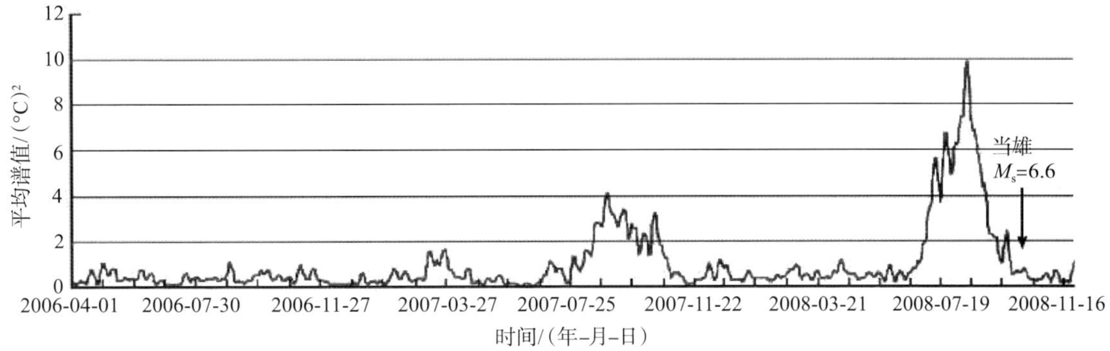

图 3-7-3　2008 年 10 月 6 日西藏当雄 6. 6 级地震前震中附近（29. 5°～30. 5°N，90. 0°～91. 0°E），红外亮温傅里叶平均谱值随时间的变化曲线

3. 7. 3　构造和地震活动性背景

（1）活动断层：从 20 世纪 80 年代以来，许多研究已确认拉萨、羌塘、巴颜喀拉、柴达木、祁连和川滇地块的地块边界，主要是逆断层和走滑断层；特殊的是在拉萨和羌塘地块内部发育众多的正断层（Armigo，1986；中国地震局地质研究所，1992；Yin，1999）。

（2）地壳厚度：重力是获得地壳结构的有力方法。Braitenberg 等（2000）应用重力场反演方法获得沿着青藏高原 4 条纵横剖面的地壳厚度（Moho 面）分布结果。近似南北横截高原的剖面表明，在喜马拉雅断裂（拉萨地块南边界）下面，地壳厚度约 60 km；整个青藏高原的地壳厚度约 70 km，在昆仑断裂以北地壳厚度逐渐变浅至 50 km。

（3）地壳低速层：Kind 等（1996）利用 INDEPTH2 Ⅱ计划观测的地震观测资料，通过接收函数反演、瑞利波相速度和远震 P 波波形径向分量模拟等的研究表明，雅鲁藏布缝合线以北下面的地壳中，20 km 深度附近存在低速层，而在缝合线以南没有发现这种低速层；李永华等（2006）选取了跨越拉萨和羌塘块体的 INDEPTH2 Ⅲ台站的地震观测资料，采用接收函数反演方法的研究表明，在羌塘块体 10～20 km 之下的中地壳普遍存在高温或部分熔融的低速层。

（4）近代地壳形变：江在森等（2007）利用中国地壳运动网络 1999～2004 年 GPS 速度场解算结果的研究表明，在青藏地块区中南部拉萨、羌塘、川滇和巴颜喀拉地块的某些地域中，主张应变率显著增大；而在北部的柴达木和祁连地块中，主张应变率变得很小。特别是在拉萨地块和羌塘地块中，

① http：//neic. usgs. gov/neis/bulletin/

② http：//neic. usgs. gov/neis/bulletin/

主张应变的方向近似 EW 向，与上述该地块近似 SN 向的正断层活动的地质背景以及下述正断层震源机制的地震活动协调一致。

（5）地热场：1989 年王洪涛等（1989）基于全国约 2473 处的热泉资料的研究表明，在青藏地块区中的拉萨、川滇和羌塘 II 级地块是地热高释放的地区，地热单元每年能量释放率最高，约是东部地区的 10 倍。

（6）地震深度：汪素云等（2000）应用青藏高原东北地区 101 个较密集的地震台站的观测资料的地震重新定位，证明青藏高原东北部震源深度主要分布在 30 km 以内，峰值深度段为 10～20 km。Liang 等（2008）在 2004 年 6 月至 2005 年 8 月执行一项国际 Hi2CL IMB 计划，得到的震源位置，再经过联合震源定位法（JHD）进行重新定位。沿着喜马拉雅-羌塘地块的 SN 向剖面，地震主要集中发生在约 20 km 深的上地壳内，在拉萨地块内部印度河-雅鲁藏布江缝合线（IYS）以南的南半段，还记录到不多的 50～70 km 深的上地幔地震，表明那里的地震分别分布在上下两层（深度 0～20 km 和 50～70 km）。

（7）震源机制：青藏活动地块区及其邻近的地震断层面解自 20 世纪 70 年代以来，一直有来自不同研究的综合报道（Molnar，1978，1989；Ni，1984；郑析华，2001；许忠怀，2001），他们的基本结论总体上是一致的：①沿着喜马拉雅弧逆冲前缘的低角度逆断层，滑动矢量沿着喜马拉雅弧呈放射状散开；②特别是在右旋走滑喀喇昆仑断裂及其向东延伸带的 SN 两边（拉萨和羌塘地块）内，除了少数的走滑断层地震机制外，明显存在许多南北向的正断层地震活动机制。正断层地震活动机制是青藏活动地块区南部（集中在拉萨和羌塘地块以及巴颜喀拉地块西部）最重要和特殊的地震活动性特征；③在青藏活动地块区东部，近似平行的左旋走滑断层系，包括海原、昆仑和鲜水河断裂；在川滇地块内，也记录到正断层的地震活动；④在柴达木盆地边缘的是 NW2SE 逆断层面解。

在上述青藏活动地块区的地震活动性和地学背景资料分析的基础上，本文构造了一幅地震活动性及其地学背景关系简要图像（图 3-7-4）。图 3-7-4 中横坐标是一个南北剖面，剖面南端的零点约是喜马拉雅前沿逆断层，向北依次标出雅鲁藏布江缝合线（YZS）；班公-怒江缝合线（BNS）；金沙江缝合线（JS）；昆仑山断裂（KF）和阿尔金-祁连断裂（AT）的位置。在喜马拉雅前沿逆断层和班公-怒江缝合线（BNS）之间大体上是拉萨地块，内中有一条雅鲁藏布江缝合线（YZS）；在班公-怒江缝合线（BNS）和金沙江缝合线（JS）之间大体上是羌塘地块；在金沙江缝合线（JS）和昆仑山断裂

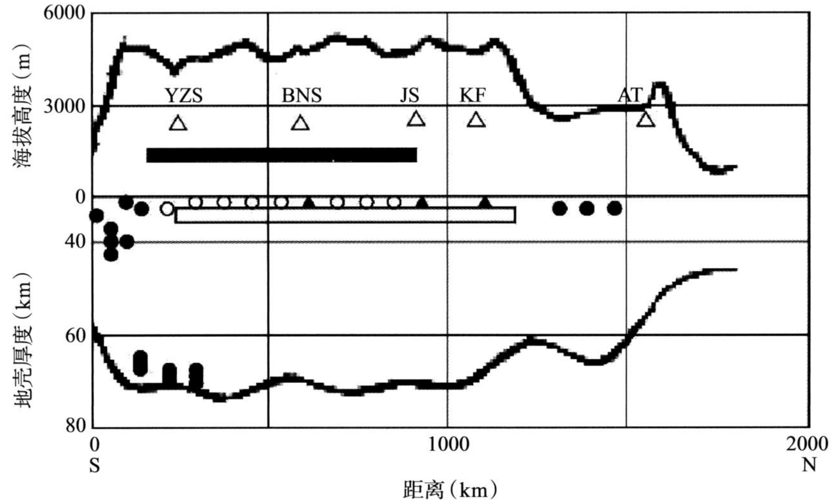

图 3-7-4　青藏活动地块区南北剖面上的地震活动性和地学背景综合简要图

上半幅是海拔高度（m），下半幅是地壳厚度（km）；空心和实心长方条分别表示低速层和高地热区；实心圆、空心圆、实心三角和椭圆分别为逆断层、正断层、走滑断层和性质不明的地震活动类型

(KF) 之间大体上是巴颜喀拉地块；在昆仑山断裂 (KF) 和阿尔金-祁连断裂 (AT) 之间是柴达木和祁连地块。

3.7.4 机理研究

1) 拉萨和羌塘地块内部强震相对活跃的机理

为何拉萨和羌塘地块内部比巴颜喀拉、柴达木和祁连地块内部会发生明显多的 6.5～6.9 级强地震 (图 3-7-1)，笔者认为可能与不同地块的地壳强度差异有关。熊熊 (2001) 研究指出，青藏高原地壳增厚和岩石圈温度升高，将使其大陆岩石圈强度弱化。由图 3-7-4 可知，对于拉萨和羌塘地块，地壳厚度达到约 70 km，而且是高地热区；对于巴颜喀拉、柴达木和祁连地块的地壳厚度逐渐变薄在 60～40 km 之间，而且不是高地热区；因此，推断拉萨和羌塘地块的地壳强度可能较低，在区域构造应力下，相对易达到应力极限而发生地震。

同时，在拉萨和羌塘地块内部发育着正断层以及相关的正断层地震活动。Sibson (1974) 应用地质学观测的结果，研究了不同断层类型的剪切破裂强度。假定在同样的地壳深度上走滑断层的剪切破裂强度约为正断层的 1.6 倍；逆断层的剪切破裂强度约为正断层的 4 倍；逆断层的剪切破裂强度约为走滑断层的 2.5 倍；表明假定在同样的地壳深度上，逆断层的剪切破裂强度最大，正断层最小，走滑断层的居中。Brace 等 (1980) 和 Kirby (1980) 在收集实验室资料的基础上，建立了一个简单的大陆岩石圈流变模型 (图 3-7-5)。该模型的岩石圈上部用 Byerlee 摩擦定律来限制强度并假设了静水孔隙压力梯度，并采用了 Anderson 的应力状态和断层方向，因此发生正断层活动需要的应力远小于产生逆断层活动需要的应力，产生走滑断层活动需要的应力则介于两者之间。所以，拉萨和羌塘地块在正断层的地质背景下，比巴颜喀拉、柴达木和祁连地块易发生地震。

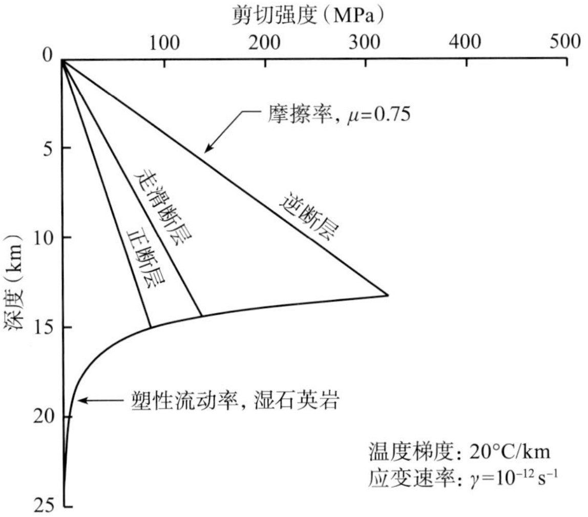

图 3-7-5　岩石圈强度的简单模型 (据 Scholz，1996)

在岩石圈上部，是假定理想方向的断层符合库仑摩擦定律，具有恒定的摩擦系数 $\mu=0.75$ 和静水孔隙压；对岩石圈下半部，是实验确定的湿石英岩高温稳态流动律的外推，假定的应变速率 (γ) 和温度梯度 (℃/km) 如图右下角所示

2) 地震前的热异常的机理

关于拉萨和羌塘地块内地震前的热异常的机理。如前所述，拉萨和羌塘地块内部强地震活跃，高地热和张性正断层发育等的特殊性，是否会在强震发生前存在热异常的现象？结晶岩石压缩破裂实验的轴向、横向和体积应变的应力过程表明，在应力达到破裂应力一半左右时，岩石开始出现体积膨胀 (扩容) 现象，被解释为岩石内散布的微裂隙发展以及伴随孔隙体积增加 (Brace，1980)。在上述两次

强地震前数月观测到短期热异常的拉萨和羌塘地块，是高地热区和中上地壳存在低速层的地区（图3-7-4）。低速层可能是物质部分熔融或自由流体富集的层位（Gaillard，2004），按照地震前兆的扩容模型（Scholz，1973），当低速层上面的孕育地震的断层带内，进入破裂前的扩容阶段时，为低速层内部分熔融热物质或自由流体向上流动扩散提供了通道，使孕震断层带的孔隙压强逐渐增加和降低摩擦强度，而温度足够高的物质和流体的进入孕震断层带，导致孕震断层带直到地表面附近增温，同时也会减低其摩擦强度（Stesky，1974），最终发生地震。

3.7.5　结论和讨论

（1）在青藏活动地块区南部的正断层发育的拉萨和羌塘地块内部，发生的6.5～6.9级地震明显比北部的块体内多（图3-7-1）。其原因可能是与拉萨和羌塘地块处于地壳厚度较大、较高的热状态和较低的正断层剪切强度等地学背景下，导致地壳强度较弱有关。

（2）在2008年，拉萨和羌塘地块内部发生的当雄6.6级和于田7.3级正断层地震前，在其震中区及邻近观测到短期热异常（图3-7-2、3-7-3），这可能与临震前孕震区及邻近断层带扩容以及中下地壳低速层熔融物质或流体进入有关。事实上，在一些走滑型地震（如昆仑山口西8.1级地震前和玛尼7.5级地震）前，也观测到短临热异常变化，其机理需要结合有关地区的地壳结构和物性具体分析。

参考文献

江在森、杨国华等，大地形变在2006～2020年中国大陆强震危险区预测中的应用研究［A］，“2006～2020年中国大陆强震危险区与地震灾害预测研究”项目组，2006～2020年中国大陆强震危险区与地震灾害预测研究［C］，北京：地震出版社，2007，98～101。

李永华、曾融生、吴庆举等，青藏高原拉萨及羌塘块体的地壳结构研究［J］，地震学报，2006，28（6）：586～595。

王洪涛、范光禄，热震状态［A］，马杏垣，中国岩石圈动力学图集［C］，北京：地震出版社，1989，15。

汪素云、高阿甲、许忠淮等，青藏高原东北地区地震重新定位及其活动特征［J］，地震学报，2000，22（3）：241～248。

熊熊，青藏高原岩石圈强度的弱化［A］，马宗晋，汪一鹏，张燕平主编，青藏高原岩石圈现今变动与动力学［C］，北京：地震出版社，2001，172～176。

许忠淮，东亚地区现今构造应力图的编制［J］，地震学报，2001，23（5）：492～501。

郑斯华、高原，青藏高原的地震学研究（综述）［A］，马宗晋，汪一鹏，张燕平主编，青藏高原岩石圈现今变动与动力学［C］，北京：地震出版社，2001，223～239。

张培震、邓起东、张国民等，中国大陆的强震活动与活动地块［J］，中国科学（D辑），2003，33（增刊）：12～20。

中国地震局地质研究所，西藏中部活动断层［M］，北京：地震出版社，1992。

Armijo R，Tapponnier P，Mercier J L，et al. Quaternary extension in southern Tibet：field observation and tectonic implication［J］. J Geophys Res，1986，91（B14）：13803～13872.

Brace W F，Paulding B W，Scholz C H. Dilatancy in the fracture of crystalline rocks［J］. J Geophys Res，1966，71：3939～3953.

Brace W F，Kohlstedt D. Limits on lithospheric stress imposed by laboratory experiment s［J］. J. Geophys Res.，1980，85：6248～6252.

Braitenberg C，Zadro M，Fang J，et al. Gravity inversion in Qinghai-Tibet plateau［J］. Phys Chem Earth（A），2000，25（4）：381～386.

Gaillard F，Scaillet B，Pichavant M. Evidence for present2day leucogranite pluton growth in Tibet.［J］. Geology，2004，32（9）：801～804.

Kind R，Ni J，Zhao W，et al. Evidence from Earthquake Data for a Partially Molten Crustal Layer in Southern Tibet［J］. Science，1996，274（5293）：1692～1694.

Kirby S. Tectonic st ress in the lithosphere：Const raint s provided by the experimental deformation of rock［J］. J Geophys Res.，

1980, 85: 6353～6363.

Liang Xiaofeng, Shiyong Zhou, John Chen Y, et al. Earthquake distribution in southern Tibet and its tectonic implications [J]. J Geopgys Res, 2008, 113, B12409, doi: 10.1029/2007 JB005101.

Molnar P, Tapponnier P. Active tectonics of Tibet [J]. J Geophys Res, 1978, 85: 5361～5384.

Molnar P, Lyon-Caen H. Fault plane solutions of earthquakes and active tectonics of the Tibet Plateau and its margin [J]. Geophys J Int, 1989, 99: 123～153.

Ni J, Barazangi M. Seismotectonics of Himalayan collision zone: Geometry of underthrusting Indiaplate beneath the Himalaya [J]. J Geophys Res, 1984, 89: 1 147～1 163.

Scholz C H, 地震与断层力学 [M], 马胜利等译校, 北京: 地震出版社, 1996, 134。

Scholz C H, Sykes L R, Aggarwal Y P. Earthquake prediction : A physical basis [J]. Science, 1973, 181 : 803～809.

Sibson R H. Frictional const raints on thrust, wrench and normal faults [J]. Nature, 1974, 249: 542～545.

Stesky R, Brace W, Riley D. et al. Friction in faulted rock at high temperature and pressure [J]. Tectonophysics, 1974, 23: 177～203.

Tsapanos T M, Papazachos B C. Geographical and vertical variation of the earth's seismicity [J]. J Seismology, 1998, 2: 183 ～192.

Yin A, Kapp P A, Murphy M A, et al. Significant late Neogene east-west extension in northern Tibet [J]. Geology, 1999, 25: 787～790.

3.8 近期川滇块体库仑静破裂应力变化分布和汶川大地震

3.8.1 概述

1997 年 3 月，美国地质调查局（USGS）组织研讨地震之间相互关系的应力触发、应力影区及与地震灾害关系，加速了对地震间“应力触发”理论和应用的研究。对地震应力触发的研究表明，断层永久位移产生的静态应力变化可以改变附近断层上发生地震的可能性，或者说可触发地震（Harris，1998）。

许多近场的触发地震，特别是触发余震的研究表明，静态应力变化为地震的触发因素。Reasenberg 等（1992）研究了 1989 年美国加州 Loma Prieta 地震后静应力场和区域地震活动的变化，结果表明，大多数地震活动速率增高的地区库仑破裂应力增加，而地震活动速率减小的地区库仑破裂应力减小。King 等（1994）对大地震后震中周围静应力场的变化与区域地震活动图像之间的对应关系进行了研究，认为大地震使区域应力发生的改变是区域地震活动增强的原因，Landers 地震后余震分布在库仑破裂应力增长大于 0.03Mpa 的区域。Hardebeck 等（1998）和研究了 1992 年 Landers M_S7.3 地震和 1994 年 Northridge M_S6.7 地震对“余震”触发的情况表明：对 Landers 地震，在距离主断层 5～75 km 的范围内，85% 的余震事件与静态应力变化一致；但对 Northridge 地震，静态应力变化不能成功解释余震的分布。Toda 等（1998）计算了 1995 年日本阪神地震主震附近优势破裂面上的库仑破裂应力变化，发现与地震活动速率有很好的相关关系。刘桂萍和傅征祥（2002）的研究表明，1973 年炉霍大地震最大余震可能是由主震引起的库仑破裂应力变化触发的。万永革等（2000）研究了几次复杂地震中不同破裂事件之间的“应力触发”问题，得出第一次较大的子破裂事件所产生的库仑应力变化“有利于”触发后续破裂事件。

另外，大地震发生后区域应力场的变化，也有可能触发区域的地震活动。土耳其北安那托利亚断裂带上地震有序迁移是地震活动相关的经典事例，多年来一直是地震学家研究的热点。Stein 等（1992）研究表明，1939～1992 年在土耳其 1000 km 长的北安那托利亚断裂带上发生了 10 次 M6.7 以上地震，为研究一次大地震后怎样诱发下一次地震提供了条件。研究表明，10 次地震破裂中有 9 次受以前地震作用，发震断层更逼近破裂。并预测在此后的 30 年中，西部大城市 Izmit 发生一次大地震的概率很高。1999 年 8 月 29 日土耳其北安那托利亚断裂带上发生强烈地震，死亡人数近 2 万，毁坏房屋无数。这件事在国际地震界产生了很大的轰动，促使地震学家重视地震产生的库仑破裂应力变化，可能触发余震区以外区域的地震活动的问题。美国 1992 年 Landers 地震后诱发距震中远达 1250 km 内 14 个区域的地震活动增强，是大地震触发小地震的首次证据（Hill，1993）。刘桂萍和傅征祥（2000）研究了 1976 年 7 月 28 日唐山 7.8 级地震触发的周围区域地震活动和静应力场变化。刘桂萍和傅征祥（2001）探讨了 1920 年 12 月海原 8.5 级大地震可能触发 1927 年古浪 8 级大地震的库仑应力变化。2004 年 12 月 26 日印尼苏门答腊发生 8.7 级地震，张国民等（2005）研究了印尼大地震后在我国川滇地区的库仑静破裂应力变化和有关的地震活动图像，研究表明，红河断层的地震活动似乎与应力增加触发有关。万永革等（2007）研究了青藏高原东北部的库仑应力积累演化对大地震发生的影响。

本文探讨 1970 年以来，川滇块体 7 级以上大地震产生的库仑静破裂应力变化分布和汶川大地震的可能关系。

3.8.2 库仑静破裂应力变化

应用库仑破裂准则：当断面上剪切应力达到摩擦强度时，断面将发生剪切破坏。定义库仑破裂应力 *CFS*（Coulomb failure stress）（Reasenberg，1992；Harris，1998）如下：

$$CFS = \tau + \mu(\sigma + p) - S \qquad (3-8-1)$$

式中，τ 为断面上的剪切应力，μ 为内摩擦系数，σ 为断面上的正应力（拉伸应力为正值），p 为空隙压强度，S 是内聚力强度或接触面固有剪切强度。假定 μ 和 S 是不随时间变化的常数，则库仑破裂应力的变化为：

$$\Delta CFS = \Delta\tau + \mu(\Delta\sigma + \Delta p) \qquad (3-8-2)$$

式中，$\Delta\tau$ 是断面滑动方向上的剪应力变化，$\Delta\sigma$ 是断面上正应力的变化，Δp 是孔隙压强变化。Simpson 和 Reasenberg（1994）认为当介质是均匀各向同性时，在静应力变化已经发生之后流体有机会自由流动之前，这样一种不能排水的瞬间状态，孔隙压强变化 Δp 表达为

$$\Delta p = -\beta\Delta\sigma_{kk}/3 \qquad (3-8-3)$$

式中，σ_{kk}是应力张量对角分量之和（$\sigma_{kk}=\sigma_{xx}+\sigma_{yy}+\sigma_{zz}$）。同时，若断层带物质比周围介质的延性大，则可假设 $\sigma_{xx}=\sigma_{yy}=\sigma_{zz}$，即 $\Delta\sigma_{kk}/3=\Delta\sigma$。这样，

$$\Delta CFS = \Delta\tau + \mu'\Delta\sigma \qquad (3-8-4)$$

式中，$\mu'=\mu(1-\beta)$。β 的理论范围由 0（干燥地表层）到 1.0（流体完全饱和地表层）。万永革等（2000）数据实验表明，改变μ'值对计算得到的库仑破裂应力变化的空间分布影响不大，但可以对应力变化的大小有一定影响。在我们的计算中，参照 Stein 等（1992）、King 等（1994）和万永革等（2000）的做法，取 $\mu'=0.4$。

Okada（1992）曾导出弹性半空间中任意一个长方形断层发生剪切和张性破裂所诱发静位移和应变的计算公式。应用 Okada 的公式去计算断面破裂后周围空间中任意一点上的应力，然后计算在周围挑选的断面上的剪切应力变化、正应力变化和库仑破裂应力变化 ΔCFS，并与区域地震活动空间分布对比。$\Delta CFS>0$ 和 $\Delta CFS<0$ 分别表示断面上被加载（应力加大）或被卸载（应力松弛）。

3.8.3 川滇块体 1970 年以来 7 级以上大地震产生的库仑破裂应力变化图像

1）川滇活动地块构造背景

川滇活动地块是青藏Ⅰ级活动地块中的Ⅱ级地块，位于青藏活动地块的东部（张培震，2003）。

在我国大陆西南部的青藏活动地块位于全球印度板块和欧亚板块相互作用边界（喜马拉雅逆断层）的北侧，面积达240万平方千米，平均海拔高度4500 m左右，直接承受印度板块向北碰撞推挤的作用，是全球大陆岩石圈变形最强烈的地区之一。在青藏活动地块以北的固结于元古代早中期的塔里木地块，非常坚硬，构成青藏活动地块向北传递变形的重大障碍。在长期的地质年代中，青藏地块处于受推挤抬升和缩短的运动和变形状态。表现为自南北向青藏地块的大规模水平压缩和垂向增厚。同时，在约束较弱的东缘，青藏地块的物质向东滑移，是形成青藏地块内部与周边一些重要走滑断裂带的基本条件。青藏地块物质向东南方向运移，形成了左旋走滑型的甘孜-玉树、鲜水河-安宁河-则木河-小江断裂带（平均滑移速率为8～13 mm/a）和右旋走滑型的红河断裂带（滑移速率为2～3 mm/a或≥10 mm/a不等）及其围限的川滇菱形亚地块（汪一鹏，1998）。

2）川滇地块1970年以来发生的7级以上地震

川滇地块1970～1996年共发生7级以上地震11次，其震源机制解如表3-8-1和图3-8-1（a）所示。

表3-8-1　川滇地块大地震震源机制解（M_S≥7.0，1970～1996）

地震日期	地名	震中位置		深度（km）	M_S	震源机制						资料
		纬度（°）	经度（°）			节面1（°）			节面2（°）			
						走向	倾角	滑动角	走向	倾角	滑动角	
1970.01.05	通海	24.0	102.7	13	7.7	306	87	173	37	83	3	①
1973.02.06	炉霍	31.5	100.4	17	7.9	299	89	10	209	80	179	①
1974.05.11	永善	28.2	103.9	14	7.1	140	80	6	46	85	170	①
1976.05.29	龙陵	24.4	98.6	8	7.3	313	80	175	44	85	10	②
1976.05.29	龙陵	24.6	98.8	10	7.4	45	88	12	315	78	178	②
1976.08.16	松潘	32.7	104.1	15	7.2	0	63	129	119	46	39	①
1976.08.23	松潘	32.5	104.1	22	7.2	325	76	-154	229	65	-15	①
1988.11.06	澜沧	22.8	99.7	13	7.6	316	85	170	46	80	5	③
1988.11.06	耿马	23.4	99.6	8	7.2	331	75	149	70	60	17	③
1995.07.12	孟连	22.0	99.1	15	7.3	330	89	175	60	85	1	④
1996.02.03	丽江	27.0	100.3	12	7.2	0	36	-68	153	57	-105	④

资料来源：①马宗晋等，1982；②晏凤桐等，1978；③陈培善等，1991；④Harvard CMT Catalog。

川滇块体主要活动断裂如图3-8-1所示，按断层性质将川滇块体分为32个不同的研究区域（图3-8-1（b）），其近似断层性质如表3-8-2所示。编号30研究区是龙门山逆断层。

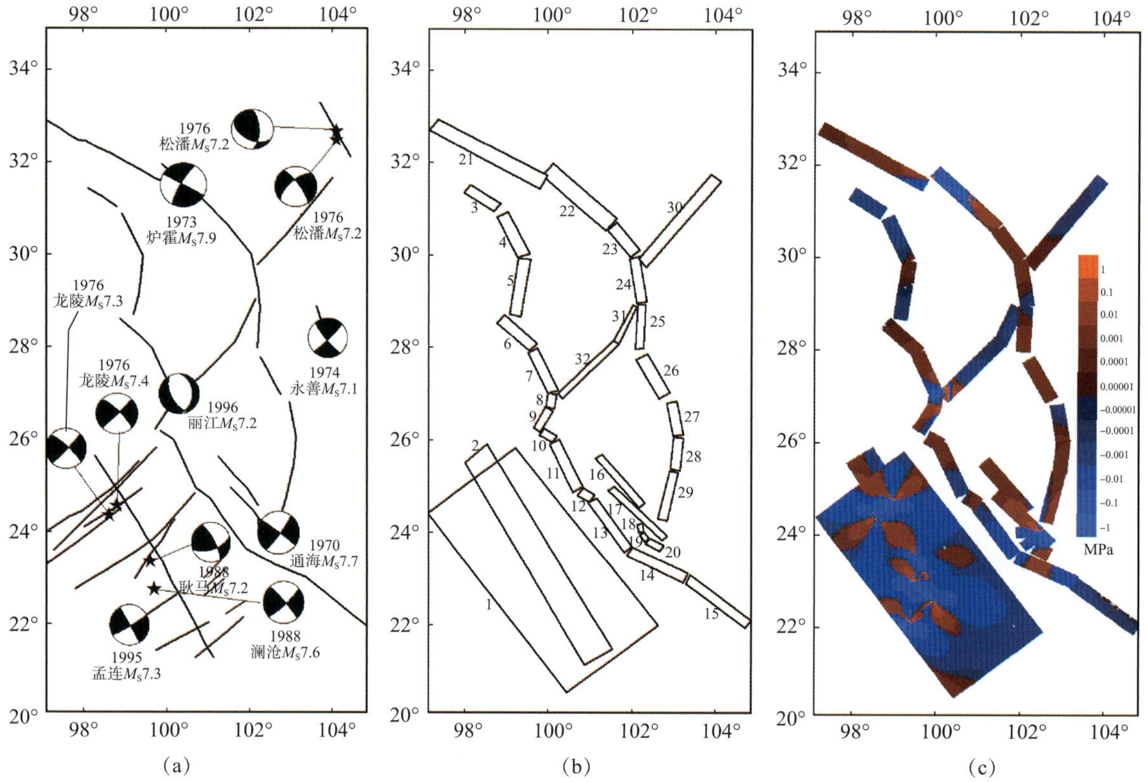

图 3-8-1　川滇块体主要断层 1970 年以来 7 级以上地震震源机制解及其产生的库仑破裂应力变化

（a）主要断层和 1970 年以来 7 级以上地震震源机制解；（b）川滇按断层性质划分为 32 个区域；（c）1970 年以来 7 级以上地震在实际断层上产生的积累库仑破裂应力变化图像

表 3-8-2　川滇块体 32 个分区活动断层性质

编号	断层性质	走向	倾角	滑动角
1	左旋走滑	53	90	0
2	右旋走滑	148	90	180
3	左旋走滑	123	90	0
4	逆断层	155	45	90
5	逆断层	189	45	90
6	右旋走滑	132	90	180
7	右旋走滑	155	90	180
8	右旋走滑	190	90	180
9	右旋走滑	213	90	180
10	右旋走滑	119	90	180
11	右旋走滑	155	90	180
12	右旋走滑	125	90	180
13	右旋走滑	144	90	180
14	右旋走滑	114	90	180

续表

编号	断层性质	走向	倾角	滑动角
15	右旋走滑	126	90	180
16	右旋走滑	139	90	180
17	右旋走滑	134	90	180
18	右旋走滑	175	90	180
19	右旋走滑	145	90	180
20	右旋走滑	118	90	180
21	左旋走滑	119	90	0
22	左旋走滑	133	90	0
23	左旋走滑	143	90	0
24	左旋走滑	171	90	0
25	左旋走滑	183	90	0
26	左旋走滑	150	90	0
27	左旋走滑	171	90	0
28	左旋走滑	186	90	0
29	左旋走滑	194	90	0
30	左旋走滑	220	45	90
31	左旋走滑	205	45	90
32	左旋走滑	225	45	90

根据文献中收集的 11 次大地震破裂参数如表 3-8-3 所示。部分参数是根据经验公式估算的。

表 3-8-3　川滇地块大地震断裂及其位错参数

地震日期	地名	平均错距（m）		破裂长度（km）	破裂宽度（km）	资料来源
		走向	倾向			
1970. 01. 05	通海	2. 24	0. 28	52	22	①
1973. 02. 06	炉霍	1. 71	0. 30	90		①
1974. 05. 11	永善	0. 90#	0. 09	66		① ⑦
1976. 05. 29	龙陵	0. 46	0. 04	26. 2	20	① ⑥
1976. 05. 29	龙陵	1. 56	0. 05	56. 7	20	① ⑥
1976. 08. 16	松潘	0. 82	1. 01	73		⑤ ⑦

续表

地震日期	地名	平均错距（m）		破裂长度（km）	破裂宽度（km）	资料来源
		走向	倾向			
1976. 08. 23	松潘	1. 17	0. 57	53		⑤ ⑦
1988. 11. 06	澜沧	2. 2	0. 39	70（NW38，SE32）		② ⑦
1988. 11. 06	耿马	0. 96	0. 58	50		⑤ ⑦
1995. 07. 12	孟连	1. 80#	0. 03	64#		⑧ ⑦
1996. 02. 03	丽江	0. 49#	1. 20	50		④

资料来源：①马宗晋等，1982；②P. Mozaffari 等，1998；③陈培善等，1991；④马淑田等，1998；⑤丁国喻等，1993；⑥晏凤桐等，1978；⑦邓起东等，1992。$M=7.13+0.68\lg D$（青藏走滑）；⑧环文林等，1990。$M=3.54+2.08\lg L$（全国走滑断层）

#：根据经验公式估算。

切变模量取 3.0×10^{10} Pa，泊松比取 0. 25，视摩擦系数取 0. 4，按照表 3 给出的 11 次大地震的弹性静位错概貌，我们分别计算了主震 32 个区域上诱发的库仑破裂应力变化（ΔCFS）图像，其结果如图 3-8-1（c）所示。

3. 8. 4　结论

自 1970 年以来川滇地块发生了 11 次 7 级以上的大地震。作者计算了这些地震导致该地块在不同性质断裂上库仑破裂静应力变化图像。应力变化图像表明：

（1）在相当多的断裂上的库仑破裂静应力变化增加。

（2）在编号 30 研究区的龙门山断裂的南段，库仑破裂静应力也是增加的，量级在 0. 0001Mp，比较小。这样小的应力变化能否远期触发 2008 年 5 月的汶川 8. 0 级大地震，还值得深入研究。需要研究到底在汶川 8. 0 级大地震前，龙门山断裂上已积累的应力是否处于临界状态?

参考文献

陈培善、秦嘉政，澜沧-耿马地震的破裂过程［M］，地震研究，1991，14（2）：95～103。

邓起东等，地震地表破裂与震级关系的研究，见：活动断裂研究编委会编，活动断裂研究（2），北京：地震出版社，1992。

丁国喻、田勤俭、孔凡臣等，活断层分段-原则、方法及应用［M］，北京：地震出版社，1993。

冯之保、吴芝雄，鲜水河断裂带新构造特征与地震关系的初步研究，鲜水河断裂带地震学术讨论会文集，四川省地震局编，北京：地震出版社，1985，17～24。

刘桂萍、傅征祥，海原大地震对古浪大地震的静应力触发研究，地球物理学报，2001，44（增刊）。

环文林等，潜在震源区划分的构造成因法（华北地区），地震危险性分析中的综合概率法，北京：地震出版社，1990。

刘桂萍、傅征祥，日本 1995 年 1 月 17 日兵库县南部 7. 2 级地震触发的区域地震活动，地震学报，1999，21（3）：250 ～257。

刘桂萍、傅征祥，1976 年 7 月 28 日唐山 7. 8 级地震触发的区域地震活动和静应力场变化，地震学报，2000，22（1）：17～26。

刘桂萍、傅征祥，1973 年炉霍大地震（$M_S=7.6$）最大余震（$M_S=6.3$）的库仑破裂应力触发［J］，中国地震，2002，18（2）：175～182

马淑田、姚振兴、纪晨，1996 年 2 月 3 日云南丽江地震双重破裂的初步估计及相关问题研究，地震学报，1998，20（1）：18～28。

马宗晋、傅征祥、张郢珍等，1966～1976 年中国九大地震［M］，北京：地震出版社，1982。

万永革、吴忠良、周公威、黄静，几次复杂地震中不同破裂事件之间的“应力触发”问题［J］，地震学报，2000，22（6）：568～576。

万永革、沈正康、曾跃华、盛书中，青藏高原东北部的库仑应力积累演化对大地震发生的影响，地震学报，2007，29（2）。

汪一鹏，青藏高原活动构造基本特征，活动断裂研究-理论与研究，No. 6，中国地震局科技发展司，北京：地震出版社，1998，135～144。

闻学泽，活动断裂地震潜势的定量评估，北京：地震出版社，1995，20～42。

晏凤桐等，龙陵地震的震源机制［M］，地震研究，1978，1（1）：1～14。

张国民、张晓东、刘杰等，印尼苏门答腊 8.7 级大地震对中国陆区的影响，地震，2005，25（4）：25～30。

张培震、邓起东、张国民、马谨、甘卫军、闵伟、毛凤英、王琪，中国大陆的强震活动与活动地块，中国科学，2003，33（增刊）：12～20。

Hardebeck J L，Nazareth J J，Hauksson E. The static stress change triggering model：Constraints from two southern California aftershock sequences［J］. J Geophys Res，1998，98：4461～4472.

Harris R A. Introduction to special section：Stress triggers，stress shadows，and implications for seismic hazard［J］. J Geophys Res，1998，103：24347～24358

Hill D P.，Seismicity remotely triggered by the magnitude 7.3 Landers，California，earthquake. Science，1993，260，1617～1623.

Jaeger C J，Cook N G W. Fundamental of rock mechanics. Chapman and Hall，1976，Lodoon.

King G C P，R S Stein，J Lin. Static stress changes and the triggering of earthquakes［J］. Bull Seism Soc Amer，1994，84：935～953.

Mozaffari P. 等，用经验格林函数方法研究澜沧-耿马 M_S=7.6 地震的破裂过程，地震学报，1998，14（2）：95～103。

Okada Y. Internal deformation due to shear and tensile faults in a half-space［J］. Bull Seism Soc Amer，1992，82：1018～1040.

Reasenberg P A，R W Simpson. Response of regional seismicity to the static stress change produced by the Loma Prieta earthquake［J］. Science，1992，255：1687～1690.

Simpson R W，P A Reasenberg. Earthquake-induced static stress changes on central California faults［A］. In：Simpson R W eds. The Loma Prieta，California Earthquake of October 17，1989-Tectonic processes and models［C］. U S Geol Surv Prof Pap，1994，F55～F89.

Stein R S，King G C P，Lin J. Change in failure stress on the southern San Andreas fault system caused by the 1992 magnitude=7.4 Landers earthquake［J］. Science，1992，258：1328～1332.

Toda S. Stress transferred by the 1995 M_ω=6.9 Kobe，Japan，shock：Effect on aftershocks and future earthquake probabilities［J］. J Geophys Res，1998，103：24543～24565.

3.9　东亚大陆、西亚大陆和东地中海地区地震活动性对比综述

本部分初步综述东亚大陆、西亚大陆和东地中海地震区地震活动性异同（表 3-9-1）。地震活动性的含义不仅是指地震的时空强图像，也包括地震的构造和动力学背景分析。总体上，东亚大陆、西亚大陆和东地中海地区（地理上，“地中海地区”系指地中海沿岸地区和国家）的地震活动性和变形，都和欧亚板块与周边（北美、太平洋、菲律宾海、印度、阿拉伯和非洲等）板块等相互作用（会聚、碰撞、俯冲和速度）密切有关。宏观上，东亚大陆、西亚大陆和东地中海地区的地震活动性，都表现为疏密相间的震中分布图像以及断裂走向的对称性等（马宗晋等，1986）。然而，在这些大陆地震区相关的板块相互作用的边界上以及内部的地震活动，构造和动力学背景等方面，仍存在不少差异。

表 3-9-1　东亚大陆-西亚大陆-东地中海地震区地震活动性对比

	东亚大陆地震区		西亚大陆地震区		东地中海地震区	
	西半部	东半部	西半部	东半部	西半部	东半部
地震（$M\geqslant5.0$）震中分布图象	密集的三角形	较稀疏零散	密集的三角形	较稀疏零散	密集的三角形	较稀疏零散
浅源地震活动（$M\geqslant8.0$，1900～2008）	6	0	0	0	0	0
浅源地震活动（$M\geqslant7.0$，1900～2008）	84	4	17	1	19	2
中源源地震活动（$M\geqslant8.0$，1900～2008）	1	0	0	0	0	0
中源源地震活动（$M\geqslant7.0$，1900～2008）	23	0	0	0	3	0
7 级以上地震时间过程性质	$C_v=1.34$ 群集	样本少	$C_v=0.94$ 准周期	样本少	$C_v=1.43$ 群集	样本少
震级-频度关 a 和 b 值	$a=8.11$ $b=0.98$	$a=5.58$ $b=0.73$	$a=7.11$ $b=0.89$	样本少	$a=6.94$ $b=0.88$	$a=5.93$ $b=0.87$
地震震源机制	喜马拉雅弧上的逆断裂活动；青藏块体中南部是正断裂和走滑断裂优势活动区；在蒙古主要是走滑断裂活动	以走滑断层为主	扎格罗斯弧上的逆断裂活动；扎格罗斯弧以北的中部地区主要是走滑断层活动，全区几乎没有正断裂活动		希腊弧上的逆断裂活动；希腊弧以北的希腊和爱琴海广大地区出现优势的拉张正断裂活动	土耳其东部是走滑断裂活动
区内活动断裂的走向	NWW 为主	NNE 为主	NW 为主	NNE 为主	NEE 为主	EW 和 NNE 为主
陆-陆板块碰撞边界	印度板块向北与欧亚板块碰撞俯冲，边界是喜马拉雅山		阿拉伯板块向北与欧亚板块碰撞俯冲，边界是扎格罗斯山	阿拉伯海洋地壳板块向北与欧亚板块碰撞俯冲，边界是马克兰（Makran）俯冲带	非洲板块向北与欧亚板块碰撞俯冲，边界是希腊弧	阿拉伯板块向北西与欧亚板块碰撞俯冲，边界是东安纳托利亚走滑断层

续表

	东亚大陆地震区		西亚大陆地震区		东地中海地震区	
	西半部	东半部	西半部	东半部	西半部	东半部
陆-洋板块俯冲边界		太平洋和菲律宾海板块向西俯冲到欧亚板块下面，边界是日本岛-琉球-台湾岛弧海沟				
板块相互作用方向和速率（GPS 方法）	NE 43 mm/a	W 40～100 mm/a	NNE 23 mm/a	NNE 18 mm/a	SW 10 mm/a	NW 18 mm/a
近碰撞边界的断层类型	逆断层，倾向北，缓倾角 10°～20°		逆断层，倾向北，陡倾角 30°～60°		逆断层，倾向北，陡倾角 25°～60°	
远离碰撞边界的断层类型	天山逆断裂；一系列 EW 向和 NW 向的走滑断裂	NE 向走滑断裂	高加索和里海南缘逆断裂，一系列 EW 向和 SN 向的走滑断裂	SN 向查曼走滑断裂	爱琴海正断裂，EW 向北安纳托利亚走滑断裂	EW 向北安纳托利亚断裂，NE 向北安纳托利亚和死海走滑断裂
板内地壳物质逃逸	巴颜喀拉块体向东南逃逸				安纳托利亚块体逆时针旋转和向西逃逸	

3.9.1　欧亚大陆地震活动概要

与海洋俯冲带地震震中的连续和狭窄成带分布以及浅源、中源和深源地震震源深度分布相对简单的特征比较，欧亚大陆地震震中是沿纬向的不连续和散布成块分布以及震源深度分布的复杂图像是地学界熟知的（Gutenberg and Richter，1954；马宗晋等，1986）（图 3-9-1（a））。图 3-9-1（b）是欧亚大陆南部及邻近（30°W～130°E；10°N～50°N）强地震震中不连续和散布成块特征的进一步显示（http://en. wikipedia. org/wiki/Plate_ tectonics#Types _ of_ plate_ boundaries）。

在图 3-9-1（b）中，以红框线勾出自西向东的东地中海地区（18.0°E～40.0°E）、西亚大陆（40.1°E～65.0°E）和东亚大陆（65.1°E～125.0°E）3 个地震区的大致范围，并分别以 32°E、62°E 和 107°E，将上述 3 个地震区划分为西半部和东半部（马宗晋等，1986）。马宗晋等（1986）归纳了 3 个地震区的共同特征：

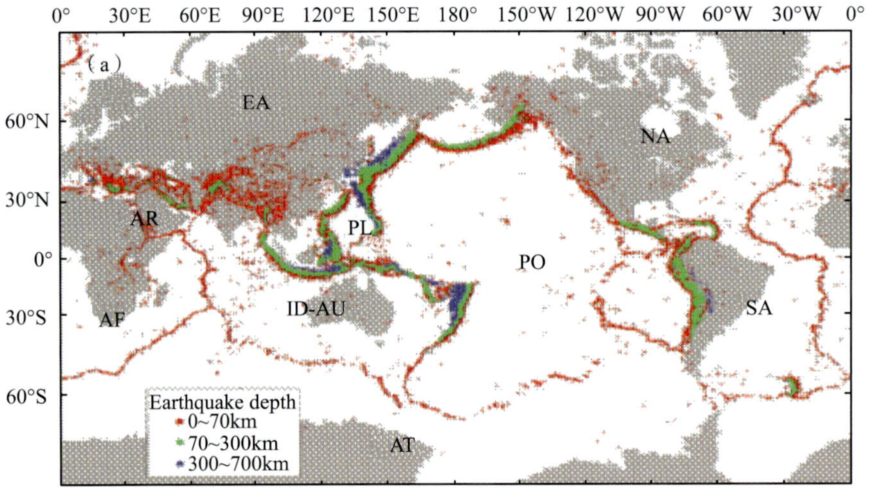

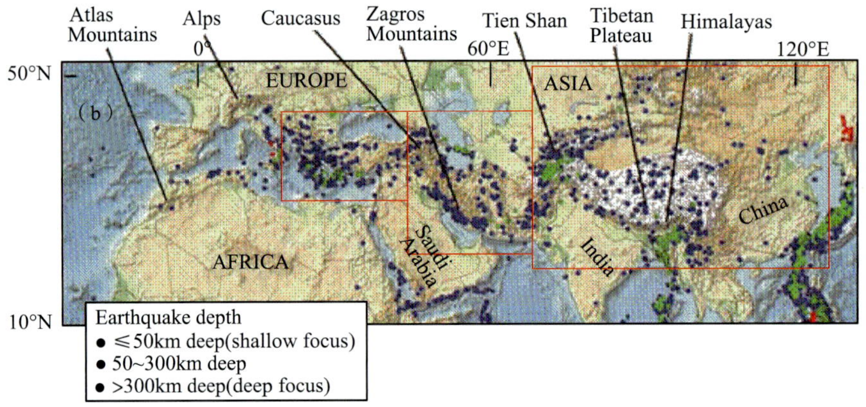

图 3-9-1　(a) 定位良好的全球地震 ($M \geq 5.1$) 震中分布 (Engdahl et al., 1998)

(EA. 欧亚板块；NA. 北美板块；SA. 南美板块；PO. 太平洋板块；PL. 菲律宾海板块；AT. 南极洋板块；ID-AU. 印度-澳大利亚板块；AF. 非洲板块；AR. 阿拉伯板块)。(b) 欧亚大陆及邻近大陆 (30°W～130°E，10°N～50°N) 中，沿纬向不连续散布成块的地震震中地理分布。图中的红框线勾出自西向东的东地中海地区、西亚大陆和东亚大陆三个地震区的大致范围

(1) 地震区的西半部地震活动比东半部强，东、西半部的分界是位于一个经向构造带上。西半部的地震构造方向主要是 NW 向，而东半部则主要是 NE 向。

(2) 绝大多数的地震是浅源地震，少部分中源地震主要发生在地中海希腊弧、扎格罗斯弧、兴都库什-帕米尔弧和缅甸弧地区。

(3) 地震区的南部边界是全球较重要板块之间的边界。地震区的西半部的南边边界都呈弧形，凸边指向西南，它们分别是希腊弧、扎格罗斯弧和喜马拉雅弧，其上的地震活动属于逆断层断裂运动，在广大的内陆地区则主要是走滑型地震机制。

本节主要是对东地中海地区、西亚大陆和东亚大陆三个地震区，特别是它们西半区的地震活动性特征的研究成果加以进一步的综述，进一步比较其主要的异同，以加深对欧亚大陆地震复杂性的认识。地震活动性的含义除了指成组地震活动的时空强图像外，也包括地震的构造、地壳变形和动力学背景分析 (Molnar et al., 1982)。

3.9.2　地震活动图像比较

Engdahl 和 Villasenor (2002) 基于质量好的地震震源和震级目录资料的初级和次级来源以及地震

观测报告包含的每一个事件的 P、S 波和其他震相的到时，当可利用的一致的震相资料充分时，根据地球模型（ak135）和定位程序，对所有在目录震级下限以上以及有数字震相到时资料的事件，用计算机进行重新定位统一确定震源参数，给出 20 世纪（1900～1999）全球大地震活动（$M \geqslant 7.0$）的综合和自洽目录，共计 1553 个不同深度的事件（见 Engdahl and Villasenor（2002）的附录），2000～2008 年全球发生（$M \geqslant 7.0$）大地震 124 次（据 USGS）。1900～2008 年全球发生（$M \geqslant 7.0$）大地震共计 1677 次。

1900～2008 年在东地中海地区-西亚大陆-东亚大陆地区发生（$M \geqslant 7.0$）地震共 153 次（表 3-9-2、表 3-9-3），占全球的 9.2%。153 次的 $M \geqslant 7.0$ 大地震中，有 127 次浅源（$0 \leqslant H < 70$ km）和 26 次中源（$70 \leqslant H \leqslant 300$ km）地震活动，没有记录到深源（$H > 300$ km）地震活动。我们知道，有多种版本的全球大地震目录以及各国的大地震目录，它们之间确实存在差别，为了统一对比欧亚大陆不同地区的地震活动，本文采用 Engdahl 和 Villasenor（2002）编辑的地震目录。

表 3-9-2、3-9-3 分别给出东亚、西亚和东地中海大陆地区现代（1900～2008 年）发生的 7 级以上浅源和中源地震的统计。

表 3-9-2　1900～2008 年东地中海地区、西亚大陆和东亚大陆地震区
浅源大地震活动（$M \geqslant 7.0$，$H \leqslant 70$ km）对比

震级 M	东地中海地震区（18°E～40°E，30°N～45°N）		西亚大陆地震区（40.01°E～65.0°E，25°N～45°N）		东亚大陆地震区（65.01°E～125°E，20°N～60°N）	
	西半部（18°E～32°E）	东半部（32.01°E～40°E）	西半部（40.01°E～62°E）	东半部（62.1°E～65°E）	西半部（65.01°E～107°E）	东半部（107.01°E～125.0°E）
≥8.0	0	0	0	0	6	0
7.5～7.9	4	1	1	0	22	1
7.0～7.4	15	1	16	1	56	3
总和	19	2	17	1	84	4
总和	21		18		88	

注：1900～1999 年地震目录源自 Engdahl 和 Villasenor（2002）；2000～2008 年地震目录源于 USGS。

表 3-9-3　1900～2008 年东地中海地区、西亚大陆和东亚大陆地震区
中源深度大地震活动（$M \geqslant 7.0$，$70 \leqslant H \leqslant 300$ km）对比

震级 M	东地中海地震区（18°E～40.0°E，30.0°N～45.0°N）		西亚大陆地震区（40.1°E～65.0°E，25°N～45°N）		东亚大陆地震区（65.1°E～125°E，20°N～60°N）	
	西半部（18°E～32.00°E）	东半部（32.01°E～40°E）	西半部（40.01°E～61.9°E）	东半部（62°E～65°E）	西半部（65.01°E～107°E）	东半部（107.01°E～125°E）
≥8.0	1	0	0	0	0	0
7.5～7.9	1	0	0	0	5	0

续表

震级 M	东地中海地震区（18°E～40.0°E，30.0°N～45.0°N）		西亚大陆地震区（40.1°E～65.0°E，25°N～45°N）		东亚大陆地震区（65.1°E～125°E，20°N～60°N）	
	西半部（18°E～32.00°E）	东半部（32.01°E～40°E）	西半部（40.01°E～61.9°E）	东半部（62°E～65°E）	西半部（65.01°E～107°E）	东半部（107.01°E～125°E）
7.0～7.4	1	0	0	0	18	0
总和	3	0	0	0	23	0
总和	3		0		23	

注：1900～1999 年地震目录源自 Engdahl 和 Villasenor（2002）；2000～2008 年地震目录源自 USGS。

首先，由图 3-9-2 可见，东地中海地区-东亚大陆-西亚大陆地震区西半部的地震活动显著比东半部活跃；同时，西半部地震震中密集散布的分布图像类似三角形，特别是东亚大陆的西半部的震

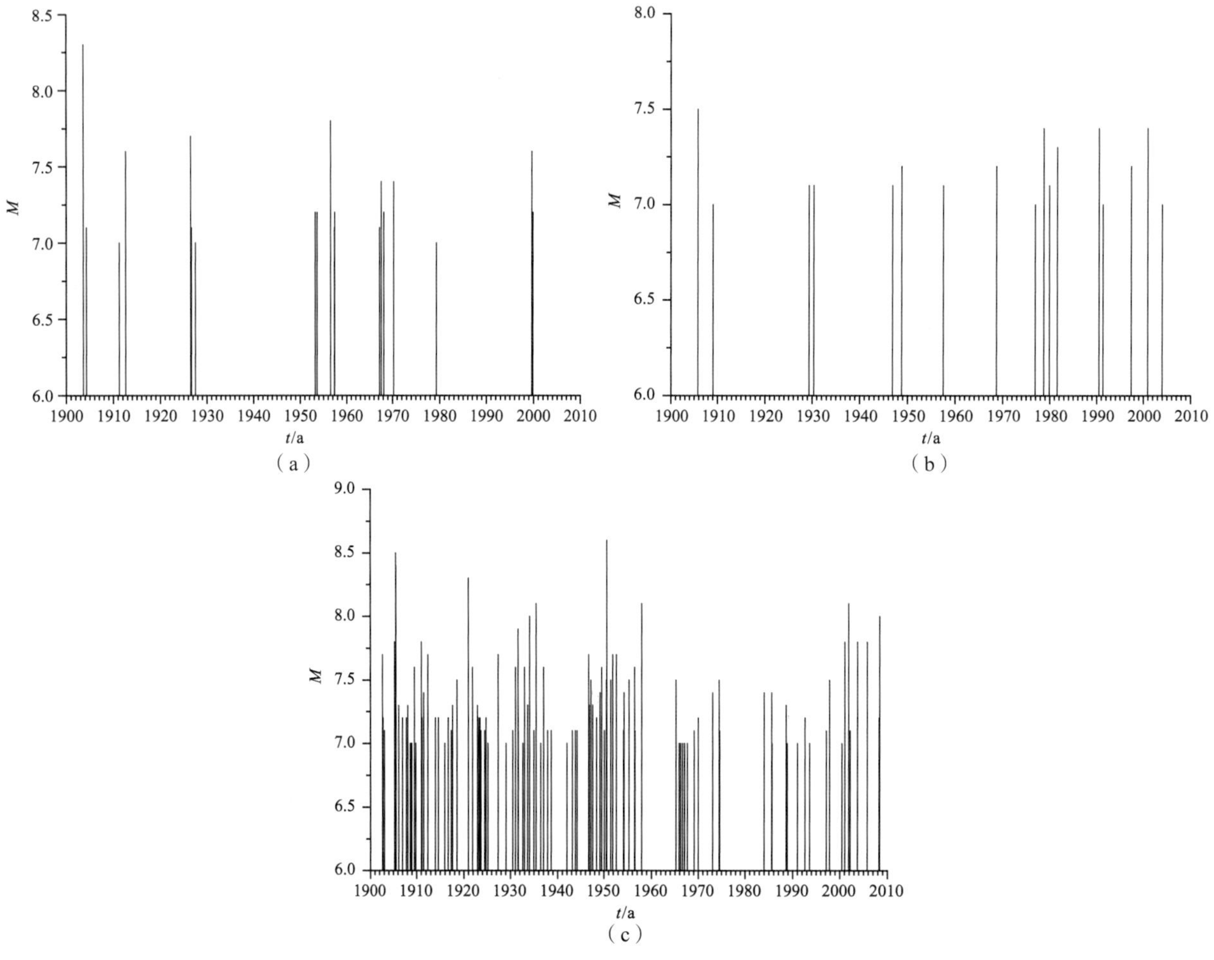

图 3-9-2　7 级以上地震 *M*-*t* 图（1900～2008 年）

（a）东地中海大陆地震区西半部；（b）西亚大陆地震区西半部；（c）东亚大陆地震区西半部

中分布图像（Gutenberg et al.，1955；马宗晋等，1986）。另外，由于 1900～2008 年间东地中海地区、西亚大陆和东亚大陆地震区东半部 7 级以上地震发生的次数少，所以，图 3-9-2（a）、（b）、（c）只分别是 1900～2008 年东地中海地区、西亚大陆和东亚大陆地震区西半部 7 级以上地震活动的时间过程。

Kagan 等（1991）曾定义了 C_v 来描述样品时间分布的均匀性或不均匀性的统计特征，相邻地震发生时间间隔（Δt）统计特征的变异系数 C_v：

$$C_v = \frac{\sigma_x}{\overline{\Delta t}} \qquad (3-9-1)$$

式中，$\overline{\Delta t}$ 和 σ_x 分别是相邻样品时间间隔 Δt_i（$i=1$，2，…，n）的平均值及其标准偏差。当 $C_v=0$，表示过程是周期性；$0< C_v< 1$ 时，为准周期性；$C_v=1$ 时，为随机平稳泊松过程；$1<C_v<\infty$，为普通群集；$C_v\to\infty$ 则为分形（幂次规律）群集。对一个地震活动序列计算 C_v，可以定量而简捷地描述该过程的均匀或不均匀或非线性的宏观性质。

表 3-9-4 是 1900～2008 年东地中海、西亚和东亚大陆地震区 7 级以上地震活动时间过程的 $\overline{\Delta t}$、σ_x 和 C_v。

表 3-9-4　1900～2008 年东地中海、西亚和东亚大陆地震区 7 级以上地震活动时间过程的 $\overline{\Delta t}$、σ_x 和 C_v

地　　区		时间间隔标准偏差 σ_x（年）	平均时间间隔 $\overline{\Delta t}$（年）	变异系数 C_v
东地中海地区	全区	5.13	3.85	1.33
	西半部	7.65	5.34	1.43
	东半部	*		
西亚大陆地区	全区	5.11	5.27	0.97
	西半部	5.98	6.32	0.94
	东半部	*		
东亚大陆地区	全区	1.14	0.90	1.26
	西半部	1.27	0.95	1.34
	东半部	*		

*样本少。

Gutenberg 和 Richter（G-R）(1941) 给出全球地震活动遵从下述地震震级——频度的经验关系（简称 G-R 关系）：

$$\lg N = a - bM \qquad (3-9-2)$$

式中，M 是震级，N 是相应震级 M 的地震次数，或者是震级大于等于 M 的地震累计频度。

图 3-9-3 是欧亚大陆东地中海-西亚-东亚大陆地震区（18°E～125° E）5.5 级以上地震年频次（Engdahl and Villasenor，2002）直方图，由图可知，在 1964 年开始，该区的 5.5 级以上地震记录数量或能力有一个明显变化。

图 3-9-4（a）、(b)、(c) 分别是 1964～1999 年间，东地中海-西亚-东亚大陆地震区的地震震级-频度关系图，其经验的线性关系的系数 a 和 b 值，通常可以用最小二乘法求得（表 3-9-5）。

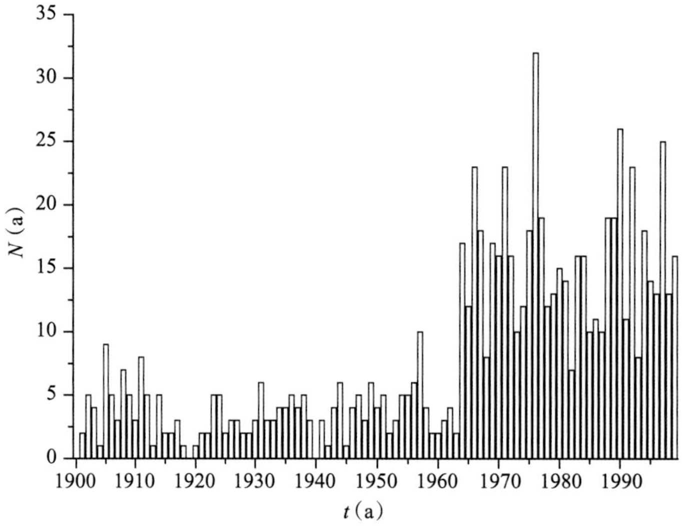

图 3-9-3　东地中海-西亚-东亚大陆地震区 5.5 级以上地震年频次随时间的变化

表 3-9-5　1964～1999 年东地中海-西亚-东亚大陆地震区的地震震级-频度关系系数 *a* 和 *b* 值

地区		*a*	*b*
东地中海大陆地震区	全区	7.20	0.91
	西半部	6.94	0.88
	东半部	5.93	0.87
西亚大陆地震区	全区	7.22	0.91
	西半部	7.11	0.89
	东半部	5.41*	0.76*
东亚大陆地震区	全区	7.97	0.95
	西半部	8.11	0.98
	东半部	5.58	0.73

*样本少。

1）东亚大陆地震区

张培震等（2003）对中国大陆及邻近的东亚大陆地区，以晚新生代和现代构造变形为主要特征的活动地块进行了分级划分。图 3-9-5 是东亚大陆有史料和仪器记录的 7 级以上地震震中分布图，统计表明 88% 的 7 级以上的地震发生在一级和二级活动块体的边界上。由此可见，活动块体边界带是孕育大地震的重要构造环境。Sykes（1978）系统研究过远离板块边界的大陆地区，板内地震活动与构造背景的关系，认为大陆中板内地震集中分布在受最年轻的大造山带影响地区中的原有弱化带内（preexisting zone of weakness），弱化带包括断裂带、缝合带、衰退的裂谷（failed rifts）和其他构造边界等，地震活动是原有弱化带的再活动（reactivation）。

东亚大陆地震区的地震活动见表 3-9-1 的第 3 列，表明期间东亚地震区 1900 年以来记录到 88 次浅源（其中 6 次 $M \geqslant 8.0$ 的大地震）和 23 次中源 $M \geqslant 7.0$ 的地震，大多数发生在西半部的三角区内；中源大地震也集中发生在西半部的兴都库什-帕米尔弧束（20 次）和缅甸弧束（3 次）中（图 3-9-1，

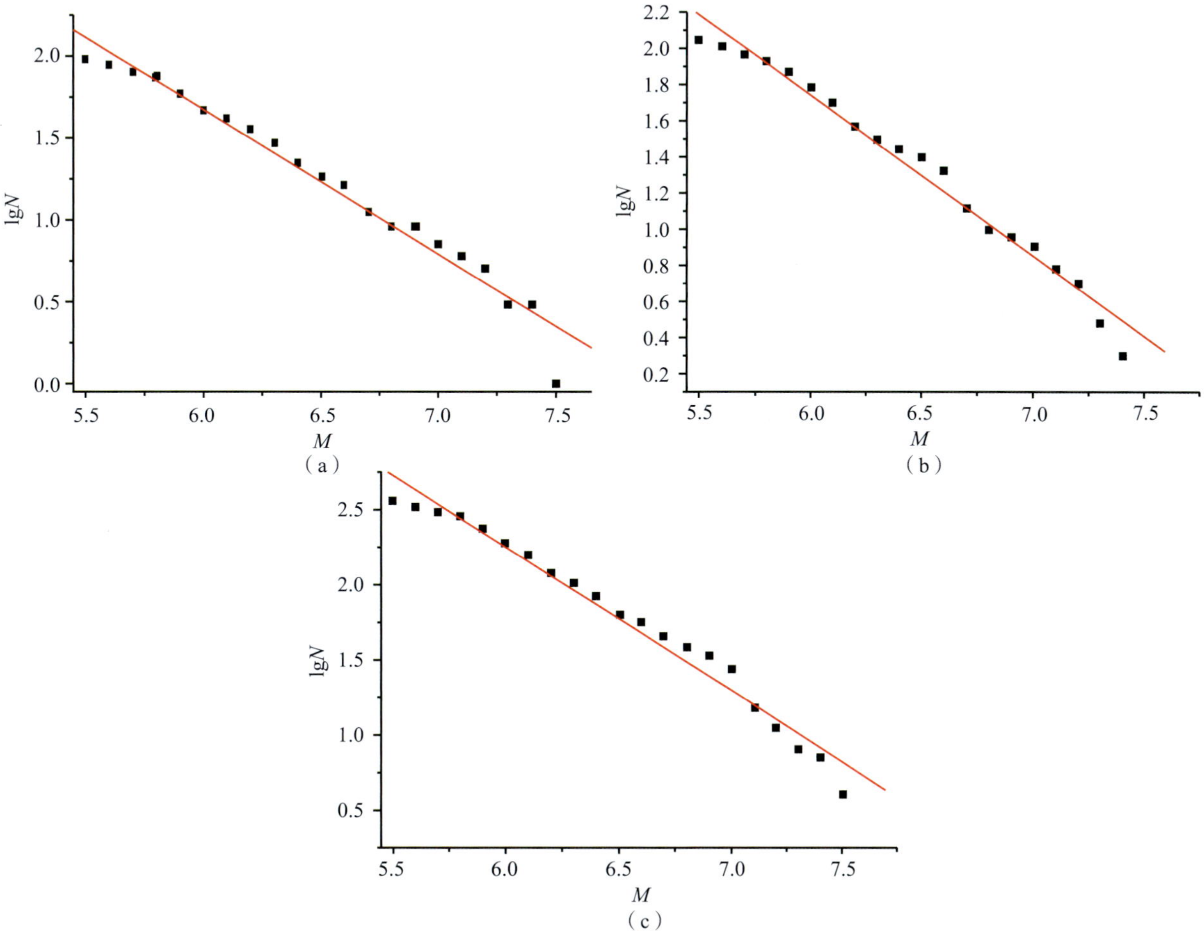

图 3-9-4　地震震级（*M*）-频度（*N*）关系

（a）东地中海大陆地区西半部；（b）西亚大陆大陆西半部；（c）东亚大陆大陆西半部

表 3-9-1、3-9-2）。

由表 3-9-3 可见，1900～2008 年东亚大陆地震区主体活动的西半部，7 级以上大地震活动时间过程，显示出群集的过程（$C_v=1.43$）。

由表 3-9-4 可见，1964～1999 年东亚大陆地震区主体活动西半部，地震震级-频度关系的系数 $a=6.94$，$b=0.88$。

2）西亚大陆地震区

图 3-9-6 是西亚大陆地震区及邻近的地震活动、活动构造动力学背景的一般特征图（Tatar, et al., 2004），粗黑线表示山脉和活动断裂，带锯齿状的是 Zagros 褶皱逆断层带，是阿拉伯板块与欧亚板块碰撞的地带。图中的细线正方形是本文定义和讨论的西亚大陆地震区的地理范围（40.0°E～65.0°E，25.0°N～45.0°N）。空心箭头是阿拉伯板块相对欧亚板块的运动速率和方向，在 N-S 到 N15°E 的方向上会聚运动速率，约为 30 mm/a。图中的近代地震震中分布以空心圆表示（1967～1998，$M\geqslant 4.5$），表明阿拉伯板块和欧亚板块会聚碰撞，在西亚的伊朗及邻近地区产生的活动形变和地震活动分布不均匀性，即没有单一个断层或一次大地震能够调节吸收大部分板块的会聚产生的形变。

西亚地震区西半部地震活动以浅源地震为主，地震活动的广泛分布构成一幅三角形区的图像，但分布不均匀，主要沿着一些环绕稳定的相对无震的地块的地带集中。强震活动主要分布 Zagros 山的地带，并突然截止于主扎格罗斯逆断层（图 3-9-6），不多的中源地震多发生在 Zagros 山下面（图 3-9-1），但没有发生过 7 级以上的中源地震（表 3-9-1、3-9-2）。西亚地震区在 1900 年以来记

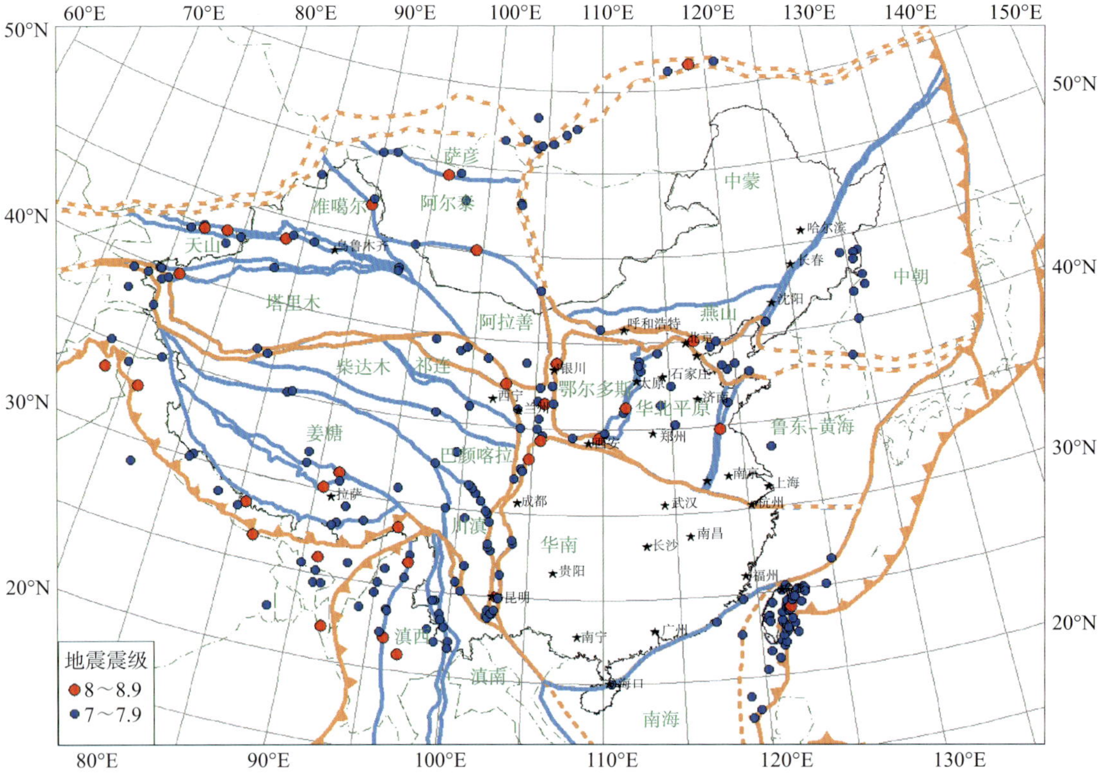

图 3-9-5　东亚大陆有史料和仪器记录的 7 级以上地震震中分布图

圆点．地震震中；棕色线围限区．一级活动块体；蓝色线围限区．二级活动块体；带锯齿的棕色线条．印度与欧亚板块碰撞的主边界逆断裂边界；星号（带文字）．城市名；文字．二级活动块体名称（张培震等，2003）

录到 18 次浅源 $M \geqslant 7.0$ 的地震，没有 $M \geqslant 8.0$ 的地震；也记录到 $M \geqslant 7.0$ 中源地震。

西亚地震区东半部主要是阿富汗中西部的 Sintan 地块，地震活动水平很低（表 3-9-1），是一个刚性地块（Ambraseys and Bilham，2003；2008）。

由表 3-9-3 可见，1900～2008 年西亚大陆地震区主体活动的西半部，7 级以上大地震活动时间过程，显示出准周期的过程（$C_v = 0.94$）。

由表 3-9-4 可见，1964～1999 年西亚大陆地震区主体活动区西半部，地震震级-频度关系的系数 $a = 7.11$，$b = 0.89$。

3）东地中海大陆地震区

图 3-9-7 是东地中海地震区的现代地震活动分布图（1964～2001，$M > 4.0$，资料源 ISC）。地震活动主要集中在西半部，构成一幅三角形区的图像，但分布不均匀，密集在希腊弧、北安纳托利亚断裂的西段和爱琴海内。在东半部，地震活动主要是沿着安纳托利亚稳定地块的边界上（Taymaz et al.，2007）。

由表 3-9-1、3-9-2 可知，东地中海大陆地震区 1900 年以来记录到 21 次浅源和 3 次中源 $M \geqslant 7.0$ 的地震：1903 年 8 月 11 日希腊伯罗奔尼撒半岛南部（$M = 8.3$，$H = 80$ km），1911 年 4 月 4 日希腊爱琴海（$M = 7.0$，$H = 140$ km）和 1926 年 6 月 26 日希腊爱琴海（$M = 7.7$，$H = 102$ km）。中源地震主要发生在爱琴海南部的本尼奥夫带上（Papazachos and Papazachou，1997）。

由表 3-9-3 可见，1900～2008 年东地中海大陆地震地区主体活动的西半部，7 级以上大地震活动时间过程，显示出群集的过程（$C_v = 1.34$）。

由表 3-9-4 可见，1964～1999 年东地中海大陆地地震区主体活动的西半部，地震震级-频度关系的系数 $a = 8.11$，$b = 0.98$。

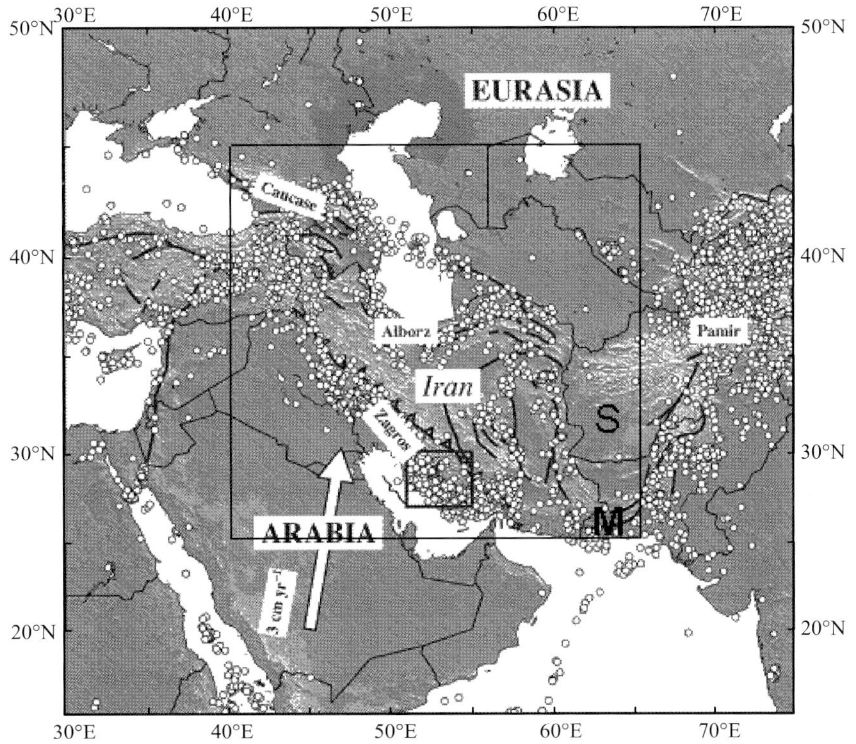

图 3-9-6　西亚地震区及邻近的地震活动、活动构造和动力学背景一般特征

近代地震震中分布用空心圆表示（1967～1998，$M \geqslant 4.5$）；粗黑线表示山脉和活动断裂，带锯齿状的是 Zagros 褶皱逆断层带，是阿拉伯板块与欧亚板块碰撞的地带。空心箭头是阿拉伯板块相对欧亚板块的运动速率和方向（Tatar，et al.，2004）。细折线是有关国家的边界，黑框区是 Tatar（2004）详细研究地震活动的区域，S 为阿富汗中西部的锡斯坦（Sistan）地块；M 为马克兰（Makran）俯冲带。图中的细线正方形是本文定义的西亚地震区地理范围

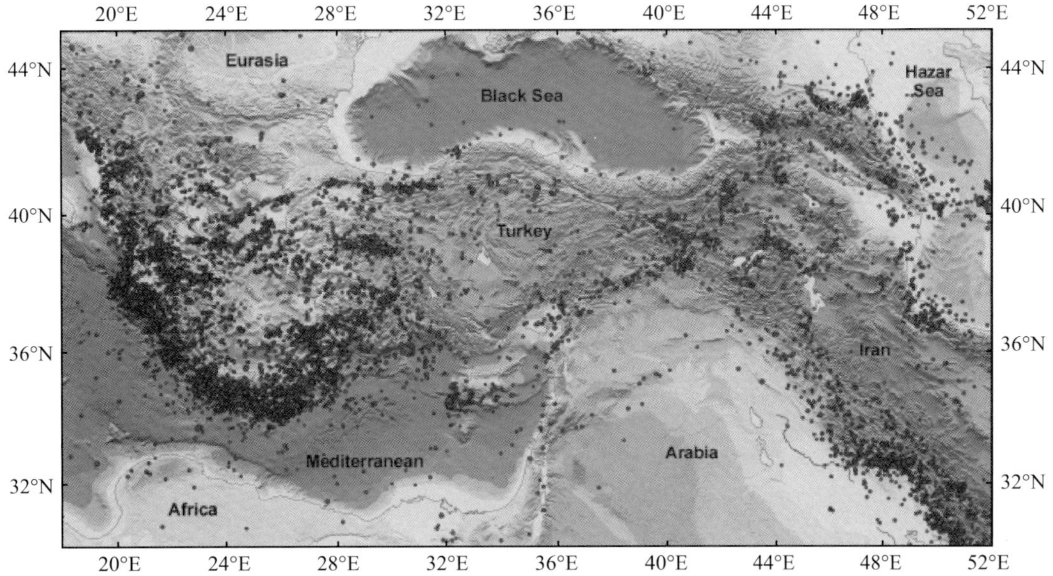

图 3-9-7　东地中海大陆地震活动性（1964～2001，$M>4.0$）

3.9.3　震源机制解比较

1）东亚大陆地震区

许忠淮（2001）利用 2993 个浅源地震的地震矩张量解、401 个 P 波初动方向震源机制解和 47 个

深井孔的孔壁崩落资料，编制了东亚地区现今震源机制解类型分布图（图 3-9-8）。从图 3-9-5 可见，在东亚大陆地震区东半部，地震活动以走滑断裂机制为主，部分正断层性质的张性断裂机制，集中出现在俄罗斯贝加尔湖地区；中国华北地区有个别地震呈逆冲型压性断裂机制。

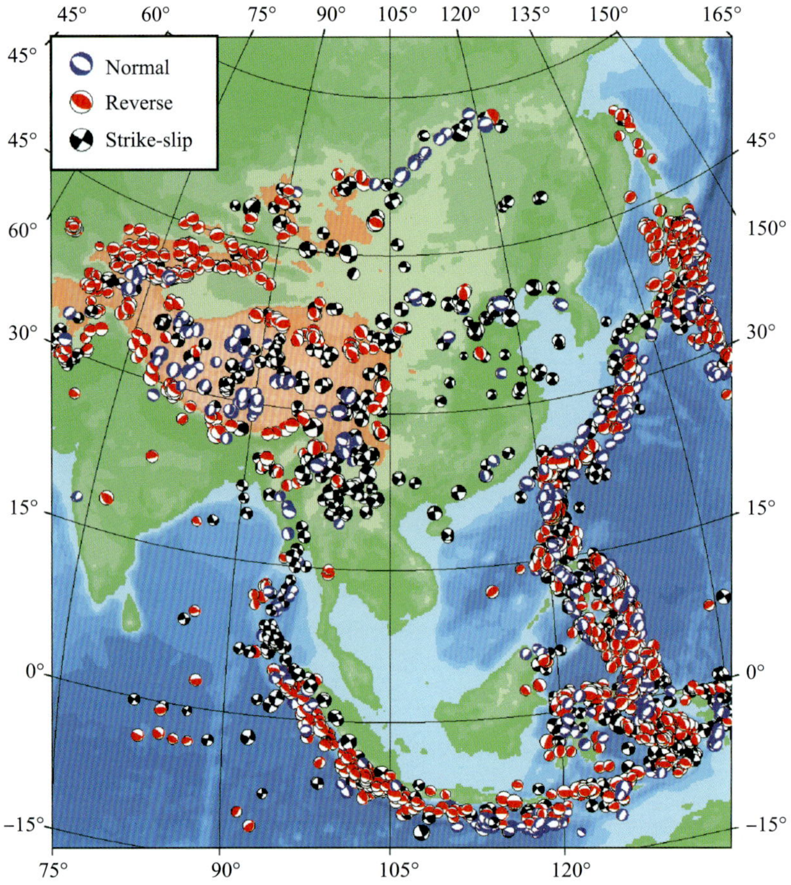

图 3-9-8　东亚地区震源机制解分布图（许忠淮，2001）

蓝色．正断层活动；红色．逆断层活动；黑色．走滑断层活动

在西半部，印度和欧亚板块碰撞带的喜马拉雅弧上的地震活动大多数是逆断层活动；在西藏高原中南部的张性和走滑断裂为地震活动的主要机制；在西藏高原北部则是以逆冲型压性断裂机制占优势，辅以走滑剪切型断裂活动；在喜马拉雅东南的川滇地区，以走滑剪切型断裂活动为主，只在川北的龙门山地震带出现逆冲型压性断裂机制；而新疆及境外邻近地区的天山地震带，以逆冲型压性断裂机制为主，兼有走滑剪切型断裂活动。在蒙古西部及邻近地区以走滑断裂机制为主，辅以部分逆断层性质的压性断裂机制。在喜马拉雅弧西端的兴都库什-帕米尔弧束，震源机制类型多样，中源地震活动集中，中源地震以逆冲型压性断裂机制为主；东端的缅甸弧束西侧的浅源地震多为走滑型断裂活动，东侧集中的中源地震活动机制兼有逆断层和正断层活动。

Molnar 等（1982）的研究指出，印度和欧亚板块的碰撞带上的地震活动大多数发生在喜马拉雅主边界逆断层和主中央逆断层之间。喜马拉雅山的地质填图表明，这里逆断层的倾向指向北，多数地震震源机制北倾向节面的倾角陡（约为 10°～30°），可能说明印度板块碰撞俯冲没有到达西藏高原下面。至于较宽的天山地震带，Molnar 等（1982）认为，大多数的地震断层面解是逆断层活动，北面是西伯利亚地台向南俯冲，南面是塔里木盆地向北俯冲，显示出天山地震带活动的“双向性”；断层面的倾角一般在 30°～60°。

2）西亚大陆地震区

图 3-9-9 是西亚地震区西半部主体地区（伊朗及其邻近）的地震震源机制分布图（Hessami，K.，F. Farshad and H. Tabassi，2003，Seismotectonic Department，Seismilogy Research Centers，Ministry of Science，Research and Technology，International Institute of Earthquake Engineering and Seismology，互联网）。

图 3-9-9　西亚大陆地震区伊朗及邻区地震震源机制、活动断层和 GPS 观测资料的综合图

图例中第 1、2 和 3 条分别表示活动断层类型（出露地表，不出露地表和第四纪断层），第 4、5、6、7 和 8 条分别表示断层机制（逆断层、没判定断层、走滑断层、断层两盘上下运动和推测断层），第 9、10、11、12 和 13 分别表示地震活动（震中、1948～1976 震源机制、1976～2002 震源机制、滑动矢量水平分量和压力轴水平分量），第 14 条表示 GPS 速度矢量（1 cm/a）(Ministry of Science，Research and Technology ——International Institute of Earthquake Engineering and seismilogy，IIEES，2006，互联网）

图 3-9-9 综合了西亚大陆地震区伊朗及邻近的主要地震震源机制解、活动构造和 GPS 速度之间的关系。地震震源机制解资料主要是根据矩张量解（Centroid moment tensor solutions – CMT），自 1976 年以来是接近完备的。区域地震的震源机制解表明伊朗大多数地震，是在压缩状态中以逆断层和走滑断层活动为主。全部走滑断层的机制解表明有两个陡的节面。地震时断层面的走向与地表破裂一致。在地震是逆断层活动时，震源机制解的两个节面中哪一个是断层面的判定，由地质构造的观测去判定。

由于在扎格罗斯弧观测到向 NE 倾的构造，可以帮助确定 NE 倾的扎格罗斯弧基底盲逆断层地震机制解的节面是断层面。由震源机制解，扎格罗斯弧基底盲逆断层面倾角是 30°～60°（Jackson and Fitch，1981；Molnar and Chen，1982）。

在扎格罗斯弧的地表上，观测到沉积褶皱和断裂活动，而地震深度表明大多数地震发生在厚的上覆沉积岩层下面的基底中，地震震源机制解表明基底中的地震是盲逆断层和横向走滑断层活动。整个扎格罗斯弧可能是经历着基底的水平压缩，而不是像阿拉伯板块那样俯冲到伊朗下面（Molnar and Chen，1982）。在伊朗东部和中部，沿着横向扭压（transpression）地区活动断层系的地震震源机制解以走滑断层活动占优势。在伊朗东北部科彼特（Kopeh-Dagh）、北部厄尔布尔士（Alborz）、东南部马克兰（Makran）地区和伊朗西北部境外的高加索山区断层带上的震源机制多数表现逆断层活动。大体上可以认为，大多数情况压缩状态控制着西亚地震区西半部的伊朗及邻区的活动断层运动状态。几乎没有观测到张性正断层的地震机制。

西亚大陆地震区东半部是阿富汗的锡斯坦（Sistan）不活动地块，东边界是从阿富汗俾路支弧向南的巴基斯坦查曼断层及其平行断层，南边界是马克兰山逆断层机制。

3）东地中海大陆地震区

图 3-9-10 是东地中海大陆地震区地震震源机制解分布图（Kasapoglu and Toksoz，1983），该图表明，在东地中海地震区西半部（32°E 以西）：①在希腊弧上的地震是逆断层活动，逆断层面倾向北；②在希腊-爱琴海中北部-西土耳其的陆内地区，大量地震表现为 NS 向拉张（或 EW 向的挤压）的正断层活动，在爱琴海南部出现 NW-SE 向拉张（或 NE-SW 向的挤压）的正断层活动的迹象（机制解编号 24，39，65），表现出爱琴海地壳物质向西再转向南的逆时针推挤图像。在南爱琴海海沟的机制解还表明俯冲面倾角由浅到深有一个较陡的转折（24°～65°）（Papazachos and Papazachou，1997）。

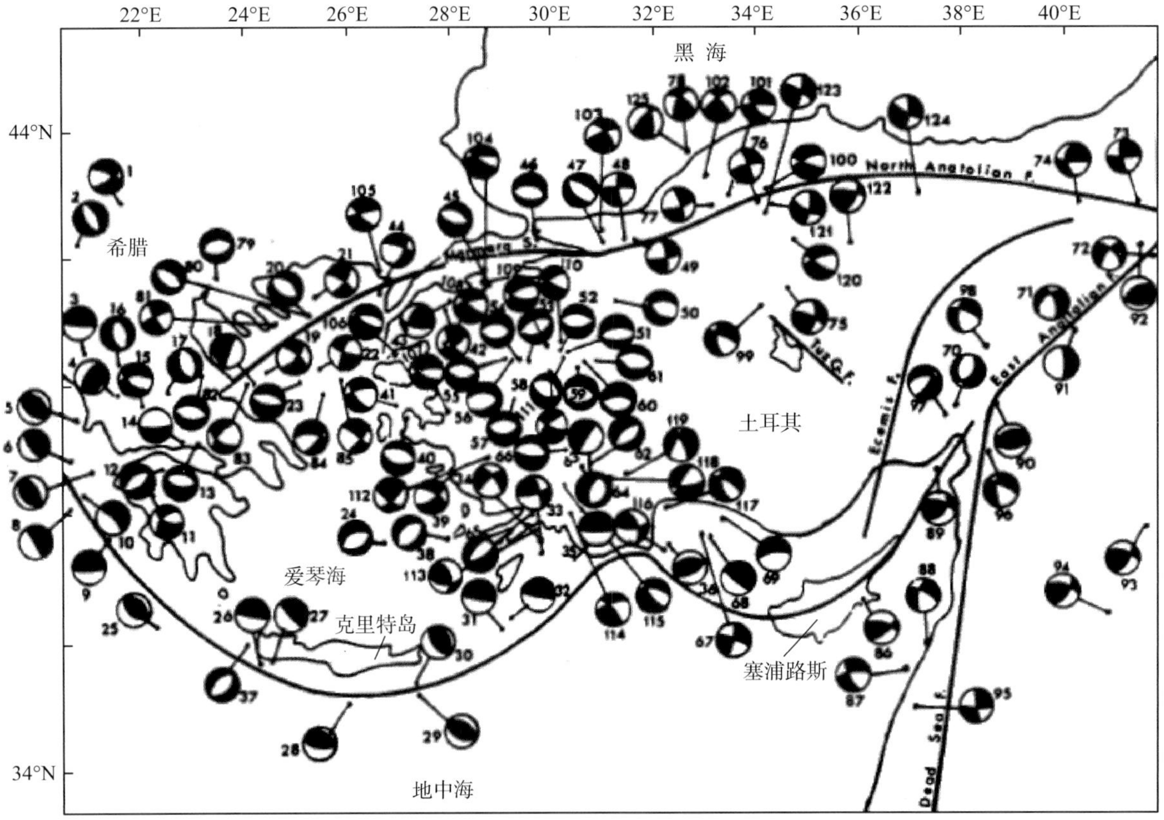

图 3-9-10　东地中海地震区地震震源机制解分布图（Kasapoglu and Toksoz，1983）

图中机制解旁边的数字是原文中地震震源机制列表的编号

在东半部（32°E 以东），是安纳托利亚稳定地块，它的北界是北安纳托利亚断裂，东界是东安纳托利亚断裂和死海断裂，南界是塞浦路斯弧。在右旋北安纳托利亚断裂上，震源机制以右旋走滑断层活动为主；在左旋东安纳托利亚断裂上，兼有走滑、正和逆断层活动；在塞浦路斯弧上是逆断层活动的震源机制（Kasapoglu and Toksoz，1983）。

3.9.4 现代地壳水平运动速度比较

1）东亚大陆地震区

图 3-9-11 是东亚大陆地震区相对于欧亚板块的 GPS 观测站速度矢量分布图。反映了欧亚板块内

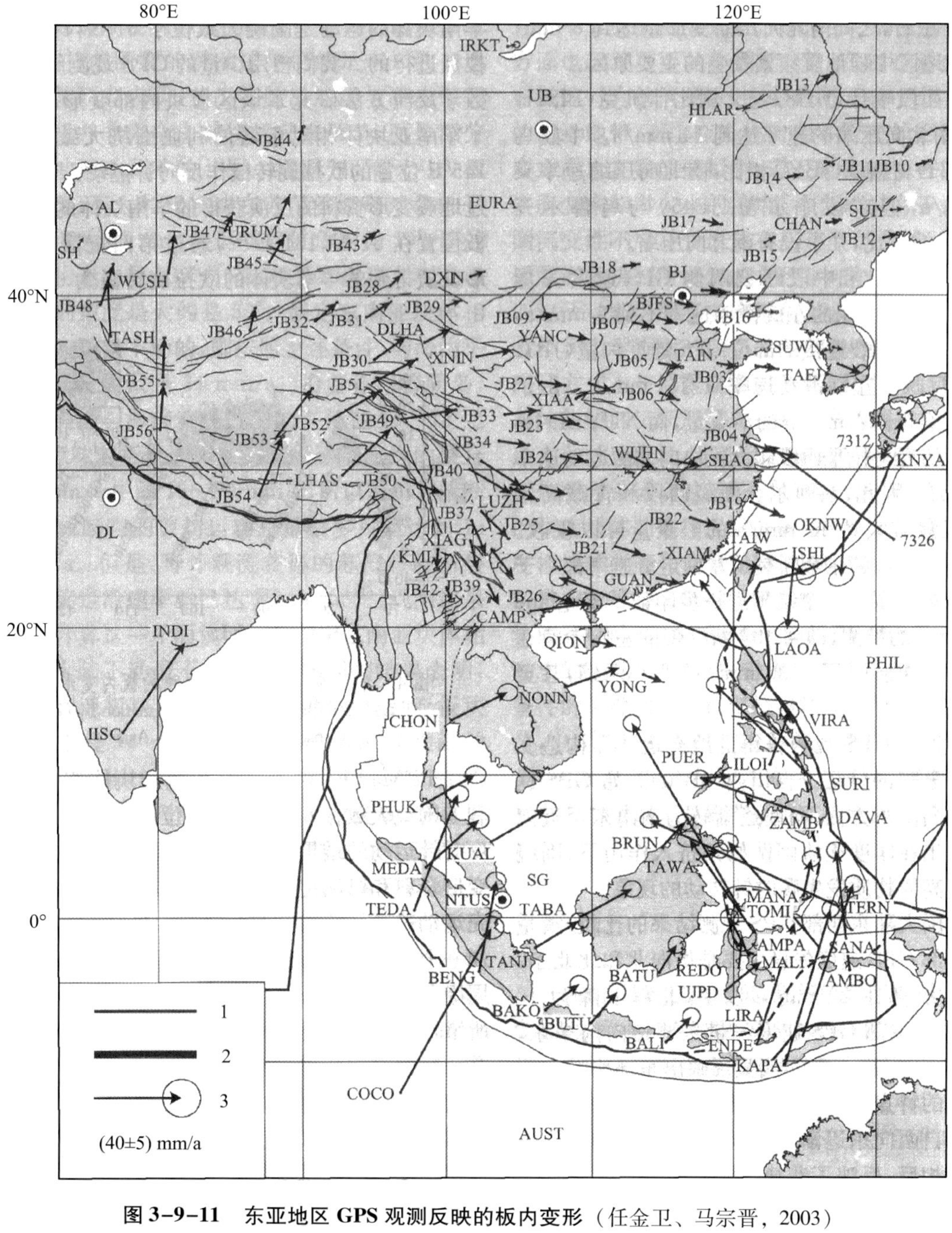

图 3-9-11 东亚地区 GPS 观测反映的板内变形（任金卫、马宗晋，2003）

1. 主要断裂；2. 板块边界（虚线是根据 GPS 观测划分的边界）；3. GPS 观测站速度矢量（相对于欧亚板块）；BJ. 北京；UB. 乌兰巴托；AL. 阿拉木图；DL. 德里；SG. 新加坡；EURA. 欧亚板块；INDI. 印度板块；PHIL. 菲律宾海板块；AUST. 澳大利亚板块

部构造变形的状况。在东亚大陆地震区西半部，GPS 速度矢量主要是指向 N 和 NNE，印度板块相对于欧亚板块以 43 mm/a 速度向 NNE 运动，跨过喜马拉雅构造带后，GPS 观测得到的速度矢量西段为 20 mm/a 左右，东段为 25 mm/a 左右。说明喜马拉雅构造带吸收了印度板块相对于欧亚板块向北运动速率的一半。自喜马拉雅构造带向北的运动速率逐渐减小，到了天山以北（JB44 站）和蒙古地区速率已不足 5 mm/a。川滇地区 GPS 观测获得的地壳运动和构造变形有非常显著的特征。自川西（JB40）开始 GPS 速度矢量指向 SE 方向，向南逐渐转为 SSE 至近 SN。显示出在印度板块阿萨姆角挤入作用下，围绕阿萨姆角高原物质发生顺时针转动的现象（任金卫、马宗晋，2003）。

在东半部，GPS 速度矢量主要指向 SEE，量值都在 10 mm/a 以下，明显反映出东半部构造变形较西半部弱的特点。注意到沿南北地震带，GPS 观测有一个突变，从西半部的 20 mm/a 左右陡降至东半部的 10 mm/a。这种突变带的空间位置不仅与中国大陆东西部地形陡变带一致，也与地震活动西强东较弱的分布图像一致（任金卫、马宗晋，2003）。另外，在东亚大陆与菲律宾海和太平洋板块边界上，它们向西或北西的俯冲速度约是 100～40 mm/a（任金卫、马宗晋，2003；丁国瑜、卢演俦，1989）。

2）西亚大陆地震区

在图 3-9-9 的西亚大陆地震区西半部震源机制分布图中，用粗黑箭头表示 GPS 站的观测结果，描述了相对欧亚固定参考框架中 1999～2001 年的 GPS 水平运动速度。运动速度估计表明，阿拉伯板块相对欧亚向正北的运动速度是 21～25 mm/a。而形变分布在不同的活动形变区。在伊朗东部缩短分布遍及马克兰（Makran）消减带上，缩短速度达到 1.8 cm/a；在科彼特山（Kopet-Dagh）约是 0.5 cm/a；在西北部，缩短约是 0.8 cm/a；在北部厄尔布尔士（Alborz）约是 0.8 cm/a。

3）东地中海大陆地震区

图 3-9-12 是东地中海地区相对欧亚固定参考框架中的现代 GPS 水平运动速度及其 95% 置信椭圆分布图（McClusky et al.，2000）。该图表明在东安纳托利亚断裂带附近的近代地壳水平运动速度指向约 N30°W 方向，速率约 18±2 mm/a；到了安纳托利亚地块内部和北安纳托利亚断裂带上，转为指向西

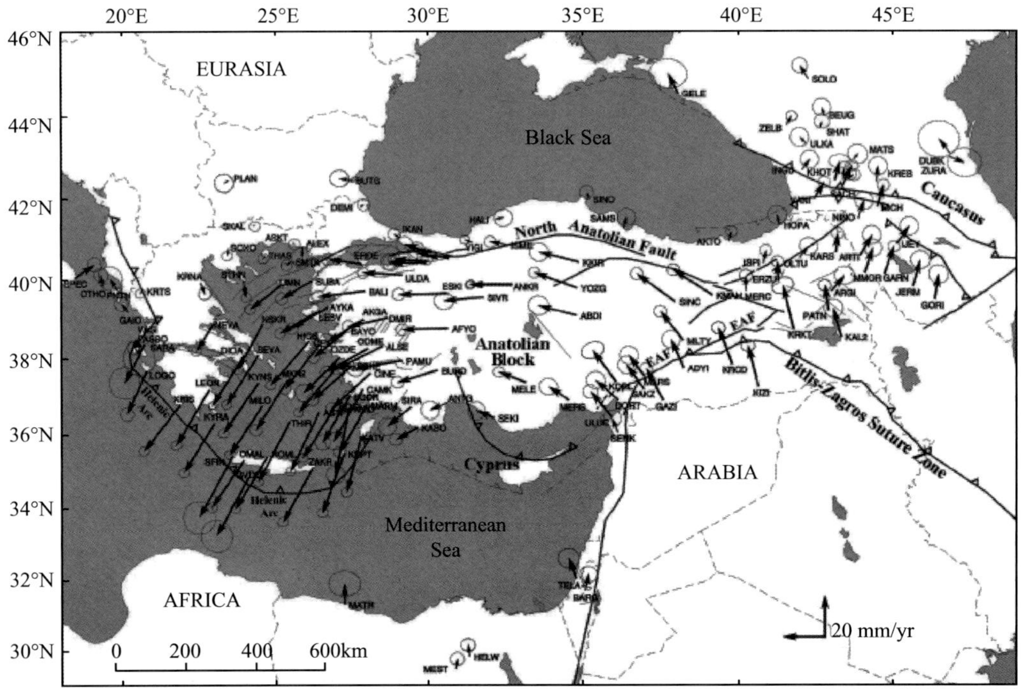

图 3-9-12　东地中海地震区相对欧亚固定参考框架的中 GPS 水平运动速度及其 95%置信椭圆分布图

（1988～1997，189 个场点，遍及东地中海到高加索的地区）（McClusky et al.，2000）

（约 N90°W），速率约 24±2 mm/a；进入土耳其西部、爱琴海以及逼近希腊弧，运动转向 SW 方向，大体上与希腊弧垂直，速率约 30±2 mm/a。总体上，东地中海地震区的地壳似乎处于逆时针旋转的状态，与非洲板块与欧亚板块在希腊弧会聚向北碰撞俯冲的方向相反，表现出东地中海地震区地震活动和变形的复杂动力学背景。

3.9.5　小结和讨论

除了马宗晋等（1986）指出东亚、西亚和东地中海大陆地震区的地震活动图像和构造背景的共性外，本文还初步综述了一些它们之间的差别：

（1）表 3-9-5 归纳了东亚、西亚和东地中海大陆地震区东、西半部，在地震活动时空强分布、震源机制、陆-陆或陆-洋板块碰撞-俯冲边界性质以及相对运动的方向和速率等方面的异同。

（2）在喜马拉雅弧、扎格罗斯弧和希腊弧碰撞边界下面的构造形态有所不同的说明如下：

①东亚大陆地震区喜马拉雅弧：印度板块与欧亚板块碰撞和欧亚板内变形的机制，是大陆地壳板块在浅的倾角面上向北俯冲，导致碰撞边界山系的升高和地壳增厚以及板内物质沿着走滑大断层逃逸。

以 Kumaon 喜马拉雅的一个剖面为例，表示印度板块向北以缓倾角（10°～30°）俯冲到喜马拉雅山下，但并没有俯冲到西藏高原下面（Molnar and Chen，1982）（图 3-9-13）。

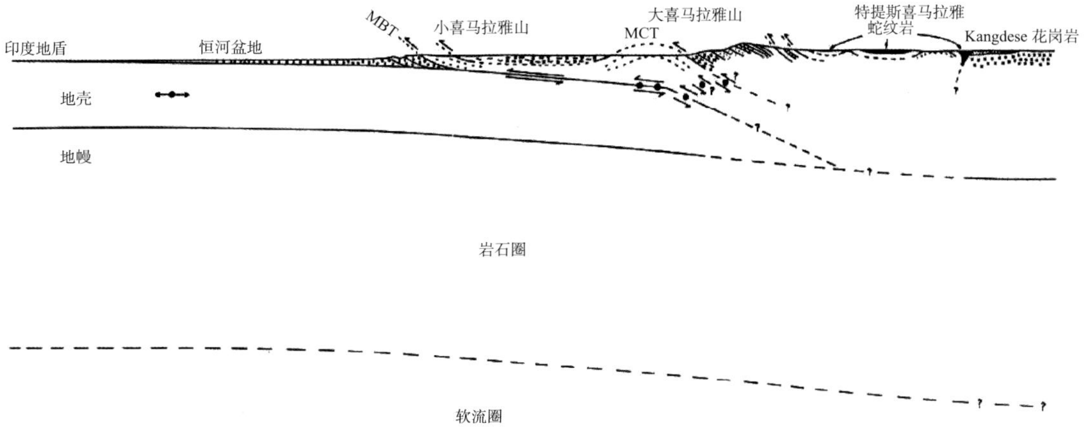

图 3-9-13　Kumaon 喜马拉雅山剖面简略图

表示对地震深度、地震断层面解、活动断层和地质背景的一种解释，是 Kumaon 喜马拉雅剖面的简化，黑点是地震震源位置，附带的箭头表示沿地震断层面的相对运动方向，MBT：主边界断裂，MCT：主中央逆断裂（Molnar and Chen et al.，1982）。图中的文字：印度地盾，恒河盆地，小喜马拉雅山，大喜马拉雅山，特提斯喜马拉雅，蛇纹岩，Kangdese 花岗岩

②西亚大陆地震区扎格罗斯弧：通过扎格罗斯弧褶皱带 Fars 地区的一个剖面（图 3-9-14）表示，在西亚阿拉伯板块与欧亚板块碰撞，阿拉伯板块并没有俯冲到扎格罗斯山下面，而是挤压了被 1～2 km 厚的沉积层覆盖的基底，产生高倾角（30°～60°）的盲逆冲断层和地震活动（Tatar et al.，2004）。

③东地中海大陆地震区希腊弧：在希腊海沟-陆弧和南爱琴海沟下面，显示出类似海洋岛弧-海沟俯冲带的特征。向陆倾斜俯冲下插深度约 160 km，浅源（$0<h\leqslant60$ km）北倾的地震逆断裂面的倾角为 24°，中源（$60<h\leqslant160$ km）北倾的地震逆断裂面的倾角约为 60°，表明俯冲面的倾角由浅到深有一个由较缓到较陡的转折（Papazachos and Papazachou，1997）。

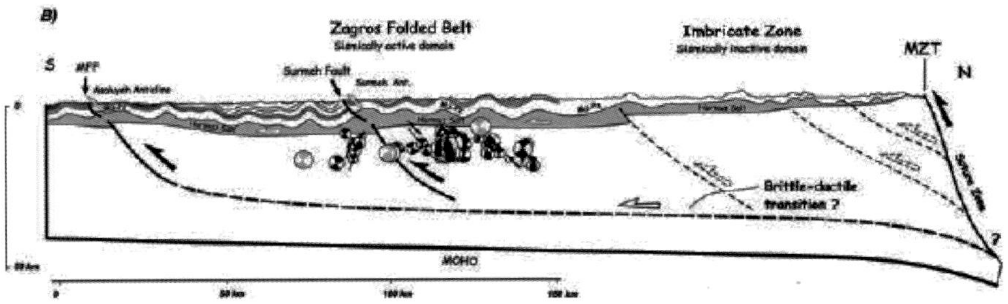

图 3-9-14　通过扎格罗斯褶皱带 Fars 地区剖面的简要图（Mouthereau et al. , 2006）

褶皱沉积盖层与 Hormuz 盐层建造上的基底解耦。白色带虚线的箭头表示在叠瓦状（Imbricata）带下面无地震活动地区，推测的高角度的逆断层。4.6≤M_W≤6.7 的断层面解（源于 Talebian and Jackson，2004）以淡灰色表示，1.7≤M_W≤4.1 的断层面解（源于 Tatar et al. , 2004）以黑色表示。震源球的大小与地震震级成正比。MFF. 山前断裂；MZT. 主扎格罗斯逆断裂；KzF. Kazerun 断裂；KrF. Karebass 断裂；SPF. Sabz-Pushan 断裂；SF. Sarvesta 年断裂；Pz-Mz. 古生代-中生代（Palaeozoic - Mesozoic）沉积盖层，所有这些断层都是基底断层，它们的活动对沉积盖层有影响。长虚线表示的 MFF 可能是一条埋藏断层。图中的英文：Asaluyeh anticline：Asaluyeh 背斜；seismicity active domains：地震活动区，Surmen anticline：Surmen 背斜；Surmen 断层；Hormuz 盐层；Suture zone：缝合带。Pz-Mz：Palaeozoic-Mesozonic（古生代-中生代）沉积覆盖层 Brittle -ductile transition. 脆性-延性转换?；Moho. 莫霍面；纵坐标 . 0-50 km；横坐标 . 0-50-100-150 km

参考文献

丁国瑜、卢演俦，板内块体的现代运动，中国岩石圈动力学地图集，国家地震局《中国岩石圈动力学地图集》编委会编制，北京：中国地图出版社，1989，21。

马宗晋、张德成，板块构造与地震，板块构造基本问题（李春昱等主编），北京：地震出版社，1986，363～391。

任金卫、马宗晋，东亚地区现代地壳运动特征与构造变形，地学前缘，2003，10（特刊）：58～65。

许忠淮，东亚地区现今构造应力图的编制，地震学报，2001，23（5）：492～501。

张培震、邓起东、张国民等，中国大陆的强震活动与活动地块，中国地震，2003，33（增刊）：12～20。

Ambraseys, N. and R. Bilham, Earthquakes in Afghanistan, Seism. Res. Lett. , 2003, 74 (2): 107～123.

Ambraseys, N. and R. Bilham, 2008, The tectonic setting of Bamiyan and seismicity in and near Afghanistan for the past 12 centuries（互联网）.

Armijo, R. , P. Tapponnier, J. L. Mercier, and H. Tong-Lin, Quaternary extension in southern TIBET: field observation and tectonic implication, J. Geophys. Res. , 1986, 91 (B14), 13803～13872.

Berberian, M. and R. S. Yeatys, Patterns of historical earthquake rupture in the Iranian plateau, Bull. Seis. Soc. Amer. , 1999, 89 (1): 120～139.

Engdahl, E. R. , van der Hilst, R. D. & Buland, R. P. , Global teleseismic earthquake relocation with improved travel-time and procedures for depthdetermination, Bull. seism. Soc. Am. , 1998, 88: 722～743.

Engdahl, E. R. , and A. Villasenor, 2002, Global seismicity: 1900 ～ 1999, International handbook of earthquake and engineering seismology, edited by W. H. Lee, H. Kanamori, Jennings, P. C. , Kisslinger, C. , Part A. , 665～690. Color Plate 15, Academic Press. Amsterdam, Boston, New York, Oxford, Paris, San Diego, San Francisco, Singapore, Sydney, Tokyo.

Gutenberg B and Richter C F. Seismicity of the earth and associated phenomena. Princeton university press, 1954, 16～20.

Jackson, J. and T. Fitch, basement faulting and the focal depth of the larger earthquakes in Zagros Mountain (Iran), Geophys. J. Roy. Astr. Soc, 1981, 64: 561～586.

Kasapoglu, E. and Toksoz, M. N. , Tectonics consequences of the collision of the Arabian and Eurasian plates: finite element models, Tectonophysics, 1983, 100: 71～96.

McClusky et al. , Global positing system constraints on plate kinematics and dynamics in the eastenrn Mediterranean and Gaocasus, J. Geopgys. Res. , 2000, 105: 5695～5719.

Molnar, P. , Tapponnier P. , Cenozoic tectonics of Asia: Effects of a continental collision. Science, 1975, 189: 419～426.

Molrar, P. and W. P. Chen, Seismicity and mountain building, in Seismicity and Mountain Buiding Processes edited by K. J. Hsu, 1982, 41～57, Acal. Press, London.

Molnar, P and H. Lyon-Caen, Fault plane solutions of earthquakes and active tectonics of the Tibet an Plateau and its margin, Geophs. J. Int. , 1989, 99: 123～153.

Mouthereau, F. , O. Lacombe and B. Meyer, The Zagros folded belt (Fars, Iran): constraints from topography and critical wedge modelling, Geophys. J. Int. 2006, 165, 336～356.

Ni, J. F. and Barazangi, M. , Seismotectonics of Himalayan collision zone: geometry of underthrusing Indian plate beneath the Himalaya. J. Geopgys. Res. , 1984, 89: 147～163.

Ni, J. F. , Active tectonics of the Himalaya, Proc. Indian Acad. Sci. (Earth Planet Sci.), 1989, 98: 71～89.

Papazachos, B. and C. Papazachou, 1997, The earthquakes in the Greece, Thessaloniki.

Parve, I. A. , F. Vaccari, and G. F. Panza, A deterministic seismic hazard map of India and adjacent areas, Geophysical Journal International, 2003, 155 (2): 489～508.

Sykes, L. , Intraplate seismicity, reactivation of preexisting zones of weakness, alkaline magmatism and other tectonism postdating continental fragmentation, J. Geophys. Res. , 1978, 16: 621～687.

Tatar, M. , D. Hatzfeld and M. G. Ashtiany, Tectonics of the Central Zgaros (Iran) deduced from microearthquakes seismicity, Geophys. J. Int. , 2004, 156: 255 ～266.

Taymaz, T. , Y. Yilmaz and Y. Dilek, The geodynamics of the Aegean and Anatolia: introduction, Geological Society, London, Special Publications, 2007, 291: 1～16.

第4章　由GPS观测得到的亚洲中部现今地壳运动*

4.1　GPS观测概况

亚洲中部，从西南到东北包括青藏高原、帕米尔高原、塔里木盆地、天山地区、准格尔盆地、阿拉善地区、蒙古高原及贝加尔地区等，涉及中国、尼泊尔、印度、巴基斯坦、阿富汗、塔吉克斯坦、吉尔吉斯斯坦、哈萨克斯坦、蒙古和俄罗斯。自20世纪90年代以来，通过实施中国地壳运动观测网络、GPS2000网和中国大陆构造环境监测网络等大型项目和一些中小型科研项目，已在中国境内开展了多期次GPS观测。而在中国境外的邻近周缘区域，如南喜马拉雅山脉、西南天山、蒙古高原和贝加尔，一些美、欧等国的研究机构与相关国家通过合作，亦开展了GPS观测。这些不同空间尺度的GPS观测所积累的数据，为定量研究亚洲中部现今地壳运动提供了条件。

4.1.1　中国地壳运动观测网络

中国地壳运动观测网络（Crustal Movement Observation Network of China，CMONOC）是1997～2000年期间由中国地震局牵头，联合总参测绘局、中国科学院和国家测绘局共同实施的国家重大科学工程，包括27个连续观测基准站，55个年度定期复测的基本站和1000个不定期复测的区域站（图4-1-1）。自1998年该网络开始观测以来，基准站一直连续观测，基本站每年观测，区域站已分别于1999，2001，2004，2007，2009，2011年进行了6期全面观测。该网位于中亚大三角地震构造域内的GPS站点约有560个（图4-1-1）。图4-1-2是根据中国地壳运动观测网络的观测数据所得到的相对稳定欧亚框架的GPS速度场。

4.1.2　2000国家GPS控制网

“2000国家GPS控制网”包括国家测绘局的GPS A、B级网，总参测绘局的GPS一、二级网和中国地震局、总参测绘局、中国科学院、国家测绘局共建的中国地壳运动观测网，共有2609个GPS站点，主要是服务于基础测绘应用。

国家GPS A级网是在中国资源卫星应用中心、中国测绘规划设计中心组织协调下，由多家单位利用IGS 92会战的机会，建立的一个全国性骨架GPS观测网，全网由均匀分布于全国的28个站点组成，其中5个站点上布设了GPS观测副站，共33个GPS观测站。第一期观测于1992年实施。国家GPS B级网由国家测绘局组织全国多家单位共同建设。于1991～1995年期间布测完成，全网共818个点，分布于整个中国大陆，点间平均边长在东部地区为50 km，中部地区为100 km，西部地区为150 km（王泽民等，1997）。

4.1.3　川西地区的GPS加密观测网

2005～2009年期间实施的973项目“活动地块边界带的动力过程与强震预测”，在中国地壳运动观

---

* 本章作者：甘卫军、肖根如，中国地震局地质研究所。

测网络的基础上，沿四川西部的鲜水河断裂带和安宁河断裂布设了 4 条跨断层 GPS 剖面，并对中国地壳运动观测网络的一些稀疏空白区进行了加密，其中包括流动式观测的区域站 70 余个，并有 8 个连续观测站（图 4-1-3）。川西 GPS 加密观测网于 2005 年实施了首次观测，至 2009 年，已有 5 期年度复测资料。

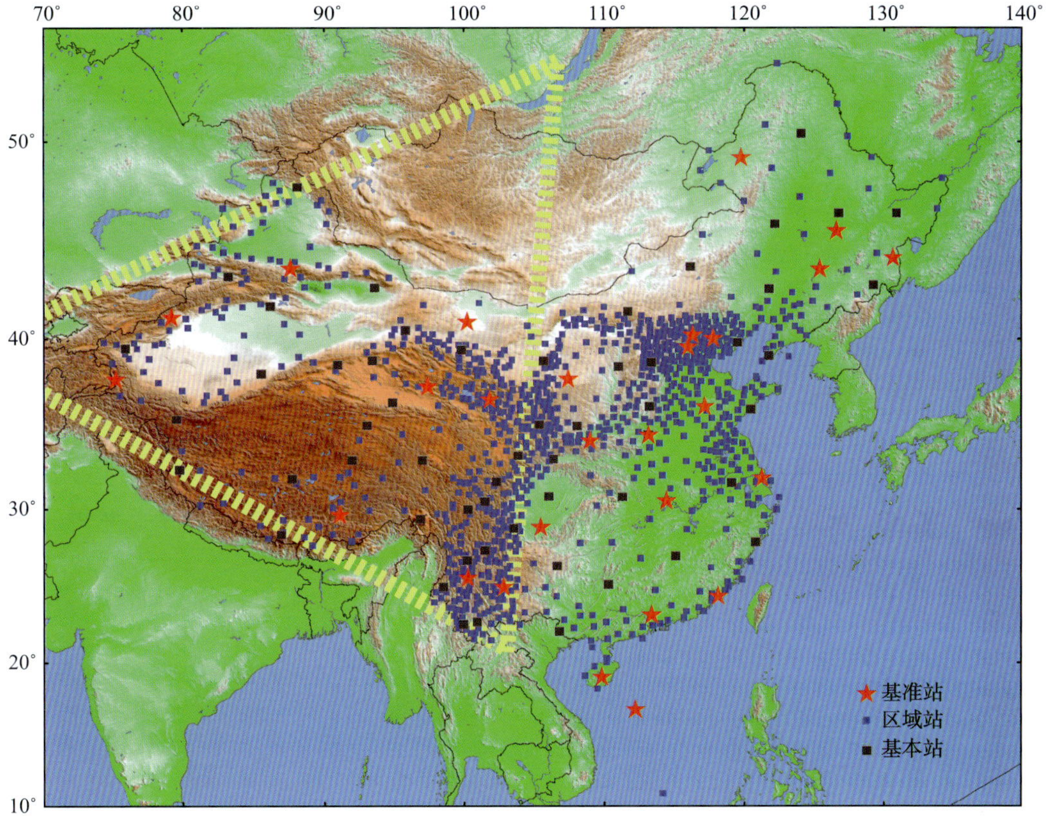

图 4-1-1　中国地壳运动观测网络站分布图

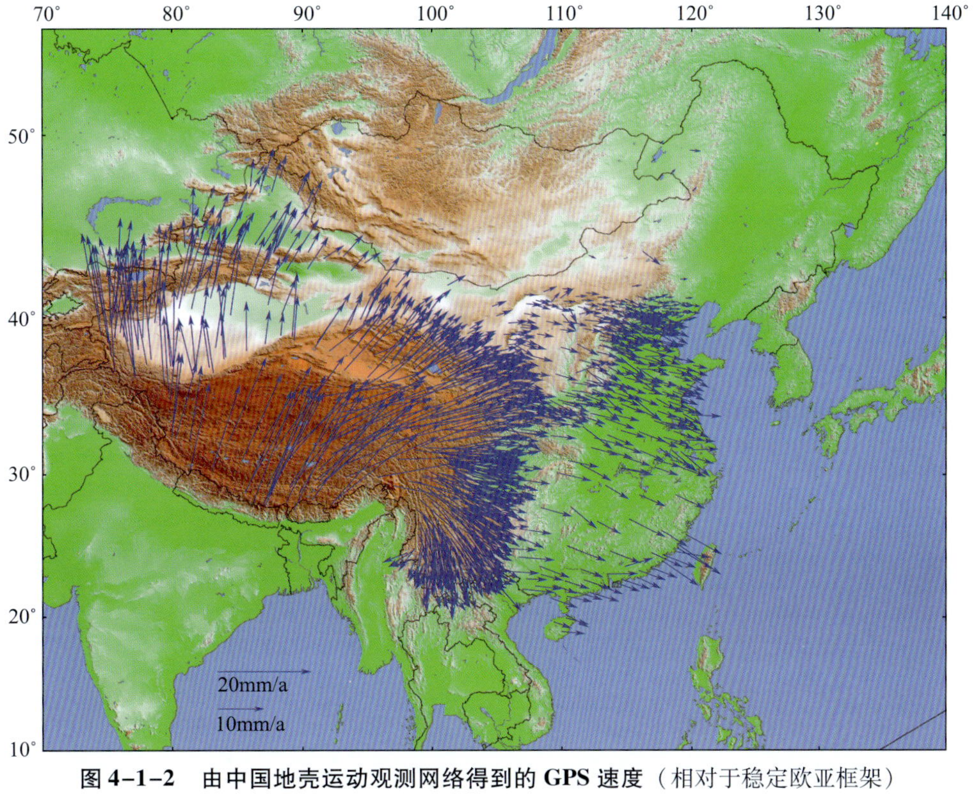

图 4-1-2　由中国地壳运动观测网络得到的 GPS 速度（相对于稳定欧亚框架）

图 4-1-3 973 项目（2005～2009）在川西地区的加密 GPS 观测站分布

LCJF. 澜沧江断裂带；JSJF. 金沙江断裂带；LTF. 理塘断裂；XSHF. 鲜水河断裂带；LMSF. 龙门山断裂带

4.1.4 天山地区 GPS 观测网

1992 年中国地震局地震研究所和新疆地震局在天山及塔里木地区联合布设了 GPS 地壳形变监测网，共有 16 个测站（图 4-1-4），1994 年完成整网首期观测。1996 年 3 月在新疆天山的伽师地区发生了 6.9 级强震，在其后的一年时间内，相继发生大于 6.0 级的强地震 8 次。中国地震局地震研究所于 1998 年对该区域的 GPS 网新增 25 个站点进行加密，1999 年 5～8 月对加密后的 GPS 监测网进行了全面复测。

4.1.5 亚洲中部局部加密 GPS 观测

为了更好地揭示构造运动与地壳形变状况，同时，也作为对中国地壳运动观测网络一些关键空白区的加密、补充，于 2007～2010 年间在青藏高原西南部阿里地区的改则、措勤一带和东南部喜马拉雅东构造结的林芝、波密一带，布设了 30 个 GPS 加密观测站，这些站点分别跨越了班公-怒江缝合带和雅鲁藏布江-嘉黎断裂带（图 4-1-5）。

4.1.6 班公-怒江缝合带的 GPS 加密剖面

自 1999 年以来，西藏阿里地区的改则、措勤一带，近 200 km 范围内只有零星的“中国地壳运动观测网络”非连续 GPS 观测点。为了研究该区域地壳形变特征和班公-怒江缝合带在该区段的现今定

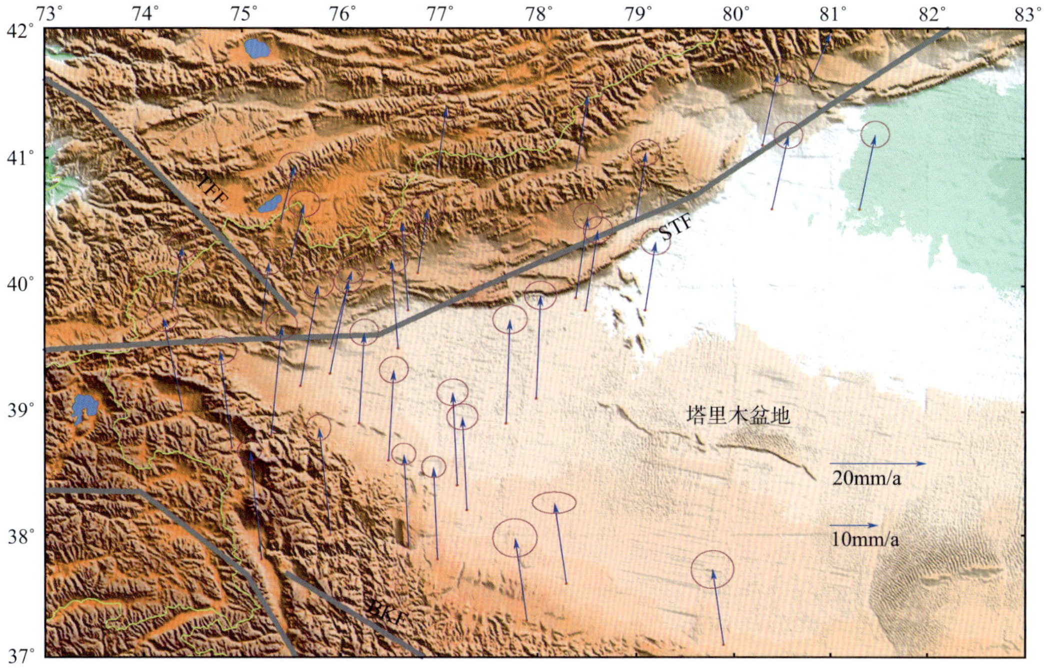

图 4-1-4　中国天山地区相对稳定欧亚 GPS 速度场

TFF. 塔拉斯-费尔干纳断裂带；STF. 南天山褶皱和逆冲断裂带

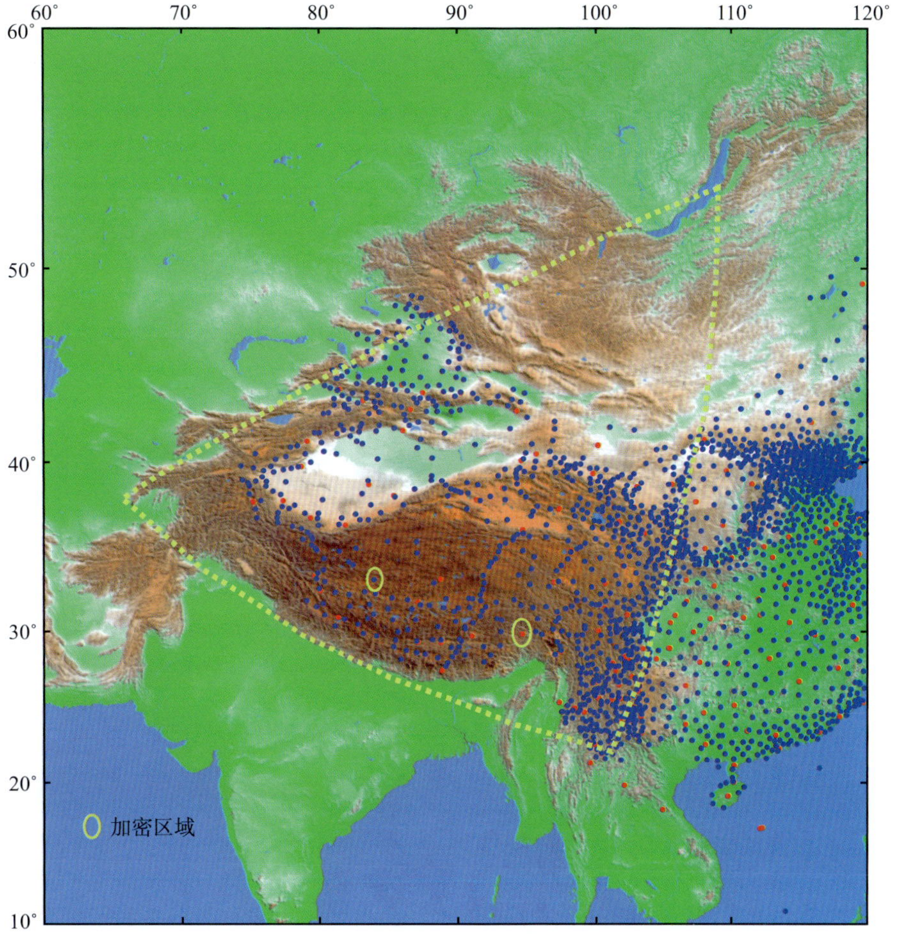

图 4-1-5　西藏地区加密观测的 GPS 测站位置（绿色椭圆区域）

量运动方式，于 2007 年 10 月布设了一条跨越班公-怒江缝合带的 GPS 剖面，由 10 个站点构成，并分别于 2007、2008 和 2009 年进行了 3 期观测。

图 4-1-6　班公-怒江缝合带 GPS 速度场

DGF. 丁固断裂带；CRF. 茶卡-日干配断裂；GSF. 嘎色断裂；PLF. 帕龙错断裂

4.1.7　喜马拉雅东构造结地区的 GPS 加密观测

喜马拉雅东构造结周围地区，原来只有“中国地壳运动观测网络”和成都地质矿产研究所“雅鲁藏布江大拐弯地区 GPS 观测网”的 10 个零星且分布极不均匀的 GPS 观测站点。2007 年，中国地震局地质研究所在该区域加密布设了 3 条 GPS 剖面，共计 20 站（图 4-1-7）。至今已经进行了 2 期观测（阿里地区进行了 3 期观测），每次观测采用高精度双频大地测量型设备（包括 Leica 1200PRO 和 Trimble NETRS）。采样率 30″，每站累计观测时间在 48 小时以上。

4.1.8　印度-欧亚板块碰撞带的 GPS 观测计划

在喜马拉雅造山带两侧的西藏南部、尼泊尔和印度西北部，自 1991 年开始，通过中-美合作、美-印合作等项目，先后建立了近百个 GPS 观测站。如 Jackson 等（1994）从 1991 年 3 月开始，观测尼泊尔 GPS 网 35 个站点。其中 28 个点位于尼泊尔，7 个位于东南西藏；1992 年 10 月，复测了尼泊尔、印

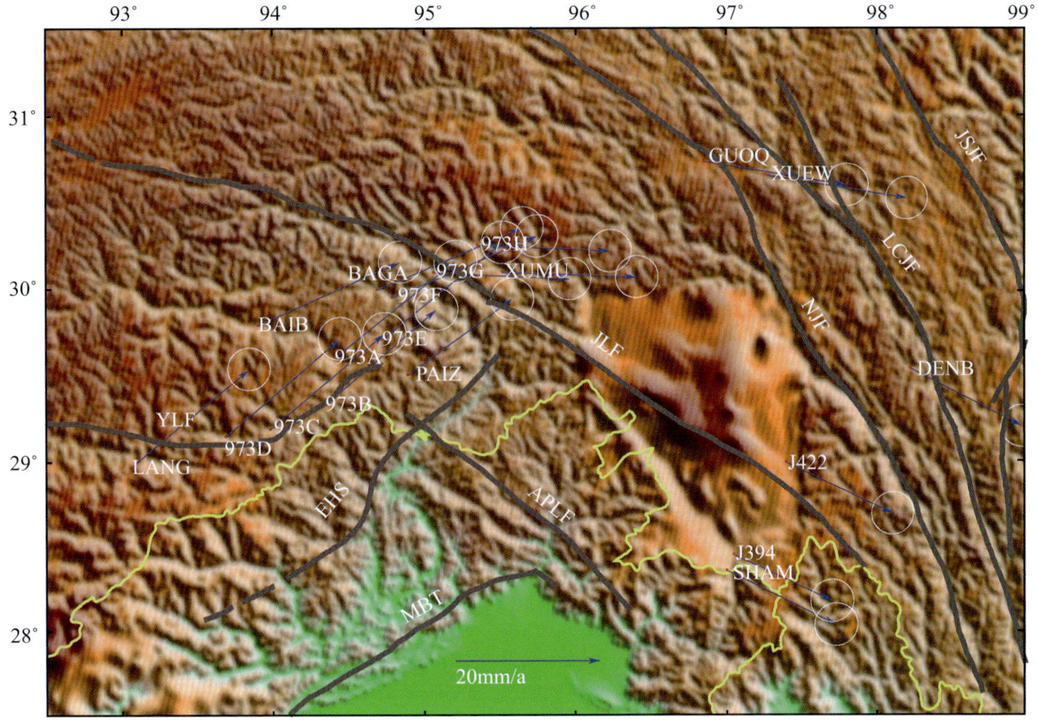

图4-1-7　东喜马拉雅构造结GPS速度场（相对稳定欧亚框架）

YLF. 雅鲁藏布江断裂；MBT. 主边界断裂；APLF. 阿帕龙断裂；JLF. 嘉黎断裂带；NJF. 怒江断裂带；LCJF. 澜沧江断裂；JSJF. 金沙江断裂带

度、中国境内15点；Banerjee等（2002）从1995年开始建立印度西部GPS观测网，该网由26个站组成；Ponraj等（2011）于2005年5月在尼泊尔喜马拉雅西部Kumaun地区新建了23个GPS站点，2005年12进行了首次观测。图4-1-8是喜马拉雅造山带两侧所开展的GPS观测的站点分布情况及相对与稳定欧亚框架的GPS速度场矢量。

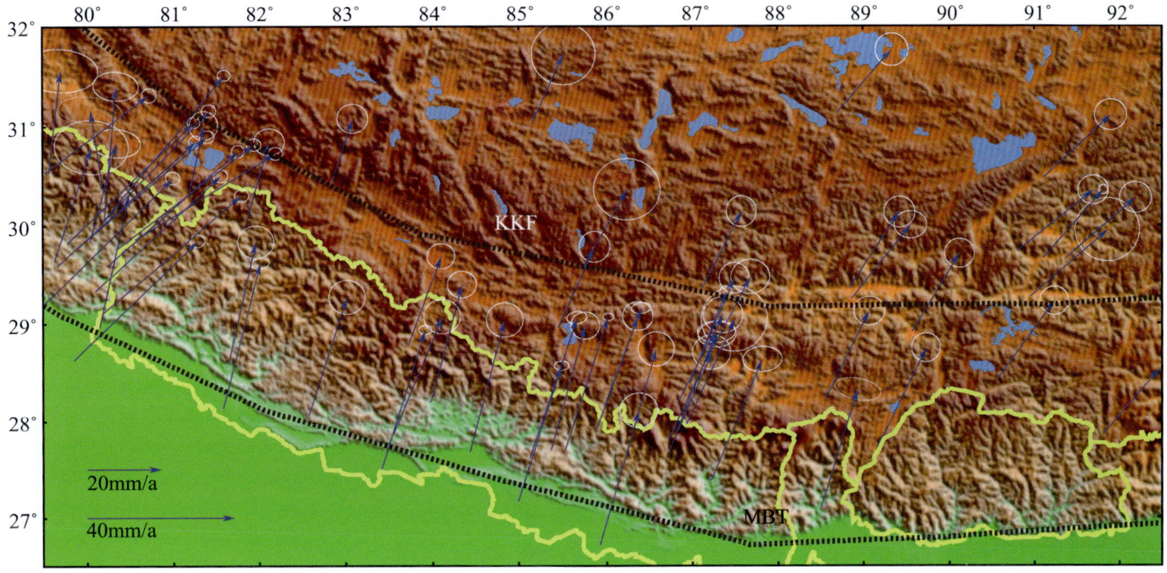

图4-1-8　喜马拉雅造山带GPS速度场

MBT. 主边界断裂带；KKF. 喀喇昆仑断裂带

4.1.9　中西部天山 GPS 观测

自 1992 年开始，德国、俄罗斯、吉尔吉斯斯坦、乌兹别克斯坦、哈萨克斯坦、美国、中国等国通过合作，采用逐渐加密的方式，分别在中亚地区建立了中亚构造科学 GPS 观测网（CATS）和西天山 GPS 观测网，跨越中、西天山。截至 1995 年底，该区域的 GPS 站点数约为 240 站，到 2006 年，GPS 站点数已接近 500 站，其中，包括 15 个连续观测站。在天山地区，目前的平均站间距大约 25 km，使中亚地区 GPS 网络成为世界上最密集的观测网络之一。该地区的大多数 GPS 站点，大致每年观测一次。图 4-1-9 是该区域 GPS 站点的分布和相对于稳定欧亚框架的 GPS 速度场。

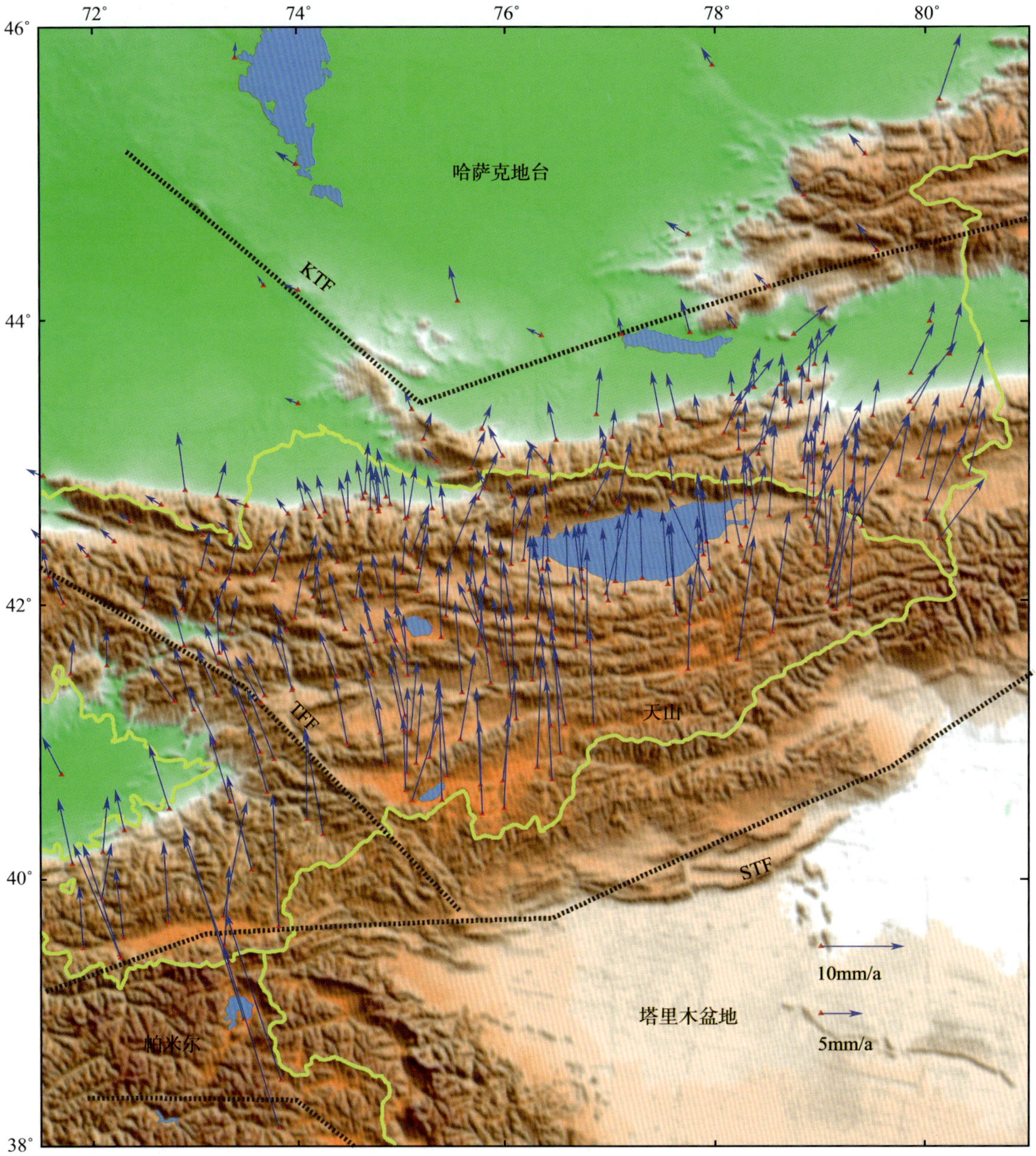

图 4-1-9　中、西天山 GPS 速度场（相对稳定欧亚参考框架）

TFF. 塔拉斯-费尔干纳断裂带；STF. 南天山褶皱逆冲断裂带；KTF. 肯迪克塔什断裂

4.1.10　蒙古-贝加尔地区 GPS 观测网

自 1994 年起，Calais 等（2003）在贝加尔地区和蒙古西部地区建立了由 44 个站点构成的 GPS 观测网。目前各站点均至少有 3 次以上的重复观测。图 4-1-10 是该区域 GPS 站点的分布和相对于稳定欧亚框架的 GPS 速度场。

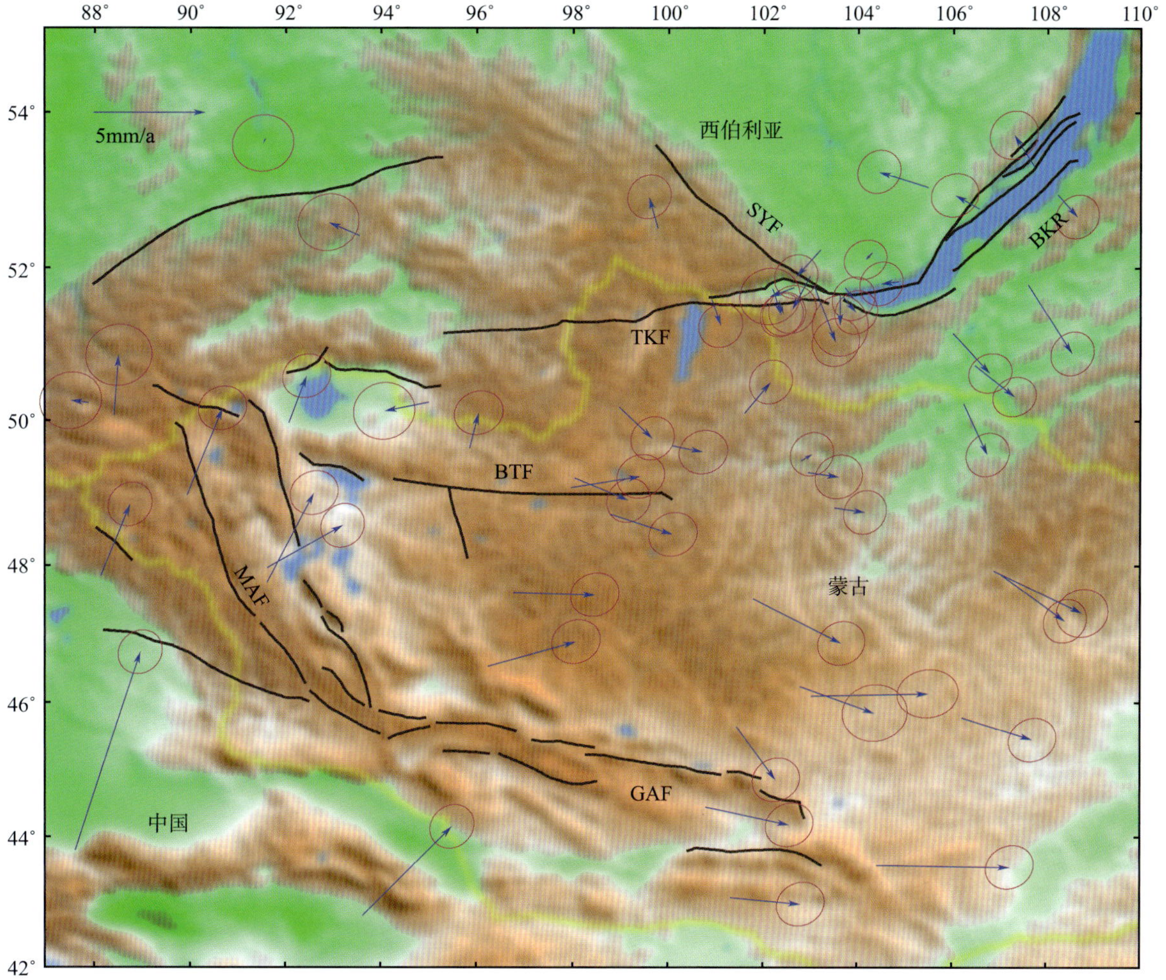

图 4-1-10　蒙古-贝加尔地区 GPS 速度场（相对稳定欧亚参考框架）

MAF. 蒙古-阿尔泰断裂带；GAF. 戈壁-阿尔泰断裂带；BNF. Bolnay 断裂带；TKF. Tunka 断裂；SYF. 萨彦断裂；BKR. Baikal 裂谷区

4.2　多源 GPS 观测数据的融合

4.2.1　方法概述

由于中亚大三角地震构造域的 GPS 观测工作来自不同机构、不同区域和不同时期。在最理想的状态下，如果能够汇集到所有站点的 GPS 原始观测数据，则根据 GPS 大地测量本身的特点和优势，我们可以通过整体的数据处理和统一的联合平差，获得整个中亚大三角地震构造域所有 GPS 观测站相对于某个统一参考框架的速度场。但现实的情况是，由于种种原因，许多区域或机构的 GPS 原始观测数据无法获得或无法完整获得，我们能够得到的往往是不同研究者各自处理获得的速度矢量结果。这些速度场结果要么具有自己的参考框架，要么声称为某一常用参考框架（如稳定欧亚参考框架），但实际上这些声称的同一框架，因为所选取的定义站点未必完全相同，彼此也会有一定的差异。这种差异对于不同区域各自的局部地壳形变研究而言，往往无关紧要，因为参考框架的差异并不影响地壳形变的分析，但如果将不同的区域合并在一起分析地壳形变，则各自 GPS 速度场的参考框架必须统一，否则会扭曲不同区域间的地壳形变。因此，对于中亚大三角地震构造域这样的广泛区域和 GPS 观测状况，如何将各种区域、各种时期、各种机构、各种形式和各种框架的多源 GPS 观测结果合理地融合和归化到统一的参考框架下，是进行后续地壳形变分析、研究的重要基础。

4.2.1.1　总体 GPS 速度场融合

如果通过数据交换和共享等形式获取到原始的 GPS 观测数据，则可以采用高精度 GPS 后处理软件（如 GIPSY、GAMIT），按统一的严密策略和参考框架，将不同区域、不同时期的观测统一处理和平差，获得统一参考框架下的 GPS 速度场结果。以 GIPSY 软件为例，统一处理的主要流程为：

（1）整理原始观测数据：将原始观测数据转换成标准 RINEX，利用 TEQC 软件检查数据质量并编辑完善 RINEX 头文件信息。

（2）获取 IGS 的高精度已有产品：在 IGS 网站上获取相应观测日的精密卫星轨道、精密卫星时钟改正、卫星掩蔽信息及有关地球的时间、极移、自转和极轴方向等资料。

（3）选择处理策略：采用高效的精密单点处理（PPP）模式，固定 JPL 精密卫星轨道和钟差，估计接收机钟偏（白噪声）和每 5 分钟估计对流层天顶梯度延迟，对流层模型采用 GMF，高度截止角 15°，卫星和接收机天线采用绝对相位中心变化和偏移模型，海洋潮汐负载模型采用 FES2004，模糊度采用 Ambizap 解算，应用到 IGS08（ITRF2008 的实现）参考框架。

（4）选取部分全球 IGS 跟踪站，与本地网构成同步观测网。统一计算获取整个同步观测网的单松弛约束解：在全球范围内选取几十个质量较好、分布合理的 IGS 核心站构成一个 IGS 核心站子网。通过 FTP 从 IGS 数据中心获取这些站点的 RINEX 数据。将同步观测网的各站点分别进行 PPP 处理，计算获得各点的单日坐标解。然后以“网络模式”解算整周模糊度，同时采用相关对流层估计以进一步提高处理结果的精度。

（5）以 IGS 核心站子网为“桥梁”，通过 7 参数 Helmert 转换，将单日松弛约束合并解归化到 ITRF2008 参考框架下。

（6）利用 QOCA 软件，检测并剔除坐标时间序列中的粗差。通过将 IGS 站点坐标和速度在全球参考框架（如 ITRF2008）下的约束，可将本地网的站点坐标和速度估值归化到全球参考框架（如 ITRF2008）下。

选取了 40 个全球 IGS 核心站，将中国及其周边的局域 GPS 观测结果，分别合并到全球参考框架。例如，对青藏高原西南部阿里地区和东南部喜马拉雅东构造结的 30 个 GPS 加密观测站数据进行了严密处理，获得了这两个位置 GPS 加密站相对于稳定欧亚框架下的速度场矢量（图 4-2-1）。

4.2.1.2　基于松弛约束解的速度场融合

在某些情况下，不能直接获得有些区域或机构的原始 GPS 观测数据，但能够获取其处理得到的松弛约束解。对于这样的情况，可以通过前面所介绍的 QOCA 软件的基本思想和策略，以严密整体平差的方式，将不同区域、不同时期的松弛约束解整合在一起，获得统一参考框架下的 GPS 速度场。具体方法是：

（1）获取整体松弛约束解。首先采用所有不同来源数据各自的松弛约束解（包括点位坐标及其协方差），在假设各套数据的相互重合点具有相同点位坐标和速度矢量的条件下进行平差，获得整体松弛约束解。

（2）检查时间序列。根据生成整体松弛约束解时间序列，检查时间序列中明显的突跳及偏移点，并将其有效剔除。

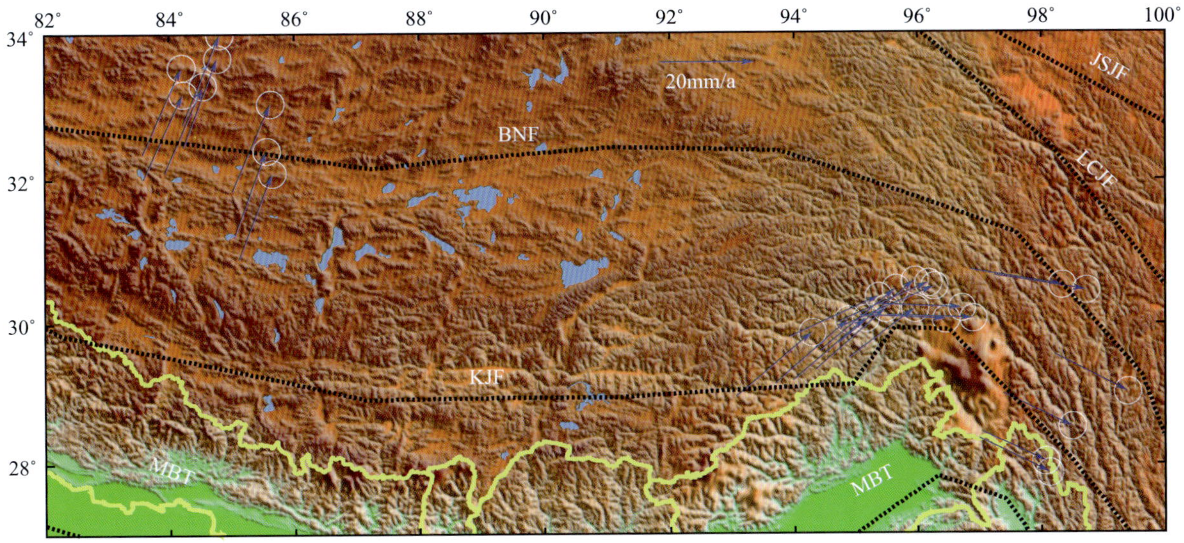

图 4-2-1　喜马拉雅地区加密 GPS 速度场（相对稳定欧亚参考框架）

MBT. 主边界断裂带；KJF. 喀喇昆仑-嘉黎断裂带；BNF. 班公-怒江断裂带；LCJ. 澜沧江断裂带；JSJF. 金沙江断裂带

（3）获取 ITRF 基准约束。选择一部分全球均匀分布且站点稳定、数据质量好的 IGS 站点，剔除地震的影响，将这些站点的坐标和速度矢量在统一参考框架下（如 IGS 站点在 ITRF2008 框架下的坐标和速度值）作紧密约束，则得到所有站点在统一参考架下的坐标和速度矢量结果。

（4）转换至稳定欧亚框架。将统一参考框架下的坐标和速度矢量结果，找出位于稳定欧亚板块上的站点，根据这些挑选的站点通过最小二乘拟合计算出稳定欧亚板块的欧拉旋转矢量，并基于欧拉矢量参数，将统一参考框架下的解减去稳定欧亚板块运动的速度值，从而得到相对稳定欧亚板块的结果。

4.2.1.3　不同参考框架下的 GPS 速度场的融合

在很多的情况下，仅能收集到不同区域的 GPS 速度场结果，而这些速度场结果往往具有不同的参考框架。对于这类情况，从理论上说，只要两套不同的 GPS 速度场具有 3 个公共点，则可通过球面的整网刚性旋转（欧拉旋转），将两套不同的速度场归化到相同的参考框架下。而在实际情况中，考虑到不同速度场结果除参考框架的系统误差之外，本身具有的偶然误差等影响，需要利用尽可能多的公共站点，以加权最小二乘的拟合标准，使两套速度场在旋转归化后所有公共点速度场残差的 χ^2 最小。

郭东美等（2008）的研究表明，无论是对于平移参数还是旋转参数，用少于 5 个公共点求解的转换参数值变化通常较大；用 5～10 个公共点求解转换参数，虽然平移和旋转参数已趋于稳定，但是变化仍比较大；用多于 10 个公共点求解的所有转换参数才趋于稳定。也就是说，用旋转方法进行参考框架转换时，必须至少有 10 个以上的公共点才能较好地保证转换参数的确定和数据融合结果的可靠性。

为此，在某些实际情况下，如果严格的公共点数量不足，亦可考虑寻找部分“准公共点”进行代替。这里所说的“准公共点”，是指坐标位置虽不完全重合，但相距不远（如几十米以内），且处于相同的构造块体的两个点，因此，可以预期它们在共同参考框架下具有相同的 GPS 速度矢量。这种“准公共点”出现的最常见的一种情况是：不同机构或项目的站点没有借用，而是各自建设和观测。

假设有两套 GPS 速度场（A、B），其中有 N 个公共点（这些公共点通常以 IGS 的全球跟踪站为主，同时，可能包含部分区域性站点和局域站）。

设：

$$\vec{V} = \begin{bmatrix} \vec{V_1} \\ \vec{V_2} \\ \vdots \\ \vec{V_N} \end{bmatrix} = \begin{bmatrix} \vec{V}_{A1} - \vec{V}_{B1} \\ \vec{V}_{A2} - \vec{V}_{B2} \\ \vdots \\ \vec{V}_{AN} - \vec{V}_{BN} \end{bmatrix} \tag{4-2-1}$$

其中，$\vec{V_i}$ 表述第 i 个公共点的两套速度矢量差。

理论上，存在某一欧拉矢量 $\vec{\Omega}$（ω_x，ω_y，ω_z），能够最佳描述或拟合上述速度差矢量，即：

$$\vec{V_i} = \vec{\Omega} \times \vec{R_i} \tag{4-2-2}$$

式中，$\vec{R_i}$ 为公共站 i 的位置矢量，在球面上用球坐标（R，φ，λ）表示。将上式写为标量并以矩阵形式表示，得：

$$\begin{bmatrix} V_x \\ V_y \\ V_z \end{bmatrix} = \begin{bmatrix} 0 & R\sin\varphi_i & -R\cos\varphi_i\sin\lambda_i \\ -R\sin\varphi_i & 0 & R\cos\varphi_i\cos\lambda_i \\ R\cos\varphi_i\sin\lambda_i & -R\cos\varphi_i\cos\lambda_i & 0 \end{bmatrix} \cdot \begin{bmatrix} \omega_x \\ \omega_y \\ \omega_z \end{bmatrix} \tag{4-2-3}$$

考虑到：

$$\begin{bmatrix} V_x \\ V_y \\ V_z \end{bmatrix} = \begin{bmatrix} -\cos\lambda\sin\varphi & -\sin\lambda \\ \sin\lambda\sin\varphi & \cos\lambda \\ \cos\varphi & 0 \end{bmatrix} \cdot \begin{bmatrix} V_n \\ V_e \end{bmatrix} \tag{4-2-4}$$

则在不考虑高程变化对 V_n，V_e 影响时，可以得到以下近似表达式：

$$\begin{bmatrix} V_n \\ V_e \end{bmatrix} = \begin{bmatrix} R\sin\lambda & -R\cos\lambda & 0 \\ -R\sin\varphi & -R\sin\varphi\sin\lambda & R\cos\varphi \end{bmatrix} \cdot \begin{bmatrix} \omega_x \\ \omega_y \\ \omega_z \end{bmatrix} \tag{4-2-5}$$

上述两式就是分别利用公共点地心直角坐标系的速度差和站心坐标系的速度变化求解欧拉旋转矢量 $\vec{\Omega}$（ω_x，ω_y，ω_z）的数学表达式。当利用公共站的速度矢量差按上述方程进行最小二乘法迭代求解时，将可确定出最佳的欧拉旋转矢量 $\vec{\Omega}$（ω_x，ω_y，ω_z）。进而利用欧拉旋转矢量可进行 A、B 两套速度场的相互归化。通常采用球坐标表示欧拉矢量，其转换形式为：

$$\begin{aligned} \omega &= \sqrt{\omega_x^2 + \omega_y^2 + \omega_z^2} \\ \lambda &= \arctan\left(\frac{\omega_y}{\omega_x}\right) \\ \varphi &= \arctan\left(\frac{\omega_z}{\sqrt{\omega_x^2 + \omega_y^2}}\right) \end{aligned} \tag{4-2-6}$$

将式（4-6）求导，根据误差传播定律，即可求得 λ，ω，φ 中的误差：

$$\sigma_{\omega} = \sqrt{\omega_x^2\sigma_{\omega_x}^2 + \omega_y^2\sigma_{\omega_y}^2 + \omega_z^2\sigma_{\omega_z}^2} \Big/ \omega$$

$$\sigma_{\lambda} = \sqrt{\omega_x^2\sigma_{\omega_y}^2 + \omega_y^2\sigma_{\omega_x}^2} \Big/ (\omega_x^2 + \omega_y^2) \qquad (4-2-7)$$

$$\sigma_{\varphi} = \left[(\omega_x^2 + \omega_y^2)\cdot\sigma^2\,\omega_x + \frac{\omega_z^2}{\omega_x^2 + \omega_y^2}\cdot(\omega_x^2\sigma_{\omega_x}^2 + \omega_y^2\sigma_{\omega_y}^2)\right]\frac{1}{2}\Big/\omega^2。$$

4.2.2　中亚大三角地震构造域融合GPS速度场

作者收集了王敏等（2005）、杨少敏等（2008），Calais等（2006）、Wang等（2001）、Paul等（2001）、Banerjee等（2002）、Zubovich等（2010）等的多套数据（表4-2-1）。这7套数据的组合，在空间分布上相互补充，较好地覆盖了中亚大三角地震构造区域的大部分区域。

表4-2-1　中亚大三角地震构造域速度场资料来源统计

来　源	覆盖区域	时间跨度	站点数	参考框架（站点数）
王敏（2005）	中国大陆	1999～2007	1100	稳定欧亚框架（11）
杨少敏（2008）	天山地区	1992～2006	260	稳定欧亚框架
Calais（2006）	蒙古-贝加尔	1991～2005	60	稳定欧亚框架（15）
Wang（2001）	中国大陆及邻区	1991～2001	350	稳定欧亚框架
Paul（2001）	跨喜马拉雅山脉	1991～2001	50	印度板块框架
Banerjee（2001）	喜马拉雅山西北	1995～1998	30	稳定欧亚框架
Zubovich（2010）	中西部天山	1994～2010	100	稳定欧亚框架

数据合并的具体方法为：

（1）数据格式的归一化：将收集到的几套速度场归化成统一的格式。如顺序为经度、纬度、北向速度、北向误差、东向速度、东向误差、北东向相关系数、站点名。

（2）查找两套数据公共点：找出二套数据的公共点，并对二套公共点速度求差，速度差的误差按误差传播定律求解。如果严格的公共点数量不足，亦可考虑寻找部分“准公共点”进行代替。“准公共点”的要求是坐标位置虽不完全重合，但相距不远（如几十米以内），且处于相同的构造块体的两个点。

（3）求解公共点速度差矢量的欧拉矢量：以所有公共点速度差矢量的最佳拟合为准，求解相应的欧拉旋转参数（欧拉矢量）。

（4）粗差剔除，重复试算：查看公共点速度差矢量的拟合残差。对于残差较大的站点（超过2倍中误差），查找和分析原因后，进行必要的剔除。然后重复第（3）步计算，并再次检查残差，直至所有残差满足要求。

根据所确定的欧拉矢量，以球面刚性旋转的正演方式，可将其中的一套速度场结果旋转至另一套速度场的参考框架。两套速度场合并后，所有公共点的速度取两套数据的加权平均值。因为王敏等（2005）的数据包含了最多的GPS站点和覆盖了最大的空间范围，故我们以其为主，将另外6套数据的站点水平速度矢量通过尽可能多的公共点进行球面刚性欧拉旋转，纳入该套数据，使所有的速度场数据均纳入稳定欧亚框架。表4-2-2为各套数据与王敏等（2005）的公共点情况统计。

表 4-2-2　各套数据与王敏（2005）数据的公共点数统计

来　源	公共点数	计算用点	公共点计算欧拉矢量 (lat/°，lon/°，rota/°)	北向最大差值 mm/a	东向最大差值 mm/a
Calais（2006）	65	43	20.328±4.038 160.319±6.711 0.0205±0.00195	0.8	0.9
Wang（2001）	425	330	27.893±0.775 155.911±1.796 0.0377±0.00135	1.0	0.9
Yang（2008）	68	45	-2.533±17.777 172.354±19.645 0.0260±0.00098	1.1	1.5
Alexander（2010）	176	71	-36.322±12.738 165.833±21.139 -0.0127±0.00198	1.5	1.6

图 4-2-2 和图 4-2-3 将杨少敏等（2008）的速度场数据归化到王敏等（2005）结果的残差情况和合并后的速度场。统计结果表明，经过球面刚性旋转变换后，各套数据公共点的东向和北向速度分

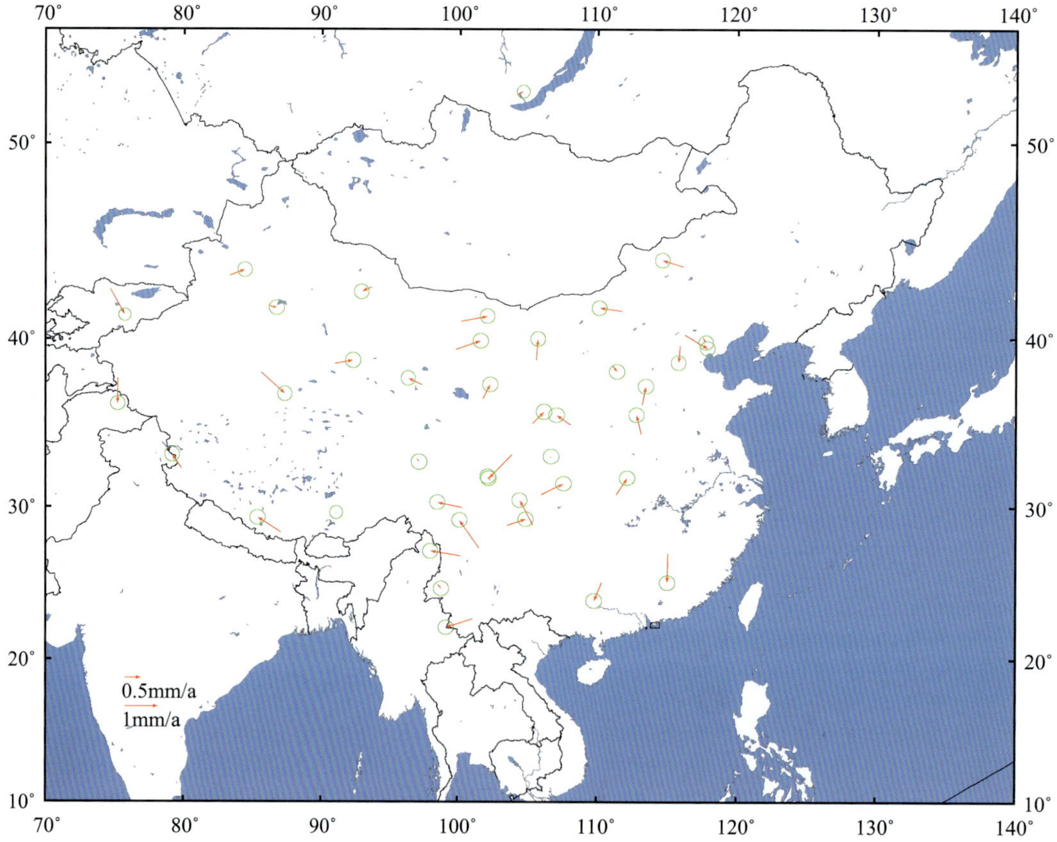

图 4-2-2　Calais 速度场归化至王敏（2005）数据参考框架下公共点残差

量的最大差值均在3.0 mm/a以内，小于相应速度分量的2倍中误差。图4-2-4是中亚大三角地震构造域7套GPS速度场合并后的最终速度场。这种速度场的合并方法，从数据处理的角度来讲可能严密性不足，但不会明显影响后续地壳形变的分析、研究。

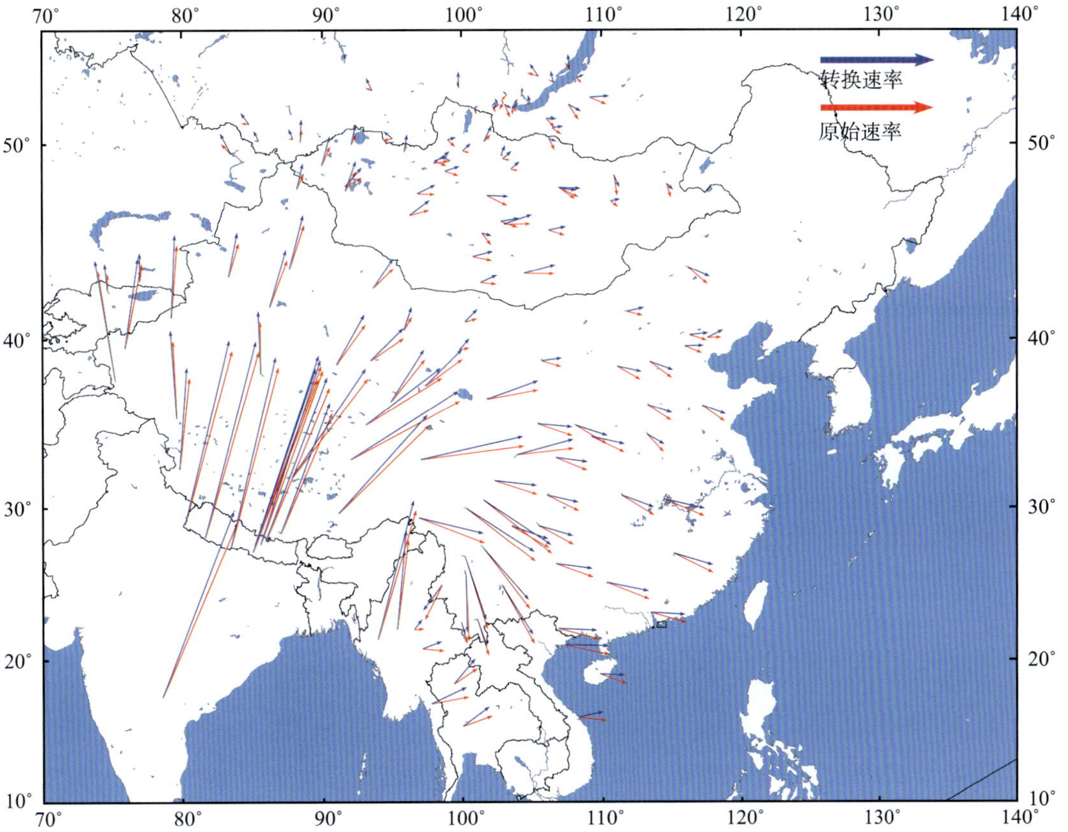

图4-2-3　Calais速度场归化至王敏（2005）数据参考框架下速度场

4.3　亚洲中部的地壳运动

4.3.1　GPS速度场

合并不同区域、不同研究者的7套GPS速度场资料，得到亚洲中部在相对于稳定欧亚参考框架下的水平运动速度场（图4-3-1）。结合活动构造背景，可以看到以下运动学特征：

（1）相对于稳定的欧亚板块，亚洲中部NE向水平地壳运动速率，从南部喜马拉雅地区的约40 mm/a向北逐渐变小，至北部贝加尔地区仅为3 mm/a，反映印度-欧亚板块边界影响的最远范围极限。

（2）青藏高原表现出了最强烈的水平向地壳差异运动。由于塔里木块体、阿拉善块体和鄂尔多斯块体的阻挡以及高原北部区域对南部区域阻挡，青藏高原在NE向强烈挤压缩短的同时，还有明显的向东的挤出逃逸。

（3）在青藏高原的东南部，由于“阿萨姆角”的NE向强烈插入，再加之华南块体在东部的阻挡，使该区域的地壳物质围绕喜马拉雅东构造结产生顺时针流滑式的挤出逃逸。

（4）由于塔里木块体的调节和转化作用，使亚洲中部的水平地壳运动呈现出从NNE到NE方向的扇状发散特征。在塔里木盆地内部，速率值变化不大，反映内部形变微弱。

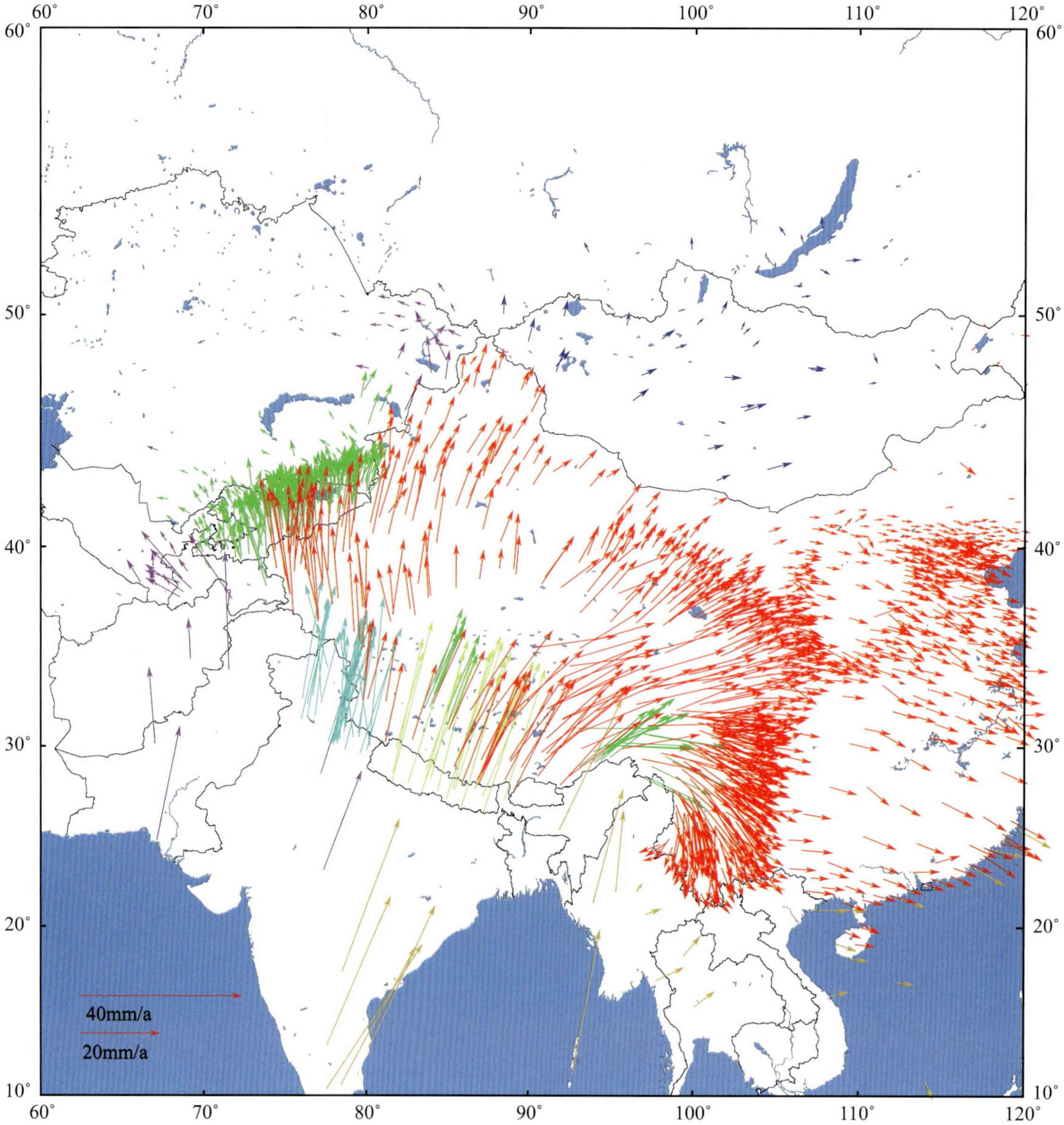

图 4-2-4　融合多源数据后的亚洲中部 GPS 速度场

红色为王敏等（2005）；蓝色为 Calais 等（2006）；绿色为杨少敏等（2008）；紫色为 Alexander（2010）；青蓝为 Paul（2002）；黄色为 Wang（2001）；黑紫色为 Banerjee（2001）；淡绿为加密观测

（5）从天山南侧到北侧，GPS 速率从 15～20 mm/a 迅速变小到 1～5 mm/a，显示强烈挤压变形。

（6）在蒙古中西部及贝加尔湖地区，站点的运动速率一般在 2～5 mm/a 之间，且运动方向无明显规律性，反映出该区域相对比较微弱的地壳变形。

（7）在帕米尔高原地区，根据有限 GPS 观测站点及其周缘的 GPS 观测数据，推测可能存在强烈的 NW 向挤压。

根据空间大地测量原理，GPS 站点在某一参考框架下的速度场，可分解为观测区域相对于参考框架的整体刚性运动（平移和旋转）和内部差异运动两部分。尝试将塔里木地块整体固定或通过球面欧拉旋转的方式消除塔里木地块的整体刚性运动。具体做法是：选取位于塔里木盆地内部的 18 个 GPS 站点，对其速度矢量场进行球面刚性块体旋转运动的最佳拟合，由此确定出描述塔里木块体整体刚性旋

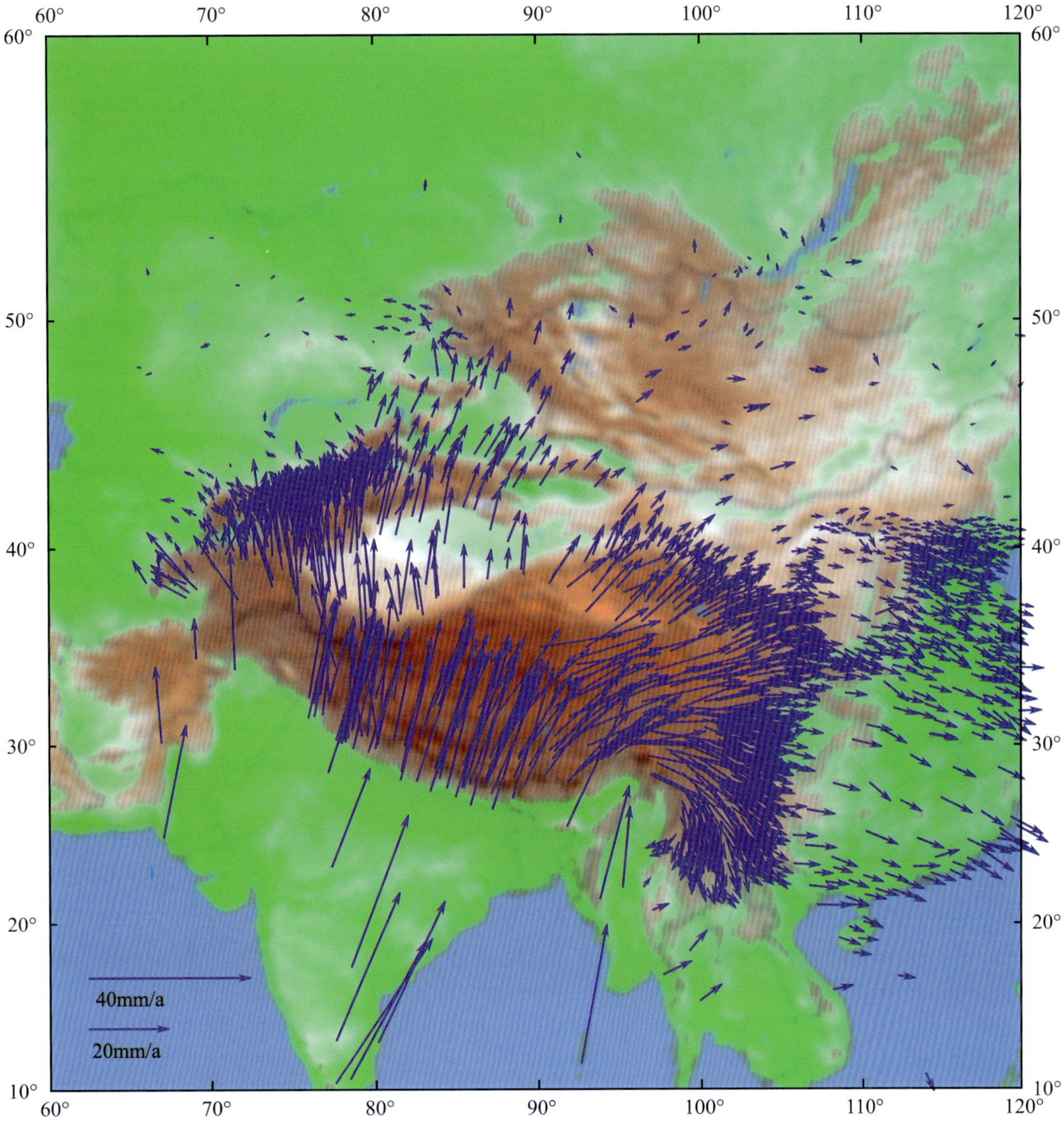

图4-3-1　亚洲中部地壳水平运动GPS速度场（相对稳定欧亚参考框架）

转的最佳欧拉矢量为（35.7417°N±0.6228°N，101.1650°E±2.4529°E，0.4900°±0.0662°/Ma）；将这一欧拉矢量从塔里木盆地内部及其周围的356个GPS站点的原速度矢量值中扣除，获得新的速度场图像（图4-3-2）。该速度场的物理含义是将塔里木地块进行了整体无自旋固定，即选取了一个特殊的"塔里木地块整体固定框架"，从而使周围的GPS速度矢量表现相对于塔里木地块的挤压、拉张和旋转。

由图4-3-2可以看出：

（1）当塔里木块体固定不动时，其内部的GPS站点速度矢量绝对值普遍很小，且方向变化很大，说明塔里木块体本身的形变非常微弱。是一个典型的大陆内部刚性块体。

（2）在塔里木盆地和青藏高原之间，具有明显的左旋剪切，挤压成分并不显著。这种左旋剪切与阿尔金断裂的左旋走滑运动一致。

（3）在塔里木盆地和准噶尔盆地之间，具有明显的挤压缩短兼微量的走滑运动特点，与北天山断裂带逆冲褶皱相对应。

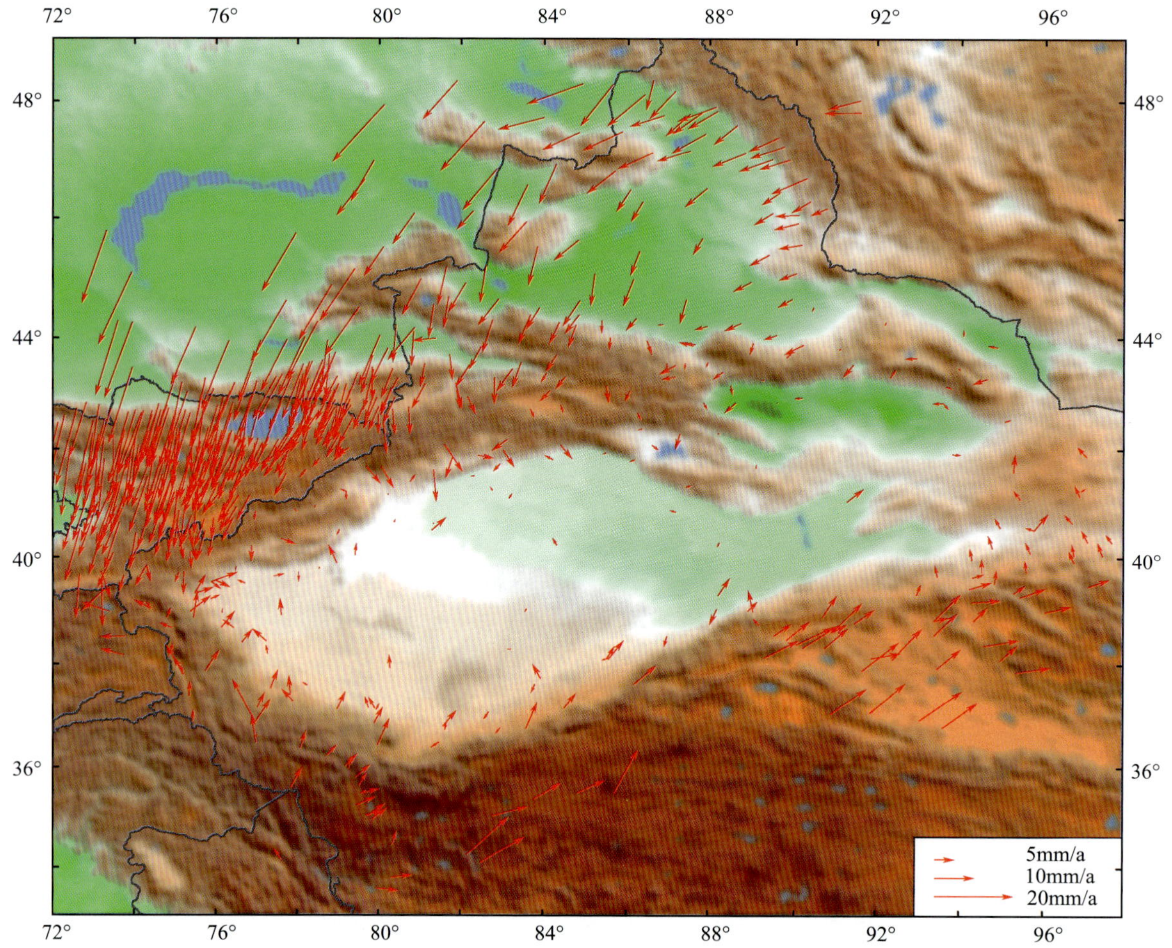

图 4-3-2　塔里木块体整体固定框架下的 GPS 水平速度场

NTF. 北天山褶皱逆冲断裂带；STF. 南天山褶皱逆冲带；KTF. 肯迪克-塔什断裂；TFF. 塔拉斯-费尔干纳断裂；KKF. 喀喇昆仑断裂；WKF. 西昆仑断裂带；ATF. 阿尔金断裂带；GYF. 甘孜-玉树断裂带；BNF. 班公-怒江断裂带；KJF. 喀喇昆仑-嘉黎断裂带

（4）在塔里木盆地和天山之间，是明显的右旋剪切和挤压缩短，相应的是南天山断裂带的逆冲褶皱和右旋走滑。

（5）青藏高原和天山之间被刚性塔里木盆地隔离，两个构造区域之间的相对运动是左旋兼挤压运动。

（6）帕米尔高原的喀喇昆仑地区的运动受塔里木盆地的阻挡，GPS 速度转为 NW 向，帕米尔与塔里木盆地的相对运动表现为喀喇昆仑断裂带的强烈右旋走滑运动，其相对运动量被喀喇昆仑断裂带所吸收。

4.3.2　GPS 应变率场

根据 GPS 速度场的计算应变率，有两大类方法：一类是采用 Delaunay 三角形方法；另一类是插值均匀网格法。

4.3.2.1　Delaunay 三角形方法及计算结果

Delaunay 三角形方法要求 GPS 站点的空间分布比较均匀。在计算过程中，采取了以下一系列措施，对计算结果进行了优化：

（1）剔除或合并相距很近的站点。有些站点可能由不同研究者基于不同研究目的先后在同一块区域建立且距离相距不远的站点，由于数值取位原因，造成两站在图上表现为同一位置，但速度结果有所不同。对于这种情况，若两站速度相差不大，取加权平均值作为其最终结果；若其中某站明显与其他来源资料给出的站点速度不同，则做删除。

（2）稀释过于密集的站点。由于收集的为不同来源的资料，不同研究者给出各自的研究区域资料有疏有密，如杨少敏等（2008）在天山地区站点相对密集，而在蒙古贝加尔地区则相对较稀疏等。稀释原则为按一定格网密度进行划分，如果某格网内所有站点速度值一致，则取该格网内所有站点的加权平均值，也可简单为删除取与格网点相距较近的站点。

（3）剔除过于尖锐的三角形。当测站构成的三角形的内角过于尖锐时，计算精度很低。除研究区域的边缘外，需要剔除相隔较近并且速度值相近的一个点，然后重新构建三角形，再与备选点构建的三角形进行对比，一般只需对比相邻的 6 个三角形，如果三角形网形不好则应保留拟删除点而删除备选点。

最终剔除了大约 100 个站点，保留 1647 个站点用于计算（图 4-3-3）。

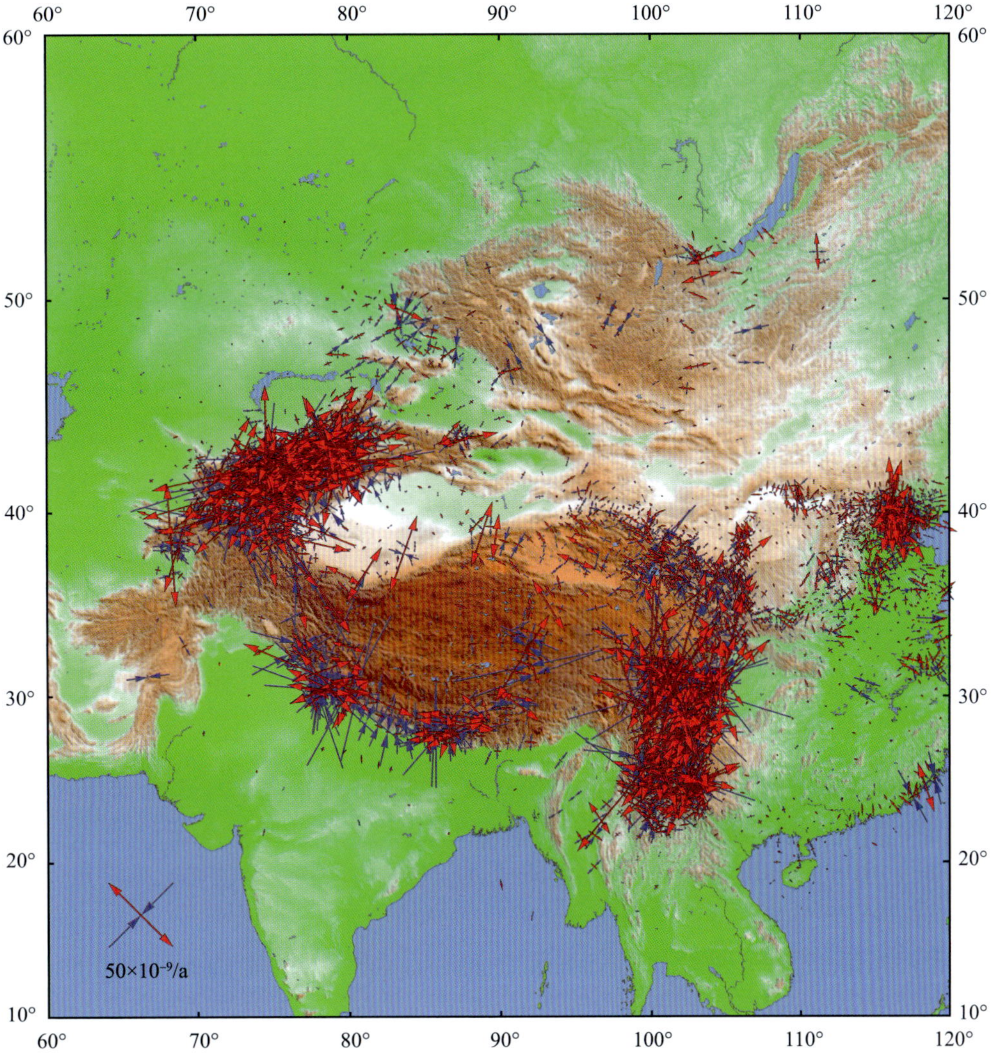

图 4-3-3　利用 Delaunay 方法计算的亚洲中部应变率场

4.3.2.2　插值均匀网格方法及计算结果

插值均匀网格法的原理是利用某种合理的插值算法，将空间上稀疏不均的 GPS 站点速度场，内插为均匀、规范的网格点速度场，并进而根据网格点速度计算一定网格范围的平均应变率。理论上，通过此方法可以获得空间上连续变化的应变率场。利用插值均匀网格法计算应变率，关键环节是选取合理的插值技术。常用的有反距离加权、Kriging 及张力样条函数内插方法。

内插效果优劣的具体标准是：假设拟内插的区域有 N 个已知的 GPS 站点速度，以循环计算的方式，每次去除其中的一点，用其余的 $N-1$ 个站点速度矢量，以某种内插方法来“推测”该点的速度值，并求出其实际观测值与内插“推测值”的加权残差平方，即：

$$P_{E_i}(V_{E_{obs}} - V_{E_{int}})_i^2 + P_{N_i}(V_{N_{obs}} - V_{N_{int}})_i^2 \tag{4-3-1}$$

式中，$V_{E_{obs}}$、$V_{N_{obs}}$、$V_{E_{int}}$、$V_{N_{int}}$ 分别表示实际观测的 E 向、N 向速度分量和内插推测的 E 向、N 向速度分量，P_E、P_N 分别为 $P_E=\frac{1}{S_E^2}$，$P_N=\frac{1}{S_N^2}$，S_E，S_N 分别为实际观测值的误差。

循环计算完毕后，可获得每种内插方法对 N 个已知站点推测值的残差平方之和，即：

$$\chi^2 = \sum_{i=1}^{N} P_{E_i}(V_{E_{obs}} - V_{E_{int}})_i^2 + P_{N_i}(V_{N_{obs}} - V_{N_{int}})_i^2 \tag{4-3-2}$$

显然，一种最适合本区域 GPS 速度场内插的方法，应该能够从总体上最佳地“推测”各已知点的速度值，即应该使 χ^2 最小。

基于上述的评判原则，分别采用上述三种内插方法对 GPS 速度场进行插值，其中用来对比的站点不进行先验赋值，也不参与计算。以外部符合精度（模型值与实测值的残差）作为精度评价指标。数据分别采用 Calais 等（2006）在蒙古–贝加尔地区站点及杨少敏（2008）天山部分站点。内插方法表 4–3–1 为不同速度场计算方法对比结果。

表 4–3–1　不同速度场计算方法精度对比结果

方法	密集区域		稀疏区域	
	V_E	V_N	V_E	V_N
IDW	1.9	2.0	2.0	1.7
Kriging	2.1	1.9	1.9	1.8
Spline	2.1	2.0	1.6	1.9

从表 4–3–1 可以看出，对于密集区域，IDW 方法东向外符精度最高，样条函数与 Kriging 较差，总体上来说三种方法区别不大；而稀疏区域内，样条函数东向外符精度最高，但北向误差最大。对于本文研究区域，有相对较多的地方处于空白区，为此本文采用 Spline 方法（τ=0.95）进行内插。对亚洲中部非均匀分布的 GPS 速度场进行 0.5°×0.5°的均匀网格化内插（图 4–3–4）。然后根据每个 1°×1°网格边界及内部的 9 个内插速度矢量，计算出相应 1°×1°网格内的均匀应变率。这种基于 9 个加密网格点的单元区域均匀应变率计算，既能控制应变计算单元网格的密度，又能较充分地反映那些高密度观测区实际观测结果对应变计算的贡献。

图 4–3–4 是由 GPS 速度场插值均匀网格所确定的亚洲中部的现今地壳应变率场。从图中可以看出：

在亚洲中部存在明显几个变形区域：川滇地区、青藏高原地区、天山地区、海原地区及贝加尔湖地区。其中川滇为强烈的剪切变形，天山与青藏高原地区为挤压变形，贝加尔湖地区为拉张变形区域。

整个喜马拉雅弧形地块，在沿印度板块与欧亚板块会聚的方向上承受着强烈的挤压缩短，典型的压缩应变率为 30～60×10^{-9}/a，局部量值高达 80～90×10^{-9}/a。其中，喜马拉雅地块西部挤压应变比东部更强烈。同时，在大致垂直于板块会聚的方向上，喜马拉雅地块还承受着轻微的横向拉张。

从整个亚洲中部看，有些区域站点非常密集，因此可以利用密集的站点进一步放大该区域，从而得到区域的更精细的应变特征。图 4–3–5 分别为天山、川滇地区的精细应变场图像。

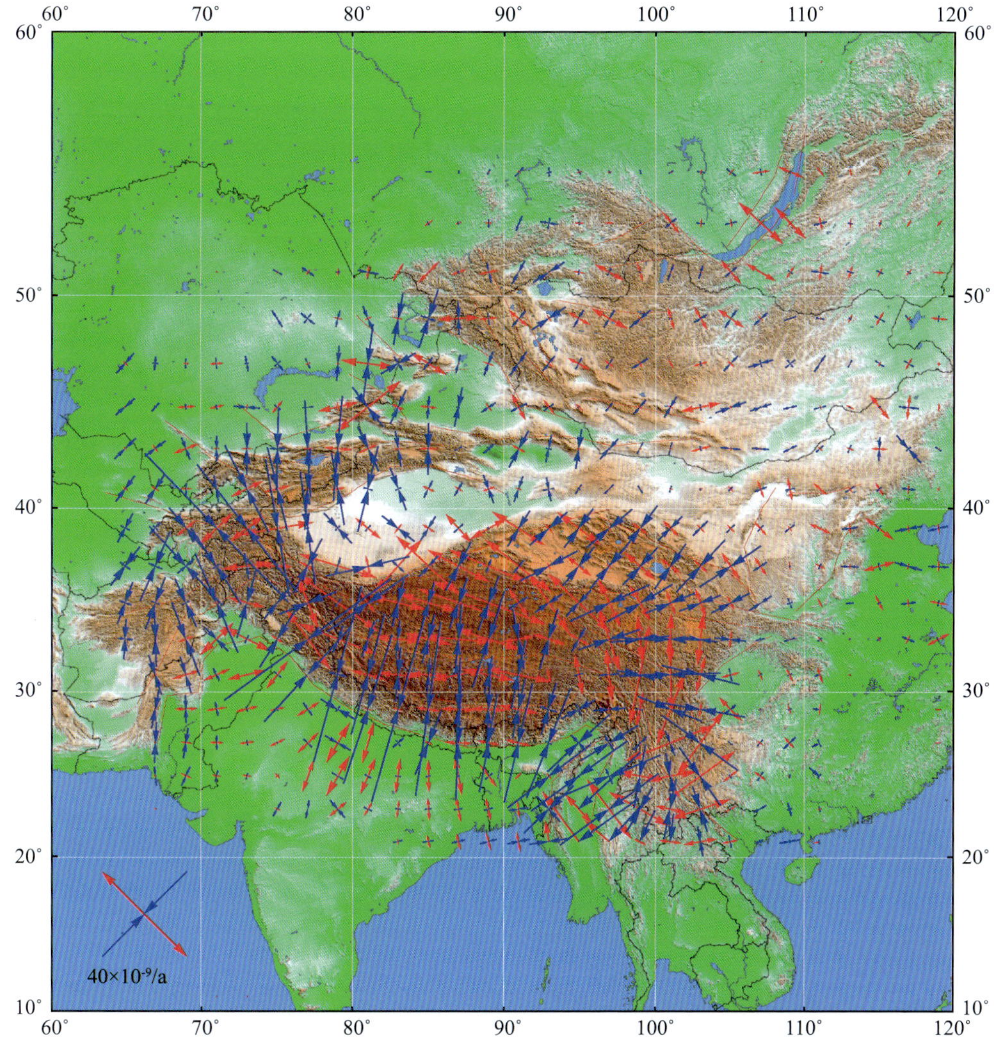

图 4-3-4　利用 Spline（τ=0.95）方法计算得到的亚洲中部现今应变率场

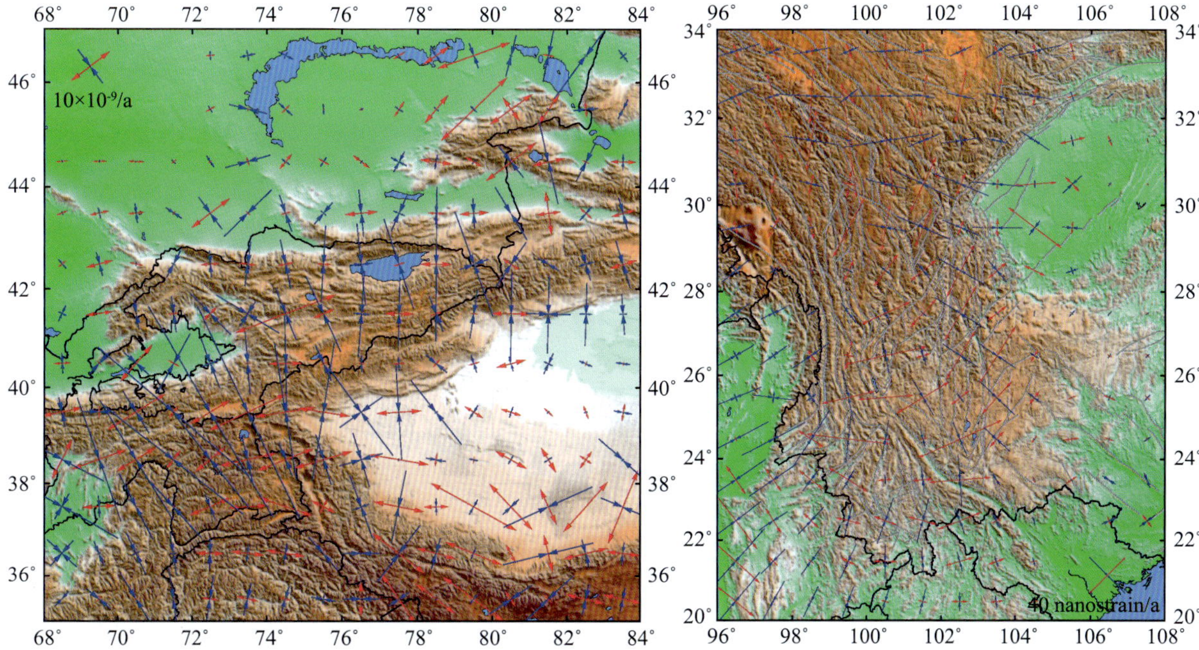

（a）天山地区应变率场　（b）川滇地区应变场

图 4-3-5　地壳应变率分布

在拉萨地块沿印度板块与欧亚板块会聚的方向上，挤压缩短的典型应变率明显地减小为（20～30）$\times10^{-9}$/a。但是，在该地块的中部，横向拉伸应变率变得非常明显，典型量值为（20～30）$\times10^{-9}$/a，局部高达（40～60）$\times10^{-9}$/a。这种明显拉张应变与该地区广泛发育的SN向正断层是相一致的。

在羌塘地块的中西部，典型的应变是近SN向的挤压和EW向的拉伸，量值在（15～25）$\times10^{-9}$/a。而在青藏高原的东部，应变场表现出明显的近SN向拉伸，典型量值为（20～30）$\times10^{-9}$/a。而在昆仑地块东边的四川盆地及其以北区域，并无显著的应变，典型的量值在10×10^{-9}/a以下。

整个昆仑地块和柴达木地块的应变状况比较均匀，主要表现为NE-SW向挤压和NW-SE向拉伸，挤压应变的典型量值为（15～25）$\times10^{-9}$/a，拉张应变的典型量值为（10～15）$\times10^{-9}$/a。青藏高原东南角的川滇地区，应变强烈且方向变化较复杂，不过，大致EW向的扩散拉张和SN向的挤出式压缩特征非常清晰。

天山地区主要为天山SN向挤压缩短变形为主，挤压缩短呈现非均匀分布特征。挤压的最大量值为30×10^{-9}/a；贝加尔地区整体上处于NW-SE向的拉张状态，拉张的最大量值为40×10^{-9}/a，在东部地区存在少量NNW向和NNE向的压缩状态，压缩的最大量值为10×10^{-9}/a，面膨胀应变的结果表明贝加尔地区整体呈拉伸变形。

4.4　地壳块体划分

地质学研究认为，大陆是拼合构造，是许多不同级别块体和构造带的组合（张培震等，2003）。根据地质变形和地震活动性等，地壳块体分为刚性（或准刚性、不活动）块体和变形（活动）块体（图4-4-1）。本文由GPS数据所得到的速度场和应变场，对亚洲中部地壳构造做了块体识别与划分。

4.4.1　刚性块体

在中亚地区，鄂尔多斯地块是一个典型的刚性块体。首先以其为样板，分析其GPS速度场和地壳应变率，在此基础上，以类比的方法，判定和划分其他可能存在的刚性块体。

图4-4-2是鄂尔多斯及其周缘在稳定欧亚参考框架下GPS速度场。首先可以直观地看出，在鄂尔多斯内部的所有GPS速度矢量具有较好的一致性，反映出块体相对于欧亚参考系的整体运动以及很小的内部变性，因此可认为是刚性块体。为确定它的边界，首先以直观和经验的方式，选取刚性块体上的所有n个GPS站点，以识图和数值对比，剔除明显与周围站点不协调的异常站点，然后采用Shen（2005）类似方法检测并逐步剔除不属于准刚性形变区域的站点：

（1）利用所有可能的正常站点通过最小二乘回归计算块体的欧拉旋转矢量，并计算验后残差χ_n^2。

（2）去除验后残差最大的站点，再利用剩余的站点重新计算块体的欧拉旋转矢量，再次计算验后残差χ_{n-1}^2。

（3）利用F统计检验方法估计粗差的显著性水平，F检验统计量为：

$$F=F(\chi_n^2,\ 2n-3;\ \chi_{n-1}^2,\ 2n-5)=\frac{\chi_n^2}{2n-3}\Big/\frac{\chi_{n-1}^2}{2n-5} \qquad (4-4-1)$$

未通过F检验给定的置信水平（如90%）站点将剔除，再回到第一步，直到F检验小于给定的置信水平。

通过剔除一些站点后，得到鄂尔多斯刚性块体内部站点的GPS速度场。利用这些站点的速度场确定出最终的欧拉旋转矢量，并用其去除鄂尔多斯内部及其周边所有GPS站点的刚性旋转运动后，残差速度矢量显示出鄂尔多斯内部很小的差异运动，同时也显示了准刚性块体的边界（图4-4-3）。根据块体内部所有正常的GPS站点速度矢量，计算出块体的平均应变率和整体刚性运动参数。计算结果表

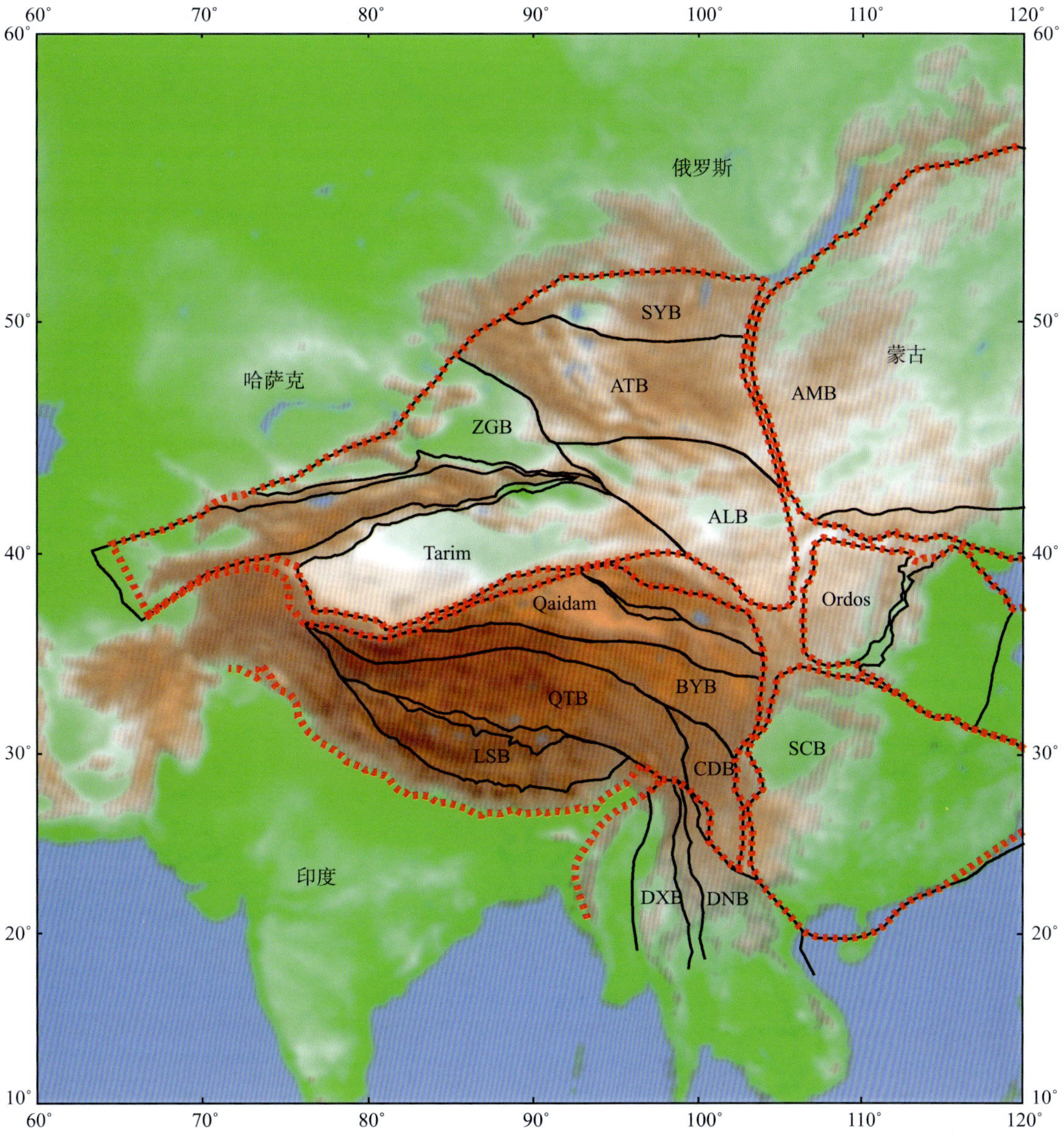

图 4-4-1 亚洲中部地壳块体划分（张培震等，2003）

SYB. 萨彦块体；ATB. 阿尔泰块体；AMB. 阿穆尔块体；ZGB. 准噶尔块体；ALB. 阿拉善块体；TSB. 天山块体；Tarim. 塔里木块体；QLB. 祁连块体；Ordos. 鄂尔多斯块体；Qaidam. 柴达木块体；BYB. 巴颜喀拉块体；QTB. 羌塘块体；LSB. 拉萨块体；CDB. 川滇块体；DXB. 滇西块体；DNB. 滇南块体

明，鄂尔多斯块体的主应变率分别为（1.61±0.9）$\times10^{-9}$/a，（0.09±0.58）$\times10^{-9}$/a。考虑其他地区的刚性块体的应变率量值，如四川盆地（1.70±4.2）$\times10^{-9}$/a，（-2.84±2.4）$\times10^{-9}$/a（Shen 等，2009），北美中东部稳定块体（0～2）$\times10^{-9}$/a，（0.3～4.7）$\times10^{-9}$/a（Gan，2001），将刚性块体的应变率典型量值定为小于 4×10^{-9}/a。

基于上述方法和应变率量值标准，在亚洲中部划分出西塔里木、东塔里木、阿拉善、阿穆尔等 4 个刚性块体（图 4-4-4）。

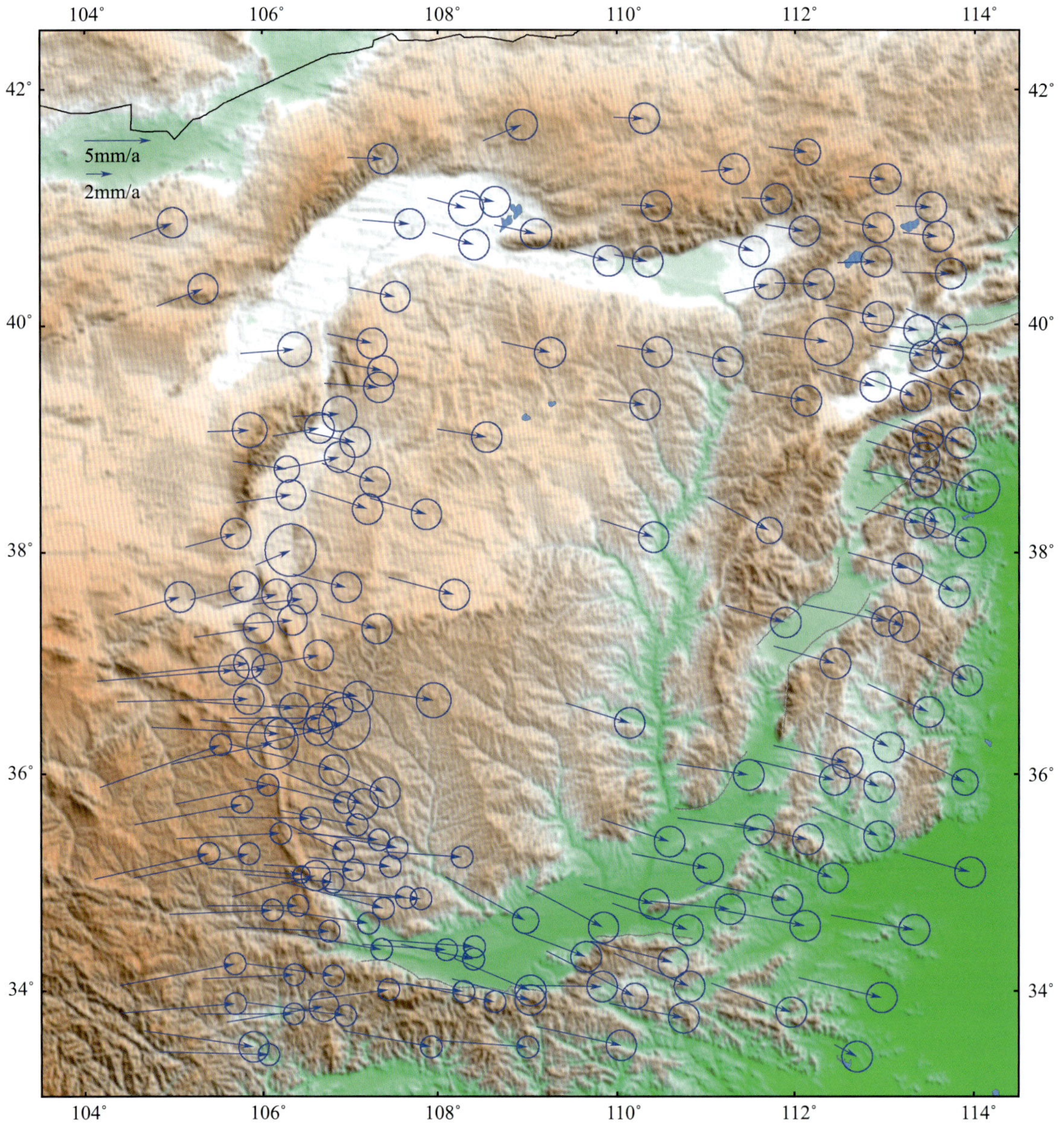

图 4-4-2　鄂尔多斯块体相对于稳定欧亚框架下的 GPS 速度场

4.4.2　变形块体

除上述刚性块体外，根据应变率计算结果（表 4-4-1）划分出了一系列不同类型的变形块体：纯拉张变形块体、纯挤压变形块体、拉张为主变形块体、挤压为主变形块体（图 4-4-4）。其中，拉萨块体与天山块体表现为强列的挤压特征，是以挤压为主的变形块体；羌塘块体 SN 方向量值为 $15\times10^{-9}/a$，东西方向微量拉张，量值约为 $2\times10^{-9}/a$，表现纯拉张特征；巴颜喀拉块体、川滇块体以及滇南块体，拉张与挤压的量值相差不大，表现为剪切变形。

同时计算了各个活动块体的相对欧亚板块的运动，运动图像如图 4-4-4 所示。总体结果与以往 GPS 研究结果有较好的一致性。

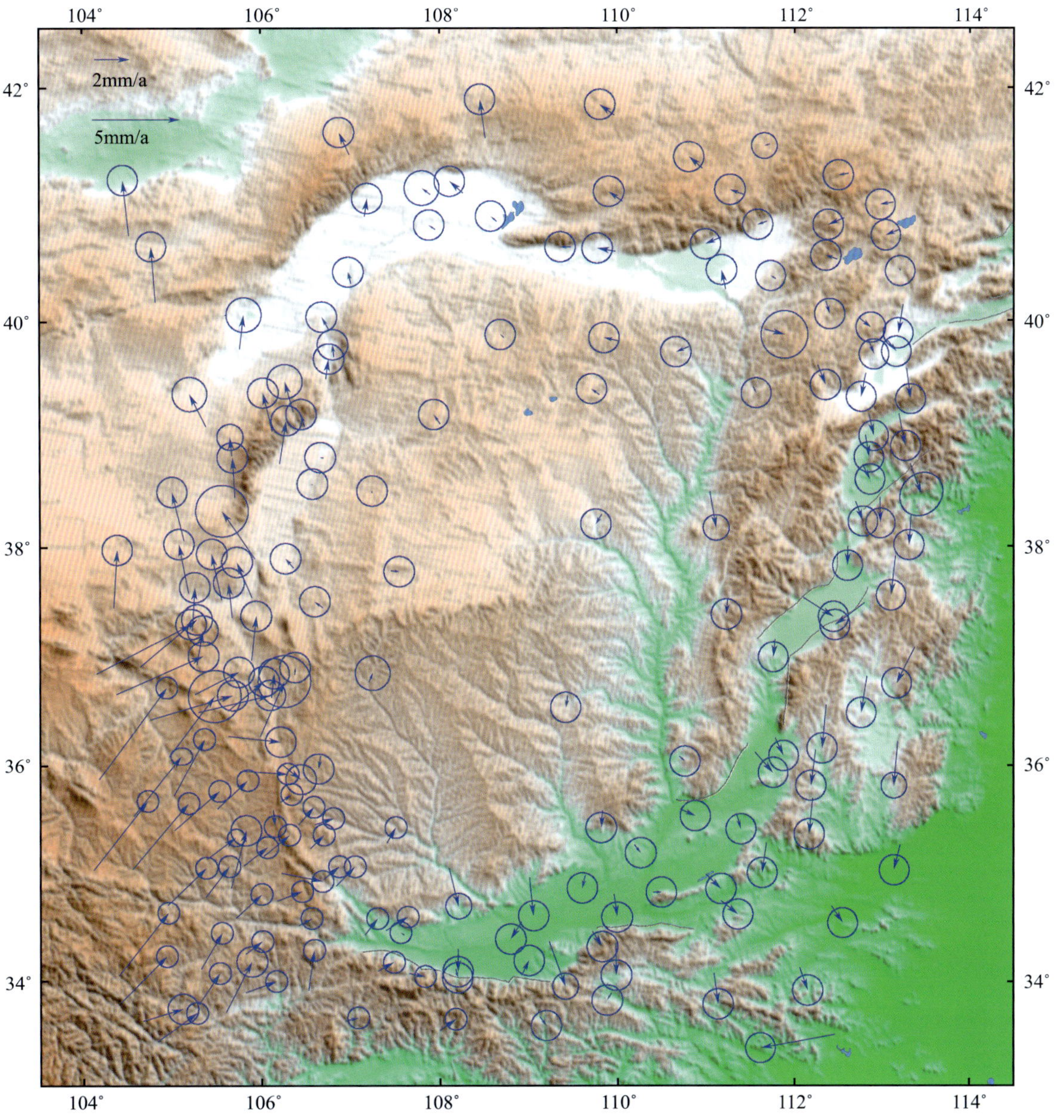

图 4-4-3　消除整体刚体运动后的鄂尔多斯块体及周边速度场

表 4-4-1　块体主应变率（单位：10^{-9}/a）

块体	东经（°）	北纬（°）	T11	dT11	T22	dT22
ALAS	101.681	41.815	2.53	0.52	-0.86	0.95
AMUR	112.168	48.405	2.21	1.04	-1.66	0.90
BAYN	99.793	33.380	27.31	2.97	-22.06	1.72
CHDN	101.733	28.159	11.47	1.72	-13.10	1.54
DNAN	99.788	24.386	18.80	2.36	-16.81	1.41
ETRM	92.317	41.847	-1.33	1.23	-7.00	1.75
LASA	85.421	30.190	7.82	1.69	-54.52	2.88
ODOS	109.277	37.679	2.45	0.89	-1.92	0.63

续表

块体	东经（°）	北纬（°）	T11	dT11	T22	dT22
QTNG	94. 727	31. 871	15. 26	5. 11	2. 86	2. 39
QLAN	99. 677	37. 281	5. 52	0. 52	-10. 82	1. 10
SYAN	96. 385	49. 060	5. 80	0. 83	-4. 44	0. 57
HNAN	107. 446	27. 817	0. 86	0. 73	-0. 67	0. 89
TIEN	76. 416	41. 597	7. 67	0. 70	-45. 65	1. 28
WTRM	82. 245	39. 400	4. 76	3. 09	-1. 82	2. 04
JUNG	85. 134	44. 987	1. 60	1. 11	-8. 06	1. 37

T11：拉张应度；dT11：T11 的中误差；T22：挤压应变；dT22：T22 的中误差；块体名称：ALAS 阿拉善，AMUR. 阿棉尔，BAYN 巴颜喀拉，CHDN 川滇，DNAN 滇南，ETRM 东塔里木，LASA 拉萨，ODOS 鄂尔多斯，QTNG 羌塘，QLAN 祁连，SYAN 萨彦，HNAN 华南，TIEN 天山，WTRM 西塔里木，JUNG 准噶尔。

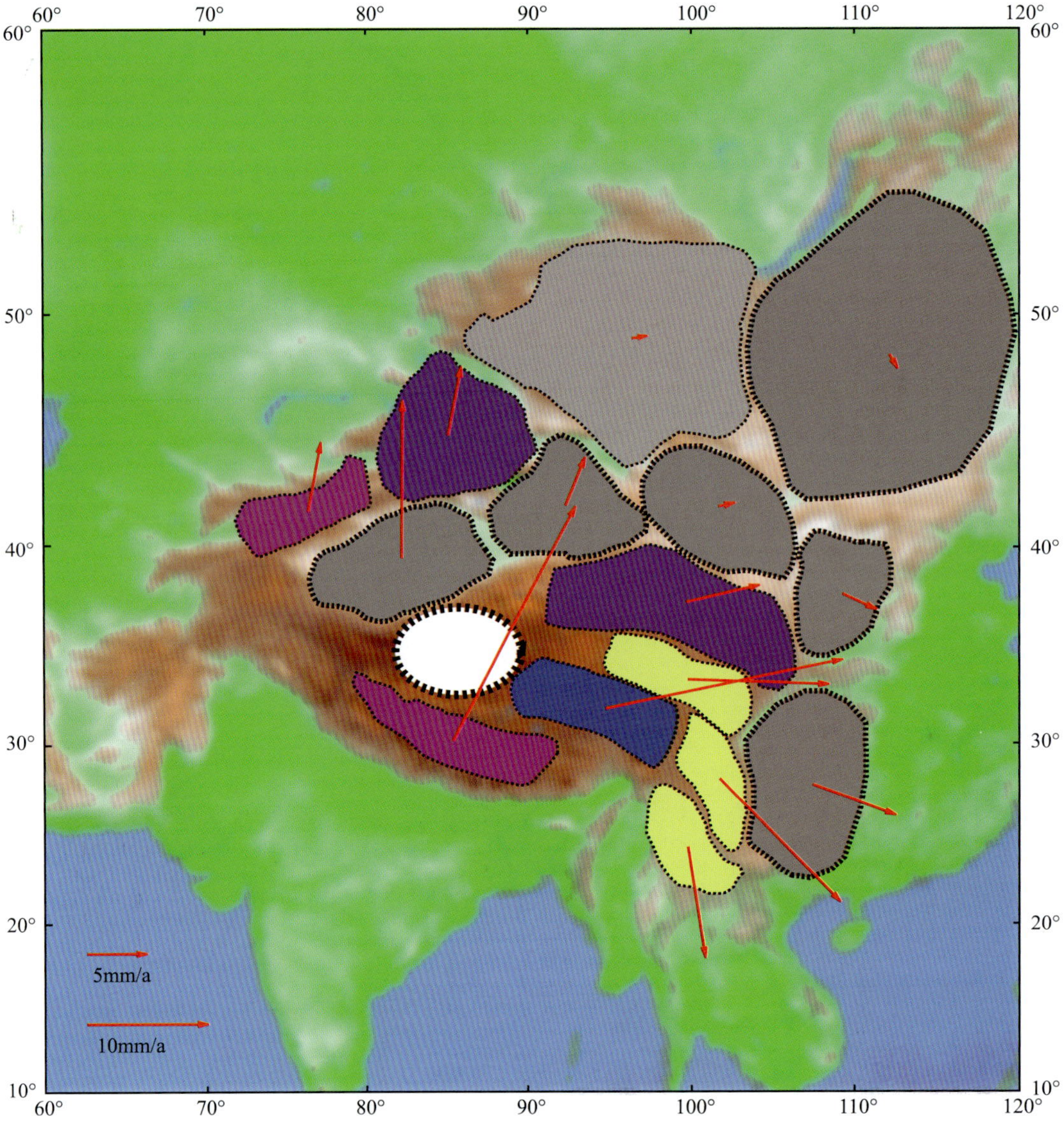

图 4-4-4　亚洲中部构造块体划分及其相对稳定欧亚框架 GPS 速度

块体名称见表 4-4-1

4.5　亚洲中部地壳形变的解释

自板块学说问世以来，能否将其应用于大陆内部形变模式的描述就一直存在着激烈的争论。一派学说认为，大陆内部的地壳构造变形可用刚性块体的相对运动模型进行描述，变形集中在块体边界（断层带）上（Avouac and Tapponnier，1993）。而另一派则认为，大陆内部地壳变形是分布性的，可用连续介质模型描述（Bird and Piper，1981；England and Molnar，1996；Holt et al.，1995，2000）。例如，关于青藏高原有两种最具代表模式：一种是以块体逃逸为特征的“平面应力模型”，将印度板块向青藏高原的挤压简化为平面刚塑性问题，变形表现为断层分割的刚性块体之间的相互作用，构造变形集中发生在一系列走滑断裂上，由此造成大陆地壳块体向逃逸，而高原地壳的缩短、增厚是次要的（Tapponnier et al.，1982；Peltzer and Tapponnier，1988；Avouac and Tapponnier，1993）。另一种是以地壳增厚为特征的“平面应变模型”，认为大陆碰撞所引起的地壳变形主要是通过广泛分布于大陆内部的逆断层作用和地壳增厚来调节，而走滑断层的作用是有限的。地壳变形在深部是塑性岩石圈介质的连续应变，地表的非连续变形仅反映了上地壳的脆性特征（Dewey and Burke，1973；England and Houseman，1986）。近年来随着 GPS 地壳形变观测资料的迅速积累，为验证上述模型提供了重要的定量约束。例如 Wang 等（2001）基于纵跨青藏高原的 GPS 剖面，认为青藏高原的现今形变以 SN 向均匀缩短为主，地壳增厚吸收了印度板块北向挤压的绝大部分；Zhang 等（2004）基于青藏高原及周边 500 多个 GPS 站点的速度矢量，指出至少在 100 km 的尺度上，青藏高原的地壳形变能可以用连续模型最佳拟合，在青藏高原东北部，地壳的缩短增厚广泛分布，并未集中在一些主要断裂附近，因此，倾向支持地壳增厚和连续变形模式。Shen 等（2001）通过分析跨越青藏高原北缘阿尔金断裂带的 GPS 资料，认为断裂两侧的塔里木盆地和柴达木盆地均呈块体运动。这样，在青藏高原的北缘，块体非连续形变模型更合理。在青藏高原东南部，Shen 等（2005）通过将密集的 GPS 观测结果与各种模型预测结果相比较，倾向于支持上地壳强硬破碎、下地壳软弱连续的力学模型。Thatcher（2007）将青藏高原划分成用 11 个“准刚性”块体，认为青藏高原 349 个 GPS 站点的速度场特征，能够被这些块体的刚性运动和块体间合理的断层运动简明地解释，因而倾向对块体非连续形变模式支持。然而，我们知道，Thatcher（2007）所划分的“块体”，完全不同于 Topponnier 所定义的块体，因为传统的块体模型要求必须用很少的块体和块体间大型走滑断层来解释青藏高原的主要形变，而不是一系列的小块体。因为即便是岩石圈塑性连续变形模式，亦认可地球表层“薄壳”的脆性非连续破碎，所以，当块体划分的尺度缩小到一定程度时，无法根据其非连续形变特征判定下部岩石圈介质变形的是否连续。Gan 等（2007）基于青藏高原内部及周边的 720 多个 GPS 站点的速度矢量，对更大范围的地壳形变特征进行了研究。他们首先通过去除青藏高原相对于稳定欧亚框架的整体刚性运动，使高原内部各构造区域和活动断裂的水平差异运动得以最大限度的突出，由此揭示出青藏高原内部最显著的地壳形变表现为一条以玛尼-玉树-鲜水河断裂为界、绕喜马拉雅东构造结顺时针旋转的“冰川式”流滑带。这一流滑带的前缘速度场在高原东南角所呈现的扇状发散特征，似乎表明青藏高原南部的地壳形变，可能起因于高塑性物质在挤压和重力共同作用下的连续侧向逃逸。而在玛尼-玉树-鲜水河断裂以北的区域，地壳差异运动直观上似乎表现为一系列活动断裂所分割的弹性地块间的错动和挤压。特别是在青藏高原东北部，他们采用半无限弹性体三维深断裂位错模型（Okada，1985），用一系列主要活动断裂在 20 km 闭锁层之下的合理的走滑和倾滑位错速率，在整体上很好地拟合了本区域密集的 GPS 速度场(图 4-5-1)，因此认为，至少在青藏高原东北部区域，其地壳形变方式符合非连续块体运动模式。

由上可知，关于青藏高原以及整个中亚地区的地壳形变方式，传统的两种极端模式能够很好地解释一部分现象，但又都不能完全解释。因此，实际的大陆内部构造变形方式，应该是多种形变模式的混合，只是在不同的区域，有不同的主导模式。下面将初步尝试综合采用非连续形变的半无限弹性空间深断裂位错模型、刚性块体旋转模型和弹性块体应变与旋转模型解释亚洲中部的 GPS 地壳运动场特征。

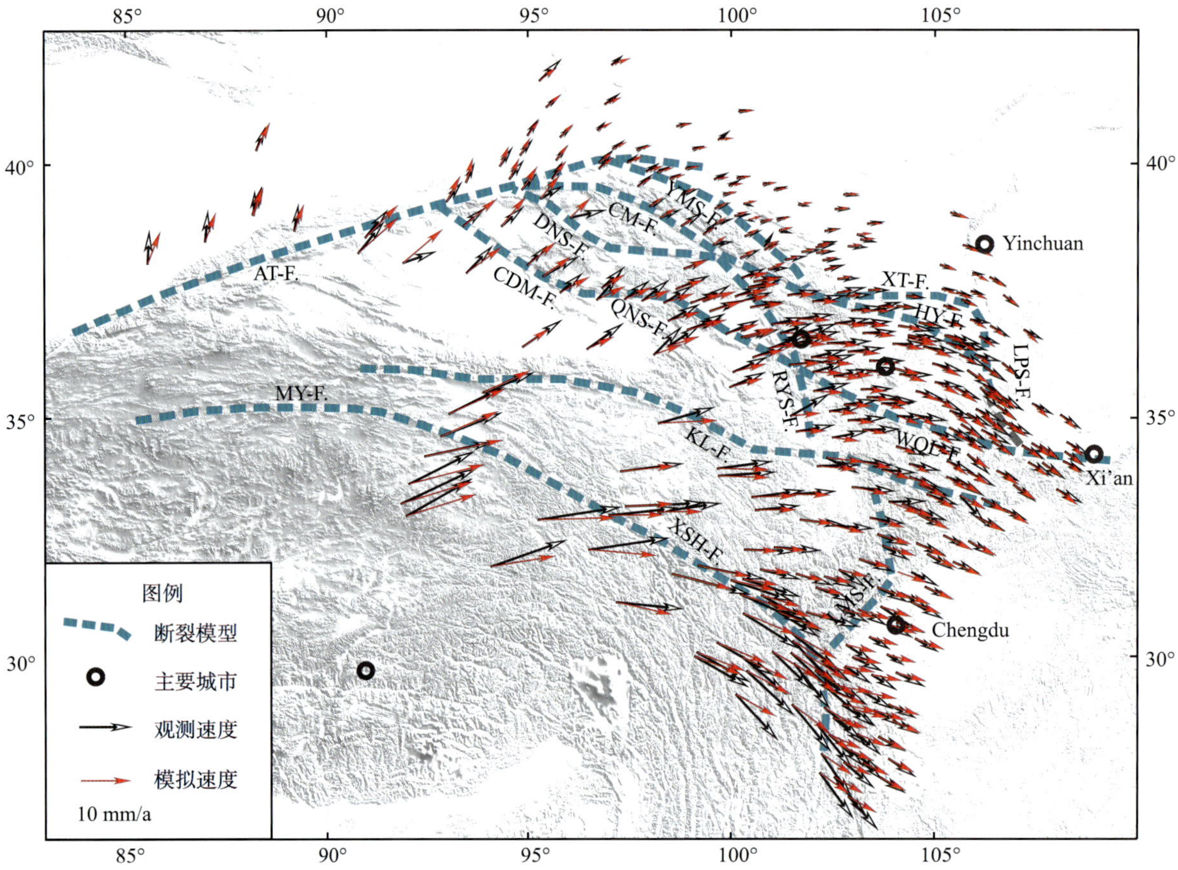

图 4-5-1　基于半无限弹性深断裂位错模型拟合的青藏高原东北部 GPS 速度场（Gan et al.，2007）

4.5.1　半无限弹性空间的深断裂位错模型

根据活动构造研究，建立断裂在半无限空间的三维几何模型（包括断裂带的空间位置、分段方式、各段的倾向、倾角和闭锁深度），并赋予必要的运动方式先验信息（包括各断层段的走滑和倾滑速率先验值及其可靠性程度以及相邻断层段的运动方式关联状况）。然后参照 Gan 等（2007）的方法，以中亚大三角地震构造域的 1233 个 GPS 速度矢量为约束，通过在合理的范围内约束调整各断层段运动速率的先验值，用半无限弹性空间的深断裂位错模型最佳拟合了 GPS 速度场（图 4-5-2），并反演获得了所有断裂段的运动速率（表 4-5-1）。

表 4-5-1　亚洲中部主要断裂带的分段模型、滑动速率先验值和位错模型反演结果

断裂名称	分段*	倾向	倾角（°）	闭锁深度（km）	先验滑动速率（mm/a）		模型反演速率（mm/a）	
					走滑	倾滑	走滑	倾滑
喜马拉雅碰撞带	3	N	70	12	～16	-	-15.3±2.3	12.0±1.7
喀喇昆仑-嘉黎断裂带	3	N	80	12	8～11	-	6.8±1.9	11.5±2.0

续表

断裂名称	分段*	倾向	倾角（°）	闭锁深度（km）	先验滑动速率（mm/a）		模型反演速率（mm/a）	
					走滑	倾滑	走滑	倾滑
玛尼－玉树－鲜水河断裂带	3	S	80	12	-7～-14	-	-12.6±1.2	-
东昆仑断裂带	4	S	80	12	-10～-13	-	-9.2±2.0	-
阿尔金断裂带	2	S	80	12	-17.5～-30	-	-8.7±0.8	-
祁连山-海原断裂带	1	W	80	12	-5～-9	-	-4.7±1.3	-
龙门山断裂带	1	NE	70	12	1～3	1～3	2.3±0.6	2.8±0.7
南天山褶皱逆冲断裂带	1	N	60	12	-	～4	10.5±0.9	10.5±0.9
北天山山前褶皱逆冲断裂带	2	S	60	12	-	～4	2.6±0.7	7.0±1.0
Bolnay 断裂带	1	NE	80	12	-0.86～2.5	-	-8.4±1.7	-
阿尔泰断裂带	1	N	80	12	2～6	-	2.8±1.3	-
戈壁-阿尔泰断裂带	1	N	80	12	～1	-	1.2±0.5	-
班公-怒江断裂带	3	N	70	12	-	～7	0.7±1.9	10.9±2.0

*：含长度信息。

本文反演得到的断裂带滑动速率值要普遍高于前人的结果，主要原因是研究区内有很多活动断裂带，这里所模型化的几条主干断裂带，只代表着一系列平行断裂，其运动速率是一个总体平均结果，不能完全与某个具体断裂的结果相比较。以阿尔金断裂为例，本文利用模型反演得到走滑速率（8.7±0.8）mm/a，而地质与大地测量结果都表明阿尔金断裂带在不同区段的走滑速率存在明显的分段特征，各有不同的滑动速率（Shen et al.，2001）。

从图 4-5-2 看，亚洲中部的地壳形变特征，包括天山地区的地壳挤压缩短、青藏高原的东向逃逸和围绕喜马拉雅东构造节的顺时针旋转等，能够在很大程度上用一系列大断裂在闭锁层之下的长期位错所解释。即非连续块体形变模式，在大陆内部的构造变形中，扮演着主要的角色。但另一方面，从拟合残差结果（图 4-5-2）看，在青藏高原南部、天山造山带、塔里木盆地等地区，强烈的挤压缩短和明显的块体旋转不能用这一模型解释。因此，还需引入其他形变模型。

4.5.2　刚性块体旋转模型

刚体运动可分解为刚体的平移和旋转，从拟合残差图中可以看到在塔里木盆地存在一个较为明显的旋转残差，这说明断裂位错模型较好地解释了塔里木盆地整体的平移运动，但没有解释塔里木盆地本身的旋转。因此，挑选出位于塔里木盆地的 GPS 站拟合速度值，求解其欧拉极和旋转角速度，结果表明，塔里木盆地围绕欧拉极（35.992°，83.8794°）以-0.44°± 0.08°/Ma 进行旋转。

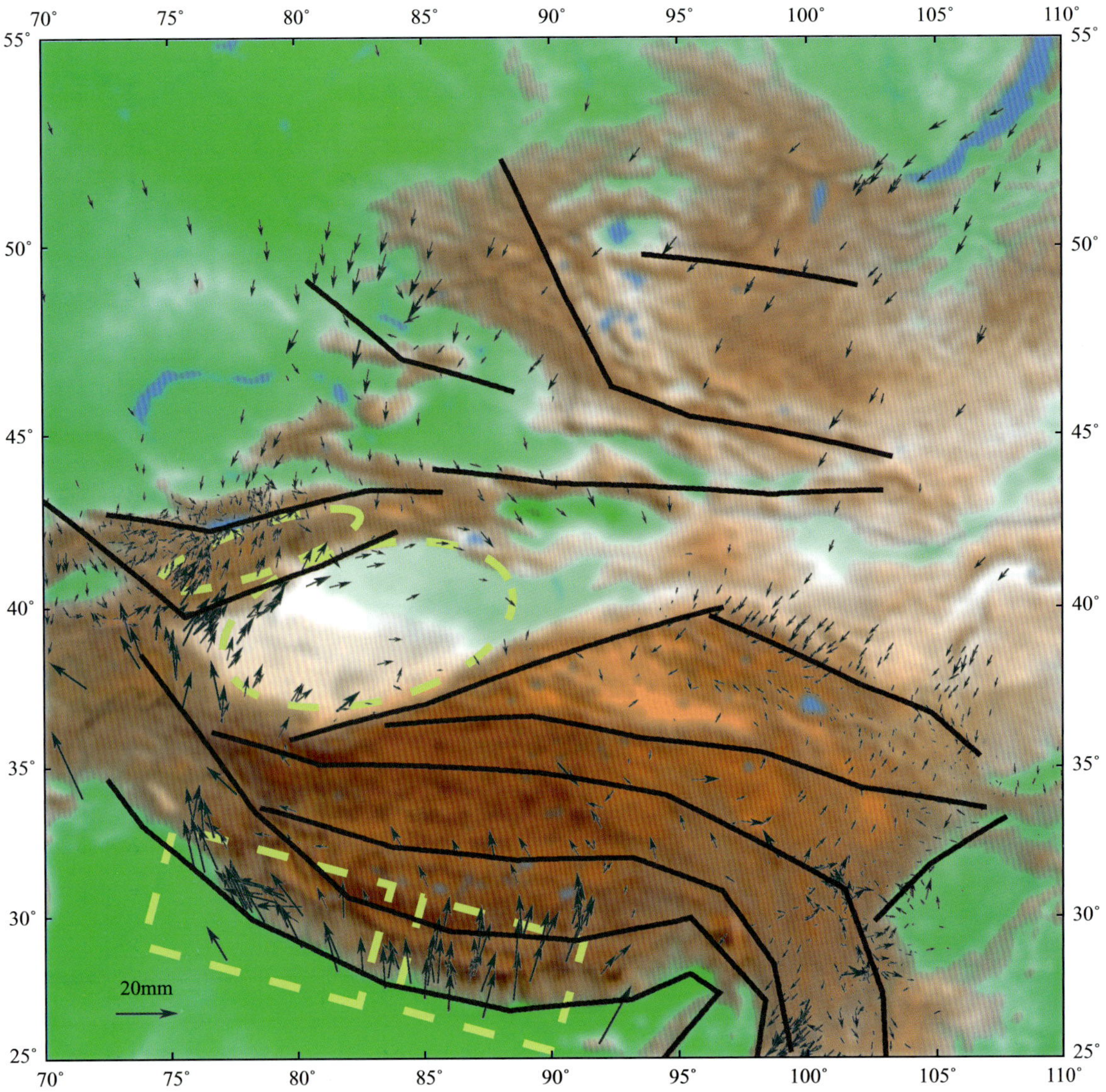

图 4-5-2　深断裂位错模型拟合残差（与观测的比较）

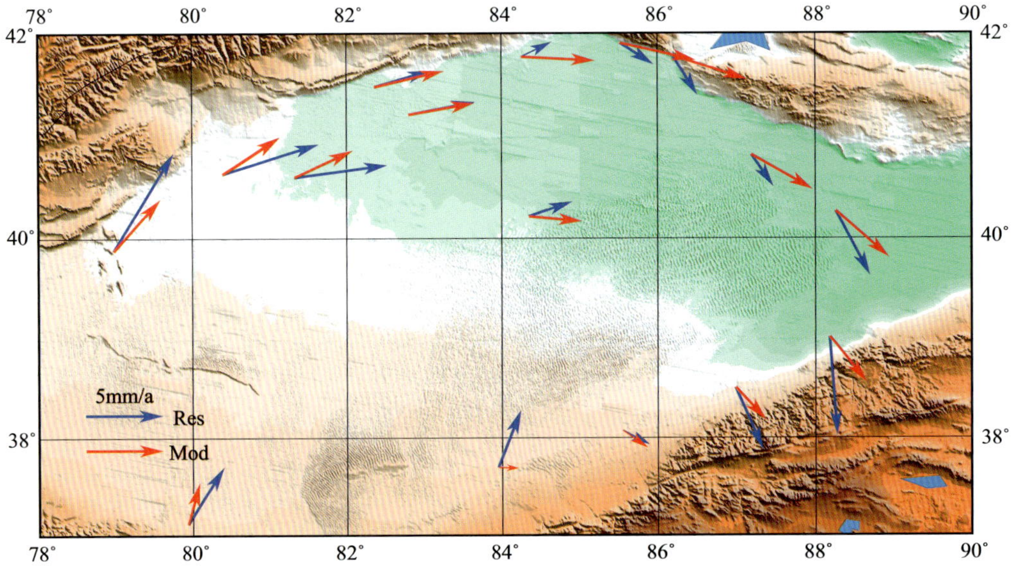

图 4-5-3　塔里木盆地的模拟（红色）与 GPS 观测（蓝色）地壳运动速度

图 4-5-4 为塔里木盆地去除整体刚性旋转后的模型拟合残差与原残差结果的比较。

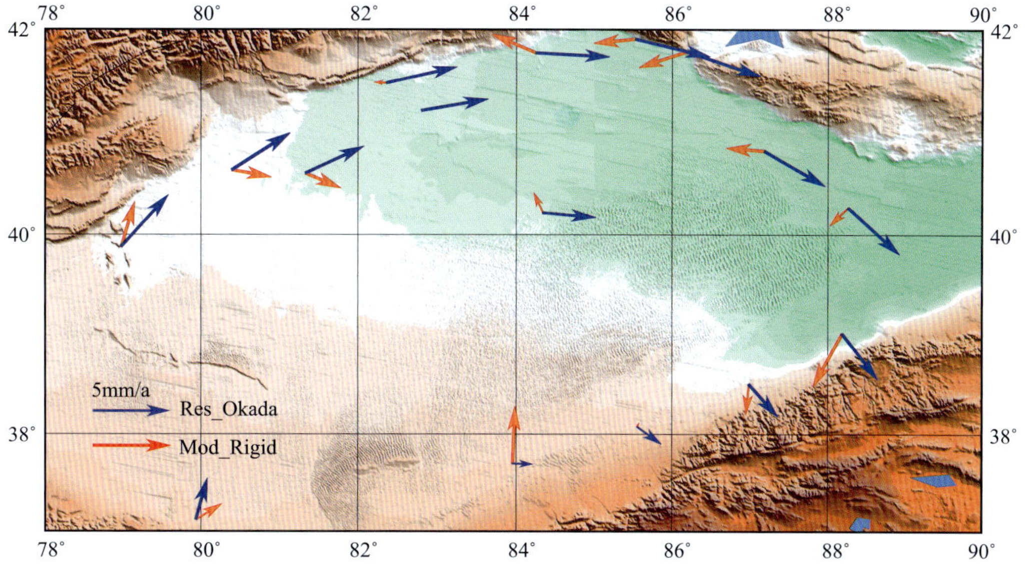

图 4-5-4　塔里木盆地去除刚体旋转后模拟（蓝色）与原模拟（红色）的地壳运动速度

4.5.3　弹性块体应变与旋转模型

在青藏高原南部，模型拟合结果与观测的残差还相对较大，存在一个较为明显的 SN 向挤压变形，而青藏高原腹地近 EW 向拉张导致青藏高原南西部与南东部在挤压方向上有所不同。因此，对两块区域分别进行研究。由于青藏高原南部变形模式复杂，使用弹性块体应变与旋转模型。这种模型允许刚性块体内部存在弹性变形，适用于更加复杂的变形。通过计算位于两个区域内的拟合残差，得出两个区域的应变分布（表 4-5-2，主应变角度东向为 0，顺时针为正，拉张为正）（图 4-5-5）。

表 4-5-2　青藏高原南部地区主应变率

区　域	$E_{11}\times10^{-9}/a$	$E_{22}\times10^{-9}/a$	β（°）
青藏高原南东部	10. 66± 3. 59	-21. 67± 7. 80	-15. 99± 7. 61
青藏高原南西部	6. 08± 8. 28	-44. 51± 10. 99	4. 57± 7. 79

注：E_{11}. 拉张应度；E_{22}. 挤压应度，β. E_{11} 与水平轴的夹角。

4.6　地壳变形与地震的关系

4.6.1　地震矩积累速率

Kostrov（1974）给出了区域地壳应变率与地震矩累积速率之间的定量关系：

$$\frac{1}{T}\sum_{i=1}^{n} M_i = 2\mu A H_s \dot{\varepsilon} \qquad (4-6-1)$$

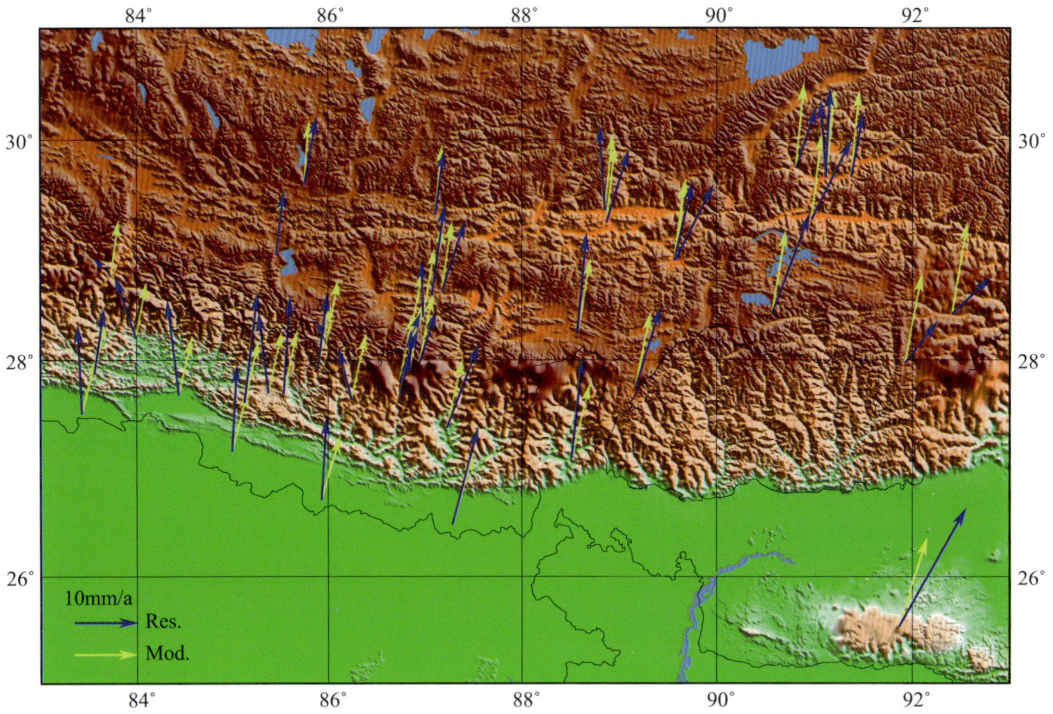

图 4-5-5　青藏高原南东部的模拟（红色）与观测（蓝色）地壳运动速度

式中，μ 为弹性层地壳的剪切模量，其值的大小由研究区域地壳性质所决定，一般取（3.0～3.3）× 10^{10} N/m^2；A 为变形单元面积；H_s 为变形单元的深度；$\dot{\varepsilon}$ 为区域平均应变率；$\frac{1}{T}\sum_{i=1}^{n} M_i$ 为地震矩累积率。该式反映了地震矩累积率与区域的平均应变率的正比关系。

Savage 等（1997）对地震矩累积率与应变率的关系做了深入地研究对比，并对公式（4-6-1）进行了简化：

$$M_0 = 2\mu A H_s \mathrm{Max}(|\dot{\varepsilon}_1|, |\dot{\varepsilon}_2|, |\dot{\varepsilon}_1 + \dot{\varepsilon}_2|) \quad (4-6-2)$$

式中，M_0为地震矩累积率的标量，$\dot{\varepsilon}_1$、$\dot{\varepsilon}_2$ 为区域平均主应变率，其他符号与式（4-6-1）一致。

为分析中亚大三角地震构造域地震矩累积率的空间分布特征，在前面所获得的连续 GPS 应变率场的基础上，采用式（4-6-2），计算获得了中亚大三角地震构造域的地震矩累积率图像（图 4-6-1）。其中地壳弹性剪切模量 μ 选取 3.0×10^{10} N/m^2，弹性地壳厚度 H_s 假定为 30 km。

由图 4-6-1 可见，喜马拉雅地区、青藏高原东南部的滇西地区、川西地区、青藏高原北部的可可西里地区以及天山地区，均存在较高的地震矩累积率。而在鄂尔多斯、阿拉善、塔里木盆地这些准刚性地块区，地震矩累积率明显较小。还有另外的现象即是地震矩累积率沿着中亚大三角地震构造域内的主要大型断裂带表现为带状分布，在断裂带的转换或交会部位地震矩累积率显著发生变化，体现了亚洲中部大型断裂带的强烈构造运动特征。

4.6.2　地壳形变与地震分布

将 6 级以上地震分别与地震矩累积率、面膨胀率和最大剪切应变图做叠加分析。

面膨胀率 $\dot{\varepsilon}_D$ 计算公式为：

$$\dot{\varepsilon}_D = \dot{\varepsilon}_1 + \dot{\varepsilon}_2 \quad (4-6-3)$$

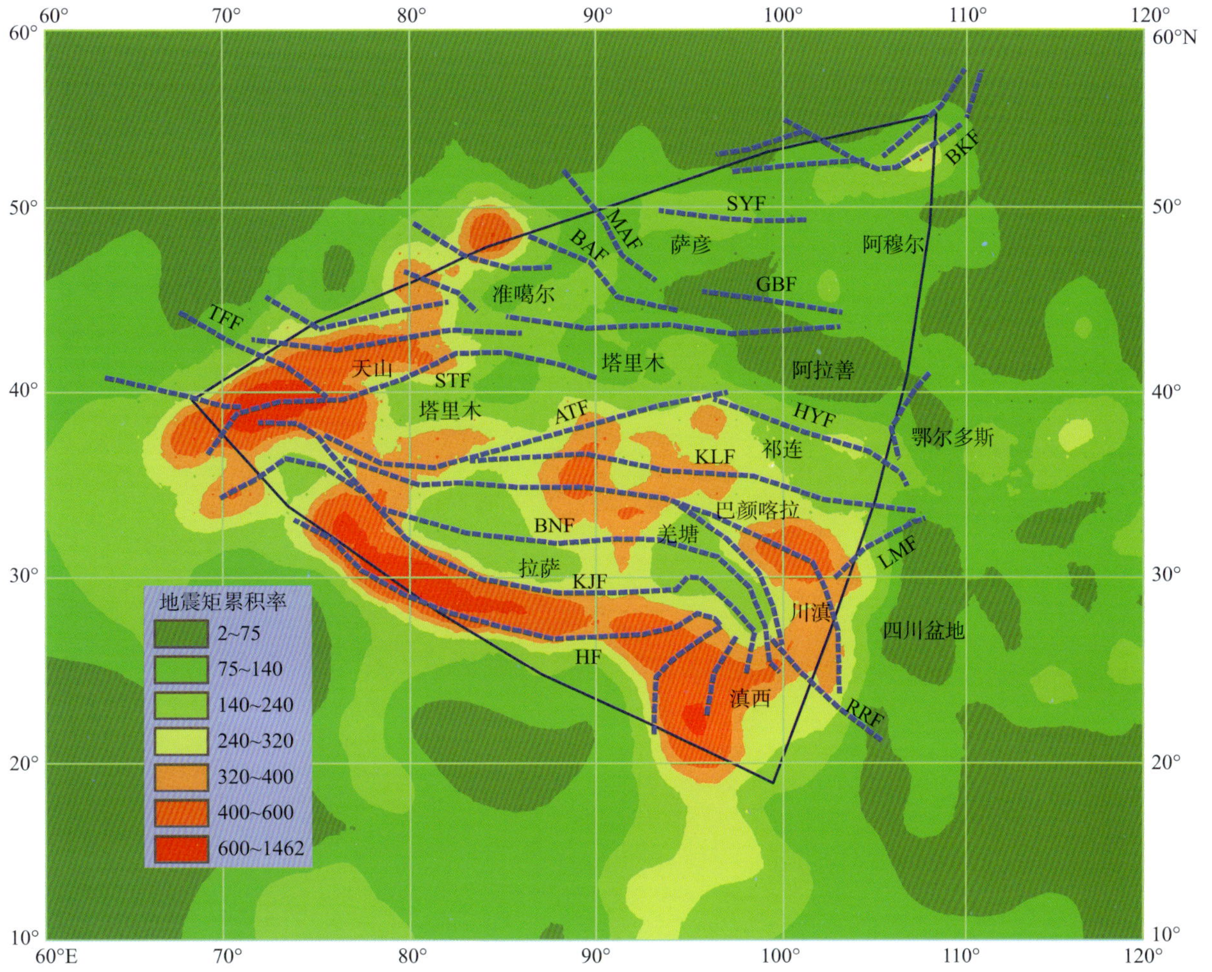

图 4-6-1　亚洲中部地震矩累积率分布（单位：N · m）

BKF. 贝加尔断裂带；SYF. Bolnay 断裂带；GBF. 戈壁阿尔泰断裂；MAF. 蒙古-阿尔泰断裂；BAF. 博阿断裂；NTF. 北天山断裂带；STF. 南天山断裂带；TFF. 塔勒斯-费尔干纳断裂；HF. 喜马拉雅断裂带；KJF. 喀喇昆仑-嘉黎断裂；BNF. 班公-怒江断裂带；GYF. 甘孜玉树鲜水河断裂带；KLF. 昆仑断裂带；HYF. 海原断裂带；LMF. 龙门山断裂带；RRF. 红河断裂带

最大剪切应变率 $\dot{\varepsilon}_S$ 计算公式为：

$$\dot{\varepsilon}_S = abs(\dot{\varepsilon}_1 - \dot{\varepsilon}_2) \qquad (4-6-4)$$

式中各符号与式（4-6-1）一致。

在前面所获得的连续 GPS 应变率场的基础上，采用式（4-6-3）、（4-6-4）分别计算获得了中亚大三角地震构造域的面膨胀率图（图 4-6-2）以及最大剪切应变率图（图 4-6-3），并将 6 级以上地震叠加于图上。

从图 4-6-2 中可以看出：整个中亚大三角地震构造域从南向北地震矩累积率逐渐变小，地震发生的数量也少，而在贝加尔在区，地震累积率增大，中强地震则多发；羌塘地块存在着一个相对周边区域较小的地震矩累积率，表明其运动相对周边较弱，在该块体内则几乎没有发生中强地震；而塔里木、阿拉善、鄂尔多斯以及四川盆地，地震矩累积率最小，地震发生的概率更小；巴颜喀拉，川滇以及滇西南地区，相对四川盆地，地震矩累积率急剧增加，因此导致这些区域地震数量也大量增加；地震矩累积率相对梯度变化较大的地方，则强震容易发生，如 2001 年昆仑山口西地震和 2008 年汶川地震。

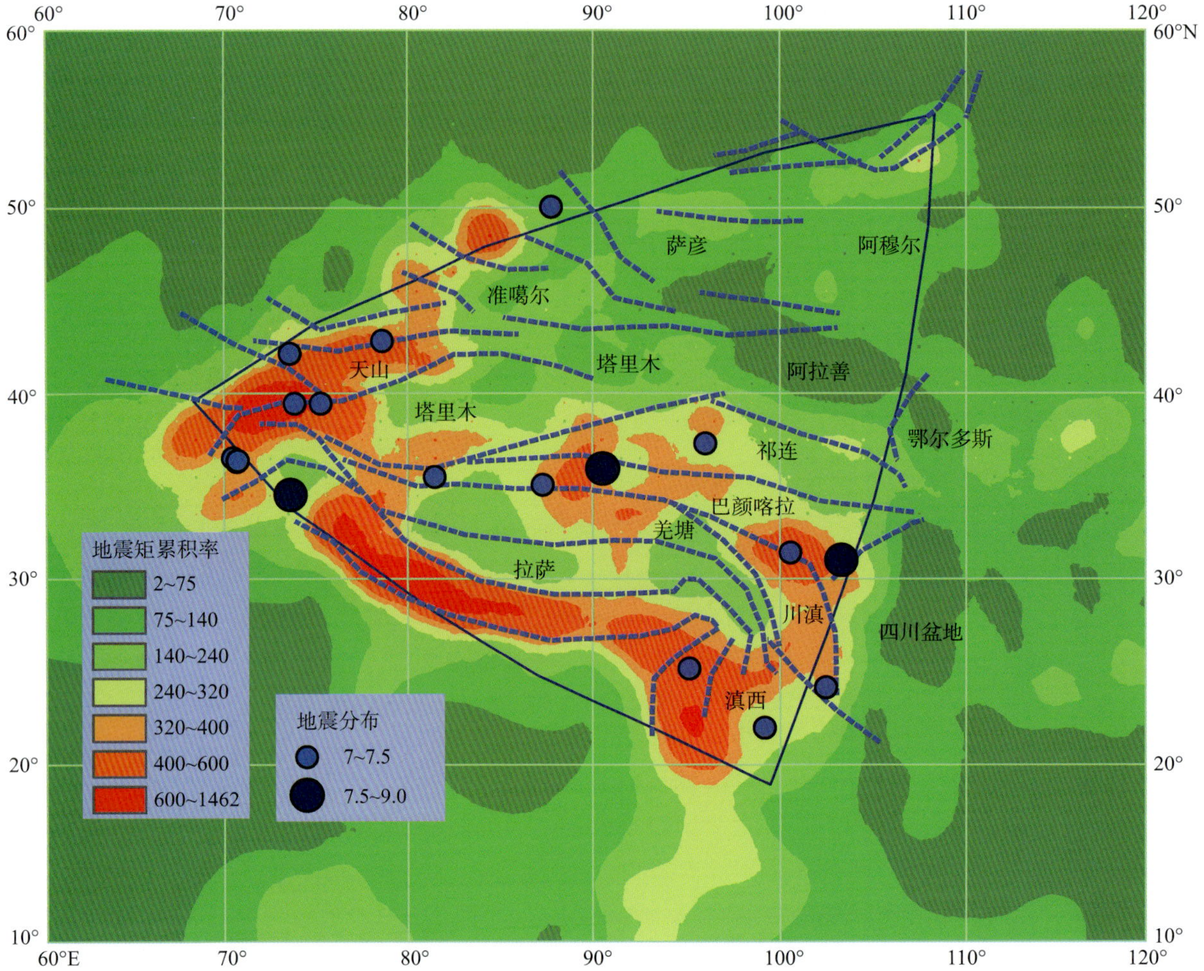

图 4-6-2　亚洲中部地震矩累积率与地震分布（单位：10^{-9}/a）

从图 4-6-3 可以得出，研究区域面膨胀率主要现为较轻微的整体挤压特征。面膨胀值较大的地区主要是天山内部和沿喜马拉雅山脉至东构造结地区，最大量值出现在天山的山体内部，为 116.4×10^{-9}/a，呈现为压应变，最大的拉张膨胀 9.0×10^{-9}/a，出现在贝加尔湖地区，而这些区域地震频发。塔里木盆地、阿拉善、鄂尔多斯以及四川盆地的量值较小，数值区间为-14～6×10^{-9}/a。而在贝加尔湖地区、川滇地区，则表现为张性的膨胀特征，川滇地区主要是鲜水河断裂带的作用。在塔里木盆地南缘，阿尔金断裂带的中西段，表现为张性的线状分布特征，这些区域地震较少，而在交界的膨胀率变化区域，容易发生较强烈的破坏地震。2008 年 3 月新疆于田地震及 5 月四川汶川地震均发生在张性区域边缘，这可能反映出这些差异运动强烈的区域发生中强地震的可能性较大，同时说明压缩性区域可能是应变能积累的反映，而拉张性区域可能是地震发生紧迫性及震级大小的反映。

图 4-6-4 描述亚洲中部的最大剪切应变率在空间上的数值结果，显示变形很强烈，同时也可直观地观察到最大剪切应变率的高值基本上位于断裂带上，量值一般在 50×10^{-9}/a 以上。变形最大的区域位于天山西南部以及整个青藏高原，尤其是沿着喜马拉雅碰撞带和玛尼-玉树-鲜水河断裂带，高值的剪切应变率从天山沿喀喇昆仑-嘉黎断裂带展布，由于东构造结的阻挡，在构造结的前端形成一个较弱的剪切应变区，之后沿鲜水河断裂带急剧增大，再绕东构造结转入云南，沿实皆断裂带增大，因此在东构造结的顶端处无地震发生。同时除沿阿尔金断裂带有（25～36）×10^{-9}/a 的剪切应变较大外，其他的区域相对较小，如塔里木、阿拉善、鄂尔多斯、四川盆地等非断裂带区域应变均比较小，平均量值

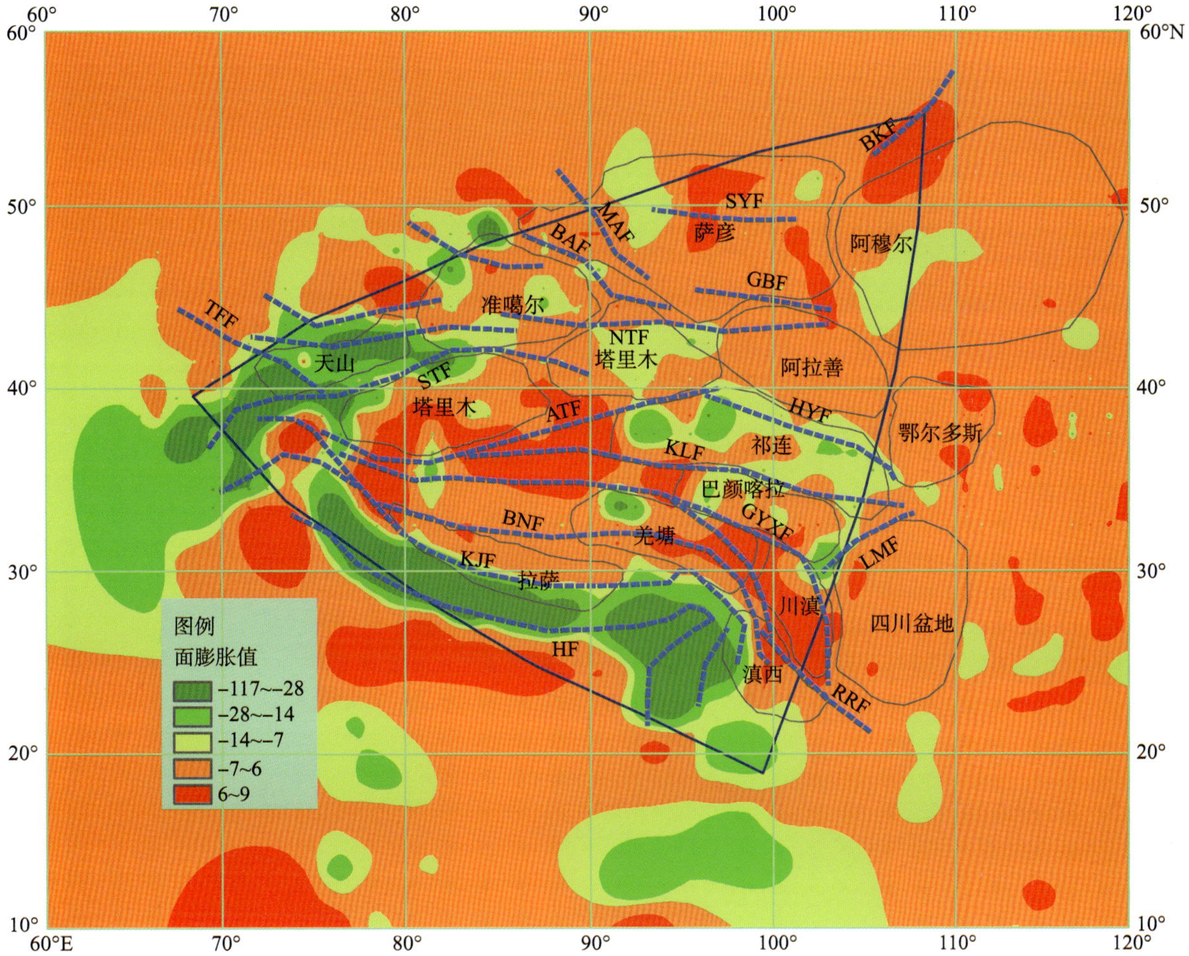

图 4-6-3　亚洲中部面膨胀率与地震分布（单位：$10^{-9}/a$）

为 $8\times10^{-9}/a$ 左右。根据地震资料显示，近几年的中强地震均发生在震前最大剪应变高值区的边缘，如 2008 年汶川 8.0 级地震，说明在天山地区、喜马拉雅地区以及鲜水河地区都是应变能比较聚集的地区，同时也是地震多发地区。

从上面地震矩累积率、面膨胀率以及最大剪切应变率图与地震分布的叠加分析结果来看，在天山、喜马拉雅及鲜水河等地壳运动强烈地区，地震矩累积率、剪切应变率及面膨胀率大，对应地震相对发生频繁；在塔里木、阿拉善、鄂尔多斯等地区，地壳形变弱，相应的地震发生较少。而在有些区域，地壳形变虽然强烈，但没有破坏性强震发生。相反，有些地壳运动速率较小、水平变形较弱的地区，却发生大地震。因此，地震的分布与地壳形变之间没有简单的对应关系，需要研究地震应变能局部积累和释放的具体动力环境。特别是，目前 GPS 观测主要是地壳水平运动，对某些以垂直变形为主的逆断层地区（如龙门山），在使用 GPS 数据分析地震构造时应特别谨慎。

4.7　结　论

（1）综合各套 GPS 速度资料，提取所有位于研究区域内部的 GPS 站点（约 974 个），对其速度矢量场进行球面刚性块体旋转运动的最佳拟合，确定出在稳定欧亚参考框架下，描述研究区域整体刚性旋转的最佳欧拉矢量为（202.56°W±1.39W°，62.86°S±1.66°S，-0.1869±0.0112°/a）；然后计算亚洲

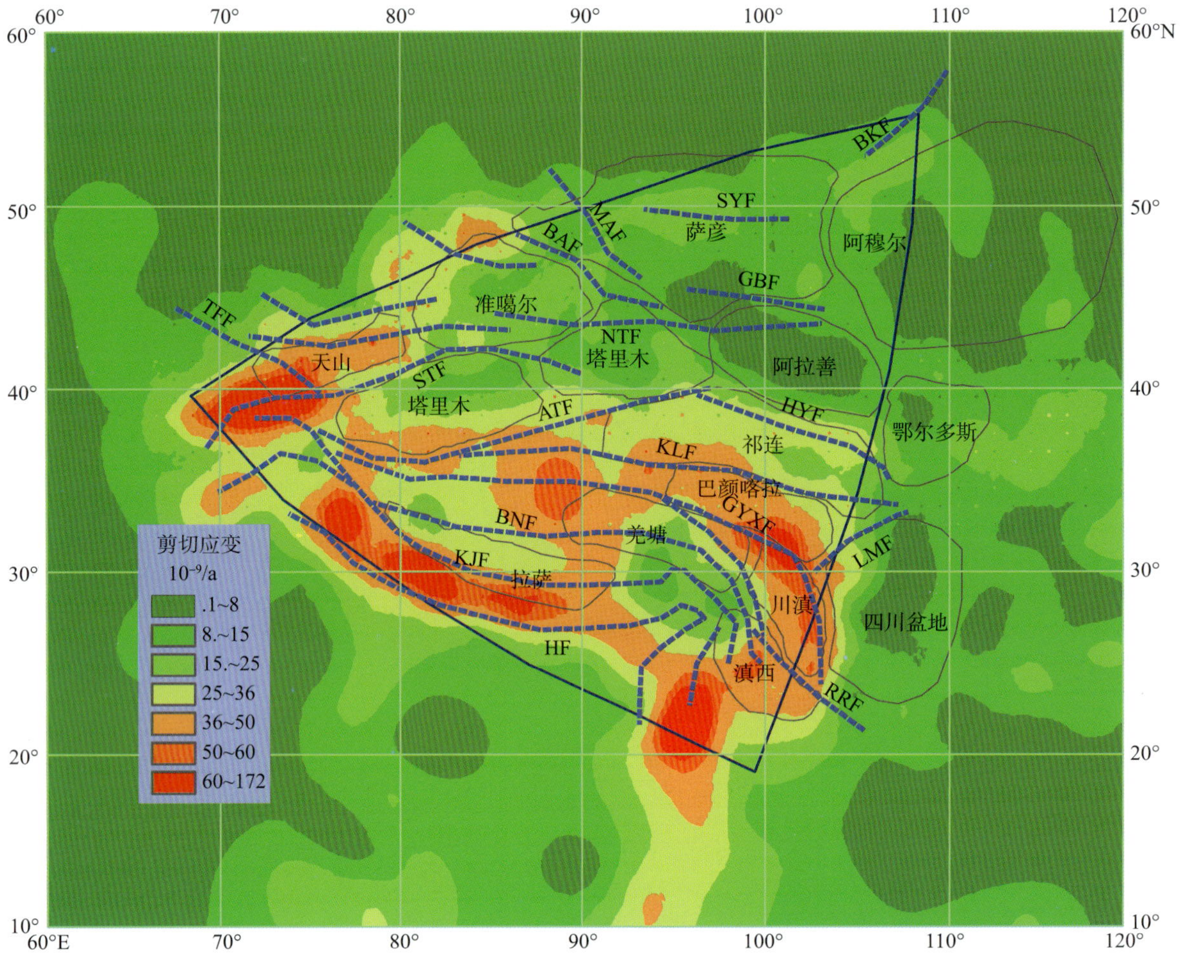

图 4-6-4　亚洲中部剪切应变率与地震分布（单位：$10^{-9}/a$）

中部及其周边各 GPS 站点在该欧拉矢量下的“刚性”运动速度矢量，并从原速度矢量值中扣除。根据计算得到的最优欧拉旋转矢量，得到亚洲中部相对于稳定欧亚参考框架下的水平运动速度场。

（2）利用 Savage 等（2001）提出的二维“高张力样条”（$\tau=0.95$）内插算法，对非均匀的 GPS 速度场进行了 0.5°×0.5°的均匀预测加密，然后根据每个 1°×1°网格边界及内部的 9 个内插速度矢量，计算出相应 1°×1°网格内的均匀应变率。结果表明，在亚洲中部存在几个强烈变形区域：川滇地区、青藏高原地区、天山地区、海原地区及贝加尔湖地区。其中川滇为强烈的剪切变形，天山与青藏高原地区为挤压变形，贝加尔湖地区为拉张变形区域。

①整个喜马拉雅弧形地块，在沿印度板块与欧亚板块会聚的方向上承受着强烈的挤压缩短，典型的压缩应变率为（30～60）$\times10^{-9}/a$，局部量值高达（80～90）$\times10^{-9}/a$。其中，喜马拉雅地块西部挤压应变似乎比东部更强烈。同时，在大致垂直于板块会聚的方向上，喜马拉雅地块还承受着轻微的横向拉张。

②在拉萨地块沿印度板块与欧亚板块会聚的方向上，挤压缩短的典型应变率明显地减小为（20～30）$\times10^{-9}/a$。但是，在该地块的中部，横向拉伸应变率变得非常明显，典型量值为（20～30）$\times10^{-9}/a$，局部高达（40～60）$\times10^{-9}/a$。这种明显拉张应变与该地区广泛发育的 SN 向正断层是相一致的。

③在羌塘地块的中西部，典型的应变是近 SN 向的挤压和 EW 向的拉伸，量值在（15～25）$\times10^{-9}/a$。而在青藏高原的东部，应变场表现出明显的近 SN 向拉伸，典型量值为（20～30）$\times10^{-9}/a$。而

在昆仑地块东边的四川盆地及其以北区域，并无显著的应变，典型的量值在 $10\times10^{-9}/a$ 以下。

④整个昆仑地块和柴达木地块的应变状况比较均匀，主要表现为 NE-SW 向挤压和 NW-SE 向拉伸，挤压应变的典型量值为（15～25）$\times10^{-9}/a$，拉张应变的典型量值为（10～15）$\times10^{-9}/a$。青藏高原东南角的川滇地区，应变强烈且方向变化较复杂，不过，大致 EW 向的扩散拉张和 SN 向的挤出式压缩特征非常清晰。

⑤天山地区主要为天山 SN 向挤压缩短变形为主，挤压缩短呈现非均匀分布特征。挤压的最大量值为 $30\times10^{-9}/a$；贝加尔地区整体上处于 NW-SE 向的拉张状态，拉张的最大量值为 $40\times10^{-9}/a$，在东部地区存在少量 NNW 向和 NNE 向的压缩状态，压缩的最大量值为 $10\times10^{-9}/a$，面膨胀应变的结果表明贝加尔地区整体上呈膨胀状态.

（3）利用 GPS 应变率，参照张培震等（2003）划分的块体，求解了各个块体的应变，证明塔里木盆地、华南块体、鄂尔多斯块体应变比较小，可以看作为刚性或稳定块体。

首先检查块体上的所有 GPS 站点，剔除明显与周围站点不协调的站点，然后采用 Shen（2005）类似方法检测并剔除位于块体与总体不一致站点，计算各块体的应变率，取 E_{11}，E_{22}最大作为参考，并考虑 GPS 误差，以 2 倍范围放大定义刚性块体为主张应变为 $2\times3\times10^{-9}/a=6\times10^{-9}/a$，主压应变为 $2\times2\times10^{-9}/a=4\times10^{-9}/a$。如二个主应变都小于该数值，则认为是刚性块体，否则是变形块体。这一划分标准与 Shen 等（2009）研究四川盆地块体，甘卫军（2001）研究北美中东部稳定块体的结果一致。据此，在亚洲中部划分出以下块体：鄂尔多斯块体、塔里木块体（东、西）、阿拉善块体、华南块体、萨彦块体、阿穆尔块体、准噶尔块体、天山块体、祁连块体、巴颜喀拉块体、羌塘块体、拉萨块体、滇南块体、川滇块体。其中，鄂尔多斯块体、塔里木块体（东、西）、阿拉善块体、华南块体为刚性块体，其他则是变形块体。

此外，还计算了各个活动块体的相对欧亚板块的运动。总体结果与以往 GPS 研究结果有较好的一致性，也与地质学研究的结果基本一致

（4）用 GPS 数据计算得到的地壳（基线）应变速率，进一步计算得到地震矩累积速率、面膨胀速率和最大剪切应变速率的空间分布，在有些地区与地震分布有一定的一致性，但不存在普遍、简单的对应关系。

参考文献

郭东美、李军、熊熊、刁法启，地壳运动速度场的数据融合研究［J］，武汉大学学报，信息科学版，2008，33（2）：212～215。

王敏、沈正康、董大南，非构造形变对 GPS 连续站位置时间序列的影响和修正，地球物理学报，2005，48（5）：1045～1052。

王泽民、张学廉，我国 GPS 大地高的精度分析，地壳形变与地震，1997，17（1）：28～33。

杨少敏、李杰、王琪，GPS 研究天山现今变形与断层活动，中国科学 D 辑：地球科学，2008，38（7）：872～880。

张培震、邓起东、张先康等，中国大陆的强震活动与活动地块，中国科学 D 辑，2003，33（增刊）：12～20。

Avouac J. P.，Tapponnier P. Kinematic model of active deformation in Central Asia［J］. Geophys. Res. Lett.，1993，20（10）：895～898.

Banerjee P.，Burgmann R. Convergence across the northwest Himalaya from GPS measurements. Geophys. Res. Lett. 2002，29（13）：1652～1655.

Calais E.，Vergnolle M.，Sankov V.，et al. GPS measurements of crustal deformation in the Baikal-Mongolia area（1994～2002）：Implication for current kinematics of Asia. J. Geophys. Res. 2003，108（B10）：2501～2513.

Calais E.，L. Dong，M. Wang et al. Continental deformation in Asia from a combined GPS solution. Geophys. Res. Lett.，2006，33，L24319：1～6.

England P，Molnar P. The field of crustal velocity in Asia calculated from Quaternary rates of slip on faults. Geophys. J. Int.，1997，130（3）：551～582

Gan W. , Prescott W. H. Crustal deformation rate in central and eastern U. S. inferred from GPS. Geophys. Res. Lett. , 2001, 28 (19): 3733～3736.

Gan W, Zhang P, Shen Z K et al. Present-day crustal motion within the Tibetan Plateau inferred from GPS measurements, J. Geophys. Res. , 2007, 112 (B08416): 1～14

Holt W E、Chamot-Rooke N、Le Pichon X et al. , 2000, Velocity field in Asia inferred from Quaternary fault slip rates and Global Positioning System observations. J. Geophys. Res. , 105: 19185 ~ 19209.

Jackson M. , Bilham R. Constraints on Himalayan deformation inferred from vertical velocity fields in Nepal and Tibet. J. Geophys. Res. , 1994, 99 (B7): 13897～13912.

Kostrov, V. V. Seismic moment and energy of earthquake and seismic flow of rock. Izy. Acad. USSR Phys. Solid Earth, 1974, 1: 13～21.

Okada, Y. Surface deformation due to shear and tensile faults in a half - space. Bull. Seismol. Soc. Am. , 1985, 75: 1135 ～1154.

Paul J. , R. Burgmann, Gayr, V. K. , et al. The motion and active deformation of India. Geophys. Res. Lett. , 2001, 28: 647～650.

Peltzer G, Tapponnier R. , Armijo R. Magnitude of late Quaternary left-lateral displacements along the northern edge of Tibet. Science. 1989, 246: 1283～1289

Ponraj M. , Miura S. Reddy, C. D. Slip distribution beneath the central and western Himalaya inferred from GPS observations. Geophys J. Int. 2011, 185: 724～736.

Savage, J. C. and Simpson, R. W. Surface strain accumulation and the seismic moment tensor. Bull. Seismol. Soc. Am, 1997, 87 (5): 1345～1353.

Shen, Z. -K. , M. Wang, Y. Li et al. Crustal deformation along the Altyn Tagh fault system, western China, from GPS. J. Geophys. Res, 2001, 106 (B12): 30607～30621.

Shen, Z. -K, Sun J. -B. , Zhang P. -Z. et al. Slip maxima at fault junctions and rupturing of barriers during the 2008 Wenchuan earthquake. Nature Geosicence, 2009, 2, 718～724.

Tapponnier, P. , Peltzer, G. , Le Dain A. Y. , et al. Propagating extrusion tectonics in Asia: new insight from simple experiments with plasticine. Geology, 1982, 10 (12): 611～616.

Thatcher, W. Microplate model for the present-day deformation of Tibet. J. Geophys. Res, 2007, 112, B01401: 1～13.

Wang Qi, Zhang Peizhen, Jeffrey T. , et al. . Present - day crustal deformation in continental China constrained by Global Positioning System measurements. Science, 2001, 249: 574～577.

Zhang, P. , Z. Shen, M. Wang, W. Gan, R. Burgmann, P. Molnar, Q. Wang, Z. Niu, J. Sun, J. Wu, H. Sun, and X. You. Continuous deformation of the Tibetan Plateau from Global Positioning System data, Geology, 2004, 32: 809～812.

Zubovich, A. V. , Wang X. , Scherbo, Y. G. , et al. GPS velocity field for the Tian Shan and surrounding regions. Tectonics, 2010, Vol. 29, TC6014, doi: 10. 1029/2010TC002772.

第5章　大三角区东边界的构造分段性与强震机制*

5.1　大型走滑断层的构造组成、破裂机制

大型走滑断层形成与发展的机制是由于岩石圈板块间的相对水平运动以及它们之间的斜向会聚或离散，形成区域规模的单剪应变域。根据里德尔模式，单剪应变域中，可能发育5组破裂（Sylvester，1988）：①里德尔剪切（R shears）破裂，与主剪切方向成$\phi/2$角度（ϕ为内摩擦角），又称同向走滑断层（Synthetic strike-slip faults）或羽状走滑断层（pinnate strike-slip faults）；②共轭里德尔剪切（R' shears）破裂，与主位移带角度为$90°-\phi/2$，与主剪切运动方向相反，又称反向走滑断层（antithetic strike-slip faults）；③ P剪切破裂，次生的同向走滑断层，角度与主位移带（实际剪切方向）呈$-\phi/2$；④T破裂，与主位移带呈45°角的张性断裂或正断裂；⑤X剪切破裂，与R'剪切面对称的破裂面，又称反旋向剪切破裂面（图5-1-1（a））。

模拟实验（Sylvester，1988）表明雁行状的R剪切最先形成，紧接着出现P剪切，并在R剪切的端部形成短期的分枝断层（short-lived splay faults），分枝断层弯曲朝向与伸展破裂平行的方向，因此在变形带的中央，R剪切是走滑断层，而在外侧则变成有很少或者没有走向滑移的正断层。P剪切的形成是由于沿R剪切破裂抗剪度的减少，导致基底断层的位移不能被盖层内的雁行状R剪切吸收，于是在两个重叠的R剪切之间，产生以R方向为缩短轴方向的局部应变场，从而形成新的R破裂，其走向与主位移带成$-\phi/2$，变形持续增强就会出现一条辫状或者网状的不规则且贯通的破裂，由R和P破裂组成，主要的表面剪切应变集中在该破裂上。褶皱与逆冲断层最初形成的时候与缩短轴垂直，与主位移带成45°，如果持续变形，则褶皱轴会随着剪切的增大而旋转。对于一个剪切应变旋转角达到19°，剪切主破裂一般经历“微破裂-宏观破裂延展-岩桥破坏”3个阶段（王绳祖等，1984）。

总结大量地质研究发现，沿一条大型走滑断层，可能会有以下的构造组合样式（Wakabayashi et al.，2004；Cunningham，2005）（图5-1-1（b））：

（1）端部构造。走滑断层滑向的一端为挤压，滑离的一端为拉张，相应地，断层两侧的构造与地貌呈现出两个压缩区和两个拉伸区的四象限应变分布特征。从而在端部或者表现为正断层以及正断层控制的盆地或地堑，或者逆断层、褶皱带以及凹陷盆地；此外，在走滑断层端部还可能产生与断层斜交的张剪性或压剪性应力应变带，例如马尾状构造和多组弧形断层组成的叠瓦状构造以及相关的盆地构造。

（2）走滑断层弯曲段构造：沿走滑断层的断面弯曲形态会引起应力的局部集中或分散，从而产生收敛性挤压区或离散性拉张区，在受限弯曲（constraining bend）段，转换挤压（Transpression）所提供的与主断层带大角度截交的水平缩短分力，会在主滑移带之上形成拉长的、以断层为边界的垄状构造，这是由于上升断块的冲断和缩短使薄的构造断片斜向运动从而穿越相邻断块所致。而在释放弯曲（releasing bend）段则相反，转换伸展产生的横过断层带的拉伸分力可使边界断层之间或邻接的地块下陷、沉降或倾斜，从而形成各种类型的盆地。

---

* 本章作者：黄雄南，中国地震局地质研究所。

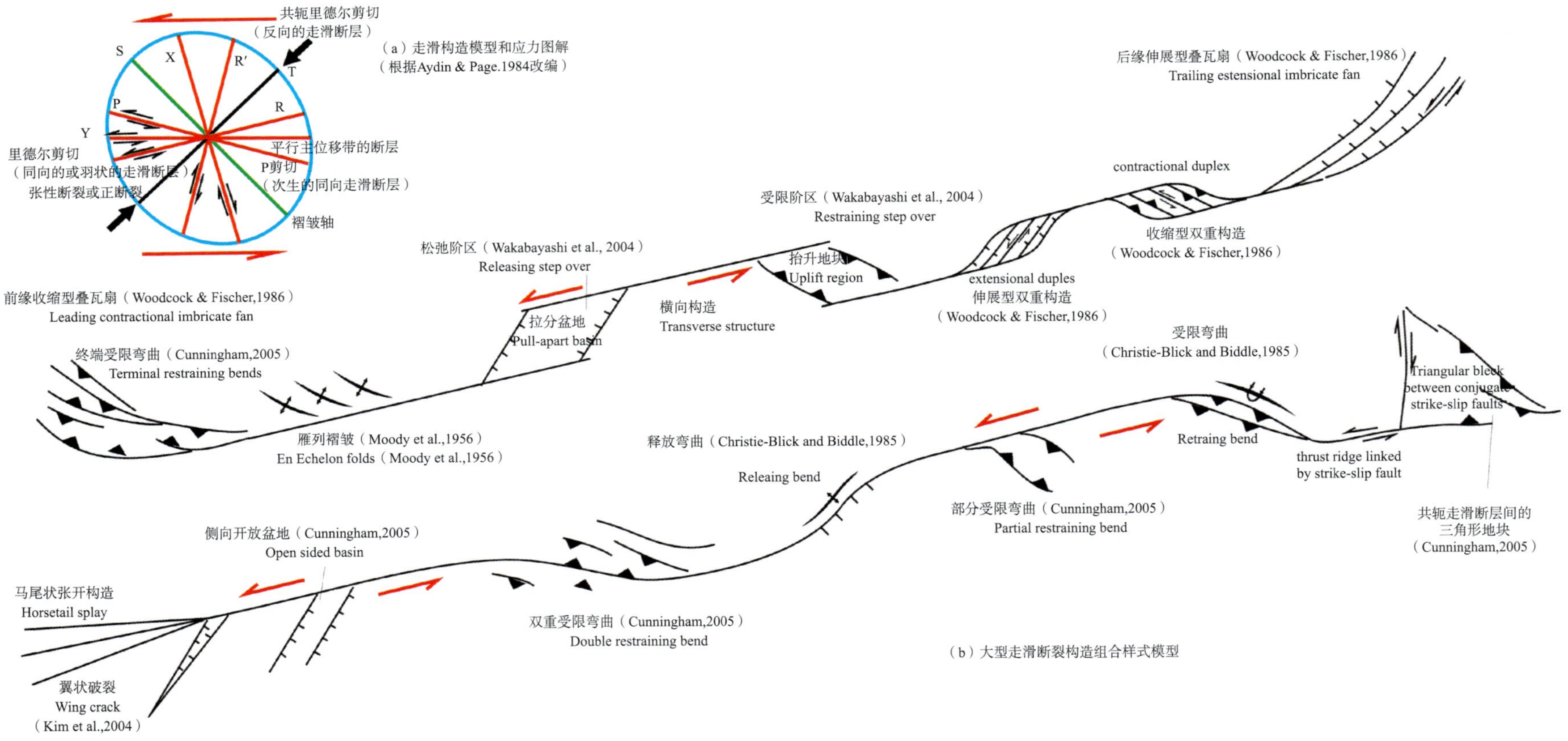

图 5-1-1　大型走滑断裂的构造组合样式模型图

（3）阶区构造：大规模的走滑断裂带往往由多条剪切断裂组成，它们之间重叠且不相交的部位称为阶区（Stepover）。拉张阶区伴随断裂的走滑运动会形成拉分盆地或其他形式的低地；而挤压阶区则形成横向褶皱；随着断裂的进一步活动，在它们的内部还会产生更次级的剪切构造，进而演变成伸展双重构造或挤压双重构造。

在同一应力体制下，大规模近平行的剪切挤压走滑断层系能形成规模宏大的造山带，例如中蒙俄边界上的阿尔泰山脉，NW-SE 方向绵延超过 2000 km，主要山脊高度在 3000 m 以上，北部的最高峰友谊峰海拔达 4374 m，由一系列的 NW-SE 走向的右行逆断层所控制，貌似巨大的右行双重构造，没有典型挤压造山带所具有的楔形构造和前陆盆地，而是发育大量的断块山和各种类型的盆地，诸如断坡盆地、侧向盆地、拉分盆地和走滑盆地等等，被称为陆内剪切挤压造山带或挤压转换造山带（intracontinental transpressional mountain）（Cunningham，2005）。

在走滑断层的剪切变形发展过程中，由于应力集中在断层端部、断层面不规则处（如弯曲（bends）、阶区（steps）和中继带（relay zones）等）、断层面磨擦性能变化部位，通过剪切破裂的滑移，从而在脆性岩石中形成开放型的侧向破裂或尾端破裂，通称分枝断层（Splays，或称八字形破裂），包括：翼状破裂（wing）、尾状破裂（tail）、扭折破裂（kink，膝折）、马尾状破裂（horsetail）和分枝破裂（branch cracks）等多种类型（de Joussineau et al.，2007）。

在断层的摩擦特性、远应力场、断层与最大挤压应力的夹角或断层相互作用引起的应力干扰的影响等因素制约下（de Joussineau et al.，2007），分枝断层有可能在走滑断层周围形成密集甚至完全连接的破坏带（damage zone），在断层分段的连接、断层的生长过程中扮演重要角色。分枝破裂的传播长度与载荷条件（包括单轴/双轴挤压或拉张）以及最大挤压应力的大小有关，在适当的应力条件下分枝破裂的长度有可能比母剪切破裂长；而在实验中相同载荷条件下，最长的剪切破裂产生最长的分枝破裂（de Joussineau et al.，2007）。

先存构造往往制约着后期构造的形成和发展，当后期构造应力斜向作用于早期构造软弱面时会引起应变分解作用。Storti 等（2006）对南极洲北维多利亚地区新生代 Lanterman 和 Priestley 板内右行走滑断层系统破坏带内的次级断层进行统计学研究，大部分断层具有几乎一致的方位角值（azimuthal values），处于一个一致的运动学体系中，与新生代区域的走滑环境相协调。之所以出现这样的断层样式，是因为从早古生代 Ross 造山带继承下来的先存力学不连续处发生了主位移带早期的局部化作用，而在剪切的局部化作用之后，与主位移带的某一交角发生次级断层作用。

不但沿先存的断层可能形成走滑断层，甚至走滑断层可以成核于先存的节理和岩墙。Segall and Pollard（1983）在对美国加利福尼亚 Sierra Nevada 的 Bear Creek 花岗岩发育的近直立的走滑断层进行研究之后得出结论，断层由节理（joints）发育而来，他们认为部分节理在张开之后由于周围主应力的旋转会发生滑动从而变成断层，数百米长的断层是由雁列状的段落组成的，相互之间由与断层斜交的张破裂相连接。d'Alessio 和 Martel（2005）对加利福尼亚 Sequoia 国家公园 Pear Lake 附近的数千米长的断层研究的结果表明：断层成核于（nucleated on）先存岩墙；张开型破裂（opening mode fractures）（包括岩墙）可能非常容易成为断层核（nuclei for faults），与区域节理基本平行的密集雁列节理进一步弱化了岩墙。先存于断层作用之前的构造，其几何形态和分布在很大程度上控制了断层系统的构造以及这个系统中断层上的最大滑移（the ultimate slip distribution）分布。

对多种走滑断层模型实验模拟（马瑾等，1996）和对大量走滑断层的实例研究表明（Kim et al.，2007）：①在较长的平直断层段，可发生由黏滑引起的强震（断层在滑动中局部闭锁，当应力增加、局部闭锁被打破而发生失稳；断层整体加速滑动或局部加速滑动并沿断层扩展、引起应力下降而造成的失稳，小角度拐折的存在将使其两侧的断层交替成为主导活动构造）；②在断层带具有较高强度的非连续部位，如挤压型雁列区、共线非连通断层非连通区及一些断层交会部位，次级断裂可引起中强地震，而强度较低的非连续部位，如拉张型雁列区等，次级破裂仅会引起小地震；③非连续断层的贯通，如雁列区的贯通、一些“人”字形断层交会部位的贯通等，可引起强震；④强震的主震如果发生在端部，余震将沿主断层破碎带向相反的方向发展。

5.2 中亚大三角区东边界的构造分段

5.2.1 北段境外部分（贝加尔-蒙古段）

从俄蒙边界的通京地区向南至中蒙边界的达兰扎达嘎德地区，断续发育着一套近 SN 向的右行断层，并且同时有 5 级以上的地震记录，本文称为通京-达兰扎达嘎德右行断裂带，通过大量文献阅读和遥感图解译，发现这些断层有相当部分实质是大型的走滑断层的尾端构造或侧向构造（图 5-2-1）。

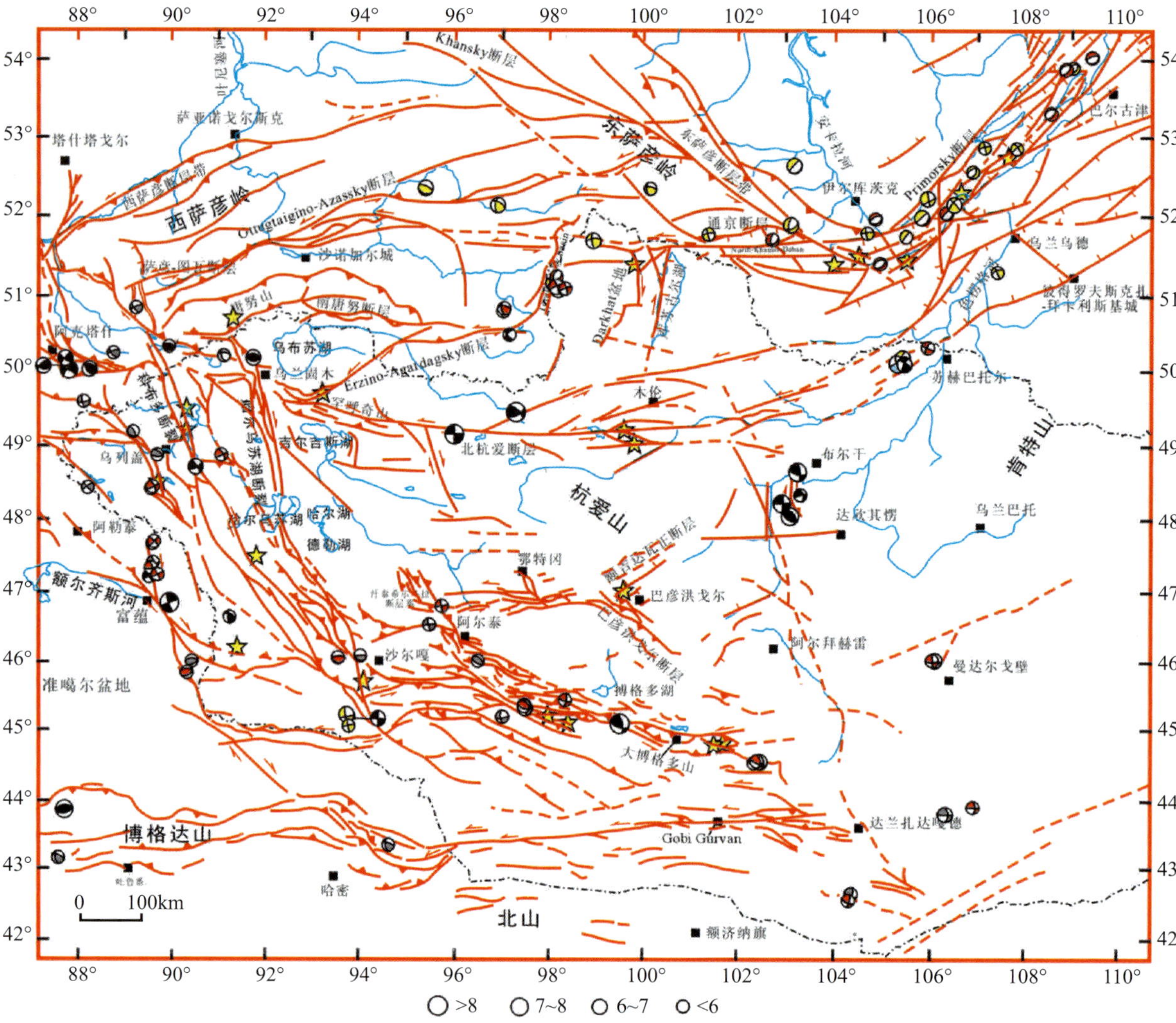

图 5-2-1　蒙古国中西部及其邻区活动断裂构造图

为了便于描述，根据构造组成的差异，将贝加尔-蒙古段的东边界分为 3 亚段：①贝加尔南-北杭爱段；②杭爱东部段；③南杭爱-戈壁天山段。

5.2.1.1　贝加尔南-北杭爱段

北部为围绕西伯利亚克拉通南缘发育的贝加尔裂谷断裂系和东萨彦断层带（主萨彦断层），向南为近 EW 走向的通京断层带和北杭爱断层带以及夹持于其中的库苏古尔裂谷断裂系。

贝加尔裂谷断裂系南端的活动断层主要有 3 组：NEE 走向、NE、NW 走向，少量近 SN 走向断层（包括 NNW 和 NNE 走向），其中 NE 走向的滨海断裂（Primorsky fault）和主萨彦断裂（Major Sayan Fault，东萨彦断裂带的一部分）构成了裂谷的西界和北界，北东走向的断裂主要表现为正断层，湖北侧的断层多向 SE 倾，南侧断层多向 NW 倾。其中作为北界的滨海断裂为铲形正断层，是地堑地貌的主控断层，有较小的走滑分量，Levi 等（1995）根据断层面的擦痕认为是左行；但 Sherman 等（2004）则根据地形地貌认为是右形。近期根据 GPS、地质的研究（Radziminovitch et al.，2007），贝加尔盆地 NW-SE 向的伸展速率稳定在 2～3 mm/a。震源机制解表明，大多数 NEE 走向和 NE 走向的断层上的地震或者显示为正断层或表现左行走滑断层的震源机制解，而近 SN 走向的断层和少量 NE 走向的断层则显示出右行走滑的特征。

作为西伯利亚克拉通（地块）西界的东萨彦岭断层带主要由包括主萨彦断层在内 3 条 NW 向断层构成，使得图瓦-蒙古地块向西伯利亚地台逆冲，形成了东萨彦岭隆起。在前贝加尔（贝加尔湖的西北侧），主萨彦断层现在为左行逆冲走滑断层，断层倾向 SW，而在贝加尔湖及其南东则转向 NE 陡倾，震源机制解显示主压应力为 NE-SW 向，主张应力为 NW-SE 向，为走滑机制（Radziminovitch et al.，2007）；然而其南段靠近通京断层的地区及东萨彦岭断层带的前陆地区则表现为正断层机制的地震，很可能与该大型断层带的弯曲段或侧向的分枝断层应力释放有关。

通京断裂带（Tunka fault）表现为一系列近 EW 走向左行走滑断层，从贝加尔湖南端向西断续延伸至沙诺加尔城以西，可能与西萨彦岭南界断层——Ottugtaigino-Azassky 断层相接。尽管通京（Tunka）凹陷与贝加尔盆地一样具有较厚的新生代沉积地层，但目前 Tunka 盆地地壳变形主要是剪切挤压状态，NE-SW 方向上挤压应力逐渐增强，位错为逆冲和走滑（Radziminovitch et al.，2007），而通京断层作为该盆地的北界断层现今活动性主要表现为左行走滑，沿断层带发生的地震震源机制解为左行走滑，主压应力轴指向 NE。Tunka 断层与其西部的主萨彦断层（Major Sayan Fault）关系不清，相互之间并不相接，而是在裂谷系中以活动构造的方式独立演化；接近主萨彦断层，Tunka 断层分散为系列的分支断层，形成“马尾状构造”（Levi et al.，1995）。近期的研究表明（Radziminovitch et al.，2007）通京断裂带与主萨彦断层所夹持的 Okay 高原地块由于主边界断层的左行走滑而顺时针旋转。1995 年，*M*7.0 级的 Mondy 地震沿贝加尔-Mondy 近纬向断层左行位移；Zun-Murino 河口 *M*5.7 级地震发生在同一条断层上，也是左行走滑的机制。在通京岭，NW 走向的破裂面上逆断分量常见。2003 年 9 月 17 日，*M*5.1 级地震发生在 Khoitogol 盆地和通京岭边界上。

在通京盆地以西，顺次发育有 3 个近 SN 走向的盆地：库苏古尔盆地、达尔哈特盆地和 Terekholsky 盆地（又称 Busingol 盆地），皆被 NNE 走向的断层所控制，这些断层在近现代以来表现出强烈的地震活动性，和通京断裂一样表现为非常密集的中小地震分布带，震源机制解和地质考察（Radziminovitch et al.，2007）表明这些断层为右行正断层。其中库苏古尔盆地（Hovsgol basin）西侧断层（Hovsgol 断层，向东倾正断层）和达尔哈特盆地东侧断层（向西倾正断层）向南止于北杭爱断层的分枝断层：Tsetserleg 断层。Hovsgol 盆地的震源机制解显示南部挤压北部局部伸展，Radziminovitch et al.（2007）认为是由于 SN 向 Hovsgol 断层和 EW 向的 Ikhorogol-Mondy 断层（通京断裂带的中央断层）相交部位由于 NE 向挤压，其内部地块被动伸展造成。而西部的 NNE 走向的 Terekholsky 断裂系则向南被南唐努断裂的东端所切，后者是乌布苏湖的北界断层，近 EW 走向，左行逆走滑断层。Terekholsky 断裂系向北切过通京断裂带，其南端虽然止于南唐努断裂带，但向东南方向约 30 km 仍有近 SN 走向的断层向 NEE 走向的 Tsetserleg 断层延伸，而且沿着这些近 SN 走向的不连续的断裂却形成几乎是连续的长度超过 400 km 的小震密集带。

北杭爱断层带（又称 Bolnai 或 Bolnay 构造带）西起于乌布苏南侧的乌苏固木，经罕呼奇山、杭爱山北缘，向东延伸到蒙古中部的布尔干。该断层带除了主走滑断层——Bolnay 断层之外，在南北两侧还发育了多条侧向分枝断层和尾端构造。北杭爱断层东西端部的构造样式和运动学特征不同，东部为 NE 向剪切伸展型的雁列式盆地；而西部则形成冲断层，导致 Khirgis-Nur 盆地侏罗纪地层向新生代沉积逆冲。这样的构造样式是与晚第四纪以来最后阶段的变形应力矢量的空间分布相一致的：东段，走滑的挤压轴为 NE 向，伸展轴 NW 向；中段，包括 Bolnai 位移区，挤压、走滑和剪切挤压的应力矢量的挤压轴方向 NE；西段，Khirgis-Nur 盆地附近，挤压剪切的应力场最大挤压轴向 SN。在北杭爱断层的中段，沿纬向带的左行走滑作用造成 EW 和 NW 向的伸展作用，形成 SN 向和 NE 向的张开构造（Parfeevets and Sankov.，2007）。

北杭爱断层带以车车尔勒格断层（Tsetserleg fault，又称 Tsaganul 断层）为代表的 NEE 向尾端断裂带到贝加尔湖南端就不再往东延伸，尽管有部分作者认为 Bolnay 断层可能向东延伸到外贝加尔地区，但在遥感图上，布尔干和苏赫巴托尔之间并没有活动断裂的清楚迹象，而且在苏赫巴托尔西约 50 km 的地震群的震源机制为右行走滑，明显不同于北杭爱断裂带左行走滑的特征。跟西部地震活跃不同，包括贝加尔湖和外贝加尔（Burengiin、Buteelein、Hentey 岭、Orkhon-Selenga 凹陷等地）以东地区，地震活动较弱，沿山岭或山间谷地分散分布或偶尔形成震群（余震或者工业爆破），总体呈现伸展走滑的特征。有理由相信，苏赫巴托尔至巴尔古津之间的外贝加尔地区的断层运动机制与蒙古西部完全不相同。

1905 年的 Bolnay8.4 级地震导致总长度约 388 km 的地表破裂，左行走滑达 8～11 m，分为 5 个次级地震事件，除了沿近 EW 向 Bolnay 主滑动断层的破裂之外还导致了 NW-NNW 次级断层的破裂。而 7.9 级的 Tsetserleg 地震则主要沿 NEE 向的车车尔勒格断层发生，造成约 175 km 的地表破裂，南段为左行走滑与 Bolnay 断层相接，北东段为左行走滑逆冲，可以分为 3 个次级事件，南段和北段的左行走滑，中北段的左行斜冲。在 Bolnay 大地震中，北杭爱断层的大部分发生活动，复杂的地震构造包括左行走滑和逆断层位移，地震断层的中央部分出现特征冲起型（Push-up）地垒构造，显示沿断层带显著的挤压特征（Parfeevets and Sankov.，2007）。

通过对断层运动学（包括地质露头和震源机制解）的分析，可以认为西部蒙古处于印度-亚洲碰撞所致的 NE 向的挤压应力场，而向东，则逐步转变为贝加尔盆地和外贝加尔地块 NW-SE 向的伸展。前者速率稳定在 2～3 mm/a，后者从贝加尔向东南方向以 4～6 mm/a 的速度移动（calais et al.，2003）。包括 Tunka 盆地、Hovsgol 区和贝加尔盆地南端，表现出为剪切挤压的状态；外贝加尔为走滑和剪切伸展。而分隔了杭爱、肯特弧形高地的 Orkhon-Selenga 凹陷，为右行走滑剪切伸展带。

5.2.1.2　杭爱东部段

NW 走向的杭爱山，又称杭爱高原、杭爱穹隆，呈现穹隆形态，是所谓蒙古高原地形地貌最高的地区之一，平均海拔在 2000m 以上，最高处 3535m，被认为是在一个热的上涌地幔之上的动力抬升（dynamic uplift）的结果，局部发育第四纪玄武岩盖层，其最新年龄仅 5000 a（赵凤民，2005）。杭爱山脉曾被认为只是通过一些分散且随机分布的正断层而发生滑动变形的地方，相对早期的填图揭示大部分活动正断层都是 NE-SW 向的，NW-SE 向的伸展是与区域应变场相适应的；然而，一些活动“正断层”表现为 E-W 或者 NW-SE 走向，意味着与区域应变场不匹配，于是被解释为地表抬升形成的局部应力造成的结果。但近期研究表明：这些不同方向的活动断层可能与杭爱穹隆两侧大型的走滑断层有关（Walker et al.，2007）。其中，在杭爱穹隆的南部，长约 350 km EW 走向的左行走滑断层：南杭爱断层（the South Hangay fault）已经通过遥感和实地野外考察工作，揭示出晚第四纪活动的证据。南杭爱断层的东西两端为 NW 走向的逆断层（西为 Otgon fault，东部为 Bayan Hongor fault），是左行走滑断层的典型受限弯曲尾端构造；中段主要沿 Bayan Bulag 和 Hushuut Nuur 及其两侧分布，向东延伸除了与 Bayan Hongor 断层相接之外，还可能向北东与额吉达瓦正断层（NE 走向，倾向 NW），后者是应力释放型的尾端构造。先前所发现的倾向滑动断层是更长的走滑断层在弯曲段所形成的次级分段、侧向构造或者尾端构造，是与西部蒙古区域应变场一致的左行走滑体系，而不是由于局部地形抬升引起的应力造成的断层结果。尽管整个杭爱地区缺少 5 级以上的强震，但南杭爱走滑断层被认为是潜在的高震级地震的震源（Walker et al.，2007）。

沿杭爱隆起的北坡 EW 向延伸的北杭爱断层，其东端除了在北侧发育 NE 向雁列式断层之外，在其南侧还发育着 NW 走向和近 SN 走向的活动断层，这些断层在地貌上大多没有显示出明显的活动性，缺少次级水系错动、断层陡坎等明显的活动证据，但 1967 年 Mogd 7.1 级地震表明这些断层具有显著的地震危险性。1967 年 1 月 5 日和 20 日在蒙古中部莫高德发生了 2 次地震，分别为 M_W 7.1 级和 M_W6.4 级，形成了长约 20 km 的 SN 走向的右行走滑断层和 NW-SE 走向的逆冲断层（Bayasgalan et al.，1999）。SN 向的走滑破裂清楚且大部分连续，平均水平滑动约 1.5 m，最大约 3.2 m；常常都具有垂向分量。在主走滑断层破裂的北部，有另外一条 SN 向的破裂带（北段）由不连续的裂缝、破裂组成（垂向错动小于 0.4 m），局部表现为左阶张破裂，表明为右行走滑。NW-SE 走向的逆冲断层（南段）在与走滑断层连接处显示出最大的垂向运动分量 3.5～5.0 m，向 SE 降低，中部为 2～3 m，SE 端消失。主震由 3 个次级地震组成，其中地震 2 为 M_W 6.8 级可能导致了右向走滑断层作用，其余的 M_W6.5 和 6.6 地震则分别导致了北段和逆冲段破裂；20 日的 6.4 级余震发生在北段的南东。

根据遥感图仔细判别可以发现（图 5-2-2），1967 年莫高德 7.1 级地震的发震断层仅仅是北杭爱断层向南拐弯的尾端构造的一小部分，北杭爱断层的南支在布尔干以西围绕着杭爱隆起的东界向南东发生了弯曲，发散成一系列向南延伸的右行逆冲断层，在莫高德地区这些断层的行迹尤其明显，本文将这些断层统称为莫高德断裂系，SN 走向的断层表现为右行走滑为主、NW 走向的断层表现为逆冲挤压为主。莫高德断裂系是地震非常活跃的地段，除了 1967 年莫高德 7.1 级地震之外，历史上还曾经发生过 5.5 级以上的中强震，现今表现为近 SN 走向的微震密集带。该地震密集带向南止于近 EW 走向的 Ogii Nuur 断层，后者表现左行走滑的特征，历史上曾经发生过 5 级以上的中强震。

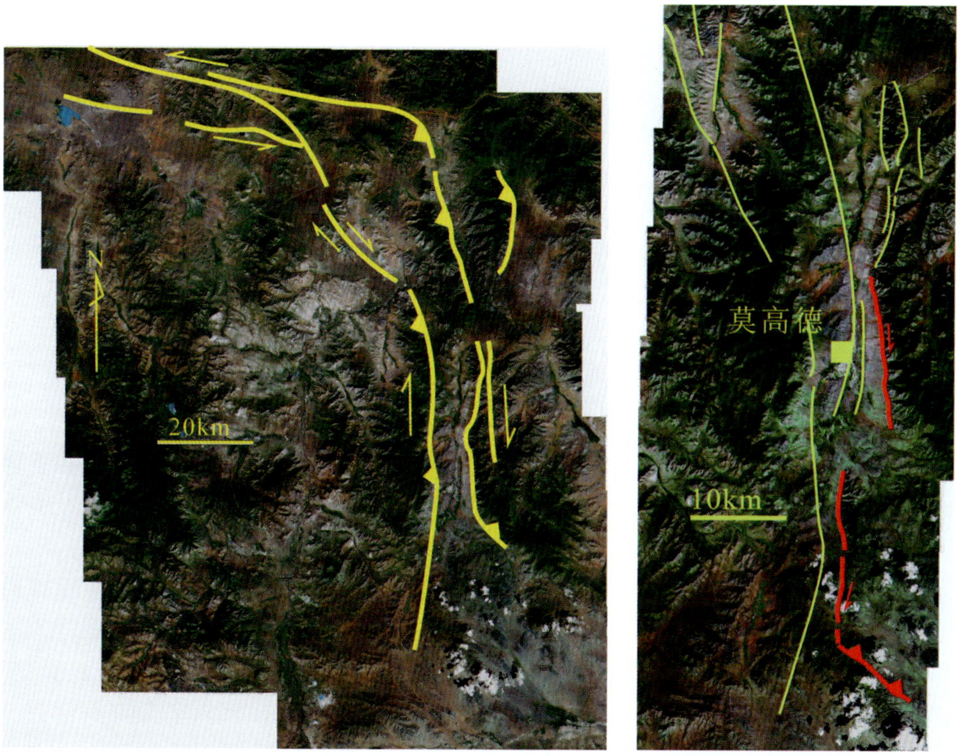

（a）　（b）

图 5-2-2　（a）莫高德断裂系北杭爱断层东南端，（b）1967 年莫高德地震破裂（红色线条）

与其边界断层不同，杭爱隆起的地震活动相对微弱，1900 年以来甚至没有发生过一次 4.5 级以上的地震，5 级以上的中强震仅仅出现在北杭爱断裂和南杭爱断裂（包括它们的尾端断裂系）中 。从北向南的远震剖面解释，杭爱隆起之下的上地幔最为活跃，具有低速、低密度和高温的特征，恰好对应着最高的地形，低速的地壳和上地幔的存在可能是地震活动较少的原因；根据 S 波的快速转变和 GPS 大地测量推测出的伸展，证明在蒙古高原之下存在地幔物质的上升和扩张，导致地壳的伸展应力，但是上地幔的这种异常，究竟是印度-亚洲碰撞、幔柱作用还是其他动力学成因，仍然不得而知（Mordvinova，et al.，2007）。

5.2.1.3 南杭爱-戈壁天山段

主要表现为一系列近 EW 走向的大型左行走滑断层及其东端的 NW 走向的挤压型尾部逆冲构造，由北向南分别为：南杭爱断层带、戈壁-阿尔泰断层带（博格多断层）、戈壁-天山断层带。

戈壁-阿尔泰断层带，又称博格多断裂带（Bogd fault），西起于蒙古阿尔泰山南段的沙尔嘎，向东经大博格多山延伸到 Gurvan Bogd 山，全长超过 670 km，呈 NEE-近 EW 向走势，为左行兼逆冲的大型走滑断层带。东部的 Gurvan Bogd 断裂系研究最为详细，对应着 Bogd 左行走滑断层受限弯曲段（restraining bends）。主滑动断层 Bogd 断层 60～80 ka 以来的最大滑移速度大约是 1.2 mm/a，Gurvan Bogd 断裂系北部现今的边界逆冲断层，上更新世到全新世的抬升速率是 0.1～0.2 mm/a，而山体在新生代的抬升速率是 0.25～1 mm/a（Vassallo et al.，2007）。1957 年的 8.3 级地震发生在 Bogd 断层上，并且导致了长度大于 250 km 的地震破裂和平均 5±2 m 水平左行走滑错动。最新的研究表明南部蒙古 1957 年 Gobi Altay *M*8.3 地震与多条断层的同时破裂有关，包括位于主走滑断层 Bogd 断层的南部 25 km 的 Gurvan Bulag 逆断层，断层的古地震开挖研究表明 Gurvan Bulag 和 Bogd 断层上的地表断层作用的复发间隔是相似的，为数千年（Prentice et al.，2002）。

戈壁-天山断层带呈近 EW 走向分布在中蒙边界地区，向西与中国新疆的博格达山相接，向东经 Gobi-Gurvan，延伸到达兰扎达嘎德以南的中蒙边界上，止于东蒙古-戈壁断层之北，总长度超过 700 km，也是大型左行走滑断层，其中段以走滑为主，东西尾端为强烈挤压抬升的山地。其中东部形成 3 条近平行的 NWW 走向的山体，最北侧山体海拔最高达 2825 m（而周围戈壁的海拔高度仅在 1000～1500 m）；西部的逆冲挤压的尾端构造导致了夹持于准噶尔盆地和哈密盆地之间的东天山强烈抬升，后者海拔高达 4000 m 以上，而盆地强烈沉降，哈密盆地的最低处仅为 141 m。Cunningham 等的研究（2003）发现从中天山向天山最东端，占主导的运动学从逆冲变成左行走滑挤压，相应地，山脉的宽度和平均海拔降低，而且区域上 NNE 向的最大水平主压应力与先存的基底的主压应力方向的角度也在变小，这与近年来 GPS 运动矢量从西向东从 NNE 转为 NEE 是相一致的。在戈壁-天山断层带东端历史上曾经有数次 5½级以上的强震发生，震源机制解表明为左行斜冲。

尽管相对缺少实地的地质考察，但是少量的地质研究结合遥感解译表明在 Gurvan Bogd 断层和戈壁-天山断层之间还存在着一系列的 NW 走向的活动断层的（Lamb et al.，2008）。其中北部的 Shin Jinst 断层和 Modot 断层其 E-SE 的走向和左行运动学方向与北部 Gurvan Bogd 山的主要活动断层的产状和远动学方向相似，Shin Jinst 地区除了大量 E-NE 走向的左行走滑断层，还有少量的 N-NW 走向的右行走滑断层。沿这些断层仅有 5.5 级以下的小震和微震记录。

通京-达兰扎达嘎德右行断层带，虽然从地质和地球物理上都没有证明是一条连续的边界带，但是刁法启等（2009）根据最新的 GPS 数据的研究认为蒙古高原西部存在着一条弥散的大陆内部边界带：Amurian 板块的西边界。该“板块边界”表现为有两条高应变率的构造带，一条自贝加尔裂谷沿着 Tunka 断层向 WS 方向延伸到 Hangay 高原西部，另一条则自贝加尔裂谷南端向南穿过 Hövsgöl 湖至 Hangay 东部，这两条构造带的最大主拉张应变普遍远高于其他地区，其地震活动性也较周边地区高，张裂方向从贝加尔裂谷区的 NE-SW 方向缓慢变化为 E-W 方向，沿贝加尔裂谷南端 Hövsgöl 湖至 Hangay 高原以东，表现为强烈的剪切及面膨胀状态，而且这两条构造带下均存在强烈的地幔上升流。通京-达兰扎达嘎德右行断裂带则恰好在这条所谓边界带的东边缘，其成因机制仍然有待深入研究。

5.2.2 北段境内部分（内蒙古阿拉善段）

戈壁-天山断层带以南，从额济纳旗到巴丹吉林沙漠的广大区域内，既缺少活动断裂的形迹也没有

6 级以上强震的分布。尽管额济纳旗的雅干到阿拉善左旗的乌力吉，从遥感图上能辨认出一系列的 NE 向和近 EW 向的线性构造，但实地的野外考察表明这些线性构造在晚第四纪以来缺少活动的证据，其几何学分布及其左行的运动学特征表明很可能是晚第三纪的东蒙古戈壁断层在我国境内的延伸部分，后者在第四纪以来已经没有明显的活动迹象（Webb and Johnson，2006），但有 2 条 NE 向的地震活动带，其 4 级以下的小震相对弥散，4～5 级的地震记录有较明显的线性特征，在地质构造上恰好对应着阿拉善北部的 2 条晚古生带的蛇绿岩带，在遥感图也解译出数条缺乏第四纪活动标志的 NE-NEE 走向的断裂（图 5-2-3）。

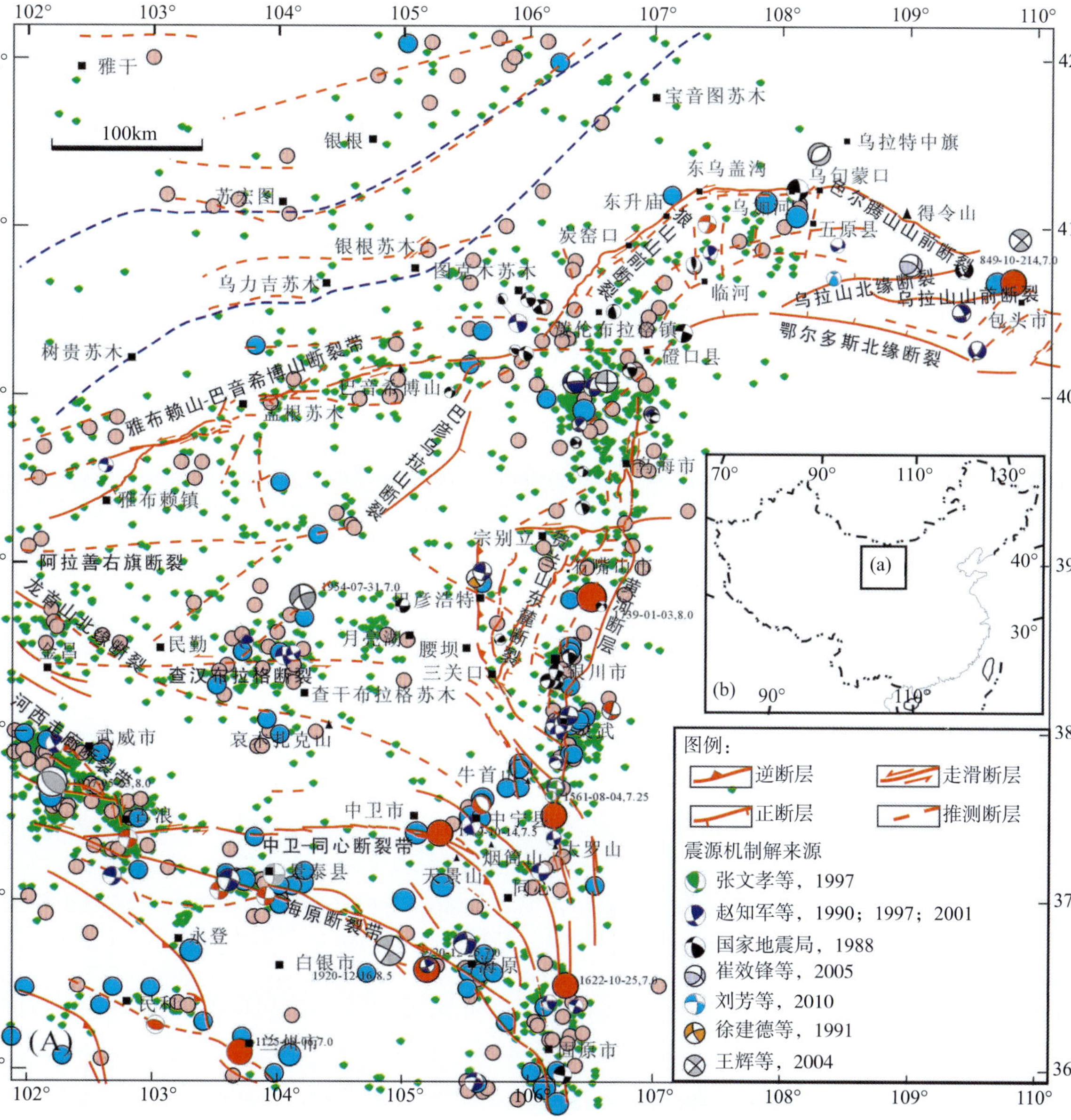

图 5-2-3　内蒙古阿拉善盟及其邻区活动断裂

红色实线为实测断层、虚线为推测或隐伏断层；紫蓝色虚线为晚古生代蛇绿岩带，图例中的震源机制解之后标注引文

在巴丹吉林沙漠的西缘和南缘，包括合黎山、北大山、龙首山和雅布赖山，则分布着一套晚第四纪以来活动的左行走滑断裂系：金塔南山断裂、慕少梁南麓断裂、盘头山-羊圈沟断裂、天城-苏亥阿

木断裂和阿右旗断裂。这些断裂系总体走向近 EW、向西收敛、向东撒开，组成的断裂束，每条断裂长度一般大于 100 km，控制第四纪盆地呈 EW 向长条状展布，卫片上线性影像清晰，晚第四纪以来表现出左旋走滑活动的特点，被认为晚第四纪以来阿尔金左行断裂带的尾端构造（陈文彬，徐锡伟，2006）。天城-苏亥阿木断裂是断裂束中规模最大、断错地貌最为清晰的一条断裂，西起黑河跑架子山沟，向东经天城、苦水墩、大青山南麓、狼娃山南麓、大车场、红梁，苏亥阿木以东没于沙漠区，在狼娃山以西走向 NWW，以东走向近 EW，呈向南突出的弧形，全长大于 210 km。断裂至少由不连续的 6 条次级断层组成，每条次级断层又由更次一级的断层段组成。断裂断错了前震旦系变质岩、海西期花岗岩、闪长岩、下白垩统砂岩及新近系砂岩等地层，断层破碎带宽 5～10 m，最宽 150～200 m；带内发育角砾岩、糜棱岩和断层泥等。断裂晚期活动断错了山前洪积台地，沿带地貌上显示为 EW 走向的平直沟谷或断层陡坎，在新洪积扇上形成的断层陡坎，高者 7～15 m，低坎高 1～2 m。断层左旋活动明显，台地、水系、山脊、阶地的左旋断错地质现象发育。在大青山西段盘头山南侧的洪积扇上，晚更新世以来的断裂活动形成醒目的线性断层陡坎，一系列冲沟、梁脊、阶地等发生了左旋位错。由于沙漠的覆盖，慕少梁南麓断裂、盘头山-羊圈沟断裂、天城-苏亥阿木断裂，向东延伸不清楚，不排除与雅布赖山-巴音希博山（又称巴彦西别、巴音希别）断层带相接。

5.2.2.1 雅布赖山-巴音希博山断层带

雅布赖山-巴音希博山断层带西起于阿拉善右旗雅布赖山，沿雅布赖山南麓向东经巴音希博山北麓和罕乌拉山的北端，在狼山南，延伸进入乌兰布和沙漠，总体走向 70°，长度超过 300 km。该断层西段地形地貌特征明显，使得雅布赖山南麓山势挺拔，地形陡峻，山川界线平直；向北东在狼山的西南，经红古尔玉林沟至德斯乌拉一带形迹逐渐不清楚。众多水体沿断裂带呈串珠状分布，例如克布尔海、哈拉毛滩沼地、巴音诺尔公湖等。阿尔格林台、因德里沟、巴彦希别等地现代干河床两岸，第四纪更新统洪积物被相对抬升 5 m 以上，造成侵蚀阶地，布罗史台，隆和托、踏木斯格等山体南麓山口往往形成悬谷，并发育有现代洪积裙。1959 年 4 月 22 日凌晨孟根公社西发生 5¾级地震，1976 年 9 月 23 日孟根公社-雅布赖盐场一带发生有感地震（宁夏回族自治区地质局，1980，中华人民共和国区域地质调查报告（比例尺 1：20 万）阿拉坦敖包幅（K-48-XXXIII）。163～187）。断层带总体显示出左行挤压的运动学特征，断层面多为向 NW 陡倾，断裂带宽约 7 km，包括布罗史台山、隆和托山、踏木斯格山、哈拉乌拉山、阿都丈山、巴彦希别山等隆起的山体，被认为是该断裂的构造透镜体（宁夏回族自治区地质局，1980，中华人民共和国区域地质调查报告（比例尺 1：20 万）阿拉坦敖包幅（K-48-XXXIII）。163～187）。该断层带错断了延断裂带零星发育的一系列第三系湖盆沉积（渐新世-上新世），在西段-雅布赖山断裂，错断了晚更新统沉积。

雅布赖山断裂带中北段，即主走滑断裂为 NEE 走向的左行走滑断层，南西端和东北端发育 NE-NNE 走向分枝走滑断层（正断层）。雅布赖山断裂带主断层沿雅布赖山南麓发育，断层面总体向 SE 陡倾，切 QP^3 冲积扇，水系扭动显示左行走滑断层。断层导致北盘的晚古生代灰白色花岗闪长岩和早前寒武纪片麻岩大幅度抬升，形成独特的平顶山地貌。断层泥和断层破碎带总宽度大于 20 m；在断层破碎带，测得 2 组破裂面：断层面 1，152°∠42°，擦痕线理，132°∠41°；断层面 2，150°∠40°，擦痕线理，172°∠38°，南盘左斜冲，与地貌特征不相符，可能为早期的擦痕构造。离山前主断层约 2～5 km（向西与山前断层合并，向东散开），有与之近平行的高角度走滑断裂发育（称南侧分支断层），被 QP^3 覆盖，切 K_2 和新第三纪地层。在南侧分支断层带中测得 3 组断层面：①断层面 140°∠73°，擦痕 45°∠15°，右行，存在早期倾向擦痕线理；②145°∠66°，擦痕 58°∠6°，左行走滑，断层面绿帘石化；③150°∠53°，擦痕 220°∠45°，冲断层，断层面碎裂岩化，3 组断层面不同的运动学性质表明断层曾经多期活动。基底碎裂岩之上，靠近断层的位置，发育以砖红色砂土胶结的角砾岩，其上分别水平覆盖新近纪砖红色砂岩与晚更新世砂土，说明南侧分支可能在上新世之后停止活动。雅布赖山断裂带主走滑断层向西切雅布赖山，形成显著的峡谷地貌，西端没于巴丹吉林沙漠之中；西南段发育有分枝断层，走向大体为 NNE-NE 走向，切晚更新世的冲积扇，使得西盘的包括基底片麻岩、古生代花岗岩类和晚中生代地层大幅度抬升，抬升幅度由北向南减弱。南西段分枝断层主要沿山前陡崖发育，遥感解译为正段兼左行，陡崖之上的片麻岩擦痕面发育右行擦痕，而在其西侧的基岩内，有左行活动证据，左行断层为 NE 走向，与右行断层小角度交切。雅布赖山东北端也出现 NNE 向断层，无晚第四纪活动迹象。雅布赖山断裂带主走滑断层在分枝断层的南部继续向东延伸，由于局部的左行挤压阶区造成地形隆起，断层切山前切新近系和其上的第四纪冲积扇。NEE 走向的中段（左行为主）和 NNE 向的南段与北段（正断为主）的构造样式表明第四纪以来本地区的最大挤压应力方向为 NE 方向，与 GPS 研究所揭示的结果基本一致的。

在巴彦西别山以东，该断裂带多被上更新统覆盖，局部被新近系地层覆盖，特别是狼山的西南地区，形迹逐渐不清。红古尔玉林沟以东，徐力斯特乌拉（希力斯台乌拉）至庆格勒图西北的阿拉善村一线，从遥感图仍然可以辨认出较明显的线性构造，在地形上表现为 NEE 向的隆起，向东消失在乌兰布和沙漠中。线性构造南侧地层为古元古或太古代片麻岩、下白垩统、始新统和上更新统，北侧为始新统、渐新统、中更新统和全新世的风积和河流冲积层（1：20 万庆格勒图幅地质图，1975），推测之间存在走滑断层。前人研究认为在河套断陷带与吉兰泰地堑之间，为一个近 EW 向的隐伏基底隆起所分隔，位置在磴口至徐力斯特乌拉一线（国家地震局，1988），这个界线恰好向西与雅布赖山-巴音希博山断层带相接，不排除该断层继续向东延伸，构成河套地堑的南界。结合雅布赖山地区的研究，推测该断裂在上新世之前曾经较为活跃，形成西起雅布赖山（甚至向西可能延伸到北大山）东至狼山长达数百公里的左行走滑断裂带，第四纪以来活动性明显减弱。

5.2.2.2　狼山-色尔腾山断裂系

即河套断陷带，位于阴山隆起与鄂尔多斯隆起之间，西界为狼山山前断裂，东界是和林格尔断裂，北界为阴山（包括色尔腾山、乌拉山和大青山）山前断裂，南界为鄂尔多斯北缘断裂，东西长约 440 km，南北宽约 40～80 km，总体走向近 EW，与吉兰泰地堑以位于磴口至徐力斯特乌拉一线近 EW 的基底隆起向分隔（国家地震局，1988）。

狼山山前断裂带沿狼山东南麓展布，南起哈腾套海南，北至狼山口，全长在 160 km 以上，是控制临河盆地的西北边界断裂带，走向 55°，倾向南东，倾角 60°～70°。根据地貌形态、构造活动特征及下降盘第四系厚度来看，北段较南段活动强烈（例如狼山山体北段海拔可达 1800 m 以上，乌盖西北部最高峰可达 2364 m，南段山势渐缓，海拔降至 1400 m；相应的，北段盆地中第四系厚度为 1800 m 以上，而南段沉积厚度逐渐减小；北段第四纪断层发育，山前断层崖、断坎常可见到，认为北段较南段较为活跃（国家地震局，1988）。通过野外考察发现，事实上断层崖、断坎一直向南西延伸到敖伦布拉格峡谷沟口第三系地层组成的阶地之上，清晰可见，向南才逐渐模糊。根据断裂控制晚更新世和全新世冲、洪积扇、错断全新世地层，以及近代迫使黄河以每年上百米的速度向南不断迁移，说明断裂近期仍在强烈活动（孙爱群等，1990）。物探和地质露头考察发现狼山山前断裂以正断层为主，但遥感图上显示出右行特征，尤其是北段的炭窑口附近。狼山口位于 NE 向的狼山山前断裂带与近 EW 向的色尔腾山山前断裂带的转折地段，是狼山山前断裂带第四纪强烈活动的地段（国家地震局，1988）。从遥感图上看狼山山前断裂带与近 EW 向的色尔腾山山前断裂带相互截切的关系，色尔腾山山前断裂带呈弧形并于狼山山前断裂带；狼山山前断裂带切过色尔腾山山前断裂带断续向北东基岩中延伸，同时造成水系的右行错动，色尔腾山山前断裂带的弧形可能是前者右行剪切造成的。而前人工作发现的局部地段（罕乌拉沟口两侧，断层崖高 10～15 m，断面具有左旋斜滑性质的擦痕），断层面亦具有左旋倾向滑动特征的斜擦痕，反映断层带具有左旋拉张运动的特征（国家地震局，1988），指的应该是色尔腾山山前断裂带弧形与狼山山前断裂带交接的部位。与狼山山前断裂带相平行，狼山扇裙前缘断裂展布于狼山山前扇裙的前缘，距山前 2～5 km 左右，延伸长度达 200 km 以上，以高角度 65°～75°向 SE 方向倾斜，断裂南部强烈断陷，使新生代地层厚度增加，而且表现出东部和西部沉降的差异性：以上更新统地层为例，东部断距为 50～60 m，西部却增至 110～200 m，成为较为特殊的枢纽断层（孙爱群等，1990）。

狼山地区沿 NEE 方向是一个多地震带，比较大的地震有 1973 年狼山南麓的 4.5 级地震，1934 年和 1979 年先后在五原发生的 6¼级和 6 级地震，吉兰泰北东 30 km 处发生过 6 级地震，小地震则更加频繁。但没有 7 级以上强震的记录。

色尔腾山山前断裂位于色尔腾山南麓山前，西起东乌盖沟，与 NE 走向的狼山山前断裂相接，向东近 EW 向经狼山口、乌加河，到乌不浪口之后，转为300°左右继续向 SE 延伸，经东风村、大佘太、乌兰忽洞，至台梁附近逐渐消失，全长约 150 km，与狼山山前断裂一起控制着河套断陷带的西北边界，是河套断陷带一条非常重要的边界活动断裂。色尔腾山山前活动断裂以正断层的形式出现（吴卫民等，1996；杨晓平等，2002），对遥感图的判别，中东段没有发现明显的水平错动的迹象；西段局部断层陡崖（东乌盖沟口/罕乌拉沟口两侧）有左斜滑的擦痕（国家地震局，1988）。

色尔腾山山前断裂带断面均向盆地内倾斜，总体上为正断层，近 EW-NWW 向展布，倾角由西(39°～60°) 向东变陡（64°～77°），控制临河凹陷的北边界；第四纪以来强烈活动，以乌布浪口为界，东西两段地貌、构造差异明显，西段山势陡峭海拔高达 1850 m，东段低缓，海拔 1300～1500 m；西段第四纪断层发育，东段不明显，基岩埋深变浅，断裂逐渐消失；所控制的临河凹陷第四系厚度西厚东薄，从 1600～1800 m 向东减小为 200～420 m。推测色尔腾山山前断裂带是狼山断裂带（具有右行斜滑特征）的尾端构造。

色尔腾山山前断裂大致可以分为 4 段（陈立春等，2003），从目前已经获得的运动学数据看，中段（乌句蒙口—得令山）晚第四纪以来垂向位移速度最大（晚更新世晚期（23～49 kaBP）以来平均垂直位移速率为 0.88～1.83 mm/a，全新世中期（约 7.01 kaBP）以来最小垂直位移速率为 0.89 mm/a），西段次之（晚更新世晚期（22.34～14.45 kaBP）以来，断裂平均垂直位移速率为 0.48～0.75 mm/a；全新世早中期（8.83～5.57 kaBP）以来，断裂平均垂直位移速率为 0.56～0.88 mm/a，中东段（大佘太段）和东段（乌兰忽洞段）很小（距今约 30 ka 以来，断裂上升盘的平均抬升速率为：大佘太段 0.19 mm/a，乌兰忽洞段 0.20 mm/a）。西段的乌加河跨断裂的短水准测量结果表明，1981～1986 年断裂带 SN 向最大垂直位移速率为 0.5m/a，东西向垂直位移速率 0.4 m/a。尽管中段晚第四纪以来的活动速率最快，但通过探槽揭示的古地震研究成果表明距今 3250 年以来，该断裂段上还没有发生过错断地表的地震事件，杨晓平等（2002）认为该段是色尔腾山前活动断裂带上具备潜在危险的一个活动断裂段。

在色尔腾山前断裂带南侧与其左行右阶排列的活动断层还有乌拉山北缘断层、乌拉山山前断层、大青山山前断层、鄂尔多斯北缘断层（临河盆地的南界断层）等近 EW 走向的断层和与这些断层大角度截切或者相交的 NE 向隐伏断层如包头断层和达拉特断层等。

乌拉山山前断裂带位于乌拉山南麓，西起乌拉特前旗（西山咀），东至包头市昆都仑区北，总体呈近 EW 向，长约 110 km，正断层，倾向南，地表倾角 60°～75°，深部 44°～62°，为铲形断层。第四纪以来乌拉山山前断裂以垂直差异运动为主，兼具左旋扭动，晚更新世以来，西段活动较东段强烈（西段，西山咀—公庙子段，走向 NWW，延伸长约 21 km，片麻岩组成的基岩断层崖上覆盖着晚更新世河湖相砂砾石层，断面向南陡倾，擦痕显示左旋斜滑，晚更新世以来累计抬升速率为 5 mm/a）（国家地震局，1988）。

大青山山前断裂沿大青山南麓展布，西起包头黄河南岸的昭君坟，向东呈 NEE 走向，延伸到呼和浩特以东，全长约 200 km。晚更新世断裂活动表现为正断层和阶状正断层，倾角 45°～70°，两侧地层无明显牵引现象。总体呈正断层，局部 NNW 向断裂具压性且两盘作左旋运动。大多数露头显示主压应力近铅直，局部为 NW-SE（包头糖厂北），断层右旋拉张。全新世，大青山山前断裂带在西段东河-莎木佳表现明显，向东规模大大减小。晚更新世平均活动速率 4.6 mm/a，早全新世平均活动速率 2.8 mm/a，晚全新世个别地点活动速率高于 8 mm/a（永富村北），可能与古地震有关（中国地震局，1988）。前人的研究认为，大青山山前断裂晚更新世以来的活动在空间和时间分布上都是不均匀的，例如呼和浩特段（起于呼和浩特西北郊的乌素图—元山子一带，向东止于奎素东 4 km，长 38 km），比大青山山前断裂中间几个段落在第四纪以来的累积位移量要小得多，山前台地发育不明显，晚更新世以来的位移速率在中间 4 个段为 4.75～6.46 mm/a，呼和浩特段 2.4～3.5 mm/a，仅约为前者的 1/2，然而，晚第四纪以来，该区间的明显活动，由元山子往东，断层普遍断错山前洪积扇和冲沟二级阶地，断层陡坎分布较为连续，高度在几米至 10 m 之间，而且伴随有断错地表的古地震事件发生（冉勇康等，2002）。对于该断层水平滑移速率研究的成果较少，江娃利等（2000）对大青山西端的研究揭示该断层的西端全新世以来的左旋走滑速率为 5 mm/a。

鄂尔多斯北缘断裂带是河套断陷带的南界断层，由于库布齐沙漠的覆盖出露较差，仅在瓦窑、城拐子等地见到高达 20～50 m 的断层陡坎；在城拐子至白泥窑一带，陡坎由上更新统湖积层组成，见向北倾斜的正断层出露，地震勘探资料认识是形成上新世末的正断层，断面向北倾斜，倾角 78°，西段断距较大，为 1500～2000 m，向东逐渐减小，至黄河附近消失；断层以垂直差异运动为主，晚更新世以来的垂直活动速率约为 0.3 mm/a，活动程度远逊于河套北侧的断裂（国家地震局，1988）。

河套断陷带断层面倾角总体向深部变缓，地震勘探查明，狼山、色尔腾山山前断裂带倾角为 40°～60°，乌拉山山前断裂带为 44°～62°，大青山山前断裂带为 44°～60°，均为上陡下缓的铲形断面；断陷带具有左旋剪切拉张的运动特征，局部见张扭性正断层，显示左旋扭动特征，临河盆地在 NW 方向的水平伸展量达 15 km 左右；地震断错反映的构造应力场的主压应力轴自西向东由 NE 逐步转为 NEE（国家地震局，1988）。从断裂分布的几何学特征和运动学配套来看，可以认为狼山-色尔腾山断裂系（河套断陷带）是雅布赖山-巴音希博山断层带的尾部松驰构造：总体具有左行伸展特征的正断层系统。

河套断陷带以浅源中、小地震十分活跃为特征，地震强度和频度向北向西增大，与断裂带的活动特征一致，一般较大的地震发生在边界断层与横向断裂的交会处或隐伏凸起的两侧，如 1929 年毕克齐 6.0 级地震和 1979 年五原 6.0 级地震。

5.2.2.3　巴彦乌拉山前断裂

尽管从地理位置上，巴彦乌拉山呈 NNE 走向的分布于狼山南西，而且东部为具有较厚新生代沉积的吉兰泰盆地，很容易让人认为狼山东麓活动断裂向南西延伸，与巴彦乌拉山前断裂相接。但是不但这两条断裂带所控制的河套断陷带与吉兰泰地堑的活动强度差别较大（河套断陷带内断层地貌特征显著而吉兰泰地堑相关的断层的地貌特征不明显；吉兰泰盆地第四系的最大厚度仅 400 m 左右，而河套断陷带第四系最大厚度超过 2400 m），而且两条断裂带明显被雅布赖山-巴音希博山断层带相隔。敖伦布拉格与庆格勒图之间，存在一个近 EW 向的隆起，有大面积的第三纪红层出露。徐力斯特乌拉（希力斯台乌拉）至庆格勒图西北的阿拉善村一线，走滑断层隔开了南侧的基底片麻岩和北侧的新生代地层，被错动的最新地层为中更新统。

巴彦乌拉山山前有主要由第三系组成的台地，台地以东为第四纪沉积盆地，以西的山区主体为古元古代的灰色片麻岩和花岗片麻岩。山区、台地和盆地之间存在两条断裂：西部的断裂倾向 NW，为逆断层，白垩系或更老的地层以及片麻岩基底向南东逆冲于渐新统之上，局部逆冲到中新统或上新统之上，野外考察表明这套断裂主体走向 NE-NEE，主体在片麻岩中通过，为左行逆冲断层。而晚期的右行正断层主要发育在山前台地与盆地的边界上，如巴彦乌拉山山前东部断裂断续出露约 40 km，倾向 SE，为正断层，错断最新的地层为晚更新世的砂砾石层，上新统垂直断距可达 150 m；根据地貌和第四纪沉积厚度分析，北段运动强度较大（国家地震局，1988）。

从遥感图上，有明显的线性构造沿腾格里沙漠的西北边界出现，并经甘肃民勤延伸到武威以西。缺少地质证据表明存在 NE 向的活动断层，但 1954 年 7 月 31 日恰好有 7 级地震发生在这条线性带上，震源机制解的研究表明，该线性带（至少其南段）为阿拉善地块南部的边界断层——近 EW 走向的查汉布拉格断层的分枝断层（图 5-2-3）。

5.2.2.4　桌子山-贺兰山断裂系

桌子山-贺兰山断裂系总体呈近 SN 走向，主要由近 SN 走向的桌子山活动断裂带、NEE 走向的贺兰山东麓断裂、NEE-SN 走向的黄河断裂（银川盆地断裂系）、近 SN-NW 走向的贺兰山西麓断裂带以及近 EW 走向的宗别立-正谊关断裂等断裂组成。贺兰山东麓断裂和黄河断裂控制着银川盆地的发育，最近的地震剖面勘探表明银川盆地内的断层成负花状结构，而西边界断层贺兰山东麓断裂具有右行走滑的证据，尽管东边界断层黄河断裂并没有明确的地质证据证明存在右行走滑，但向北或向南延伸，桌子山断层和大罗山断层晚第四纪以来有右行走滑的证据，因此认为桌子山-贺兰山断裂系在晚第四纪以来是一套大型的右行伸展走滑断裂系。

1）桌子山活动断裂带

桌子山断裂带位于桌子山地区的千里山西麓和岗德尔山东、西两麓，北起磴口南乌兰布拉格沟一带，向南沿千里山西麓经哈让贵乌拉和千里山钢厂东侧，过千里沟后断裂分为东西两支，西支以 SSW 方向沿凤凰岭西麓和岗德尔山西麓延伸至三道坎东侧，东支仍大致以原走向经凤凰岭东侧、岗德尔山东麓，至老石旦煤矿西，近 SN 向展布，长度约 76 km（邢成起和王彦宾，1991）。在千里沟以北，该断裂带表现为千里山基岩与第四系之间的平直界线。千里沟北岸一级阶地陡壁上出露第四纪断层，为近直立、或者高角度向西或东陡倾，断错了高出沟底约 4 m 的阶地砾石层，形成断层陡坎；但 1～2 m 的低阶地未被错断，其最新活动时代可能在全新世早期（9710±70a）（邢成起和王彦宾，1991）。在千里沟北约 1 km 处出露的断层剖面，断面西倾，倾角 63°，断层东西两盘分别为奥陶纪灰岩和第三纪砖红色泥岩；该断面之南发育晚更新世早期高台洪积扇，切割该扇面的数条冲沟右行错 12 m、20 m 和 22 m。其中，右错 12 m 的冲沟北壁亦出露断层，断面西倾，倾角 57°～60°，切割了晚更新世砂砾石层及黄土层。在千里沟南，桌子山断裂分为东西两支。西支沿凤凰岭-岗德尔山西麓展布，在地貌上构成山原分界，与千里沟以北断层相比，其活动强度明显减弱。东支断层北段沿桌子山西麓和凤凰岭与桌子山之间延伸，断层新活动较弱，沿线高约 4～10 m 的阶地未被错动。南段沿岗德尔山东麓展布，活动较强。在代兰特拉一带，断层错动山前中更新世高台洪积扇，使断层西侧该洪积扇面发生反倾。在代兰特拉南约 5 km 处，断层切过晚更新世晚期山前戈壁，形成低缓的西倾反向陡坎，陡坎坡角 3°～7°。再向南，自自云鄂博北至老石旦火车站西，断层在地貌上表现为断续延伸的基岩垄脊，垄脊底宽一般 20～50 m 左右，高度约为十几米至四五十米，垄脊的东缘边界十分平直，应为断层所在位置。该断裂带新生代以来，为挤压-右旋走滑的性质（邢成起和王彦宾，1991）。

2）银川地堑断裂系

银川盆地存在着 NE、NW 和近 EW 向 3 组断裂，其中 NE 向的 4 条断裂为该区的主要断裂，即贺兰山东麓断裂、芦花台-崇岗断裂、银川-姚伏断裂和黄河断裂，组合构成了一个地堑系统。贺兰山东麓断裂走向 NE-SW，倾向 SE，正断层，具有右旋走滑分量。晚更新世以来沿贺兰山东麓断裂带，插旗口-紫花沟段垂直位移最大（尤其是插旗口与苏峪口之间），该位移最大段与贺兰山最高峰及盆地中第四纪深凹陷在对应的位置上。苏峪口外断层崖全新世以来最大位移（垂向）速率为 2. 1 mm/a，平均位移速率 1. 62 mm/a；红果子沟断层崖最大位移速率 1. 12 mm/a，平均位移速率 0. 88 mm/a。尽管在西北轴承厂北、贺兰口南、苏峪口外、红果子沟长城西断点等地获得了贺兰山东麓断裂带右旋水平位移的证据，且这些地点水平位移值为垂直位移值的 2～4 倍。但是前人根据在大武口北干沟沟口和苏峪口断层崖等地探槽中发现的擦痕产状反映以垂直运动分量为主，红果子沟长城东断点只有明显的垂直位移（没有错动长城），大量的考察点上只能测到垂直位移等现象，总体来说，垂直位移更具有普遍意义（国家地震局，1988）。

芦花台-崇岗断层走向 NE-SW，长约 80 km，从银川市老城西约 20 km 处（西夏区）通过，是倾向 E 的铲形正断层，从银川西向北，断层断距变大（银川西第三系底面落差为 5 km，至黄桥渠西达 3. 4 km。早第三纪时是断陷湖盆的西界，西盘晚第三纪地层直接覆盖在古生界或更老的地层之上。断层向上消失在中新世地层中，晚第三纪以来活动不明显，该断层晚更新世以来不活动（柴炽章等，2006）。

银川-姚伏断裂（或称银川-平罗断裂），从黄渠桥南延至银川，走向 NNE，长约 66 km 倾向 NW，正断层，从银川东部兴庆区通过，全新世以来还在活动，且存在古地震错动遗迹（赵成彬等，2009）。银川-姚伏主断层略呈锯齿状分布，倾向 NWW，北段倾角 71°，南段倾角 66°，北段全新世中晚期活动，南段晚更新世晚期活动，两段分界位置在银古公路附近；北分枝断层倾向 SEE，倾角 70°；南分枝断层倾向 NWW，倾角 76°（柴炽章等，2006）。北段晚更新世末期以来滑动速率为 0.14 ～0.05 mm/a；南段断层全新世不活动。自北向南断层活动强度呈减弱趋势（雷启云等，2008）。1739 年平罗地震震中位于平罗南 10 km 处，极震区的走向和长度，恰好与该断裂的地理平面位置一致，史书记载沿银川—平罗一线地面沉陷、地裂、喷水冒砂最严重，且等震线东密西疏也似与该断裂倾向一致，曾被认为是 1739 年平罗地震的发震断层。但根据近年来对地表破裂带的运动学特征研究，结合地震勘探的成果，贺兰山东麓断层被认为是 1739 年银川-平罗 8 级地震的发震断层或主要控制断层（柴炽章等，2006）。

黄河断裂控制着银川地堑的东界，北起石嘴山惠农区，向南经陶乐县至灵武南，总体呈 NNE 走向，从横城（永宁县东）南转为近 SN 走向。断裂以东为第三系、白垩系或更早地层构成的丘陵或高原，以东为黄河冲积平原；地震勘探表明，断面向 NW 倾斜，浅部倾角 70°，向深变缓，由银川向石嘴山南，垂向断错运动幅度减小（银川东，断裂两侧第三系底面落差 2800 m，陶乐 1500 m，黄渠桥 800 m，石嘴山南 300 m）。近期研究表明黄河断裂晚更新世末期有过活动，古地震及其错动遗迹明显（赵成彬等，2009）

黄河断裂的南段为灵武断裂，古地震活动，近代和现代中强地震活动频繁，是一条晚第四纪活动断层。以红柳湾和太河子沟为界，柴炽章等（2001）将断裂分为北、中、南 3 段。北段由东、西两支断层组成，走向 NE。其西支分布在中-晚更新世洪积台面与晚更新世晚期冲洪积台面之间，与中段斜列，阶距 1.1 km。东支构成山地和洪积台地的分界，双叉沟以南航片上线性影像极为清晰，以北较为模糊；中段 SN 向延伸，发育在灵武东山西麓，东为基岩山地，西是晚第四纪洪积扇、裙发育区。断裂两侧落差达 300～400 m，比南、北两段大出 1～2 个数量级；南段东、西两侧分别为中-晚更新世波状台地和全新世黄河冲积平原，呈折线状延伸，总体走向 SN。根据对断层最后一次活动时代的研究，北段和中段断层最后一次活动分别在晚更新世晚期或全新世初期，南段最后一次活动在全新世中期。另外，近代弱震和中强地震在南段西侧密集成带，以北稀少（柴炽章等，2001）。断裂北段中部机场探槽（布设在银川河东机场东侧一条被袭夺冲沟北岸的阶地上，此处发育小断层崖），揭示的断层有张性特征，产状为 310°∠67°，断层最后活动发生在（13.20±0.01）ka 之后；断裂中段北部的塌鼻子沟剖面和竹家沟附近揭出的断层产状为 285°∠66° 和 270°∠53°，最晚的断错事件发生在（9.83±0.24）ka 之后；断裂南段中部杜木桥公墓北侧的一个残留Ⅱ级阶地西缘探槽揭示断层产状 301°∠65°，晚期错动事件发生在距今（10.4±0.105）ka 前；南段的太泉湖东岸Ⅰ级阶地前缘的小断崖上的探槽揭示正断层，产状 250°∠65°，错动事件为（5.42±0.042）ka。灵武上世纪后期发生的几次 5 级地震震源深度分布在 10～16 km；探槽揭示的古地震为 7～7½级（柴炽章等，2001）。

灵武断裂向南可能与罗山东麓断裂相接。罗山东麓断裂位于宁夏回族自治区中部，呈近 SN 走向，断裂以西是大小罗山山脉，以东为下马关-韦州盆地，是青藏块体与鄂尔多斯块体的分界构造之一。罗山东麓断裂在第四纪更新世之前，向北与牛首山断裂连为一体，并与其他几条青藏块体东北缘断裂活动规律一致，其活动表现为自西向东的逆冲（错动晚更新世的马兰黄土）；在 NEE 向的挤压应力长期作用下，青藏块体相对华北块体向北运动，全新世以来，罗山断裂由挤压逆冲转变为右旋走滑，并向北脱离了牛首山断裂而与银川地堑东侧的黄河断裂连为一体（柴炽章等，1999）。大罗山山体北端周家圈东南约 1 km 处的山坡上，罗山东麓断裂呈直线状，探槽揭露出 2 条相邻的断层，东侧正断层向东陡倾，产状 80°∠80°，西侧为西倾的逆断层，产状 265°∠54°。在大罗山石窑洞东侧洪积台地前缘，罗山东麓断裂在这里分为东西两支，西支位于奥陶系基岩山体的东缘，为断面西倾的逆掩断层，错断的最新地层是晚更新世马兰黄土；东支断层为高角度、断面东倾的正走滑断层（产状 90°∠76°），是全新世以来的主要活动断裂。小罗山北段王登圈之南，不到 2 m 宽的剖面上揭示出 5 条断层，断层皆为陡倾，垂向位移较小（剖面图显示 50 cm 以内），最东侧倾向西（产状 260°∠72°，正断层），最西侧倾向东（产状 80°∠70°，逆断层），在中央近直立断层（东升西降）西侧有崩积砾石层（覆盖了东侧的 2 条断层），^{14}C 样品年龄约为 2000 年。罗山东麓断裂最后一次错动事件发生在（2105±175）a BP（柴炽章等，1999），近现代以来地震活动稀少。

发育在罗山东麓断裂带以东的青龙山-马家滩褶冲带中的断裂构造以西倾为主，个别地段表现为东倾，据断层错动地层及褶皱倒向等推断断裂为印支期-燕山期，运动方向为自西向东推覆为主，少量有自东向西反冲，但断裂规模不大，应属西倾东冲主断裂系统发育过程中产生的背冲断层。喜马拉雅期除继承性的逆冲推覆外，多兼有右行走滑特征。

EW 向的断层主要分布在银川地堑的北端，在黄渠桥与石嘴山（惠农区）之间分布着 3 条向南倾的 EW 向隐伏断层，使得基底在 15 km 距离内向南阶梯状断落了 5 km，且可能向西发育，断错贺兰山东麓（王全口）的上新统砾岩（国家地震局，1988）。

宗别立-正谊关断裂是桌子山-贺兰山断裂系最显著的近 EW 向断层，横贯贺兰山北部山区，断裂带总体走向为 EW 向，局部走向变化于 NWW 至 NEE 之间，断层倾角较大，一般在 60°以上，倾向时而南倾，时面北倾，变化比较频繁，为挤压-左旋走滑活动的大断裂，第四纪以来呈明显的左旋走滑活动（邢成起，王彦宾，1991）。根据重、磁等物探资料推测，前人认为断裂出贺兰山后向东、向西均有延伸：其西延部分埋没于地下，地貌上无显示；自正谊关沟口南附近以 110°走向出山后，在石咀山-乌达谷地中也呈隐伏状态，大约在电厂南 2～3 km 处过黄河后又出露地表，沿桌子山脉南端顺二柜沟向东经过老君庙、陶乐煤矿，再向东切过楚伦翁古策沟后，又隐伏于地下，一直可向东延伸至偏关附近，总长度可达 500 km 里左右（邢成起，王彦宾，1991）。然而，在整个断裂带上，断层新活动只发生在楚伦翁古策沟以西的地段内，尤其是出露地表的两个段落，晚第四纪内活动显著，它们在航卫片及地貌上均有清晰的反映（实地野外考察并没有在贺兰山以东发现该断层的迹象）。第四纪以来，在断裂活动导致一系列冲沟水系发生了同步左旋拐折；另据正谊关附近跨断层短基线测量成果，断裂带的现代活动仍以挤压-左旋走滑为主。宗别立-正谊关断裂东段（宗别立-正谊关南甘沟口）的断错地貌较为显著，其最长一组水平错距为 1800～2000 m，最小一组错距 0～20 m，被认为活动性最强，并且在毛呼都格音沟和葡萄泉子沟发现两处古地震遗迹（在距今约 6000a 左右）；向西、向东明显减弱（邢成起，王彦宾，1991）。

盆地中南部还有一组 NW-NWW 走向的隐伏断层。其中最北一组，发育在银川附近，从黄河东横山长城一线明显的地貌界线向北西经银川，从苏峪口附近进入贺兰山区，表现为偶有中强震发生的小震密集带，以该断层为界，盆地内的近代弱震主要局限在南部。而在稍南部的青铜峡至灵武地区，有 2 条隐伏的 NW 向活动断层：灵武北隐伏断层和吴忠北隐伏断层，可能与灵武断裂带（灵武东山西麓断层一起控制着该地区近现代的地震活动。赵卫明等（1992）根据 1988 年灵武 5.5 级地震震源机制解和等烈度线的分布特征及其余震序列的精确定位，认为灵武北隐伏断层倾向 SW，正断层，是 1988 年灵武 5.5 级地震的发震构造。

NW 向的三关口-牛首山东麓断裂带可能是银川盆地的南界断层。这些 NW 向的断裂早期为逆冲断层，牛首山东北麓断裂倾向 SW，倾角 50°～80°，南西盘下古生界逆冲至北东盘中更新统红色岩层之上，并错断下更新统砾岩层，断距达 40 m；三关口一带压扭性的 NW 向断裂使第三纪地层强烈变动（国家地震局，1988）；而第四纪以来转为左行走滑，野外考察表明三关口断裂 NWW 走向段的晚期擦痕为近水平的左行走滑擦痕。

与上述的 NE、NW 和近 EW 向 3 组断裂的几何分布相一致，银川盆地有 3 个沉降中心，分别位于北部平罗西、中部银川北和南部灵武南。其中银川北沉降中心新生界和第四系厚度分别为 7000 m 和 1609 m（国家地震局，1988）。而最近的研究工作（杨卓欣等，2009；方盛明等，2009）通过跨银川断陷盆地（长 68.9 km）的高分辨深地震反射探测剖面发现银川基底呈东西浅、中部深的形态，且西陡东缓，最深处大致位于芦花台至西大滩一带，埋深达 7 km；芦花台断层东倾，倾角较陡，延伸至研究区基底之下；银川-平罗断层倾向W，是一条超基底的隐伏断层；黄河断层西倾，延伸深度超过研究区基底；芦花台断裂、银川断裂分别于12～12.5 km、18～19 km深处交会于贺兰山东麓断裂，贺兰山东麓断裂于28～29 km深处交会于黄河断裂，黄河断裂为错断Moho面的深大断裂，银川地堑为以黄河断裂为主，其他断裂为辅组合而成的负花状构造。芦花台断层、银川-平罗断层、黄河断层在银川盆地内均表现为NNE走向的速度差异条带，且断层两侧基底及沉积界面埋深存在显著变化。

有观点认为三关口断裂、牛首山东北麓断裂、大小罗山断裂（罗山东麓断裂）、云雾山断裂等斜列组成三关口-牛首山-云雾山断裂带，北段呈NNW向展布，延入腾格里沙漠后形迹不清，向南从大罗山开始转为近SN走向，经云雾山，终止于泾源县东，长约360 km，可能与岐山-马召断裂相接，是鄂尔多斯西南边缘弧形断裂束之一（国家地震局，1988）。因此本文倾向于晚第四纪之后，罗山-云雾山断裂可能与黄河断裂一起构成了重要的边界断层，是银川右旋走滑拉分地堑系的主走滑断层之一。三关口-牛首山断裂系可能仅为分枝断层，起着调整地堑两侧正断层运动幅度的作用。

3）贺兰山西麓断裂带

在贺兰山西麓，有两条近SN走向的断层：贺兰山西麓断层、巴彦浩特断层，断层存在晚更新世以来活动的证据。其中贺兰山西麓断层沿贺兰山西麓山前陡崖发育，表现向西正断。巴彦浩特断层为右行走滑断层，由北向南逐渐转为NW走向，只有逆冲分量。在断层北段，苏木图背斜轴部被2条分支断层切开，形成小地堑。在贺兰山南段可能与三关口断层相接，后者走向变成NW，显示出多期活动的特征，是更新世以来贺兰山东麓正断层系的侧向调整断层。

5.2.2.5 中卫-同心断裂带

中卫-同心断裂带（又称中卫断裂带），是青藏高原隆起东北缘一系列弧形断裂带中的一条，西起中卫西部甘塘青山石膏矿以西的小洪山（营盘水），向东沿香山、天景山东北麓延伸至同心以南，南端在固原七里营（西王团）与海原断裂带相接，全长约200 km；晚第四纪以来有显著活动，为逆-左旋走滑断裂带，其下切深度约20 km，属于基底断裂（闵伟等，2001）。断裂带总体形态呈向北东凸出的弧形展布，弧顶位于中卫县红谷梁一带，由若干次级断层按一定排列方式组成，由西向东分别为小洪山-麻黄沟断裂带、香山-天景山断裂带、同心西-七里营断裂带。

最西段，为断面向北倾的正断层，倾角60°～80°，获得擦痕，侧伏角45°，左行；甘塘南至冯家堂段为向北倾的逆断层；冯家堂至麻黄沟为向SW倾的逆断层。断层的活动时代为晚更新世晚期-全新世早、中期，全新世以来至少有一次黏滑为主的活动；全新世以来，最新一次活动的水平和垂直位移幅度大体相当，约为1.5～1.8m（任利生，林伟凡，1993）。

香山-天景山断裂带是中卫-同心断裂带的中段，该带西起上茶房庙，向东经大堆堆沟、孟家湾，过黄河再经窑上、碱沟、红谷梁向东到宁夏同心西，全长约80 km，为一条弧形断裂带，据研究表明，该段为全带晚第四纪以来最活跃的地段，断裂活动主要以左旋水平运动为主，其中1709年中卫南7½级大震就发生在该段，地震形变带主要展布在双井子沟、红谷梁、乱岔沟，向西过黄河，终止于大堆堆沟一带，全长53 km，这次地震破裂几乎贯通中段全带；震中在红谷梁至青驼崖一带，最大左旋水平位移为5～6 m，出现在红谷梁西（（实测的地震形变带中的水系和阶地最大位移为5.5 m，出现在青驼崖西，震中可能在青驼崖至碱沟一带（国家地震局，1988）。马润勇等（2005）认为，小红山一带最新一次地震地表破裂时间应当是中卫地震引起的，中卫地震地表破裂带从东端的团部拉至西端的小红山一带总长度约110 km。

东段从双井子至同心西，断裂走向由NW向逐渐转为NNW甚至近SN向，长约40 km。断裂东侧是第四纪清水河断陷盆地；西侧为新生代摺皱隆起的低山。这一段处在中卫-同心活动断裂带东部尾端压缩区，近SN方向的塑性褶皱变形占有重要的地位（闵伟，邓起东，1991），断裂活动不很强烈。

中段早更新世末-中更新世初期以来，平均左旋走滑速率为2.5～3.5 mm/a（国家地震局鄂尔多斯局缘活动断裂系课题组，1988），全新世平均错动速率为3.58 mm/a（汪一鹏等，1990）。水平位移量在空间分布上由东向西有由强减弱的趋势（聂政，林伟凡，1993）。1709年和1852年香山一天景山活动断裂带上曾发生的7½级和6.0级强震，表明中卫-同心断裂带近代有明显的活动（国家地震局地质研究所等，1990）。NWW走向的香山-天景山断裂带第四纪时期最大左旋走滑位移总量约为3.2 km，而在其东南端发育了一条NNW走向的尾端挤压构造：桃山至同心、陈麻井一带逆断裂和褶皱，导致地壳缩短量大于2.3 km，1709年7级地震正是在走滑段向挤压段转折部位突发破裂的结果（闵伟，邓起东，1991）。

5.2.3 中亚大三角区东边界南段

中亚大三角区东边界的南段包括青藏高原东北缘断裂系、岷山-龙门山断裂系和青藏高原东南缘断裂系。

5.2.3.1 青藏高原东北缘断裂系

由一系列近EW走向的大型左行走滑断层带包括海原断裂、西秦岭北缘断裂和东昆仑断裂等大型断裂及其次生构造构成。

1）海原断裂

海原断裂为祁连山活动断裂带的东段的最东端，海原断裂带东起宁夏固原县硝口以南，西至甘肃景泰县兴泉堡，由一系列倾向不同的次级左旋走滑段组成，总长度约240 km，大体上可分为海原-景泰断裂带和月亮山东麓断层。

海原-景泰断裂带西起甘肃景泰兴泉堡，东到宁夏海原曹洼，全长约170 km，自西向东由11条次级剪切断层组成，包括米家山北麓断层（走向110°，倾向SW，倾角70°）、哈思山南麓断层（走向120°～130°，倾向NE，倾角30°～70°）、北嶂山北麓断层（走向100°～110°，倾向SW，倾角60°～70°）、黄家洼山南麓断层（走向110°～120°，倾向NE，倾角70°～80°）、西华山和南华山北麓断层（走向120°～130°，倾向SW，倾角60°～70°）等一系列斜列的断层，总体走向115°～120°，倾向SW或NE，倾角多在60°～70°，在斜列断层重叠的阶区形成了拉分构造或挤压构造（国家地震局，1988）。大多数次级断层的全新世滑动速率在5 mm/a左右（平均速率为4.53 mm/a），中部的南西华山北麓断层和黄家洼山南麓断层全新世平均滑动速率最大，分别为6.25 mm/a和5.66 mm/a，西端的马厂山北麓断层速率最小，为2.48 mm/a；中部的南西华山北麓断层和黄家洼山南麓断层之间为反错列阶区（左阶），形成断裂带内规模最大的干盐池拉分盆地；而前者与其南东的断层则为右阶错列，走向从300°转变为330°（国家地震局地质研究所和宁夏地震局，1990）。

月亮山东麓断层北起南华山东南坡，南至固原硝口，长约55 km，总体走向320°，断面多倾向SW，倾角60°～70°。由南华山南东麓至老虎腰岘西南，从老虎腰岘东南至小南川，两条第四纪晚期才发育起来的断层切割了第四纪砾石层与黄土，与其南部的继承了第三纪断裂的月亮山东麓断层成左行斜列排列，控制了老虎腰岘盆地和小南川盆地的分布，后者仅有晚更新世地层的沉积；中、北段有大量的左旋位移地貌迹象，而月亮山东麓断层则显示出强烈的挤压破损现象，水系左旋位移总趋势是向南东方向减小（国家地震局，1988）。

海原断裂全新世以来的古地震活动在时间上表现出不均匀或“分阶段性”的特征，早期相对弱，中晚期强，最短的时间间隔仅为100余年，长的2000余年；空间上存在主破裂段和次级破裂段两个级别的发震单元（特征破裂的分级性），西段发震事件相对规律，重复间隔时间长（平均1941±727a），中段中晚全新世事件密集，重复间隔时间短（平均为951±409a）（冉勇康等，1998）。1920年海原8.5级大地震的地表破裂几乎贯穿了整个海原断裂，充分显示了该断裂现今的强烈活动。研究表明，海原断裂各次级段的全新世滑动速率有所差异，但基本在3.0～10.0 mm/a的范围内；海原断裂除明显的左旋走滑外，还有部分倾滑分量（国家地震局地质研究所等，1990；甘卫军等，2005）。

海原断裂向南与近SN走向的六盘山断裂带（主干断层为六盘山东麓断层）相接，后者新生代以来以强烈逆冲挤压构造为特征，导致六盘山形成复背斜构造，东翼陡于西翼，接近断层处，岩层直立乃至倒转，断层将下白垩统六盘山群逆冲到始新统之上，断层面舒缓波状，30°～70°；第四纪以来的活动性质可能与第三纪一致，都是挤压逆冲，使得六盘山高出东盘第三系500～1600 m，造成陡峭的断层崖。野外调查发现，仅在六盘山东麓断层最北端约10 km的范围内有水系左旋位移的特征，例如硝口南海子峡水库大冲沟，断层面产状240°∠45°，断层两侧冲沟皆为NNE向，但沿断层线NNW方向流了50多米；从海子峡水库向南，沿断层逆冲分量迅速增强，走滑迹象消失（向宏发等，1988）。

六盘山断裂带在泾源县以南转为NW走向，从陇县固关附近，向南东帚状散开插入渭河盆地最西端，消失于秦岭北麓断裂附近（固关以南又称陇县-宝鸡断裂带），断裂带在固关一带宽度仅为15 km，至渭河一带宽70 km，延伸长度120～140 km（国家地震局，1988）。陇县-宝鸡断裂带由4条断层组成，自西向东包括：桃园-龟川寺断层、固关-县功断层、千阳-彪角断层和陇县-岐山-马召断层。桃园-龟川寺断层走向130°～150°，倾向NE，倾角70°，挤压性质。固关-县功断层与六盘山东麓断层相接，走向145°，向SW倾，多期活动，沿断层既有显示左旋斜滑运动的斜向擦痕，也有发育在晚第三纪红土和砂砾岩中的小规模正断层和个别逆断层。千阳-彪角断层走向130°，倾向NE。陇县-岐山-马召断层在断裂带中规模最大，活动性最明显，北半段显示为扶风黄土塬上的陡崖，西高东低，南半段隐伏在渭河盆地内，倾向NE。该断层北段导致新近系强烈挤压变形，中南段显示出断层曾经发生较强的左旋水平位移。为第三纪末的喜马拉雅运动导致沿断裂带挤压的同时，某些段落也出现了左旋走滑运动；第四纪以来则以区域性的间歇性隆起为特点，沉积不发育、河流阶地级数多、拔河高大、沟谷深切（国家地震局，1988）。震源机制解表明本区主压应力轴为NEE向。

2）西秦岭北缘断裂系

西秦岭北缘断裂系主体走向NWW，西端与日月山断裂带于临夏南相接，向东经漳县、武山、天水，于宝鸡与渭河断陷带相接。除了由天水断裂、甘谷-武山断裂、漳县断裂及麻锅滩断裂（又称黄香沟段）组成的主干断层西秦岭北缘断裂带之外，其南北两侧还发育有NW走向和NE走向的侧向分枝断层，包括马衔山-清水断裂带、礼县-罗家堡断裂带和凤县-太白断裂带等（图5-2-4）。

西秦岭北缘断裂带晚更新世以来以左旋走滑为主（袁道阳等，2003；李传友等，2006），自东向西，包括次级断裂如下：天水断裂、甘谷-武山断裂、漳县断裂及麻锅滩断裂，平均水平滑动速率为2～2.5 mm/a，垂直运动速率为0.4～0.7 mm/a，水平活动强度东强西弱，垂直活动速率西强东弱（滕瑞增等，1991）。

总体走向呈NEE渭河断陷带可能是左行走滑的西秦岭北缘断裂带的侧向开放盆地。盆地的南界断层：秦岭北麓断裂，向西与西秦岭北缘断裂带相接，西起宝鸡，经过眉县汤峪、长安丰峪口至蓝田（可能继续向东与伏牛山断层相接），在周至-马召以西呈NWW向延伸，在马召以东为近EW向，断层面向北倾，倾角60°～80°，第四纪以来的垂直滑动速率为0.23～1.14 mm/a，主断层在花岗岩和中上更新世黄土之间，次级断面上可见垂向擦痕，跨断层短水准形变观测表明，断层正断活动，而北侧与其相邻的户县断裂则有左行走滑（国家地震局，1988；陕西地震局，1996）。秦岭北麓断裂向东延入秦岭内部，分为洛南断裂和商丹断裂，均表现出明显的左旋水平位移特征；向西则与西秦岭北缘断裂带相接。秦岭北麓断裂的东段北侧发育2条NE向的断层：长安-临潼断裂带和华山山前断裂，皆为倾向NW的高角度正断层。华山山前断裂西起蓝田流峪口，东经潼关延至灵宝附近，西段为NE走向，东段为近EW走向，长约100 km，为铲式正断层，浅部倾角在62°～80°。断裂的东段之北为固市凹陷，西南段的北西侧为骊山凸起，南西为强烈隆起的华山。杜峪—石堤峪一带是该断层新活动最强烈的段落，也是1556年华县8级大地震的发震断层所在。华山山前断裂在第四纪的垂直差异运动的幅度可达2000 m左右，在晚第四纪以来仍然强烈活动，多处露头显示断层错动中-晚更新统沉积层，局部在全新世地层也有清楚的断面显示，垂向位移1～9 m，一般为5～7 m，擦痕多数为垂向擦痕或侧伏角接近90°，没有水平擦痕。长安-临潼断裂带总体走向35°～45°，局部为65°～70°，地表看到的断面倾向北西，倾角60°～70°，正断层，垂向擦痕明显。该断裂带历史上地震活跃，曾发生过3次5.5级以上的地震。夹于华山山前断裂和长安-临潼断裂之间的骊山山前断裂为近东西走向，断面向北倾，晚第四纪断层露头倾角45°～80°，多为55°～70°，错断晚更新世黄土或全新世砾石层。第四纪垂直运动强度由

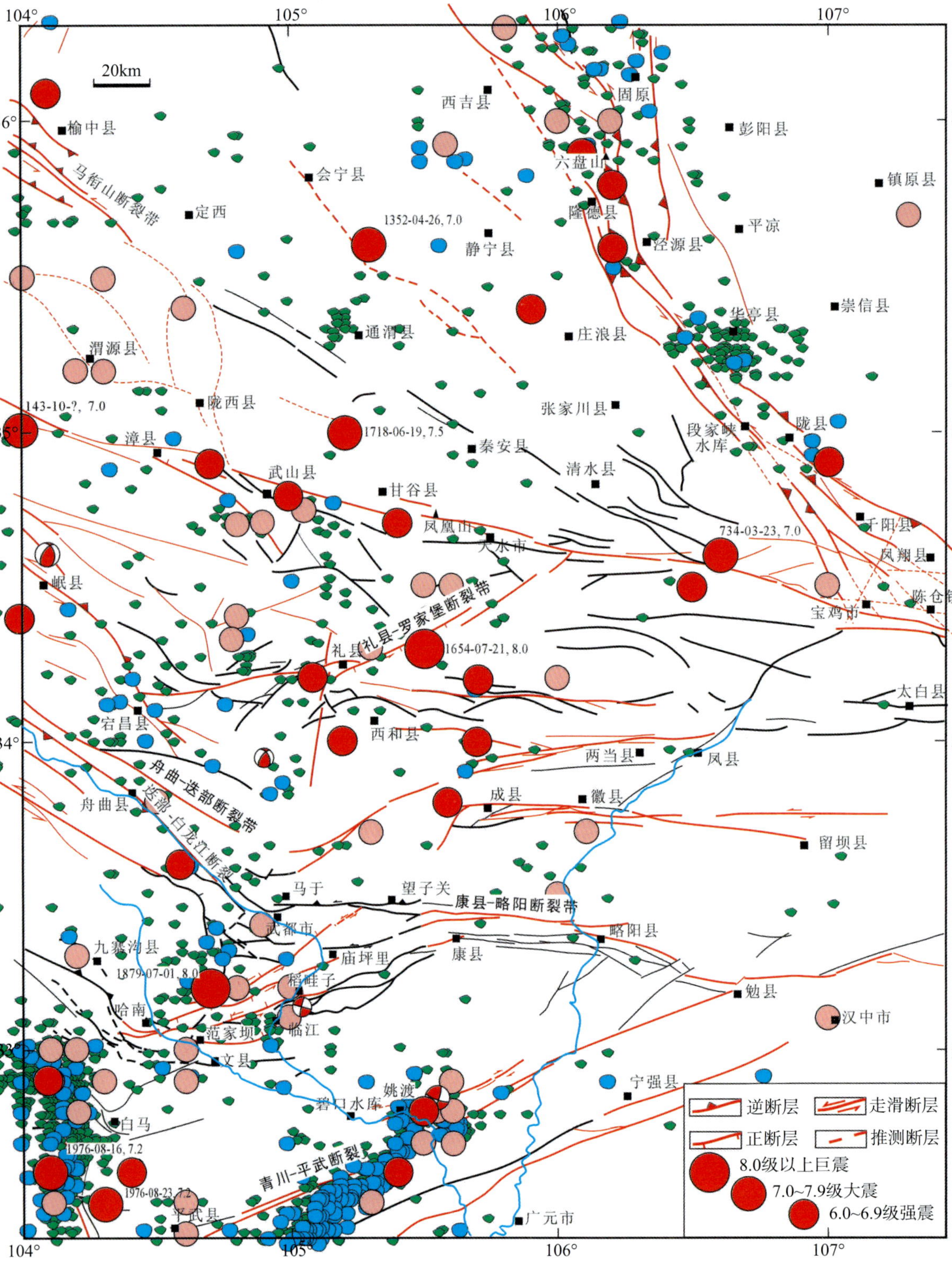

图 5-2-4　西秦岭活动断裂与地震活动分布图（地震数据由吕晓健提供）

红色实线为已经证实的活动断层、红色虚线为推测断层（没有明显地貌标志），黑线为前第四纪断层。红色大圈为6.0～8.0级地震；粉色圈为5～5.9级地震；蓝圈为4～4.9级地震；绿色点为3～3.9级地震

东向西明显增强，第四纪晚期地层断距在0.2～10m之间，相对华山山前断裂较弱；断裂以正倾滑活动为主要方式，大约1/3的擦面上可见不同程度的左旋走滑分量，即斜向擦痕，但走滑分量只有垂向分量的1/10～1/4（国家地震局，1988）。

盆地中央的渭河断裂西起宝鸡，经咸阳、渭南、华县至潼关，向东可延至灵宝盆地，总体近EW走向，主要是依据区域重力、磁力和渭河盆地人工地震反射勘探等资料确定的一条横贯渭河盆地中部的大断裂，在盆地内的长度大约为350 km，北侧是下古生界灰岩，南侧是前古生界变质岩系和酸性侵入岩体。西段断裂走向NWW-NEE，倾向南，倾角65°～80°，东段断裂走向NEE-EW，断面北倾，倾角约70°左右。通过对渭河断裂西段所处新构造环境的分析，认为第四纪以来渭河盆地西部地壳的向东掀斜抬升运动是造成渭河断裂西段出现差异性活动的根本原因（冯希杰等，2003）。盆地的北部，有数条NEE走向和近EW走向的活动断层，由北向南包括：乾县-富平断裂、双泉-临猗断裂、口镇-关山断裂、扶风-三原断裂等，皆为向南倾的正断层。

马衔山-清水断裂带是西秦岭北缘断裂带北侧的一条分枝断层，总体走向为NW。目前对其北段——马衔山-兴隆山活动断裂系的研究相对详细。马衔山-兴隆山活动断裂系，从兰州市南部山区穿过，是晚更新世以来的活动断裂，包括：马衔山北缘断裂、马衔山南缘断裂、兴隆山南缘断裂和兴隆山北缘断裂。马衔山北缘断裂位于断裂系的中央部位，活动性最强，东起定西内官营，经庙湾、羊寨、银山，在七道梁的摩云关与兴隆山南缘断裂交会后，断续经田家沟、湖滩、关山、咸水沟至八盘峡止，全长约115.5 km，总体走向N60°W，为一条地貌标志较明显的左旋走滑为主兼倾滑的活动断裂。在断裂东端形成了内官营拉张型盆地，在断裂西端的兰州盆地边缘形成了多条次级挤压隆起和逆断裂带，如皋兰山-九洲台隆起和柴家台隆起等。马衔山南缘断裂、兴隆山南缘断裂和兴隆山北缘断裂等其他3条断裂均为其伴生的逆断裂，为晚更新世活动断裂。它们在深部均可以归并到马衔山北缘断裂这一主走滑断裂带上，是兰州地区重要的控震断裂（袁道阳等，2003）。晚第四纪新活动以高角度断层为特征，尽管没有断面上擦痕的报导，但左旋走滑的地貌特征明显，中更新世以来最大水平滑动速率5.53 mm/a，晚更新世以来的平均水平滑动速率约为3.73 mm/a（袁道阳等，2002）；向南东地貌形迹变弱，但仍有南东向线性构造断续经清水县向宝鸡方向延伸与秦岭北缘断裂相接。沿马衔山-兴隆山活动断裂系有多次古地震事件被揭露出来，其中西段的雾宿山成批沟段的古地震事件，被认为就是1125年兰州7级地震（袁道阳等，2002）。

马衔山断裂带在其西段，即兰州市，与庄浪河断裂带相接，而走向也从NW-NWW转为NNW-NW，最新的研究显示该地区的第四纪断层为典型左旋走滑尾端的挤压构造，控制了两山夹一谷的特殊地貌（以皋兰山-白塔山为界，分为东、西2个盆地），但这些断层中的大部分在晚更新世之后没有活动的证据，仅仅是南西侧的主干断层-马衔山北缘断层在全新世仍然明显活动，并且可能是1125年兰州7级地震的发震断层段，估算的全段断裂平均滑动速率为（1.0±0.39）mm/a（袁道阳等，2008）。

庄浪河地区晚新生代以来的构造变形主要以挤压逆断裂-褶皱作用为主，地貌上构成西缓东陡的复式背斜。庄浪河断裂就位于该复式背斜的陡翼边缘，总体呈NNW向，大致由两条弧形分叉的逆断裂-褶皱带构成，它们在地下深部为逆掩断层活动形成的断裂扩展褶皱。地表所见规模不大、活动性不强的次级断层仅是下部逆断裂往NE方向斜冲活动的地表构造形迹。其新活动造成斜穿该褶皱带的庄浪河I–III级阶地发生明显的褶皱变形，本区的多次中强地震，如1440年永登6¼级地震、苦水5½级地震和1995年的永登5.8级地震的发生（袁道阳等，2002）。

1995年永登5.8级地震震源机制解表明P轴走向345°（仰角27°），与本区的NE-NEE向的区域构造应力场方向明显不一致（邢成起等，1996），袁道阳等（2002）认为地震的发生应直接与本区的弧形逆断裂-褶皱带的新活动有关，属断裂扩展褶皱作用造成的地震，但没有解释与本区的NE-NEE向的区域构造应力场方向明显不一致的原因。个人认为很可能是由于该震源机制仅反映了庄浪河断裂分枝断层在近EW向破裂带附近的局部应力状态，是由于主要应变沿NNW主走滑带向NNW方向分解并积累最终导致断层破裂。因此推测该断层早期（第三纪）为马衔山断层带的尾端挤压构造，第四纪，特别是晚第四纪以来可能已经演化为右行走滑断裂带，主走滑带大致沿庄浪河西侧分布，断裂南起河口，往北经苦水、龙泉、大同至永登以北，总体呈 NW15°方向展布，长逾 100 km；两侧则发育弧形的分枝断层和褶皱带（主要在西侧），这些分枝断层仍然多为隐伏，地表表现为断层扩展褶皱，而向下则归并到主走滑带上。未来，该断层有可能持续向南发展，切割马衔山断裂带。

热水-日月山断裂带总体走向 N35°W，北起大通河以北的热麦尔曲，向南经热水煤矿，沿大通山、日月山 NNW 向隆起带的东侧至日月山丫口（垭口）后，东支与拉脊山断裂带斜接（后者向南东于临夏南与西秦岭北缘断裂相接），西支经贵德、东沟、同仁县西，继续向 SSE 向延伸，止于东昆仑断裂带之北（碌曲县和河南县之间）。通常文献所说的热水-日月山断裂带是指热麦尔曲至日月山丫口段的 NNW 向逆-右旋走滑活动断裂带，由 4 条不连续的次级断裂段右阶羽列而成，阶距 2～3 km，在不连续部位形成拉分区；在主断裂两端则形成帚状分叉，长度约 183 km（袁道阳等，2003）。断裂活动形成了一系列山脊、冲沟和接地等右旋断错微地貌。根据相应的阶地年龄，计算得到断裂带全新世以来的平均水平滑动速率为 3. 16 mm/a，垂直滑动速率为 0. 83 mm/a（袁道阳等，2003）。

热水-日月山断裂带北段大通河断裂在大通河以北的热麦尔曲与托勒山北缘左旋走滑断裂带（海原-祁连山断裂带）斜接，断裂在地貌上主要表现为断层崖和断层陡坎等，无明显的走滑活动形迹，其新活动显著应为全新世活动段。大通河断裂南端在着尕登弄附近与热水断裂呈右阶羽列，阶距2 km，形成了一个小的拉分区。热水断裂在地貌上表现为一系列断层陡崖及断层陡坎，右旋断错阶地、冲沟和山脊等，具逆-右旋走滑特性（探槽揭示产状 350°/NE∠45°），断裂南端在茶拉河附近与海晏断裂段呈右阶羽列，阶距 2. 5 km，也形成 1 个拉分区。海晏断裂在地貌上表现为明显的断裂谷地，右旋断错的冲沟、山脊、阶地及洪积扇等，同时形成了明显的断层陡坎，为全新世活动的逆-右旋走滑断裂（探槽揭示产状 340°/NE∠37°），南端以克图拉分盆地与日月山断裂段右阶斜接，阶距 3. 3 km。日月山断裂段在地貌上表现为高大的断层陡崖及较低的断层陡坎，偶见右旋断错山脊、冲沟等现象。热水-日月山断裂带早第四纪以前，断裂活动主要以挤压逆冲为主，致使断裂两侧的新近系、第四系发生了明显的挤压变形。热水-日月山断裂带晚第四纪以来其力学性质为逆-右旋走滑。

热水-日月山断裂带过日月山、丫口的克素尔盆地后，走向变为 NWW 向，分为 4 条分支断层，北东侧的 2 支为拉脊山北缘断裂带和拉脊山南缘断裂带，规模大、延伸远，尤其是拉脊山南缘断裂带保存明显断层陡坎和左旋错断山脊、冲沟等微地貌现象；南西侧的 2 条断裂规模较小、长约 20 km，新活动性不明显。

拉脊山北缘断裂带，西起日月山垭口的山根村，向东沿拉脊山北缘的青石坡、石壁沿、红崖子、峡门，到临夏的大河家以南止，全长约 230 km，自西向东走向由 NW60°渐变为近 EW、NNW 向。断面总体倾向 SW，倾角 45°～55°，性质以挤压逆冲为主（青石坡以东），局部地段有左旋走滑的形迹。该断裂南侧为高耸的拉脊山脉，海拔 4400 余米，北侧是西宁-民和盆地，成为盆山分界的重要边界断裂，两侧地貌高差达 1700 余米。断裂西段以逆左旋走滑活动为主，可见水系同步拐弯和山脊断错现象，断距达几十米至百余米，为晚更新世活动段；断裂东段（青石坡以东）则以垂直升降运动为主，线性特征较差，多呈舒缓的波状，反映了强烈的挤压逆冲特性。在浪营村至红崖子一带，强烈的高山隆起与低缓的盆地凹陷形成鲜明的对照，前第三纪地质体冲覆于第三纪红层之上，同时在第四纪坡洪积物上残存有较宽大的断层陡坎及断裂沟谷等，显示出断裂晚更新世的活动性（涂德龙等，1998；袁道阳等，2005）。拉脊山南缘断裂带西起日月山垭口的克素尔村，向东经青阳山、扎巴镇，沿洛忙沟和总洞终止于临夏大河家以南的积石山前，长约 220 km。该断裂由多条规模不等的次级断层段组成，从西到东其总体走向由近 EW 向逐渐转为 NNW 向。该断裂在航卫片上线性影像清晰，西段多形成槽状负地形，控制了第四系松散堆积，断裂东段多为陡壁断崖。西段的青阳山附近，山前的Ⅱ级阶地上形成反坡向断层陡坎，并有多处断层泉出露；Ⅱ级阶地边缘还具有左旋走滑的形迹，断距达 120 m 左右，表明该段断裂在晚更新世晚期仍有活动（袁道阳等，2005）。

拉脊山地区的弱震活动在平面分布上基本沿拉脊山南、北缘断裂形成了明显的 NWW-NNW 向弧形条带，尤其是在拉脊山断裂北东端的弧顶部位，弱震活动密集成带，这是受 NE 向区域构造应力挤压最强烈的部位。在远离拉脊山断裂带的南北两侧盆地内弱震活动水平一般，没有发现地震活动成带分布的现象，说明两侧盆地内部可能不存在规模较大的活动断裂带或隐伏活动断裂（袁道阳等，2005）。

袁道阳等（2003，2004，2005）认为拉脊山断裂带实际上是介于全新世强烈活动的热水-日月山断裂带（右旋，3.25 mm/a）与西秦岭北缘断裂带（左旋 2.1～2.8 mm/a，滕瑞增，1994）之间的一个大型挤压构造转换带，是青藏高原向北东方向推挤的过程中，由于海原断裂和西秦岭北缘断裂的速度差，以及受到北侧阿拉善块体和东侧鄂尔多斯刚性块体的阻挡，夹持在 NWW 向和 NNW 向两组断裂带之间的次级块体在 NEE 向区域主压应力作用下，向 SE 方向的顺时针旋转和挤出，从而造成走滑断裂的端部形成挤压区或褶皱-逆冲断裂带，来实现走滑断裂带端部的转换平衡。并且作者认为由于拉脊山断裂是调节 NNW 向的热水-日月山右旋走滑断裂带与 NWW 向的西秦岭北缘左旋走滑断裂带之间应力应变关系的一个大型挤压构造区，其应力易于集中，也容易释放，所以本区的地震活动表现为小震频繁发生，而大震稀少。个人认为拉脊山断裂带实质是由西秦岭北缘断裂带和热水-日月山断裂带的尾端次级分枝断层，一旦主断层（西秦岭北缘断裂带或日月山断裂带）向前贯通，仍然有强震的可能。实际上，尽管地质露头揭示西秦岭北缘断裂向西止于清水与同仁之间，但中-微震的 NWW 向线性分布延伸到了与西支断裂的交接部位，不排除现在西秦岭北缘断裂已经突破拉脊山断裂带的东端继续向西发展。

礼县罗家堡断裂带是西秦岭北缘断裂南侧的一条 NE 走向的侧向分枝断层，西起宕昌，经洮坪、礼县、祁山，过罗家堡、平南镇至街子口，长 155 km，总体走向 NEE，倾向 SSE，为兼有正倾滑分量的左旋走滑断裂，晚更新世以来的平均水平位错速率为 0.95 mm/a，平均垂直位移速率为 0.35 mm/a，垂直位移速率约为水平位移速率的 1/3（韩竹军等，2001）。该断裂带由一组断裂斜列构成，自西而东共 3 段：宕昌-礼县断裂段，长 80 km；礼县-罗家堡断裂段，长 40 km；天水镇-街子口断裂段，长35 km。礼县-罗家堡段的活动性最为明显、强烈，很可能是 1654 年天水南 8 级地震的发震断裂。在盐关西王城东北有 2 条被同步左旋错断的冲沟，错距分别为 27m 和 30 m。在位错 27m 的冲沟东壁，见到断层错断了晚更新世黄土及全新世坡积层，断层产状 55°/SE67°，断面上擦痕倾向 NE，侧伏角 20°。被断错层的 TL 年龄为距今（42.4±3.3）ka。在两条冲沟之间及两侧都发育线状延伸的断层陡坎，空间位置上与冲沟拐弯相对应，垂直断距为 0.6 m。观察到的一次突发性最大水平位错出现在王城东北的一条冲沟东壁，位错量为 5.2 m。礼县罗家堡断裂带南西端被 NW 走向的临潭-宕昌断裂带所截。

礼县罗家堡断裂带之东，分布着 EW-NEE 走向的凤县-太白断裂带，也是西秦岭北缘断裂带的分枝断层之一，该断裂带在礼县-成县-凤县地区，线性特征明显，断裂上地震活跃，分为南北两支，北支近 EW 走向，从太白盆地北缘向西延伸，经凤县向西止于礼县和西和之间；南支 NEE 走向，从太白盆地南缘向西延伸，经凤县，两当，至成县后转为 NE 走向，止于舟曲断裂的东南，沿断裂带形成数个狭长的走滑凹陷盆地，从水系的断错来看，应为左旋走滑断层。在凤县-太白断裂带南侧还有一条近 EW 走向的断裂带（成县-徽县断裂），该断层东起留坝县北东约 30 km，向西经徽县，至成县西约 10 km，转为 NNE 走向，总长度超过 90 km，为成县盆地的南界。沿凤县-太白断裂带和成县-徽县断裂带有 5～7 级的中强震发生。

勉县-略阳断裂带，又称康县-略阳断裂带，呈近 EW 走向，为左行走滑断层，是秦岭的南缘断层之一，东起汉中盆地的北界，向西经勉县、略阳、康县，转为 NE 走向，向南西止于东昆仑断裂带的东端分支断层：塔藏断裂之北。最新的研究（马寅生等，2010）表明康县-略阳断裂带在康县以西继续向西延伸，在陇南市（武都）以北转为 NW 走向，与迭部-舟曲断裂带相接；向东在略阳县南以右阶与茶店-勉县活动断裂相接，后者呈 NW 走向，为向 NE 陡倾的左斜冲断层，被 QP^3-Qh 的黄土覆盖，在勉县与 NE 走向的平武-青川断裂相接。康县-略阳断裂带在武都熊池坝山坡里，导致北坡的基岩左旋逆冲在中上更新统之上。

甘肃文县北部 NEE 向断裂带（卢海峰等，2006），是勉县-略阳断裂带西端的尾部构造，由哈南-稻畦子-毛坡里断裂带（侯康明等，2005）和范家坝-临江断裂组成（冯希杰等，2005）。由于研究程度相对较低，文献中关于该断裂带的各断裂的定名不尽相同，且对断层性质的描述上存在一些矛盾。卢海峰等（2006）认为文县北部 NEE 向断裂带由松柏-何家坝-犁坪断裂东段、石鸡坝-观音坝断裂和石坊-临江断裂组成，皆为高倾角向 N（NW）倾或近直立的断层。其中松柏-何家坝-犁坪断裂东段为左旋逆冲，弋家坝山前，断裂明显左旋断错水系冲沟，断错了晚更新世的冲洪积角砾层和静水堆积的黄色黏土层，走向 NE75°，倾向 NW，倾角近 80°，断面内擦痕和陡坎显示为逆冲式断裂。侯康明等（2005）则认为哈南-稻畦子-毛坡里断裂带（大致相当于文县北部 NEE 向断裂带的北部）由 3 条 NEE 向断裂组成，由南向北依次为：① 哈南-稻畦子-毛坡里断裂（位置上大体跟松柏-何家坝-犁坪断裂东段一致）；② 安昌河-青山湾-庙坪里断裂（与石鸡坝-观音坝断裂位置大体一致）；③ 八字河-屯寨-固水子断裂，并且认为这 3 条断层在晚更新世晚期以来都是以走滑为主兼有正断活动。其中哈南-稻畦子-毛坡里断裂是控制堡子坝-月亮坝中新生代断陷盆地的南缘断裂，总体走向 NEE，局部呈 NW 向，倾向 NNW 或 NE 向，倾角近直立，晚更新世晚期以来的运动方式由倾滑型改变为走滑兼倾滑的性质，水平滑动速率为 0.67 mm/a。安昌河-青山湾-庙坪里断裂长 60 余千米，是控制堡子坝-月亮坝断陷盆地的北缘断裂，在堡子坝北至八字河之间，由于 NNE 向断裂的改造，该断裂由 NNE 向转为 NE 向并有向西南收敛的趋势。在断裂东段，断层错断了最上层的坡积黄土砾石层，断层走向 N75°～80°W，倾向 SW，倾角 60°～68°，断面反映出断层有多次断错。该断裂晚第四纪以来活动方式以左旋走滑兼正倾滑为特征。断裂上发生过至少 2 次以上 7½～8.0 级的古地震。八字河-屯寨-固水子断裂为玉坪-固水子、庙坪里-望子关白垩纪断陷盆地之北缘断裂，西起八字河，向东经屯寨，羊完山至固水子以东，全长约 60 km，总体走向 NE。在屯寨的芝麻村山坡上，断层破碎带宽 2～3 m。由糜棱岩组成。主断面走向 N38°～50°E，为倾向 N50°W 的正断层，在晚更新世以来有过明显活动，断裂水平滑动速率约为 0.4 mm/a。同时沿 NEE 向断裂还伴生有一些 NNE 向横向活动断裂：雄黄山-东峪口断裂、望子关-琵琶寺断裂等。NEE 向断裂与 NNE 向断裂相交会的部位可见到多期形成的活动褶皱构造，且部分褶皱形成时代很新，已影响到第四纪新近期的沉积地层。侯康明等（2005）认为哈南-稻畦子-毛坡里断裂带是 1879 年武都南 8.0 级地震的发震构造。而冯希杰等（2005）则认为沿文县东北水坑山北麓 NEE 向的范家坝-临江断裂才是 1879 年武都南地震的发震构造，该断裂主要沿碧口群与泥盆系的交接地带分布，总体走向 NEE，东北段断裂走向弧形，呈 NE 向或 NNE 向。断裂倾向 N（NW），倾角陡，两侧地层破碎明显。范家坝-临江断裂可能曾与文县西南的白马-贾昌断裂为同 1 条断裂，因受后期 NW 走向的高峰坝-明镜寺断裂的破坏，分成了范家坝-临江和白马-贾昌 2 条次级断裂。作者根据卫星影像判断认为该断层为张性左旋断层。

3）东昆仑断裂带

东昆仑断裂带是青藏高原北部的一条巨型左旋走滑活动断裂，为青藏高原内部柴达木块体与巴颜喀拉块体之间的边界断裂带（张培震等，2003；徐锡伟等，2007），西起青海新疆交界的鲸鱼湖以西，往东经库赛湖、西大滩、东大滩、阿拉克湖和玛沁，向东延至甘肃省玛曲以东，绵延约 1600 km，总体走向 N280°～300°W，由 6 个首尾错列或遥相对应的地震破裂段库赛湖断裂、东西大滩断裂、秀沟断裂、阿拉克湖断裂（下大武断裂）、托索湖断裂（花石峡段）及玛沁-玛曲断裂（玛沁段、玛曲段）组成（江娃利，谢新生，2006；胡道功等，2006）。东昆仑断裂带各段在第四纪以来的运动速率并不相同，中更新世以来从西向东左旋走滑速率变小，但在从晚更新世之后，东端特别是玛沁段速率显著增加。西段的库赛湖断裂左旋走滑速率 13～14 mm/a（中更新世以来）；东、西大滩段晚第四纪时期（10 万年以来）的左旋水平滑动速率为 15 mm/a，垂直差异运动速率约为 1.0 mm/a；下大武断裂和花石峡断裂降为 4～5 mm/a（中更新世以来）；东端的玛沁断裂中更新世以来左旋水平滑动速率为 9 mm/a，尤其全新世末达到 12.6 mm/a，玛曲断裂从中更新世末期至晚更新世末期为低速走滑运动，全新世中期的走滑速率上升到5.4 mm/a（任金卫等，1999；李春峰等，2004；田勤俭，丁国瑜，2006）。但也有观点认为东昆仑断裂带各段左旋走滑速率大体一致，西大滩-东大滩段（11.7±1.5）mm/a，花石峡段平均速率（11.5±1.1）mm/a，玛沁段（7.0 ±0.6）～（12.5±2.5）mm/a（Van Der Woerd et al.，2002；马寅生等，2005），并且认为东昆仑活动断裂带东端玛曲段主要由玛曲、迭部-武都和迭山-舟曲3条左阶斜列的活动断裂组成，晚第四纪的活动性非常强烈，晚更新世晚期以来的平均左旋走滑运动速率达（10.15±0.34）mm/a，与西部各段的运动速率基本相同，东昆仑活动断裂带是与秦岭南缘活动断裂相接的（马寅生等，2005）。

马寅生等（2005）认为玛曲断裂西起玛沁盆地北侧，以玛沁盆地与东昆仑断裂带托索湖-玛沁段左阶斜接，向东经肯定那、西贡周、西科河南岸、唐地、玛曲，沿黑河南岸穿过若尔盖草地向东，直至岷山北端求吉附近，长约330 km。断裂走向N100°E～N110°E，倾向SW，倾角50°～70°，若尔盖草地以东，断裂走向向南偏转，消失在岷山北端附近，晚更新世晚期至今的平均走滑运动速率为（10.15±0.34）mm/a，垂直运动速率为0.25 mm/a。根据玛曲县城附近的探槽开挖（何文贵等，2006），揭示玛曲断裂主断层面陡立，向SSW（220°∠70°）或者NNE（20°∠70°～72°），剖面上或显示为逆断层或为正断层，但倾向上的位错很小，第四纪运动学特征主要表现为左旋走滑运动。何文贵等（2006）通过两处断错地貌的全站仪器实测和测年资料认为玛曲断裂全新世早期以来的平均水平滑动速率为6.29～5.71 mm/a，全新世晚期以来的平均水平滑动速率为4.19～4.03 mm/a，东昆仑断裂带向东延伸活动性减弱，位移量降低，断裂向东终止和地形上的隆起两者之间具有关联性，反映了青藏高原的活动变形在断裂的端部应力被吸收。

迭部-武都断裂（迭部断裂，白龙江-迭部断裂）位于玛曲活动断裂以北，与玛曲活动断裂南北相距约20 km，西自哈拉塘，沿代桑曲南侧山前向东，经尕海盆地南缘、郎木寺盆地北缘、热尔、卡坝、多儿、插岗至武都，沿秦岭南缘发育，向东逐渐与秦岭南缘活动断裂相连，走向N100°～120°E，倾向SW，长度达320 km（马寅生等，2005）。在西段，尕海盆地南缘断裂（NWW-近EW走向）表现为左旋走滑兼逆冲特征，上盘古生界灰岩逆冲到下盘第四系冲积砂砾层之上，控制着尕海盆地的南界。在热当坝盆地北缘，断裂左旋错断山脊、冲沟，使冲积扇左旋侧移，断裂切割上更新统黄土，形成断层陡坎。袁道阳等（2007）则认为迭部-白龙江断裂，由近于平行的南、北两条断裂组成，分别长约250 km（大体西起于迭部西，东至武都南），断裂总体走向N70°W，倾向SW或NE，倾角40°～70°，断层性质为逆断（局部正断）并略具左旋，西段基本沿白龙江河谷发育（属晚更新世活动断裂（国家地震局兰州地震研究所，甘肃省计划委员会，1993），中东段主要位于中高山之间，地貌上较明显，可见山脊、水系等左旋位错和清晰的断层三角面、陡坎等，在舟曲县三角坪乡虎家湾村南开挖探槽，获得清晰的断层面，其性质为正断层，产状：330°/SW∠67°，认为迭部-白龙江断裂是公元前186年武都7～7¼级地震的发震构造。

迭山-舟曲活动断裂（光盖山-迭山断裂）发育在迭部北约25 km处，沿迭山分水岭延伸，与迭部-武都断裂近平行延伸，是一条地震破裂带，在卫星影像上线性的断陷谷地、断层陡坎非常清楚，为左旋走滑断层，目前研究程度比较低。

在玛曲活动断裂以南玛曲县阿万仓一带还发育一条NW向的分支断裂——阿万仓活动断裂，向北西延伸至西科河羊场附近与玛曲活动断裂相交，向南东方向延伸过黄河，至采日玛一带进入若尔盖草地逐渐消失，长约180 km，总体走向NW向，倾向SW。李陈侠等（2009，博士论文）通过对东昆仑断裂带玛沁-玛曲段30个观测点的地貌测量、年龄测试和计算，得到了从西向东，晚更新世晚期以来的长期水平滑动速率呈梯度下降（玛沁段9.3±2 mm/a，西贡周断层交会区为7.4±1 mm/a，玛曲段4.9±1.3 mm/a），下降的突变点集中在阿万仓断裂与东昆仑断裂交会区的两端，锐减的滑动速率构造转换到阿万仓断裂的地壳缩短；晚更新世晚期以来的长期垂直滑动速率最大值也出现在交会区（玛沁段为0.7±0.2 mm/a，西贡周断层交会区为1.6±0.4 mm/a，玛曲段为0.25±0.05 mm/a；反映了东昆仑断裂主要以左旋走滑为主，兼有倾滑分量，在玛沁段西侧的东倾沟表现为逆走滑性质，在玛沁县城以东主要为正倾滑性质；断裂通过西贡周断层交会区后，水平滑动速率锐减了大约 4 mm/a，主要转换到阿万仓断裂带上的逆冲和左旋走滑。

临潭-宕昌断裂带位于东昆仑断裂带与西秦岭北缘断裂带两条大型左旋走滑断裂带之间，为晚更新世-全新世活动断裂带，新活动特征是具逆走滑性质（郑文俊等，2007），大致可分为 3 条次级断裂段：①西段合作断裂，北支为早更新世或前第四纪活动断裂，南支最西端为早中更新世活动，东端为晚更新世活动；②中段临潭断裂，北支可能为全新世早期活动，其活动性在整个断裂带中最强，南支为早中更新世-晚更新世早期活动；③东段岷县-宕昌断裂的主支断裂主要部分活动为前第四纪，仅有少量地段呈现出早更新世有过活动，其北缘的两条次级断裂中最北边的一条可能有第四纪晚期（全新世）活动的迹象，沿洮河的一条最新活动时间应为早中更新世，而其最南端的斜接断裂活动时间与主干断裂一致，为第四纪早期或前第四纪。1837 年岷县北 6 级地震就发生在该过渡转换区中的临潭-宕昌断裂带东段的前缘次级断裂上。

郑文俊等（2007）认为东昆仑断裂带与西秦岭北缘断裂带之间存在巨大的岩桥区，它们之间通过多条次级断裂实现构造转换，临潭-宕昌断裂带就是其中的一条。过渡断裂多呈现向 NE 方向突出的弧形，且在其前缘形成逐渐过渡的规模较小的新的次级断层，位于岩桥过渡区内的这些断裂是在继承原有挤压逆冲构造形迹的基础上逐步发展演化而来的，其新活动特征是具逆走滑性质的。而个人看法是仅仅从几何形态看，而且正如认为是马寅生等（2005）所认为的那样，东昆仑断裂带向东与秦岭南缘断裂带相接，则临潭-宕昌断裂带则是一个巨大的 rip-out 构造，但是考虑到晚更新世以来热水-日月山向南的延伸，不排除临潭-宕昌断裂带以及迭部和迭山断裂带都遭受其影响，在其尾端的挤压应变区显示出逆走滑的构造变形特征；而且部分作者的研究也认为东昆仑的左行走滑向南转为阿万仓断裂带或岷山断裂带的挤压变形（李陈侠等，2009；Chen et al.，1994），东昆仑断裂带向东的影响受限。

5.2.3.2　岷山-龙门山断裂系

1）龙门山断裂带

龙门山断裂带南起泸定、天全，向北东延伸经宝兴、灌县、江油、广元进入陕西勉县一带，全长约 500 km，宽 40～50 km，主要由 4 条逆断裂组成，自西北往东南分别为汶川-茂汶断裂（又称龙门山后山断裂）、映秀-北川逆断裂（又称北川断裂、龙门山中央断裂）、灌县-安县逆断裂（又称彭灌断裂、龙门山前山断裂）和龙门山山前隐伏断裂（大邑断裂）。这 4 条主要断裂总体走向 45°，倾向 NW，倾角 50°～70°。

龙门山断裂带大体以映秀和北川为界，分成 3 段。其中汶川-茂汶断裂由青川-平武断裂、汶川-茂汶断裂和耿达-陇东断裂组成；映秀-北川断裂由北川-茶坝-林庵寺断裂、映秀-北川断裂和盐井-五龙断裂组成；灌县-安县断裂由北东段的马角坝断裂、中段的灌县-江油断裂、西南段的大川-双石断裂组成（由于未出露地表，山前隐伏断层没有分段）（唐荣昌等，1991）。在 2008 年汶川大地震之前，大多数作者观点认为中段为逆冲兼右旋走滑，全新世活动强烈；南段的山前断裂和中央断裂有晚更新世活动的证据（逆冲，垂向擦痕，杨晓平等，1999）；北段以右旋走滑为主，晚更新世以来的构造活动形迹不明显（文德华，1994；李传友等，2004）。

李勇等（2006）认为在晚新生代时期龙门山构造带仅具有微弱的构造缩短作用（逆冲速率小于 1.1 mm/a），以右行走滑作用为主（走滑速率小于 1.46 mm/a），自北西向南东 4 条主干断裂的最大逆冲分量滑动速率具有变小的趋势，而走滑分量的滑动速率则具有逐渐变大的趋势，显示了从龙门山的后山带至前山带主干断裂的走滑作用越来越强，推测现今的龙门山及其前缘盆地不完全是由于构造缩短作用形成的而主要是走滑作用和剥蚀卸载作用的产物。但是作者对各条断层速率估算是根据不同的测年方法进行的，而且测点相对分散零星，同一条断裂带邻近的测点之间的速率相差较大，例如北川断裂（龙门山主中央断裂）北段北川擂鼓晚更新世以来的平均垂直滑动速率为 1.1 mm/a，右行水平滑动速率为 0.96 mm/a；中段彭州白水镇北 2 km，右行水平错动速率 0.18 mm/a，垂向错动速率 0.079，而同时是彭州白水镇中段的胥家沟一带，右行水平滑动速率 0.82～1.32 mm/a，这种现象的出现既可能与定年的误差有关，也可能与不同时间段龙门山断裂带的活动性差别较大有关。

其他一些作者的有关断层滑动速率的数据也表明龙门山断裂是一条右旋逆断层：汶川-茂县断裂自晚更新世以来断层的右旋速率 0.8～1.4 mm/a，全新世垂直滑动速率 0.5 mm/a（唐荣昌，韩渭宾，1993；马保起等，2005）；北川断裂自晚更新世以来断层的右旋速率 1 mm/a，垂直滑动速率 0.6～1 mm/a（马保起等，2005；Densmore et al.，2007；赵小麟等，1994）；彭灌断裂自晚更新世以来断层垂直滑动速率 0.2 mm/a（马保起等，2005）。总的来说龙门山断裂晚更新世以来似乎平均活动速率很低，而且跨断层带的 GPS 矢量变化也不大，似乎活动性不强，特别是其北段。

2008 年 5 月 12 日的汶川大地震改变了人们对龙门山断裂带的一些看法。地震导致了中央断裂中段的破裂并向北东青川方向斜向贯通延伸，前山断裂中段（汉旺破裂带）部分贯通，尽管北川县曲山镇沙坝村一组附近观测到整个破裂带断裂陡坎高度最大的区段（最大垂直位移为 11～12m，最大右旋水平位移量 12～15m，最大斜向滑移量为 14～17m）（李海兵等，2009），但中央破裂带和前山破裂带的平均位移在同一的量级：映秀-北川破裂带，垂直位移量平均 2～4m；水平位移量平均 1～3m；汉旺破裂带，垂直位移量平均 1～2m（最大 4m）；映秀-北川破裂带以逆冲运动伴随右旋走滑，汉旺破裂带近于纯逆冲；映秀地表破裂带（微观震中附近）表现为纯逆冲，向北转为逆冲+右旋走滑（深溪沟地表破裂带、虹口-八角庙破裂带），并且在断面上观察到了 2 组擦痕，早期高倾角，晚期低倾角；而在平通以北的北川断裂，只观察到了一期擦痕，地表破裂表现为右旋逆冲（擦痕倾角 25°～35°），从地表破裂推测存在 2 次事件叠加，第一次事件为映秀-平通断裂和安县-灌县断裂逆冲作用，第二次事件为北川断裂走滑作用（李海兵等，2009；2010）。地震除了产生 NE 向的映秀-北川破裂带和汉旺破裂带之外，还产生了 NW 走向的小鱼洞断裂，表现为向北东左行斜冲（倾角 35°），被认为是映秀-北川破裂带南段的次级分段（虹口段和龙门山段）界线（于贵华等，2010；钱琦和韩竹军，2010）。

于贵华等（2010）综合地表破裂及余震震源机制解，认为发震断层倾角从南向北有逐渐增大的趋势，虹口段和龙门山段主要以逆冲运动为主，伴有少量的右旋走滑运动，南坝和茶坪段同时兼有右旋走滑和垂直分量，两者相当，向 NE 水平位移量增加；在以逆冲为主的南段（映秀地表破裂段）和以斜滑运动为主的北段（北川地表破裂段）之间存在一个几乎看不到地表破裂的挤压阶区：长 10 km、宽 7 km 的高川阶区；以高川挤压阶区为界，汶川地震地表破裂带可以划分为 2 个一级破裂段，分别为 112 km 长的映秀破裂段和 118 km 长的北川破裂段，从而将 $M_W7.9$ 级的主震分解成 2 个不同的地震事件：映秀 $M_W7.8$ 和北川 $M_W7.6$，两者破裂特征明显不同；而映秀破裂段再以小鱼洞破裂带为界，划分为虹口和龙门两个次级破裂段（45 km 和 67 km），北川破裂段以宽 6 km 的挤压弯曲划分为茶坪和南坝 2 个次级破裂段（22 km 和 96 km），分别对应 $M_W7.5$、$M_W7.7$、$M_W7.0$ 和 $M_W7.5$ 等 4 个次级事件。钱琦和韩竹军（2010）根据地表破裂数据结合震前和余震资料，通过库仑应力变化分布的计算，推测小鱼洞断裂不仅是逆冲断裂系中的捩断层，而且是地震破裂过程中的起始破裂段。

汶川地震在小鱼洞西北还存在大量的余震，呈 NW 带状分布，超出了北川-映秀破裂带范围，延伸到后山断裂以西（大于 $M_L3.0$ 级的余震止于理县的南东，震源机制解表现为左行走滑和正断兼少量左行）（易桂喜等，2010）。从遥感图上（图 5-2-5），沿班玛-黑水-茂县存在 NWW 向线性带，与蒋良文（1999）推测的 NWW-近 EW 走向的阿坝-黑水-较场隐伏断裂大体位置一致，该线性带以北的红原-若尔盖地区为高原盆地地貌，以南为水系发育的强烈侵蚀的山地。该断裂的东部南侧有 2 条 NW 走向的线性构造带与之相接，西部的一条为抚边河断裂，已经证实为左行走滑活动断层（张维亮等，2007）。东侧的一条从理县沿 317 国道有 NW 向的线性带汇交于班玛-黑水-茂县线性带（图 5-2-6），在其中段，在马尔康幅地质图（1979）上标出了长度大于 50 km 的 NW 向断层-米亚罗逆断层（十八拐弯以北，北段断层走向呈 325°方向展布，断面倾向 NE，倾角 40°～45°；南段米亚罗至夹壁，呈 310°方向展布，断面倾向 SW，倾角 48°～52°，左斜冲），并且地震监测发现有微震沿断层发生（1：20 万马尔康幅区域地质调查报告）。从遥感图可以看出米亚罗断层向 SE 继续延伸且从理县县城通过，线性构造较为显著，尤其是在营盘街村北，为左行断层；SE 方向大体沿新元古代（晋宁期）的雪隆包

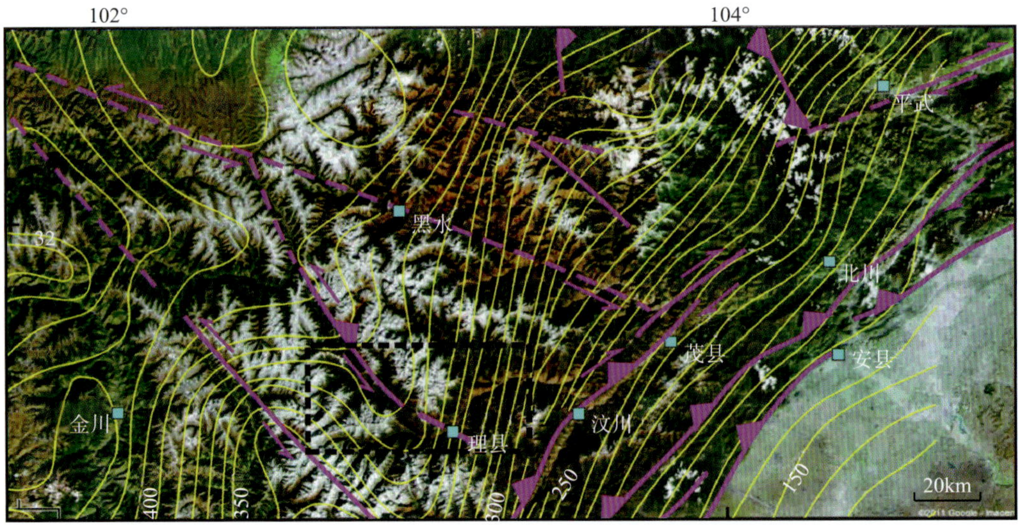

图 5-2-5　龙门山西侧，班玛-黑水-茂县 NWW 向线性带遥感解译

红色实线为实测断层（唐昌荣等，1991；龚宇等，1995；1∶20 万马尔康幅区域地质调查报告），虚线为遥感解译推测断层。黄线为重力布格异常梯度线（龚宇等，1995）。黑框为图 5-2-6 位置

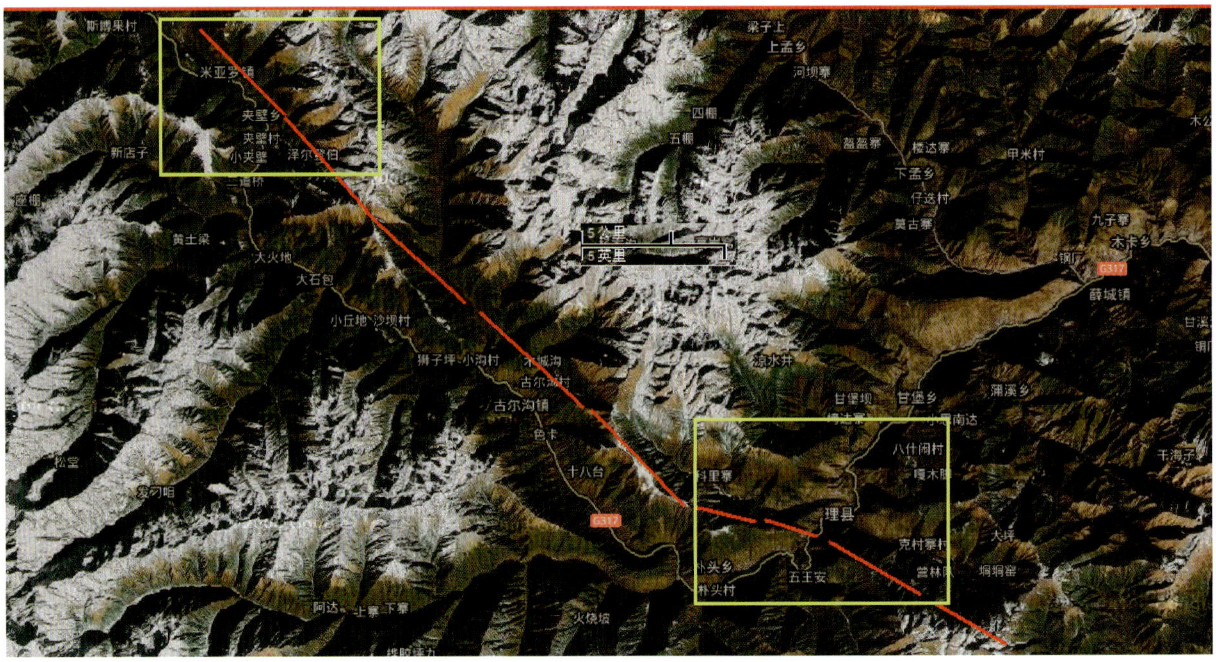

图 5-2-6　龙门山西侧米亚罗北西向断裂遥感解译

花岗岩南缘分布（图 5-2-7）。尽管目前仍然缺少证据证明米亚罗断裂与小鱼洞断裂属于同一断裂带，但可以大胆的推测汶川地震之所以形成从映秀附近向 NE 传播的的单向破裂，与切过龙门山断裂的 NW 走向断层关系密切。

汶川地震的余震在 NE 方向也切过了之前大家所认定的龙门山断裂带的范围（切过 NEE 走向的平武-青川断裂），在青川北东约 50 km，仍有大量余震发生；尽管地表破裂带终止于青川县以南，但是否深部破裂继续向 NE 延伸，值得思考。

在汶川地震之后，对于前人认为晚更新世以来不活动的龙门山北段，特别是平武-青川断裂，不少

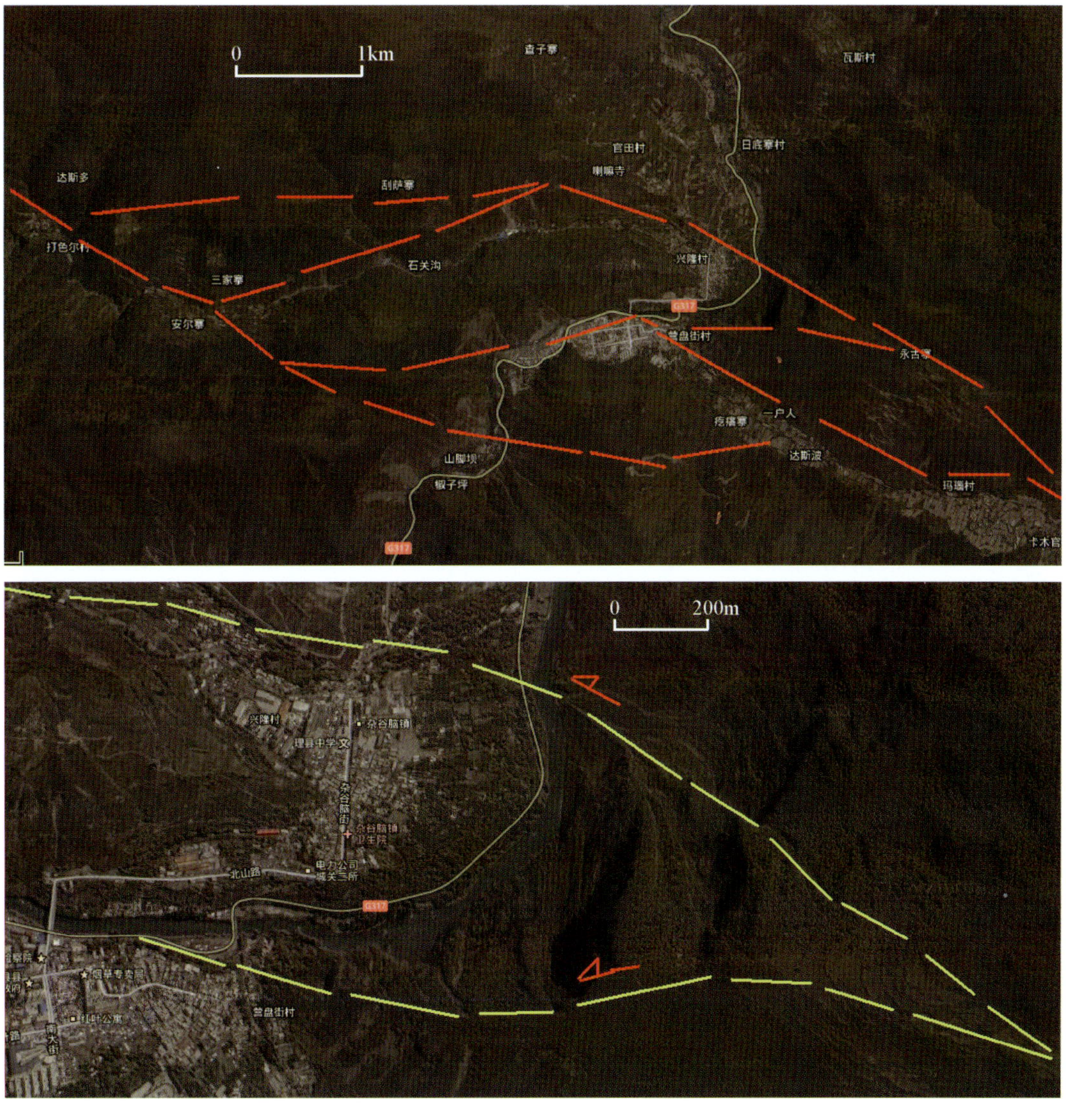

图 5-2-7　龙门山西侧米亚罗断裂东端遥感解译

人展开了新的研究。根据通过地面地质调查并结合浅层地震勘探和高密度电法勘探，李大虎等（2010）发现平武-青川断裂的主干断层从青川县城区通过，总体走向 NEE，南侧有 2 条 NE 向的次级分支断层，视倾角 40°～60°，均属逆断层；主干断层和中支断裂错到浅地表 2 m 以下卵石层，应为活动断层。刘根亮等（2009）根据对青川乔庄镇（县城）地区的青川-平武断层的野外考察，认为其具有中强震孕震能力。我们根据平武附近的地形图、遥感图结合 1∶20 万地质图，认为青川断裂南段延伸到平武县古城镇以西，在古城镇南 NEE 走向的断层地貌特征明显，对涪江及其支流最新的错动为右行错动，但可能存在早期的左行走滑。马寅生等（973 项目年终报告会发言，2010）对青川-平武断裂断层带东北段的研究发现，宁强青木川断层切割了 T2 阶地，T2 阶地上的棕红色黏土，36±2. 5ka，证明晚更新世以来活动；青川断裂在勉县附近与康县-略阳断裂带（包括汉中盆地北缘断裂）相接，后者盆地南缘的地震活动较强烈，在历史上发生过多次 5～6 级的中强震。樊春等（2008）认为青川断裂在晚新生代以来是强烈的右行走滑断层，水系位错显示其最小走滑量为 17 km，断裂的走滑位移在尾端发生构造变换，南西端的轿子顶穹隆是叠加构造，吸收了青川断裂的部分位移量，断裂北东端的汉中盆地则是处于伸展应力环境下的断陷盆地，吸收了其大部分位移量。而张岳桥等人（2010）重新确定了龙门山断裂带西南段主要活动断裂的分布特征及其晚第四纪活动特征，发现后龙门山断裂带——五龙-冷碛镇断裂是一条晚更新世活动的右旋走滑断裂，没有明显的挤压逆冲活动形迹；中央断裂带——双石-西岭断裂也具有右旋走滑活动特征，但其活动性相对较弱；龙门山断裂带西南段全新世没有明显的活动形迹；现今以中小地震为主，地震震源机制解显示以走滑应力机制占主导，与现今应力测量确定的逆冲应力状态不一致。

2）岷江-虎牙断裂系

岷江断裂和虎牙断裂是近 SN 向岷山-盖头山隆起的边界断层，该隆起与龙门山断裂带中段相接。广义的岷江断裂由东侧的岷江断裂及西侧牟泥沟-羊洞河断裂组成，现在通常论及的岷江断裂是指东侧的岷江断裂。第四纪以来主要沿东侧的岷江断裂活动，现今地震活动也主要沿其分布。岷江断裂北起于弓嘎岭以北，与塔藏断裂截接，向南经弓嘎岭、漳腊、元坝至松潘后，大致沿岷江西岸继续向南延伸。岷江断裂带以弓嘎岭、松潘元坝为界分为南、中、北三段，弓嘎岭以北为岷江断裂带北段，弓嘎岭-松潘元坝为中段，松潘元坝以南为南段。断裂总体走向近 SN，倾向 NW，倾角 60°～70°，全长 170 km（唐文清等，2004）。该断层除具压性特征外，左旋和右旋扭动兼有，显示了该断层自形成以来多期运动。其中岷江断裂中段全新世活动动强烈，第四纪以来表现为明显的推覆逆掩运动并具有一定的左旋走滑分量，而根据震源机制解等研究，岷江断裂现今为右旋走滑断裂，运动速度大于 2 mm/a（唐荣昌，1993；唐文清等，2004）。前人研究（唐荣昌，1993；邓起东等，1994；唐文清等，2004）认为虎牙断裂为岷山隆起的东边界断裂，该断裂南端起南起松潘片白、平武银厂沟一带，向北经虎牙、向北西错切雪山断裂后断续出露；以小河为界大致分成南北两段，北段断裂走向由 NNW 转向 SN，倾向东，倾角 80°左右；南段走向由 SN 向 SE 偏转，倾向 SW，倾角由北向南自 70°至 30°；根据 1976 年松潘-平武两次 7.2 级地震的震源机制解资料，推测虎牙断裂为近 EW 向区域构造应力作用下，具有左旋走滑挤压特征的全新世活动断裂。

最新的研究表明（张家声等，2009）岷山中部西起川主寺，东抵黄龙乡，中更新世（QP^2）以来存在一条近 EW 走向断层，相关摩擦滑动面的产状、擦痕线理定向及其运动学标志的野外观测数据表明该断层最新的运动为左行走滑。沿川主寺-黄龙左行走滑断层的位移在切错了近 SN 走向的岷山隆起后，向东追踪并改造先存的雪山逆冲断层，在黄龙乡以东通过三种方式发生了构造和位移转换，包括：①在左前方派生出一系列 NE 走向的左行剪切断裂；②沿走向位移逐渐减弱为顺层滑动；③在右前方转化为沿近 SN 向虎牙断裂的左旋斜冲。川主寺-黄龙断裂的构造几何学和运动学特征及其与岷江、虎牙冲断层的构造联系，支持一个左行剪切转换构造体制。松潘-平武地区的卫星遥感图像，1970～2008 年期间的地震活动性，以及 1991 年以来四次 GPS 重复测量结果所建立的现今位移矢量场等证据表明，川主寺-黄龙左行走滑断裂系统是继东昆仑-岷江断裂组合之后发育起来的、现在仍然活动的剪切转换断裂构造，是青藏高原东缘东北角的典型地震构造样式之一。通过野外考察向东西两端的追踪，发现川主寺-黄龙左行走滑断层分别向西切过了岷江断裂，向东截切虎牙断裂。川主寺-黄龙左行走滑断层的西端在近 EW 方向上终止于川主寺附近（红桥关和川主寺之间，向南陡倾的断层摩擦面上测得近水平的左行擦痕），向南西还有 NE 走向的分支断层，在高屯子和十里乡分别测得断层面产状 343°∠80°，擦痕 250 °∠5°；断层面 15°∠75°，擦痕线理 105°∠14°，均为左行。雪山断裂带的东端：限制了虎牙断裂向北的延伸。三路口道班西约 400 m，在厚层灰岩露头上，观察到擦痕面 172°∠88°，擦痕线理 260°∠10°，阶步指示左行，其北坡出露断层角砾、断层泥，厚度大于 10 m。虎牙断裂北段发育有数条近 EW 走向的左行走滑断层，穿过近 SN 走向的虎牙断裂，例如双河电站东北侧山坡观察到具有清晰擦痕面的断层面（灰岩），东侧断面 155°∠85°，擦痕线理 236°∠15°，丁字形擦痕指示左行走滑；西侧断面 160°∠85°，擦痕线理 230°∠10°，丁字形擦痕和阶步指示左行走滑，向西延伸近 EW 走向陡崖，擦痕面上部与土坡陡坎相接。虎牙断裂带中段，沿虎牙关、叶塘和水晶，也发育有近 EW 走向的左行走滑断层，在安塘村公路旁厚层灰岩，发育断面，擦痕面切紫红色方解石脉，形成钙质镜面，断层面 192°∠81°，发育左行擦痕线理 278°∠26°。而在虎牙断裂的南端，与青川-平武断层相接的区域，银厂沟附近，也发现了近EW走向的左行断裂。尽管这些断层目前无法确定形成的时代，但从清晰的擦痕面和川主寺-黄龙左行走滑断层一致的运动学特征，推测它们可能同属晚第四纪以来近EW走向的左行走滑断裂系。

5.2.3.3　青藏高原东南缘断裂系

1）鲜水断裂带

广义的鲜水河断裂带包括鲜水河-小江断裂和甘孜-玉树断裂，二者在甘孜附近呈左阶羽斜列，在区域上共同构成川滇活动地块的北边界和巴颜喀拉地块的西南边界（图5-2-8）。

甘孜-玉树断裂（又称风火山-甘孜-玉树断裂带），东南起自四川甘孜，向西北经马尼干戈、邓柯，穿越金沙江至青海玉树、治多，总长约500 km，为左旋走滑断层，与鲜水河断裂在甘孜附近呈左阶错列，并共同组成巴颜喀拉地块的南边界。玉树以西，断裂全新世以来的左旋位移速率7.3 mm/a，东段（甘孜-玉树段）全新世左旋滑动速率达12～14±3 mm/a，垂直（逆）滑动速率为1.1±0.4 mm/a（徐锡伟等，2003；闻学泽等，2003；周荣军等，1996；李闽峰等，1995）；GPS观测的现代滑动速率10 mm/a左右（闻学泽等，2003）。对2010年4月14日玉树M_S7.1地震地表破裂的考察表明甘孜-玉树断裂是全新世强烈活动的左行走滑断层，从西向东逆冲分量增大，在玉树地表破裂带上表现为西段和中段左旋走滑，东段为左旋走滑逆冲运动（马寅生等，2010；陈立春等，2010）。

鲜水河-小江断裂带（断裂系）总体呈近SN走向的弧形，由三大段落构成：北段的鲜水河断裂带，为一宽度很窄的线性构造带；南段的小江断裂带由东、西两条近于平行且间隔小于20 k m的分支断裂构成；中段的结构则较复杂，断裂密度较高，总体呈纺锤状展布，主要由西支的安宁河断裂带和则木河断裂带与东支大凉山断裂带组成（何宏林等，2010）。

通常所说的鲜水河断裂带主要是指北起甘孜东谷附近，经炉霍、道孚、康定延伸至泸定的磨西以南的断裂系，大体沿NW-SE向展布，呈一略向北凸出的弧形，全长约350 km（李天祒等，1985；李天祒等，1997）。该断裂大体可分为2个大段和5个小段：以惠远寺为界，北西段称为鲜水河断裂，由炉霍断裂、道孚断裂、乾宁断裂3条次级剪切断裂呈左阶羽列组合而成；南东段则由4条大致平行斜列的断层组成，分别为雅拉河断裂、色拉哈断裂（又称康定断裂）、折多塘断裂及磨西断裂（钱洪等，1988；闻学泽等，1989；李天祒等，1997）；断裂总体倾向NE，局部倾向SW，倾角大致在55°～80°之间（李天祒等，1985）。鲜水河断裂带全新世以左旋走滑运动为主，局部具挤压性质（熊探宇等，2010；唐荣昌等，1984；唐文清等，2005；钱洪等，1988）。依据地质学方法推算的鲜水河断裂带北西段滑动速率明显高于南东段活动速率，北西段活动速率约为10～20 mm/a，南东段活动速率小于10 mm/a，一般为5 mm/a左右（李天祒等，1997；钱洪等，1988；闻学泽等，1989；Allen et al.，1991；程万正等，2002；乔学军等，2004；徐锡伟等，2003；唐文清等，2005a，2005b，2007；唐荣昌等，1993；邓天岗等，1989；周荣军等，2001；孙建中等，1994）可能与断裂的展布特征有关，北西段断裂较为单一，而南东段由多条次级断裂分担了活动速率；利用仪器监测得出鲜水河断裂带整体上全新世平均走滑速率约为10 mm/a左右，垂向变形在2 mm/a之内（熊探宇等，2010）。

鲜水河断裂带南东段逐渐向南偏转，并与近SN向的安宁河断裂相接，在两个断裂相接处西侧耸立着海拔7556 m的贡嘎山，最新的研究（谭锡斌等，2010）表明第四纪以来贡嘎山岩体及鲜水河断裂与龙门山断裂所夹的三角区域为快速隆升区域，而其西侧、北侧的高原腹地的隆升速率远低于这两个区域；贡嘎山岩体从北向南隆升速率逐渐变大，其最南端1 Ma以来的隆升速率超过3.3±0.8 mm/a；贡嘎山花岗岩体是鲜水河断裂至安宁河断裂间挤压弯曲段吸收、转换川滇地块SE向水平运动导致局部快速隆升的产物，在这一过程中，由于垂直于断裂的挤压分量从北到南逐渐增大，导致了岩体从北往南的隆升速率逐渐增大。

安宁河断裂带是鲜水河-小江断裂带中段西支的北段，通常所说的安宁河活动断裂是指西昌以北、呈近SN走向的段落。安宁河断裂带可以分为东、西两条分支断层，西支为主断层（包括东西2条次级断层），其上的断层活动以左旋走滑为主，兼有低角度的逆冲分量，晚更新世以来的平均走滑速率

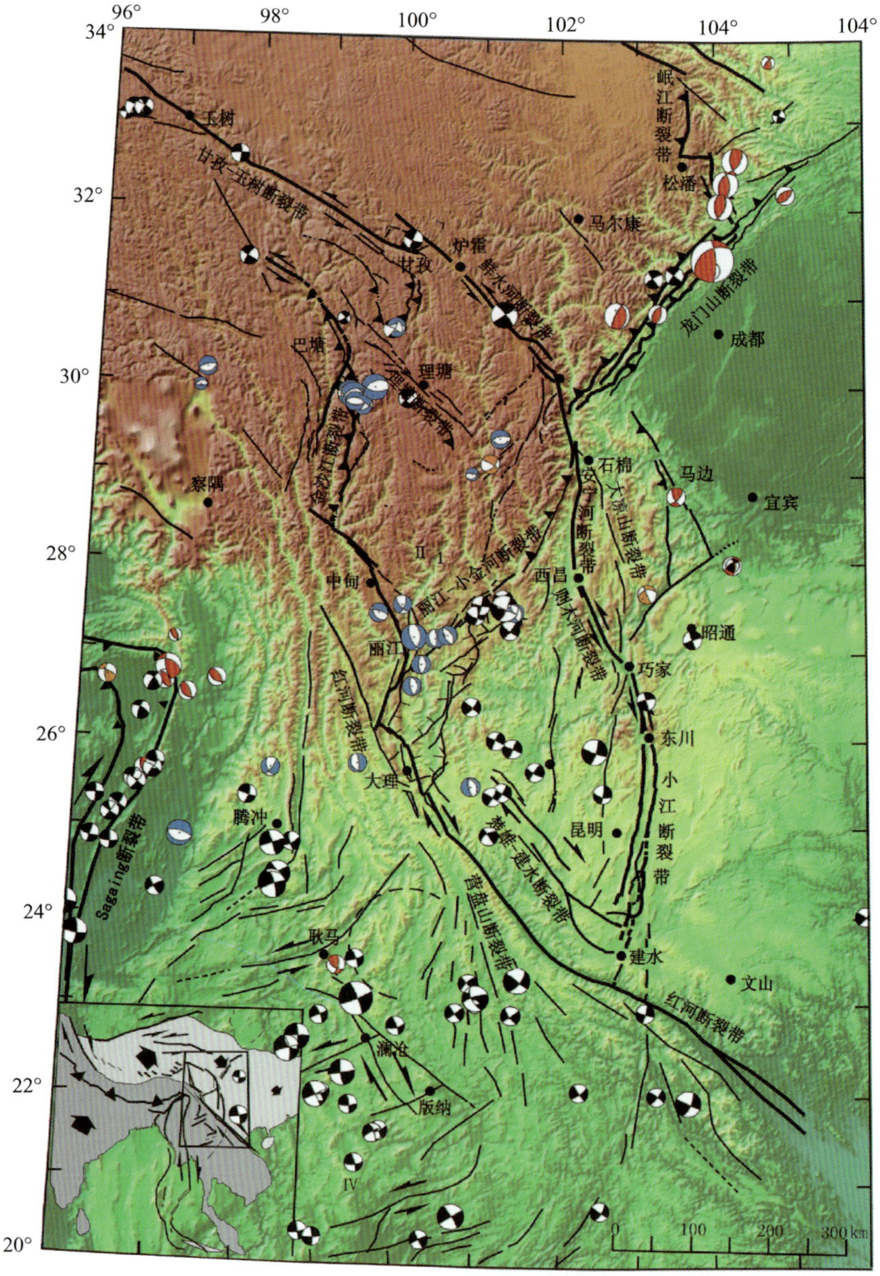

图 5-2-8　川滇地区活动断裂分布及震源机制解（马文涛等，2008）

3～7 mm/a；东支断层为正断层，控制了一系列山间盆地构成的断层谷；安宁河断裂带在晚更新世以来是一条逆冲走滑断裂带，推测跨断裂带 NW 向向上挤压速率为 1.7～4.0 mm/a（何宏林和安田池隆，2007）。最新研究结果表明安宁河断裂带不同时期滑动速率存在一定的差异，晚全新世滑动速率为 6.2 mm/a，两千年以来 3.8～4.2 mm/a，但全新世以来的平均滑动速率基本稳定在约 3.6 mm/a，结合最近的 GPS 观测结果可以推测安宁河和则木河断裂带上长期滑动速率在 3～4 mm/a 之间（冉勇康等，2007；何宏林等，2008；Shen et al.，2005）。

则木河断裂带为鲜水河-小江断裂的中段西支的南段，是川滇地块的东边界断裂带之一，晚第四纪强烈活动，历史上曾多次发生强震。则木河断裂带北西起于邛海湖盆西北端（西昌之西），南东至金沙江边的葫芦口，全长约 130 km，北南端分别与安宁河断裂和小江断裂相截切，包括：邛海段、大菁段、松新段和宁南段（宋方敏等，1999）。邛海段长约 20 km，NW 走向，顺邛海湖盆西侧延伸，最新活动性质为张性正断兼具左旋走滑。大菁段北起邛海南岸（可能延入邛海），经大菁梁子西缘等地向南至格普中学一带，走向 NNW，长度超过 50 km。该断裂段两端皆出现分叉，以四呷布史为界，以北断层地貌形迹呈左阶斜列，以南为右阶斜列，最新运动为左旋走滑，也有垂直运动性质。松新段北起普格大水塘，向南经松新，止于宁南盆地西南缘，走向 NNW，长度约 50 km，有晚第四纪活动证据，以左旋走滑为主，兼有垂直运动分量。宁南段，北起宁南盆地北缘，向 SE 止于金沙江江边葫芦口，长约 20 km，晚第四纪活动，以左旋走滑为主。邛海盆地从上新世-早更新世开始发育，中更新世以来由于川西地区整体抬升，邛海盆地北缘和东北缘隆起，盆地向南收缩但西南缘和东边界没有变化；中更新世以来 NNW 向的则木河的活动性质总体以左旋走滑为主，但 NW 走向的邛海段仍然具有强烈的垂直差异运动。宁南盆地则是晚更新世才开始发育的盆地，是受松新断层南段控制的不对称地堑盆地。

大凉山断裂带是鲜水河-小江断裂的中段东支，北起四川石棉北的鲜水河断裂带南端，向南经越西、普雄、昭觉、布拖至云南巧家汇入小江断裂带，全长约 280 km，由 6 条次级断层构成宽约 15 km 的构造带，近 SN 走向，总体为略向东凸出的弧形，大凉山断裂带上的左旋位错量存在向南减小的趋势（11～3. 2 km），全新世以来的左旋滑移速率为 3 mm/a（何宏林等，2008），GPS 观测速率为 4 mm/a（Shen et al. ，2005）。大凉山断裂带相对安宁河和则木河断裂带，几何结构更为复杂，连续性和贯通性低，被认为是一条年轻的新生断裂带，是鲜水河-小江断裂系裁弯取直的结果（何宏林等，2008）。

小江断裂带是鲜水河-小江断裂带的南段，为强烈活动的左旋走滑断裂带，北起巧家以北（四川、云南、贵州 3 省交界的地方），南至云南建水东南（向南止于红河断裂带之北的楚雄断裂），全长超过 400 km。宋方敏等（1998）曾对其几何结构和历史强震破裂进行了较详细的研究，按几何形态将其分为 3 大段：北段，巧家以北至蒙姑，为单条断裂（巧家-蒙姑断裂），NNW 走向，长 50 km 多；中段由东、西两支主要断裂段及与其近平行的一些断裂段构成，东支北起蒙姑台地西部，向南经东川、功山、寻甸，止于宜良盆地以南，长约 200 km，呈弧形，蒙姑-田坝为 NNW 走向，向南转为近 SN-NNE 走向，西支断裂段北起达朵以北，往南经乌龙、沧溪、清水海、羊街、杨林，止于阳宗海西南，长约 180 km，为近 SN-NNE 的弧形，东西支断裂夹持由前第四系地层和岩石组成的隆起；南段是中段东支断层向南的延伸，由一系列辫状或羽列状的次级断层组成。由于断裂带晚第四纪以来的活动性质是以左旋走滑为主，右行阶区在地形地貌上形成挤压隆起构造，左行阶区则形成拉分盆地。历史强震破裂皆集中在断裂带的中段，包括：①1833 年嵩明 8 级地震破裂段位于中段西支，北起沧溪，南至阳宗海南大松棵，全长 126 km；②1733 年东川 7¾级地震破裂段，位于中段东支，北起蒙姑，南至田坝，全长 82 km；③1713 年寻甸 6¾级地震破裂段，位于中段东支的功山-寻甸断裂段上，长 22 km；④1500 年宜良地震破裂段，位于中段东支，北起小新街，南至徐家渡，全长 81 km；⑤1725 年万寿山 6¾级地震破裂段，位于中段东西支断裂之间的万寿山断裂段上，长 25 km 左右。小江断裂带在早更新世末、中更新世初其活动性质发生重大转变，之前以挤压为主，中更新世后活动性质以左旋走滑为主，伴随强震的发生，原来的断裂再次破裂贯通（宋方敏等，1998）。

2）红河断裂带

红河断裂带是横贯云南西部、中部和东南部的一条大型走滑断裂，其总体走向 NW，略向西南突出，大部分地段沿红河河谷延伸，向南一直延伸至越南，是川滇活动地块的西南边界（图 5-2-8），研究表明其新生代早期的运动以左旋走滑为主，后期转变为右旋走滑，第四纪时期仍然活动。

历史地震活动显示，沿红河断裂带地震活动水平存在显著差异。在云南境内断裂带西北段（北段），近代地震活动频度高、强度大，最大地震是 1925 年 3 月 16 日大理凤仪发生的 7 级大震；另据史料记载，1652 年在弥渡也曾发生过 7 级大震。断裂带东南段（中段），近代地震活动水平很弱，断裂活动表现出明显的蠕滑特征。红河断裂带延伸到越南境内的部分（南段），近代地震活动水平介于北段和中段之间。最近的研究表明红河的全新世以来的活动速率并不高。

张培震等（2003）研究认为，川滇地区 GPS 观测结果揭示了红河断裂可能具有右旋走滑的运动方式，但右旋走滑不是沿着红河断裂带发生的，而是沿着楚雄-建水断裂、红河断裂和澜沧-耿马断裂共同发生，形成一条宽达 300 km 的右旋剪切带，其右旋走滑速率可达（10±3）mm/a，就红河断裂带本身而言，右旋走滑速率可能只有（3～4）mm/a，与活动断裂研究结果类似。

红河断裂北段由一系列具有很大拉张分量的右旋走滑正断层组成，晚第四纪至现今构造活动强烈，控制了一系列历史强震的发生，如 1993 年丽江 7.3 级地震。断裂南段结构比较简单，以沿红河河谷发育的走滑断裂为主，有历史记载以来没有强震发生。虢顺民等（2001）估计该断裂晚第四纪滑动速率为 1～3 mm/a。滇西北地区龙蟠-乔后断裂带和红河断裂带的活动是连续的，并基本上是定向的（虢顺民等，2001 年）。自 20 世纪 60 年代以来，中越双方利用三角网和 GPS 观测网进行过跨红河断裂带的水准测量和 GPS 测量。测量的水平运动速率：越方的小于 2 mm/a，中方的介于 1～4 mm/a 之间；垂直运动速率：越方的介于 0.2～0.3 mm/a 之间，中方的介于 0.09～5.46 mm/a 之间。结论基本符合红河断裂北强南弱的活动性特征（李西等，2009）。

向西北延伸红河断裂可能与德钦-中甸-大具断裂相接（沈军等，2001），后者从永胜盆地北端至德钦北，NW 走向，长近 300 km，为右旋走滑断层，第四纪中期以来的滑动速率 4～6 mm/a，向西与近 SN 走向澜沧江断裂合并，与红河断裂共同构成了川滇地块的南部边界。也有观点认为红河断裂向北与近 SN 走向的金沙江断裂相接，后者的右旋走滑速率为 5 mm/a（唐荣昌和韩渭宾，1993），但周荣军等（2005）的研究表明金沙江断裂带晚第四纪以来主要表现为近 EW 向的缩短作用，而不是右行走滑。

从目前的研究成果看，由澜沧-耿马断裂、滇西北断裂、红河断裂带（包括楚雄-建水断裂）和高黎贡山断裂组成右行走滑断裂系统，这些 NW 或近 SN 走向的右行走滑断层可能改造了一些早期的 NE 向逆断层，并将它们归入了自己的走滑破裂体系，使其从挤压逆冲改造成正断兼走滑。而其 NE 方向的鲜水河断裂则以左旋走滑为主，在挤压弯曲段形成地形极高的贡嘎山。两者南端在云南玉溪市附近交会。

5.3　大三角区东边界的强震及其机理

东部边界 7 级以上的强震，基本沿断层带发育，震中位置多在断裂系的主边界断层或主滑动断层的非连续受阻段、尾端构造、分支构造与主干断层交点，共轭断层相交段落（图 5-3-1）。尽管研究发现有相当部分的地震震中并不落在已知的断层上（刘峰等，2010），但这不意味着这些地震与断层无关。

在东边界上，近 EW 走向的大型走滑断层主边界断层或主滑动断层是发生强震的主要构造。例如：蒙古国 1957 年的戈壁-阿尔泰 8.3 级地震和中国 1920 年 8.5 级海原地震。前者发生在 Bogd 断层上，并且导致了长度大于 250 km 的地震破裂和平均 5±2 m 水平左行走滑错动（Florensov and Solonenko, 1963；Ritz et al., 1995），该地震与多条断层的同时破裂有关，包括位于主走滑断层 Bogd 断层的南部 25 km 的 Gurvan Bulag 逆断层（Prentice et al., 2002）。虽然戈壁-阿尔泰断裂的活动速率很小，主滑动断层 Bogd（60～80）ka 以来的最大滑移速度大约是 1.2 mm/a（Ritz et al., 1995），北部的边界逆冲断层，上更新世到全新世的抬升速率是 0.1～0.2 mm/a（10Be，Vassallo et al., 2007），而山体在新生代的抬升速率是 0.25～1 mm/a（Vassallo et al., 2007），沿着超过 250 km 的平直主断层和侧向受限逆冲挤压断层的同时破裂，释放了巨大的应变能。

1920 年 12 月 16 日海原 8.5 级大地震，是我国近代发生在大陆内部的最大一次地震，并造成了 22 万人死亡。沿海原活动断裂带形成了一条长达 230 km 左右的地震地表破裂带（邓启东等，1989；环文林等，1991；张培震等，2003），伴随有 10.5 m 的最大左旋位移。1985 年《陕甘宁青四省（区）强地震目录》给出的发震时间 1929 年 12 月 16 日 20 时 5 分 30 秒，仪器震中为北纬 36.7°东经 104.9°，宏观震中为北纬 36.5°东经 105.7°，震级 8.5，最大烈度Ⅹ，震源深度 17 km。宋方敏等（1983）根据野外测量的结构将宏观震中调整到北纬 36.6，东经 105.3，正位于西华山北麓干盐池至大沟门之间的断

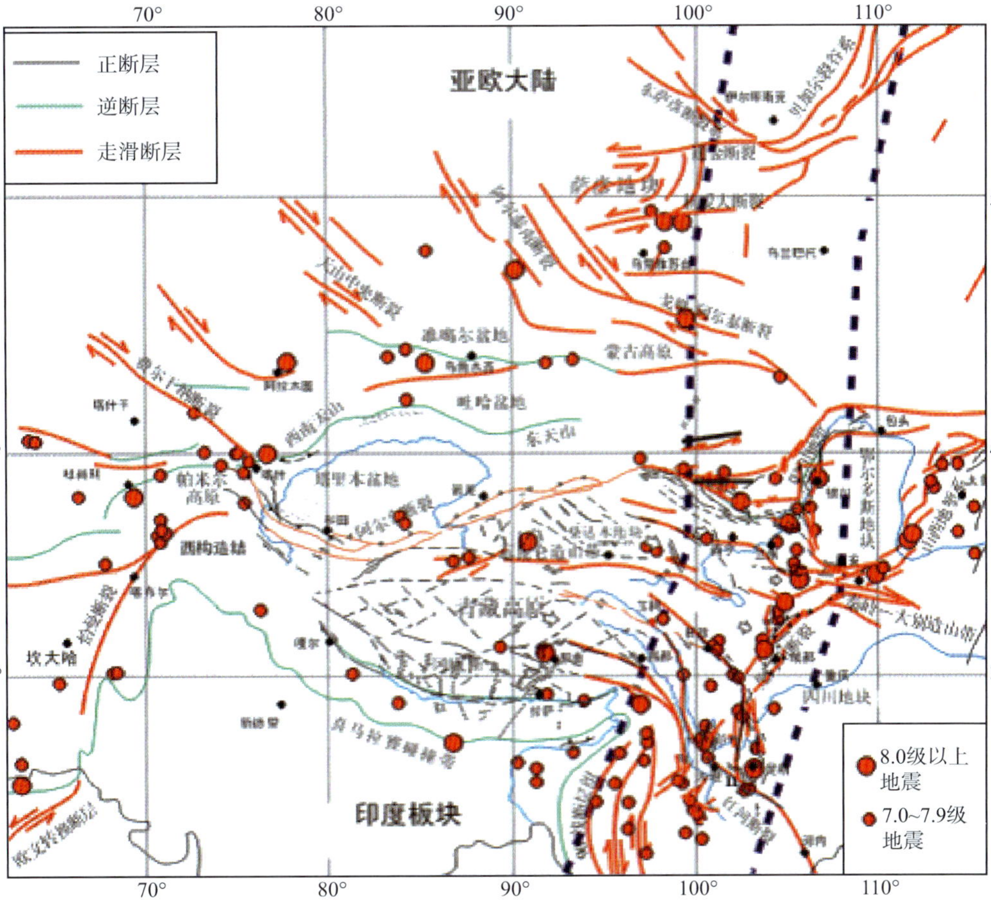

图 5-3-1　中亚大三角角活动断裂和强震震中分布

裂带。海原断裂带由 11 条次级剪切断层作左阶或右阶羽列状排列，11 条次级剪切断层是在走滑断裂形成过程中在剪切应变带内迁就不同的先存逆断裂的某些段落形成的，是一条典型的不连续的左旋走滑断裂（国家地震局地质研究所等，1990；邓起东等，1989；张培震等，2003），尽管地震的主破裂在沿中段发生，1920 年海原地震使得各个段落同时发生破裂（徐锡伟等，2003）。

大型走滑断裂尾段是容易积累应变的区域，尾段破裂是东边界强震发生的一种重要机制。1879 年武都南 8 级地震的发震构造即为近 EW 走向的大型走滑断层——勉县-略阳断裂带西端的尾部构造：哈南-稻畦子-毛坡里断裂带（侯康明等，2005），该地震破裂带的长度虽然有限（60～90 km），但是 3 条 NE 走向的倾滑断层的同时破裂，也将积累在断层端部的巨大应变能量充分的释放。

夹持于大型走滑断层之间的斜扭性的逆断层或正断层系统的破裂也是东边界强震发生的一种重要机制。1739 年平罗 8 级地震震中位置是东经 106.5°，北纬 38.8°，极震区“平罗、新渠、宝丰三县及洪广营、平羌堡阖城房舍倒塌无存，城垣亦大半倒塌，压死官民 50000 人”（《中国地震目录》，1971），其震害是银川盆地有史以来最大的一次。贺兰山东麓断裂与永宁-贺兰-姚伏断裂可能是发震断层（国家地震局震害防御司，1990；张四新等，2003；白铭学，焦德成，2005）。地震相关的断裂破碎带呈 NE 向分布，断错走向为 NNE，有右旋走滑。银川第四纪沉降中心最深部位在潮湖到西大滩一带，深达 2200 m，这种快速的沉降速率以及 GPS 速度场所反映的银川地堑 NW-SE 向的强烈伸展，与银川地堑现今的强烈地震活动性关系密切。以中卫断裂和海原断裂为南界、雅布赖山-巴音希博山断裂为北界的左行斜扭系统可能是银川地堑现今断层活动的主要体制。

2008 年汶川 7.9 级地震是夹持于东昆仑断裂带和鲜水河断裂带之间的右行斜冲断层——龙门山断裂带破裂的结果，青藏高原中北部的物质（巴颜喀拉地块）向东挤出而在扬子克拉通的西缘受阻从而能积累巨大的应变能量。

中亚大三角东边界的现今地质构成实质是一系列大型走滑断裂构造的尾端构造与侧向断层，或者是夹持于左旋走滑断裂带之间的张扭性地堑断裂系或斜冲断层，东边界的强震机制主要有 3 种：①沿近 EW 走向的大型走滑断层主边界断层或主滑动断层发生大规模破裂；②在大型走滑断层尾端，多条断层同时破裂；③夹持于大型走滑断层之间的斜扭性的逆断层或正断层系统大规模破裂。

5.4 区域地震构造对比研究

地震活动与断裂构造关系密切，大部分的地震可能由断层运动引起。地震构造的研究，需要将地震资料的分析与断裂活动、地壳结构、构造变形以及地球内部物理过程等方面综合进行研究。断裂构造一旦形成就难以愈合，断裂活动具有长期复发的特征（张家声等，2011）。而在特定的大地构造部位——大地构造边界带，断裂的密度远大于板块或者地块的内部，相应的地震活动呈现出有规律集中带状分布的特征。按照地震活动分布与全球构造的关系，马宗晋等（1988）将全球地震构造分为 4 个系统：环太平洋地震构造系、洋中脊地震构造系、北大陆地震构造系和环赤道构造系。在 20 世纪 90% 以上的 $M_W \geqslant 7.5$ 地震发生在低角度斜切赤道的环球大剪切带和环太平洋地震带上。中亚大三角（中蒙大三角）（马宗晋等，2003）是北大陆地震构造系中变动最强的地区，3 条边缘带是结构性地震带，控制了全球大陆内⅔以上的 8 级地震。

本节研究主要通过对中亚大三角东部边界北段（青藏高原东北缘以北至贝加尔湖南端）的地震活动与该区地质构造特征及活动断裂运动之间的关系，结合前人震源机制解、GPS 速度场和地质应力测量的资料，初步探讨控制中亚大三角东部边界北段地震活动空间分布规律的构造因素。

5.4.1 中亚大三角东部边界北段地震活动分布特征

5.4.1.1 中国内蒙古阿拉善盟及其邻区的地震活动分布特征

在青藏高原东北缘，沿冷龙岭、天景山、六盘山向北至中蒙边界地区，存在数条强烈地震活动带（图 5-4-1），其中最为显著的沿东经 106°，从内蒙古磴口向南经桌子山-贺兰山-大小罗山-云雾山，南北向延伸到宁夏固原以南的地震活动带，本文称磴口-固原地震带。该地震带不但有大量密集的 3～4.9 的小震发生，更以发生 5 级以上中强震为特征，其中历史上曾经发生 3 次 7 级以上，其中 1739 年平罗 8.0 级大地震造成 5 万人的伤亡（《中国地震目录》，1971）。该地震带在地质构造上相对明确，主要对应于近 SN 走向的黄河断裂（宁夏石嘴山以北称桌子山断裂、石嘴山至银川称黄河断裂、灵武及以南称灵武断裂，向南与大小罗山-云雾山断裂相接）及其相邻的贺兰山东麓和西麓断裂带，与地震带的走向一致，这些断裂带总体呈近 SN 走向（以 NNE 和 SN 走向为主），局部被一些近 EW 走向（宗别立-正谊关断裂）或 NW-NWW 走向的断裂（三关口断裂和牛首山断裂）截切。

在阿拉善盟中部，有一条 NEE 走向地震密集活动带，大致沿阿拉善右旗北-雅布赖山-巴音希博山，经阿拉善左旗的庆格勒图向东延伸到磴口，本文称雅布赖-磴口地震带。雅布赖-磴口地震带地震活动性要弱于磴口-固原地震带，除了有较多 4～5.9 级的中强震发生之外，历史上没有 6 级以上的强震记录。该地震带在地质构造上对应着 NEE 走向的雅布赖山-巴音希博山断裂。

雅布赖-磴口地震带北东是 NE-EW 走向的狼山-河套地震带，从阿拉善左旗的敖伦布拉格镇向北向东延伸到呼和浩特以东，该地震带活动性比雅布赖-磴口地震带强但弱于磴口-固原地震带，除了有密集的 3～5 级中小震发生之外，历史上曾经发生过数次 6 级以上的中强震，其中发生在 849 年的河套大地震（包头西北）震级可能在 7.0～7½级之间（邓起东等，2007；国家地震局，1988）。

雅布赖-磴口地震带西北部的巴丹吉林沙漠地区（从右旗的树贵苏木至额济纳旗）是明显的地震

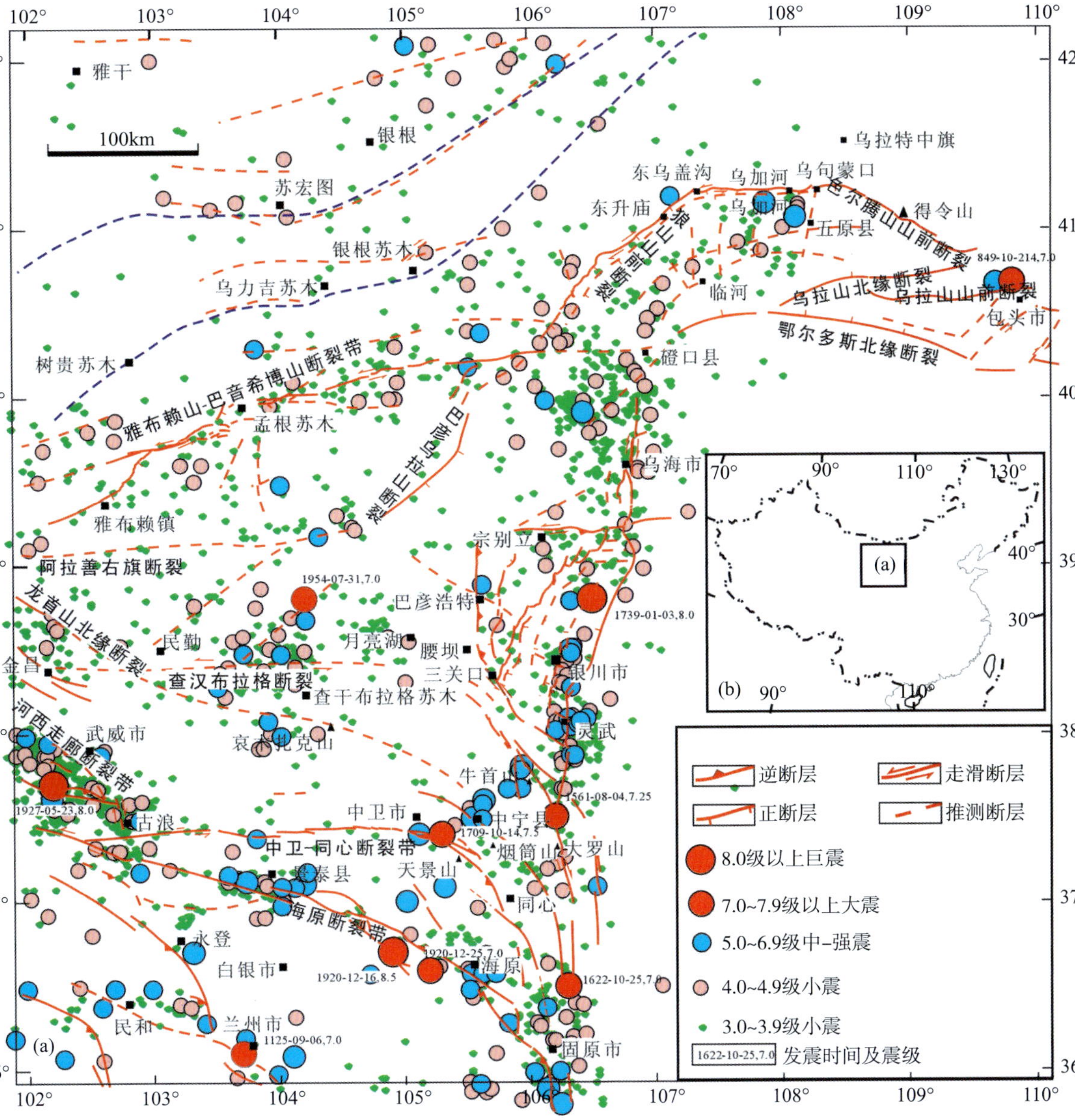

图 5-4-1　内蒙古阿拉善盟及其邻区的地震活动分布特征（地震资料由吕晓健等人提供）

空区，仅有零星的 3.9 以下的微震记录，除了与该地区构造活动可能不活跃有关，当然不能排除因为缺少台站记录而漏报的可能。在雅布赖-磴口地震带北部，狼山-河套地震带西北还有 2 条 NE 向的地震活动带，其 4 级以下的小震相对弥散，但 4～5 级的地震记录有较明显的线性特征，在地质构造上恰好对应着阿拉善北部的 2 条晚古生带的蛇绿岩带，遥感图也解译出数条 NE-NEE 走向的断裂，但野外初步的考察发现这些断层没有明显的线性陡崖、陡坎，未发现对冲沟水系的切错现象，即没有明显晚第四纪活动的迹象。

甘肃民勤至内蒙古的巴彦乌拉山也有一条 NE 向的地震活动带，曾经有观点认为存在一条从狼山经巴彦乌拉山向南西延伸到甘肃武威的左行断裂带（张进等，2006），但民勤 NE 向地震带的特征似乎与这条断裂带不完全一致，该地震带 4 级以上的地震主要密集分布在南部，特别是民勤的东北部的腾格里沙漠，1954 年在腾格里沙漠曾经记录到 7.0 级的强震，而在巴彦乌拉山及其附近除了少数 3～3.9 级的微震，没有任何 4 级以上的地震记录，从地震活动性上看，似乎没有连续的 NE 向断层。而在民勤 NE 向地震带的南侧，民勤经阿拉善左旗查汗布拉格苏木至左旗的月亮湖附近，存在一条密集的近 EW 走向的地震活动带，除了密集3～4.9 级的小震活动，历史上还发生过数次 5～5.9 级的中强震，本文称民勤-月亮湖地震带。该地震带对应着近 EW 走向的查汗布拉格断裂，该断裂被认为向东延伸与三关口断裂相接（张进等，2006），但从地貌上看线性特征消失腾格里沙漠东部的腰坝盆地，并不进入贺兰山南段。

在民勤的西南，古浪、武威以西，沿龙首山两侧分布着 NW 走向的地震密集带，即河西走廊地震带，尤其是古浪、武威附近，地震活动极其强烈，历史上曾经发生过 8.0 级古浪（1927 年）大地震，该地震带与河西走廊断裂带的位置一致，后者被认为是阿拉善地块的南边界。

在古浪以东，经景泰、中卫、海原到固原，存在一条 NWW-NW 向的弧形地震活动带（古浪-固原地震带），地震活动性与磴口-固原地震带相当，除了大量的 6 级以下的地震呈带状分布以外，历史上曾发生 3 次 7 级以上强震。1920 年海原 8.5 级大地震，是我国近代发生在大陆内部的最大一次地震，造成了 22 万人死亡（邓启东等，1989）。古浪-固原地震带在地质构造上对应着鄂尔多斯西南缘弧形断裂束（国家地震局，1988），地震活动可能主要与中卫断裂和海原断裂相关。在古浪-固原地震带和民勤-月亮湖地震带之间还存在着一条 NW 走向的地震活动带，大体沿甘肃金昌、阿拉善左旗南的哀木扎克山、宁夏中宁，在同心北东并入磴口-固原地震带，本文称金昌-中宁地震带，地震活动性稍弱，没有 7 级以上历史强震，但有较多 4～6 级的中强震发生。金昌-中宁地震带东部对应着中宁南东的烟筒山断裂带，但向西并没有明确的活动断层，从地形上看，在阿拉善左旗的南部存在一系列的 NW 方向的低矮丘陵，与该地震带的位置大体一致。

总体来看，阿拉善盟及其邻区的地震活动分布特征在南部呈近 EW-NW 的弧形，东部为近 SN 走向，北部为 NEE 和 NE 走向的带状分布，基本上与第四纪活动断层或者地质构造边界相对应，在一些没有明确的第四纪活动迹象的断裂带上也有较多的地震发生。

5.4.1.2　俄罗斯贝加尔湖的南端至中-蒙边界的地震活动分布特征

根据 Adiya 等（2007）资料，从俄罗斯贝加尔湖的南端向南至中-蒙边界，在 M_L3.5 以下（1964～2000 年）的微震弥散分布的背景上，呈现出与中西部蒙古-萨彦地区的活动断裂大体一致的数条小震（M_L3.5～4.5）密集带，其中最密集的地震带包括：NE 走向的贝加尔地震带，近 EW 走向的通京地震带、北杭爱地震带和戈壁-阿尔泰地震带，近 SN 走向的大湖区西侧地震带、Terekholsky 盆地-库苏古尔湖地震带和莫高德地震带。这些地震带分别对应着贝加尔裂谷系、通京断裂带、北杭爱断裂带、戈壁-阿尔泰断裂带、阿尔泰断裂系、库苏古尔裂谷系等第四纪活动断裂，大致以东经 105°为界，西部的地震密度明显高于东部。1900～2000 年期间的 M_S5.5 级以上的地震大部分分布在这些小震密集带上，1965 年以前的部分中强震则游离于大型的活动断裂之外，但仍然大多分布在活动断裂之上或者边缘。令人瞩目的是，大体从北纬 42°、东经 105°到北纬 52°、东经 105°，微震和中强震都呈近 SN 方向条带状断续分布，而且在达兰扎达嘎德、莫高德和通京盆地西端 20 世纪都出现了 6.5 级以上的强震。总结目前的研究成果，这条 SN 向的地震带并没有对应着一条连续的断层，但是从遥感图上可以观察到断续的近 SN 向线性构造与此相应，在 1∶100 万的地质图上也观察到库苏古尔湖经木伦、莫高德、阿尔拜赫雷至达兰扎达嘎德的一系列的 SN、NNW 或 NW 向的断裂，这些断裂切过了上新世的火山岩，但多被第四纪的火山岩或者河湖相沉积物覆盖，缺少诸如切割河流阶地、形成断层陡坎、陡崖这样的活动断层的地貌特征，目前仅仅在莫高德地区报道了明确的活动断层（有清晰的地震破裂和断层露头）。

从平面空间分布看，研究区的地震分布基本上可以概括为 3 个系统：①NW 向的阿尔泰山地震构造系；②由近 EW 向的通京断裂相连接的库苏古尔裂谷-贝加尔裂谷地震构造系；③分布在杭爱山周围的环杭爱地震构造系。这 3 个构造系是统一的地壳变形场之下的产物。地震活动在这些构造系上频繁出现，显然与印度-亚欧碰撞产生持续的向 NE 方向推挤的区域应力场有关，但不排除深部构造的影响。在杭爱穹隆上，几乎没有 5 级以上的中强震，这种现象被认为是存在岩浆板底垫托造成的；杭爱的地壳厚度明显小于两侧，有大量的新生代（包括全新世）火山岩，被认为是可能的热地幔上隆（Barruol et al.，2008；Koulakov I.，Bushenkova N. 2010）。南杭爱断裂长度超过了 300 km，却没有 6 级以上强震出现，地震活动性明显弱于其南侧的戈壁－阿尔泰断裂，也可能与深部岩浆的作用有关。

5.4.2　主要地震活动带的震源机制解与断裂运动学的对比

5.4.2.1　内蒙古阿拉善盟及其邻区地震活动带的震源机制解与断裂运动学

磴口－固原地震带的震源机制解（图 5－4－3 国家地震局，1988；张文孝等，1997；赵知军等，1990、1997、2001；薛丁等，2000；刘芳等，2010；徐建德等，1991；王辉等，2004；吕晓健，2010，以下震源机制解资料来源相同）总体为右行走滑，所反映的主压应力方向为 NE 方向，该特征与黄河断裂以及银川地堑断裂系具有右行走滑的运动学特征一致，但是没有纯正断的震源机制解，这与贺兰山东麓断裂带以垂直运动分量位置的地质考察结果（国家地震局，1988）似乎并不相符；另外发生在贺兰山西麓断裂带（平面位置在巴彦浩特断层上）的 2 次地震的震源机制解皆显示主压应力方向为 NE 向或 NEE 向，SN 向的节面应为右走滑，这与巴彦浩特断层晚更新世之后逆冲兼右行走滑的运动特征相符，徐健德等（1991）认为 1991 年的阿拉善左旗 5.4 级地震发震断层应为 NEE 方向，但野外考察发现地表破裂为 NNE 走向。而在腰坝北东的贺兰山中南段却获得了一次主压应力方向为 NNW，NNE 节面为左斜冲，NWW 节面为右斜滑的震源机制解，与贺兰山西麓山前断层的运动性质不一致。这些差异，除了与数据的精确程度有关之外，也不能排除部分震源机制其实是 NW 或者近 EW 走向的断层破裂的记录，尽管这些断层在地面并不如 SN 向的断层清楚。

雅布赖－磴口地震带上获得的震源机制解很有限，在雅布赖山（雅布赖镇北部）的震源机制解显示主压应力为 NE 走向，近 EW 节面为左行，近 SN 节面为右行走滑，与野外地质考察获得的断层运动学特征基本一致；在庆格勒图附近的震源机制解为左斜冲（近 EW 走向的断面），与地质图上反映雅布赖山－巴音希博山断裂南侧大面积前寒武纪基底片麻岩出露的事实也是相符的。

狼山－河套地震带的震源机制较为复杂，除了沿狼山－色尔腾山山前断裂较为一致的 NE 向节面右行、近 EW 节面左行走滑的机制解（与这两条断层的运动学特征一致）之外，在临河凹陷和包头凹陷内部都有一些反映主压应力为 NW－SE 向的震源机制解，可能与盆地内隐伏断层的破裂有关。与银川地堑不同的是狼山－河套地震带有以正断层为主（NE 向断面）的震源机制解。总体来说该地震带的震源机制解反映了近 SN－NE 向的右行走滑（部分为斜冲）、近 EW 和 NEE 向的左行走滑，这与前人地质考察（国家地震局，1988；杨晓平等，2002；陈立春等，2003；冉勇康等，2003）获得的河套断陷带（包括色尔腾山山前断裂、大青山山前断裂等）以正断层为主要运动学特征并不一致。

民勤 NE 向地震带获得了 2 个震源机制解，皆反映了 NE 节面上具有左行走滑的特征，其中 1954 年的 7 级地震为左斜滑断层破裂，这个运动学特征与巴彦乌拉山以及狼山的运动学特征完全不同，再次证明从武威－民勤向 NE 至狼山并没有连续的 NE 向断层。

民勤－月亮湖地震带震源机制解为左斜滑或者左行走滑，与推测的查汗布拉格断裂运动学特征一致。

古浪－固原地震带的震源机制解则为非常一致的左行走滑，与地质考察的结果完全一致（邓起东等，1989；张培震等，2003）。沿金昌－中宁地震带获得的震源机制相对有限，在中宁附近，有左行走滑和正断层（都是北西断面）的机制解，与烟筒山断裂左斜冲的运动学特征不完全一致，正断层机制解可能是逆冲断层系前陆次级正断层破裂的记录。

总体来说阿拉善盟及其邻区地震活动带的震源机制解与断裂带的运动学特征基本一致，反映总体上主压应力指向 NE－NEE 的现代地壳变形应力场。

5.4.2.2　贝加尔南至中－蒙边界的地震活动带的震源机制解与断裂运动学

贝加尔湖地震带的震源机制解以正断层为主，部分为左行走滑，少量为右行走滑，这与以地质学方法获得的以 NE 向的正断为主，兼有左行走滑的贝加尔裂谷系运动学特征基本一致（Levi et al.，1995），而在其南东的外贝加尔地区，沿 NE 或 NEE 方向也有一些小震密集带，在苏赫巴托尔附近，20 世纪曾发生数次 5 级以上的中强震，震源机制显示为右行走滑的特征，明显不同于贝加尔地震带（图 5-4-2）。

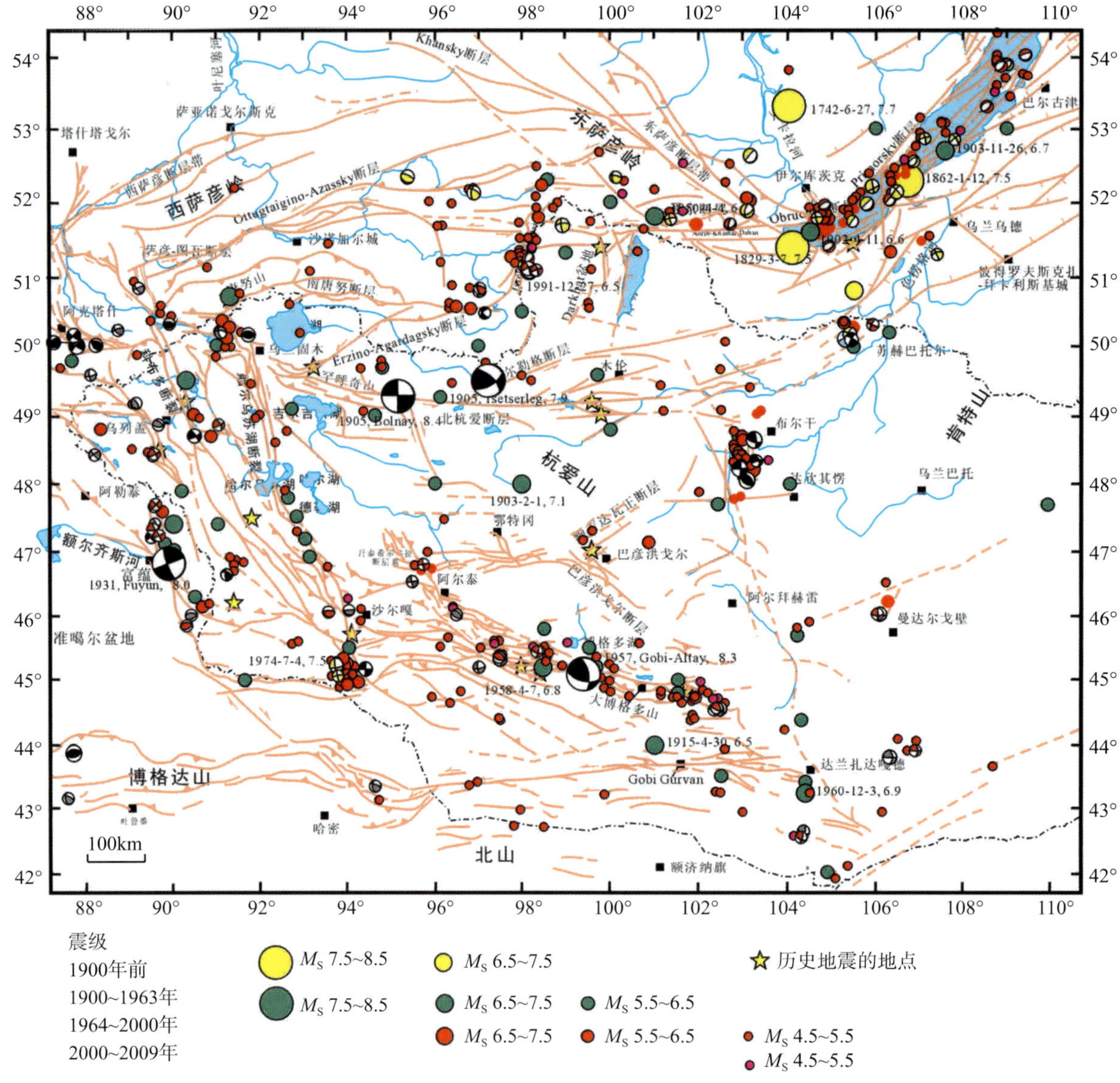

图 5-4-2　蒙古中西部地区 4.5 级以上地震分布和部分震源机制解（据吕晓健，USGS）

贝加尔西南端的通京地震带震源机制在东西方向上并不相同，东侧以正断兼左行为特征，西段为左行走滑，中段出现了右行走滑的机制解，不排除是侧向次断层的活动；而地质学方法获得的通京断裂现今的运动学特征以左行走滑为主。在通京断裂北侧，NW 走向的东萨彦断裂带地区也是小震密集带，有限的震源机制显示为逆冲兼左行，与东萨彦断裂带是一致的，但在断裂带的东部出现了正断层震源机制解（节面为 NE 方向），可能是西伯利亚克拉通南部一些小型的 NE 向正断层破裂形成的。

发生在北杭爱断裂带主断层上的 1905 年布尔奈（Bolnay）M_S8.4 地震导致总长度约 388 km 的地表破裂，左行走滑达 8～11 m，分为 5 个次级地震事件，除了沿近 EW 向 Bolnay 主滑动断层的破裂之外还导致了 NW-NNW 次级断层的破裂；而 7.9 级的 Tsetserleg 地震则主要沿 NEE 向的车车尔勒格断层发生，造成约 175 km 的地表破裂，南段为左行走滑与 Bolnay 断层相接，北东段为左行走滑逆冲（Bayanslaga et al.，1999），地震震源机制解的特征与北杭爱断裂带的左行走滑的运动学特征是一致的。

夹持于北杭爱地震带与通京地震带之间的 SN 向地震带分别对应于库苏古尔湖断裂和 Terekholsky 断层等近 SN 向的断裂，在 Terekholsky 盆地发生中强震的震源机制解以右行走滑为主，少量正断，与库苏古尔裂谷系右行兼正断的运动学特征基本一致。

莫高德地震带的震源机制解为右行走滑和右斜冲，尽管莫高德断裂带的研究程度较低，除了 1967 年 1 月 5 日和 20 日在蒙古中部 Mogod 发生了 2 次地震，分别为 M_W7.1 级和 M_W6.4 级，形成了长约 20 km的 SN 走向的右行走滑断层 NW-SE 走的逆冲断层（Baljinnyam et al.，1993；转引自 Bayasgalan et al.，1999），对其南北方向上的延伸缺少资料。通过遥感解译结合地质图，发现北杭爱断裂带东部是帚状撒开的，以车车尔勒格断层为代表的 NEE 向左行走滑断层出现在北侧，而南侧则有 NW-NNW 走向的右行走滑断层，而莫高德断裂带实际上是北杭爱断裂带东部的一个尾端构造，从 Tunnurbulag 向东逐渐由 NWW 转向 NNW，向 SE 弧形散开，从这些断层对晚更新世河流相沉积的错动来看为右行走滑，与莫高德地震带的震源机制解完全一致。

戈壁-阿尔泰地震带的震源机制解主要为左行斜冲和左行走滑，左行走滑的机制解主要出现在西段，而东端为一致的左行斜冲，与戈壁-阿尔泰断裂带的左行兼逆冲的运动学特征一致。虽然密度小于戈壁-阿尔泰地震带，但 Gobi Gurvan 至达兰扎达嘎德以东也出现了小震密集带，为 NWW 走向，在空间位置上恰好与戈壁-天山断裂的东端相重合，该地震带震源机制解与戈壁-阿尔泰地震带的东端一致为左行斜冲，而戈壁-天山断裂为近 EW 走向的左行走滑断层，其东西两端皆为逆冲构造。由于缺乏资料，目前对戈壁-阿尔泰断裂和戈壁-天山断裂向东的延伸情况不是很清楚，曼达尔戈壁至达兰扎达嘎德之间的近 EW 向的小震密集带很有可能是这两条断裂向东延伸的证据，因为震源机制亦表现出左行走滑，明显不同于北部的外贝加尔地区。

5.4.3　区域地壳变形特征与地震活动关系

5.4.3.1　中国内蒙古阿拉善盟及其邻区的 GPS 速度场、应力场特征与地震活动关系

阿拉善盟及其邻区的 GPS 速度场（Gan et al.，2007；肖根如等，2010）显示在跨过河西走廊断裂（祁连山以北）之后，速度矢量数值有明显减小，方向从西向东逐渐由 NE，向 NNE 偏转，在大约东经 105°偏转为 SEE 向，在 106°以东更转为 SE 向，而且由西向东数值有较明显增大，这个现象反映了在阿拉善地块的东部存在强烈的 NW-SE 向伸展（图 5-4-3）。而利用断层滑动资料反演晚第四纪以来海原、六盘山断裂带至银川断陷的构造应力场，主压应力方向为 NEE-SWW，应力结构为走滑型（谢富仁等，2000）。而作者课题组在贺兰山、狼山和雅布赖山野外考察所获得最新一期的构造应力场主压应力方向为 NE 向。与 NE、NEE 主压应力方向的区域应力场相适应，在早期弱化带（如蛇绿岩带、陆内造山带）产生不同方向的断层破裂是现今地震活动的主要原因。但是在东经 105°、106°的 GPS 速度矢量的方向偏转可能不仅仅是地壳浅部变形的结果，银川地堑之下的地幔隆起（国家地震局，1988；方桐恩等，1997）所反映的深部作用可能对研究区特别是阿拉善地块东部的近 SN 向的磴口-固原地震带有制约作用。

5.4.3.2　贝加尔南至中-蒙边界的 GPS 速度场、应力场特征与与地震活动关系

从中国新疆的北天山到俄罗斯的贝加尔，GPS 速度矢量出现了显著的变化（Calais et al.，2003）：①由南向北从 10 mm/a 缩小到了 2 mm/a，这个变化几乎在跨越阿尔泰山之后就完成了（从 NNE 10 mm/a左右变为 NNE2.9 mm/a）；②以北杭爱断裂为界，南部速度矢量指向东，而北部指向北或 NNE，而且由南向北指向 NEE 的速度矢量有减小的趋势；③大体以东经 102°为界，速度矢量由西向东有向南偏转的趋势且有一定程度的减小；④从北杭爱向南东方向，速度矢量有增大的趋势；⑤以贝加尔湖为界，北西侧速度矢量指向北西，外贝加尔地区则指向南东。尽管 GPS 数据在数量和质量上都相对有限，但明显展示出来中西部蒙古至西伯利亚南缘地区的地壳变形特征：①以阿尔泰山为代表，蒙

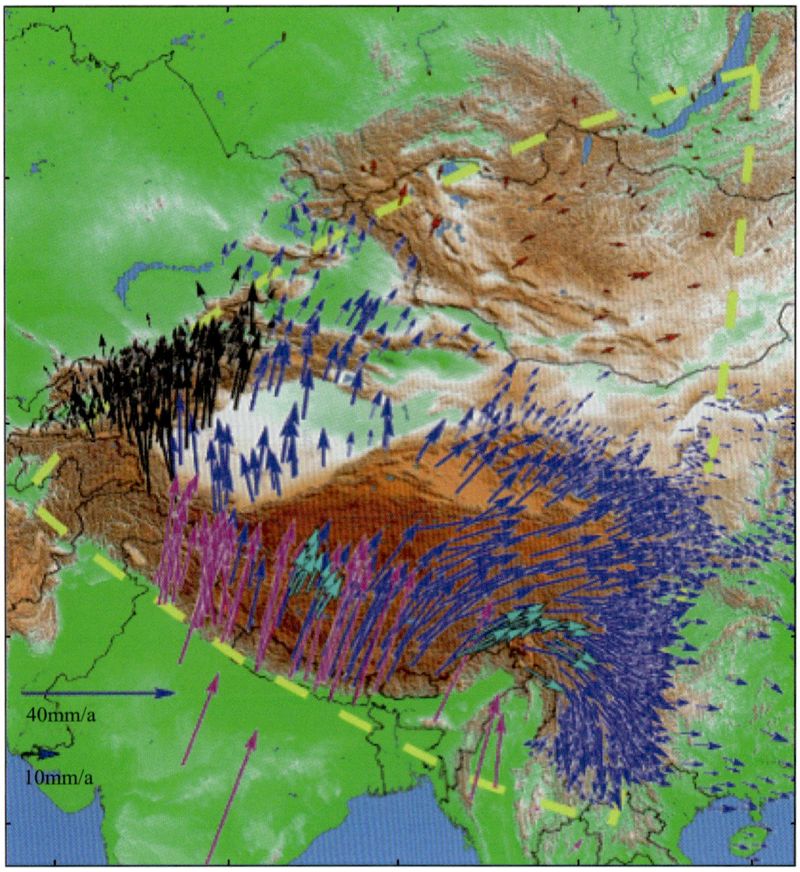

图 5-4-3　亚洲中部大三角强震构造域地壳运动 GPS 速度场（据肖根如等，2010）

古西部出现了强烈的 NE-SW 向的地壳水平缩短，即发生了陆内造山；②中西部蒙古总体表现为近 EW 向的左行走滑；③中部蒙古以杭爱山为中心出现一种“穹隆式”的整体的伸展抬升，向四周发散式的变形使得 GPS 速度矢量由 NW 向 SE 出现增大，而且方向上也表现为北部向 NEE 和南部向 SEE 的发散现象；④贝加尔裂谷现今仍然在发生 NW-SE 向的伸展。

根据前人研究（Radziminovitch et al.，2007；Dehandschutter et al.，1997），贝加尔南至中-蒙边界的主压应力轴总体为 NE-SW 向，这样的应力场是与 GPS 速度场所反映的 NE 向挤压缩短、NW 伸展和近 EW 向左行走滑是基本一致的（图 5-4-4）。

5.4.4　小结

从俄罗斯贝加尔南部直到中国宁夏固原以南的东经 105°附近的近 SN 走向地震带，在震源机制解上表现出较为一致的右行走滑为主，在地质构造上为大型近 EW 向走滑断层的侧向构造或者尾端构造（例如蒙古国的莫高德断裂带、中国宁夏-甘肃的六盘山断裂带）、或者为具有右行走滑分量的地堑系（例如银川地堑），区域应力场为主压应力指向 NE，断层滑动资料反演的区域应力场以及 GPS 反映的地壳变形场特征可能不仅受制于印度-亚欧碰撞产生持续的向 NE 方向推挤，也可能与局部的深部作用（例如杭爱、银川的地幔上隆）有关。

中亚大三角东部边界北段的地震构造带的实质是区域应力场作用下，沿老构造的薄弱带发生断层破裂，不同断层运动机制但却在平面上表现出非常一致的大致沿东经 105°～106°附近形成近 SN 向的地震活动带。

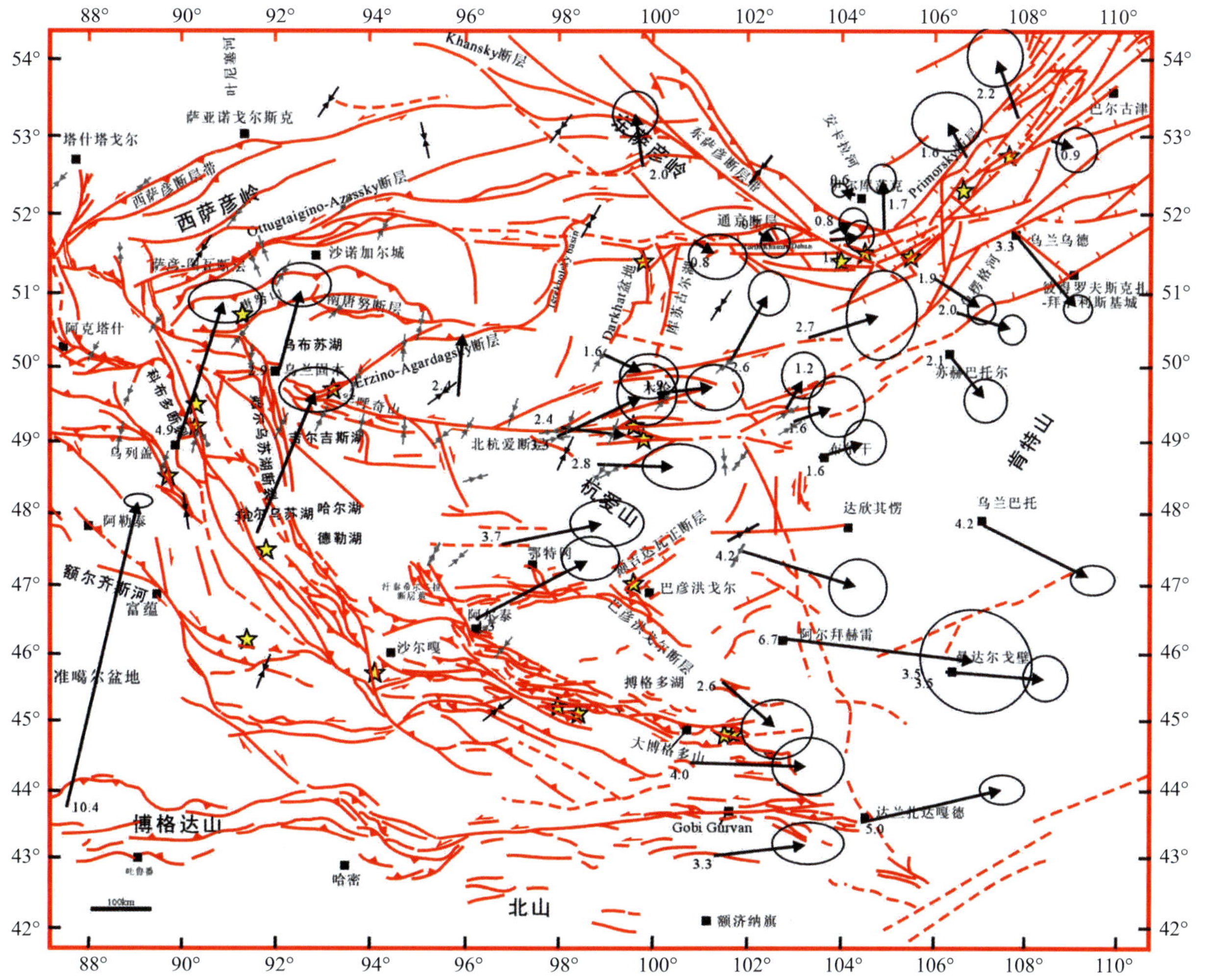

图 5-4-4　蒙古中西部及其邻区 GPS 速度场及主压应力轴分布图

（据 Calais et al.，2003；Radziminovitch et al.，2007；Dehandschutter et al.，1997）

5.5　大三角区东边界北段新构造变动的区域对比

5.5.1　东边界北段境内部分的新构造变动特征

5.5.1.1　阿拉善地块南缘弧形断裂束和贺兰山南段的 NW 向断裂

阿拉善地块南缘，即青藏高原东北隅地区，是一系列总体呈 NW-NWW 方向的弧形断裂，由北向南主要包括：三关口-牛首山断裂、烟筒山断裂、中卫断裂和海原断裂。在更南方的华北板块与秦岭地体的边界，前人的研究表明西秦岭构造带在始新世（50 Ma 左右）开始活动（Molnar et al.，2011），强烈的向北逆冲推挤于始新世晚期 30～40 MaBP 形成了包括陇西盆地、临夏盆地和鄂尔多斯西南弧形断裂束区在内的巨型前陆盆地（申旭辉等，2001；王志才等，2006）。海原断裂可能是在始新世末-渐新世初开始逆冲变形（刘永前等，2009），形成了以寺口子组厚层砾岩为底部的渐新世-中新世的盆地，在 Molnar（2011）认为 30 Ma 之前，NWW 走向的海原断裂和秦岭为右旋逆冲，李天斌等（2004）对鄂尔多斯西南缘的研究发现，中卫断裂、海原断裂等在渐新世-中新世表现为 NE 向逆冲推覆。中卫断裂的向北逆冲晚于海原断裂，冲断层错动了底部为砂、泥岩的湖泊相的中新统红柳沟组，该组的顶部有一套角砾粗大分选差的角砾岩，厚几十至上百米，被认为是中新世末-上新世初中卫断裂活动并形成中卫盆地的证据。

沿 NW 向的三关口–牛首山断裂，有寒武–奥陶系灰岩逆冲甚至推覆到早白垩世的砂砾岩之上，曾经被认为是早白垩世鄂尔多斯西缘逆冲推覆带的证据（张家声等，2004），但近期的野外考察表明早白垩世贺兰山地区的主体构造事件可能是伸展垮塌，在贺兰山的西南缘形成由各种巨大砾石组成混杂角砾岩为底部的山麓–湖泊相沉积，而且贺兰山南部缺失晚白垩–古新世的沉积。沿三关口、赵池沟和腰坝出露的始新世–渐新世沉积可能是三关口–牛首山断裂在古近纪逆冲推覆构造的沉积响应。

贺兰山南部的古近纪沉积可能开始于始新世。吉井子、三关口、鹰嘴山地区的始新统被称为寺口子组，是一套褐红色–棕红色的山麓相–河湖相沉积，下部为厚层砾岩与泥岩、粉砂岩互层，上部为细砾岩与泥岩互层。近年来对六盘山地区的寺口子组（红色河湖相碎屑沉积，厚约 1500m）的研究表明该套地层形成于渐新世（E_3）（32.3～30.3 Ma，程彧，2005），因而不能肯定贺兰山南段的寺口子组即为始新统。贺兰山南段的渐新统，主要见于赵池沟以南到土井子、白胜井一带，称为清水营组，以棕红色–褐红色砂砾岩和含砾砂岩为主，粒度较粗，为内陆湖盆边缘相。尽管与寺口子组、清水营组沉积形成相关的断裂构造经受了后期改造，地层发生褶皱，但在逆冲到始新世地层的断层面上，仍然能看到显示出近 SN 向逆冲推挤的运动学特征的早期线理（图 5–5–1，5–5–2，5–5–3）。

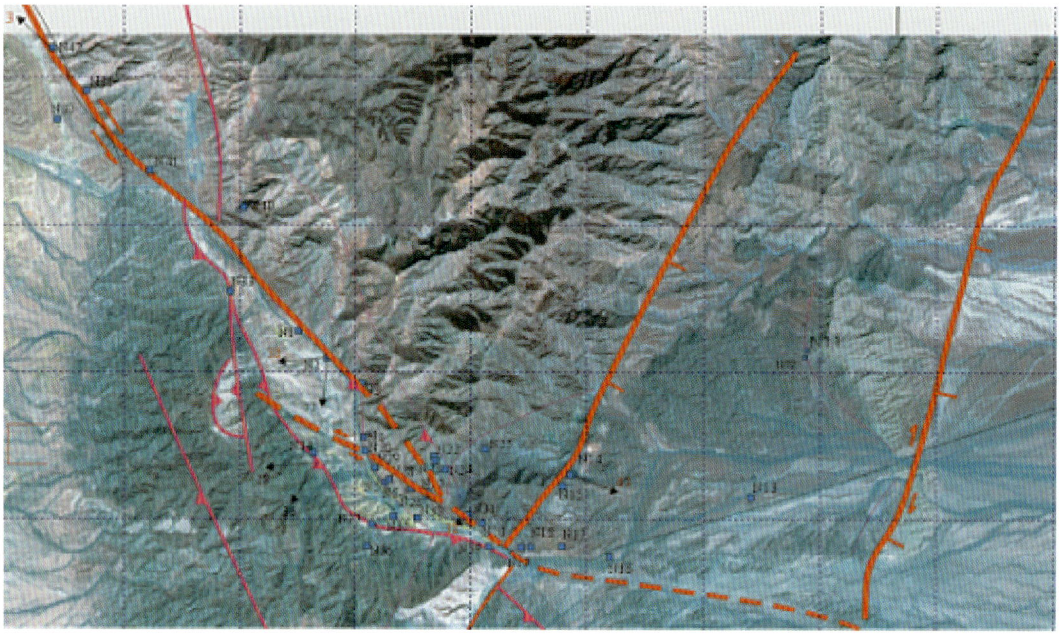

图 5–5–1　三关口断裂构造

红色为第四纪断层，紫色为第三纪断层

古近纪断裂构造的由于后期的改造不容易确认，在贺兰山南段地区大量的 NW–NNW 向的断层主要显示出强烈的 NE 向逆冲推挤的运动学特征，断层面上擦痕指示左行斜冲。这些断裂大多错断了中新统红柳沟组，导致始新统–中新统褶皱变形，与上新统干沟组（底部为晚中新世）角度不整合，使得第三纪地层总体显示 NW–近 SN 的弯弧形分布。贺兰山南段的新近纪地层包括了中新统红柳沟组和上新统干河沟组，皆为山麓洪积相–河流相，前者以浅桔黄色–浅桔红色的砾岩夹砂岩、粉砂岩为特征，后者主要岩性为灰黄、浅灰色砾岩，偶夹浅黄色砂岩、泥质粉砂岩透镜体。较新的研究认为干河沟组属于中新统上部（张进等，2006）。张进等（2006）认为贺兰山南段吉井子盆地地区的逆冲构造形成于中新世晚期，盆地南北两部分的变形受控于查汉布拉格断裂，北侧新生界为一背斜，而南侧则为一宽缓的向斜，逆冲构造自西向东发展，使得贺兰山中南段开始隆起。

图5-5-2 二关南西，奥陶系灰岩和杂砂岩沿NW走向断层向NNE斜冲到渐新世地层之上

贺兰山南段的中新世末的变形并非孤立的。中新世末以来，海原断裂从以向北逆冲为主转为左行走滑为主兼有逆冲，弧形区的构造挤压应力转为NE向，逆冲推挤从西向东发展。尽管对阿拉善腾格里沙漠南缘的近EW向的查汉布拉格断裂缺乏研究，但前人通过地震反射探测的研究发现其后期的构造性质为左行走滑，断层以高倾角为特征，沿走向时而正断时而逆断，与早期向北逆冲的断层面相交成人字形（汤锡元，1992）。该断层在第四纪可能仍然活动，在甘肃民勤的南西，近EW走向的断层错动上新统和中下更新统而被Qh覆盖，造成了近EW向的地形隆起，该隆起经沙漠南缘的查干池向东延伸，进入贺兰山的位置无法确认。沿查汉布拉格断裂的中新世末以来的左行走滑可能在贺兰山地区形成了NW走向的斜冲断层（尾端剪切挤压构造），导致贺兰山南段以及牛首山的隆起和前第四纪地层总体向南东东的褶皱缓倾，第三纪的地层主要出露在现今黄河两侧的洼地里或者以东山坡上。

第四纪以来，特别是中更新世以后，青藏高原东北缘的构造应力场的主压应力方向由早期的NE-SW改变为NNE-SWW，阿拉善地块南缘弧形断裂束进一步转为左旋走滑断层（谢富仁等，2000）。受控于中卫断裂的中卫盆地（范围包括天景山-香山断裂以北至腾格里沙漠南缘），上新世以来一直随着其南部逆冲而不断北迁，约在中更新世末期，中卫盆地因其北东侧烟筒山断裂强烈活动而抬升，黄河下切，盆地消亡（张珂等，2004）。而贺兰山南段的NW向断裂也在第四纪以来转为左旋走滑。野外考察发现，部分NW向断层面上发育近水平的左行擦痕（图5-5-3），但相当部分的NW向断层被第四纪沉积覆盖，断层擦痕面上只有早期的反映SN向和NE-SW向挤压的高倾角擦痕。斜切早期的NW向断裂，一组NWW的断裂出现在贺兰山南段，特别是沿巴-银公路北侧的山坡上，陡立的断层面上只有一组近水平左行走滑的擦痕。这组NWW-NW向的断裂可能与贺兰山西麓的巴彦浩特断裂相接，向三关口-吉井子-腰坝方向逐渐由NW转为NNW，而逆冲的分量则逐步增强；在贺兰山以东地貌上特征不明显，向东南可能并不与牛首山北麓断裂相接，而是可能消失于银川盆地的西南。推测这组断层是第四纪以来银川地堑NW-SE向伸展的调节断层或者近SN向的巴彦浩特断裂的尾端构造，后者造成贺兰山南段西麓在第四纪的抬升，并且形成全新世的腰坝盆地，而查汉布拉格断裂在盆地南缘几乎无法辨认，有理由相信该断层第四纪以来向东的活动性减弱。在贺兰山南段的头关东北，发育在基岩陡崖东侧的一级台地上一条NE向断裂并没有延伸到这组NWW向断层南侧，而后者在地貌上形成明显的陡坎且在灰岩断层面上留下清晰的倾向擦痕，指示正断且兼左旋，很可能是控制早期银川地堑伸展的断层系统的一部分。

图 5-5-3　吉井子沟奥陶系与渐新统断层接触

断层陡崖的灰岩断层滑动面上可以清楚观察到左行擦痕：SF=238°∠76°，LF=314°∠26°；SF=226°∠79°，LF=312°∠3°

5.5.1.2　银川地堑断裂构造

银川盆地及其两侧断裂构造总体呈 NE 走向，被认为是从始新世开始以拉张伸展的方式沉积（国家地震局，1988），并且认为始新世-渐新世银川地堑的宽度仅有 10 km（位于现今地堑的轴部），是区域应力场变更后顶部裂陷而成的。但是从地质图上可以发现 E_3 在贺兰山以东的分布范围到达了鄂托克前旗，并不局限在“地堑轴部”。

1965～1970 年先后在平罗、吴忠、芦花台构造上分别钻探的银参 1、银参 2、银参 3 三口参数井（完钻井深 3000～3500 m），分别位于银川盆地的 3 个沉降中心：北部平罗西、南部灵武南和中部银川北，对这三个新生代沉降中心提供了沉积演化制约（国家地震局，1988）。其中北部的平罗沉降中心距山麓约 10 km，横剖面显示地堑基底向西倾，银参 1 井实钻资料揭示渐新统清水营组 3358. 9 m（未完）、中新统红柳沟组 2711 m、上新统干河沟组 1100 m、第四纪沉积厚度 500 m，其西侧贺兰山东麓王全口一带的上新统砾岩已经高出盆地 300 m 以上，被 NE 走向的右行断层切过。银川北沉降中心地震反射剖面所揭示的新生界和第四系厚度分别为 7000 m 和 1609 m（古近系 3. 6 km，新近系 2. 5 km）（国家地震局，1988），银参 3 井实钻资料表明古近纪（E）的沉积厚 1701. 44 m（未穿透?）、新近纪（N）沉积 833. 5 m、下更新统 105 m、中更新统 195 m、上更新统 334. 5 m、全新统 370 m。南部的中心在吴忠灵武一带，偏向地堑东侧。银参 2 井实钻资料揭示渐新统清水营组 1986 m（不整合在奥陶系马家沟组之上）、新近系 892. 5 m，第四纪沉积厚度 147 m。在盆地南端，吴忠南，第四系仅厚 147 m，第三系厚 1. 6 km。从以上资料可以看出古近纪，银川盆地北深南浅（中北部的沉积厚度超过 3000 m，南部小于 2000 m），到新近纪，这个现象更加加剧，平罗附近的沉积厚度超过 3800 m，而银川附近的沉积 833～2500 m，到吴忠地区仅为 900 m 左右，这种差异在第四纪以来减弱，平罗地区的沉降中心第四纪以来沉积厚度超过 2000 m，银川北 1600 m 左右，灵武-吴忠的厚度超过 1800 m。刘建辉等（2010）试图用一个与贺兰山东麓断层活动有关的由东向西、同时伴随着向南掀斜的模型来解释贺兰山新生代的隆起与银川盆地的演化，并认为这个快速隆升事件发生在 10 Ma～12 Ma。显然这个模型过于简单化了。根据钻孔资料可以判断银川地堑古近系为湖相沉积，新近系为大套的滨湖-浅湖沉积（张义楷，2007），两者沉积厚度差别不大（在银川附近古近系 3. 6 km，新近系 2. 5 km，平罗附近新近系达到了 3. 8 km），单纯从分别范围看，新近系基本局限于黄河断裂以西贺兰山以东所谓地堑中（南端灵武地区也是如此），宽度小于 50 km，而渐新统向东到达了内蒙古的鄂托克前旗，即便从地堑中轴算起，东西宽度也超过了 100 km。从第三纪的沉积分布来看，古近纪厚度超过 3000 m 的沉积表明贺兰山至少在渐新世已经隆起到一定的高度，而且可能是单侧掀斜隆起的断层控制了沉积的分布；新近纪的构造显然和古近纪是非常不同，新近纪的沉积没有能在黄河断裂以东出现，除了表明可能后期在黄河以东有显著的剥蚀之外，更可能是中新世以来黄河断裂开始活动抬升，严格控制了盆地的沉积范围，现在黄河东岸的台地与盆地低处的高差在 200～400 m 左右。而地震反射剖面揭示的现今银川盆地断裂结构为负花状构造（方盛民等，2009），向东倾的贺兰山东麓断裂与向西倾的黄河断裂交会于 28～29 km深处，黄河断裂为错断 Moho 面的深大断裂，银川地堑为以黄河断裂为主、其他断裂为辅组成的负花状构造，这个构造可能对应着中新世以来的断裂构造特征。(可能是近 EW 向左行走滑的宗别立断层和查汗断裂控制的斜扭伸展构造，前者获得了 5 Ma ～10 Ma 磷灰石裂变径迹年龄（张家声等，2004))

第四纪以来，黄河断裂向北、南两侧发展到桌子山－千里山地区和罗山地区（控制斜扭构造断层是否转移到了鄂尔多斯北缘断裂和中卫断裂?)。桌子山－千里山从地貌上看为受西麓断裂控制的断块山，近 SN 走向的第四纪断裂造成了东侧经历了长时间夷平的前新生代地层显著的抬升（与西部低地的最大高差超过 1000 m)，断层切过了山体西麓上新统－渐新统地层，而千里山和桌子山地区缺下更新统地层。罗山东麓断裂是青藏块体与鄂尔多斯块体的分界构造之一，位于宁夏回旗自治区中部，呈近 SN 走向。该断裂以西是大小罗山山脉，以东为下马关－韦州盆地。该断裂在晚第四纪有显著活动，全新世以前，其活动表现为自西向东的逆冲和逆掩；全新世以来，转变为右旋走滑。

贺兰山北段（苏峪口以北）上新世之前形成南东高北西低的地貌显然第四纪以来经历了强烈的溯源侵蚀，第四纪的沉积不光局限在东麓山前，靠近西麓的小松山（东麓）－宗别立地区都出现了 Q_1－Q_3 台地状的沉积。从红果子沟经石炭井－宗别立穿贺兰山的 EW 向剖面显示，北段出现东西高中间低的地貌特征，表明前第四纪的地形早被侵蚀瓦解，贺兰山东西两侧新生的第四纪断层控制着现今贺兰山的地形、地貌特征。贺兰山中段地形最高，北西向的剖面接近对称，分水岭几乎在正中央，两侧都有 V 型峡谷，明显不同于单侧断块掀斜的山体地貌，这个地貌可能对应于贺兰山西麓断裂在第四纪以来的活动（见下文)，再次证明贺兰山在第四纪以来构造发生了改变。

5.5.1.3　贺兰山西麓新生代断裂与沉积

贺兰山西麓的新生代沉积厚度及沉积相证明贺兰山在第三纪确实是由东向西掀斜的，掀斜式断块构造导致西麓的第三系沉积厚度很小。贺兰山西麓北段（扎罕乌苏以北至苏木图－淖尔套一带），渐新统厚度 88～300 m 左右（1∶20 万和 1∶100 万地质图钻孔揭示），以砖红、桔红（地表）－浅棕、棕红（地下）色砂质黏土（泥岩）、黏质砂土（泥质砂岩）、粉砂岩、细砂岩为主，粒度较小，岩石中常含数量不等的砾石，且常见石膏晶屑或团块，为干旱炎热条件下的内陆湖盆沉积，与贺兰山南段（吉井子等地）明显不同；而且西麓北段缺少中新统的红柳沟组，在中新世早中期存在沉积间断；上新统布在丘陵顶部，呈桌状平台地貌，不整合覆于晚渐新世地层之上，其岩性为灰色钙质砂岩、砂砾岩为主，夹浅灰、浅桔红、浅棕黄色砂岩、粉砂岩、泥岩等，河流相－内陆湖相沉积，最大厚度 40 m 以内，从沉积相上也和南段的干河沟组不同。从沉积相上看，明显反映了上新世之前，贺兰山西北麓呈现向北西缓倾的缓坡，而非地形差异巨大的山前。贺兰山西北麓的第三系分布呈北东方向，与贺兰山东麓断裂的走向是大体一致的（E_3 也可能受控于狼山－巴彦乌拉山的 NE 向断裂构造)。

第四纪以来，贺兰山西麓的沉积相及分布出现了明显变化。下更新统主要为一套洪积层（Qp^1pl)，分布较为局限，主要出现于中段周家田附近，组成贺兰山西麓山前洪积台面的上部，岩性为钙质胶结砾岩，厚由数厘米到 6 m 不等。中更新统洪积层（Q2pl）在贺兰山西麓广泛分布，为台地顶面之盖层，高出山前洪积倾斜平原 10～20 m，构成 2 级洪积台地。岩性为灰色半胶结砂、砾，砾石呈棱角状，大小不一，分选差，砾径 0.5～30 cm 不等，个别达 50 cm，厚 10 余米。腰坝滩钻孔揭露，中更新统埋深百余米，为含砾石的黏质砂土夹黏土层，以显红色和泥质、钙质较高为特征，厚约 130 m。上更新统洪积层（Qp^3pl）主要分布于贺兰山以西的广大地区，构成了贺兰山山前倾斜平原，明显分为扇顶部分的粗粒相、扇缘部分的细粒相和二者过渡相。相带以腰坝滩凹地最清晰：粗粒相为砾石、砂砾石，砾径0.5～40 cm不等，大者磨圆较好，小者棱角-半棱角状，分选差，夹少量含砾砂土透镜体，厚约200 m。过渡相以含砾砂土为主，细粒相为灰黄色黏质砂土，含少量砾石，夹砂质黏土透镜体，厚206 m。全新统沉积物分为4类：

（1）洪积层（Qh^{pl}）多见于贺兰山西麓台地前缘，因近代沟谷出台地后散流堆积而成，岩性为灰色砾石层或砂砾石层，所成洪积扇叠覆在上更新统洪积扇之上。在塔塔水、白石头地区分布面积较大。

（2）冲积层（Qh^{al}），分布于区内大小沟谷中，由砂、砾组成，厚度一般在5 m以内。

（3）风积层（Qh^{eol}），分布南部的腾格里沙漠和北部的乌兰布和沙漠。

（4）湖积层（Qh^{l}），分布在巴润别立镇以西的腾格里沙漠洼地中，为灰黄色黏质砂土、砂质黏土、黄色中细砂、灰白色黏土、黑色淤泥等，夹芒硝、食盐等化学沉积物。巴润别立镇及其以西地区为明显地形低，全新世沉积为湖积相，钻孔表明有第四系地层之下有新近系地层保留。

贺兰山西麓主要的新生代断裂构造为近SN走向的贺兰山西麓山前断裂和巴彦浩特断裂，都具有显著的线性地貌特征，另外在巴彦浩特北还发育着NW走向的扎罕乌苏-锡林高勒断层，沿断层有泉水出露，但地貌特征不明显。由于缺少地层制约，贺兰山西麓山前断裂和巴彦浩特断裂在上新世之前的构造演化缺乏制约，石油勘探的地震反射剖面表明，巴彦浩特断裂是向西陡倾的高角度断层，断层切割下白垩统地层（图5-5-4）。这些断层晚更新世以来仍有活动，其中贺兰山西麓断层表现向西正断，部分段落有左行运动特征；巴彦浩特断层为高倾角右行走向断层，由北向南逐渐转为NW走向，兼有逆冲分量；扎罕乌苏-锡林高勒断层为向SW倾的正断层。

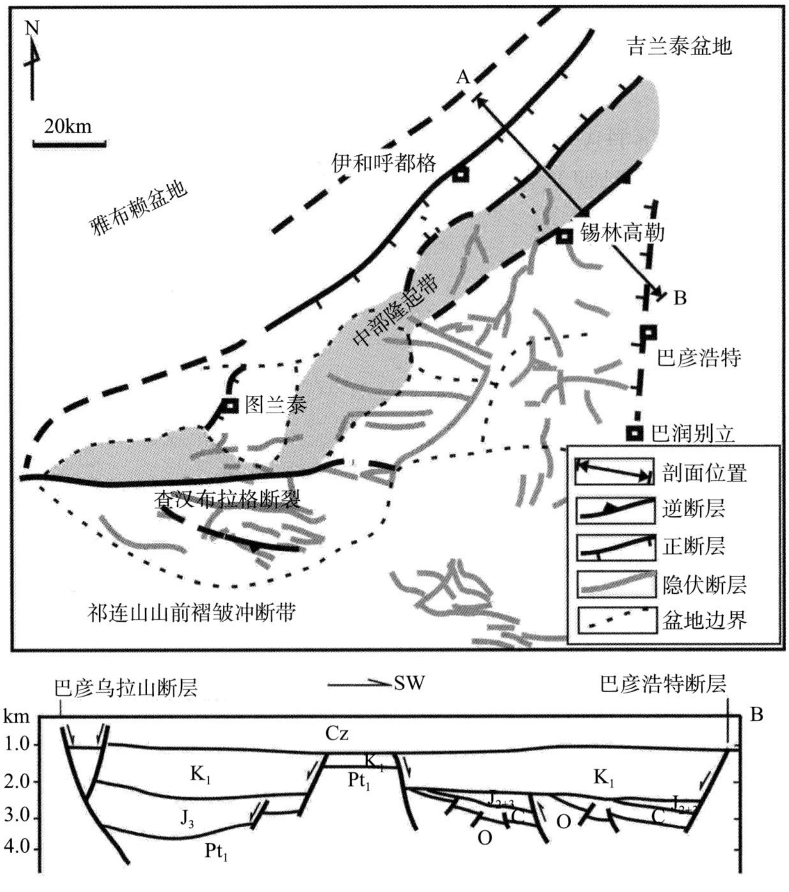

图5-5-4　巴彦浩特盆地基底构造及剖面（据汤锡元等，1991）

5.5.1.4　狼山断裂带与河套盆地

狼山断裂带新生代的沉积构造演化与贺兰山-银川断裂带有诸多相似的地方，狼山山前断裂和贺兰山东麓断裂一样都是 NE 走向的正断层，河套盆地（河套断陷带）的沉积是从渐新世开始的，新生代的沉积厚度巨大。但不同的是河套盆地特别是与狼山断裂带相邻的临河凹陷，具有巨厚的新近纪沉积（上新统 6000 m，中新统 3800 m），远远超过了银川盆地北部银参 1 井测得的新近系的厚度（中新统红柳沟组 2711 m、上新统干河沟组 1100 m），而渐新世的沉积厚度差别相对较小（河套断陷带的临河凹陷渐新统最厚可达 2600 m，银川盆地古近纪最大厚度为 3600 m）。从河套断陷新生代地层厚度的统计（国家地震局，1988）可以看出上新世沉积速率最快，沉积厚度地层最大；第三纪时候，沉积速率从西向东显著降低；但第四纪以来东西向差异不大，反映了可能存在不同的构造机制。

表 5-5-1　河套断陷新生代地层最大厚度与沉积速率（国家地震局，1988）

	临河凹陷		白彦花凹陷		呼和凹陷	
	厚度（m）	沉积速率（mm/a）	厚度（m）	沉积速率（mm/a）	厚度（m）	沉积速率（mm/a）
第四纪	2400	1.00	2000	0.83	2300	0.95
上新世	6000	2.14	900	0.32	1800	0.64
中新世	3800	0.20	1200	0.06	2300	0.12
渐新世	2600	0.20	1000	0.08	1000	0.08
新生代	14800	0.40	5100	0.14	7400	0.2

最新的研究发现狼山西南段发育大量的 NE 走向的左行斜冲断层，断层切渐新统地层，断层造成了 E_3 之前的地层变形褶皱并且导致 E_3 抬升，褐红色的渐新统地层出现在海拔 1300 m 左右山顶夷平面上；断层多被上新统覆盖，局部切错进入上新统（图 5-5-5）。上新统地层出现在比渐新统更低的台地冲沟中，为河流相或山麓相，多处显示出填平取齐的特点。

图 5-5-5　狼山南段尔陀庙断裂带

狼山南段尔陀庙地区 NE 走向的左行斜冲断裂带被上新统砾岩覆盖，临近断层，砾石杂乱堆积且混有巨大砾石

狼山地区，第四纪山前断裂带向盆地方向迁移，使得古近纪-新近纪地层成为上升山区的一部分（图 5-5-6）。第四纪以来特别是晚更新世以来主导构造正断兼右行土滑的狼山山前断裂。

图 5-5-6　狼山南段尔陀庙地区上新世和第四纪断层陡崖（镜向北）

注：最高一级夷平面为古元古代-新太古代片麻岩-糜棱岩和早白垩世砾岩。褐红色的次高一级夷平面为渐新统砂砾岩，其下为灰红-灰黄色的中新统-上新统覆盖的更低一级夷平面，之间为向南东相对缓倾的断层陡崖（经历了后期的崩塌）；在灰红-灰黄色的中新统-上新统南东前缘是笔直延伸的第四纪断层陡坎

5.5.1.5　巴彦乌拉断裂

阿拉善地区古近纪的沉积分布范围虽然较大，包括狼山-雅布赖山以南西至贺兰山-桌子山西麓广大地区都有出露，但是除了狼山东部的临河凹陷有厚度 3000 m 左右的渐新统之外，其他地区的古近纪（E_2-E_3）沉积厚度都为数百米，例如吉兰泰地区 E_3 厚度 400 m 左右，表明狼山-临河地区在第三纪时候是当时区域的沉积中心。巴彦乌拉山东麓以及狼山南段出露的 E_3 在靠近山区的方向都为分选较差无磨圆的角砾岩，为快速沉积的山麓相和洪积相，显示 E_3 的沉积大体上也是受控于 NE 向的构造的，渐新世之前，沿狼山-巴彦乌拉山为隆起的山地。

巴彦乌拉山山前有主要由第三系组成的台地，台地以东为第四纪沉积盆地，以西的山区主体为古元古代的灰色片麻岩和花岗片麻岩。山区、台地和盆地之间有存在 2 条断裂：西部的断裂倾向 NW，为逆断层，白垩系或更老的地层以及片麻岩基底向南东逆冲于渐新统之上，局部逆冲到中新统之上，被上新统覆盖（局部切入上新统）。野外考察表明这套断裂主体走向 NW-NEE，不但出现在第三系组成的台地上，在西部片麻岩山体中也大量发育，向 NW 或 SE 陡倾，为左行逆冲断层（图 5-5-7）。而晚期的右行正断层主要发育在山前台地与盆地的边界上，如巴彦乌拉山山前东部断裂断续出露约 40 km，倾向 SE，为正断层，错断最新的地层为晚更新世的砂砾石层，上新统垂直断距可达 150 m；根据地貌和第四纪沉积厚度分析，北段运动强度较大（国家地震局，1988）。

5.5.1.6　雅布赖山-巴音希博山断裂带

雅布赖山-巴音希博山断裂带西起于阿拉善右旗雅布赖山，沿雅布赖山南麓向东经巴音希博山北麓和罕乌拉山的北端，在狼山南，延伸进入乌兰布和沙漠，总体走向 70°，长度超过 300 km。该断层西段地形地貌特征明显，使得雅布赖山南麓山势挺拔，地形陡峻，山川界线平直；向北东在狼山的西南，经红古尔玉林沟至德斯乌拉一带形迹逐渐不清楚。众多水体沿断裂带呈串珠状分布，例如克布尔海、哈拉毛滩沼地、巴音诺尔公湖等。该断层带错断了延断裂带零星发育的一系列第三系湖盆沉积（渐新世-上新世），在西段-雅布赖山断裂，错断了晚更新统沉积。

对该断层带西段雅布赖山断裂野外考察发现主走滑断裂在晚更新世以来为 NEE 向的左行走滑断

图5-5-7　巴彦乌拉山左行斜冲断层

巴彦乌拉山的NE走向的左行斜冲断层，导致古元古代片麻岩向西逆冲到上新统之上

层，南西端和东北端发育NE-NNE走向分枝走滑断层（左行兼正断）。雅布赖山断裂带主断层沿雅布赖山南麓发育，断层面总体向SE陡倾，切Qp^3冲积扇，水系扭动显示左行走滑断层。断层北盘的晚古生代灰白色花岗闪长岩和早前寒武纪片麻岩大幅度抬升，形成独特的平顶山（断块山）地貌。断层泥和断层破碎带总宽度大于20m；在断层破碎带，测得2组破裂面：断层面1，152°∠42°，擦痕线理，132°∠41°；断层面2，150°∠40°，擦痕线理，172°∠38°，南盘左斜冲，与地貌特征不相符，可能为早期的擦痕构造。离山前主断层约2～5 km（向西与山前断层合并，向东散开），有与之近平行的高角度走滑断裂发育（称南侧分支断层），被Qp^3覆盖，切K_2和新近系地层。在南侧分支断层带中测得3组断层面：①断层面140 °∠73°，擦痕45°∠15°，右行，存在早期倾向擦痕线理；②145 °∠66°，擦痕58°∠6°，左行走滑，断层面绿帘石化；③150 °∠53°，擦痕220°∠45°，冲断层，断层面碎裂岩化，表明断层曾经多期活动。基底碎裂岩之上，靠近断层的位置，发育以砖红色砂土胶结的角砾岩，其上分别水平覆盖新近系砖红色砂岩与Qp^3砂土，说明南侧分支可能在上新世之后停止活动，而推测山前断层测得早期左行斜冲断层与南侧分支很可能同期发生。

雅布赖山断裂南西的分枝断层，走向大体为NNE-NE走向，切晚更新世的的冲积扇，使得西盘的包括基底片麻岩、古生代花岗岩类和晚中生代地层大幅度抬升，抬升幅度由北向南减弱。断层主要沿山前陡崖发育，陡崖之上的片麻岩擦痕面发育右行擦痕，而在其西侧的基岩内，有左行活动证据，断层为NE走向，与右行断层小角度交切。NE向右行断层可能为相对早期形成。

在巴音希博山以东，雅布赖山-巴音希博山断裂带多被Qp^3覆盖，局部被新第三系地层覆盖，特别是狼山的西南地区，形迹逐渐不清。红古尔玉林沟以东，徐力斯特乌拉（希力斯台乌拉）至庆格勒图西北的阿拉善村一线，从遥感图仍然可以辨认出较明显的线性构造，在地形上表现为NEE向的隆起，向东消失在乌兰布和沙漠中。线性构造南侧地层为古元古或太古代片麻岩、下白垩统、始新统和上更新统，北侧为始新统、渐新统、中更新统和全新世的风积和河流冲积层（1∶20万庆格勒图幅地质图，1975），推测之间存在走滑断层。前人研究认为在河套断陷带与吉兰泰地堑之间，为一个近EW向的隐伏基底隆起所分隔，位置在磴口至徐力斯特乌拉一线（国家地震局，1988），这个界线恰好向西与雅布赖山-巴音希博山断层带相接，不排除该断层继续向东延伸，构成河套地堑的南界。结合雅布赖山地区的研究，推测该断裂在上新世之前曾经较为活跃，形成西起雅布赖山（甚至向西可能延伸到北大山）东至狼山长达数百公里的左行走滑断裂带，第四纪以来活动性减弱。

与雅布赖山-巴音希博山断裂带相似，在磴口以东，NEE 走向的鄂尔多斯北缘断裂也是晚第三纪开始形成的（国家地震局），第四纪依然活动，表现为正断兼左行走滑，在平面分布上似乎是雅布赖山-巴音希博山断裂带的东延，而在地震活动方面，从磴口-雅布赖山，是一条地震密集活动带，尤其是磴口附近，上世纪曾经有多次 5～6 级的中强震发生。

从平面几何形态看，中新世-上新世，内蒙古阿拉善的中北部可能有一套 NE-NEE 向的左行斜冲断层，从狼山向南西呈帚状撒开，其前缘为逆冲前陆拗陷盆地，沉积中心靠近狼山（在内蒙古临河附近），向东、向南沉积厚度明显减小。上新世之后可能雅布赖山-巴音希博山断裂带向东扩展，形成东西长度超过 700 km 的大型走滑断层，狼山地区的 NE 向断裂演化成其侧向伸展构造，由先前的左行斜冲变成右行正断（图 5-5-8）。

图 5-5-8　阿拉善及其邻区主要新生代断层分布示意图及其运动学特征

5.5.2　蒙古国中部的新生代断裂

蒙古国特别是蒙古国的中部由于缺少前第四纪的新生代沉积，断裂构造的演化缺乏制约。

蒙古西部大湖盆地新生代沉积区总体呈 NNW-NW 向，底部为渐新统-中新统，主体为 Qp^2-Qh 的沉积，向南与 NWW 向的戈壁-阿尔泰山山前凹陷沉积区相接，与后者的地层组成几乎一致。大湖盆地可能起源于中生代（Yanshin，1975；Arzhannikova and Arzhannikov，2007），湖盆周缘有 J_3-K_1 地层出露，北界为 Tannu-Ola 岭（ridge），西界为蒙古阿尔泰，东部和南部被杭爱和戈壁-阿尔泰围限，是一个被 EW 走向的横向隆起（剪切挤压断层系）分割的盆地系统，其中最大的横向构造为 Khan-Khukhei 山岭，分割了 Ubsunur 和 Khirgisnur 凹陷。大湖盆地是蒙古西部新构造活跃的地区，不但在大湖盆地的边界山脉上有地震构造，在盆地内部也辨识出了地震造成的变形。大湖盆地的新构造活动可以分成 2 个阶段：中新世-上新世，以大湖盆地的砂质-黏土质湖相沉积翘曲为特征；中上新世-更新世，沿盆地间和高地之间的先存的或新生的边界断层垂向构造变形速率急剧上升（Yanshin，1974）。晚更新世之后湖盆面积快速萎缩，与大湖周围以及中心的活动构造的抬升作用有关。例如，Khirgis-Nur 盐湖在晚更新世其湖盆范围是现今的 6 倍现今的湖面缩小，部分古湖的离岸沙洲被抬升到了海拔 1210 m。

蒙古中西部的诸如布尔奈（Bulnay，北杭爱断裂主干断层）和戈壁-阿尔泰（Gobi-Altay）断裂等大型纬向断裂，从晚元古代到古生代，发育右行剪切；中生代-新生代转为左行运动（Chawe，2007）。尽管前期的构造演化难以恢复，但是这些左行断裂所导致的构造抬升，给我们提供一些线索。Vassallo 等人（2007）运用磷灰石裂变径迹方法对戈壁-阿尔泰的 Gurvan Bogd 断裂系开展了研究，表明蒙古西部在经历了早侏罗世地壳垂向运动幅度大于 2 km 的构造事件之后，随后在超过 1 亿年的时间里，是一个没有大的地壳垂直运动的准平原化过程，直到最后从（5±3）Ma 开始的抬升阶段。中新世末开始抬升事件是由于左行兼逆冲的戈壁-阿尔泰断裂的强烈活动造成的。该抬升事件造成了戈壁-阿尔泰山体的高原顶部比周围的地区高出 2000 m，地体的新生代抬升速率估计在 0.25～1 mm/a，比边界断层上更新世的垂向滑动速率高，作者认为这是由于山体的逆冲断层所引起的山体内部的抬升速率要比边界高，但个人认为第四纪以来抬升速率或者断层的运动学方式可能发生一定的变化。

同样是由于缺少地层沉积的制约，蒙古国中北部的库苏古尔裂谷区（由东向西包括库苏古尔盆地、Darkhat 盆地和 Busingol 盆地，后者也称 Terekholsky 盆地）在中新世之前的构造演化不甚清楚，但是随着东北部的贝加尔裂谷大约在 7 Ma 的时候从南部和中部向南西和北东扩展（Logachev，2003），蒙古国中北部开始发育 SN 向的裂谷盆地，库苏古尔裂谷盆地在 5.5 Ma ～0.4 Ma 之间（其中 3 Ma ～1 Ma 活动最强烈）（Ivanov and Demonterova，2009）沿近 SN 向的断裂快速拉张，形成断陷盆地。库苏古尔裂谷盆地在中新世末的直接成因被归结为以贝加尔裂谷西南翼通京左行断裂为代表的大型左行走滑断层向西发展的过程中形成的侧向伸展构造，尽管也有观点认为通京断裂裂谷系从渐新世就开始了左行的剪切伸展作用（Arjannikova et al.，2004）。中更新世或者晚更新世之后，随着通京盆地断层运动学发生反转，变成左行剪压变形（Vassallo et al.，2007；Arjannikova et al.，2004），库苏古尔裂谷区断层运动学性质转为右行走滑兼正断，盆地区停止沉积甚至开始抬升，除了库苏古尔盆地，其他盆地已经没有湖水。而在全新世以来，包括通京盆地和库苏古尔裂谷区在内的贝加尔裂谷西南翼构造依然非常活跃，是中亚大三角东边界北段地震最活跃区之一。

杭爱山及其东缘几乎没有前第四纪的沉积，但莫高德断裂以及沿该断裂发生的 1967 年 Mogd 7.1 级地震说明北杭爱断裂的东端向南东沿袭着中生代以前的断裂构造破裂生长。

5.5.3 贝加尔裂谷的新生代构造演化及其与银川地堑的对比

从几何形态、新生代沉积构造演化看，贝加尔裂谷与银川地堑存在诸多相似性。

两个盆地主体都为 NNE 走向，盆地内部和两侧发育 NE 向的正断层。贝加尔西南和北东都发育有大型的近 EW 走向的左行走滑断裂（通京断裂系和斯坦诺夫断裂系）。银川地堑的北部发育由近 EW 走向的宗别立-正谊关左行断层，南部发育有北西西-北西走向的三关口-牛首山东北麓左行走滑断层。

新生代的沉积厚度巨大，南贝加尔凹陷的晚始新世（或早渐新世）以来的沉积物可达 6000m（崔盛芹，李锦荣，1986），银川盆地中心地震反射剖面所揭示的新生界厚度为 7000m（国家地震局，1988）。尽管仍然存在诸多争论，但根据沉积、钻孔、地球物理等证据，贝加尔裂谷盆地最早从始新世开始启动（Ivanov and Demonterova，2009）；而地震反射剖面所揭示的银川盆地最底部新生代沉积也是始新统，尽管目前的钻孔只获得渐新统的岩石记录。两个盆地都记录了中新世末的强烈构造事件，贝加尔裂谷在 7Ma 从历史上的中心向裂谷系的翼部发展，5Ma 左右裂谷作用由慢速转为快速（沉积速度下降了 2.5 倍）（Ivanov and Demonterova，2009）；银川盆地西侧的贺兰山在 10 Ma ～12Ma 快速抬升，在盆地形成了巨厚的新近系沉积。

贝加尔裂谷系与银川地堑系都是在古老的造山带上形成的反转构造，早期的逆冲构造在新生代反转为正断层，从隆升剥蚀的山脉变成盆地。Jolivet 等人（2009）通过对磷灰石裂变径迹分析的方法研究了从西伯利亚地台穿越贝加尔-南巴顿山、贝加尔湖北端，到巴尔古金山的地形演化，结果表明贝加尔-巴顿山从早石炭世开始到中侏罗世-早白垩世为隆升的蒙古-鄂霍茨克造山带，贝加尔裂谷北部的巴尔古金盆地最早从晚白垩世开始形成，中部贝加尔裂谷从始新世开始形成，表明了在造山后垮塌与贝加尔裂谷系张开之间为连续的变形，贝加尔裂谷系张开的初始驱动机制与印度-亚洲碰撞无关。最新的研究表明贝加尔裂谷主要经历了 3 阶段的演化（Delvaux et al.，1993；Petit and Deverchere，2006）。①渐新世-中新世，区域上经历 SN 向的挤压，沿 NE 方向发生剪切挤压构造。②晚中新世-早上新世，剪切挤压演化为剪切伸展。③晚上新世以来，发育 NW-SE 向的伸展构造。银川地堑系中新世之前的断裂构造目前还没有明确识别出来，但是狼山-巴彦浩特地区的发育在中上新世地层中的左行斜冲构造和鄂尔多斯西南断裂束中新世之前的以向北逆冲为主的运动学特征，以及渐新统地层的分布范围可以证实，在阿拉善地区，在渐新世-中新世，区域上经历 SN 向的挤压；中新世-上新世，狼山山前和贺兰山山前都出现了巨厚的沉积，表明构造体制可能发生明显变化。

但是贝加尔裂谷系和银川地堑系也存在一些明显的区别：①NNE 向的贝加尔湖的南北两翼仍然有次级的裂堑盆地发育，西南部有诸如通京盆地、库苏古尔盆地、Darkhat 盆地和 Busingol 盆地，东北部有巴尔古津盆地、上安卡拉盆地、Muya 盆地和 Tokka 盆地等等裂谷系走向范围超过了 1000 km。银川地堑南北延伸不超过 150 km，南北两端没有侧翼的裂堑，规模要小得多。②贝加尔湖作为一个深陷的断层湖，湖底位于海平面以下 1165 m，是全球最深的内陆淡水湖；而银川地堑内仅有零星的浅湖和沼泽，黄河是主要的水体。

5.5.4　小结

蒙古中部和南北地震带北段都记录了中新世末和第四纪早期的 2 次构造事件。这 2 次构造事件都表现为叠加在老构造带之上的断裂重新活化，不同地区继承和改造的老构造不同，新构造的表现形式也不一样：①蒙古国中部的库苏古尔裂谷区在中新世末开始沿近 SN 向的断裂快速拉张，形成断陷盆地，这些 SN 向断层是近 EW 走向的通京（Tunka）左行断层系的侧向拉张构造；中更新世，随着通京盆地断层运动学发生反转，变成左行剪压变形，库苏古尔裂谷区断层运动学性质转为右行走滑兼正断，盆地区停止沉积甚至开始抬升。②银川盆地虽然从古近纪开始沉积，但中新世末，贺兰山才开始快速抬升，表现为由东向西，由北向南的断块快速掀斜，银川盆地北部的新近系厚度明显大于南部；早第四纪以来黄河断裂开始向南北两侧发展，银川地堑南北的沉积厚度差别减弱。根据目前的研究，蒙古国中部没有渐新世变形的明确记录，但在更北边的贝加尔地区记录了渐新世-上新世的构造演化，与狼山和贺兰山地区的构造沉积演化具有较一致性，这个现象可能说明在上新世以前，中亚大三角东边界的构造活动并非由印度-亚欧陆陆碰撞惟一主导。蒙古国中部和南北地震带北段都记录了中新世末以来的强烈构造变形，表明中亚构造体制在那个时候发生了巨变。

5.6　中亚大三角东边界地震活动与活动断层关系

尽管东边界 7 级以上的强震基本沿已知的活动断裂分布，但是更详细的地震活动分析发现，相当部分的地震震中落在活动断裂以外地区，包括部分 5～7 级的中强震，而部分活动断裂在历史上却没有强震发生，为了探索大三角东边界活动断裂的地震相关性，本文重点研究了阿拉善地块和西秦岭构造带，从活动断层的几何学、运动学特征与区域地震震中分布特点对比研究分析出发，探索地震活动与活动断裂的关系。

5.6.1　阿拉善地块地震分布与活动断裂的关系

阿拉善地块南界为 NW 走向的龙首山断裂，西界沿雅布赖山、狼山西麓，东界为黄河断裂（王萍，王增光，1997）。地块内部及其周缘地震分布，显示出与活动断裂密切的关系。东部近 SN 走向的磴口-固原地震带（见图 5-4-1）的平面位置与桌子山断裂、银川地堑系（包括贺兰山西麓断裂、贺兰山东麓断裂、宗别立-正谊关断裂、三关口断裂、黄河断裂等）和大罗山-云雾山断裂一致，震源机制解表现为右旋走滑，与活动断裂的运动学特征一致。

地块西北边界出现的 NEE 向雅布赖-磴口地震带对应着 NEE 走向的雅布赖山-巴音希博山左行走

滑断裂，后者向东延伸的尾端构造河套断陷带则是狼山-河套地震带分布的位置。地块南缘密集的NW向地震带则对应着北大山断裂带和龙首山断裂带。

除了地块边缘的地震活动带，内部和周缘还分布有NE走向和近EW走向的地震活动带，其中有2处明显没有活动断裂却有地震活动带的地方。

在雅布赖-磴口地震带北部，狼山-河套地震带西北还有2条NE向的地震活动带，其4级以下的小震相对弥散，但4～5级的地震记录有较明显的线性特征，在地质构造上恰好对应着阿拉善北部的2条晚古生带的蛇绿岩带，在遥感图也解译出数条NE-NEE向的断裂，但野外初步的考察发现这些断层没有明显的线性陡崖、陡坎，未发现对冲沟水系的切错现象，即没有明显晚第四纪活动的迹象。

甘肃民勤NE向地震带内也没有发现明显的第四纪活动断层，尽管曾经有观点认为存在一条从狼山经巴彦乌拉山向南西延伸到甘肃武威的左行断裂带（张进等，2006），但民勤NE向地震带的特征与这条断裂带不完全一致，该地震带4级以上的地震主要密集分布在南部，特别是民勤的东北部的腾格里沙漠，1954年在腾格里沙漠曾经记录到7.0级的强震，而在巴彦乌拉山及其附近除了少数3～3.9级的微震，没有任何4级以上的地震记录，从地震活动性上看，似乎没有连续的NE向断层，而且民勤NE向地震带的震源机制解为左行走滑，与巴彦乌拉山山前断裂以及狼山山前断裂正断兼右旋的运动学特征并不相同。相反，民勤NE向地震带很可能与其南侧的近EW走向的查汗布拉格左行断裂有关，后者对应着民勤-月亮湖地震带（从民勤经阿拉善左旗查汗布拉格苏木至左旗的月亮湖附近，存在一条密集的近EW走向的地震活动带，除了密集3～4.9级的小震活动，历史上还发生过数次5～5.9级的中强震）。近EW走向的查汗布拉格断裂认为向东延伸与三关口断裂相接，在新生代曾经强烈活动（张进等，2006），但从地貌上看线性特征断断续续，且消失腾格里沙漠东部的腰坝盆地，没有显示明细晚第四纪活动特征。

发生在贺兰山西麓断裂带（平面位置在巴彦浩特断层上）的2次地震的震源机制皆显示主压应力方向为NE方向或NEE方向，SN向的节面应为右行走滑，这与巴彦浩特断层晚更新世之后右行走滑的运动特征相符。

5.6.2 西秦岭地震分布与活动断裂的关系

西秦岭地区从构造上看，是海原断裂（尾端构造六盘山逆冲断裂）、西秦岭北缘断裂与东昆仑断裂3大断裂系统交会的地方，地震活动非常频繁，历史上曾经多次发生7级以上的强震，其中1654年天水南大地震和1879年武都南大地震都达到8级，被认为分别发生在礼县-罗家堡断裂（韩竹军等，2001）和哈南-稻畦子-毛坡里断裂带上（侯康明等，2005）。

从较详细的地震震中空间分布的分析可以看出，西秦岭地震分布与活动断裂空间关系并非一一对应的关系（图5-2-4）。在六盘山断裂与马衔山断裂之间、马衔山断裂与西秦岭北缘断裂带之间有5级甚至7级以上的强震分布，但却没有明显的活动断层（无明显地貌地形特征），而上文提及的这些活动断裂都并非低角度的逆冲推覆断层。例如马衔山断裂为一条地貌标志较明显的左旋走滑为主兼倾滑的活动断裂（袁道阳等，2003），晚第四纪新活动以高角度断层为特征。六盘山断裂带断层倾角70°左右，沿断层既有显示左旋斜滑运动的斜向擦痕，也有发育在新近纪红土和砂砾岩中的小规模正断层和个别逆断层（国家地震局，1988）。因此有理由相信，六盘山断裂与马衔山断裂之间、马衔山断裂与西秦岭北缘断裂带之间有地震活动是隐伏的或者地貌迹象不明显的断层破裂造成的，而小比例尺的地貌遥感图上也确实显示出一些NW向或者NWW向的线性特征，但缺少诸如水系切割、断层陡坎等活动断层地貌标志。

相反，尽管部分活动断裂的地貌上线性特征很明显，但地震活动却很弱。例如勉县-略阳断裂带的东段（康县-勉县），龙门山断裂的北段（广元-南郑）没有历史中强震记录，甚至4级以下的小震和微震都很稀少。但这2条断裂带的西南段却表现出强烈的地震活动性，都分别发生过7.5级以上的强震，例如1879年武都南8.0级地震和2008年汶川8.0级地震。

5.6.3　地震活动与活动断层关系讨论

在中亚大三角东部边界，5 级以上的中强震大多沿具有明显地貌特征的活动断裂分布，但是也有相当部分地震位于已知的活动断裂之外。这种现象，其原因除了可能是地震由隐伏的活动断层或者未发现的活动断层破裂造成之外，更有可能是发生地震的断层“活动性”（第四纪平均活动速率）很小，古地震或历史强震所造成的地震破裂和陡坎被后期强烈的侵蚀作用所模糊。

从地层分布看，民勤 NE 向地震带位于腾格里沙漠西边缘的下白垩统地层（不整合在晚太古代片麻岩之上）为主的隆起带上，在晚中生代可能属于 NNE 走向的狼山-巴彦乌拉山左旋剪切带的一部分，其南侧的查汉布拉格断裂，是北祁连地体与华北克拉通的在晚古生代的边界断层（汤锡元等，1991；张进等，2006），在中新世以来再次活动。而西秦岭构造带正位于华北克拉通与扬子克拉通之间，由于秦岭地体向华北陆块的拼贴以及华南陆块与华北陆块的聚合，NW、NWW 走向的断裂在晚元古代-早中生代反复出现在这个区域，尽管地表地貌标志不明显，六盘山断裂与马衔山断裂之间、马衔山断裂与西秦岭北缘断裂带之间存在现今活动的断裂的事实是毋庸质疑的。

对地震构造的研究不应局限于活动断裂，在现代区域应力场下，古老的断裂是薄弱带，易于发生变形，相对刚性的古老地块边缘更容易积累应变而引发强震，阿拉善地块南缘和西秦岭地区强烈的地震活动和多次的 7 级以上的强震发生，说明在地震研究上，对于古老的地质边界，特别古老克拉通边缘的强变形区域要有足够的重视。

5.7　中亚大三角东边界中新代构造演化及东边界形成机制

Tapponier（1982）用滑移线场理论和逃逸构造来解释亚洲的新生代构造演化，认为印度-亚欧的陆陆碰撞向北传递的挤压应力是中亚新生代构造变形的动力机制。Vassolle 等（2007）认为从青藏高原北部直至贝加尔湖，印度-亚欧的陆陆碰撞效应是依次向北传递的。古地磁研究认为白垩纪以后，青藏与西伯利亚之间有数千公里的缩短，而华北、华南与西伯利亚在白垩纪之后相互之间的位置已经固定了。Fournier 等（1994）运用漂浮在低速软流圈之上的大陆岩石圈“三层”结构模型，模拟大陆的碰撞过程，随着“楔入体（印度）”向北运动，在挤出构造的北部边缘区域发育了许多 NE 向的左旋剪切构造体系，与这些左旋剪切带相伴发育了几条相关的、近 SN 向共轭右旋剪切带，作者试图用实验证明印度-亚洲大陆的碰撞导致了亚洲大陆东部大型 NE 向陆内走滑剪切带的右旋走滑作用，并认为碰撞的远程效应最远可能传递到了 Okhotsk 海域。

本文试图通过回顾中亚大三角东部边界的中新生代构造演化和动力学的研究，结合对部分地区的实地考察，探讨中亚大三角东部边界形成的过程与机制。

5.7.1　古亚洲洋和特提斯洋的闭合及其后的板块或地体边缘变形

东欧地台与西伯利亚克拉通之间，塔里木-华北地台以北，是宽阔而复杂的中央亚洲造山带（Central Asian Orogenic Belt，CAOB，简称中亚造山带，又称阿尔泰造山系和乌拉尔-蒙古褶皱逆冲带）（Sengor and Natal'in，1996；Kheraskoval et al.，2003；Demoux，et al.，2009；王清晨，2009）。该构造带从晚元古代（Vendian）以来至晚古生代数亿年间，经历了 Rodinia 超大陆裂解至古亚洲闭合的漫长而复杂的构造演化，古亚洲洋实质是东古冈瓦纳活动大陆边缘的具有不同年龄的一系列的边缘盆地和岛弧（Kheraskoval et al.，2003），中亚造山带包括了岩浆弧集合体、蛇绿混杂岩和次级微大陆的俯冲增生作用的产物，通常认为中亚造山带在晚二叠世-早三叠世终结（Xiao et al.，2003；Li，2006；Chen et al.，2008；Zhang et al.，2008；Windley et al.，2007；Kroner et al.，2007；Görz et al.，2009；Levashova et al.，2010），在中国和蒙古国边境附近形成了一系列近 EW 走向的缝合带构造（注：文章中所有的方向只是按现在坐标进行描述，并非构造事件发生时的方向）。

在我国境内，中亚造山带的最南缘的缝合带可能发育在阿拉善北部巴丹吉林沙漠区，呈 NE-NEE 走向，向西阿尔金大断裂带相连，向东沿入蒙古国（吴泰然等，1992）。王廷印等（1993）发现在阿拉善北部呈近 EW 到 NEE 向展布有 2 条蛇绿混杂岩带：恩格尔乌苏蛇绿混杂岩带和查干础鲁-霍尔森蛇绿混杂岩带。恩格尔乌苏蛇绿混杂岩被认为是华北与塔里木板块的缝合线，两大板块的碰撞发生于晚二叠世或稍晚（王金荣等，1995；王廷印等，1992；吴泰然等，1992）。2 条蛇绿岩带之间为具有大陆基底性质的宗乃山-沙拉扎山火山弧，主要由与俯冲作用有关的花岗岩类岩石、火山岩及岛弧根部的斜长花岗片麻岩类岩石组成。查干础鲁-霍尔森蛇绿混杂岩带代表了一个消失了的边缘海，南侧是雅布赖-巴音诺尔公陆缘弧，从北向南彼此近平行展布，构成华北板块北缘西段的火山弧-边缘海-陆缘弧系统。从采自查干础鲁段的辉长岩中分离出锆石捕虏晶，其 $^{207}Pb/^{204}Pb-^{206}Pb/^{204}Pb$ 等时线年龄为（2478±3）Ma，在 $^{206}Pb/^{238}U-^{207}Pb/^{235}U$ 谐和图上，其上交点为 2458 Ma，代表锆石结晶的年龄，锆石捕虏晶源自破裂的华北古陆基底（王廷印等，1993）。区内发育印支期的碰撞期后 A 型花岗岩及上三叠统的上磨拉石建造，清楚地说明在晚三叠世之前边缘海及更北的恩格尔乌苏带所代表的洋盆最终闭合，并发生了陆-陆及陆-弧碰撞型造山作用。这个构造事件是阿拉善地区（包括雅布赖-狼山与千里山-贺兰山之间）大面积早前寒武纪基底的出露抬升的原因之一。

古亚洲洋的闭合使得华北克拉通从广阔而稳定的地台沉积转入了陆内盆地的演化。西伯利亚克拉通、蒙古地体与华北克拉通之间的不规则拼合之后，在造山带的东南缘，大体沿现在的蒙古东南部戈壁，发育了一条 NE 走向大型走滑剪切带：东戈壁断裂带（在晚三叠纪活动，Webb et al.，2010），推测为左旋张剪性质，该断裂带可能延伸进入了中国内蒙的阿拉善地区，与阿尔金断裂带相接，其成因为在周边板块碰撞（包括蒙古-鄂霍茨克洋和古特提斯洋闭合）作用的远场效应下，晚二叠纪的古缝合带沿先存软弱带在 NE-SW 至 EW 方向上发生伸展垮塌形成的。

尽管华北的南缘在早古生代甚至中-新元古代就开始有地体（祁连山地体、秦岭地体和柴达木地体等）向华北克拉通拼贴，但华南（扬子陆块）、华北陆块的最后陆-陆碰撞开始于三叠纪（240 Ma～220Ma），古地磁研究表明，华北和华南陆块的碰撞从三叠纪延续到了晚侏罗世；同位素年代学研究及大别山北部中上侏罗统砾岩层中榴辉岩砾石的发现表明大别山超高压变质岩形成于三叠纪初，并在中-晚侏罗世出露于地表；而西秦岭南缘的勉略洋在中晚三叠世关闭，东昆仑的阿尼玛卿洋则在晚三叠世闭合，华北和华南陆块的拼合呈现从东向西的剪刀式关闭和碰撞，并且在西秦岭南缘的碧口地区形成了向西挤出逃逸构造（许志琴等，2011；王二七等，2001）。

华南-华北陆块在三叠纪的碰撞形成了横穿中国大陆的近 EW 向的造山带（在秦岭-东昆仑山地区呈现 NWW 走向），华南陆块的推挤应力穿过祁连、秦岭地体，传导到了华北陆块的南缘，在秦岭的北缘、六盘山至中卫地区造成了强烈的挤压变形，使得 D_3-T 伸展动坳陷强烈褶皱隆起，伴有逆冲推覆构造断裂（张家声等，2004）。而强大的近 SN 向挤压应力甚至影响到了板块内部，晚三叠-早侏罗世，贺兰山北段三叠纪出现了区别于鄂尔多斯盆地本部的强烈伸展（张进等，2009）。这个强烈的伸展区很可能正是 NE 向的左旋张剪性构造带——东戈壁断裂带的尾端构造，NE 向狼山左旋剪切带和 NNE 方向贺兰山张剪正断层系的共同作用，可能导致了阿拉善地区基底片麻岩再次以地垒的方式抬升。

在西秦岭以南，四川的岷山、龙门山地区记录了晚三叠世强大的 SN 向的挤压造山事件（许志琴等，1992）。由于在古生代，柴达木、祁连山、秦岭（沿商丹缝合带与华北南缘拼合，大致沿武山-天水-凤县北-太白 NWW 向分布）等地体已经与华北陆块（在晚二叠-早三叠世与塔里木联成一体）拼合，华北陆块与华南陆块在晚三叠世最后的缝合大体沿昆仑山南缘（阿尼玛卿古洋盆晚三叠世闭合）、西秦岭南缘（略阳古洋盆，中-晚三叠世闭合，缝合带大致沿迭部-九寨沟南-文县-康县-略阳-勉县-汉中盆地北缘分布）发生（Dong et al.，2011），可能受控于华北陆块南缘和华南板块北缘的不规则形态，缝合带总体为 NWW 走向，但局部呈向 S 或 SW 突出的弧形，例如迭部-康县地区和大巴山地区的勉略缝合带。也有观点认为志留纪末，昆仑-秦岭洋已经闭合，松潘-甘孜在中三叠世之后发育褶皱冲断带，而沿道孚、炉霍发育洋盆裂陷（许志琴等，1992）。

与此同时（晚二叠-三叠纪），华南陆块的西南缘，羌塘-昌都等地块也在向北、向东拼合，夹持于其间的澜沧江-昌宁-孟连、甘孜-理塘、金沙江-哀牢山等在早石炭世-晚二叠世打开的古特提斯洋盆均在晚三叠世-早侏罗世早期由于陆-陆碰撞、弧-陆碰撞或弧-弧碰撞而关闭，形成了龙木错-双湖-昌宁-孟连缝合带、巴塘缝合带和哀牢山缝合带（莫宣学，2010）。曾经为扬子陆块西部被动陆缘复理石楔（大陆边缘浊积盆地）的松潘-甘孜-可可西里地体（巴颜喀拉地体）被褶皱抬升，以东大西小的三角楔形出现于现今青藏高原的北部。地质研究表明，松潘-甘孜-可可西里地体主体地层是一套中-晚三叠纪的沉积，为半深海复理石、斜坡相复理石、边缘海复理石及碳酸盐台地组成的复理石楔，地质和地球物理研究表明，地体两侧都有二叠纪-三叠纪的蛇绿混杂岩，可能在晚三叠世分别向北和向南俯冲。在岷山-龙门山地区松潘-甘孜-可可西里地体的基底由于后期的强烈构造运动而抬升，为新元古代中酸性-基性变质火山岩（元古宙末火山岛弧或陆内裂谷），其上覆盖着震旦-二叠纪的中低变质程度的变质沉积岩，这套组合向北东延伸进秦岭的南缘，向南延伸到了锦屏山地区。古地磁研究（何登发等，2007）表明松潘-阿坝地块（巴颜喀拉地块）的古方位和古地磁极极点与扬子地块接近，而与华北有明显差别；在三叠纪期间巴颜喀拉地块明显向北运动，以逆时针旋转运动不断调整其方位，这与扬子地块在三叠纪期间整体的顺时针旋转构成鲜明的对比，可能与其南侧羌唐地体向北的碰撞有关。尽管松潘-甘孜-可可西里地体与扬子克拉通从基底到沉积演化相当一致，但有观点认为在早古生代（寒武纪-志留纪）沿白龙江、金沙江和龙门后山、锦屏山和二叠纪-三叠纪中期沿木里-平武（北西分支沿松潘、漳腊）由于发育边缘海或者裂陷，松潘-甘孜地块曾两次从扬子板块分离出去（杨逢清等，1994）。王二七等（2001）认为在三叠纪，龙门山断裂带（以汶川—茂汶断裂为主）是左旋走滑剪切带，为古特提斯海和华南地块之间的一个转换断层，汶川—茂汶断裂的左旋走滑在龙门山的北东端被古特提斯洋沿勉略俯冲带的消减和发生在大巴山的古生代-中生代岩层的褶皱和冲断作用所吸收，在龙门山的南西端被古特提斯洋沿甘孜—理塘俯冲带的消减和松潘—甘孜三叠纪复理石的褶皱和冲断作用所吸收；松潘—甘孜三叠纪复理石沉积原先大部分可能堆积在秦岭一带，在印支期华南地块和华北地块发生陆内会聚的过程中被挤出，向西逃逸，形成 NE-SW 向缩短。林茂炳和吴山（1994）则认为龙门山断裂带向南西延伸到锦屏山断裂带，后者在三叠纪表现为左旋逆冲的特征，但在许多地方中生代陆相沉积直接超覆在元古宙结晶基底之上，其组构特征与龙门山地区华南地块不同，是否与龙门山断裂带相接仍然存疑问（王二七，2001）。

由于古特提斯洋的闭合，晚三叠纪之后，华北、华南成了统一的大陆（东亚大陆的主体），内部的变形进入了板内变形阶段，目前文献中记录的较为显著的变形大体是沿广义的阿尔金断裂带（NE 走向）发生的左行剪切变形（Wang et al.，2010）和阴山地区近 EW 走向的三叠纪逆冲推覆构造（刘正宏等，2003）以及贺兰山地区的晚三叠纪伸展（张进等，2007）。在吐哈盆地的东侧星星峡地区，阿尔金断裂系 NE 向的左行剪切从晚二叠-早三叠世开始启动（Wang et al.，2010），而东戈壁断裂带则在晚三叠纪活动（Webb et al.，2010），这些 NE 向的大型走滑断层可能与周边动力学有关（见上文），但相关的地质构造和沉积演化研究的程度还比较浅。

5.7.2　东亚大陆侏罗纪的板内造山和早白垩末-晚白垩世的伸展作用

古亚洲洋闭合之后，西伯利亚地台和蒙古地块的东部，仍然发育着向东张开的古太平洋的巨大海湾（蒙古-鄂霍茨克海），早侏罗世之后，西伯利亚地台相对于蒙古地块的旋转，造成了蒙古-鄂霍茨克海呈剪刀式的从西向东关闭，最终在晚侏罗世完全闭合，形成了从蒙古中部的杭爱山脉一直延伸到鄂霍茨克海的乌达海湾的蒙古-鄂霍茨克构造带（Zorin，1999；莫申国等，2005）。在西伯利亚克拉通的东部，由于东部堪察加增生地体和北部阿拉斯加克拉通的推挤，Kolyma-Omolon 地体在中-晚侏罗世向东与西伯利亚克拉通发生强烈碰撞挤压，并且在其后的晚侏罗纪-白垩纪里，由于西太平洋边缘地体持续向东拼贴和北部 Laptev 海的张开（晚白垩世），沿 Verkhoyansk-Kolyma 构造继续发育强烈的逆冲和走滑构造（Oxman，2003；Gaina et al.，2002）。与此同时随着特提斯洋关闭和东亚大陆形成，古太平洋板块快速向 NW 俯冲，一系列地体沿巨大的 NE-NEE 向剪切带（如郯庐断裂带和长乐-南澳断裂等）向东亚大陆拼贴，形成濒西太平洋的 NNE 向沟-弧-盆系统（吴根耀，2006）。

早白垩世初期，可能由于太平洋超地幔柱的活动，东亚大陆东部的伊泽纳崎板块由中侏罗世时（距今 180 Ma）以低速（4.7 cm/a）正向俯冲于东亚大陆之下变成以 30 cm/a 的高速向正北斜向俯冲于东亚大陆之下（俯冲带 NE 走向），在早白垩世中期，还保持着高速俯冲（20.7 cm/a），运动方向逐渐变成 NNW 向，仍为高斜度斜向俯冲，到早白垩世末期俯冲作用基本停止，伊泽纳崎板块逐渐消亡（Maruyama et al.，2008），对应于伊泽纳崎板块逐渐消亡，西太平洋板块（85 Ma）转为向 W 正向（80°）中速（13.6 cm/a）俯冲，对应于西太平洋板块在白垩纪向 NW 和向 W 的运动，诸如堪察加岛弧等地体向东亚大陆发生持续拼贴碰撞。

晚三叠世之后，新特提斯洋随着冈瓦纳大陆的解体而张开。具有元古和太古的基底的拉萨地体，在侏罗纪从冈瓦纳大陆分离开来，在班公湖-怒江洋（中二叠世-早白垩世晚期，向拉萨地体俯冲）闭合后向北与羌唐地体碰撞拼合（113 Ma）（Zhu et al.，2011）。侏罗纪末，中大西洋和印度洋的快速张开，印度大陆脱离澳大利亚板块，向北漂移，新特提斯洋逐渐闭合，拉萨地块拼贴于亚洲大陆（董树文等，2008）。

对应于周边动力学的巨大转变，在侏罗纪，东亚大陆发生了燕山期的强烈的陆内造山作用，鄂尔多斯地块和四川地块可能构成了东亚多向会聚构造体系，北、东、南西“多向挤压”构造变形的两个核心地块（董树文等，2008）；晚侏罗世之后（始于 150 Ma～140 Ma，终于 110 Ma～100 Ma，峰期是 120 Ma～110 Ma，翟明国等，2003），东亚大陆特别是华北地区的构造体制出现了重大的转折：总体上由挤压构造体制转化为伸展构造体制，由 EW 向转变为 NNE 向的盆岭构造格局，其间伴随着大量变质核杂岩的出现（Zheng et al.，1996；郑亚东、王涛，2005；王涛等，2007）。

蒙古西北地区，古生代以前的纬向右行剪切带（如 Bolnay 构造带）在中生代开始转为左行运动（Chawe，2007），在蒙古西部造成了与走滑运动相伴生的包括蒙古阿尔泰山、大湖盆地和杭爱山在内盆岭地形（Yanshin，1975，转引自 Arzhannikova and Arzhannikov，2007），而从地层沉积看，该地区早侏罗世-早白垩世的地层不整合在古生代地层之上，明显缺失中东部的三叠纪地层。在戈壁-阿尔泰地区，运用磷灰石裂变径迹方法对 Gurvan Bogd 断裂系中中生代-晚新生代的研究（Vassallo et al.，2007）发现早侏罗世的构造事件导致地壳垂向运动幅度大于 2 km。在蒙古西南部的 Shin Jinst 地区有大量侏罗纪挤压构造活动的证据，其南部的 Tost 逆冲断层（中国北山以北），大约在 180 Ma 开始活动，北山地区晚中侏罗世的逆冲可能导致了在 Noyon Uul 向斜 170 Ma 的褶皱作用和相关的岩浆热事件（Dumitru and Hendrix，2001）。在相邻的地区（Tost 断层的北西和中国阿拉善与蒙古国交界地区），这个挤压构造运动可能持续到了晚侏罗纪（150 Ma，Dumitru and Hendrix，2001）。在中国内蒙古的中西部也有大量的早侏罗世（雅干）-晚侏罗世（阴山地区）的大规模逆冲推覆构造（郑亚东等，1993，1996），对阴山地区的研究表明，近 EW 的推覆构造与三叠纪的早期陆内变形带大体平行，但位置并不重合，晚侏罗-早白垩世向北或向南的强烈逆冲，使得太古代-元古代的变质基底发生了显著抬升（刘正宏等，2003；张进江等，2009；杜菊民等，2009）。而在华北大陆内部，贺兰山地区在晚侏罗世也发生了强烈的逆冲挤压事件。通过详细的野外地质考察，黄雄南等（2008）认为贺兰山地区在晚侏罗世形成了大型左行剪切挤压构造，主体为大规模 NE 走向冲断构造，主要由 4 组断裂及相关褶皱组成，NE 向和近 SN 向断裂构成左行同向剪切破裂系，而近 EW 和 NW 向断层则构成右行共扼剪切破裂系，这些逆冲构造切割了中侏罗以前的地层而被下白垩统所覆盖；贺兰山地区的晚侏罗世 NE 向左行剪切挤压构造可能是侏罗纪西伯利亚地块和蒙古地块不规则碰撞，以及西太平洋边缘地体（包括岛弧、微板块、海山等）向东亚大陆的拼贴碰撞的远程效应的产物，并具有左行走滑剪切特征的挤压构造调整着其两侧不同步的大规模水平位移。

侏罗纪之后东亚大陆发展构造机制的转变。蒙古西部在早侏罗世的地壳垂直运动之后，经历了一个持续时间超过1亿年的准平原化过程，没有显著的构造抬升，而是发生剥蚀或者沉积（Vassallo et al.，2007）。东亚大陆北部在早白垩世末-晚白垩世早期则以NE向的伸展构造为特征。蒙古-鄂霍茨克造山带在中侏罗世-早白垩世期间发生垮塌，西伯利亚克拉通南缘的贝加尔造山带重新活化（Jolivet et al.，2009），贝加尔裂谷系北部的巴尔古金盆地最早从晚白垩世开始形成（约75 Ma；Logachev 2003），Jolivet等（2009）认为贝加尔裂谷系张开的初始驱动机制与印度-亚洲碰撞无关，是造山后垮塌的连续变形。而在西伯利亚克拉通的东缘，由于Laptev海张开（14 mm/a）和堪察加地体的快速挤压（20 mm/a），发育NW走向的Verkhoyansk陆内造山带（Gaina et al.，2002），持续向东的推挤应力可能触发贝加尔-斯坦诺夫左行剪切带，推测是贝加尔裂谷系初始张开的动力之一。在华北东部和中国东北的南部发育大量的晚侏罗世-早白垩世变质核杂岩，在而在蒙古国的外贝加尔地区，早白垩世开始就发育有大量NE向受区域右旋走滑运动控制的伸展凹陷盆地（单敬福等，2010）。

中国阿拉善的北部，早白垩世晚期以发育大规模板内碱性玄武岩为特征，而控制着白垩纪盆地的NE向的正断层体系与侏罗纪形成的断层大角度相交（郑孟林等，2003），也印证了东亚大陆在白垩纪构造体制的改变。近期对贺兰山的野外考察（黄雄南等，2009）也揭示了在早白垩世之后，原先的板内造山带发生了伸展垮塌。在晚白垩纪，华北克拉通的北部主要表现为整体缓慢隆升，剥蚀，仅局部出现较为剧烈的垂直差异运动：例如阿拉善北部出现了大面积的K_2沉积；在鄂尔多斯北缘受近EW走向断层控制的晚白垩世逆冲事件。

在华北克拉通南部的六盘山-秦岭地区，晚中生代的逆冲挤压构造可能比中蒙边界的推覆构造稍晚发生。六盘山-烟筒山地区的弧形逆冲构造体系，控制了庙山湖组及六盘山群的沉积，早白垩世末，受到NEE向的挤压，使白垩系产生近SN向-NW向中小型宽缓褶皱，随后发展成强烈的逆冲推覆（李天斌，2004；张家声等，2004）。六盘山晚中生代的弧形构造在北部的香山、天景、烟筒山等地区呈近EW-NWW的弧形，向东在罗山-固原以南转为近SN走向，石油勘探的地震反射剖面揭示前者为大型的逆冲推覆构造，而后者，特别是固原以南为反映剪切挤压特征的正花状构造，推测该弧形构造的东部边界向南逐步转为右旋走滑断层。张国伟和孟庆任（1997）认为在早白垩世末-晚白垩世早期（100 Ma左右），华北地块南部自北向南向秦岭发生陆内俯冲，深达Moho面以下，在中上地壳发育自南向北的逆冲推覆构造带，EW向延伸上千公里，与此同时，渭河盆地的北部出现了整体抬升（114 Ma～83 Ma，王建强等，2010），而Dong等（2011）认为秦岭两侧的晚期逆冲推覆构造（包括叠加三叠纪勉略洋缝合带之上的大巴山逆冲推覆构造）与晚侏罗世-早白垩世的陆内造山有关，小秦岭地区绝大多数金矿床形成于早白垩世130 Ma～120 Ma，可能与该构造事件有关。王志才等（2006）对西秦岭的研究表明早白垩世末向南的逆冲活动直接导致了滩歌盆地白垩纪地层的沉积结束和构造变形，西秦岭北缘断裂带燕山期活动为挤压兼右旋扭动性质（滕瑞增等，1991）。

华北克拉通北部与南部在晚中生代末逆冲构造发生的时间差别，可能与拉萨地体、印度板块在晚侏罗世-古新世依次向北的拚贴有关。上述地体板块之间的拼贴碰撞除了在青藏高原内部形成近EW向的造山带之外，在高原的东侧（现今位置），可能还引起了NE走向的龙门山-大理构造带（包括北段的龙门山断裂带和南段的盐源-丽江构造带）的强烈抬升。区域地质资料表明在龙门山-锦屏山构造带（可能向南延伸到大理附近）以东，从四川的大巴山南缘一直延展到云南的哀牢山北东侧分布着大面积的侏罗纪-白垩纪的沉积，而在其西侧，松潘-甘孜-可可西里地体上，几乎没有任何的侏罗纪-白垩纪的地层出露，通常被解释为晚三叠纪之后的构造抬升，没有沉积（潘裕生，方爱民，2010）。许志琴等（2007）认为白垩纪以来扬子板块岩石圈对于松潘-甘孜地体发生了陆内俯冲作用，导致早白垩世龙门-锦屏山开始抬升，晚白垩世快速崛起，在晚三叠世-侏罗纪形成的四川前陆盆地沉积之上叠置白垩纪-第四纪再生前陆盆地的沉积，龙门-锦屏山的崛起使得位于中下地壳的变质基底岩石在挤出机制下隆起。李涛等（2010）认为龙门山地区的晚侏罗世-白垩纪的五龙沟砾岩（136 Ma～172 Ma，古地磁）和大溪砾岩（82 Ma～124 Ma，古地磁）与逆冲断层无关，从晚侏罗世-新近纪，龙门山断裂带一直为正断层性质，是磨拉石盆地的边界断层，直到中更新世才发生反转。龙门山-锦屏山构造带在晚三叠纪被解释为左行转换断层（王二七等，2001），而在晚侏罗世-古新世期间，究竟是逆冲断层还是正断层，或者走滑断层，需要更进一步的研究。

5.7.3 古新世-渐新世的印度-亚欧陆陆碰撞与东亚大陆的板内变形及动力学边界条件

古新世以来，东亚大陆的周边动力学环境再次发生重大变化。85 Ma 左右开始形成的库拉板块，其洋脊在65 Ma 左右俯冲到北海道-萨哈林活动边缘之下（Kimura et al.，1992；Konstantinovskaia，2001），约55 Ma，库拉板块的运动从向北转为向北北西，可能引起了太平洋西北边缘的一系列岛弧地体朝北向亚洲大陆逆冲堆叠，由南部的堪察加到北部的 Olutorka，弧-陆碰撞持续到了中始新世，并且同时形成一些新生的弧后盆地。在大约43 Ma，库拉板块停止扩张，太平洋板块由向 NNW 转为向 NWW，运动速度也由 14 cm/a 降到大约3 cm/a。板块运动方向的改变使得太平洋-菲律宾板块边界从转换断层变成了向西倾的俯冲带：伊豆-小笠-马里亚纳海沟，太平洋西缘主要的边缘海盆地开始扩张。大约在30 Ma，沿伊豆-小笠-马里亚纳海沟的俯冲引起了海沟后退以及相邻的岛弧破裂和边缘盆地（如菲律宾海盆）张开（Sdrolias et al.，2004）。几乎同时（30 Ma～28 Ma），日本海盆由于北海道-萨哈林右旋走滑断裂带和 Tsuhima 海峡断裂带之间拉张作用而张开；而南海32 Ma 开始扩张（任建业、李思田，2000）。

80 Ma 北大西洋脊张开，60 Ma～70 Ma 向北发展到了北冰洋地区，拉布拉多-巴芬-马卡罗夫扩张脊，沿 Laptev 海和 Lena 裂谷系登陆进入今天的俄罗斯远东地区。该扩张系统在68 Ma～40 Ma 期间导致原先强烈挤压造山的 Verkhoyansk 山地区，发生了大约400 km 的伸展，伴随一系列 NW-NNW 向地堑（包括 Moma Rift system）的发育（Gaina et al.，2002），拉布拉多-巴芬-马卡罗夫扩张脊在始新世停止活动，40 Ma 之后，随着西太平洋板块运动方向的改变，Moma 裂谷系闭合，发生挤压和剪切挤压构造，逆冲和褶皱速度高达6.3 mm/a。在渐新世晚期，新的扩张中心（包括 Mohna、Knipovich 和 Gakkel 洋中脊）再次逐渐形成（Srapilov，2008），中新世之后该洋中脊或者停止了扩张，或者变成极慢速扩张脊（<10 mm/a）。

晚白垩世-早古新世，印度板块向北高速运动，速度高达14 cm/a，古地磁研究表明印度次大陆（印度板块）大约在（50±10）Ma 与欧亚大陆会聚碰撞，印度向北移动的速度由100 mm/a 减小为50 mm/a（Molnar and Tapponier，1975）。

印度-亚洲大陆碰撞的起始时间是国际地学界争论的热点，从主张晚白垩世（约70 Ma）到主张始新世-渐新世之交（约34 Ma）等各种观点都有（莫宣学等，2007）。较多的观点认为65 Ma～50 Ma 开始碰撞（软碰撞、点碰撞）（莫宣学等，2007），45 Ma～40 Ma 印度-欧亚完成碰撞（硬碰撞）。许志琴等（2011）认为印度-亚洲碰撞过程受到板块原始位置、边界几何学、运动学、动力学和岩石圈流变学的制约，特别是印度板块东、西两个犄角的构造作用影响，在板块边界前沿不同地段的碰撞明显具时空不一致性，提出印度与亚洲正向主碰撞与两侧斜向碰撞阶段开始时间大于53 Ma，53 Ma～41 Ma正向主碰撞和印度板块两犄角大陆深俯冲，43 Ma～25 Ma，大型走滑作用、东-西构造结形成和喜马拉雅地壳开始垂直增厚。

青藏高原内部及周缘在新生代的构造变形似乎没有非黑即白那样清楚的时序性。近年来的研究（DeCelles et al.，2007；Kapp et al.，2005，2007）表明，青藏高原内部的近 EW 走向的古特提斯和新特提斯缝合带普遍在始新世-中新世复活，发展成近 EW 向的逆冲断层带：例如雅鲁藏布江缝合带演化成了渐新世的冈底斯逆冲带和中新世的大型反向逆冲，班公湖缝合带在30 Ma～23 Ma 期间演化成了狮泉河-改则-安多逆冲系和改则-色林错逆冲带，金沙江缝合带在50 Ma～30 Ma 期间演化成了风火山-可可西里逆冲带。这些再活化的逆冲断层导致地表极大抬升和地壳强烈的缩短增厚，例如位于狮泉河-改则-安多逆冲系中段的尼玛抬升超过4.6 km（Kapp et al.，2007）。Ding et al.，（2007）通过对羌唐地体南北两条形成于43 Ma～28 Ma 火山岩带的研究发现始新世-渐新世的火山作用与沿缝合带逆冲断层复活是同时的，来自原始地幔的岩浆遭受了地壳变质沉积岩的交代混染，意味着青藏高原的地幔动力学与陆内俯冲有联系。

大量同位素年度学和热年度学的研究成果表明比印度-欧亚大陆碰撞稍晚（45 Ma～29 Ma），青藏高原的东北缘（祁连山-昆仑山-西秦岭地区）就开始大范围的变形运动。昆仑山和祁连山的抬升是从始新世～渐新世开始的（Vassallo et al.，2007；Jolivet et al.，2001；Wang et al.，2004）；西秦岭从50 Ma左右开始活动（Molnar et al.，2011），西秦岭北缘构造带可能在古近纪中晚期（约40 Ma左右）开始形成，以向南和向北的双向逆冲为特征（王志才等，2006）；秦岭北缘的渭河断陷带始新世开始发育，南侧的北秦岭山体在大约48 Ma小幅度快速抬升（刘建辉等，2010）。但是这些数据之间并不能印证一个非常有序的阶段性演化，甚至部分数据相互之间还可能存在矛盾。例如Dayem等人（2009）认为阿尔金断层在新生代发生350～400 km的错断是从35～40（±7～8）Ma开始以10±2 km/Ma的速度运动，并且由于阿尔金断层北侧的塔里木地块相对强度大，导致变形相对集中在青藏高原的东北缘。但Yin等人（2008a）对柴达木盆地北缘的祁连山-南山逆冲带进行研究之后，认为缩短构造发育开始于印度-亚洲碰撞起始阶段，古新世-早始新世（65 Ma～50 Ma），意味着在超过1000 km以南的印度-亚洲碰撞前锋的应力被非常快的传递到柴达木的北缘，柴达木盆地北缘的早新生代的逆冲构造是阿尔金断层向东扩展的结果；但是离喜马拉雅山更近的柴达木盆地南缘—东昆仑山却在29 Ma～24 Ma发生缩短构造，而在24 Ma挤压构造才传递柴达木盆地的东部。Yin等人（2008b）认为这是一种高度无时序的变形，可能与青藏岩石圈中先存的弱化带有关。

龙门山构造带被认为在渐新世-中新世向四川盆地逆冲推覆（Tapponnier et al.，2001；李吉均等，2001）。其南西盐源-丽江构造带被认为是龙门山构造带的延伸，也被证实为新生代陆内造山带，造山作用主要发生于中-晚始新世（钟康惠等，2004）。但是也有观点认为，除了早期的中生代抬升事件，龙门山可能是在中新世晚期（8 Ma～13 Ma）或者上新世（3.6 Ma）以后才再次快速隆升的（王二七，孟庆任，2008；Kirby et al.，2002）。而鲜水河断裂在20 Ma开始左行走滑，与东昆仑断裂等叠加在古生代-中生代的构造带之上的断层不同，被认为是新生断裂。

在青藏高原东南缘，叠加在古生代或者中生代断层带之上以及新生的新生代构造的起始时间，似乎更有规律。泰国的Mae Ping断层带（掸泰地块的南界断层之一）的左行运动大约在30 Ma停止（Lacassin et al.，1997），从渐新世之后泰国主要断裂的运动学特征以右旋剪切伸展为主，泰国湾盆地、马来盆地转变为热沉降的弧后伸展盆地，不再受控于任何大型的走滑断层（Polachan et al.，1990；Morley，2001）。在东构造节的南迦巴瓦地区，张进江等（2001）通过对糜棱岩和断层泥的Ar-Ar测年获得了4组年龄：60 Ma、23 Ma、13 Ma、6 Ma～7 Ma，并且认为60 Ma左右的变形代表印度与欧亚大陆的初期碰撞，23 Ma青藏高原及邻区的主变形期，13 Ma形成EW向伸展，6 Ma～7 Ma代表快速隆升。Akciz等人（2008）则认为发育在高黎贡山断裂带东侧的崇山左行剪切带（保山和兰坪-思茅地块的分界断层）可能在41 Ma～34 Ma开始启动，左行走滑剪切持续到了29 Ma～24 Ma，在17 Ma左右停止活动。NW走向的红河断裂带在31.9 Ma～24.2 Ma开始左行剪切（韧性剪切），与之相关的冷却抬升事件一直持续到17 Ma左右（Searle et al.，2010）。高黎贡右行走滑及其共轭的哀牢山-红河左旋断裂启动的时间大体相同（Wang et al.，1998；Burchfiel and Wang，2003）。而向北东，被认为是新生的鲜水河断裂带可能起动于中新世之前，但是从中中新世（12 Ma）才开始转为左行走滑（Wang et al.，2008）。Mae Ping断层带、高黎贡山断裂、红河断裂和鲜水河断裂，从南向北，启动时间越来越新，在时序上似乎是与Tapponier提出的侧向挤出模型相符合的，但是这些断层带的实际位移量和位错速度远小于模型，说明假设地块为刚性的模型与实际情况不完全相符（Morley，2001）。印度-亚欧碰撞带东部的新生代岩浆活动明显可以分成2期（Wang et al.，2001），42 Ma～24 Ma和16 Ma～0 Ma，地球化学特征显著不同。第1期岩浆活动沿主走滑断层（如红河断裂）分布，与剪切挤压作用同期喷发，地球化学数据表明这期岩浆活动起源于大陆俯冲。

在青藏高原的东北隅的六盘山地区，在早白垩世的六盘山群之上沉积的最早的新生代地层是寺口子组，曾经被认为开始形成于始新世，但近来的研究表明为渐新统（32.3 Ma～30.3 Ma，程彧，

2005)。古地磁研究发现（刘永前等，2009），白垩纪结束后至中新世六盘山地区发生了约 23°的顺时针旋转：晚始新世至早渐新世约 9°的顺时针旋转、早渐新世晚期顺时针快速旋转约 9°、早中新世初顺时针快速旋转约 5°，同时被地层变形侵蚀和沉积演化所记录，说明印度-欧亚板块碰撞变形的前峰最迟在约始新世末-渐新世初就已经达到六盘山地区。Molnar（2011）认为 30 Ma 之前，NWW 走向的海原、西秦岭断裂为右旋逆冲；李天斌等（2004）对鄂尔多斯西南缘的研究发现，中卫断裂、海原断裂等在渐新世-中新世表现为向 NE 逆冲推覆，但是在阿拉善南缘（贺兰山南段的三关口附近地区），NW 向的逆冲断层（切中新世地层被上新统覆盖）多具有右旋走滑的特征（李天斌等，2004），表明该地区的挤压应力方向应该为近 SN 走向。

华北克拉通的内部，从南向北，银川地堑从始新世开始接受沉积。其西北的吉兰泰盆地渐新世开始，河套断陷带从渐新世开始发育，似乎也反映了陆陆碰撞的板内变形效应由南向北发展。尽管前人将这些盆地解释受控于新生代正断层的断陷盆地（国家地震局，1988），但是第四纪之前，特别是中新世之前的构造演化历史还不是很明确。

在蒙古-萨彦地区，缩短构造被认为是从渐新世开始启动的（Vassallo et al.，2006）。例如阿尔泰地区缩短构造启动的时间发生在晚渐新世-中新世（28 Ma～5 Ma），（Nissen et al.，2009）；中渐新世（约 25 Ma～30 Ma）杭爱山脉出现了周围盆地碎屑沉积增加的事件，被认为是抬升的开始（Yanshin，1975）。根据沉积、钻孔、地球物理等证据，狭义的贝加尔裂谷盆地（不包括晚白垩世开始启动的巴尔古津等盆地）最早从中始新世（45 Ma～50 Ma；Logatchev and Florensov，1978；Mats，1993）开始启动，裂谷肩（裂谷南部）的火山活动开始于早中新世-晚渐新世，贝加尔裂谷南西地区显著的构造抬升发生在 20 Ma。蒙古东南的东戈壁断层带在中中新世（或者更早）复活，表现为左旋走滑（NNW 向近水平挤压和 NEE 向近水平伸展），可能与阿尔金断裂存在运动学上的联系（Webb and Johnson，2006）。与上述构造事件同时，除了贝加尔，几乎蒙古-萨彦的大部分地区在古近纪都出现了岩浆热事件，发育大量的板内碱性玄武岩，其中在萨彦和杭爱地区最为集中。

以上大量的证据表明，至少从渐新世开始，大三角的东部边界广泛发育构造变形，一条近 SN 向的弥散性的变形带已经形成。尽管新生代以来，亚洲大陆的边界动力学条件并没有变得比中生代更简单，甚至在新生代的早期由于北冰洋的打开而变得更加复杂，但是大量学者把注意力集中在印度-欧亚大陆碰撞及其产生的所谓的“远程效应”上，用滑移线场、逃逸构造、侧向挤出一类的模型来解释亚洲的构造演化（Tapponier et al.，1982；Le Pichon et al.，1992；Fournier et al.，1994；嵇少丞等，2008），简单的认为陆陆碰撞所导致的变形按时序逐渐向北推进（Vassallo et al.，2007）。如果真像 Vassallo 等人（2006，2007）认为的那样：印度陆陆碰撞的板内变形效应是按时序由南向北发展的，在上新世才到达蒙古西部的戈壁-阿尔泰，那么诸如蒙古-萨彦-贝加尔地区的渐新世-中新世的构造变形就只能与北冰洋的张开和西太平洋板块的俯冲这样的边界动力学条件相联系了。

5.7.4　中新世-上新世东边界的构造演化——印度-亚欧陆陆碰撞的远场效应与西太平洋边缘弧后扩张

进入新近纪以来，东亚大陆的边界条件的变化主要表现为：西太平洋边缘强烈的弧后扩张和北冰洋洋脊转为极慢速扩张。中新世（距今 25 Ma～15 Ma），由于太平洋板块转变成高角度正西向俯冲，东亚大陆下出现了软流圈上涌、岩石圈拆沉（Zhou and Li，2000），与此伴生的是东朝鲜大陆边缘的裂谷作用、日本海的扩张和中国东部强烈的断陷活动。日本海的弧后扩张在侧向上具有巨大的推挤力，与中国郯庐断裂带和松辽盆地在第三纪的反转运动时间一致。15 Ma～12 Ma，中央日本与伊豆-小笠弧碰撞，日本海停止扩张，并且开始在 10 Ma 左右开始向东俯冲于日本岛弧之下。北冰洋洋脊从中新世之后转为慢速扩张，在渐新世晚期形成的扩张中心（包括 Mohna、Knipovich 和 Gakkel 洋中脊）逐渐停止扩张或者接近停止扩张。

中新世之后，青藏高原内部和周缘出现大型走滑断层（马宗晋等，2001；许志琴等，2011）。

Molnar 等人（2011）认为这个演化阶段可能与青藏高原的地幔岩石圈的拆沉导致地表上升从而引发向周缘的应力驱动有关，向外的驱动力可能对每个单元地块是在逐步增强的。尽管认为大约 20 Ma ～8 Ma期间青藏高原北部变形的速率（变慢）和方向发生改变，Molnar 等人（2011）更强调在 15 Ma～10 Ma 期间，青藏高原北部的构造运动从 SN 向缩短变为近 EW 向的左旋走滑和缩短，表现为 15 Ma～10 Ma 祁连山、日月山等青藏东北缘的山脉及相关盆地开始活跃，这种变形特征到全新世之后仍然在继续。

Kent-Corson 等人（2009）认为阿尔金断裂的滑移速度从渐新世-早中新世相对快速的≥17 mm/a 降低到早中新世之后的≤10 mm/a（Yue et al.，2003；Ritts et al.，2008），可能与沿着阿尔金断裂的地块逃逸、形成伴生的挤压构造有关，这些构造导致了青藏高原北缘（阿尔金、祁连山、昆仑山）的地壳缩短和增厚，热年代学数据证明这些地区在早-中中新世出现了快速抬升：拉脊山和积石山在 23 Ma 左右南北方向上发生快速缩短；临夏盆地则在 28 Ma 之前快速沉积；循化盆地在23 Ma 和 11 Ma 发生了 2 次快速沉积（Clark，et al.，2010；Duvall et al.，2011；Fang et al.，2003；Lease et al.，2011）。

约 15 Ma 之后青藏高原周缘开始加速变形，例如六盘山在 8 Ma 左右快速抬升（Zheng，et al.，2007）；北祁连山的快速抬升在 9 Ma 左右（Zheng，2011）；查卡盆地的快速沉积发生在 11 Ma（Zhang et al.，2011）。由于 10 Ma 左右出现的东西向缩短，积石山开始抬升，阻挡东部来的潮湿空气而造成了循化盆地的干旱（Hough et al.，2011）；伴随着拉脊山、积石山的抬升，几乎同时，在 15 Ma～8 Ma 左右，NNW-SSE 右行走滑断层（日月山和鄂拉山）开始发育（Lease et al.，2011；Yuan，2011）。在中新世晚期以后，西秦岭构造带从 SN 向逆冲转为左旋挤压变形，中部的武山-漳县盆地和北侧的陇西盆地相继消亡，位于构造带南侧的滩歌盆地也同时发生轻微缩短变形，形成了目前贯通于武山-漳县盆地中部的左旋走滑断裂带（王志才等，2006）。秦岭太白山在约 9.6 Ma 的发生了大幅度快速抬升，也与青藏高原在该时期快速隆升和对外扩展有关（刘建辉等，2010）。

青藏高原东南缘，左旋走滑的鲜水河断裂始于 12 Ma 前（Roger et al.，1995；张岳桥等，2004；Wang et al.，2008），龙门山的抬升发生于 12 Ma～5 Ma 前（Kirby et al.，2002），而大理断裂系的触发则更晚（Fan et al.，2006）。青藏高原东南缘南北向高差的形成早于鲜水河断裂的触发时间，而青藏高原与四川盆地的显著高差是在鲜水河断裂和龙门山的抬升之后形成的（孔屏，2009）。红河断裂带的北段，中甸-大具断裂可能在上新世（3.4 Ma）才开始形成（沈军等，2001）。张家声和韩竹军（2001）通过对滇西北玉龙-哈巴雪山的研究，发现夹持于鲜水河断裂和红河断裂之间的小金河断裂带，在 5Ma 以来，由于红河断裂带的右旋位移、中甸-大具断裂的出现，以及沿鲜水河断裂逐渐增强的左行位移（鲜水河主干断裂东侧细粒花岗岩体或岩脉的快速冷却事件 5 Ma～3.5 Ma，张岳桥等，2004），出现强烈挤压、快速隆升和同挤压伸展；2 Ma 左右，由于中甸-大具断裂对金沙江断裂的切截作用使得该地区左行剪切位移应力场向东转移到了鲜水河断裂带，川滇地体北缘的应力场性质从侧向挤压变为 NNE-SSW 拉张，丽江附近地区出现伸展性质的构造变动。印度-亚欧碰撞带东部的第二期岩浆活动（16 Ma～0 Ma）与西藏和东亚的东西伸展同期发生，广泛分布在裂谷中（Wang et al.，2001）；与由大陆俯冲引起的第一期（42 Ma～24 Ma）岩浆不同，第二期岩浆起源于交代蚀变的亏损地幔的减压熔融；两期岩浆活动之间的空隔可能代表了印度-亚欧东部碰撞带的一个重要的地球动力学转变：从地壳变形占主导转为地幔构造运动占主导。24 Ma～16 Ma，红河断裂从左旋挤压转变为左旋伸展，16 Ma 之后，红河断裂转为右旋（Wang et al.，1998；Burchfiel and Wang，2003）。张秉良等人（2009）通过对断层岩石的变形特征的详细研究结合 FT 测年，认为红河断裂 9.9 Ma～12.7 Ma 的断层滑动为右旋走滑、压性位错，6.8 Ma～8.4 Ma 和 2.0 Ma～4.6 Ma 的两期断层活动为走滑、张性位错。

张进等（2007）认为沿腾格里沙漠的南缘存在一条近 EW 走向的右旋走滑构造带，与阿拉善北缘的 NE 向的一条左行走滑断裂带构成了中新世末贺兰山向东挤出的边界断层，贺兰山南段的部分中新统和上新统的地层形成与这次向东的逆冲挤压有关。而最近对贺兰山南段详细的野外考察发现，NW

向的新生代断层逆冲到渐新统之上（局部逆冲到中新统），有两组擦痕，早期倾向 S 或 SSW，倾角较大，为逆冲兼右行，晚期倾向 SW，倾角较缓，为左行斜冲，很可能反映了晚中新世区域应力方向的转变。而这套断层的北东，贺兰山东麓的基岩台地之上，相对较新的 NNE 向断层陡坎上发育有正断层兼左斜滑擦痕的断层面，被新生的 NWW 向断层带的切割，NNE 向的断层没有向南延伸，这条断层与贺兰山东麓断裂带在第四纪的右行走滑不同，可能与南部 NW 向的右斜冲断层共同构成了反映近 SN 向挤压应力体制的较早前的共轭断层系统。尽管目前贺兰山地区第三纪构造变形的研究成果还非常有限，但根据 1∶20 万地质资料和实际露头的观察，在银川盆地东部横山堡地区（近 SN 走向冲断层切割є-E_3 的地层）、乌达的苏海图地区（近 SN 走向的断裂切割上新统）和千里山地区，近 SN 走向的第三纪断层的运动学特征表现为高角度逆冲，明显不同于第四纪的断层。贺兰山向北西，吉兰泰西，雅布赖山和狼山都有 NE-NNE 向的新近纪左旋逆冲构造，断层切割了下白垩统（在雅布赖山切割了上白垩统）、渐新统地层，进入到上新统地层中（局部切穿），被下更新世地层覆盖，断层擦痕运动学反映了 NNE 向的区域挤压应变，这些断层与河套断陷带乃至银川地堑的新生代的早期发育是否有关，还需深入研究。

在西蒙古-萨彦-贝加尔地区，也记录了中新世-上新世期间，构造变形速率的急剧变化。例如大湖盆地的新构造活动可以分成两个阶段：中新世-上新世，以大湖盆地的砂质-黏土质湖相沉积翘曲为特征；中上新世-更新世，沿盆地间和高地之间的先存的或新生的边界断层垂向构造变形速率急剧上升（Yanshin，1974）。相对于上新世阿尔泰山和戈壁-阿尔泰出现的强烈构造抬升，而东部贝加尔裂谷系在中新世-上新世则向两侧扩张并且加速沉降。贝加尔裂谷南西地区在 20 Ma 发生显著的构造抬升，至少 8 Ma 以前，贝加尔湖已经成为活水盆地，大约在 7 Ma 的时候从南部和中部向 SW 和 NE 扩展，其中西南翼部的库布苏裂谷开始发育的时间被认为是晚中新世（Fedotov et al.，2006）或者早于 8Ma（Rasskazov et al.，2003；Ivanov and Demonterova，2009）。5 Ma 左右，贝加尔湖中部隆起形成，中北部贝加尔盆地加深，同时东萨彦岭也在经历着抬升的加剧，东萨彦岭喷发的火山熔流充填了加深的河谷（Logachev，2003）。对应着侵蚀速率的增大，贝加尔盆地中部的沉积速率在 8.4 Ma～5 Ma 变大，库布苏湖地区的数据也证明了这一点（Ivanov and Demonterova，2009）。令人吃惊的是除了贝加尔裂谷带，其西侧诸如杭爱、萨彦等山脉、其南侧肯特（Hentei）山脉和东北部的 Udokan 与 Vitim 火山区附近，都有晚新生代甚至第四纪的火山活动，火山活动的起因可能与上地幔柱的上涌有关（Zorin et al.，2003；Ivanov and Demonterova，2009），例如库布苏湖地区的火山活动的岩浆被认为可能来自于约 50～85 km 的地幔（Demonterova et al.，2007）。这些地区在新生代有活跃的火山活动，明显不同于贝加尔裂谷，从另一个角度也说明可能贝加尔裂谷的形成与发育和上地幔柱的上涌没有直接的关系。上新世时期，杭爱山有强烈而广泛的火山活动，被认为存在一个热的上涌地幔（Windley and Allen，1993；Kovalenko et al.，1997），然而因为没有相应的重力异常的证据（Bayasgalan et al.，2005），也有人将杭爱山的上新世以来的地形抬升归结于岩浆岩板底垫托作用（Petit et al.，2002；Bayasgalan et al.，2005）。北冰洋洋脊在中新世之后变成了极慢速扩张，对西伯利亚的南缘再没有显著作用，而 15 Ma～12 Ma日本海停止扩张，并且开始在 10 Ma 左右开始向东俯冲于日本岛弧之下，西太平洋边缘动力对西伯利亚的影响也在减弱，印度-亚欧的碰撞远程效应可能是西蒙古-萨彦-贝加尔地区晚中新世-上新世构造变形加速的主要原因（Jolivet et al.，2009）。

5.7.5　早第四纪以来中亚大三角东边界大型走滑断裂性质的转变

晚上新世以来至今，东亚大陆的动力学边界条件相对稳定，在东缘，太平洋、菲律宾海板块以较大速率（69～86 mm/a）朝 NWW 方向运动，并沿海沟向欧亚大陆俯冲；同时欧亚板块以较小速率（6 mm/a左右）朝 SEE 方向移动，构成双方向的板块会聚格局（Duvall and Clark，2010；Vergnolle et al.，2007）。北冰洋洋脊和印度洋洋脊都转为了慢速扩张，印度板块向北的运动速度（35～42 mm/a）

仅仅是晚白垩世的1/3（张培震，王琪，2001）；而北冰洋的Gakkel中脊的扩张速度仅仅是12～7 mm/a，且由西向东减小（Dick et al.，2003）。

与周边动力学环境相适应，3 Ma之后青藏高原的变形以东西向伸展为特征（马宗晋等，2001），该变形由喜马拉雅发展到整个高原，越来越多的研究表明早第四纪以来，青藏高原内部及周缘原先具有逆冲性质的大型逆冲走滑断层变成以走滑为主。这个时期中亚大三角的东边界的大部分断裂已经形成并具备与现今相似或一致的运动学特征。

在青藏高原的北部，东昆仑断裂带于早更新世末-中更新世初由左旋逆冲转变为左旋走滑（崔之久等，1998；万天丰，1994；谢富仁等，1999），东、西大滩段晚第四纪时期（10万年以来）的左旋水平滑动速率为15 mm/a，垂直差异运动速率约为1.0 mm/a；而第四纪时期的左旋水平滑动速率为13 mm/a，垂直差异运动速率为1.2 mm/a，说明在第四纪时期随着时间的推移，东昆仑断裂的垂直抬升速率在逐渐减小，与此同时其左旋水平滑动速率却在逐渐增大（任金卫等，1999）。

自西向东阶段式发展的阿尔金断裂带（丁国瑜，1989）可能在早更新世末-中更新世初扩展到了阿拉善南缘，造成疏勒河中更新世以来左旋扭错2.8 km，形成包括由5条走向近EW、向西收敛、向东撒开的断裂组成的断裂束（金塔南山断裂、慕少梁南麓断裂、盘头山-羊圈沟断裂、天城-苏亥阿木断裂和阿右旗断裂）（陈文彬、徐锡伟，2006）。

海原断裂带（祁连山-海原断裂带）早期挤压逆冲和晚期左旋走滑的转变时间为早更新世中晚期（邓起东等，1987；陈社发等，1985；国家地震局地质研究所，1990），断裂活动逐渐向西衰减，海原断裂全新世滑动速率为6～8 mm/a，老虎山断裂为5 mm/a左右，毛毛山断裂和金强河断裂为3 mm/a（袁道阳等，1999）。中卫断裂（香山-天景山断裂带）主要的构造变形由第三纪末向NE方向的挤压作用转变为第四纪以来强烈的左旋走滑特征，在其东端形成尾端挤压变形区，李家堡背斜陡峻的东翼前缘发育逆断层，渐新统逆冲于全新统砂砾层之上（闵伟，邓起东，1991）。热水-日月山断裂带晚第四纪以来的活动方式主要以右旋走滑为主，也经历了早期挤压逆冲和晚期走滑2个阶段，转变时间为早更新世中晚期（国家地震局地质研究所等，1990；闵伟等，1991）。

NWW向的西秦岭北缘断裂带构造带，上新世为左旋兼挤压的活动性质，规模大，控制岩浆岩发育，多为高角度逆冲性质，个别为逆掩断裂，多处可见二叠系推覆在上第三系之上，全新世活动断裂规模变小且活动性质发生明显改变，由原来的挤压特征转变为左旋走滑，平均水平滑动速率为2～2.5 mm/a，垂直运动速率为0.4～0.7 mm/a，水平活动强度东强西弱，垂直活动速率西强东弱（滕瑞增等，1991）。

张岳桥等（2010）通过区域TM遥感影像资料解译和野外构造地貌调查以及晚第四纪沉积物光释光测年分析，揭示了青藏高原东缘地貌边界带晚第四纪伸展构造，认为沿SN走向的安宁河谷地、大凉山构造带、若尔盖盆地、岷江断裂带等，在中更新世出现了以充填晚第四纪沉积物的狭窄河谷为典型的地貌特征的伸展作用。其中岷江断裂带的伸展作用主要发生在中更新世时期，大约起始于早更新世末期（1.2 Ma～0.9 Ma），结束于中更新世晚期（100 ka～200 ka），晚更新世以来，构造体制转化为走滑-逆冲机制。

张家声等（2009）在岷山中部发现西起川主寺，东抵黄龙乡，中更新世（Qp^2）以来存在一条近EW走向断层——川主寺-黄龙左行走滑断层，相关摩擦滑动面的产状、擦痕线理定向及其运动学标志的野外观测数据表明该断层最新的运动为左行走滑。断层在切错了近SN走向的岷山隆起后，向东追踪并改造先存的雪山逆冲断层，在右前方转化为沿近SN向虎牙断裂的左旋斜冲。川主寺-黄龙左行走滑断裂系统是继东昆仑-岷江断裂组合之后发育起来的、现在仍然活动的剪切转换断裂构造。

尽管对龙门山的逆冲构造起始时间仍然存在诸多不同看法（Kirby et al.，2002；Tapponnier et al.，2001；李吉均等，2001；钟康惠等，2004；王二七，孟庆任，2008；许志琴等，2007），但近来研究（李勇等，2006；樊春等，2008）表明晚新生代以来龙门山断裂带具有明显的右行走滑特征，位于断裂北东端的汉中盆地则是处于伸展应力环境下的断陷盆地（盆地内北侧出露上新世到早-中更新世地层)，吸收了其大部分位移量。而晚更新世以来断层滑动速率的研究以及2008年汶川大地震的最新研究成果表明在晚第四纪，龙门山断层为右旋逆断层（唐荣昌，韩渭宾，1993；马保起等，2005；Densmore et al.，2007；赵小麟等，1994；李海兵等，2009）。

在青藏高原的东南，鲜水河断裂带的南段——小江断裂带从早更新世末以来转为左旋走滑（宋方敏等，1995），则木河断裂从中更新世以来总体活动性质以左旋走滑为主（宋方敏等，1999），与鲜水河断裂在田湾附近呈右阶羽列相接的安宁河断裂在第四纪表现为左旋走滑兼逆冲，晚第四纪以来鲜水河-安宁河断裂在相接的段落由北向南存在水平滑动速率逐渐减小的趋势，与该断裂段的走向逐渐由北西向南转折，在转折部位一部分水平运动转化为垂直运动有关，也可能有一部分运动势被分配到凉山断块内部的走滑断裂上以及被凉山断块的隆升所吸收（周荣军等，2001），而鲜水河-小江断裂系的最东支大凉山断裂，被认为是第四纪新生的左旋走滑段裂（何宏林等，2010）。右旋走滑的滇西北断裂自上新世末期至早更新世开始形成，其中中甸-大具断裂在中更新世以来再次强烈活动，以右旋走滑为特征，向南与红河断裂相接，滇西北右旋走滑断裂与红河右旋走滑断裂作为川滇菱形断块的南部走滑边界，晚第四纪以来的走滑运动速率比鲜水河-小江断裂的左旋走滑速率小得多，这种差异表明川滇断块存在很明显的顺时针旋转（沈军等，2001；2003）。张培震等（2003）根据GPS观测结果认为川滇地区的右旋走滑不是沿着红河断裂带发生的，而是沿着楚雄-建水断裂、红河断裂和澜沧-耿马断裂共同发生，形成一条宽达300 km的右旋剪切带，其右旋走滑速率可达（10±3）mm/a，与鲜水河-小江断裂相当；红河断裂带本身的右旋走滑速率可能只有3～4 mm/a。

在海原断裂带以北的中卫盆地（范围包括天景山-香山断裂以北至腾格里沙漠南缘），上新世以来一直随着其南部逆冲而不断北迁，约在中更新世末期，中卫盆地因其北东侧烟筒山断裂强烈活动而抬升，黄河下切，盆地消亡（张珂等，2004）。中卫断裂和海原断裂在第四纪以来运动学特征的改变，可能导致了黄河流向的改变。大型的左旋走滑断层导致了地壳在EW方向上的缩短和地形上从东向西的抬升，使得新生代以来向北流的黄河在第四纪的某个时期，在宁夏的南部出现转向，从贺兰山东麓向北流，而早期水系仍然保留残存为阿拉善左旗南部星罗密布在腾格里沙漠里的湖泊。

在第四纪，银川地堑和河套断陷带继续强烈活动，但它们的活动并非简单的继承，虽然仍有多沉积中心的特点，但是不同沉降中心沉积厚度不再象之前一样具有明显差异（国家地震局，1988）。黄河断裂在第四纪明显活动，向北贯通到桌子山和千里山地区，向南延伸到罗山东麓以南，由北向南表现为一致的为右旋走滑。银川断陷带西南边界牛首山一带，在第四纪形成了NW向隆起，使得晚第三纪与宁夏南部沉积盆地相连接的银川断陷分隔开来；这一套NW向断裂可能是NE向的张扭性地堑断裂系的横向调整构造，向NW延伸到贺兰山南段，并可能与贺兰山西麓断裂带相接，后者在晚更新世之后则表现为右行走滑断层（巴彦浩特断裂）或者高角度正断层（贺兰山西麓山前断裂）。

从内蒙古磴口向东延伸到托克托的鄂尔多斯北缘断裂也是第四纪开始活动的（国家地震局，1988），尽管向西的延伸不清楚，但是地球物理方法所揭示的近EW向隆起和密集地震活动，说明鄂尔多斯北缘断裂可能向W与NEE向的雅布赖山-巴音希博山左行走滑断裂带相接，在晚更新世之后也从以左行逆冲为主转变为左行走滑为主。

尽管不能明确蒙古中西部诸如北杭爱断裂、戈壁-阿尔泰断裂在上新世-更新世的构造性质的转变，但现今的断裂活动和地震震源机制表明这些大型EW向走滑断层运动学特征为左行兼逆冲性质。贝加尔裂谷系西南翼的Tunka盆地断层运动学从中更新世开始发生反转的，发生剪压变形，拉分盆地被断层抬升（Larroque et al.，2001；Arjannikova et al.，2004；Vassallo et al.，2007）认为这些数据支持了在地质时间规模里，地壳变形作用从喜马拉雅的碰撞前锋传播到了仍然没有变形的西伯利亚克拉通。但是从阿尔泰、戈壁-阿尔泰到贝加尔，都有晚中新世-上新世的强烈的构造事件，表明可能至少在这个时期强烈板内变形已经出现在西部蒙古到西伯利亚南缘，而非更新世才到达贝加尔的南端。

5.7.6 中亚大三角东边界形成机制讨论

自从古新世-始新世印度-亚欧大陆开始碰撞以来，亚洲大陆经历了广泛的构造变形（Patriat and Achache，1984；Besse et al.，1984；Patzelt et al.，1996；Vassallo et al.，2007），从喜马拉雅变形前锋到西伯利亚克拉通的剪压构造变形域包括了超过 3000 km 范围的 NNW-SSE 向岩石圈缩短作用（Tapponnier and Molnar，1979），诸多作者认为印度-亚欧的陆陆碰撞向北传递的挤压应力是中亚新生代构造变形的主导的动力机制，并且倾向于用滑移线场理论和逃逸构造来解释亚洲的新生代构造演化。通过上文的总结回顾，显然中亚大三角南段的（青藏高原东边缘的中卫断裂以南）构造演化与滑移线场理论较为相符，印度板块向北挤入导致青藏高原及其周边的地体依次由南向北，向西向东沿大型走滑断层挤出或旋转。但是也有越来越多的地质证据和地球物理证据表明建立在大型断层快速走滑基础上的滑移线场理论并不符合现今的地壳运动学特征，西秦岭断裂、东昆仑断裂东端和红河断裂在第四纪以来滑动速度非常有限，该理论需要更多的修正（Cowgill，2007；Kirby et al.，2007；Morley，2001）。

而在大三角东边界的北段，中新世之前的构造变形似乎并不完全由印度-亚欧的陆陆碰撞所主导，上新世前后的断裂性质和沉积特征出现明显的变化，表明很可能在中新世末-上新世初，印度-亚欧碰撞的板内变形才出现在这个地区。

任金卫等（1999）以 GPS 数据通过数值方法反演研究了中亚及东南亚等地区相对于欧亚大陆（西伯利亚）运动所产生的构造变形空间分布，证明该地区的许多现今的构造形变特征不但与印度板块的碰撞过程有关，也与沿着东南亚块体东边缘的俯冲有关。而大量地质和地球物理研究成果表明，沿大三角东边界北段有深部（地幔）作用的影响。例如杭爱山存在第三纪玄武岩，局部发育第四纪玄武盖层，其最新年龄仅 5 000 a（赵凤民，2005）。杭爱穹隆、贝加尔裂谷和银川地堑之下都存在地幔上隆（Zorin et al.，2002，2003；Koulakov and Bushenkova，2010；中国地震局，1988）。青藏高原的北部前陆，GPS 数据在北 110°方向显示出从西向东的线性增长（Duvall and Clark，2010），也说明青藏高原向 NE 的挤压并非这个地区地壳变形唯一主导因素，沿近 SN 向的银川地堑和山西裂谷的 EW 向的伸展存在深部的动力学机制。Duvall 和 Clark（2010）认为中国东部相对稳定的欧亚，以近均一的速度——大约 6 mm/a 向南东运动，应该是欧亚南部大规模的区域运动，而不是受控于断层的构造挤出，在青藏高原以东缺少显著的走滑断层，否定了由于印度板块持续向北运动会造成向逃逸或构造挤出。而 Wang 等（2008）根据对剪切波分裂和 GPS 数据的分析，认为中亚地区地壳和岩石圈地幔是连贯变形的（耦合的），岩石圈变形的样式表现为从青藏高原的简单剪切转变为周围地区的纯剪切，这个认识也否定了刚性地块挤出（Tapponnier et al.，1982）的模型。

从目前掌握的数据看，中亚大三角东边界在新生代以来的构造变形应该是准幕式的构造演化：古新世，软碰撞在青藏高原的局部（如柴北缘）引起板内变形效应；渐新世-中新世在青藏内部至东北缘引起强烈的逆冲挤压，此时阿拉善地区、中西部蒙古和西伯利亚南缘局部有构造抬升事件；晚中新世-上新世板内构造变形开始遍及整个大三角，有强烈的构造事件；第四纪初期，部分地区的变形在减弱，应力方向，运动速率都发生了显著改变。构造演化的控制因素可能包括各个时期周边动力学背景条件的变化以及局部地区深部动力学条件的变化。

中亚大三角东边界现今的构造特征不但与大三角现今的动力学环境有关，同时也受控于中生代以前的旧的构造体制：①无论是北段蒙古境内的大型走滑断层还是川滇地区的强烈地震带，大多与中生代之前的板块缝合线、板内造山带、板内裂陷带位置重叠或小角度相交；②沿中生代末的陆内断裂系统，多发育有强烈的新生代断裂，如贝加尔裂谷系、银川地堑和龙门山断层带，在中生代末都为强烈的逆冲挤压断裂系统，而在现今的动力学体制下，或发生反转或继续加强。

晚更新世-全新世以来，部分地区的应力场方向或者变形速度发生改变（例如海原断裂的西段可能在全新世之后可能由原来的6 mm/a 左右减小到1 mm/a（Champagnac，2010）；东、西大滩段晚第四纪时期（10 万年以来）的左旋水平滑动速率为 15 mm/a，垂直差异运动速率约为 1.0 mm/a；而第四纪时期的左旋水平滑动速率为 13 mm/a，垂直差异运动速率为 1.2 mm/a，说明在第四纪时期随着时间的推移，东昆仑断裂的垂直抬升速率在逐渐减小，与此同时其左旋水平滑动速率却在逐渐增大（任金卫等，1999），这些变化究竟是短期的一种变化还是代表了一种趋势，与何种动力学机制有关？如果这种趋势成立，大三角东边界的地震活动（至少与构造相关的强震）规律是否受到影响，这些问题仍然需要深入研究。

主要参考文献

柴炽章、孟广魁、杜鹏等，隐伏活动断层的多层次综合探测：以银川隐伏活动断层为例，地震地质，2006，28（4）：536～545。

陈文彬、徐锡伟，阿拉善地块南缘的左旋走滑断裂与阿尔金断裂带的东延，地震地质，2006，28（2）：319～324。

甘卫军、程朋根、周德敏等，青藏高原东北缘主要活动断裂带 GPS 加密观测及结果分析，地震地质，2005，27（2）：177～187。

国家地震局地质研究所、宁夏回族自治区地震局，海原活动断裂带，北京：地震出版社，1990，147～149。

国家地震局“鄂尔多斯周缘活动断裂系”课题组，鄂尔多斯周缘活动断裂系，北京：地震出版社，1988，20～38，148～152。

何宏林、池田安隆，安宁河断裂带晚第四纪运动特征及模式的讨论，地震学报，2007，29（5）：537～548。

江娃利、肖振敏、王焕贞，内蒙大青山山前活动断裂带西端左旋走滑现象，中国地震，2000，16（3）：203～212。

刘建辉、张培震、郑德文等，贺兰山晚新生代隆升的剥露特征及其隆升模式，中国科学：地球科学，2010，40（1）：50～60。

马瑾、马胜利、刘力强等，断层几何结构与物理场的演化及失稳特征，地震学报，1996，18（2）：200～207。

马寅生、施炜、张岳桥等，东昆仑活动断裂带玛曲段活动特征及其东延，地质通报，2005，24（1）：30～35。

马宗晋、杜品仁、任金卫等，低纬度环球剪切带及其与环太平洋带大地震的幕式活动，中国科学（D 辑，地球科学），2006，36（4）：326～331。

宋方敏、汪一鹏、曹忠权等，小江断裂带的分段研究，见：汪一鹏主编（中国地震局科技发展司《活动断裂研究》第二届编委会），活动断裂研究 6，地震出版社，北京，1998，97～108。

闻学泽、徐锡伟、郑荣章等，甘孜-玉树断裂的平均滑动速率与近代大地震破裂，中国科学（D 辑），2003，33（3）：199～208。

向宏发、虢顺民、张秉良、张晚霞，六盘山东麓活动逆断裂构造带晚第四纪以来的活动特征，地震地质，1998，20（4）：321～327。

于贵华、徐锡伟、Yann Klinger 等，汶川 M_W 7.9 级地震同震断层陡坎类型与级联破裂模型，地学前缘，2010，17（5）：1～18。

袁道阳、张培震、刘百篪等，青藏高原东北缘晚第四纪活动构造的几何图像与构造转换，地质学报，2003，78（2）：270～278。

Ankhtsetseg D et al. (eds). Conference Commemorating the 50th Anniversary of the 1957 Gobi-Altay Earthquake, Ulaanbaatar, Mongolia. 25 July-08 August. 2007, 1～248.

Bayasgalan A., Jackson J., Ritz J.-F., et al. Field examples of strike-slip fault terminations in Mongolia and their tectonic significance. Tectonics, 1999, 18 (3): 394～411.

Cunningham, D. Active intracontinental transpressional mountain building in the Mongolian Altai: Defining a new class of orogen. Earth and Planetary Science Letters, 2005, 240 (2): 436～444.

De Joussineau G, Mutlu O, Aydin A et al. Characterization of strike-slip fault-splay relationships in sandstone. Journal of Structural Geology, 2007, 29: 1831～1842.

Levi K. G., Babusbkin S. M., Badardinov A. A et al. Active Baikal tectonics. Russian Geolgoy and Geophysics, 1995, 36 (10): 143～154.

Sherman, S I, Dem'Yanovich V M, and Lysak S V. Active faults, seismicity and recent fracturing in the lithosphere of the Baikal rift system, Tectonophysics, 2004, 380, 261～272.

Sylvester. AG. Strike–slip faults. Geological Society of America Bulletin, 1988, 100 (11): 1666～1703.

Tapponier P, Peltzer G, Le Dain A Y et al. Propagating extrusion tectonics in Asia: new insights from simple experiments with plasticine. Geology, 1982, 10: 611～616.

Wakabayashi J, Hengesh J. V, Sawyer T. L. Four–dimensional transform fault processes; progressive evolution of step–overs and bends. Tectonophysics, 2004, 392: 279～301.

第6章　新疆地震构造及亚洲中部强震构造域西北边界的性质*

新疆地处亚洲中部强震构造域的西南隅，其西北侧自帕米尔高原到阿尔泰山脉与这一强震构造域西边界的南段和中段几近重合。新疆地震构造研究对理解亚洲中部强震构造域西边界的地震构造具有重要意义。本章以新疆地震构造研究成果为基础，辅以对青藏高原北缘（阿尔金断裂带）、帕米尔、天山（含迈丹断裂、那拉提断裂等）、准噶尔西北、阿尔泰、萨彦-贝加尔裂谷等地开展的专项研究，系统阐述和讨论亚洲中部强震构造域西北边界地震构造性质。包括：①第四纪以来的变形特征、构造地貌、块体运动、构造样式、构造应力场；②断裂构造的性质、分布、几何学、最新活动时代、性质、强度及其与地震活动的关系；③19世纪末期以来与典型强震有关的活动构造及其时空分布特征，20世纪70年代以来典型强震的震源机制解等。

6.1　新疆及邻区地震构造

新疆地处亚洲中部强震构造域西南部，毗邻青藏高原（图6-1-1）。是西伯利亚、哈萨克斯坦、塔里木、青藏、印度五大古板块的结合部位。新疆西北部与亚洲中部强震构造域的西北边界大体一致，地震活动频繁而强烈。

6.1.1　大地构造环境

以板块缝合构造带为界，区域自北向南分为：①西伯利亚板块。位于额尔齐斯-布尔根板块缝合带（碰撞杂岩带）以北，包括西蒙古与阿尔泰两个微板块。②哈萨克斯坦-准噶尔板块。位于额尔齐斯-布尔根板块缝合带与那拉提-红柳河板块缝合带之间。③塔里木盆地。位于那拉提-红柳河板块缝合构造带以南，南界为康西瓦-鲸鱼湖-昆仑山口的东昆仑板块缝合构造带，古生代以来塔里木板块以阿尔金断裂带为界划分成塔里木微板块与柴达木微板块两个较大的古陆区。④青藏板块。位于康西瓦-鲸鱼湖板块缝合构造带以南。青藏板块内板块缝合构造带聚集，被金沙江缝合带（昆仑断裂）及南帕米尔断裂的分隔，划分出：松潘-甘孜微板块、羌塘-唐古拉微板块和中南帕米尔微板块。⑤印度板块。板块之间的碰撞带是重要的地震构造。板块构造内的大型走滑断裂，如：划分东、西天山的塔拉斯-费尔干纳右旋走滑断裂带及划分塔里木微板块与柴达木微板块的阿尔金左旋走滑断裂是7级地震构造。

6.1.2　地球物理场及深部构造

6.1.2.1　1°×1°布格重力异常

区域重力高主要有3处：新疆克拉玛依西北、塔里木盆地西北及新疆北山地区、其值为-100 mGal，走向分别为EW向、NWW向及NE向。重力低有4处：藏北3处及青海哈拉湖西北，其值

---

* 本章根据《中亚大三角地震构造域西界的性质及强震联系》（中亚大陆强震构造格局及其动力环境，2008CB425703，专题结题研究报告，新疆地震局，沈军、柏美祥、吴传勇、石广邻等）编写。

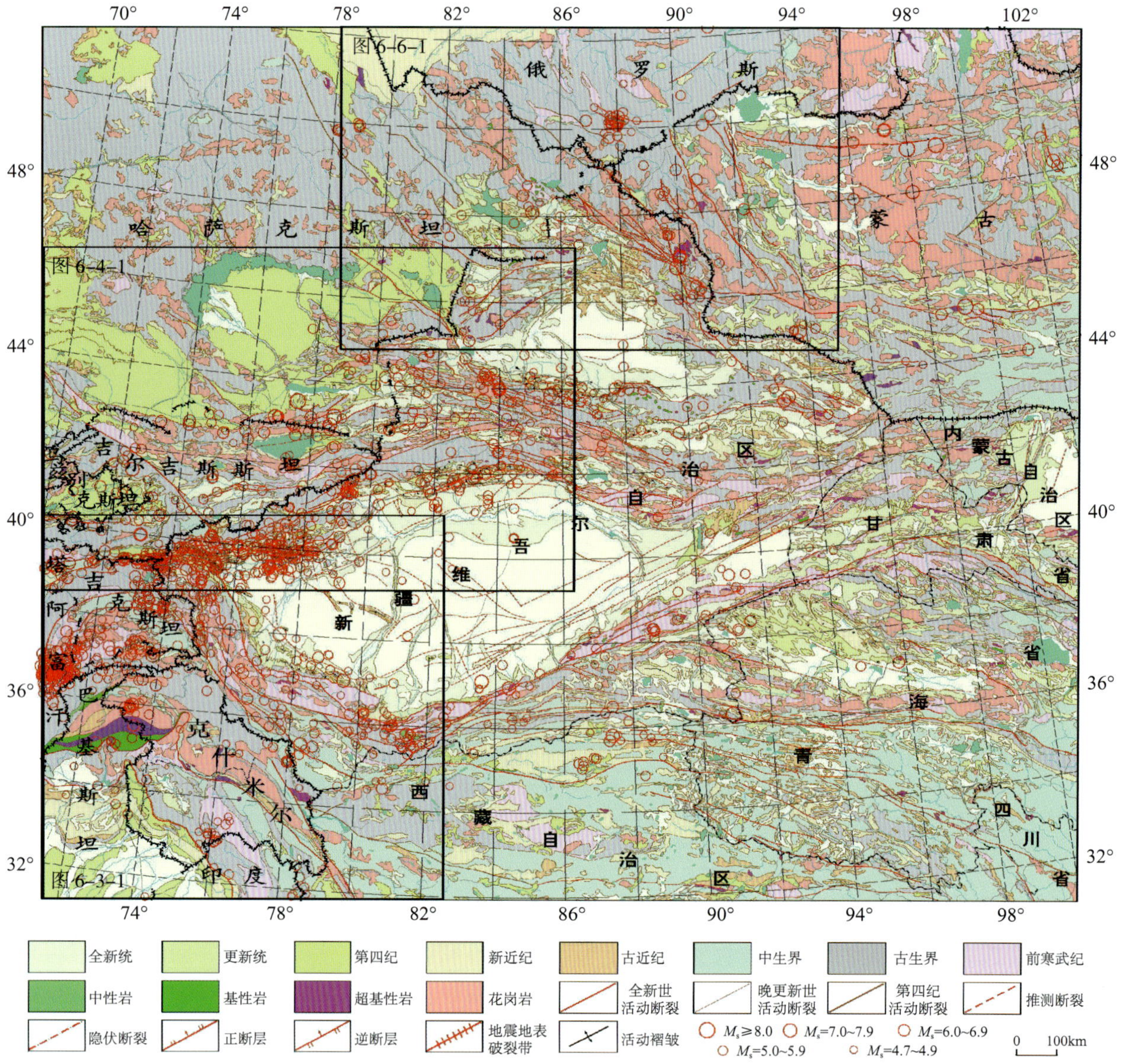

图 6-1-1　新疆及邻区地震构造图（1∶2500000）

分别为-525 mGal。区域有 4 个明显的重力梯度带，自北向南为阿尔泰重力梯度带，北天山重力梯度带，塔里木盆地南缘-祁连山山前重力梯度带及昆仑山-巴颜喀拉山重力梯度带，以后 2 个重力梯度带规模最宏伟。

重力所反演的地壳厚度表明，藏北两处重力低地壳厚达 64 km。帕米尔高原地壳板厚达 80 km。鲁布佐夫、巴尔喀什湖及斋桑泊地壳最薄只有 40 km。地壳厚度等值线以 3 个走向为主：天山两侧主要为 EW 向，卡拉干达以东，阿尔泰山主要为 NW 向，帕米尔、新疆南天山、北山及哈密盆地为 NEE 向。据地壳厚度等值线型态可划分出以下幔凸或幔凹区：①费尔干纳幔凸；②境外南天山幔沟；③伊塞克湖幔凸；④别迭里幔凹；⑤哈尔克山幔凹；⑥赛里木湖幔凹；⑦伊犁河幔凹；⑧天山北缘地幔陡坡带；⑨巴杨瑙尔幔体；⑩乌斯品幔凹；⑪巴尔喀什幔凹；⑫成吉思幔坡带；⑬塔尔巴哈台幔凸；⑭斋桑幔凸；⑮矿山阿尔泰幔坡；⑯阿尔泰山幔凹；⑰科布多幔坡；⑱准尔准噶尔幔坪；⑲淖毛湖幔凸；⑳觉罗塔格幔凹；㉑塔里木幔凹；㉒昆仑-阿尔金山幔坡；㉓藏北幔凹；㉔哈拉湖幔凹。

6.1.2.2　1°×1°航磁异常

综合邓振球等（1992）及朱英（1989）的资料，区域航空磁力异常正、负相间分布，大致有 13 个区：

（1）阿尔泰山负磁异常区，大致呈 NW 向，磁异常强度为-25nT。

（2）两河及北塔山正磁异常区，位于额尔齐斯板块缝合带以南，主要分为 NW 走向，最高值为 200nT。

（3）准尔准噶尔东北 NWW 走向负磁异区，大致位于卡拉麦里断裂带以北，为两河及乌鲁木齐正磁异常区所包围，长约 400 km，平均宽约 60 km，负峰值达-200nT。

（4）准噶尔-北山正磁异常区，南界为博罗科努-阿其克库都克断裂，包括西准噶尔、准噶尔盆地、博格达山及南湖戈壁等 4 个高磁异常中心：①西准噶尔高磁异常区，走向近 EW，正磁异常为 50nT。②伊连哈比尔尕正磁异常区，SN 走向，正磁异常强度为 100nT。③乌鲁木齐正磁异常区，主要走向为 NWW 向，正磁异常强度为 100nT。④南湖戈壁正磁异常区，走向为 EW 向，正磁异常强度为 150nT。

（5）吐鲁番-哈密盆地负磁异常区。

（6）艾比湖负磁异常区。

（7）伊犁正磁异常区。

（8）南天山-北塔里木负磁异常区。

（9）南塔里木正磁异常区。

（10）疏勒河正磁异常区。

（11）祁连山负磁异常区。

（12）柴达木盆地正磁异常区。

（13）昆仑山-巴颜喀拉山负磁异常区等。

6.1.2.3　深部构造

重力梯度带多受深断裂控制，如阿尔泰山 NNW 向重力梯度带与可可托河-二台地壳断裂的发育有关。北天山重力梯度带与准噶尔南地壳断裂的分布相应。塔里木盆地南缘、阿尔金山山前及祁连山前的重力梯度带与卡兹克阿尔特岩石圈断裂、阿尔金山北缘岩石圈断裂、阿尔金山南缘超岩石圈断裂相关。昆仑山的重力梯度带与木孜塔格-鲸鱼湖（东昆仑）超岩石圈断裂相吻合。SN 向的重力梯度带，即阿尔泰重力梯度带是 1931 年富蕴 8 级地震的发震背景。塔里木西北缘的重力梯度带应是 1902 年 8 月 22 日阿图什 8¼级地震的发震背景，昆仑重力梯度带是 2001 年 11 月 14 日青海、新疆交界地区 8.1 级地震的发震背景。

人工地震探测表明：额尔齐斯超岩石圈断裂本身是西伯利亚板块与哈萨克斯坦-准噶尔板块的缝合带，1982 年 3 月 20 日布尔津 5 级地震发生在下地壳，与地幔岩的涌入可能有关。1906 年 12 月 23 日玛纳斯 7.7 级地震与断至下地壳顶部的清水河子地壳断裂有关。新疆拜城克孜尔北面 1906 年 3 月 3 日库车 7¼级地震及 1949 年 2 月 24 日的轮台 7¼级地震与地壳中层以下隐伏的正断层活动有关。1947 年拜城包库都克 6¼级地震与地壳表层却勒塔格断裂滑脱活动有关。1975 年 4 月 28 日及 6 月 4 日和田 6.1 级双主震型地震与北倾的康西瓦超岩石圈断裂活动可能相关（肖序常等，2004）。南倾的麻扎塔格超岩石圈逆断裂是塔里木板块新构造破裂的表现。

新疆可可托海-甘肃阿克塞人工爆破地震测探剖面①，自北向南探测出 14 条岩石圈断裂：阿尔曼特、克拉麦里、克拉麦里与准噶尔南缘之间的 2 条岩石圈断裂、准噶尔南缘、巴里坤塔格、哈密盆地北缘、哈密盆地内部 2 条岩石圈断裂、哈密盆地南缘、博罗科努-阿其克库都克（沙泉子）、捷山子、疏勒河及三危山岩石圈断裂。其中巴里坤塔格岩石圈断裂是 1842 年及 1914 年巴里坤 2 次 7¼地震的地震构造。

① 徐新忠、王有学、蒋亚明等，新疆可可托海-甘肃阿克塞人工爆破地震测探剖面的速度结构研究及其大地构造单元的划分，新疆第二届地质矿产讨论会论文集，1990。

地震体波层析成像所显示的地震构造：吉尔吉斯斯坦别斯特罗夫卡-阿特巴什自北向南的地震剖面探测出北天山断裂、中帖尔斯克断裂与尼古拉耶夫线 3 条深断裂，后两条断裂断至地下 100 km，前者断至 80 km。它们在剖面上并不连续。后两条在剖面上左列，北天山断裂右列。在地下 20 及 60 km 左右间断。北天山岩石圈断裂是 1889 年 7 月 11 日阿拉木图 8.3 级地震及 1911 年 1 月 3 日阿拉木图 8.4 级地震的发震构造。北天山及山前地壳结构不同，山前 60 km 地壳分 4 层，北天山仅分为 2 层。山前莫霍诺维奇地壳界面正断 7 km 左右（Юдахин Ф. Н. и др.，1990）

新疆地震局与吉尔吉斯斯坦 1994 年合作研究探测博罗霍洛岩石圈断裂，包尔图地壳断裂及铁门关-辛格尔地壳断裂，结果表明，博罗科努岩石圈断裂是 1944 年 3 月 10 日乌苏 7¼级地震及阿拉山口-精河古地震地表破裂带的发震构造。

大地电磁测探所探测的地震构造：西北石油地质局鲁新便等（1995）年所进行的跨天山的大地电磁测探同样显示巴伦台与和静县之间的包尔图深断裂及哈拉毛墩断裂可能达到的深度是地下 80 km 左右，它们是不太活跃的地震构造，仅在 1993 年发生过和静 5¼级地震。

6.1.3　新构造运动特征

构造地质环境受印度板块与亚欧板块的碰撞所控制，推覆构造发育、走滑断裂带十分清楚。断裂规模大，延伸远，方向性强，断裂性质多变。活动褶皱的发育受活动断裂控制。

3.4 Ma B. P. 是新构造运动起始时间（李祥根，2003），即海拔 1000 m 左右青藏高原及天山“上新世准平原面”或夷平面变动开始的时间。印度板块西突刺以 44 mm/a 速度向欧亚板块持续不断的碰撞（Rolamdo Armijo et al.，1986），使区域从世界屋脊向北逐渐降低。

新构造运动具有继承性与新生性、阶段性与间歇性特点，导致地壳隆深、火山喷发、形成山地夹盆地的构造地貌。具体表现为：①第三纪与第四纪之间 2.92 Ma 喀什强烈的垂直差异升降运动；②早更新世早期与晚期之间约 1.57 Ma 的持续运动阶段；③早更新世与中更新世之间（1 Ma 或 0.73 Ma）的西域变动在昆仑山、阿尔金山及天山南北山前的叶城、民丰、喀什、拜城、新和、轮台、玛纳斯、吉木萨尔及吐鲁番-哈密盆地造成下更新统与中更新统之间明显的不整合；④中更新世与晚更新世之间（0.1 Ma 或 0.12 Ma）的库尔勒变动影响范围较小，以局部升降或倾斜变动为主；⑤晚更新世与全新世之间 0.012（或 0.01）Ma 克孜尔变动比较普遍。变动幅度与速度在不同地区差异较大，以继承性活动为主，如垂直升降变动及断块活动。

6.1.3.1　大面积垂直差异升降运动与断裂新活动同时发生

自渐新世晚期以来，北帕米尔隆起 7 km，紧挨帕米尔的南天山阿赖山最大垂直隆起达 5 km，托木尔峰周围也隆起 5 km，阿尔泰山隆起 2.5 km。上新世以来塔里木盆地叶尔羌河、阿克苏河与和田河三河交会最大坳陷达 10 km，伊犁盆地沉降 4 km，准噶尔盆地在玛纳斯河两侧最大沉降达 5 km。北山地区是相对稳定地区，第三纪以来喀喇昆仑山隆起 5～6 km，昆仑山隆起 4～5 km。柴达木盆地在达布逊湖以西第四纪最大沉降达 2800 m。安西-玉门间疏勒河流域第四纪最大沉降达 500 m。

塔拉斯-费尔干纳断裂带及喀喇昆仑活动断裂带右旋走滑错动量最大达 250 km。阿尔金断裂带在新构造时期最大右旋走滑达 70±5 km。可可托海-二台右旋走滑断裂在富蕴县海子口至阔依巴尕尔一段将中-上奥陶统哈巴河群混合岩右错 45 km（柏美祥等，1996）

新构造水平变动与印度板块向亚欧板块的强烈碰撞有关。西昆仑山前的卡兹克阿尔特逆掩断裂自上新世以来向北推覆 25 km。

6.1.3.2　垂直构造运动幅度

昆仑山前西域砾岩厚 2500 km，英吉沙一带第四纪厚 449～3072 m，江格萨依一带仅早更新世西域组砾岩就厚 1113 m。在喀喇昆仑山及阿尔金的山间盆地内塔什库尔干南恰尔河上游早更新世断陷 200～1433 m。阿尔金断裂带西南尾端阿什库勒火山盆地第四系厚 101～150 m，索尔库里拉分型盆地内第四系厚 0.5～100 m。塔里木盆地北缘喀什北部下更新统厚 2000 m，中-上更新统厚百余米。塔浪河下更新统西域组砾岩厚 1000～1500 m，阿图什、柯坪第四系厚 170～1795 m。托什干河北岸第四系厚 680～795 m，阿合奇下更新统西域组砾岩厚 2730 m，阿克苏东北及新和钻井揭露下更新统砾岩厚 364 m。库车-沙雅一带第四系厚 300 m。伊犁盆地第四系厚 40～80 m，大尤勒都斯盆地及库米什盆地山前上第四系厚 720 m，拜城盆地喀桑托开下更新统厚 1336.8 m，吐鲁番盆地北部第四系厚 1000 m，七角井盆地第四系厚 156 m。准噶尔盆地下更新统厚 1000 m 左右，中-上更新统厚 400 m。艾比湖第四系厚 800 m。博尔塔拉河流域第四系厚 165 m 以上，塔城盆地第四系厚 258 m。楚河盆地第四系厚 450 m（К. Е. Абдрахматов，1988）下更新统西域组砾岩在昆仑山前和田厚 3022 m，至南天山山前阿图什、拜城为 1795～1366 m，北天山达坂城为 224 m，在北塔山及阿尔泰山前淖毛湖厚 2～25.1 m。反映第三纪与第四纪之间 2.92 Ma 喀什强烈的垂直差异升降运动自南向北强度逐渐减弱。此外，海拔 4800 m 左右的高原湖泊甜水海，其附近 4890 m 的缓丘灰色状黏土湖积层，约在晚更新世中期 46000 年形成。

6.1.3.3　地壳水平形变特征

全球定位系统（GPS）观测证实印度板块持续的 SSW 方向向 NNE 方向碰撞在喜马拉雅山脉一带运动速率达 41 mm/a（张培震等，2001）；西昆仑一带运动速度达 21 mm/a；昆仑山前为 16.8～20.3 mm/a，西大东小；阿尔金山山前为 8.4～12.5 mm/a；塔里木盆地为（2.1±1.1）mm/a（张培震，2001）；南天山山前为 10.5～20.3 mm/a，西大东小；南天山为 11.5～15.4 mm/a，西大东小；中天山为 7.6～9 mm/a；北天山为 7～9 mm/a；北天山山前为 6.3～9.1 mm/a；准噶尔盆地为 5.6～10.4 mm/a；西准噶尔山地为 4.3～6.3 mm/a；阿尔泰山为 4.2～9.5 mm/a（王晓强等，2007）；乌布苏湖为 2.9 mm/a，蒙古杭爱一带偏东位移，水平速度为 1.6～4.3 mm/a；萨彦地区向北水平位移值最小，为 2～2.4 mm/a（Nissen et al.，2007）。显示了印度板块对亚欧板块的碰撞自南向北影响渐小，杭爱一带向东拉张。

6.1.3.4　地壳垂直形变观测数据

据 1951～1982 年中国两次精密水准测量成果，昆仑山受喜马拉雅山 10 mm/a 垂直隆起的影响达 6 mm/a。阿尔金山东部以 1 mm/a 速度隆起。区域其他地区以沉降为主，塔里木盆地东部以 5 mm/a 速度沉降，准噶尔盆地乌伦古湖一带以 10 mm/a 速度沉降。东天山以 3 mm/a 速度沉降，西昆仑以 1 mm/a 速度沉降。

据 1955～1988 年大地测量资料（彭树森，1993），民丰以南昆仑隆起速度为 10 mm/a，与以往相比昆仑山隆起速度加速，且波及到塔里木盆地西部和西南部，抬升速度为 2 mm/a，但阿克苏以东，库车以北，库尔勒及若羌南的塔里木盆地东及东南部处于相对稳定状态，仅库车以东近 100 km 处，以 2.4 mm/a 速度在沉降，与以往资料对比，塔里木盆地沉降速度变缓，目前所知，区域隆起最强烈处位于依连哈比尔尕山哈希勒根达坂附近，达 17.8 mm/a，但石河子以南，乌鲁木齐、吐鲁番以东、库鲁克塔格以及哈密以西、以北则是相对稳定地区，东天山沉降速度率略变小，最大沉降速度为 2.7 mm/a。中天山那拉提沉降速度为 4.6 mm/a。石河子以北准噶尔盆地，西、东准噶尔及阿尔泰山均继续沉降，沉降速度率略变大。阿勒泰市以西 60 km 处最大沉降速度达 12.6 mm/a。塔城盆地以 10 mm/a速度沉降。

区域地壳垂直形变具面状整体活动特征。吉尔吉斯斯坦楚河盆地最大沉降速度为 3.3 mm/a；吉尔吉斯山脉北缘以 0.2～3.1 mm/a 速度隆起；北天山苏萨梅尔套及珠穆卡尔套南部以 2.8～8 mm/a 速度隆起；伊塞克湖盆地以 0.1～3.7 mm/a 速度沉降，东部平均以 2.5 mm/a 速率沉降，最大达 3.3 mm/a，但其南侧的帖尔斯克阿拉套山前则以 1.1～2.4 mm/a 速率隆起；费尔干纳盆地以 1.5～4.1 mm/a 速率沉降；纳伦河流域除纳伦盆地中央隆起速率达 5.2 mm/a 以外，均以 0.5～9.4 mm/a 速度在沉降（Н. П. Лаверов，1991）；外伊犁河阿拉套相对阿尔玛-阿金洼地以 4.4 mm/a 速度在隆起。

6.1.4　地震活动性

自公元 250 年区域始有 6 级以上地震记载，至 2008 年 12 月底，估计约发生 15 万次地震，其中

4.7 级以上地震 1600 多次，5～5.9 级地震 600 次，6～6.9 级地震 298 次，7～7.9 级地震 59 次，8 级以上地震 11 次。震级上限达 8.4 级，如 1812 年 3 月 8 日尼勒克 8 级地震；1889 年 7 月 12 日伊塞克湖北 8.3 级地震；1902 年 8 月 22 日阿图什 8¼级地震；1905 年 4 月 4 日克什米尔 8 级地震；7 月 9 日与 23 日蒙古库苏古勒 2 次 8.3 级地震；1907 年 10 月 21 日杜尚别南 8 级地震；1911 年 1 月 3 日阿拉木图东 8.4 级地震；1913 年 8 月 11 日富蕴 8 级地震；1957 年 12 月 4 日蒙古巴彦洪戈尔泰 8.3 级地震；2001 年 11 月 14 日东昆仑 8.1 级地震。

区域地震在空间上成堆成群分布，集中于兴都库什、帕米尔与南天山强烈挤压处、昆仑山、南天山、北天山山前、阿尔泰山、萨彦及戈壁阿尔泰。多呈条带状展布，与主要活动构造走向一致。天山东部地震较少，板块稳定部位如塔里木板块东部，准噶尔板块，哈萨克斯坦板块内部地震更少。

区域地震的震源深度多在 50 km 以内地壳中，以浅源地震为主，平均震源深度约为 20 km。兴都库什-帕米尔为区域内中源地震区，为 SW-NE 向条带。最深震源达 250 km，成为向 SW 倾斜，倾角达 70°以上的地震密集倾斜层，反映印度板块对亚欧板块的现代碰撞作用，其东界在东经 77°左右麻扎附近，北界位于乌孜别里山口-布伦口-公格尔山一带。

6.1.4.1 大震活动的似周期性

据 7 级以上地震发生的集中时段可以划分出 7 次大震活动期。

（1）1716～1761 年大震活跃期，发生在中天山及蒙古大湖区，仅发生 7.5～7.7 级地震，无 8 级地震。

（2）1812～1882 年大震活跃期，以 1812 年 3 月 8 日尼勒克 8 级地震为代表。

（3）1887～1914 年特大地震活跃期，期间共发生 7 次 8 级以上地震：1889 年伊塞克湖北 8.3 级地震，1902 年阿图什 8¼级地震，1905 年克什米尔 8 级地震，蒙古两次 8.3 级地震，1907 年杜尚别南 8 级地震及 1911 年阿拉木图东 8.4 级地震，遍及北天山、西昆仑、喜马拉雅、兴都库什级萨彦。

（4）1921～1931 年大地震活跃期，以 1931 年富蕴 8 级地震为代表，在兴都库什、阿尔金山前及阿尔泰山活动。

（5）1937～1960 年大地震活跃期，以 1957 年蒙古国戈壁阿尔泰 8.3 级地震为代表，在兴都库什、南天山、帕米尔及戈壁阿尔泰地区活动。

（6）1965～1990 年大震活跃期，无 8 级以上地震，在阿富汗、阿尔泰山、兴都库什、帕米尔高原北侧、北天山与西昆仑山前及准噶尔地区活动。

（7）自 1996 年 11 月 19 日喀喇昆仑 7.1 级地震以来，进入了一个新的大震活动期，在 2001 年于东昆仑发生 8.1 级地震为这次大震活跃期的标志，按区域 10～70 年大震活跃期的间隔，平均间隔 35 年。若按这几个数据估计，区域第 7 次大震活跃期一般会延续至 2031 年，最长延续至 2086 年。区域大震活跃期之间的相对平静期长 5～51 年，优势间隔为 5～7 年，平均间隔 13～14 年。

地震活动类型包括：①主余震型地震；②双主震型地震；③孤立型地震；④震群型地震。这种类型地震在区域十分突出，尤其是兴都库什与南天山地区，如 1912 年 4 月 25 日至 11 月 28 日兴都库什 5 次 6.0～6.8 级震群，最突出的是 1997 年 1 月 21 日至 1998 年 8 月 27 日伽师共发生 10 次 6.0～6.4 级震群型地震。

6.1.4.2 地震区、带划分

据地震活动性、现代构造应力场、新构造活动及构造，按 GB18306-2001《中国地震动参数图》将区域划分出 2 个地震区，4 个地震亚区，9 个地震带。

1）天山地震区

（1）阿尔泰山地震带：区域为阿尔泰山地震带主体，至 2008 年底，已发生 8 级以上地震 3 次，7.0～7.9 级地震 7 次，6.0～6.9 级地震 28 次，是天山地震区中 7 级以上地震最常发生的地震带，地震频度不高，但强度大。

（2）北天山地震带：至 2008 年底，已发生 7.0～7.9 级地震 4 次，6.0～6.9 级地震 11 次，是天山

地震区中强度及频度不很高的地震带。

（3）中天山地震带：至 2008 年底，已发生 8 级以上地震 3 次，7.0～7.9 级地震 4 次，6.0～6.9 级地震 18 次。

（4）南天山地震带：至 2008 年底，已发生 8 级以上地震 1 次，7.0～7.9 级地震 4 次，6.0～6.9 级地震 56 次，是天山地震区中 6 级地震发生最频繁的地震带。

2）青藏地震区

（1）西昆仑-帕米尔地震亚区：至 2008 年底，已发生 2 次 8 级以上地震，37 次 7.0～7.9 级地震，169 次 6.0～6.9 级地震，是青藏地震区中地震活动居中的地区。1895～1996 年年应变释放地震能量为 2.07×10^6J，近于匀速释放，未来 50 年可能发生 7 级地震。

（2）青藏高原北部地震亚区，包括：

①六盘山-祁连山地震带，在区域东部，至 2008 年底该带已发生过 2 次 8 级以上地震，10 次 7.0～7.9 级地震，20 次 6.0～6.9 级地震。

②柴达木-阿尔金地震带，位于区域东南，至 2008 年底该带已发生 2 次 7.0～7.9 级地震，16 次 6.0～6.9 级地震，未发生过 8 级以上地震。

（3）青藏高原中部地震亚区。巴颜喀拉山地震带及鲜水河-滇东地震带，二者间以东昆仑断裂为界。至 2008 年底该带已发生 8 级以上地震 1 次，7.0～7.9 级地震 3 次，6.0～6.9 级地震 11 次。

（4）青藏高原南部地震亚区。与青藏高原中部地震亚区之间以昆仑断裂为界，已发生 10 次 8 级以上地震，37 次 7.0～7.9 级地震，216 次 6.0～6.9 级地震。是中国所有地震区带中 8 级以上地震发生最频繁的地震亚区（胡聿贤等，2001）。

6.1.4.3　震源机制解与构造应力场

区域内 300 多次震源机制解，主压应力方向有 3 个优势部位，N0°～10°E，N30°～50°E，及N10°～20°W，主要位于阿尔泰山地震带、中天山地震带、北天山地震带、南天山地震带西部乌恰-喀什地区及柴达木-阿尔金地震带。

1）阿尔泰山地震带的震源机制解与构造应力场

阿尔泰山地震带震源机制解所反演的主压应力方位为 NNE-SSW 走向，主压应力轴仰角平缓，如 1931 年 8 月 11 日富蕴 8 级地震时的主压应力轴走向为 20°，仰角为 10°。

2）天山地震带的震源机制解与构造应力场

北天山地震带的震源机制解所反演的主压应力方位大多近 SN 向，如 1973 年 6 月 3 日精河县托托 6.0 级地震主压应力轴方向为 195°，仰角为 32°。

3）南天山地震带的震源机制解与构造应力场

南天山地震带自东向西主压应力轴方位由近 SN 向渐渐转为 NNW 走向，但局部构造环境的差异，主压应力轴走向与总趋势不完全一致，如 1949 年 2 月 24 日库车 7¼级地震主压应力轴方位为 285°，可能与地震发生在克孜尔断裂与却勒塔格断裂交会部位有关。

4）西昆仑-帕米尔地震亚区震源机制解与构造应力场

西昆仑-帕米尔地震亚区震源机制解主压应力方位多为 NNE 走向，如 1965 年 2 月 2 日帕米尔 6 级地震主压应力轴走向为 10°，仰角为 19°。

5）柴达木-阿尔金地震带的震源机制解与构造应力场

柴达木-阿尔金地震带的震源机制解所反演的主压应力轴方位也多为 NNE 走向，仰角也较缓，如 1932 年 12 月 25 日甘肃昌马 7.6 级地震主压应力轴方位为 168°，仰角为 8°。

6.1.5　主要的地震断层带

区域内活断层近 300 条，阿尔泰-萨彦地区为右旋及左旋共轭走滑断层，天山地区以逆断层或逆走滑断层为主，帕米尔突刺两侧走滑断层旋性不同，西侧为左旋，东侧为右旋；阿尔金山活动断层以左旋逆走滑断层为主。活断层在其形成与发展过程中随着构造应力场的变化，断层性质也会变化，如阿尔金活动断裂带早期以逆断层为主，近期以左旋走滑为其主要特征。在活动断层数据库内，据研究程度将其分为4种。主要地震构造分述如下：

1）科克博河断裂

科克博河断裂：位于昭苏盆地北部，长136 km，走向70°，断层面倾向135°～165°，倾角25°～70°，逆断层。新近系砾岩、泥岩逆冲于晚更新世黄土层之上，垂直断距2.4 m，断层切割晚更新世冲洪积层，形成高达50m的断层陡坎。1716年发生$7\frac{1}{2}$级地震，沿断裂形成70 km的地震地表次生破裂带，地震滑坡显著（杨章等，1988），使一系列小冲沟左错。1995年11月1日发生5级地震。

2）科布多断裂（Hovda）

科布多断裂（Hovda）：又称为阿尔胡德尔断裂或科布多-奥尔基（Olgiy）及哈（Har）-阿斯（Us）-努尔（Nuur）（哈尔乌苏湖）断裂，位于蒙古国阿尔泰山东北坡，北纬47.5°，东经91.8°，长500 km，为全新世活动断裂。具右旋走滑逆冲性质，断层走向330°，倾向NNE，倾角在10°以上，断错全新统。卫星照片显示，断裂将科布多河最大右错达9 km，中更新世以来断层滑动速率为3.8～12.3 mm/a，平均为7.8 mm/a。Trifonov据几个测年样估计全新世右错速率为6 mm/a左右。Buljinnyan等（1993）估计断层滑动速率为5～10 mm/a。1761年12月10日断裂发生7.7级地震，在断裂北段沁特音形成地震地表破裂带，长27 km左右，在地貌上为反坡向断层陡坎，坎高0.5～2 m，有一系列沟槽与鼓包呈雁状排列。张性地震沟槽走向为10°～30°。断裂南段阿扈图尔（47.5°N，91.8°E）为215 km长的古地震地表破裂带，宽40～50 m，断层右旋走滑位错1.5～7 m，垂直位移0.7～3 m，张裂缝长40～50 m，宽8～10 m，深2～3 m，走向350°～10°。挤压垄脊长15～20 m，高2～3 m，走向100°～200°。向南形变幅度渐小。南端一系列小破裂长近60 km，垂直位错1～3 m，右旋水平位错1.5～2 m。据考古资料，古地震发生在公元13～16世纪（沈军等，2003；洪顺英等，2006）。

3）伊犁盆地北缘断裂（喀什河断裂）

伊犁盆地北缘断裂（喀什河断裂）：位于博罗霍洛早古生代岛弧与伊犁石炭-二叠纪裂谷交界处，向西与南准噶尔活动断裂呈左列排列，长490 km左右。走向285°，断层面N倾，倾角65°～85°，为右旋逆冲断层。分为4段。西段南准噶尔断裂下石炭统逆冲在华力西期花岗闪长岩与更新统之上，长约150 km，自西向东，第二段位于伊犁盆地北缘，走向290°左右。第三段在尼勒克-养鹿场一带，走向276°，东段顺喀什河向东延伸。第二段在芦草沟上游，上新统逆冲于上更新统-全新统之上，后者^{14}C年龄距今（1.88±0.018）万年，倾向断距3m，水系冲沟同步右旋变位。第三段断裂在1812年3月8日发生尼勒克8级地震，形成长约124 km的地震地表破裂带。由走滑正（逆）断层、正断层、逆断层及滑坡滑塌构造构成，垂直位移15 m，右错4 m。在阿墨勒布拉克探槽内沿断层有两套楔状堆积物，反映第三段断裂在全新世时期有过三次活动：第一次活动断裂上盘下滑产生张裂缝并堆积了第一套楔状堆积物；第二次活动拉开第一套楔状堆积物，又堆积了第二套楔状堆积物，其^{14}C年龄为距今2760～2930 a；第三次活动在南侧产生分支断层并错断第二套楔状堆积物，这一次最新活动为1812年8级地震的结果。前两次是古地震事件，大震复发间隔时间约2700年。不同段不同时期断层垂直活动速率为0.9～4.2 mm/a（尹光华等，2007）。

4）碱泉子-洛包泉活动断裂

碱泉子-洛包泉活动断裂：位于东天山博格达山与哈尔里克山之间，主要有两条断裂南倾的逆断裂带：西边一条为碱泉子断裂、西盐池断裂及东盐池断裂，东边一条为红山口断裂、七角井盆地南缘断裂、托莱泉断裂及洛包泉断裂。两条断裂带分别长264 km与106 km（罗福忠等，2002）。断裂带全新世以来活动强烈，断错晚更新世-全新世冲洪积扇，形成20余米高的反坡向断层陡坎。红山口左旋正断层中全新世以来垂直活动速率为0.26～0.95 mm/a，左错速率为0.22～0.38 mm/a（柏美祥等，1999）。洛包泉断裂全新世中期以来平均垂直活动速率为0.99～1.85 mm/a。该断裂于1842年6月11日和1914年8月5日分别在碱泉子及洛包泉断裂上发生2次$7\frac{1}{2}$级地震。在洛包泉断裂上形成13 km长的地震地表破裂带，最宽达 400 m，走向近 EW，倾向 187°～198°，倾角 72°～76°，为右行雁列正断层破裂带，垂直位错 0. 4 m，左错 2. 8 m。1914 年碱泉子地震地表破裂带长 15 km，走向 75°，垂直错动 0. 5 m，左错 2. 9 m。洛包泉断裂在 13000 a. B. P.，10000 a. B. P. 及 4100 a. B. P. 发生过 3 次古地震，断错幅度在 1 m 左右。古地震震级为 7 级，7 级以上大震重复间隔为 3000～5000 a，大震平均重复间隔为 4000 a 左右。

5）南费尔干纳断裂–褶曲带

南费尔干纳断裂–褶曲带：走向 NEE–NE，长 400 km，为正断层、逆断层及走滑断层。宽 5～10 km，在上古生界内发育，中生代及古近纪早期活动，将古近系错动 3 km，上新世晚期–早第四纪强烈活动，第四纪时使费尔干纳盆地南缘强烈隆起与凹陷成逆走滑断层或褶曲，有新生代厚磨拉石建造。垂直位移 3000～5000 m，水平错动 800～100 m。断层剖面上将中更新统错动，古生界逆冲在中更新统之上。1822 年 9 月在费尔干纳发生地震烈度Ⅶ—Ⅷ度（6. 2 级）的地震（Ш. Х. Абдуллаев，1985）。

6）北克明（吉尔吉斯山脉北缘、北天山山前或契利克–克明）断裂

北克明（吉尔吉斯山脉北缘、北天山山前或契利克–克明）断裂：长 810 km，走向 NW–NWW–NEE（加藤碵一，1989），断裂南倾，倾角 75°，为逆冲断裂，构成吉尔吉斯山脉与楚河盆地的界线。断裂在前寒武纪晚期形成，此后一直活动，从奥陶纪至中生代水平移动幅度为 15～18 km，断至康拉德面，断裂新活动使夷平面残片北陡南缓（А. К. Курскеев идр.，1987；А. К. Курскеевидр.，1990；О. К. Чедия.，1986）。在比什凯克南面为一组 3 条左列 NWW 走向断层，3 条断层自北向南分别将第四系错动 1400 m、800 m 及 500 m。将阿拉梅金河阶地错动，将Ⅴ级阶地错动 10 m 左右，在比什凯克地区将晚更新世阶地错动 30 m。奥陶系逆冲在下更新统及中更新统之上，错动中更新统上部。1770 年在比什凯克西发生 6 级地震，1865 年 3 月 22 日在江布尔发生 6. 4 级地震，1885 年 8 月 2 日在别洛奥茨克发生地震烈度为Ⅸ度（6. 9 级）的地震，形成 21 km 长的裂缝，深 1～3m，位移 1. 1 m。1889 年 7 月 12 日在伊塞克湖北契利克发生 8⅓级地震，沿断裂形成 40 km 长的地震断层，垂直断距 5～8 m。表土层裂缝宽 15～20 m，深 1 m，水平位移 5 m，此次特大地震发生在契利克–克明断裂转为 NWW 走向与巴伊斯龙–契利克及库尔金断裂交会处。1911 年 1 月 3 日克明发生 8⅓级地震，沿断裂出现地震断层及重力形变现象，在花岗岩、变质岩及其接触带形成 200 km 长的悬崖和裂缝带，裂缝带长 4 km，宽 1～20 m，深 3～10 m，个别裂谷宽 500 m，2 m 高的断层陡坎长数百米，地震断层长 300 m，断层陡坎高 30 m，为逆断层，垂直断距为 5～10（10～12）m，左旋水平位移为 1. 8～4m（P. Molnar et al.，1984；A. A. 尼科诺夫；1977）。沿断裂有 4 处古地震，震中烈度为Ⅸ—Ⅹ度（相当于 7 级地震）。该断裂是区域中唯一在 12 年内接连发生 2 次 8 级以上地震的断裂。

7）可可托海–二台断裂带

可可托海–二台断裂带：断裂位于阿尔泰山西南坡富蕴、青河县境内，断裂自富蕴县大桥林场以北经可可托海、吐尔洪盆地西侧，然后出阿尔泰山，沿阿尔泰山山前向南延伸，一直切过乌伦古河，总体走向 NNW，长约 190 km。该断裂带主要由 11 条次级断层构成，为断层面东倾的右旋走滑逆断层。该断裂全新世以来仍有强烈活动，将富蕴县白杨沟Ⅰ级阶地垂直错动 2. 0～2. 5 m，该地貌面 ^{14}C 年龄为距今（2470±190）a，可计算出该活动断裂在全新世末期以来的平均垂直活动速率为（0. 91±0. 08）mm/a。晚更新世晚期以来，二台活动断裂带的右旋走滑速率为（1. 78±0. 13）mm/a，全新世晚期的右旋走滑速率最大达（8. 23±0. 47）mm/a。不同时期的平均右旋走滑速率为（4. 29±0. 17）mm/a。1985～1988 年跨断裂三角测量，其右旋走滑速率为 7 mm/a。根据地震破裂情况，该断层分为两段，北部的二叉河–阿克沃巴为未破裂段，喀依尔提拉分型盆地为障碍体，其南为古地震及 1931 年富蕴 8 级地震的破裂段。1931 年 8 月 11 日，该断裂上发生富蕴 8 级地震，产生的地震断裂带北起喀依尔提，往南经海子口、恰尔沟、卡拉先格尔、卓勒萨依沟口、夏贝尔特，终止于阿尔曼特山北麓，长达159 km（新疆维吾尔自治区地震局，1985）。探槽揭露，晚更新世晚期以来，该断裂曾发生过 7 次古地震事件，平均复发周期为 1500 a 左右（柏美祥等，1996）。

8）托特拱拜孜-阿尔帕雷克（依斯拉克-卡拉乌尔）断裂

托特拱拜孜-阿尔帕雷克（依斯拉克-卡拉乌尔）断裂：为塔里木中央地块与柯坪断隆之间的分界断裂，也是南天山古生界中高山与中、新生界中低山的界线。在平面上呈舒缓波状，断裂西起乌恰以北的托特拱拜孜，向 NEE 向延伸到三岔口西北，平面上呈舒缓波状，在阿图什北吐古买提南断裂分成两段。全长 250 余千米，断裂总体走向 80°，倾向 N，局部南倾，倾角 25°～80°，为左旋走滑逆断层。在阿尔帕雷克村南探槽剖面，断面产状 196°∠38°，二叠系及上覆全新统错动、逆冲最新地层的热释光地质年龄为（8600±600）aB. P.，说明断裂在全新世早期以后确有活动（栾超群等，1998）。该断裂是 1902 年 8¼级地震的发震构造，地震在托盖山造成塌方量达（20～30）$\times10^4m^3$的大规模山崩及顺层滑塌，造成 1 km 长的“山剥皮”（戈澍谟，1977），大规模的塌方堵塞沟谷，形成 4～5 级跌水，最大一级高差达 5 m。近期仍不断发生 6 级以上地震，最近的是 1996 年 3 月 19 日 6.9 级阿图什地震（柏美祥等，1988）。

9）喜马拉雅主边界断裂

喜马拉雅主边界断裂：位于印度板块与科希斯坦-雅鲁藏布江板块缝合带之间，为推覆构造，断层面相当平缓，使断层线在平面上呈向北尖突的弧形，上元古界-下寒武系逆掩于白垩系地层之上，由 2～3 条推覆断层构成。长 600 km 以上。西藏桑日县章嘎中生代角闪花岗岩和片麻岩状花岗岩向北逆冲于早更新世砾岩之上，砾石被压扁，贾朗达尔东北上新统与早更新世西瓦里克组砾岩呈断层接触（李祥根，2003）。1905 年 4 月 4 日在康纳发生 8 级地震，地震地表破裂带长 300 km，喜马拉雅山南麓多次发生 7～8 级以上大震。

10）杭爱断裂

杭爱断裂：位于蒙古国西北部乌兰固木东南，过查干海尔汗至图兰以西，为北倾 75°的左旋逆走滑断层，长 550 km，断裂北盘为上元古界上部-下寒武系、中-上寒武系、下石炭系、下二叠系及华力西期花岗闪长岩，断裂南盘为中-上寒武系、志留系、下-中泥盆系、下-中侏罗系以及华力西期花岗岩且具有偏碱性-碱性岩体分布，在特斯及南华力西期花岗闪长岩与更新统断层接触。古生代以来断裂累积左错 50 km。将河流左错 220 m。1905 年 7 月 9 日与 23 日在苏古勒省发生双主震型 8.3 级地震。特大地震时左错 6～8 m，垂直错动 2 m，地震地表破裂带长 370 km（Molnar et al.，1984；Tapponnier et al.，1979）。

11）清水河子（准噶尔盆地南缘）断裂

清水河子（准噶尔盆地南缘）断裂：断裂西起四棵树沙里克台南，向东经安集海河、清水河、塔西河至三屯河上游，全长 280 km，断裂总体走向 280°，断面南倾，倾角 60°～80°，是北天山的古生界中高山与中-新生界低山的分界断裂，破碎带宽度 20～100 m，断裂性质为逆断层，表现为古生界逆冲于中生界之上，具长期多次活动的特点。在大地构造上位于依连哈比尔尕晚古生代残余洋盆与准噶尔中央地块之间的界线上，控制两侧地形地貌、地质构造和沉积建造。测年结果显示，该断层晚更新世晚期以来活动性趋于微弱（邓起东等，2000）。该断裂为 1906 年 12 月 23 日沙湾西南 7.7 级地震的发震构造，据 1956 年中国科学院综合考察报告及西北第一铁路设计院 20 世纪 60 年代修建乌鲁木齐-阿拉山口铁路时的调查资料以及 1971 年夏天地震幸存者的指点，发现在小南沟至达子庙一带形成 68 km 长的地震地表破裂带，主要是基岩张裂及黄土中的地震裂缝，宏观震中在石场水沟滑塌构造十分发育（胡军等，1998）。现今沿断裂仍有 5 级左右的地震发生。GPS 观测（2000～2005 年）拉张速率为 1.44 mm/a，左旋走滑速率为 3.34 mm/a，与断层固有性质相反（李杰等，2007）。

12）吉萨尔-阔克萨勒（南吉萨尔-瓦赫什-揣恩斯-阿赖-阔克萨勒）断裂带

吉萨尔-阔克萨勒（南吉萨尔-瓦赫什-揣恩斯-阿赖-阔克萨勒）断裂带：为南天山与卡拉库姆（图兰）板块的分界断层，西起杜尚别，东至阿合奇北，走向 NNE，长 1040 km，在乌恰北被塔拉斯-费尔干纳断裂右错。断层面倾向 SE，倾角 40°～80°，为左旋走滑逆断层，太古界、中元古界及石炭系逆冲在上三叠系及白垩系之上，为褶皱断裂带，形成于华力西期。断裂两侧垂直差异运动幅度为 1.5～

2 km，断裂垂直活动速率为 0.3～0.9 mm/a，近 2500～3000 万年西带垂直运动速率梯度比东带高（AH CCCP，1980）。在麦尔克契附近将下更新统西域组砾岩错动，1949～1950 年及 1968 年（18.5 年）向 302°～323°方向平均滑动速率为 13～23 mm/a；在 317°方向滑动速率为 15.8 mm/a；平均速率为 16 mm/a；1973～1976 年实测瓦赫什断层速率为 14.6±0.3 mm/a，1966～1983 年垂直速率为 14.6±0.1 mm/a；1972～1980 年水平速率为 15.8±0.6 mm/a；1974～1984 年缩短平均速率为11.6 mm/a。据塔吉克盆地白垩纪与古新世堆积，瓦赫什断裂至少北移 200 km（Burtman V. S. et al.，1993）。该断裂在 1907 年 10 月 21 日在杜尚别南发生 8 级地震，1924 年 9 月 16 日加尔姆 6.3 级地震将白垩系错动 1 km，断坎高 30～40 m，1941 年 4 月 20 日在加尔姆发生 6.5 级地震，1943 年 1 月 11 日法伊扎巴 6 级地震使黄土及新近系粉砂岩出现裂缝，地沟与陡坎长 1.5 km，宽 2～3 m，位移 0.7～10 m，1949 年 7 月 10 日在哈伊特发生 7.6 级地震，1978 年 11 月 1 日发生 6.9 级地震，2005 年 2 月 15 日乌什发生 6.3 级地震，2008 年 10 月 6 日发生 6.9 级地震。在 10000～8000 a 前、840 a 前及（470±10）a 前发生过 3 次古地震（A. A. Niknov，1981）。瓦赫什断裂在 6900 a. B. P 前后及 1000～5000 a. B. P 发生过 3 次古地震。揣恩斯-阿赖断裂使上白垩系逆掩于上更新统之上 500m，有古地震楔，^{14}C 年龄为（5100±150）a 或 5750 a 及 6000 a，6000 a 来断层滑动速率为 2～2.5（4）mm/a。NNW 向断层陡坎长 1.5 km，断层右错 100～150 mm，垂直错动 100～200 mm。南北向地壳以 20 mm/a 速率缩短。

13）吐鲁番盆地中央断裂带

吐鲁番盆地中央断裂带：断裂带是盆地内晚第四纪以来活动最强烈构造带，呈东西向横亘在吐鲁番盆地中部。断裂带西起阿拉沟东至了墩隆起，总长约 200 km。由肯德克、火焰山、红山、七克台等 7 个断裂带组成，地表多形成南低北高的顺坡向断层陡坎，坎高 2～30 m，常切断年轻洪积扇及河谷Ⅰ、Ⅱ级阶地，断面倾向 N，倾角 18°～20°，在火焰山南缘断裂上 1916 年曾发生 6 级吐峪沟地震。盐山口断裂的推覆楔为（5700±500）a 中全新世古地震标志，晚更新世晚期以来平均垂直活动速率为（0.58±0.05）mm/a（柏美祥等，2002）。地震反射剖面显示，该断裂错断了三叠系至第三系，断距达 3000～4000 m。近地表几乎都表现为顺倒转南翼的岩层发育，使得南翼的中新生代地层直接与南侧盆地晚更新世洪湖积物相接触或逆掩于其上地表形成断续分布的断层陡坎地貌。

14）额尔齐斯断裂、玛因鄂博断裂与布尔根断裂

额尔齐斯断裂、玛因鄂博断裂与布尔根断裂：断裂走向 300°，是西伯利亚板块与哈萨克斯坦-准噶尔板块的缝合带。从赛米巴拉金斯克延伸至新疆，被可可托海-二台断裂右错 30 km，向东延伸至蒙古布尔根，长 935 km，为古生界间断裂，在华力西期形成，卫星影像上有显示。断层面倾向 NE，倾角 60°～80°，为右旋走滑逆断层，断裂地貌显著，两侧山地垂直高差在 500 m 以上，断裂带宽 10～800 m（柏美祥，1996）。1985～1988 年跨额尔齐斯断裂三角测量，平均右旋走滑速率为 8 mm/a（吐尼亚孜·沙吾提，1991）。在玛因鄂博段以构造阶梯式出现，高差在 100 m 以上。作为 1931 年富蕴 8 级地震的发震构造之一，在玛因鄂博断裂带上有 14 km 长的 1931 年 8 级地震的地表破裂带，经探槽证实，全新世以来发生 3 次古地震事件，古地震复发周期为 2800 a 左右。布尔根断裂带由一系列与玛因鄂博断裂呈右列的断裂组成，走向 270°，断裂面北倾，最小倾角为 10°，具逆掩性质。北部下-中泥盆系及华力西期花岗闪长岩向南部巴伦哈拉盆地逆冲。布尔根断裂带有 30～32 km 长的古地震形变带为断面向南的高 1.5～2 m 的断层陡坎及 4～5 m 长的地震鼓包，显示断层有左旋走滑活动，但断裂面西段为右旋走滑，断层垂直位移 2.5 m，挤压丘高 4.5 m。

15）巴卡纳斯-主准噶尔-博罗科努-阿其克库都克活动断裂带

巴卡纳斯-主准噶尔-博罗科努-阿其克库都克活动断裂带：该断裂是划分准噶尔-北天山褶皱系与天山褶皱系的分界断裂，也称天山主干大断裂，断裂为 NW-EW-NE 向延伸，总体呈向南突出的弧形，全长 1400 余千米，新疆境内逾 1000 km。向 WN 延入哈萨克斯坦境内阿拉湖西岸，长 200 km，称作巴卡纳斯-准噶尔断裂。该断层面总体南倾，倾角 50°～80°。在断裂带上有几十米到数千米宽的挤压破碎带，可见到大量的糜棱岩、碎裂岩、擦痕及强烈柔皱的各种片理化岩石以及褪色变质现象。断裂在

地貌上形成南高北低的断层阶梯，航、卫片上有明显的线性影像。沿断裂有狭长凹地、干谷、盐沼地等一系列长形断陷盆地分布，其中沉积有厚达上千米以上的中、新生代地层，同时还分布有大小不等的长条状古生代基性-酸性侵入岩。将 2 Ma ～7Ma 的上新世冲积层右错 6～8 km，平均右错速率为 3～4 mm/a；将 0. 3 Ma ～0. 4 Ma 早-中更新世堆积物右错 2～5 km，平均右错速率为 5～12 mm/a；将 0. 1 Ma ～0. 15 Ma 微地貌右错 200～500 m，如将二甘布拉克沟及库吐尔汉沟右错 500 m，将喀拉达坂右错 300 m，平均右错速率为 2～5 mm/a；将 2000～8000 a 干河床右错 15 m，平均右错速率为 2～8 mm/a，自上新世以来断层右错幅度达 7 km（P. Tapponnier et al. , 1979）。该断裂西北段，阿拉山口至精河县以南有长度近 100 km 的古地震形变带（沈军等，1998），形变带主要表现为水系位移、地震鼓包、地震凹槽、地震陡坎和地震断层。形变带具右旋走滑性质，最后一次古地震事件的水平位移可能为 2. 5 m，垂直位移为 0. 9～1. 8 m，地震震级估计为 7. 5～7. 8 级。该断裂活动具长期性与多期性，从它控制的地层看，早古生代以前即已形成，之后多次活动，在精河东南和艾比湖南该断裂切割了全新世地层，表明该断裂是全新世活动断裂。该断裂 1944 年 3 月 10 日乌苏发生过 7¼级地震。断裂活动强度自西向东变弱，至少可将断裂分为 3 段：西段最长，从阿克斗卡-精河，长近 400 km；中段从精河-阿拉沟，东段从阿拉沟-苦水以东，东段活动性最差，切割现代准平原。

16）塔黑音沙（Tahiyinshar）断裂

塔黑音沙（Tahiyinshar）断裂：位于阿尔泰山南坡蒙古国境内，走向近东西，长 250 km，卫星影像上显示清楚。东段为下-中泥盆统与中-上更新统之间断层。1974 年 7 月 5 日在中蒙边境发生 7. 1 级地震，在地表形成 17 km 长的地震地表破裂带，地震断层左错 0. 3～0. 4 m，垂直错动 0. 1 m 左右，近 SN 向地震裂缝长 15 km，垂直位移为 0. 2～0. 5m（沈军等，2003）。

17）昌马活动断裂带

昌马活动断裂带：位于甘肃省境内，走向 300°～290°，断层面 S 倾，倾角在 55°～75°，长430 km，中泥盆系逆冲于上新统之上，为左旋走滑逆断层，反坡向断层陡坎高 0. 7～30 m，水平位错约为垂直断距的 4 倍。将水系左错 500～700 m、64 m、30 m、17. 1 m 及 9. 1 m，全新世以来水平活动速率为 3. 3 ～4. 3 mm/a，分为两段，昌马段长约 120 km，肃南段长约 100 km，西段断裂走向 70°～80°，山脊及各地错动 55 m、27 m，最大左错 598 m，近（10±2）ka 左右左错平均速率为（5. 5±2. 2）mm/a。东部大奎四盆地（39°48′N、96°01′E）以西全新世左错速率为（4. 6±1. 4）mm/a。1932 年 12 月 25 日在 39°32′N、97°28′E 发生 7. 6 级地震，地表形成长达 120 km 的地震地表破裂带，破裂带宽几十米，最大左错为 5. 5 m。全新世以来发生过 5 次古地震，如肃南 7 级古地震（国家地震局、兰州地震研究所，1992），古地震复现周期为（1350±540）a（Gilles Peltzer et al. , 1988）。

18）澜沧江缝合线

澜沧江缝合线：走向 300°，长 350 km，温泉南支断层在兵站西南冲沟左错 40 m。青藏公路 101 道班北 2 冲沟左错 50～60 m。地震地表破裂带左错冲沟边界 7 m（吴章明等，1994）

19）库奈断层

库奈断层：2003 年 9 月 27 日发生 7. 3 级地震时，沿断裂形成 60 km 长地震地表破裂带，水平位移 1. 5 m，正断层，河谷内土壤液化。

20）东却勒塔格断裂

东却勒塔格断裂：位于南天山山前东却勒塔格背斜南翼。西起库车河附近，东至轮台县城西北，长 90 km，走向 80°，断层面 N 倾，倾角 20°～70°。该断裂现代活动特征明显，地貌上连续展布断裂陡坎，航卫片上显示出清晰的线性影像。据石油物探资料，断裂向下倾角变缓，至古生界顶部断面已近水平，呈推覆式滑脱构造 。在波斯坦托克拉克厄肯东岸，断裂错断Ⅱ级阶地。通过对该阶地冲积物 TL 测年值为距今（2. 51±0. 19）万年和（3. 15±0. 24）万年（邓起东等，2000），形成时代为晚更新世晚期。这说明东却勒塔格断裂晚更新世之后有过活动。北面一条次级断层将阶地基座中新统垂直断错 14 m，其垂直活动速率为（0. 56±0. 04）mm/a。该断裂西端与克孜尔断裂及阿共切克断裂交会处曾发生 1949 年 2 月 24 日 7¼级地震及 1973 年 3 月 29 日 6 级地震，据台网记录，该断裂时有小震发生。

21）别斯潘-南费尔干纳断裂

别斯潘-南费尔干纳断裂：为南天山与费尔干纳盆地的界线，走向近 EW，受塔拉斯-费尔干纳断裂右错牵引，长 870 km，为正或逆走滑断层，是超岩石圈断裂。哈伊达尔康地区古生界平移几百米，山前阿布拉尔地区砾石层沉降 600～800 m。在内谢尔基亚南断错上新统-下更新统，使其与上二叠统呈断层接触，在舒拉布侏罗系逆冲在新近系-第四系之上。1949 年 7 月 10 日在哈伊特发生 7.6 级地震，使结晶灰岩裂缝形成地沟，长 1～1.5 km，宽 20 m，深 6～10 m，位移 5～10 m。1977 年 1 月 31 日在伊斯法拉-巴特肯特发生 6.3 级地震。在扎拉尔-阿巴特古加尔发生过古地震（P. H. Ибрагимов，1978）。

22）乌鲁克恰提断裂

乌鲁克恰提断裂：位于南天山，断裂切割新近系、中生界、古生界及元古界。走向 NE，断层面倾向 NW，倾角 45°～80°，长约 110 km，东北段断层使志留系和西南段古近系逆冲于新近系之上，断裂性质为逆断层，具长期多次活动的特点。该断裂是 1955 年 4 月 15 日乌恰双主震型 7 级地震的发震构造，也是 1963 年 8 月 29 日 6.5 级地震的发震构造。

23）科古琴断裂

科古琴断裂：为元古界与古生界之间的分界断裂，西起果子沟上游，经科古琴山南坡、土拉苏第四纪盆地，向东延至库斯提乌苏河上游一带。长 146 km，走向近 EW，断层面 N 倾，倾角 60°～70°，断裂性质为逆冲。断裂在航、卫片上有清晰线性影像，在地貌上界线明显，南低北高，该断裂形成于元古代，第三纪时期重新活动，在果子沟北盘青白口系向南逆冲到上新统地层之上，破碎带宽 200 m 左右，断裂在东部控制土拉苏第四纪盆地。GPS 观测 2000～2005 年断裂挤压速率速率为 1.76 mm/a，右旋走滑速率为 2.57 mm/a。1958 年 12 月 21 日 6½级及 1962 年 8 月 20 日发生 6.4 级地震，表明断裂在现代仍有活动。

24）博格多活动断裂带

博格多活动断裂带：位于蒙古国阿尔泰山北坡，走向 NWW 或近 EW 向，长 1000 km，为左旋走滑逆断层或正断层，断层面 S 倾，倾角 60°～70°，下-中泥盆系逆冲于中-上更新统之上。1957 年 12 月 4 日发生 8.3 级地震，形成 500 km 长的地震地表破裂带，主破裂带沿博格多断裂展布，左错及垂直错动 8m，为 NWW 走向，长 250 km。第二条地震地表破裂带为吐洛姆洪逆冲破裂带，走向 NE，长 32 km；第三条地震地表破裂带沿大博格多山南麓展布，长 70 km，为宽 350～800 m 的地堑及一系列 NE 走向的张性破裂，断层陡坎高 2～2.5 m，断层左错 6 m，阶地宽 100 m。在 45.1°N、101°E 以东，地震地表破裂带走向 105°，左错 7～8 m，垂直错动 2～3 m。在都兰博格多断裂，地震地表破裂带走向 95°，地震断层左错 5～6 m，垂直错动 1 m 左右。吐洛姆洪逆冲破裂带，断层面 W 倾，倾角较陡，断层陡坎高 1.5～2.5 m，最高达 6.5～9.2 m。在博格多断裂与吐洛姆洪断裂交会点以东，地震断层左错 3～4 m，小博格多山北移，地震断层垂直错动 2～3.5 m，地震地表破裂带终止于 45.8°N，102.2°E。大博格多山西南麓与南麓 70 km 长的地震地表破裂带，为断层面南倾的断层陡坎，高 5～6m，部分为7～8 m，垂直位移（3±1）m。大博格多断裂 1903 年 2 月 1 日在蒙扎布汗省发生过 7.8 级地震，形成过 20 km 长的地震地表破裂带，走向 NEE，为左旋逆冲断层。1958 年 4 月 7 日巴彦洪格尔省发生 6.9 级余震，形成 EW 向 15 km 长的地震断裂带。1960 年 12 月 3 日在南戈壁省发生 7 级地震，形成 18 km 长的地震地表断层，走向 NW，为逆冲断层。在 45.33°N，97.98°E 以西有走向 95°的长约 50 km 的古地震形变带（Molnal et al.，1984）。

25）柯坪活动断裂

柯坪活动断裂：位于塔里木盆地西北缘柯坪山山前，是南天山推覆构造的前缘，长 460 km，是柯坪断隆与塔里木中央地块的分界断裂，走向 NEE，倾向 NW，断层面倾角为 40°～60°，在平面上呈向南突出的弧形，古生界逆冲于新近系之上，据石油物探资料，其水平断距超过 18 km，垂直断距大于 0.5 km。柯坪断裂是区域内发生 6 级以上地震频次较高的活动断裂之一，1953 年 7 月 10 日在巴楚西三岔口发生 6 级地震；1961 年发生 6¾地震强震群；1972 年 1 月 16 日在巴楚东北发生 6.2 级地震；1977 你那 12 月 19 日在西克尔发生 6.2 级地震；1991 年 2 月 25 日发生柯坪 6.5 级地震。

26）皮羌（普昌）断裂

皮羌（普昌）断裂：北起柯坪山，向南穿过叶尔羌河进入塔里木盆地，全长 300 km，走向 NNE，断层面陡立，以 E 倾为主，性质为左旋走滑断裂，错距 2.8～7 km（新疆地方志编纂委员会，2002）。该断裂在航、卫片上有清楚的表现。断层东侧下古生界硅质灰岩逆冲到下更新统西域组砾岩之上，将地层左错 2 km，垂直断距约 1 km，断层左错速率为 10 mm/a。1961 年 4 月 14 日在巴楚西克尔镇发生 6.8 级地震，形成 10 km 长的地震地表破裂带，它与柯坪断裂均是强震群的发震构造。在琼格曼道班以西 5 km 的山前冲沟内，小沟Ⅱ级阶地下缘可见断层剖面，在剖面上发育一组低角度的逆冲断层，走向为 NNW 向。根据年龄样品测年结果，断层的最后一次错动地表时间约为距今 7 ka（据程建武等，2006）。

27）二道沟断裂

二道沟断裂：位于北天山博格达复背斜北翼，是石炭系与二叠系之间的断裂。断裂自天池以西向东经三工河上游、甘河子上游转向 SE 方向，至吉木萨尔泉子街东南，长度 130 km，断裂走向 EW-NEE，倾向 S，倾角 40°～70°，性质为逆走滑断裂。在地貌上，断裂两侧中高山垂直高差达 150m 以上。在航空照片及卫星影像上呈线性，在潘泉台子南石炭系向北逆冲于二叠系及上覆晚更新世黄土层之上。在黄台子为石炭系灰岩与二叠系砂岩界线。在阶地上有断层陡坎，在甘河子水泥厂白杨河 3 号采石场南断错晚更新世 17490±810 a 的Ⅱ级阶地河漫滩相黄土层（罗福忠等，2006）。1965 年 11 月 13 日乌鲁木齐东北 6.6 级地震就发生在该断裂上。

28）塔拉斯-费尔干纳断裂带

塔拉斯-费尔干纳断裂带：断裂走向 NW，从哈萨克斯坦-吉尔吉斯斯坦-新疆乌恰地区，为右旋走滑断裂，长 900 km，西北段，断裂面倾向 NE，东南段断层面倾向 SW，具压扭断裂性质，是划分东、西天山的主要断裂，断层倾角 30°～75°。据地球物理资料，断裂断至 50 km 深，错动莫霍面，是岩石圈断裂。断裂带在早古生代，甚至在前寒武纪形成。新近纪末明显活动，上新世时断裂东段由上升变为沉降，断裂西盘高阶地在早更新世及第四纪前半期形成。中更新世-全新世东部天山隆起 1500～2000 m，西部隆起超过 2500 m，第四纪以来断裂西盘相对东盘抬升，断裂西盘在早更新世晚期卡扎尔曼及阿尔宾盆地沿断裂垂直位移在 500 m 以上，中更新世时断裂东盘比西盘隆起小，卡扎尔曼盆地最大垂直位移达 1000 m。全新世最大隆起幅度大于 120～160 m（В. Н. Крестников，1979）。全新世错动 18 处，在 14 处中有 11 处滑动速率为 8～16 mm/a，有的为 10 mm/a。新生代断裂带右错量达 180～250 km，新近纪-第四纪垂直差异运动 4 km，2 Ma ～5 Ma 时将山谷右错 2 km，平均右错速率为 0.4 mm/a。断裂将 0.15～0.25 Ma 的冰碛层右错 750 m，平均右错速率为 3～5 mm/a。断裂将 0.03 Ma～0.1MaⅡ—Ⅲ级阶地右错 200～250 m，平均右错速率为 2.5 mm/a。断裂将 4000～7000 a 间歇河床右错 30 m（近 40.95°N、74.15°E）。水系部分右错，自东南向西北：在吉兰克地区有 30～50 m 右错，小错动为5～12 m，右错速率为 13～15 mm/a，40±3 m 的右错的最早时间为 2777～2934 a. B. P 的晚全新世时期。山口右错 5 km，山脊新错动 35～75 m，右错速率上限为 9～13 mm/a。另外，长约 2 km的次级右错约 3 m，垂直错动 1～2m，普昌河晚第四纪错动 30 m，科卢姆河西北右错 21～24 m，断层陡坎高 2 m，其右错速率为 8～9 mm/a。吉兰池山脊右错 30～50 m，垂直错动 2～5 m，在库尔达谷地断裂长约 5 km，右错 12～125 m，断层陡坎高约 0.5 m，断层面倾向 NE。在克拉苏谷地至托克托库尔山脊及谷地右错 40～225 m。在乌斯安萨伊-加姆日克萨伊地区，右错 110±10 m，小沟右错 142±2 m，右错速率为 9～12 mm/a，察特卡尔地段断裂长约 17 km，右错 17～55 m，断层陡坎高 4～5 m，17～20 m 的右错速率为 12～15 mm/a，20 m 的右错速率为 15～16 mm/a，10 m 右错速率为 16～19 mm/a。

1946 年 11 月 2 日在察特卡尔发生 7.6 级地震，形成 20 km 长的地震地表破裂带，离主断裂面约 20 km（41.9°N、72.2°E）。1994 年 GPS 观测与 1992 年相比，断裂西盘运动速率为 10～12 mm/a。1983 年 2 月 13 日在乌恰发生 6.7 级地震。全新世山崩长、宽各 3 km，高 300 m，堵塞卡拉苏河形成同名湖，是古地震活动表现，在 6000～7000 a 前大震触发的滑坡碎屑堆积为白云质灰岩。从阿克塔什-喀扎古尔金、察特卡尔、科克伯尔、喀拉苏依、托古兹托罗及古加尔特-阿尔宾直至苏耶克有 310 km 长的古地震断层、裂缝、张裂及松散堆积物断坎。卡拉库尔扎山口与古泽尔别尔地震断层长 75 km，阿克塔什-喀扎古尔金基岩中地震断层长 8 km，东南段古加尔特阿尔宾地震地表破裂带长 6～7 km，卡拉库尔扎山口地震裂缝深 6 m，宽 10 m，正断层，断层陡坎高 4.5 m，卡尔布尔山口至恰克马克沙克 10 km长的地震断坎高 18 m，正断层。古地震烈度为Ⅹ度（7.5 级），古地震震中在 42.7°N、71°E（江布尔西）。据剩余地震形变推断，全新世晚期至少发生过 8 次大于（等于）6.5 级地震（K. E. Абдрахматов и др，1991）。

29）肯别尔特断裂

肯别尔特断裂：位于帕米尔-西昆仑推覆活动构造前缘，沿克孜勒苏河上游玛尔坎苏河及西昆仑山前呈 EW 向展布，长约 220 km，断层面南倾，倾角 15°～60°，为右旋逆掩或推覆逆走滑断层。1974 年 8 月 11 日在中苏边界发生玛尔坎苏 7.3 级地震，在玛尔坎苏河谷有几条 EW 向地裂缝，长 15 m 以上，宽 10～90 cm，间隔 2 m 排列，地震痕迹南倾，错动 10～30 cm。

30）乌合沙鲁（卡巴加特）断裂

乌合沙鲁（卡巴加特）断裂：位于南天山山前第三系卡巴加特复背斜北翼，是受印度板块北挤，向北突出的弧形断裂，长 140 km。断层东、西段断层面 N 倾，中段 S 倾，倾角 50°～70°，古近系向南逆冲于新近系之上。据断错水系判断，西段断层为左旋走滑逆断层。该断裂是 1978 年 10 月 8 日和 1987 年 4 月 30 日乌恰两次 6 级地震的发震构造（冯先岳等，1988）。1987 年 6 级地震在距断层2 km的江布拉克牧场西南阶地后缘细砂冲积层中产生右旋张扭性地裂缝，断续长 70 m，走向 30°～50°，右旋水平位移 2～4 cm，宽 2～7 cm，深 8～28 cm。

31）卡兹克阿尔特断裂

卡兹克阿尔特断裂：位于帕米尔北缘弧形推覆构造带东段前缘，主要走向为 NNW 向，长 265 km 左右，以逆掩推覆为主，断层面 W 倾，倾角 15°～30°。以右旋走滑-斜冲为主。在地貌上有明显反映，断裂两盘高差达 700 m。是昆盖山山前构造推覆前缘的铲状断层，据石油地质专家认为，此推覆体向 NE 推覆距离达 25 km。该断裂是乌恰 1985 年 8 月 23 日 7.1 级地震及 1993 年 6.2 级地震的发震构造。1985 年 7.1 级地震时在地表于克孜勒苏河谷地从托姆洛霍北麓至喀什一级电站形成 15 km 长的同震地表破裂带，最宽约 0.8 km，有地震逆断层，断层将 2 处拖拉机车印右错 1.2～1.25 m，有走滑断层，在三道沟阶地面上冲沟右错 1.55 m，最大垂直位错 1.7 m，还有正断层、地裂缝和挤压脊、鼓包及砂土液化等现象。该断裂可能是 1882 年和田西及 1889 年叶城北两次 7 级地震的发震构造。

32）昆仑活动断裂带

昆仑活动断裂带：又称为昆仑山南缘活动断裂，是金沙江缝合线，为唐古拉侏罗-白垩纪陆缘海与西金乌三叠纪混杂岩带的界线，走向 NWW（100°）左右，为左旋走滑断层，断层面 N 倾，长 2400 km，是区域内规模最大的活动断裂带之一。据^{10}Be、^{26}Al 及^{14}C，自 40 ka. B. P. 以来滑动速率为 11.5±2 mm/a，在 99°E 以东断层最小错动 11.3±0.5m，最大左错 400±5m，水平错动为垂直错动的 10 倍左右。东兴及阿尼玛卿山断层滑动速率分别为 10.2±1.6 mm/a 及 10.9±0.5 mm/a。阿拉克湖段，左错速率为 6±1 mm/a。断层分 6 段，每段长 150～270 km，如 94°E ～95°E 及 80°E ～90°E 西大滩-东大滩段断错 24±3 m 及 110±10 m，最小断错 8～10 m。西大滩断裂两侧早更新世羌塘组高差 1600 m，夷平面断错 800～1000 m，0.71 Ma. B. P. 以来望昆冰碛砾左错 30 km，左错速率为 42.8 mm/a。东大滩-西大滩和库赛湖段左错速率为 12±2 mm/a，断层最西端马尔盖茶卡断层左错速率为 10±2.2 mm/a。将阶地断错 24±3 m 及 33±4 m，断错时间为 1788±388 a 及 2914±471 a，断层滑动速率为 12.1±2.6 mm/a，6 处断层最小错动为 9～12 m，8 处 2 m 或 3 次 9 m、11 m 及 12 m 左错。4502±702 a 及 2414±375 a 最小滑动速率为 9.9±2.8 mm/a。西大滩 10 条冲沟及阶地错动 10～152 m，^{14}C 年代从 2.14 ka 至 12 ka，全新世滑动速率为 11.5 mm/a。1997 年 11 月 8 日在西藏玛尼发生 7.3 级地震产生 170 km 长的玛尔盖茶卡地震地表破裂带，地震断层左错 7 m（Gilles Peltzer et al.，1999；J. Vander Woerdetal，1998）。发生过 2 次 8 级古地震，一次约在 1800 a 前，另一次在 2900 a 前。尚有一次 50 m 的左错约发生在 5106±290 a 前，即过去 4000 a 发生过 4 次地震，最后一次错动的时间发生在 278±87 a 前。大地震复现期为 800～1000 a。按 10.3 mm/a 速率计算，古地震复现期约为 420 a，即 1515±70AD 及 2350AD 发生过古地震。2 段约 8 及 7.5 级地震滑动约 10±2m 及 4.4±0.4m，约在 850 a 及 420 a 断层复活过，地震旋回在 500 a 以上（J. Vander Woerdetal，2000）。

33）木孜塔格-鲸鱼湖-东昆仑断裂

木孜塔格-鲸鱼湖-东昆仑断裂：位于中南帕米尔中-新生代活动陆缘与康西瓦-鲸鱼湖板块缝合带间，走向 EW，形成于 240 Ma～220 Ma，左错速率为 15±1.5 mm/a（许志琴等，2006）。在新疆鲸鱼湖形成断陷盆地，上新世-早更新世的中心喷发有火山口 7 处，在卫星影像及航空照片上极为醒目，在昆仑山口-达日段将早更新世冰水堆积层错断。在玉珠峰南麓三叠纪板岩向南逆冲在早更新世早期羌塘组之上，冲沟左错 48 m，左错青藏公路以东 25 km 的冲沟 43～300 m。库赛湖西侧近 50 km 的红水沟（35.9°N，92.2°E）Ⅰ级阶地左错约 3 m，Ⅱ级阶地左错约 6 m，Ⅲ、Ⅳ级阶地分别左错 29～31 m 及 63 m，Ⅲ级阶地发震时间 5960 ka（李海兵等，2008）。2001 年 11 月 14 日沿断裂发生 8.1 级地震，地震地表破裂带长 426 km（B. Fu et al.，2003）。宽数米至数千米，最大同震位移 7.6 m，沿东昆仑缝合线多期地震地表破裂带，长 700 km 以上，强震复发周期为 250～350 a（李海兵等，2008）。

34）纸房断裂

纸房断裂：断裂位于哈密地区小哈甫提克山，向 160°～170°方向延伸，经纸房、秦大汉，终止于巴里坤湖西北，长 140 km。总体走向 NNW，断面倾向 SW，倾角 60°～75°，性质为右旋走滑逆断裂，平均垂直活动速率为 0.6～1.2 mm/a。沿断裂有 6 km 长的古地震形变带，古地震复发周期为 2500 a 左右（冯先岳，1997）。

35）托里断裂

托里断裂：该断裂大致展布于托里盆地东缘，总体呈 NE 走向，全长约 65 km，断面 NW 倾，倾角 57°～70°，正断层性质。在托里县南 8 km 处的 139 km 道班至切特库都克泉约 750m 地段上，分布古地震断层反坎及正坎，坎高 30～40 cm，主坡角 14°～16°，形变带长 0.8 km 左右（柏美祥等，1994）。探槽开挖揭露出断裂在全新世期间有过 2 次显著活动，古地震复现期 4500 a 以上（冯先岳，1997）。

36）独山子-安集海断裂

独山子-安集海断裂：位于乌鲁木齐山前坳陷西部，是天山北麓第三排构造，发育在独山子-安集海背斜山前地带，走向近 EW 向，长 55 km，断层面 S 倾，倾角 40°～60°。全新世以来的平均垂直活动速率为 0.71 mm/a，该断裂产生扩展背斜。

13 个探槽揭露出的崩积楔及同震褶皱显示，至少发生过 2 次以上古地震事件，全新世古地震发生在 3000～4000 a 与 6000～8000 a，古地震复发周期为 3000～4000 a（冯先岳，1997）。现今沿断裂仍有 5 级地震发生。

37）皮支（塔木奇）断裂

皮支（塔木奇）断裂：位于 45.7°N、94.1°E，走向 NNW，长 150 km，为右旋逆走滑断层。古地震形变带长 25 km，高度在 1m 以内，断层陡坎高 1m，位错不小于 2m（С. Д. Хилько，1978）。

38）中戈壁（阿尔泰）断层

中戈壁（阿尔泰）断层：从蒙古国 96°E 卡尔立克套至 104°E 近达兰德扎德嘎德，长 310 km，为略向北突出的弧形。太古界、蛇绿混杂岩及海西期花岗闪长岩与中-上更新统呈断层接触。1903 年 2 月 1 日在蒙古扎布汗省发生 7.8 级地震。

39）昆仑山中部断裂带

昆仑山中部断裂带：走向 NWW273°，长 1000 余千米，为左旋正断层，是昆仑北坡断隆与柴达木南缘台褶带的界线，断裂北侧为中朝基底，南侧为扬子基底，是重力及磁力梯级带，将莫霍面断错 7～

10 km。沿断层有基性及超基性岩，为中昆仑缝合带，将Ⅱ级阶地正断。有长约 2 km 的地震地表破裂带将 5 条山脊与 3 条冲沟左错，冲沟左错 10、18、9 m。西边 3 条山脊及 2 条冲沟左错 15、7 m（吴章明等，1994）。

40）康西瓦断裂

康西瓦断裂：位于昆仑山中部多期复合岩浆弧与可可西里-大红柳滩三叠纪边缘海的交界处，是塔里木板块与青藏板块的分界断裂，西起塔什库尔干盆地东缘，经辛迪向南东延伸至麻扎、三十里营房，而后向东经康西瓦、慕士山至琼木孜塔格西南被阿尔金断裂斜向截断，全长约 1000 余千米，宽约 3～5 km，由平行的三四条断层构成叠瓦状逆冲带，走向由 NW 向转为 EW 向，断层面主体向南倾斜，倾角 60°～75°，整体呈反“S”形，主弧形向 SW 突出。在瓦卡盆地东缘和下坂地水库右岸可见元古界逆冲在晚更新世冰水堆积台地上，断层面倾向 230°，倾角 80°，断层破碎带宽 20～60 m，其活动年代在 7×10^4～8×10^4 a。断裂的左旋走滑使一系列冲沟、山脊及河流左错，在古里巴克至哈巴克一带，晚更新世-全新世冲洪积扇、河流阶地、冰川终碛垄岗被断裂切割，成为残留数米高的断层陡坎，晚第四纪以来平均左错速率为 8～12 mm/a。沿断裂有第四纪火山岩及 4～6 级地震分布，在 509 道班及康西瓦东两处可见更新世中酸性火山熔岩和火山角砾岩穿破阶地砾石层。1948 年 2 月 13 日策勒南 6.3 级地震以及 1963 年 6 月 26 日麻扎 6.0 级地震与该断裂有关。在喀拉喀什河谷有 80 km 长的地震地表破裂带，估计矩震级为 7.3 级（付碧红等，2006）。三十里营房东侧冲沟左错 6 m，Ⅰ级阶地左错 12 m，Ⅱ级阶地左错 22m（李海兵等，2008）。

41）喀喇昆仑断裂

喀喇昆仑断裂：是亚洲大陆中部一条大型右旋走滑断裂带，总体作 NW 方向延展，北起明铁盖达坂西侧，经皮拉里（红旗拉甫）、乔戈里峰、日土，在狮泉河一带逐渐与 NWW 向噶尔河断裂会合，全长约 2000 km，为走滑逆断层。北段主要位于阿富汗境内，又称卡拉苏断裂，形成于 23 Ma ～25 Ma（许志琴等，2006）。将不同年代阶地右错 35～70m，新生代右错约 80 km，中段在我国新疆和克什米尔之间，南段在西藏阿里地区及印度河谷南。不论在亚洲地质图或卫星照片上，喀喇昆仑断裂的展布是十分醒目的，它明显地控制着喀喇昆仑地区侏罗系的分布，也控制了冈底斯山北部大片中新生代火山岩的展布，使乔戈里峰南侧和狮泉河一带早古生代沉积岩错断，特别是使雅鲁藏布江超基性岩带与帕米尔的印度河上游超基性岩带，发生大约 250 km 右旋断错。从卡纳套至印度河谷新生界右错 200 km（V. S. Burtman et al.，1993）。喀喇昆仑断裂与毗连的阿尔金断层构成一组巨大的共轭断裂带，前者为右旋，后者为左旋，控制青藏高原西北缘的新构造运动发展方向。喀喇昆仑断裂作为帕米尔高原西侧控制性的边界断层。李海兵等（2006）认为，喀喇昆仑断裂形成以来，受印度板块向北以 56.4 mm/a 相对运动速率运动的影响，其累积走滑位移量至少在 280 km 以上。第四纪以来最小累积位移量 120 km 以上，长期的平均滑移速率为 11 mm/a。最初的右错始于 27Ma（李海兵等，2008）。另外沿断裂还有强地震分布，如在 1996 年 11 月 19 日曾发生 7.1 级地震等。该断裂具有多期活动的特点，是一条全新世以来的活动断裂。

42）乌兰固木（额尔格郎图，哈尔乌苏湖）断裂

乌兰固木（额尔格郎图，哈尔乌苏湖）断裂：走向 NNW，长 380 km，二叠系与中-上更新统呈断层接触，在蒙古国哈尔乌苏湖以北断层北段右错 1.5 km，全新世以来活动性增强，在第四纪洪积扇上有断层，哈尔乌苏湖南面断层的卫星影像最显著。有古地震活动迹象（洪顺英等，2006）。

43）策勒断裂

策勒断裂：在卫星影像上反映非常清楚，为古地震地表破裂带，位于洛甫-策勒 315 国道 2405～2415 km 里程碑公路两侧晚更新世洪积平原上。东宽西窄，长 40 km，走向 70°，以左旋走滑正地震断层为主，构成向 NW 倾的顺坡向断层陡坎，占 60 %。断层面倾向 135°～190°，倾角 60°～74°。古地震断层共 50 余条，最长的古地震断层在西部南缘，长 13 km，顺坎高 1～20 m，坡角 20°～35°，反坡向断坎高度在 3 m 以内，坡角小于 30°。古地震断裂带形成地堑及地垒，断层间距 0.8～2 km，探槽揭露

陡坎地震裂缝宽 4cm，充填深黄色细砂，地质年龄为 17970±161a. B. P.，表明策勒古地震地表破裂带是晚更新世晚期产物。

44）昆特断裂

昆特（Kuent）断裂：位于印度板块与科希斯坦-雅鲁藏布江板块缝合带之间，为向 NEE 突出的犄弧，中-上元古界逆冲于白垩系及超基性岩之上，据 Nikonv A. A.（1981）研究，在 7000～9000 a. B. P. 及 800 a. B. P. 发生过古地震。

45）南帕米尔（鲁尚-普沙塔）断裂

南帕米尔（鲁尚-普沙塔）断裂：呈向 N 突出的梯形断裂，两侧 NNE 向断裂主要在中-上太古界中断错。北侧 EW 走向断裂在中生界中断错，长 400 km。该断裂在 4000 a. B. P.、2300 a. B. P.、1000～1500 a. B. P. 及以后共发生过 4 次古地震事件。

46）中帕米尔（Wanqi）断裂

中帕米尔（Wanqi）断裂：也为向北突出的弧形断裂，古生界或中生界逆冲在古近系之上，长 600 km。尼科诺夫据 ^{14}C 年代学资料，发现 2000～2500 a 前的古地震。

47）达尔瓦兹-卡拉库尔（阿富汗-北帕米尔）断裂

达尔瓦兹-卡拉库尔（阿富汗-北帕米尔）断裂：同样为向北突出的弧形断裂，是北帕米尔褶皱系与塔吉克盆地的分界线，古生界、中生界、古近系、中新统逆冲在上新统之上，长 1440 km。西侧断层为左旋走滑逆断层，走向 NNE，倾向 SE，倾角 15°～80°，宽几千米，将晚全新世堆积物左错 20 m，早全新世冲洪积扇左错 120～150 m，晚更新世堆积物左错 300 m，断层左错速率为 10～15 mm/a。在帕米尔西边喷赤河左错断层坎高 50 m，往北晚全新世干沟左错 100m。1500 年前金矿人工墙左错 21 m，2200 年前亚历山大人工墙左错速率为 10～40 mm/a。全新世左错 160 m，约 70000 a 左错 800 m，而三千米山左错年代为 2. 5 Ma 及 0. 7 Ma，全新世左错速率为 5～16 mm/a。往东北山谷左错 10 m，晚更新世冰川谷左错 170 m，其左错速率≥8 mm/a。往北几米高山脊左错 50 m，晚更新世左错速率下限为 3～4 mm/a。经常发生 6 级以上地震，可能发生过 8 级地震（Burtman et al.，1993）。

48）尼古拉耶夫（塔拉斯-捷尔斯科伊）断裂

尼古拉耶夫（塔拉斯-捷尔斯科伊）断裂：走向由 EW 向向东转为 NEE 向，是元古界与古生界间或古生界内压性断裂。渐新世-第四纪时断层两盘相对隆起幅度为 100～300 m，第四纪时为100 m，中更新世晚期-全新世时小于 50 m，是控制地貌发育的断裂，在卫星影像上有所显示。断裂中段在 1915 年 12 月 17 日吉尔加兰发生 6. 5 级地震。断裂西段近克特蒙久宾山间盆地有奥尔沃-杜尔乌克及阿伊古尔古地震断层展布（Сейсмологии，1988）。

49）阿拉善-楚拉克断裂

阿拉善-楚拉克断裂：走向为 EW 向，向东转为 NE 向，长 300 km，为压性断裂，使古生界与更新统呈断层接触。1888 年 11 月 29 日发生烈度Ⅶ—Ⅷ度（6. 0 级）地震。

50）沙格赛河（萨格萨伊）断裂

沙格赛河（萨格萨伊）断裂：位于 48. 5°N、89. 7°E，走向 NNW，向南渐变为 NW 向（330°～335°），长 127 km，为右旋走滑断裂，断错上第四系。发生过 5 次 5 级以上地震。沿断层有 35～37 km 的古地震形变带，最大右错不小于 3 m，平均为 2. 5 m，垂直位错最大达 2 m，平均为 0. 5 m，古地震沟槽长 40～50 m，深 2. 5 m，张性沟槽走向 250°～10°，挤压丘高 2～3. 5 m，宽 50 m。

51）契赫拉断层

契赫拉断层：位于 49. 2°N、90. 3°E，长约 50 km，为右旋逆走滑断层。1938 年 10 月 19 日在蒙古巴颜乌盖省发生 6¾级地震。古地震形变带长 27 km，断层陡坎高 0. 5～2 m（Хилько，1978）。

6. 1. 6　结论

（1）区域位于西伯利亚板块，哈萨克斯坦-准噶尔板块、塔里木板块、青藏板块及印度板块碰撞及影响带。除哈萨克斯坦-准噶尔板块与塔里木板块之间缝合带不是 8 级地震构造外，其余均是发生 8 级以上地震的构造。

（2）区域 4 条重力梯度带是重要地震构造。阿尔泰、北天山、塔里木盆地南缘-祁连山及昆仑山-巴颜喀拉山重力梯度带是 7 级以上地震构造重力场特征。航磁异常梯度带有的也是重要地震构造，如显示喀喇昆仑断裂带的航磁异常梯度带。

（3）推覆构造、走滑断裂及其性质的变化、断层弯曲、断坡、断坪、断层扩展褶皱的发育是区域构造特色，也是区域地震构造特色。从 3.4 Ma 以来的新构造活动的强烈反映印度板块对亚欧板块的影响。

（4）自 2.92 Ma 以来区域第四系堆积厚度，早更新世堆积岩相及厚度变化反映印度板块在第四纪期间对亚欧板块碰撞的影响自南向北有减弱趋势。GPS 观测反映喜马拉雅一带自南向北滑动速率为 41 mm/a，现代西昆仑一带水平活动速率达 21 mm/a，往北逐渐减小。在萨彦地区只有 2 mm/a，区域应力场基本是 SSW-NNE 向挤压。垂直形变最大达 17.8 mm/a 位于北天山依连哈比尔尕。最大沉降处位于准噶尔盆地北缘，达 12.6 mm/a，垂直形变具明显的波动性及震荡性。

（5）区域地震活动十分强烈，从公元 250～2008 年约发生 8 级以上地震 11 次，7～7.9 级地震 59 次，6～6.9 级地震 298 次，多属浅源地震。大震活动似有周期性，至少划分出 7 个大震活跃期，地震活动类型以主余震及震群型活动为主。区域可划分出 2 个地震区、4 个地震亚区及 9 个地震带。

（6）震源机制解主压应力优势方位为 N20°W-N50°E，随着边界条件的差异，不同地方有所差异。共轭活动断裂、复式褶皱、活动褶皱及水系所反演的区域构造应力场与现今 GPS 观测的区域应力场基本一致，反映印度板块对亚欧板块的碰撞、挤压是区域地震构造形成的主要动力。

（7）区域近 300 条地震构造以其规模、活动状况及构造部位，主要可划分出 3 类地震构造。

①8 级地震构造：喀什河活动断裂、北天山山前断裂、托特拱拜孜-阿尔帕雷克断裂、吉萨尔-阔克萨勒断裂、杭爱断裂、额尔齐斯断裂、可可托海-二台断裂、博格多断裂、昆仑断裂、喜马拉雅主边界断裂、祁连山北缘断裂等是发生 8 级以上地震的构造，它们当然也是 7 级与 6 级地震构造。

②7 级地震构造：科克博河断裂、科布多断裂、碱泉子-洛包泉断裂、卡兹克阿尔特断裂、塔什库尔干活动断裂带、清水河子断裂、阿尔金断裂、昌马断裂、公格尔断裂、乌鲁克恰提断裂、塔拉斯-费尔干纳断裂、东却勒塔格断裂、博罗科努断裂、别斯潘-南费尔干纳断裂、斋桑-乌伦古湖断裂、喀喇昆仑断裂均是发生 7～7.9 级地震构造，它们也是 6 级地震构造。

③6 级地震构造：发生过古地震及 6 级地震的断裂，如火焰山断裂等，除前述 7～8 级地震构造外，均为 6 级地震构造或是 5 级以上的地震构造。

在阿尔金及萨彦地区以共轭走滑断裂为主，天山地区以逆断裂为主。喀喇昆仑、西昆仑以右旋走滑为主，阿尔金及昆仑地区以左旋走滑活动为主。

6.2　阿尔金断裂的地震属性

作为青藏高原北部边界的阿尔金断裂，其几何学、运动学及动力学等特征是探讨未来地震趋势的依据。

6.2.1　几何学特征

在小比例尺地质图上阿尔金断裂为平直单一的左旋走滑断裂带，实际上它是多条走滑断层相互追踪而成（图 6-2-1），左、右阶排列，主要是阿尔金南缘断裂及北缘断裂两条断裂带。二者在安南坝至阿克塞附近重接，重接段长 295 km，呈左阶排列。阿尔金断裂带可能西起克什米尔（鲁如魁等，2007），向东扩展至阿拉善南缘（陈文彬等，2006），长达 2100 km，东西两端尾部撒开特征明显，断裂带宽 6～16 km，西尾端部分宽达 20 km。

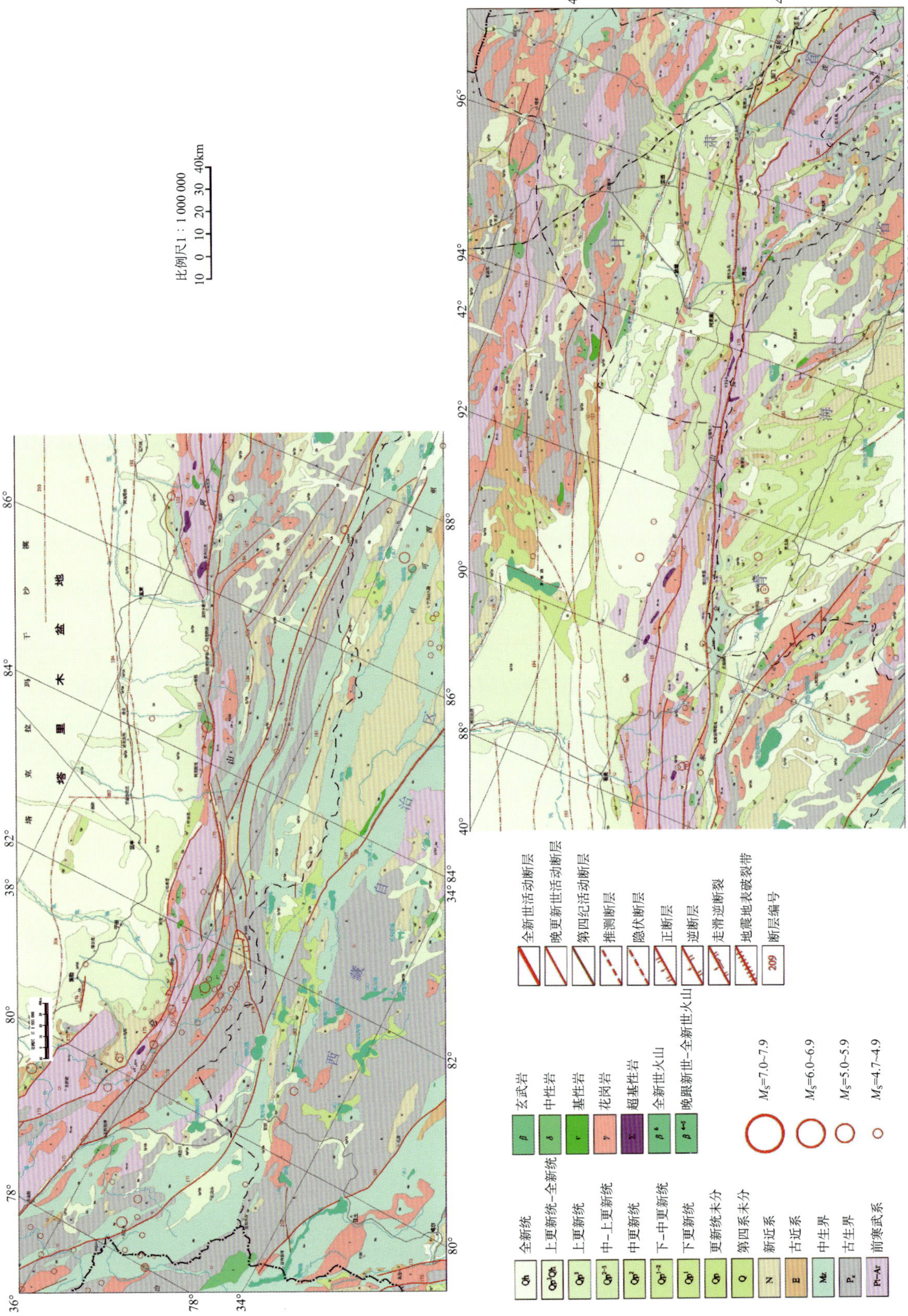

图 6-2-1　青藏高原北部边界的阿尔金断裂构造

根据断裂的连续性或伴生的拉分型构造盆地、地震活动特征以及发展演化的先后时间顺序，将阿尔金断裂划分成 3～8 段（表 6-2-1），或在每段中划分出次级段。虽然不同作者在不同时期划分的段落有所不同，但将断裂带划分出阿尔金山南缘断裂带与北缘断裂带是一致的。

表 6-2-1　阿尔金断裂带分段对比表

段数	名称	参考文献
8	郭扎错-硝尔库勒、硝尔库勒-库普阔勒、库普阔勒-叶俄阿勒克萨依、干沟泉-阿卡吐塔格、阿卡吐塔格-青新界山、拉配泉-后塘、芦草湾-巴个峡、巴个峡-宽滩山	国家地震局，阿尔金活动断裂带课题组，1992
5	郭扎错-木扎塔格、阿羌、索尔库里、阿克塞、金塔	柏美祥，1992
3	且末以西、且末-安南坝、安南坝-金塔	伍跃中等，2008
6	苦牙克以西、博斯坦-喀拉米兰河、且末河-瓦石峡、茫崖-索尔库里、安南坝、阿克塞以东	柏美祥等，1987
4	阿克塔格、尤苏巴勒山、安极尔山、野马山-鹰嘴山	

6.2.2　运动学特征

1）断裂水平活动幅度的确定

如刀切般的阿尔金断裂带左旋走滑位移量是许多学者关注的重要问题，其走滑位移量 75～1200 km（李海兵等，2007），反映了 6 种观点。从西昆仑库地北超高压变质带蛇绿岩、阿尔金南缘蛇绿岩和柴达木北缘蛇绿岩在年龄、岩石组合及地球化学特征方面的相似之处认为阿尔金断裂带最大累积走滑位移量为 900～1000 km，相当于阿尔金断裂带中西段的位移量。

若北祁连高压变质带与北阿尔金高压变质带相当，则断裂左旋位移在 500 km 以上。若柴达木盆地北缘高压变质带与南阿尔金超高压变质带相当，则左旋走滑 400～500 km。若北祁连高压变质带与北阿尔金高压变质带相当，康西瓦断裂与东昆仑断裂均属康西瓦-鲸鱼湖板块缝合带，则阿尔金断裂中西段与中东段左旋走滑位移均为 350 km。

2）断裂带活动速率

从表 6-2-2 所列阿尔金断裂带不同地段、不同时期的左错及逆冲速率可知：

（1）断裂带活动速率不均匀，大致有西大东小的趋势。

（2）水平活动速率是垂直活动速率的 30～40 倍，西段的比例更大，从而反映阿尔金断裂自晚第四纪以来虽有逆冲活动，但以左旋走滑活动为主。

表 6-2-2　阿尔金断裂带不同地段、不同时期活动速率对比表

地　点	距今（ka B. P. ）	左错速率（mm/a）	垂直运动速率（mm/a）	参考文献
达拉库岸萨依	4. 91±0. 39 7. 93±0. 62	12. 2±3 16. 1±1. 1		王峰等，2004； 徐锡伟等，2003
阿羌牧场	2. 06±0. 16	12. 1±1. 9		王峰等，2004
库拉木勒克	6. 02±0. 47 15. 67±1. 19	11. 6±2. 6 9. 6±2. 6		王峰等，2004

续表

地　点	距今（ka B. P. ）	左错速率（mm/a）	垂直运动速率（mm/a）	参考文献
江尕拉萨依	16±1. 24		0. 33	郑荣章等，2005
车尔臣河	16. 6±3. 9	9. 4（9. 3）±2. 3		Eric Cowig，2007
秦布拉克	15	19±4	0. 4±0. 1	徐锡伟等，2003
约马克其	3. 46±0. 26 4. 73±0. 38	8. 7±0. 7 10. 6±3		王峰等，2004
米兰桥	32		1. 42±0. 3	郑荣章等，2005
乌尊硝	1994～1998GPS	9±5		尹光华等，2002
七个泉子	13. 86±1. 07 20. 18±1. 53	2. 2±0. 5 2. 3±0. 5		王峰等，2004
安南坝	9. 36±0. 73	7. 5±1. 7		陈文彬等，2000
柳城子	72. 36±5. 28		0. 57±0. 07	郑荣章等，2005
阿克塞沟	74. 15±5. 41		0. 15±0. 05	郑荣章等，2005
阿克塞-红柳峡	Qh	6		虢顺民等，2001
团结乡	5. 31±0. 41 12. 75±2. 15 18. 93±1. 46		1. 81±0. 21 0. 98±0. 18 0. 82±0. 07	郑荣章等，2005
达勒巴依	47. 43±3. 51		0. 57±0. 04	郑荣章等，2005
半果巴	16. 6±1. 23 35. 38±2. 58		0. 12±0. 02 0. 52±0. 05	郑荣章等，2005
疏勒河西	65. 41±4. 71		0. 13±0. 01	郑荣章等，2005
红柳沟	8. 99±0. 68		0. 05±0. 01	郑荣章等，2005
阿克塞呼尔布拉克河	6. 3±0. 15	16. 4±2		徐锡伟等，2003
肃北西水尔沟	9. 235±0. 13	17. 3±2. 5	0. 55±0. 2	徐锡伟等，2003
肃北芦草湾	14. 693±0. 2	11±3. 5	0. 35	徐锡伟等，2003
石包城东	42	5. 5±2		徐锡伟等，2003
昌马扭芽沟	10. 06±0. 76 28. 81±2. 25 30	0. 92±0. 07 3. 98±1. 29 4. 2±1		王峰等，2004
昌马红柳沟	8. 99±0. 68	2. 2±0. 1		徐锡伟等，2003
二家台	22. 53±1. 73 53. 26±4. 05	5. 12±1. 66 4. 44±0. 78		王峰等，2003
巴个峡	13. 09±1. 01 21. 21±1. 65 41. 66±3. 25	2. 61±0. 2 5. 35±1. 94 4. 71±1. 31		王峰等，2003
昌马大坝-宽滩山	2. 7	0. 9～2. 2		陈柏林等，2008

6.2.3　地震及古地震

1）地震

自有历史记载以来阿尔金断裂带发生过3次7级以上地震：

（1）2008年3月21日于田7.4级地震。这是阿尔金断裂带最大的一次地震（尹光华等，2008）。据资料报道，中国地质科学院地质研究所李海兵等考察发现NNE-NNW向地震地表破裂带长20 km，这与GPS观测的印度板块对欧亚板块俯冲的方向一致，是张性断裂的表现。

（2）1924年民丰双主震型7¼级地震。双主震型地震发生在7月3日与12日，分别发生在喀拉萨依东西及满达理克东面，是古地震活动区，震中烈度为Ⅸ度。

2）古地震

据我们研究，阿尔金断裂自乌尊硝段在晚第四纪25034±397 aB. P. 以来直至米特代牙340 aB. P. 在15个地段均发生过古地震（表6-2-3），有古地震形变带，长2.5～160 km不等。估计西端干湖滩、硝尔库勒两侧、向阳沟及阿尔日西尚有5处古地震形变带。一个地段至少发生过1次古地震。在索尔库里发生过5次古地震。古地震烈度从烈度Ⅶ—Ⅷ度至Ⅺ度不等，相当于6～8级。Ⅶ—Ⅷ度古地震以米特代牙340 aB. P. 为代表，Ⅺ度古地震如清水泉、野马滩、索尔库里、阿克塞及西水沟古地震。古地震强度大致有西弱东强之表现。这种表现大致同同震位移的大小相当，Ⅸ度古地震同震位移为2m，Ⅹ度古地震同震位移为4～10m，以6m最为突出。Ⅺ度古地震同震位移在7～10m以上，最大达15m，如阿克塞沟古地震。古地震强度与破裂带长度大体相应，Ⅸ度古地震地表破裂带长2.5～30 km，如断裂带西部的古地震，Ⅹ度古地震破裂带长26～60 km，如断裂中段吐孜敦及清水泉古地震，Ⅺ度古地震破裂带长30～160 km，如东段西水沟（巴个峡）古地震。

Ⅸ度（7级）以上古地震共31次，最早在25000 aB. P.，从而估计断裂带约在800 a左右就会发生一次Ⅸ度以上的地震，实际情况是百年之内就有7级以上地震发生。Ⅺ度（8级）以上古地震发生过13次，发生于25000～2900 aB. P.，平均1150 a就有一次8级地震，在西段米特代牙及东端巴个峡8级地震原地重复时间为900 a及6100 a。

表6-2-3　阿尔金断裂带古地震参数对比表

地　点	破裂带长度（km）	aB. P.	烈度	同震位移（m）
干湖滩	13			
硝尔库勒	93			
牙拉克	33			
开什昆	5.6	2200	Ⅸ	
苦牙克	2.5	3100	Ⅸ	2 垂直为0.65
满达里克	15 90	2700 4400	Ⅸ	
米特代牙	55 65	340 1077±80 2900 3800	Ⅶ—Ⅷ	10，垂直为0.8～1.2 10
吐孜敦	26 55	1011±57 6600	Ⅹ Ⅹ	4～10（6?），垂直为0.6

续表

地　点	破裂带长度（km）	aB. P.	烈度	同震位移（m）
清水泉	58 80	2270±80 6400±63	Ⅹ Ⅺ	5 10
约马克其	8.6 14	1900 3000	Ⅸ—Ⅹ Ⅸ—Ⅹ	1～4
乌尊硝尔	20 52	3500 25034±397	Ⅸ—Ⅹ Ⅸ—Ⅺ	4～5 10
野马滩	30	7000	Ⅺ	5.7（4.5?）
索尔库里	30 100 40 >60	1800 2950 3996±191 8600 9600	Ⅹ Ⅺ Ⅹ—Ⅺ Ⅸ Ⅹ	6 8 5～7
库什哈	>10 30 >100	960±80 2170±100 4130±310	Ⅸ—Ⅹ Ⅸ Ⅹ—Ⅺ	>5 6～7，视垂直断距 1.4
玉勒肯	72	>1462	Ⅹ—Ⅺ	5～6
阿克塞沟	65 65	13510±180 16400±100	Ⅸ Ⅸ	15 15
红石拉坡（芦草沟）	7	200～300	Ⅸ	9（?）
西水沟（巴个峡）	160 160 160	7080±570 12590±190 18620±500	Ⅺ Ⅺ Ⅺ	7～10 7～10 7～10

6.2.4　青藏高原西北缘其他断裂活动特征

青藏高原西北缘活动构造涉及除阿尔金断裂以外的西昆仑山前及阿尔金山山前的活动构造（表 6-2-4）。

表 6-2-4　青藏高原北缘其他断裂特征对比表

编号	断裂名称	长度（km）	产状			活动性质	地质证据	最新地质活动时代	与地震的关系
			走向	倾向	倾角				
71	康西瓦	725	NWW	N	60°～70°	左行走滑逆断层	断错水系、河流，断层三角面发育	Qh	1948 年 6.3 级 1963 年 6.0 级
73	柯岗	600	EW、NW	S 或 N	60°～70°	左行走滑逆断层	错断Ⅱ级阶地堆积物	Qh	1975 年 6.1 级

续表

编号	断裂名称	长度（km）	产状			活动性质	地质证据	最新地质活动时代	与地震的关系
			走向	倾向	倾角				
70	铁克里克	340	NWW	SW	50°～60°	右行走滑逆断层	错断Ⅳ级阶地	QP^3	28861±583～28044±516a. B. P. 古地震
75	亚门-柳什	140	70°	S	10°～60°	左行走滑逆断层	断错水系，河流	Qh	1982 年 11 月 1 日 5.5 级地震；普鲁 4.5 km 长古地震形变带
06	和田隐伏	663	70°	S	30°～60°	逆断层		Q	1998 年 5 月 29 日和田 6.2 级
93	车尔臣河隐伏	540				逆冲	断错下更新统	QP^3-Qh	
82	木孜塔格-鲸鱼湖	1600	EW	S	60°	左行走滑逆断层	古地震地表破裂带长达 30m	Qh	1966 年 10 月 14 日 6.0 级地震；2001 年 11 月 14 日新青 8.1 级地震，古地震地表破裂带长 30 km

（1）康西瓦断裂：以法国学者 P. Tapponier 为代表的一部分研究人员认为康西瓦断裂是阿尔金断裂的一部分（李海兵等，2008），我们认为，该断裂是康西瓦-鲸鱼湖板块缝合带之一，是青藏板块与塔里木-中朝板块间的碰撞构造，它们在平面上被阿尔金断裂左错。尽管如此，该断裂从（10.9±0.2）ka（^{10}Be）左错 22～200 m，其左错速率为 2～18 mm/a，最近一次大震左错约 6 m，同震破裂带沿喀拉喀什河河谷分布，长 100 km，估算约为 M_W 7.4 地震，约 12 m 的位错可能是 975～1020 a（AMS^{14}C）以来的两次大地震的同震累积位移，由此预示 M_W7.4 地震的复发周期为 370～500 a。

（2）柯岗断裂：最南面距康西瓦断裂 25 km，部分是昆仑山与塔里木盆地的界线，二者高差 500 m。与亚门-柳什（皮什盖-塔勒克勒格）（柏美祥，2003）断裂呈左阶排列，阶距 5 km，重接距为 50 km，断裂走向从近 EW 向，向西渐变为 NW 走向，断层面倾向 S 或 N，倾角 60°～70°，为左行逆断层，与阿尔金断层性质相同（?），断裂破碎带宽 180～300 m，沿断裂发生的 1975 年 4 月 28 日与 6 月 4 日和田双主震型 6.1 级地震与阿尔金断裂上民丰双主震型地震属同一地震类型。

（3）铁克里克（克孜勒陶-库斯拉普）断裂：分为 2 段，北面为 NW 走向，南面为 EW 走向，为断裂面西倾及南倾的右行走滑逆断层，长 340 km。在杜瓦南断裂断错阶地砾石层及上覆黄土层，断层倾向 176°，倾角 56°，在逆断层活动时即元古代变质片岩逆冲于二叠系砂岩时有古地震黄土类崩积楔，据国家地震局地球物理研究所及新疆地震局共同研究，崩积楔年代距今 28861±583～28044±566 aB. P.，显示晚更新世晚期断裂活动，但最新活动为正断层，垂直断距约 3 m。

（4）和田（隐伏）断裂：据新疆石油局地质调查处资料，该断裂西起柯克亚，向东位于克里阳与桑株北，经和田南、洛浦南，向东经敦麻扎北，可能与捷子山断裂斜交，略呈近 EW 向，为向南突出的弧形断裂，长约 663 km，为隐伏断裂，卫星影像线性明显，实际上为雁行状排列的 4～5 条断层。和田断裂西端其南侧有一系列（7 个）活动褶皱伴生，如柯克亚、克里阳、桑株、皮亚曼、杜瓦等活动褶皱，它们的成生应与和田断裂活动相关，为南倾逆断层，倾角 30°～38°，断层断错上新统及早更新世西域组砾石层下部，断距为 2700 m，未切穿西域砾岩，是第四纪活断层，断裂带宽 4.6～10.6 km。

和田断裂断错桑株背斜北翼，断面倾角下陡（55°）上缓（30°）为铲形或犁式断层，断错古近系1700 m，断错新近系1400 m。断面南侧冲沟切深5～10 m，断裂北侧第四系厚900 m，据人工地震剖面，断裂断开古近系-中新统，断距为5974～6300m。在喀拉喀什河与玉龙喀什河，和田断裂埋在地下20～300 m深处，上新统呈阶梯式逆断层分别逆冲于早更新世及中更新世洪积层之上，形成270 m及110 m高的2个逆向陡坎，表明断裂在中更新世后有所活动（彭敦复，2005）。

（5）木孜塔格-鲸鱼湖（东昆仑）断裂：位于康西瓦-鲸鱼湖板块缝合带，走向EW，形成于240 Ma～220 Ma（三叠纪），为左旋走滑断裂，左错速率为15±1.5 mm/a（许志琴等，2006），在新疆鲸鱼湖段构成第四纪断陷盆地，上新世-早更新世中心式火山喷发火山口有7处，在卫星照片及航空照片上极为醒目。在昆仑山口-达日段将早更新世冰水堆积层错断。在玉珠峰南麓三叠纪板岩向南逆冲在早更新世早期羌塘组之上，冲沟左错48 m，左错青藏公路以东25 km的冲沟43～300 m。库赛湖西侧近50 km的红水沟（35.9°N，92.2°E）Ⅰ级阶地左错约3m，Ⅱ级阶地左错约6 m，Ⅲ、Ⅳ级阶地分别左错29～31 m及63 m，Ⅲ级阶地年代为5960 ka。2001年11月14日沿断裂在新疆与青海交界处发生8.1级地震，形成426 km长的地震地表破裂带（B. Fu and A. LIN，2003），宽数米至数十米，最大同震位移7.6 m，沿东昆仑断裂带有多期地震地表破裂带，长700 km以上，强震复发周期为250～350 a（李海兵等，2008）。该断裂1971年3月24日在青海托索湖发生6.8级地震，1963年在阿拉克湖东发生7级地震，1937年1月7日在花石峡发生7.5级地震，1902年在阿拉克湖发生7级地震（中国地震局，2003）。

（6）青藏高原西北侧地震：在以往地震文献附录内曾列出1882年和田7级地震与1889年叶城7级地震，据Д. И. 穆什凯托夫1933年编制的中亚地震构造图（В. П. Спесивцева，1934）标出了可能是1889年及1882年Ⅸ度地震等震线完整及半完整的烈度圈，这是否意味着青藏高原西北缘与塔里木盆地交接带确实是7级地震区。

6.2.5　讨论与结论

（1）GPS反映的现代构造运动状况：据21世纪GPS观测结果，和田以西受印度板块北挤影响，在叶城附近由南向北最大值达20.3 mm/a，往东逐渐变小，且末附近由南向北挤压速率达11.2 mm/a，吐拉附近向NEE方向挤压速率最小为7.4 mm/a左右（王晓强等，2007）。

（2）由人工地震剖面探测的深部构造所反映的区域动力学特征：据阿尔泰-泉水沟地学大断面，青藏板块的康西瓦-鲸鱼湖板块缝合带（岩石圈断裂）与喀喇昆仑活动带的断裂面一般向NE倾斜，铁克里克断块的次级断裂均向SW倾斜，具推覆构造特征。

（3）阿尔金断裂意义：阿尔金断裂作为微板块的界线，呈NEE向，长约2100 km，界线平直，自早侏罗世以来（178.4 Ma）多次脉冲式左旋走滑，累积左旋走滑位移量达1000 km左右。据自然分段或按形成发展阶段分段，可将阿尔金断裂带分成3～8段，但主要是阿尔金山南缘断裂与北缘断裂。晚第四纪以来阿尔金断裂带仍以左旋走滑为主，其水平活动是垂直活动量的30～40倍。自晚第四纪以来，阿尔金断裂带左旋走滑速率不均匀，大致有西大东小的活动趋势，从（16.1±1.1）mm/a至（4.71±1.31）mm/a。近代发生的最大地震是2008年3月21日于田7.4级地震。古地震活动强烈，沿断裂带计有20处古地震形变带，由古地震烈度转换成震级可知，断裂带发生过7级以上古地震31次，其中8级以上古地震13次，平均800 a左右发生1次7级以上古地震，1150 a左右发生1次8级古地震。由古地震同震位移及现今断裂活动速率可预测未来地震危险性。20处古地震破裂带之间的15处未破裂段按公式（郭增健等，1979）$M=3.3+2.1\lg L$估计，今后发生5.5级以上地震的危险地段，自西向东为：阿特达木达坂及其南侧、泉水沟、塔木齐、库拉木勒克乡、衣山干、艾斯贵德、乌尊硝、金鸿山东、大通沟北山、柳城子南、疏勒河及宽滩山，其中阿特达木达坂、泉水沟、塔木齐、衣山干、卡让古萨依、乌尊硝、大通沟北山及柳城子南共8段可能发生6.2～6.8级地震，阿尔金断裂带东西两端疏勒河及琼木孜塔格西北可能发生7.2～7.3级地震（表6-2-5）。

表 6-2-5 阿尔金断裂带古未来地震危险段统计表

地段	长度（km）	推测震级	地段	长度（km）	推测震级
阿特达木达坂	26	6.3	岔沟泉	10	5.4
琼木孜塔格	74	7.2	清水泉	14	5.7
泉水沟	34	6.5	库木塔什	15	5.8
塔木齐	23	6.2	乌尊硝	27	6.3
衣山干	21	6.1	大通沟北山	43	6.7
艾斯贵往	16	5.8	柳城子南	28	6.3
卡让古萨依	23	6.2	疏勒河	80	7.3
			宽滩山	16	5.8

（4）青藏高原西北缘其他断裂活动特征。除阿尔金断裂外，青藏高原西北缘共有 8 条活动断裂，阿尔金断裂以西的活动断裂具推覆构造特征，其中康西瓦断裂有 100 km 长的古地震地表破裂带，曾发生过 7.4 级古地震。阿尔金断裂以东的东昆仑断裂在 2001 年 11 月 14 日发生 8.1 级地震，预示地震进入一个新的活跃期。

（5）地壳缩短速率的初步计算：由阿尔金断裂带形成的活动褶皱，在 3 个地段计算出不同时期（白垩纪、上新世及早更新世后）地壳短缩率为 0.07～0.27，地壳短缩量为 400～4500 m（表 6-2-6）。

表 6-2-6 由活动褶皱计算的阿尔金断裂带的地壳短缩量

地点	岩层	长度（km）	褶曲长度（km）	短缩率	短缩量（m）
苦牙克	Qp^1	5	5.4	0.07	400
清水泉	N_2	5.4	7.4	0.27	2000
江尕拉萨依	Qp^1、N_2、K	14	18.5	0.24	4500

地壳短缩速率为 0.03～0.38 mm/a，与江尕拉萨依、阿克塞及芦草湾用断层垂直活动速率计算的短缩量为 0.11～0.35 mm/a 相近，和田断裂带 N_1 与 N_2 由于皮牙曼及杜瓦背斜的形成，短缩 400m，短缩率为 0.06，短缩速率为 0.05 mm/a。

6.3 帕米尔弧形地震带

6.3.1 断裂构造

分布在塔吉克斯坦和阿富汗境内的帕米尔弧的西翼分为南帕米尔、中帕米尔和北帕米尔三个带（图 6-3-1）。南帕米尔断裂（SPF）又称鲁尚-普沙塔断裂，呈向 N 突出的梯形断裂。中帕米尔断裂（MPF）也为向 N 突出的弧形断裂，古生界或中生界地层逆冲在古近系之上，长 600 km。北帕米尔断裂（NPF）也称为达尔瓦兹-卡拉库尔断裂，同样为向 N 突出的弧形断裂，是北帕米尔褶皱系与塔吉克盆地的分界线，古生界、中生界、古近系、中新统地层逆冲在上新统之上，长 1440 km。西侧断层为左旋走滑逆断层，走向 NNE，倾向 SE，倾角 15°～80°，宽几千米，断层左错速率为 10～15 mm/a。

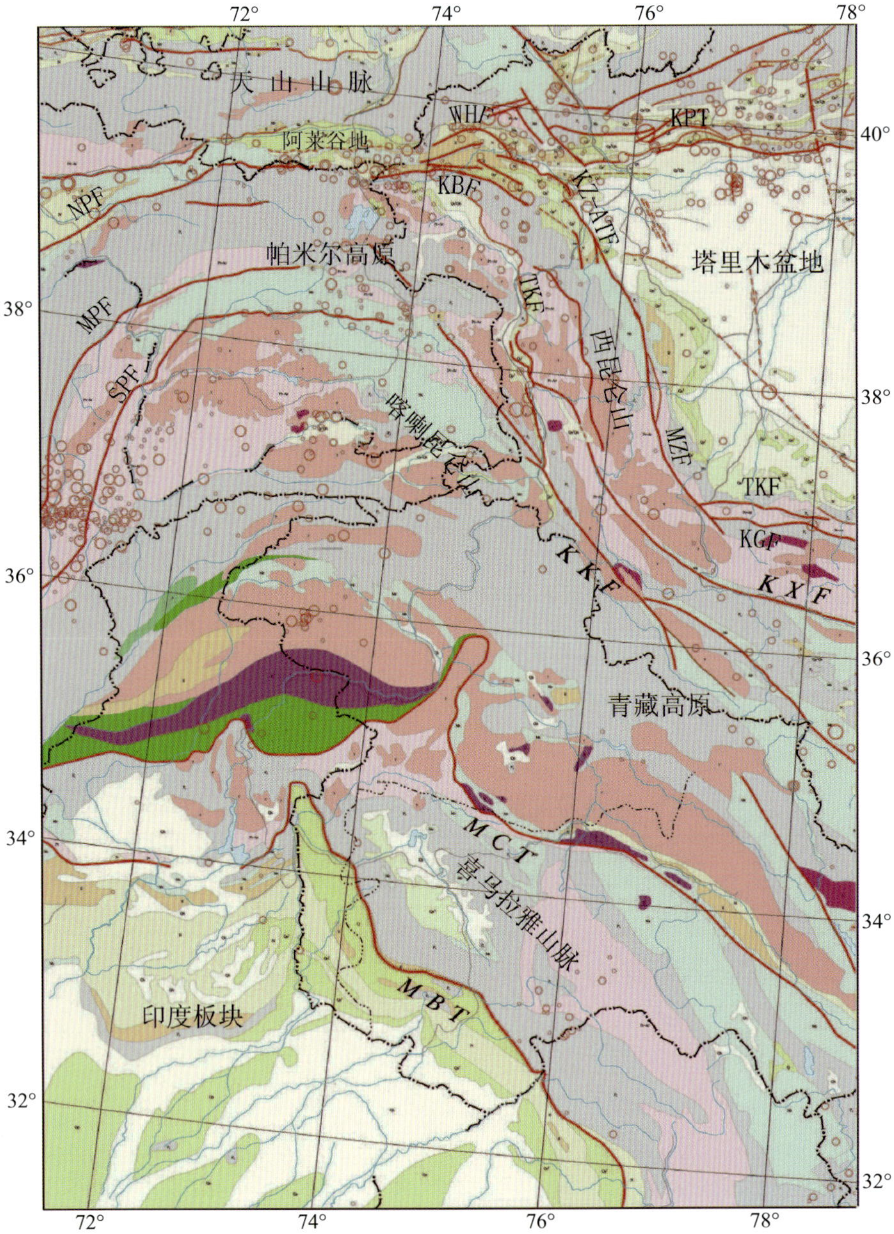

图 6-3-1　西喜马拉雅-帕米尔-西昆仑地质构造略图

与帕米尔弧西翼三个带对应的中国境内帕米尔弧东翼的三个带应为喀喇昆仑断裂带、康西瓦断裂带和帕米尔-西昆仑山前断裂带，其中：

喀喇昆仑断裂（KKF）全长约 2000 km，为走滑逆断层，北段主要位于阿富汗境内，又称卡拉苏断裂，将不同年代阶地右错 35～70m，新生代右错约 80 km；中段在我国新疆和克什米尔之间，南段在西藏阿里地区及印度河谷南。从卡纳套至印度河谷新生界右错 200 km（Burtman et al.，1993）。李海兵等（2006）认为喀喇昆仑断裂形成以来累积走滑位移量至少在 280 km 以上，第四纪以来最小累积位移量 120 km 以上，长期的平均滑移速率为 11 mm/a（李海兵等，2008）。

康西瓦断裂（KXF）西起塔什库尔干盆地东缘，经辛迪向南东延伸至麻扎、三十里营房，而后向东经康西瓦、慕士山至琼木孜塔格西南被阿尔金断裂斜向截断，全长约 1000 km，宽约 3～5 km，由平行的三四条断层构成叠瓦状逆冲带，走向由 NWW 转为 EW 向，断层面主体向 S 倾斜，倾角 60 °～75°，整体呈反“S”形，主弧向SW突出。沿断裂带有很宽300～500 m的糜棱岩化带、角砾岩化带及片理化带。晚第四纪以来平均左错速率为8～12 mm/a。沿断裂有第四纪火山岩。在喀拉喀什河谷有80 km长的地震地表破裂带，估计矩震级为7.3级（付碧宏等，2006）。

塔什库尔干活动断裂带（TKF）：断裂带沿NNW走向塔什库尔干张性断陷盆地系发育。盆地系由5个断陷盆地首尾相连，长200 km。断裂带由5条断裂组成。沿这几条分支断层均发现古地震形变带，其中包括1895年塔什库尔干7½级地震的地表形变带。

西昆仑-帕米尔山前断裂带，由多组山前逆断层-褶皱构造带组成，主要的一条为卡兹特-阿尔特逆断裂-褶皱带。该带向南过渡为近SN向的麻扎断裂（MZF），之后与西昆仑东段近EW向的柯岗断裂（KGF）和铁克里克断裂（TKF）相连。卡兹克-阿尔特断裂（KZ-ATF）是乌恰1985年8月23日7.1级地震的发震构造。肯别尔特断裂（KBF）位于帕米尔-西昆仑推覆活动构造前缘，长约220 km，为逆走滑断层。1974年8月11日在中苏边界发生玛尔坎苏7.3级地震。

乌合沙鲁（卡巴加特）断裂（WHF）：位于南天山山前卡巴加特复背斜北翼，是受印度板块北挤形成的向北突出的弧形断裂，长140 km，该断裂是1978年10月8日和1987年4月30日乌恰两次6级地震的发震构造（冯先岳等，1988）。

喜马拉雅主边界断裂又称为主边界逆冲带（MBT）位于印度板块与科希斯坦-雅鲁藏布江板块缝合带之间，为逆冲推覆构造，断层面相当平缓，使断层线在平面上呈向北尖突的弧形，上元古界-下寒武系逆掩于白垩系之上，由2～3条逆掩断层构成，长逾600 km。喜马拉雅山南麓多次发生7～8级以上大震，1905年4月4日在康纳发生8级地震，地表破裂带长300 km。喜马拉雅主中央逆冲带（MCT）是喜马拉雅造山带一条主要的北倾低角度韧性逆冲断层，沿此断层，中高级变质岩系所组成的高喜马拉雅构造带逆冲于中低级变质的小喜马拉雅构造带之上，据Nikonov（1981）研究，发生过古地震。

6.3.2　帕米尔应力场

帕米尔东北侧是天山褶皱带、西昆仑造山带和塔里木块体3个地质构造单元的交接带，在印度板块和欧亚板块的碰撞和持续会聚作用下，作为中国大陆受印度板块动力作用最强烈的地区之一，帕米尔的陆内俯冲和变形作用非常强烈。地质学及地球物理观测数据表明，欧亚大陆岩石圈深部向帕米尔俯冲至少有200 km，使帕米尔的地壳比正常的地壳增厚了大约2倍。帕米尔构造带则沿其前缘的帕米尔北缘推覆构造带向北仰冲到欧亚大陆的稳定地块之上，南天山也因受到来自印度板块和欧亚板块碰撞的影响，向南仰冲到稳定的塔里木板块北缘之上，该地区现今的缩短速率达到19～20 mm/a，几乎占印度板块向北推移速率的一半。印度板块由南向北强烈的推挤，在位于印度板块向欧亚板块推挤前缘的帕米尔东北缘，形成了一系列壮观的向北凸出的弧型推覆构造，这些弧型推覆构造在东西两侧由正向逆冲渐变为斜冲-走滑的大断裂，东侧显示右旋、西侧为左旋断层特征。帕米尔北缘向北凸出的弧型推覆构造的东侧、NW走向的逆断层与斜切天山NW向的塔拉斯-费尔干那深大右旋走滑逆冲断裂带、NW向的西昆仑北缘走滑断裂构造在新疆乌恰地区交会，这里发生的1985年乌恰7.3级强震破裂机制复杂，显示出上述几条断裂的影响。

上述向北凸出的帕米尔北缘弧形推覆构造带的东段由弧形褶皱-逆断裂带及其间的推覆构造构成。频繁发生的中强地震在帕米尔东北缘形成了南北两条极为显著的深、浅源地震带（图6-3-2）。其中卡兹克阿尔特弧形活动褶皱-逆断裂带自西向南东由近EW走向的卡巴加特弧和NW走向的乌帕尔两个次级弧型构造构成，是6级以上地震频繁发生的场所。2008年10月5日新疆乌恰M_S6.8地震（图6-3-2中5号地震）位于卡兹克阿尔特断裂的中西段，在1974年8月11日乌恰西南M_S7.4地震（图6-3-2中1号地震）以东20 km左右，其主要余震沿该断裂呈NNE向分布。而1985年乌恰M_S7.3强震（图6-3-2中3号地震）则发生在断裂东端的NW走向的乌帕尔弧，这里还发生了1983年2月13日M_S6.7地震（图6-3-2中2号地震）、1990年4月17日疏附M_S6.4地震（图6-3-2中4号地震）。

独特的构造环境使得帕米尔东北缘成为地球动力学研究的典型地区。然而，前人对研究区域或其附近开展的应力场研究，都是基于 Harvard 大学的矩张量解或者利用初动解，前者只有 1970 年以来的 6 级以上地震，后者的质量受观测条件的局限。本文利用“十·五”以来新建的新疆区域台网中宽频带台站记录的三分量地震波形数据，在时间域反演了乌恰 M_S6.8 地震震源区及其附近区域 2006 年以来的 52 次 M_S3.7 以上地震的矩张量解。在结合 Harvard 大学的矩张量解基础上，研究了帕米尔东北缘这个典型构造区域近年来的震源机制类型及局部应力场特征。

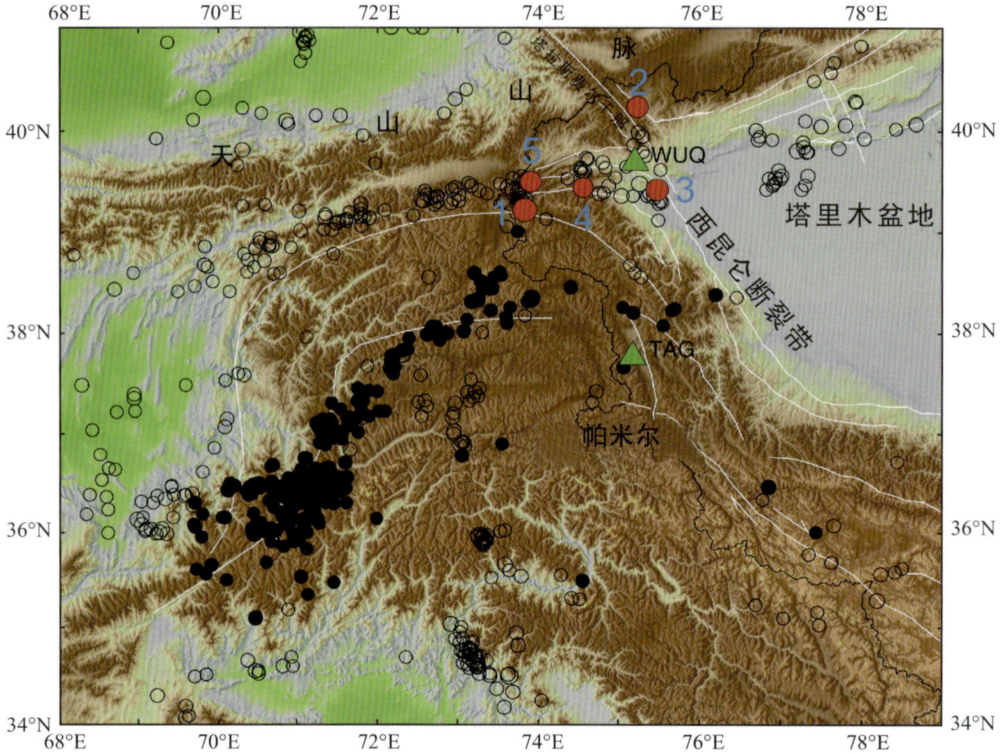

图 6-3-2 研究区 1964～2008 年 M_b>5 中强地震震中分布图（据 ISC 地震目录）

黑色实心圆圈代表深度大于 70 km 的地震，空心圆圈代表深度小于 70 km 的地震

6.3.3 研究方法和数据处理

获取地震的震源机制解是认识地震发震断层及破裂特征的主要手段。地震的震源应力场携带着区域构造应力场及构造运动的信息，因此，震源机制解还为构造应力场的研究提供了基础数据。由于中等地震的能量相对较小，通常难以利用远场波形反演地震矩张量解。利用 P 波初动求震源机制解，当近场没有足够的台站分布时，观测所能提供的初动资料数量以及这些初动点在震源球上分布的均匀程度对结果有相当大的影响，因此，获得的机制解常常可靠性较差。随着新建的“十·五”国家和区域数字地震台网的运行，利用区域震源宽频带记录进行中小地震的震源参数的研究，成为近年来一个活跃的研究领域。许多研究表明，由于区域长周期地震波对速度结构的横向变化及密度的非均匀性相对不敏感，如果震源位置比较准确，地震满足震源的同步假设，波形信噪比高，则用区域范围稀疏台站记录的三分量长周期波形就足以反演得到稳定的矩张量解。另外，由 P 波初动得到的机制解仅仅是初始破裂面，由波形反演结果得到的则是整个破裂过程的信息，由于初始破裂方向并不一定与地震的断层错动完全一致，因此，矩张量解得到的震源机制结果相对更加完整和可靠。

本节使用了 Dreger 等提出的利用区域范围长周期体波三分量波形在时间域反演地震矩张量解的程序。该方法目前在南加州台网及全球多个国家台网中运行以提供近实时地震矩张量解，在我国伽师及汶川地震序列研究中也得到了应用。理论地震图的正演计算使用经 Saikia 改进的离散波数积分方法。当使用长周期波形资料时，地震满足震源为点源的假设，震源时间函数直接取 δ 函数。每个参加反演的台站可以分别使用不同的地壳速度、密度等。由于部分宽频带台站仪器的自身低频噪音较为显著，长周期滤波后观测波形受到影响，本文使用三分量速度波形进行反演。

具体反演过程是：首先对观测波形进行去均值、去倾校正，反褶积仪器传递函数，将记录变为实际速度值（m/s），再旋转到 Z、R、T 分量。然后对观测资料使用 Butterworth 带通滤波器滤波到需要的长周期频段，以剔除较低频和较高频噪声而不破坏用于矩张量反演的信息。对计算的 Green 函数也滤波到与观测数据同样的频率范围。最后采用迭代拟合相关系数的方法对观测波形和理论波形进行拟合。

对于乌恰 M_S6. 8 主震，由于该方法对于 6 级地震要求区域范围的台站在 0. 01～0. 05Hz 幅频响应平坦，能满足条件的仅有喀什台，所以本研究采用传统的 P 波初动方法求解该地震的震源机制解。

本文采用了 Gephart 和 Forsyth 提出的一种被广泛使用的确定应力场的反演程序 FMSI，对研究区域的应力场主轴方向和倾角进行了反演。该方法假设断层面上的剪切应力方向与断层的滑动方向一致，然后利用网格搜索方法寻找一组地震的最佳拟合应力张量。每个地震的残差定义为使两个节面上的滑动角与应力模型预测的滑动角一致的最小旋转角。平均残差表示研究区域内的应力张量的非均匀程度，平均残差小于 6°代表研究区域较均匀的应力条件，而大于 9°代表应力场有较高的非均匀性。

1）数据及处理

2003 年以来，“十・五”新疆区域数字地震台网在帕米尔东北缘附近的宽频带数字地震台站有喀什（KSH）、乌恰（WUQ）、阿图什（ATS）、八盘水磨（BPM）、英吉沙（YJS）、叶城（YCH）、塔什库尔干（TAG）。本文利用上述 7 个台站记录的宽频带三分量地震波形数据的长周期波形，反演 2006～2010 年间，除 2008 年 10 月 5 日 M_S6. 8 地震外的 M_S3. 7 以上地震的矩张量解。

反演地震矩张量的重要步骤之一是计算格林函数，其计算结果在很大程度上影响反演结果的可靠性，因此速度模型的建立是一件非常基础而关键的工作。本节计算理论地震图使用了 CRUST2. 0 的 2°×2°分层的速度和密度结构模型。研究中根据各个台站的位置，最终使用了 3 种速度模型：乌恰（WUQ）、喀什（KSH）、阿图什（ATS）使用一种速度模型，英吉沙（YJS）、八盘水磨（BPM）使用一种速度模型，叶城（YCH）、塔什库尔干（TAG）使用一种速度模型。

本研究中，受区域台网仪器观测频带的限制，未能反演 2008 年 10 月 5 日 M_S6. 8 地震的矩张量解。但我们自 IRIS 台网的台站及新疆区域台网中，仔细读取了具有清晰初动的 133 个台站的 P 波初动，弥补了新疆台网均分布于震源东侧的缺陷，采用初动方法确定了其机制解。台站分布情况如图 6-3-3 所示。

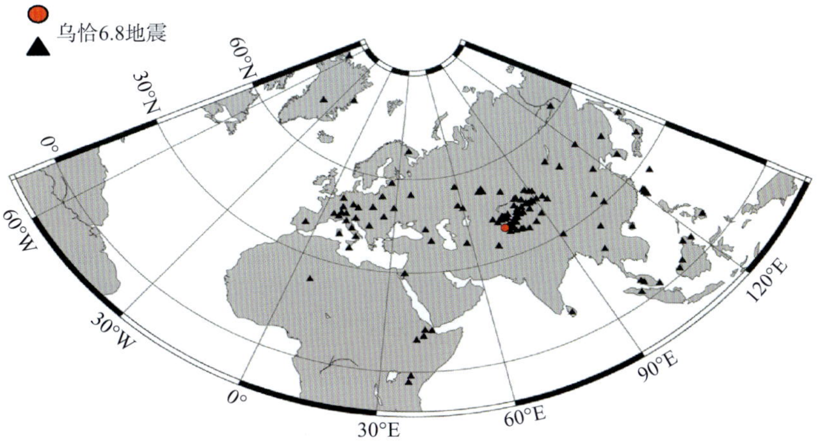

图 6-3-3　计算乌恰 6. 8 级地震震源机制解所用的 133 个地震台站分布图

2）结果及分析

（1）乌恰 M_S6.8 级地震震源机制解。图 6-3-4（a）为利用 133 个初动数据得到的乌恰 6.8 级地震的震源机制解。哈佛（Harvard）大学在震后即给出了 2008 年 10 月 5 日 M_S 6.8 地震的矩心矩张量解（图 6-3-4（b））。由图 6-3-4 可见，哈佛的解存在一定的走滑分量，两个结果断层走向和震源应力场的 *P*、*T* 轴一致，均表明此次地震是逆断层性质的地震。在南倾的节面附近出现了矛盾符号的台站，其中的一个节面与余震分布及发震位置所处的断层几何参数一致，表明是卡兹克阿尔特断裂带中西段发生破裂的结果。根据 6.8 级地震后的余震分布实际发生位置，判断走向 75°、倾角 70°、滑动角 270° 的节面为此次地震的断层面（表 6-3-1）。

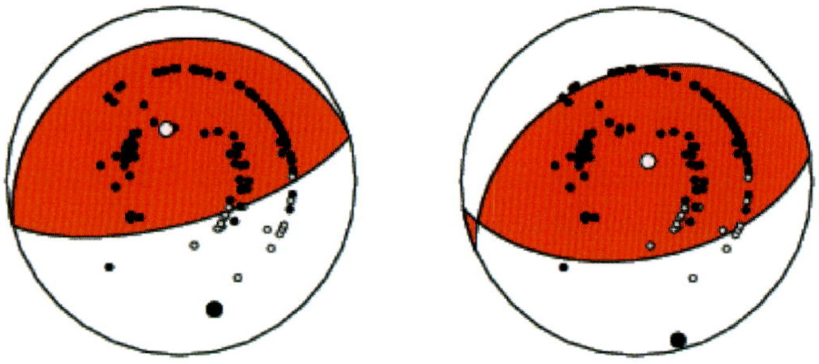

(a) 本文作者利用133个P波初动解　　(b) Harvard矩张量解

图 6-3-4　2008 年 10 月 5 日乌恰 M_S6.8 级地震双力偶震源机制解

图中阴影区为压缩区，实心圈表示 P 波初动向上，空心圈表示 P 波初动向下，大实心圈为 *P* 轴，大空心圈为 *T* 轴

表 6-3-1　2008 年 10 月 5 日乌恰 6.8 级地震双力偶震源机制解

发震时间（UTC）年-月-日 时：分	M_W	M_S	深度	节面 Ⅰ			节面 Ⅱ			地震矩	备注
				走向	倾角	滑动角	走向	倾角	滑动角		
2008-10-05 15：52：49		6.9	33	255	20	90	75	70	90		本文
2008-10-05 15：52：49	6.7	6.4	27	246	38	78	82	53	99	1.397e+26	哈佛

（2）地震矩张量解。研究中得到 2006 年以来乌恰 6.8 级地震余震序列及其周缘共 52 次地震的矩张量解，在 52 次地震中，多数解是由 2 个以上台站记录的三分量速度波形数据反演得到，理论地震图与观测地震图的相关系数大于 0.7 的有 46 个，占 86.8%；相关系数大于 0.8 的有 32 个，占 60.4%。表 6-3-1 给出了最佳双力偶分解得到的双力偶机制解，图 6-3-5 给出了三次地震的矩张量解及使用台站的三分量波形拟合情况。全球很多研究机构对地震矩张量进行反演研究，其中哈佛大学在此方面被公认为最权威的研究机构，他们对全球绝大部分 M_W>4.8 地震矩张量做了反演。为了进一步分析本文矩张量反演结果的可靠性，本文选取哈佛大学在该地区和时间段内也做出结果的 8 个地震进行了对比（图 6-3-6），结果显示本文的计算结果和哈佛大学的结果较为一致，尤其是断层走向和震源应力场的 *P*、*T* 轴。

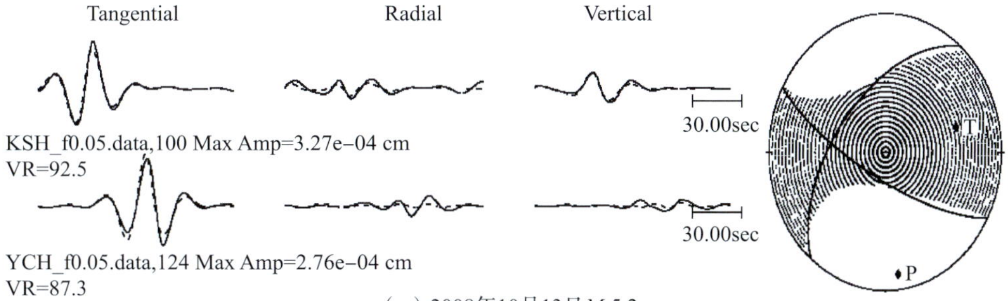

（a）2008年10月13日M_S5.2

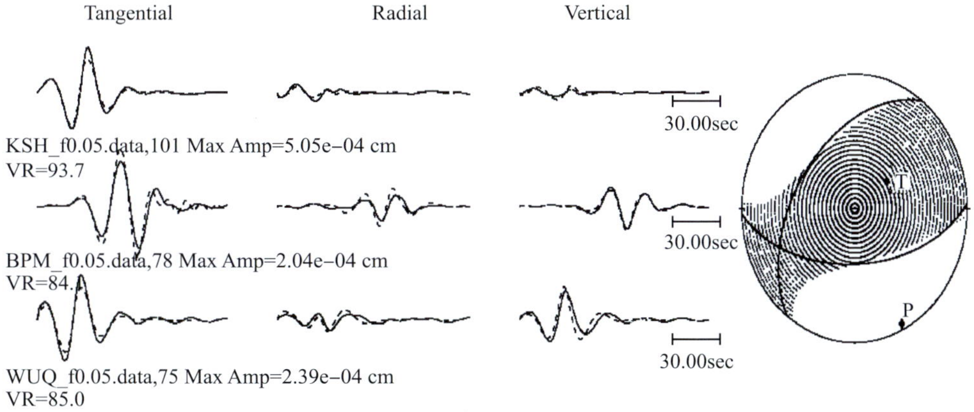

（b）2008年10月14日M_S5.4

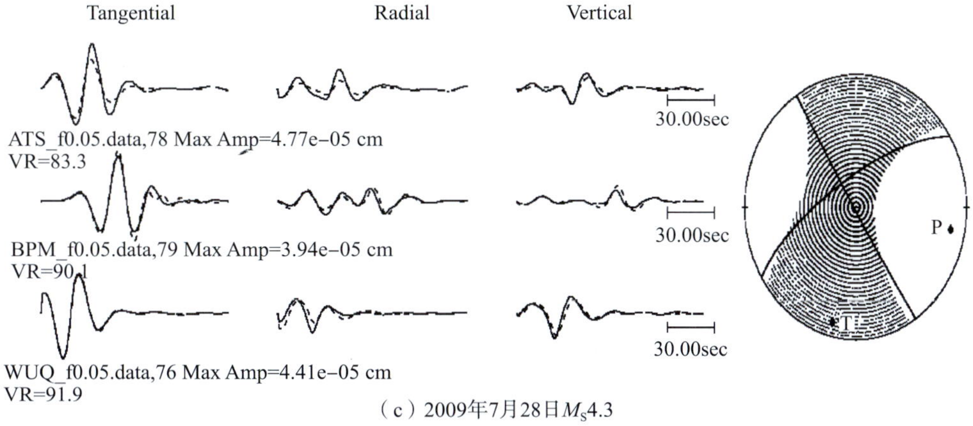

（c）2009年7月28日M_S4.3

图 6-3-5　理论波形与实际波形拟合及反演结果（实线为记录波形，虚线为理论波形）

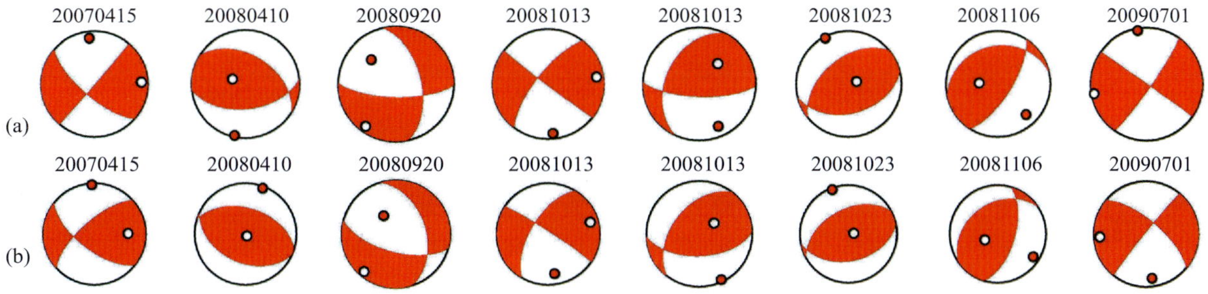

图 6-3-6　本文矩张量反演结果与哈佛 CMT 结果对比图

（a）哈佛大学的结果；（b）本文做出的对应结果

6.3.4　帕米尔弧东北缘震源机制及应力场特征

图6-3-7为研究区包括乌恰6.8级地震在内的53次地震震中分布及双力偶震源机制解的下半球投影，图中同时绘出了P、T轴。由图可见，本文研究的地震在空间上分为三丛，北面的两丛沿卡兹克阿尔特弧分布，分别位于卡兹克阿尔特断裂的中西段（卡巴加特逆断裂带）及东段前缘的乌帕尔弧段，前者是此次6.8级地震及其余震区，后者是1985年乌恰7.3级地震的震源区；南边的一丛位于中帕米尔中深源地震带的东段。我们将Harvard大学给出的1976～2008年$M_S \geqslant 5$以上49个地震的矩张量震源机制解一起进行统计分析，发现2008年10月5日乌恰6.8级地震震源附近的地震大都是逆冲和走滑性质，45个机制解中，逆断层占60%，走滑占36%；1985年乌恰7.3级地震震源区的地震逆断类型比走滑类型稍多，30个地震中逆断层占57%，走滑占40%；而南部的地震以走滑为主，22个深震的走滑地震占54.5%，逆断、正断层各占约23%。西区断层节面的倾角优势分布于30°～60°之间，而东区的则更加直立，优势分布于60°～90°之间，显示出沿卡兹克阿尔特弧形断裂中西部到东端部，断面倾角逐渐增大且趋于直立的特征，与地质考察结果基本一致。

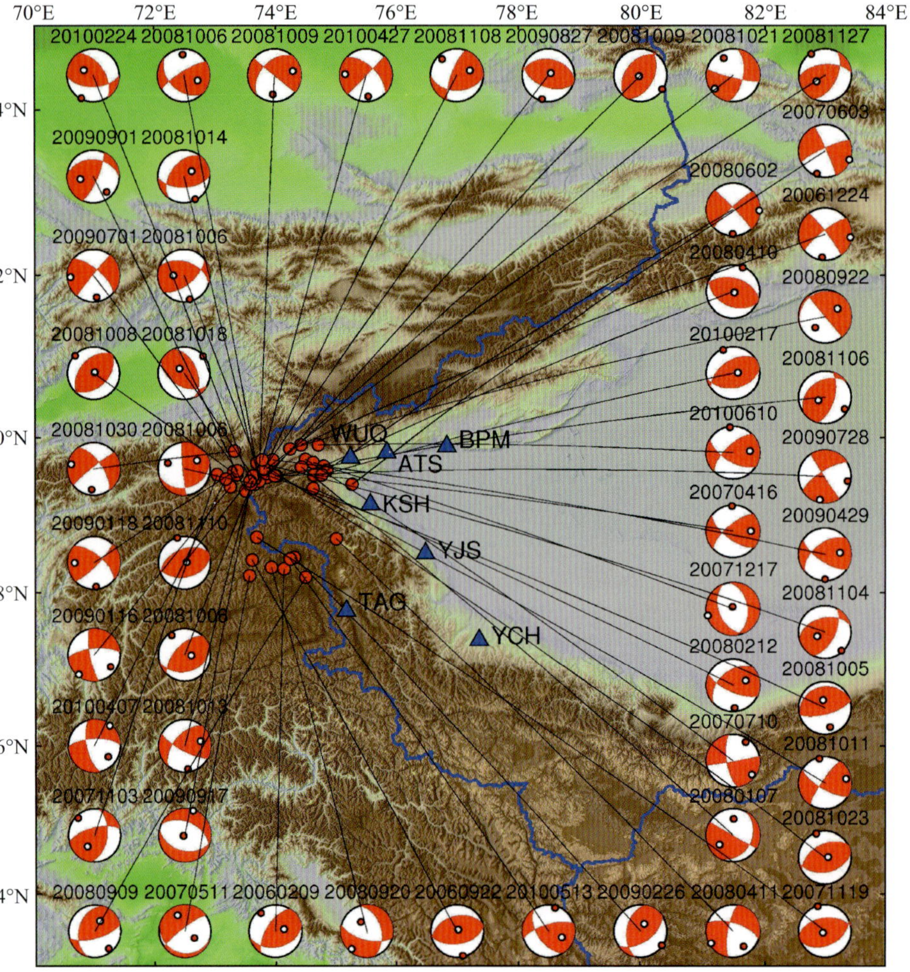

图6-3-7　53次地震的震源机制解及台站位置

蓝色三角形为台站位置，机制解上方的数字代表发震年月日

我们把每个地震的P、T、N轴用线段绘于图6-3-8，线段的方向代表方位角，线段的长短表示倾角，越短表示越直立，越长表示越水平。显然，研究区三丛地震的P、T、N轴分布也显示出显著的空

间分区特征。西区地震的 P 轴走向 NNW，N 轴较缓，T 轴方向 NNE，多数地震的倾角较陡。东区的地震以走滑为主，P 轴走向 NNE，倾角较缓，N 轴倾角较陡，走向 NNW，T 轴走向近 EW，倾角较缓。南区地震的 P 轴走向 NNW，倾角较缓，T 轴走向 NNE，倾角接近水平。

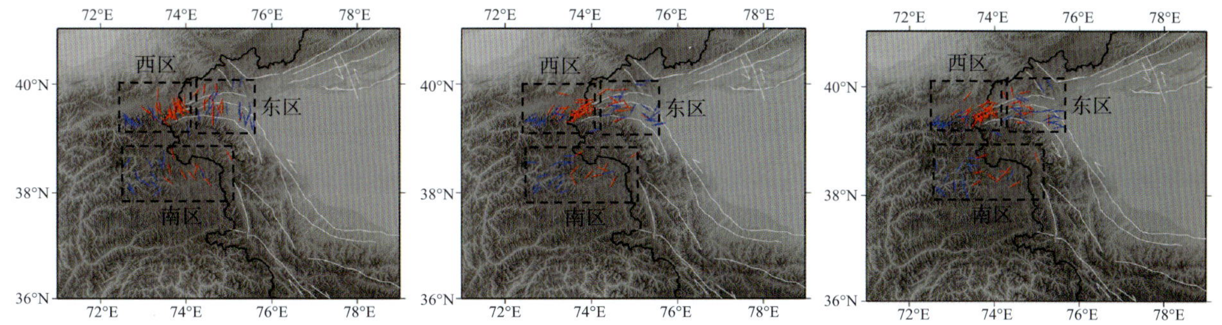

图 6-3-8　P、T、N 轴空间分布

图中红色为本次研究得到的结果，蓝色为 Harvard 大学 CMT 解的结果，线段长短代表倾角的大小（90°-倾角），越短表示越直立

根据上述分区特征，我们利用 FMSI 方法计算了各区的应力场主轴方向（表 6-3-2、图 6-3-9）。从三个区的应力场反演结果可以看出，三个研究区的应力场存在差异，西区与南区的最大主压应力方向基本一致，方向在 N30°W 附近，但南区的最大主压应力存在 31°的倾角，而西区则基本水平；东区的最大主压应力方向为 N25°E，三个应力轴都有倾角，其中最大主张应力轴与南区一样接近直立。可见西区水平挤压作用最为明显，东区水平挤压和拉张作用基本相当，而南区水平拉张作用强于挤压作用。

表 6-3-2　应力场反演结果

区域	地震个数	σ_1		σ_2		σ_3		R	误差
		倾角（°）	方位角（°）	倾角（°）	方位角（°）	倾角（°）	方位角（°）		
西区	41	3	144	44	237	46	50	0.45	7.2
东区	29	22	25	58	155	22	286	0.70	6.1
南区	20	31	332	59	151	1	242	0.65	5.9

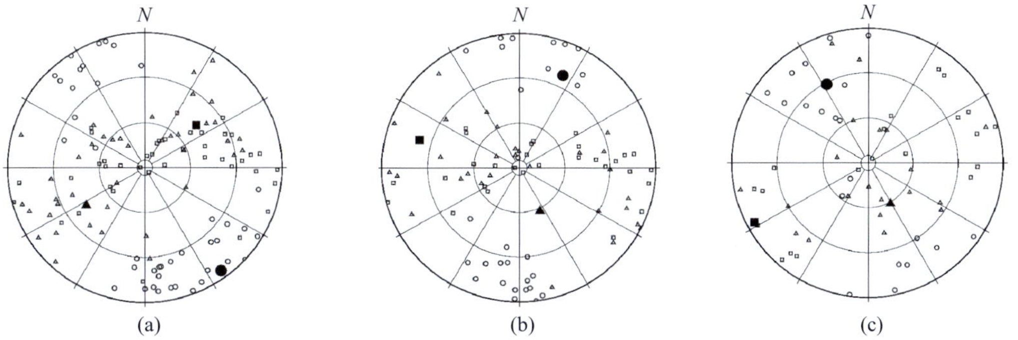

图 6-3-9　震源区西区（a）、东区（b）和南区（c）的应力场反演结果

图中较大的圆形、三角形、方形分别代表最大、中等及最小压应力轴，其中较小的圆形、三角形、方形分别代表 P、N、T 轴投影位置

6.3.5　讨论与结论

本节研究的西区位于卡兹克阿尔特弧形活动褶皱-逆断裂带的中东部，是印度板块向欧亚板块推挤的前缘及向北凸出的弧型构造的中间部位，这里断层走向近 EW 向；而东区位于卡兹克阿尔特弧形构造向东的转弯处，这里断层方向由其西部的近 EW 向转为 NW 向。东、西区地震的震源深度大多在 30 km以内。根据矩张量反演结果，东、西区均有近 60% 的地震断层为逆断层，近 40% 的地震断层为走滑性质，基本没有正断层地震。西区最大主压应力轴 N36°W，基本水平；东区 N25°E，倾角 22°。可见在帕米尔北缘卡兹克阿尔特弧形活动褶皱-逆断裂带的中、东部，以逆冲推覆活动为主，并有部分走滑类型的地震，基本不存在正断层类型的地震；在帕米尔东北缘的卡兹克阿尔特弧型构造东、西两侧，局部应力场最大主压应力方向分别为 NNE、NW 方向。研究区的东区处于西昆仑造山带、天山褶皱带以及塔里木块体的交会部位，构造位置特殊，是帕米尔东北缘弧形断裂带与塔拉斯-费尔干那深大断裂、西昆仑断裂带的交界处，我们推断，该区域在承受印度板块向欧亚板块的俯冲作用的同时，也更多的受到了塔里木块体的顺时针旋转作用的影响。

南区位于帕米尔陆内俯冲和变形作用强烈、碰撞造成深源地震带的东段，本节分析的地震深度达 150 km 左右。这里的地震以走滑错动为主，20 个深震中走滑地震占一半，逆断、正断层各占约 1/4。应力场反演结果一方面表明在统一的近北向推挤力作用下，深源地震区岩石圈深部碰撞俯冲区的应力状态相对复杂，一方面也显示出 NNW 向应力场的北向传递，与其北侧同样位于北向弧形推覆构造顶部的西区应力场最大主压应力方向一致；而南区最大主压应力倾角为 31°，西区则基本水平；综合考虑两区的地震深度，则可以认为最大主压应力轴的方向和倾角反映了由北向南俯冲的欧亚大陆岩石圈向帕米尔俯冲所达到的深度和方向，即在位于中帕米尔的东区，俯冲至 150～170 km 深度，俯冲角度为 60° 左右。

本文得到的应力场方向与中亚地区重复 GPS 测量结果得到的位移方向一致。研究结果显示出，在大尺度的构造运动及动力作用下，局部应力场受所处局部构造影响，尤其是在本文所研究的典型的特殊构造部位。

6.4　天山的挤压推覆构造和大型剪切走滑断裂

天山包括了中国天山和哈萨克斯坦、吉尔吉斯斯坦及乌兹别克斯坦等中亚天山。习惯上将天山分为南天山、中天山和北天山（图 6-4-1）。南天山主要指中亚地区的费尔干纳盆地、纳仑盆地、伊塞克湖盆地以及中国新疆的昭苏盆地、尤尔都斯盆地、焉耆盆地以南的天山。北天山则是伊犁盆地和吐鲁番盆地以北的天山；中天山为喀什河断裂与那拉提断裂之间一系列的盆地和山脉，包括伊犁盆地、昭苏盆地及其之间的乌孙山以及伊塞克湖盆地、纳仑盆地及其周围山脉。

天山地区的最新构造活动以逆冲运动为主，同时发育数条大型的走滑断裂，其中规模最大的为 NW 向的塔拉斯-费尔干纳断裂带（TL-FGF）和博罗克努-阿齐克库都克断裂（Bo-AF），它们分别切割北天山和南天山。主要包括南天山山前的柯坪推覆构造、库车推覆构造、北天山山前推覆构造、博格达弧形推覆构造、吐鲁番盆地中央推覆构造以及境外天山纳仑盆地内的推覆构造等等。

6.4.1　天山活动构造与地震构造分区

天山总体由南天山、北天山和两者夹持的山间盆地组成。表现为水平挤压作用下的地壳缩短垂向、斜向剪切转换变形和向两侧盆地的横向扩展变形。成了主脉根部的高角度逆断层控制的厚皮推覆构造和前陆盆地内低角度逆掩断裂控制的薄皮推覆构造以及调节纵向不均匀缩短并传递变形的大型剪切断裂。

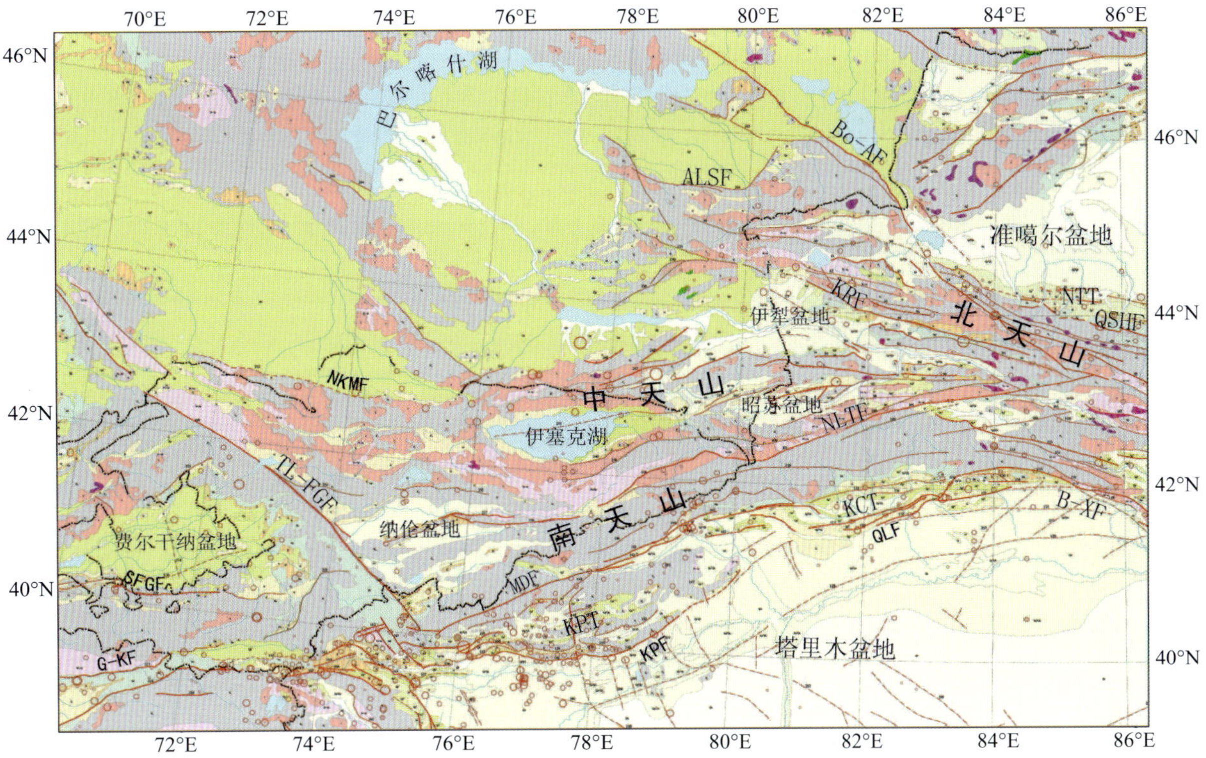

图6-4-1　天山西部地区地震构造图

1）南天山

南天山围绕塔里木盆地北缘呈向北突出的弧形，分为东西两段，东段走向NWW，西段走向NEE。

南天山西段山前发育两个大型的逆冲推覆构造，西侧为柯坪逆冲推覆构造（冉永康等，2006；宋方敏等，2006；杨晓平等，2006；田勤俭等，2006；Yin，et al.，1998；Burchfiel et al.，1999；Allen et al.，1999；Shen et al.，2001），东侧为库车推覆构造（沈军等，2006）。柯坪推覆构造又由多排逆断裂-背斜带组成；最外侧为柯坪逆断裂-背斜带；库车推覆构造也由多排逆断裂-背斜带组成；规模最大的为最外侧的缺勒塔格逆断裂-背斜带；其次为拜城盆地的喀桑托开逆断裂-背斜带。柯坪推覆构造的后缘发育的迈丹断裂为左旋逆走滑断裂；而库车推覆构造的后缘的根部逆断裂地表迹象不明显。南天山隆升最高的位置位于阿克苏以北柯坪推覆构造和库车推覆构造过渡区后缘的托木尔峰和汗腾格里峰地区，最大海拔可达7000多米，是天山的最高峰。

库车推覆构造以东的南天山东段总体呈NWW走向，山前没有发育大型的逆断裂-背斜构造。与山体走向平行的活动断裂主要表现为逆冲性质，如，北轮台-辛格尔断裂；南天山东段的隆升呈自西向东逐渐降低。山顶面高度由4000～5000 m降至1000～2000 m。

塔拉斯-费尔干纳断裂带（TL-FGF）：断裂走向NW，穿越哈萨克斯坦、吉尔吉斯斯坦、新疆乌恰地区，为右旋走滑断裂，长900 km，新生代断裂带右错量达180～250 km。1946年11月2日在察特卡尔发生7.6级地震。在6000～7000年前古地震形成310 km长形变带，由古地震断层、裂缝、张裂及松散堆积物断坎组成。

别斯潘-南费尔干纳断裂及南费尔干纳断裂-褶皱带（SFGF）别斯潘-南费尔干纳断裂为南天山与费尔干纳盆地的界线，走向近EW，长870 km。1949年7月10日在哈伊特发生7.6级地震。南费尔干纳断裂-褶曲带为走向NEE-NE，长400 km，断层剖面上将中更新统错动，古生界逆冲在中更新统之上。1822年9月在费尔干纳发生震中烈度为Ⅶ—Ⅷ度（6.2级）的地震。

吉萨尔-阔克萨勒（G-KF）与迈丹断裂带（MDF）为南天山与卡拉库姆（图兰）板块的分界断层，西起杜尚别，东至温宿北，走向 NEE，长 1040 km，为左旋走滑逆断层，断裂垂直活动速率为 0.3～0.9 mm/a。沿该断裂发生过 1907 年 10 月 21 日杜尚别南 8 级地震、1924 年 9 月 16 日加尔姆 6.3 级地震、1941 年 4 月 20 日加尔姆 6.5 级地震、1943 年 1 月 11 日法伊扎巴 6 级地震、1949 年 7 月 10 日哈伊特 7.6 级地震、1978 年 11 月 1 日乌什 6.9 级地震、2005 年 2 月 15 日乌什 6.3 级地震。中国境内的迈丹断裂带是南天山主脉与柯坪断块之间的分界断裂，由一系列的逆冲断裂组成。

柯坪推覆构造（KPT）：东西长 300 km，南北宽 60～140 km，在横向上由多排近 EW 走向、平行展布的由北向南逆冲推覆的单斜山或背斜山组成，普昌断裂将柯坪推覆构造分为东西两部分。纵向上普昌断裂以东由 5 排推覆体组成，普昌断裂以西由 6 排推覆体组成。其中的托特拱拜孜-阿尔帕雷克（依斯拉克-卡拉乌尔）断裂是 1902 年 8¼级地震的发震构造。

2）中天山

中天山北以伊犁盆地、尤尔都斯盆地与中国境内的北天山以南的天山，在境外哈萨克斯坦和吉尔吉斯斯坦称为北天山；与南天山之间以伊塞克湖盆地、费尔干纳盆地为界。中天山历史上曾发生多次强震，包括 8 级地震。

伊犁盆地以南的中天山南部地区发育多条近 EW 至 NEE 向断裂构造，南天山与中天山中南部乌拉山之间夹持着昭苏活动盆地；1716 年准噶尔 7½级地震可能发生在特克斯河断裂带上。巩留南断裂控制了伊犁盆地南缘，是发育在乌孙山北麓的 EW 向逆断裂，向西延入哈萨克斯坦境内，称为北阿克苏断裂。乌孙山山脊断裂与哈萨克斯坦境内的塔尔迭苏依断裂相连，为近 EW 向南倾逆断裂。特克斯河断裂带为昭苏盆地北部近 EW 向逆断裂带，由多条平行的逆断裂组成，包括科博河断裂、特克斯河断裂和马热勒达什断裂。

那拉提断裂的主断裂为南天山与中天山的分界，走向 NEE，左旋逆冲运动性质，地貌上形成断裂谷地，断裂两侧高差达 2000m 左右，长期活动，全新世仍有活动迹象。其北侧的哈拉温古泉断裂为那拉提深断裂的一条分支断裂，向西延入哈萨克斯坦境内，可能与著名的尼古拉耶夫线相连，总体走向 NEE，S 倾，倾角 60°～80°，左旋逆冲运动性质，晚更新世以来有过活动。再向北则为昭苏盆地南缘断裂，为左旋逆断裂，境内长约 250 km，向西进入哈萨克斯坦境内，近 EW 走向，倾角 60°～80°，晚更新世以来有过活动。它们构成了挺拔高大的南天山主脉与伊犁断块之间的断裂系，在深部可能是相连的。

北克明断裂（N km F）：又称为吉尔吉斯山脉北缘断裂或北天山山前断裂或契利克-克明断裂，长 810 km，走向 NW-NWW-NEE（加藤碩一，1989），断裂 S 倾，倾角 75°，为逆冲断裂，构成吉尔吉斯山脉与楚河盆地的界线。在比什凯克南面为一组 3 条左列 NWW 走向断层。1770 年在比什凯克西发生 6 级地震，1865 年 3 月 22 日在江布尔发生 6⅖级地震，1885 年 8 月 2 日在别洛奥茨克发生 6.9 级地震。1889 年 7 月 12 日在伊塞克湖北契利克发生 8.3 级地震。1911 年 1 月 3 日克明发生 8.3 级地震，地震断层长 300 m，断层陡坎高 30m，为逆断层，垂直断距为 5～12 m，左旋水平位移为 1.8～4 m（Molnar et al.，1984，尼科诺夫，1977）。此外，沿断裂有 4 处古地震，震中烈度为Ⅸ—Ⅹ度（相当于 7 级地震）。该断裂是区域中唯一在 12 年内接连发生 2 次 8 级以上地震的断裂。

3）北天山

习惯上北天山被以乌鲁木齐为界大致分为东西两段，实际上是由 4 个大型山体组成，自西向东分别为伊犁盆地北缘山地（自南向北由博罗科努山、科古琴山和库松木切克山组成）、依连哈比尔尕山、博格达山以及巴里坤盆地周缘山地（由巴里坤山、巴里坤盆地北山和哈尔里克山组成）。伊犁盆地北缘山地北缘发育弧形的逆冲断裂，南部发育近 EW 向的伊犁盆地北缘断裂，表现为右旋走滑逆冲性质；中部发育的科古琴断裂也具有右旋走滑逆冲性质。依连哈比尔尕山山前发育逆冲推覆构造，由 3～4 排逆断裂-背斜构造（邓起东等，2000）；博格达山北缘为向北突出的弧形逆冲推覆构造（汪一鹏等，2001；柏美祥等，1997）；大致呈向南突出的不对称的弧形，主要活动断裂为阜康南断裂，为长逾

200 km的逆冲断裂。巴里坤周缘山地发育两组断层，其中一组自巴里坤盆地南缘至吐鲁番-哈密盆地北缘的 NEE 向断裂具有左旋走滑逆冲性质；另一组 NWW 向断裂则表现为逆冲性质。

阿拉善-楚拉克断裂（AlSF）为走向 EW 向，向东转为 NE 向，长 300 km，为压性断裂，使古生界与更新统呈断层接触。1888 年 11 月 29 日发生烈度为Ⅶ—Ⅷ（6.0 级）的地震。

伊犁盆地北缘断裂、科古琴断裂和库松木切克断裂为伊犁盆地与准噶尔盆地西南端之间的北天山西段的边缘和内部的主要断裂。伊犁盆地北缘断裂向东与喀什河断裂相连，1812 年沿喀什河断裂发生一次 8 级地震（尹光华，1993）。科古琴断裂位于伊犁盆地北缘断裂以北，也是一条 NWW 向的右旋走滑断裂，沿断层曾发生 1958 年 12 月 21 日 6.5 级和 1962 年 8 月 20 日 6.4 级地震。库松木切克断裂为伊犁盆地北部山脉的北缘断裂，为向北突出的弧形，晚更新世和全新世活动，沿断裂发现古地震遗迹。

巴卡纳斯-主准噶尔-博罗科努-阿其克库都克活动断裂带（Bo-AF）：该断裂是划分准噶尔-北天山褶皱系与天山褶皱系的分界断裂，也称天山主干大断裂，该断裂为 NW-EW-NE 向延伸，总体呈向南突出的弧形，全长 1400 余千米，新疆境内逾 1000 km。向西北延入哈萨克斯坦境内阿拉湖西岸，长 200 km，称作巴卡纳斯-准噶尔断裂。该断裂西北段长度近 100 km 的古地震形变带（沈军等，1998），地震震级估计为 7.5～7.8 级，该断裂 1944 年 3 月 10 日乌苏发生过 7¼级地震。

4）山间盆地

天山最大的两个山前盆地为伊犁盆地和吐鲁番-哈密盆地；它们均介于南天山和北天山之间。伊犁盆地表现为复杂的盆山构造；其中伊犁盆地南部发育有乌孙山和昭苏盆地；发育多条近 EW 向为主的逆冲断裂；北部巩留河与喀什河之间发育有阿乌拉勒山；两侧均发育近 EW 向活动断裂。吐鲁番-哈密盆地发育的中央山脉为总体近 EW 向的逆断裂-背斜构造（彭斯震，1995）；为一薄皮构造，其根部断裂为博格达山的南缘断裂。天山内部还发育多个规模相对较小的山间盆地，如尤尔都斯盆地（由大尤尔都斯盆地和小尤尔都斯盆地组成）、焉耆盆地、柴窝堡盆地、巴里坤盆地等。其中的尤尔都斯盆地位于 NWW 和 NEE 向断裂的交会区，包括 NWW 向的博罗科努-阿其克库都克断裂（沈军等，1998）、焉耆断裂（林爱民等，2003）和 NEE 向那拉提断裂等。这些断裂都具有一定的走滑分量。焉耆盆地受到 NWW 向走滑断裂，控制其南北边缘和内部发育的 NWW 向断裂表现出走滑逆断层性质。柴窝堡盆地为乌鲁木齐以南位于博格达山和依连哈比尔尕山之间的压陷盆底，其南缘发育近 EW 向的逆冲断裂，盆底下部发育低角度的滑脱面（沈军等，2007）。

5）剪切变形

天山近 SN 向挤压缩短变形之外的走滑剪切运动十分显著，总体表现为 NW 向断裂的右旋走滑和 NEE 走向断裂的左旋走滑。

NW 向右旋走滑断裂以塔拉斯-费尔干纳断裂和博罗科-努阿其克库都克断裂为代表。塔拉斯-费尔干纳断裂的长度可达 1000 km；最活动段的右旋走滑速率可能达到 10 mm/a（Butterman，1993）；博罗科努-阿其克库都克断裂长度也可达到 1000 km；最活动段的右旋走滑速率可达到 3 mm/a 左右（沈军等，2003）。GPS 的观测结果相对小一些（李杰等，2009）。焉耆盆地北缘断裂和穿过焉耆盆地的焉耆断裂（林爱明等，2003），具有显著的右旋走滑分量，它们的长度都可达到 500 km。与博罗科努-阿其克库都克断裂斜列形成斜切北天山的大型右旋剪切断裂带，其阶区为小尤尔都斯盆地。此外，依连哈比尔尕山山前的准噶尔南缘断裂和伊犁盆地北缘断裂也有一定的右旋走滑分量。

NEE 向断裂以柯坪推覆构造后缘的迈丹断裂、伊犁断块南缘的那拉提断裂和巴里坤盆地南缘的七角井-洛包泉断裂为代表（罗福忠等，2002）。据笔者的调查，迈丹断裂和那拉提断裂仅具有一定程度的左旋走滑运动；而洛包泉-七角井断裂的左旋走滑运动似乎更加显著。

6.4.2　天山地区构造应力场研究

天山是新构造运动时期全球最大的内陆造山带。天山的构造应力场，特别是现今构造应力场特征应当能够反映现今构造运动的特点，也可能与地震分布有一定的联系。为此，笔者在对天山各构造区活动构造特征研究成果的基础上，结合天山地区震源机制解和 GPS 测量资料（王晓强等，2007；杨少敏等，2008）；对天山地区的构造应力场特征及其与现今地震活动的关系进行了较为综合的研究（图 6-4-2）。

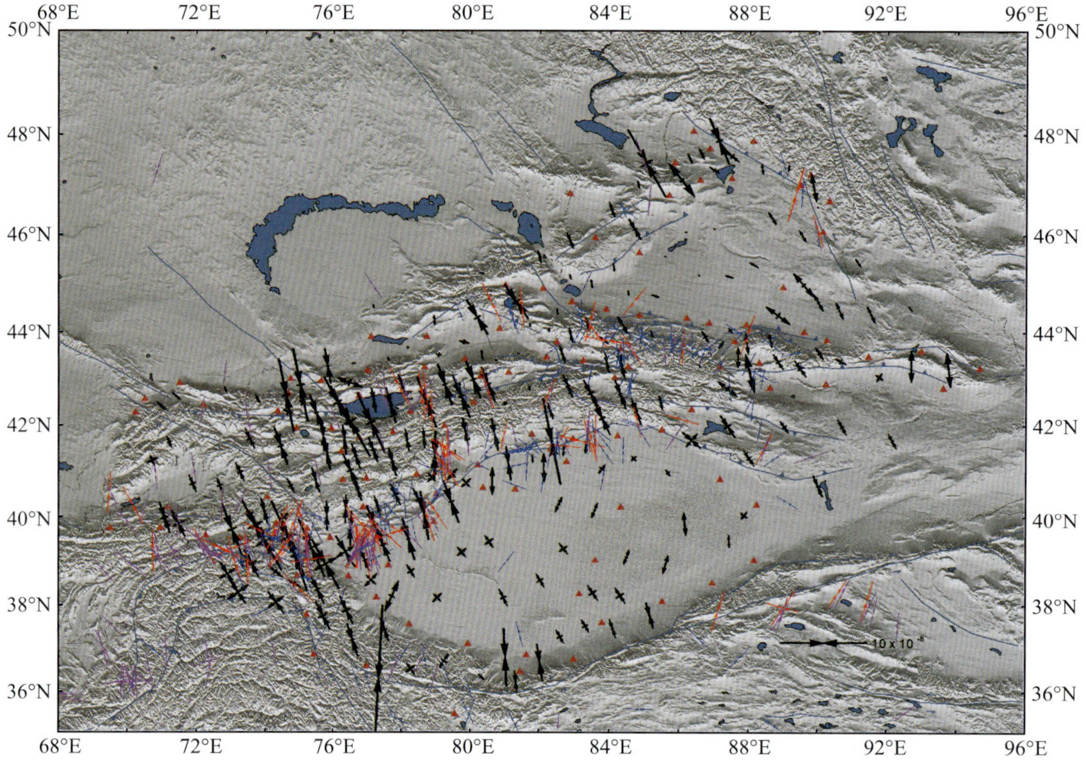

图 6-4-2　天山震源机制解主压应力水平投影与 GPS 观测资料的主应力张量分布图

红色为 harwood 震源机制解资料，紫色为新疆 5 级以上震源机制解资料，蓝色为新疆 3. 9～4. 9 级地震震源机制解资料；黑色为 GPS 观测资料反演获得的主应变张量分布图

1）数据资料

（1）GPS 资料：由地形变观测资料求解地壳应变场的方法，首先是建立邻近点间相对形变量与地壳应变张量的线性关系。

$$\begin{bmatrix} du_x \\ du_y \end{bmatrix} = \begin{bmatrix} \Delta x_{ij} & \Delta y_{ij} & 0 & \Delta y_{ij} \\ 0 & \Delta x_{ij} & \Delta y_{ij} & -\Delta x_{ij} \end{bmatrix} \begin{bmatrix} \varepsilon_x \\ \varepsilon_y \\ \varepsilon_{xy} \\ \omega \end{bmatrix}$$

式中，du_x 和 du_y 为变形体内两测点间的位移增量，Δx_{ij} 和 Δy_{ij} 分别为两测点间的坐标增量；ε_x，ε_y，ε_{xy} 为应变状态分量，ω 为变形体的转动量。在 GPS 测量中，由于有大量的测点可以利用，所以应变参数的解算可以根据最小二乘法求解。在具体计算中，可以利用测点运动速率的方差-协方差以及测点离开所求区域的中心点距离进行定权，在上述应变参数被确定后，就可以求出研究区域的最大主应变、最大剪应变等值（陈健、陶本藻，1987）。

GPS 观测数据包括中国新疆境内和哈萨克斯坦、吉尔吉斯斯坦各自多年 GPS 重复观测成果作统一处理，利用 MIT 的 GPS 处理软件（GAMIT/GLOBK10. 20）对原始观测成果（中国原始文件）及前期处理结果（国外文件）进行再处理，获得了整个天山全境的现今地壳水平位移和应变图像。时间跨度从 1998 至 2007 年，每年观测一次。在资料处理时，为保证分析结果的可靠性，平差中略去观测期数少于 2 期的流动测站及一些受外界环境干扰较大的点位，共获得 230 个 GPS 站的速度场结果。其中，国内 126 个点，国外 104 个点。

（2）震源机制解资料：主压应力水平投影迹线图的编制首先依据震源机制解资料，同时比较 GPS 观测资料以及当地活动构造的分布、产状和运动性质。本文采用了 Harwood 震源机制解资料、新疆地震资料中的 5 级以上地震震源机制解资料和 3.9～4.9 级地震的震源机制解资料。

迹线应尽可能地与上述资料吻合，并需考虑整体的协调性；既迹线密度、方向变化应符合活动块体分布、运动特点，以及构造应力场均匀渐变的特点。在地震频度较高的西南天山地区，既要考虑大震震源机制解的代表性，也要充分利用丰富的震源机制解所反映出的一致性较好的规律性变化特点。在震源机制解资料较少的地区，需对比和参考小震震源机制解资料。

对震源机制解要进行必要的选择，对与区域构造应力场不一致的震源机制解进行分析；分析其代表性，是属于主发震构造还是属于次生或次级发震构造所发生的地震。在挤压构造区，小震的主张应力方向常常与区域主压应力方向接近，这是由于小震往往是挤压褶皱构造上部派生的张性构造破裂的结果。

在综合利用 GPS 观测的资料时也存在某些问题，在弱变形区，震源机制解资料与 GPS 形变资料之间存在较大的差异。主要表现在南北天山的东端地区；所以该地区的拟合结果的可靠性较差。

2）主压应力水平投影迹线特征

从综合得到的天山及其邻区现今构造应力场主压应力方向水平投影轨迹图（图 6-4-3），可看出，天山地区总的主压应力方向为近 SN 向，但是应力场的变化显著。主要包括：

（1）天山以南的塔里木盆地北部基本上呈 NE 方向。经过天山之后，至天山北缘，主压应力方向呈扇形散开，自西向东，由 NW 方向逐渐转为 NE 方向；其轴线大致在 86°E 附近；该线以东逐渐转变为 NE 方向；该线以西逐渐转为 NW 方向。

（2）存在几个主压应力方向局部变化较大的部位。变化最大的部位是西南天山柯坪断块。在断块以南主压应力方向为 NE 方向，至断块的北部转变为 NW 方向；柯坪断块的东部变化幅度最大，向西部逐渐减小。经过西南天山主脉之后，主压应力方向又转向近 SN 方向；再经过中天山-伊塞克湖，主压应力方向复又转向 NW 方向。

（3）86°E 经度线以西，主压应力方向的逆时针的变化显示，天山西部地区在承受垂向挤压作用的同时，附加了较为明显的整体左旋剪切作用。但在大型 NW 向断裂附近又具有局部的右旋剪切。如塔拉斯-费尔干纳断裂和博罗科努-阿其克库都克断裂。

另外两个主压应力方向变化较为显著的部位是中天山伊犁楔形断块的东部和北天山西段。前者主压应力方向从塔里木盆底北部的 NE 方向经过库车坳陷和南天山主脊后，至伊犁楔形断块南部转为 NW 方向；但到伊犁楔形断块北部又转向 NEE 方向；再经过北天山西段伊犁盆地北缘山区以后又转回 NW 方向。后者的主压应力方向的变化比较散乱。总体上表现为主压应力轴水平投影迹线在经过博罗科努-阿其克库都克断裂和依连哈比尔尕山前推覆构造时发生了局部的扰动。

（4）在天山东端（吐鲁番以东或 88°E 以东地区）主压应力方向似乎存在自西向东由 NE 向 NEE 方向转变。在 GPS 的主压应力张量分布图显示出 NNE 东至近 SN 向的引张变形；这与数量不多的震源机制解特征基本吻合。显示该地区现今正处于微弱的近 SN 向的引张状态。这与该地区活动构造的总体特征不一致。

3）天山地震分布与应力场的关系

图 6-4-4 显示的地震分布图像与活动构造和地貌特征具有很好的一致性；但是也具有局部的变化特点。据笔者的观察，可以看出以下几个特点。

（1）地震主要分布在盆地和山区的过渡带。包括南北天山山前推覆构造。隆升最大主脉并不是小

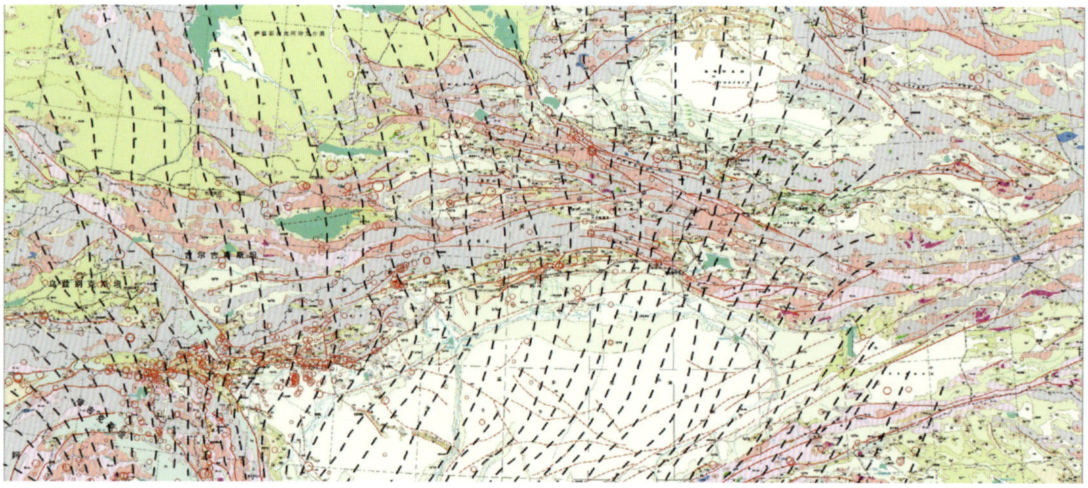

图 6-4-3　天山及其邻区现今构造应力场主压应力方向水平投影迹线分布图

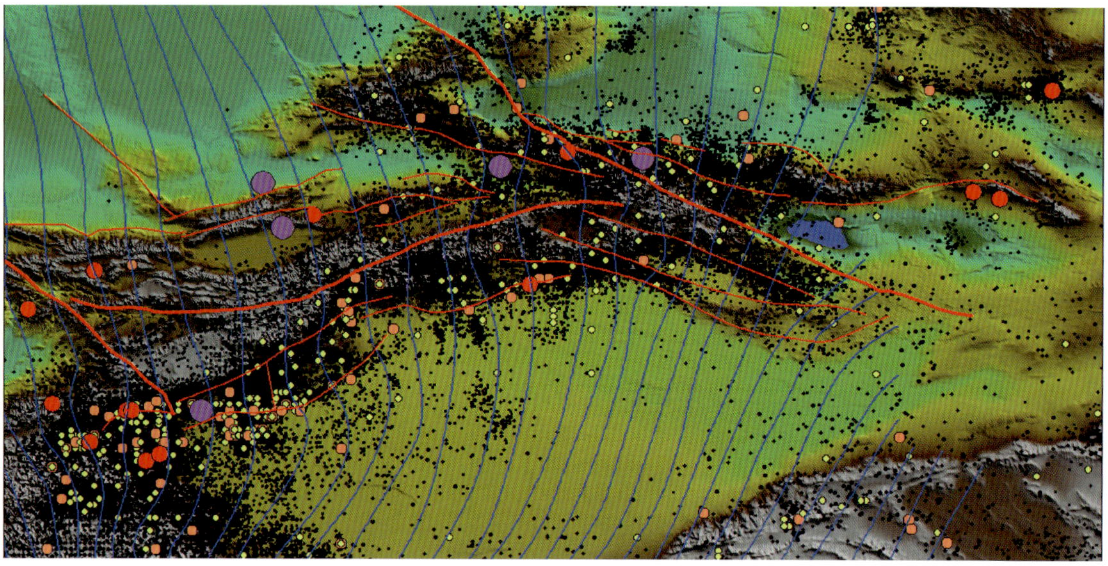

图 6-4-4　天山区域主压应力水平投影迹线与地震分布图

黑色为 1965 年以来仪器记录的 M_S2.0～4.9 级地震；红色为历史上 M_S≥4.7 地震

震分布最密集的地区。

（2）南、北天山的东端地震活动异常平静，包括北天山吉木萨尔以东和南天山库尔勒以东地区，这一方面可能是该地区地震监测能力较弱，小震记录较少；另一方面可能是现今该地区构造活动相对较弱，所处的近 SN 向引张状态，与该地区活动构造的总体特征不一致，不利于活动断裂的活动。

（3）天山南北两侧地震活动已深入盆地腹地，这进一步表明天山的新构造运动已经扩展至两侧盆地。当然，有些小震密集区与采油和采矿有关，如轮南、塔中、克拉玛依、准东和五彩湾等。

（4）沿大型剪切断裂地震活动也比较集中；如沿博罗科努-阿其克库都克断裂和焉耆断裂小震密集成带。但在上述两个右旋走滑断裂的阶区，即小尤尔都斯盆地地震较为稀少。与此相反，沿 NEE 向的那拉提左旋逆走滑大断裂的地震分布相对较少。

（5）主压应力轴水平投影迹线变化剧烈的地区也是地震分布密集的地区，这一方面由于地震较多，震源机制解资料也比较丰富，另一方面构造应力场的变化表明所处的应力易于集中和释放的构造活动性较强的特殊部位。

总体上，天山的主压应力轴的方向总体呈伞形撒开状态，西段自塔里木盆地的 NE 向应力场转向 NW 方向，西段则由塔里木盆地东部的 NNE 向转向近 NEE 向。震源机制解与 GPS 观测的主应变分布特征基本一致。

4）构造应力场、活动构造与地震的关系

从应力场与活动构造和地震分布的对比可以看出，当应力场的方向与活动构造的活动方式一致时，有利于地震的发生；不一致时不利于地震的发生。东天山地区的应力场与构造运动方式明显不同，这可能是该地区地震活动异常平静的原因之一。复杂的应力场变化，与复杂的活动构造分布有关，如西南天山至中天山地区活动构造十分发育，地震活动也十分频繁。

5）局部应力场格局异样与未来地震危险

对大震前后应力场的研究表明，孕育大震的地区，震前局部应力场具有明显偏离区域应力场的现象；震后局部应力场方向回归区域应力场方向。从图 6-4-4 中几个主压应力水平投影迹线分布异常区域，包括柯坪断块的东段、帕米尔弧的北端和天山中段。其中帕米尔弧北端曾于 2008 年 10 月 5 日发生 3 个 6.0～6.9 级地震。柯坪断块局部异常区的西侧曾发生 1902 年 8.2 级地震。以及 1996 年阿图什 6.9 级地震（罗福忠等，1996；高国英等，1997），1997～1998 伽师强震群（单新建等，2002；Zhou et al.，2002）和 2003 年巴楚-伽师 6.8 级地震（张云峰等，2003）；根据刁桂玲等（2005）的研究，阿图什 6.9 级地震之前，该区域存在明显的应力场方向的变化，至 2003 年巴楚-伽师 6.8 地震之后，应力场变化恢复到区域应力场的方向。现在柯坪断块东段附近的应力场方向异常图像应当预示着存在发生其西临地区类似的地震过程的可能。

天山中段应力场局部变化区是一个多组构造交会的地区，区内历史上无 6 级以上地震记录；但上世纪中期变化区周围曾发生多个 7.0～8.0 级地震；从其异常图像可以看出，异常区可能是未来中国天山发生 7 级地震的危险性较大区域。

6）现今构造应力场可能会发生明显的变化

东天山的活动构造显示曾经存在近 SN 向的挤压作用，形成近 SN 向的逆冲构造，如吐鲁番盆地的背斜带。同时也发现近 EW 向的左旋走滑断裂，如巴里坤盆地南缘的洛包泉-七角井断裂。即在某一时期，东天山东段的应力场方向是近 SN 向的。

南天山主脊北麓的那拉提断裂带，控制了天山最大，最高的山体发育，但是，现今地震活动比较微弱，主压应力场方向不利于其发生左旋走滑运动。但是，该断裂的地质地貌显示存在左旋走滑运动。可能在某一时期，主压应力场方向在南天山西段未发生左旋的扭转，而保持 NE 方向，驱使那拉提断裂发生左旋走滑运动；既应力场的扭转发生在那拉提断裂带附近，而不是南天山南麓甚至是塔里木盆地的北部。

现今的应力场特征是否不利于某些曾经活动的断裂、甚至是大断裂活动而发生大地震呢？这是一个需要进一步研究的问题。

6.4.3　乌鲁木齐地区现今构造应力场综合分析

乌鲁木齐地区位于受近 SN 向主压应力场作用下的北天山山前的盲断层-褶皱构造地区，同时又介于北天山依连哈比尔尕山前逆断裂-褶皱构造区与博格达弧形逆冲构造带的交会部位，构造变形样式和构造应力场状态相对比较复杂。

1）震源机制解与区域应力场特征

乌鲁木齐所处区域为北天山的中部（42.5°～44.7°N，83.8°～90°E）。新疆地震局（1997）和高国英等（1998）采用双力偶点源模型，利用近台和远台体波或面波 P 波初动分布，以上半球投影方式在乌尔夫网上求解出该区 1944 年以来 $M_S \geqslant 4.7$ 地震震源机制解 24 个（图 6-4-5）。本文为使投影方式统一，将这些震源机制解的节面走向、P 轴和 T 轴方位加 180°归算到下半球投影上（图 6-4-5 中 1～24 号）；龙海英等（2008）采用新疆近台数字地震体波 P 波初动分布，以下半球投影求解出该区 2000

年以来信度较高的中小地震（M_S3.8～4.9）震源机制解25次（图6-4-5中25～49号）。

该区域历史最大地震为1944年3月10日乌苏7.2级地震，虽然震级较大，主破裂面为NW向，倾角81°与发震断层博罗科努-阿齐克库都克断裂NW走向，倾角50°～80°基本一致，但该地震P轴方位100°，倾角28°（图6-4-5中1号震源机制解），与区域应力场的主压应力方向N15°～20°E（高国英，1998）明显不一致。1965年11月13日乌鲁木齐6.6级地震，此次地震发生在博格达弧形构造带上，地震震源为逆断层错动，主压应力P轴方位203°，俯角10°，也与区域应力场主压应力方向不一致（图6-4-5中2号地震）。

1980年11月6日玛纳斯5.7级地震（图6-4-5中11号地震）位于清水河子断裂带上，属逆断层错动，主压应力P轴方位6°。由于区域台网已经建立，震级相对较大，结果比较可靠，能够基本反映该位置构造的应力场特征。1995年5月2日乌苏南5.8级地震（图6-4-5中20号地震），位于博罗科努-阿齐克库都克断裂附近，属走滑型地震，主压应力P轴方位330°，反映该断裂附近的主压应力方向为NNW方向。1983年3月3日呼图壁5.0级地震（图6-4-5中12号地震）发生在吐谷鲁断裂的西端，为逆冲型，最大主压应力方向为N3°E。1983年6月29日阜康5.0级地震（图6-4-5中14号地震）发生在博格达弧形构造前缘阜康南断裂的东段上，主压应力方位N3°E。1983年12月15日和静5.0级地震（图6-4-5中15号地震）发生在博罗科努-阿齐克库都克断裂的东段，为逆冲兼走滑型地震，主压应力方向NNE；1991年6月6日的和静5.0级地震发生在博罗科努-阿齐克库都克断裂东段以南，也为逆断层地震，主压应力方向也为NNE。1996年1月9日沙湾5.2级地震发生在清水河子断裂附近，也为逆断层地震，主压应力方向为N8°E。总体上，该区乌苏以东地区5级以上地震所反映的区域主压应力方向自乌苏以南至阜康、和静-线由北偏东6°～8°渐变为北偏东29°～32°，呈现有规律的变化。但在乌苏以西地区震源机制解的主压应力方向变化复杂（如图6-4-5），一致性不好，这与该地区所处的构造环境和状态有关，其原因尚待进一步的观察和研究。

乌苏以东地区3.8～4.9级地震震源机制解的主压应力方向与5.0～5.8级地震的总体特征是一致的，仅有个别震源机制解（如图6-4-5中的8号、16号和42号地震）P轴方向偏向于近EW。其中8号地震为正断层地震，16号和42号地震为走滑型地震。

龙海英等（2008）采用刁桂苓（1992）和许忠淮（1984）的方法对上述震源机制解的结果进行聚类分析和应力场反演，得到乌鲁木齐所处的北天山中段地区（区域范围为42.57°N～44.60°N，83.74°E～89.00°E）主压应力轴方位10°，倾角在30°以内，主张应力轴倾角较大，表现出NS向水平挤压作用。张红艳、谢富仁等（2006）由乌鲁木齐附近震源机制解资料计算得到的乌鲁木齐地区（其范围为42°N～44°20′N，86°30′E～89°E）现今构造应力场的最大主应力方向为N15°E，应力结构为逆断型兼具一定的走滑分量。龙海英等（2007）给出的乌鲁木齐周围地区（43.29°N～44.24°N，86.55°E～88.09°E，面积3806 km^2）最大主应力方位20°，倾角较小，可以看出乌鲁木齐是现今构造应立场方向变化较大的地区。

2）小地震综合断层面解

乌鲁木齐地区小地震丰富，2000～2007年以乌鲁木齐地震台为中心，25 km半径范围内M_S1.0以上地震就有138次，经筛选有清楚P波初动资料的地震80次。图6-4-5显示出按常规方法定位的中小地震的分布状态，定位精度多为1类。

利用许忠淮提供的程序，采用下半球投影计算了乌鲁木齐台站周围25 km范围小震综合断层面解（图6-4-6），结果显示，小震综合断层面解2组破裂面分别为近EW和NS向，主压应力P轴方位46°。高国英等（1998）计算的1980～1991年乌鲁木齐地震台记录到的20 km范围内小地震综合断层面解的主压应力方位为40°，表明乌鲁木齐地区处于相对较稳定的区域构造应力场环境。但与中等地震震源机制解资料相比，小地震综合断层面解的主压应力方向明显地偏东20°～30°。

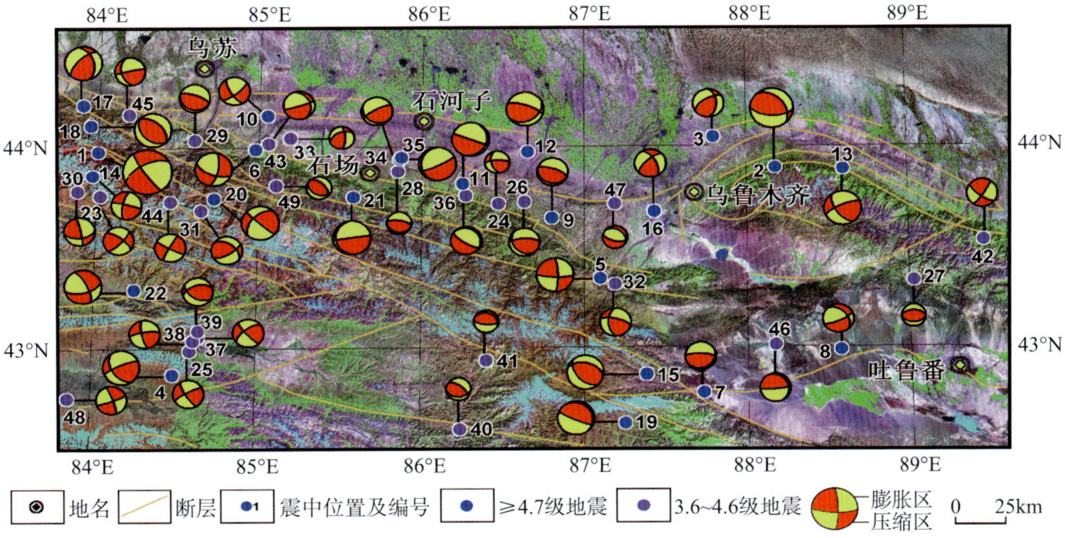

（a）

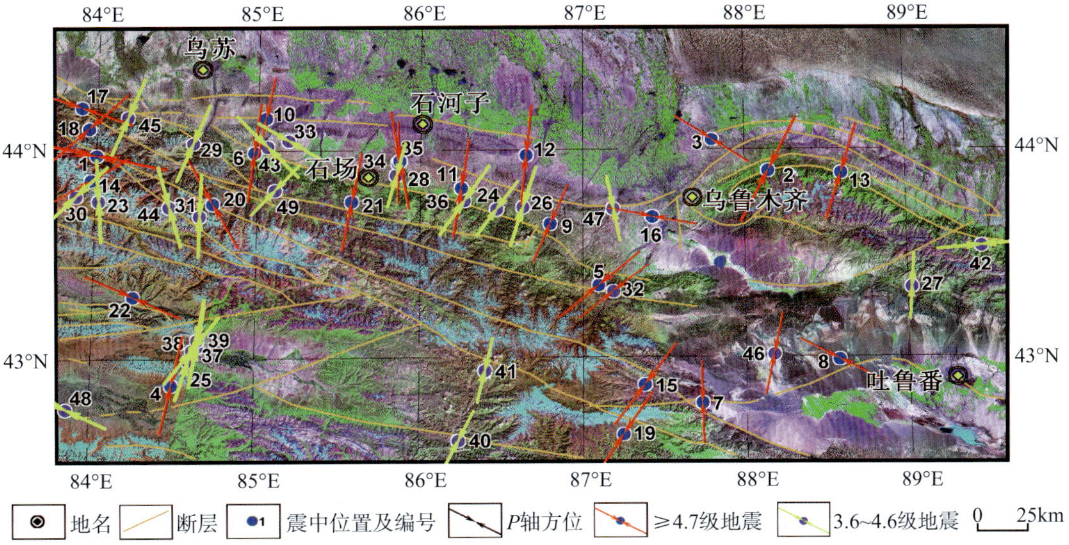

（b）

图 6-4-5　研究区震源机制解下半球投影（a）及 P 轴方位水平投影（b）

3）钻孔应力测量结果

中国地震局地壳应力研究所李宏等（2007）在乌鲁木齐市区断层附近 12 个钻孔中对主压应力轴的方向进行了测量，碗窑沟断裂东段水平最大主压应力方向为 N59°E；雅玛里克断裂东段的南侧水平最大主压应力方向为 N55°E；西山断裂带中段的水平最大主压应力方向为 N52°E；西山断裂带东段附近水平最大主压应力方向为 N28°E。测区内最大水平主压应力方向为 NE-NEE 向（图 6-6-7），与震源机制解反映的区域构造应力 N15°E 的主压应力方向有近 35°的偏差，但是与小震综合断层面解的结果只有 10°～15°的偏差。

4）结论与讨论

上述不同方法得到的构造应力场特征有一定的差别（图 6-4-8）。这种差别反映了不同方法所得到构造应力场的构造含义不同，即不同构造区域、不同的构造深度、不同的构造作用时间以及不同的构造运动强度。

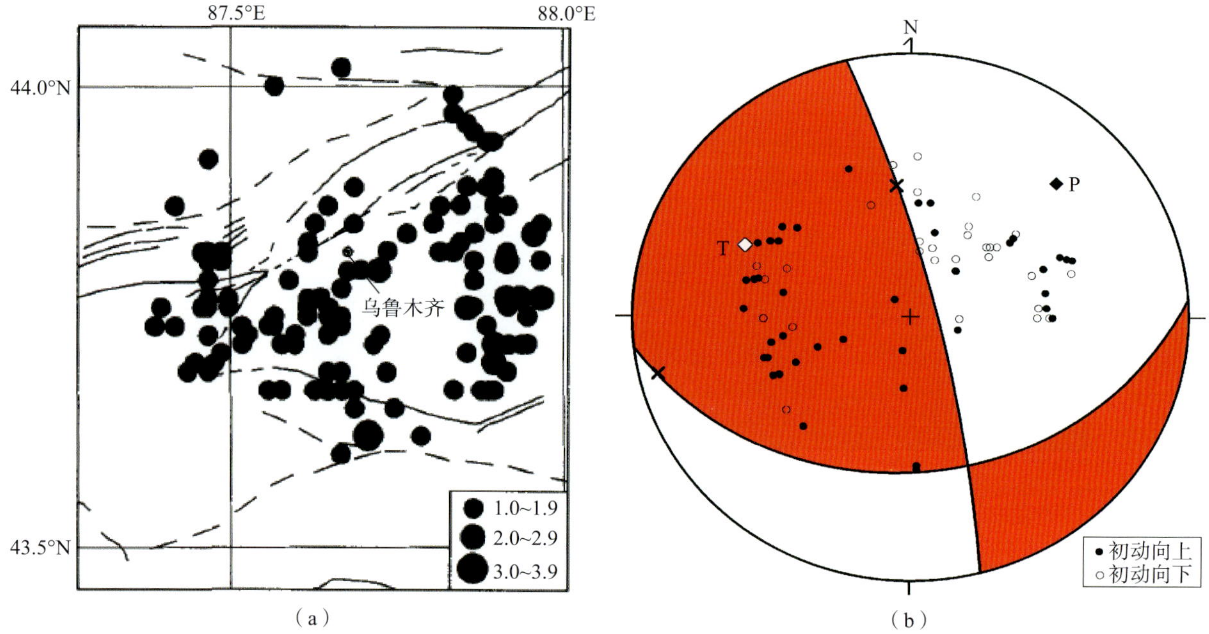

图 6-4-6　乌鲁木齐台站周围 25 km 范围小震震中分布（a）及小震综合断层面解结果（b）

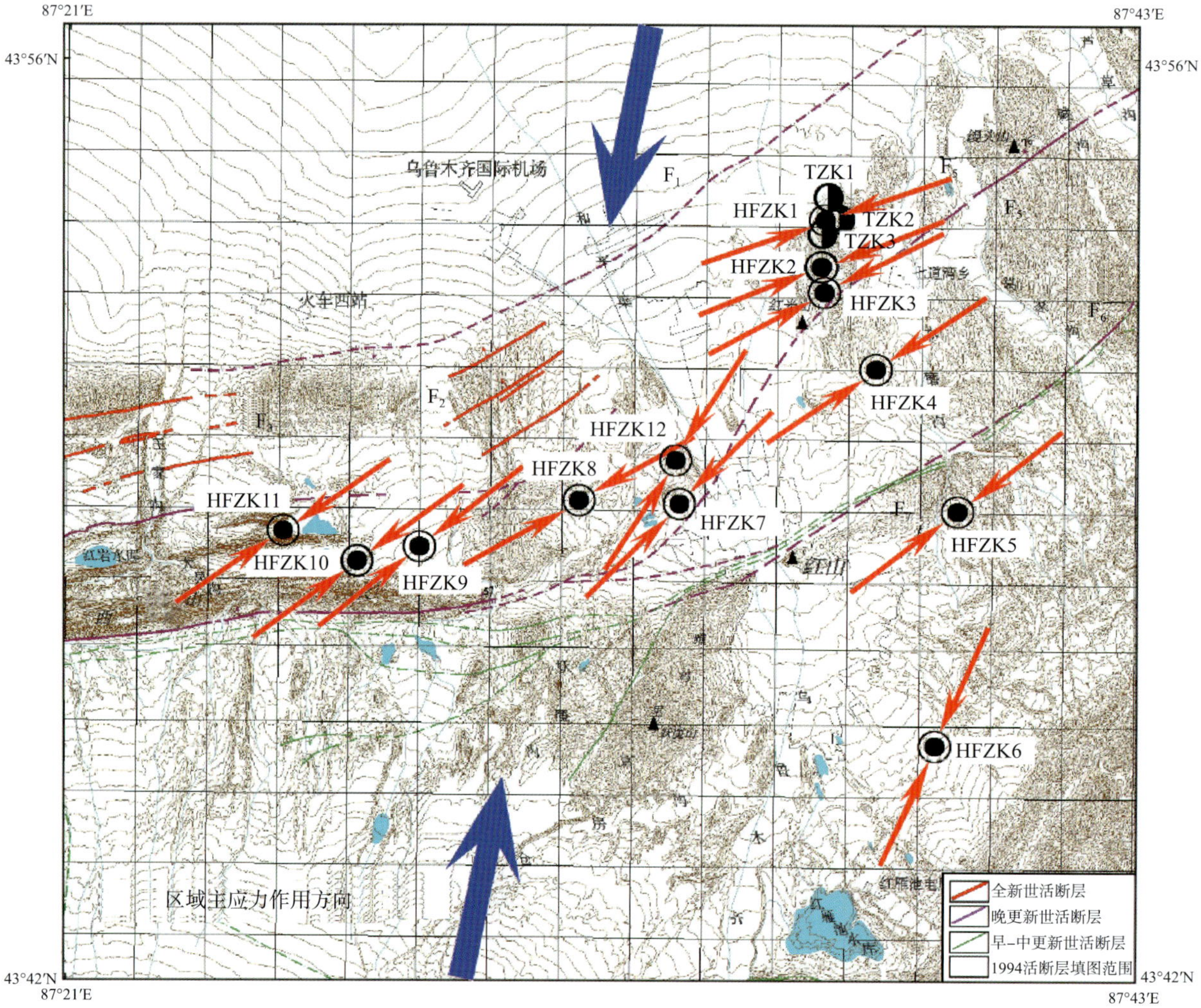

图 6-4-7　乌鲁木齐地区原地应力测量得到的主压应力方向（据李宏等，2010）

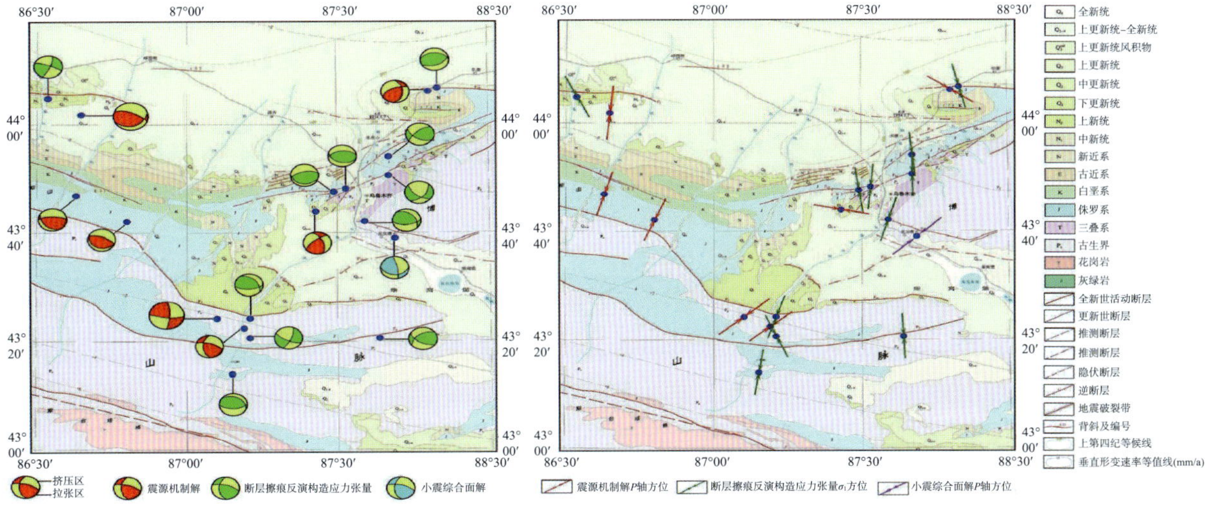

（a）　　　　　　　　　　　　（b）

图 6-4-8　乌鲁木齐地区历史中强地震震源机制解、小震综合断层面解及断层擦痕反演的构造应力张量（a）和主压应力方向水平投影（b）

区域中强震和中小地震的震源机制解显示：虽然天山地区总体受到近 SN 向主压应力场的作用，但是乌鲁木齐所处的北天山中段相对较大区域的主压应力方向为 N10°E 左右，并具有自西向东逐渐偏东的特点，具体到乌鲁木齐周围地区，主压应力场方向为 N15°E 左右。

断层滑动资料反演的主压应力方向（N2～17°W）与区域构造应力场的主压应力场的方向比较接近，而与相对较小范围主压应力方向（N15°E）有一定的偏差。这与地表观察到的断层滑动现象是由能够造成地表活动断裂产生明显滑动的大地震造成的。这种大地震的发生是较大区域构造应变能的释放，受控于较大范围的构造应力场的作用。而中强地震和中小地震的震源机制解主要反映局部构造应力场的特点，当然，这种局部的构造应力场与区域构造应力场之间存在密切的关系。

小震综合断层面解则反映了更加局部的构造应力场，由于采用的是地震台站周围发生的小震和微震资料，震源深度相对较浅（李莹甄，2008），更多地反映了地震台站周围地壳浅部的应力场状态。其主压应力场方向（N40°～46°E）与区域构造应力场的方向具有 25°～30°的显著差别。

乌鲁木齐钻孔应力测量的深度在百米以内，所测量的是浅部近地表的局部构造应力场，尽管如此，测量范围内各测点的测量结果具有很好的一致性。说明尽管测量深度不深，但是其结果清楚地反映出该区域近地表构造应力场的特点，有意思的是其结果 N55°E 的主压应力方向，与小震综合断层面解的 N40°～46°E 主压应力方向仅相差 10°～15°，但与区域构造应力场的方向的偏差达到 40°以上。

乌鲁木齐深部发震构造模型研究表明（沈军，2007），乌鲁木齐正处于北天山山前逆断层-褶皱构造区，存在东西两个逆冲推覆构造，西侧为北天山山前逆冲推覆构造，根部位于柴窝堡盆地南缘，前缘为乌鲁木齐的西山断裂-褶皱隆起；东侧为博格达推覆构造的西翼，根部大致位于二道沟断裂附近，前缘为阜康南断裂，在乌鲁木齐附近为八钢-石化隐伏断裂。东、西两个逆冲推覆构造的前缘在乌鲁木齐市区交会，表现为逆断层-褶皱隆起，在褶皱隆起上部既发育逆冲断层，如王家沟断层组（图 6-4-7 中的 F_3）；也发育正断层，如九家湾断层组（图 6-4-7 中的 F_4）。说明在逆断层-褶皱构造的前缘隆起区存在张性作用，其主压应力方向与区域主压应力方向近垂直，乌鲁木齐开展的钻孔应力测量结果表明在 NNE 向主压应力的背景中，叠加了浅部与之近垂直的主压应力场，致使浅部主压应力方向偏向 ENE。这也可以解释为何 NEE 向的九家湾断层组表现为正断层性质。

6.4.4　迈丹断裂东段晚第四纪活动特征

迈丹断裂西北侧为西南天山的中高山带，东南侧为多排低山背斜山岭和盆地，沿断裂线性影像清晰。总长度约 480 km，总体走向 NE，倾向 NW，倾角 60°～80°，该断裂控制两侧构造演化和现代地貌发育，卢华复等（1998）和 Dong Jia 等（1998）认为该断裂是一条具有左旋走滑特征的走滑逆断裂。沿断裂可见到古生代地层逆冲在新生代地层之上，在迈丹一带可见到清楚的断层面和破碎带，但山脊、水系无明显的左旋位错。发生在该断裂上的几个地震的震源机制解也表明该断裂现今活动以逆断裂为主（Romanowwicz，1981；Ekstrom et al.，1989）。沈军（2001）从断裂两侧地貌面高差判断其第四纪晚期以来的垂直位移速率可达 0.5 mm/a 以上。

断裂可分两段，西南段沿迈丹山向 NE 向延伸，是南天山构造带次级构造东阿赖－卡拉别克切尔隆起与阔克沙勒隆起的分界断裂，构成南天山高山区与中低山的分界线，迈丹断裂西段可能是 1902 年阿图什 8¼级地震的发震构造。断裂东段大致沿阔克萨勒山与托什干谷地之间展布，再向东转为近 EW 向，可能与拜城坳陷北部断裂系相交，是南天山主脉与柯坪断块之间的分界断裂，由一系列的逆冲断裂组成，主要有阔克萨勒断裂、大石峡断裂、亚曼苏以及阿合奇北断裂。该断裂带为古生界与新生界的分界，控制晚新生代地层，断错河流阶地和戈壁面形成断层陡坎。

1）阔克萨勒断裂

阔克萨勒断裂：断裂位于近场区北部。是迈丹断裂带东段的北分支断裂，控制阔克萨勒复背斜东南翼，断裂西起托什干河上游经别跌里河上游，向北东延伸至库玛拉克河博斯塔格山以北至吉尔吉斯斯坦境内，总体走向 NE，全长大于 200 km，平面上呈波状展布。断裂由数条 NE 向断裂组成，在近场区有两条，西侧一条，从别迭里附近通过；位于高山区，发育于古生界内；断层倾向 NW，倾角 40°～80°，为一条逆断裂。东侧一条控制了近场区东北侧的凹陷边界，切割下石炭统－中石炭统地层，沿线岩层褶曲，破碎，并在穿越 SN 向河流阶地时，错断了下更新统、中更新统的砾石层；但是晚更新世晚期以来的地貌面和地层均为发现错动和变形现象；因此认为是晚更新世活动断裂。沿断裂有中小地震活动；2005 年 2 月 15 日，在乌什东北苏莆塔西以东地区发生了 6.2 和 5.2 级地震，震中位于阔克萨勒断裂附近，可能与该断裂活动有关。在沙依拉姆以北的山前地带，可见阔克沙勒断层断错了中更新统台地，垂直错距达 100m 以上（图 6-4-9），但山前晚更新世中晚期的冲洪积扇未见明显的断错变形。在英阿特附近，断层断错了山前最高一级台地面，垂直断错近百米，在河谷内，可见断层断错了最高一级阶地的砾石层，侏罗纪砂岩向南逆冲到阶地砾石层上，由此判定，该断层属于晚更新世活动断层。

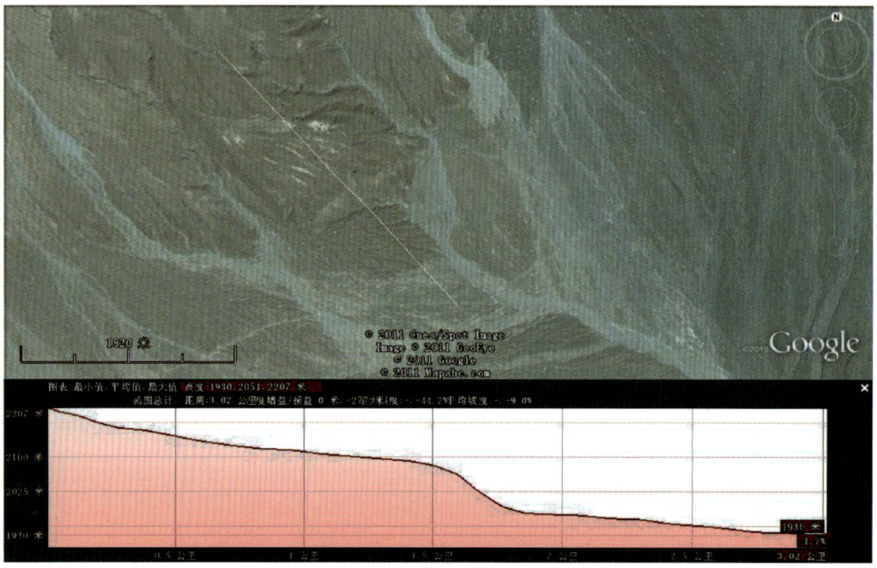

图 6-4-9　阔克萨勒断层断错中更新统台地

2）大石峡断裂（F_5）

大石峡断裂（F_5）：断裂是迈丹断裂东段分支断裂之一，断层呈近 NE 走向，西起乌什县西北托什干河一级支流别迭里河上游二道卡子以西，向东经乌依布拉克，切过洪积扇后，延伸至大石峡库马拉克河以东，全长约 200 km。断层面倾向 NW，倾角 30°～60°左右。在区域上该断裂属于迈丹断裂带的分支断裂，也是泥盆统灰岩与下更新统西域砾岩的分界断层。

在库河两岸，沿断裂经过之处，泥盆系的岩层倾角陡立、破碎，并出现局部挠曲变形，该特点在库玛拉克河左岸表现尤为明显。在乌依布拉克以东约 2 km 处发现该断层天然露头剖面，第三系上新统的砂泥岩夹砾岩向南逆冲于上更新统的卵砾石之上（图 6-4-10），使得上更新统地层明显牵引形变，局部倾角可达 45°，形成宽约 20cm 的断层破碎带，断层面产状为：135°∠81°，断层顶部被一套较为年轻的卵砾石覆盖，未见有明显的断错迹象。断层上盘上新统地层岩层陡倾，产状为：136°∠86°。在断层露头附近实测断层陡坎形态（图 6-4-11），得晚更新世冲洪积扇地表的垂直位错为 2.5m（图 6-4-12）。

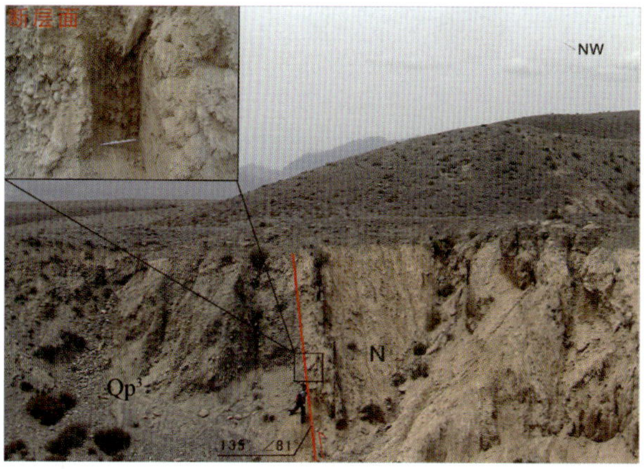

图 6-4-10　乌什县乌依布拉克以东大石峡断裂照片

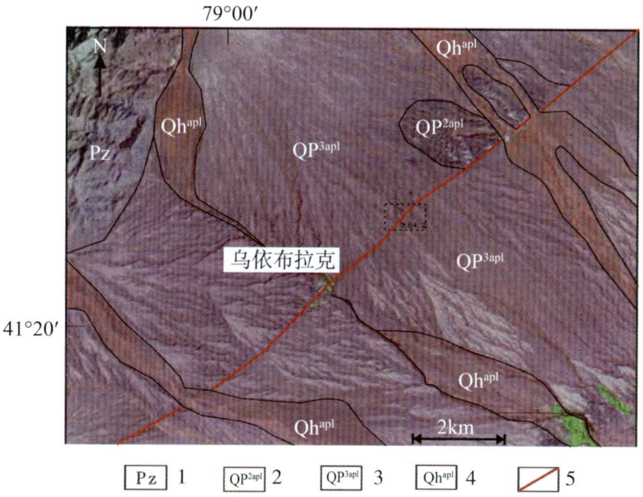

图 6-4-11　乌什县雅满苏以北大石峡断裂 TM 卫星影像图

1. 古生界；2. 中更新统；3. 晚更新统；4. 全新统；5. 断裂

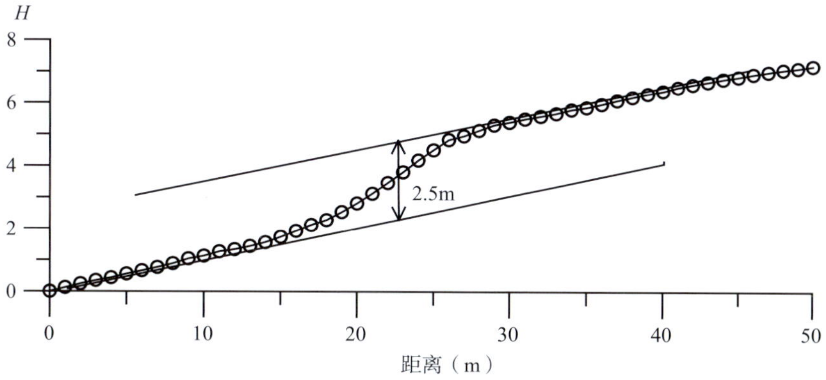

图 6-4-12　乌什县乌依布拉克以东大石峡断裂陡坎地形剖面

在该断层的东端早更新世后期活动呈明显减弱的迹象。另外沿断层走向在库河河谷两岸的Ⅰ、Ⅱ级阶地上，未发现有明显的断层断错痕迹，也未见有自晚更新世以来由古地震造成的地表形变现象。说明该断裂在其东端晚更新世以来的活动已不明显。在库玛拉克河右岸，断层活动迹象非常清晰，断层断错了山前的冲洪积扇，形成陡坎地貌，晚更新世以来的地貌面也发生了不同程度的断错变形。在河流的Ⅲ级阶地上，也保留有断层活动的痕迹，地表形成南高北低的反坎地貌，陡坎高度约为1m左右，在河谷内我们发现了断层剖面，断层倾向S，倾角约为40°左右。

3）亚曼苏断裂

亚曼苏断裂：断裂为迈丹断裂带南部山前分支断裂。为上新统-下更新统组成的背斜带的南缘断裂，总长度近200 km，总体走向NEE，倾向NW，倾角40°～50°，平面上略呈“S”形展布。总体呈NEE走向，表现为典型的逆冲性质。断裂控制了亚曼苏背斜和萨依拉姆背斜。断裂错断了晚更新世冲洪积扇，在卫星影像遥感图像中，存在明显的线性特征，沿断裂有泉水分布。在别迭里河出山口可见该断裂错断戈壁面和河流高阶地。结合附近地貌面年代测试结果，综合判定该级阶地的形成年代为全新世早期。由此判定，该断裂属于全新世活动断裂（图6-4-13，图6-4-14）。

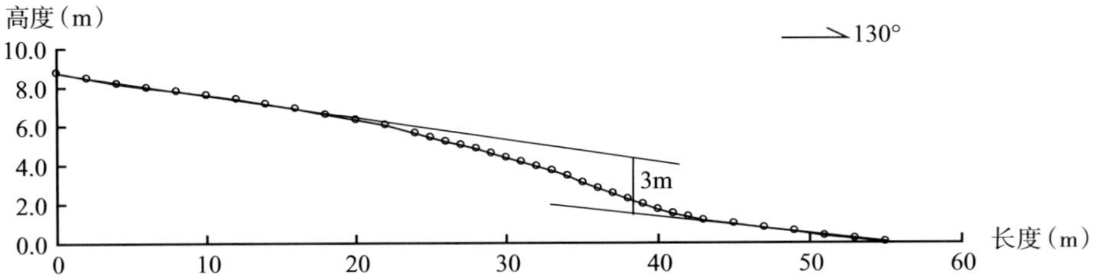

图6-4-13　河流Ⅰ级阶地实测陡坎剖面

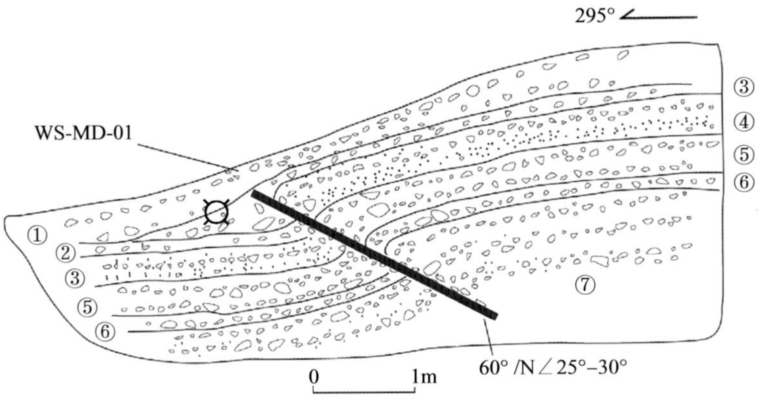

图6-4-14　探槽TC1断层剖面

①灰色砂砾石层；②崩积楔；③土黄色砾石层；④土黄色砂砾石层；⑤土黄色砾石层；⑥灰色砾石层；⑦浅灰色砾石层

探槽TC2位于亚曼苏背斜山前冲沟的Ⅱ级阶地上，揭露出断层剖面产状为80°/N∠20°。剖面中下部的砾石层牵引现象非常明显，下部地层与层②之间存在明显的角度不整合，表明Ⅱ级阶地形成以来，断裂有过两次活动（图6-4-15）。第一次古地震事件发生在层③沉积后，层②堆积前，断裂错动层③～⑦，层④的测年结果为距今（16.72±1.42）ka，层②的测年结果为距今（13.83±1.17）ka，由此判定该次事件发生在距今（16.72±1.42）ka～（13.83±1.17）ka；第二次古地震事件发生在层②沉积后，断层错动层②，错距约为0.4m，将地层褶曲部分的变形量恢复后，得到断层的断距为0.5m左右，该次事件发生在（13.83±1.17）ka之后。

探槽TC3位于亚曼苏背斜西端依格尔别勒萨依左岸的Ⅱ级阶地上，该级阶地被断层断错，形成高约5.5m的断层陡坎（图6-4-16）。跨陡坎开挖接露出断层剖面，断裂由多条次级断面组成，这些断层均为N倾的逆断层，断面倾角由北向南逐渐变缓（图6-4-17）。根据断层断错地层、位移累计和地层的岩性及沉积特点分析，认为比较确定的有4次古地震（错动）事件。第一次古地震事件发生在阶地砾石层⑤、⑥堆积后，断裂产生快速错动，断错层⑤和⑥，并在断层下盘沉积层③，该次事件发生在（34.30±2.91）ka 之前；层③堆积过程中，断裂再次活动，在断裂下盘形成崩积楔，之后层③继续堆积，该次事件发生在（34.30±2.91）ka 之后，WSMD-TL-06 之前，由于 WSMD-TL-06 年龄样品测试结果存在倒置现象，不能准确地限定该次事件的年代上限；层③堆积后，断裂快速错动，断错层③，之后堆积层②、①，该次事件发生在（21.31±1.81）ka 之后；第四次事件发生在层②、①沉积后，断裂错动层②和①，断层通达地表，最后一次事件发生在（17.23±1.46）ka 之后。由于该剖面上采集的部分测年样品测试结果存在倒置现象，即部分测年结果出现“上老下新”的情况，不能准确地限定每次古地震事件的年代，但该剖面上所反应的古地震迹象还是非常清晰的。

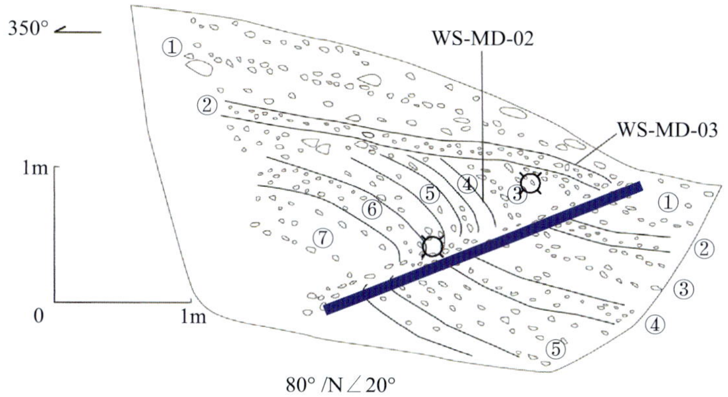

图 6-4-15　探槽 TC2 断层剖面

①土黄色砾石层；②灰色粗砂层；③土黄色砾石层；④灰色粗砂层；⑤土黄色砾石层；⑥灰色砾石层；⑦土黄色砾石层

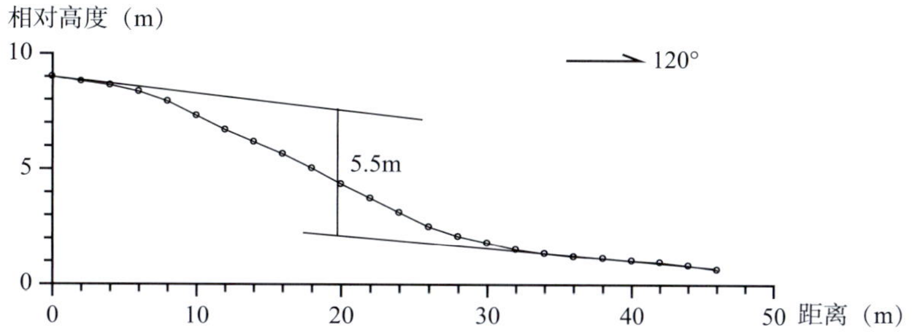

图 6-4-16　亚曼苏乡北亚曼苏断裂探槽旁实测陡坎剖面

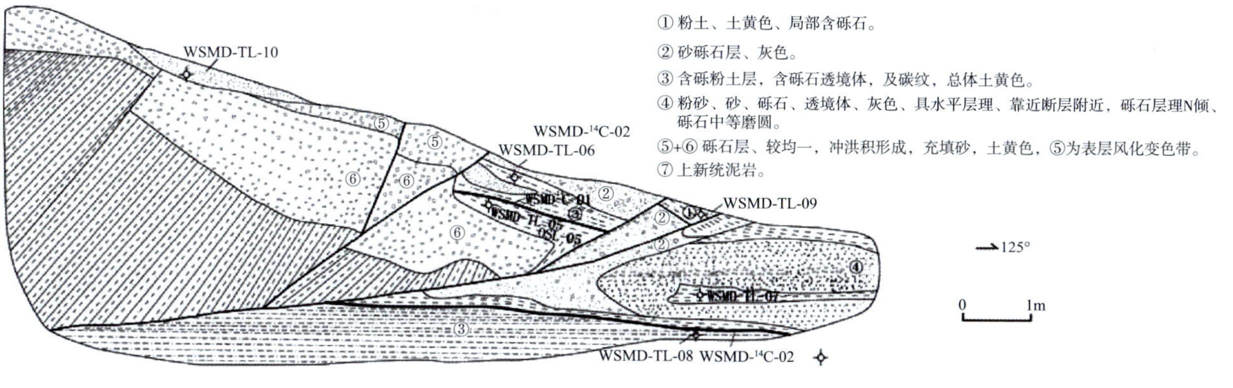

图 6-4-17　亚曼苏乡北亚曼苏断裂探槽剖面图

探槽开挖及测年结果表明，亚曼苏断层倾向 NNE，倾角 10°～45°，逆断层性质，断裂断错的最新地层和地貌面为河流的Ⅰ级阶地，该级阶地形成年代为全新世早期，这表明亚曼苏断层属于全新世活动断层。

1）滑动速率的厘定

对于亚曼苏断层的垂直位移量，主要通过地表断层陡坎测量和探槽剖面获得的。我们在山前冲洪积扇和河流的阶地上测量了多条陡坎，其中，河流Ⅰ级阶地上的最大陡坎高度为 3m 左右，Ⅱ级阶地上的陡坎最大高度可达 5.5m；对于河流阶地的形成年代我们已经进行了论述，结合本次测年结果，我们取Ⅰ级阶地的年龄为 10ka 左右，Ⅱ级阶地的形成年代为距今 30ka 左右，由此计算得到断裂晚第四纪以来的平均垂直滑动速率约为 0.2～0.3 mm/a。开挖的多个探槽表明，亚曼苏断裂属于低角度的逆冲断裂，主断裂倾角一般在 20°～30°，由此计算得到晚第四纪以来亚曼苏断裂所引起的地壳缩短速率为 0.4～0.8 mm/a。

2）古地震同震位移的厘定

同震位移是指单个地震期间地震断层或地表破裂带发生的错动量。获得同震位移的途径主要有横跨地震断层沉积层或年轻地貌面的断错、古地震崩积楔的高度、冲沟位移、断层上升盘的构造阶地高度、陡坎剖面的坡折等。由于根据古地震研究来判别同震位移，涉及到古位移的剥蚀、保存条件和古地震不确定性等一系列问题，很难有把握确定所观测到的古位移残余能否代表古地震事件的同震位移。不同性质的断层，如正断层、逆断层和走滑断层的同震位移表现形式亦有很大差异，尤其是逆断层-褶皱型地震断层，同震位移有一部分是消耗在同震褶皱上，通常是断层两侧沉积层断错量和断层上盘褶曲变形量的总和。因此，要准确获得古地震同震位移的定量数据具有很大的局限性和不确定性。

由亚曼苏断层上开挖的 3 个探槽剖面观测到的地层断错量和陡坎剖面，得到亚曼苏断层古地震事件的同震位移量为 0.5～1.3 m，平均为 0.9 m 左右，这与郭建明（2002）研究得到的该断裂一次地震的垂直位移量为 1m 左右基本一致。

3）古地震复发间隔的厘定

利用古地震序列确定古地震复发周期，需要系列探槽开挖和大量的测年数据做基础，然后利用年代限定法进行分析确定。由于本次工作测年数据有限，且部分测年结果偏差较大，我们不能准确地获取古地震复发间隔和复发序列，因此不能通过古地震复发序列得到古地震的复发周期。利用断层滑动速率和同震位移计算得到古地震的复发周期也是一种有效的方法。某断裂特征地震之间的平均复发间隔 T，可由该断裂一次地震的同震平均位错量 u 与断层的平均滑动速率 v 之间的比率关系估计（Wallace，1970），即：$T=u/v$。由此，通过上述得到亚曼苏断裂的同震平均垂直位移 0.9 m、晚更新世晚期以来的垂直活动速率约为 0.2～0.3 mm/a，推算其古地震复发周期为 3000～4500 a。

4）阿合奇北断裂

阿合奇北断裂自阿合奇北，托什干河北岸冲洪积台地上，沿断裂发育清楚的断层陡坎，断层错断河流阶地，QP^1 西域砾岩逆冲在 QP^3 冲积砾石层之上（图 6-4-18）。断层形成新鲜的断层陡坎，并可能错断了全新世地层（图 6-4-19）。初步判断该断裂为全新世活动断裂。

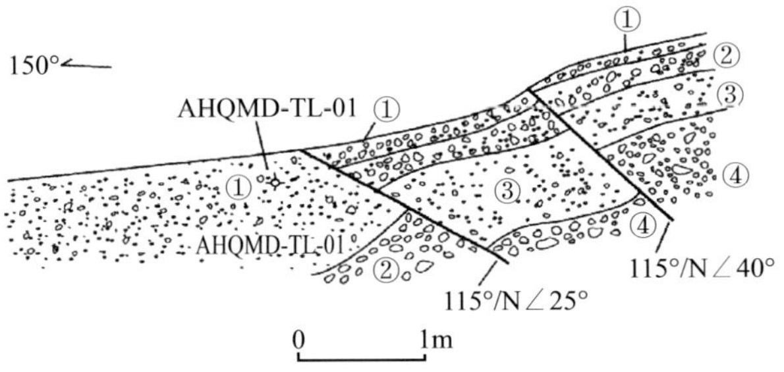

图 6-4-18　阿合奇西北腾古孜都克沟口阿合奇北断裂露头剖面

①砂砾石层，含黄色粉细砂（表层）；②卵砾石层，含巨砾（最大直径可达 20～40 cm）；③中砾、粗砾，最大砾径 10 cm；④巨砾石层，以扁平砾石为主，粒径一般大于 5 cm，最大可达 40 cm

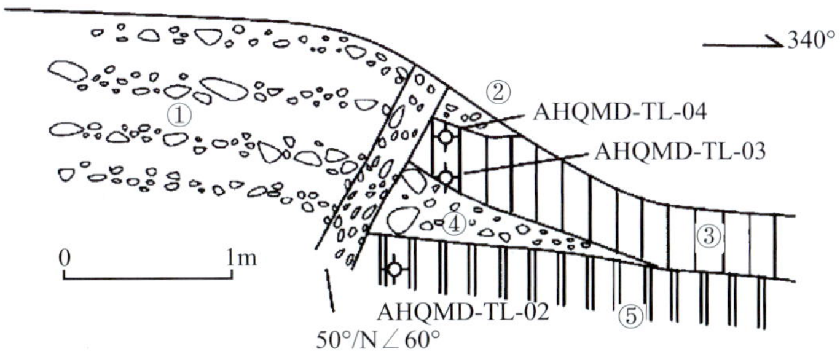

图 6-4-19　阿合奇西北腾古孜都克沟口反向断层陡坎断裂露头剖面

①灰色砾石层，水平层理，砾石周围分选一般，充填砂；②崩积楔；③土黄色含粉土层，松软（局部含砾）；④崩积楔：砾石大小混杂，充填粉土；⑤含砾粉土层，土黄色局部含砾

6.4.5　那拉提断裂晚第四纪活动证据

那拉提断裂在区域上是中天山与南天山的界线。断裂西起托木尔峰一带，呈 NEE 向延伸，向西南延入吉尔吉斯斯坦境内，倾向 NW，倾角大于50°，左旋逆断性质，长度大于400 km。断裂由那拉提北断裂和江布达板断裂为主体组成宽约 10 km 的断裂带，断裂两侧石炭纪沉积建造大不相同，北侧为火山岩建造，厚度较大，南侧为碳酸岩盐建造。沿断裂有超基性岩分布，南侧有低温高压动力变质兰片岩带，北侧有含硅线石高温低压带，为古板块俯冲带（张良臣，1985）。断裂带具长期活动的特点，控制着石炭系、侏罗系和新近系沉积，同时错断了前第三系和第三系，为一条左旋逆断裂。第四纪以来断裂有强烈活动，在那拉提两侧地势相对高差达 200m 左右，估计第四纪早期以来的平均垂直滑动速率在 0. 2 mm/a 以上。大尤都鲁斯盆地西北，江布达板断裂北侧石炭系和海西期花岗岩以 60°角度向南逆冲在古近系和下更新统西域砾岩上。在巴音布鲁克区政府东北，沿断裂在晚更新世冲积扇上发育长达 10 km，高数米的断层崖，在断层的其他地段亦有年轻断层崖分布，它们向西延伸可能与那拉提断裂相连，说明那拉提断裂晚更新世以来有活动（国家地震局地质研究所等，1994）。

野外调查表明，那拉提断裂属于晚第四纪以来仍有较强活动的断裂带，断裂断错了山前的冲洪积扇及河流的阶地，形成清晰的陡坎地貌（图 6-4-20），同时，该断裂还具有一定的走滑分量，在巴音布鲁克东北，穿越断裂的冲沟发生了不同程度的左旋位移（图 6-4-21），左旋位移量在 20m 左右。

图 6-4-20　山前冲洪积扇上的阶梯状陡坎

图 6-4-21　冲沟发生左旋位移

跨断层陡坎测量了 5 个地形剖面，晚更新世山前的冲洪积扇上最大陡坎高度为 5. 5m 左右，陡坎上

明显存在坡折，表明断裂晚更新世以来有过多次活动，热释光年代样品测试表明该地貌面的年龄为距今58ka左右，由此计算得到该断裂晚更新世中晚期以来的平均垂直滑动速率为0.1 mm/a左右。开都河右岸废弃沟谷内实测陡坎高度在1.6m左右，可能代表了最新一次古地震事件的位错量。

图 6-4-22　那拉提断裂剖面

在巴音布鲁克东北公路旁，我们发现了那拉提断裂剖面，断裂为N倾的逆断裂，断裂角度较陡，断裂两侧晚更新统砂砾石层层理明显不一致，断层下盘地层掀斜变形明显（图6-4-22）。

在巴音布鲁克东北开都河右岸的阶地上，断裂断错阶地形成明显的断层陡坎，为一条高角度的逆冲断裂，断裂断错晚更新世以来的砂砾石层和上覆的粉土层，测年结果表明该断裂最后一次古地震事件发生在距今（16.65±1.41）ka～(13.10±1.01）ka，离逝时间为13ka左右。

上述证据表明那拉提断裂是一条晚第四纪以来仍然具有很强活动的区域性大断裂，从测量的陡坎形态看，该断裂晚第四纪以来具有多次活动的特点，最新一次活动应该发生在晚更新世末期-全新世早期，该断裂是一条具备发生7级地震的构造带。

6.5　准噶尔西北界山北东向断裂晚第四纪活动现象

在天山构造区与阿尔泰构造区之间的西准噶尔边界山区发育一组NE向断裂（西准噶尔断裂带），包括达尔布特断裂、托里断裂等（图6-5-1）。达尔布特断裂（DBTF）位于准噶尔盆地西侧，全长约320 km，总体走向40°～70°，平面上略呈“S”形展布，为左旋逆断裂；航卫片上线性影像非常清晰，第四纪以来活动，由一系列斜列的NE向断裂组合而成。托里断裂（TLF）展布于托里盆地东缘，总体呈NE走向，全长约65 km，正断层；在托里县南分布古地震断层陡坎，探槽开挖揭露出断裂在全新世期间有过2次显著活动（冯先岳，1997）。此外，西准噶尔还发育多条NE向的走滑断裂带，这些断裂晚第四纪以来仍有较强活动，断错了晚第四纪地貌面，地表形成清晰的痕迹。

6.5.1　达尔布特断裂

达尔布特断裂位于准噶尔盆地西侧，南起艾比湖东，向北东延伸至夏子街东北逐渐隐伏。断裂全长约320 km，总体走向40°～70°，西南端走向NEE，中段走向NE，北东段哈拉阿拉特山至夏子街又为NEE走向，平面上略呈“S”形展布。断面倾向NW或SE，倾角65°～85°，性质为左旋逆断层。该断层第四纪以来具有较强的活动性，航卫片上线性影像极佳。从断层的几何形态来看，是由一系列斜列的NE向断层组合而成。它们主体上呈右行斜列，在其尾端尚有弯曲现象。根据断层几何特征及活动性的差异，可分为5段：

（1）艾比湖以东段：南起艾比湖以东，向北东至石奶闸以东，走向70°，断面NW或SE倾，长约100 km。沿断层分布断崖及三角面等，且多处有断层泉分布。断面产状：倾向155°，倾角51°。沿断面可见16cm厚的细糜棱岩带，且有2cm厚的断层泥，断层具有左旋为主的压扭性活动。第四纪以来具有较强的活动性，控制了现代地貌的发育。1932年9月11日在断层的西南端与艾比湖东侧NW向断层交会处发生6级地震；1940年2月5日在其东端发生5¾级地震。

（2）柳树沟段：展布于沙尔布拉克—柳树沟—阿克库拉，全长约55 km，走向40°～50°，倾向SE，倾角60°～85°。在沙尔布拉克附近，断面近直立，地表可见高约20m的断崖，将下更新统砾岩错

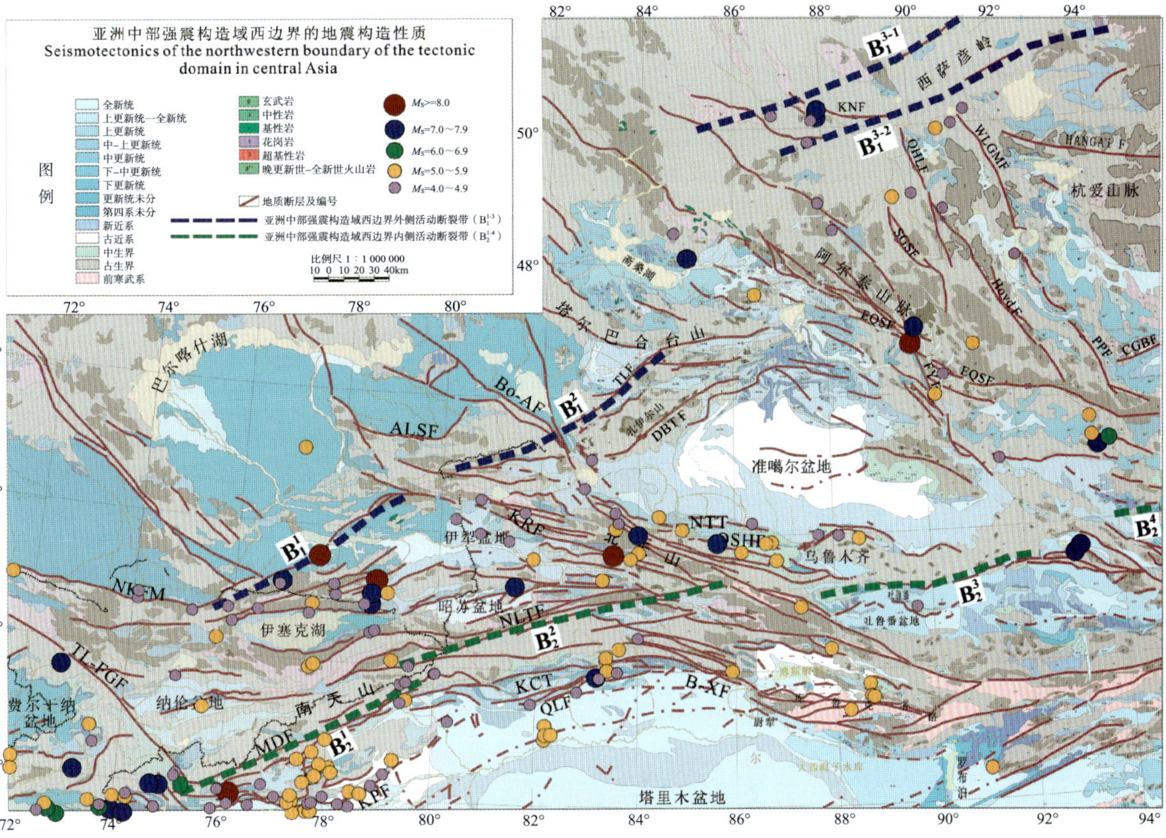

图6-5-1　天山-阿尔泰山地质构造略图

断，形成可见高度约为6m的垂直错距。由于断层活动，地表形成反坡向的陡崖或陡坎，使得一些河流和冲沟发生改道，形成典型的断头沟现象，如在沙尔布拉克附近，一条较大的冲沟由于断层活动，发生向东北扭头改道，在柳树沟附近汇入包古图河，断层上盘的古河道现已废弃，形成高约10m的河谷基座阶地（图6-5-2，图6-5-3）。

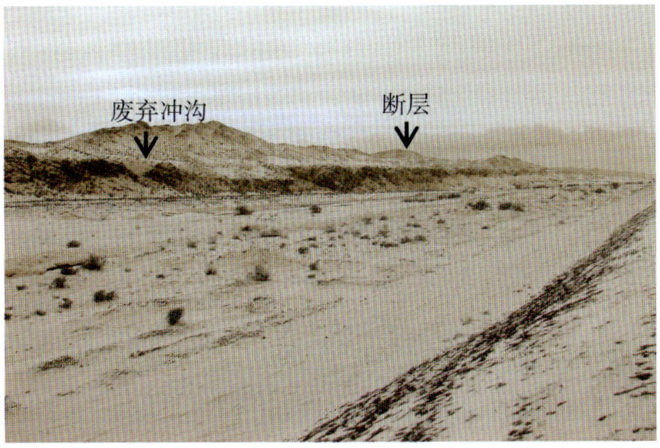

图6-5-2　沙尔布拉克附近断层崖地貌（镜向S）

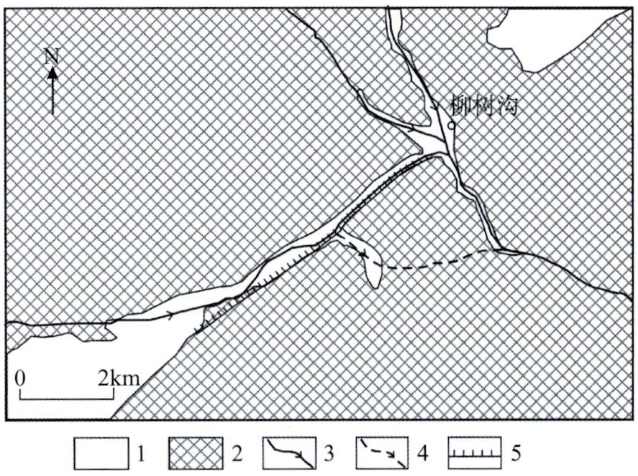

图6-5-3　沙尔布拉克附近断头沟示意图

1. 第四系；2. 基岩山区；3. 河流；4. 废弃河流；5. 断层崖

在柳树沟附近，可见一条断层剖面，断层发育在基岩中，构成石炭系与二叠系的界限，断层走向NE，倾角陡立，断层破碎带宽20～40 cm（图6-5-4）。在柳树沟附近可见断层断错包古图河的Ⅲ级阶地，形成约8m的垂直错距，但低一级的阶地面未见明显断错。

在柳树沟东南约2 km左右，一冲沟的冲出锥也发生了明显的构造变形迹象，该冲出锥被断层断错，形成高约1m的陡坎，同时，由于断层上盘持续抬升，该冲积锥不再接受堆积，河流下切在扇体上形成深约1m左右的冲沟（图6-5-5）。

图6-5-4　柳树沟附近断层剖面（镜向NE）

图6-5-5　柳树沟东南冲出锥被断错（镜向ES）

（3）坎土拜克段：展布于阿克库拉—坎土拜克—卡拉休卡，全长约42 km，走向55°，倾向SE，倾角80°，与柳树沟段呈右行斜列。在野马井南至坎土拜克一带，断层以陡坎形式断续延伸，长约10 km（图6-5-6、6-5-7）。断层错断了晚更新世-全新世冲洪积扇，形成反坡向断层陡坎，坎高多在1.5～2.0 m，一系列的冲沟也发生了不同程度的左旋位移。我们在野马井南跨断层最低一级陡坎进行了测量，陡坎高约1.2 m，最大坡度在15°左右（图6-5-7、6-5-8），可能反应了断层最新一次活动的位移量。另外，断层的左旋活动使被错的新老两个扇体轴线错位达10m以上。在坎吐拜克西侧有8个相邻的洪积扇，洪积扇由新老两个扇体组成，互为上叠关系，断层在洪积扇顶部穿过，断层活动使洪积扇及轴线向西南位错或偏移6～8m，显示断层还具有非常明显的左旋走滑特征。

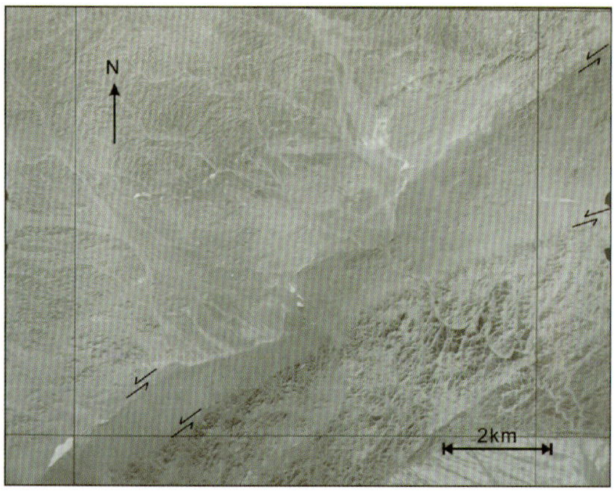

图6-5-6　野马井南断层陡坎影像

图6-5-7　野马井南实测断层陡坎（镜向NE）

据洪积扇边缘开挖探槽揭露，断层由2条次级正断走滑断层f_1、f_2组成，在晚更新世以来有过显著活动（图6-5-9）。取f_1断层中的断层泥热释光（TL）年龄测定为距今44300 a，断层泥石英碎屑表面的 SEM 特征反映为晚更新世晚期的压扭性活动。f_2上盘砂砾石层的^{14}C 年龄为距今 3885 a，表明全新世曾发生过活动。由此，可计算出该段断层在晚更新世以来的滑动速率为 0.22 mm/a 左右。

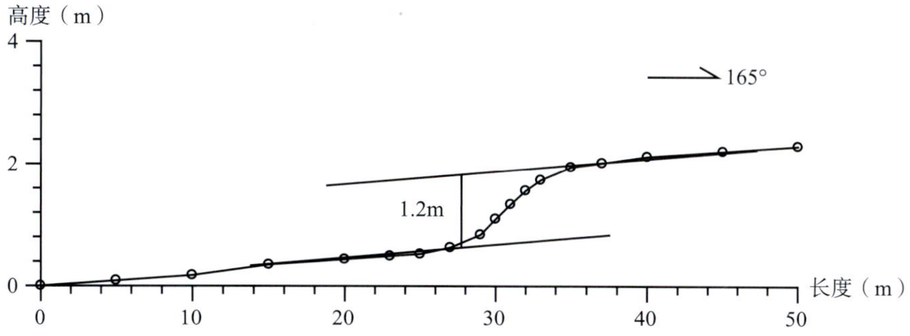

图 6-5-8　野马井南实测断层陡坎剖面

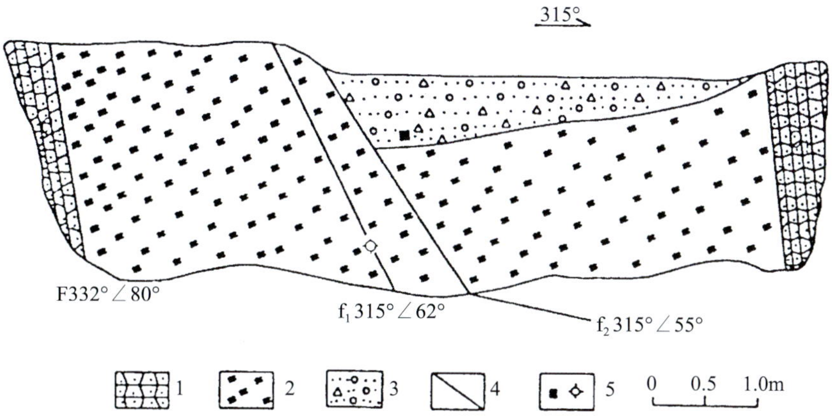

图 6-5-9　野马井东南探槽剖面图

1. 凝灰岩；2. 糜棱岩；3. 砂砾石层；4. 断层；5. ^{14}C 和 TL 取样位置

（4）达尔布特河谷段：西南起卡拉休卡，与坎土拜克段呈右行斜列，沿达尔布特河延伸至白杨河以东，线性影像十分清晰，长约 40 km。断层走向 60°，倾向 SE，倾角 70°～85°。断层由多条断层斜列组成。在石棉矿南至铬矿，断层错断了晚更新世-全新世冲洪积砂砾石层，在地表形成约5 km长的陡坎，坎高 3.5m，坡角 6°～8°（图 6-5-10、6-5-11）。断层还断错了一系列冲沟，形成了一系列的悬谷，在悬谷下游发生左旋位移错动。断层泥热释光（TL）年龄测定为距今 44200 a，为压扭性活动。

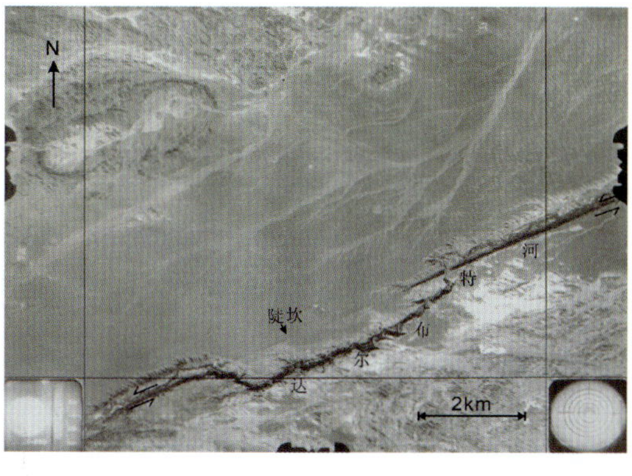

图 6-5-10　石棉场附近达尔布特断层陡坎影像

图 6-5-11　石棉场附近达尔布特断层陡坎（镜向 NE）

在石棉矿南，断层错断了早更新世以来的堆积物，早更新世堆积物的底界垂直断距为 18m（图 6–5–12），断层两盘第四系堆积物的厚度也存在一定差异。

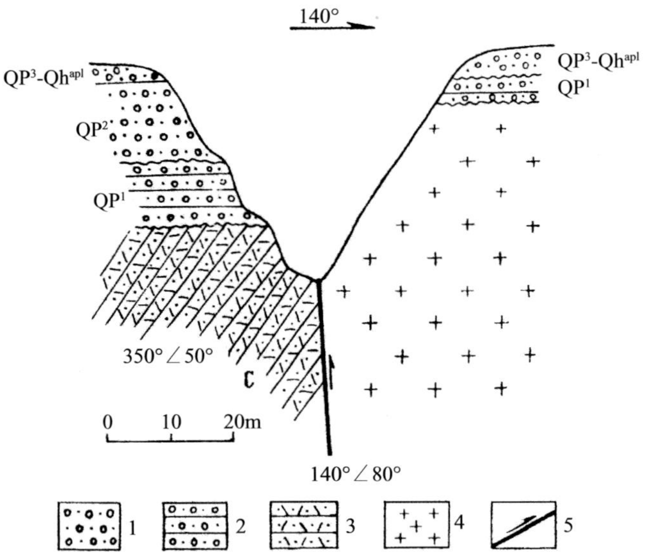

图 6–5–12　石棉矿南断层剖面图。

1. 砂砾石层；2. 砾岩；3. 凝灰岩；4. 花岗岩；5. 断层

在达尔布特河东北端出山口附近，断层西北约 500 m 处，平行分布走向 40～60° 的断层陡坎，陡坎断续延伸长约 15 km。在陡坎上开挖探槽揭露出，断层错断了含砾亚砂土（图 6–5–13）。据 ^{14}C 地质年龄测定，断层在距今 4459 a 左右发生过一次最新活动，这与野马井南探槽中揭示出的最新一次活动时间基本相吻合。

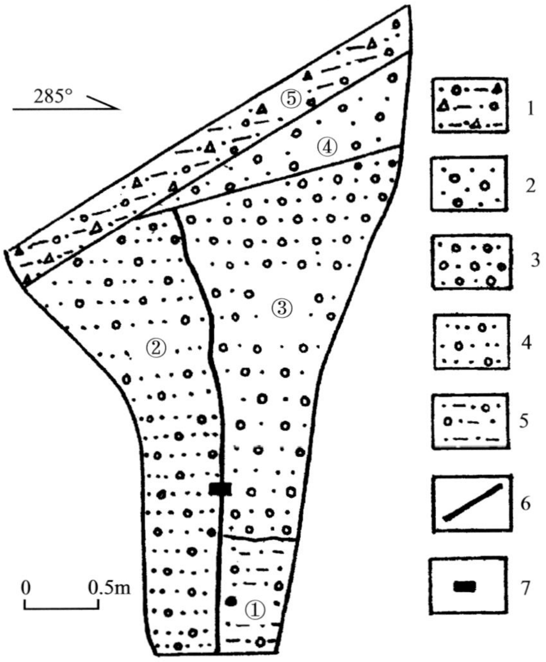

图 6–5–13　白杨河水库南岸探槽剖面图

1. 含角砾砂土层；2. 砂砾石层；3. 砾石层；4. 含砾砂层；5. 含砾亚砂土层；6. 断层；7. ^{14}C 采样点

（5）哈拉阿拉特山北侧段：西起白杨河水库大坝后，向东穿过白杨河，沿哈拉阿拉特山北缘向 NEE 向延伸至夏子街附近，全长约 80 km。走向 55°～70°，倾向 SE，倾角 70°。在哈拉阿拉特山东端至夏子街，断层错断了和布克河的山前晚更新世洪积扇，在地表形成南高北低的反向断层陡坎，断层还具有十分明显走滑特征，河流在穿过断层时，均发生了不同程度的左旋走滑位移（图 6-5-14）。

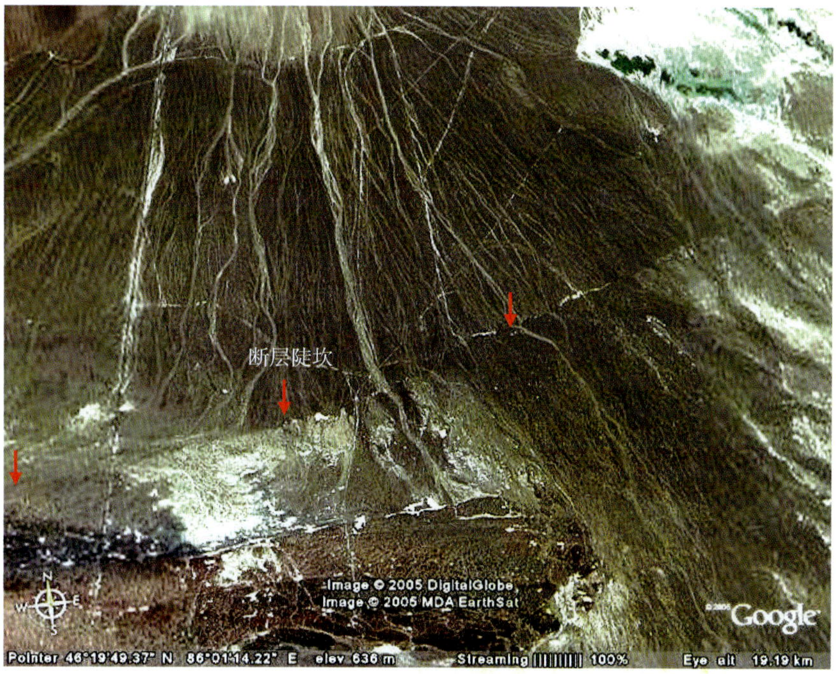

图 6-5-14　达尔布特断层断错山前洪积扇

综上所述，该断层上述 5 个段落，其几何形态及活动性均有差异性，根据断层的活动年代、活动速率及地震活动性分析，该断层为全新世活动断层。

6.5.2　托里断裂

托里断裂：断裂位于托里盆地东缘，全长约 65 km。走向 NNE，向西南逐渐转为 SW 向，呈略向 ES 突出的弧形，断面 NW 倾，倾角 57°～70°，具正断层性质。在托里县南沿断裂分布有古地震形变带。从 139 km 道班至切特库都克泉约 750m 地段上分布古地震断层反坎及正坎，坎高 30～40 cm。阶梯状断层陡坎是断裂新活动的反映。据探槽开挖揭露，断裂在全新世期间有过 2 次显著活动（图 6-5-15）。据 ^{14}C 地质年龄测定，碎裂片岩西侧掩埋的正断层约在距今 11726±104 a 前活动过，形成的垂直断距约 3 m，而凝灰岩与片岩西侧的正断层断到地表，据表土层下 ^{14}C 年龄为距今 7229±79a 分析，断层在表土层堆积后活动过。断层西侧距地表 2.1 m 处小角砾砂土层热释光年龄为距今 19270±2890 a。从 2 次断层活动时期分析，古地震复现期较长，约长达 3495±25 a 以上。该断裂为全新世活动断裂。

在托里县南部雅玛特以北，沿山麓坡脚分布长约 15～20 km 的断层地表破裂带，该地表破裂带宏观表现为山麓断层沟谷地貌，由一系列山脊垭口、断层陡坎、扭错水系及堰塞堆积组成（图 6-5-16）。地表残留的断层坎高约 30～100 cm，坎坡角 14°～20°。水系的左行扭错距离在 4～10m。

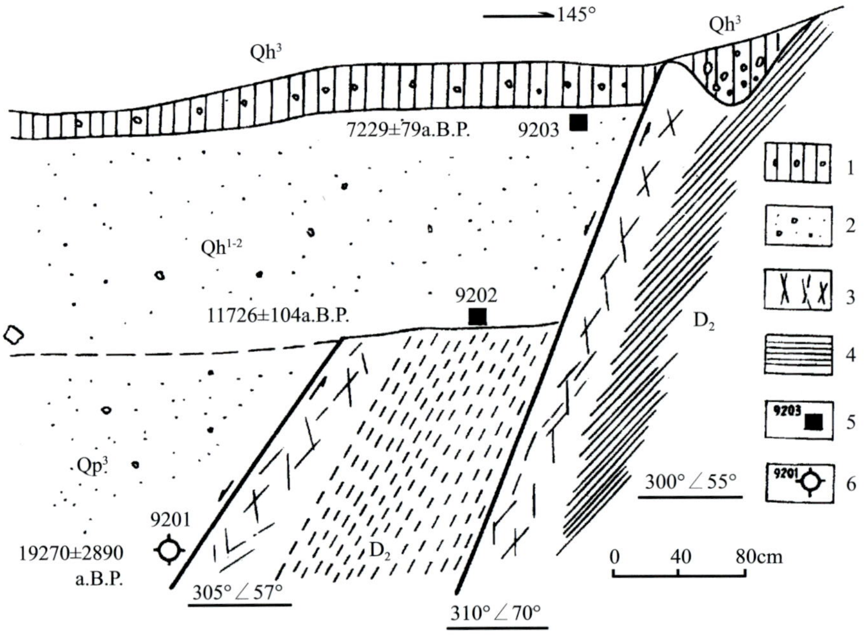

图 6-5-15　托里县 139 道班探槽断裂剖面图

1. 黑色含角砾表土层；2. 灰黄色含小角砾砂土层；3. 片岩与凝灰岩碎裂岩；4. 黑色片岩；5. ^{14}C 采样点及编号；6. 热释光采样点及编号

图 6-5-16　雅玛特北山麓地表断层破裂带（镜向北）

6.5.3　老风口断裂

老风口断裂：断裂分布于塔额盆地东缘，北起齐吾尔喀叶尔山西麓的孟布拉克东北，向西南延伸，经库鲁木苏、老风口，南至巴尔鲁克山北麓，全长约 110 km。总体走向 NE，断层面倾向 SE，具左旋逆走滑运动性质。在遥感卫星和航空影像上显示线性特征十分清晰。

在断裂的北部，额敏县东北齐吾尔喀叶尔山西麓的孟布拉克一带，沿断裂分布清晰的断层陡坎，在基岩裸露地段可见到断层面，断面倾向 SE，倾角陡立。断层陡坎受地形的影响，有的地段为顺坡向陡坎，有的为反向陡坎（图 6-5-17，6-5-18），断层陡坎一般高 1.5～2 m，最高可达 3 m 左右，断层陡坎左旋断错了一系列山脊和全新世小冲沟以及表面土壤层，形成明显的断层地表破裂带，可能为古地震地表形变带遗迹。

图 6-5-17　额敏县东北孟布拉克附近冬格列克断裂

图 6-5-18　额敏县北东孟布拉克附近冬格列克断层陡坎

断裂向西南延至老风口西北，在盆地内戈壁砾石层遭错动分布断层陡坎，走向 35°～46°，断层陡坎最大高度达 40cm，长约 30 km 。沿断裂多处泉水溢出，形成线状沼泽地与戈壁滩角砾层的鲜明分界线。

在巴尔鲁克山东北山角（阿路马勒）的西北麓，也分布清晰的断层地表破裂形变带。断层地表形变带由断层陡坎、错动水系、系列断层溢流泉和线状差异的植被带显示出来。经详细考察断层陡坎的高度在 1～3m，最高可达 5m，有反坎和正坎两种，交替出现。水系的最大左行错距可达 30m，最新最小的错距为 3m 左右。错动的第四纪地层为中更新统老砾石，最新为冲沟槽及河床堆积；错动的地貌有老砾石台地，河谷及各级阶地，冲沟、河床及漫滩（图 6-5-19）。很显然，这是老风口-孟布拉克

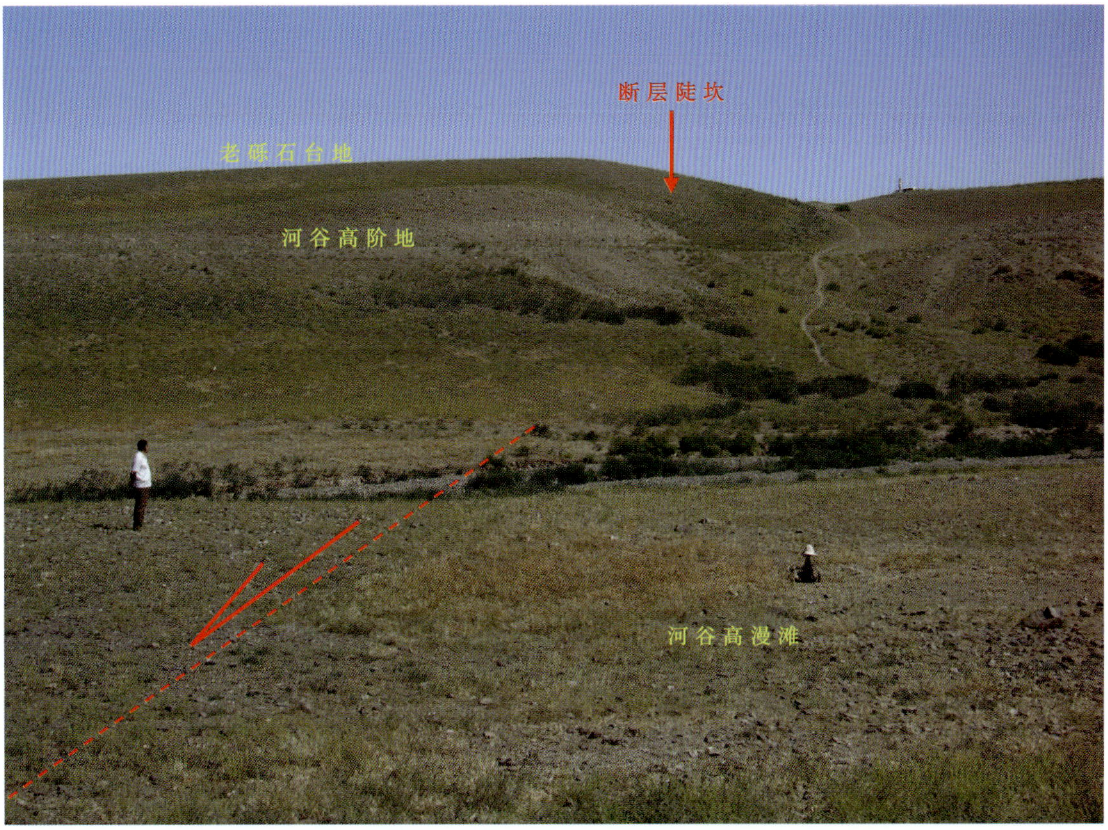

图 6-5-19　巴尔鲁克山西北麓断层错动河谷漫滩、阶地和台地（镜向 N）

断层在全新世晚期活动造成的地表破裂形迹。像这种地表能保留明显断层破裂形迹，地震学界认为属于断层黏滑破裂的结果，为古地震断层破裂遗迹。从巴尔鲁克山西北角老风口一带的地表破裂，延到齐吾尔喀叶尔山西麓的孟布拉克附近，断层地表破裂带分布长达 80 km 余。以上断层的地质地貌证据，充分说明老风口断裂是全新世断层。

6.6 阿尔泰–萨彦–贝加尔地震构造

这一地区位于亚洲中部强震构造域的中北部，地震构造涉及 5 大古板块，自北向南、自西向东为：西伯利亚板块、外贝加尔板块、东萨彦板块、哈萨克斯坦–准噶尔板块和塔里木板块。

6.6.1 区域特征

6.6.1.1 地球物理场及深部构造

1）1°×1°布格重力异常

阿尔泰山重力异常走向 NW，为重力低值区，在富蕴以东为-275×10^{-5} m/s^2。东萨彦岭至杭爱山一带虽然总体重力异常呈 SN 走向，但杭爱山为近 EW 走向重力低，为-350×10^{-5}m/s^2。唐努山重力异常为 NNE 走向重力高，其值为-150×10^{-5}m/s^2。贝加尔湖以南-125×10^{-5} m/s^2，重力异常等值线呈向南突出的弧形，乌兰巴托东北的肯特山重力异常走向呈 NE 向，其值为-150×10^{-5}m/s^2。

2）地壳及地幔厚度

据重力资料反演的区域地壳厚度在阿尔泰山一带地壳厚 50～54 km，在萨彦岭一带厚 60 km，内贝加尔厚 55 km，乌布苏湖—哈尔乌苏湖一带大湖区地壳较厚为 40～48 km，向东地壳逐渐减薄为 38～40 km（Тудее，Чагнаадрож，Баяр，1981）。但地壳以下地幔厚度自贝加尔湖以南，向东西两侧增厚，尤以阿尔泰山一带可达 600 km（Zonenshain et al.，1981），东侧为 400 km。

3）深断裂

区域深断裂主要为 EW 走向，如巴彦努尔深断裂、杭爱深断裂、大博格多深断裂（NWW 走向）、戈壁天山深断裂，乔巴山、乌勒吉深断裂等。NW 及 NNW 走向的深断裂，如巴彦洪戈尔、扎布汗深断裂、科布多（察干希别图）深断裂及可可托海–二台深断裂。NE 向深断裂如伊乌鲁河、南肯特、鄂嫩深断裂等（吉洪诺夫，1975）。

4）地壳底面莫霍面纵波波速及卫星重力所反映的阶梯状构造

Ц. 杜阶（1981）认为，在萨彦岭一带莫霍面上的纵波速度为 7.76～7.97 km/s，西小东大。蒙古中部 P 波波速为 7.57 km/s，戈壁阿尔泰一带 P 波波速为 7.39～7.95 km/s，东高西低。莫霍界面上纵波速度的减小与活断裂形成有关。卫星重力显示在蒙古中部（102°E）及东部（113°E～116°E）分别有近 SN 向及 NNW 走向的阶状构造。

6.6.1.2 断裂构造及新构造环境

1）断裂构造

受西伯利亚板块向南推挤的影响，断裂主要以 EW 向或 NWW 走向、NE 向及 NNW 走向为主，最著名的是贝加尔裂谷系，区域构造主要特征如下：

（1）张性构造发育：贝加尔裂谷系是与东非裂谷相齐名的全球裂谷系统，为 P. 塔伯尼尔刚性模拟实验所证实的张性构造（Tapponnier et al.，1982）。大湖张性盆地与科布多等 NNW 向断裂右旋走滑拉张有关。

（2）EW 向或向 N 突出的断裂多为逆断层与逆掩断层：如杭爱逆断层，断层面 N 倾。

（3）NNW 向断裂为右旋逆断层，以二台断裂、科布多断裂、沙普沙尔断裂等为代表。

（4）向南突出的 EW 向断裂及 NE 向断裂为左旋走滑断裂（Dricker et al.，2002）

2）新构造运动

第三纪末整个亚洲，从喜马拉雅至东萨彦是相当平缓的地方，只有不多的较低的山地，大部分准平原化，海拔100～1000 m，是上新世准平原面或最新夷平面变动开始的时间（AH CCCP，1980）。区域新构造特征表现为：

（1）周期性的穹-块状运动，使山地普遍隆起成蒙古高原，线状山地生长及山间盆地形成，构成NW-NWW走向的阿尔泰山脉、戈壁阿尔泰山脉、杭爱山脉及东西向的唐努山、萨彦岭以及北东向的雅布洛夫山脉、肯特山脉及贝加尔裂谷。一级新构造单元划分为5块：阿尔泰与东萨彦-杭爱隆起及其间的杭爱-蒙古坳陷（大湖坳陷）、贝加尔裂谷及其南侧的外贝加尔隆起。阿尔泰隆起为大型非均匀的穹隆，穹窿的南部及东南部为隆起幅度最大地段，阿尔泰隆起长1500 km，北西段宽300 km，东南段渐窄为50～80 km。大湖坳陷为近SN向的沉降区。

（2）阿尔泰-萨彦山区隆起量大于南阿尔泰。蒙古阿尔泰最高峰海拔4362m，东图瓦山顶高原在3000m以上（Чернов，1978）。蒙古阿尔泰在新近纪-第四纪时期隆起幅度约3 km。

（3）贝加尔裂谷带自中新世以来具强烈的拉张运动与升降运动特征（黄周传等，2007）。

（4）杭爱隆起为等轴状穹形隆起。外阿尔泰、东南戈壁和中戈壁在上新世-第四纪时新构造差异运动幅度为百米至千米，杭爱隆起2000～3000 m，东北蒙古为新构造运动微弱区。

（5）大湖坳陷区与杭爱山脉之间的前阿尔泰隆起带为狭窄的地垒隆起，宽25～50 km，隆起1500～2500 m。

（6）内贝加尔地区由于张性活动，有年轻火山活动。

6.6.1.3 现今地壳形变

1）第四系沉积

据古地磁、古人类及年代学研究，第四纪下限的年龄估计为3 Ma左右。

（1）大湖坳陷堆积的第四系厚度大体反映第四纪时期构造运动的幅度，大湖坳陷大致呈NW向展布，科布多东侧第四纪断陷盆地断陷幅度为280 m。

（2）与西域砾岩相当的戈壁岩系有构造变动：区域戈壁岩系灰色角砾石与下伏上新统红色与绿色黏土层有不整合面，不整合角度为20°。该岩系出露至少有200 m厚，总厚度可能达300～400m。同西域砾岩一样受构造变动倾角达20°～40°（Н. А. Флоренсов и др，1963）。

2）GPS观测结果

（1）水平运动：受印度板块对欧亚板块向北推挤的影响，在准噶尔盆地东北部达10.4 mm/a，直至阿尔泰山北坡依然为向NNE方向挤压，速率为5.2 mm/a（霍夫德），4.9 mm/a（鄂基），2.9 mm/a（乌兰固木），在杭爱山波奈仍有2.4 mm/a速率，萨彦以北尚有2 mm/a速率。过大湖坳陷以后即97°E以东，受印度板块向北推挤尾部拉张影响，戈壁阿尔泰向东以4 mm/a速率活动，从戈壁阿尔泰向北到杭爱山脉，地表向NEE或正E方向以4.3～1.0 mm/a速率运移，在东萨彦以2 mm/a速率向NNW方向挤压，在东萨彦东端仅有0.7～0.8 mm/a向SN方向拉张（Nissen et al.，2007）。在102°E以东乌兰巴托以南，除戈壁阿尔泰东端山前向SE方向挤压速率为4.2 mm/a以外，其余均向SEE或NEE方向挤压或拉张（Walker et al.，2006）。在100°E奥尔尼克至103°E扎克姆为2.89～6.96 mm/a主要向NEE方向挤压，在恩塞尔向东挤压速率为4.08mm/a，在博格多为2.89mm/a。

据1994～1999年观测，区域水平运动速率为2～4mm/a，贝加尔湖南相对西伯利亚板块水平运动速率>1 mm/a。贝加尔湖西南为向ES以3～5 mm/a挤压。贝加尔湖活动断裂带沿通卡盆地北边向NW且继续向W以1～3 mm/a速率运移，贝加尔湖西南水平活动速率为1 mm/a。贝加尔裂谷带以（3.2±0.5）或4～5 mm/a速率呈NW-SE张开。外贝加尔板块水平运动速率为4～6mm/a，1994～2007年最大值为3.8 mm/a。贝加尔盆地为1～1.5 mm/a，西伯利亚板块与外贝加尔板块以3.4±0.7mm/a速率运移。乌兰巴托1995～1998年GPS观测相对欧亚向125°±30°方向挤压速率为6.4±1.6mm/a（Eric Calais et al.，2002）。

（2）垂直形变：阿尔泰-贝加尔 44 个观测点垂直形变为 5～12 mm/a。

6.6.1.4　地震活动

中国地震动参数区划图将阿尔泰-萨彦区归为天山地震区阿尔泰地震带，是天山地震区中常发生 7 级以上地震的地震带，地震频度不高，但强度大，1742～2010 年 3 月已发生 8 级以上地震 5 次，7.0～7.9 级地震 14 次，6.0～6.9 级地震 50 次。塔城盆地周围因处于哈萨克斯坦-准噶尔板块内，属较稳定的大地构造单元，未发生 8 级以上地震。本区地震活动表现为以下特点：

（1）强震频繁：区内自 1742 年贝加尔湖西发生 7.7 级地震以来至 2010 年 3 月共发生 6 级以上地震 69 次，其中 7.0～7.9 级地震 14 次，8.0～8.9 级地震 5 次，以 1905 年 7 月 9 日与 23 日双主震型 8.3 级地震为最强烈①。若以 8 级地震作为强震活动期开始的标志，则区域从 1742～1905 年为第一活动期，是最强烈的地震活动期，1761 年科布多断层发生 8.3 级地震，1905 年在杭爱断层发生双主震型 8.3 级地震；1915～1939 年是第二活动期，在新疆富蕴发生 8 级地震；第三活动期是 1957 年至今，在 1957 年蒙古国戈壁阿尔泰发生 8.3（8.1）级地震。

（2）地震活动空间分布不均匀：区内 6 级以上地震主要集中于阿尔泰山南北、戈壁阿尔泰、大湖区西侧及贝加尔湖，与活动构造关系密切。

（3）以浅源地震为主，震源深度为 7～60 km。

（4）地震活动类型主要是双主震型地震、主震余震型地震或孤立型地震。1905 年杭爱断裂发生的 8.3 级地震为双主震型，相隔两周发生相当强烈的大震。2003 年 9 月 27 日友谊峰东北发生的 7.9 级地震是典型的主余震型地震，28 日发生 6.4 级余震，10 月 1 日发生 7.3 级强余震。1996 年 3 月 13 日在阿勒泰发生的 6.1 级地震是孤立型地震的代表。

6.6.1.5　构造应力场

（1）震源机制解所反演的构造应力场：据区域 14 个震源机制解资料，区域主压应力迹线为 NNE-SSW 走向（新疆维吾尔自治区地震局，1985）。

（2）GPS 观测所反映的构造应力场：前已述及区域 GPS 观测结果大致以 97°E 为界，以西主要是从 SSW 向 NNE 方向挤压，以东主要是自西向东的挤压或拉张。

（3）区域地质所反映的构造应力场：贝加尔裂谷的形成与 NW-SE 向的拉张有关。大湖盆地西北北西走向右旋走滑断裂带与迎金断裂左旋走滑段、杭爱左旋走滑断裂及大博格多左旋走滑断裂应该是共轭断裂，它所反演的构造应力场也主要是南南西-北北东走向的构造应力场。

6.6.2　阿尔泰地震构造

1）主要断裂

（1）可可托海-二台活动断裂系：横跨外贝加尔板块与哈萨克斯坦-准噶尔板块及其间的额尔齐斯板块缝合带，走向 NNW，断层面主要 E 倾，长 190 km，为晚更新世晚期以来右旋逆走滑断裂，由 11 条次级断层构成，断裂宽 550～5000 m。断裂自晚更新世晚期以来右错 1000 m 左右，最大垂直错动 15 m，全新世晚期断裂的平均右旋走滑速率为 8.23±0.47 mm/a，1985～1988 年跨断裂三角测量其右旋走滑速率为 7 mm/a（吐尼亚孜·沙吾提，1991）。

可可托海-二台活动断裂带属于天山地震区阿尔泰山地震带，自有记载以来至 2008 年年底已发生 8 级以上地震 3 次，7～7.9 级地震 7 次，6～6.9 级地震 28 次，地震频度不高，强度大。与额尔齐斯断裂一起在 1931 年 8 月 11 日发生富蕴 8 级地震，在地表形成 159 km 长的地震地表破裂带，最大水平右错在阿克萨依为 12±2 m，沿玛因鄂博断裂有 11.2 km 长的地震地表破裂带。自晚更新世以来断裂共发

---

① А. А. Нцконов，С. В. Шварев，2009，Основные разрывные структуры и силъные землетрясения Горного Алтая：опыт сопоставления，разломообразованиеисейсмичностъ в литосфере：Тектонические концепция и следствия，Том2，Ирку，Российская АН Сибирское ОИЗК，45～48.

生 7 期 17 次古地震，平均复现期为 1511±89 年。以富蕴县喀依尔提拉分型盆地为构造障碍体将断裂分为两段，以北为未破裂段长 25.5 km，是今后地震危险段，以南为古地震及 1931 年地震破裂段（柏美祥等，1996）。

可可托海–二台活断裂从富蕴县喀依尔提河二叉河向南延伸，经喀依尔提、可可托海与吐尔洪盆地西侧、水磨沟、卡拉先格尔，过青河县老山口、新山口，直达乌伦古河南岸，长约 190 km。走向 NNW，断层面多向 E 陡倾，华力西中期花岗岩、花岗闪长岩或下、中泥盆统与上更新统或全新统呈断层接触，形成右错断错水系（丁国瑜，1982）。

（2）额尔齐斯深断裂：东从富蕴县乌恰沟、富蕴县县城北，西延至哈萨克斯坦，为巨大的构造阶梯，垂直高差在 500 m 以上，断至上地幔，长 420 km。断裂走向 310°，倾向 NE，倾角 60°～70°，下、中泥盆统逆于始新统红色泥岩或上石炭统之上。据东哈萨克斯坦地区资料（А. К. Курскеев и др.，1992），古生界逆冲于中新统之上。断层最新错动 100～350 m，断裂北盘最新隆起总幅度一般在 600 m 以上。断层将布哈塔尔明水库断错 20～60m，右错 20～60 m 以上。在富蕴县电站一带羊圈南面约 600 m 处，全新统中有几百米长、高约 50 cm 的断层陡坎，将芨芨草根错断。在最南面的断层破碎带上的全新统有约 3 km 长、30～50 cm 高的断层陡坎也将草根错断，使其枯死或半枯死，表明额尔齐斯断裂在全新世有所活动。1985～1988 年跨额尔齐斯断裂三角测量，平均右旋走滑速率为 8 mm/a。

（3）玛因鄂博断裂：从青河县木库尔拉森向东经阿拉图拜，延至蒙古国边境，走向 NW，倾向 NE 30°～50°，倾角 40°～60°，下泥盆统逆冲于下石炭统之上。断裂西盘高差约 200m，长 100 km 以上。1931 年富蕴 8 级地震时，从木库尔拉森至强罕沟出现 11.2 km 长的地震地表破裂带。探槽证实，发生过 3 次古地震，其复发周期为 2800 a 左右（柏美祥，1996）。

（4）博格多活动断裂带：位于蒙古国阿尔泰山北坡，走向北西西或近东西向，长 1000 km，为左旋走滑逆断层或正断层，断层面南倾，倾角 60°～70°，下–中泥盆系逆冲于中–上更新统之上。

1903 年 2 月 1 日乌尼格特（43.3°N，104.5°E）7.5 级地震在大博格多断裂分别形成 20 km 及 8～10 km 的地震地表破裂带，总体走向 NEE，具左旋逆冲性质。1957 年 12 月 4 日发生 8.3 级地震，形成总长为 500 km 的地震地表破裂带，主破裂长 260 km 沿博格多断层展布，左错及垂直错动 8 m，为 NWW 走向，地震地表破裂带宽 40 km。第 2 条地震地表破裂带为吐洛姆洪逆冲破裂带，走向 NE，断层面西倾，断层倾角较陡，长 32 km，断层陡坎高 1.5～2.5m，最高达 6.5～9.2 m。第 3 条地震地表破裂带沿大博格多山南麓展布，长 70 km，为宽 350～800 m 的地堑及一系列 NE 走向的张性破裂，地震断层陡坎高 2～2.5 m，断层左错 6 m，阶区宽 100m。在 45.1°N，101°E 以东地震地表破裂带走向 105°，左错 7～8 m，垂直错动 2～3 m。

在都兰博格多断裂，地震地表破裂带走向 95°，地震断层左错 5～6 m，垂直错动 1 m 左右。在博格多断裂与吐洛姆洪断裂交会点以东，地震断层左错 3～4 m，小博格多山北移，地震断层垂直错动 2～3.5 m，地震地表破裂带终止于 45.8°N，102.2°E。大博格多山西南麓与南麓 70 km 长的地震地表破裂带，为断层西南倾的地震断层陡坎，高 5～6m，部分为 7～8m，垂直位移 3±1 m。诺杨–乌尔段博格多断层据 ^{10}Be 资料，在 5ka 年活动速率为 1.2 mm/a，8 万年老冲积扇错动 100 m。1958 年前苏联、蒙古航拍 1957 年大震断裂带宽 1～1.5 km，戈壁地堑宽 3 m，平均为 1 m。实测 1957 年大震时碎屑物构成的断坎高 1.6±0.2～7.8±0.4 m。在 45.33°N，97.98°E 以西有 95°走向的古地震形变带，长约 50 km。据不同时代堆积地貌年代学资料，戈壁阿尔泰两次冲积主要时期为 131±20 及 16±4.8 ka，戈壁滩年代为 5.6±2.5 ka。它们受断裂垂直错动 19.8 及 7.8 m，断层垂直活动速率分别为～0.08 mm/a 及～0.4 mm/a，4±1.2 ka 断裂垂直错动约 4 m。约 16 ka 以来有 4 次古地震事件，古地震重复间隔为 4±1.2 ka。71±12 ka 以来博格多断层以 1.5±0.4 mm/a 速率做水平滑动（J. F. Ritz et al.，2003）。加万·布拉格断层是博格多主走滑断裂的副断层，位于主走滑断层以南 25 km，为长 23 km 的逆断层，断层倾角 18°～55°，1957 年大震时地震断层陡坎高 5.2 m，在 7.3 ka、6 ka、4.4 ka 及 2.6 ka 破裂过，断层逆滑速率为 1.5±0.4 mm/a。大震重复间隔 3.7±1.7 ka（Caroc S. Prentic，2002）。

（5）老山口北玉勒肯腊苏断裂：位于玛因鄂博断裂西南侧，从青河县木库尔拉森经玉勒肯腊苏向东南延伸至交卓勒哈尔依尔根，走向 328°～335°，倾向 NE，倾角 62°～88°。在木库尔拉森被二台断裂所切，长 20 km 以上。下石炭统南明水组逆冲于中泥盆统铁热克提组之上。1931 年富蕴 8 级地震时在玉勒肯腊苏及其向北分支断层上有地震地表破裂带。分支断层上地震断层陡坎高 1.3 m。主断层上破裂带断续长 1.4 km，分支断层上地震地表破裂带长 1.6 km。

（6）额尔齐斯河断裂：西段沿额尔齐斯河展布，向东延至区域在喀拉通克南侧，走向 290°～300°，主要倾向 NEE，局部断面倾向 SW，倾角 75°～85°，长 120 km 以上，断裂破碎带宽 5～100 m，为右旋走滑逆冲断裂，在晚更新世有所活动。

（7）乌伦古河活断裂：沿乌伦古河展布，走向 300°，断层面向 SW 倾，倾角 60°～80°，长 130 km，为逆断层，是形成乌伦古河肘状弯曲的构造，可能为晚更新世活动断裂。

（8）富蕴断裂带：该断裂位于阿尔泰山西南坡富蕴、青河县境内，总体走向 NNW，长约 190 km，为断层面 E 倾的右旋走滑逆断层。全新世末期以来的平均垂直活动速率为 0.91±0.08 mm/a。晚更新世晚期以来右旋走滑速率为 1.78±0.13 mm/a。不同时期的平均右旋走滑速率为 4 mm/a 左右。

（9）沙格赛河（萨格萨伊）断裂（SGS F）：位于 48.5°N、89.7°E，走向为 NNW 向，向南渐变为 NW 向（330°～335°），长 127 km，为右旋走滑断裂，断错上第四系。发生过 5 次 5 级以上地震。沿断层有 35～37 km 的古地震形变带，最大右错不小于 3 m，平均为 2.5 m，垂直位错最大达 2 m，平均为 0.5 m。

（10）皮支（塔木奇）断裂（PPF）：位于阿尔泰山东麓南段，走向 NNW，长 150 km，为右旋逆走滑断层。古地震形变带长 25 km，高度在 1 m 以内，断层陡坎高 1 m，位错不小于 2 m（Хилько，1978）。

（11）中戈壁（阿尔泰）断层（CGB F）：从蒙古国卡尔立克套至达兰德扎德嘎德，长 310 km，为略向 N 突出的弧形，为戈壁阿尔泰山西段的主要活动断裂。太古界、蛇绿混杂岩及海西期花岗闪长岩与中-上更新统呈断层接触。1903 年 2 月 1 日在蒙古扎布汗省发生 7.8 级地震。

此外，1967 年 1 月 5 日在 48.13°N，102.9°E 发生 7.5 级地震，1 月 20 日发生 6.7 级余震，在莫戈德（Mogod）形成 SN 向破裂长 32 km 及 NW-SE 向破裂，长 13 km，其最大右旋位移为 0.6～3.5m，SN 向断裂上右错 0.2～1.3m，在 SN 向破裂东侧有正断层破裂。在过去 8000 年及 160 年前发生过类似地震。NW 向地震断层为右旋逆断层（E. A. Rogozhin et al.，2008）。2003 年 9 月 27 日哥尼（Gornyi）7.3 级地震发生在 50.09°N，88.01°E 俄罗斯科什阿加奇西边，当天发生 6.4 级余震，10 月 1 日又发生 7 级地震，在地表形成一系列左列的地震断层，断续长 20 km 以上，走向 NWW，右旋 0.5 m，断坎高 0.2～0.6m，地震裂缝深 30m 以上。在 3340±30、1780±30 及 1280±30 yrB. P. 发生过古地震，其复现间隔 500～1500 年（E. A. Rogozhin et al.，2003）。

2）主要构造样式

（1）阶区构造，分为拉分型构造盆地和拉分型地堑盆地。

①拉分型构造盆地：喀依尔提拉分型构造盆地：二叉河-阿克沃巴断层与买增萨依-喀腊萨姆尔森 2 条次级断层呈右行右阶排列，阶距为 1.5 km，重叠距为 13.5 km，在富蕴县大桥林场以南至阿克沃巴呈拉长的平行四边形，长 7 km，由盆地东侧喀依尔特东北古-始新统的出露，表明此次盆地是在半地堑的古近纪小盆地基础上演化，盆地第四系厚几十米。

②新山口拉分型地堑盆地：位于木库尔拉森南-新山口断层与新山口-夏贝尔特断层右旋右阶排列阶区，呈透镜状，长轴方向近 SN。阶距为 0.4～1.5 km，重叠距为 5.3 km，它在晚更新世洪积扇上形成。

（2）推挤型岩桥隆起。卡布尔特山口副断层与夏贝尔特-喀腊朔克阔腊次级断层在平面上呈右行左阶排列，阶距为 5 km 多，重叠距近 2 km，岩桥长 16～18 km，宽 3～3.5 km，高出地表 170 多米，由下泥盆统托让库都克组凝灰质砂岩及上覆下石炭统南明水组绢云母片岩及侵入二者的华力西中期黑云母花岗闪长岩构成。

（3）多组“入”字型构造：以托库特拜附近最为典型。二台断裂与其东侧 7 条分支断层构成多组“入”字型构造，其间夹角为 15°、31°、30°、40°、40°及 35°，锐角指向均指向北。乌特布拉克“入”字型构造夹角为 18°，红山包北 2 个“入”字型构造夹角均为 18°。一系列“入”字型构造清楚显示二台断裂的右旋走滑活动。

（4）喀依尔特拉分型断陷盆地为构造障碍点：喀依尔特拉分型断陷盆地是 1931 年富蕴地震断裂带的北端点，其北的未破裂段是二台活动断裂的闭锁段。

3）活动断裂的运动学特征

161 个断层产状数据显示，二台断裂走向 NNW，断层面一般 E 倾，多为逆断层。断层末端为正断层。古-始新世夷平面垂直错动 107 m～400 m，最大垂直位移在喀拉萨木尔森之海子口，达 535 m～545 m。渐新世-新近纪夷平面垂直错动 10～45 m。Ⅱ-Ⅲ级河谷阶地垂直位移以水磨沟一带最大，达 25 m 左右，向南垂直位移渐小。Ⅰ级阶地的垂直位移，在乌伦古河最大达 10 m，喀依尔提河与水磨沟垂直位移为 4 m，干沟以北Ⅰ级台地垂直位移最小，仅 1 m。

活断裂以逆冲活动为主的始新世以后时期。断裂的逆冲活动将阿尔泰山古-始新世夷平面垂直错动 107～400 m。此时，可可托海-盆地西侧断层三角面高 353～545 m，断崖高 5～535 m。主要在断层北段活动。新近纪以后将渐新世-新近纪夷平面垂直错动 10～45 m。

20 世纪 90 年代至今的 GPS 测量（王晓强等，2007；Nissen er al.，2007），阿尔泰山两侧受印度板块向欧亚板块的向 NNE 方向的挤压，其速率为 10.4～4.2 mm/a。

1984～1988 年三角测量显示，二台断裂平均位移速率的绝对值为 7 mm/a，平行于断错方向的速率绝对值为 4.44 mm/a。阿克萨依平行断层方向的水平速率绝对值为 2.78 mm/a，实际右错速率为 0.93 mm/a，老山口平行断层向的水平速率绝对值为 5.9 mm/a。二台断裂南端平行于断层方向的水平速率绝对值为 3.75 mm/a。

4）古地震

1931 年 8 月 11 日富蕴 8 级地震宏观震中位于 46°45′N，89°54′E 富蕴县与青河县交界的分水岭—卡拉先格尔。其地貌特征为大塌陷，滑塌面高 63 m，长 1080 m，宽 780 m，走向 NW，是下泥盆统康布铁堡组黑云母斜长片麻岩的大塌陷及破裂，基岩倾向 NE，倾角 53°～71°，塌陷区内地震断层以正断层为主，NW 走向延长长 210 m，与 NW 走向的地震断层呈共轭关系，塌陷区内 NW 向正断层密集成束，长 50 m 以内，间距 10 m 左右。NNW 向地震断层与 NWW 向短羽列地震断层将塌陷区切割成 200 m见方的棱形或半棱形块体。富蕴地震地表破裂带是一条脆性破裂带。除北端及个别分支断裂无右错以外，基本上是剪切的脆性破裂带。其总体走向 342°。按照脆性剪切破裂分布规律的理论模式，构成剪切破裂带的主压应力方向与剪切面的夹角为 22.5°，则富蕴地震地表破裂带的主压应力方向为 4.5°左右。

6.6.3　萨彦岭地震构造

西蒙古-阿尔泰区地区为一强震活动区，历史上发生过多个 8 级以上地震，如 1931 年的富蕴 8 级地震，1905 年的杭爱 8.7 级大地震和 1957 年戈壁阿尔泰山的 8.3 级大地震。该地区的活动构造分为 NW-NNW 向的右旋走滑断裂和近 EW 向的左旋走滑断裂（图 6-6-1）。

（1）乌兰固木断裂（WLGM F）：又称为哈尔乌苏湖断裂，走向 NNW，长 500 km，北段奥陶系与上更新统-全新统呈断层接触关系，与北段右列之吉德断裂使奥陶系、泥盆系及花岗闪长岩体与中-上更新统呈断层接触关系。在哈尔乌苏湖北面断层右错 1.5 km，全新世以来活动性增强，在第四纪洪积扇上有断崖，哈尔乌苏湖南面卫星影像最显著。断层滑动速率为 2.4±0.4 mm/a。～2 Ma 断裂活动，晚渐新世至中新世（28～5Ma）地壳短缩，GPS 观测向北北东方向地表短缩～7 mm/a。870～980

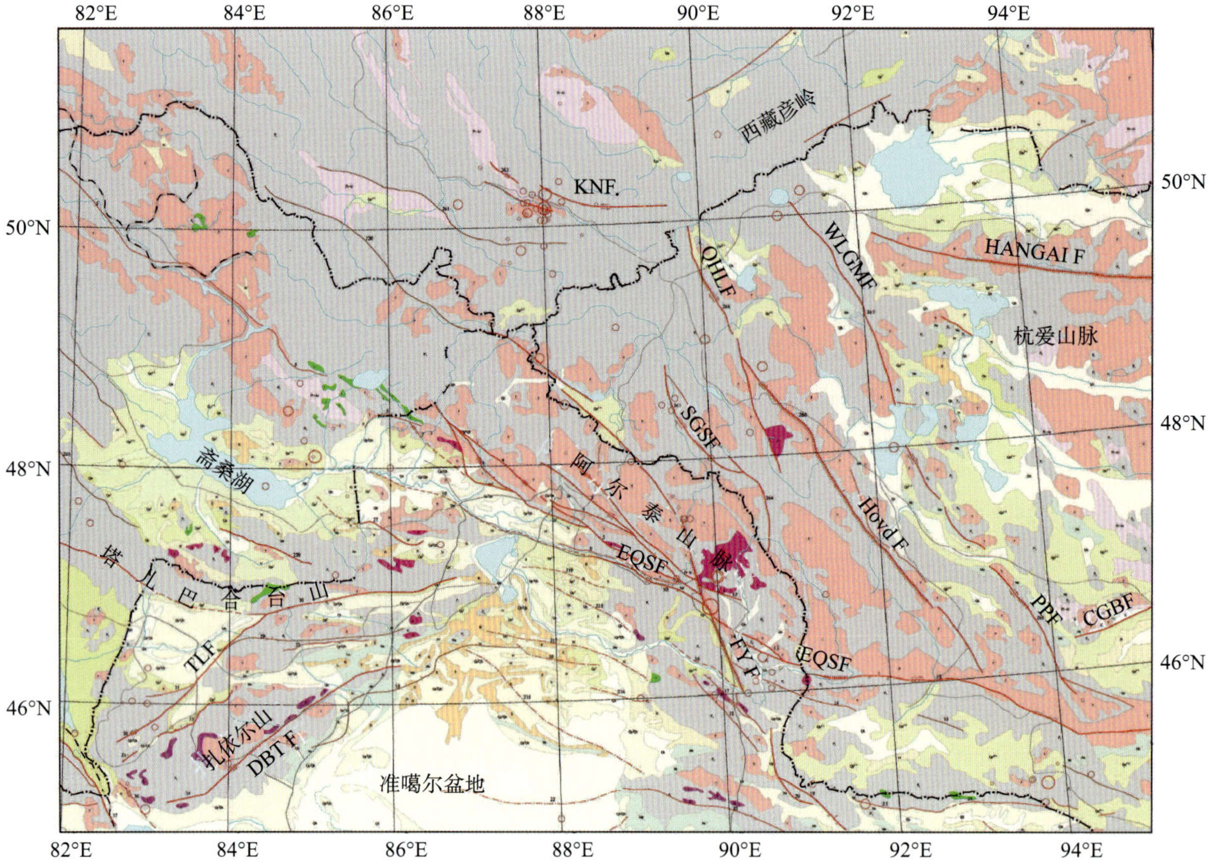

图 6-6-1　阿尔泰-西萨彦地区地震构造图

(900) 年地震破裂带右错～5 m，长～90 km，震级为 7.4 (7.5)。南段通黑勒断层滑动～2.5 m，破裂长～25 km，为 500～1000 年地震破裂，震级为 6.9。哈尔乌苏湖南 4 个地段断层右错 175±30 m (74.1ka)，160 m，140±40 m。垂直断错 0.4～0.8 m (6.3±1.7ka)。吉德断层所在的拉分盆地宽～2 km，河流右错 1 km，断层两侧高差～300m，在察冈-舒夫特断层两侧高差～600m，断层右错～9 m (49°31′39.1″N，91°42′53.6″E)。近～15000 年吉德断层右错 10～15 m，垂直断错冲积物～5 m，成陡坎，最大滑动速率为 1 mm/a。50°01′N，91°31′E 最小累积右错 1 km，～1 Ma 右错，速率 1 mm/a，长 90 km。

1902 年 12 月 28 日在乌兰固木西北发生 6.6 级地震 (50.7°N，91.3°E)，1938 年 12 月 17 (18) 日发生 6.3 级地震 (47.5°N，92.8°E)。

(2) 科布多断裂 (Hovda F)：又称为察干别图断裂，位于蒙古国阿尔泰山东北坡，大湖区以西，走向 NNW，长 500 km，为右旋走滑逆冲断裂。断层面倾向 NE，倾角在 10°以上，断错全新统，为全新世活动断裂。卫星照片显示，断裂将科布多河右错 4～5 km，中更新世以来断层滑动速率为 3.8～12.3 mm/a，平均为 7.8 mm/a。Trifonov 据几个测年样估计全新世右错速率为 6mm/a 左右，Buljinnyan 等 (1993) 估计断层滑动速率为 5～10 mm/a，最小水平活动速率在北、南分别为～0.5 及～1.2 mm/a，断层垂直活动速率为 0.15～0.35 mm/a (Edwin Nissen et al.，2009)。

1761 年 12 月 9 日在 47.5°±1°N，92°±0.5°E 发生 8.3±0.3 级地震，震中烈度为 10-11±0.5 度，震源深 15～40 (25) km，当天夜里发生 7.5±1 级余震，12 月 12 日发生 7.7±0.3 级余震，在沁特音形成 27 km 长的地震地表破裂带，反坡向断层陡坎高 0.5～2 m，一系列沟槽与鼓包呈雁状排列。张性地震构造走向为 10°～30°。在阿扈图尔 (47.5°N，91.8°E) 有 215 km 长的古地震地表破裂带，宽 40～

50 m，断层右旋走滑1.5～7 m，垂直位移0.7～3 m，张裂缝长40～50 m，宽8～10 m，深2～3 m，走向350°～10°。挤压垄脊长15～20 m，高2～3 m，走向100°～200°。向南形变幅度渐小，南端一系列小破裂长近60 km，垂直位错1～3 m，右旋水平位错1.5～2 m，据考古资料，古地震发生在公元13～16世纪，即500～800年前（沈军等，2003；洪顺英等，2006）。

（3）契赫拉断层（QHL F）：位于北纬49.2°、东经90.3°，长50 km，为右旋逆走滑断层。1938年10月19日在蒙古巴颜乌盖省发生$6^3/_4$级地震。古地震形变带长27 km，断层陡坎高0.5～2m。（Хилько，1978）。

（4）库奈断层（KNF F）：2003年9月27日发生7.3级地震时，沿断裂形成60 km长地震地表破裂带，水平位移1.5m，走滑正断层（尹光华等，2008）。

（5）杭爱断裂（Hangai F）：位于位于蒙古国西北部乌兰固木东南，为略向S微突的EW向活动断裂，长550 km，为N倾75°的左旋逆走滑断裂，断裂两盘为太古界-元古界、中元古界、中-上寒武系、泥盆系、下-上二叠系，将印支期早期花岗闪长岩及第四系更新统错动，古生代以来断裂累积左错50 km，将河流左错220m。1905年7月9日与23日在苏古勒省发生双主震型8.3级地震，左错8～11 m，垂直错动2 m，地震地表破裂带长370 km（Molnar et al.，1984；Tapponnier et al.，1979），断裂带以4.5±1.2 mm/a速率呈NWW-SEE向拉张，7月9日策策尔勒格8.3级地震地表破裂带呈NE向展布，长～175 km，左错1.5m，垂直断错2m（Eric Calais et al.，2002）。

（6）额尔齐斯断裂、玛因鄂博断裂与布尔根断裂（EQSF）：断裂走向NW 300°，是西伯利亚板块与哈萨克斯坦-准噶尔板块的缝合带。为阿尔泰山南麓的边界断裂。从赛米巴拉金斯克延伸至新疆，被可可托海-二台断裂右错30 km，向东延伸至蒙古布尔根，长935 km。作为1931年富蕴8级地震的发震构造之一，在玛因鄂博断裂带上有14 km长的1931年8级地震的地表破裂带。

6.6.4　贝加尔裂谷地震构造

断裂走向NEE，据P. Tapponnier et al.，1979年由卫星照片解读，包括巴布什金地堑，长达2000 km，为左旋正走滑断层，构成类似东非裂谷、莱茵地堑及汾渭地堑等，现在贝加尔湖南面深1415及1680 m，是大陆上最深的湖泊。自渐新世以来主要正断层将基岩累积位错达7 km。

贝加尔湖西侧的滨海断裂走向NE（图6-6-2），长170 km，为左旋走滑铲式正断层，断层面倾向SE，是西伯利亚板块与外贝加尔板块在早古生代碰撞时的逆断层，新生代以后为正断层。自西南向东北，断距增大，中新世时断裂带宽25～30 km，垂直断距为2000 m，晚更新世断裂带宽4 km，垂直断距为500～800m，全新世活动断裂带宽2 km，垂直断距在200 m以内（黄国传等，2007）。

最早的地震发生在1742年6月27日在贝加尔湖西发生7.7级地震，1769年10月24日在巴布什金发生7.3级地震，1829年3月27日发生7.5级地震，1862年1月12日在贝加尔湖西察冈7.5级地震断幅为3.5 m，北部为7～8 m。

1903年11月26日在湖东南发生6.7级地震，等震线走向与裂谷拉张方向一致，震中区烈度达到Ⅶ度；1917年4月29日发生6.5级地震；1931年8月6日发生6级地震；1937年12月25日发生6级地震；1939年5月26日发生6级地震；1957年6月27日发生7.9级地震；1958年1月24日发生6级地震；1959年8月29日在普罗沃尔湾发生6.6级地震，在湾的东北影响致湖深处15 m下陷。据统计，共发生6.0～6.9级地震6次，7.0～7.9级地震5次。

6.6.5　主要结论

（1）阿尔泰-萨彦地区是欧亚板块内部5大板块汇集区。北面的西伯利亚板块是相对比较稳定的板块，基本上无强震发生，板块间的碰撞或拉张构造是主要发震构造。如西伯利亚板块与外贝加尔板块间的贝加尔裂谷带是重要的8级地震构造。

（2）区域重力场以杭爱山为轴心大致呈“山”字型，阿尔泰山及杭爱山均为重力低。阿尔泰山重

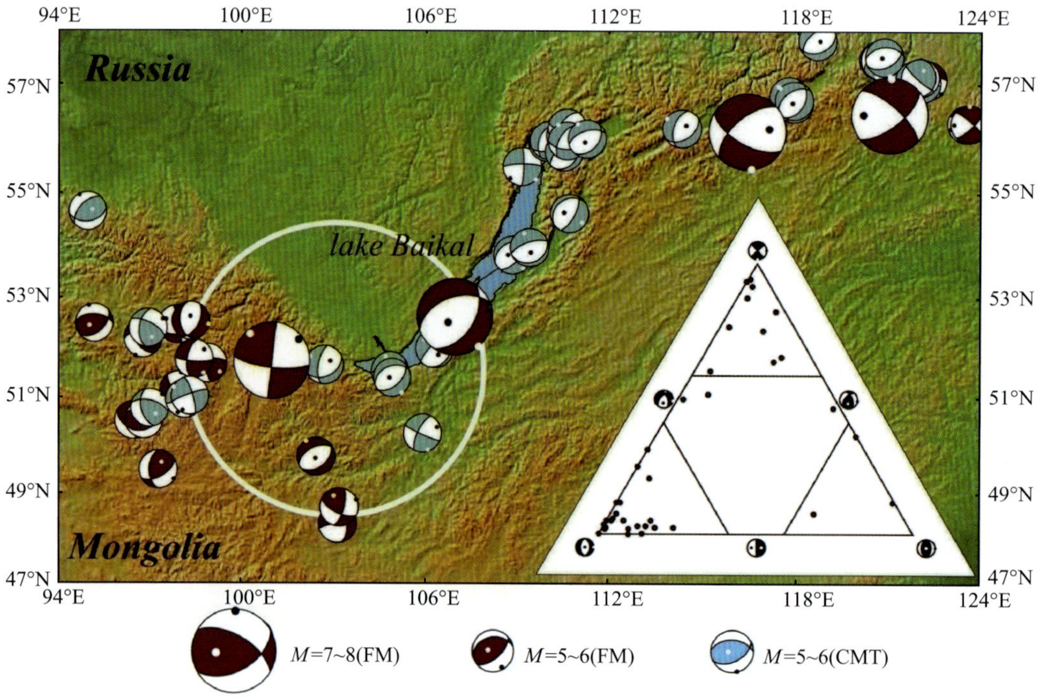

图 6-6-2　贝加尔裂谷地貌及主要地震和震源机制解

力场与山体走向相同为 NW 向。由重力资料反演的区域地壳厚度以萨彦岭一带厚度最大达 60 km，大湖区地壳厚 40～48 km，向东地壳减薄为 38～40 km。

（3）区域深断裂有十几条，主要为 EW 走向、NW 走向、NNW 走向和 NE 走向。东西向的杭爱深断裂、大博格多深断裂、戈壁天山深断裂是 7～8 级地震构造，NWW 走向的科布多及可可托海-二台深断裂是 8 级地震构造。

（4）区域构造以贝加尔裂谷系为代表，由一系列 NE 走向的左旋正断层构成，EW 向断裂为左旋逆断层，NNW 向断层为右旋逆断层。

（5）区域新构造活动多为穹-块状运动，阿尔泰—萨彦山区隆起量大于南阿尔泰隆起量。

（6）GPS 观测区域受 NNE 方向挤压，大致以西南向东北有渐小的趋势，从 10 mm/a 渐 2 mm/a，贝加尔裂谷的形成与印度板块向欧亚板块的强烈挤压有关，目前以 3.2±0.5 mm/a 速率呈 NW-SE 向拉张。区域垂直形变速率为 5～12 mm/a。

（7）自 1742 年至 2010 年 3 月区域共发生 6 级以上地震 69 次，其中 7.0～7.9 级地震 14 次，8.0～8.9 级地震 5 次，其中有 5 次 8.3 级地震。初步认为，区域经历了 3 个地震活跃期，主要是浅源地震，地震类型主要是双主震型地震、主余震型地震及孤立型地震。

（8）从震源机制解及 GPS 观测，区域主压应力迹线为 NNE-SSW 走向。

（9）区域地震构造有 50 多条，以贝加尔裂谷系最为宏伟，长达 2000 km，发生过 6 次 6.0～6.9 级地震，5 次 7.0～7.9 级地震及 1 次 8 级地震。近 SN 向与近 EW 向构造交会处多为强震构造。

（10）论述的 6 条主要地震构造基本上是 7～8 级地震构造，多发生过 7 级以上古地震，古地震复现期长达千年。

值得注意的是，1967 年莫戈德 7.5 级地震及 2003 年哥尼 7.3 级地震与活动构造关系不甚密切，所产生地震地表破裂带是新生的地震构造。

6.7　亚洲中部强震构造域西北边界性质及强震联系的认识

亚洲中部强震构造域西北边界是一个复杂、模糊和宽阔的新构造变动带；大致从喜马拉雅碰撞带的西构造结帕米尔高原呈北东方向延伸至贝加尔湖，跨越了帕米尔、天山、阿尔泰山、萨彦岭和贝加尔等构造单元（图 6-7-1）。但并不是一个清楚而连续的地震构造带，总体长它大概具有以下几个方面的特征。

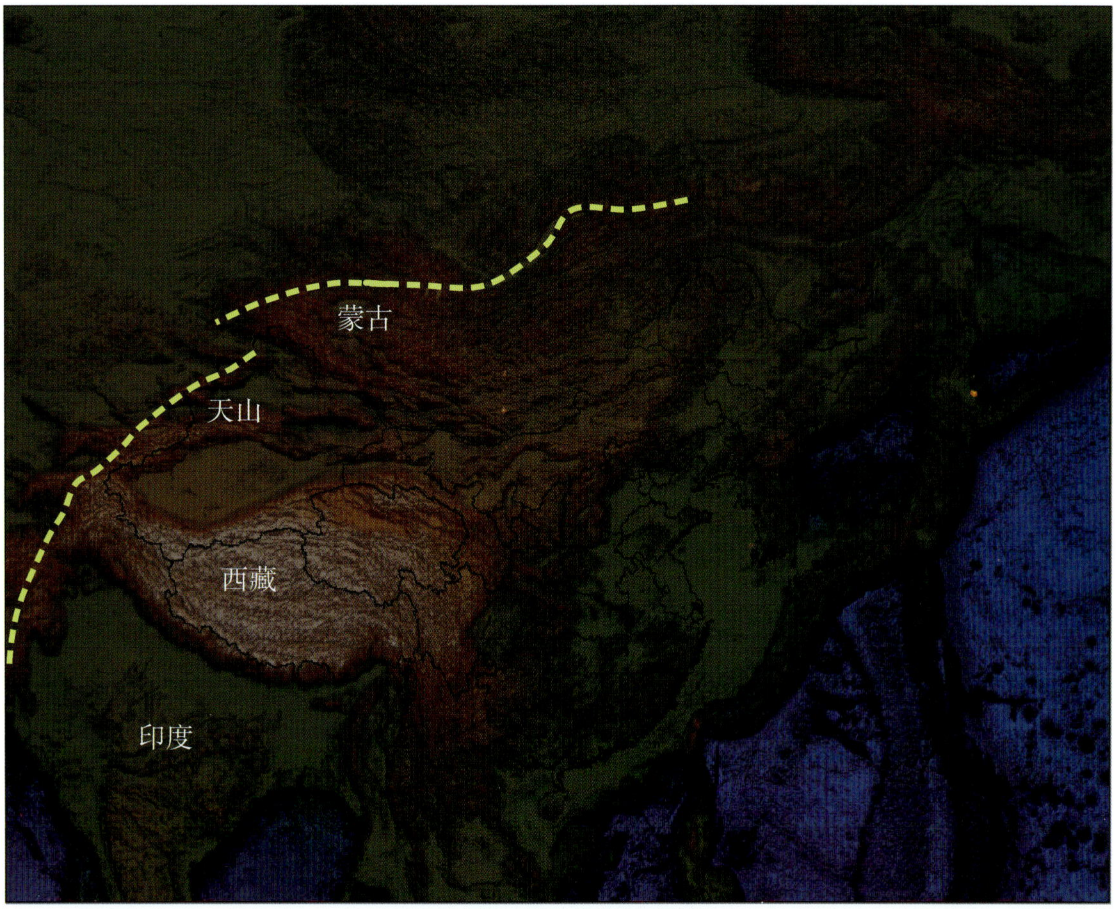

图 6-7-1　大三角构造域地貌

虚线表示西北边界位置

6.7.1　强变形和强地震带

西北边界位于喜马拉雅西构造结的帕米尔高原向北突出，山体高大，地壳厚度达 70 km 多。构造运动的强度和地震活动水平是青藏高原最强的地区之一。边界带与天山交会的地区隆起区域范围扩大，山脉高大，开阔；显示出地壳缩短明显增强的特点，天山地震强度最大、频度最高的区域。位于边界带的阿尔泰山宽度增加，海拔增高；西萨彦岭则平行边界带，也是地貌上明显高于大三角内部和外部的地形隆起区域。而上述两点特征在其西北边界显得更加突出。

帕米尔-贝加尔地震带是印度板块对欧亚板块现今碰撞作用的直接反映，从区外东部 1725 年贝加尔湖东部发生 8.2 级地震起，1761 年科布多发生 8.3±0.3 级地震，1812 年新疆尼勒克发生 8 级地震，1889 年吉尔吉斯斯坦伊塞克湖发生 8.3 级地震，1902 年阿图什发生 8.3 级地震，1905 年克什米尔发生

8 级地震，1905 年蒙古国发生 2 次 8.3 级地震，1906 年新疆玛纳斯 8 级地震，1907 年塔吉克斯坦杜尚别南发生 8 级地震，1911 年哈萨克斯坦阿拉木图发生 8.4 级地震，1931 年富蕴发生 8 级地震，1957 年蒙古国戈壁阿尔泰发生 8.3 级地震共发生 13 次 8 级以上地震，其中 19 世纪 2 次，20 世纪在 1902～1957 年短短 55 年内发生 10 次 8 级以上地震，说明帕米尔-贝加尔地震带在 20 世纪活动最强烈，频度最高，强度最大，尤以 1911 年阿拉木图 8.4 级地震最强。值得注意的是，8 级以上地震多数在帕米尔-贝加尔范围内两头跳跃，但 1906～1957 年这 51 年突出地反映了印度板块对欧亚板块碰撞的定向活动，从南西向北东逐步发生大震。

6.7.2 挤压或拉伸剪切转换的变形方式

在与亚洲中部大三角强震构造域的地壳整体变形方式和趋势一致的情况下，西北边界表现为变形区与非变形区过渡的地带，地壳缩短和增厚骤止。致使新构造运动显著增强的宽变形带，应力应变易于集中，变形强度和构造运动显著增强。构造变形方式一方面表现为从南西向北东，由挤压逆冲推覆（图 6-7-2），向挤压和拉张剪切转换导致的隆升或拉张断陷的转变，另一方面则表现出对先存构造的继承与改造的特点。

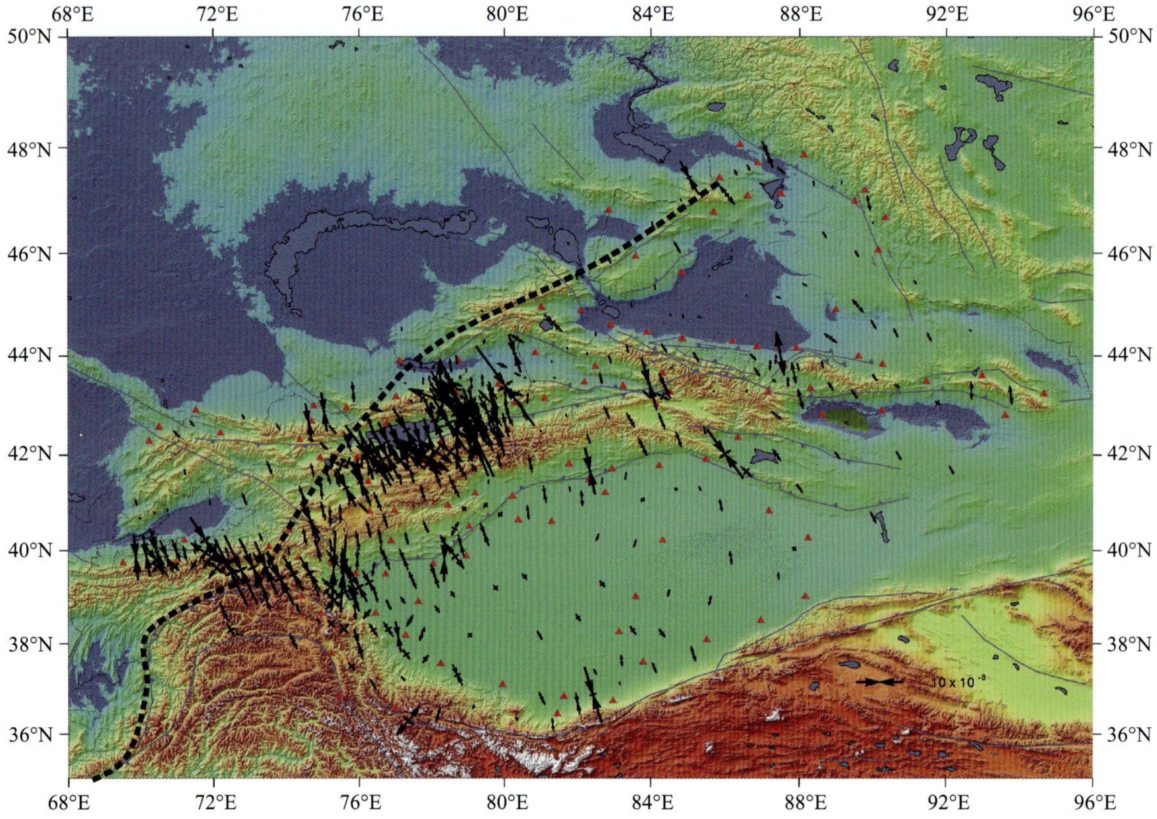

图 6-7-2 大三角构造域西北边界中南段的震源机制解

虚线代表边界的大体位置

1）逆冲推覆运动

逆冲推覆运动发育在喜马拉雅西构造结、帕米尔北缘弧形推覆构造、天山山前及山间盆地中的逆冲推覆构造，并成为该地区主要的构造变形样式之一。至阿尔泰山的南麓可能存在局部的逆冲推覆构造，如斋桑盆地北缘的逆断裂—褶皱变形，但已不是占据主要地位的变形构造。

2）挤压剪切转换

大三角构造域西北边界地区剪切变形也是一种重要的变形方式，特别是在阿尔泰-萨彦地区，走滑剪切运动占据主导作用；天山地区的走滑剪切运动也是十分显著的；如博罗科努-阿其克库都克断裂、塔拉斯-费尔干纳等 NW 向的右旋走滑断裂；NEE 向的那拉提断裂和迈丹断裂也表现出相对较弱的左旋走滑运动。天山地区 NW 向的大型走滑断裂与近 EW 向的逆冲推覆构造之间构成前切转换关系。

3）伸展剪切转换与拉张断陷

大三角构造域的顶点贝加尔湖地区表现为典型的拉张型地堑。类似的正断层甚至地堑分布在西北边界带的东北段的其他地区，如萨彦岭与杭爱山之间的近 SN 向地堑，甚至直至阿尔泰山东麓的湖区，只是在此地区走滑运动占据了主导地位；这些地堑之间由近 EW 向走滑断裂剪切转换。

4）继承与改造

大三角构造域的西北边界的以地壳缩短与隆升为主的构造变形是典型的继承与改造。继承表现为原有古老造山带的重新活动。从大地构造上看，西北边界的总体构造走向是近 EW 向或 NWW 向。而大三角构造域内各段构造的变形构造方向也基本继承了原有的格局。但是将各段变形强烈的地点连接起来，由展现出显著的北东方向，即大三角构造域的西北边界强变形带的方向，显示出对原有构造格局的改造。

6.7.3　西北边界的性质和意义

一方面，大三角构造域西北边界显然这不是一个板块边界，但是有些学者将其视为一个正在形成的板块边界（如欧亚地震构造图），同时它也不是一个块体或断块的边界，而是包含和跨越了若干个块体边界的构造带。如作为伊犁地块与塔里木地块之间的南天山、准噶尔地块与伊犁地块之间的北天山等。同时，它具有显著的新生构造特点，是对原有构造格局的改造特性，并形成了新的构造，如北东向的西准噶尔界山和阿拉套山等。

另一方面，大三角构造域的西北边界并不严格，其位置也很难定义，至包含了多组不同性质的构造。总体上，它属于第三类边界，是大尺度不同构造变形区域之间的界限，是大三角构造域与西北部哈萨克地盾与西伯利亚地台这两个稳定区的界限。大三角构造域内部分带活动，变形分配在青藏、天山、阿尔泰、杭爱等构造带，同时表现为相对周围稳定地区的整体运动，致使其边界区表现出更为强烈的构造变形。突出的表现是山体更大、构造变形更为强烈、断裂构造更为发育，相应地也表现出更为强烈的地震活动和自然灾害。

大三角构造域西北边界突出的表现为对强震分布和迁移的控制作用。大三角构造域的西北边界作为一个新构造运动显著增强的宽变形带，对强震的控制作用是显著的（图 6-7-3）。主要表现在以下两个方面：一是对强震分布的控制。区域强震分布显示，中亚强震分布明显地存在一个 NE 向的条带，这本身就是大三角构造域及西北边界被提出的主要依据。二是对强震迁移的控制作用，强震具有沿同一构造带迁移的特点。例如 20 世纪末和 21 世纪青藏高原北部发生的一系列强震明显沿着东昆仑断裂及其邻近的断裂分布的特点，表现为沿纬向构造迁移的特点。与此同时跨越纬向构造迁移的强震似乎受控于构造域西北边界这一跨越纬向构造的钱变形带，如 1990 年的窄桑 7.3 级地震、1992 年的苏萨米尔 7.5 级地震、2003 年的阿尔泰 7.9 级地震等等大三角域内发生在青藏高原以外的几次地震都位于西北边界款变形带上。

6.7.4　主要认识

大三角构造域的西北边界是一个宽的强变形带，由一系列独立而又彼此关联的构造要素组成。它是在原有大地构造格局的基础上，受现今板块内部变形控制，有选择性地活化、改造或叠加而形成的一个弥散的构造变形带。其内在的联系应当是构造变形作用（即应力应变场），而不是原有的地壳结

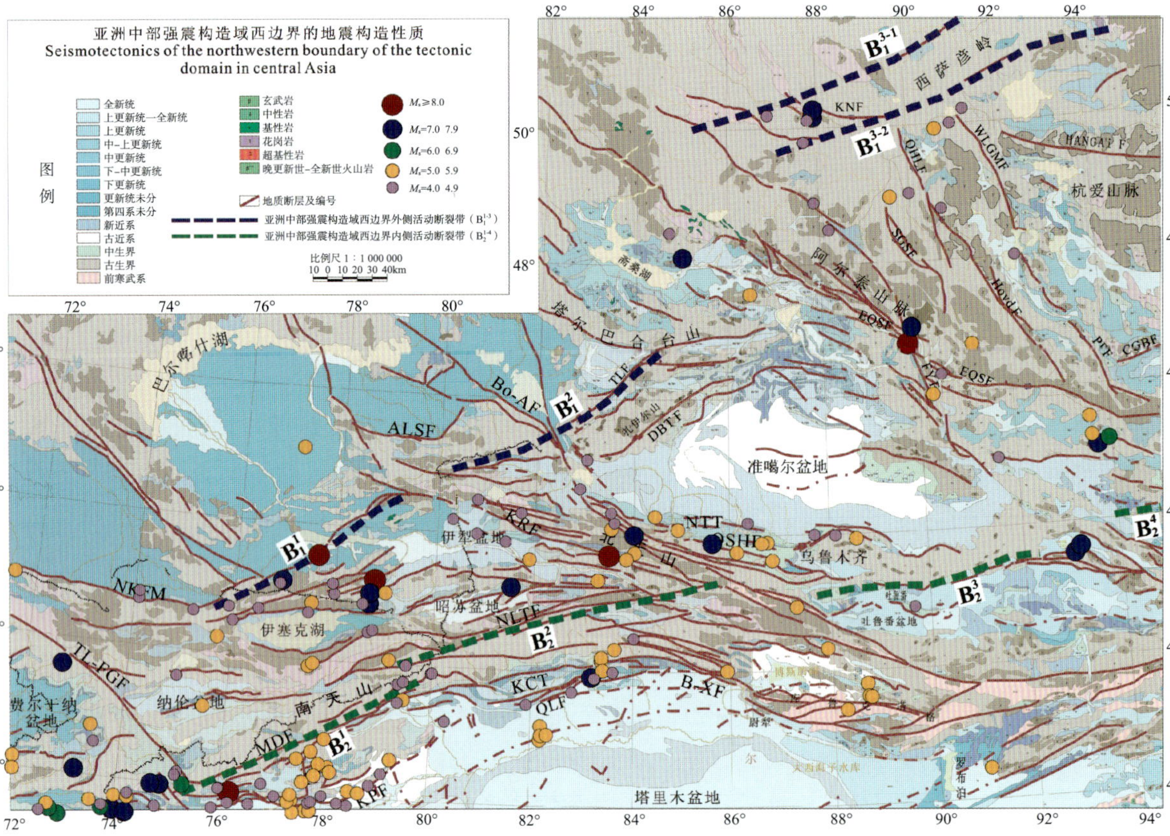

图 6-7-3　大三角构造域西边界的构造组成、地貌及主要地震

构或大地构造。正因为如此，其对强震分布的控制显得比构造和地貌的表现更加显著。大三角构造域西北边界是一个非常复杂的构造带，包含众多的科学问题，需要从各个开展更为细致的工作。本文从新构造的角度收集了大量的资料，有了更清楚地认识。编制了便于应用的地震构造图和相应的数据库。对存在疑问的关键断裂展开了调查，有很多新的发现或新的数据，这也大大推动了对这一科学问题的研究。

参考文献

吐尼亚孜·沙吾提，可可托河-二台断裂带现代位移特征研究，中国地震，1991，7（1），65～72。

尼科诺夫 A A.，全新世和现代地壳活动［M］，北京：地震出版社，1977。

B. И. 吉洪诺夫，蒙古的断裂，蒙古地质基本问题，王景源、李玉祈、王东方、刘康伯、王东方校，北京：地质出版社，1980。

陈文彬、徐锡伟，阿拉善地块南缘的左旋走滑断裂与阿尔金断裂带的东延，地震地质，2006，28（2）：319～323。

陈文彬、戴华光、徐锡伟等，阿尔金断裂安南坝段滑动量的初步研究，西北地震学报，2000，22（4）：424～428。

陈柏林、刘建生、王春宇等，阿尔金断裂昌马大坝-宽滩山段全新世活动特征，地质学报，2008，32（4）：433～440。

邓振球，新疆地球物理场特征，新疆地质，1992，10（3），233～243。

邓起东、冯先岳、张培震等，天山活动构造，北京：地震出版社，2000。

刁桂苓、王海涛、高国英等，伽师强震系列应力场的转向过程，地球物理学报，2005，48（5）：1062～1068。

刁桂苓、于利民、李钦祖，震源机制解的系统聚类分析，中国地震，1992，8（3）：86～92。

冯先岳，新疆古地震，乌鲁木齐：新疆科技卫生出版社，1997。

付碧红、张松林、谢小平等，阿尔金断裂带西段-康西瓦断裂的晚第四纪构造地貌特征研究，第四纪研究，2006，26

(2)，228～235。
高国英、曲延军，乌鲁木齐地区构造应力场与中强震活动特征研究，内陆地震，1998，12（4）：295～303。
戈澍谟、柏美祥、郑福婉、胡方秋、刘景元等，中国活断层图集，西安：西安地图出版社，1989。
虢顺民、向宏发、张晚霞等，阿尔金断裂阿克塞-柳峡晚第四纪活动性状的新观察，活动断裂研究，北京：地震出版社，2001，8，159～168。
黄国传、邹付戈、盛玲等，贝加尔裂谷带中部的新构造特征及其成因分析，资源调查与环境，2007，28（3）：157～164。
洪顺英、申旭辉、赖木收等，阿尔泰山东缘主要活动断裂影象特征分析，地震地质，2006，28（1）：119～127。
胡军、柏美祥，新疆玛纳斯地震破裂带，中国地震地层研究，乌鲁木齐：新疆人民出版社，1988，61～65。
李海兵，J. Van Der Woerd，孙知明等，阿尔金断裂带康西瓦段晚第四纪以来的左旋滑移速率及大地震复发周期的探讨，第四纪研究，2008，28（2）：197～213。
李海兵、许志琴、杨经绥等，阿尔金断裂带最大累积走滑位移量—900km?，地质通报，2007，26（10）：1288～1298。
李杰、王晓强、方伟等，应用 GPS 技术反演乌鲁木齐地区构造块体运动变形特征，内陆地震，2006（2）：143～148。
李莹甄、高国英、高歌、李志海，新疆乌鲁木齐地区震源深度分布与断层关系研究，地震地质，2008，30（2）：534～543。
李祥根，中国新构造运动概论，北京：地震出版社，2003。
李宏、谢富仁、刘凤秋、董建业、孙启伟，乌鲁木齐市区断层附近原地应力测量研究，地震地质，2007，29（4）：805～812。
李廷栋、耿树方、范本贤等，中国西部及邻区 1：2500000 地质图，北京：地质出版社，2006。
鲁如魁、张国伟、钟华明等，从郭扎错断裂构造特征探讨阿尔金断裂带西延问题，中国地质，2007，34（2）：229～239。
龙海英、高国英、聂晓红、李莹甄、沈军，北天山中东段中小地震震源机制解及应力场反演，地震，2008，28（1）：93～99。
龙海英、高国英、聂晓红、李莹甄，乌鲁木齐地区中小地震震源机制解及构造应力场，地震，2007，27（3）：89～96。
罗福忠、阮成雯、方玮，新疆博格达山北缘现今构造运动特征，内陆地震，2006，20（2），109～114。
罗福忠、柏美祥、张斌等，新疆哈密地区东盐池、七角井、托莱泉活动断裂地貌及新活动性，内陆地震，2002，16（1）：40～47。
彭斯震，吐鲁番盆地的活动构造学与地震危险性，博士论文，中国地震局地质研究所，1995。
彭敦复，新疆水利水电工程活断层处理的工程实践，乌鲁木齐：新疆人民出版社，2005。
柏美祥，富蕴地震断裂带南部结构特征，内陆地震，2003，17（1），11～19。
柏美祥，新疆富蕴地震断裂带中南段结构特征，内陆地震，2002，16（2），126～135。
柏美祥、麻勇、今泉俊文等，新疆鄯善碱泉子-巴里坤洛包泉活动断裂带研究，内陆地震，1999，13（4），291～298。
柏美祥、范方琴、吴晓莉、胡方秋，博格达山北麓活动构造，内陆地震，1997，11（1）：16～20。
柏美祥、罗福忠、尹光华等，新疆可可托海-二台活动断裂带，内陆地震，1996，10（4）：319～329。
柏美祥、戈澎谟，1902 年新疆阿图什 8 级地震，中国特大地震研究，北京：地震出版社，1988，143～170。
柏美祥、罗福忠，二台断层的多次粘滑破裂和古地震复现期（英文稿），西北地震学报，1987，9（2）：81～87。
冉勇康、杨晓平、徐锡伟等，西南天山柯坪推覆构造东段晚第四纪变形样式及缩短速率，地震地质，2006，28（2）：179～194。
宋方敏、闵伟、韩竹军、徐锡伟，柯坪塔格推覆体的新生代变形与扩展，地震地质，2006，28（2）：224～233。
单新建、何玉梅、朱燕等，伽师强震群震源破裂特征的初步分析，地球物理学报，2002，43（3）：416～425。
沈军、宋和平、李军，乌鲁木齐城市活断层发震构造模型初探，内陆地震，2007，21（3）：193～204。
沈军、吴传勇、李军等，库车坳陷活动构造基本特征，地震地质，2006，28（2）：269～178。
沈军、李莹甄、汪一鹏等，阿尔泰山活动断裂，地学前缘，2003，10（特刊）：132～141。
沈军、汪一鹏、赵瑞斌、陈杰、曲国胜，帕米尔东北缘及塔里木盆地西北部弧形构造的扩展特征，地震地质，2001，23（3）：381～389。
沈军、杨小平，博罗科努断裂西北段地震形变带初步研究［J］. 内陆地震，1998，12（3）：248～255。
石鉴邦、冯先岳、戈澍谟、杨章、柏美祥、胡军，新疆富蕴地震断裂带，大陆地震活动和地震预报学术讨论会论文集，北京：地震出版社，1984。
田勤俭、丁国瑜、郝平，南天山及塔里木盆地西北缘构造带西段地震构造研究，地震地质，2006，28（2）213～223。
汪一鹏、沈军，天山北麓活动构造基本特征，新疆地质，2001，18（3）：203～210。
万永革，美国 Landers 地震和 Hector Mine 地震前震源机制与主震机制一致现象的研究，中国地震，2008，24（3），216～225。
王峰，徐锡伟，郑荣章等，阿尔金断裂带西段车尔臣河以西晚第四纪以来的滑动速率研究，地震地质，2004，26（2）：200～208。
王晓强、李杰、Alexander zonovich 等，利用 GPS 形变资料研究天山及邻近地区地壳水平位移与应变特征，地震学报，2007，29（1）：31～37。
吴章明、汪一鹏、任金卫等，青藏高原中部活动断层，活动断裂研究 3，北京：地震出版社，1994，56～73。
肖序常、何国琦、成守德等，中国新疆及邻区大地构造图（1∶2500000）说明书，北京：地质出版社，2004。
许志琴、杨经绥、李海兵，青藏高原与大陆动力学——地体拼合、碰撞造山及高原隆升的深部驱动力，中国地质，2006，33（2），221～238。
徐锡伟，P. Tapponnier，J. Van Der Woerd 等，阿尔金断裂带晚第四纪左旋走滑速率及其构造运动转换模式讨论，中国科学（D 辑），2003，33（10）：967～974。
杨少敏、李杰、王琪，GPS 研究天山现今变形与断层活动，中国科学 D 辑：地球科学，2008，38（7）：872～880。
杨晓平、冉勇康、宋方敏等，西南天山柯坪推覆构造的地壳缩短研究，地震地质，2006，28（2）：194～204。
杨章、戈澍谟，对 1931 年富蕴地震断裂带及构造运动特征的初步认识，地震地质，1980，2（3）：31～37。
尹光华、蒋靖祥、吴国栋，2008 年 3 月 21 日于田 7.4 级地震的构造背景，干旱区地理，2008，31（4）：543～549。
尹光华、裴宏达、蒋锦祥等，喀什河断裂更新世以来的活动速度研究，内陆地震，2007，2（3），2005～212。
尹光华、蒋靖祥、朱令人等，阿尔金断裂乌尊硝段的现今活动速率，大地测量与地球动力学，2002，22（3）：2～55。
尹光华，伊犁盆地新构造运动与地震［J］，内陆地震，1993，7（2）：180～187。
张红艳、谢富仁、崔效锋、杜义、舒塞兵，乌鲁木齐地区活动断层滑动与现代构造应力场，中国地震，2006，22（3）：258～268。
张培震、王琪，中国大陆现今地壳运动和构造变形-速度场与活动地块，现代地壳运动与地球动力学研究，青藏高原岩石圈现今变动与动力学，北京：地震出版社，2001，21～35。
张云峰、王海涛、徐锡伟等，2003 年 2 月 24 日新疆巴楚—伽师 6. 8 级地震，国际地震动态，2003，3，1～10。
郑荣章、徐锡伟、王峰等，阿尔金构造系晚更新世中晚期以来的逆冲活动，地震地质，2005，27（3）：361～373。
国家地震局全国地震烈度区划编图组，中国地震等烈度线图集，北京：地震出版社，1979。
国家地震局兰州地震研究所，昌马活动断裂带，北京：地震出版社，1992。
新疆维吾尔自治区地震局，中国新疆维吾尔自治区地震构造图说明书，比例尺 1∶2000000，成都地图出版社，1997。
新疆维吾尔自治区地震局，富蕴地震断裂带，北京：地震出版社，1985。
新疆地质矿产局遥感地质站，新疆地质矿产局区域地质调查队，新疆维吾尔自治区典型航空摄影图集，北京：地质出版社，1984。
中国地震局，中国昆仑山口 8. 1 级地震图集，北京：地震出版社，2003。
中国科学院新疆综合考察队，中国科学院综合考察队 1956 年地形考察报告，新疆综合考察报告（1956 年），北京：科学出版社，1958。
新疆维吾尔自治区地方志编纂委员会，新疆通志 · 地震志，乌鲁木齐：新疆人民出版社，2002。
Aiming Lin，Glassy pseudotachylyte veins from the Fuyun fault zone，northwest China，Journal of Structural Geology，1994，16（1）：71 ~ 83.
Allen M. B.，Vincet S. J.，Wheeler P. J.，Late Cenozoic tectonics of the Kepingtage thrust zone：interaction of the Tien Shan and Tarim Basin，Northwest China［J］，Tectonics，1999，18（4）：639～654.
Burchfiel B C，Brown E T，Deng Q，Et al.，Crustal Shortening on the Tien Shan，Xinjiang，China，International Geology Review，1999，41：665 ~ 700.
Burtman V S，Molnar P. Geological and geophysical evidence for deep subduction of continental crust beneath the Pamir. Spec. Pap. Geol. Soc. Am，1993，281：1～76.
Dricker I. G.，S. W. Roecker，L. P. Vinnik et al.，Upper-mantle anisotropy beneath the Altan-Sayan region of central

Asia, Physics of the Earth and Planetary Interiors, 2002, 131, 205～223.

Edwin Nissen, Richard T. Walker, Amgalan Bayasgalam et al. , The late Quternary slip－rate of the Har－Us－Nuur fault (Mongolian Altai) from cosmogenic [10]Be and luminescene datin, Earth and Planetary science letter, 2009, 286, 467～478.

Eric Cowgill, Impact of riser reconstuctions on esmimation of secular variation in rates of strike－slip faulting: Revisting the Cherchen River site along the Altyn Tagh Fault, NW China, Earth and Planetary Letters, 2007, 254, 239～255.

Eric Calsis, Mathilde Vergnolle, Jacques Deverchere et al. , Are post–seismic effects of the $M=8.4$ Bolnay earthquake (1905 July 23) still influencing GPS velocities in the Mongolia–Baikal area?, Geologys J. Int. , 2002, 149, 157～168.

Fu B. and A. LIN, Spatial distribution of the surface zone associated with the 2001 M_S 8. 1 Central Kunlun earthquake, northern Tibet, reveated by satellite remote sensing data, INT. J. REMOTE SENSING, 2003, 24 (10): 2191～2198.

Gilles Peletzer, Frederic Campe, and Geoffrey King, Evidence of Nonlinear elasticity of the crust from the M_W 7. 6 Manyi (Tibet) earthquake, Science, 1999, 286: 272～276.

Niknov A. A. , Aplying of radiocarbon determination to detomic ages of paleoearthquake in South of Centre Asia, Geophysics, 1981, 9: 70～79.

Nissen E. K. , B. Emmerson, G. J. Funning et al. , Combining In SAR and seismology to study the 2003 Siberian Altai earthquake sequence–right–lateral strike–slip and anticlockwise rotation in the northern India–Eurasia collision zone, Geophys. J. Int. , 2007, 169, 216～232.

Molnar P. , Faulting associated with large earthquake and the everge rate of deformation central and Eastern Asia. J. Geophys Res. 1984, (89): 6203～6228.

Rogozhin E. A. , V. S. Imaev, O. P. Smekalin et al. , Tectonic Position and Geological Manifestation of the Mogod (Central Mongolia), January 5, 1967, Earthquake (a View of 40 Years), Physics of the Solid Earth, 2008, 44 (8): 666～677.

Rolando Armi jo, Paul Tapponnier, J. T. Mercier et al. , Quternary extension in Sorthern Tibet field observation and techonic implications, J. G. R. , 1986, 91 (B14): 13803～13872.

Shen J, Wang Y P, Zhao R B, el a1. , Propagation of Cenozoic arcuate structures in northeast Pamir and northwest Tarim bagin. Seismology and Geology (in Chinese). 2001, 23 (3): 381～389.

Tapponnier P and P. Molnar, Active faulting and Cenozoic tectonics of the Tienshan, Monglia and Baykal regions, J. Geophy, Res. 1979, 84 (B7): 3425～3458.

Tapponnier P, Peltzer G, Le Dain A Y, et al. , Propagating extrusion tectonics in Asia: New insights from simple experim ents with plas—ticine [J], Geology, 1982, 10: 611～617.

Vander Woerd J. , F. J. Ryerson, P. Tapponnier et al. , Holocene left slip rate determined by cosmogenic surface dating on the Xidatan segment of the Kulun fault (Qinghai, China), Geology. 1998, 26 (8): 695～698.

Vander Woerd J. , F. J. Ryerson, P. Tapponnier et al. , Uniform slip－rate along the Kunlun fault implications for seismic behaviour and large–scale tectonics, Geophysical Research letters, 2000, 27 (16): 2353～2356.

Walker R. T. , A. Bayasgalan, R. Carson et al. , Geomorphology and structure of the Jid right–leteral strisk–slip fault in the Monglian Altay mountains, Journal of the Structure Geology, 2006, 28, 1607～1622.

Yin A, Nie S, Craig P, et al. , Late Cenozoic tectonic evolution of the southern Chinese Tian Shan. Tectonics, 1998, 17: 1～27.

Zonenshain L. P. , L. A. Savostin, Geodynamics of the Baikal Rift Zone and plate tectonics, Tectonophysics, 1981, 76, 1～2.

Абдрахматов К. Е. , Четвртичная тектоика чуйской впадины, Фрунзе. 1988.

Абдуллаев Ш. Х. , Морофострукура Ангренской впаяины, Фан, 1985.

Абдрахматов К Б, Лемзин И Н. Современныe и Четвертинные тектоничекие двцжения ло Таласс－Фергаскому разлому, Тянъ–Шанъ в новейшем этапе геологическото развития [М]. "Илим", Бишкек, 1991: 66～73.

АНСССР, Сейсмическое райониравание Территории ССР, Изд, 《Наука》, 1980.

АНК ССР Институт сейсмопогии, Детальное Сейсмическое районирование Восточной Киргизии, Изд. 《Илим》 Фрунзе, 1988.

Спесивцева В. П. , Историко－стацстцческе Материлы сейсмичноти Средней Азии, Труды сейсмологического цнстцтута АН СССР, No34, Матерцалы по сейсмотектонцке, Вып. 2, Ленцград, Цзд. АНСССР. 1934.

Ибрагимов Р Н. Сейсмогенные зоны Среднего Тянь–Шаня（На примере Восточного Узбетиана）[M]. Цзд. 《ФАН》 Узбекской ССР, Ташкект, 1978.

Курскеев А. К., А. В. Тимуш, А. Нурмагамбетов, А. Сыдыков, Оценка сейсминеской опасности Восточно – Казакстанского региона, Иэвестчд АНРК, Серид Геологид, 1992, 6

Крестников В. Н., Д. В. Штанге, Очетвертичной истории и сейсмичности зоны Талассо – Ферганского глубиного разлома, Физика земли, 1979, 5, 31～46.

Курскеев А. К., Проблемы ирогнозоравания землетдясений, Изд, 《Наука》, Казасиой, 1990.

Курскеев А. К., А. В. Тимуш, Альпийский тектокези сейсмогенные стуруктуы（Джунгаросеверо Тянь – Шаноский Регион）, Изд, 《Наука》, Казасиой ССР. 1987.

Лаверов Н. П., Современная Геодинамика литосореры Тянь–Шаня, Моска, "Наука", 1991.

Флоренсов Н А, В П Солоненко, Гоби–Алтайское землетрясение, Изд, АНСССР, Моква 1963

Тудее Ц., Д. Чагнаадронс, Г. Баяр, Оснвные черты тектонцнеского строения Монгопии по геофизичским данным, Геслогия и Геофизика, 《Наука》 Сибирское отделение Новосибцриск, 1981.

Юдахин Ф. Н., Шварцман Ю. Г., Сайпокова А. М. идр, Геофизинческие Характериски верхней мантия Тянь – Шаня и их связи с проявлениями коровой сейсмически литоссреры Тянь – Шаня, Бишкек, Илим, 1990, 1978, 3～18.

Чернов Г. А, К изучению сейсмогеологии и неотектоникн Алтае – Саянской горной области, Сейсмогеология Внсточной Части Алтае–Саянской горной области, Изд. 《Наука》, Сибирское отделение, Новосибириск. 1978.

Чедия О. К., Морфоструктуры новейший тектогенез Тянь–Шаня, Фрунзе, Изд, 《Илим》, 1986.

Хилько С. Я, Флоренсов Н А, Курушин Р А, и др. Сейсмотектектонинеские линеманты ипалеосейсми Дискации Могольского Алтая, Сейсмотектоника Южных районы СССР. 1978.

第7章 亚洲中部地震构造格局及某些典型地震构造分析*

地震活动具有全球尺度的时空规律性（Lomnitz C.，1996），其构造联系可以从全球、地壳、区域，甚至一条断层带等不同尺度上进行解析。其中环太平洋地震带和大陆内部中低纬度地震带两个全球尺度的地震构造带已经被地震记录所证实。而大陆内部的地震带无论在地壳尺度（crustal scale）或区域尺度（regional scale）上都具有彼此独立的地震构造体制和内部结构。亚洲中部自青藏高原东、西构造节向北至贝加尔裂谷的三角形地域的地震活动，属于横亘北半球中低纬度带的大陆内部（板内）地震带的重要组成部分，体现了近5Ma以来印度次大陆与欧亚大陆相互碰撞挤压，导致地壳岩石破裂的结果，具有地壳尺度的构造联系。深入研究亚洲大陆中部强震构造域的地震构造格局和现今动力学，将有助于我们理解2008年5月12日发生在这一构造域东边界南段的汶川8.0级地震的成因联系。地壳尺度地震构造的整体研究，除了开展典型地震构造的专题研究以外，需要大量不同学科的数据支持。本章在基于多学科的海量数据资源，在开展亚洲中部强震构造域地震构造格局整体研究（7.1～7.3）的同时，对某些区域尺度的典型地震构造进行了深入的研究，探索各种类型的地震构造样式、地震孕育环境和地震活动的构造联系，获得了重要的数值化定量研究成果（7.5～7.9）。地震构造研究的目的是探索科学地震预报途径。如果把地球看成是由彼此独立又互相关联的不同尺度地震构造组成、处于自组织临界状态的整体，则任何一个地震不论大小，都可能是由前一个发生在地球任何位置上的地震所触发的。地震触发机制跟地震孕育状态的复杂性一样，往往使地震预测陷入困境。研究建立的亚洲中部多元（多学科）数据融合的计算机工作平台，通过交叉和多重计算，不仅可以定量评价不同地区的强震孕育状态，而数值化同震位移传递网络，则可以自动判读触发下一个地震的敏感位置，建立了可操作的地震跟踪预测新方案（7.4，7.9）。

7.1 亚洲中部强震构造域的基本特征和动力学条件

全球7.0级以上强震分布、卫星遥感影像、GPS位移矢量以及布格重力异常、地壳热流等不同学科的观测数据（图7-1-1），均展示在亚洲大陆中部自青藏高原东、西构造结至俄罗斯贝加尔湖（75°～110° E，20°～55° N），总面积约7600000 km^2（图（图7-1-1A）的三角形区域（以下简称“大三角”），是大陆地壳持续隆升加厚、地壳密度和地温梯度偏低、新构造变动强烈、地震活动频繁的地区（图7-1-1）。代表现今板块构造体制中，位于太平洋板块（东）和大西洋板块（西）之间的欧亚大陆，被夹持于印度洋底的欧文转换断层（西）和90°线转换断层（东）之间的印度次大陆向北推移所产生的强应变楔。亚洲中部强震构造域横亘北半球中低纬度带，是世界上人口最周密、经济最发达的地区之一。中国中西部地区属于这一强震构造域的主体，2008年5月12日发生在中国四川省汶川地区的8.0级强震，位于这一三角形强震构造域的东南缘。

---

* 本章作者：张家声，中国地震局地质研究所。

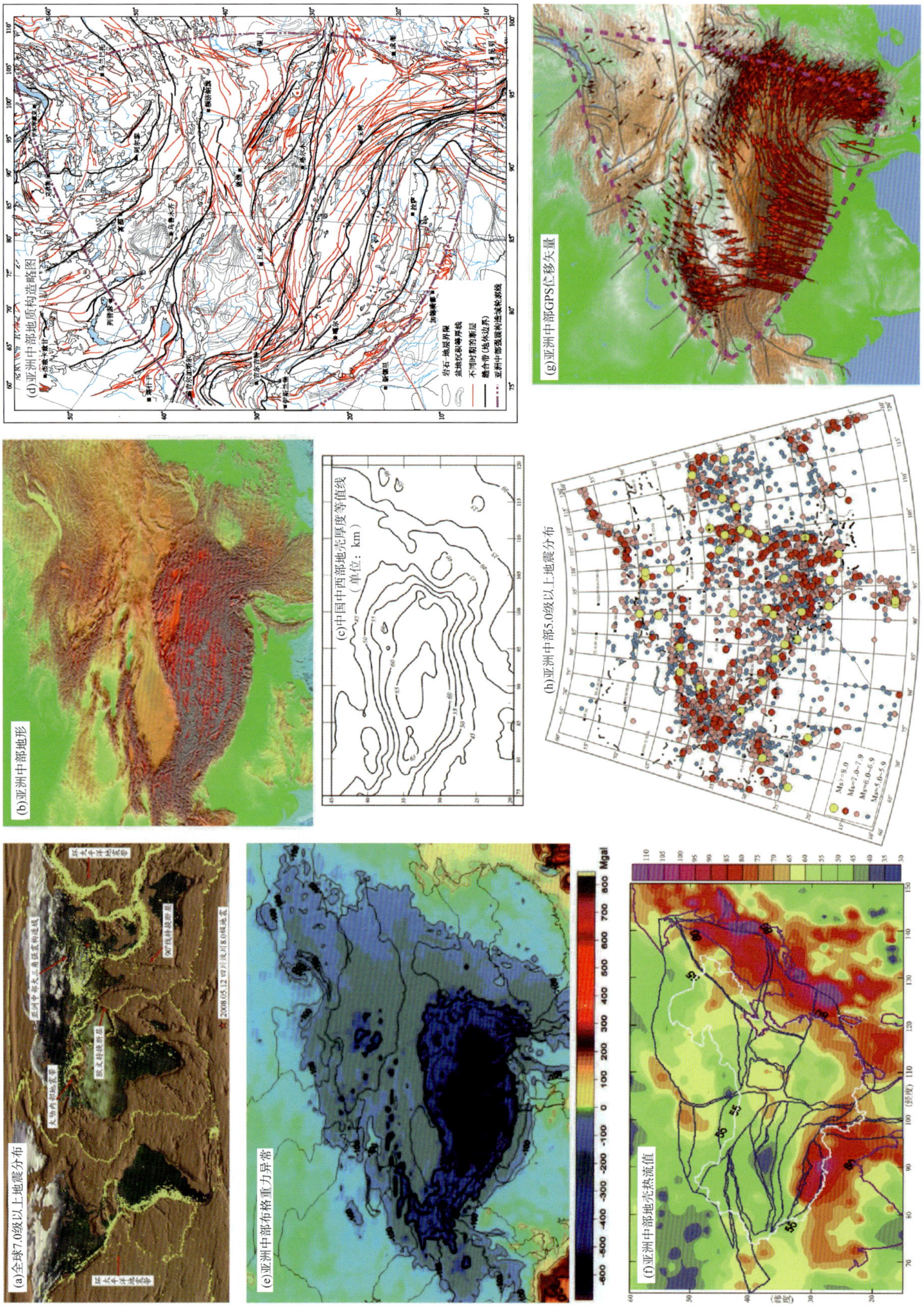

图 7-1-1 亚洲中部强震构造域的基本地质和地球物理特征

7.1.1 地质和地球物理特征

亚洲中部强震构造域的地质构造和地球物理数据，至少给出了三个时间尺度、与地震构造相关的重要信息。

1）地质历史尺度

形成于不同地质历史时期、不同性质的岩石-构造单元（图7-1-1D）：A——具结晶基底的大陆块（印度、塔南-阿拉善-华北；B——具变质褶皱基底的大陆块（柴达木-上扬子、秦岭-祁连等）；C——古老造山带（昆仑、祁连、秦岭）；D——年轻造山带（特提斯、喜马拉雅）；E——中、新生代上叠盆地（塔里木、柴达木、银川、四川、鄂尔多斯）等。这些地质体先后经历了多期重要的构造变动，包括：加里东-海西构造变动使前特提斯地体逐渐调整为近EW走向；印支运动形成了松潘甘孜、羌塘等前泥盆纪变质岩系为基底的新生陆壳；60 Ma前后印度洋海底扩张，新特提斯洋开始消亡，45 Ma～50 Ma前后沿雅鲁藏布江发生陆-陆碰撞，雅鲁藏布江蛇绿岩缝合带、高喜马拉雅岩浆带和冈底斯岛弧火山岩带开始形成；以及5 Ma以来，特提斯造山带SN缩短，扬子陆块向东退出，青藏高原开始隆升，沿阿尔金等NE向左行走滑断层位移及其侧向运动转换，使先存东西向地体条带进一步发生了不同程度的顺时针转动等。这些重大的构造变动不仅奠定了大三角域地震活动赖以发生的地质构造背景条件，而且产生了大量错综复杂的新、老断裂组合。

2）百万年尺度

大三角地区地形地貌改变、重力均衡调整、岩石温度传导（图7-1-1B，C，E，F）等，都体现了百万年时间尺度上的物理过程。由青藏高原、蒙古西部高原、阿尔泰-萨彦山地等体现的隆升地貌，更是体现了自印度-欧亚板块发生碰撞以来（约5.2 Ma）持续的变形和应变积累。根据重力均衡理论，正常地壳厚度为30 km左右。青藏高原地壳厚度达65 km，显然需要外力支撑，这与GPS观测印度板块持续向北推挤的数据相符合。即使这一推力消失，地壳通过均衡调整回到正常厚度也至少需要5 Ma～10 Ma。尽管大尺度的地球物理异常与地震没有直接的构造联系，但超强的地壳应力状态以及与地温梯度密切相关的岩石物理性质和韧-脆转换界面等因素，无疑制约了地震发生的环境条件。

3）百年尺度

1900年以来的数字地震记录和历史地震，活动断层研究以及近20年来的GPS重复观测结果（图7-1-1G，H）等，均以海量数据聚焦了人类历史阶段的地震活动与地壳变形。上述彼此相关的信息资源，为我们从整体上深入解读大三角地震活动规律，建立地震构造格局提供了科学依据。

7.1.2 边界性质及动力学

亚洲中部强震构造域体现了欧亚板块承受印度板块向北和太平洋板块向西联合作用下的变形响应。构造上，这一大陆内部的强震构造域似乎受制于喜马拉雅碰撞带的东、西构造结和贝加尔裂谷三点之间的三角形地域。中、南部的边界主要体现为先存断裂复活，地震活动大多与挤压或挤压转换剪切运动有关。向北边界渐不明确，地震构造体现为与主运动方向高角度相交的先存NW向（西边界中、北段）或NE向（东边界北段）断裂的重新改造。南边界是以喜马拉雅碰撞带为代表的宽变形带，包括一系列近EW走向的断层组合，早期以逆冲运动为主，晚期转换为右行（羌塘地体以南）或左行（羌塘地体以北）走滑或斜冲位移（Tapponnier，1976；李平等，1993；马宗晋等，1998；张家声等，1999，2003；沈军等，2001）。东边界的地震构造性质具有明显的分段性：南段以鲜水河断裂为界，由一系列近SN走向的压扭性断裂组成。中段分成南、北两个部分：南部为龙门山冲断层组合，构成阻挡高原物质向东挤出的屏障；北部为鄂尔多斯西缘断层组合，包括其南端的西秦岭地震构造节和北端的固原-河套地震构造节。北段自南向北分为杭爱地震构造和贝加尔地震构造（详见本章第7.4节）。总体上看，东边界北段的新构造变动和地震构造以剪切拉分和裂陷沉降为主，地震活动相对较弱；西边界的新构造活动自帕米尔向北，包括兴都库什、西天山、阿尔泰、萨彦岭、斯坦诺夫等活动造山带，按地震构造性质分为五类（详见本章第 7.4 节），表现为一系列显生宙挤压转换造山带作用（图 7-1-2，Cunningham，2005）。西边界南部受欧亚大陆向南俯冲影响，形成的一系列 NE 走向冲断层。这些冲断层被年轻造山带内部沿先存冲断层发生右行走滑位移的新构造活动所分割，二者之间表现为剪切转换或联合冲断（Link thrust）的构造关系。在蒙古阿尔泰至贝加尔湖之间，则出现一组受近 EW 走向的左行走滑断裂控制的 NNE 向拉分断陷。

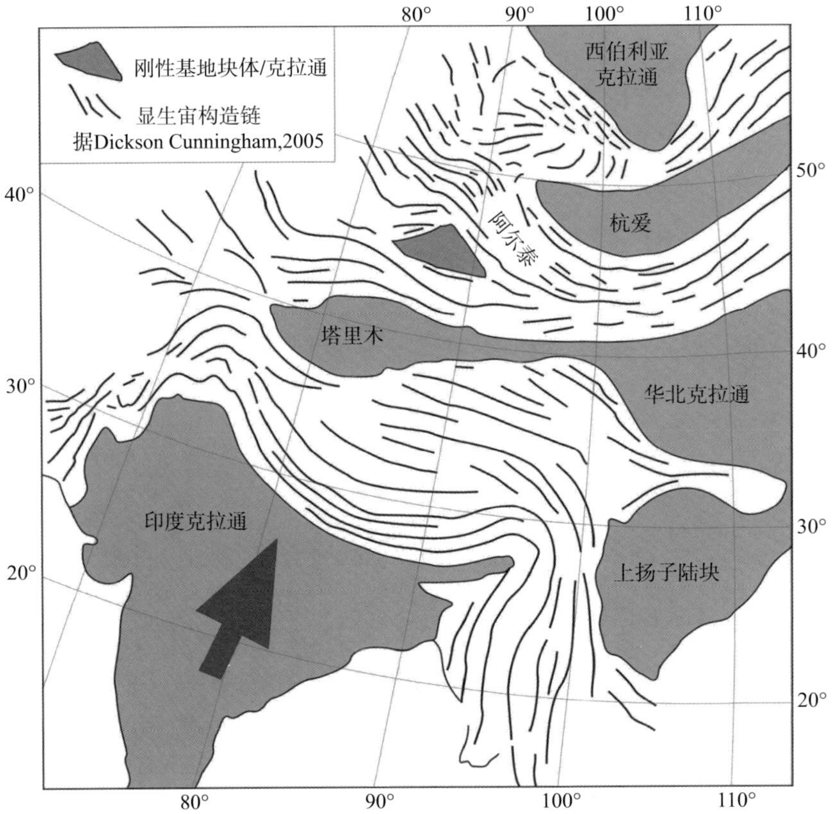

图 7-1-2　蒙古阿尔泰地区活动的挤压转换造山带（据 D. Cunningham，2005）

亚洲中部强震构造域无疑是现今地壳应力集中的部位。印度洋脊的欧文转换断层（西）和 90°线转换断层（东）夹持印度次大陆向北推挤，在产生青藏高原东、西构造节的同时，形成了一个由多组弥散的宽变形带组成、指向欧亚大陆腹地的三角形强应变域和强震频发区。因此，亚洲中部强震构造域的力源实际上来至印度洋中脊扩张。其南边界是著名的喜马拉雅碰撞带，通过一组北倾的冲断层和碰撞构造实现印度次大陆向北推挤，伴随 7 级以上地震发生。西边界因欧文转换断层经恰曼断裂登陆欧亚板块，在形成并跨越帕米尔高原之后，分成内、外两支宽变形带向 NE 延伸：内带起自帕米尔高原东侧，在塔里木盆地下面显示一系列 NE 走向的左行切错构造，向东经阿尔金、弱水、宗巴彦等左行走滑断裂到蒙古高原东侧，地震活动不十分强烈，7 级以上地震主要发生在这些断裂的两侧；外带代表亚洲中部三角形强震构造域的西边界，自帕米尔经南天山到阿尔泰山，在萨彦岭地区逐渐减弱并被贝加尔拉分断陷所代替。地震构造在南天山西北侧由一组向南（南东）俯冲断层及其上盘岩石中的反冲断层组成；向北表现为一组跨越 NW 向年轻造山带、NE 向断续延伸的剪切转换成因的冲断层。沿西边界外带的新构造活动至少了诱发 7 个以上 8.0 级地震。东边界为 90°线转换断层（Minster，1978；Stein，1978；Rachel，2003）经缅甸时皆等断裂登陆后，在我国境内形成总体 SN 向延伸的地震构造带（南北地震带），至少 5 个 8 级地震与东边界的构造变动有关。受全球板块运动驱动，亚洲中部三角形强震构造域总体上表现为南边界推动、西边界从动和东边界被动的动力学特点。在上述边界条件约束下，内部不同程度的挤压（trans pressional）或拉张（trans tensional）剪切转换变形是地震活动主要构造联系。

7.1.3　新构造和变形运动学

早期研究表明，亚洲中部楔状变形体内正在发生的与地震活动有关的构造变动，大多承袭了先存的断裂构造格局，通过改变其运动方式以适应新的应力状态。大约 3 Ma 以来，在印度大陆持续向北推挤下，青藏高原内部主要近 EW 走向断层的运动性质分别由逆冲推覆转变为右行（羌塘地体以南的高喜马拉雅地体北缘断层、雅鲁藏布江断裂、喀喇昆仑-嘉黎断裂）和左行（羌塘地体以北的金沙江-鲜水河断裂、东昆仑南缘断裂、祁连-海原断裂）走滑运动，实现了青藏高原由 SN 挤压缩短和地壳加厚向地壳物质朝东挤出的运动格局的改变（马宗晋等，1998，2001）。川滇地区近 SN 向断裂的运动学由早期的左行走滑为主逐渐转变为 5 Ma 以来右行走滑（张家声等，2001，2003）。高原内部的羌塘和柴达木地体通过内部两组共轭断裂、拉萨-冈底斯地体通过 SN 向的拉张断陷，参与了整体的东西向伸展。在青藏高原西北侧，印度板块向北的推挤被转换成 NW-SE 向挤压缩短，迫使西南天山-阿尔泰等一系列 NW 走向的年轻造山带中的同造山冲断层，普遍以右旋走滑和剪切转换的运动方式，吸收该地区向 NW-SE 方向的挤压变形（徐新等，2003；Dickson，2005；张家声等，2005；Zhang Jiasheng et al.，2011）。青藏高原物质分别向东、西两侧挤出的现象主要发生在大三角强震构造域东、西边界的中段和南段。在青藏高原以北，大三角地震构造域内带顶端的阿拉善地区和鄂尔多斯西缘，新构造变动相对较弱，表现为沿早期 NE 走向的雅布赖-巴彦乌拉山前断裂的张扭性断层以及深度超过 7000m 的银川地堑发育。

GPS 观测数据精细地展示了近十年来发生地壳变形的运动特征，位移矢量主体指向大三角定点-贝加尔裂谷区，从青藏高原中部向北略微向 NE 偏转（图 7-7-1G）。青藏高原两侧出现不同程度的地壳物质向外挤出的现象：即东侧通过龙门山西倾的冲断层组合向东挤出，西侧通过南天山西侧东倾的冲断层组合向西挤出。整体上构成印度次大陆向北挤入欧亚大陆的楔状变形效应（见图 7-9-7）。GPS 位移矢量等值线图不仅清楚地勾画了亚洲中部大三角强震构造域相对周边更加强烈的变形状态，而且显示了局部的位移“扰动”现象，从而为理解大三角地震构造格局的运动参数提供了重要帮助（图7-1-3）。

7.1.4　三维地震分布

亚洲中部地震活动频繁，根据全球地震记录（含历史地震），在 50°～120°E，10°～60°N 范围内，共发生 5.0 级以上地震 4887 次（刘杰等，2003），其中 5.0～5.9 级地震 2879 次；6.0～6.9 级地震 1645 次；7.0～7.9 级地震 324 次；8.0 级以上地震 39 次。除华北和台湾等地区外，主要集中在上述三角形地域（图 7-1-1F）。不同震级地震的空间分布与地震断层的分形结构有关，大三角域的地震活动主要与其三条边界附近的地震断层有关。3.0 级以上地震的发生频率符合 Gutenberg-Richter 定律（图 7-1-4），震级及其地震数的双对数（指数）曲线为一条直线，发生地震的次数与震级大小服从幂定律分布的动力学系统，说明这一地区的地震活动处于自组织临界态（self-organized criticality）。

根据 2447 个有震源深度的地震记录，亚洲中部的地震以浅源地震为主，主要发生在 30 km 以上的地壳层次。向南逐渐变深，在喜马拉雅地带发生在 30～50 km（图 7-1-5）。深度大于 70 km 的深源地震集中在青藏高原的东、西构造节，在帕米尔地区最深达 360 km，与发生在该处的斜向剪切作用有关（详见本章 7.7 节）。浅源地震的震源深度分布特征，大体上与大三角域的地壳厚度和地温梯度变化相一致，意味着地震活动主要发生在地壳岩石变形行为的韧-脆转换带附近，以及其上部的脆性岩层中。

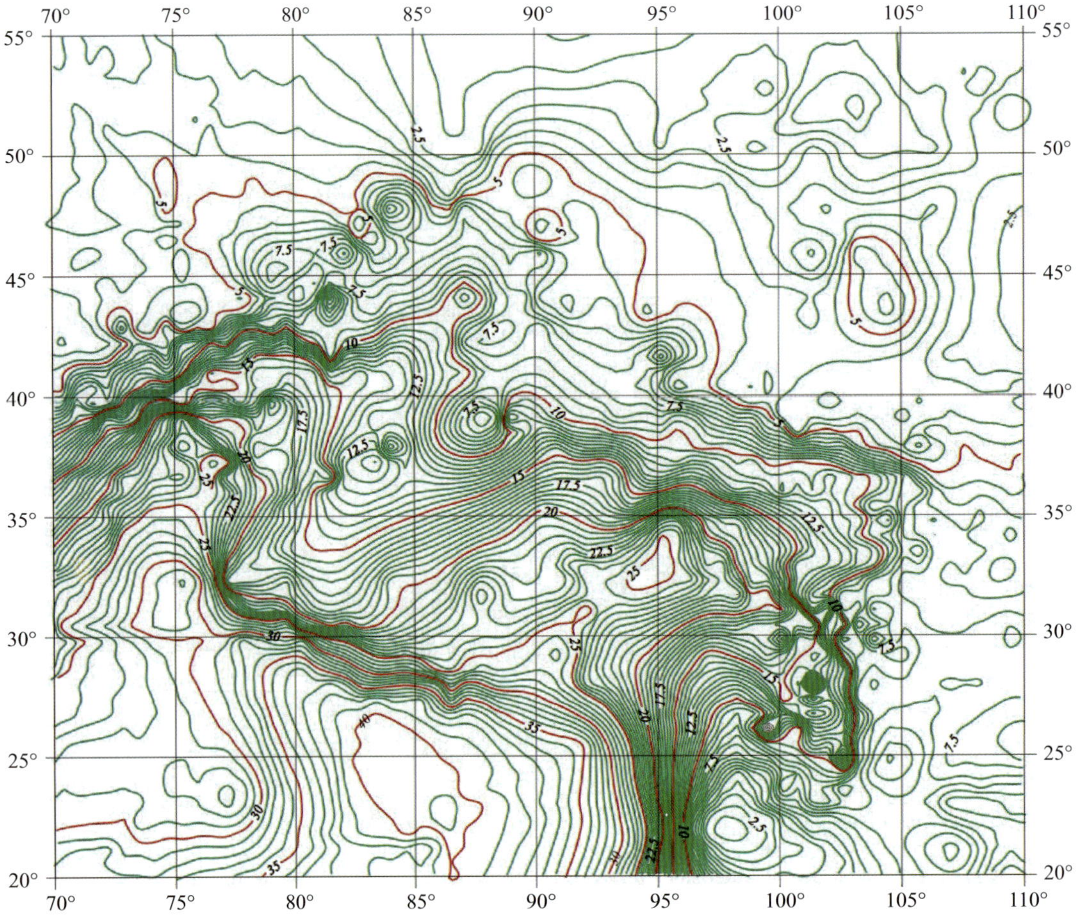

图 7-1-3　亚洲中部强震构造域 GPS 位移（mm/a）等值线图

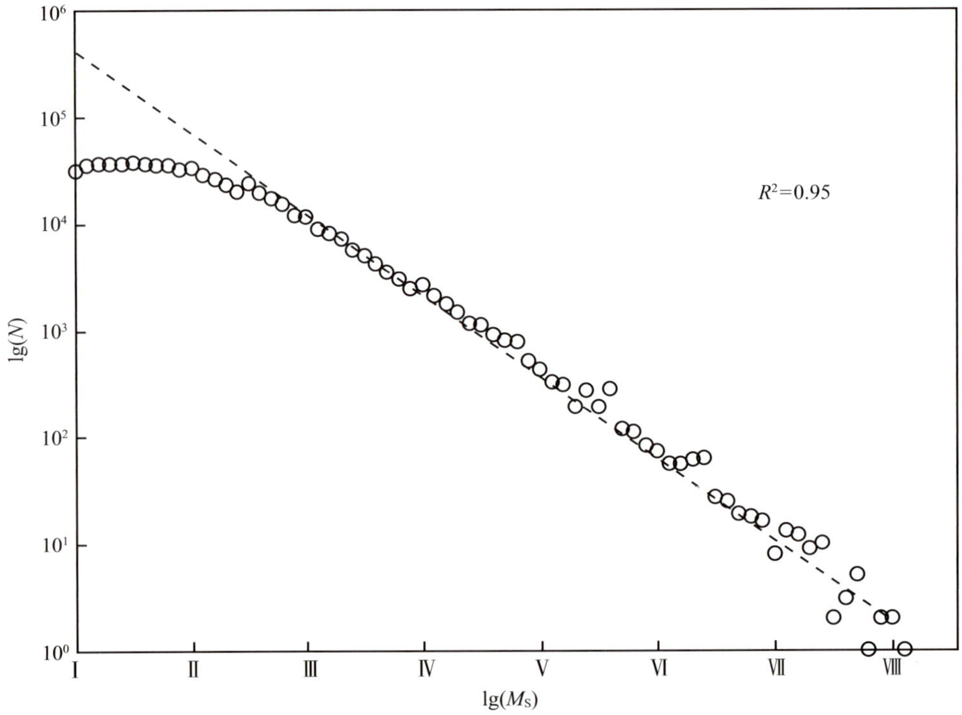

图 7-1-4　亚洲中部强震构造域发生的地震数（*n*）与震级（M_S）关系的双对数曲线

点线是 Gutenberg-Richter 律：lg10N，R^2 =0.95。震级 M_S<3.0 的小震因观测定位问题未予考虑

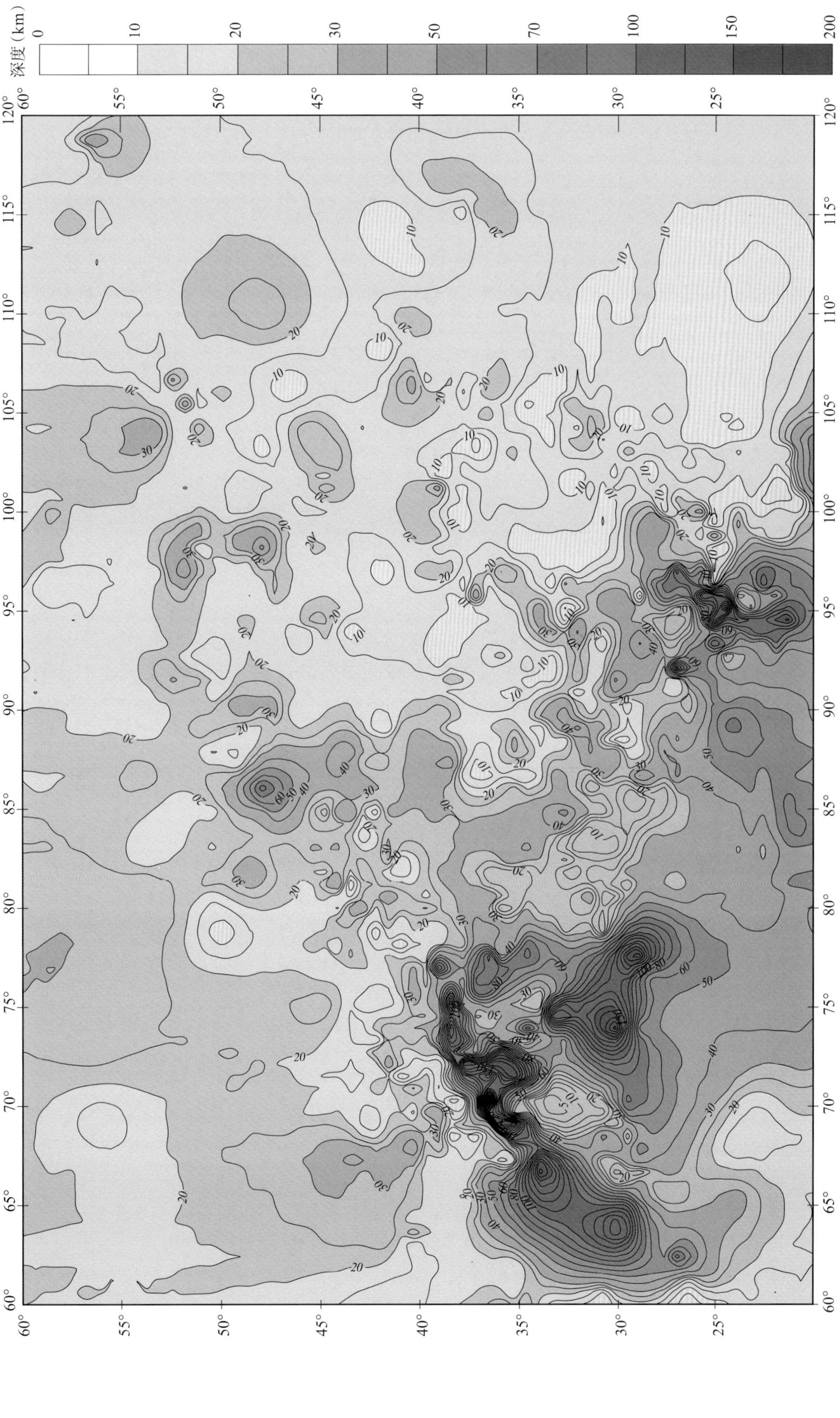

图 7-1-5　亚洲中部强震构造域地震（$M_S \geq 5.0$）的震源深度分布

7.2　数据资源和研究内容

地震构造研究的目的是为了查明地震活动的时空规律，探索科学地震预测的合理途径。如所周知，地壳岩石组成和结构构造是地震赖以孕育发生的物质条件，而现今应力状态则是触发地震的外部因素。不仅地震的孕育和触发本身存在太多的不可知内容，传统地质学非定量的描述与地震预测的量化要求之间也存在难以逾越的障碍。这些便是许多物理学家、数学家乃至地质学家（Bak，1991，Geller et al.，1997，I. Main，1997，Glennda Chui，2009）认为地震不能预测的主要原因。尽管目前尚无法对单一断层地震行为进行精细研究和预测，正如美国地调局加利福尼亚地震概率工作组在总结其过去30余年的地震预测经验时所坦言：预报地震的努力或许应该转向新的“纯统计模型”。尤其是以亚洲中部强震构造域为对象的大尺度研究来说，更是切实的选择。

7.2.1　数据资源

数学物理学家认为，在自组织临界状态（SOC）下，要确定任何一个单独的小震是否会引起大震，有赖于对大量，而不是断层附近，精细物理条件的了解，否则地震破裂敏感的非线性依赖，将严重限制了地震的可预报性。随着科学技术的快速发展，大量、精细、与地震相关的多学科数据资源正在迅速积累。我国是一个大陆浅源地震频发的国家，中国中西部是亚洲中部强震构造域的主体，目前已经拥有不同比例尺的数字化地质、地球物理数据、不断优化的数字地震记录和覆盖大陆的GPS观测台网，是深入研究地震和地质灾害规律的最原始的基础平台。上述数据资源的利用和二次开发，并通过与周边国家，尤其是蒙古和俄罗斯的合作交流，对开展亚洲中部地震构造的整体研究提供了实际可能性。本项目所拥有的数值化数据资源如下：

（1）断层数据库。中国1999年以来开展的1∶25万地质填图大多已经完成并提交了数值化成果（图7-2-1）。目前我国共计完成1∶20万区域地质填图1163幅，覆盖国土面积约670万平方千米，占中国陆域国土面积的70%。国土资源大调查以来，中国地质调查局共完成1∶25万区域地质填图（含实测和修测）494万平方千米，完成1∶25万区域地质填图数据库建设365幅，占中国陆域国土面积的52%（部分为原有1∶20万基础上的修测）。目前已完成全部图幅的空间数据库建设工作。此外，全国共完成1∶5万区域地质填图成果5200余幅，覆盖213万平方千米，占中国陆域国土面积的22%。其中，地质大调查新近完成1∶5万区域地质填图675幅，覆盖约30万平方千米。目前已有2700幅1∶5万地质图完成空间数据库建设。我国在上述实际填图成果基础上，整理编制了全国1∶50万、1∶100万、1∶250万和1∶500万区域地质图，并建立了相应的数据库。我国1∶20万区域地质填图与1∶25万区域地质填图已经全面覆盖整个国土陆域面积。本项目主要提取上述数字化地质图的断裂构造图层及其属性表，形成系统完整的断裂构造数据库，并将它应用于地震研究。

（2）GPS数据库。自20世纪90年代以来，以GPS（全球卫星定位系统）为代表的空间对地观测技术的全面发展，从根本上突破了传统大地测量的局限性，为大范围、高精度、全天候的三维地壳运动观测提供了革命性的技术手段。和传统方法相比，不仅观测效率提高了数十倍，而且精度也提高了近3个数量级，使上千公里长的基线观测精度达亚厘米量级。这样的精度足以监测地壳运动的微小变化。尤其重要的是，与传统大地测量方法相比，GPS在不同区域或不同时期的观测结果均可纳入全球统一的参考框架（如ITRF2000），从而使我们能够定量确定任何相邻或非相邻构造区域之间的相互运动。为我们认知地壳形变和活动构造的运动学模式和动力学机制提供了至关重要的定量约束。

我国在“九·五”至“十一·五”期间，由中国地震局牵头，联合总参测绘局、中国科学院、国家测绘局、中国气象局和教育部等部门，共同实施了国家重大科学工程“中国地壳运动观测网络”的一期和二期，在中国大陆及其周边建成了260个GPS连续观测基准站（一期27站，二期233站）、56个每年观测的基本站和2000个不定期复测的区域站（一期1000站，二期1000站），各类GPS观测台

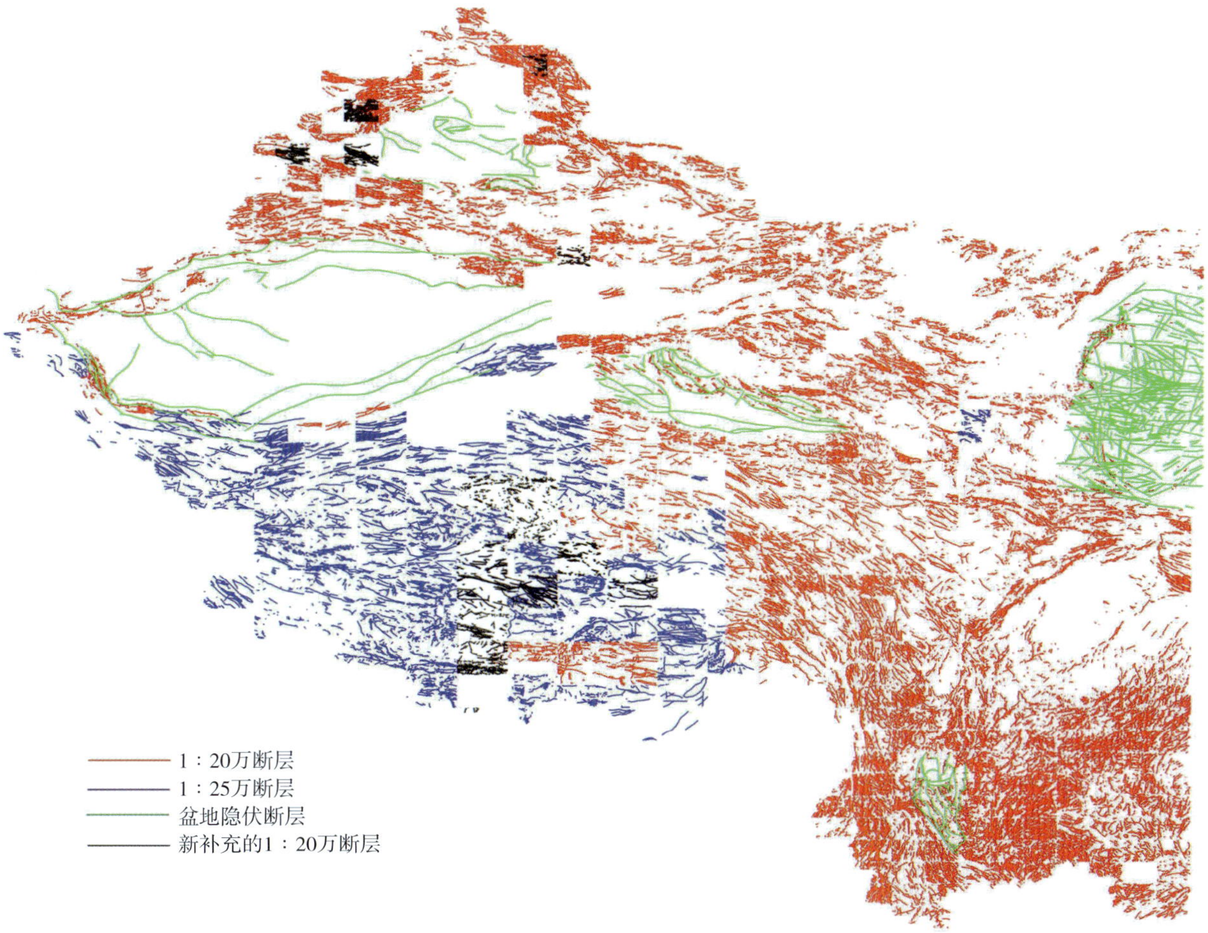

图 7-2-1　中国中西部数字化实测地质断层（长度大于 2km）及其资源状况

已经形成覆盖中国大陆的观测网（图 7-2-2）。基于目前已有的多期 GPS 观测资料，我们已获得了中国大陆高精度、高分辨率的现今地壳运动图像和地壳应变率图像。

（3）地震数据库。近年来，中国大陆范围的地震记录不断得到更新。根据定位方法和观测台站的数量，大体可以分为三个阶段：1900 年以前的地震记录以宏观震害确定震中位置，历史强震目录可以上溯到公元前 23 世纪；1900～1969 年期间的地震尽管都是仪器记录的，但震源数据多数直接引自《国际地震中心记录汇编》；1970 年以后随着我国地震观测台网建设进步，地震记录质量得到极大的改善。

上述地震记录的震中精度分为五类：1 类≤10 km；2 类≤25 km；3 类≤50 km；4 类≤100 km；5 类≥100 km。1970 年以后的地震定位精度大多能够达到 1、2 类标准。

此外，其他经过开发和整理的数据资源还包括：

（4）卫星遥感影像及断裂构造解读。

（5）露头岩石及地壳性质数据库。

（6）盆地及平原覆盖区的隐伏断裂数据库。

（7）中国大陆地壳平均磁化强度数据库。

（8）中国大陆平均地壳岩石密度数据库。

（9）中国大陆地热及地温梯度数据库。

其中，盆地及平原覆盖区的隐伏断裂都已数字化并与 1：20 万断裂配准后，补充到 1：20 万数字化实测断裂数据库中；而地壳岩石磁性、密度和露头岩石性质等数据，可以用来推断地壳的平均岩石组成，为估算完整岩石的物理力学性质和破裂强度提供依据。

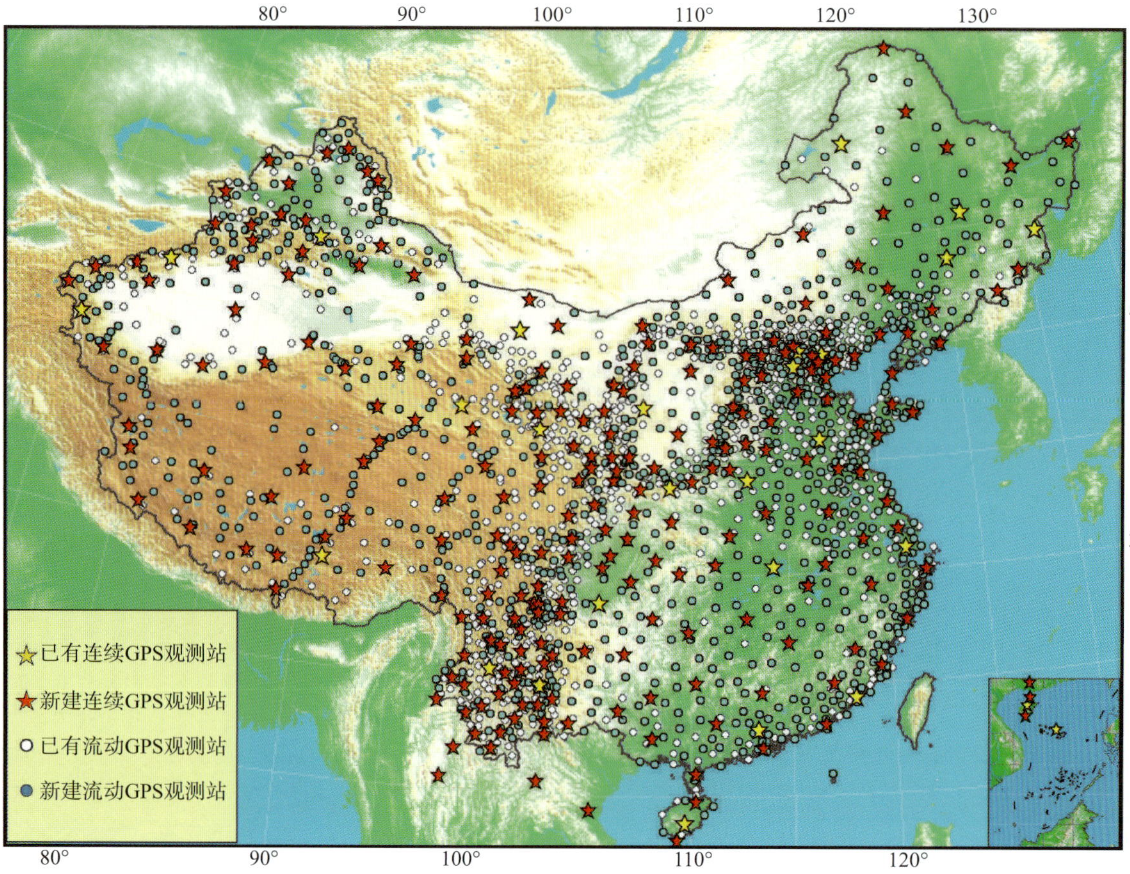

图 7-2-2　中国 GPS 观测站分布

7.2.2　研究内容

地震是岩石发生突然破裂、释放周围岩石中长期位移（应变能）积累的结果。地震与地壳岩石中先存断裂的关系十分复杂，可以是先存断层面上的黏滑行为，也可以是先存断层面上的持续蠕滑导致远离断层某处的岩石破裂。前者与地震直接相关，但在地震发生前并没有显著的断层运动。后者有明显的断层位移，但与发生的地震没有直接联系。地震不论大小都是由前一个地震触发（初始应力扰动）的，与相邻断层的状态（锁闭抑或活动）没有必然联系。根据某一条断层的活动状况预测地震十分困难。不仅查明一条断层在地表和深部的真实位移属性十分困难，而且面对亚洲中部浩若烟海的地壳岩石破裂，也是不可企及的。尽管如此，地震与断层的关系客观存在。地壳断裂一旦形成，即成为岩石中不可愈合的"伤痕"。宽变形带中密集的断裂组合及断层物质的细粒化，使它们成为地壳岩石中"伺机（地壳应力状态变化）而动"的弱化带，成为地震孕育重要场所。因此，我们的研究（图 7-2-3）依然从地震与地壳岩石中的先存断裂的联系出发，一方面基于地震相关的多学科数值化资源，利用地理信息系统的强大功能，获取研究区地震构造的整体性状；另一方面深入开展典型地震构造研究，包括亚洲中部强震构造域三个边界的性质以及某些典型地震构造区、带和地震构造节的专题研究。在建立亚洲中部地震构造格局的同时，深入理解这一地区地震活动的时空规律，探索地震预测的新途径。

1）查明实测断层的"百年"地震属性

研究区域尺度上频繁地震活动与特定地震断裂组合之间相对独立的复杂联系。根据实测地质断层的性质和产状以及精确定位的地震记录，断层的地震性是可以用统计的方法获知的。然而鉴于地震记录的局限性，我们不可能追索一条断裂的全部地震活动历史。研究工作充分利用 1900 年以来的数值化地震记录和新近完成的数值化实测断裂数据库，开展实测断裂的地震相关性研究。包括确定每一条实

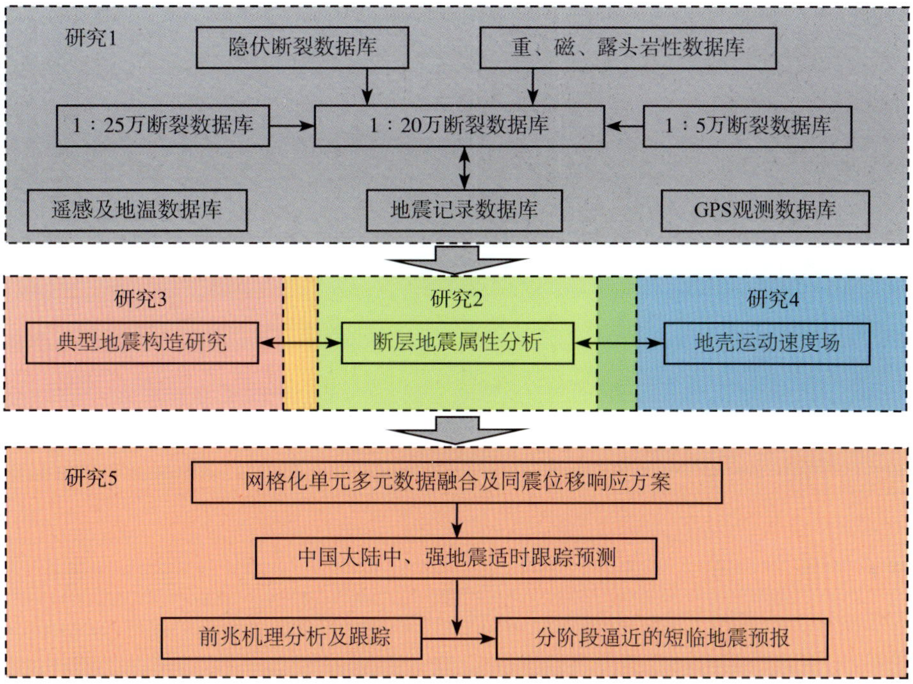

图 7-2-3　中国大陆实测断裂的百年地震属性及地震跟踪预测工作流程

测断层 110 年以来的地震属性：包括发生地震的个数和震源深度、按震级加权平均的能量释放水平、地震沿断层跃迁的趋势、地震发生的频率及断层的地震临界态势等，区分地震断层和“休眠”断层。

关于地质断层“百年”地震属性方案的可行性，无疑会受到时间尺度的挑战。理论上，尽管地质断层的全部地震活动历史是对其地震属性进行评价的重要依据，但依然存在以下问题：

（1）断层的地震活动联系，受不同地质历史阶段区域应力条件变化的制约，因此，对于长期发育的断层来说，其地震属性必然具有阶段性，而不存在一成不变的地震属性。

（2）在同一构造阶段、受同一区域应力持续作用，例如中国中西部大约 5 Ma 以来（主要是 2.48 Ma以来，马宗晋等，2001）受印度次大陆持续推挤的应力条件，所有先存的地质断层都将在被迫调整其位移状态的过程中诱发地震，并逐渐形成自身在这一特定阶段的地震属性。

（3）在特定的地质构造阶段，如果区域应力条件没有发生显著改变，断层的地震属性只会逐渐走向成熟，因而地质断层的地震属性具有继承性特征。在所有地质断层的完整地震属性实际上不可企及、不可穷尽的情况下，根据可靠的地震记录，评价断层的“百年”地震属性，不仅是现实的选择，同时也将是对未来数月、数年，或数十年地震风险，做出接近真实评价的有效方法。

2）建立数值化、多学科融合的地震信息网络

采用网格化技术插值分配各类数据。结合其他地震相关的海量数据资源以及本文关于区域和典型地震构造的研究成果，建立地震敏感的网格化信息平台。在 20 km× 20 km 网格内（图 7-2-4）开展多学科的数据的融合、交叉和多重计算。统计地壳破裂密度与地震活动的关系；区分强烈地震活动的区、带、结和相对稳定地块；评价地震活动的临界状态；分析地震活动沿地震断层和特定地震构造中的时空迁移规律；观察同震位移响应对 GPS 速度场的扰动效果等。为建立不同性质的地震构造、研究地震活动规律、探索地震预报理论提供依据。更加重要的是，通过求取所有网格对即时地震同震位移的响应系数；预测未来地震发生的潜在危险区。实现地震“成核”与“触发”之间的动态连接，探索数字地震跟踪预测的新途径。

3）典型地震构造研究

典型地震构造调查和研究，是对上述数值化地震构造统计分析结果的重要支撑和补充，是建立亚

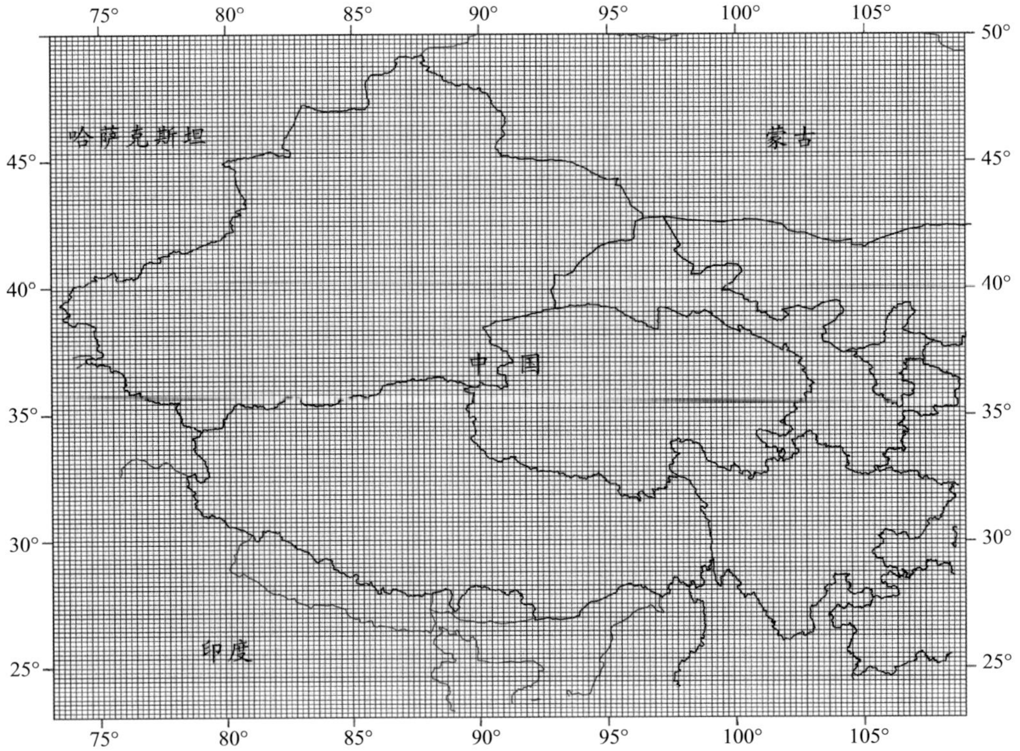

图 7-2-4　覆盖亚洲中部强震构造域的 20 km×20 km 网格示意图

洲中部地震构造格局不可或缺的依据。根据地震活动宏观规律，对以下地震构造开展了深入研究。

（1）查明亚洲中部强震构造域东、西边界的地震构造性质。尽管亚洲中部 5.0 级以上地震分布展现出一个三角形的地震构造域，但其东、西两侧边界的定位和地震构造性质并不明确。

（2）开展典型地震构造区（如松潘-甘孜等）、地震构造带（如分段的南北地震带）和地震构造结节（彼此交叉或缠绕的断裂组合，如帕米尔、汉中-宝鸡等）的野外地质调查，通过三维地震投影和统计分析，结合地震断层的几何学参数，建立三维的地震构造模型；结合现今地壳变形参数，评价它们的地震趋势。

（3）在补充完善遥感影像的活动断裂解译数据的基础上，参考有关中国活动构造的研究成果以及不同比例尺地质填图成果中有关新构造活动的调查数据，适当补充野外考察，建立并配准实测活动断裂数据库。开展活动断裂及活动构造与地震活动关系的研究，包括：研究实测活动断裂的构造几何学、活动性质、活动时代、活动速率或闭锁状态，分析它们与地震活动的关系；查明活动地块边界带或地震带的结构、活动性质、运动方式、活动强度、深部构造背景及其与地震活动的时空联系。结合 GPS 观测获得的的现今地壳运动学约束，计算分析各活动地震区带的应力作用方式和应变能积累状态，进行地震危险性分析。

4）综合研究

基于近 700 幅 1∶20 万数字化实测断裂构造、1900 年以来的 18875 条 $M_S \geqslant 3.0$ 级数字地震记录和最近十年来约 1640 个不同规格 GPS 台站的观测数据以及覆盖研究范围的 ETM/TM、DEM 卫星遥感影像，同时汇集地质、岩石、热、重、磁地球物理等各类地震相关参数，建立亚洲中部可拓展的多元（多学科）数据融合的计算机工作平台，实现多种应用软件的联机工作。分为以下五个方面：

（1）根据实测地质断层的性质和几何学，设定断层活动可能直接导致地震发生的范围（详见 7.3）。根据地震记录，统计每一条断层的地震活动，识别“百年”地震断层与休眠断层；分时段统计断层的地震活动状况，开展断层地震属性及其时空变迁规律等内容的综合研究。

（2）将所有原始数据插值分配到统一的20 km×20 km的网格中，开展区域地震构造分析。网格化单元的信息包括：断裂发育（断层性质、产状、条数和长度等），地震活动（震中位置、震源深度、震级大小、地震次数等），GPS位移矢量以及地表岩石组成、平均地壳岩石密度、平均磁化率、地温梯度等。

（3）通过交叉和多重计算，获取所有统计单元的：① 地壳破裂程度；② 地震活动记录及地震能量释放；③ 地壳破裂程度与地震活动的相关性；④ 地震临界状态；⑤ 地壳岩石变形的韧脆转换深度等。

（4）根据网格化单元数据，进行区域地震构造分析。包括：① 建立不同性质断裂组成的宽变形带及其地震活动联系，分析典型地震构造（区、带、结节）在亚洲中部地震构造格局中的意义和作用。② 建立震源同震位移传递和响应网络，实现地震活动适时跟踪。包括：点（网格化单元）、线（断层）、面（区域）多元数据融合、交叉计算、信息提取和地震响应，探索从"即时同震位移 → 同震位移响应网络 → 未来地震可能位置"动态逼近的预测预报方案。③ 以2008年5月12日汶川8.0级地震为例，计算其同震位移在松潘-甘孜地震构造区传递对震前GPS速度场的影响，揭示汶川地震前后地壳变形动态。

（5）根据以上多重计算数据，结合典型地震构造的专题研究成果，编制完成亚洲中部强震构造域的的系列图件，包括：地震构造格局图；亚洲中部5级以上地震分布图；震源深度等值线图；地震活动频度等值线图；地壳破裂密度等值线图；百年地震断层分布图；破裂空区与地震空区关系图；GPS位移速率矢量图；中国中西部中新生代盆地厚度图等，以及与汶川8.0级地震有关的系列图组。通过开展上述综合研究、编图和典型地震构造分析，加深了对亚洲中部强震构造域地震属性的理解，初步建立亚洲中部强震构造域地震构造分区。

7.3 亚洲中部地震构造格局

地震发生在地壳岩石中，建立亚洲中地震构造格局，离不开对断裂与地震关系的理解以及地壳中先存断裂在现今应力条件下所作出的响应。因此，我们的研究主要针对所有实际观测到的岩石破裂，而不考虑它们形成的地质历史时期和相关变形事件的性质。大量精细的研究表明，断层个体的三维几何学和物理力学特征以及它们之间的相互作用其实非常复杂。地震通常发生在相当复杂的断层系内，其机制很难精确预测，任何地方都有可能是地震的起始点或终结点（Glennda Chui，2009）。地震与断层关系的复杂性和多样性仍然存在较大的争议。宽变形带（broad deformation zone）的概念已广泛地被地质和地球物理学家用来描述和解释发生在板块边界或大陆内部的不同性质变形（Massonl，1991；McClusky et al.，2000；陈颙等，2003；Osman et al.，2007；John P. Platt，2008）。地震与断裂的关系长期争论不休，但并不影响我们利用已知地震记录评价所有实测断裂的地震联系，识别地震断层与休眠断层，建立亚洲中地震构造格局。

7.3.1 地震成核——震源过程的地质和实验研究

对震源过程的直接观察来自不同类型"化石地震（fossil earthquake）"的野外和实验研究。地质学家根据剥蚀抬升而暴露地表的断裂构造及断层岩石产物（主要是指地震断裂过程摩擦熔融成因的假玄武玻璃（pseudotachylyte）的结构、化学成分和熔融程度多样性等的野外调查和实验研究，探索地质历史上曾经发生地震的震源过程：包括地震断层的性质、震源破裂的规模和几何学、震源附近的构造环境，介质特征和温压条件，以及可能的地震触发机制等；并据此实验还原部分震源参数，包括地震发生时的断层滑动速率、持续滑动时间、摩擦增温和熔融产物形成的物理和化学条件等。相继提出的大陆浅源地震成因模型（图7-3-1（a））包括：弹性回跳（Reid，1911）、脆-韧转换（Sibson，1977，1983）、应变硬化（Passchier，1982）、障碍-干扰（Sibson，1980）、二相变形（张家声，1987）、塑性不稳定（Hobbs，1986，1988）、速度弱化（Tse，1998）、断层阀门（Sibson，1992，1993）等等。此外，根据对网脉状微角砾岩（stockwork microbreccia）的野外观测和分析测试证据，新近提出了原地固态非晶质化（张家声等，2004）的地震成因理论模型。上述地震成因模型基于真实的野外地质观测和实验模拟，不仅提供了理解震源过程的依据，而且在一定程度上揭示了发生在 8～12 km 及其以上深度范围地震活动的断裂构造联系。Sibson（1977）根据在苏格兰 Moine 冲断层的观察发现，地震成因的假玄武玻璃大多产出在承受主要断层位移的韧性剪切带外侧附近的完整围岩中；而 Passchier（1982）在法国比利牛斯山观察到的地震成因的假玄武玻璃，则出现在伴随抬升冷却的活动剪切带的内部；我们所观察到的网脉状微角砾岩尽管存在公里尺度的影响范围，但没有发现它们与已知断裂的直接联系，推测受制于区域断裂框架。因此，地震究竟是由于活动断裂带附近的新生断裂作用，还是沿先存断裂的局部地段因应变变化、岩石组分改变或流体参与等原因突发快速位移，抑或二者兼而有之？目前还不得而知。但地震与地壳岩石中的断裂痕迹之间无疑有着密切的空间关系。

根据地质观察、试验模拟和理论计算提出的地震成因理论模型

	地震成因的理论模型	检验
表壳	1. 弹性回跳（Elastic rebound）H.F.Ride,1906	?
	2. 断层圈闭（Fault trap）断层障碍（Barrier）	构造几何学
	3. 断层阀门（Fault Valve）R.H.Sibson, 1990	流体动态
中上地壳	4. 摩擦一准塑性转换（FR/QP Transition）R.H.Sibson, 1984	六项参数
	5. 应变硬化（Strain Hardening）C.W.Passchier,1982	变形历史
	6. 黏滞（Sticking Patch）C.F.Wesson,1973	介质差异
	7. 黏滑（Stick Slip）J.D.Byerlee,1978	
	8. 障碍干扰效应（Barrier Perturing Effect）R.H.Sibson,1980	
	9. 二相变形（Dualistic Deformation）张家声，1987	
中下地壳	10. 蠕变失稳（Creep Runaway）E.Orowan,1960	流体 ?
	11. 速度弱化（Velocity Weakening）S.T.Tse,1986	临界温度 ?
	12. 韧性不稳定（Ductile Instabilities）B.E.Hobbs,1986	

（a）

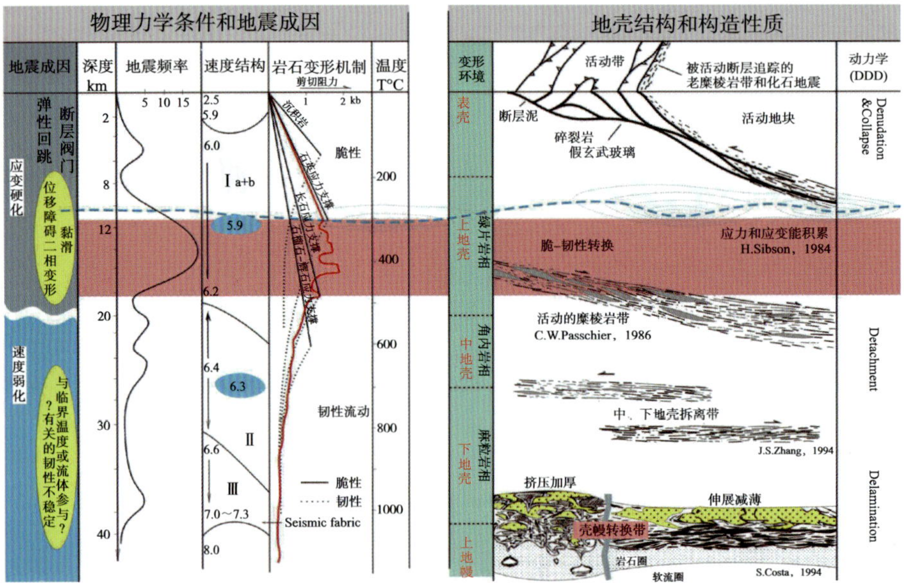

（b）

图 7-3-1　长英质地壳结构构造和地震成因理论模型

尽管大陆浅源地震主要发生在 8～12 km 地壳层次的统计数据，已经被大多数地震学家所接受。而 20 世纪 80 年代以来的大量地质和实验研究成果，也大大加深了对地壳这一层段地震成因和震源过程的理解。但由于地震地质研究倾向在第四纪沉积中寻找断裂活动的证据，习惯于用浅部脆性岩石的弹性回跳理论解释地震过程，地震预测的应用研究往往忽视地壳较深层次地震成核过程的特殊性。按照正常的地温梯度（30°/ km），8～12 km 深度被解释为大陆地壳占主导地位的长英质岩石（由石英形成应力支撑）变形行为发生韧脆转换的深度区间，表现为准塑性（Quasi－plastic）变形向弹性摩擦（Elastic-fractional）行为的过渡（图 7-3-1（b））。除非出现外部条件的突然改变，同类岩石的这种转换应该是连续发生的。也就是说，韧脆转换本身不是地震发生的直接原因。实际上，不仅由于地壳岩石组分存在不同尺度的不均一性，而且环境温度也会因地而异，加上局部可能存在的流体参与等因素，地震多发层段的厚度和深度是起伏的，其中发生的“二相变形”（张家声，1987）才是引起地震成核的主要原因。如何在地震预测方案中考虑多发地震层段的地震成因机制，将岩石组分差异和温度梯度变化加入到地震预测的约束条件中，是科学地震预报应该予以重视的。深浅关系的最大误区是不理解地震多发层的地震成因机制。脆韧转换只是一个理想化模型，局部存在的温度扰动，不同尺度、具有不同应力支撑的介质不均匀性，韧性剪切自身的应变不稳定性、应变速率的变化和流体的参与等，都有可能形成地震成核的条件。

7.3.2　亚洲中部地壳断裂发育

研究区的大陆地壳被不同时期和不同规模的断裂所切割。根据 1：20 万比例尺的填图结果，中国中西部的实测断裂约 79526 条，蒙古和俄罗斯的萨彦－贝加尔地区的不完全统计为 1246 条，总计约 80000 条。其中长度大于 20 km 的断裂 33543 条（图 7-3-2），尽管这些断裂具有复杂的组合关系和活动历史，但整体上呈现出一定的空间分布规律和密集度（图 7-3-2），因此可以看作是地壳中先存的宽变形带。单位面积（20 km×20 km）内破裂条数和累计破裂长度的统计结果表明，在 400 km^2 范围内，破裂条数为 0～23 条，单位面积中破裂累计长度最大达到 245.2 km。地壳破裂密度分布与已知的大陆内部变形带基本一致（图 7-3-4）。

7.3.3　地震断层及断层的地震属性

著名构造物理学家，俄罗斯科学院西伯利亚分院的 Sherman 教授长期从事断裂构造研究。他在多次修正和实验模拟了贝加尔地区断裂构造发育特征的基础上，总结了地壳断裂发育密度、断裂切割深度与断裂沿走向的延伸长度之间制约关系的统计规律性，提出了断层活动对两侧围岩影响范围的经验公式（Sherman.，1972，1977）。结合地震活动分析，指出地震活动规律并非千篇一律，而是与区域动力学状态、地壳岩石组成和断裂发育程度有关（Sherman，2003，2005）。新近的研究一方面详细解读了贝加尔地区所有已知断裂（包括活动和不活动的）的地震性（详见本章第 7.5 节），不仅将有地震活动记录的断层进行地震频率评价，而且通过揭示地震沿高频地震断层迁移的趋势，识别了断层的地震属性；同时通过对地震活动的分时段统计，揭示了地震随时间从一条断层跳到另一条断层的空间图像（图 7-3-3）；另一方面他们借助 Global Mapper、MapGIS 和 ArcGIS 等计算机软件工具，建立了 Altai－Sayan 地区地壳断裂构造的二维和三维地震构造模型（详见本章第 7.6 节），模拟计算了该地区地壳变形及其与地震活动的关系（Lobatskaya，et al.，2010）。Shelman 研究工作的重要特点是不必区分活动与不活动的断层，直接确定断层的地震性，为理解地震活动的断裂构造联系提供了一个直截了当的原则。遗憾的是，由于 Sherman 的工作没有充分利用实测断层的几何学（断层倾向和倾角）数据，致使地震相关性统计过程将断层两侧等间距范围的地震全部纳入其中，这对于走滑断层来说是合理的，但对于断层面向一侧倾伏的逆断层和正断层来说，就不那么合理了。

分析表明，地震活动频率与单位面积的地壳破裂密度和（或）破裂累计长度（图 7-3-4，7-3-5）

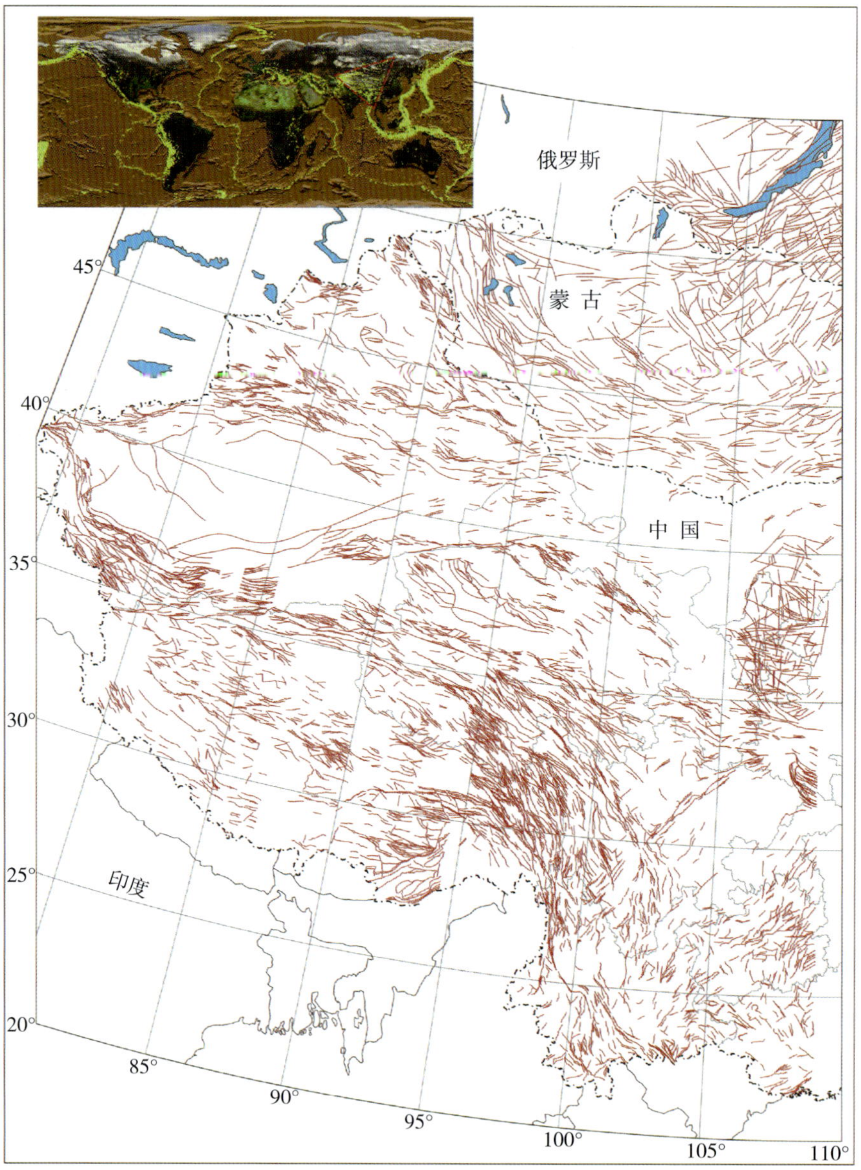

图 7-3-2　亚洲中部强震构造域长度大于 30 km 断裂构造图

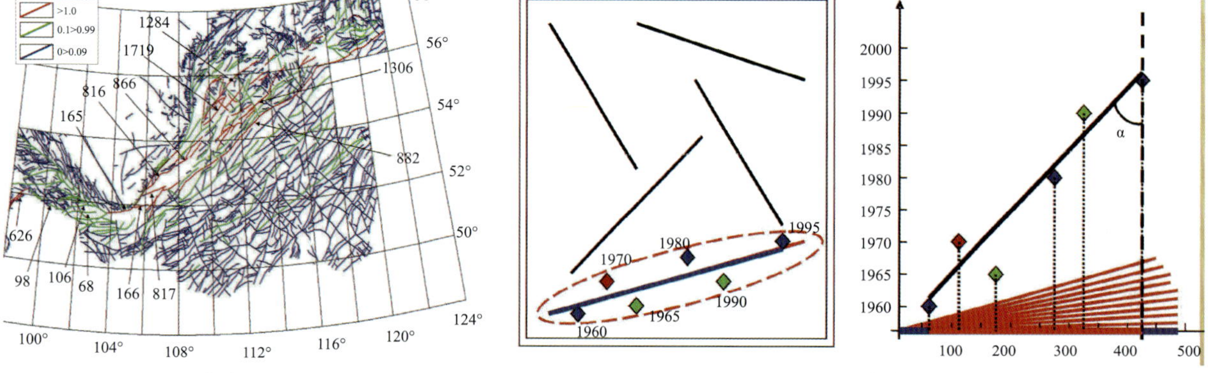

（a）　　　　　　　　　　　　（b）

图 7-3-3　贝加尔地区实测断层及其地震性（a）；沿地震断层走向地震迁移规律（b）

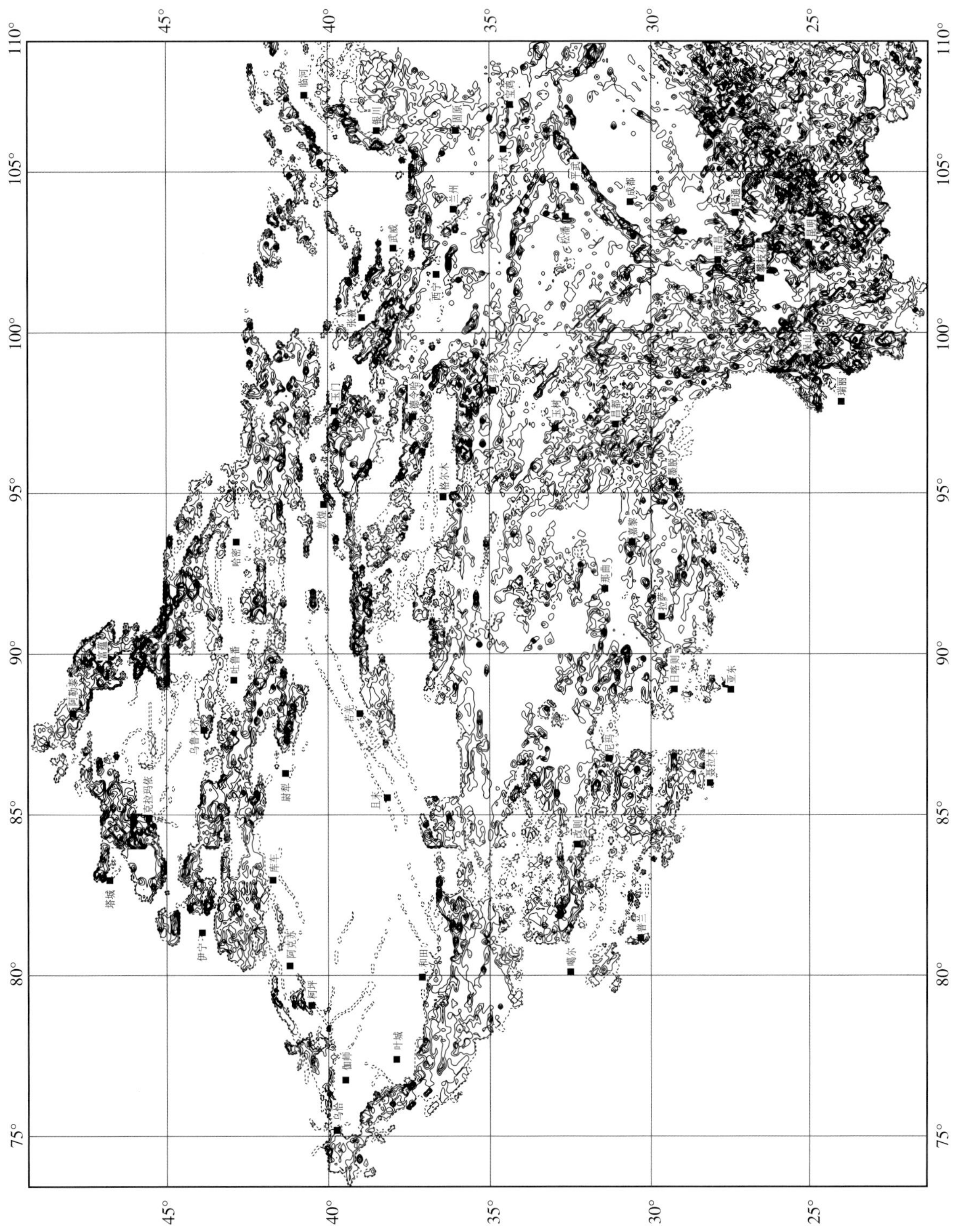

图 7-3-4　中国中西部 20km×20km 破裂密度等值线

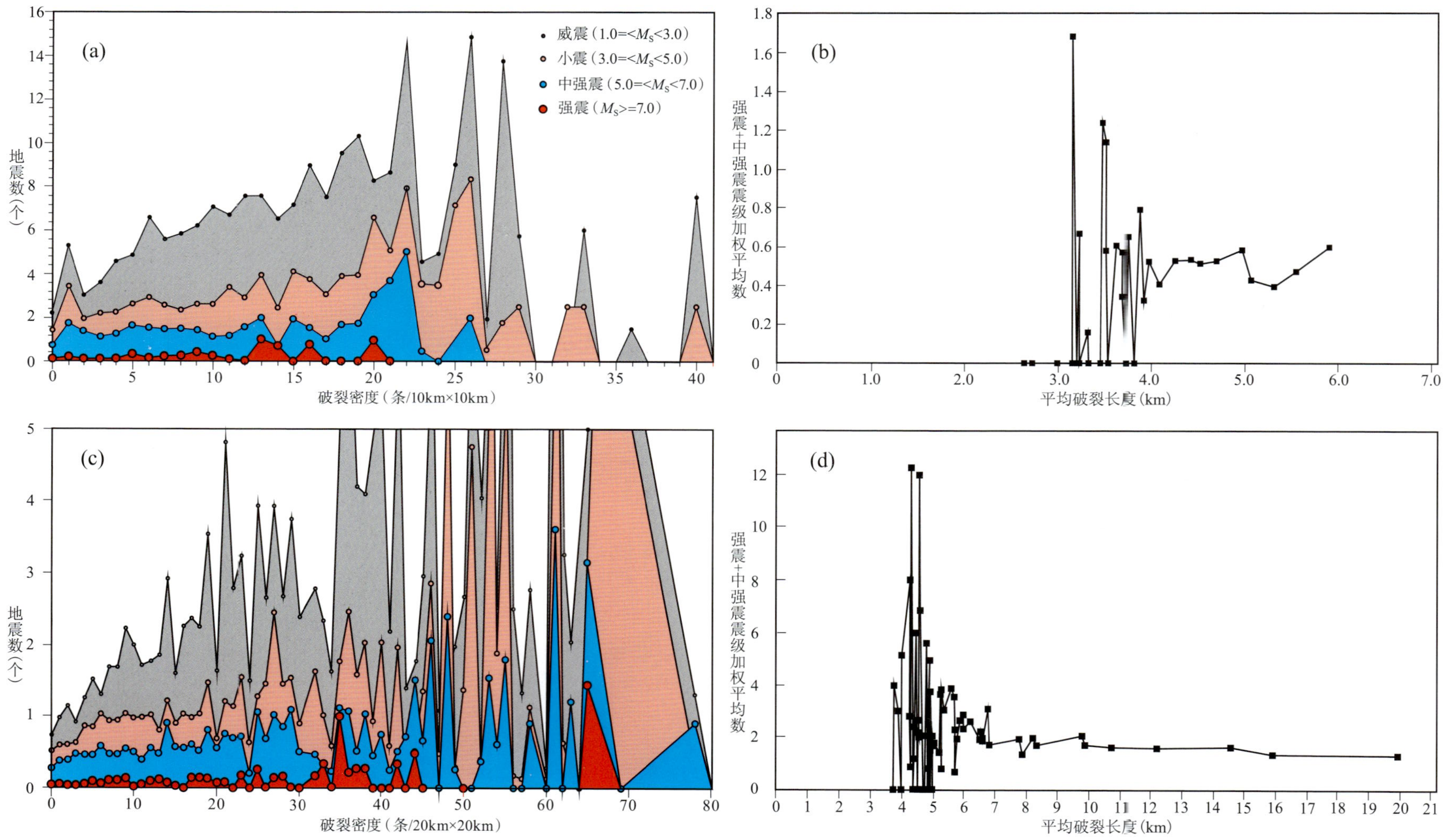

图 7-3-5　不同统计面积地壳破裂密度（a，c）及平均破裂长度（b，d）与地震发生频率的关系

具有一定的统计相关性。当统计单元为 100 km^2（10 km×10 km）时，地震活动在破裂密度为 20 条和（或）破裂累计长度为 3～4 km 时频发；当统计单元为 400 km^2（20×20 km）时，单元内存在 5 条和（或）破裂累计长度达到 40 km 时，地震发生的频率最高。不考虑统计单元大小，当破裂密度大于上述值，地震明显减少。尽管按单位面积的断层数量与地震的相关性分析，不涉及单一断层的地震属性，但却反映了区域地壳破裂程度与地震活动活动频率之间具有一定的相关性。

研究区的实测断裂被归并为逆冲、走滑、正断和性质不明四类。根据地壳断裂发育的物理规律（Sherman，2004）和每一条断层的几何参数，可以合理地给出每条断裂活动的影响范围（参见图 7-9-2），并设定在这个范围内发生的地震与该断裂有关。对所计入地震的数量、震级和时间进行分析，则有可能评价该断层的地震性。断裂活动影响范围的估算基于以下对地壳断裂发育的认识：①断裂向下延伸的深度不应超过断裂长度的一半；②随深度增加的地温梯度使断裂机制由脆性变为韧性；③大部分地震与脆性断裂行为有关，韧性地壳层位上的断裂活动一般认为是无地震的。在正常地温梯度下，长英质地壳脆韧性转换（应力支撑矿物石英的转换温度为 300°C）深度大约为 10 km（8～12 km）。

因此，对于长度大于 20 km 的断层来说，其影响范围的宽度被设定为断层面向下没入脆韧转换带的位置与地表出露点之间距离在地表的投影，即：

$$r = (d\times(\cos a/\sin a))/2$$

其中，r 为断层影响范围的半径，a 为断层倾角，d 为长英质地壳的平均脆韧转换深度。影响范围的位置随断层性质和产状发生偏移，偏移距离等于 r。当断层长度小于 20 km 时，断层活动仅发生在脆性地壳内部，其影响范围（宽度）计算方法为：$r=m\times\cos a\times L^n$，其中 m、n 分别为与区域断裂发育密集程度和断裂长度相关的经验参数，m 取值在 0.1～0.5 之间，n 在 0.5～0.95 之间（见 Sherman，1977）。根据研究区断裂发育状况，研究中取 $m=0.25$，$n=0.7$。

统计分析表明，亚洲中部三角形强震构造域内部发育各类断层 80772 条，其中长度大于 20 km 的断裂 7790 条（图 7-3-6）。根据 1900 年以来震级 $M\geqslant3.0$ 的 58555 条数字地震记录，对不同震级进行加权后，按照上述方法对所有断裂的地震相关性进行了统计和分析。结果表明，区内存在不同程度的地震断层 3778 条，其余 4012 为没有发生地震的休眠断层。根据断层相关的地震加权累计，地震断层被进一步分为弱地震断层 3560 条（地震权重<1 的 1812 条，1<地震权重<10 的 1749 条），中强地震断层 198 条（10<地震权重<20 的 136 条，20<地震权重<40 的 62 条）和强地震断层 19 条（地震权重≥40）。中强和强地震断层占断层总数的 2.8%。

7.3.4　亚洲中部强震构造域的地震构造格局

亚洲中部三角形强震构造域的地震构造性质，具体表现为不同地质历史时期形成的、不同性质的断裂构造在印度板块向北推挤的动力学条件下，以新的运动方式发生位移调整的结果。新构造变动的强度由南向北逐渐减弱，呈现出典型的楔状变形效应（图 7-9-7）。典型地震构造研究表明，在持续的南北向挤压变形条件下，亚洲中部强震构造域的大多数地震断层组合，具有挤压和伸展性质的剪切转换断裂构造模型（图 7-8-1）。在青藏高原地震构造区，东边界的中、南段表现为左（右）行剪切位移产生的横向仰冲断层作用；与此同时，西边界则表现为有先存 NW 向右行走滑位移产生的 NE 向俯冲断层。向北在蒙古和贝加尔地震构造区，东边界大多表现为不同性质的伸展剪切转换地震构造（详见本书第五、第六章）。

7.3.4.1　东边界的地震构造与强震机理

5.0 级以上的地震分布显示，中亚中部强震构造域的东边界大体上在 105°E 附近呈 SN 向延伸（图 7-1-1H）。根据地震活动的构造联系，东边界由南向北可以分为南、中、北三段，包括 4 个各具特征、彼此衔接的地震构造带。其南部和中部的地震构造带与先存的近 SN 向断裂或地体边缘的现今构造变动有关，而北部则不甚明确。由南往北包括：

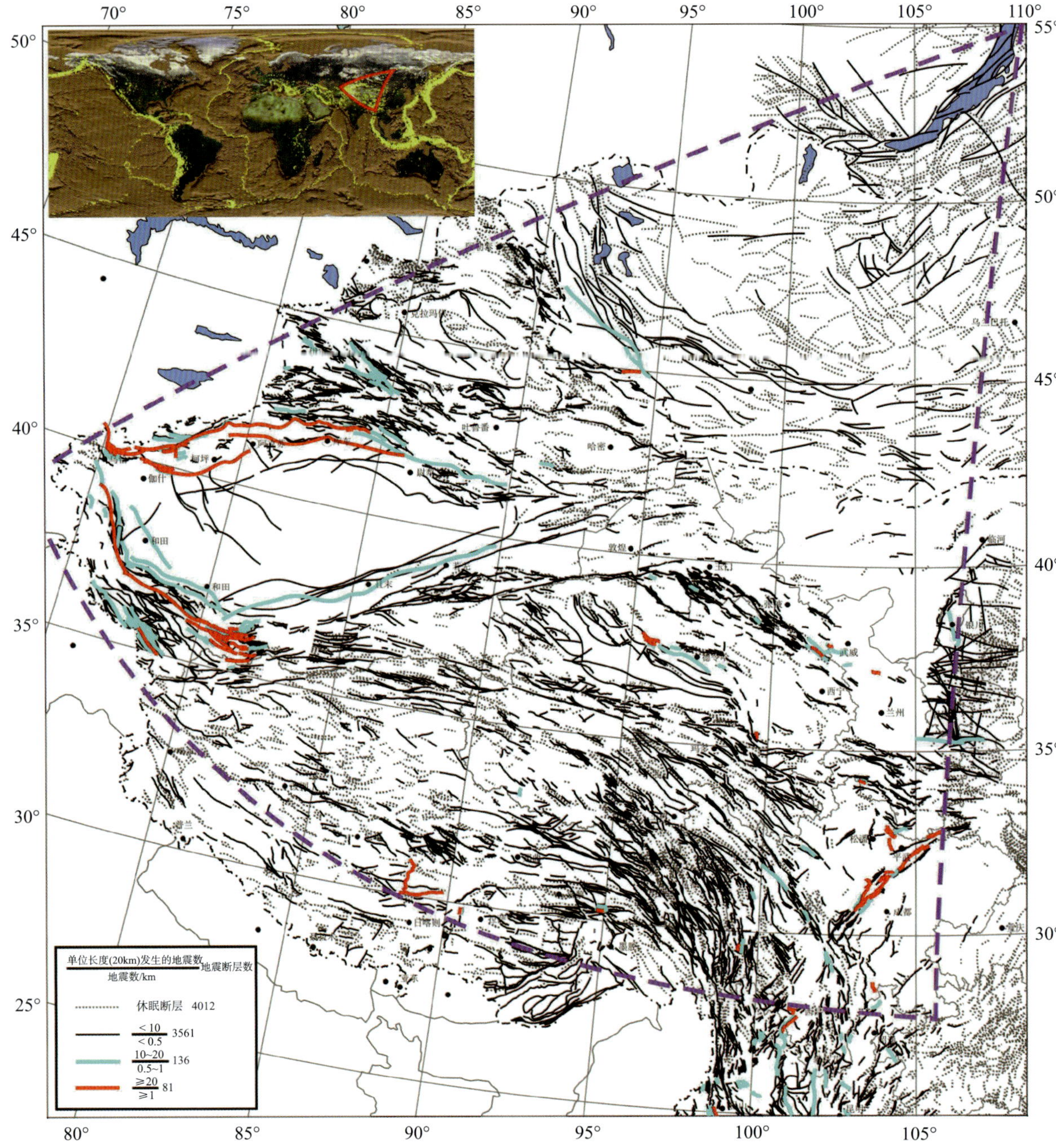

图 7-3-6　亚洲中部强震构造域的地震断层

1）鲜水河-小江地震构造带

鲜水河-小江地震构造带：为亚洲中部强震构造域的东边界南段。自四川盆地西南缘的康定杂岩，青藏高原内部一系列近 EW 走向断层急剧向南偏转，形成以鲜水河-小江断裂、甘孜-玉树断裂，安宁河断裂、则木河断裂带、大凉山断裂带等为代表、总体呈近 SN 走向的弧形走滑断裂系。西侧由澜沧-耿马断裂、滇西北断裂、红河断裂带（包括楚雄-建水断裂）和高黎贡山断裂组成右行走滑断裂系统，这些 NNW 或近 SN 走向的右行走滑断层可能改造了一些早期的 NE 向逆断层，并将它们归入了自己的走滑运动体系。东侧的鲜水河断裂、小江断裂等则为强烈活动的左旋走滑断裂带。这组近 SN 向以走滑为主的断裂带，控制了亚洲中部强震构造域东边界南段的地震活动，包括 1833 年嵩明 8 级地震。

2）岷江-龙门山地震构造带

岷江-龙门山地震构造带：位于亚中部强震构造域的东边界中段的南部，主要由龙门山冲断层带和岷江-虎牙冲断层系组成。前者自康定杂岩向 NE 延伸，是东部具有前寒武纪变质褶皱基地的上扬子陆块与西部松潘-甘孜-巴颜喀拉古生代浅变质褶皱地体的挤压拼合带，总体走向 45°，倾向 NW，倾角 50°～70°。历史上发生过多次 5～6 级的中强震，2008 年汶川 8.0 级强烈地震及其余震活动，与其中段的逆冲和 NE 段的右旋斜冲运动有关。后者是沿近东西走向的东昆仑走滑断层和川主寺-黄龙走滑断层的左行位移产生的挤压转换冲断层构造组合，包括 SN 走向的岷江冲断层和虎牙冲断层（详见本章 7.8 节。张家声等，2009），1976 年松潘-平武两次 7.2 级地震与之有关。东西向川主寺-黄龙左行走滑断裂的构造几何学和运动学特征及其与南北向岷江、虎牙冲断层的构造联系，支持一个左行剪切转换构造体制，是青藏高原东北隅典型地震构造样式之一。

3）鄂尔多斯地震构造带

鄂尔多斯地震构造带：位于亚中部强震构造域的东边界中段的北部。地震构造与西部阿拉善和东部鄂尔多斯两个性质不同的地块边界上的新构造变动有关。受现今应力场驱动，近 EW 走向的西秦岭断裂带（南部）和狼山-色尔腾山断裂带（北部）均表现为左行剪切位移为主的新构造变动，致使夹持其间的鄂尔多斯地块发生了逆时针方向的刚体转动，从而诱发了鄂尔多斯地块周边的地震活动。其中，发生在鄂尔多斯地块西缘的地震活动与亚洲中部强震构造域的东边界一致，而其南缘和东侧 5.0 级以上的地震活动，因受到跨越不同地质构造单元的西秦岭断裂带的位移影响，进入了华北地震构造区的范围，被认为是分属两个不同动力学体制的地震构造区之间的彼此交叠的现象。因此，亚洲中部强震构造域东边界中段在这一区段的地震构造应以鄂尔多斯西缘地震构造为主，包含西秦岭地震构造节和狼山-河套地震构造节。其中，

（1）鄂尔多斯西缘地震构造：主要由磴口-固原断裂系和银川地堑系组成。地震活动与先存断裂的构造联系相对明确，主要对应于近 SN 走向的桌子山断裂、黄河断裂、灵武断裂和大小罗山-云雾山断裂以及贺兰山东、西麓断裂带等，沿 106°E 延伸，总体呈近 SN 北走向，与地震带的走向一致，局部被一些近 EW 走向或 NW-NWW 走向的断裂截切。该地震构造带以发生 5 级以上中强震为特征，历史上曾经发生 3 次 7 级以上地震，包括 1739 年平罗 8.0 级大地震。磴口-固原地震带的震源机制解所得出的主压应力方向为 NE，运动方式为右行走滑，与黄河断裂以及银川地堑断裂系具有右行走滑的运动学特征一致。银川地堑地震构造受近 SN 向的贺兰山东麓断裂（西）和黄河断裂（东），以及近 EW 走向的宗别立-正谊关断裂控制。近 SN 向断裂除继承喜马拉雅期的逆冲推覆外，多兼有右行走滑特征；EW 向断裂带的现代话动以挤压-左行走滑位移为主。上述周边断裂的运动学，决定了银川盆地地震构造具有左列剪切拉分断陷的动力学特征。就像龙门山地震构造带承受西部松潘-甘孜-巴颜喀拉地体传递的向东运动一样，鄂尔多斯西缘地震构造同样面对西部阿拉善楔形地体，但后者的东向运动已经明显减小。

（2）西秦岭地震构造节：位于鄂尔多斯地块西南缘，是西秦岭北缘断裂与海原断裂尾端的六盘山逆冲断裂、古浪-固原断裂带、中卫-同心断裂带、东昆仑断裂等交会的地方，对应着鄂尔多斯西南缘弧形断裂束。晚更新世以来以左旋走滑为主，强地震活动非常频繁。其中 1654 年天水南大地震，1879 年武都南大地震和 1920 年海原地震都达到 8.0 级以上。此外，在六盘山断裂与马衔山断裂之间、马衔山断裂与西秦岭北缘断裂带之间均有 5.0～7.0 级以上的强震分布；在勉县-略阳断裂带的东段、门山断裂的北段也曾发生过 1879 年武都南 8.0 级地震和 2008 年汶川 8.0 级地震。

（3）狼山-河套地震构造节：位于鄂尔多斯地块东北缘，是 NEE-EW 走向的雅布赖-磴口断裂带与近 EW 走向的狼山-色尔腾山断裂带和近 SN 走向的磴口-固原断裂系交会的地带。雅布赖-磴口断裂带承接西侧阿尔金断层的左行剪切运动，经阿拉善地块北缘向北向东经磴口与鄂尔多斯北缘断裂衔接，以左行挤压扭动为主。历史上曾经发生过数次 6 级以上的中强震。西段震源机制解显示主压应力为 NE 向，近 EW 节面为左行走滑；东段的震源机制解得出近 EW 走向的节面为左行斜冲。狼山-色尔腾山断

裂系即河套断陷带，位于阴山隆起与鄂尔多斯隆起之间，总体走向近 EW，为具左行伸展特征的正断层系统。1934 年和 1979 年先后在五原发生的 6.25 级和 6.0 级地震，吉兰泰北东 30 km 处发生过 6 级地震，但没有 7 级以上强震的记录。849 年的河套大地震可能在 7.0～7.5 级之间。

4）蒙古–贝加尔地震构造

蒙古–贝加尔地震构造：亚洲中部三角形强震构造域的新构造变动和地震活动向北逐渐减弱，除最北端的 NE 向贝加尔裂谷地震带以外，从鄂尔多斯地震构造带北缘的狼山–河套地震构造节向北至贝加尔裂谷南端的通京断层带，东边界北段地震活动的断裂构造联系变得模糊不清。地震活动或者表现为近 EW 向大型走滑断层带地震活动的嘎然终止，或者与这些大型走滑断层的尾端构造或侧向构造被激活有关。根据地震分布和断裂最新活动的最新研究成果，由南向北将其划分为杭爱地震构造和贝加尔地震构造。

（1）杭爱地震构造：包括自蒙古中部高原（杭爱隆起）的东缘往南抵达鄂尔多斯地震构造带北端，跨越北杭爱断层带、杭爱隆起、南杭爱断层带和戈壁–阿尔泰断裂带。与东边界有关的地震活动构造联系具体表现为以下三个特征：

①大型近东西向左行走滑断层带中强烈地震活动向东终止。北、南杭爱断层带向东越过杭爱隆起以后，代之以各自的尾端构造，往东再无直接的强烈地震活动。南部戈壁–阿尔泰断裂带左行走滑的强烈地震活动，向东表现为尾端的左行斜冲和挤压抬升，该位置上数次 5.0 级以上震源机制解为左行斜冲的地震活动，限定了这一位置东边界的构造联系；

②蒙古中部高原（杭爱隆起）地震活动相对微弱，其东部自北杭爱断层东端南侧向南沿高原隆起的东缘，表现为近 SN 走向的地震密集带，除发生 1967 年莫高德 7.1 级地震之外，历史上还曾经发生过 5.5 级以上的中强震，代表这一地段的东边界。地震活动与南北走向的莫高德右行走滑（局部表现为左阶张破裂）的断裂构造有关。

③沿 105°E 线，大体从 42°N 到 52°N，微震和中强震都呈近 SN 方向条带状断续分布，这条 SN 向的地震带并没有对应着一条连续的断层，但是从遥感图上可以观察到断续的近 SN 向线性构造。在达兰扎达嘎德等地出现过 6.5 级以上的强烈地震。

上述三类地震活动的断裂构造联系，大体限制了这一地段东边界的地震构造。其中大型走滑断裂尾端的应变积累，以及大型走滑断层之间的张扭性地堑断裂系或斜冲断层作用，是东边界强震发生的重要机制。

（2）贝加尔地震构造：包括围绕西伯利亚克拉通南缘发育的贝加尔裂谷断裂系和南部夹持于近 EW 走向的通京断层带和北杭爱断层带之间的 Okay 高原地块和库苏古尔裂谷系。以正断层运动为主，有较小的走滑分量。贝加尔湖地震带的震源机制解以正断层为主。通京断层带的左行剪切位移对激发贝加尔裂谷系的地震构造变动至关重要，向东越过贝加尔裂谷系以后便无明显地震活动。

综上所述，尽管亚洲中部强震构造域东边界的地震构造大体上分成 4 类，但地震构造属性由南向北是逐渐改变的。总体上表现为：南部鲜水河–小江地震构造带以挤压走滑为主，中部岷江–龙门山地震构造带以挤压剪切转换的冲断层运动为主；北部从宁夏固原以南到贝加尔裂谷，断裂构造和震源机制解表现出较为一致的右行走滑运动。

7.3.4.2 西边界的性质及强震联系

从 5.0 级以上地震分布来看，亚洲中部三角形强震构造域的西北边界大致从帕米尔呈 NE 方向延伸至贝加尔，跨越了帕米尔高原、天山、阿尔泰山、萨彦岭和贝加尔湖等不同性质的地质–构造单元。沿这一边界地形地貌陡变，但不存在连续的地震断裂构造。根据地震活动的断裂构造联系，大体上可以划分为以下 5 个不同性质的地震构造段：

1）帕米尔 S 形地震构造带

帕米尔 S 形地震构造带：主要由 NE 走向的恰曼左行走滑断层以及被其分割的西侧 N 倾的兴都库什的冲断层地震带和东侧 S 倾的帕米尔冲断层地震带组成，整体上呈“S”形分布。地震活动与上述三条断层之间的挤压转换剪切有关，同时伴随上盘岩石中的反倾冲断层活动。震源深度沿恰曼左行走滑断层最大可达 360 km，向东西两侧逐渐变浅（详见本章节 7.7 节）。

2）天山挤压推覆地震构造带

天山挤压推覆地震构造带：天山地区的最新构造活动以沿山体走向的冲断层运动为主，被数条大型的 NW 向右行走滑断裂（如塔拉斯–费尔干纳断裂带和博罗克努–阿齐克库都克断裂）切割。地震活动与上述斜向走滑位移和冲断层运动之间的剪切转换有关。南天山地震构造带延续 S 倾的帕米尔冲断层地震带，总体走向 NE，主冲断层（迈丹断裂带）位于山体 NW，倾向 SE。地震活动主要与主冲断层上盘倾向 NW 的柯坪推覆构造和库车推覆构造有关。更北的地震活动主要与北天山山前推覆构造、博格达弧形推覆构造、吐鲁番盆地中央推覆构造以及境外天山纳仑盆地内的推覆构造等有关。至少发生过 4 次 8.0 级以上地震。

3）西准噶尔地震构造带

西准噶尔地震构造带：在天山构造区与阿尔泰构造区之间的西准噶尔盆地西侧，发育一组斜列的 NE 走向左行斜冲断裂，全长约 320 km，包括达尔布特断裂、托里断裂等。航卫片上线性影像非常清晰，第四纪以来活动。总体走向 40°～70°，平面上略呈“S”形展布。主要表现为中强地震活动，见有古地震遗迹。

4）阿尔泰–萨彦岭地震构造带

阿尔泰–萨彦岭地震构造带：阿尔泰–西蒙古地区为一强震活动区，活动构造以 NW–NNW 向的右旋走滑或斜冲断裂为主，发育近 EW 向的左旋走滑断裂。前者包括乌兰固木断裂、科布多断裂、富蕴断裂带，杭爱断裂、库奈断层、沙格赛河（萨格萨伊）断裂以及额尔齐斯断裂、玛因鄂博断裂、布尔根断裂、皮支（塔木奇）断裂、中戈壁（阿尔泰）断裂等，历史上发生过多个 8 级以上地震。

5）贝加尔裂谷系

贝加尔裂谷系：主要的断裂走向 NEE，为左旋正走滑断层。其中贝加尔湖西侧的滨海断裂走向 NE，为左旋走滑铲式正断层。共发生 6.0～6.9 级地震 6 次，7.0～7.9 级地震 5 次。

综上所述，亚洲中部三角形强震构造域西北缘不是单一的板块边界，总体上是其与西北部哈萨克地盾和西伯利亚地台这两个稳定区之间的弥散构造带。期间还包含了若干个独立块体之间的边界，如伊犁地块与塔里木地块之间的南天山，准噶尔地块与伊犁地块之间的北天山等。此外，由于强震构造域内部在青藏、天山、阿尔泰、杭爱等地的新构造活动，表现为相对稳定的整体运动，致使其边界的构造变形十分强烈。上述多种因素导致了这一强震构造域西北缘是一个新构造运动显著增强的宽变形带和分区段的强烈地震活动带。一方面，西边界的地震构造在继承与改造先存构造的同时，其性质从西南向东北逐渐改变，表现为三个彼此交错区段：阿尔泰山以南以转换剪切的逆冲推覆地震构造为主；中段阿尔泰–萨彦岭地区以走滑剪切运动占据主导作用；北段萨彦岭–贝加尔地区则表现出受近 EW 向左行走滑运动控制的 NE 向拉分断陷作用。另一方面，强震活动跨越不同的地震构造区段沿西北边界迁移，如 1990 年窄桑 7.3 级地震、1992 年的苏萨米尔 7.5 级地震、2003 年的阿尔泰 7.9 级地震等。因此，亚洲中部强震构造域西北边界的地震构造是一个复杂的宽变形带和弥散的新构造变动带。

7.3.4.3　亚洲中部地震构造格局

亚洲中部强震构造域的现今变动由南向北逐渐减弱。根据现今构造变动性质和地震断层发育状况，将其分为南、中、北三个地震构造区，包括 8 个地震构造亚区，4 个地震构造结和 5 个主要地震构造带（图 7–3–7，表 7–3–1）。

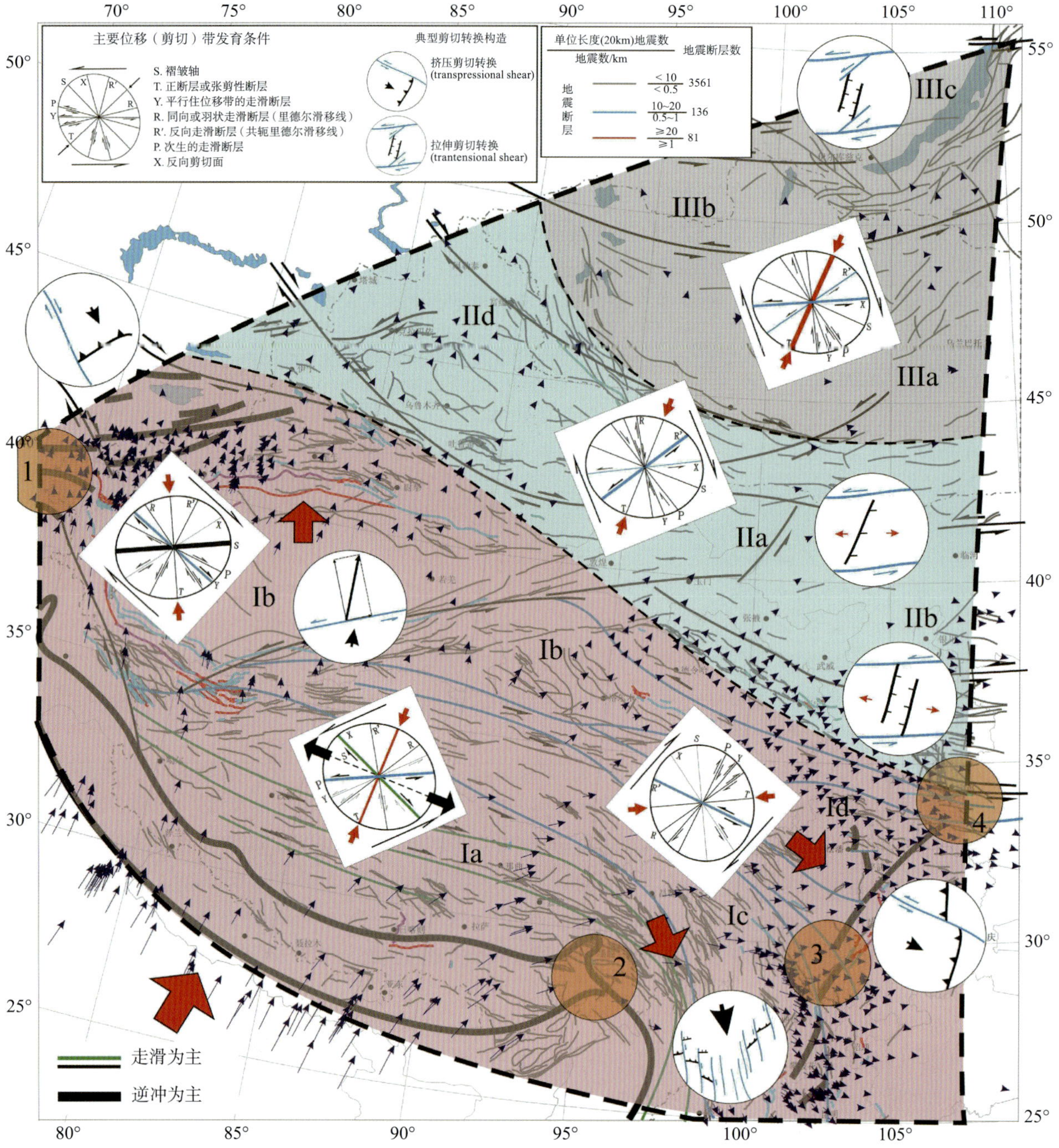

图 7-3-7　亚洲中部地震构造格局

表 7-3-1　亚洲中部地震构造格局的地震构造单元及其属性表

大三角强震构造域地震构造单元		地震构造属性	
二级	三级	主要/次要位移的性质	典型地震构造
Ⅰ. 青藏地震构造区	Ia. 羌塘地震构造	P、X/T	南北缩短、东西伸展、垂向加厚
	Ib. 塔里木-柴达木地震构造	Y、S/T	刚体位移+挤压右行剪切转换
	Ic. 滇西地震构造	P、X	右行（西）和左行（东）剪切
	Id. 松潘-甘孜地震构造	R′/S	挤压左行剪切转换

续表

大三角强震构造域地震构造单元		地震构造属性	
二级	三级	主要/次要位移的性质	典型地震构造
Ⅱ. 蒙古地震构造区	IIa. 蒙古高原地震构造	R/X	左行剪切
	IIb. 贺兰山地震构造	X/T	拉分断陷-银川地堑
	IIc. 东蒙古地震构造	R/T	侧向拉分?
	IId. 阿尔泰地震构造	R/R	共轭剪切
Ⅲ. 萨彦-贝加尔地震构造区	IIIa. 萨彦地震构造	X、R/T	左行剪切对
	IIIb. 贝加尔地震构造	X、R/T	左行剪切对+斜向拉分断陷
1. 帕米尔地震构造结节		挤压左行剪切转换+反向俯冲	
2. 察隅地震构造结节		挤压右行剪切转换	
3. 康定地震构造结节		挤压左行剪切转换	
4. 宝鸡-略阳地震构造结节		?	

7.4　数值化地震预测方案讨论

地震构造研究的目的在于揭示地震活动的规律性，探索地震预测预报的方案，然而，有关地震孕育和触发机制的知识依然非常有限，科学预报地震是当前人类面临的巨大挑战。迄今为止所有理论的、模型的或统计的地震预报实践，都不能证明是成功的。地震依然不期而至，给人类的生命财产造成重大损失。尽管如此，对大陆浅源地震成因和预测的科学探索从未停止，“地震不可预测”的结论违背自然科学探索不可穷尽的基本原理。新的研究或将挑战传统地震理论，在总结以往经验的基础上，充分利用现代先进的科学技术手段和迅速积累的数据资源，必将实现地震预测方法和理论的开拓创新。中国拥有目前世界上最为详实的数字化地质构造、地球物理、卫星遥感、前兆监测和地震记录等数据资源，借助地理信息系统技术及其二次开发，通过多元数据融合和信息提取，评估所有地质断裂和典型地震构造单元过去 110a 以来的地震属性，建立同震位移敏感的网格化计算机工作平台，实现数字化的地震跟踪预测，无疑是一种具有创新意义的探索。

7.4.1　地震预报面临困境

关于地震预测问题的讨论见诸大量文献，其中两篇发表在世界顶级杂志上的报道具有代表性：一是关于 1996 年 11 月 7～8 日伦敦“地震预测方案评估”会议的报告 meeting reports by I. Main [Nature 385, 19 (1997)] 以及随后发表的“地震不能预测”文章 Earthquakes cannot be predicted. [R. J. Geller et al., Eos 78, 63 (1997)]；二是 2009 年关于美国地调局加利福尼亚地震概率工作组对灾难性地震行为新理解的提前报道（Glennda Chui，2009. Shaking up earthquake theory. Nature 15）。

前者根据全球地震带分布与地震活动关系的观察结果，认为地震活动符合由沙堆效应得出的自组织临界状态（SOC）的普遍规律。或者说，当地震释放地壳中应力积累时，它们反过来就会在空间和时间上实现地壳中的自组织临界状态。在这种状态下，要确定任何一个单独的小震是否会引起大震，有赖于对大量，而不是断层附近，精细物理条件的了解，否则地震破裂敏感的非线性依赖，将严重限制了地震的可预报性。后者经过 30 年努力，根据对实际地质断层地震危险性的详细研究和精细测量，认为地震预测失误的原因在于：地震并不是发生在简单的断层结构上，而是发生在相当复杂的断层系内，地震活动涉及断层间复杂的相互作用；地震会使相邻的断层贯通、地震可能从一条断层跳到另一条断层，甚至发生在遥远的断层上；地震不论大小都可能是由其他地震引发的，而不是简单地对局部应力作出的反应；不应强调断层的分段性，任何地方都有可能是地震的起始点或终结点。没有人知道弹性回跳模型是如何在断层间不断发生相互作用、断层破裂的约束条件越来越少的情况下发挥作用的。认为断层的地震行为并不能用简单的物理学知识来解释，断层系的互动复杂性导致其混沌机制很难预测，没有单一的确定性规律可以解释其活动习性。传统的“弹性回跳”理论和“地震空区”概念将被抛弃。基于对地震行为新的理解，预报地震的纯统计模型重新被提出。

上述两篇报道在一定程度上代表了国际一流科学家对地震预测的看法。相对而言，2009 年美国同行的认识比 1996 年英国会议的认识更加务实和积极乐观。他们根据大量翔实的研究结果，从正面提出了地震预测面临的各种困惑之后，并非断言地震不能预测，而是把预报地震的努力转向新的“纯统计模型”。而英国会议同行从自组织临界状态的概念模型出发，对地震预测得出了悲观的认识。不仅其概念模型并没有被严格证实，而且关于大范围精确物理条件的要求，也没有可操作的量化定义。尽管如此，他们关于地震预测困难的理解依然体现了某些重要的共识，包括：

（1）暗示地震活动规律可以归诸于“沙堆效应”或“蝶翅效应”这样一些看似无解的混沌机制。

（2）不苛求对单一断层地震行为的精细研究，主张从更大范围了解地震与断层之间的复杂联系。

（3）地震不论大小都可能是由其他地震引发的，不是简单地对局部应力作出反应。

其不同点在于：英国会议认为“地震破裂的高度敏感的非线性依赖，严重限制了地震的可预报性；而美国同行则基于对地震行为新的理解，重新提出预报地震的纯统计模型。

尽管美国地调局加利福尼亚地震概率工作组未来寄希望与预报地震的纯统计模型，但并目前并没有提出任何具体的方案。

7.4.2　地震与活动断层的关系

国内外不少研究给出了地震与活动断裂之间相关或不相关的例证（如丁国瑜，1990；邓启东等，2002，2007；徐锡伟等，2007；王椿镛等，2001；张培震等，2007），归纳起来存在以下 5 种情况：

（1）震中及其震源破裂特征（震源机制解）与已知的活动断层性质完全一致：如 1920 年海原 8.6 级地震与海原断层、2001 年青海昆仑山口山 8.1 级地震与东昆仑断层以及 1906 年美国加州泊金山 8 级地震与圣安德烈斯断层、土耳其北安纳托利亚大断层上的地震等。

（2）震中与活动断层有关，但震源破裂有差别或不清：如 1966 年邢台 6.8 级地震（地表为低角度正断层，震源机制解为直立的走滑断层）、1975 年海城 7.3 级地震（地表 NE 向断层，同震破裂和震源机制解均示 NW 向）、1976 年 7.8 级唐山地震（地表小规模 NE 向断层，活动不明显，同震地表破裂和震源机制解均示直立走滑）等以及 1923 年日本 8.3 级关东大地震与穿过相模湾的 NW-SE 向断裂活动有关、1960 年 5 月 21 日至 6 月 22 日在智利发生一系列强震（3 次 8 级以上的地震，10 余次 7 级以上的地震），都发生在南北长达 1400 km 的秘鲁海沟断裂带上等。

（3）地震活动与地表活动断层无关：如 1906 年新疆玛纳斯 8 级地震震中与地表活动断层位置不一致、1990 年青海共和 7 级地震无活动断层联系；国外的类似报道包括：美国加州 1983 年 Coalinge 6.5 级地震（Stein，1989）、澳大利亚 1969 年 Meckering 6 级地震和 1979 年 Cadoux 6 级地震（Denham，1988）、日本 1995 年兵库县 7.2 级地震（Cyranoski，2008）等。此外，中国大陆一些 6 级以上地震与活动断裂没有明显关系（王椿镛等，2001）。

（4）尤其重要的是某些具有新构造活动的断裂几乎没有强地震活动的记录（如阿尔金北东段）。

（5）没有新构造活动（或新构造活动微弱）的断裂发生了强烈地震（例如汶川地震）。由此可见，无论在理论上还是实际地震记录，都说明地震与断裂活动性之间并没有必然的联系，根据断层的活动性预测地震具有明显不确定性。

毫无疑问，任何地震不论大小，都是地壳完整岩石瞬时发生脆性破裂，以释放其弹性应变能的结果。地壳岩石中的破裂一旦产生，便作为难以愈合的伤痕，在以后的地质历史过程中不断延展，形成不同规模、不同性质的断层。在这个意义上，将地震与断层的关系比喻为“鸡和蛋”的关系是不恰当的，因为它们是同一地质事件的两种表述。断裂和地震至少在大陆地壳呈现刚性特征以来（28亿～25亿年前）就开始出现了。现今的大陆地壳在结构上表现为连续变形的完整岩石（层状或块状）与它们之间的不连续面（断裂）的复杂组合。其中有些断裂被证明具有长期或多期活动的特点，有些自形成以来就再也没有活动。新的地震破裂可以是先存断裂克服其自身位移障碍的结果，也可以是沿先存断裂的持续位移导致相邻（或异地）岩石中应力积累的结果。前者在地震发生前处于不活动的锁闭状态，但地震发生与该条断裂直接相关；后者尽管变现为“活动”状态，但与其所诱发的地震在空间上没有直接联系。实际上，没有人知道一条不活动的断层目前究竟是处在积累应力（临震前）的锁闭状态，抑或处在休眠状态，从而忽略了它们的地震危险性。因此，根据断层的活动状态预测地震发生具有很大的不确定性。

如果把地壳看作由完整岩石和先存断裂组成的整体，分别通过地质应变速率的连续变形（10^{-12}，包括块体移动、褶皱和活动断层位移）和突发地震（10^{2}）行为共同实现位移调整的话，先存断裂由于断层带岩石反复破碎和细粒化，使它具有相对于完整岩石更低的应力支撑结构，是地壳承受外力作用时容易发生位移调整的主要通道和弱化带。即便如此，面对地震活动时空分布及其与地质断层复杂联系的困惑，我们依然不知道触发地震的初始应力扰动是如何传递的，也就是说，我们不能确定地震究竟是临近的断层活动、抑或是遥远的断层活动，导致某一位置上的应变积累突破其临界状态。理论上，地质断层对初始应力扰动所作出的复杂反应，与其自身的结构构造和所处的现今应力条件有关，但更重要的是它们对现今地震活动的贡献。因此，查明地质断层的地震活动特征——地震属性具有尤其重要的意义。然而，尽管地壳断裂的发育历史与地震活动密切相关，但面对难以计数的地壳断裂和数十亿年的地质历史，全面彻底查明每一条地质断层的地震历史和地震属性显然是不可能的。

我国现阶段的地震预测存在两极化趋势，一是却步于地震活动的复杂联系、失败教训和地震成因理论的制约，将主要工作放在基础研究和应用研究方面，对地震预测几近无所作为；二是热衷于五花八门的前兆现象，盲目进行地震预测，其中某些被舆论称之为地震预测术或伪科学（方舟子，2008；贾鹤鹏等，2009）。

地震发生在地壳岩石中，是长期缓慢地质过程中局部失稳的表现。地震前后各种奇异的天文、气象、生物和物理现象，如果确实与地震孕育有关，也只是地震地质过程的外延。震前各种前兆现象出现与否，与孕震地区的岩石和构造条件直接相关。例如，在已经达到自组织临界状态的地区，可能不会出现前震，反之则有可能出现一系列主震前的微震活动；再如，局部地区震前出现的磁暴、磁喷等磁异常现象，必然与震源区岩石中在磁性或压磁性矿物的存在状态有关，在以沉积岩或碳酸盐岩为主的地区，主震前的磁效应则显然没有物质基础；此外，由震前地壳应力变化引起的各种地表异常现象的程度，也会受传递应力的介质条件差异的影响。凡此种种，都应该在研究前兆现象成因机理的基础上，结合地震危险区的实际条件进行具体分析。对于千变万化的地震孕震环境和条件来说，没有一种前兆现象具有预报地震的普遍意义，也不应该出现偶然性和随机性。各种模型的、统计相关的地震预报方案，都存在不同程度的简单化和理想化趋势，甚至先入为主的愿望，如果缺少地质数据的支持和检验，将会是无源之水，无本之木。大量事实表明大震前兆现象应该是存在的，但具有很强的个性化特征。它们可以作为从地震预测到正式地震预报前的跟踪观察手段，而不应该作为地震预测的直接依据。

7.4.3 数值化地震预测途径

世界经合组织（OECD）将人类的研究与发展（R&D）活动划分为：基础研究、应用研究和试验发展三种类型。地震预测预报实践应该明确定位于试验发展阶段。在目前有关地震成因的基础研究和应用基础研究均难以取得突破性进展的情况下，开展相对独立的地震测预报实践，并在探索中发展完善，必然会遇到来自基础理论和应用研究方面的求全责备。然而面对地震灾害威胁，这一任务已经成为时不我待的必然选择。基于计算机信息技术和我国充分的数据资源，开展数字化地震预测探索无疑是具有创新意义的探索。

尽管上述关于亚洲中部地震构造的研究成果，初步建立了这一地区地震成核条件的网格化信息资源数据库。但是由于没有解决触发地震的机制问题，地震将在何处发生仍然不得而知。我们的探索性研究表明：基于研究对象地震成核条件的网格化信息资源以及研究建立的融合多学科数据资源的计算机工作平台，通过开展多元数据的交叉和多重计算，对所有网格单元地震活动的统计自相似分形特征、不同尺度地震构造的自组织临界状态以及自约束的地震构造条件等触发地震因素作出量化的合理评估基础上，一旦任何外部地震发生，把地震的震源错动矢量当作对研究对象的初始扰动或边界条件改变因素，研究体系（包括信息资源数据库和计算机工作平台。本文称之为“地震敏感的神经网络系统”）将自动评价所有单元的地震响应状态，完成触发地震位置的最佳选择，使预测未来地震定位成为可能。因此，如果对研究对象的真实地壳结构及其各类地震敏感因素有足够的定量化数据，地震触发定位是可以实现的。

面对地震孕育和触发的大量复杂因素，科学地震预测不应奢望地震预报三要素一步到位，而是逐步逼近未来地震的位置、时间和震级大小。当未来地震可能发生的位置初步确定以后，应充分利用卫星遥感技术和地震前兆监测台网，实时跟踪各前兆种异常现象及其动态变化，预测未来地震发生时间。与此同时，研究体系将可以根据网格化地质和地球物理相关数据，根据潜在震源区的岩石物理力学性质，评估可能发生地震的震级上限。

本项目关于“中亚大陆强震构造格局及其动力环境”研究，利用中国中西部 569 幅 1：20 万、99 幅 1：25 万数字化地质图的断裂图层以及蒙古和俄罗斯的 1：20 万断裂构造资料，辅以中国中西部地震数据库、中国中西部 GPS 观测数据、卫星遥感图像的断裂构造解译等数据资源，初步构建了以地壳破裂密度和地震活动分布为依托的亚洲中部地震构造格局。在中国中西部（107°E 以西）74，165 条（1：20 万）实测断裂中，识别出不同属性的百年地震断层和休眠断层，揭示了地震活动与单位面积破裂密度的相关性。并通过与俄罗斯科学家合作，建立了亚洲中部地震构造格局、典型地震构造区、带和地震构造结节（张家声等，2012 a）。在此基础上，关于松潘-甘孜地震构造的研究（张家声等，2012b；Zhang Jiasheng，2012），不仅建立了该地区最近 110 年的地震构造格局，而且建立了基于实测断层地震属性的同震位移传递网络，成功跟踪预测了汶川地震和玉树地震。

7.4.4　讨论

1）关于百年尺度

地震记录的可靠性是本文研究的重要依据之一，尽管地质断层的全部地震活动历史，有可能通过历史（古）地震等基础研究手段获得部分信息，但面对数以万计的断层，这一要求是不可能精确实现的。1900 年以前的地震记录以宏观震害确定震中位置为依据，可以上溯到公元前 23 世纪，但缺乏准确的地震参数；1900～1969 年期间的地震尽管都是仪器记录的，但震源数据多数直接引自《国际地震中心的地震记录汇编》；1970 年以后随着我国地震观测台网建设的进步，地震记录质量得到极大的改善，地震定位经度大多能够达到 1、2 类标准（震中精度：1 类≤10 km；2 类≤25 km）。在目前条件下，采用 1900 年至今 110a 的地震记录，进行大区范围地质断层地震属性的统计分析，尽管是无奈的选择，但也是唯一可行的。在地震频发的重点（关键）地区，或典型的地震断层，甚至可以采用 1970 年以来的 40a 地震记录，对断层地震属性进行评价。

关于地质断层“百年”地震属性方案的可行性，无疑会受到时间尺度的挑战。理论上，尽管地质断层的全部地震活动历史是对其地震属性进行评价的重要依据，但依然存在以下问题：

（1）断层的地震活动联系，受不同地质历史阶段区域应力条件变化的制约，因此，对于长期发育的断层来说，其地震属性必然具有阶段性，而不存在一成不变的地震属性。

（2）在同一构造阶段、受同一区域应力持续作用，例如中国中西部大约 5Ma 以来（主要是 2.48 Ma以来，马宗晋等，2001）受印度次大陆持续推挤的应力条件，所有先存的地质断层都将在被迫调整其位移状态的过程中诱发地震，并逐渐形成自身在这一特定阶段的地震属性。

（3）在特定的地质构造阶段，如果区域应力条件没有发生显著改变，断层的地震属性只会逐渐走向成熟，因而地质断层的地震属性具有继承性特征。

在所有地质断层的完整地震属性实际上不可企及、不可穷尽的情况下，根据可靠的地震记录，评价断层的“百年”地震属性，不仅是现实的选择，同时也将是对未来数月、数年，或数十年地震风险，作出接近真实评价的有效方法。

2）开放的数值化多元数据资源

地震相关的多元数据库的内容和质量，对本项研究具有尤其重要的意义。基本要求包括：

（1）对于建立地震信息网络系统来说，数据库的种类（多元）和各类数据库本身都必须是开放的，即可以通过必要的补充和优化而逐渐完善。

（2）所有数据必须是数值化的，包括数据点坐标和量值。

（3）各类数据库均力求尽可能多的海量样本。

开展本项研究的主要数值化数据资源包括：①以 1∶20 万为主体，辅以 1∶25 万和 1∶5 万比例尺的数字化地质断层数据库；②盆地和沙漠覆盖区隐伏断裂数据库；③露头岩石及地壳性质数据库；④与综合评价地壳岩石物理理学性质有关的平均磁化强度数据库，和⑤平均岩石密度数据库；⑥110a 以来的数字地震记录数据库；⑦覆盖中国及邻区的 GPS 观测数据库；⑧卫星遥感信息解译数据库；⑨地热及地温梯度数据库等。目前已经初步完成了中国中西部（110°E 以西）上述①～⑧项数据库的建设。本项研究将在增加中国东部的相关数据资源、统一各类数据属性文件结构的基础上，进行必要的补充、完善和优化。其中，数据库①～⑤由本项申请的合作单位中国地调局数据中心张明华研究员负责处理完成；数据库⑦由项目组主要成员甘卫军研究员会同《中国地壳运动观测网络》项目组完成数据处理和实时更新；数据库⑧由项目组主要成员邓志辉研究员组织完成；数据库⑥和⑨为共享资源。其中：

我国六大中新生代盆地和沙漠覆盖区的隐伏断裂②，将依据中国地调局和我国石油、煤炭等部门以往区域地球物理和地球化学勘探成果资料，利用定量反演推断的方法，确定隐伏断裂的几何参数；同时，将系统地收集石油物探多年来开展的地震反射剖面及其断裂构造解释成果，尽可能补充详尽的断裂数据。所有获得的隐伏断裂都将数字化并与 1∶20 万断裂配准后，补充到 1∶20 万数字化实测断裂数据库中，使之尽可能充分和完善。

国内外关于岩石磁性和密度的实验数据，可以用来推断地壳的平均岩石组成，为估算完整岩石的物理力学性质和破裂强度提供依据。本项目利用网格化的数据库③～⑤，以及单位面积破裂密度，估算潜在震源区未来地震的震级上限。

在 GPS 观测方面，一期 27 个基准站自 1999 年以来，一直保持连续的观测运行，其他 233 个二期新站，已于 2010 年 9 月陆续开始了连续观测。56 个基本站自 1998 年以来，每年进行一次 GPS 复测，每期观测时间为 5～8 天。一期的 1000 个区域站，已于 1999、2001、2004、2007、2009 年完成了四期全面联测，每站观测时间至少为 4 天；二期的 1000 个区域站，已于 2009 年完成了第一期全面联测，2011 年将进行第二期全面联测。此外，根据需要还将布设一定数量的流动观测。

3）关于数值化地质断层的数据质量及其地震相关性统计

地质断层数据是本项研究的主要对象，现就其质量状况、研究技术方法和可行性等问题简述如下：

（1）数值化地质断层的资源状况：我国目前已经完成的 1∶20 万数字化地质图（断裂构造图层）1163 幅（中西部 568 幅，东部 595 幅），1∶25 万 365 幅（中西部 99 幅，东部 266 幅）；1∶5 万 5200 余幅（东部约 2700 幅）。其中，中西部跨图幅连接后的地质断层近 80000 条。预计中国大陆实测的地质断层将达到 15000 条左右。项目组已经积累了地质断层跨图幅连接及其属性文件整理方面的经验。

（2）数据质量：在本项研究中，实测断裂数据中最有意义的是断层几何学（包括断层长度、走向、倾向、倾角）和断层性质。由于我国已经完成的 1∶20 万数字化地质图是依据历时许多年的地质调查成果编制的，各图幅完成时间不同，研究程度和表达方式差异较大。根据中国中西部的工作结果，经过跨图幅连接后，断层的长度和地表定位是可靠的，后者同时解决了弯曲断层走向数据不足的问题（可以直接由图面读出）。断层跨图幅连接和属性文件合并后，70%～80% 的断层具有有效的倾向和倾角数据。如果借助 1∶5 万图件的数据，辅以关键断层的野外调查，绝大部分断层的几何学参数是可以确定的。

（3）地质断层地震属性的意义、统计方法及可行性：即便不知道触发地震的应力扰动来自何方，地震发生位置附近必然处在临界破裂的应变积累状态。地质断层作为地壳岩石中的弱化带，无疑在变形位移传递和（或）应变积累的过程中起到了主要的作用。因此，地震与断层的空间相关性，在一定程度上体现了该断层的地震性；本项研究用“地震属性”来区分所有地质断层在地震活动特征方面的差异，包括：在研究的时间范围（110a）内发生地震的数量、震级、震源深度、时间间隔，以及地震沿断层迁移的途径等，并以此划分出具有不同内涵的地震断层和休眠断层。

参考 Sherman 关于地壳断裂发育物理规律的经验公式以及 D. L. Wells 关于断层破裂参数之间新的回归方程，结合我国数字化断层数据资源状况，本文关于地震的断层相关性统计，对断裂活动影响范围的设定增加了地表断层向下延伸的温度约束，使得利用断层的地表产状进行三维地震相关性统计更加合理。初步操作方案如下：

①根据断层数据库的属性文件，将地质断层分为走滑型和倾滑型（包括正断型与逆断型）两大类，对没有可靠的产状记录（性质不明）断层，统计范围按照走滑断层的原则进行；②倾滑型断层以与倾向和倾角相关的单侧地震破裂为主，走滑型以双侧地震破裂为主；③倾滑型断层的地震破裂宽度受脆韧转换深度的制约，并将后者设定为不同地区地温梯度的函数：大体上相当于石英转换温度（≈300℃）与长石转换温度（≈600℃）换算成深度的平均值（正常地温梯度下约 15 km）；设定断层没入脆韧转换带时的倾角变缓（大体为±10°），将断层以地表倾角没入脆韧转换深度时向倾向一侧偏离的范围，设定为它的地震统计宽度；对于走向弯曲的倾滑型断层，统计范围的偏移方向取倾向的平均值；④走滑型断层的地震破裂宽度主要与断层的走向延伸有关，但需对走向长度与影响半径的经验公式中的参数 m、n 进行了专门约束。

此外，上述地震断层的地震相关性统计过程，在断裂密集发育地区，无疑存在一个地震被相邻断层重复计数的现象。考虑到断层与地震关系的不确定性，以及在地震孕育和发生过程中断层间复杂的互动作用难以查明的，我们认为这种计算结果是合理的。

4）关于同震位移响应的数字表达

本文对未来地震危险区的预测，是通过跟踪观察地震同震位移速率（～10^2）对现今地壳变形速率场（～10^{-12}）扰动的效果来实现的。前者根据实时发布的矩震级及其与震源破裂参数之间的关系计算获得，后者是 GPS 速度矢量（N 向分量和 E 向分量）的网格化数据。同震位移速率在所有网格化多元数据单元中得到地震破裂敏感的非线性依赖响应，体现了地壳自组织临界状态受初始扰动引发灾变事件的效果。上述技术路线的可行性涉及以下问题：

（1）网格化数据的合理性。

本项目依据我国现有的数据资源，分别包含了各种类型的海量数据。拟采用 20 km×20 km 的网格化单元（400 km^2）面积，与中强地震的地表破裂范围相当。对于中国大陆来说，每一个网格单元可以近似看作“点”（见图 7-2-3）。

拟使用的 9 类基本数据库中，除岩石磁化强度（数据库④）、岩石密度（数据库⑤）和 GPS 速度矢量（数据库⑦）需要进行网格化分配以外，其余为原地观测数据直接进入所在的网格单元。在需要进行网格化处理的数据中，岩石磁化强度和岩石密度主要根据我国已有的区域地质调查成果，以及不小于 1∶200 万磁测和 1∶20 万至 1∶100 万区域重力为主的地球物理探测数据资料，分别开展地壳岩石视密度填图和视磁化强度填图的基础上获得。数据点间距均不小于 10 km×10 km，因此能够满足本项目研究的要求。

GPS 速度矢量是参与单元数据计算的重要内容之一。为了对所有统计单元进行合理的 GPS 速度赋值，我们将考虑利用插值法（例如，点克里格 Point Kriging）对离散的相邻观测点数据（N 向和 E 向速度值）进行插值和网格化处理。由于：中国地壳运动观测网络已经布设了相当数量不同性质的 GPS 观测站，对现今地壳运动状态有足够的空间控制；各类 GPS 观测站的布设方案中，已经不同程度的考虑了中国现今地壳运动状况，能够体现主要新构造活动带的运动特征。因此，前期预研究的处理结果表明，依据网格化 GPS 速度数据，既很好地反映了区域变化的速度场，也清楚地表现了与断裂活动密切相关的速度梯度带，以及地震活动造成的速度“漩涡”，充分展示了地质应变速率与地震破裂速率的速度干扰图像（张家声等，2012。见图 7-1-4）。

（2）单元内部多元数据融合和多重计算：根据研究内容要求和相关数据制约（函数）关系，分别计算单元的平均岩性与岩石物理力学性质（破裂强度）的关系、地温梯度与断层的脆韧转换深度、单元岩石破裂密度和累计破裂长度、百年地震活动性和频率、断层的地震属性及综合地震敏感因子、单元地壳变形速度矢量、单元地震断层与同震位移矢量的角函数、与初始扰动（发生地震的震源）的距离等。

（3）数据的精度和量级：鉴于“初始条件微小扰动可能引发灾难性后果”的地震理念和本项目的技术路线，计算过程强调震源破裂的错动方向矢量，但对同震位移速率以及计算单元到震源的距离赋予较小的权重。

5）分阶段逼近的地震预测预报方案

数值化地震预测方案将地震预测与地震预报分开。前者是试验发展，后者是政府（社会）行为。即便在高科技的航天领域，神州 8 号与天宫一号的对接过程，也使用了 118 个传感器、18 个电机，对飞船的速度、位置、姿态、偏差等 11 个参数进行了多次调整，最终实现精确对接。在量化数据严重不足，因果关系很难被精确表达和重复证实的地质科学领域，要求对未来地震发生地点、时间和震级大小的预报一步到位，显然并不符合科学认识和实践的规律。因此，在数字地震跟踪预测发现潜在地震危险区的前提下，通过对诸多前兆现象的科学论证以及地方参与的密切监测和跟踪，否定或逐步逼近最有可能地震危险目标，将是正确可行的。

研究建立的多元数据融合计算的计算机工作平台，实现未来地震的实时跟踪和预测。利用正版通用和专业软件（例如 Access/Excel/Word/Surfer/Auto CAD/Mapgis/Mapinfor/RGIS/Ansys/Corel draw/Photoshop/Original 等等）的强大功能，进行各种计算、分析和统计操作。并充分考虑数据处理和计算过程可能遇到各种问题，例如，数据量超过应用程序容量（如 excel 最多允许运行 67000 条信息）；大面积（70°～110°E，20°～45°N）数据处理中单元面积误差和坐标变换等问题。并根据数据处理过程的特殊需求，编制子程序加以解决。

以上主要研究内容和技术方法，在松潘-甘孜地区进行的初步尝试（图 7-4-1），证明是可行的。

6）要点

（1）以中国大陆数字化实测地质断层为依托，辅以隐伏断裂、110a 数字地震记录、GPS 速率、岩石物性、地热、卫星遥感等地震相关的海量数据资源，直接分析地质断层的百年地震属性，区分地震断层与休眠断层；明确提出地壳断裂无论大小、无论形成早晚、无论现今活动与否，均可能与地震相关的理念。

（2）建立中国大陆网格化地震信息网络，实现网格单元的多元数据融合、交叉计算和地震敏感信息提取；计算同震位移矢量在地震信息网络中的响应及其对 GPS 速度场的扰动效果，发现后续地震发生的危险区，探索科学地震预报新途径。

（3）建立中国大陆适时地震跟踪预测的计算机工作平台，利用各类计算机应用程序及其二次开发成果，实现数字化地震跟踪预测。

（4）研究内容充分体现多学科综合、交叉和资源共享。

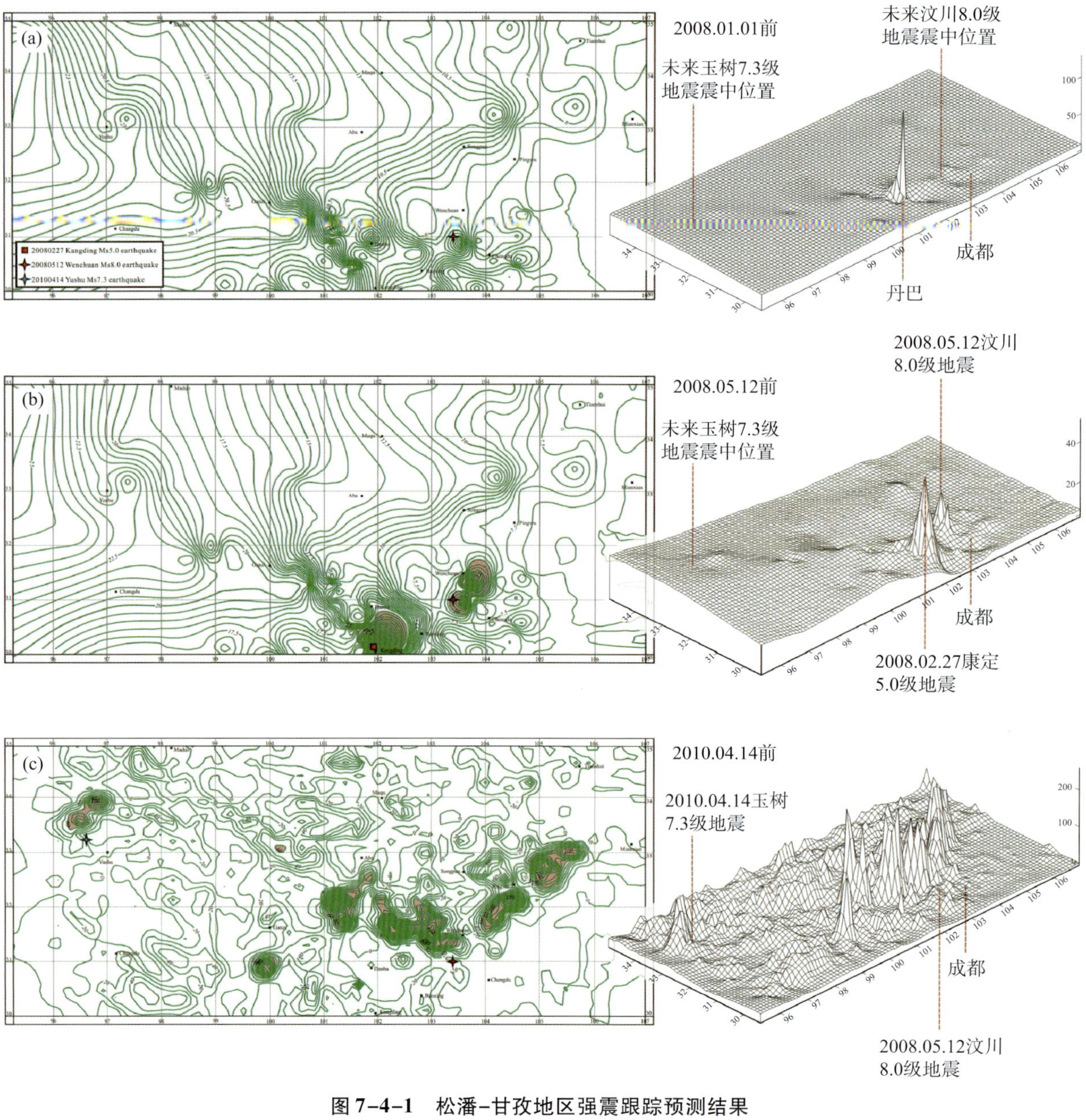

图 7-4-1　松潘-甘孜地区强震跟踪预测结果

（a）2008 年以前的 GPS 速度等值线；（b）2008. 01. 01 汶川地震前同震位移效果；

（c）玉树地震发生前，汶川地震主震同震位移经地震断层网络传递效果

参考文献

邓启东、张培震、冉永康等，中国活动构造与地震活动，地学前缘，2003，10：66～73。

方舟子，地震预测的政治与伪科学，新闻周刊，2008，（7）。

贾鹤鹏等，地震预报真相，科学新闻，2009，（9）。

马宗晋、杜品仁、任金卫、高祥林，低纬度环球剪切带及其与环太平洋带大地震的幕式活动，中国科学（D 辑），

2006，36（4）：326～331。
马宗晋、张家声、汪益鹏，青藏高原三维变形运动的时段划分和新构造分区，地质学报，1998，72（3）：211～227。
张培震、邓起东、张国民等，中国大陆的强震活动与活动地块，中国科学（D 辑），2003，33（B04）：12～20。
张家声、甘卫军、张明华、黄雄南、刘峰，松潘－甘孜地区百年地震构造和现今动力学，地学前缘，2012，19（5）：274～283。
张家声、何自新、费安琪、李天斌、黄雄南，鄂尔多斯西缘北段大型陆缘逆冲推覆体系，地质科学，2008，43（2）：251～281。
Anderson D. L. The San Andreas Fault. Scientific American，1971，225，53～67.
Bak P. and K. Chen，Self-Organized Criticality，Scientific American，January，1991，46～53.
Cai，Y. & WANG，C. Y. Testing fault models with numerical simulation：example from central California. Tectonophysics，2001，343，233～238.
Dickson Cunningham，Active intracontinental transpressional mountain building in the Mongolian Altai：Defining a new class of orogen. Earth and Planatory Science Letters，2005，240，436～444.
Gan，WJ，Zhang，PZ，Shen，ZK，Niu，ZJ，Wang，M，Wan，YG，Zhou，DM，Cheng，J，Present-day crustal motion within the Tibetan Plateau inferred from GPS measurements，Journal of Geophysical Research-Solid Earth，2007，112（B8）：Art. No. B08416 AUG 29.
Glennda Chui，Shaking up earthquake theory. Nature，2009，15.
Geller R. J. et al.，Earthquakes Cannot Be Predicted. Eos，1997，78，63.
Hartleb R. D.，et al.，Surface rupture and slip distribution along the Karadere segment of the 17 August 1999 ? zmit and the western section of the 12 November 1999 D. zce，Turkey，earthquakes. Bulletin of the Seismological Society of America，2002，92，67～78.
Lobatskaya R. M. and T. G. Krasnoramenskaya，GIS tools for correlation of tectonics and seismicity in the Altai-Sayan area. Geoscience Frontiers. 2010，1（1）：133～141.
Lomnitz，C.，Search of worldwide catalog for earthquakes triggered at intermediate distances. Bulletin of the Seismological Society of America，1996，86，293～298.
Main I.，Assessment of Schemes for Earthquake Prediction，meeting held 7-8 November 1996，London. Nature，1997，385，19.
Osman Bektas.，Different Modes of Stress Transfer in a Strike-slip Fault Zone：an Example From the North Anatolian Fault System in Turkey. Turkish Journal of Earth Science，2007，Vol. 16. 1～12.
Reid，H. F.，The Mechanics of the Earthquake，The California Earthquake of April 18，1906，Report of the State Investigation Commission，1910，Vol. 2，Carnegie Institution of Washington，Washington DC 1910（see especially pages 16～28）.
Sherman S. I.，Lobatskaya R. M.，Correlation between lengths and depths of faults in the Baikal rift zone. Dokl. AN SSSR. 1972，205（3）：578～581.
Sherman S. I.，Physical Laws of Crustal Faulting [in Russian]. Nauka，Novosibirsk，1977（地壳断裂发育的物理规律，1980，高中和译）.
Sherman S. I.，Tectonophysical analysis of the seismic process in zones of active lithospheric faults and medium-term earthquake prediction. Geofizicheskii Zhurnal，2005，27（1）：20～38.
Zhang J. S.，et. al.，Seismotectonics in the Pamir：An oblique transpressional shear and south-directed deep-subduction model. Geoscience Frontiers，2011，2（1）：1～15.

7.5　贝加尔裂谷系及邻区断层活动的实时（real time）变化和成因*

7.5.1　研究现状

活动断层控制了很多地质与地球物理过程。地球科学中特别重视对活动断层的研究，因为现今的活动断层构造对地球内部动力过程和地震活动以及地球表面涉及工程的地质现象都具有重要作用和影响。

20 世纪 80 年代末期，科学文献中开始广泛使用"活动断层"这一术语（Imaev，1990；Trifonov，1985，1987，1995；Yonekura，1980；Ferrill，1999；Slemmons，1990）。关于活动断层的研究现状，Nikonov 曾做过很好的综述。他认为，活动断层是地球表面或内部地质体的间断面，在最近几百年期间两侧的块体发生了沿断层的位移，位移量不小于 0.5～1.0 m，相当于每年移动几百毫米的速率（Nikonov，1995），即超过 10^{-4}的变形。这一定义给活动断层提供了较为严格的限制，它不包括历史地震所产生的小断层；但与更早时期所提出的参数不一致。

一般情况下，活动断层是指第四纪即最近 2 Ma 以来有明显运动的破裂。Trifonov 提出将这一时间减小到更新世，主要是最近几百至几千年（Trifonov，1985）。按 Nesmeyanov（2004）的看法，这个时间应更短，指那些在最近几十年间发生位移的断层，这样的位移能被仪器记录到或从历史数据分析得到。在做具体断层活动评价时，应考虑相关的自然、气候和社会的情况，从基本的地质和地球物理环境开始。最常用的断层活动的地质、地球物理和地貌标志所反映的事件的年龄不超过 1000 a，但这样的活动特征不适用于现代地球动力学研究，因为断层的结构参数在其活动过程中是可变的。

根据上述分析，活动断层是指那些在其动力影响地区近期有地质和地球物理过程表现的断层，这里的"实时"指最近几个月、几年、几十年或数百年。Kuzmin（2004）曾提出过类似的观点，他用对活动断层的重复大地测量识别危险断层，这样的断层甚至在没有地震的地台区都表现出现今强烈运动。在这种情况下，需要经常检查断层两侧的标志，显然不可能在大范围和很多断层上实施这样的方法。因此，需要探索其它的方法。例如，根据定量特征识别活动断层，按一定时间间隔内的活动速率对这些断层进行分类。

7.5.2　活动断层评价方法

本文根据地理信息技术，发展一种在实际时间尺度上研究断层活动规律的新算法，并以贝加尔裂谷地区和邻区（图 7-5-1）为例，用实际详细数据分析检验这种方法。

本文提出的方法建立在以下概念基础上：断层现今活动的最可靠标志是地震震中集中分布在断层上，断层是一个三维地质体。在地表，断层的动力影响是一个条带，内部保留有残余变形或弹性变形，这样的变形是沿断层发生位移和运动的结果（Sherman，1983）。在断层影响范围内，地震发生过程在空间和时间中都是不均匀的（Sherman，2004）。因此，地震震源与断层影响范围的关系决定了断层的活动程度。经常可以观察到，活动断层在有些时期地震活动性很高，而在另外一些时期地震活动性很低。在很长的断层上，有些断层段地震很多，而另一些断层段地震很少。大量地质填图也表明，在地震活动区域内，存在不活动的断层。为了研究断层活动的复杂规律性，本文利用地震目录数据建立描述断层活动性的定量指数。

假设断层的地震活动指数是 ζ_n（km^{-1}），它代表单位断层长度上具有能量级别 K 的 n 个地震事件，

---

* 本节作者：S. I. Sherman，俄罗斯科学院西伯利亚分院地壳研究所。

原文载于"地学前缘"，2008，15（3）：337～347.

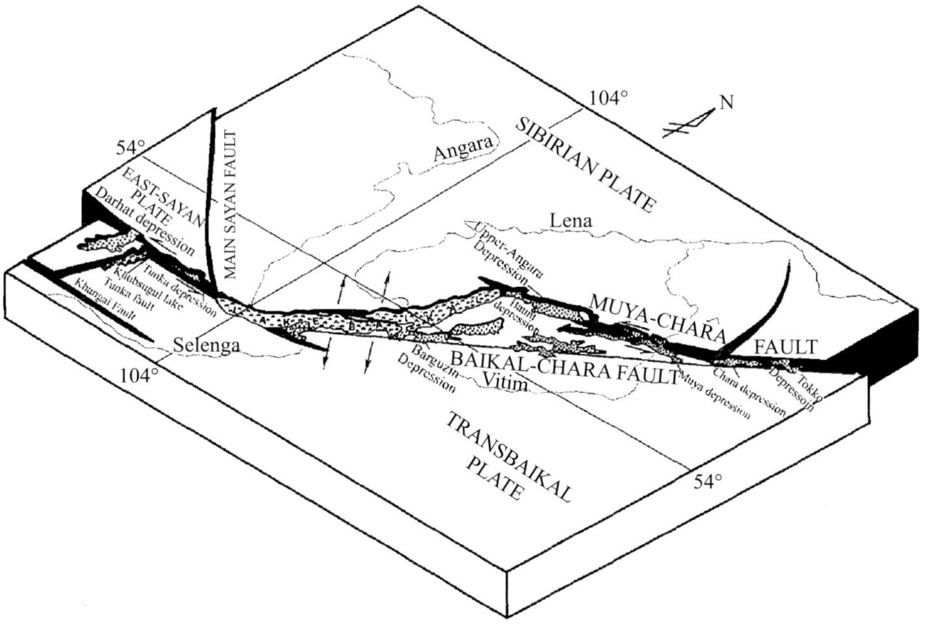

图 7-5-1　位于西伯利亚板块和阿穆尔板块之间边界的贝加尔裂谷系统

SIBRIAN PLATE. 西伯利亚板块；TRANSBAIKAL PLATE. 贝加尔板块；EAST-SAYAN PLATE. 东萨彦板块；MAIN SAYAN FAULT. 主萨彦断层；MUYA-CHARA FAULT. 穆雅-查拉断层；BAIKAL-CHARA FAULT. 贝加尔-查拉断层；Darhat depression. 达哈凹陷；Upper-Angara Depression. 上安卡拉凹陷；Barguzin Depression. 巴尔古金凹陷；Angara. 安卡拉河；Lena. 勒拿河；Vitim-维蒂姆河；Selenga-色楞格河

同时假定断层长度为 L，断层影响范围宽度是 W，考虑的时间段是 t 年。用以下公式估计指数值：

$$\zeta_n = n/L,$$

其中 n 是依赖于 K，W，t 的一个数值，按以下公式进行计算（Sherman，2005）：

$$\zeta_n = \left(\sum n\ (W)\right)/L,\ \text{for}\ K=8\ \text{to}\ 16 \qquad (7\text{-}5\text{-}1)$$

式中，n 是能级 K 的事件数目，断层影响宽度 W 按下式计算得到：

$$W = bL \qquad (7\text{-}5\text{-}2)$$

式中，b 是比例系数，根据经验，对于区域性和局部断层，它的数值为 0.02～0.1。这一比例系数的估计，是以下面重要概念为依据的：当断层长度增加时，断层影响范围宽度的增加相对较慢一些。

对于本文研究区的地震带，上述地震活动定量指数可以分析不同级别断层样式对区域构造活动性的贡献，从而区分现今活动的和不活动的断层。同时，也能用贝加尔裂谷及邻区的数据来验证地震活动指数方法。

7.5.3　数据处理结果

贝加尔裂谷是俄罗斯地震最多的地区之一，在那里地震问题具有重大社会影响。对这一地区的断层活动性开展实时研究，并探索更准确的地震预测，是基础研究和应用研究领域中的重大挑战。贝加尔裂谷位于亚洲中部阿穆尔和西伯利亚岩石圈板块（或亚板块）之间的边界上，因而具有强烈地震活动（图 7-5-1）。在平面上，贝加尔裂谷呈“S”形，断层分布较规则，曾经是长期存在的板块间缝合带。在经历了自古生代以来的演化后，大多数断层在新生代依然是活动的。然而，该地区的震中分布不是都和已知的断块构造一致；虽然从地质、构造和地貌数据看，有些断层是活动的，但它们在现今时期没有地震活动。

本文选择了两个地区进行地震活动指数计算与活动断层实时分析，一个是贝加尔地区，其特征是具有地壳伸展；另一地区位于蒙古，那里也是伸展构造并带有走滑分量。

所处理的数据包括上述地区断层构造的定量记录和1961～2000年的地震目录，其中有俄罗斯科学院西伯利亚分院地球物理观测室发表的地震记录。对能级$K \geqslant 8$的地震进行了计算，用基于地理信息技术的专门软件（Sherman，1978，1992，2005，2006，2007）处理了几千个地震的震中和断层数据，按公式（2）用断层长度估计了动态影响范围，根据地震活动性定量指数对断层进行了分类（图7-5-2）。

图7-5-2显示根据40年仪器地震记录所得到的贝加尔裂谷地区断层的地震活动性，该地区中部是拉张应力场，两侧是拉张带有剪切的应力场。按地震活动性指数，将断层分为3类：强烈活动断层（ζ_n>1.0）、活动断层（ζ_n=1.0～0.1）、不活动断层（ζ_n<0.1）。

从图7-5-2中的5个剖面中选了3个剖面，在每个剖面上标出了3～5个断层每年的地震活动性指数，形成一系列曲线（图7-5-3）。从这些曲线看，断层活动具有准周期性，但即使同一剖面，它们的变化也不是同步的，而且有些相距很近的断层地震活动性指数差别很大，特别是剖面（a）和（c）（图7-5-3）。剖面3（图7-5-2）穿过了贝加尔裂谷西南侧的主要断层，那里的断层变形主要是走滑，代表张剪应力状态（Sherman，1989）；断层对地壳结构的控制更强，因而总体上不同地震活动性指数的断层呈现同步活动性。剖面4（图7-5-2）位于裂谷的中部，那里Primorsky断层分裂成2支，分别位于贝加尔湖的东、西岸，从地震活动性指数看（图7-5-3，剖面（c）），东支断层活动性更大。贝加尔裂谷中部处于拉张应力状态，断层的分叉可能是有利于地震活动性增强的背景。

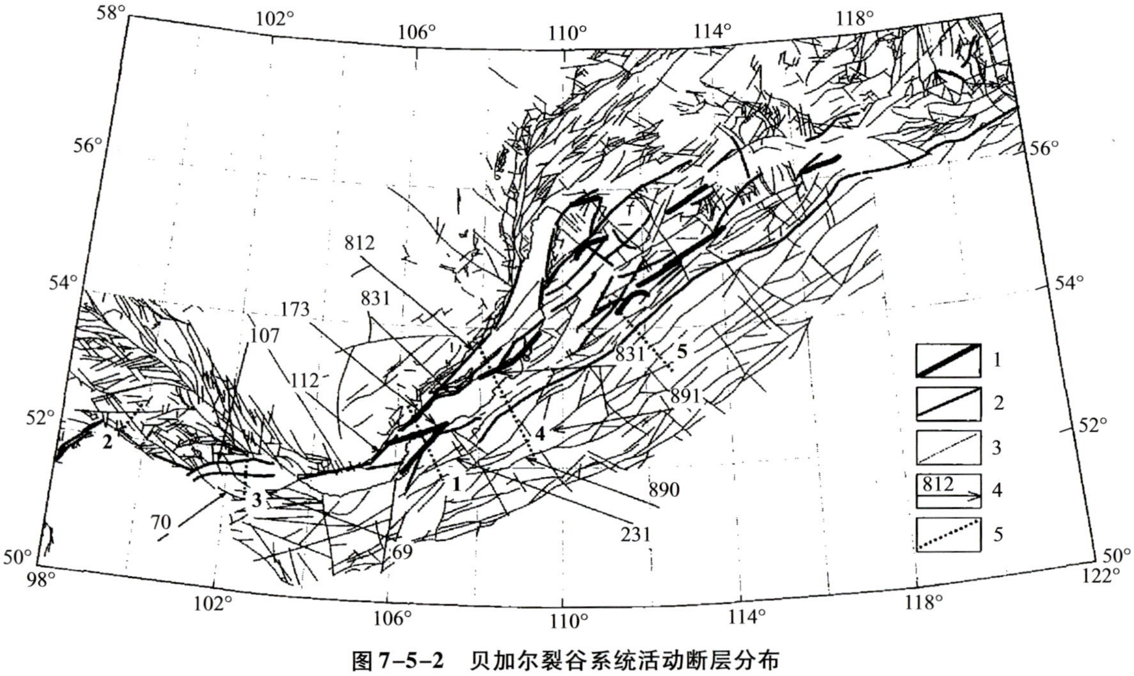

图7-5-2　贝加尔裂谷系统活动断层分布

由1960～2000年地震数据估计的活动性指数对这些断层做了分类：1. 强烈活动断层（ζ_n>1.0）；2. 活动断层（ζ_n=1.0～0.1）；3. 不活动断层（ζ_n<0.1）；4. 断层编号；5. 剖面的位置和编号

如图7-5-3所示，地震活动性指数曲线可以反映断层活动性的年度或更长时间的变化，以及不同级别断层活动随时间变化过程中的准周期性，用地质和地貌方法不能揭示出这些特征。

蒙古地区处于剪切应力场，断层活动具有不同的地球动力环境。根据已有的图件资料

(Yanashina，1979；Tomurtogoo，1999)，得到该地区断层的定量数据（图 7-5-4）。因为地震活动性指数变化不显著，采用标准偏差方法做断层分类：强烈活动断层（ζ_n>0. 27）、活动断层（ζ_n = 0. 04～0. 27）、不活动断层（ζ_n<0. 04）。对研究区的不同部分，分别用 4 个剖面显示断层活动性随时间的变化。

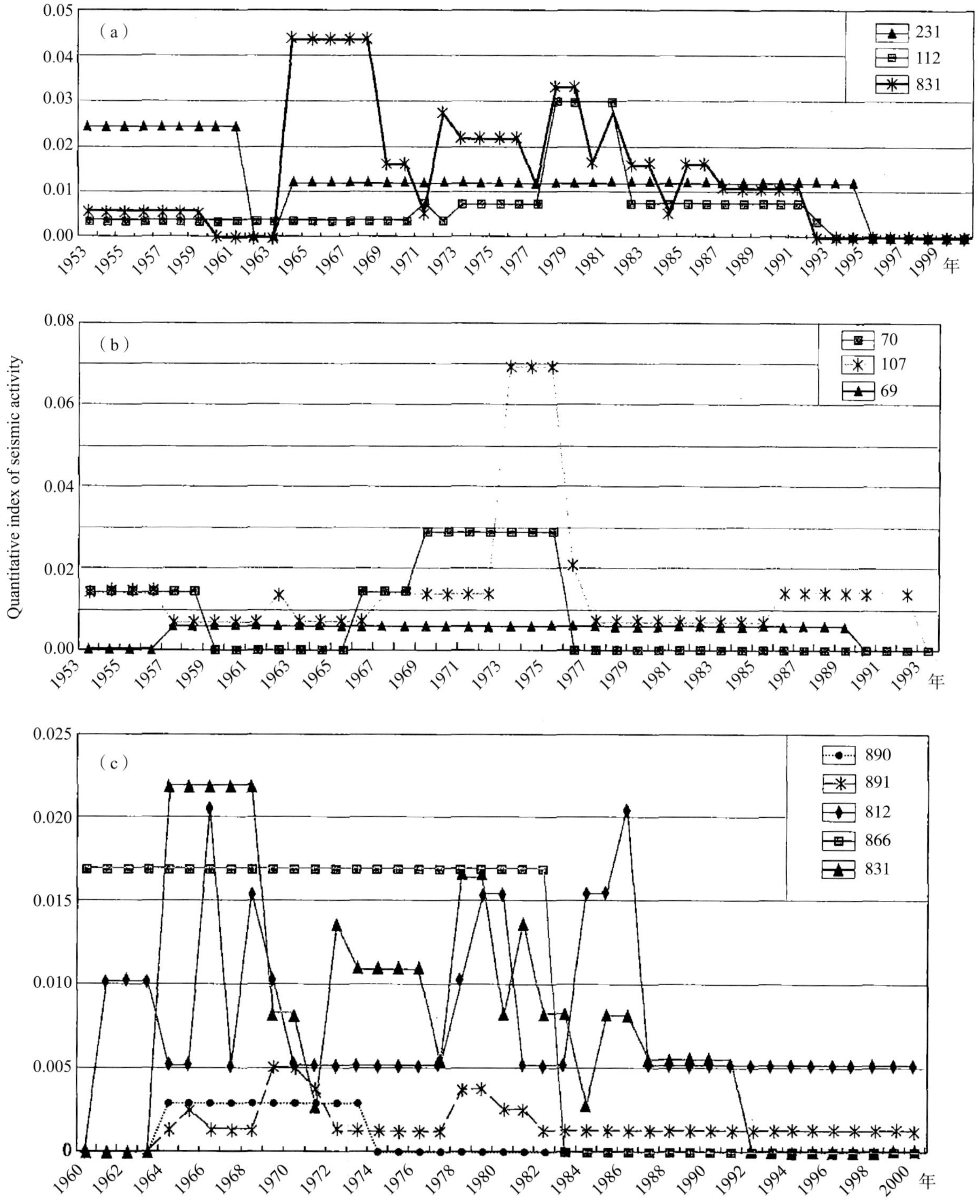

图 7-5-3　贝加尔裂谷系统部分断层地震活动性指数年变化曲线

(a) 剖面 1；(b) 剖面 3；(c) 剖面 4；剖面位置见图 2。纵坐标为地震活动性指数；横坐标为年份。右上角数字是断层编号（见图 7-5-2）

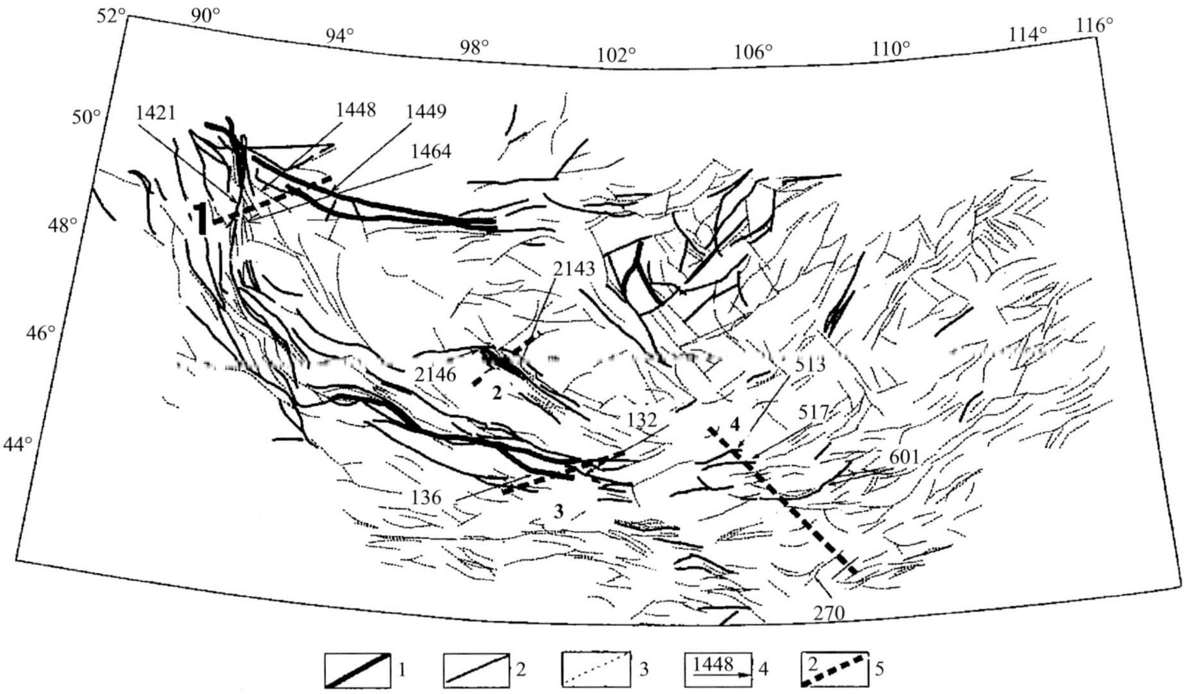

图 7-5-4　蒙古地区活动断层分布

1. 强烈活动断层（ζ_n>0.27）；2. 活动断层（ζ_n=0.04～0.27）；3. 不活动断层（ζ_n<0.04）；
4. 断层编号；5. 剖面位置与编号

图 7-5-5 是蒙古西部断层活动性随时间的变化曲线，虽然断层 1464 的活动性不随时间而变，邻近的断层 1448 和 1421 表现出随时间的变化，断层 1449 开始时活动性强，然后随时间一直衰减，各断层的活动性变化都未表现出周期性特点。在蒙古中部地区，有 2 条断层活动速率不同，但它们的地震活动指数值相似。剖面 5（c）和 5（d）（图 7-5-5）是位于蒙古南部和东南部的剖面，表现出断层活动随时间的微弱变化。当然，这些结果可能受到现有地震和地质数据以及研究程度的影响。

利用地震活动性指数，可以揭示断层构造活动性在实际时间尺度上的变化，并对活动断层进行分类，而这些断层的活动性在短的时间间隔内可能是变化的，与所处的现今地球动力环境无关。本文的结果说明，断层的活动性程度是变化的，这种变化记录在构造环境和区域应力场中。地震震源是断层位移平面上动态平衡的天然记录器，可以用作为断层活动新阶段的依据。为了解释断层的活动性，需要分析断层影响范围内地震震源序列的时空分布，识别高频率活动的共同原因及相关的触发机制。

7.5.4　断层活动性时空变化的原因

为了研究不同级别的断层活动性的空间表现，本文分析了活动断层影响范围内地震震源在时间分布上的趋势。

理论研究是基于这样的概念：地震是断层平衡扰动的一种记录，伴随着破裂增加，当大地震发生时，断层两侧有显著位移。断层带内地震发生的频度反映了断层活动的强度，沿断层轴震源空间分布的时间趋势则代表了断层活动触发源的运动速度（Goldin，2002），也就是说，地震破裂时在原有的小破裂网络上形成的，沿断层走向离散破裂的发展速度可能很低，并持续很长时间。

这里用曲线描述活动断层上扰动的方向变化趋势。如图 7-5-6 所示，X 轴代表断层长度，沿该轴标出了地震震源位置；Y 轴是地震时间。图中的斜线表示震源从断层一端向另一端随时间的运动，它与坐标轴之间的倾斜角代表了扰动波空间穿过速度，是对地震震源和断层活动的模拟。

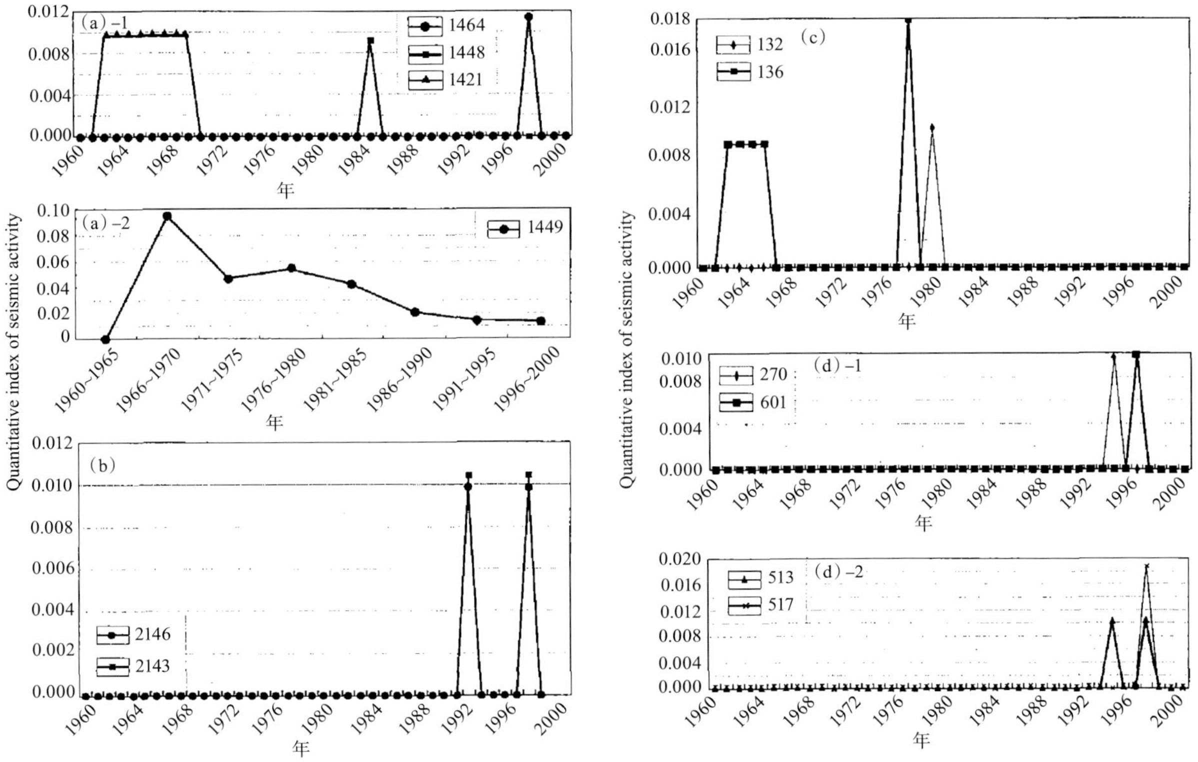

图 7–5–5　蒙古地区断层地震活动性指数年变化曲线

（a）剖面 1；（b）剖面 2；（c）剖面 3；（d）剖面 4；剖面位置见图 7–5–4，其他说明同图 7–5–3

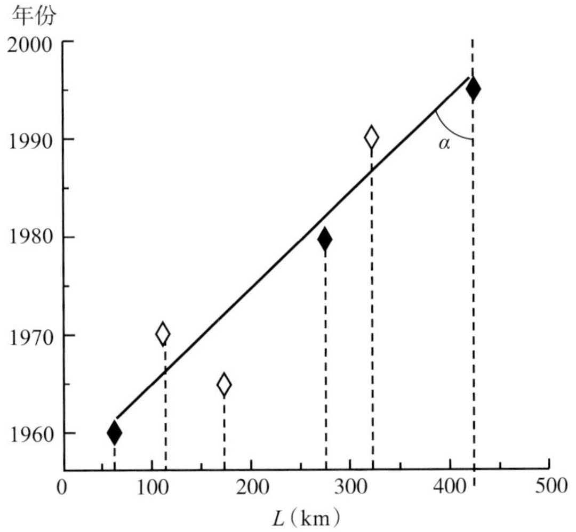

图 7–5–6　用震源时空分布曲线描述断层的扩展，相当于扰动波沿断层走向的传播

实心和空心菱形是地震震源

用上述方法对 1960～2000 年研究区的地震目录数据做了处理，得到大多数地震活动性指数高的断层，并按活动性、变形扰动波传播进行分组（图 7–5–7）。

被处理的有 100 多条不同级别的断层，在每条断层的动态影响范围内，有能级 12–16 的地震记录。分析了这些断层地震活动的时空分布曲线，把震源沿断层随时间的分布看作是变形扰动波沿断层以一定速度的传播。这些曲线分成 7 组平行线，它们与坐标的夹角相似，但扰动沿断层的传播方向不同。按传播方向，这些曲线分成 2 个亚组（图 7–5–8）。显然，这 7 组断层具有相似的变形扰动传播速度和活动性参数（表 7-5-1）。

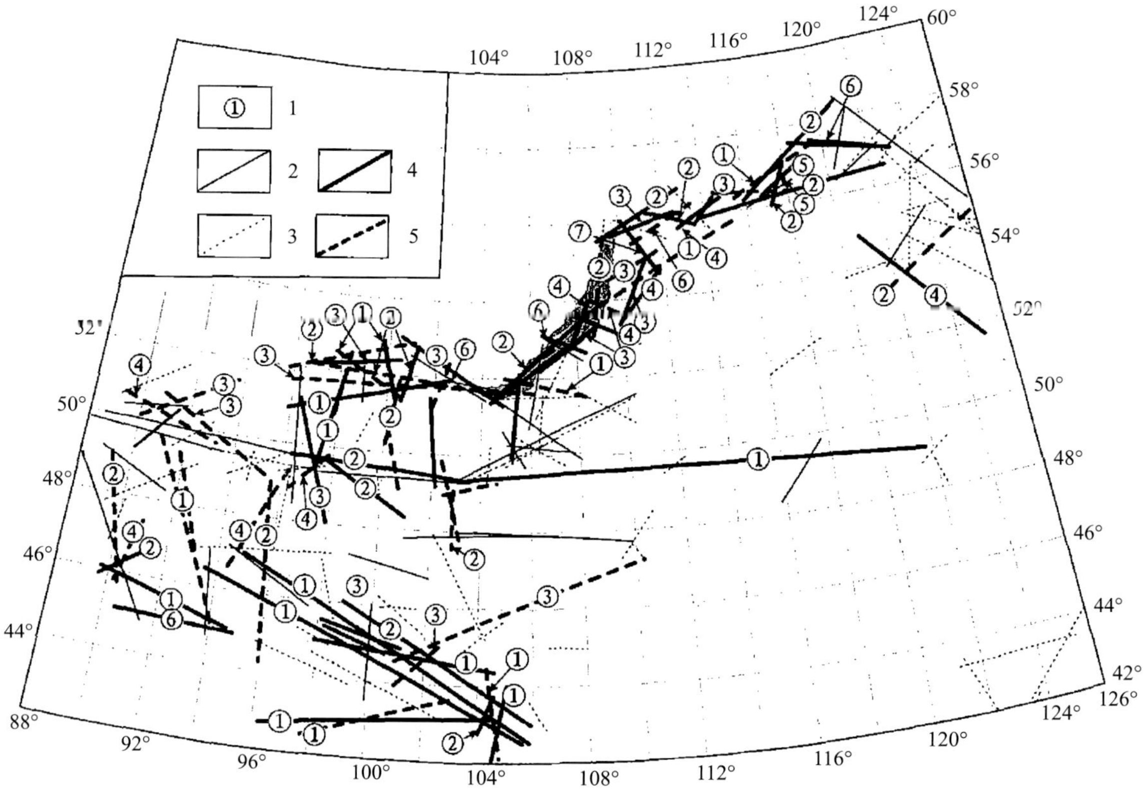

图 7-5-7　贝加尔裂谷及邻近蒙古地区活动断层分布及按活动性参数分组

1. 断层分组编号；2. 活动性参数未知的断层；3. 不活动断层；4. 变形扰动波从东向西传播的断层；5. 变形扰动波从西向东传播的断层

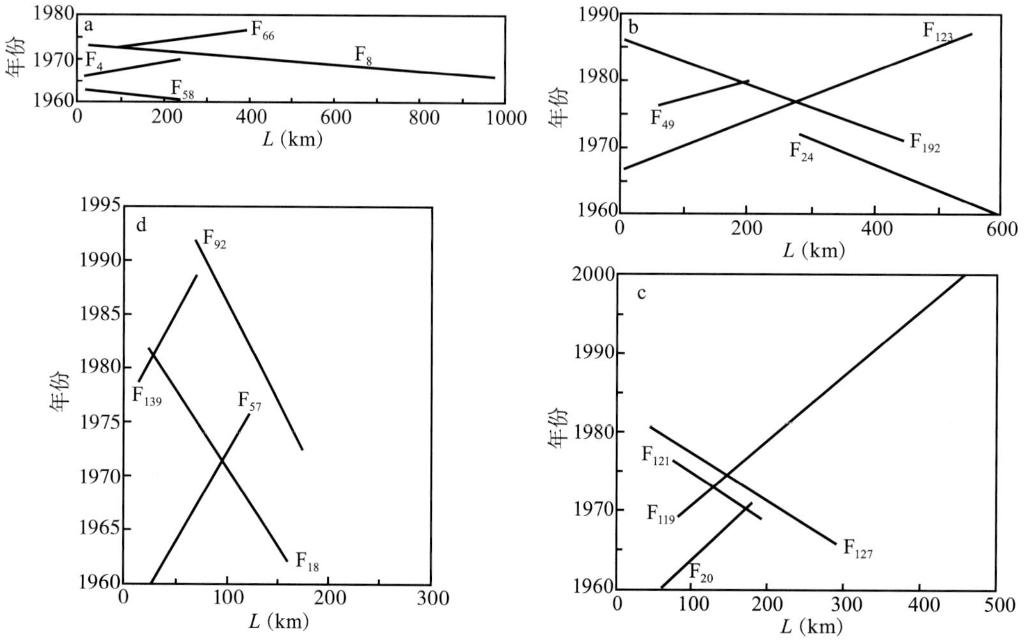

图 7-5-8　部分断层地震震源在断层长度-时间坐标系中的分布

Y 轴．地震发生年份；*X* 轴．断层长度，F_{92}．断层编号

考虑到表 7-5-1 中 5～7 组断层的地震数据量很少，以下仅分析 1～4 组断层的数据，根据变形扰动波的传播对断层做新的分类，分析这些断层的空间位置和参数间的关系（图 7-5-9）。

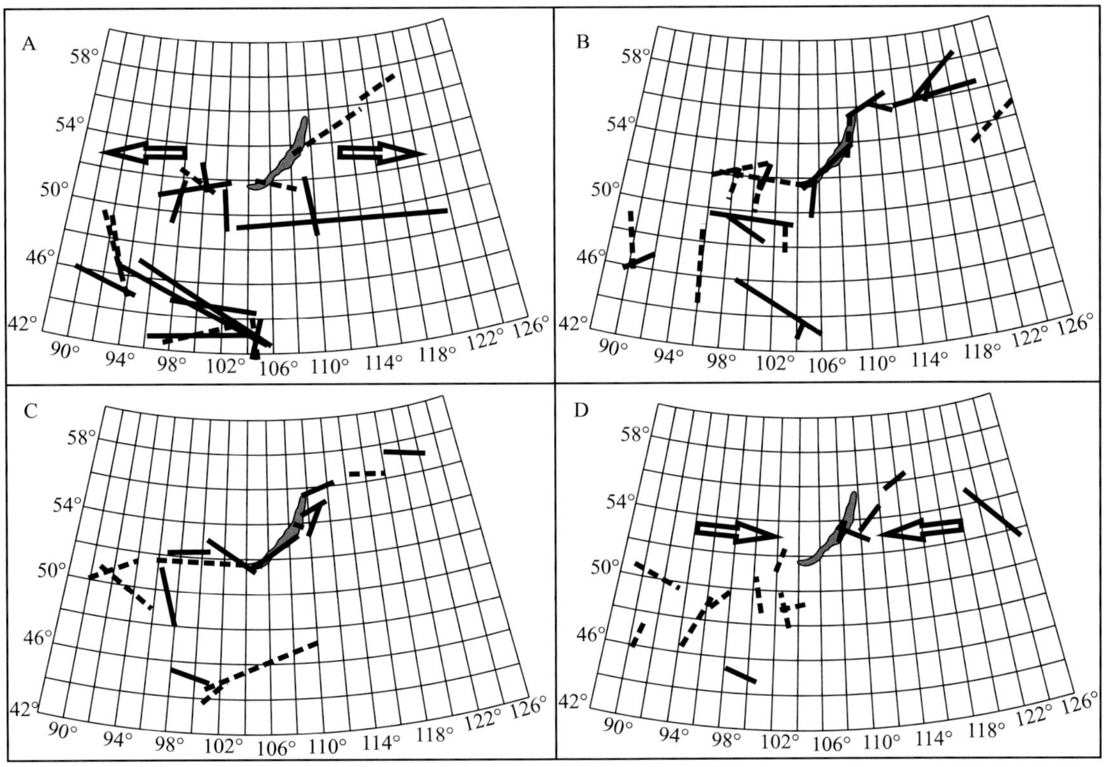

图 7-5-9　亚洲中部活动断层的变形波传播方向特征

（a）第一组断层；（b）第二组断层；（c）第三组断层；（d）第四组断层（断层分组见表 7-5-1）。
点线．变形波沿从西向东传播的断层；实线．变形波沿从东向西传播的断层；箭头．变形波传播方向

从第一组数据看，研究区东部断层的变形扰动波从西向东传播，而在西部从东向西传播；第四组断层的情形恰好相反（图 7-5-9（a），（d））。南部，情况特殊，代表另一种地球动力环境。第二、三组的特点是介于第一组和第四组之间。大体上，沿 105°E 是分界线，该界线以西，断层主要分布在贝加尔裂谷的西南侧；界线以东，断层主要位于贝加尔裂谷的东北侧。

表 7-5-1　亚洲中部断层现代参数

组号	断层总数	被分析断层数	平均断层长度（km）	活动性时间趋势线倾角（°）	扰动传播速率（km/a）
1	26	19	438 ± 152	89.4 ± 0.24	94 ± 57
2	23	22	321 ± 87	87.44 ± 0.3	22 ± 3
3	23	17	299 ± 94	85.39 ± 0.4	12 ± 1.25
4	15	14	206 ± 62	81.28 ± 0.9	7 ± 0.7
5	5	2	199 ± 269	78.76 ± 1.8	5 ± 1.8
6	8	5	204 ± 44	74.43 ± 2	4 ± 2
7	5	3	131 ± 84	66.32 ± 5	2 ± 4.9

各组断层的变形扰动波传播速度不同，可能与它们的长度有关，也与活动裂谷有成因联系。因为贝加尔裂谷是西伯利亚板块和阿穆尔板块之间的块体内部边界，块体间的局部位移导致研究区的强烈

构造活动性，块体在深部粘性界面上的运动很可能产生沿断层传播缓慢变形波（Nevsky，1999；Nikolaevsky，1986），这样的变形波决定了地震震源的空间分布（Ulomov，1993）。最近的研究也证明了这种变形波的存在（Bykov，2005），可以将它看作是一类机械或力学的运动，是地壳和岩石圈的固有性质（Goldin，2004）。

7.5.5 结论

本文提出用两个新的参数描述断层的活动性，一个是地震活动性指数，另一个是沿断层的变形扰动波，它是由断层现代活动触发机制产生的。有了这两个参数，可以更多地揭示断层周围地壳的地球动力性质，解释断层两侧失稳产生的地震事件。在实际时间尺度上慢变形产生断层运动和频繁的地震活动，可能是脆性岩石圈板块内或块体内的位移造成的结果，位于西伯利亚板块和阿穆尔板块（亚板块）之间的贝加尔裂谷及邻区，是一个典型例子。根据变形波速度，对具有不同地质和地球物理特征的断层进行分类，识别沿断层变形波传播的方向以及断层活动性的实际时间间隔（地质上相当于瞬时间）。用这一方法对更大范围地区进行研究，可以发现断层实际时间尺度上的构造物理规律性及断层活动对其它现代地质和地球物理过程的影响。总之，研究断层活动的时空规律性，包括强度和频度以及动力成因，具有重要的理论和实际意义。

致谢：本文是俄罗斯基础研究项目（07-05-00251）和俄罗斯科学院项目“亚洲中部变形过程和强震活动动力学”的研究成果。

参考文献

Bykov，V. G. Deformation waves of Earth：concept，observations and models. Geology and Geophysics，2005，46（11）：1176～1190（in Russian）.

Ferrill，D. A.，Stamatakos，J. A. Normal fault corrugation：implications for growth and seismicity of active normal faults. J. Struct. Geol.，1999，21（8/9）：1027～1038.

Goldin，S. V. Dilatancy，rearrangement and earthquakes. Physical of the Eratrh，2004，（10）：37～54（in Russian）.

Goldin，S. V. Destruction of the lithosphere and physical mesomechanics. Physical Mesomechanics，2002，5（5）：5～22（in Russian）.

Imaev V. S.，Imaeva I. P.，Kozmin V. M. Active faults and seismotectonics of northeastern Yakutia-Yaktsk. Sibir：Science Center of Siberian Branch RAS，1990：148（in Russian）.

Kuzmin，Y. O. Recent geodynamics of fault zones. Physics of the Earth，2004，（10）：95～111（in Russian）.

Nevsky，M. V. Geophysics at the turn of the century. Selected works of scientists from OIFZ RAS. Moscow：OIFZ RAS，1999，124～139（in Russian）.

Nesmeyyanov，S. A. Introduction to engineering geotectonics. Moscow：Scientific World，2004，216（in Russian）.

Nikolaevsky，V. N.，Ramazannov，T. K. Generation and distribution of waves along deep faults. Izvestia，Academy of Sciences of the USSR. Physics of the Earth，1986，（10）：3～13（in Russian）.

Nikonov A. A. Active faults：definition and identification problems. Geoecology，1995，（4）：16～27（in Russian）.

Sherman，S. I.，Bornyakov，S. A.，Buddo，V. Y. Areas of dynamic influence of faults（modeling results）. Novosibirsk：Nauka，Siberian Branch，1983，110（in Russian）.

Sherman，S. I.，Demyannovich，V. M.，Lysak，S. V. Active faults，seismicity and fracturing in the lithosphere of the Baikal rift system. Tectonophysics，2004，380（3/4）：261～272.

Sherman，S. I.，Sorokin，A. P.，Savisky，V. A. New methods for classification of seismoactive lithospheric faults based on the index of seismicity. Dokladay Earth Sciences，2005，401A（3）：395～398.

Sherman，S. I.，Levi，K. G. Transform faults of the Baikal rift zone and seismicity of its flanks. Tectonics and seismicity of continental rift zones. Moscow：Nauka，1978，7～18（in Russian）.

Sherman，S. I. Faults and tectonic stresses of the Baikal rift zone. Tectonophysics，1992，208（1/3）：297～307.

Sherman，S. I.，Savitsky，V. A.. New data on quasi-periodical regularities in activation of fractures in real time based on monitoring of magnitudes of seismic events: case study of the Baikal rift system. Doklady Erath Sciences, 2006, 408 (3): 398～403.

Sherman, S. I., Gorbunova, E. A. Quantitative analysis of recent activity of faults in the Central Asia and their trigger mechanisms. Problems of recent seismogeology and geodynamics of Central and Eastern Asia. Volume 2, Irkutsk: Institute of the Earth's Crust, 2007: 195～203 (in Russian).

Sherman, S. I., Dneprovsky, Y. I. Crustal stress fields and geological and geophysical methods of their studies. Novosibirsk: Nauka, Siberian Branch, 1989, 157 (in Russian).

Slemmons, A. B. Paleoseismicity and fault segmentation. Proceedings of 1st National Workshop on Paleoseismology. Rendiconti Soc. Geol. It., Rome, 1990, 13: 5～8.

Tomurtogoo, O. Geological map of Mongolia, scale 1: 1000000. Ulan-Bator: Mongolian Geological Information Center, 1999.

Trifonov V. G. World map of active faults. Quaternary Intern Special Issue, 1995, (25): 3～16.

Yanashina, A. I. Map of Mesozoic and Cenozoic tectonics of the Mongolian People's Republic, scale 1 : 500000. Moscow: Head Department of Geodesy and Cartography of USSR Council of Ministers, 1979 (in Russian).

Trifonov V. G. Active fault map of the USSR and adjacent territories, scale 1 : 8000000. Explanatory note. Moscow: GIN, 1987, 48.

Trifonov V. G. Peculiarities of development of active faults. Geotectonics, 1985, (2): 16～26.

Ulomov, V. I. Waves of seismo-geodynamic activation and long-term prediction of earthquakes. Physics of the Earth, 1993, (1): 43～53 (in Russian).

Yonekura, N., Kaizuka, S., Matsuda, T., et al. Active faults in and around Japan: the distribution and degree of activity. J. Natur. Disas. Sci., 1980, 2 (2): 61～99.

7.6 用 GIS 研究俄罗斯阿尔泰-萨彦地区构造与地震活动性的相关性*

俄罗斯远东克拉斯诺亚尔克（Krasnoyarsk）地区人口稠密的中南部，是阿尔泰-萨彦褶皱区的一部分。因为该地区的地震活动性在增强，需要建立对地震危险性的监测系统。2002 年以前，俄罗斯科学院地球物理调查局（属于西伯利亚分院）在这一地区只有 2 个地震台，一个位于奥布宁斯克（Obninsk），另一个在新西伯利亚（Novosibirsk），它们主要是记录远震。而克拉斯诺亚尔克地区中南部经常有中等强度的地震活动。

2000～2002 年，作为区域性地震监测特别项目的一部分，在这一地区建立了区域性地震台网，目的是记录小地震事件，为长期地震预测提供基础。与原来的台网相比，这个新台网的地震台能以更高的分辨率记录小地震，从而提供关于震源参数的更多信息。然而，在部署这一地震台网并开始地震监测时，还没有根据详细的新构造和地震数据用先进方法开展构造背景研究。所以，有必要进行可靠的填图，并用 GIS 技术分析阿尔泰-萨彦地区的构造与地震活动性的相关性。

本文的目的是：①查找出所有适合于新构造研究的 GIS 方法；②选择适合于阿尔泰-萨彦褶皱区的 GIS 方法，并从理论上给出证明；③用 GIS 对阿尔泰-萨彦褶皱区进行二维模拟，④用 GIS 技术将二维模型转换为三维模型；⑤从平面和剖面上，用 ArcGIS 估计阿尔泰-萨彦褶皱区的变形程度；⑥用 ArcGIS 估计阿尔泰-萨彦褶皱区研究变形格局与地震活动的相关性；⑦从区域性新构造背景中，识别出可判定地震危险性的地质、地球物理、构造和地球动力学的标志，为阿尔泰-萨彦褶皱区的地震预测提供依据。

---

* 本节作者：Raissa M. Lobatskaya[1], Tatyana G.. Karsnoramenskaya[2]

1 俄罗斯伊尔库茨克州立理工大学

2 俄罗斯克拉斯诺雅尔斯克环境与资源保护中心

原文曾发表于：Geoscience Frontiers, 2010, 1 (1), 133～141。

7.6.1 数据和方法

利用全球数字高程模型（DEM），编制了阿尔泰-萨彦褶皱区的新构造图，推测了断层和以地形梯度为边界的块体。根据欧亚北部地震目录（Ulomove and Shumilina，1999）和历史及仪器记录的地震资料（Sibgatulin et al.，2009），得到了该地区的地震分布图像。在研究地震活动与深部结构相关性时，参考了很多机构、作者已发表和未发表的成果（Alakshin et al.，1998，1991；Pavlenkova，1996；Egorkin，1990；Mats et al.，2004；Lifshiz et al.，2005）。此外，还根据阿尔泰-萨彦褶皱区的图件，用 Global Mapper 和 ArcGIS 软件做了参数的计算和空间分析（Breunig et al.，2000；Castanic et al.，2005；Cheremisina and Nikitin，2006）。

根据过去的地质和地球物理工作经验，只要有合适数据库和数据处理方法，可采用 GIS 达到上述目的。本文利用 GIS 技术开展对阿尔泰-萨彦褶皱区的新构造编图、二维和三维模拟以及新构造与地震的相关性研究。首先，利用 Global Mapper 软件在地形图基础上描绘年轻断层网络，编制 1∶100 万的二维新构造图；然后，根据构造块体厚度以及断层长度与深度的经验关系（Sherman and Lobatskaya，1972；Sherman，1977；Lobatskaya，1987；San′kov，1989），将二维新构造模型转换为三维模型；最后，对阿尔泰-萨彦褶皱区的新构造框架进行 ArcGIS 三维模拟，研究新构造与地震的相关性（Sadovski et al.，1987；Sherman，2005）。

利用断层分布格局进行二维新构造模拟的理论依据是：从新构造运动产生的地表地形可划分出新构造单元；在岩石圈结构的区域和局部尺度上，高地形与低地形之间的边界与不同大小（级别）的断层相对应。在模拟过程中，做了以下工作：①高程的地貌构造分析（Gerasimov，1969；Gerasimov，1970；Pozdnyakov and Chervanev，1990；Lastochkin，1991；Ufimtsev，1998）；②高密度断层填图（Nikonov，1977；Ponomarev and Trifonov，1978；Lobatskaya，2005；Makrov，2007）；③识别新构造块体并做分级（Lobatskaya，2005；Seminskii，2005）；④描述块体内的新构造地形（Lobatskaya，2005）；⑤估计块体内的新构造滑动速率（Lobatskaya，2005）。

如上所述，二维新构造模型是用 Global Mapper DEM 软件建立的。在识别断层的过程中，发现与传统的地面测量、航空及卫星影像数据比较，DEM 软件有更大的优越性，因为它能快速、准确地追踪断层，将它们绘制在三维地形图上，并在几秒钟时间内画出等高线剖面。

阿尔泰-萨彦褶皱区的地形变化很大，南部是高山，北部是丘陵和平原（图 7-6-1）。考虑到南、北部的不同地形梯度，设定了以下各块体相邻区域的最小高程差异：准平原地区 20～25 m，剥蚀高原 50 m，剥蚀山区 100 m，年轻山区 200 m（Orlova，1975）。

在用滤波方法消除了三维地形图像的植被和人造物体的影响后，就能以任何尺度研究断层的几何参数，以多种格式输出和输入数据。这个方法所获得的高精度和高分辨率，是传统的等值线做图技术不能达到的（Krasnoramenskaya and Lobatskaya，2008；Lobatskaya and Krasnoramenskaya，2008）。

利用 Global Mapper 9 软件中的断层线性工具，自动生成 ArcGIS 中新构造块体的多边形图层。在这一二维模拟过程中，使用 GIS 能大量节省确定新构造块体所需要的时间，是自动生成三维模拟所需要的属性表格的高效、高精度方法。表 7-6-1 是二维模拟的执行步骤。

表 7-6-1 用 Global Mapper 和 ArcGIS 开展二维建模流程

第一步	用 Global Mapper 9 生成断层格局的线性图层
第二步	以 GeoTIFF 保存 Global Mapper 9 中具有地理联系的断层格局图层
第三步	以 ArcGIS 进行空间分析，将光栅图层转换为矢量图层
第四步	生成新构造断块的多边形图层，得到包含空间和属性的 617 个块体的统一文件
第五步	计算各块体的表面面积
第六步	用 Global Mapper 和 ArcGIS 计算块体的剥蚀量和平均滑动速率
第七步	在层性质窗口，用色标和符号描绘块体的构造活动强度，对 2D 模型做 ArcGIS 可视化处理

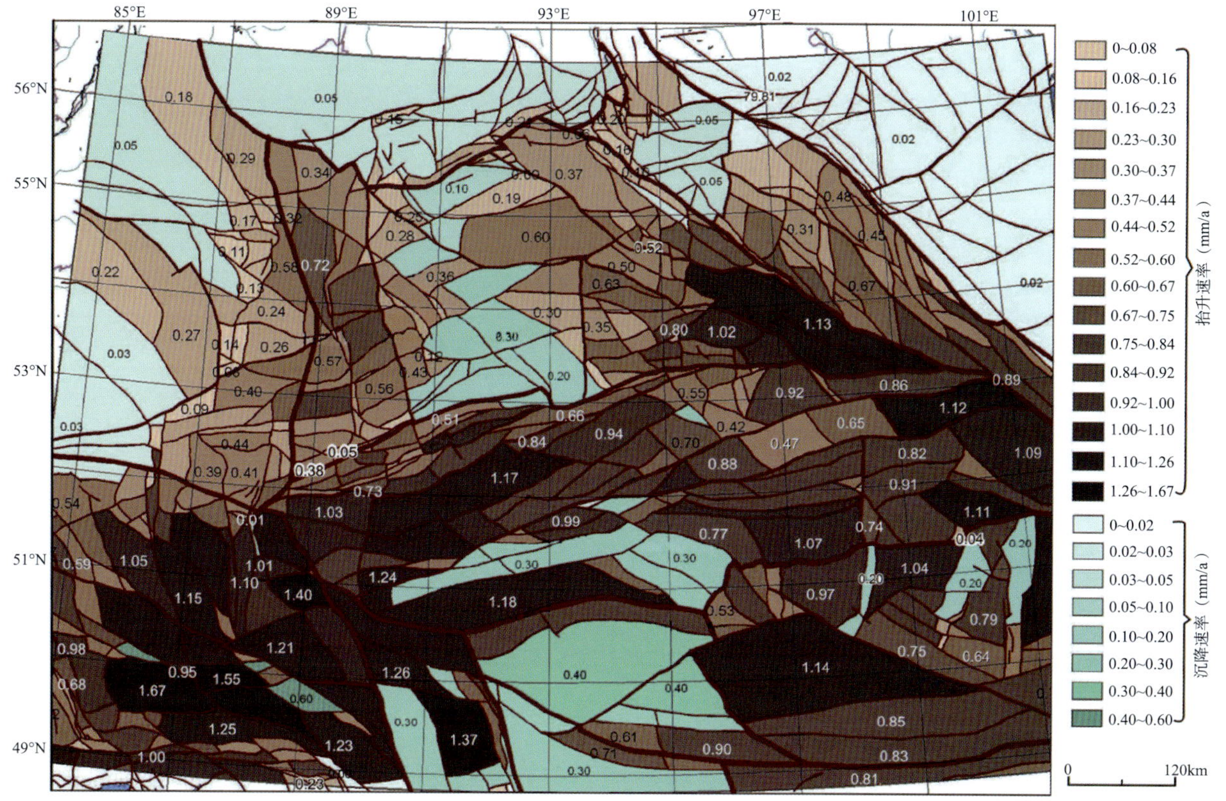

图 7-6-1　俄罗斯阿尔泰-萨彦褶皱区的二维新构造模型

不同颜色块体内的数字表示新构造运动速率（mm/a），橘红-棕色代表上升区，蓝色代表下沉区

在三维新构造模型中，根据断层长度与深度的关系，估计块体的厚度；对于 25～30 km 长的局部断层，采用关系式 $H=1.04L-0.7$（H 是深度，L 是断层长度）（Sherman and Lobatskaya，1972）；对于一般区域性断层，采用关系式 $H=L^a$，其中比值 H/L 为 1/2 ～1/16（San′kov，1989）。对于 6～20 km 长的局部断层，假设其深度等于长度。但在实际计算中长度小于 25 千米的断层都省略了，因为在制作 1∶100 万地图时很少选用这些小断层。总之，利用内置的 Excel 功能，导出下列关系式：$H=12.693\times L^{0.2239}$，推导过程如下：

（1）对于 25～39 km 长的断层，按关系式 H=1.04L-0.7 计算断层深度。

（2）对于 40～1000 km 长的断层，按比值 H/L =1/2 ～1/16 计算断层深度。

（3）画出指数律趋势图，得到关系式 $H=12.693\times L^{0.2239}$（单位：km）。

然后，按公式 $M_b=\sum H_i\times L_i/P$ 计算块体的厚度，其中 M_b 是块体厚度，H_i 断层深度，L_i 是块体单边长度，P 块体周长（单位都是千米）。对于具体块体，其深度取考虑沿边界各断层深度的加权贡献后的最大可能数值。上述关系式是基于数学期望原理，描述概率的关键参数是所有基本事件随机值的加权总和（Orlov，2004）。因为块体周围是几条断层边界，如果仅用一条断层的深度计算块体厚度，就会得出错误结果。本文曾试用最小或最大断层深度建立块体模型，结果与物理意义向矛盾，不能描述实际的地壳结构。所以，采用数学期望原理估计块体平均厚度是最合理的方法。上述计算都用 ArcGIS 软件完成，其算法见表 7-6-2。

表 7-6-2　根据断层深度估计块体厚度的流程

第一步	多边形转换为多线条
第二步	多线条转换为线段
第三步	在空间操作主窗口，用内置功能给每个线段分配块体数据
第四步	生成包含所有块体边界数据的线性形文件，块体标识数字为 i
第五步	计算每个断层边界段的长度 l_i
第六步	画出断层附近的缓冲带（1000 km），作为块体的边界
第七步	在空间操作主窗口，用内置功能给每个线段分配断层深度
第八步	在 Excel 中用“summing if”功能计算块体厚度：$M_b = \sum H_i \times L_i / P$

在得到阿尔泰-萨彦褶皱区三维新构造模型中的块体厚度后，编制块体参数（属性表）数据库，包括块体的表面面积、周长、厚度、侵蚀下切以及早更新世以来的垂直滑动速率。三维建模算法见表 7-6-3。

表 7-6-3　基于 ArcGIS 的三维建模

第一步	二维建模型（表 7-6-1）
第二步	分配边界断层深度，计算块体厚度（表 7-6-2）
第三步	用标准的内置功能对三维模型进行 ArcScene 可视化

7.6.2　结果与讨论

将 Global Mapper DEM 与 ArcGIS 相结合，实现二维和三维建模，为新构造分析开辟了新的途径。

1）阿尔泰-萨彦褶皱区新构造的二维和三维地壳模型

阿尔泰-萨彦褶皱区的二维新构造模型中，几条断层系统将该地区划分为以下 3 个尺度的块体：200×10^3 km^2、75×10^3 km^2、11×10^3 km^2。前人的研究认为，新构造断层格局基本上是继承了老的构造（Datsenko and Krasnoramenskaya，2006）。最大的构造块体（第一、第二级别）是阿尔泰-萨彦褶皱区的主要构造单元，而较小的前新生代或新生代块体（第三级别）是次要构造单元。

相对于白垩纪-古近纪准平原的断层滑动速率记录了块体的新构造活动。假设新构造运动是从更新世（1.8Ma）开始的（Trifonov，1986；Trifonove and Ponomarev，1990），根据侵蚀下切量估计各块体的平均垂直滑动速率。表 7-6-4 是用软件估计侵蚀下切量（块体内最大与最小高度之差）和新构造滑动速率的流程。

表 7-6-4　用软件 Global Mapper 和 ArcGIS 估计侵蚀下切量和新构造滑动速率的流程

第一步	用 Global Mapper 将 DEM 转换为 50m ×50m 的 xyz 网格
第二步	将文件输出到 ArcGIS，转换为点形状文件
第三步	识别各块体中最大和最小高程，计算侵蚀下切量
第四步	用内置计算器计算各块体的平均滑动速率

用 ArcGIS 计算得到的平均垂直滑动速率反映了研究区块体的新构造活动强度。活动性最强烈的是图瓦-蒙古块体（1.2～1.4 mm/a）、阿尔泰块体（1.2～1.3 mm/a）、西萨彦块体（1.1 mm/a）和东萨瓦褶皱带（1.1～1.2 mm/a）；最稳定的构造是在西伯利亚克拉通的东南边缘（0.05 mm/a）和西南边缘（0.02 mm/a）。

再用 ArcGIS 将二维新构造模型转换成三维模型，从而把阿尔泰-萨彦褶皱区的地壳分成上、中、下三层，它们具有不同的变形程度和厚度（图 7-6-2）。其中，上地壳 25 km 的厚度是最小（第三级别）块体的平均值，中地壳厚度（12 km）是从中等（第二级别）块体的平均值减去最小块体的平均值得到的，下地壳厚度（7 km）的计算方法与中地壳相同。各层变形程度的计算方法见表 7-6-5。

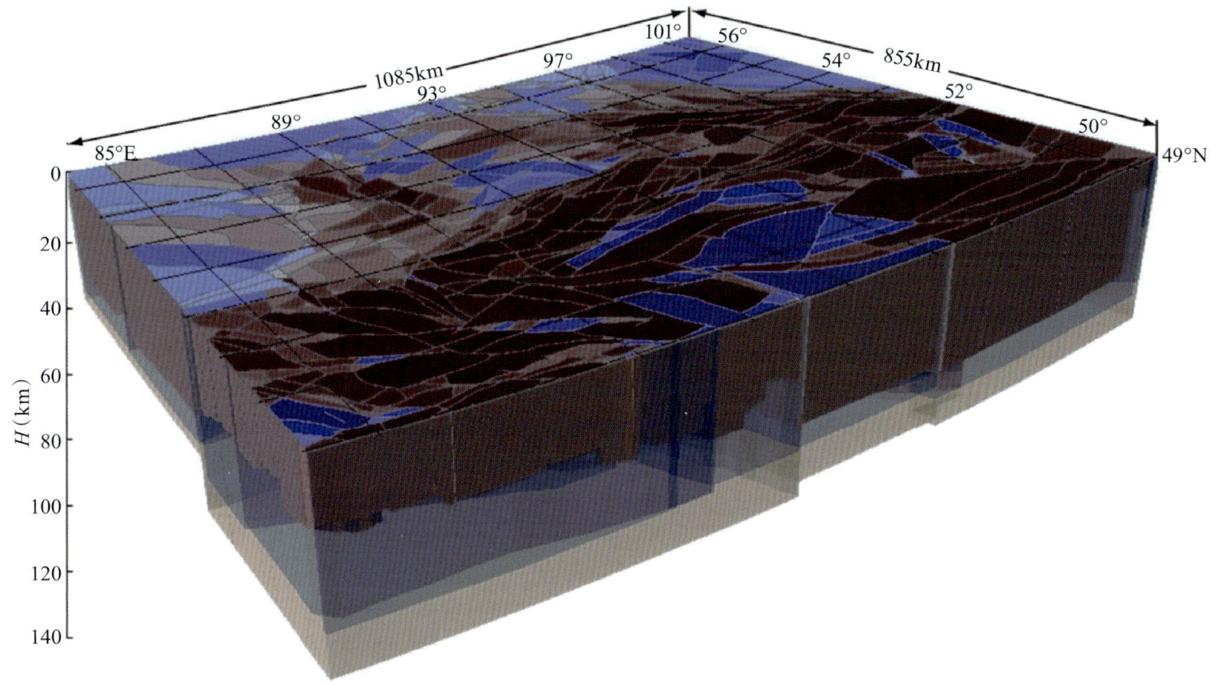

图 7-6-2　阿尔泰-萨彦褶皱区的三维新构造模型

第一层（上层）被不同大小的断层切割，结构很不均匀，厚度变化大，底部几何形状不规则（图 7-6-3）。在西西伯利亚的东南边缘和东唐努乌拉（Tannuola），上地壳最厚，分别为 30 km 和 35 km；而在相对上升和下沉的块体之间，上层最小，仅是 10 km。上地壳薄的地区变形最强烈，上层厚的地区变形则最微弱。然而，用面积与厚度的比值可以更好地描述这样的相关性。因为根据力学原理，地壳块体破裂时的变形完全依赖于面积与厚度的比值。当变形块体的面积比厚度大很多倍时，变形发生在相对薄的板状体内，表现为弹性能积累，形成长的断层，结果块体变形程度很低。相反，如果变形块体面积较小，与厚度接近，变形发生在较厚的板状体内，形成短断层的密集网络，表明变形强烈。

第二层（中层）内有区域性断层，它的底部比第一层光滑，该层厚度变化较大，在西西伯利亚是 5 km，其他地区 25～30 km。

第三层（下层）内只有大断层，结构均匀，底部（即莫霍界面）形态光滑，层厚度变化也较大，在西西伯利亚东南端是 3 km，在高地形区是 20 km。该层及其上覆层都处于均衡状态，因而地表地形与层厚之底界是镜像对称关系（图 7-6-3），特别是地表与第一（上）层的底界之间。这说明，地表大尺度的构造与地壳深部层结构相关，同时地壳流变性质随深度变化，这对理解变形方式非常重要。总之，本文用 GIS 得到的研究区二维新构造模型包含 3 个不同大小级别的块体，转换为三维模型后，显示出阿尔泰-萨彦褶皱区岩石圈的三层结构。

2）三维模型变形因子计算

根据三维新构造模型和地震震源分布，岩石圈的上、中、下层对构造运动产生不同的响应：弹性（脆性）、粘弹性或粘性（延展性）。利用这样的分层流变结构，可以定量估计各层的变形程度，即做以下变形因子计算：

上层：$Ds_1=\sum(L_{\mathrm{ilc}}\times H_{\mathrm{ilc}})+\sum(L_{\mathrm{irg}}\times H_{\mathrm{irgl}})+\sum(L_{\mathrm{ign}}\times H_{\mathrm{ign1}})/\sum(S_{\mathrm{i\ block\ 1}}\times H_{\mathrm{i\ block\ 1}})$，

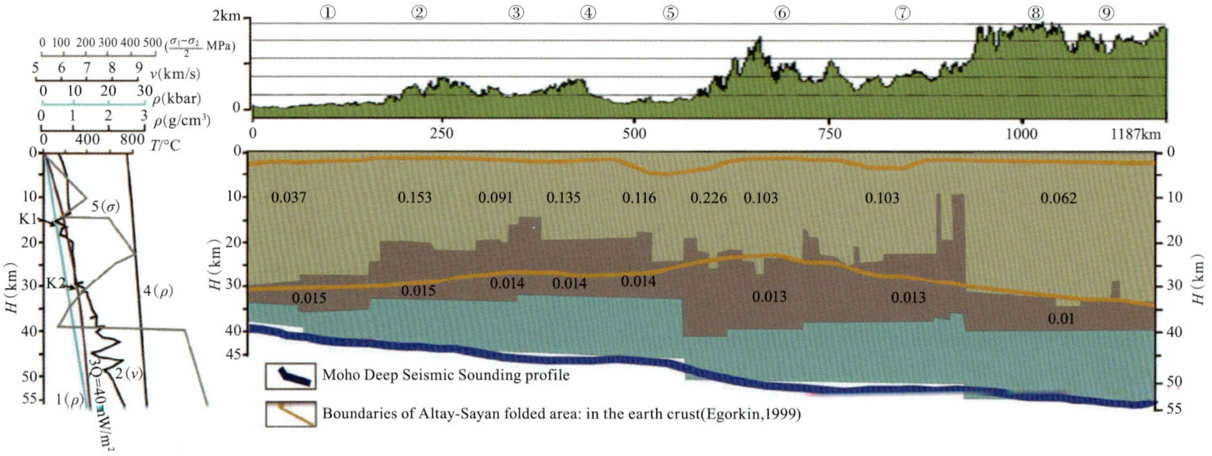

图 7-6-3　沿地震测深剖面的阿尔泰-萨彦褶皱区的地形（上图）和三层构造模型（下图）以及深部流变学参数（左图）

上图数字：①西西伯利亚板块；②索尔根山脊；③北米努萨盆地；④巴腾尼夫-贝利克复背斜；⑤南米努萨盆地；⑥西萨彦复向斜；⑦克姆奇克-西斯提克姆盆地；⑧东塔努奥拉复背斜；⑨桑基楞块体。左图物理参数：p=压力（千巴），v=波速（km/s），Q=热流（mW/m^2），ρ=密度（g/cm^3），σ为大陆岩石圈强度（MPa）。下图：剖面内数字表示变形因子。Moho Deep Seismic Sounding profile. 沿地震测深剖面的莫霍界面，Boundaries of Altay-Sayan folded area in the crust. 阿尔泰-萨彦褶皱区的地壳内部界面

中层：$Ds_2=\sum(L_{irg}\times H_{irg2})+\sum(L_{ign}\times H_{ign2})/V_2$，

下层：$Ds_3=\sum(L_{ign}\times H_{ign3})/V_3$，

式中，Ds 是描述各层变形程度的因子，L_i是断层长度（下标 lc，rg，gn 分别表示局部、区域和一般断层），H_i（$_{1,2,3}$）是三个大小级别的断层的深度，$S_{i\ block\ 1}$是上层块体表面面积，$H_{i\ block\ 1}$是上层块体的厚度，V_2和 V_3分别是中层和下层的体积。只知道上层的准确体积，中层的体积是从第二级别块体的总体积减去上层体积得到的（表 7-6-5）。

表 7-6-5　变形因子计算流程

1. 计算上层内局部、区域和一般断层面的总面积：$\sum(L_{ilc}\times H_{ilc})+\sum(L_{irg}\times H_{irgl})+\sum(L_{ign}\times H_{ignl})$，假设 H_{irgl}和 H_{ignl}都等于 25 km（第一层的平均厚度）
2. 计算上层的体积：$V_1=\sum(S_{i\ block\ 1}\times H_{i\ block\ 1})$
3. 计算 Ds_1：$Ds_1=\sum(L_{ilc}\times H_{ilc})+\sum(L_{irg}\times H_{irgl})+\sum(L_{ign}\times H_{ignl})/\sum(S_{i\ block\ 1}\times H_{i\ block\ 1})$
4. 计算中层局部、区域和一般断层面的总面积：$\sum(L_{irg}\times H_{irg2})+\sum(L_{ign}\times H_{ign2})$，假设 H_{irg2}和 H_{ign2}等于 12 千米（第二层的平均厚度）
5. 计算中层的体积：$V_2=\sum(S_{i\ block\ 2}\times H_{i\ block\ 2})-V_1$
6. 计算 Ds_2：$Ds_2=\sum(L_{irg}\times H_{irg2})+\sum(L_{ign}\times H_{ign2})/V_2$
7. 计算下层内区域和一般断层面的总面积：$\sum(L_{ign}\times H_{irg3})$，假设 H_{ign3}等于 7 km（第三层的平均厚度）
8. 计算下层的体积：$V_2=\sum(S_{i\ block3}\times H_{i\ block3})-V_2$
9. 计算 Ds_3：$Ds_3=\sum(L_{ign}\times H_{ign3})/V_3$

计算结果显示，上层、中层和下层的变形因子分别是 0.12、0.012 和 0.007 单位/ km^3，分别对应于高、中、低变形程度，反映了阿尔泰-萨彦褶皱区的构造变形格局与深度相关，说明不同深度释放弹性应变能、产生地震的能力是不相同的。

Sadovski 等（1987）认为，构造块体的大小与地震活动性之间存在如下线性关系：$L=S^{1/2}$。然而，

这个关系式只适用于等轴块体，而阿尔泰–萨彦褶皱区的大多数块体不是等轴的。下面，用本文建立的三维模型分析研究区的地震活动性。

理论上，可按流变学模型中的应变行为描述变形格局。根据具体目标，可选择三种简单流变模型（胡克体、圣维南体、牛顿体）或者三种复杂流变模型（凯尔文体、麦克斯威尔体、宾汉姆体）描述地壳介质的变形（Yaroszewski，1974）。

凯尔文体的变形是弹性流动，即介质对加载的弹性响应受到黏滞阻力，在卸载后逐渐恢复。在本文的模型中（图 7–6–4），可以用黏弹性凯尔文体说明小块体（第三级别）的上地壳层变形，它的变形因子为 0.12 单位/ km^3。

黏弹性麦克斯威尔体对加载的响应先是瞬时弹性变形，然后是准黏性流动均匀变形；卸载时，它经受弹性回跳，但不返回到初始状态。本文用麦克斯威尔体模拟中地壳层介质（图 7–6–4），它不能像上层那样发生脆性变形，因此断层较少。它的变形因子（0.012 单位/ km^3）仅为上层的 1/10。

宾汉姆体对加载的响应是先弹性变形，接着是固定速率的塑性（黏塑性）流动。它对卸载的响应与麦克斯威尔体相似，但达到塑性流动所需要的临界载荷大小不同。对于宾汉姆体体，尽管载荷较小，但只要能克服摩擦（相当于塑性极限和蠕变破裂强度）就能产生塑性流动，而麦克斯威尔体体在载荷较小时只有弹性变形。在本文模型中，用弹性–黏塑性的宾汉姆体模拟下地壳层介质（图 7–6–4），它的变形因子（0.007 单位/ km^3）远小于上层和中层，表示几乎没有弹性变形，主要是塑性流动。

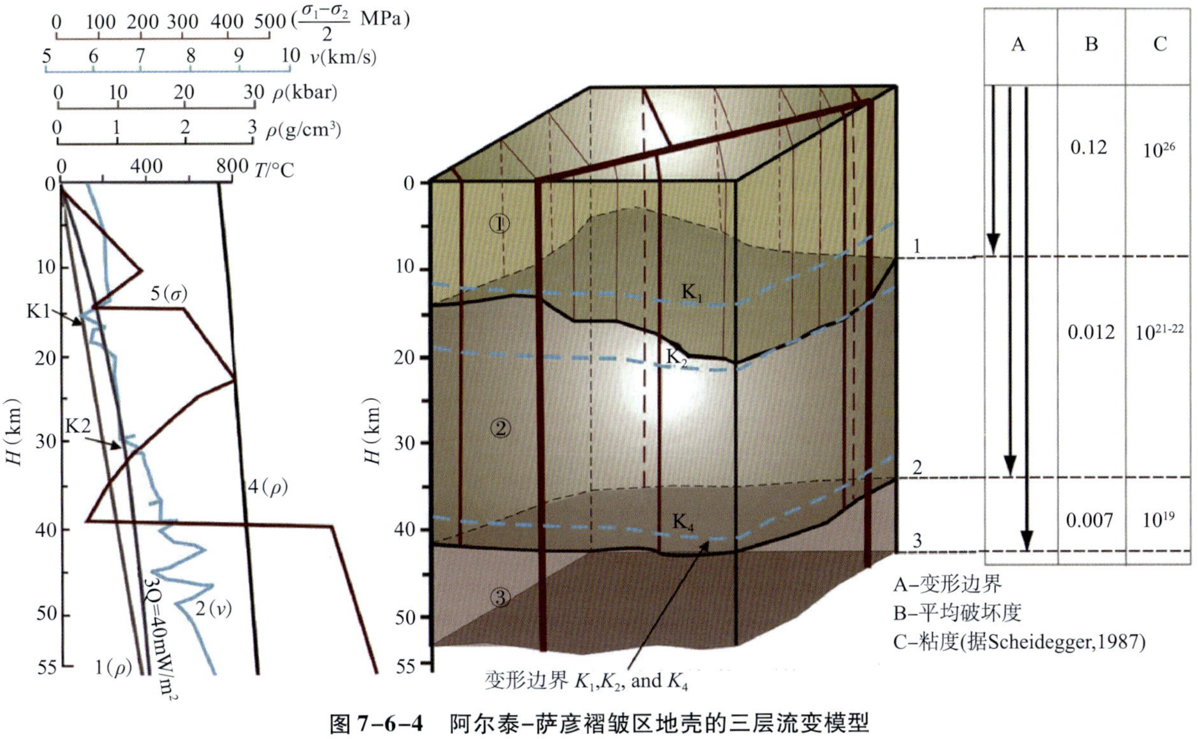

图 7–6–4　阿尔泰–萨彦褶皱区地壳的三层流变模型

流变体：①凯尔文体；②麦克斯威尔体；③宾汉姆体。K_1，K_2，K_4是根据反射剖面推测的间断面即变形界面。

左图：地壳物理参数，符号解释与图 7–6–3 相同

到目前为止，所有已提出的流变模型都不能完全与构造观点一致。从热动力学考虑，地壳的流变分层受控于岩石物理性质随深度的变化，某一具体地质地区黏弹性（凯尔文体、麦克斯威尔体）和黏塑性（宾汉姆体）变形深度与局部构造、作用力、应力格局有关。在某些参数方面，本文的流变模型与地球物理数据一致。最好是用岩石圈的平均强度进行拟合（Zacharov，1996），这一强度值在上地壳和中地壳的底界附近突然变小，在下地壳内又逐渐增大（图 7–6–4）；与基于地震反射的解释（Pavlenkova，

1996；Pavlenkova et al.，2002）大体一致。根据已有数据，阿尔泰-萨彦褶皱区地壳内的间断面 K_1 和 K_2 位于强烈变形的上地壳的底部附近（Lind et al.，2004），对应于该地区的多震层的上、下边界，而间断面 K_4 是下方中等程度变形层的底界（图 7-6-4）。

如图 7-6-4 所示，热流和密度随深度逐渐增大，没有与地壳分层一致的清晰分界面，高的变形因子与低热流之间似乎存在反比关系，即热流越低，变形因子值越高。

本文模型所预测的层边界位置与大地电磁测深、地震反射剖面以及密度模拟结果（Bolt，1981）基本相同，表明本文的三维新构造模型是合理的，阿尔泰-萨彦褶皱区具有典型的大陆地壳结构。

本文所提出的阿尔泰-萨彦褶皱区的地壳流变模型对地震学研究有重要意义。该模型表明，地壳内的不同深度都能破裂而引起地震，反映发震性质的变化（Scheidegger，1987）。阿尔泰-萨彦褶皱区三维新构造模型中，上层、中层和下层的变形因子分别为 0.12 单位/km^3、0.012 单位/km^3、0.007 单位/km^3，它们的变形特征可用不同的流变模型来描述，同时也说明具有不同的积累弹性能的可能性，因而决定了地壳内地震震源的深度分布。

3）阿尔泰-萨彦褶皱区的新构造模型与地震活动性

从二维新构造模型看，阿尔泰-萨彦褶皱区有以下地震活动带：卡拉干、阿尔泰、沙普沙尔、图瓦、布辛格尔。可以用不同的方法解释这些地震带应力积累的原因。在多数地震带，$M>5.5$ 的地震震源深度小于 15 km，只有在阿尔泰和沙普沙尔地区的 2 个 $M>6$ 的地震震源深度分别为 33 km 和 30 km。大多数地震发生在 10 km～33 km 深度范围，分别对应于上地壳的下部（凯尔文体）和中地壳的上部（麦克斯威尔体）（图 7-6-4）。震源集中区的变形因子为 0.13～0.16，可能表明这是最有利于地壳变形和弹性能量集中的部位，变形程度与地震释放总能量之间是反比关系（图 7-6-5）；在上地壳（第

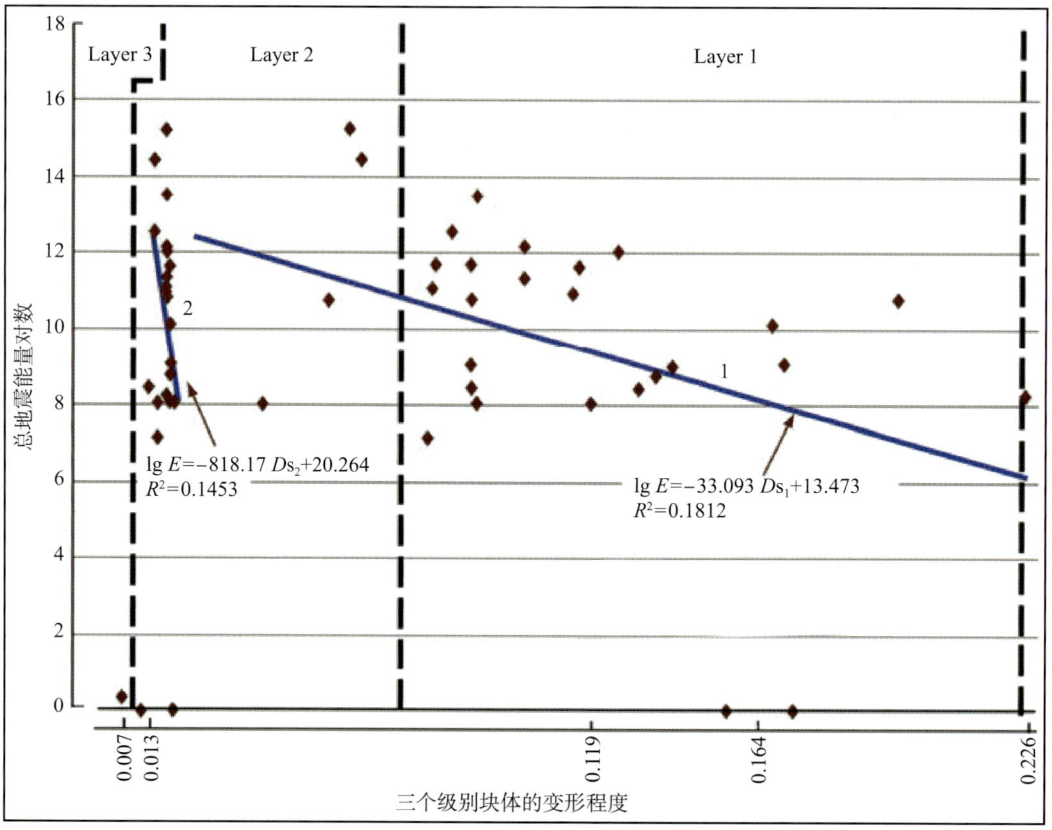

图 7-6-5　块体变形程度（D_s）与总地震能量（E）的关系：$\lg E=-33.09D_s+13.473$

垂直虚线将三维地壳模型分成 3 层

一层）内最大相关系数为-0.9，关系式为 $\lg E=-33.09D_s+13.473$，中地壳（第二层）相关系数为-0.6，关系式为 $\lg E=-818.17D_s+20.264$。地震活动分散地区，不存在这样的相关性。

阿尔泰-萨彦褶皱区的地震主要发生最容易变形的上地壳下部和较容易变形的中地壳上部，前者相当于凯尔文体，变形因子为0.16，后者相当于麦克斯威尔体，变形因子不低于0.013。总的地震释放能量与变形程度成反比关系。

7.6.3 结论

本文用GIS研究了阿尔泰-萨彦褶皱区的新构造模型和地震活动性，得到以下结果：

（1）将Global Mapper的数字高程模型（DEM）与ArcGIS相结合，可以开展二维和三维构造建模，不需要增加很多计算机耗时。

（2）本文得到的阿尔泰-萨彦褶皱区的三维新构造模型有助于认识研究区的地壳变形格局和流变性质，为区域性地震活动研究提供线索。

（3）地壳块体不同深度上变形程度（变形因子）与释放的总地震能量之间的相关性，可能是研究区地震预测的一个重要判别依据，而过去曾认为阿尔泰-萨彦褶皱区是低地震活动性。

（4）本文所使用的GIS方法也能应用于其他地区。

参考文献

Alakshin, A. M., Lysak, S. V., Pismenny, B. M., Earth crust structure of boundary between Siberian craton and folding zone. Geologiya i Geofizika (Russian Geology and Geophysics), 1988, 11, 24～31 (in Russian).

Alakshin, A. M., Lysak, S. V., Pismenny, B. M., Subsurface structure and geodynamics of Sayan-Baikal mountain system and contiguous regions of East Siberia. Subsurface Structure of USSR territory. Nauka, Moscow. 1991, pp. 88～106 (in Russian).

Bezzubtsev, V. V., Glukhov, Y. S., Mkrtychyan, A. K., Zuv, V. K., Geological Map of Russia, scale 1: 1000, 000 (New Series). Sheet N-46 (47): Abakan. Explanatory Note. Kartfabrika VSEGEI, St. Petersburg, 2000, 57 pp. (in Russian).

Bolt, B. A., Earthquakes. Mir, Moscow, 1981, 256 pp. (in Russian).

Breunig, M., Cremers, A. B., Gotze, H. J., Schmidt, S., Seidemann, R., Shumilov, S., Siehl, A., Geological mapping based on 3-D models using an iteroperable GIS. Geo-Information-Systems. Journal for Special Information and Decision Making, 2000, 13, 12～18.

Castanie, L., Bosquet, F., Levy, B., Advances in seismic interpretation using new volume visualization techniques. First Break, 2005, 23, 67～78.

Cheremisina, E. N., Nikitin, A. A., Geo-Information-Systems in nature management. Journal of Geoinformatics, 2006, 3, 5～20 (in Russian).

Datsenko, V. M., Karsnoramenskaya, T. G., Neotectonic zoning of Altay-Sayan region in the base fault-block structures, seismicity and geophysical data. In: Proceedings of International Symposium: Neotectonics, Seismicity, Modern Volcanic Process and Mineral Resources in Central Asia. KNIIGIMS, Krasnoyarsk, 2006, pp. 99～104 (in Russian).

Egokin, A. V., Earth mantle analysis with overlength geotraverses. Journal of Erath Physics, 1999, 7/8, 114～130 (in Russian).

Gerasimov, I. N., Geomorphic expression of neotectonics. Neotectonic Movements, Volcanism, and Earthquakes in Continents and Oceans. Nauka, Moscow, 1969, pp. 40～46 (in Russian).

Gerasimov, I. N., Current Terrain-Forming Surface Processes: State of the Art, Problems, and Methods. Current Terrain-Forming Surface Processes. Nauka, Moscow, 1970, pp. 7～14 (in Russian).

Grachev, A. F., Neotectonics, Geodynamics, and Seismicity of Northern Eurasia. OIFZ RAN, Moscow, TsentrGEON MPR RF, 2000, 312 pp. (in Russian).

Karsnoramenskaya, T. G., Lobatskaya, R. M., A 3-D neotectonic model of the Altay-Sayan folded area and the seismic process. Tectonophysics and Topical Problems of Geosciences. In: Proceedings of All-Russian Workshop on the 40th anniversary of Gzovsky's Tectonophysical Laboratory at the Institute of Physics of the Earth. IFZ RAN, Moscow, 2008, pp. 56～58 (in Russian).

Lastochkin, A. N., General Geomorphology. Treatise on the Mophology of the Earth's Surface. St. Petersburg University, St. Petersburg, 1991, 154 pp. (in Russian).

Lind, E. N., Misshuk, O. V., Zolotov, E. E., Regional seismography and electrometry for study of deep structure of Altay-Sayan region along the destination of Tanzibei-Kyzyi-Erzin. Unpublished report. KNIGIMS, Krasnoyarsk, 2004, 443 pp. (in Russian).

Lobatskaya, R. M., Structural Zoning of Faults. Nedra, Moscow, 1987, 156 pp. (in Russian).

Lobatskaya, R. M., The neotectonic fault-block structure of junction of Siberian Platform and West Siberian plate. Journal of Geology and Geophysics, 2005, 46 (2), 141～150 (in Russian).

Lobatskaya, R. M., Karsnoramenskaya, T. G., A 3-D neotectonic model of the Altay-Sayan folded area as a basis for earthquake prediction. Journal of Mineral Resources Exploration. Izv. SO RAN, Nauki o Zemle, 2008, 32 (6), 132～142 (in Russian).

Lifshiz, V. V., Lind, E. N., Misshuk, O. V., Geology and geophysics study of deep structure of seismic prone zones of east part Altay-Sayan folded area for goal of detail seismic zoning. Unpublished report. KNIIGIMS, Krasnoyarsk, 2005, 220 pp. (in Russian).

Lysak, S. V., Dorofeeva, R. P., Duchkov, A. D., Sokolova, L. S., Thermal condition of central Asia lithosphere. In: Levi, K. G., Sherman, S. I. (Eds.), Actual Problems of Modern Geodynamics of Central Asia. Izd. SO RAN, Novosibirsk, 2005, pp. 89～120 (in Russian).

Makarov, V. P., Evolutionary nature of structure formation in lithospheric material: universal principle for fractality of solids. Geologiya I Geofizika (Russian Geology and Geophysics), 2007, 48 (7), 558～574 (in Russian).

Mats, V. D., Ufimtsev, G. F., Mandelbaum, M. M., Cenozoic of Baikal Basin: Structure and Geological History. Filial Geo. Izd. SO RAN, Novosibirsk, 2001, 252 pp. (in Russian).

Nikolaev, V. A., Geomorphological systems of Siberia. Problems of Systematic Approach to Understanding the Earth´s Surface Topography. Nauka, Novosibirsk, 1982, pp. 108～122 (in Russian).

Nikonov, A. A. Holocene and Current Crustal Movements. Nauka, Moscow, 1977, 287 pp. (in Russian).

Orlov, A. I., Mathematics of Randomness. Probability and Statistics: Principle Facts. A Handbook. MZ-Press, Moscow, 2004, 163pp. (in Russian).

Orlova, A. v., Block Structures and Terrain. Nedra, Moscow, 1975, 314pp. (in Russian).

Pavlenkova, G. A., Priestly, K., Cipar, J., 2-D model of the crust and uppermost mantle along rift profile, Siberian craton. Tectonophysics, 2002, 355, 171～186 (in Russian).

Ponomarev, V. S., Trifonov, V. G., Factors of Tectonic Processes, Topical Problems of Continental and Oceanic Tectonics. Nauka, Moscow, 1978, pp. 81～94 (in Russian).

Pozdnyakov, A. V., Chervanev, I. G., Self-organization in the Evolution of Landforms. Nauka, Moscow, 1990, 173 pp. (in Russian).

Sadovskii, M. A., Bolkhovitinov, L. G., Pisarenko V. F., Deformation of Lithosphere and the Seismic Process. Nauka, Moscow, 1987, 224pp. (in Russian).

San'kov, V. A., Depths of Faults. Nauka, Novosibirsk, 1987, 178pp. (in Russian).

Scheidegger, A., Fundamentals of Geodynamics. Nedra, 1987, Moscow (in Russian).

Seminskii, K, Z., Mapping the fault-block crustal structure at the present stage of tectonophysical evolution. Geofizicheskii Zhurmal, 2005, 27 (1), 85～96 (in Russian).

Sherman, S. I., Physical Laws of Crustal Faulting. Nauka, 1977, Novosibirsk (in Russian).

Sherman, S. I., Tectonphysical analysis of seismic process in zones of active lithospheric faults and medium-term earthquake prediction. Geofizicheskii Zhurnal, 2005, 27 (1), 20～38 (in Russian).

Sherman, S. I., Lobatskaya, R. M., Correlation between lengths and depths of faults in the Baikal rift zone. Doklady Akademii Nauk SSSR, 1972, 205 (3), 578～581 (in Russian).

Sibgatulin, V. G., Simonov, K. V., Perotokin, S. A., Estimation of Seismic Risk of South Central Siberia. KNIIGIMS, Krasnoyarsk, 2009, 194pp. (in Russian).

Trifonov, V. G., Map of Active Faults of the USSR and Adjacent Areas. Scale 1 : 8000000. Nauka, 1986, Moscow (in Russian).

Trifonov, V. G., Ponomarev, V. S., Causes of mountain growth. In: Logachev, N. A. (Ed.), Geodynamics of Intercontinental Mountainous Terrains. Nauka, Novosibirsk, 1990, pp. 336～341 (in Russian).

Toib, R. E., Study of deep structure of Altay-Sayan fold-mountain system along the destination of Minusinsk-Kysyl-Erzin. Unpublished report. KNIIGIMS, Krasnoyarsk, 2002, 272pp. (in Russian).

Ufimtsev, G. F., Genesis of Relief. Nauka, Novosibirsk, 1998, 328 pp. (in Russian).

Ulomov, V. I., Shumilina, L. S., Mapping Set of General Seismicity Zoning of Russian Federation OSR-97. Scale 1 : 8000000. Explanatory Note and List of Cities and Settlements in Seismic Prone Areas. Nauka, Moscow, 1999, 57 pp. (in Russian).

Yaroszewski, W., Tektonika Uskokow i Faldon. Wydawnistwa Geologiczne, Warswa, 1974, 287pp. (in Russian).

Zacharov, L K., Dynamics of rheology Laminated Lithosphere of Continental Collision. Nauka, Moscow, 1996, 183 pp. (in Russian).

Zyat′kova, L. K., Structural Geomorphology of the Altay-Sayan Mountain Province. Nauka, 1977, 154 pp. (in Russian).

7.7　帕米尔地震构造：斜向转换剪切和向南深俯冲模型*

7.7.1　概述

发生在兴都库什-帕米尔地区的中、深源地震活动，被认为是沿特提斯陆-陆碰撞带正在发生大陆深俯冲作用的结果（Vinnik et al., 1977, 1978; Roecker, 1982; Katok, 1988; Hamburger et al., 1992; Burtman and Molnar, 1993; Fan et al., 1994; Pegler and Das, 1998; Zhang et al., 2002）。迄今为止，还没有关于该地区的深俯冲作用是如何发生和为什么发生的详细研究。该地区中、深源地震的震中沿兴都库什-帕米尔-西南天山呈 WSW-ENE 向分布，在深度为 70 km 的平面上展现为 S 形。自 20 世纪 70 年代后期以来，不同作者分别根据 ISS（International Seismological Summary）或 ISC（International Seismological Center）的地震记录，讨论了该地区地震活动的三维分布，并建立了不同的构造模型来解释兴都库什-帕米尔地震带的构造。某些工作曾经设想地震是由于刚性构造层（俯冲岩板）周围岩石中的应力引起的（Vinnik et al., 1977），而另一些则认为是由于先存大洋岩石圈的俯冲作用引起的（Billington et al., 1977）。过去的 20 多年来，关于俯冲岩板的构造几何学一直存在着不同意见。Nowroozi 发表了该地区第一个详细的地震剖面（Nowroozi, 1971），并认为存在两个地震带。其中的一个地震带走向 EW，处于帕米尔下面 70～175 km 深处，另一个地震带走向 NE-SW，位于兴都库什下面 175～250 km 深处。尽管 Billington 等（1997）强调兴都库什和帕米尔下面也许是同一个地震带，但不否认原来存在两个方向相反的俯冲带的可能。然而，Vinnik（1977）根据在 300 km 深度上高速带与地震活动带耦合现象以及该地区存在前寒武纪岩石露头的事实，认为中深源地震代表单一的活动带。微震活动性的研究（Chaterlain et al., 1980; Roecker et al., 1980）也得出了存在两个俯冲带的结论。更晚的地球物理研究倾向于认为兴都库什和帕米尔下面的俯冲带向相反的方向俯冲（Hamburger et al., 1992; Burtman & Molnar, 1993; Fan et al., 1994）。Pegler 根据重新定位的震源数据，提出了改进的单一“S”形反向俯冲地震带模型，并指出了其中存在的某些地震空区（Pegler G. and Das S., 1998）。目前的研究围绕它们究竟是一个地震带，还是存在帕米尔和兴都库什两个独立地震带等问题有着不同意见，对该地区中、深源地震成因和区域构造联系还存在争议。

自从 Chopin（1987）根据在西阿尔卑斯发现超高压片麻岩并提出大陆岩石圈深俯冲的概念以来，地

* 本节作者：张家声、单新建、黄雄南，中国地震局地质研究所，100029　北京。

质和地球物理学家关于大陆地壳是否可以深俯冲到地幔中的问题一直争论不休。帕米尔、台湾、阿尔卑斯西部、东地中海东部、喀尔巴阡山南部等地正在进行的这类深俯冲正在引起极大的重视（Chopin，1987；Roecker et al.，1987；Pavlides，1992）。相继提出各种各样的大陆岩石圈深俯冲动力学模型（Beukel，1992；Cloos，1993；Wijbrans et al.，1993；Willett et al.，1993；Ryan et al.，1995；Ellis，1996）。21 世纪初，中国东部苏鲁地体中超高压片麻岩的成因和抬升机制引起争议（Zheng，2008）。该处中生代超高压榴辉岩暴露地表，有证据表明，这些岩石在抬升前曾经经历了左行走滑剪切改造（Zhang et al.，2003，2005；Zhao et al.，2003）。根据岩石学、地球化学和同位素地球化学研究成果，大别-苏鲁地体中的超高压变质岩被认为是中生代大陆地壳深俯冲和重结晶作用的产物（Zheng，2008）。

帕米尔地区的新构造被认为是印度板块向北俯冲的结果，该地区地球物理探测结果提供了大陆地壳和岩石圈俯冲到 200 km 以下的证据（Vinnik，1977，1978；Roecker，1982；Hamburger et al.，1992；Burtman & Molnar，1993；Fan et al.，1994；Katok，1988）。本文通过建立兴都库什-帕米尔-中国西部地震数据库（图 7-7-1），将该地区的地震分别投影到 42 条不同方向的走廊剖面上，详细地构建了大陆俯冲的三维几何学。结合该地区地震活动时空迁移规律、地表变形构造和地壳速度结构的最新研究成果，对地震带及其地震构造的性质、地震活动的区域构造联系作出了新的解释。强调恰曼斜向走滑断层对帕米尔和兴都库什地震带的制约作用，沿帕米尔地震带正在发生大陆深俯冲作用是恰曼断层位移牵引的结果，部分下地壳物质被靠近恰曼斜向剪切断层附近的深俯冲作用带到 200 km 以下的深度。建立了深俯冲带上盘岩石中多期反冲的构造组合，恢复了后退俯冲作用的演化历史和深部岩石折返机制，讨论了大陆深俯冲的动力学机制。

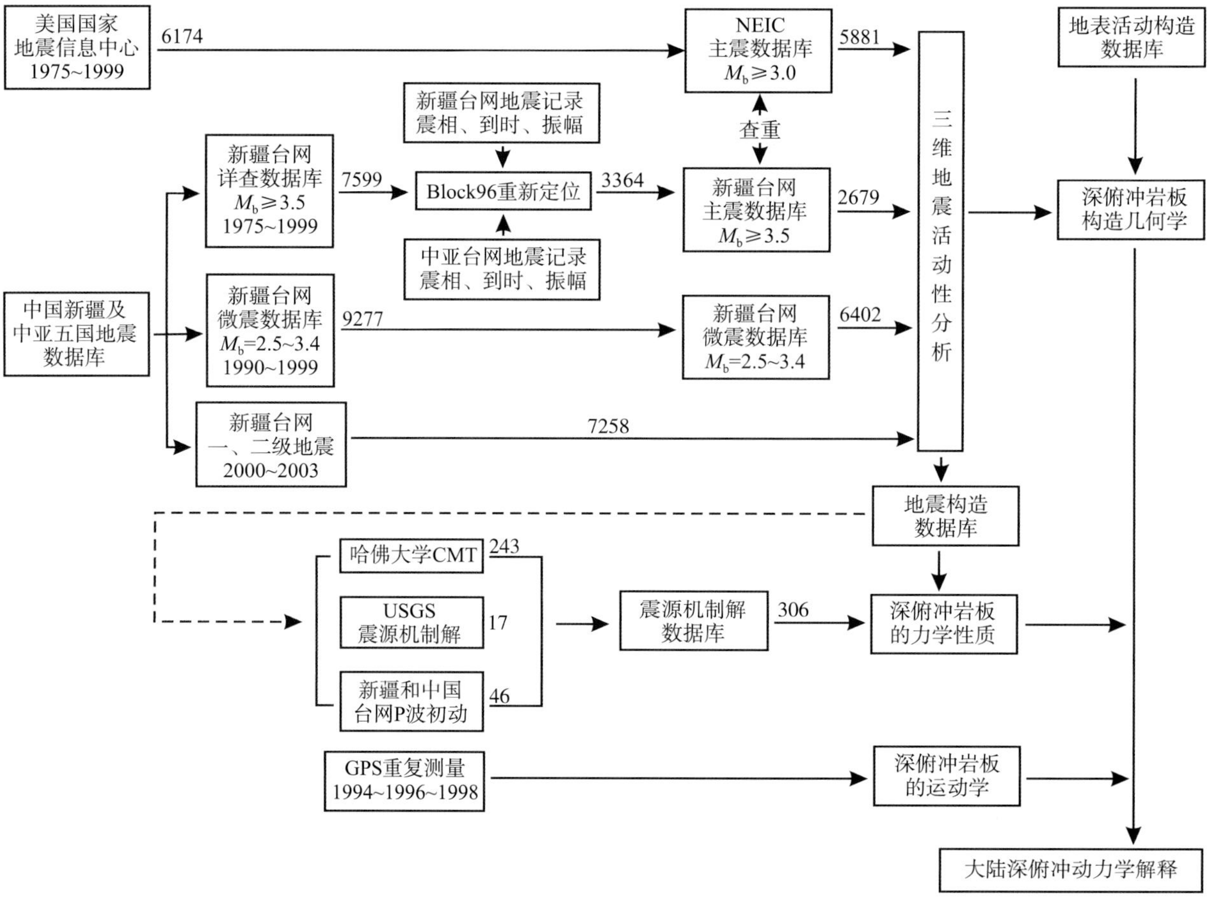

图 7-7-1　数据来源及处理流程

7.7.2 地震记录和数据处理

研究地区位于34°N～42°N，69°E～82°E之间（图7.7.2）的兴都库什-帕米尔-中国西部地区。为了获得精细的地震活动三维几何学，我们先后收集整理了该地区1975～2003间发生的30308个地震记录（图7-7-1）。在利用NEIC（USGS）1975～1999年期间的6174个$M_S \geq 3.0$地震记录的基础上，对中国新疆地震台网1975.1～2003.6间记录的24134个地震记录进行了整理和重新定位：包括中国新疆地震台网（XJSN）1975～1999年记录的7599个$M_S \geq 3.0$的主震和1990～1999年记录的9277个$2.5 \leq M_S \leq 3.4$的微震，以及2000.1～2003.7间记录的7258个地震。其中部分地震记录是在与邻近三个中亚国家（哈萨克、吉尔吉斯和塔吉克）进行地震数据交换的基础上确定的。根据NEIC和XJSN地震震源定位方法的不同，对NEIC记录和XJSN主震记录中重复的地震进行了清除（当二者的深度差别大于6 km时从NEIC中清除，否则从XJSN主震记录中清除）。

新疆地震台网由40个区域台站和11个遥测台站组成，震中定位的精度自1970年以来有了很大的改进。在本项研究中，定位精度达到1、2类（水平误差小于5 km，垂直误差小于10 km）的1975～1999年间3364个主震和2000.1～2003.7间发生的6402个微震和7258个主震记录是直接引用的。1975～1999期间的其余地震则用改进了的BLOC96程序进行了重新定位。对其中震相和初动方向不清楚，到时误差较大的地震，则在重新查阅新疆和中国地震台网原始记录（地震图）的基础上进行了精确分析和重新定位，使它们震源定位的水平误差小于5 km，垂直误差小于15 km。查重后的有效地震记录总数为22220个。

此外，在收集研究地区哈佛大学243个CMT（震源机制矩张量解）以及USGS的17个震源机制解数据的基础上，利用新疆地震台网和部分全国地震台网资料，采用P波初动方向法，计算得到了另外46个地震的震源机制解。

7.7.3 地震活动性分析方法

1）地震活动的三维几何学分析

为了解地震活动的三维分布，所有地震沿42条选定方向（图7-7-2）的走廊剖面和不同深度的平面（图7-7-3）进行了精确投影。沿选定剖面线两侧各0.5°宽约80 km的垂直走廊中发生的地震的震源定位被投影到中央剖面上。剖面投影程序在对地球曲率引起的定位误差进行了校正的同时，将地震震源坐标的经纬度换算成它们在选定剖面上的距离（公里），并且给出了相应经纬度，以便在水平和垂直比例尺完全一致的情况下得到接近真实的三维分布图像。投影后地震活动的剖面（图7-7-4、5、7）和平面分布特征，不仅描绘了根据地震活动性确定的深俯冲岩板的三维几何学，也突显了由特定地震带和地震群所代表的地震构造。306个地震的震源机制解被用来解释上述地震构造的破裂特征和力学性质。从而有可能对这一地区深俯冲作用的动力学开展讨论。

2）地震活动性随深度的变化

研究区深度小于70 km的浅源地震平面投影比较分散，总体表现为内、外两组地震带。外地震带沿西南天山呈NEE向分布，向NNW逐渐减弱（图7-7-3（a），A_{1-3}）；内带整体呈向北凸出的弧形，由中段帕米尔高原北缘弧形地震带（图7-7-3（a），P）、东南段喀喇昆仑-喜马拉雅SE走向地震带（图7-7-3（a），K）、和西南段兴都库什附近的NE走向两条小地震带（图7-7-3（a），X_{1-2}）组成。根据这一地区的野外调查，地表宽变形带是特提斯闭合后发生陆-陆碰撞过程形成的（Windley，1988；Fan et al.，1994；Searle，1996），内带SW段和NE段所发生的浅源地震，分别与恰曼左行走滑断层位移和沿喀喇昆仑断层的右行走滑位移有关；前者是印度洋底恰曼转换断层登陆欧亚大陆的延伸，在研究区地表表现为一系列左行斜列的NE向左行走滑断层组合，与浅源地震弧形内带的SW段两条小地震带对应。中段的弧形地震带与帕米尔下面向南倾的冲断层作用有关。外带的地震活动在70 km以下逐渐消失（图7-7-3）。

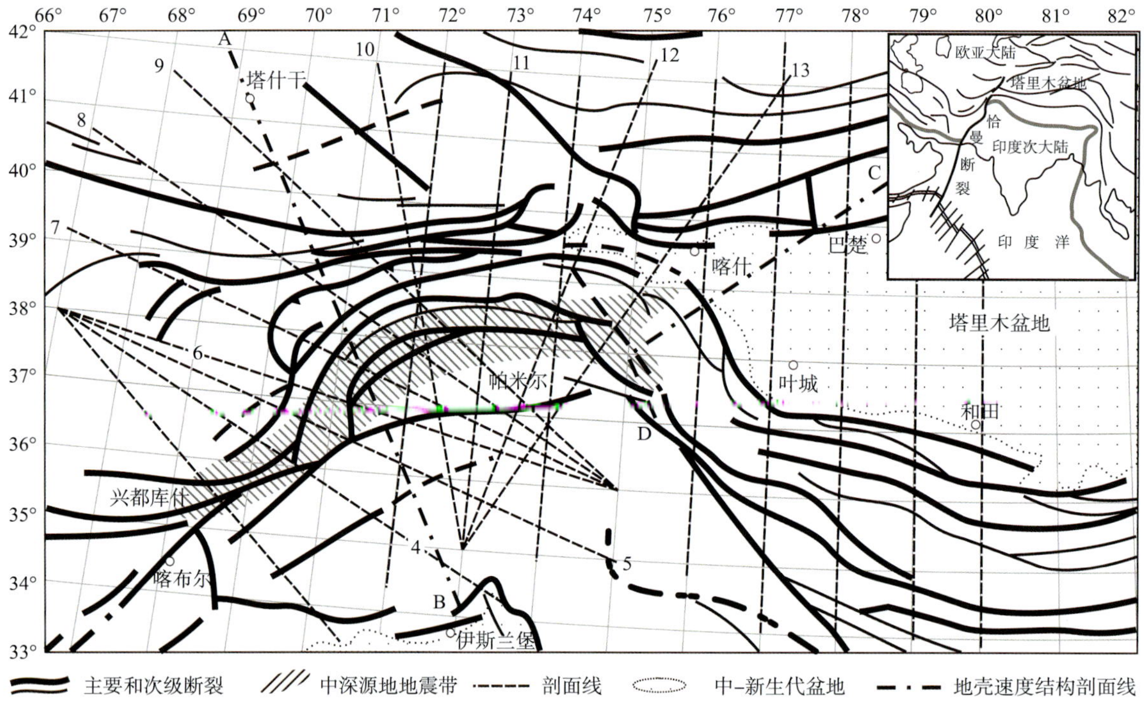

图 7-7-2　研究区地质构造略图及剖面位置

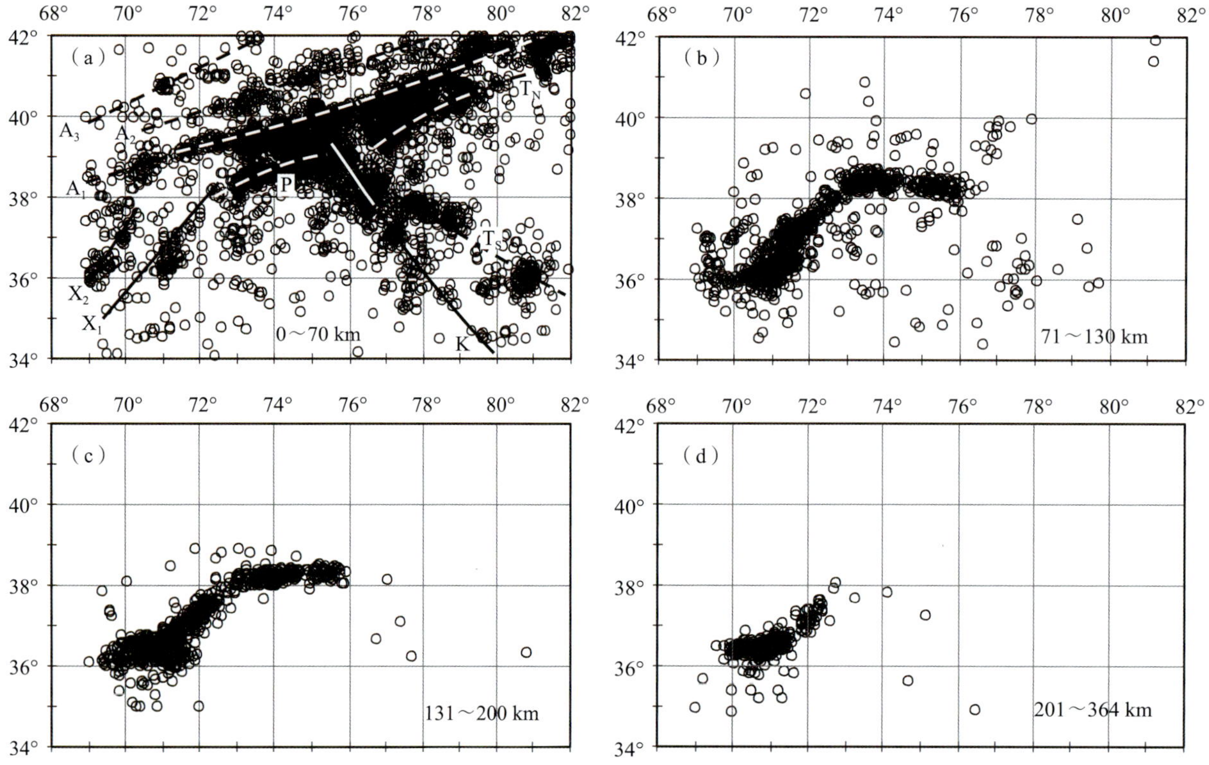

图 7-7-3　研究区地震活动的平面投影

P. 帕米尔；T_N. 北天山；T_S. 南天山；K. 喀拉昆仑；X_1，X_2. 恰曼（chama）断裂的地表形迹

深度大于 70 km 的中、深源地震活动，是上述浅源地震弧形内带的中段和南西段向下的延伸，地震活动相对集中的趋势十分明显。在 71～200 km 平面上表现为一个“S”形地震带（图 7-7-3（b）、 (c)), 分别由 NE 段帕米尔和 SW 段兴都库什两个近 EW 走向的地震带以及中段呈 NE 走向地震带组成。这一“S”形地震带向东止于喀喇昆仑右行走滑断层，东侧近 EW 走向的中、深源地震带，是帕米尔浅源地震带（图 7-7-3 (a), P）的下延，在 200 km 深度以下很快消失；中段对应于浅源地震内带 SW 段两条小规模 NE 走向地震带（图 7-7-3 (a), X_{1-2}），代表恰曼走滑断层的深部活动；而西南侧较小的东西向兴都库什地震带则继续向下延伸。深度大于 200 km 以后，地震活动退缩为兴都库什地区略向 SE 凸出的小的弧形带（图 7-7-3 (d)），代表近东西向兴都库什地震带与北东向恰曼左行走滑断裂的接合部。

上述平面投影暗示地震活动在不同地壳层次上的构造联系。浅源地震活动的分布特征，为理解陆-陆碰撞和深俯冲作用引起地表宽变形带中的基本构造格局提供了重要信息。中、深源地震的东西向帕米尔地震带和兴都库什地震带均有向中段 NE 走向地震带收缩的趋势，意味着 NE 走向的恰曼转换断层对它两侧东西走向冲断层的制约作用。

7.7.4　中、深源地震活动的剖面投影、地震构造和俯冲大陆板块的三维几何学

在与帕米尔地震带高角度相交的走廊剖面上（剖面 10-13、72、74，剖面位置见图 7-7-2，下同），地震活动投影被限定在一个双地震剪切带（Seismic Shear Zone）及其以上的三角形区域内（图 7.7.4）。剖面中部一条不连续的主地震剪切带（major seismic shear zone，MSSZ）将帕米尔俯冲大陆岩板分为 5.0 级以上主震发生的上部构造域和少量小震活动的下部构造域。主地震剪切带（MSSZ）被认为是帕米尔俯冲大陆岩板的顶界。下地震剪切带（LSSZ）位于俯冲岩板内部，与主地震剪切带（MSSZ）大体平行。在“S”形中、深源地震带的 NE 段（帕米尔地震带），上述两条地震剪切带均向南倾斜（图 7-7-4）。

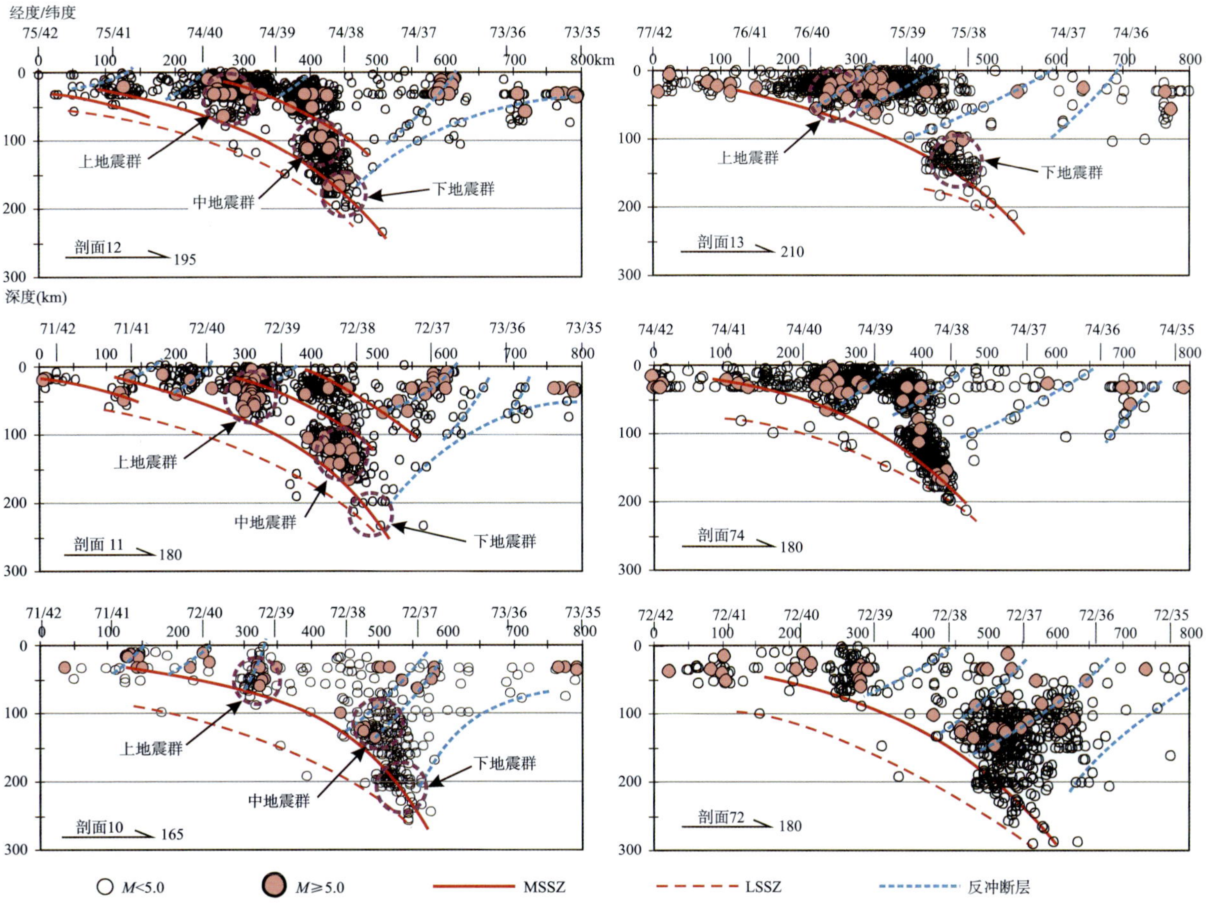

图 7-7-4　帕米尔地震带地震活动剖面投影

在“S”形中、深源地震带呈NE走向的中段，地震活动的剖面投影显示一个强大的、深达300 km的近直立地震活动带（图7-7-5，剖面5），向NE逐渐被南东倾的地震带所代替（图7-7-5，剖面6～9）。在横过“S”形中、深源地震带的SW段（兴都库什地震带），地震活动逐渐减弱，双地震剪切带倾向NW（图7-7-5，剖面3-4）。帕米尔深俯冲岩板向西止于NE走向的恰曼左行走滑断裂。在

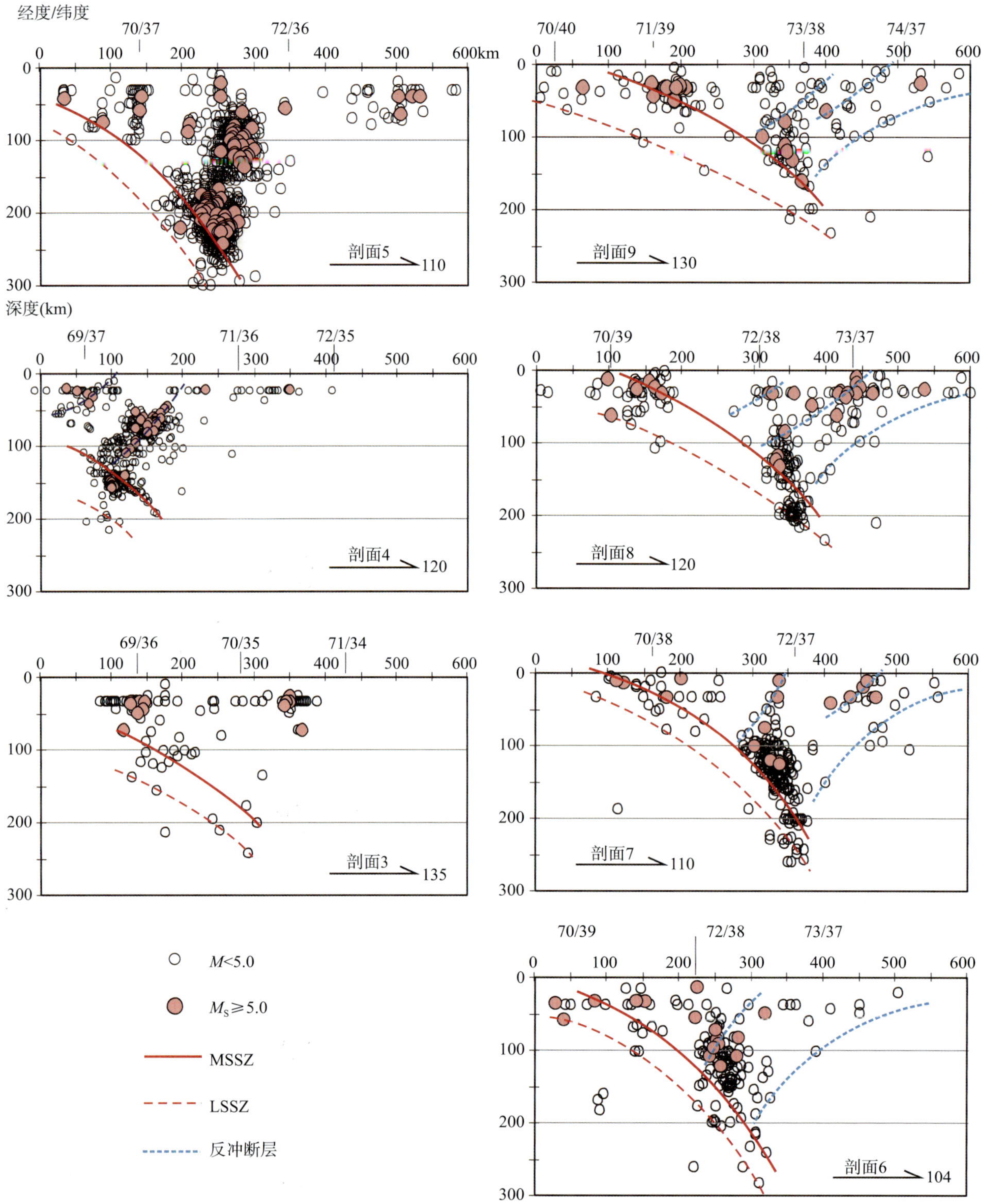

图7-7-5　恰曼和兴都库什地震带地震活动剖面投影

恰曼断裂以西兴都库什存在一个小的向 NW 倾覆的地震带（图 7-7-5，剖面 3），有可能代表恰曼断裂左行位移牵引的构造响应。深俯冲岩板自帕米尔向东继续延伸，但俯冲深度迅速减小，并在越过喀拉昆仑右行走滑断裂以后分解为两个独立的、方向相反的俯冲带。一支位于西南天山北侧，另一支位于西昆仑北侧。两者的深度均小于 120 km（图 7-7-6）。

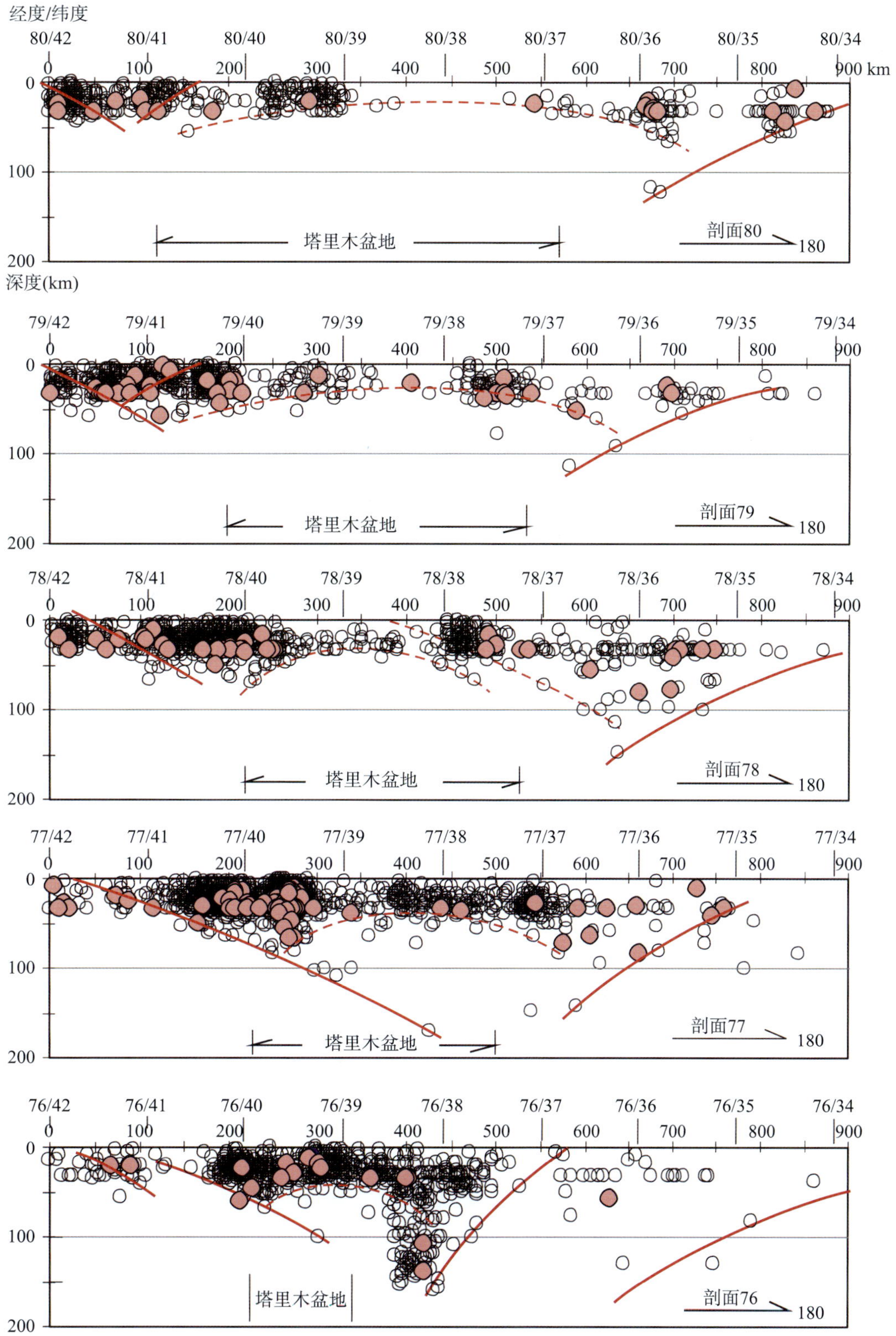

图 7-7-6　塔里木盆地地震活动性剖面

根据主地震剪切带在各个走廊剖面上的投影坐标，帕米尔地区向 S 倾覆的深俯冲岩板的三维几何学呈现为一个上宽下窄、上缓下陡的倒三角形几何学（图 7-7-7，7-7-11），倾角由缓变陡大致出现在 80～120 km 附近。

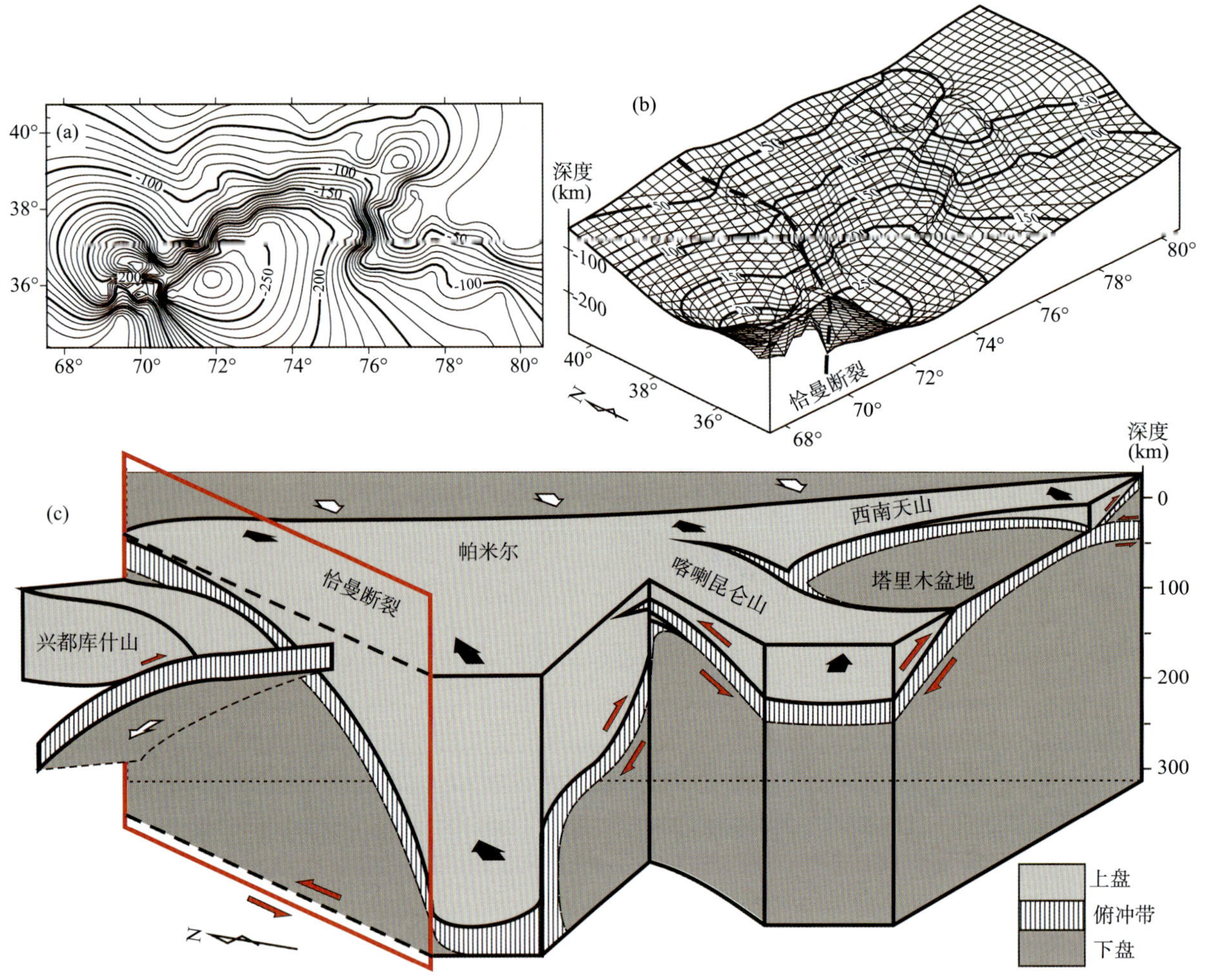

图 7-7-7　根据上（主）地震剪切带深度的二维（a）和三维（b）分布绘制的深俯冲岩板的构造几何学（c）

除了上述双地震剪切带之外，帕米尔地震带中大部分 5.0 级以上地震活动（图 7-7-8）的剖面投影都存在上、中、下 3 个地震群（图 7-7-4，7-7-5）。上地震群（The uppermost earthquake concentration，UEC）出现在 35（15～55）km 附近的深度上，沿帕米尔俯冲岩板走向向东连续稳定；但向西穿越恰曼走滑断层后，突然大幅度向南出现在兴都库什地区（图 7-7-9（a））。说明两者性质相同，但已不属于同一个构造。中地震群（MEC）大体出现在 100（95～120）km 左右的深度上，下地震群（LEC）主体出现在 200（180～220）km 附近，但深度变化较大，向东逐渐变浅并与中地震群合并，向西越过恰曼断裂以后消失。以上 3 个地震群均出现在深俯冲岩板上界面及其邻近的上盘岩石中，可能与这些位置上典型的构造作用性质有关。其中，上地震群对应长英质地壳的脆-韧转换和岩石摩擦行为的差别，存在“二相变形”的地震成因机制（Sibson，1980，1992；张家声，1987）；中地震群与帕米尔深俯冲岩板向下由缓倾变陡的深度大体相当，下地震群基本上出现在深俯冲岩板的最前端。中、下地震群的地震成因，除了与深俯冲岩板不同层段的力学体制有关以外，还可能受到冷（俯冲岩板）-热（原地上地幔）岩石的相互作用（Vinnik，1977）及其诱导的流变失稳（Hobbs，1986；Aki K.，1992；Clarke and Norman，1993）的影响。上、下地震群部分地震的震源机制解分析（图7-7-9（b），7-7-11）表明，几乎所有地震破裂的主应力轴矢量都近于水平，朝向 NNW-SSE（172°～152°∠8°～10°）。但上地震群的主破裂面产状较缓（165°∠33°），下地震群的主破裂面较陡（155°∠60°）。

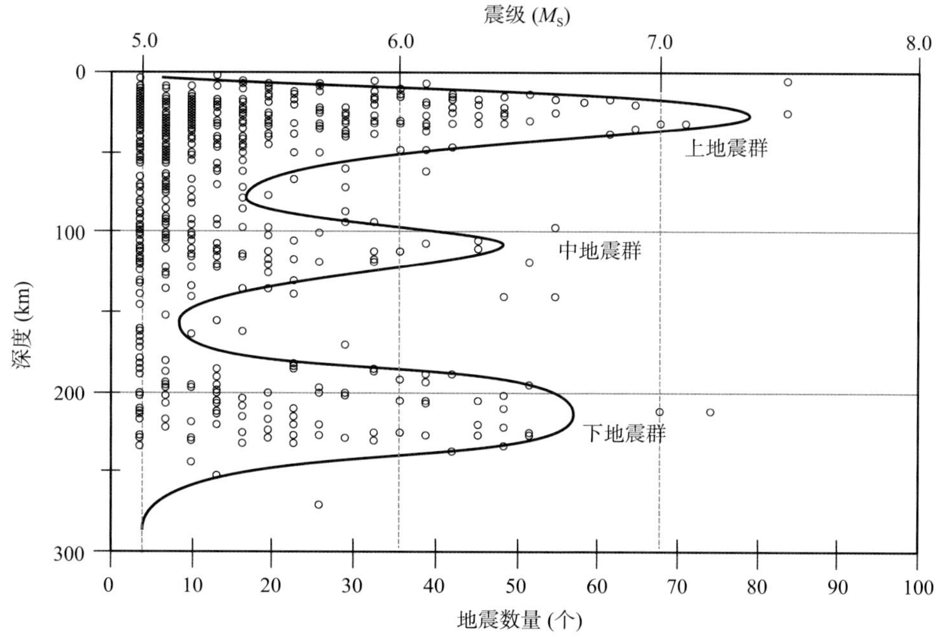

图 7-7-8　M_S>5.0 地震活动的深度分布

7.7.5　恰曼断层左行走滑运动与帕米尔地震带的关系

与上述帕米尔地震带三个沿倾向出现的地震群构造不同，沿恰曼断裂典型的地震活动表现为在深 150 km 附近被水平错开的两个地震群（图 7-7-5，剖面 5），150 km 深度以上的地震群几近直立（图 7-7-5，剖面 5-9）。已有的震源机制解表明（Pegler and Das，1998），恰曼断裂带中的地震震源破裂以走滑为主（图 7-7-10）。而根据目前有限的震源机制解研究成果，在恰曼断层附近的帕米尔地震带中，不同位置的力学和破裂几何学特征不同（图 7-7-9、7-7-11），上、下地震群的地震以冲断层机制为主，几乎所有的主压应力轴都接近水平，指向 NNW-SSE 方向。其中一个共轭剪切破裂面与主地震剪切带（MSSZ）平行（图 7-7-9（a）、（b），节面 2），被认为与南倾岩板的俯冲运动有关。极点投影表明，尽管上、下地震群中节面 2 剪切破裂面的倾向略有不同，但下地震群中节面 2 的倾角（155°∠60°）明显大于上地震群（165°∠33°）。这些倾角被用来限制俯冲岩板向下变陡的形态（图 7-7-7，7-7-11）。上述恰曼转换断层和帕米尔俯冲岩板的震源机制解表明它们具有不同的运动学特征。

1975～2003 年期间地震活动的时空联系表明，深度大于 200 km 的 5.0 级以上地震主要发生在 NE 走向恰曼地震带的南段。而深度小于 200 km 的中、深源地震活动除了恰曼断裂以外，主要与帕米尔地震带有关。这两个地震带中地震活动在时间上交替发生的规律（图 7-7-12）表明，沿恰曼断裂的走滑位移与帕米尔地震带的深俯冲作用是互动的。尽管存在“鸡和蛋”的争论，根据深俯冲作用远离走滑断裂逐渐变浅的事实，合理的解释应该是沿恰曼走滑断裂的左行位移作用拖动了帕米尔地区的大陆深俯冲。

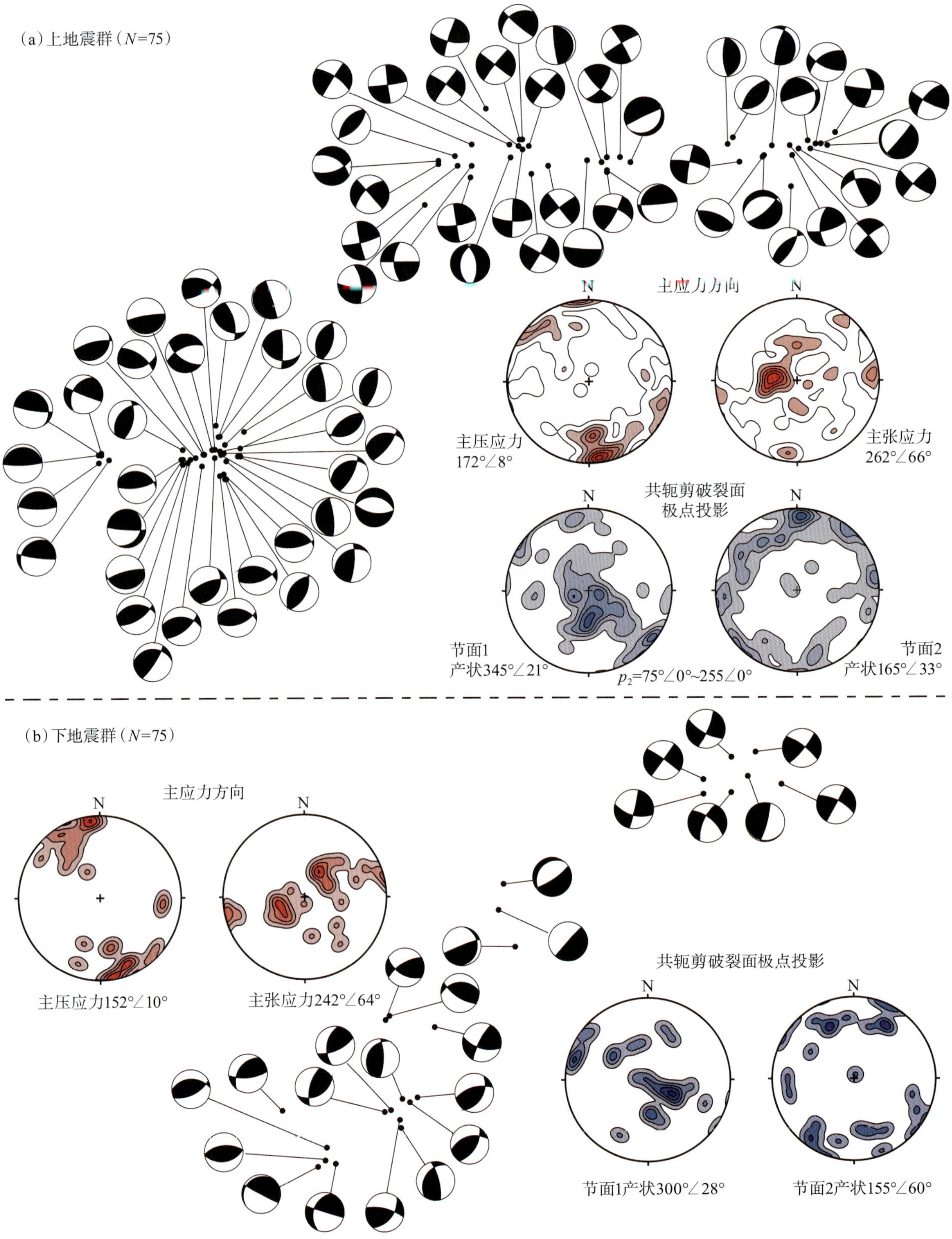

图 7-7-9　上、下地震群的部分震源机制解及构造要素分析

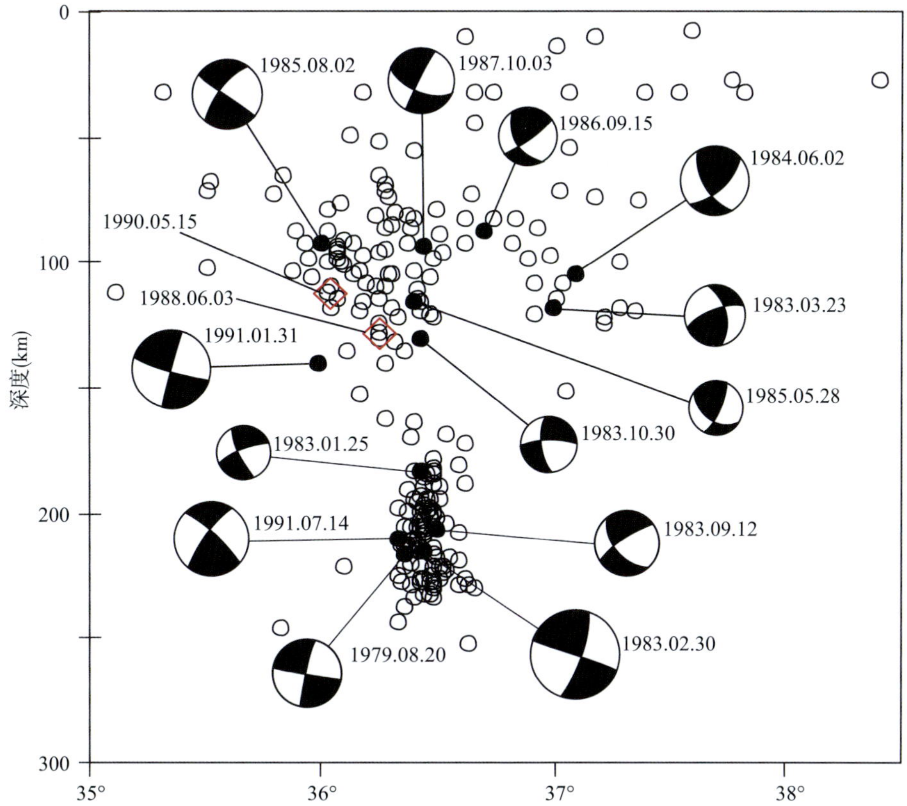

图 7-7-10　恰曼断裂震源机制解

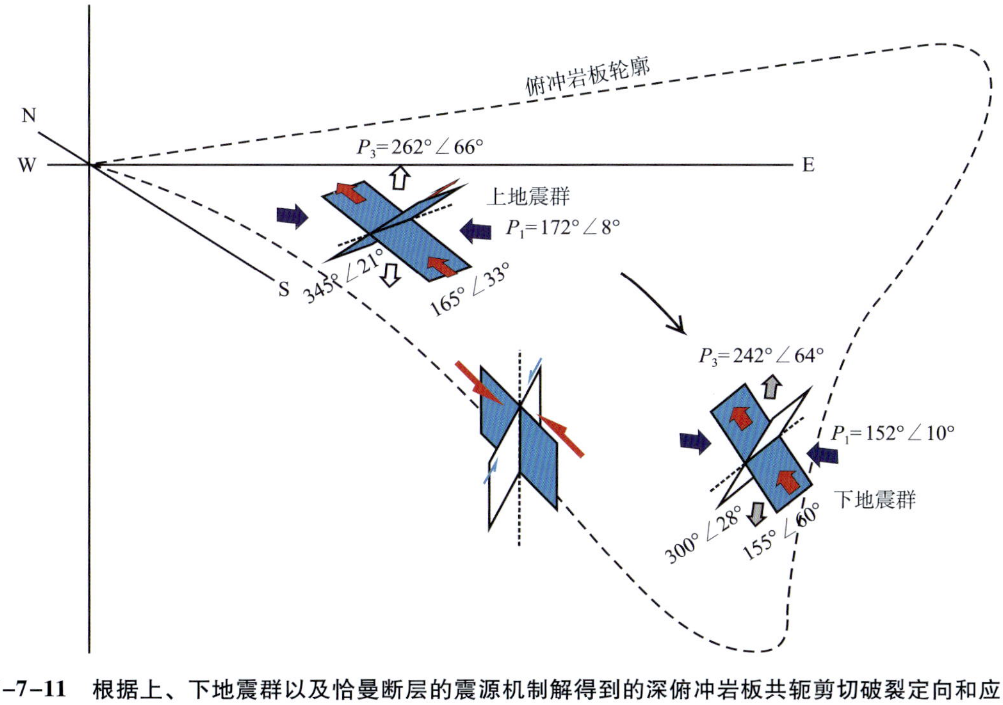

图 7-7-11　根据上、下地震群以及恰曼断层的震源机制解得到的深俯冲岩板共轭剪切破裂定向和应力场

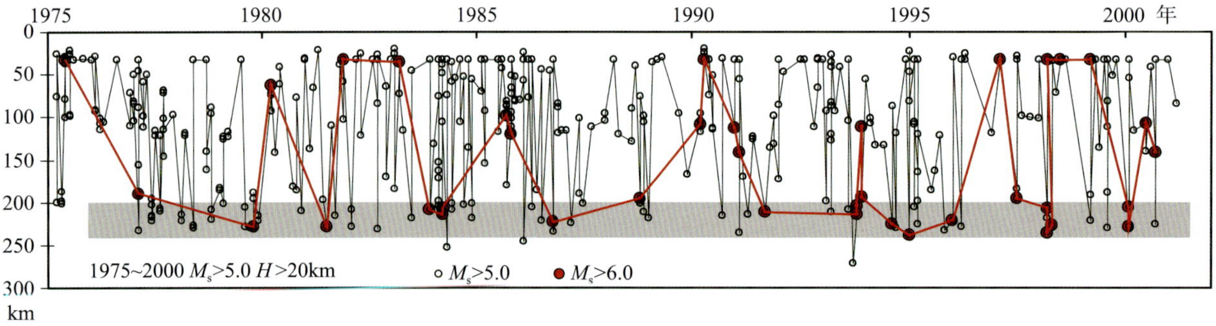

图 7-7-12　研究区 1975～2000 年地震活动的时空迁移规律

7.7.6　后退的深俯冲和前进的反冲构造体系

在横过帕米尔地震带的剖面上，除了上述 3 个地震群所代表的地震构造以外，深度小于 70 km 的地震活动性勾画出一系列与主地震剪切带（MSSZ）倾向相反的次级线性构造带（图 7-7-4）。地表活动构造调查（Reigber et al.，2001；Nowroozi，1971；Fan et al.，1994；Hamburger et al.，1992）和遥感图像分析数据（Li J. et al.，2002）表明，它们与一组派生的反冲断层活动有关。这些上盘岩石中的反冲断层位于深俯冲岩板之上，代表帕米尔地区当深部地壳因向南俯冲引起会聚的同时，上部地壳发生了挤压缩短和加厚抬升（图 7-7-13，15）。上盘岩石中的前寒武纪变基底，海西褶皱带，以及特提斯闭合阶段的洋壳残余经抬升剥蚀已出露地表（Vinnik et al.，1977；图 7-7-13）。帕米尔地区的地表地质构造调查表明，该地区从南向北存在多组由老到新的反冲断裂构造组合（图 7-7-13，15）。早期的反冲断层组合，包括南帕米尔地区两条北倾的冲断层及其伴生的中帕米尔地区南倾的反冲断层，它们是向北推移的喜马拉雅主俯冲带西段被改造的残余。它们的走向延伸被东侧喀拉昆仑右行走滑系和西侧恰曼左行走滑断层系所切截，中帕米尔地区的喜马拉雅主俯冲带已变成向南倾覆，并被上述两条走滑断层改造形成向北凸出的弧形。如前所述，最新的反冲构造组合出现在帕米尔以北，总体上呈 NEE 向延伸，受东、西两侧走滑断层位移的影响较小。主俯冲带南倾，与帕米尔地震带一致；次级反冲构造包括西南天山北侧的多条浅源地震带（图 7-7-3，A_{1-3}）和西南天山南东侧的次级反冲断层。这一组合代表正在进行的大陆深俯冲作用。中亚地区重复 GPS 测量结果（Reigber，et al.，2001）表明，主俯冲带上盘正在向北推移。被不同时期对冲构造限定的冲断层块体继续以不同速率由南向北位移矢量由 22 mm/a 递减到几个毫米，逐渐被现今活动的俯冲岩板所吸收（图 7-7-14）或者转变为地壳加厚和高原隆升的垂直运动。这种反冲构造样式向东一直延伸到塔里木盆地南、北两侧（图 7-7-7），是天山和昆仑-喜马拉雅山仰冲到盆地之上的主要构造方式。上述多期反冲构造的发育历史说明，在递进的陆-陆碰撞过程中，喜马拉雅主俯冲带在恰曼断裂和喀拉昆仑断裂之间的部分被大幅度向北推移。在这个过程中，帕米尔-西南天山之间主要的俯冲方向发生了倒转，并逐渐后退到帕米尔-西南天山之间。与此同时，反冲构造组合使俯冲带上部地壳不断加厚，深部岩石次第折返抬升（图 7-7-15）。

7.7.7　大陆深俯冲作用

硅铝质地壳与硅镁质地壳之间显著的密度差异，决定了陆-陆碰撞引发普遍的大陆深俯冲是不可能的。然而，在特定的情况下，当碰撞带被深达岩石圈的走滑断层切错时，撕裂的大陆地壳则有可能被带到更深的地方，因此有可能存在局部的大陆深俯冲。印度洋底恰曼转换断层登陆欧亚大陆以后断续延伸，在帕米尔西部切割深度超过 300 km（图 7-7-5，剖面 5），并引发强烈的地震活动，是帕米尔深俯冲作用得以发生的关键因素。帕米尔地区的人工深地震宽角反射/折射剖面（张先康等，2002）和天然地震 P 波三维速度结构的 CT 研究（雷建设等，2002）表明，该地区的地壳-上地幔确实存在深达岩石圈地幔、向 SW（东部）或 SE（中部）方向的逆断层（图 7-7-16）。部分速度大于 6.6 km/s 的

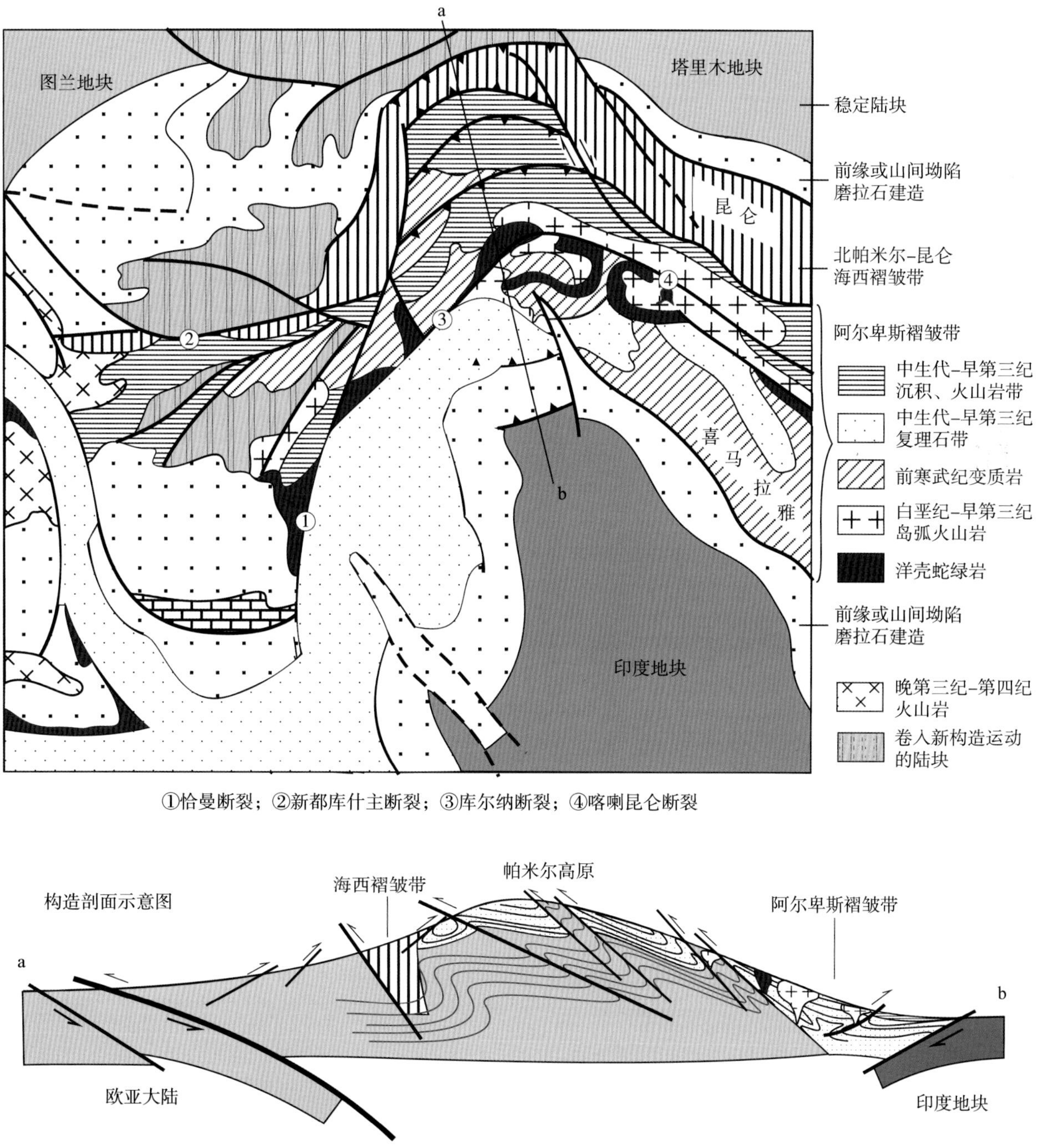

图 7-7-13　帕米尔地区地质构造略图（平面图据 Vinnik et al.，1977 修改）

下地壳物质与上地幔（速度大于 8.0 km/s）一起俯冲到了较大的深度，但平均速度为 6.4～6.5 km/s 的中上地壳则表现为明显的加厚。正如以上所讨论的，帕米尔地震带各种深、浅地震构造的成因联系，为理解大陆深俯冲作用的过程和演化提供了重要的信息，包括：与恰曼断裂持续的左行位移有关的后退的深俯冲和前进的对冲构造体系发育历史；地壳缩短和高原隆升机制；陆-陆碰撞带地表宽变形带的构造样式；深俯冲导致地壳岩石的超高压变质作用和深部岩石的折返过程以及喜马拉雅西构造结的最终形成等，均都能得到合理的解释。

剖面 *AB* 中的粗线 G，C，C_1 和 M 代表速度不连续面。C 是康拉德面，代表花岗质与下伏玄武质地壳之间的速度不连续面；C_1 的性质还不清楚。C 线上、下闭合的 6.4 和 6.7 环形等值线代表地壳的低速区。*AB* 和 *CD* 剖面中的红色断线将地壳不同厚度和速度域分开，从而显示出帕米尔地区的深俯冲。

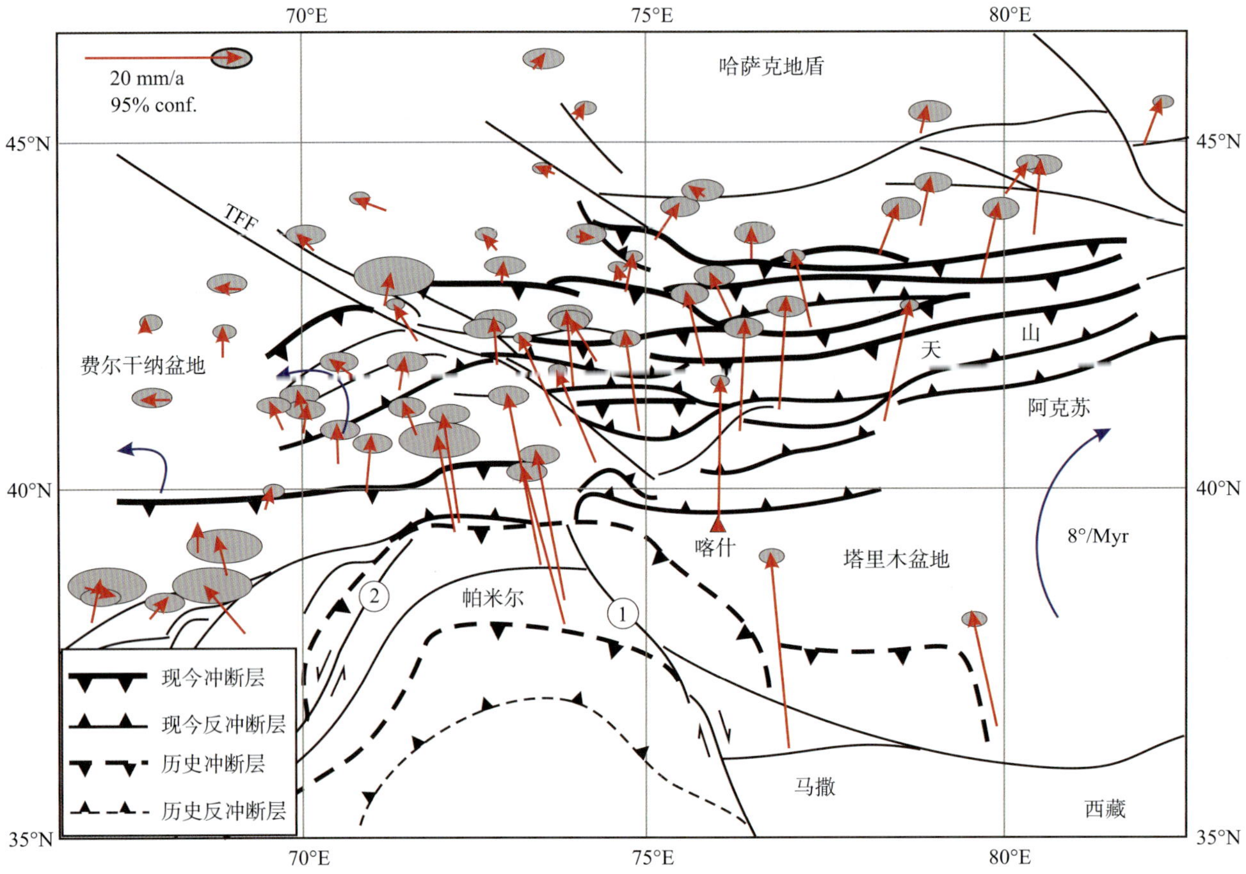

图 7-7-14　帕米尔地区重复 GPS 测量得到的位移矢量分布（据 Reigber，et al.，2001）

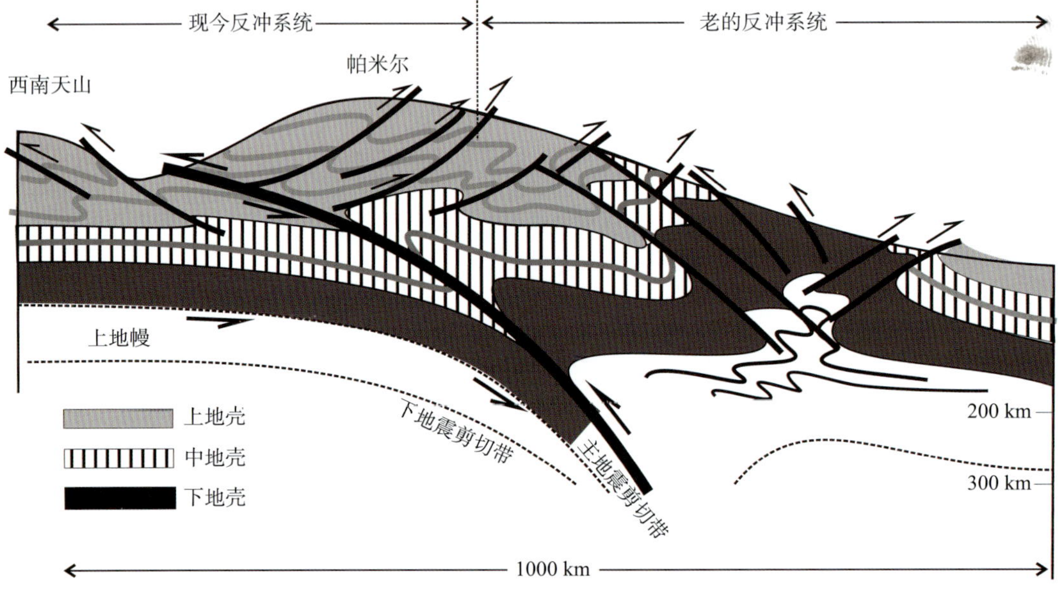

图 7-7-15　帕米尔地区陆-陆碰撞构造演化及深部岩石折返机制的新理论模型

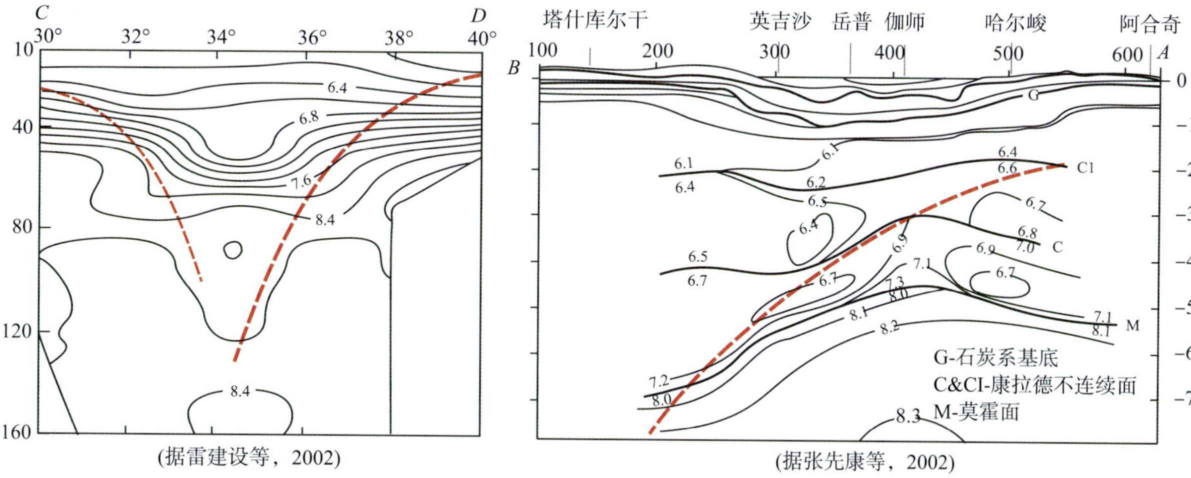

图 7-7-16　帕米尔-中国西部地区地壳速度结构（剖面位置见图 7-7-2）

7.7.8　讨论和结论

兴都库什-帕米尔-中国西部 1975～2003 年期间的地震活动记录、地表地质构造和地壳速度结构数据证明，沿特提斯陆-陆碰撞带的局部地段正在进行大陆深俯冲作用。尽管硅铝质地壳与硅镁质地壳之间显著的密度差异，决定了陆-陆碰撞引发普遍的大陆深俯冲是不可能的。但是在特定的情况下，当碰撞带被深达岩石圈的走滑断层切错时，撕裂的大陆地壳则有可能被带到更深的地方，致使帕米尔地区出现、并正在进行着大陆深俯冲。帕米尔地区大陆地壳的下部物质与上地幔一起俯冲到 200 km 以下，中、上地壳在较浅的深度上被反冲断层剥离。帕米尔地区的地震活动主要是由于深达岩石圈地幔的恰曼断裂的左行走滑位移及其东部与喀拉昆仑右行走滑断层之间、向南的大陆深俯冲作用引起的（图 7-7-17）。兴都库什深达 200 km 的、小规模近 EW 走向地震带，与大陆深俯冲没有直接联系。它

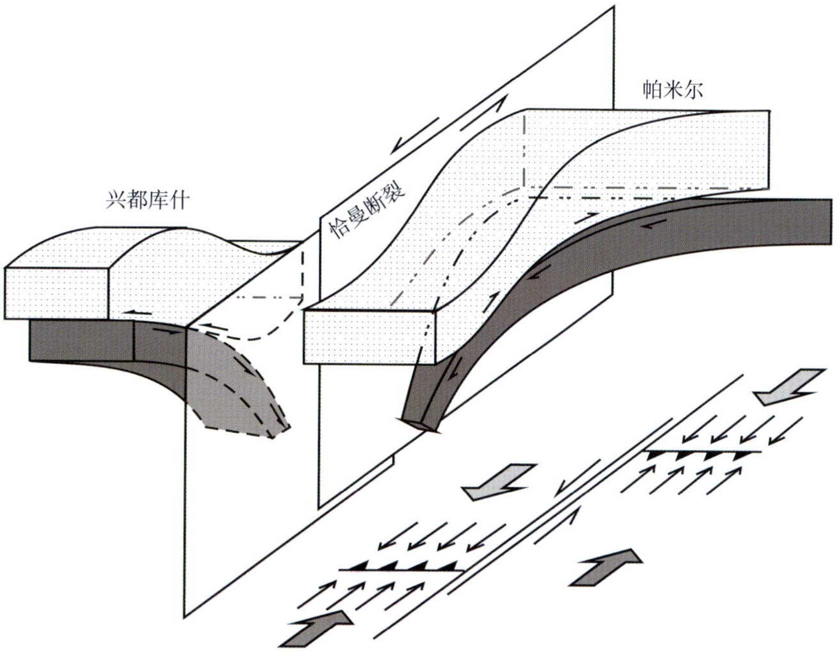

图 7-7-17　陆-陆碰撞带中的走滑转换断层模型

看起来更像是喜马拉雅俯冲带前期俯冲在最西端的残余，并因恰曼断层的左行走滑运动而得到增强。帕米尔大陆深俯冲作用与恰曼断裂的走滑位移密切相关，后者斜切陆-陆碰撞带，将大陆岩石圈撕裂，并将其东侧的帕米尔岩石圈向下拖动。

帕米尔大陆深俯冲岩板为上宽下窄、上缓（20°～30°）下陡（60°～70°），转变深度在80～120 km的楔形体，深度超过200 km的走向宽度只有500～600 km。本文所确定的与帕米尔深俯冲作用——相关的5个地震构造分别为：主地震剪切带（MSSZ），下地震剪切带（LSSZ，下地壳与上地幔之间），上地震群（剥离区，15～55 km），中地震群（折冲区，95～120）和下地震群（俯冲带前缘，180～220 km）

主俯冲带与派生反冲断层联合作用，提供了陆-陆碰撞带上地壳层次构造作用的主要方式。正是这些发生在深俯冲岩板上盘岩石中的反冲断层作用，吸纳了陆-陆碰撞带中主要的挤压缩短变形，并导致地壳加厚和高原隆升。这样，对于后退的深俯冲和递进的反冲构造体系、地壳缩短和高原隆升机制、深俯冲导致地壳岩石的超高压变质作用、深部岩石的折返过程以及喜马拉雅西构造结的形成发展等问题，均能得到合理的解释。我们希望，上述地震学研究和由此得到的构造模型，有助于解决关于中国东部大别-苏鲁超高压地体演化的争论。

致谢：本项目由国家重点基础研究发展规划项目：2008DFA20700，2008CB425703 资助。感谢中国新疆地震局在使用其地震记录和数据处理等方面的帮助以及中国地震局地质研究所陈杰博士和曲国胜博士对本文提出的宝贵意见。

参考文献

雷建设、周蕙兰、赵大鹏，帕米尔及邻区地壳上地幔 P 波三维速度结构的研究，地球物理学报，2002，45（6）：802～811。

李建华、张家声、单新建，西昆仑-西南天山地区断裂活动性研究，地质学报，2002，76（3）：347～353。

张家声，断裂带中的二相变形与地震成因讨论，地震地质，（1987）9（4）：63～70。

张家声、黄雄南、刘建民，网脉状微角砾岩构造意义，科学通报，2005，50（1），67～74。

张家声、江来利、许建东，大别山东麓前寒武纪二长花岗质片麻岩在抬升冷却过程的递进变形，地质科学，2003，38（1）：114～127。

张先康、赵金仁、张成科等，帕米尔东北侧地壳结构研究，地球物理学报，2002，45（5）：665～671。

Aki, K., Higher-order interpretations between seismogenetic structures and earthquake processes. Tectonophysics, 1992, 211, 1～12.

Beukel, J. V., Some thermomechanical aspects of the subduction of continental lithosphere. Tectonics, 1992, 11 (2), 316～329.

Billington, S., Isacks, L. B., Barazangi, M., Spatial distribution and focal mechanisms of mantle earthquakes in the Hindu KushePamir region; a contoured Benioff zone. Geology, 1977, 5, 699～704.

Burtman, V. S., Molnar, P., Geological and Geophysical Evidence for Deep Subduction of Continental Crust beneath the Pamir, 1993, vol. 281. The Geological Society of America, Colorado. 1～76.

Chaterlain, J. L., Roecker, S. W., Hatzfeld, D., Molnar, P., Microearthquake seismicity and fault plane solutions in the Hindu Kush region and their tectonic implications. Journal of Geophysical Research, 1980, 85, 1365～1387.

Chopin, C., Very-High-Pressure Metamorphism in the Western Alps: Implication for Subduction of Continental Crust, 1987, vol. 321. Philosophical Transactions of the Royal Society of London, Series A. 183～195.

Clarke, G. L., Norman, A. R., Generation of pseudotachylite under granulite facies conditions, and its preservation during cooling. Journal of Metamorphic Geology, 1993, 11, 319～335.

Cloos, M., Lithospheric buoyancy and collisional orogenesis: subduction of oceanic plateaus, continental margins, island arcs, spreading ridges, and seamounts. Geological Society of America Bulletin, 1993, 105, 715～737.

Ellis, S., Forces driving continental collision: reconciling indentation and mantle subduction tectonics. Geology, 1996, 24 (8), 699～702.

Fan, G., Ni, J. F., Wallace, T. C., Active tectonics of the Pamirs and Karakoram. Journal of Geophysical Research,

1994, 99, 7131～7160.

Hamburger, M. W., Sarewitz, D. R., Pavlis, T. L., Popandopulo, G. A., Structural and seismic evidence for intracontinental subduction in the Peter the first range, central Asia. Geological Society of America Bulletin, 1992, 104, 397～408.

Hobbs, B. E., Earthquakes in the ductile regime? Pure and Applied Geophysics, 1986, 124, 309～336.

Katok, A. P., On the deepest earthquake in the PamireHindu Kush zone, Izv. Academy of sciences of the USSR, physical series. Solid Earth (English Translation), 1988, 24, 649～653.

Nowroozi, A. A., Seismotectonics of the Pakistan plateau, eastern Turkey, Caucasus, and Hindu Kush regions. Bulletin of the Seismological Society of America, 1971, 61, 317～341.

Pavlides, S., 1992. North Aegean seismotectonics: an overview. 马宗晋主编，大陆多震层研究，地震出版社，北京，1992, pp. 9～27.

Pegler, G., Das, S., An enhanced image of the PamireHindu Kush seismic zone from relocated earthquake hypocentres. Geophysical Journal International, 1998, 134, 573～595.

Reigber, C., Michel, G. W., Galas, R., Angermann, D., Klotz, J., Chen, J. Y., Papschev, A., Arslanov, R., Tzurkov, V. E., Ishanov, M. C., New space geodetic constraints on the distribution of deformation in Central Asia. Earth and Planetary Science Letters, 2001. 191, 157～165.

Roecker, S. W., Velocity structure of the PamireHindu Kush region: possible evidence of subducted crust. Journal of Geophysical Research, 1982, 87, 945～959.

Roecker, S. W., Soboleva, V., Nersesov, I. L., Lukk, A. A., Hatzfeld, D., Chatelain, J. L., Molnar, P., Seismicity and fault plane solutions of intermediate depth earthquakes in the Pamir-Hindu Kush region. Journal of Geophysical Research, 1980, 85, 1358～1364.

Roecker, S. W., Yeh, Y. H., Tsai, Y. B., Three dimensional P and S wave structures beneath Taiwan: deep structure beneath an arc-continent collision. Journal of Geophysical Research, 1987, 92, 10547～10570.

Ryan, J. G., Morris, J., Tera, F., Leeman, W. P., Tsvetkov, A., Crossarc geochemical variations in the Kurile arc as a function of slab depth. Science, 1995, 270, 625～627.

Searle, M. P., Cooling history, erosion, exhumation, and kinematics of the Himalaya- Karakoram-Tibet orogenic belt. In: Yin, A., Harrison, T. M. (Eds.), The Tectonic Evolution of Asia. Cambridge University Press, New York, 1996, pp. 110～137.

Sibson, R. H., Transient discontinuities in ductile shear zone. Journal of Structural Geology, 1980, 2 (1/2): 165～171.

Sibson, R. H., Implications of fault - valve behaviour for rupture nucleation and recurrence. Tectonophysics, 1992, 211, 283～293.

Vinnik, L. P., Lukk, A. A., Mirzokurbonov, M., Quantitative analysis of velocity inhomogeneities of the PamireHindu Kush upper mantle, Izv. Academy of Sciences of the USSR, Physical Series, Solid Earth Translation, 1978, 14, 319～328.

Vinnik, L. P., Lukk, A. A., Nersesov, I. L., Nature of the intermediate seismic zone in the mantle of the PamireHindu Kush. Tectonophysics, 1977, 38, T9～T14.

Wijbrans, J. R., Van Wees, J. D., Stephenson, R. A., Cloetingh, S. A. P. L., Pressureetemperatureetime evolution of the high-pressure metamorphic complex of Sifnos, Greece. Geology, 1993, 21, 443～446.

Willett, S., Beaumont, C., Fullsack, P., A mechanical model for the tectonics of doubly-vergent compressional orogens. Geology, 1993, 21, 371～374.

Windley, B. F., Tectonic framework of the Himalaya, Karakoram and Tibet, and the problem of their evolution. Philosophical Transactions of the Royal Society of London, 1988, A 326, 3～16.

Zheng, Y. F., A perspective view on ultrahigh-pressure metamorphism and continental collision in the Dabie-Sulu orogenic belt. Chinese Science Bulletin, 2008, 53, 3081～3104.

Zhao, Z. H., Jiang, Y., Zhang, L. Q., Earthquake location program BLOC and its variants. Seismological and Geomgnetic Observation and Research, 1993, 14 (5), 6～9.

Zhao, Z. Y., Fang, A. M., Yu, L. J., High- to ultrahigh-pressure (UHP) ductile shear zones in the Sulu UHP metamorphic belt, China: implications for continental subduction and exhumation. Tera Nava, 2003, 15 (5), 322～329.

7.8　川主寺-黄龙左行走滑剪切断层和松潘-平武剪切转换构造体制*

7.8.1　概述

地震精确定位的困难以及断层向深部延伸的不确定性，包括沿断层走向和倾向卷入变形岩石组分和物理性质的多样性等复杂因素，导致地震与断层的关系至今存在许多争议。现今活动的断层通过缓慢连续的位移不断释放应力，一般不会发生地震；而没有显著活动的先存断层或许正在悄悄地积累发生地震的应变能。本文试图通过建立不同尺度的地震构造（seismotectonic）格局，并在确定它们的构造几何学和变形运动学的基础上，分析不同地震构造格局的动力学体制和触发地震的机制。

20 世纪 70 年代以来，大陆地壳中区域尺度的转换剪切（transform shear，主剪切带一般为高角度）和伸展拆离（extensional detachment，主剪切带一般为低角度）受到国际地质构造领域的广泛重视。认为典型大陆内部挤压构造主要受区域尺度的走滑断层控制，表现为发育侧向冲断层和斜滑断层等构造要素的宽变形带（Dickson Cunningham，2005）。而伴随着伸展转换（transtensional）或挤压转换（transpressional）的剪切作用，被认为是大陆地壳具有普遍意义的构造变动方式之一（Wakabayashi，et al.，2004；Mann et al.，1983；Christie-Blick and Biddle，1985；Westaway，1995；Dooley and McClay，1997）。新的研究不仅强调剪切带内部应变组分的多样性及其沿走向和倾向的变化规律，区分伸展或挤压剪切的构造几何学、运动学和区域动力学条件，而且强调沿剪切带位移积累导致两侧岩石中出现的相应变形，包括断层两侧接近相对运动前端部位形成冲断脊，后部形成横向开放盆地等（图 7-8-1）。提出与受限（压缩）型横向（transverse）或跨越（step-overs）转换有关的侧向开放（open-sided）斜褶皱、冲断层、双重约束弯曲（double restraining bends），终端受限弯曲（terminal restraining bends），部分受限弯曲（partial restraining bends）以及与走滑断层连接的单一冲断脊（single thrust ridges）或共轭走滑断层交会处三角形块状抬升等。这个组合中的大部分压缩和斜滑位移以及大多数历史斜滑地震事件，使得整个样式类似于区域尺度的“转换挤压对”（transpressional duplex）。而与释放（伸展）型横向或跨越有关的构造则包括山间盆地、侧向开放（open-sided）盆地、拉分盆地和走滑盆地（Dickson Cunningham，2005）等。强调把主走滑断层及其两侧岩石中的协调变形，看作是一个统一的走滑断层系统（Crowell，1974a，b；Christie-Blick and Biddle，1985）。最新研究认为跨越构造发育是构造置换的结果（Mann et al.，1983；Dooley and McClay，1997；Dooley et al.，1999；McClay and Bonora，2001），强调走滑转换构造随时间发生递进演化，即跨越构造的构造特征和尺度是逐渐发育的，新的横向构造是在走滑双方递进不对称发育过程中形成的，普遍的特点是曾受走滑断层作用影响的跨越构造随时间发生了显著的迁移。因此强调转换断层构造的四维（空间+时间）演化。目前，现有的模型还不能解释弯曲和跨越构造复杂的野外联系（Wakabayashi，et al.，2004），上述两种转换剪切模型的深浅构造联系和过程还不是很清楚，关于转换剪切构造长周期演化的一些关键方面等成为国际上相关研究关心的焦点。

松潘-平武地区位于松潘-甘孜三角域的东北部，不仅地处中国板内不同性质地体交会、不同地层单元分界处，也是揭示特提斯构造演化的关键位置；更重要的是，它处在青藏高原物质向东挤出的前缘，是我国著名的纬向构造带与南北地震带交叉点。该处地震活动频繁，地形、气候变化突兀，地质悬疑多多，可谓中国地质构造的“百慕大”。迄今为止，尽管有关松潘-平武地区地质构造的研究取得了一些进展（董树文等，2008；许志琴等，1992；钱洪等，1995；邓天岗，1989，杨景

* 本节作者：张家声、黄雄南、牛向龙、刘锋，中国地震局地质研究所，100029。

春等，1979；任金卫等，1999），尤其是 2008 年汶川地震以后许多新的探索，但较少针对该地区断裂构造开展的实质性研究。不同研究者根据自己研究目标，在三十多年前 1∶20 万地质调查结果（图 7-8-2（a））的基础上，提出了不同的区域构造框架（图 7-8-1（b）-（f））。尽管在更小比例尺的框架图上归并一些相对较小和相对分散的断层无可非议，但由于缺少实际观察数据的支持，这些构造框架在协调时空演化过程中经不起推敲。该地区典型的断裂构造框架大体上分成三类：

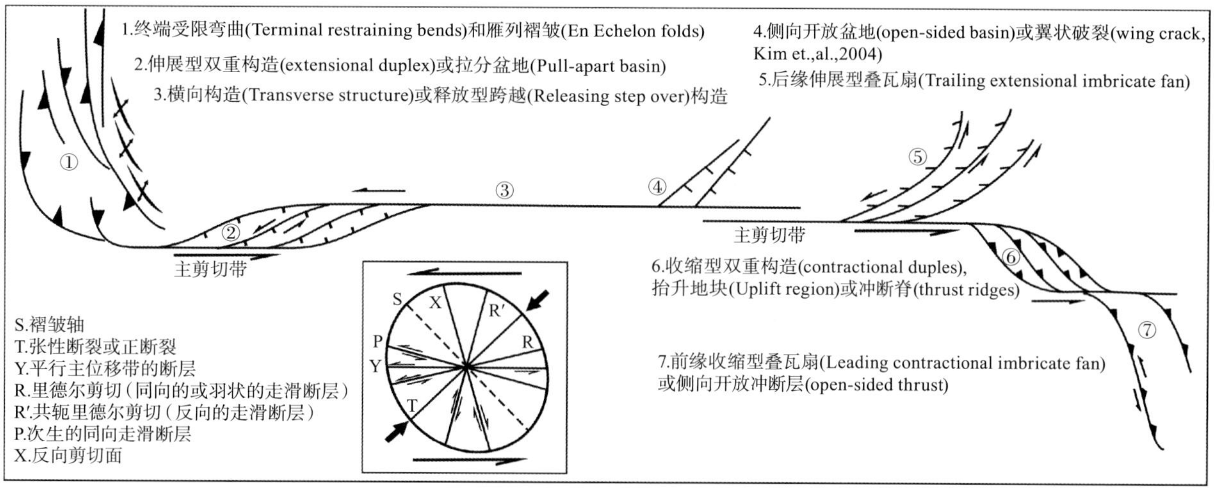

图 7-8-1　走滑断层及其转换构造示意图

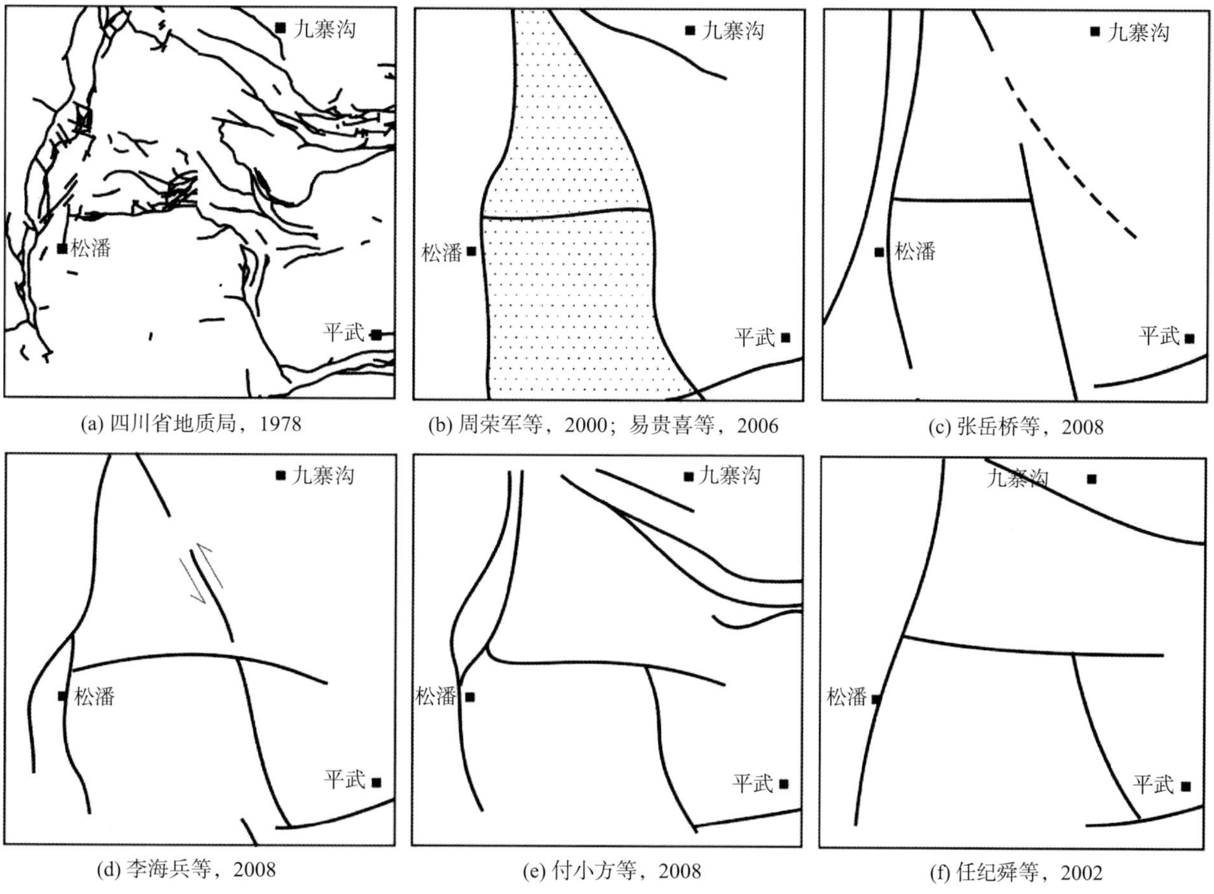

图 7-8-2　松潘-平武地区断裂构造框架

①把岷江断裂和虎牙断裂作为岷山隆起的西侧和东侧的边界断层（图 7-8-2（b）、（c）），早期东西走向的雪山冲断层保留其间（周荣军等 2000；易桂喜等 2006；陈国光等，2007；司建涛，2008，张岳桥，2008）；② 雪山冲断层西端被岷江断层切截，但向东得以延伸并切截了虎牙断层（图 7-8-2（e），（f），任纪舜等，2002；付小方等，2008）；③ 虎牙断层切截或跨越雪山冲断层向北西延伸，但南、北断层性质不同（图 7.8.2（d），唐文清等，2004；李海兵等 2008）。尽管上述构想并非源于针对松潘-平武地区断裂构造的直接研究，但反映出他们对这一地区总体构造体制理解上的差异。其共同特点是忽略了岷江、雪山、虎牙等主要断层，以及它们的伴生、次生和新生断层之间的生成联系和彼此协调的时空演化过程。主要的争议包括：①雪山断裂的性质及其与岷江断裂和虎牙断裂的交切关系；②虎牙断裂的性质及其向北北西延伸的合理性；③岷江断裂和岷山隆起的成因联系。

本文根据详细野外观测数据，确立了川主寺-黄龙左行走滑断层的存在以及断层的破裂几何学和运动学性质。结合前人研究成果，初步建立了松潘-平武地区新构造变动的断裂构造体制，并解释它们与现今地震活动的构造联系。

7.8.2　地质背景

研究地区位于松潘-甘孜三角地带的东北隅，北邻接秦岭构造带，东侧面向龙门山冲断层（图 7-8-3）。受露头条件限制，地层发育及组合特征研究程度不高。根据已有的地层资料及其卷入变形的构造性质，大体上可以分成三个构造层（期）：①海西构造层，主要由前泥盆系浅变质褶皱基底组成；②印支构造层，主要由连续发育且强烈褶皱和冲断层变形的石炭-二叠系组成；③喜山构造层，区域稳定分布的三叠系复理石建造以及局部沿断层分布的第三系末期（N_2）红色砾岩和第四系沉积，被脆性断裂切割改造。其中，印支期构造变动形成的规模宏大的石炭-二叠系构造层被称为摩天岭构造带，奠定了本区的基本构造格局。表现为 EW 向的黄龙复背斜和雪宝顶倒转复背斜以及两者之间的雪山冲断层构造组合。这一构造格局表现为向西越过岷江南北向构造的稳定东西走向低磁异常区（四川省地质局，1978）。由于区内缺失侏罗系-中新世（N_1）地层，推测印支构造层形成以后至喜山构造运动发生之前（中生代中、后期-新生代早期的燕山构造变动期间），该地区处于隆升剥蚀状态，构造变动的性质不很清楚，这一状况为研究第三构造层的启动时间带来困难。根据已有资料，研究区除了雪山冲断层及其伴生的次级断裂以外，主要的断裂构造和零星地层发育均属于第三构造层，包括岷江逆冲断层组合和虎牙冲断层等。但雪山冲断层以北分散的 NW 向断裂和研究区东部白马弧形断裂束的成因归属，目前缺乏依据。推测它们或者是第二构造层的断裂组分或者是秦岭构造带的断裂组分，但部分卷入了研究区第三构造层的构造变动。需要指出的是，研究区上述所有阶段的构造变动都不应该是孤立的，其中第三构造层的断裂发育与新生代晚期的青藏高原变形密切相关。

一些独立的工作仍然为本项研究提供了重要的支持：① 东昆仑断裂带玛曲段晚第四纪的活动性非常强烈，晚更新世晚期至今的平均左旋水平走滑运动速率达（10.15±0.34）mm/a（任金卫等，1999；马寅生等，2006）。如此大规模的走滑剪切位移积累，必然在其南侧松潘-平武地区造成显著的横向变形。② 关于岷江断裂和岷山隆起。根据钱洪等（1995）的研究，岷江断裂并不是一条单一的 SN 向断裂，而是由多条 NE-NNE 向断层左阶羽列组成，可以分为南、北、中三段。中段弓嘎岭-红桥关之间，断裂总体呈北 30°。晚第四纪以来断层活动明显，表现逆冲运动，控制第四纪盆地的形成和演化。南段和北段第四纪活动性远低于中段（杨景春等，1979；邓天岗，1989；许志琴等，1992）。岷江断裂中段晚第四纪地壳运动在安壁附近表现为河床面局部向上隆起，其中红桥关隆起使 V 级阶地高出两侧同级阶地达 200 m。值得注意的是近 SN 走向的岷山隆起形成以后，曾经受到至少两期构造变动的改造。③ 虎牙逆冲断裂总体走向为 NNW，但主断层面显著扭曲。以小河为界大致分成南北两段。北段倾向 E，倾角 80°左右；南段倾向南 W，倾角由北往南从 70°变为 30°。

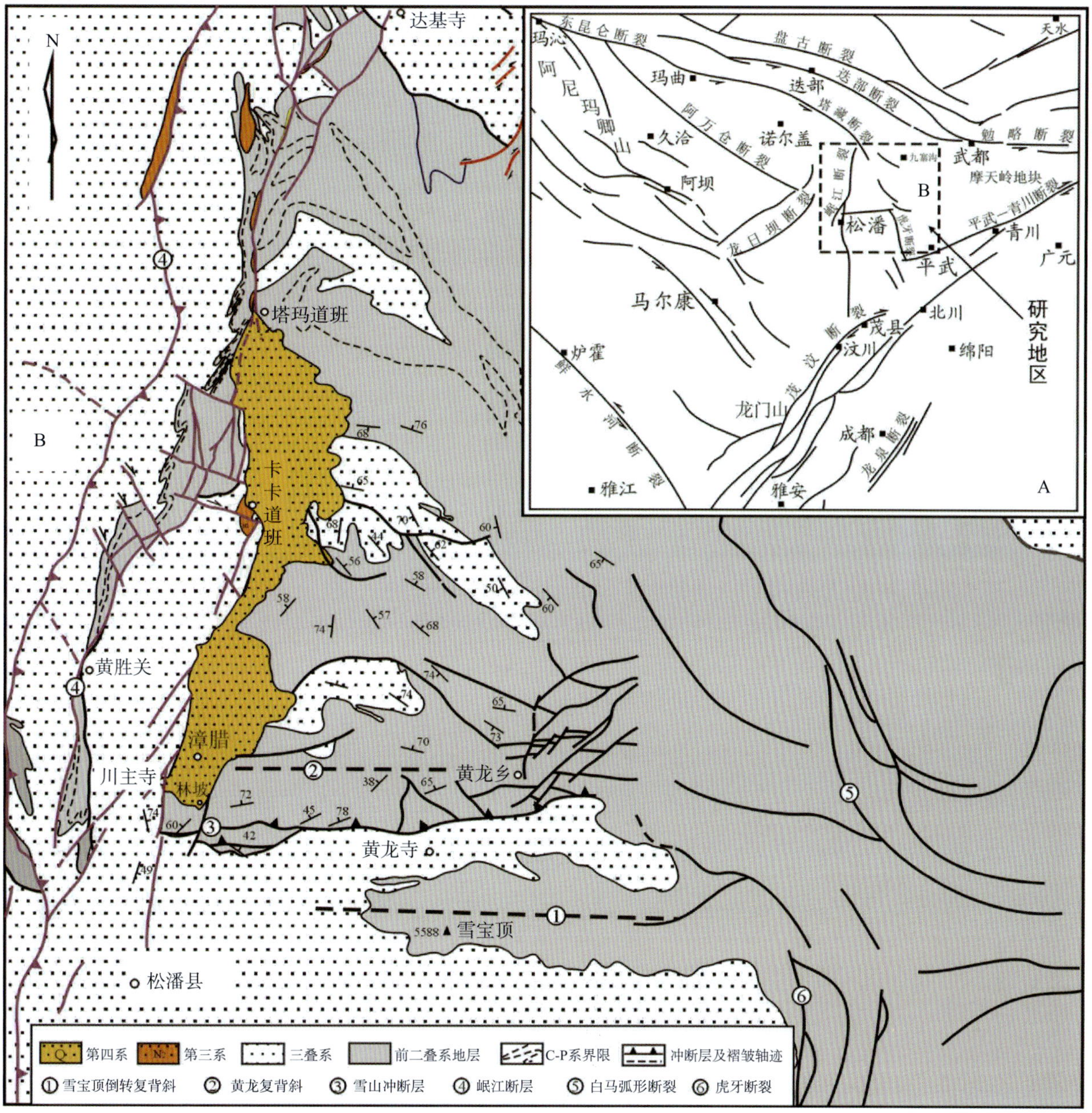

图 7-8-3　松潘-平武地区地质图（据四川省地质局，1978）

虎牙断裂西侧为海拔约 4000 m 的松潘高原，东侧为海拔 2000～3500 m 低山地区。从涪江源头至小河一带河道明显受断裂控制，形成断裂谷，说明该河段处于抬升区（唐文清等，2004）。根据 1976 年松潘-平武两次 7.2 级地震的震源机制解资料，虎牙断裂为具有左旋走滑挤压特征的全新世活动断裂，地震活动频繁，且断裂具有明显的分段性，南段大于北段（唐荣昌等，1993；邓启东等，1994）。④ 岷山隆起周围 3 个 GPS 测站 1991～1998 期间的 4 次重复测量数据表明，岷江断裂和虎牙断裂现今仍以 2.0～2.55 mm/a 的速度运动（唐文清等 2004），但不同观测站所在块体的位移矢量存在一定的差异。在欧亚框架下，跨越雪山冲断层南、北两个块体的向东运动速率相差 2.05～2.48 mm/a，而跨越虎牙断裂的两个观测站所得的向东位移速率相差 0.33 mm/a。⑤ 白马弧形构造以荷叶断裂为界，位于文县弧形断裂以南，主要表现为一组线性褶皱，相关的断裂构造大多与地层走向平行，且发育较差。褶皱向北西逐渐开阔，向南东变窄，褶皱轴向南东收敛。背斜核部出露的最老地层为泥盆系，两翼为石炭-二叠系，第三系地层卷入这一期变形。白马弧形构造叠加改造了区内东西向展布的印支期构造层（石炭-二叠系卷入变形），荷叶断裂切割三叠纪和第三系地层，表明白马弧形构造属于新生代构造变动的产物。

7.8.3　川主寺-黄龙乡新构造变动特征、破裂几何学和运动学

7.8.3.1　新构造变动的性质和地貌特点

图 7-8-4　新构造活动形成的断层三角面

照片左下角露头上的擦痕线理见图 7-8-10，大湾-黄龙乡之间，镜向 N

川主寺-黄龙乡一线的新构造变动表现为石炭-二叠系灰岩中近 EW 向延伸的脆性破裂群。构造位置介于印支期形成的东西向雪山倒转复背斜和黄龙复背斜之间，局部追踪改造先存的雪山逆冲断层。新构造活动形成规模宏大、成群或孤立分布的断层三角面（图 7-8-4、7-8-5），局部表现为断层崖残留体。断层三角面或断层崖残留体表面被含氧化铁的灰华覆盖，呈现浅红色。

图 7-8-5　新构造活动形成的断层崖残留体（红石村-见和垭）及应变分析

7.8.3.2　川主寺-黄龙断裂的几何学、运动学和构造联系

详细野外观测表明，新构造活动形成的断层三角面沿川主寺-黄龙乡连续分布（图 7-8-6）。占主导地位的断层破裂面走向近 EW，高角度向北或南倾斜（图 7-8-6，投影 A）。普遍存在发育近水平擦痕线理（图 7-8-6，投影 B）的摩擦滑动证据。总体构成一条近 EW 或 NEE 走向的断裂构造，其东、西两端具有特定的构造联系。以下分西、中、东三段加以描述。

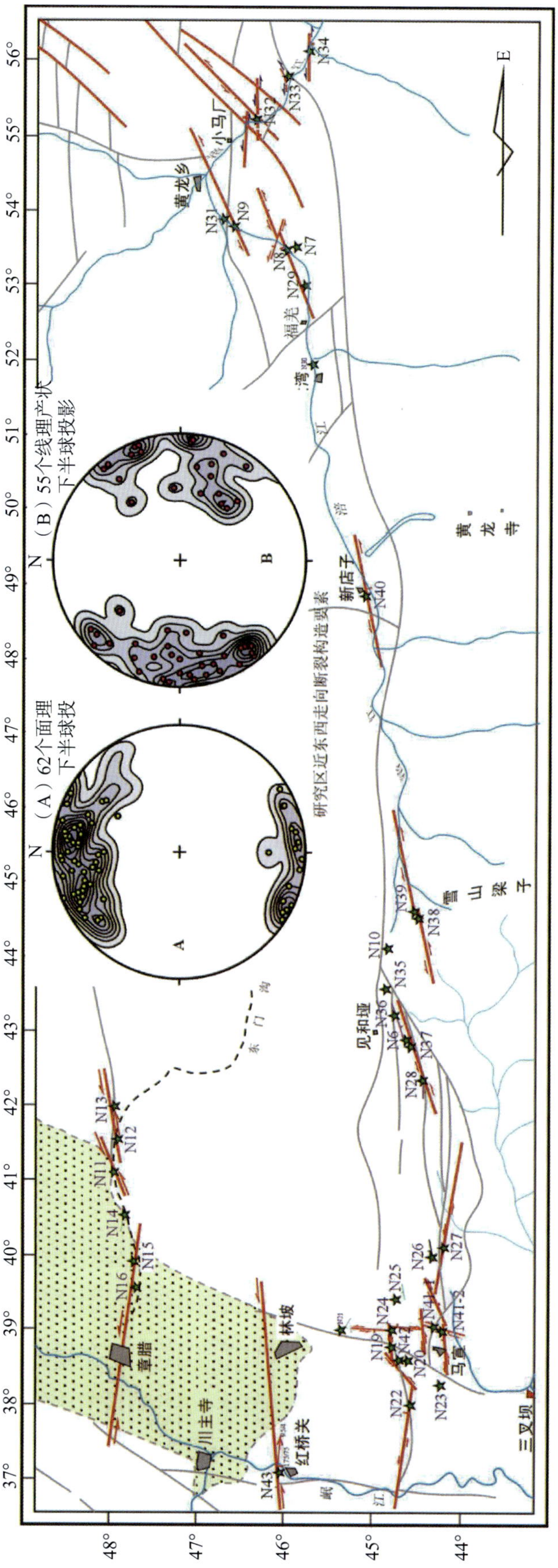

图 7-8-6　川主寺-黄龙乡野外观测点和破裂构造要素的投影

1）西段的破裂几何学、运动学及其对岷江断裂的改造

在川主寺南红桥关附近公路剖面的观测结果（观测点 N43，位置见图 7-8-6），不仅直观地提供了地表碳酸盐残留体的断层成因证据（图 7-8-7，图片），而且提供了岷江冲断层被近东西向断裂左行切错的直接证据（图 7-8-7）。

大约 100 m 范围的 9 个观测数据表明，最晚的破裂高角度倾向 SSE（166°～178°∠44°～75°），走向近 EW 或 NEE。断层面上擦痕线理向 SEE（95°～100°）或 SWW 低角度（4°～26°）倾伏。破裂面上擦痕线理的运动学标志（阶步、派生张裂隙和钉子头擦痕等，下同）说明曾经发生了左行摩擦滑动。属于岷江断裂早期破裂面产状陡立（75°），走向 NNW（图 7-8-7，观测点 8，9）或 NNE（图 7-8-7，观测点 1～4）被近 EW 走向断裂左行切错。此外，该露头还发育一组密集的 NW 走向、高角度（75°～87°）倾向 NE 或 SW 的张剪性微破裂群，推测应该是由早期剪切位移过程形成的破劈理发育而来。

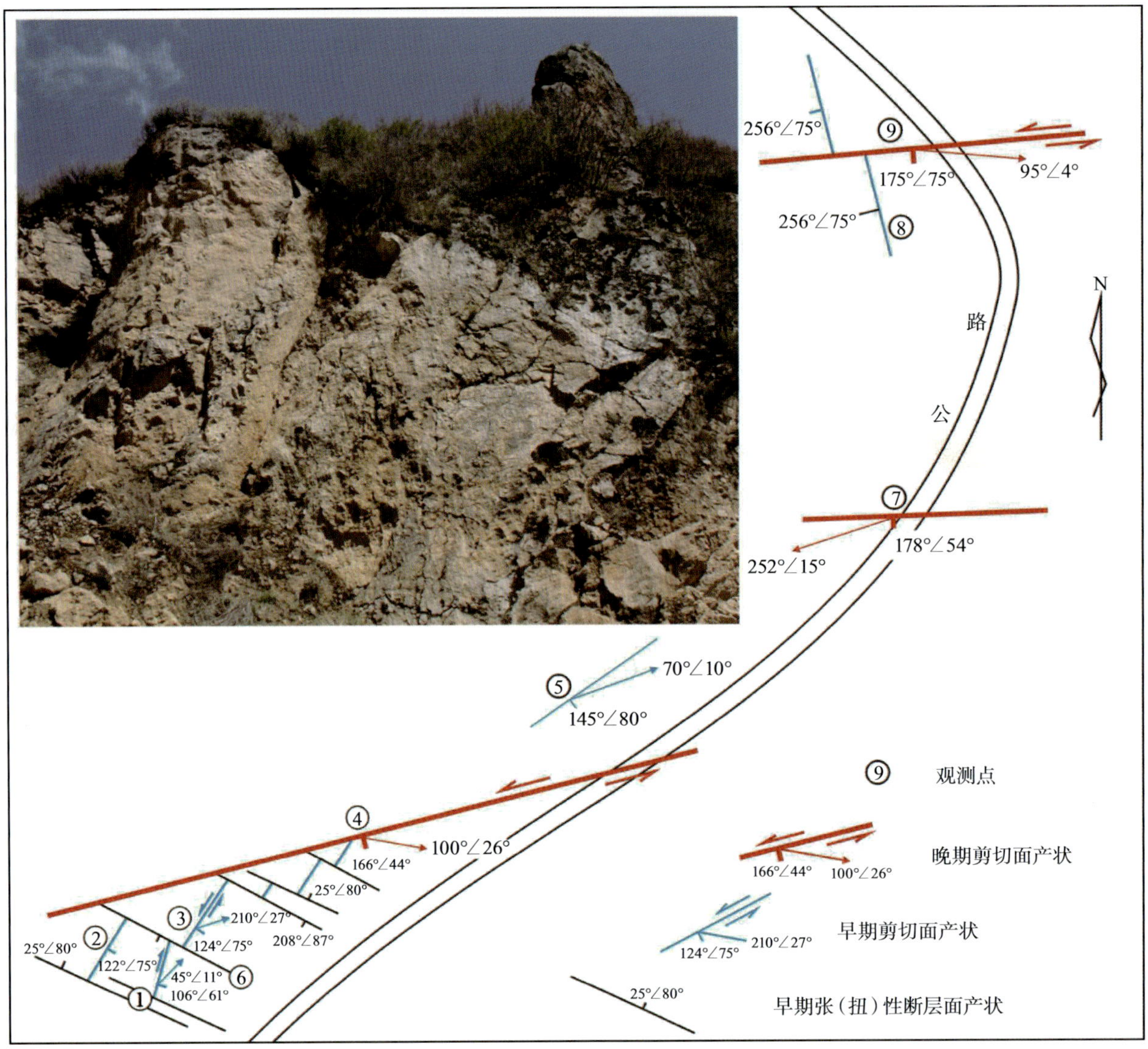

图 7-8-7　红桥关露头的断裂构造联系

向东在林坡南的露头（观测点 N19，见图 7-8-6）观测揭示了多期断裂活动的交切关系。尽管定向不同，但几乎所有的破裂都发育低角度擦痕线理，说明伴随川主寺-黄龙断裂活动的断层位移以水平

运动为主。根据破裂面的交切关系，所观察的 5 个破裂面大体上可以分为三组（图 7-8-8）。其中 1a 和 1b 均为 NW-SE 走向，但倾向相反。根据两者都发育向 SSW 倾伏的低角度线理（190°∠16°），认为它们为同一组破裂，运动性质不清楚。它们被露头上的其他破裂切错，属于较早的断层产物。破裂 2a 和破裂 2b 为一组近 SN 走向、中等倾角、倾向相反的破裂。切错破裂 1 组合，但被破裂 3 切截。根据它们具有大体一致的线理定向（186°～190°∠14°～16°倾伏）和左行位移的运动特点，也应属于同一起断层活动的产物。根据区域断裂发育情况，认为它们是岷江断裂再活动的结果。其中破裂 2a 发育厚 1～3 mm 厚的黑色网脉状微角砾岩（张家声等，2005），包括断层脉和分支脉，具有地震破裂的快速摩擦滑动特征；破裂 2b 的摩擦面则很干净，擦痕线理清晰（图 7-8-8 右下角）。破裂 3 为最晚产生的近东西走向高角度（355°∠84°）断层，擦痕线理 245°∠18°倾伏，运动学标志指示左行位移。

图 7-8-8　多组后期断裂特征及其相关性

观测点 N19，林波

2）川主寺-黄龙断裂中段的构造特征

川主寺-黄龙断层中段表现为断层崖残留体成群出现，自红石村到见和垭一带沿近 EW 走向断续延伸（见图 7-8-5），其中大多可以观察到主断层面上的摩擦滑动证据。某些残留体由于受较强的碳酸盐岩风化和剥蚀，外表主破裂面擦痕不明显，但其内部存在的共轭破裂组合，同样指示主破裂面具有左行走滑的运动学特点（图 7-8-5 左下角图解）。自雪山梁子往东，断层破裂带沿涪河穿越于崇山峻岭之中（见图 7-8-6），发育近水平擦痕线理的断层崖断续显现。

3）川主寺-黄龙断裂东端的构造转换

川主寺-黄龙断裂向东在黄龙乡以东发生了复杂的构造置换（图 7-8-9），表现出走滑断层的端部特征。具体表现为：

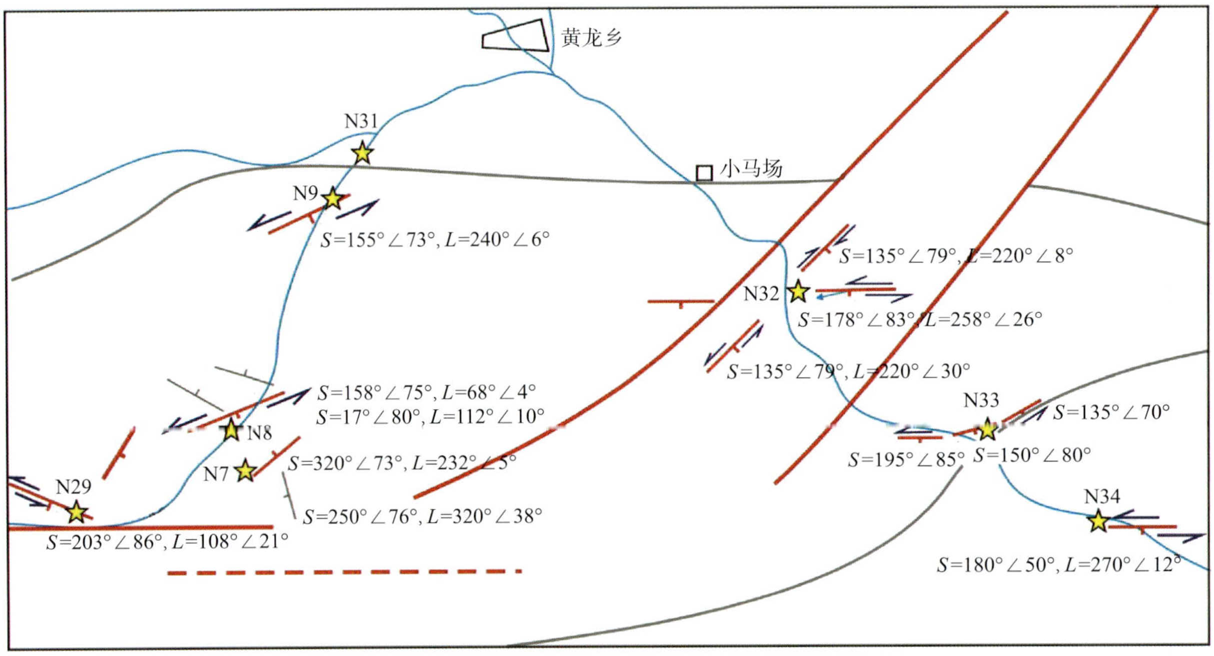

图 7-8-9　黄龙乡以东破裂构造展布与置换关系

（1）主断面逐渐转为 NEE 走向。川主寺-黄龙左行走滑断层在接近黄龙乡附近时再现规模宏大的断层三角面（图 7-8-4），主破裂面走向逐渐变为 NEE（155°～165 °∠75°～83°）。由于断层破裂面与强烈面理化的石炭系岩石中的层（面）理高角度相交，断层滑动面上的摩擦滑动证据只在两种情况下得以保存：一是当断层面切错了其中的泥质岩层时（图 7-8-10（a）），另一种情况是断层面切错了早期的方解石或硅质岩脉时（图 7-8-10（b））。擦痕线理相关的运动学标志指示它们曾经发生了显著的左行剪切滑移。

(a)　(b)

图 7-8-10　断层三角面上近水平的擦痕线理

（a）切错泥质岩石的断层滑动面；（b）被断层切错的先存方解石脉上保留近水平的擦痕线理

观测点 N8，位置见图 7-8-6 和图 7-8-4

（2）与北侧的 NE 走向破裂发生位移转换。在黄龙乡以东，露头观察到两组发育程度相当的破裂彼此交切（图 7－8－11，观察点 N32）。尽管两者都观察到了近水平的擦痕线理，但其中 NE 走向（135°∠79°）的破裂面相对比较粗糙，摩擦滑动产生的擦痕线理（220°∠8°～30°）也相对较弱，而近 EW 走向的破裂面（178°∠83°）则相对平直，擦痕线理清晰（256°∠26°）。说明 NE 走向的破裂最初具有张剪性质，是由近 EW 走向的川主寺－黄龙断裂的左行剪切位移在其北侧岩石中产生的张扭性破裂演化而来。因前者南侧岩石在这个位置上的持续向东位移受到阻碍，主要的位移转向 NE 走向破裂，使后者得以加强。此外，在两者交接部位的薄层泥质灰岩中形成的高角度向 SSE 倾伏（158°∠71°）的膝褶构造，也支持这种构造置换的解释。当然，黄龙乡东部的 NE 向破裂有可能是先存 NE 向断裂的再活动（四川省地质局，1978）。

图 7－8－11　近 EW 走向的川主寺－黄龙断层与 NE 走向断裂的交切关系

（3）沿走向位移逐渐衰减。沿川主寺－黄龙断裂的走向继续向东，陡立的石炭系岩层发生牵引弯曲，在不到 100 m 的距离内产状由 195°∠85°变为 135°∠70°。逐渐与 NE 向断层面平行。沿断层面的左行剪切位移逐渐衰减并转化为层间滑动（图 7－8－12），但仍然产生近水平的摩擦滑动线理（270°∠12°），运动学标志指示左行剪切位移（图 7－8－12 右上角）。

此外，随着川主寺－黄龙左行剪切位移的终止，断层南侧岩石中向东的位移积累也导致其前端的构造转换。相关内容将在讨论部分进行解析。

4）川主寺－黄龙走滑运动的时间联系

川主寺－黄龙乡的断层破裂无疑是这一地区最晚发生的构造变动产物。如今依然壮观的断层三角面尚未风化剥蚀殆尽。断层面暴露地表的碳酸盐岩表面普遍形成钙华，其厚度与岩石中方解石含量、大气中 CO_2 和水的浓度、降雨条件等环境因素密切相关，是碳酸钙溶解和沉积速率的函数。在构造联系上，它们不仅切过了所有印支期的岩石构造单元，而且切截了主要为新生代活动的南北向的岷江冲断

图 7-8-12　沿陡立的石炭系岩层的层间滑动

层系统。野外调查发现，同样性质和规模的断层崖在北面的东沟门出现。其断层破裂向西穿越岷江冲断层东侧的第四纪章腊盆地，在 Qp^2 砾岩层中形成断层崖地貌（图 7-8-13），大量河床砾石被切断。证明这一期断层破裂最早发生在中更新世（2.48 Ma）以后的地质历史阶段。这一地区频繁的地震活动和 GPS 测量数据，表明它们至今仍在活动（见下文）。

尽管过于强调地质力学的“构造体系”概念，1978 年完成的章腊幅 1：20 万地质调查成果依然是该地区最为详尽的原始数据资料。该报告中对本文的调查认识已经初见端倪：“……岷江断裂的北中段……在红桥关附近与东西向雪山断裂连接贯通，构成围限‘黄龙地块’破裂周界之一，……或者归并卷入了某一个新建立起来的大型构造体系之内”（四川省地质局，1978）。

7.8.4　松潘-平武地区现今地壳变动及其与川主寺-黄龙左行走滑断层的构造联系

关于松潘-平武地区的地震活动和 GPS 观测结果已经有不少作者进行过分析。本文根据对川主寺-黄龙左行剪切转换构造的认识，重点解读它们时空分布的构造联系。

7.8.4.1　地震活动性的构造联系

研究区历史上曾经有 4 次中强地震的记载，分别是 1630 年 6.7 级、1748 年 6.5 级、1938 年 6.0 级和 1960 年 6.7 级地震。研究认为其中 1630 年和 1938 年的两次 6 级以上地震分别与虎牙断裂和岷江断裂南段的构造活动相关；而 1748 和 1960 年发生的两次 6 级以上地震与岷江断裂中段的构造活动有关（唐荣昌等，1993；周荣军等，2000；易桂喜等，2006）。其中 1960 年 6.7 级地震实际上发生在岷江断裂东侧的北东向东门沟断裂上。大体上反映了一个时空跳跃的地震迁移规律。

1970 年以来到汶川 8.0 级地震发生以前，数字地震记录更加精细地反映了地震（包括微震）活动的时空规律（图 7-8-14）。在时间上存在一个相对较强地震活跃时段（1970～1980）和一个相对较弱

图 7-8-13　东沟门 Qp² 砾石层中的断层陡坎和切割的砾石

观测点 N15

的平稳期（1980～2008），前者连续发生数个大于 5.0 的地震，后者仅偶然发生 5 级左右地震，绝大多数地震小于 3.5 级。在空间上，强震活跃时段的地震集中发生在 32.5°N ～33.0°N，104°E ～104.2°E 附近（图 7-8-15（a）），构造上大体相当于虎牙断裂及其向北延伸的范围。而平稳期的地震则明显发生了向北东的秦岭断裂带或南东的青川-平武断裂带迁移（图 7-8-15（b））。

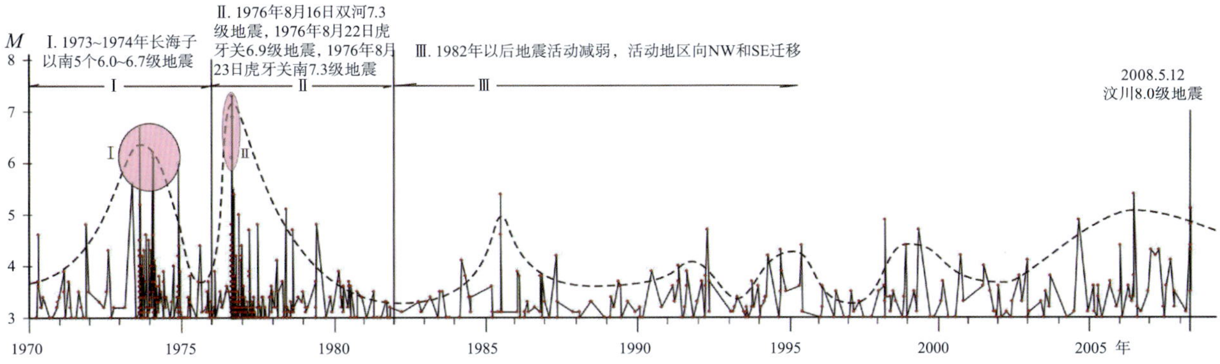

图 7-8-14　松潘-平武地区 1970 ～2008 地震活动的时间-震级关系

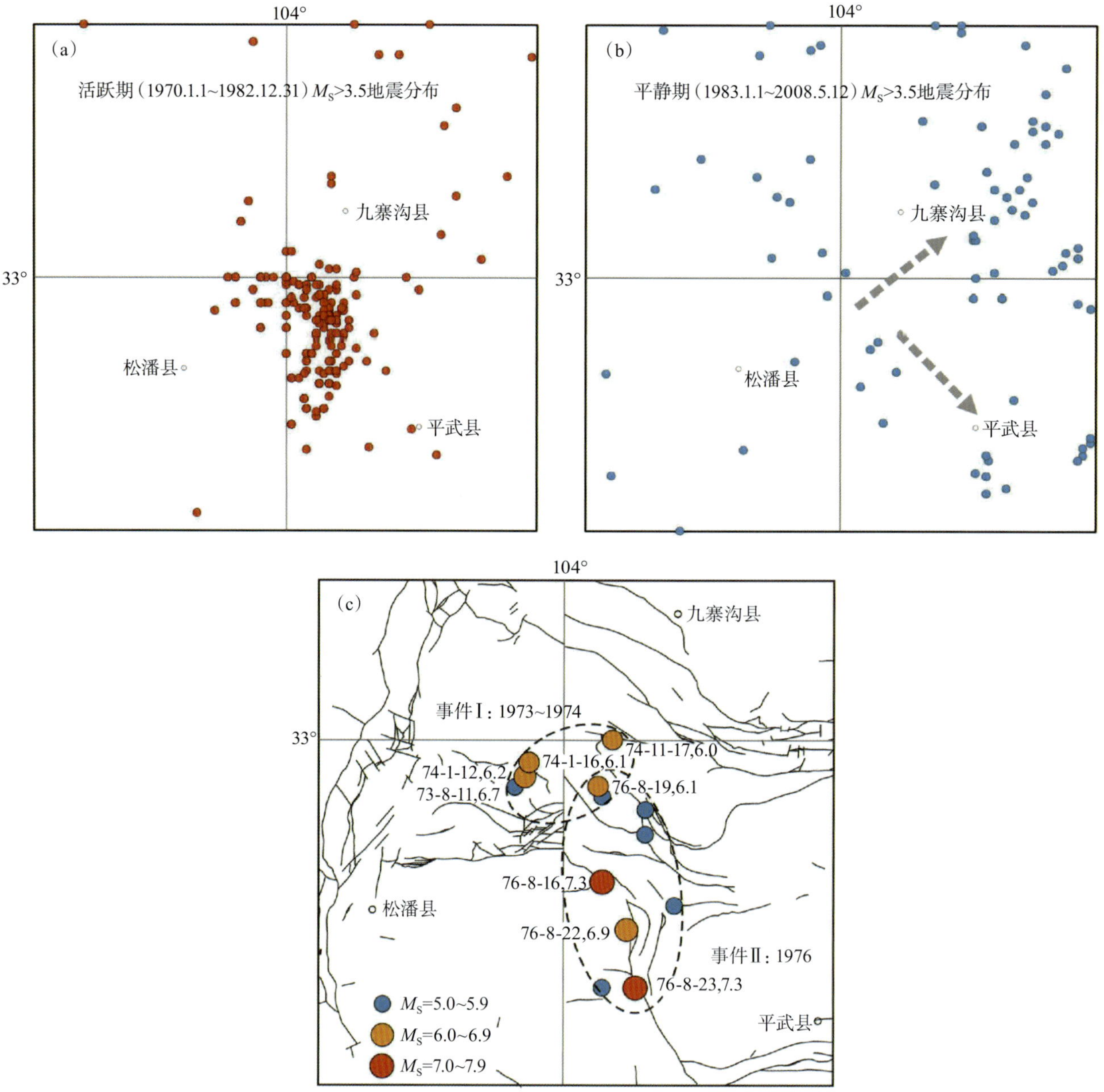

图 7-8-15　松潘-平武地区地震活跃期（a）、平静期（b）及强地震事件（c）平面分布

根据强震活跃时段地震的分布特征，又可以划分出两个时空交错，但构造联系彼此独立的地震事件（图 7-8-15（c））。其中，强震事件Ⅰ集中在 1973～1974 年期间（图 7-8-14）。在不到两年的时间里发生了 4 次 6.0～6.9 级地震，两次 5.0～5.9 级地震以及 140 余次 3.0～4.9 级地震。这一地震群发事件集中在川主寺-黄龙断裂北侧的长海附近。该地区目前尚无明确的第四纪以来构造活动资料。推测有两种可能的地震构造联系：

（1）与白马弧形构造的再活动有关。该地区构造上位于白马弧形构造的外带，根据区域地质调查资料（四川省地质局，1978；文县幅 1∶20 万矿产地质图，陕西省地质局区域地质测量队二十八分队，1970），白马弧形构造由加里东期沿下古生界碧口群与泥盆系交接地带发育的褶皱和断裂组成，经印支构造变动复活形成弧形，燕山期以升降为主。白马弧形构造以向南东收敛，北西撒开的褶皱变形为主，断裂构造不甚发育。第四纪以来，随着川主寺-黄龙断层左行走滑位移的积累，在其北盘岩石中产生逆时针的牵引扭曲应力，激活白马弧形构造外带的先存断裂而发生地震，属于横向跨越式的走滑转换地震构造（见下文和图 7-8-17）。

（2）与黄龙乡以东北东走向的马尾状左行剪切破裂持续延伸有关。前文已经论证了它们与川主寺-黄龙左行走滑断层的关系，它们向北东方向延伸的动力，同样来自主走滑断层的持续位移积累。

强震事件 II 发生在 1975～1979 年期间，包括两次 7.3 级地震，两次 6.0～6.9 级地震，四次 5.0～5.9 级地震和 690 次 3.0～4.9 级地震。其中所有 5 级以上强震都集中在 1976 年 8 月爆发（图 7-8-14）。从空间联系看，除了北部 1976 年 8 月 19 日的 6.1 级地震和两次 5.0～5.9 级地震涉及强震事件 I 的相关地震构造以外，其余强震与虎牙断裂的构造联系是毋庸置疑的。上述连续发生的两个强震事件在空间上彼此交叠的现象，从构造活动的相关性来看也是合理的。与川主寺-黄龙走滑断裂北侧岩石中的斜向（北东向）剪切转换和跨越式（弧形）转换构造不同，虎牙断裂属于南侧的横向压缩型转换构造。详细解读虎牙断裂复杂的分段性、左行斜冲的运动学（唐文清等，2004；易桂喜等，2006），及其与川主寺-黄龙走滑断裂的转换构造联系，对于理解强震事件 II 的地震构造具有重要意义。

7.8.4.2　GPS 观测结果

根据研究区（102°E ～105°E，32°N ～34°N）14 个 GPS 流动观测站 4 次（1999、2001、2004、2007 年）重复监测数据（表 7-8-1），参考欧亚板块框架计算得到的位移速度矢量（图 7-8-16）表明，松潘-平武地区的现今地壳运动总体上由西向东，1999～2007 年期间向东和南东东的位移速率变化在 12.4～6.8E mm/a 和 -2.3～1.7N mm/a 之间。其中，岷江断裂以西 3 个测站（H025、H026、

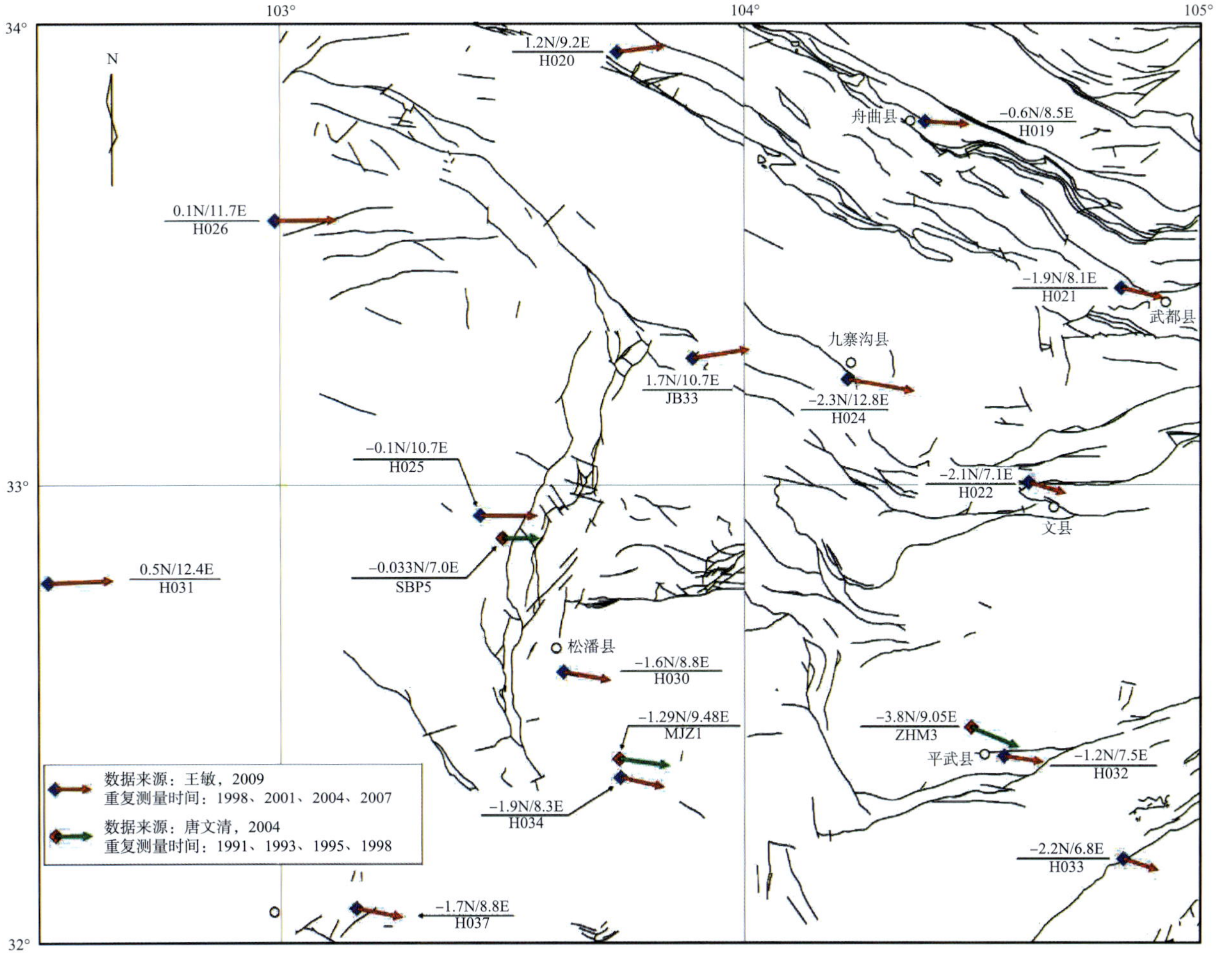

图 7-8-16　两个时段（1991～1998 和 1998～2007）GPS 重复测量得到的位移速率矢量

H031）的位移速度矢量相对稳定，东向位移速率全区最高，为 10.7～12.4 mm/a，北向运动速率小于 0.5 mm/a，反映青藏高原地壳物质向东挤出的动力学背景。但当越过由岷江断裂（岷山隆起）中北段及其东部的文县-白马弧形构造组成的构造体时，位移矢量分别发生了有规律的改变：松潘以南位移速度矢量一致发生了向 SEE 的偏转，东向位移速率很快减小至 8.8 mm/a，向南东进一步减小到 6.8 mm/a，北向运动速率则相对增加，变化在-1.2～-3.8 mm/a 之间。与此同时，北侧在东昆仑断裂以北，位移矢量则在先发生向 NEE 偏转（观测站 H020，JB33）之后，才逐渐转向 SEE（观测站 H019，H021，H022，H024）。总体上显现出受到岷山隆起的中北段及其东部的文县-白马弧形构造联合体干扰的位移矢量图像，意味着该联合构造体在区域整体东移的过程相对滞后，内部无疑正在发生应变和位移的积累。这样，上述在白马弧形构造外缘发生的强地震事件 I 的动力学条件就可以成立了。

唐文清等曾经利用区内另外 3 个 GPS 监测站的 4 次（1991、1993、1995、1998）重复测量数据（表 7-8-1）开展了独立研究（唐文清等，2004）。在同样参考欧亚板块框架的情况下，计算了 1991～1998 年期间的位移速度矢量。并根据 3 个观测站分别跨越了岷江断裂和虎牙断裂，将位移矢量的差值视为两条断裂的位移速率。认为岷江断裂的运动速度大于 2 mm/a；虎牙断裂整体速度 2.55 mm/a。

表 7-8-1　欧亚框架下松潘-平武地区 GPS 测站运动速度

观测站	经度（°）	纬度（°）	北向速度	北向误差	东向速度	东向误差	相关系数
H019	104.40	33.79	-0.6	1.3	8.50	1.3	0.0101
H020	103.73	33.94	1.2	1.3	9.20	1.3	0.0093
H021	104.82	33.42	-1.9	1.3	8.10	1.3	0.01
H022	104.63	33.00	-2.1	1.3	7.10	1.3	0.0097
H024	104.23	33.23	-2.3	1.3	12.8	1.3	0.0094
H025	103.44	32.93	-0.1	1.3	10.70	1.3	0.0094
H026	102.99	33.57	0.1	1.3	11.70	1.3	0.0092
H030	103.61	32.59	-1.6	1.2	8.80	1.2	0.0109
H031	102.50	32.79	0.5	1.2	12.40	1.2	0.0104
H032	104.57	32.41	-1.2	1.2	7.50	1.2	0.0103
H033	104.83	32.18	-2.2	1.3	6.80	1.3	0.0097
H034	103.73	32.36	-1.9	1.3	8.30	1.3	0.0091
H037	103.16	32.08	-1.7	1.3	8.80	1.3	0.009
JB33	103.89	33.28	1.7	1.2	10.7	1.2	0.0112
SBP5 *	103.48	32.88	-0.033	2.37	7.00	3	
MJZ1 *	103.73	32.40	-1.29	1.44	9.48	2.01	
ZHM3 *	104.50	32.47	-3.8	1.87	9.05	3.19	

注：*1991～1993～1995～1998 年重复观测数据（唐文清等，2004）；其余为 1999～2001～2004～2007 年重复观测数据。

上述两个时段（1991～1998 和 1999～2007）GPS 监测数据计算得到的位移速率矢量，除岷江断裂西侧两个紧邻的测站（H025 和 SBP5）之间存在明显不同以外，其余大体相当。说明松潘-平武地区现今的活动状态随时间可能有所变化，其他 GPS 研究也揭示了相关规律（张岳桥等，2003；司建涛等，2008）。有意义的是，如果在本文确立的川主寺-黄龙左行走滑剪切及其转换构造联系的框架下，把不同观测站位移速率矢量的差异看作是沿主要断层带的位移速率，断层之间的位移是连续的，并且合理设定岷山隆起中北段及其东部文县-白马弧形构造联合体的位移速率矢量区域最小（假设为 7.0E mm/a），则 1999～2007 时间段岷江断裂的平均位移速率为 3.7 mm/a（或许部分向东分配给白马弧形构造），虎牙断裂的平均位移速率为 0.8～1.3 mm/a，而沿川主寺-黄龙断裂的相对位移速率平均达 1.8～2.4 mm/a。尽管这种分配不够严格，且不考虑 GPS 观测计算本身的误差，精确的断裂结构框架还有待完善，而理想的刚性块体运动方式也值得怀疑，但 GPS 观测数据为断裂构造相关的差异运动提供了支持。

7.8.4.3　卫星遥感图像解译

沿川主寺-黄龙左行走滑断裂发育的近 EW 向涪江水系，自黄龙乡以东经镇源-施家堡先折向南东，继而在小河以北折向南。双河-小河-虎牙一带，地形陡峻，瀑布高悬，地貌上沿 SN 向断裂呈梯状跌落（四川省地质局，1978，P139）。在 TM 卫星遥感图片上，主要呈 SN 向延伸的山脊和涪江水系，被一系列近 EW 走向的线性断裂构造（图 7-8-17（a））切错。大体上在小河以北、虎牙关和叶塘附近呈密集分布。沿虎牙公社-叶塘-水晶堡公社一线，一条近 EW 向的河流汇集了所有南北向水系，河流两侧的水系和山脊似乎发生了成对左行错移（图 7-8-17（b））。上述地貌构造特征说明虎牙断裂被近东西走向的走滑断裂左行切磋，具有分段活动的性质。

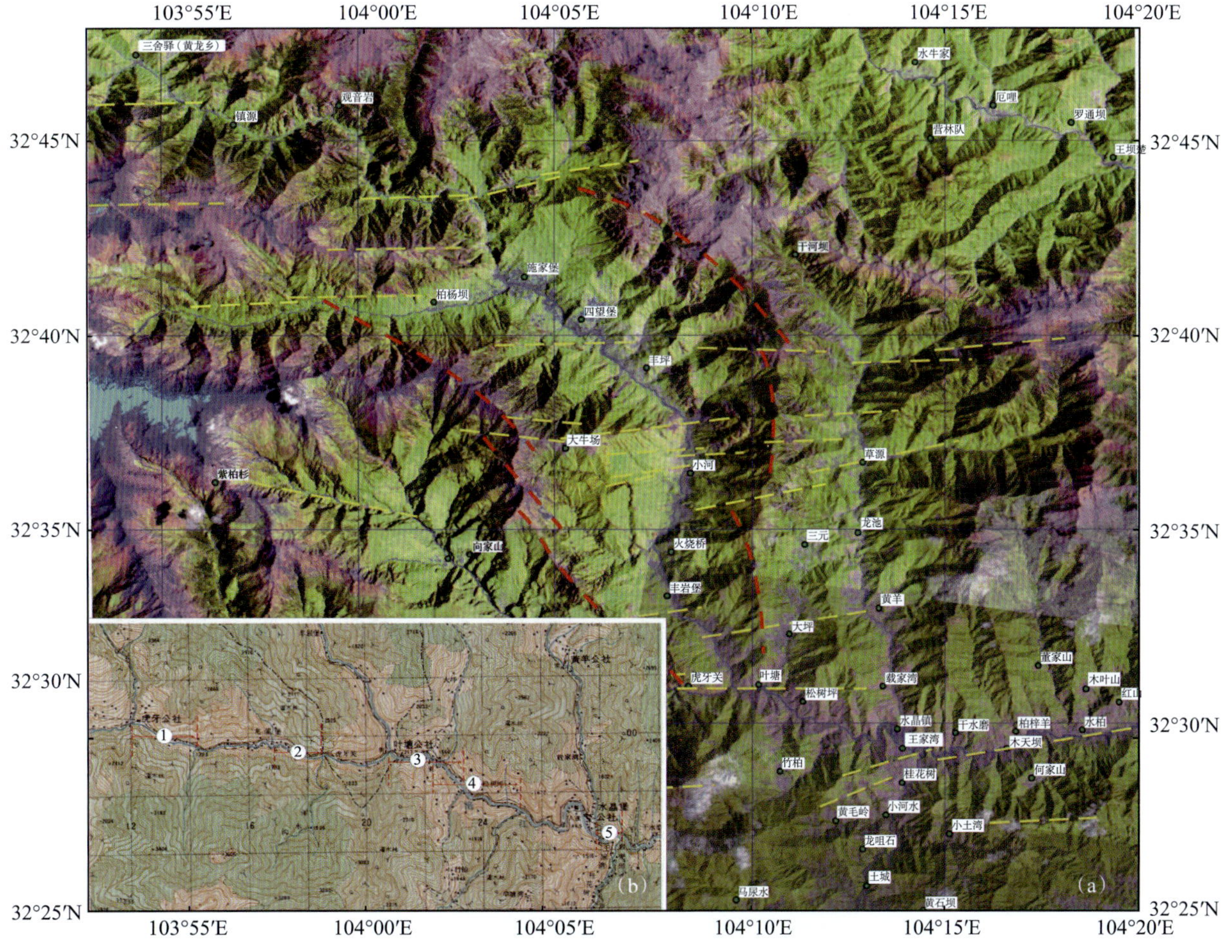

图 7-8-17　松潘-平武地区 TM 图像及断层解译

（a）TM 卫星遥感图像，红色断线为虎牙断裂组分，黄色为解译的线性断裂构造；
（b）1∶10 万地形图，①-⑤为错位的河流-山脊对

7.8.5　讨论和结论

沿大型走滑断层的位移积累，必然导致两侧岩石中协调一致的变形相应。这一认识已经为国内外大量研究成果所证实（图 7-8-1）。本文对川主寺-黄龙断裂的破裂几何学、运动学数据及其断裂构造联系的研究成果，辅以松潘-平武地区地震活动、GPS 重复测量数据和卫星遥感图像解译，建立该地区现今构造变动的剪切转换构造体系。在这个构造体系下，大量前人在该地区的研究成果可以得到更加合理的解释。

7.8.5.1　松潘-平武的转换剪切构造组成

川主寺-黄龙走滑转换构造系统的形成，与青藏高原向东挤出的动力学背景密切相关。根据更大范围的区域地质和构造演化历史，以及第四纪以来的构造变动特征，将它们按形成演化的顺序分为东昆仑-岷江、川主寺-黄龙、龙潭堡-虎牙和平武-青川 4 个在空间和时间上彼此承接的剪切转换构造系统（图 7-8-18），并试图对松潘-平武地区不同期次剪切转换构造体系的转换构造要素进行简单描述。

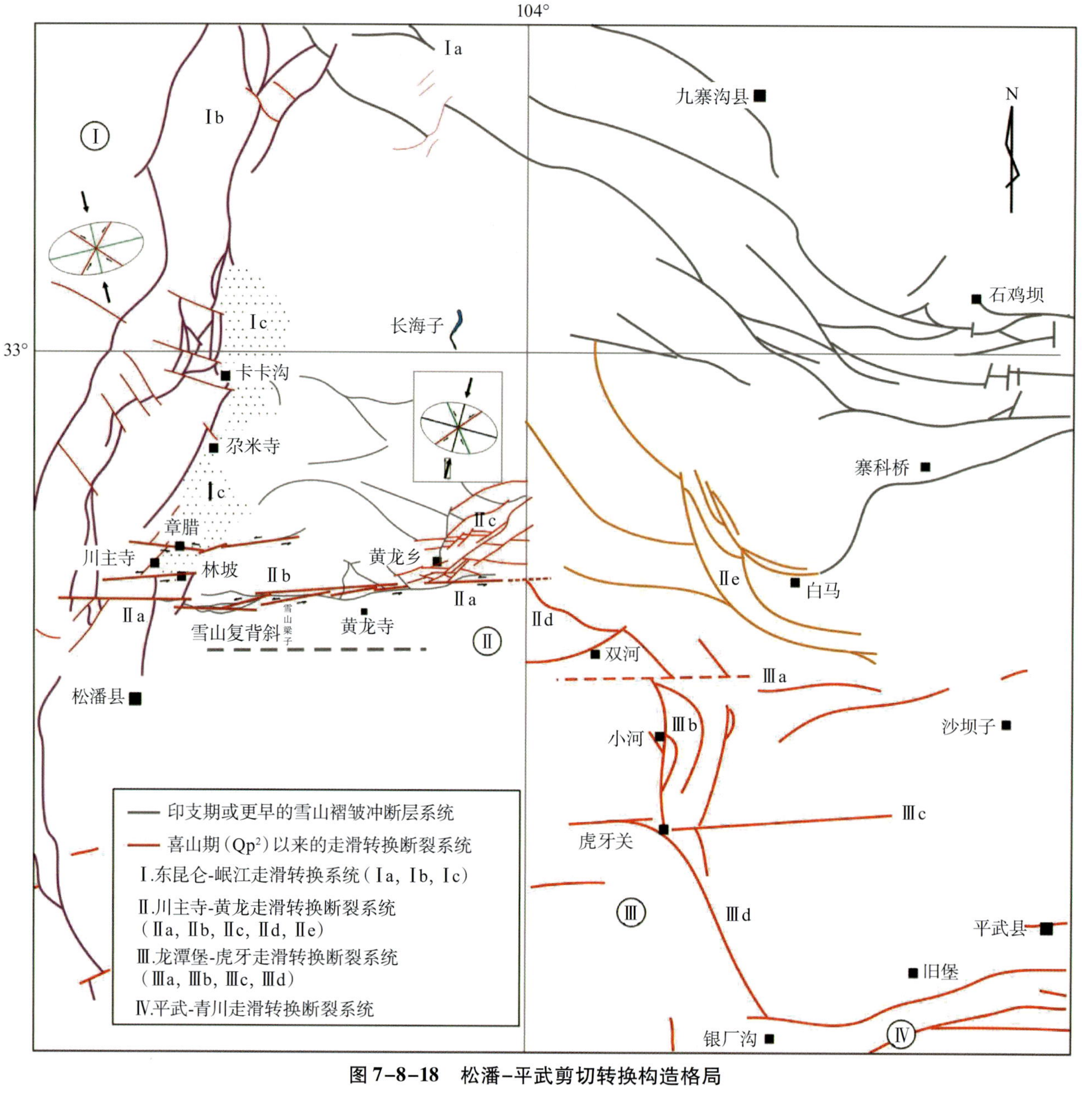

图 7-8-18　松潘-平武剪切转换构造格局

（1）东昆仑-岷江走滑转换系统。构造组成包括：Ⅰa——东昆仑左行走滑断层；Ⅰb——岷江褶皱冲层组合，Ⅰa 的横向挤压转换构造；Ⅰc——弓嘎岭-章腊盆地，东昆仑-岷江剪切转换构造体系中与岷江冲断层同期形成的压陷盆地，后期被川主寺-黄龙走滑断裂改造。

（2）川主寺-黄龙剪切转换系统。主要的构造组成包括：Ⅱa——川主寺-黄龙左行走滑主剪切带，主剪切带；Ⅱb——林坡伸展型双重剪切转换构造（释放型横向跨越构造）；Ⅱc——黄龙乡以东，主剪切带末端北东走向的叠瓦扇，后缘伸展型剪切转换构造；Ⅱd——双河冲断楔，Ⅲa 的收缩性横向挤压型转换构造；Ⅱe——白马弧形断裂组合，Ⅱa 和Ⅲa 阶段的跨越型剪切转换构造。白马弧形断层为加里东以来多期活动的褶皱-断裂构造。第四纪以来为川主寺-黄龙走滑断层的跨越型转换构造，在龙潭堡-虎牙转换剪切过程得到加强；

（3）龙潭堡-虎牙走滑转换断裂系统。包括两套（Ⅲa/Ⅲb 和Ⅲc/Ⅲd）递进发育的剪切转换构造：Ⅲa——双河-沙坝子左行走滑断层；Ⅲb——小河冲断楔，Ⅲa 的收缩性横向挤压转换构造；Ⅲc——虎牙关-叶塘走滑断层；Ⅲd——虎牙冲断层，前缘收缩性叠瓦扇。侧向开放性冲断层，横向压缩性剪切转换。

（4）平武-青川走滑转换断裂系统。断裂之间的转换构造联系尚待进一步研究。

7.8.5.2　松潘-平武剪切转换构造的动力学

川主寺-黄龙乡左行走滑断裂的性质及其区域构造联系，揭示了青藏高原东缘北段一种可能的挤压剪切转换的动力学模式：随着特提斯闭合以后的陆-陆碰撞和印度板块的向北推挤，羌塘地体以北的近 EW 向断层的位移性质逐渐由挤压逆冲转变为左行滑移（马宗晋等，1998）。承接东昆仑左行走滑位移，近南北向的岷山隆起及其冲断层构造率先形成；近东西向川主寺-黄龙左行走滑断层将青藏高原物质向东推挤的位移积累向东转换为沿虎牙断裂的斜向俯冲，继而传递给青川-平武走滑剪切系统，整体构成典型的走滑转换断裂构造体系。推测正是这一新构造活动的断裂体系，将沿东昆仑断裂的左行走滑位移逐渐转换为沿龙门山断裂的左行斜冲运动，提供了这一地区尤其是 2008 年汶川 8.0 级地震的构造联系和动力学背景。

致谢：本文是国家重点基础研究发展计划（973 计划）项目 2008CB425703 和科技部际科技合作重点项目 2008DFA20700 资助的研究成果。九寨沟管理处对我们在该地区开展野外调查提供了热情支持，王敏研究员为本文提供了 GPS 监测数据，马宗晋院士和任金卫研究员、张岳桥研究员等对本文给予了有益的讨论，在此一并表示感谢。

参考文献

邓起东、陈社发、赵小麟，龙门山及其邻区的构造和地震活动及动力学［J］，地震地质，1994，16（4）：389～403。

邓天岗，松潘-平武地区的地质构造特征及其与鲜术河断裂带南东段的对比，《松潘地震预报学术讨论会文集》，地震出版社，1989。

董树文、张岳桥、龙长兴、吴珍汉等，四川汶川 M_S 8.0 地震地表破裂构造初步调查与发震背景分析，地球学报，2008，29（3）：392～396。

付小方、侯立玮、李海兵、王宗秀、邹付戈，汶川大地震（M_S 8.0）同震变形作用及其与地质灾害的关系，地质学报，2008，82（12）：1733～1746。

马宗晋、张家声、汪一鹏，青藏高原三维变形运动学的时段划分和新构造分区，地质学报，1998，72（3）：211～227。

马寅生等，东昆仑活动断裂带玛曲段活动特征及其东延，地质通报，2006，24（1）：30～35。

钱洪、马声浩、龚宇，关于岷江断裂若干问题的讨论，中国地震，1995，11（2）：140～146。

四川省地质局，1∶20 万章腊幅地质调查报告，北京：地质出版社，1978。

陕西省地质局，文县幅 1∶20 万矿产地质图，北京：地质出版社，1970。

任金卫、汪一鹏、吴章明等，青藏高原北部东昆仑断裂带第四纪活动特征和滑动速率，活动断裂研究，1999，（7）：147～164。

唐荣昌、韩渭宾等，四川活动断裂与地震［M］，北京：地震出版社，1993。

唐文清、孙志明、四川松潘弓嘎岭-漳腊盆地新构造运动［A］，特提斯地质（23）［C］，北京：地质出版社，1999，

103～107。
唐文清、刘宇平、陈智梁、张清志、赵济湘，岷山隆起边界断裂构造活动初步研究，沉积与特提斯地质，2004，第(24)卷，第4期。
许志琴、索书田、韩郁菁、傅小方、黄明华，中国松潘2甘孜造山带的造山过程，北京：地质出版社，1992，1～190。
杨景春、邓天岗等，岷江上游地区第四纪应力状态及其与地震的关系，地震地质，1979，1(3)：68～75。
易桂喜、闻学泽、王思维等，由地震活动参数分析龙门山-岷山断裂的现今活动习性与强震危险性，中国地震，2006，22(2)：117～125。
张岳桥、杨农、陈文等，中国东西部地貌边界带晚新生代构造变形历史与青藏高原东缘隆起过程初步研究[J]，地学前缘，2003，10(4)：599～609。
周荣军、蒲晓虹、何玉林、黎小刚、戈天勇，四川岷江断裂带北段的新活动、岷山断块的隆起及其与地震活动的关系，地震地质，2000，22(3)：285～294。
Christie-Blick, N. and Biddle, K. T., Deformation and basin formation along strike-slip faults. In: Biddle, K. T. and Christie-Blick, N., Editors, 1985. Strike-Slip Deformation, Basin Formation, and SedimentationSpecial Publication-Society of Economic Paleontologists and Mineralogists vol. 37, pp. 1-34. Abstract-GEOBASE.
Crowell, J. C., Sedimentation along the San Andreas Fault, California. In: Dott, R. H. and Shaver, R. H., Editors, 1974. Modern and Ancient Geosynclinal SedimentationSpecial Publication-Society of Economic Paleontologists and Mineralogists vol. 19, pp. 292～303.
Crowell, J. C., Origin of late Cenozoic basins of southern California. In: Dickinson, W. R., Editor, Tectonics and SedimentationSpecial Publication-Society of Economic Paleontologists and Mineralogists. 1974. vol. 22, pp. 190～204.
Dickson Cunningham, Active intracontinental transpressional mountain building in the Mongolian Altai: Defining a new class of orogen. 2005, Earth and Planetary Science Letters.
Dooley, T. and McClay, K., Analog modeling of pull-apart basins. American Association of Petroleum Geologists Bulletin, 1997, 81, pp. 1804～1826.
Dooley, T., McClay, K. R. and Bonora, M., 4D evolution of segmented strike-slip fault systems: applications to N. W. Europe. In: Fleet, A. J. and Boldy, S. A. R., Editors, 1999. Geological Society of London, Proceedings of the 5th Conference-Petroleum Geology of N. W. Europe, pp. 215～225.
Mann, P., Hempton, M. R., Bradley, D. C. and Burke, K., Development of pull apart basins. Journal of Geology, 1983, 91, pp. 529～554.
McClay, K. R. and Bonora, M., Analogue models of restraining stepovers in strike-slip fault systems. American Association of Petroleum Geologists Bulletin, 2001, 85, pp. 233～260.
Wakabayashi J., James V. Hengesh, Thomas L. Sawyer, Four-dimensional transform fault processes: progressive evolution of step-overs and bends. Tectonophysics, 2004, 392 (1-4): 279～301.
Westaway, R., Deformation around stepovers in strike-slip fault zones. Journal of Structural Geology, 1995. 17, pp. 831～846.

7.9 松潘-甘孜地区百年地震构造和现今动力学*

地震与断裂之间的关系长期争论不休。在经历了30年研究和全方位地壳变形监测之后，美国地调局加利福尼亚地震概率工作组在总结地震预测失败的基础上，对地震成因和预报的传统理念提出了挑战。他们的研究表明，地震发生在复杂的断层系内，涉及断层间相互作用，地震会使相邻的断层贯通，也可

* 本节作者：张家声[1]　甘卫军[1]　张明华[2]　黄雄南[1]　刘　峰[1]
1　中国地震局地质研究所，北京，100029；
2　中国地质调查局发展研究中心，北京，100037
发表于：《地学前缘》2012，19(5)：274～283。

以从一条断层跳到另一条断层，任何地方都有可能是地震的起始点或终结点，其混沌机制很难预测。断层的物理特征以及它们之间的相互作用非常复杂，没有单一的确定性规律可以解释其活动习性；没有人知道弹性回跳模型是如何在断层间不断发生相互作用、断层破裂的约束条件越来越少的情况下发挥作用的。断层的地震行为动摇了用简单的物理学知识来解释地震活动习性的信任，弹性回跳和地震空区的理论收到挑战（Glennda Chui，2009）。地震预测的纯统计方法被重新提出来（BaKun，W.，et al.，2005）。

断层岩石的细粒化和宽变形带中密集的断裂组合使它们成为地壳变形和位移的主要通道，因此也是地震成核的主要场所。地震不论大小都是被其它地震所触发的（Glennda Chui，2009；Kagan Y. Y，et al.，1999；Felzer et al.，2009），与附近断层的活动引起的局部应力没有直接联系。尽管了解所有断层的全部地震活动历史，对于理解它们的地震行为具有重要的意义。但面对数以万计的地质断层和时间有限的数字地震记录，这种愿望是不可能实现的。利用可靠的数字地震记录和全部数字化地质断层，建立地震活动与断裂构造之间的联系，区分近 110 a 来有地震活动记录的地震断层和没有地震活动的休眠断层，分析断裂的地震构造属性及其随时间变迁的图像，则有可能形成区域地震构造格局、孕震环境条件及其最新动向的数字支持，构建地震敏感的信息网络。在现今地壳运动得以被 GPS 观测数据精确限定的情况下，地震产生的同震位移作为区域地震构造系统的初始扰动叠，通过在数字化地震信息网络中的响应，将有可能给出未来地震触发位置的自动选择。

7.9.1　地质构造背景

研究区位于亚洲中部受印度-欧亚板块相互作用产生的大三角形强震域东缘中段（图 7-9-1（a）），受北部东昆仑断裂带、西南部鲜水河断裂带和东部龙门山断裂带（图 7-9-3）围限的小三角形范围，面积约 320000 km^2（约 800 单元×400 km^2/单元）。地震活动强烈频繁。松潘-甘孜地区的大陆地壳主要由晚古生代褶皱带及其上覆的三叠系稳定的碳酸盐岩沉积组成（图 7-9-1（b））。中生代中、晚期，随着特提斯洋闭合和随后发生的陆-陆碰撞，形成了一系列 NW-SE 走向的褶皱-冲断层组合，并奠定了该地区的基本构造格局（许志琴等，1992）。侏罗-白垩纪处于隆起状态，除了零星小规模的岩浆侵位以外，没有接受沉积。这一褶皱-冲断层系统在新生代阶段随着印度-欧亚板块之间的碰撞逐渐加剧和青藏高原挤压隆起，一部分断裂重新活动，但活动性质由逆冲转变为左行斜冲或左行走滑（马宗晋等，1998；张家声等，2003）。这一阶段的构造活动大多伴随局部发育的第四系沉积。

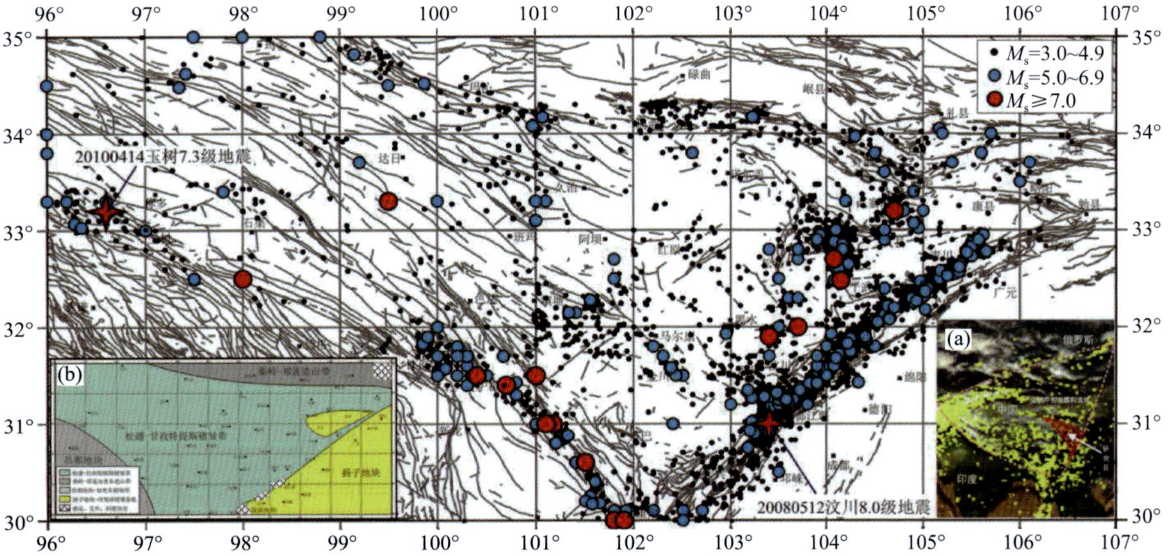

图 7-9-1　松潘-甘孜的断裂与地震活动

（a）亚洲中部三角形强震构造域和研究地区；（b）松潘-甘孜地区的岩石地层和构造分区

7.9.2　松潘-甘孜地区的百年地震断层

尽管理论上地震成核与先存地质断层密切相关，由于对地表断裂下延的复杂性和地震孕育发生的真实过程缺乏了解，加上地震定位的误差，断层的地震记录实际上很难精确确定。基于海量可靠的数据资源和合理的方法，可以得到它们之间的统计规律性认识。

断层的百年地震属性，是基于地质断层数据库和地震记录数据库，通过计算落入断层活动影响范围的地震（包括数量、震级、震源深度和时间等），并建立子数据库的基础上，开展相关分析，包括1900年以来发生地震的数量、震级加权平均数、地震复发时间间隔、地震活动随时间沿断层带的迁移趋势，以及地震大小与其发生频率之间的幂函数关系等，量化每一条断层的在过去110 a的地震能力。

7.9.2.1　数据资源

根据历年来1∶20万数字地质图建立的断层数据库，在由东昆仑断裂带、鲜水河断裂带和龙门山断裂带围限的三角形范围内，共有长度≥2 km的数字化实测断裂4781条（图7-9-1）。除了岷江断层以东因冲断层抬升出露的古生代岩石中的先存断裂以外，几乎所有的断裂和褶皱构造均形成于中生代中晚期，新生代以来的最新构造变动主要与青藏高原隆起和高原物质的侧向挤出有关。跨图幅拼接后的实测断裂大部分具有断层长度、断层倾向和断层倾角等几何学，以及断层属性等与地震相关性统计直接相关的参数。存在的问题包括：①断层的几何学参数沿走向发生改变；②某些明显呈线状分布的地震活动带没有实测断裂。这一方面可能是由于野外条件限制而未能发现这些断层，更有可能的是，这些地区不存在地表断裂，地震活动是隐伏或新生地震断裂活动的表现。研究工作据此在实测断裂数据库中补充了65条解释地震断层（图7-9-4），使数据库的断层总数达4846条。

研究区可供利用的地震记录5990条，其中77条为1900年以前4.7级以上地震灾害记录，时间上可以上溯到公元前23世纪，但没有精确的震中、震级和时间数据；103次为1900～1969年期间仪器记录的4.7级以上地震，多数直接引自《国际地震中心记录汇编》，受当时观测仪器水平和观测台站数量的限制，记录不全面，且精度不高。其余5810条$M_S \geqslant 3.0$级以上的地震记录，来自1970～2010年期间中国地震台网的连续观测，大部分数据质量达到1类（≤10 km）和2类（≤25 km）标准。其中3.0～4.9级地震5635次，5.0～6.9级地震169次，7.0级以上地震6次，包括2008年5月12日的汶川8.0级地震和2010年4月14日的玉树7.3级地震（图7-9-1）。

7.9.2.2 统计和分析方法

根据国内外关于地壳断裂发育一般物理规律性的大量研究成果，我们对断裂活动影响范围作如下设定：

（1）根据Wells对全球400个有可靠数据地震的震源和地表破裂参数进行相关性分析（Wells D. L.，1994），认为震级M与地下破裂长度及破裂面积之间相关性最强（$r=0.89$～0.95，$s=0.24$～0.28），地下破裂长度与震圾的回归关系式在95%的置信水平上，但与断层的滑动类型无关。将研究区所有地质断层划分为走向断层和倾向断层两种主要类型。前者对地震活动的影响沿断层两侧等距离分布，后者主要发生在断层上盘，因此与断层倾向和倾角有关。

（2）大陆浅源地震震源深度的优势分布表明，地震活动主要发生在长英质地壳的韧脆转换带（石英应力支撑岩石的脆韧转换温度为300～350℃）及其上部的脆性地壳层次（Sibson R. H.，1980）。根据研究区地表热流值和地温梯度（汪集炀等，1990；汪洋，1999），断层行为的脆韧转换深度的下限（包括脆韧转换带）大致设定为20 km。

3）尽管Sherman（1972，2005）根据贝加尔裂谷地表断裂的野外调查、统计分析和实验模拟数据提出的经验公式，忽视了断层运动性质、断层产状和断层下延深度等因素对地震活动的控制和影响，其关于断裂活动影响半径（r）与断裂长度（L）之间的回归方程：

$r \leqslant 0.5 * K * L^c$（其中$K$和$c$分别为与断裂密集程度和断裂长度相关的参数，$K$取值在0.1～0.5之间，$c$在0.5～0.95之间）。

依然适用于对走滑断层影响范围的设定，但相关参数须根据局部断层发育情况给出。

（4）断层的走向延伸是断层规模的体现。一般情况下，断裂的延深不会超过断裂地表长度的二分之一。因此，上述经验公式也适合于长度小于 40 km 的倾向断层。

（5）为了使上述设定的地震统计范围沿断层走向平行展布，对跨图幅拼接后走向弯曲的复杂断层的不同倾向数据取平均值。

（6）将没有实测地质断层，但地震活动明显连续分布的带，设定为“解释地震断层”（隐伏的或正在形成的断层）。它们的统计范围按照走滑断层的原则进行。

根据上述各种设定，研究区实测断层的地震统计范如图 7-9-2（c）所示。

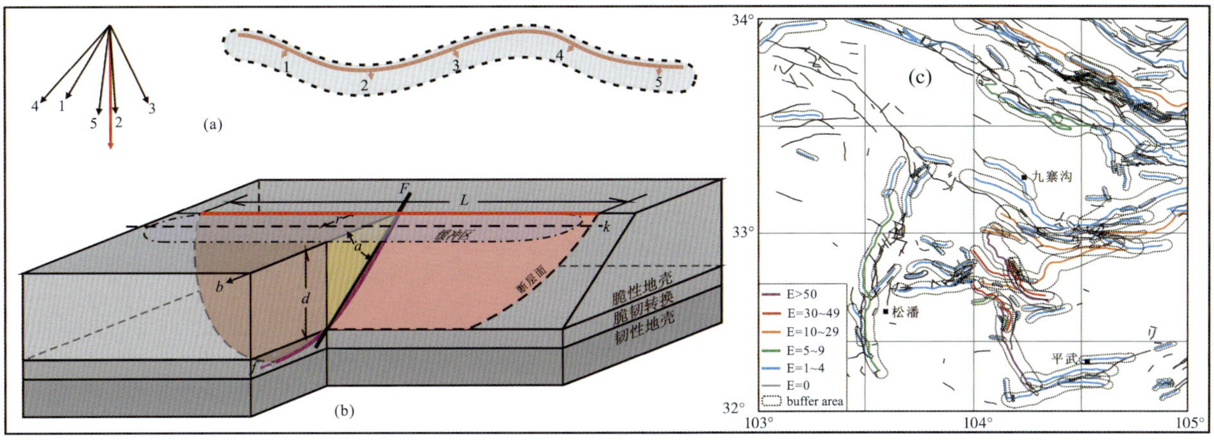

图 7-9-2　倾向断层地震相关统计的范围

（a）断层倾向的数据选取示意图；（b）倾向断层统计范围计算的三维模型：*L*. 地表断裂长度；*a*. 断层倾角；*b*. 断层倾向；*d*. 脆韧转换深度；*r*. 断层影响半径（Buffer radius）；*k*. 根据断层产状偏移的 Buffer 中心线；*F*. 理想断层倾向延伸；*f*. 实际可能的断层倾向延伸；（c）松潘-平武地区实测断层的地震统计范围的效果图

7.9.2.3　百年地震断层及其地震属性

基于实测断层数据库和地震记录数据库以及上述关于断裂-地震关系的理解和设定，对研究区所有实测断层的地震性进行统计分析结果表明，在全部 4846 条长度大于 2 km 的实测断层和解释地震断层中，最近 110 a 以来发生过 1 次以上地震的 993 条，约占 20.5%。其中发生地震 1～9 次的 876 条；10～19次 64 条；20～49 次 26 条；50～99 次 18 条，地震数大于 100 的 9 条（表 7-9-1，图 7-9-3）。其余 3853 条实测断层没有地震活动记录，处于休眠状态，但并不意味今后不会发生地震。统计过程是计算机进行的，无疑存在一个地震被相邻断层重复计数的现象。考虑到实际存在、但难以查明的断层间复杂的互动作用，我们认为这种计算结果是合理的。

表 7-9-1　断层地震性统计

	地震数（个）	断层数（条）	%		震级加权平均	地震断层（条）	%
断层地震数统计	0	3853	79.5	震级加权数	0	3853	79.5
	1～9	876	18		0.1～0.9	735	15.2
	10～49	90	1.9		1.0～4.9	183	3.7
	50～99	18	0.37		5.0～9.9	40	0.8
	>100	9	0.01		≥10	35	0.7

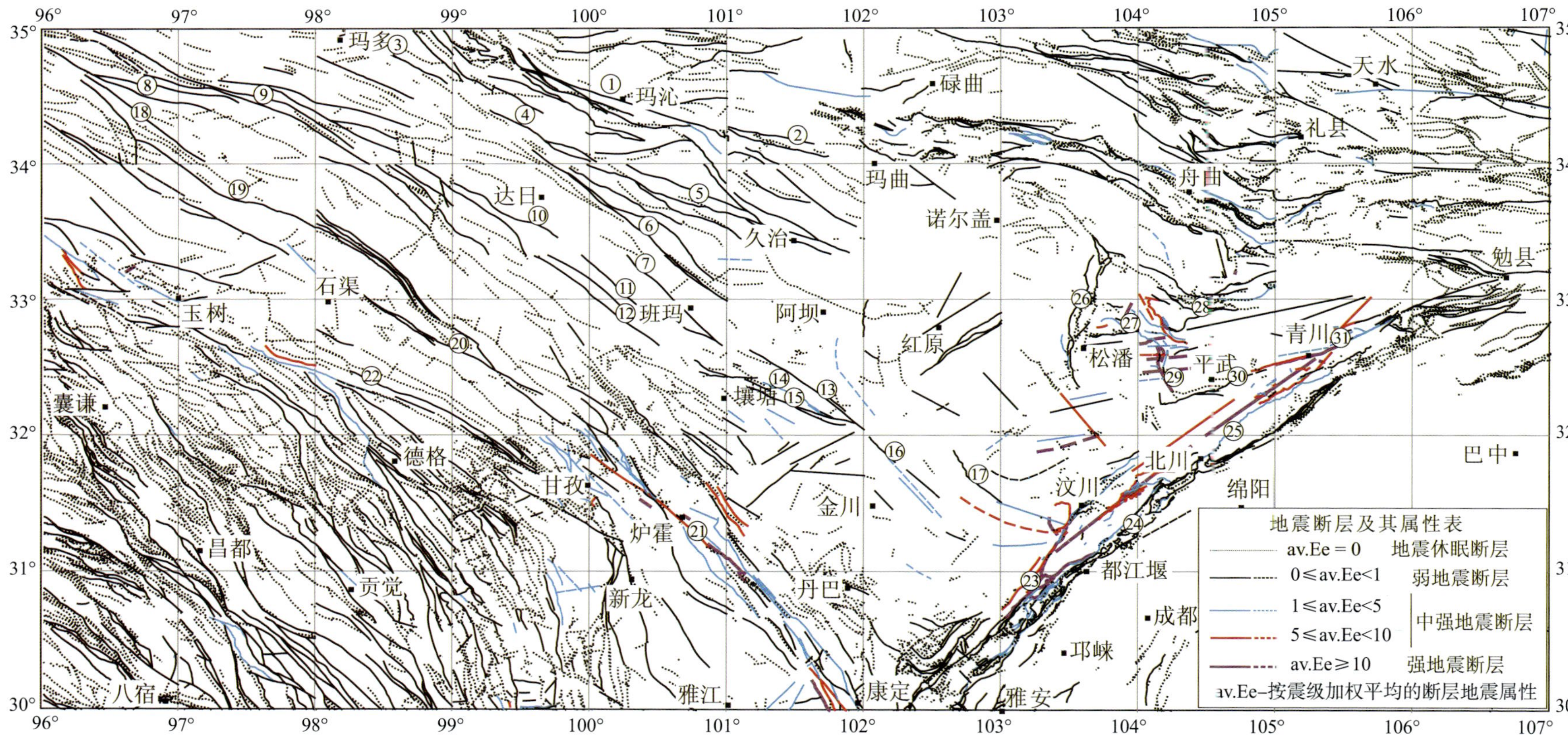

图 7–9–3　松潘–甘孜地区的百年地震断层

①靠阳断裂；②当日断裂；③巴克断裂；④安拉断裂；⑤希洛断裂；⑥德吉断裂；⑦灯塔断裂；⑧巴颜喀拉主峰断裂；⑨野牛沟断裂；⑩吉拉曲断裂；⑪亚尔堂断裂；⑫玛尼断裂；⑬麻尔曲断裂；⑭日部断裂；⑮达维断裂；⑯松岗断裂；⑰米罗亚断裂；⑱寇察断裂；⑲贡玛断裂；⑳达曲断裂；㉑鲜水河断裂；㉒马尼断裂；㉓茂汶断裂；㉔映秀断裂；㉕北川断裂；㉖岷江断裂；㉗川黄断裂；㉘白马断裂；㉙虎牙断裂；㉚清溪断裂；㉛白水断裂。其中断裂①、②及其东延的断裂组合构成研究区北部边界的东昆仑断裂带；㉑、㉒为构成研究区西南边界的鲜水河断裂带；㉓～㉕为构成研究区东部边界的龙门山断裂带

整体上，具有不同地震发生频率的地震断层，展现一个向SE撒开的网结状三角形。自NE向SW分为数个断续的密集地震断层组合，大体上可以分为东昆仑及其南侧地震断层组（图7-9-3，①～⑤）、巴颜喀拉珠峰地震断层组（图77-9-3，⑧～⑰）、贡玛-达曲地震断裂组（图7-9-3，⑱～⑳）和鲜水河地震断层组（图7-9-3，㉑、㉒），以及他们之间斜向连接的地震断层（如图7-9-3，⑥、⑦等）。图幅西南角的地震断层同样呈束状分布，但全都没有穿过鲜水河地震断层组，意味着存在独立的地震构造系统，本文不作详细讨论。

统计结果包含丰富的地震活动信息。除了每一条地震断层本身的各种参数以外，还包括该断层在过去110 a间曾经发生地震的数量、地震发生的位置、时间、震级大小和震源深度等。这些数据充分记录了该断层在过去110 a期间的地震活动历史，定量描述了断层的地震属性：①按地震震级加权的断层地震总量；②断层的地震重复间隔；③单位断层长度的地震发生频率；④地震活动沿断层的迁移轨迹等。不仅实现了地震断层的量化数据的区域可比性，为构建区域地震构造格局提供支持，而且可用来开展任何单一断层或断层组合的深入研究。

7.9.3　松潘-甘孜地震构造格局及其分时段的变迁

图7-9-3展示的松潘-甘孜地震断层格局，建立在1900～2010年全部地震记录的基础上。进一步解析其分时段的形成过程、构造联系和发展趋势，对于理解该地区过去和最近将来的地震行为和趋势，具有重要意义。

7.9.3.1　十年尺度的地震断层变迁

地震数据库中1970～2010年期间的40年连续数字地震记录表明，在1973～1976和2008～2010年两次强烈地震活动事件之间，存在一个30余年的地震相对平静期（图7-9-4，下）。十年尺度的地震断层变迁图像（图7-9-4，上），给出了这两次强烈地震活动发生的背景。在第一个十年（1970～1979）期间，除了松潘-平武地区在年短短3年期间爆发了一次频繁和强烈的地震活动外，地震活动在主要沿东昆仑断裂西段和鲜水河断裂的中段发生。第二和第三个十年期间相对平静的地震活动表现出有规律的迁移：一方面，沿东昆仑断裂和鲜水河断裂的地震活动出现向东（南东）迁移的趋势；另一方面，研究区中部自东昆仑南缘断裂分出的③～⑤和⑥～⑮（断层编号见图7-9-3）两组次级剪切断层（shear band）的地震活动逐渐得到增强，并且在第四个十年的初期，通过斜向的6、7地震断层连成一个独立的、向南东发展的地震断层体系，致使地震活动在⑬~⑮断层上得到明显加强。与此同时（第三个十年），沿鲜水河断层的地震活动出现了短暂的平静。这种趋势与随后发生的汶川8.0级地震的动力学条件相吻合。

7.9.3.2　松潘-平武地震构造

20世纪80年代中期发生在松潘-平武地区的强烈地震活动，与白马弧形断层和虎牙冲断层活动有关（图7-9-5）。在3年左右的时间内共发生7级以上强震2次，5.0～6.9级中强地震7次，3.0～4.9级微震数百次。野外调查发现，沿川主寺-黄龙乡形成于晚古生代末期的雪山冲断层（图7-9-5，Ⅰc），在更新世中期被一组近EW走向、具左行走滑运动性质的剪切破裂群（图7-9-5，Ⅲa）所改造。西端左行错断了新生代早期形成的近SN走向的岷江冲断层系统（图7-9-5，Ⅱa），东端自黄龙乡向东逐渐被一组尾端剪切转换构造（图7-9-5，Ⅲb）。南侧发育的近SN向虎牙冲断层（图7-9-5，Ⅲc），是其左行剪切位移派生的横向挤压转换构造（张家声等，2010）。该地区20世纪80年代中期发生的强烈地震活动，与虎牙冲断层和早期形成的白马弧形断裂（图7-9-5，Ⅲd）的新活动直接相关。

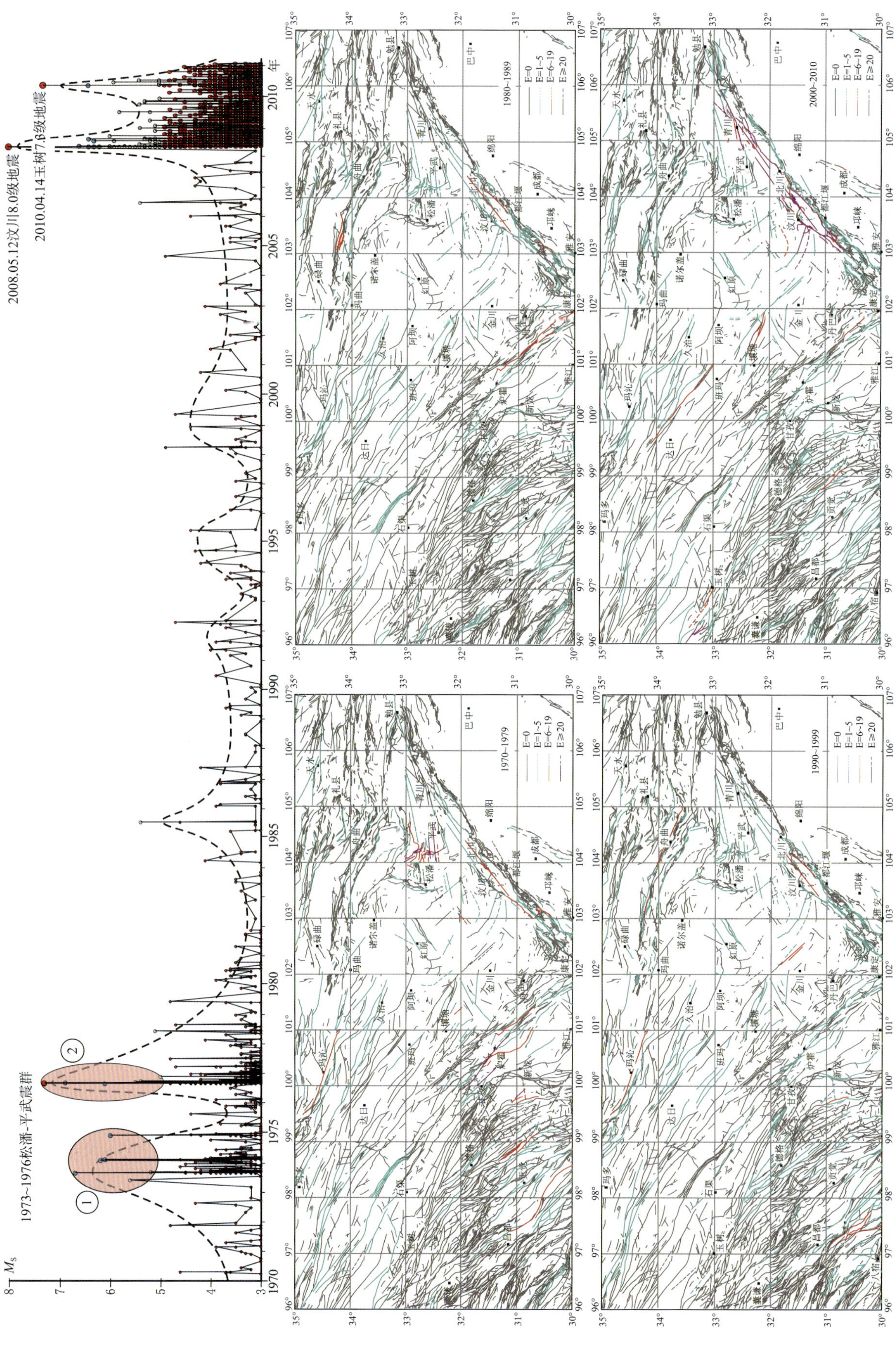

图 7-9-4　松潘-甘孜地区十年期地震断层图像

松潘-平武地区的断裂-地震活动相关性统计分析结果表明，该地区长度大于 2 km 的实测断裂共 462 条，其中 110 a 来曾经发生过 1 次以上 3.0 级地震的断层 126 条，约占总数的 27%，其余为休眠断层（见图 7-9-2（c））。地震数超过 50 个的断裂 2 条，包括一次 7.0 级以上强震和 8 次 5.0～6.9 级中强震；发生地震数 30～49 个的断裂 5 条，包括 5 次中强震和 1 次强震；地震数为 10～29 个的断层 8 条，包括 9 个中强震，没有强震；地震数为 5～9 个的断层 5 条，包括 1 个中强震和 1 个强震；地震数小于 5 个的断层 106 条。20 世纪 80 年代中期的强烈地震活动，明显沿白马弧形断裂和虎牙冲断层带交替发生（图 7-9-5①，②）。

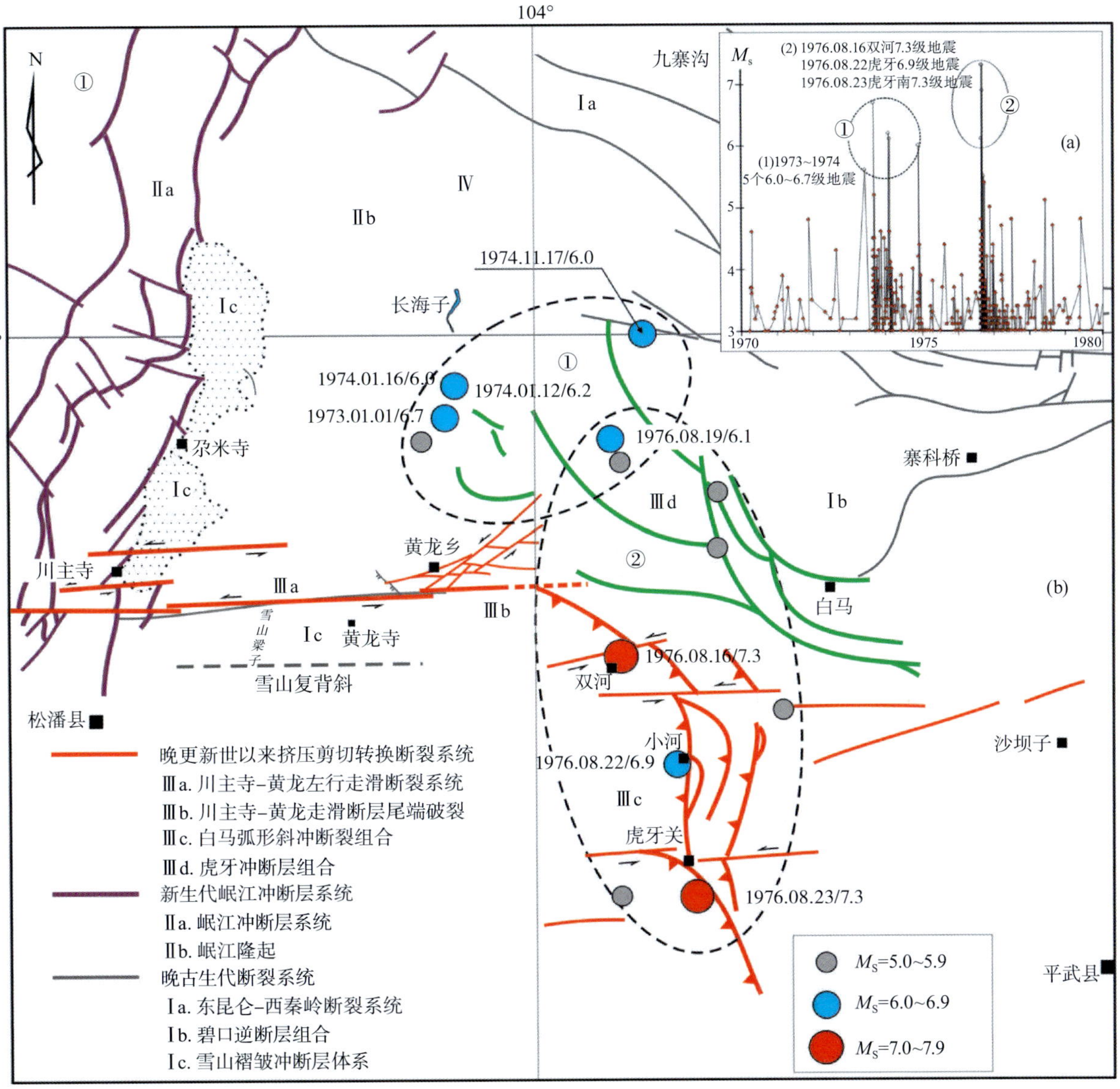

图 7-9-5　松潘-平武剪切转换断裂构造与地震活动

7.9.4　松潘-甘孜现今地壳变形

7.9.4.1　变形运动学格局

利用研究区 165 个 GPS 观测站 2008 年以前观测得到的速度矢量（王敏，2008），位移速率等值线更加直观地展示了研究区目前的变形运动差异（图 7-9-6）。根据速度分布特征及其岩石-构造联系，可以大体上分为昌都、四川和鄂尔多斯三个相对稳定的速度域（图 7-9-6，I_1，Ⅱ，III_1）。主要的速度梯度带沿鲜水河断裂和贡玛-达曲断裂分布，并且由于两者在甘孜附近会合而得到显著加强。跨鲜水河断层带东南段的位移速率达到了 6.5～8.6 mm/a 之间，而跨东昆仑断裂的位移速率则小于 2.3 mm/a（图 7-9-6，(a)）。松潘-甘孜地区的速度变化可以进一步划分为阿坝（图 7-9-6，IV_1）和龙门山前（图 7-9-6，IV_2）两个相向的二级速度梯度区，后者体现了四川地块对昌都地块南东方向运动的抵抗。龙门山冲断层南端由康定、宝兴、彭灌等结晶岩石组成的杂岩体（见图 7-9-1（b）），既是迫使鲜水河断裂走向急剧偏转的原因，同时也是吸纳鲜水河速度梯度带位移矢量分解的主要对象，形成高强度的速度扰动（图 7-9-6，IV_3）。松潘-甘孜地区现今 GPS 速度分布与上述十年期地震构造样式和变迁趋势完全一致。

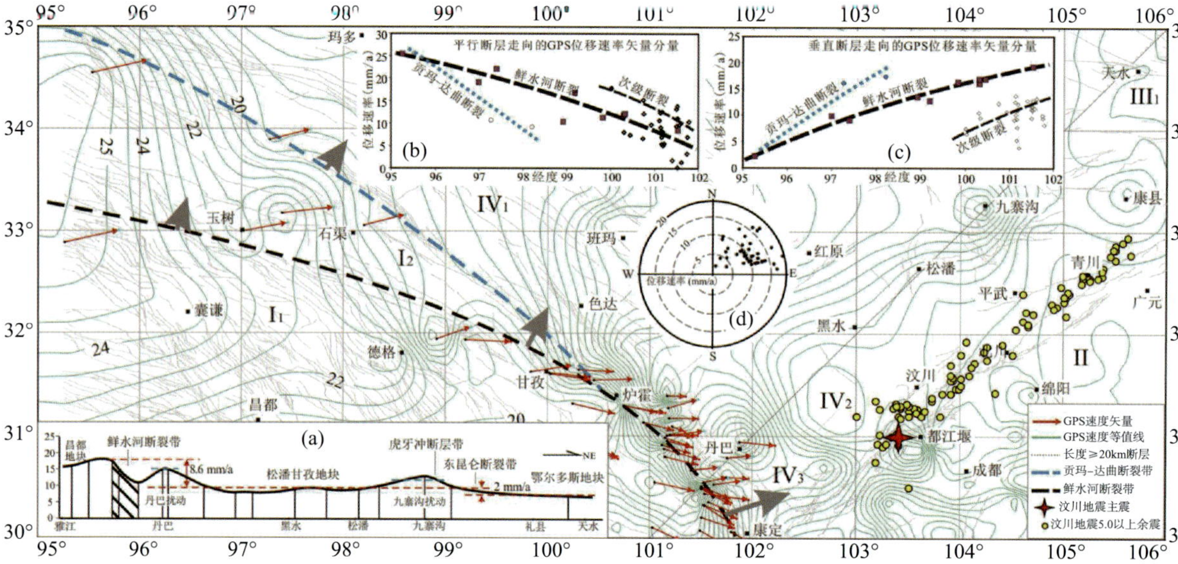

图 7-9-6　2008 年前的 GPS 速度矢量沿鲜水河断裂带分解图

(a) 雅江-天水 GPS 速度剖面；(b) 沿断层走向的 GPS 速度分量；

(c) 垂直断层走向的 GPS 速度分量；(d) 垂直断层走向 GPS 速度分量的方向

7.9.4.2　汶川地震发生的动力学条件

地壳变形运动除少量被地体的体积变化所吸收以外，主要是通过断层运动进行转换和传递的，包括分解为平行断层面的位移驱动和垂直断层面的挤压传递。尽管由于 GPS 布设方案与本研究无关，而贡玛-达曲断裂带和鲜水河断裂带又都存在复杂的断层结构，GPS 观测结果通过与其相邻断层发生转换的结果，仍然提供了重要的运动学信息。包括为分别与贡玛-达曲断裂带、鲜水河断裂带的主断裂以及次级断裂相关的三种运动矢量分解的统计规律性。总体上表现为随着鲜水河断裂带向东的急剧弯曲，沿断层面的位移速率由西北段的大约 25 mm/a 向东逐渐减小为 5 mm/a。与此同时，垂直断层走向的位移速率由大约 3 mm/a 增加到 18 mm/a 左右（图 7-9-6，(b)，(c)），垂直断层走向速度分量的方向变化在 NE 45°～75°之间，总体指向 NEE（图 7-9-6，(d)）。由于断层走向略有不同，沿贡玛-达曲断裂带的运动矢量分解效果比鲜水河断裂带更加明显。此外，沿次级断裂带的 GPS 速率矢量分解有较多的数据控制，它们代表分散的次级矢量分解结果。因此，运动矢量分解的总体效果应该是沿所有单一断层分解的总和。也就是说，鲜水河断层带东南段存在更加明显的垂直断层面的挤压应力。该地区的断裂构造主要表现为高角度斜冲（滑）的运动学特征，因此，除一部分垂直断层面的运动矢量转变成冲断层上盘运动以外，大部分转变为指向 NEE 的应变（位移）积累。楔状变形的构造物理模拟实验结果，重现了松潘-甘孜地区现今构造变动的动力学条件和变形效果（图 7-9-7）。受鲜水河断裂垂向位移分量的驱动，沿龙门山冲断层的应变积累只能导致其发生 NE 方向斜冲性质的断层运动，而不是垂直断层面的冲断层运动。这一结果不仅构成了汶川 8.0 级地震成核的动力学条件，而且解释了汶川地震的余震分布（图 7-1-3）和地震破裂自南西向北东发展的单边破裂特征。

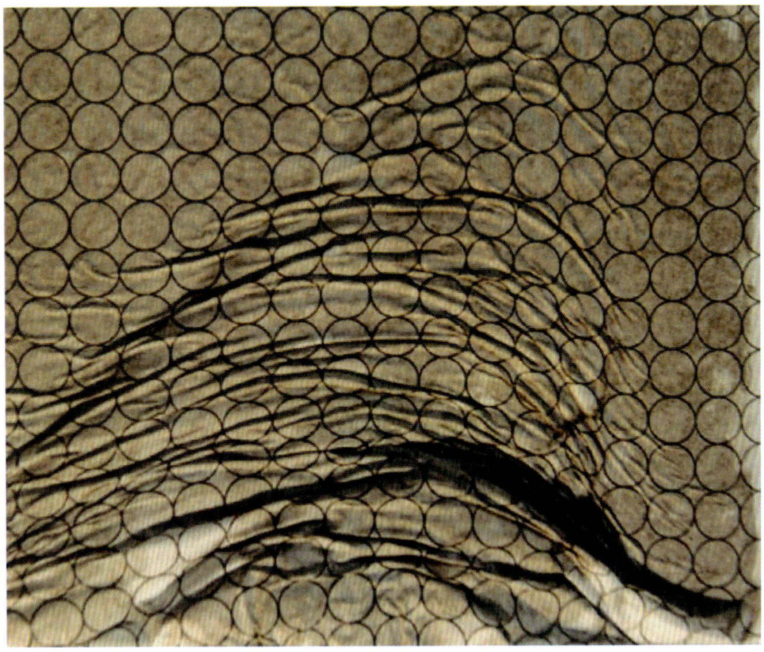

图 7-9-7　楔状变形的物理模拟实验结果

7.9.5　讨论和结论

1900 年以来的数字地震记录、迄今为止最完整的数字化断裂构造数据库、近十年来全面覆盖的 GPS 观测数据库以及关于松潘-平武地震构造调查等成果表明，松潘-甘孜地区 110 a 来的断层地震属性、递进发育的地震构造格局及其现今动力学状态，与印度次大陆持续向北持续推挤，青藏高原内部不同级别的挤压转换剪切的断裂构造体制有关。最近 40 a 来，地震活动在沿近 EW（或 NW-SE）走向左行走滑断层带自西向东迁移的同时，逐渐由北向南发展。当 20 世纪 80 年代中期松潘-平武地区强烈地震活动释放了该地区的应变积累后，90 年代晚期至 2000 年代早期，贡玛-达曲断层带的位移和地震活动性逐渐增强，并通过向南与鲜水河断层带交会，使得后者自甘孜-炉霍向东（南东）的现今断层位移速率显著加强。随着鲜水河断裂带走向向东发生急剧偏转，垂直断层走向的位移矢量分量逐渐增强，从而为汶川 8.0 级地震成核创造了条件，对自 SW 向 NE 发展的单边地震破裂作出了解释。受东昆仑断裂和龙门山冲断层的制约，以及垂直鲜水河断裂走向的位移矢量分量的驱动，松潘-甘孜地区的现今地壳变形表现出典型的楔顶效应。

地震与断层活动的关系长期争论不休。一方面，我们很难确定活动断层究竟是以地质应变速率（无地震）的持续位移，抑或是通过断续的地震位移，或者二者交替发生，不断释放其应力积累的；另一方面，我们也无法断定处于不活动状态的断层是否正在孕育着地震发生的能量。不争的事实是，断层带物质的细粒化和宽变形带中密集的断裂组合，使它们成为地壳变形位移的主要通道，因而也是地震成核的主要场所；而地震不论大小都是由前一个地震触发的，与相邻断层的状态（锁闭抑或活动）没有必然联系。尽管断裂精细结构与地震活动关系的研究在艰难地取得进展，查明一个地区所有地质断层的地震活动历史实际上是不可企及的。根据数字化的断裂、地震和 GPS 观测记录，分析地质断层的百年地震习性，或许是现阶段实现区域地震构造及其现今动力学分析的有效选择。

致谢：本文是国家重点基础研究发展计划（973）项目 2008CB425703 和科技部际科技合作重点项目 2008DFA20700 资助的研究成果。感谢中国地质调查局发展研究中心提供了 1∶20 万和 1∶25 万地质图上的断裂及属性数据。吕晓健研究员对本文所使用的地震目录进行了认真的校对，李晓丽等对 GIS 软件操作和二次开发提供了有益帮助，在此一并表示感谢。

参考文献

马宗晋、张家声（执笔）、汪一鹏，青藏高原三维变形运动学的时段划分和新构造分区，地质学报，1998，72（3）：211～227。

王敏，GPS 数据处理方面的最新进展及其对定位结果的影响［J］，国际地震动态，2008，（7）：3～8。

汪集炀、黄少鹏，中国大陆地区大地热流数据汇编（第二版），地震地质，1990，12：351～366。

汪洋，中国大陆大地热流分析，博士论文，北京，中国科学院地质研究所，1999，118pp。

许志琴、索书田、韩郁菁、傅小方、黄明华，中国松潘 2 甘孜造山带的造山过程，北京：地质出版社，1992，1～190。

张家声、黄雄南、牛向龙、刘锋，川主寺-黄龙左行走滑剪切和松潘-平武剪切转换构造，地学前缘，2010，17（4）：15～32。

张家声、李燕、韩竹均，青藏高原向东挤出的变形响应及南北地震带构造组成，地学前缘，2003，10（特刊），168～175。

Bakun，W. H.，B. Aagaard，B. Dost，W. L. Ellsworth，J. L. Hardebeck，et al. Implications for prediction and hazard assessment from the 2004 Parkfield earthquake. Nature，2005，437，969～974.

Felzer，Karen R. and Debi Kilb，A case study of two M ～5 mainshocks in Anza，California：Is the footprint of an aftershock sequence larger than we think? Bulletin of the Seismological Society of America，2009，99：2721～2735.

Glennda Chui，Shaking up earthquake theory. Nature，2009，News Feature，15：870～872.

Kagan，Y. Y. and D. D. Jackson，Worldwide doublets of large shallow earthquakes，Bull. Seismol. Soc. Amer.，1999. 89：1147～1155.

Sherman S. I.，Lobatskaya R. M.，Correlation between lengths and depths of faults in the Baikal rift zone. Dokl. AN SSSR. 1972. 205（3）：578～581.

Sherman S. I.，Tectonophysical analysis of the seismic process in zones of active lithospheric faults and medium-term earthquake prediction. Geofizicheskii Zhurnal，2005，27（1），20～38.

Sibson R. H.，Transient discontinuities in ductile shear zone. J. Struct. Geol.，1980，2（1/2）：165～171.

Wells D. L.，K. J. Copppersmith，New empirical relationships among magnitude，rupture area and surface displacement. Bull. Seismol. Soc. Am.，1994，84（4）：974～1002.